내가 뽑은 원픽! 최신 출제경향에 맞춘 최고의 수험서

2025

에너지관리 기능사 필기

권오수 · 임승남 · 김진영 저

예문사

2012년부터 보일러취급기능사와 보일러시공기능사 자격시험이 폐지되고 "보일러기능사"시험으로 통합되었다.(2014년부터는 에너지관리기능사로 자격증 명칭 개정)

기술의 발전과 함께 보일러의 사용은 점점 간편해지고 있지만, 보일러의 구조나 시공, 정비, 보수에 있어서는 날로 새롭고 난이도 있는 기술을 필요로 하게 된다. 또한 자동화와 함께 단순한 보일러 운전업무에서 더 나아가 부대시설 및 연료에 대한 효과적 관리가 중요해진다. 이런 시대적 변화에 따라 해당 분야의 전문인력에 대한 자격기준 역시 변화할 수밖에 없는 것이다. 따라서 관련 분야 종사자라면 이러한 변화를 빨리 읽고 그에 맞춘 준비를 하는 것이 필요하다.

이 책은 이러한 변화와 함께 2014년부터 보일러기능사에서 에너지관리기능사로 자격증 명칭이 개정되면서 바뀌거나 새롭게 추가된 내용들을 철저히 분석하고 반영하여 새로운 출제기준에 맞춘 필기시험교재로 새롭게 편찬한 것이다.

전체 구성은 크게 세 부분으로 나누어지며, 각 편의 장마다 이론과 출제예상문제를 다룬 다음, 마지막으로 과년도 기출문제로 공부한 내용을 최종 점검하도록 하였다.

이 책의 구성

제1편	보일러 설비 및 구조
제2편	보일러 시공취급 및 안전관리
제3편	에너지법과 에너지이용 합리화법
부록 01	보일러 및 부속장치 용어설명
부록 02	과년도 기출문제
부록 03	CBT 실전모의고사

그동안 관련 분야의 책들을 출간할 때마다 성원을 보내주신 독자들께 감사의 말씀을 전하며 그에 보답하는 마음으로 최선을 다해 준비하였다. 정성껏 교정을 보았으나 미진한 부분에 대해서는 필자가 운영하고 있는 네이버 Cafe "가냉보열(가스, 냉동, 보일러, 열관리)"에 그때그때 수정하여 올려놓을 것이다.

아무쪼록 이 책과 저자가 운영하는 카페를 요긴하게 활용하여 목적한 자격증 취득을 수월하게 이루시길 바란다.

권 오 수

/ 추천사 /

스무살 초반, 아파트에서 출동경비업체 직원으로 일할 때, 보이지 않는 음지에서 묵묵히 일하는 기관실 직원들의 모습은 제게 동경의 대상이었습니다.

아무도 알아주지 않고, 심지어는 그 존재조차 모르지만 저는 늘 그들을 바라보며 미래의 제 모습으로 그려왔습니다. 이것이 바로, 제가 에너지 관련 자격증을 취득하고 기관실에 입문하게 된 계기입니다.

그저 그 모습이 저에겐 선망의 대상이었기에, 저도 그들처럼 되고 싶어서 에너지관리기능사(당시 보일러기능사)와 가스기능사를 취득하였습니다.

이론서부터 차근차근 이해하고 공부하며, 겨우내 실기연습에 임하여 자격증을 취득했지만 그 어느 곳도 여자인 저를 채용해주는 곳은 없었습니다.

그러나 포기하지 않고 꾸준히 도전한 끝에 드디어 꿈에 그리던 기관실에서 일할 수 있는 기회가 주어졌고 지금까지 수많은 고비와 어려움이 있었지만, 한 번도 전직을 하지 않은 채 꾸준히 자기개발을 하며 한길만을 걸어왔습니다. 동시에 다양한 현장경험을 쌓으며 다수의 국가기술자격증도 취득하였습니다.

제가 국가기술자격증에 도전할 때마다 늘 도움이 되었던 것은 바로 권오수 선생님의 수험서였습니다.

현장경험을 바탕으로 한 핵심이론과 과년도 문제마다의 정확한 해설 및 요약은 자격증을 준비하는 모든 수험생들에게도 큰 도움이 되리라 여겨집니다. 또한 권오수 선생님께서는 자격증 관련 기술카페를 운영하여 다양한 정보와 기술을 공유하며 후배들을 위해 아낌없이 도움을 주고 계십니다.

2009년 에너지관리기능사 취득 때부터 지금까지 언제나 저에 대한 격려와 응원을 아낌없이 해주시는 권오수 선생님의 《에너지관리기능사 필기》의 출간을 축하하며 자격증을 준비하는 모든 분들에게 적극 추천하는 바입니다.

여성기능장 **신지희**

자격증취득 : 에너지관리기능장, 배관기능장, 에너지관리산업기사, 에너지관리기능사, 가스기능사, 공조냉동기능사, 공조냉동산업기사, 용접기능사

직무분야	환경 · 에너지	중직무분야	에너지 · 기상	자격종목	에너지관리기능사	적용기간	2023. 1. 1~2025 .12. 31

직무내용 : 에너지 관련 열설비에 대한 기기의 설치, 배관, 용접 등의 작업과 에너지 관련 설비를 정비, 유지관리 하는 직무이다.

필기검정방법	객관식	문제수	60	시험시간	1시간

필기과목명	문제수	주요항목	세부항목	세세항목
열설비 설치, 운전 및 관리	60	1. 보일러 설비 운영	1. 열의 기초	1. 온도 2. 압력 3. 열량 4. 비열 및 열용량 5. 현열과 잠열 6. 열전달의 종류
			2. 증기의 기초	1. 증기의 성질 2. 포화증기와 과열증기
			3. 보일러 관리	1. 보일러 종류 및 특성
		2. 보일러 부대설비 설치 및 관리	1. 급수설비와 급탕설비 설치 및 관리	1. 급수탱크, 급수관 계통 및 급수내관 2. 급수펌프 및 응축수 탱크 3. 급탕 설비
			2. 증기설비와 온수설비 설치 및 관리	1. 기수분리기 및 비수방지관 2. 증기밸브, 증기관 및 감압밸브 3. 증기헤더 및 부속품 4. 온수 설비
			3. 압력용기 설치 및 관리	1. 압력용기 구조 및 특성
			4. 열교환장치 설치 및 관리	1. 과열기 및 재열기 2. 급수예열기(절탄기) 3. 공기예열기 4. 열교환기
		3. 보일러 부속설비 설치 및 관리	1. 보일러 계측기기 설치 및 관리	1. 압력계 및 온도계 2. 수면계, 수위계 및 수고계 3. 수량계, 유량계 및 가스미터
			2. 보일러 환경설비 설치	1. 집진장치의 종류와 특성 2. 매연 및 매연 측정장치
			3. 기타 부속장치	1. 분출장치 2. 슈트블로우 장치
		4. 보일러 안전장치 정비	1. 보일러 안전장치 정비	1. 안전밸브 및 방출밸브 2. 방폭문 및 가용마개 3. 저수위 경보 및 차단장치 4. 화염검출기 및 스택스위치 5. 압력제한기 및 압력조절기 6. 배기가스 온도 상한 스위치 및 가스 누설긴급 차단밸브 7. 추기장치 8. 기름 저장탱크 및 서비스 탱크 9. 기름가열기, 기름펌프 및 여과기 10. 증기 축열기 및 재증발 탱크

필기과목명	문제수	주요항목	세부항목	세세항목
		5. 보일러 열효율 및 정산	1. 보일러 열효율	1. 보일러 열효율 향상기술 2. 증발계수(증발력) 및 증발배수 3. 전열면적 계산 및 전열면 증발율, 열부하 4. 보일러 부하율 및 보일러 효율 5. 연소실 열발생율
			2. 보일러 열정산	1. 열정산 기준 2. 입출열법에 의한 열정산 3. 열손실법에 의한 열정산
			3. 보일러 용량	1. 보일러 정격용량 2. 보일러 출력
		6. 보일러설비설치	1. 연료의 종류와 특성	1. 고체연료의 종류와 특성 2. 액체연료의 종류와 특성 3. 기체연료의 종류와 특성
			2. 연료설비 설치	1. 연소의 조건 및 연소형태 2. 연료의 물성(착화온도, 인화점, 연소점) 3. 고체연료의 연소방법 및 연소장치 4. 액체연료의 연소방법 및 연소장치 5. 기체연료의 연소방법 및 연소장치
			3. 연소의 계산	1. 저위 및 고위 발열량 2. 이론산소량 3. 이론공기량 및 실제공기량 4. 공기비 5. 연소가스량
			4. 통풍장치와 송기장치 설치	1. 통풍의 종류와 특성 2. 연도, 연돌 및 댐퍼 3. 송풍기의 종류와 특성
			5. 부하의 계산	1. 난방 및 급탕부하의 종류 2. 난방 및 급탕부하의 계산 3. 보일러의 용량 결정
			6. 난방설비 설치 및 관리	1. 증기난방 2. 온수난방 3. 복사난방 4. 지역난방 5. 열매체난방 6. 전기난방
			7. 난방기기 설치 및 관리	1. 방열기 2. 팬코일유니트 3. 콘백터 등
			8. 에너지절약장치 설치 및 관리	1. 에너지절약장치 종류 및 특성
		7. 보일러 제어설비 설치	1. 제어의 개요	1. 자동제어의 종류 및 특성 2. 제어 동작 3. 자동제어 신호전달 방식

필기과목명	문제수	주요항목	세부항목	세세항목
			2. 보일러 제어설비 설치	1. 수위제어 2. 증기압력제어 3. 온수온도제어 4. 연소제어 5. 인터록 장치 6. O_2 트리밍 시스템(공연비 제어장치)
			3. 보일러 원격제어장치 설치	1. 원격제어
		8. 보일러 배관설비 설치 및 관리	1. 배관도면 파악	1. 배관 도시기호 2. 방열기 도시 3. 관 계통도 및 관 장치도
			2. 배관재료 준비	1. 관 및 관 이음쇠의 종류 및 특징 2. 신축이음쇠의 종류 및 특징 3. 밸브 및 트랩의 종류 및 특징 4. 패킹재 및 도료
			3. 배관 설치 및 검사	1. 배관 공구 및 장비 2. 관의 절단, 접합, 성형 3. 배관지지 4. 난방 배관 시공 5. 연료 배관 시공
			4. 보온 및 단열재 시공 및 점검	1. 보온재의 종류와 특성 2. 보온효율 계산 3. 단열재의 종류와 특성 4. 보온재 및 단열재시공
		9. 보일러 운전	1. 설비 파악	1. 증기 보일러의 운전 및 조작 2. 온수 보일러의 운전 및 조작
			2. 보일러가동 준비	1. 신설 보일러의 가동 전 준비 2. 사용중인 보일러의 가동 전 준비
			3. 보일러 운전	1. 기름 보일러의 점화 2. 가스 보일러의 점화 3. 증기발생시의 취급
			4. 보일러 가동후 점검하기	1. 정상 정지시의 취급 2. 보일러 청소 3. 보일러 보존법
			5. 보일러 고장시 조치하기	1. 비상 정지시의 취급
		10. 보일러 수질 관리	1. 수처리설비 운영	1. 수처리 설비
			2. 보일러수 관리	1. 보일러 용수의 개요 2. 보일러 용수 측정 및 처리 3. 청관제 사용방법
		11. 보일러 안전관리	1. 공사 안전관리	1. 안전일반 2. 작업 및 공구 취급 시의 안전 3. 화재 방호 4. 이상연소의 원인과 조치 5. 이상소화의 원인과 조치

필기과목명	문제수	주요항목	세부항목	세세항목
				6. 보일러 손상의 종류와 특징 7. 보일러 손상 방지대책 8. 보일러 사고의 종류와 특징 9. 보일러 사고 방지대책
		12. 에너지 관계법규	1. 에너지법	1. 법, 시행령, 시행규칙
			2. 에너지이용 합리화법	1. 법, 시행령, 시행규칙
			3. 열사용기자재의 검사 및 검사면제에 관한 기준	1. 특정열사용기자재 2. 검사대상기기의 검사 등
			4. 보일러 설치시공 및 검사기준	1. 보일러 설치시공기준 2. 보일러 설치검사기준 3. 보일러 계속사용 검사기준 4. 보일러 개조검사기준 5. 보일러 설치장소변경 검사기준

한국산업인력공단(www.q-net.or.kr)에서는 실제 컴퓨터 필기시험 환경과 동일하게 구성된 자격검정 CBT 웹 체험을 제공하고 있습니다. 또한, 예문사 홈페이지(http://yeamoonsa.com)에서도 CBT 형태의 모의고사를 풀어볼 수 있으니 참고하여 활용하시기 바랍니다.

수험자 정보 확인

시험장 감독위원이 컴퓨터에 나온 수험자 정보와 신분증이 일치하는지를 확인하는 단계입니다. 수험번호, 성명, 주민등록번호, 응시종목, 좌석번호를 확인합니다.

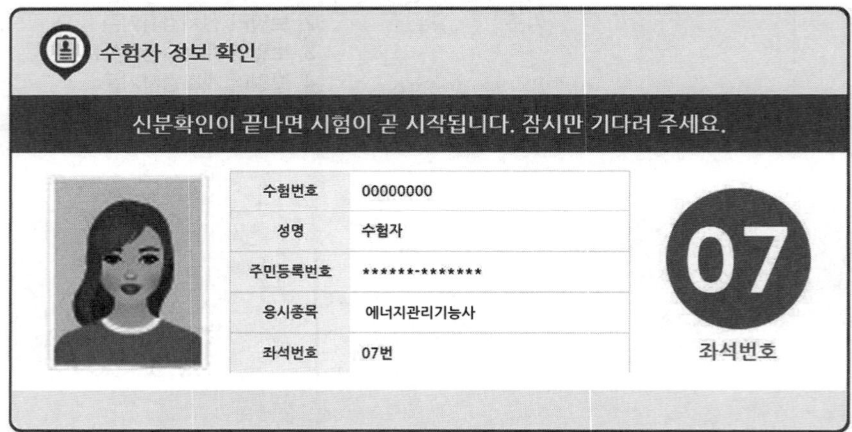

안내사항

시험에 관련된 안내사항이므로 꼼꼼히 읽어보시기 바랍니다.

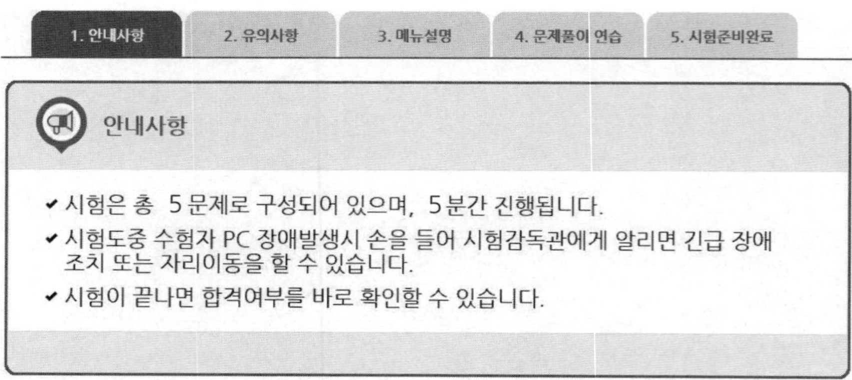

유의사항

부정행위는 절대 안 된다는 점, 잊지 마세요!

유의사항 - [1/3]

- **다음과 같은 부정행위가 발각될 경우 감독관의 지시에 따라 퇴실 조치되고, 시험은 무효로 처리되며, 3년간 국가기술자격검정에 응시할 자격이 정지됩니다.**

✔ 시험 중 다른 수험자와 시험에 관련한 대화를 하는 행위
✔ 시험 중에 다른 수험자의 문제 및 답안을 엿보고 답안지를 작성하는 행위
✔ 다른 수험자를 위하여 답안을 알려주거나, 엿보게 하는 행위
✔ 시험 중 시험문제 내용과 관련된 물건을 휴대하여 사용하거나 이를 주고받는 행위

다음 유의사항 보기 ▶

문제풀이 메뉴 설명

문제풀이 메뉴에 대한 주요 설명입니다. CBT에 익숙하지 않다면 꼼꼼한 확인이 필요합니다. (글자크기/화면배치, 전체/안 푼 문제 수 조회, 남은 시간 표시, 답안 표기 영역, 계산기 도구, 페이지 이동, 안 푼 문제 번호 보기/답안 제출)

문제풀이 메뉴 설명

- **아래 문제풀이 기능 설명을 유의해서 읽고 기능을 숙지해 주십시오.**

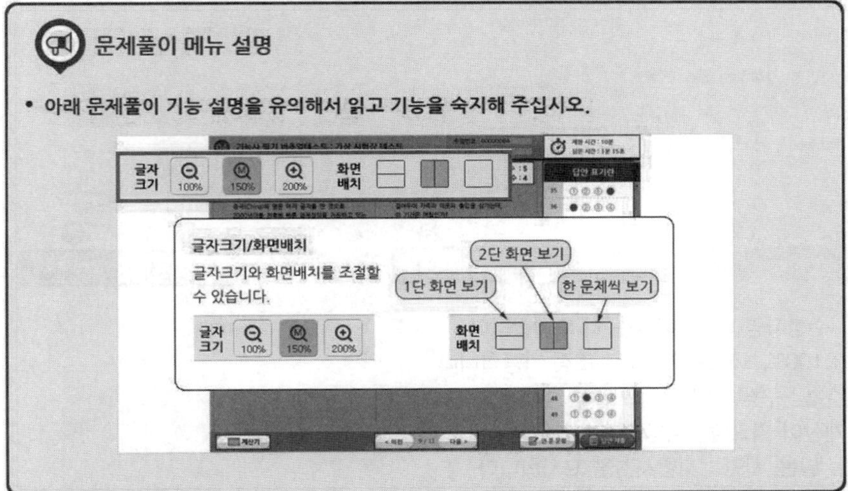

시험준비 완료!

이제 시험에 응시할 준비를 완료합니다.

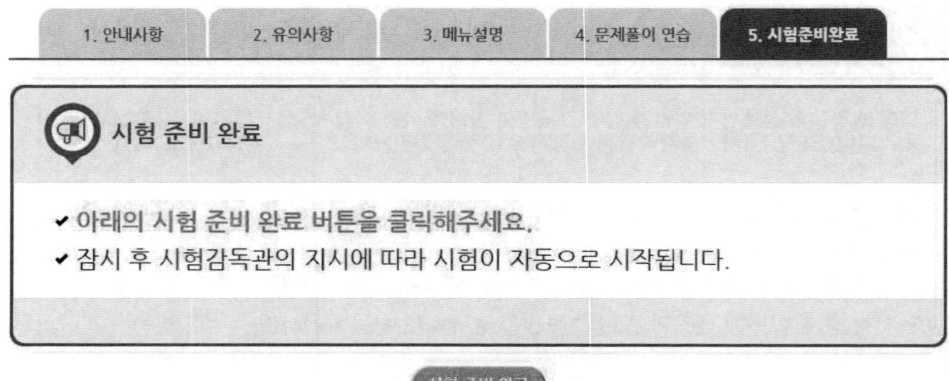

시험화면

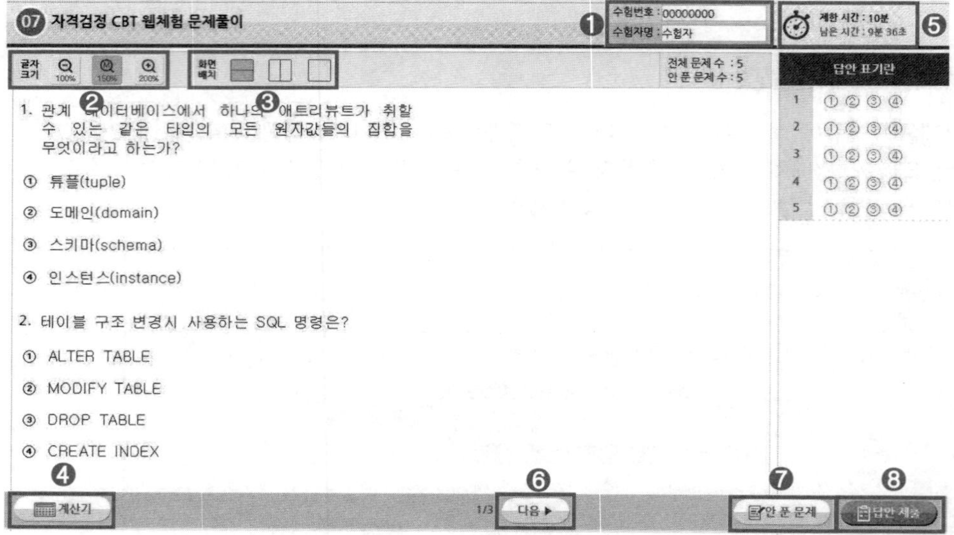

❶ 수험번호, 수험자명 : 본인이 맞는지 확인합니다.
❷ 글자크기 : 100%, 150%, 200%로 조정 가능합니다.
❸ 화면배치 : 2단 구성, 1단 구성으로 변경합니다.
❹ 계산기 : 계산이 필요할 경우 사용합니다.
❺ 제한 시간, 남은 시간 : 시험시간을 표시합니다.
❻ 다음 : 다음 페이지로 넘어갑니다.
❼ 안 푼 문제 : 답안 표기가 되지 않은 문제를 확인합니다.
❽ 답안 제출 : 최종답안을 제출합니다.

답안 제출

문제를 다 푼 후 답안 제출을 클릭하면 위와 같은 메시지가 출력됩니다.
여기서 '예'를 누르면 답안 제출이 완료되며 시험을 마칩니다.

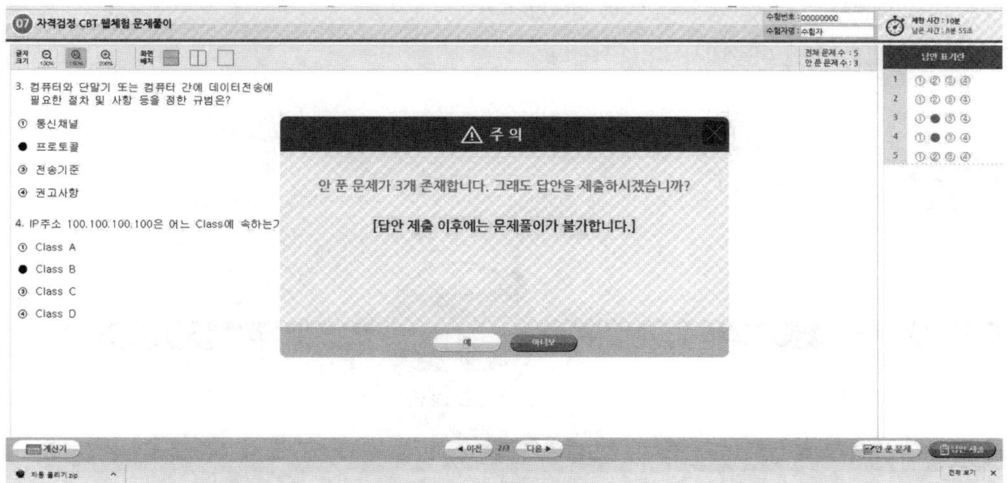

알고 가면 쉬운 CBT 4가지 팁

1. 시험에 집중하자.
기존 시험과 달리 CBT 시험에서는 같은 고사장이라도 각기 다른 시험에 응시할 수 있습니다. 옆 사람은 다른 시험을 응시하고 있으니, 자신의 시험에 집중하면 됩니다.

2. 필요하면 연습지를 요청하자.
응시자의 요청에 한해 시험장에서는 연습지를 제공하고 있습니다. 연습지는 시험이 종료되면 회수되므로 필요에 따라 요청하시기 바랍니다.

3. 이상이 있으면 주저하지 말고 손을 들자.
갑작스럽게 프로그램 문제가 발생할 수 있습니다. 이때는 주저하며 시간을 허비하지 말고, 즉시 손을 들어 감독관에게 문제점을 알려주시기 바랍니다.

4. 제출 전에 한 번 더 확인하자.
시험 종료 이전에는 언제든지 제출할 수 있지만, 한 번 제출하고 나면 수정할 수 없습니다. 맞게 표기하였는지 다시 확인해보시기 바랍니다.

CBT 모의고사 이용 가이드

- 인터넷에서 [예문사]를 검색하여 홈페이지에 접속합니다.
- PC, 휴대폰, 태블릿 등을 이용해 사용이 가능합니다.

STEP 1 회원가입 하기

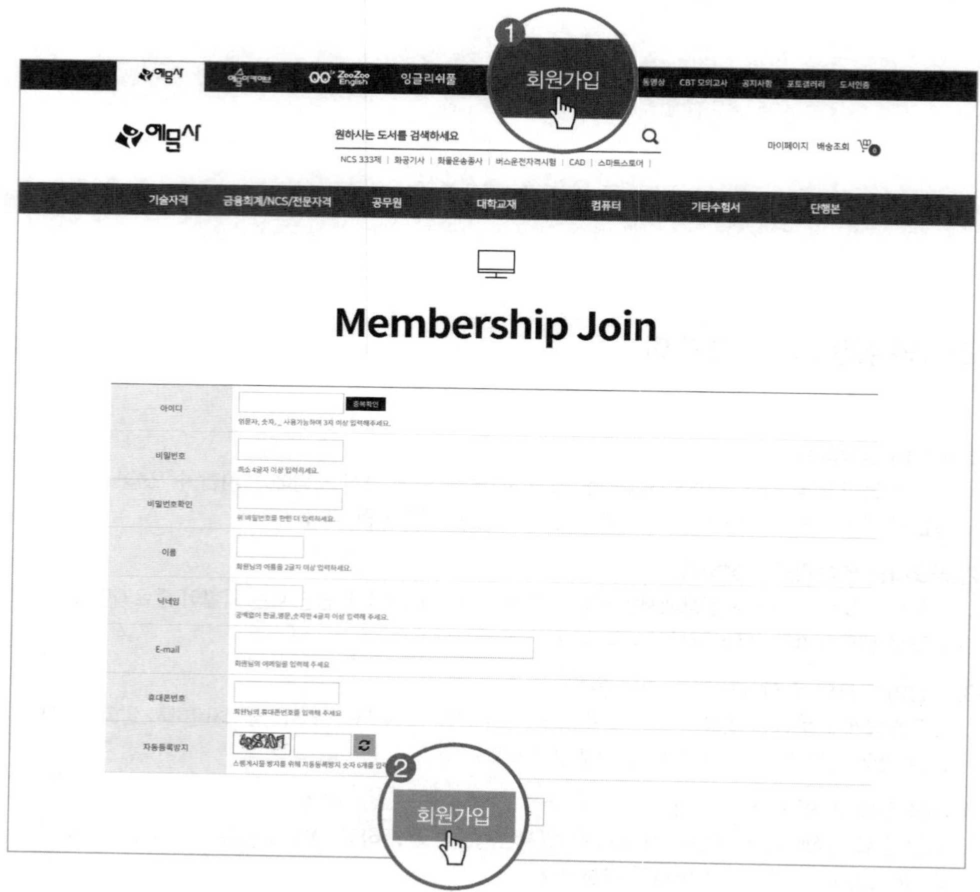

1. 메인 화면 상단의 [회원가입] 버튼을 누르면 가입 화면으로 이동합니다.
2. 입력을 완료하고 아래의 [회원가입] 버튼을 누르면 **인증절차 없이 바로 가입**이 됩니다.

STEP 2 시리얼 번호 확인 및 등록

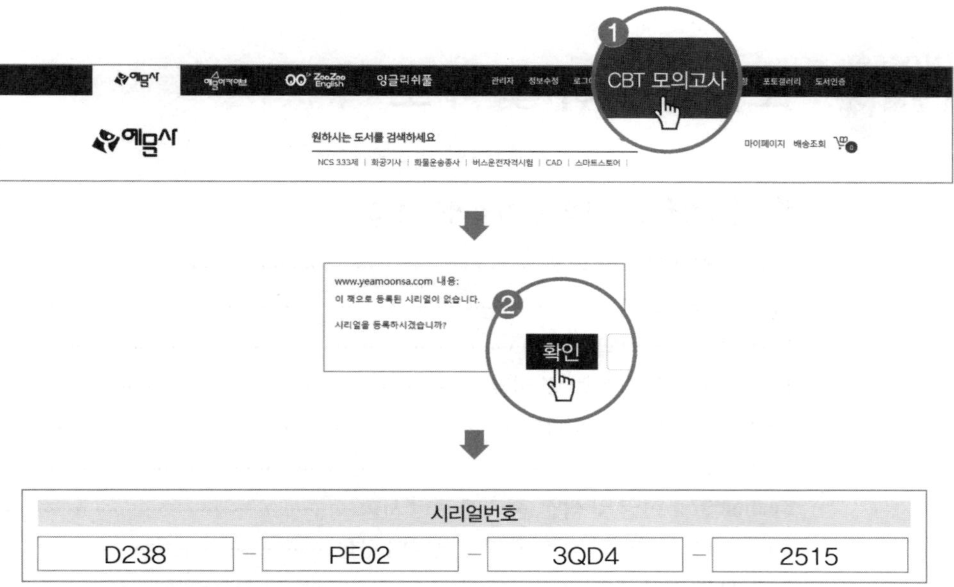

1. 로그인 후 메인 화면 상단의 [CBT 모의고사]를 누른 다음 **수강할 강좌를 선택**합니다.
2. 시리얼 등록 안내 팝업창이 뜨면 [확인]을 누른 뒤 **시리얼 번호를 입력**합니다.

STEP 3 등록 후 사용하기

1. 시리얼 번호 입력 후 [마이페이지]를 클릭합니다.
2. 등록된 CBT 모의고사는 [모의고사]에서 확인할 수 있습니다.

PART 01 보일러 설비 및 구조

CHAPTER 01 열 및 증기열역학 ❙ 3

CHAPTER 02 보일러의 구조 및 종류 ❙ 27

보일러 시공취급 및 안전관리

에너지법과 에너지이용 합리화법

보일러 및 부속장치 용어 설명

과년도 기출문제

CBT 실전모의고사

※ 2016년 7월 10일 시험 이후에는 한국산업인력공단에서 기출문제를 공개하지 않고 있습니다. 참고하여 주시기 바랍니다.

PART

01

보일러 설비 및 구조

CHAPTER 01 열 및 증기열역학

SECTION 01 열역학 기초

1 온도

1. 섭씨온도

0℃ 760mmHg 상태에서 물의 빙점을 0℃, 비점을 100℃로 정하고 100등분하여 1개의 눈금을 1℃로 한 온도

2. 화씨온도

0℃ 760mmHg 상태에서 물의 빙점을 32°F, 비점을 212°F로 정하고 180등분하여 1개의 눈금을 1°F로 한 온도

2 화씨온도와 섭씨온도의 관계 환산

① 섭씨온도(℃) $= \frac{5}{9}$(화씨온도 -32) $= (°F - 32) \div 1.8$

② 화씨온도(°F) $= \frac{9}{5} \times ℃ + 32 = ℃ \times 1.8 + 32$

3 절대온도

열역학적 정의의 눈금이며 −273.15℃에서 모든 물체의 운동이 정지하는 순간을 0℃로 기준 삼는 온도

① 켈빈의 절대온도(K) : 섭씨온도+273.15

② 랭킨의 절대온도(°R) : 화씨온도+460

③ $K = t℃ + 273 = \frac{t°R}{1.8}$

④ $°R = t°F + 460 = K \times 1.8$

참고 $\frac{180}{100} = 1.8$배

SECTION 02 압력

단위면적당 작용하는 힘의 크기를 압력이라 한다.

[단위] kg_f/cm^2, Pa, N/m^2

1 표준대기압(atm)

공기가 누르는 힘이며 0℃ 760mmHg 상태의 압력

1atm = 760mmHg = 10.33mH_2O = 1.033kg_f/cm^2 = 1,013mb = 14.7psi = 101,325Pa ≒ 102kPa

2 공학기압(at)

1cm^2의 면적에 1kg의 힘이 작용하는 압력

1at = 1kg_f/cm^2 = 10mH_2O = 735.6mmHg = 14.2psi = 98,066.5Pa ≒ 98kPa

3 절대압력(abs, ata)

완전 진공상태를 0으로 기준하여 측정한 압력, 즉 게이지 압력에 표준대기압을 더한 압력

① 대기압 + 게이지압

② 대기압 − 진공압

4 게이지 압력(atg)

계기에 나타낸 압력, 즉 대기압을 0으로 계산한 압력

5 진공압(atv)

진공상태를 나타내는 정도로 대기압에서 절대압력을 뺀 값($760 - p$)

$$\text{진공도} = \frac{\text{진공압}}{\text{대기압}} \times 100 = (\%)$$

6 수두압

물의 높이에 정비례한다.

① $mmH_2O = 1kg_f/m^2 = 0.0001kg_f/cm^2$

② $100mAq(mmH_2O) = 10kg_f/cm^2$

③ $1mAq = 0.1kg_f/cm^2$

④ $10mH_2O = 1kg_f/cm^2$

REFERENCE

1. 압력의 단위표

① 압력의 계량단위 : bar, kg/cm^2, mmHg, mmH_2O, atm 등

② 중력단위 : kg_f/cm^2, kg_f/m, lb/in^2(psi), lb/ft^2(psf)

③ SI 단위 : N/m^2(Pa)

④ 공학기압

$1at = kg_f/cm^2 = 735.5mmHg(Torr) = 10mAq = 14.2\ lb/in^2(psi)$

$= 28.96inHg = 0.980665bar = 980.665millibar = 98,066.5Pa$

⑤ 표준대기압

$1atm = 1.0332kg_f/cm^2 = 760mmHg(Torr) = 10.332mAq$

$= 14.7\ lb/in^2(psi) = 29.9inHg = 1.01325bar$

$= 1,013.23millibar = 101,325Pa,\ 101,325N/m^2$

2. 압력의 단위환산

① SI 단위 : $1Pa = 1N/m^2 = \frac{1}{9.81}kg_f/m^2 = \frac{1}{32.2}lb/ft^2$

② 수은주(Hg) : $1mmHg = 13.6mmAq = 13.6 \times 10^{-4}kg_f/cm^2$

③ 수주$[1mmH_2O(Aq)] = 1kg_f/m^2$

④ 절대단위 : $1bar = 10^6dyne/cm^2 = 10^5N/m^2 = 750.5mmHg = 1,000millibar$

SECTION 03 열량의 단위

1 칼로리(cal)

순수한 물 1g을 14.5℃에서 15.5℃까지 올리는 데 소요되는 열량
1kcal=1,000cal=3.968BTU=427kg · m=4.2kJ

2 BTU

순수한 물 1파운드(lb)를 60°F에서 61°F까지 올리는 데 소요되는 열량
※ 1 lb(파운드)=453g=0.453kg
1섬=10만 BTU, 1BTU=0.252kcal

3 CHU

순수한 물 1파운드(lb)를 14.5℃에서 15.5℃까지 올리는 데 소요되는 열량
1CHU=1.8BTU=0.454kcal

SECTION 04 열의 용량 및 비열

1 열용량

어떤 물질의 온도를 1℃ 올리는 데 소요되는 단위는 열량이며 단위는 cal/℃이다. 열용량을 구하는 공식은 (비열×질량)이다.

2 비열

어떤 단위물질 1g을 1℃ 올리는 데 소요되는 열량이며 단위는 cal/g℃(kJ/kg℃)이다.

[기체의 비열]

① **정압비열(C_p)** : 압력을 일정하게 유지시킨 후의 비열
② **정적비열(C_v)** : 체적(부피)이 일정한 상태에서의 비열
③ **비열비(K)** : 정압비열과 정적비열의 비

$K=\frac{C_p}{C_v}>1$(비열비는 항상 1보다 크다.)

참고 공기의 비열비(K)는 약 1.4이다.

3 총 열량

어떤 물질의 전체 열량
질량(G)×비열(C)×온도차(t_2-t_1)=kcal

SECTION 05 열역학의 법칙

1 열역학 제0법칙(열의 평형법칙)

고온의 물체와 저온의 물체가 혼합되면 시간이 경과 후 온도가 같아진다.

2 열역학 제1법칙(에너지 보존의 법칙)

① 열은 본질상 일과 같이 에너지의 형태이다.
② 열은 일로, 일은 열로 서로 전환이 가능하다.
③ A(일의 열당량)$=\frac{1}{427}$kcal/kg · m이다.
④ J(열의 일당량)=427kg · m/kcal이다.
⑤ 내부 에너지와 엔탈피이다.
⑥ $1\text{HP}-\text{h}=76\text{kg}\cdot\text{m/s}\times(60\times60)\times\frac{1}{427}=641\text{kal}(0.745\text{kW})$
⑦ $1\text{PS}-\text{h}=75\text{kg}\cdot\text{m/s}\times(60\times60)\times\frac{1}{427}=632\text{kcal}(0.735\text{kW})$
⑧ 1kW=102kg · m/sec
⑨ $1\text{kW}-\text{h}=102\times(60\times60)\times\frac{1}{427}=860\text{kcal}(3,600\text{kJ})$

3 열역학 제2법칙(영구기관제작 불가능 법칙)

① 일은 열로 바꿀 수 있다.
② 열은 일로 전부 바꿀 수 없다.
③ 저온의 유체에서 고온의 유체로는 이동이 안 된다.
④ 일을 할 수 있는 능력을 표시하는 엔트로피를 나타낸다.
⑤ 엔트로피는 가역 과정에서는 0이다.

⑥ 비가역 과정에서는 엔트로피의 변화량이 항상 증가된다.

$$엔트로피(\Delta S) = \frac{\Delta Q}{T} = \frac{열량변화량}{절대온도}$$

REFERENCE

① 가역 변화 : 역학적 및 열적 평형상태를 유지하면서 이루어지는 변화를 말한다.
② 비가역 변화 : 이론적으로는 도중의 변화를 완전히 역으로 진행시켜 처음 상태로 되돌리는 것을 뜻하나, 실제는 이러한 조건을 충족시킬 수 없는 변화를 말한다.

4 열역학 제3법칙(절대온도에 이를 수 없는 법칙)

① 어떠한 방법으로도 절대온도에 이를 수 없다.
② 100%의 열효율 기관은 불가능하다.

SECTION 06 기체

1 이상기체

실제로는 존재하지 않지만 이론적 · 법적으로 맞게 정의해 놓은 기체로서 실제 기체와는 다르다.
① 기체의 분자 자신이 가진 부피는 없다.
② 분자 상호 간에 인력이 작용하지 않는다.

2 보일의 법칙

모든 기체는 온도가 일정할 때 부피는 압력에 반비례한다.

$P_1 V_1 = P_2 V_2$　　　　$PV = K$(일정)

$$V_2 = \frac{V_1 P_1}{P_2},\ P_1 = \frac{V_2 P_1}{V_1},\ P_2 = \frac{V_1 P_1}{V_2}$$

3 샤를의 법칙

모든 기체의 부피는 압력이 일정할 때 온도 1℃ 상승 시마다 $\frac{1}{273}$만큼 증가한다.

$$\frac{V_1}{T_1} = \frac{V_2}{T_2} = \frac{V}{T} = K(일정)$$

$$V_2 = \frac{V_1 T_2}{T_1},\ V_2 = V_1\left(1 + \frac{1}{273} \times t\right)$$

$$T_2 = T_1 \times \frac{V_2}{V_1},\ T_1 = T_2 \times \frac{V_1}{V_2}$$

4 보일 - 샤를의 법칙

모든 기체의 부피는 압력에 반비례하고 절대온도에 비례한다.

$$\frac{V_1 P_1}{T_1} = \frac{V_2 P_2}{T_2},\ T_2 = T_1 \times \frac{V_2 P_2}{V_1 P_1}$$

$$V_1 = V_2 \times \frac{T_1 P_2}{T_2 P_1},\ V_2 = \frac{V_1 T_2 P_1}{T_1 P_2}$$

$$P_1 = P_2 \times \frac{V_2 T_1}{V_1 T_2},\ P_2 = P_1 \times \frac{V_1 T_2}{V_2 T_1}$$

참고 $\frac{PV}{T} = K$(일정)

5 이상기체 상태방정식

$$PV = nRT,\ PV = GRT$$

$$V = \frac{nRT}{P},\ V = \frac{GRT}{P}$$

가스상수(R) = $\frac{848}{M}$(kg · m/kg · K)

여기서, n : 몰수, M : 분자량, P : 압력, V : 부피, T : 절대온도, R : 가스상수

일반기체상수($\overline{R}$) = 0.082L atm/mol · K = 1.987kcal/mol · K

6 일반기체상수($\overline{R}$: kg · m/kmol · K)

$\overline{R}$ = 표준상태에서는 $\frac{10,332 \times 22.4}{273.15}$ = 848kg · m/kmol · K

$\left(\frac{101,325 \times 22.4}{273.15} = 8.314\text{kJ/kmol} \cdot \text{K}\right)$

7 공기의 평균분자량

$$\frac{(32\times21)+(28\times78)+(40\times1)}{100}=29$$

[공기의 조성]

산소 21%, 질소 78%, 아르곤 및 기타 1%

8 아보가드로의 법칙

① 압력이나, 온도 · 체적 등이 동일할 경우 모든 기체(가스)는 단위체적 속에 같은 수의 분자를 가진다.

② 표준상태하에서 1mol의 가스체적은 22.4L이고 1kmol의 체적은 22.4Nm³이다.

$PV=GRT$, 산소(분자량 32)의 예를 들면

$$\text{용적}(V)=\frac{32\text{kg}\times\frac{848\text{kg}}{32}\text{m/kg}\cdot\text{K}\times273.15\text{K}}{10{,}332\text{kg/m}^2}=22.4\text{Nm}^3$$

SECTION 07 현열 및 잠열, 증기에 관한 사항

[증기]

- 건포화증기 : 수분이 없는 건조된 증기
- 습포화증기 : 증기 속에 수분이 존재하는 증기
- 과열증기 : 포화증기의 온도를 상승시킨 증기(압력변동은 없다.)

[포화 및 임계]

- 포화수 : 비등상태에 있는 물
- 비등 : 포화수가 끓어오르는 상태
- 포화온도 : 포화상태의 포화수의 온도
- 임계점 : 물을 가열하여 압력과 온도를 높이면 어느 지점에서는 물이 증기로 변하면서 증발잠열이 0이 되는 지점(액체와 기체의 구별이 없는 상태)
- 물의 임계압력 : 225.56kg/cm²
- 물의 임계온도 : 374.15℃
- 건조도(x) : 습증기 속의 증기의 건도
- 물의 삼중점 : 물의 물리적 변화에 의해 고체, 액체, 기체가 동시에 공존하는 상태점이며 0.01℃ (273.16K)의 상태

1 습포화증기

증기 속에 수분을 내포한 증기이다.(건도 x값이 1 이하)

2 건포화증기

증기 속에 수분이 없고 증발잠열을 완전히 흡수한 증기이다.(건도 x값이 1)

3 과열증기

습포화증기를 건포화증기로 만든 후 그 당시의 증기압력상태에서 온도만 증가시킨 증기이다.

① 최고사용 과열증기 : 600℃까지 사용(금속의 재질상 그 이상의 온도 사용은 금물)

② 사용증기 : 200~450℃(일반적 사용)

③ 과열도 : 과열증기 온도에서 포화발생증기 온도를 뺀 값

4 건조도(x)

습포화증기 속 증기의 비율

① 1kg 중 $x$kg(증기)

② $(1-x)$=액체(습도)

③ $x=0$(액), 습증기$=0<x<1$, 건포화증기 : $x=1$

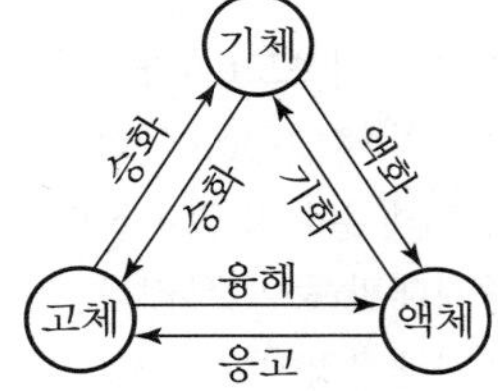

Ⅰ 물질의 삼상태 Ⅰ

SECTION 08 현열 및 잠열, 증기의 엔탈피 사항

1 현열(감열)

물질의 상태 변화 없이 어떤 물체의 온도 변화에 따른 소요열량이다.

현열$(Q)= G\times C_p(t_2-t_1)=$kcal

=질량(kg)×정압비열(kcal/kg℃)×온도차(℃)=kcal

2 증발잠열과 융해잠열(r)

온도의 변화는 없고 물질의 상태 변화 시에 소요되는 열량이다.

① 0℃의 얼음이 0℃의 물로 되려면 80cal/g(335J/g)의 융해열이 필요하다.

② 100℃의 포화수가 100℃의 건조증기로 되려면 539cal/g(2,257J/g)의 증발잠열이 필요하다.

3 증기의 엔탈피(증기의 전열량)

① 포화증기 엔탈피$(h'') = h' + r$(kcal/kg)(kJ/kg)

② 습포화증기 엔탈피$(h_2) = h' + rx$(kcal/kg)(kJ/kg)

$h_2 = h'' - (1-x)r$(kcal/kg)(kJ/kg)

③ 과열증기 엔탈피$(h_c'') = h' + r + c(t_2 - t_1)$(kcal/kg)(kJ/kg)

여기서, h' : 포화수 엔탈피, r : 물의 증발잠열, x : 증기의 건조도
t_2 : 과열증기온도, t_1 : 포화증기온도, c : 증기의 비열

4 물의 증발

물의 끓는점은 100℃로 그 이후로는 아무리 가열하여도 온도가 오르지 않고 물의 일부가 수증기로 변해서 증기가 발생되는 현상

REFERENCE 증기 속에 수분이 많을 때

① 증기의 건조도(x)가 저하한다.
② 증기의 전열량(엔탈피)이 감소한다.
③ 증기의 손실이 많아진다.
④ 증기배관 등에 무리가 오며 수격작용(워터 해머)이 일어난다.
⑤ 증기배관장치가 부식된다.
⑥ 증기기관의 열효율이 낮아진다.

SECTION 09 공기

① **습공기** : 수증기를 혼합한 공기
② **습도** : 습공기 중 수증기량의 비율을 나타낸 것
③ **건공기** : 건조한 공기이며 수증기가 없는 상태의 공기
④ **포화공기** : 상대습도가 1이 되면 그 이상 수증기가 혼입하여도 수증기의 일부는 응축되어 안개나 이슬이 된 상태의 공기
⑤ **포화도** : 비교습도라 하며 절대습도를 포화공기의 비중량으로 나눈 값
⑥ **노점(이슬점)** : 상대습도가 1이 되어 이슬이 맺히기 시작한 상태의 온도

⑦ 상대습도와 절대습도

㉠ 상대습도(ψ) : 동일한 온도에서 순수한 물의 포화압력에 대한 혼합물 중 수증기의 분압 비

$$\psi = \frac{p_w}{p_s} \times 100(\%)$$

㉡ 절대습도(r) : 건공기 1kg 중에 함유된 수증기 중량(kg/kg′)

$$0.622 \times \frac{p_w}{p_a}$$

여기서, p_a : 건공기 분압, p_w : 습공기 속의 수증기 분압, p_s : 포화압력

▼ 각종 습도계의 비교

종류	장점	단점
모발 습도계	① 구조취급이 간단하다. ② 추운 지역에서 편리하다. ③ 자기장치가 간단하다. ④ 상대습도가 바로 나타난다.	① 응답이 늦다. ② 히스테리시스가 있다. ③ 시도가 틀리기 쉽다. ④ 정도가 좋지 않다. ⑤ 모발의 유효작용 기간이 2년이다.
건습구 습도계	① 구조취급이 간단하다. ② 휴대에 편리하다. ③ 가격이 싸다.	① 헝겊이 감긴 방향, 바람에 따라 오차가 생긴다. ② 상대습도를 바로 나타내지 않는다. ③ 물이 필요하다.
전기식 건습 습도계	① 조절기와 접속이 용이하다. ② 상대습도를 바로 나타낼 수 있다. ③ 연속기록, 원격측정, 자동제어에 이용된다.	① 저습도의 측정이 매우 곤란하다. ② 정도가 그다지 좋지 않다. ③ 물이 필요하다.
노점 습도계	① 저습도의 측정이 가능하다. ② 구조가 매우 간단하다. ③ 휴대가 간편하다.	① 육안에 의한 노점판정에 숙련을 요한다. ② 정도가 그다지 좋지 않다. ③ 냉각이 필요하다.
광전관 노점 습도계	① 저습도의 측정이 가능하다. ② 상온 또는 저온에는 상점의 정도가 좋다. ③ 연속기록, 원격측정, 자동제어에 이용한다.	① 기구가 매우 복잡하다. ② 노점과 상점의 육안 판정이 필요하다. ③ 냉각장치가 필요하다.
듀셀 (Dewcel) 노점계	① 고압 중에도 사용이 가능하다. ② 상온 또는 저온에는 정도가 좋다. ③ 연속기록, 원격측정, 자동제어에 이용된다.	① 저습도의 응답이 늦어진다. ② 다소의 경년(俓年) 변화가 있다. ③ 가열이 필요하다.
전기 저항식 습도계	① 저온도의 측정이 가능하고, 응답이 빠르다. ② 전기사항의 변화가 쉽게 측정된다. ③ 연속기록, 원격측정, 자동제어에 이용된다.	① 고습도 중에 장시간 방치하면 감습막이 유동한다. ② 다소의 경년 변화가 있어 온도계수가 비교적 크다.

SECTION 10 열의 전열(전도, 대류, 복사)

1 열전도 전열(고체 중의 열이동)

열이 물체를 지나서 물질의 이동이 없는 상태에서 다른 한쪽으로 열만 흐르는 작용이며 푸리에의 전도 법칙에 따른다.(고체에서의 전열)

2 대류의 전열

기체 또는 액체와 같은 유체가 밀도차에 의해서 유동으로 말미암아 열이 전달되면서 주로 액체와 고체 표면과의 열전달이 이루어진다. 종류는 강제대류와 자연대류로 구분된다.

3 열통과(열관류)

유체가 고체 벽을 통과하여 다른 유체에 전달되는 열량이며, 유체가 고체 벽에 열전달을 일으키고 고체 벽에서 열전도가 일어나서 또다시 고체 외벽에서 타 유체로 열이 전달되는 과정이다. 열관류율의 단위는 kcal/m^2h℃(W/m^2℃)이다.

4 복사 전열

열파장의 복사선이 전자파 형태로 방출되며 스테판-볼츠만의 법칙에 따른다. 즉, 흑체 복사정수는 4.88kcal/m^2hr(100K)^{4}이다.

복사 전열량$(Q) = \varepsilon \cdot cb\left[\left(\frac{T_1}{100}\right)^4\left(\frac{T_2}{100}\right)^4\right]$kcal/$m^2$h(W/$m^2$)

5 열전도율

고체에서 열전도에 의해 열이 이동하는 비율로서 길이 1m, 단위시간당 1m^2의 단면을 전도하는 것이다. 단위는 kcal/mh℃(W/m℃)이다.

6 열전달률

고온의 유체에서 저온의 유체로 이동하는 열량의 비율이다. 단위는 kcal/m^2h℃(W/m^2℃)이다.

REFERENCE

1. 뉴턴(N)

질량 1kg의 물체에 $1m/s^2$의 가속도를 발생시키는 힘의 크기가 1N이다.

2. 가속도

단위시간 동안 일어나는 속도의 변화량을 가속도라 한다.

$$\text{가속도}=\frac{\text{속도의 변화}}{\text{시간}}=\frac{\text{나중 속력}-\text{처음 속력}}{\text{시간}}(m/s^2)$$(즉, 매초 1m의 속력으로 변한다는 뜻)

3. 중력가속도

낙하운동에서 연직 아래 방향의 가속도를 중력가속도라 하며 g의 기호로 표시한다. g는 약 $9.8m/s^2$의 값을 갖는다.

4. 1다인(dyn)

질량 1g의 물체에 작용하여 $1cm/s^2$ 가속도를 생기게 하는 힘(CGS 단위) ※ 힘의 절대단위 : dyn, N

5. 일의 단위

① kg중 · m : 1kg중의 힘으로 물체를 1m 이동시켰을 때의 일은 1kg중 · m이다.(중력단위이다.)

② 1erg(에르그) : 1다인(dyn)의 힘이 물체에 작용해서 그 방향으로 물체가 1cm 이동했을 때 한 일을 1erg라 한다.(CGS 단위이다.)

1erg=1dyn×1cm

③ N · m : 1뉴턴의 힘으로 1m 이동시켰을 때의 일은 1N · m이다.

④ J(줄) : 1N · m의 일을 학문상에서 1J이라 한다.

- 1kg중 · m=9.8N · m=9.8J
- 1J=1N · m=10^7dyn · cm=10^7erg
- 1g중 · cm=980erg

6. 일률

기계가 단위시간에 한 일의 양을 일률(공률)이라 한다. 특히 전기력인 경우 전력(W)이라 한다.

① kg중 · m/s : 1kg 중의 물체를 1초 동안에 1m 올릴 때의 일률은 1kg중 · m/s이다.

② W(와트) : 1초 동안에 1N의 힘으로 1m 이동하였을 때의 일률이 1W이다.

③ HP(마력) : 1초 동안에 75kg중의 힘으로 물체를 1m 올리는 일률과 같은 양이다.

7. 스테판 – 볼츠만의 상수(δ)

$\delta=5.67\times10^{-8}W/m^2 \cdot K^4$

ε=흑체 표면 방사율

C_b=흑체의 복사 정수($4.88kcal/m^2h(100K)^4$)

8. 전열량(Q) 계산

① 중공원관 전열량$(Q) = \dfrac{2\pi Lk(t_1 - t_2)}{\ln r_2 - \ln r_1} = \dfrac{2\pi L(t_1 - t_2)}{\dfrac{1}{k} \cdot \ln \dfrac{r_2}{r_1}}$

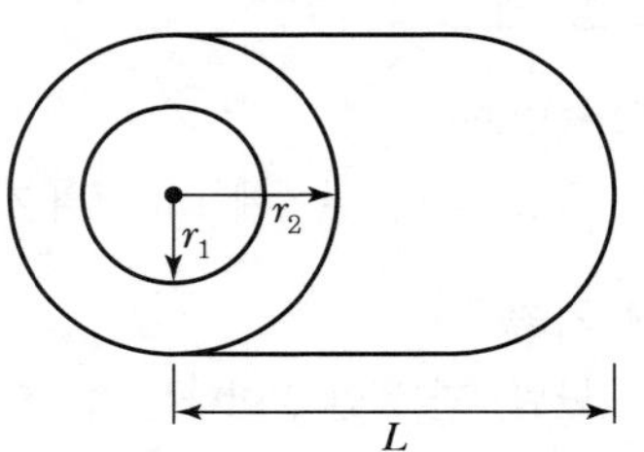

② 구형용기 전열량$(Q) = k \cdot \dfrac{4\pi(t_1 - t_2)}{\dfrac{1}{r_1} - \dfrac{1}{r_2}}$

여기서, k : 열전도율(W/m · h)

L : 원관길이(m)

$t_1 - t_2$: 온도차(℃)

r_1, r_2 : 원관반경(m)

REFERENCE 주요 국제 SI 단위

1. 힘(Force) : Newton(N, 뉴턴)

$1N = 1kg \times 1m/s^2 = 1kg \cdot m/s^2$

$1dyne = 1g \times 1cm/s^2 = 1g \cdot cm/s^2$

$1N = 1kg \cdot m/s^2 = 1{,}000g \times 100cm/s^2 = 10^5 g \cdot cm/s^2 = 10^5 dyne$

2. 일(Work) : Joule(J, 줄)

$1J = 1N \times 1m = 1N \cdot m$

$1erg = 1dyne \times 1cm = 1dyne \cdot cm$

$1N \cdot m = 10^5 dyne \times 100cm = 10^7 dyne \cdot cm = 10^7 erg$

3. 동력(Power) : Watt(W, 와트) 단위시간당 행하는 일의 율(공률)

$1W = 1J/s = 1N \cdot m/s = 10^7 erg/s$

$1kW = 1{,}000W = 1{,}000J/s = 3{,}600kJ/h$

4. 동력의 중력단위계와 SI 단위계의 비교

$F = ma \rightarrow kg_f = kg \cdot m/s^2$

$1kg_f = 1kg중 = 1kg \times 9.8m/s^2 = 9.8kg \cdot m/s^2 = 9.8N$

$1N = 1kg \cdot m/s^2$

$1kg \cdot m/s = 9.8N \cdot m/s = 9.8J/s = 9.8W$

1PS = 75kg · m/sec = 735.5W(SI) = 0.7355kW = 632.3kcal/h(SI)

1kW = 860kcal/h = 102kg · m/sec = 1kJ/sec(SI) = 1.36PS

01장 출제예상문제

01 게이지 압력과 절대압력의 차이는?

① 진공압 ② 수압
③ 지시압 ④ 대기압

해설
㉠ 절대압력 = 게이지 압력 + 대기압
㉡ 대기압 = 절대압력 − 게이지 압력

02 열전도율의 단위는?

① $kcal/m^2h℃$ ② $W/m℃$
③ $kcal/℃$ ④ $kcal/m^2h$

해설
①은 열관류율, ②는 열전도율, ③은 열용량, ④는 전열량

03 외부와 열의 출입이 없는 열역학적 변화는?

① 등온변화 ② 정압변화
③ 단열변화 ④ 정적변화

해설
단열변화란 외부와 열의 출입이 없는 열역학적 변화이다.

04 열의 이동방법에 속하지 않는 것은?

① 복사 ② 전도
③ 대류 ④ 증발

해설
열의 이동방법 : 복사, 전도, 대류

05 물의 임계압력에서의 잠열은 몇 kcal/kg인가?

① 539 ② 100
③ 0 ④ 639

해설
물의 임계압력($225.65kg_f/cm^2$ 절대압기준)에서 물의 증발잠열은 0kcal/kg이다.

06 금속의 한쪽 끝을 가열하면 반대쪽 끝도 점차 온도가 상승한다. 이러한 열전달방식은?

① 전도 ② 대류
③ 복사 ④ 방사

해설
열전달에는 복사, 전도, 대류가 있다. 열전도란 금속의 한쪽 끝을 가열하면 반대쪽 끝도 점차 온도가 상승하는 것을 말한다.

07 건조도가 1인 증기는?

① 습공기 ② 포화증기
③ 건포화증기 ④ 재열증기

해설
㉠ 건조도 1 : 건포화증기
㉡ 건조도 0 : 포화수
㉢ 건조도 x : 습포화증기(x값이 1 미만)

08 5°F를 섭씨온도와 절대온도로 옳게 환산한 것은?

① −15℃, 258K
② 30℃, 303K
③ 20.5℃, 293.5K
④ −52.6℃, 220.4K

해설
$℃ = \frac{5}{9}(°F - 32) = \frac{5}{9} \times (5 - 32) = -15℃$

$K = ℃ + 273 = 273 - 15 = 258K$

정답 01 ④ 02 ② 03 ③ 04 ④ 05 ③ 06 ① 07 ③ 08 ①

09 다음 중 열전도율의 값이 가장 작은 것은?

① 글라스 울　　② 철
③ 동　　④ 물

해설
글라스 울의 열전도율값은 0.036~0.054kcal/mh℃이다. 보온재는 열전도율이 낮다.

10 다음 물질 중 비열이 가장 큰 것은?

① 동　　② 수은
③ 아연　　④ 물

해설
㉠ 금속은 비열이 매우 낮다.
㉡ 물은 비열이 1kcal/kg℃로 매우 높다.

11 비열의 정의로서 옳은 것은?

① 어떤 물질의 온도를 100℃ 올리는 데 필요한 열량
② 순수한 물 1kg을 100℃ 올리는 데 필요한 열량
③ 어떤 물질 1kg이 보유하고 있는 열량
④ 어떤 물질 1kg을 1℃ 올리는 데 필요한 열량

해설
비열은 어떤 물질 1kg을 1℃ 올리는 데 필요한 열량이며, 단위는 kcal/kg℃이다.

12 어떤 보일러에서 30℃의 급수를 엔탈피 630kcal/kg의 증기로 바꿀 때 증발계수는?

① 1.11　　② 600
③ 21　　④ 630

해설
증발계수$=\frac{h_2-h_1}{539}=\frac{630-30}{539}=1.11$
※ 1kcal$=$4.186kJ

13 습포화증기의 건조도(%) 범위를 바르게 표현한 것은?

① $X=1$　　② $0<X<1$
③ $X>1$　　④ $X<0$

해설
습포화증기 건조도(X)
㉠ $X=1$(건조포화증기)
㉡ $0<X<1$(습포화증기)
㉢ $X=0$(포화수)

14 다음 그림이 나타내는 것은?

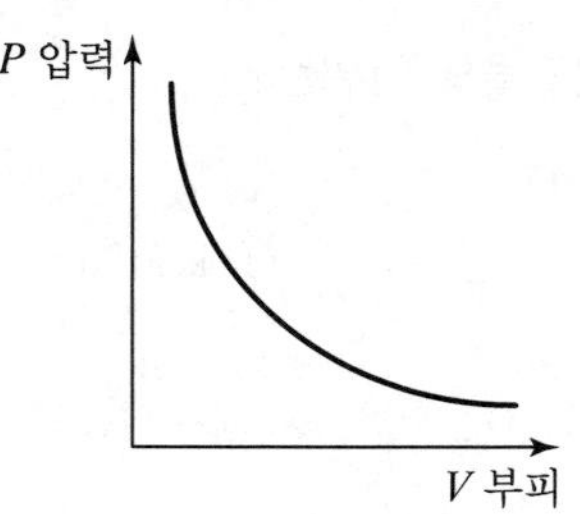

① 온도가 일정할 때 압력과 부피의 관계
② 부피가 일정할 때 압력과 온도의 관계
③ 압력이 일정할 때 온도와 체적의 관계
④ 온도와 압력이 일정할 때의 부피

해설
문제에 제시된 그림은 온도가 일정할 때 압력과 부피의 관계를 나타낸 것이다.

15 다음 중 압력의 관계식이 옳은 것은?

① 게이지 압력＝절대압력－대기압
② 절대압력＝게이지 압력－대기압
③ 공학기압(at)＞표준 대기압(atm)
④ 절대압력＝대기압－게이지 압력

정답 09 ① 10 ④ 11 ④ 12 ① 13 ② 14 ① 15 ①

해설

① 게이지 압력 = 절대압력 − 대기압

②, ④ 절대압력 = 게이지 압력 + 대기압

③ 공학기압(at) < 표준대기압(atm)

16 과열증기에서 과열도는 무엇인가?

① 과열증기온도와 포화온도의 차이다.

② 과열증기온도에 증발열을 합한 것이다.

③ 과열증기의 압력과 포화증기의 압력차이다.

④ 건도가 100(%)인 증기를 말한다.

해설

과열도 = 과열증기온도 − 포화증기온도

17 비열이 0.85kcal/kg · ℃인 물질 50kg을 20℃에서 110℃까지 가열할 때 소요되는 열량은?

① 3,350kcal ② 3,825kcal

③ 4,250kcal ④ 4,500kcal

해설

$Q = G \times C_p \times \Delta t = 50 \times 0.85 \times (110 - 20) = 3{,}825\text{kcal}$

18 400kg의 물을 30℃에서 100℃로 가열하였을 때 소요된 열량은?

① 12,000kcal ② 17,000kcal

③ 24,000kcal ④ 28,000kcal

해설

$400 \times 1 \times (100 - 30) = 28{,}000\text{kcal}$

19 어떤 증기를 열량계로 측정하니 엔탈피가 644.5kcal/kg이었다. 이 증기의 건조도는?(단, 증기의 건포화엔탈피는 659.6kcal/kg, 포화수엔탈피는 165.6kcal/kg이다.)

① 0.73 ② 0.87

③ 0.93 ④ 0.97

해설

$$\frac{644.5 - 165.6}{659.6 - 165.6} = 0.969$$

20 어떤 물질 1g의 온도를 1℃ 높이는 데 소요되는 열량은?

① 열용량 ② 비열

③ 현열 ④ 엔탈피

해설

비열

물질 1g의 온도를 1℃ 높이는 데 필요한 열량이며 단위는 cal/g℃이다.

21 90℃의 물 500kg에 5℃의 물 700kg을 혼합시키면 몇 ℃의 물이 되는가?

① 43.5℃ ② 38.8℃

③ 40.4℃ ④ 48.7℃

해설

$90 \times 1 \times 500 = 45{,}000\text{kcal},\ 5 \times 1 \times 700 = 3{,}500\text{kcal}$

$$t = \frac{45{,}000 + 3{,}500}{500 + 700} = 40.4℃$$

22 50kcal의 열량을 전부 일로 변환시키면 몇 kg · m의 일을 할 수 있는가?

① 13,650kg · m ② 21,350kg · m

③ 31,600kg · m ④ 43,000kg · m

해설

1kcal = 427kg · m

∴ 50 × 427 = 21,350kg · m

23 증기의 건조도가 0이라 하면 무엇을 말하는가?

① 포화수 ② 건포화증기

③ 과열증기 ④ 습증기

정답 16 ① 17 ② 18 ④ 19 ④ 20 ② 21 ③ 22 ② 23 ①

해설

㉠ 건조도가 0 : 포화수
㉡ 건조도가 1 : 건포화증기
㉢ 건조도가 1 미만 : 습포화증기

24 압력에 대한 설명 중 잘못된 것은?

① 단위면적당 작용하는 힘을 압력이라고 한다.
② 표준대기압은 수은주 760mm의 압력이다.
③ 절대압력은 계기압에서 대기압을 뺀 압력이다.
④ $1kg/m^2$의 압력은 수두압으로 약 1mmAq이다.

해설

절대압력(abs) = 계기압 + 대기압

25 과열증기를 올바르게 설명한 것은?

① 건포화증기를 압력의 변동 없이 온도를 상승시킨 증기이다.
② 포화증기를 수분이 없도록 압력을 높게 만든 증기이다.
③ 건포화증기를 온도의 변동 없이 압력을 상승시킨 증기이다.
④ 포화증기를 압력과 온도를 모두 높게 만든 증기이다.

해설

㉠ 과열증기 발생순서
물 → 포화수 → 습포화증기 → 건포화증기 → 과열기 → 온도 상승 → 과열증기 발생
㉡ 건포화증기를 압력의 변동 없이 포화증기온도보다 상승시킨 증기가 과열증기이다.

26 물의 임계압력은 몇 kg_f/cm^2인가?

① $100kg/cm^2$ ② $175kg/cm^2$
③ $225kg/cm^2$ ④ $374kg/cm^2$

해설

물의 임계점
㉠ 임계압력 : $225kg/cm^2$
㉡ 임계온도 : 374℃

27 증기의 성질에 관한 설명 중 잘못된 것은?

① 증기의 압력이 커지면 그것에 비례하여 전열량도 증가한다.
② 증기의 압력이 커지면 포화온도도 증가한다.
③ 습포화증기를 가열하면 건조한 증기가 된다.
④ 증기압력이 커지면 잠열도 증가한다.

해설

증기의 압력이 커지면 잠열은 감소하고 엔탈피는 증가한다.

28 증기 질(質)의 개선책이 아닌 것은?

① 불순물을 제거한다.
② 기수분리기를 설치한다.
③ 리프트 피팅을 설치한다.
④ 비수방지관을 설치한다.

해설

리프트 피팅은 저압의 증기난방에서 저수위 사고를 방지하기 위한 균형관으로 환수를 보급하기 위한 설비이다.

29 일의 열당량은 몇 kcal/kg · m인가?

① 860kcal/kg · m ② 632kcal/kg · m
③ 427kcal/kg · m ④ $\frac{1}{427}$kcal/kg · m

해설

㉠ 일의 열당량(A) = $\frac{1}{427}$ kcal/kg · m
㉡ 열의 일당량(J) = 427kg · m/kcal

30 물의 표준대기압(atm)의 잠열은?

① 539kcal/kg ② 100kcal/kg
③ 82kcal/kg ④ 0kcal/kg

해설

물의 표준대기압에서 잠열 : 539kcal/kg

정답 24 ③ 25 ① 26 ③ 27 ④ 28 ③ 29 ④ 30 ①

31 다음 물질 중 비열이 가장 큰 것은?

① 물 ② 증기
③ 공기 ④ 배기가스

해설

비열
㉠ 물 : 1kcal/kg℃
㉡ 증기 : 0.44kcal/kg℃
㉢ 공기 : 0.24kcal/kg℃
㉣ 배기가스 : 0.31kcal/kg℃

32 물체의 온도를 변화시키지 않고 상(相) 변화를 일으키는 데만 사용되는 열량은?

① 반응열 ② 비열
③ 현열 ④ 잠열

해설

㉠ 잠열이란 물체의 온도를 변화시키지 않고 상의 변화만 일으키는 데 사용되는 열량이다.
㉡ 현열은 물체의 온도는 변화하지만 상의 변화는 없다.

33 다음 중 압력의 단위가 아닌 것은?

① mmHg ② mmAq
③ kg_f/mm^2 ④ mmHq

해설

압력의 단위
mmHg, mmAq, kg_f/cm^2, kg_f/mm^2, N/m^2, kPa(Pa, MPa)

34 x를 습포화증기의 건조도라 할 때 습도가 가장 낮은 증기의 x값은?

① $x=1$ ② $x=0$
③ $x=0.1$ ④ $x=0.01$

해설

x(건조도)가 1이면 건조포화증기이므로 습도가 0이 된다.

35 게이지 압력 P_0(kg/cm³)와 절대압력 P_a(kg/cm³) 사이의 관계식 중 옳은 것은?

① $P_a=P_0-1$ ② $P_a=P_0+1$
③ $P_0=P_a+1$ ④ $P_0=P_a+10$

해설

$P_a=P_0+1$ = 게이지 압력 + 대기압력

36 30마력(PS)인 기관이 1시간 동안 행한 일량을 열량으로 환산하면?

① 14,360kcal ② 15,240kcal
③ 18,970kcal ④ 20,402kcal

해설

1PS－h＝632kcal
∴ 30×632＝18,970kcal

37 다음의 에너지나 일의 단위 중 1J과 같은 값은?

① 1N · m ② 1kcal
③ 1W/s ④ 1erg

해설

1J은 1N · m과 같다.(0.24cal)

38 다음 열량의 단위 중 그 값이 가장 큰 것은?

① 1kcal ② 1CHU
③ 1BTU ④ 1Joule

해설

1kcal＝2.205CHU＝3.968BTU＝4,200Joule＝4.2kJ

39 열전달률의 단위로 옳은 것은?

① kcal/℃ ② kcal/m³ · h · ℃
③ kcal/m · h · ℃ ④ kcal/m² · h · ℃

정답 31 ① 32 ④ 33 ④ 34 ① 35 ② 36 ③ 37 ① 38 ① 39 ④

해설

㉠ 열의 이동 : 전도, 복사, 대류
㉡ 열전달률 : $kcal/m^2 \cdot h \cdot ℃$
㉢ 열관류율 : $kcal/m^2 \cdot h \cdot ℃$

40 10℃의 물 15kg을 100℃로 가열하였을 때 물이 흡수한 열량은?

① 800kcal ② 800kcal
③ 1,200kcal ④ 1,350kcal

해설

$Q = 15 \times 1 \times (100 - 10) = 1,350\text{kcal}$

41 물질의 상(相)을 변화시키지 않고 온도를 높이는 데 사용되는 열은?

① 발열 ② 전열
③ 현열 ④ 잠열

해설

현열은 물질의 온도를 높이는 데 필요한 열이다.

42 1atm하에서 100℃ 포화증기 엔탈피는?

① 373kcal/kg ② 460kcal/kg
③ 539kcal/kg ④ 639kcal/kg

해설

㉠ 포화수 엔탈피 : 100kcal/kg
㉡ 증발잠열 : 539kcal/kg
$\therefore h'' = 100 + 539 = 639\text{kcal/kg}$

43 물 1,200kg을 30℃에서 90℃까지 온도를 올리는 데 필요한 열량은?(단, 물의 비열은 1kcal/kg · ℃이다.)

① 56,000kcal ② 72,000kcal
③ 78,000kcal ④ 84,000kcal

해설

$Q = 1,200 \times 1 \times (90 - 30) = 72,000\text{kcal}$

44 열관류율값을 적게 하기 위한 방법으로 틀린 것은?

① 벽체의 두께를 두껍게 한다.
② 가급적 열전도율이 낮은 재료를 사용한다.
③ 가능한 한 건식구조로 완전 밀폐한다.
④ 흡수성이 큰 보온재를 사용한다.

해설

흡수성이 큰 보온재는 열관류율값을 크게 하여 열손실을 증가시킨다.

45 물질의 정압비열(C_p)과 정적비열(C_v)의 비(比)인 비열비 K의 값은?

① 언제나 1보다 작다.
② 언제나 1보다 크다.
③ 0이다.
④ 물질에 따라 1보다 크거나 작다.

해설

기체비열비$(K) = \dfrac{\text{정압비열}}{\text{정적비열}}$(항상 1보다 크다.)

46 열용량을 옳게 설명한 것은?

① 1kg의 물체 온도를 100℃ 올리는 데 필요한 열량이다.
② 1kg의 물체 온도를 1℃ 올리는 데 필요한 열량이다.
③ 비열비에 물질의 질량을 곱한 값이다.
④ 어떤 물질의 온도를 1℃ 올리는 데 필요한 열량이다.

해설

열용량
어떤 물질의 온도를 1℃ 올리는 데 필요한 열량이다.(단위는 kcal/℃)

정답 40 ④ 41 ③ 42 ④ 43 ② 44 ④ 45 ② 46 ④

47 과열증기에 대한 설명으로 옳은 것은?

① 포화증기에서 온도는 바꾸지 않고 압력만 높인 증기
② 포화증기에서 압력은 바꾸지 않고 온도만 높인 증기
③ 포화증기에서 압력과 온도를 높인 증기
④ 포화증기의 압력은 낮추고 온도는 높인 증기

해설

과열증기
포화증기에서 압력은 변동 없이 온도만 높인 증기

48 열용량을 옳게 설명한 것은?

① 1kg의 물체 온도를 100℃ 올리는 데 필요한 열량이다.
② 1kg의 물체 온도를 1℃ 올리는 데 필요한 열량이다.
③ 비열비에 물질의 질량을 곱한 값이다.
④ 비열×질량값에 해당된다.

해설

열용량(cal/℃)이란 어떤 물질의 온도를 1℃ 올리는 데 필요한 열량이다.(비열×질량)

49 습포화증기의 엔탈피를 구하는 식은?

① 포화수 엔탈피 − 증발열 × 건조도
② 포화수 엔탈피 × 증발열 + 건조도
③ 포화수 엔탈피 + 증발열 × 건조도
④ 포화수 엔탈피 × 건조도 − 증발열

해설

습포화증기 엔탈피(h_2) = 포화수 엔탈피(h_1) + 물의 증발열(r)×증기의 건조도(x)

50 90℃의 물 1,000L에 15℃의 물 2,000L를 혼합시키면 온도는 몇 ℃가 되는가?(단, 물의 비열은 1kcal/L℃이다.)

① 40℃ ② 20℃
③ 30℃ ④ 50℃

해설

$1,000 \times 1 \times 90 = 90,000\text{kcal}$
$2,000 \times 1 \times 15 = 30,000\text{kcal}$
$\therefore \dfrac{90,000 + 30,000}{1,000 + 2,000} = 40℃$

51 증기의 과열도를 옳게 나타낸 것은?

① 포화증기온도 − 건포화증기온도
② 과열증기온도 − 포화증기온도
③ 건포화증기온도 − 포화증기온도
④ 포화증기온도 − 습증기온도

해설

증기의 과열도 = 과열증기온도(h_c'') − 포화증기온도(h')

52 열의 전달방법을 설명한 것 중 틀린 것은?

① 열전도는 고체 간의 열전달이다.
② 열대류는 유체 간의 열전달이다.
③ 열복사는 전도와 대류가 함께 작용하는 열전달이다.
④ 열복사는 열방사라고도 한다.

해설

열전달은 복사, 전도, 대류가 함께 열이동되는 현상이다.

53 어떤 물질 500g을 20℃에서 50℃로 올리는 데 3,000cal의 열량이 필요하였다. 이 물질의 비열은?

① 0.1cal/g·℃ ② 0.2cal/g·℃
③ 1cal/g·℃ ④ 5cal/g·℃

$3,000 = 500 \times C_p(50 - 20)$

$C_P = \dfrac{3,000}{500(50-20)} = 0.2\text{cal/g}\cdot℃$

정답 47 ② 48 ④ 49 ③ 50 ① 51 ② 52 ③ 53 ②

54 물 300kg이 10℃에서 80℃로 가열되었을 때 물이 흡수한 열량은?

① 14,000kcal ② 18,000kcal
③ 21,000kcal ④ 24,000kcal

해설
$Q = G \times C_p \times \Delta t = 300 \times 1 \times (80-10) = 21,000\text{kcal}$

55 게이지 압력이 15.7kgf/cm²이고 대기압이 1.03kgf/cm²일 때 절대압력은 몇 kgf/cm²인가?

① 14.67kg/cm² ② 16.73kg/cm²
③ 17.83kg/cm² ④ 20.08kg/cm²

해설
abs = atg + atm = 15.7 + 1.03 = 16.73kg/cm²

56 화씨온도 55℉를 섭씨온도와 절대온도로 환산하면?

① 13℃, 286K ② 30℃, 303K
③ 41℃, 314K ④ 186.8℃, 459.8K

해설
$℃ = \frac{5}{9}(℉-32) = \frac{5}{9} \times (55-32) = 13℃$
∴ 273 + 13 = 286K

57 물의 임계점에 대한 설명으로 잘못된 것은?

① 증발잠열이 0이 된다.
② 대기압하에서 물이 증기로 변화될 때의 온도이다.
③ 증기와 포화수 간의 비중량이 같다.
④ 증발현상이 없다.

해설
물의 임계점(374℃, 225kgf/cm²)은 물이 대기압하에서 증기로 변화할 때의 온도이다.

58 30kcal의 열량을 전부 일로 변화시키면 몇 kgf · m가 되는가?

① 8,540kgf · m ② 10,240kgf · m
③ 12,810kgf · m ④ 22,050kgf · m

해설
1kcal = 427kgf · m
∴ 427×30 = 12,810kgf · m

59 35℃는 화씨온도로 몇 ℉인가?

① 87℉ ② 95℉
③ 72℉ ④ 98℉

해설
$℉ = \frac{9}{5} \times ℃ + 32 = 1.8 \times 35 + 32 = 95℉$

60 흑체로부터의 복사 전열량은 절대온도의 몇 제곱에 비례하는가?

① 2제곱 ② 3제곱
③ 4제곱 ④ 5제곱

해설
$C_b = 4.88\text{kcal/m}^2\text{hK}$(흑체복사정수)
$Eb = C_b\left[\frac{T}{100}\right]^4 (\text{kcal/m}^2\text{h})$

61 다음 중 잠열에 해당되는 것은?

① 기화열 ② 생성열
③ 중화열 ④ 반응열

해설
물의 기화열이나 액체의 기화열은 잠열에 해당되며 온도의 변화는 없고 상태 변화만 있다.

정답 54 ③ 55 ② 56 ① 57 ② 58 ③ 59 ② 60 ③ 61 ①

62 1칼로리(cal)는 약 몇 줄(Joule)에 해당하는가?

① 0.24J ② 2.4J
③ 4.2J ④ 3.8J

해설
㉠ 1칼로리는 4.2줄
㉡ 1줄은 0.24칼로리

63 비열에 관한 설명으로 틀린 것은?

① 모든 유체의 비열은 동일하다.
② 비열의 단위는 kcal/kg · ℃이다.
③ 어떤 물질 1kg을 1℃ 올리는 데 필요한 열량이다.
④ 비열이 큰 물질은 열매로서 유리하다.

해설
모든 유체의 비열은 제각기 다르다.

64 20℃의 물 300kg과 90℃의 물 200kg을 혼합하면 물의 온도는?

① 22℃ ② 32℃
③ 42℃ ④ 48℃

해설
300×1×20=6,000kcal
200×1×90=18,000kcal

$$\therefore \frac{6,000+18,000}{300\times1+200\times1}=48℃$$

※ 물의 비열은 1kcal/kg℃

65 과열증기에 대한 설명으로 옳은 것은?

① 포화증기에서 온도는 바꾸지 않고 압력만 높인 증기다.
② 표준대기압하에서 110℃의 증기는 과열증기다.
③ 포화증기에서 압력과 온도를 높인 증기다.
④ 포화증기의 압력은 낮추고 온도는 높인 증기다.

해설
㉠ 과열증기 : 습포화증기 → 건포화증기 → 과열증기
㉡ 과열증기 엔탈피=포화증기 엔탈피+증기의 비열(과열증기온도−포화증기온도)

66 열관류율값을 적게 하기 위한 방법으로 틀린 것은?

① 벽체의 두께를 두껍게 한다.
② 밀도가 큰 보온재를 사용한다.
③ 가급적 연전도율이 낮은 재료를 사용한다.
④ 가능한 한 건식구조로 완전 밀폐한다.

해설
밀도가 크면 열관류율이 커진다.

67 포화압력에 도달하여 발생한 증기가 수분을 포함한 상태는?

① 포화수 ② 습포화증기
③ 건포화증기 ④ 과열증기

해설
㉠ 습포화증기 : 증기+수분 ㉡ 건포화증기 : 증기

68 대기압이 1기압일 때 증기의 게이지 압력이 5기압이었다. 이 증기의 절대압력은?

① 6기압 ② 5기압
③ 4기압 ④ −4기압

ata=ata+ata=1+5=6atm

69 증기의 압력이 높아질 때 나타나는 현상 중 틀린 것은?

① 포화온도 상승 ② 증발열의 감소
③ 증기의 잠열 감소 ④ 전열량 감소

해설
증기 압력이 높아지면 전열량(엔탈피)이 증가한다.

정답 62 ③ 63 ① 64 ④ 65 ② 66 ② 67 ② 68 ① 69 ④

70 일정관 내에서 유속이 가장 빠른 것은?

① 물 ② 포화증기
③ 건포화증기 ④ 과열증기

해설

유속이 빠른 순서

과열증기 > 건포화증기 > 포화증기 > 물

※ 일반증기유속 : 25~30m/s 정도

71 대기압하에서 동일한 무게의 물 또는 얼음을 다음과 같이 변화시키는 경우 가장 큰 열량이 필요한 것은?

① −20℃의 얼음을 0℃의 얼음으로 변화
② 0℃의 얼음을 0℃의 물로 변화
③ 0℃의 물을 100℃의 물로 변화
④ 100℃의 물을 100℃의 증기로 변화

해설

① $0.5\times[0-(-20)]=10$kcal/kg
② 80kcal/kg
③ 100kcal/kg
④ 539kcal/kg

정답 70 ④ 71 ④

CHAPTER 02 보일러의 구조 및 종류

SECTION 01 보일러의 구성 부분

1 보일러

밀폐된 용기의 내부에 물이나 열의 매체를 넣고서 연료를 연소시켜 연소열을 전달하여 대기압보다 높은 증기를 발생시키는 기구이다.

[보일러 3대 구성요소] 본체, 연소장치, 부속장치

2 보일러 본체

동(드럼)이라 하며 내부에 물이나 열매체를 넣고 연소열을 전해서 내부의 유체를 가열한 후 소요압력의 온수 또는 증기를 발생시키는 부분이다.

3 보일러 연소장치

연료를 공급하여 연소시켜서 열을 유발하는 연소실 등을 연소장치라 한다.

4 부속기구장치

보일러의 가동에 도움을 주며 생성된 증기를 사용처에 보내기 위한 보조기구로, 급수장치, 송기장치, 폐열회수장치, 제어장치, 분출장치, 안전장치, 처리장치 등이 있다.

SECTION 02 보일러의 용량과 전열면적

1 보일러의 용량 표시방법

정격용량이란 100℃의 포화수를 100℃의 건조된 증기로 발생시켰을 때의 용량을 말하며 상당증발량(환산증발량)으로 표시한다.

① **상당증발량** $= \dfrac{\text{시간당 실제 증기발생량}(h_2 - h_1)}{539} = (\text{kg}_\text{f}/\text{hr})$

② **상당증발량** $= \dfrac{\text{시간당 급수사용량}(h_2 - h_1)}{539} = (\text{kg}_\text{f}/\text{hr})$

여기서, h_2 : 포화증기엔탈피, h_1 : 급수엔탈피, 증기, 급수사용량(kgf/h)

③ **상당증발량**＝실제 증기발생량×증발계수(증발력)＝(kgf/hr)

2 보일러의 전열면적 계산

전열면적이란 한쪽 면이 연소가스와 접촉되며 다른 면이 물 또는 열매체에 접촉되는 것이며, 보일러 용량은 마력으로 표시할 때 그 전열면적으로 환산하는 것이다.

- **노통 보일러** : 전열면적 0.465m^2가 1마력
- **연관 보일러 · 수관 보일러** : 전열면적 0.929m^2가 1마력

1. 둥근 보일러

① **랭커셔 보일러** : $HA = 4Dl(m^2)$

② **입횡관 보일러** : $HA = \pi D_1(H + dn)(m^2)$

③ **코니시 보일러** : $HA = \pi Dl(m^2)$

④ **횡연관 보일러** : $HA = \pi l\left(\dfrac{D}{2} + d_1 n\right) + D^2(m^2)$

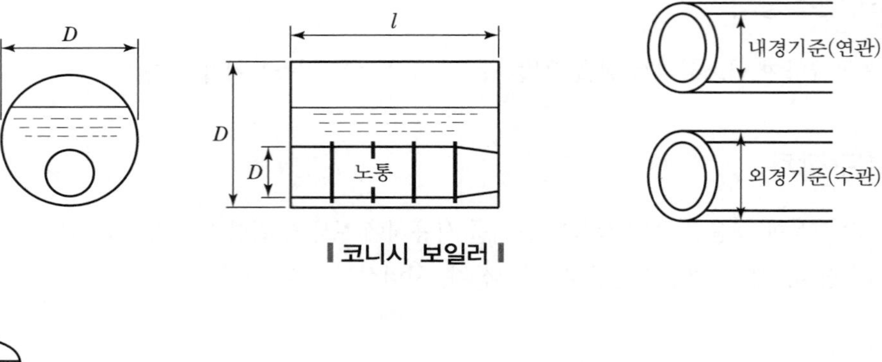

▮코니시 보일러▮

▮입횡관 보일러▮ ▮랭커셔 보일러▮ ▮횡연관 보일러▮

2. 수관식 보일러

① 스페이스드 튜브형 : $HA = \pi D l_1 n$

② 메인스페이스드 튜브형 : $HA(m^2) = \frac{\pi d}{2} l_1 n$

③ 탄젠셜형 = $HA = \frac{\pi d}{2} l_1 n$

④ 메인 사각 튜브형 : $HA = b l_1$

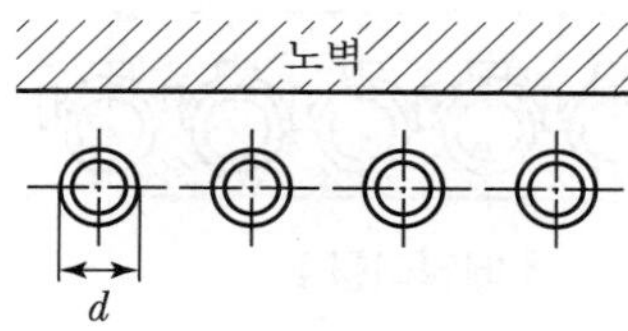

❙ 스페이스드 튜브형 ❙

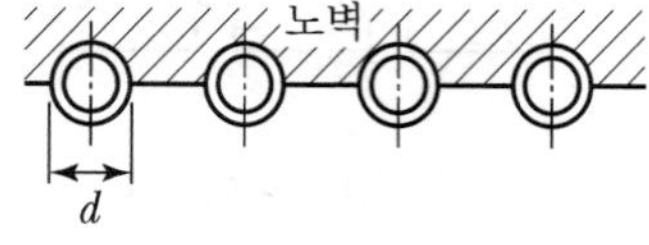

❙ 메인스페이스드 튜브형 ❙

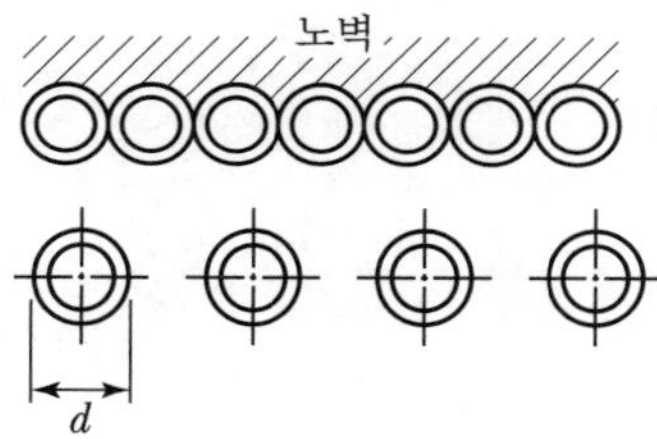

❙ 탄젠셜형 ❙

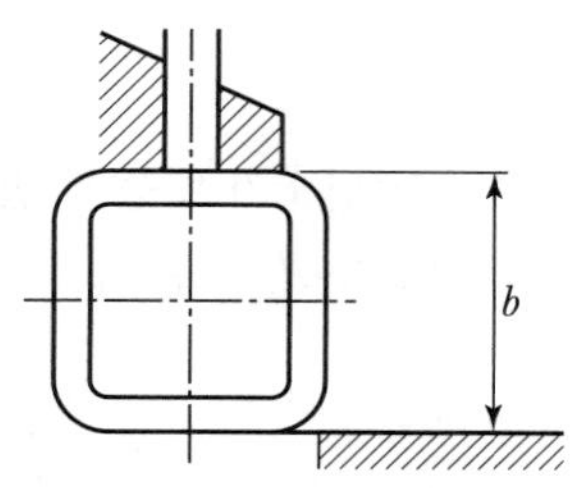

❙ 메인 사각 튜브형 ❙

⑤ 핀 패널형 : $HA = (\pi d + Wa) l_1 n \; W : (b - d)$

▼ 열전달에 따른 계수

열전달의 종류	계수
양면에서 방사열을 받는 경우	1.0
한쪽 면에 방사열, 다른 면에는 접촉열을 받는 경우	0.7
양면에 접촉열을 받는 경우	0.4

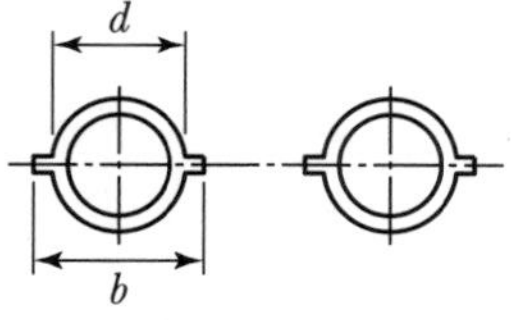

❙ 핀 패널형 ❙

⑥ 메인 핀 패널형 : $HA = \left(\frac{\pi d}{2} + Wa\right) l_1 n$

▼ 열전달에 따른 계수

열전달의 종류	계수
방사열을 받는 경우	0.5
접촉열을 받는 경우	0.2

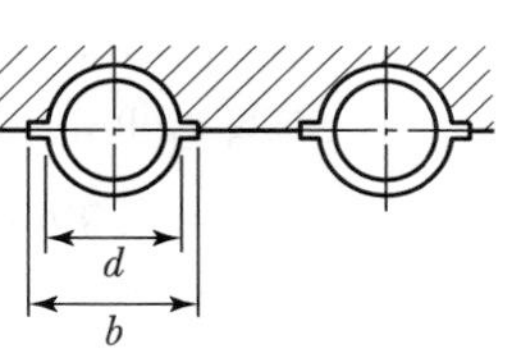

❙ 메인 핀 패널형 ❙

⑦ **스파이럴형**

$$HA = \left\{ \pi d l_1 + \frac{\pi d}{4}(d_1{}^2 - d^2) n_1 \beta \right\} n$$

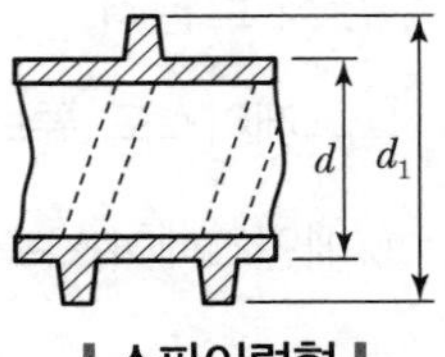

스파이럴형

⑧ **내화물 피복형** : $HA = dl_1 n$

⑨ **베일리형** : $HA = bl_1$

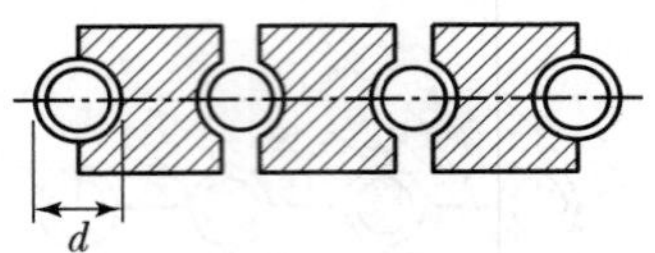

내화물 피복형

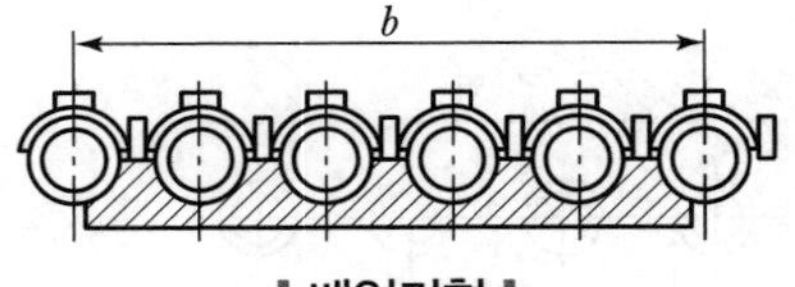

베일리형

⑩ 스터드 튜브로서 내화물로 피복된 것

$HA = \pi d l_1 n$

⑪ 스터드 튜브로서 연소가스 등에 접촉되는 것

$HA = (\pi d l + 0.15 \pi d_m l_2 n_2) n$

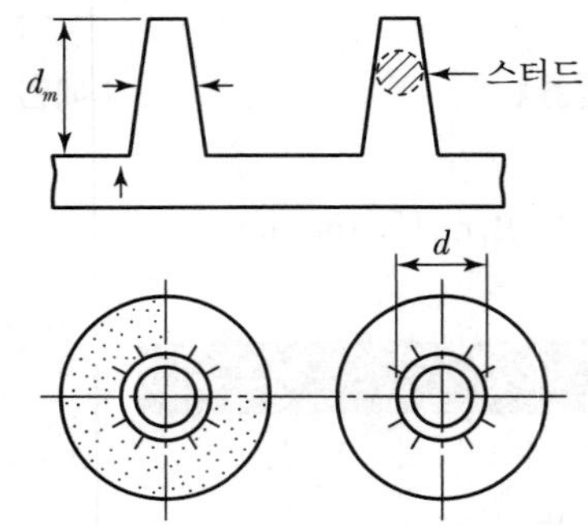

스터드 튜브로서 내화물로 피복된 것

참고 HA : 전열면적(m^2)
D : 동의 외경(m)
l : 동의 길이(m)
d : 수관의 외경(m)
n : 수관의 개수
d_a : 핀의 바깥지름(m)
d_m : 스터드의 평균지름(m)
n_2 : 스터드의 수
H : 연소실의 높이(m)
D_1 : 노통의 내경(m)
l_1 : 수관 또는 헤더의 길이(m)
d_1 : 연관의 내경(m)
n_1 : 핀의 개수
β : 정수로서 0.2 적용
ℓ_2 : 스터드의 길이(mm)

3. 보일러 마력

시간당 100℃의 포화수 15.65kg을 100℃의 건포화 증기로 발생시키는 능력을 보일러 1HP(마력)라 한다. 또한 열량으로 환산하면 15.65×539=8,435kcal/hr(35,298kJ/h)이다.

4. 정격출력

정격용량을 열량으로 표시한 것이며 시간당 증기나 온수가 가지고 나오는 열량(kcal/hr)을 말한다.

① 539(kcal/kg)×정격용량(kcal/hr)=kcal/hr

② 매시 실제증발량$(h_2 - h_1)$=kcal/hr

③ 매시 급수사용량(출탕온도−급수온도)×급수의 비열=kcal/hr

참고 수관식 보일러의 전열면적 계산 시 드럼은 전열면적에 포함시키지 않고 수관의 면적만 계산한다.

5. EDR(상당 방열면적)

난방용 보일러에서 매시간 방열된 양을 방열기의 방열면적으로 환산하여 나타내는 방식이다.

SECTION 03 보일러의 구조 및 특징

1 본체의 구조

1. 리벳 조인트

① 랩 조인트(겹친이음)

② 버트 조인트(맞댄이음)

2. 경판

① 반구형 경판(아주 강하다.)

② 반타원형 경판(강하다.)

③ 접시형 경판(양호하다.)

④ 평형 경판(약하다.)

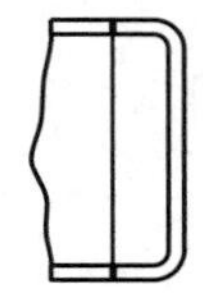
(a) 평형 경판

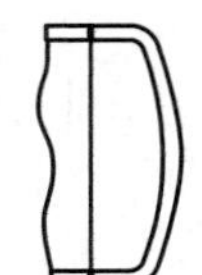
(b) 접시형 경판

(c) 반타원형 경판

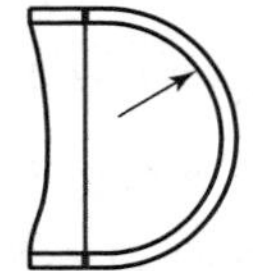
(d) 반구형 경판

경판의 모양

3. 관판

관이나 노통을 지지해 주는 판이며 보일러 동체 내부에 부착된다.

4. 버팀(스테이)

① **경사버팀** : 경판과 동판이나 관판과 동판을 지지하는 보강재이다.
② **거싯버팀** : 평경판이나 접시형 경판에 사용하며 경판과 동판 또는 관판이나 동판의 지지 보강대로서 판에 접속되는 부분이 크다.
③ **관버팀(튜브 스테이)** : 연관의 팽창에 따른 관판이나 경판의 팽출에 대한 보강재다.
④ **막대버팀(바 스테이)** : 진동, 충격 등에 따른 동체의 진동(움직임) 방지 목적이며, 화실 천장의 압궤 방지를 위한 가로버팀이며, 관판이나 경판 양측을 보강하는 행거스테이(메달림)라 한다.
⑤ **나사버팀(볼트 스테이)** : 기관차 보일러의 화실 측면과 경판의 압궤를 방지하기 위한 버팀이다.
⑥ **나막신버팀(거더 스테이)** : 화실 천장 과열 부분의 압궤현상을 방지하는 버팀이다.
⑦ **도그 스테이** : 맨홀 뚜껑의 보강재 버팀이다.

REFERENCE 본체의 구조

- 동판
- 경판
- 관판
- 버팀(스테이)
- 수관 및 연관
- 연소실 및 노통

REFERENCE

거싯 스테이의 부착 시 브리딩 스페이스를 충분히 두어야 한다. 이것이 불충분하면 그루빙(구식)이 부식된다. 브리딩 스페이스는 최소한 225mm 이상 떨어져야 한다.

- 브리딩 스페이스 : 거싯 스테이 부착 시 노통의 열팽창에 의한 호흡거리이다.

두께(mm)	13	15	17	19	19 초과
브리딩 스페이스(mm)	230	260	280	300	320

5. 노통(원통형 보일러의 연소실)

거의가 원통형으로 둥글게 제작하며 공작상의 분류는 3가지로 구분한다.

- 이음부가 용접된 것
- 이음부 없이 화조에 의해 형성된 것
- 이음부가 리벳 조인트로 형성된 것

(1) 평형노통

① 고압력에 견디기 어렵다.
② 접합부가 손상에 의해 누설을 일으키기 쉽다.
③ 구조가 간단하고 제작이 용이하다.

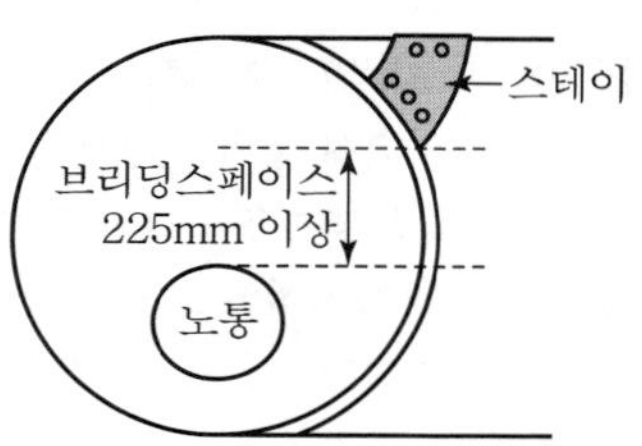

▌노통과 브리딩스페이스▐

(2) 파형노통

① 고열에 의한 노통의 이상 신축 현상을 흡수, 완화시킨다.
② 전열면적을 넓힐 수 있다.
③ 보일러 압력에 크게 견딜 수 있다.
④ 구조가 복잡하고 설비가 비싸다.
⑤ 제작이 까다롭다.

REFERENCE 파형노통의 강도 계산

파형노통에서 그 끝 평형부의 길이가 230mm 미만인 것의 최소두께 및 최고사용압력은 다음 식에 따른다.

$t=\frac{PD}{C}$, $P=\frac{Ct}{C}$

여기서, t : 노통의 최소두께(mm), P : 최고사용압력(kg/cm^2),
D : 노통의 평균지름(모리슨형에서는 최소 안지름에 50mm를 가한 것으로 한다.),
C : 계수(모리슨형 − 1,100, 데이톤형 − 985, 폭스형 − 985, 파브스형 − 985, 리즈포지형 − 1,220, 브라운형 − 985)

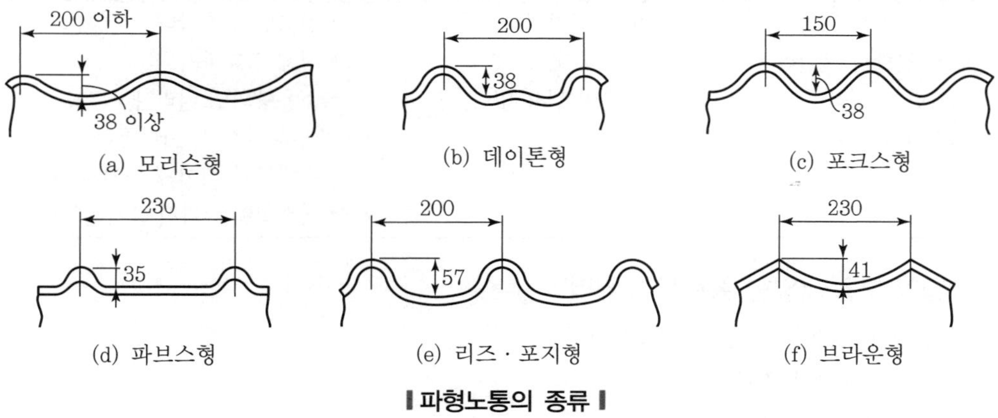

▌파형노통의 종류▐

(3) 아담슨 조인트

평형노통의 약한 단점을 보완하기 위하여 약 1m 정도의 노통거리마다 접합한다.

[특징]

① 이상신축을 방지한다.
② 사용압력에 견디는 힘이 강하다.
③ 리벳을 보호한다.

REFERENCE 노벽의 종류

① 벽돌의 벽 : 벽돌로 구축되며 방산 열손실과 클링커의 형성 및 균열이 쉬운 노벽이다.
② 공랭노벽 : 벽돌벽이 이중으로 되어 그 공간 사이에 공기를 넣어서 냉각시키는 벽이며, 연소용 공기가 예열되면서 노벽 전후면의 온도구배가 적어 노재의 손상이 적은 벽이나 많이 쓰지는 않는다.
③ 수랭노벽 : 연소실의 주위 벽에 수관을 다수 배치하여 복사열을 흡수하며 노벽을 보호함으로써 노재의 과열을 방지하고 노의 기밀을 유지하며 수명을 길게 한다. 또한 가압연소 및 연소실의 열부하를 높일 수 있는 노벽이다.

SECTION 04 원통형 보일러

1 둥근(원통형) 보일러

1. 수직형 보일러

동이 직립형(입형)이며 연소실이 하부에 자리 잡고 있다. 내분식 보일러로서 화염이 위로 상승하는 형태이다.

종류	장점	단점
• 입형 횡관식 보일러 • 입형 연관식 보일러 • 코크란 보일러 • 스파이럴 보일러	• 구조가 매우 간단하다. • 설치면적이 작다. • 벽돌의 쌓음이 필요 없다.	• 전열면적이 작다. • 전체 열효과가 적다. • 소용량의 보일러다. • 내부 청소 시 까다롭다. • 수면부가 적어 습증기가 배출된다. • 연소실이 작아서 불완전연소가 된다.

(1) 입형 보일러(입형 횡관식 보일러)

횡관(갤러웨이 튜브) 설치상의 이점

① 전열면적이 증가한다.
② 화실벽의 강도를 보강한다.
③ 관수(순환을 양호하게 한다.)

참고 횡관은 1~4개 정도 설치

(2) 입형 다관식(연관식) 보일러

① 다수의 연관을 사용한다.
② 상부 관판이나 연관은 부식되기 쉽다.

(3) 코크란 보일러

① 입형 보일러 중 열효율이 가장 높다.
② 입형 보일러 중 전열면적이 가장 크다.
③ 입형 보일러 중 가장 고압에 잘 견딘다.

REFERENCE 횡관(갤러웨이관)의 특징

① 전열면적의 증가
② 물의 순환 양호
③ 노통의 강도 보강

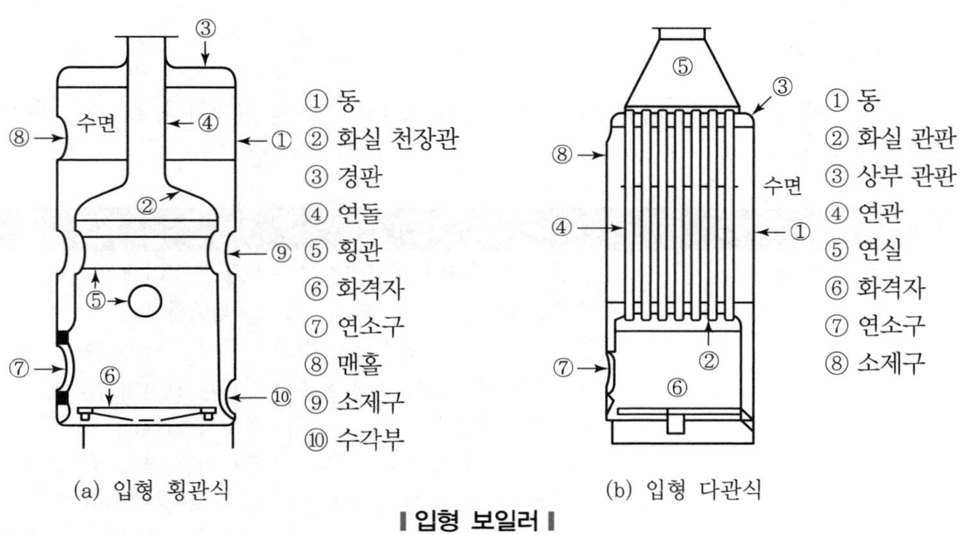

(a) 입형 횡관식 (b) 입형 다관식

Ⅰ 입형 보일러 Ⅰ

2. 노통 보일러

둥근 보일러이며 횡치형이면서 동내에 노통을 구비한 보일러이다.

종류	장점	단점
• 랭커셔 보일러 : 노통이 2개 • 코니시 보일러 : 노통이 1개	• 구조가 간단하고 제작이 간편하다. • 청소나 검사가 용이하다. • 부하 변동에 적응하기 쉽다. • 급수처리가 그다지 까다롭지 않다.	• 전열면적에 비해 보유수량이 많아서 습증기 발생이 많다. • 연소실의 크기가 제한되어 연료의 선택 및 연료사용량이 제한된다. • 증기 발생시간이 길다.(가동 후부터) • 파열 시 보유수량이 많아 피해가 크다. • 고압이나 대용량에는 사용상 문제가 있다.

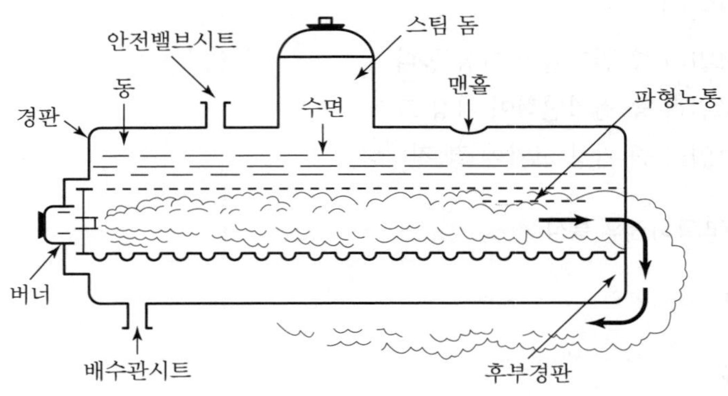

❙ 코니시 보일러 ❙

3. 연관식 보일러

노통 보일러에서 다소 개량된 보일러이며 기관차 보일러, 기관차형(케와니) 보일러, 외분식 횡연관 보일러 등이 있다.

종류	장점	단점
• 기관차 보일러 • 기관차형(케와니) 보일러 • 외분식 횡연관 보일러	• 노통 보일러에 비하여 전열면적이 커서 전열효과가 좋다. • 외분식 연소실일 경우 연소실의 증축은 자유로이 할 수 있어 저질 연료도 연소가 가능하다. • 급수처리가 그다지 까다롭지 않다. • 노통 보일러에 비해 부하 변동에 응하기가 쉽다.	• 노통 보일러에 비해 내부 청소가 다소 불편하다. • 외분식은 열손실이 크다. • 연관과 관판의 접속부에 손상을 일으키기 쉽다. • 연관의 길이에 제한을 받고 대용량 설비에는 부적당하다. • 연관이 가열되어 늘어지기가 쉽다.

(1) 기관차 보일러 : 철도차량용 보일러

① **최고사용압력** : 16~18kg/cm^2

② 보일러의 중량이 가볍다.

③ 우톤형과 클램프톤형이 있다.

(2) 기관차형(케와니) 보일러 : 기관차 보일러를 개조(내분식 보일러)

① **최고사용압력** : 10kg/cm^2

② **증발량** : 4t/h

③ 난방용, 취사용에 사용

(3) 외분식 횡연관 보일러(외분식의 대표적 보일러, 연소실에 외부 설치)

① **최고사용압력** : 5~12kg/cm^2

② **증발량** : 4Ton/h 연관의 외경 65~102A의 강관

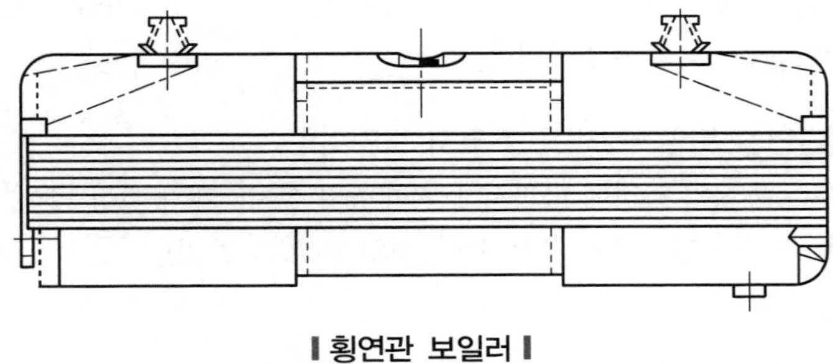

▌횡연관 보일러▐

REFERENCE

1. 연관의 최소피치를 구하는 공식

관 내부에 연소가스가 흐르는 관을 말하며, 관경은 50~100mm 정도가 가장 많이 사용되고 있다.

[연관 보일러 연관의 최소 피치]

연관 보일러 연관의 최소 피치는 다음 식에 따른다.

$$P=\left(1+\frac{4.5}{t}\right)d$$

여기서, P : 연관의 최소피치(mm)
t : 관판의 두께(mm)
d : 관구멍의 지름(mm)

2. 증기돔(Steam Dome)의 설치목적과 용도

보일러 내에 물의 요동으로 인한 습증기의 건도를 높이기 위함이며, 용도로 소용량의 노통연관, 횡연관 특히 이동식 보일러에 사용한다.

4. 노통연관식 보일러(패키지형)

연관 보일러의 단점을 보완한 것이며 조립하여 패키지형으로 많이 제작하고 있다. 즉, 보일러 동내에 노통과 연관을 조립하여 설치한 이상적인 둥근 보일러의 대표급이다.

종류	장점	단점
• 박용 보일러 • 박용 건연실 보일러 • 육용강제 패키지 보일러	• 둥근 보일러 중 효율이 85~90% 정도로 가장 높다. • 증발 속도가 빠르다. • 벽돌의 쌓음이 없어도 된다. • 운반이나 장착 부착이 용이하다. • 전열효율이 좋다. • 노의 구조가 밀폐되어서 가압 연소가 가능하다.	• 관수의 농축 속도가 급격하여 급수를 좋게 해야 한다. • 구조가 복잡하고 내부가 좁아서 청소작업이 곤란하다. • 증기급수요에는 용이하나 보유수가 적어서 부하 변동에 적응이 힘들다. • 대용량 보일러에는 조금 부적당하다. • 연관 등에 불순물 및 클링커가 부착되기 쉽다.

(1) 박용 보일러

박용 보일러는 몸통의 직경은 크고 길이는 짧은 마치 둥근 북 모양을 한 선박에 많이 쓰는 보일러이며 대표적인 스코치 보일러이다.

[웨트백식(습연실 보일러 : 박용 스코치 보일러)]

- 노통의 수는 동체의 직경에 따라서 1~4개까지 설치(3개가 가장 많이 사용)
- 전열면적 = 노통 + 연소실 + 연관(전열면적의 총 85% 차지)
- 선박용 동력 보일러
- 일면용, 양면용 보일러가 있다.
- 최고사용압력 18kg/cm^2 정도

참고 보일러의 효율 60~75%

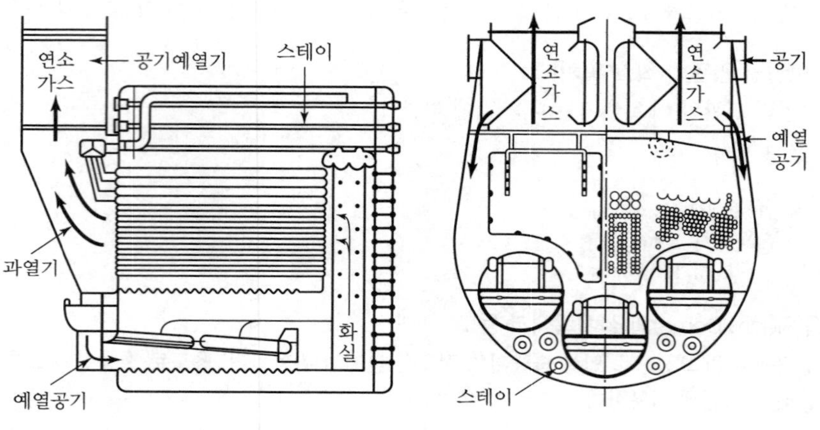

▌웨트백식 ▌

(2) 박용 건연실 보일러

① 하우덴 존슨 보일러

② 부르동 카프스 보일러

(3) 육용강제 패키지 보일러

① 육지에서 사용하는 노통연관식 보일러이다.

② 열효율이 85~90%로 높다.

③ 산업용, 난방용으로 가장 많이 사용한다.

SECTION 05 수관식 보일러

1 직관식 수관 보일러(자연순환식)

곧은 수관을 동이나 레터에 연결하여 만든 보일러이다.

종류	장점	단점
• 다쿠마 보일러(강수관과 승수관의 조합) • 스네기치 보일러 • 하이네 보일러 • 밥콕 보일러	• 수관의 청소가 용이하다. • 구조가 간단하여 제작 시 간편하다. • 관의 교체가 용이하다. • 원통형 보일러에 비하여 고압, 대용량 보일러이다.	• 관수의 순환이 불량하다. • 관모음(헤더)이 필요하다. • 고압 대용량에는 적당하지 못하다.(곡관식, 강제순환 수관 보일러에 비하여) • 관의 열팽창에 대한 무리가 발생하기 쉽다.

▼ 직관식 보일러의 경사도

보일러명	수관의 경사각도
다쿠마 보일러	45°
스네기치 보일러	30°
하이네 보일러	15°(드럼이 경사져 있다.)
밥콕 보일러	15°

1. 밥콕 보일러(수관식 섹셔널 보일러)

1개의 동과 분할식 헤드 수관 등으로 구성

종류	특징
• CTM형 : 동판에 직접 수관 연결(고압용) • WIF형 : 동판에 크로스박스를 설치하여 크로스박스에 수관 연결(저압용) ⇨ (1개 헤드에 7개 정도 수관연결)	• 수관이 수평에서 15°의 경사이다. • 물드럼 대신 교환이 용이한 헤더를 설치한다. • 수관의 외경은 89~102A의 강관이 사용된다.

2. 하이네 보일러

① 드럼이 1~2개이며 15° 정도 경사져 있다.

② 수관은 직관이며 수평이다.

③ 관모음 헤더가 일체식이다.

④ 폐열 보일러의 일종으로 연소실이 없다.

3. 스네기치 보일러(경사수관식 = 직관식)

① 관의 경사는 30°이며 수관은 직관이다.

② 수관이 경판에 부착되어 있다.(수관은 경판 크기에 제한을 받는다.)

③ 4t/h 이하의 소형 난방용에 주로 사용

참고 드럼의 길이가 짧으며 수관이 경판에 부착
(증기드럼과 물드럼이 받침대 위에 놓여 있어서 수관의 신축을 자유롭게 허용)

4. 다쿠마 보일러

① 경사도가 45°이다.

② **강수관** : 열가스의 접촉을 방지하고 물의 하강을 원활히 하기 위해 관주위는 2중관으로 구성한다.
⇨ 승수관보다 직경이 크다.(저온부에 설치)

③ **승수관** : 가열된 물이 증기드럼으로 상승하는 관

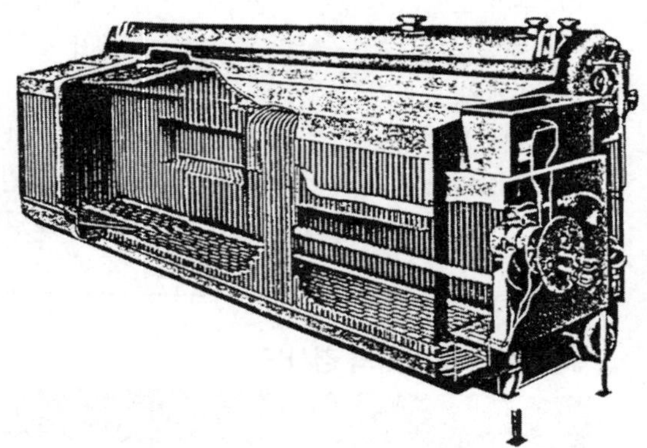

▌2동 D형 수관식 패키지 보일러▐

❷ 곡관식 수관 보일러(자연순환식)

곡관으로 된 보일러이며 연소실의 방사전열면인 수관군의 배치가 멤브레인 휠의 구조로 되어 있다. 또한 노 내의 기밀이 유지되어 가압 연소가 가능하다.

종류	장점	단점
• 단동형 곡관식 보일러 • 2동 D형 곡관식 보일러	• 관의 배치 모양에 따라 연소실 구조를 마음대로 제작할 수 있다. • 전열면이 커서 급수의 증발속도가 빠르다. • 방산열의 손실을 줄일 수 있다. • 고압이나 대용량에 적당하다. • 관수의 순환상태가 양호하다. • 고부하의 연소가 가능하다. • 보일러 효율이 85~95% 정도로 높다.	• 곡관이라 내부 청소가 불편하다. • 관의 과열이 우려된다. • 관 외면에 클링커의 생성이 일어나기 쉽다. • 직관식 보일러에 비해 제작이 까다롭다. • 연소실의 구조가 복잡하여 통풍의 저항이 뒤따를 수 있다.

1. 단동형 곡관식 보일러

증기드럼만 있는 보일러

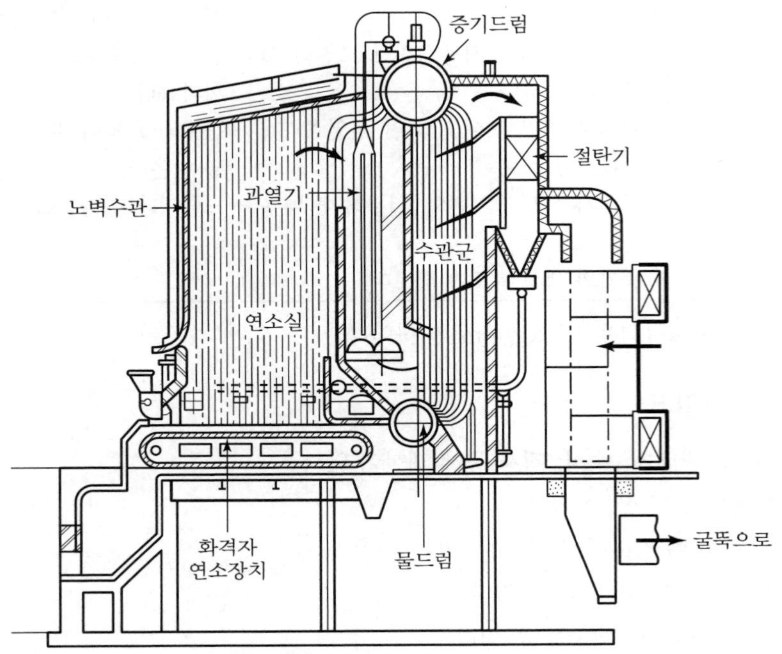

❙ 곡관식 수관 보일러(자연순환식) ❙

2. 2동 D형 곡관식 보일러

- 수관군을 수직 또는 수직선에서 15° 경사지게 결합
- 증발량 최고 50t/h
- 효율은 약 80~90% 정도

참고 곡관식 수관 보일러에서 효율이 우수하고 패키지형으로 제작하며 근대 산업에서 산업용으로 가장 많이 쓰이는 대표적인 수관 보일러이다. 상부의 증기 드럼과 하부의 물드럼에 의해 수관을 15° 정도 곡관하여 D자형으로 경사지게 고열의 강도에 적합하게끔 제작되어 산업용 · 난방용 등 다양하게 쓰인다.

3 강제 순환식 수관 보일러

보일러에서 압력이 높아지면 포화수의 온도가 상승하여 증기와 포화수 간의 비중차가 적어지며 하강하는 강수와 상승하는 승수와의 비중차가 많지 않아 보일러관수의 순환이 불량해진다.
이것을 노즐이나 순환펌프를 사용하여 강제로 순환시키는 보일러이다.

종류	장점	단점
• 라몬트 노즐 보일러 • 베록스 보일러	• 관경을 작게 하여도 무방하다. • 관수의 순환이 좋다. • 수관의 배치가 자유로워서 보일러 설계가 용이하다. • 관의 두께가 적어도 되며 전열효과가 높다. • 단위시간당 전열면의 열부하가 매우 높다. • 증기의 생성 속도가 빠르다.	• 각기 수관을 흐르는 관수의 속도가 일정하게 유지되어야 한다. • 관수의 농축속도가 빨라서 급수처리가 까다롭다. • 관수의 흐름이 일정치 못하면 관의 파열이 온다. • 노즐이나 순환펌프가 있어야 한다.

참고 자연순환의 한계압력은 180kg$_f$/cm^2 이하이다.

1. 라몬트 노즐 보일러

- 압력 중 고저, 관배치, 순서, 경사 등에 제한이 없다.
- 보일러 높이를 낮게 할 수 있다.
- 수관 내 유속이 빠르고 관석 부착이 적다.
- 관경이 적고 두께를 얇게 할 수 있다.
- 용량에 비해 소형으로 제작할 수 있다.
- 시동 시간이 단축된다.
- 보일러 각부의 열신축이 균등하다.
- 라몬트 노즐을 설치하여 송수량을 조절한다.

참고 펌프양정 : 2.5~3kg/cm^2

2. 베록스 보일러

2차 대전 시 네덜란드에서 제작되었으며, 선박용 보일러로 사용된다. 2.5~3kg$_f$/cm^{2}의 연소 및 유속 200~300m/s의 배기가스 속도로 가압 연소하며 시동시간은 6~7분 정도이다.

참고 가압 연소 : 압축된 공기와 중유 또는 가스연료를 연소실로 분입시켜 2.5~3kg/cm^{2}의 압력하에서 연소시킨다.

- 노 내는 가압 연소
- 연소가스의 유속은 200~300m/s
- 열전달률은 다른 보일러의 10~20배 정도(가스의 압력이 높고 유속이 빠르기 때문에)

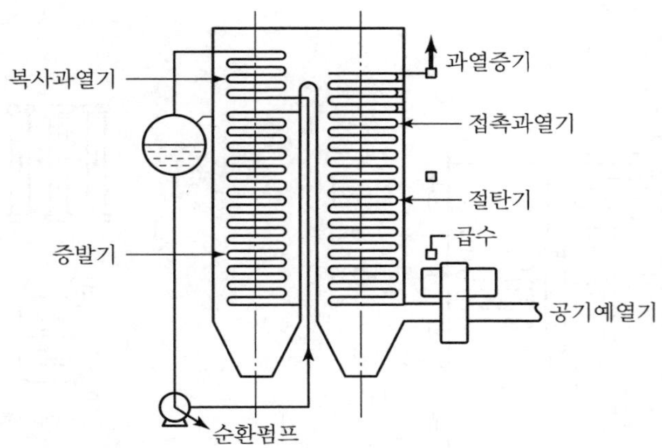

❙ 라몬트 노즐 보일러의 약도 ❙

4 관류 보일러

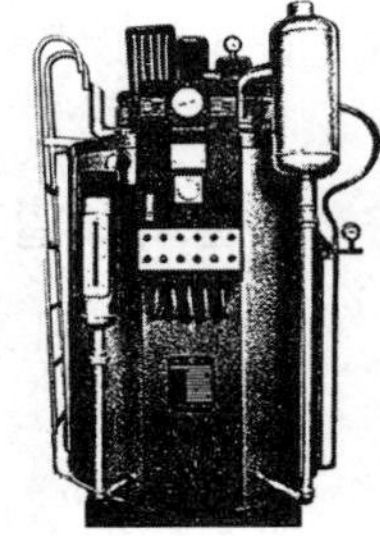

❙ 관류 보일러 ❙

하나의 긴 관 등을 휘어서 만든, 배관으로만 구성된 보일러다. 보일러의 압력이 높아져 동드럼이 견딜 수 없을 때 적합하다. 수관에 급수를 행하여 가열, 증발, 과열 등의 순서로서 증기를 생산하는 강제순환식 보일러의 일종이다.

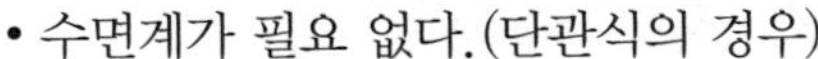

- 수면계가 필요 없다.(단관식의 경우)
- 드럼이 없다.
- 급수의 압력이 매우 높다.
- 1개의 수관의 증발량은 15~20Ton/h이다.

종류	장점	단점
• 벤슨 보일러 • 슐처 보일러 • 램진 보일러	• 증기 드럼이 필요 없다. • 고압 보일러로서 적당하다. • 콤팩트하게 관을 자유로이 배치할 수 있다. • 증발 속도가 매우 빠르다. • 임계압력 이상의 고압에 적당하다. • 증기의 가동 발생시간이 매우 짧다. • 보일러 효율이 95% 정도로 매우 높다. • 연소실의 구조를 임의대로 할 수 있어 연소효율을 높일 수 있다.	• 예민한 급수처리가 요망된다. • 스케일로 인한 관의 폐색이 쉽다. • 부하 변동에 적응이 어려워서 자동제어가 필요하다.

1. 벤슨 보일러

다소의 수관을 병렬로 배치한 관류 보일러의 가장 대표적인 고압용 보일러이다.

① **최고사용압력** : 124kg/cm^2

② **증발량** : 110t/h 정도

③ 관경은 20~30A 정도

④ 수관전달을 위한 헤더 설치

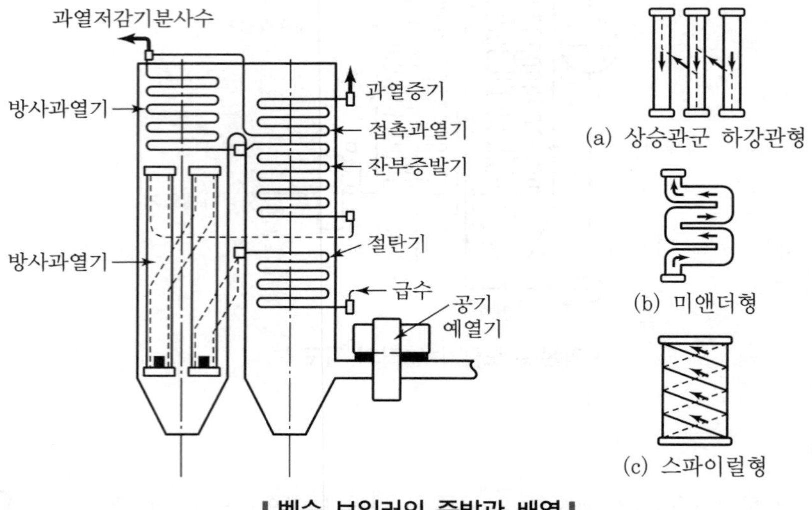

▌벤슨 보일러의 증발관 배열▐

2. 슐처 보일러

① 헤더가 없다.

② 1개의 긴 연속관(길이 약 1,500m까지)이다.

③ 증발부 끝부분에 기수분리기(염분리기) 설치

※ 염분리기 : 급수 중의 염류분과 수분을 배제한다.

④ 단점

- 충분한 급수처리를 해야 한다.
- 자동제어장치가 필요하다.
- 부하 변동에 견디기 힘들다.
- 스케일의 생성이 빨라서 관이 쉽게 폐색된다.

3. 램진보일러

소련에서 개발된 관류 보일러의 일종이다.

5 방사 보일러(복사형 보일러)

발전용 보일러로서 많이 사용하며 미분탄과 중유의 혼합연료를 많이 소모시키며 하나의 드럼에서 강수관을 보일러 하단부 헤더에 연결하여 보일러 자연순환을 순조롭게 한 보일러이다. 또 65%의 방사열을 흡수하며 500~550℃의 고온의 증기 생성이 가능한 수관식 보일러로서 노벽전면이 수랭노벽으로 이루어졌다.

SECTION 06 주철제 보일러

보일러 용량에 따라 섹션을 5~18개 정도 니플로 조합하여 만든 보일러이며 강도가 낮고 취성이 강하여 낮은 압력에만 사용한다. 온수는 수두압 30mAq 이하, 증기난방은 압력 0.1MPa 이하에 사용하는 저압 보일러이다.

- 온수 보일러의 부착계기는 온도계, 수고계, 일수관만 필요하다.
- 난방용 온수 보일러의 표준 방열량 : 450kcal/m^{2}h
- 난방용 증기 보일러의 표준 방열량 : 650kcal/m^{2}h

▼ **주철제 보일러의 종류**

종류	조합 방법에 따른 분류
• 증기 보일러 • 온수 보일러	• 전후 조합 • 좌우 조합 • 맞세움 전후 조합

참고 섹션(전열면 쪽수)의 두께는 8mm 이상이어야 한다.

▼ **주철제 보일러의 장단점**

장점	단점
• 섹션의 증감에 따라 용량조절이 이루어진다. • 내식성 및 내열성이 우수하다. • 급수처리가 까다롭지 않다. • 설치장소가 적어도 된다. • 구조가 복잡하여도 제작이 용이하다.	• 강도가 약하고 취성이 강해서 고압에 부적당하다. • 청소나 검사 시에 불편하다. • 대용량 보일러에는 매우 부적당하다. • 열에 의한 부동 팽창으로 인하여 균열의 발생이 쉽다. • 연소효율 및 전열효율이 좋지 않다.

▼ **증기 보일러와 온수 보일러의 부속품 차이**

증기 보일러	온수 보일러
압력계	수고계(수두압)
수면계	온도계
안전변(밸브)	안전밸브 및 방출관(일수관)

SECTION 07 특수 보일러

1. 열매체 보일러

압력은 올리지 않고서도 고온의 증기를 얻기 위하여 특수한 유체를 통해 증기를 발생시키는 보일러이다. 즉, 비점이 낮은 매체를 이용하며 저압에서도 고온의 증기가 발생하나 물이 필요 없어서 급수처리 및 내부의 청관제 약품 사용이 필요 없고 겨울에는 동파에 위험이 없는 특수 보일러이다.

[종류]
- 다우섬(A, B) 보일러
- 수은 보일러
- 카네크롤 보일러 · 스네기치 보일러 · 모빌섬 보일러 · 세큐리티 보일러

2. 특수 연료 보일러

일반적으로 사용되는 화석연료 이외의 연료를 사용한다.

① 바크(Bark) 보일러 : 나무껍질을 건조하여 연료로 사용

② 버개스(Bagasse) 보일러 : 쓰레기, 사탕수수 찌꺼기, 펄프의 폐액 등을 연료로 사용하는 보일러

참고 흑액(펄프의 폐액), 진개(쓰레기)

3. 폐열 보일러

연소장치가 필요 없고 용광로나 가열로 가스 터빈 등에서 나오는 배기가스를 통한 대류열을 이용한 보일러이다. 그러나 폐가스의 더스트나 그을음이 전열면에 부착하기 쉬우므로 매연분출장치나 기타 불순물 제거장치가 필요하다.

[종류]
- 하이네 보일러
- 리 보일러

4. 간접가열 보일러(2중 증발 보일러)

증발부가 2개로 1차 증발부에 있는 급수는 완전히 불순물을 제거한 급수이며, 1차 증발부에서 발생된 증기가 2차 증발부에 있는 관수를 가열해 사용증기를 발생시키는 소형 보일러이다. 주로 수질이 불량한 화학공장에서 사용한다.

[종류]
- 슈미트-하트만 보일러
- 레플러 보일러

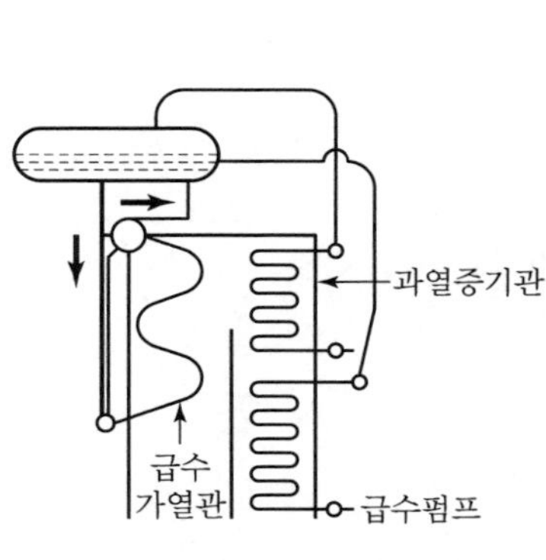

▌슈미트-하트만 보일러▐

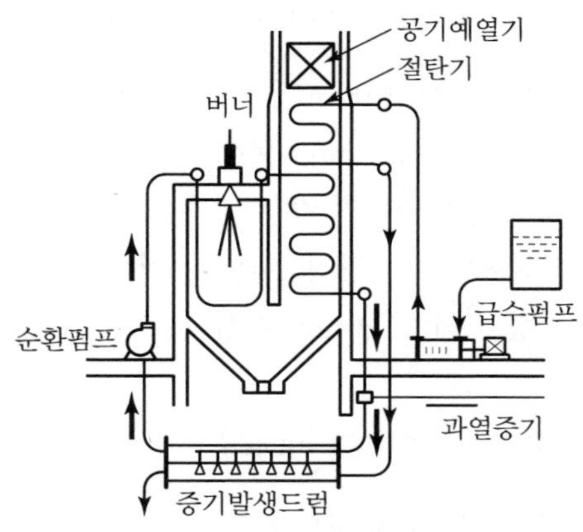

▌레플러 보일러▐

▼ 보일러의 종류

형식	보일러의 종류
둥근 보일러	① 입형 : 입횡관 보일러, 입연관 보일러, 코크란 보일러 ② 노통 : 코니시 보일러, 랭커셔 보일러 ③ 연관 : 횡연관 보일러, 기관차 보일러, 기관차형 보일러 ④ 노통연관 : 육용강제 보일러, 박용 보일러
수관 보일러	① 자연순관 : 밥콕 보일러, 다쿠마 보일러, 야로 보일러, 2동 D형 보일러 ② 강제순환식 : 베록스 보일러, 라몬트 노즐 보일러 ③ 관류 : 벤슨 보일러, 슐처 보일러, 램진 보일러
주철 보일러	주철제 : 온수 증기
특수 보일러	① 폐열 : 하이네 보일러, 리 보일러 ② 특수 연료 : 버개스 보일러, 바크 보일러, 진개(쓰레기) 보일러 ③ 특수 유체 : 다우섬 보일러, 카네크롤 보일러 ④ 간접가열 : 레플러 보일러, 슈미트-하트만 보일러

SECTION 08 보일러의 청소구멍 및 검사구멍

1 맨홀(Manhole)

- 소제(掃除)나 검사의 목적으로 내부에 출입하기 위한 구멍
- 크기 : 타원형일 때 장경 375mm 이상, 단경 275mm 이상, 원형일 때 375mm 이상
- 동의 내경 : 750mm 미만 보일러, 1,000mm 미만 입형 보일러는 맨홀 대신 청소구멍이나 검사구멍으로 대체 가능
- 방향 : 원주 방향 ⇨ 장경, 길이 방향 ⇨ 단경

2 손구멍(소제구멍, Cleaning Hole)

- 타원형일 때 : 장경 90mm 이상, 단경 70mm 이상
- 원형일 때 : 지름 90mm 이상

참고 노통연관 보일러의 경우
- 타원형일 때 : 장경 120mm 이상, 단경 90mm 이상
- 원형일 때 : 120mm 이상

3 검사구멍(Inspection Hole)

크기가 지름 30mm 이상의 원형

참고 보일러 제작 시 온도제한
- 230℃ 이하 : 회주철품 사용
- 350℃ 이하 : 림드강 사용
- 350℃ 초과 : 킬드강 사용

SECTION 09 보일러의 성능시험

1 성능시험 종류

- 정부하 성능시험 : 정격부하, 과부하, 경제부하(정격부하의 60~80%)
- 특성을 구하는 성능시험 : 각 부하별로 정부하 성능시험 실시
- 정상조업의 성능시험 : 평균성적을 구하는 것으로 일반적으로 행하는 보일러의 성능시험이다.

2 안전밸브의 작동시험

안전밸브의 분출압력은 최고사용압력의 그 6%를 최고사용압력에 더한 압력을 초과해서는 안 된다. 단, 6%의 값이 0.35kg/cm^2 미만이면 0.35kg/cm^{2}으로 계산한다.

[온수 보일러용 안전밸브의 작동시험]
온수 보일러용 안전밸브의 분출압력은 그 보일러의 최고사용압력에 10%를 더한 값 이하에서 작동되어야 한다. 단, 10%의 값이 0.35kg/cm^2 미만이면 0.35kg/cm^{2}로 계산한다.

3 배기가스의 온도 및 성분

유류 보일러는 배기가스의 온도가 정격부하 시 상온과의 차가 315deg 이하이어야 한다. 다만, 열매체 보일러는 출구의 열매체와 배기가스의 온도차가 150deg 이하이어야 한다. 단, 배기가스 온도의 측정

위치는 보일러 전열면의 최종출구나 공기예열기가 있으면 공기예열기 출구로 한다.(소용량 보일러는 제외)

유류 보일러의 배기가스 중 CO_2는 12% 이상이 되어야 한다. 다만 경유 보일러나 소용량 시에는 10% 이상이면 되며, CO_2와 CO의 비율은 0.02% 이하이어야 한다.

4 주위 벽의 온도

보일러 주위의 벽 온도는 상온보다 30°를 초과하여서는 안 된다.

5 저수위 안전장치

① 연료차단 전에 경보기가 울려야 한다.
② 온수 보일러의 온도 및 연소제어장치는 120℃ 이내에서 연료가 차단되어야 한다.

6 열정산 기준

① 보일러의 증발량은 사용부하로 조정하며 가동하고 2시간 이상 후 부터 측정한다.
② 측정시간은 2시간 이상 해야 한다.
③ 열계산 시는 연료 1kg에 대하여 한다.
④ 벙커C유의 열량은 9,750kcal/L로 한다.
⑤ 연료의 비중은 0.963kg/L로 한다.
⑥ 증기의 건도는 0.98로 한다.
⑦ 압력의 변동은 ±7% 이내로 한다.
⑧ 측정은 10분마다 한다.

7 보일러의 성능계산

1. 보일러의 연소에 관한 성능계산(오일, 가스 등)

① 매시 연료소비량

$$\text{매시 연료소비량} = \frac{\text{시험 중 전 연료소비량}(kg_f)}{\text{시험시간}(h)} kg_f/h(Nm^3/h)$$

② 버너 연소율 : 버너 1대당 연료의 연소량

$$\text{버너 연소율} = \frac{\text{매시 연료소비량}(kg_f/h)}{\text{가동 버너 수}} kg_f/h(Nm^3/h)$$

③ **화격자 연소율** : 1m^2당 석탄연료의 연소량

$$\text{화격자 연소율} = \frac{\text{매시 연료소비량}}{\text{화격자 면적}}(\text{kg}_f/\text{m}^2 \cdot \text{h})$$

④ **연소실 열발생률(연소실 열부하)** : 연소실 용적 1m^3당 1시간에 발생된 열량

$$\text{연소실 열발생률} = \frac{\text{매시 연료소비량}\{H_e + Q_a + Q_f\}}{\text{연소실 용적}}(\text{kcal/m}^3 \cdot \text{h})$$

여기서, H_e : 연료의 저위발열량(kcal/kg)
Q_f : 연료의 현열(kcal/kg)
Q_a : 공기의 현열(kcal/kg)

2. 보일러의 증발량 또는 열부하에 관한 성능계산

① **매시 실제증발량** : 보일러로부터 1시간에 발생된 증기량으로서 급수량과 동일하게 취급한다.

$$\text{매시 실제증발량} = \frac{\text{시험 중 전급수량}}{\text{시험시간}}(\text{kg/h})$$

② **매시 환산(상당)증발량** : 보일러의 실제증발량을 기준증발량으로 환산한 것으로서 기준증발량이란 100℃의 포화수를 100℃의 건포화증기로 발생시킨 것을 말한다.

$$\text{매시 환산증발량} = \frac{\text{매시 실제증발량} \times (h'' - h')}{539}(\text{kg/h})$$

여기서, $\frac{(h''-h')}{539}$는 증발계수로서 실제증발일 때의 증발열과 기준증발일 때 증발열의 "비"이다.
h'' : 발생증기의 엔탈피(kcal/kg)
h' : 급수의 엔탈피(kcal/kg)

3. 보일러의 열출력

열매체가 보일러로부터 1시간 동안 갖고 나오는 열량

① 증기 보일러의 열출력＝매시 실제증발량$(h''-h')$ 또는 환산증발량×539(kcal/h)

② 온수 보일러의 열출력＝매시 온수발생량$\times H_c \times (t_2 - t_1)$

여기서, t_1 : 보일러 급수의 온도(℃), t_2 : 보일러 출구 온수의 온도(℃)
H_c : 온수의 평균비열(kcal/kg℃)

4. 보일러의 전열면 증발률 : 보일러의 전열면 1m²당 실제증발량(또는 환산증발량)

$$\text{전열면(환산) 증발률} = \frac{\text{매시 실제(환산)증발량}}{\text{보일러 증발전열면적}}(\text{kg/m}^2 \cdot \text{h})$$

5. 전열면 열부하 : 매시 증기발생열량을 전열면적으로 나눈 값

$$\text{전열면 열부하} = \frac{\text{매시 실제증발량}(h''-h')}{\text{증발전열면적}}(\text{kcal/m}^2 \cdot \text{h})$$

참고 온수 보일러의 전열면 열부하 $= \dfrac{\text{매시 온수발생량} \times H_c \times (t_2 - t_1)}{\text{전열면적}}$

$= \dfrac{\text{온수 보일러의 열출력}}{\text{전열면적}} (\text{kcal/m}^2 \cdot \text{h})$

6. 폐열 회수장치의 열부하 : 각 장치의 전열면 1m²당 열발생률

① 과열기의 열부하 $= \dfrac{\text{매시 과열증기량}(h_x - h'')}{\text{과열기 전열면적}} (\text{kcal/m}^2 \cdot \text{h})$

② 절탄기의 열부하 $= \dfrac{\text{매시 급수량}(h_e - h')}{\text{절탄기 전열면적}} (\text{kcal/m}^2 \cdot \text{h})$

③ 공기예열기의 열부하 $= \dfrac{\text{공기의 평균비열} \times \text{시간당 공기투입량}(t_n - t_a)}{\text{공기예열기 전열면적}} (\text{kcal/m}^2 \cdot \text{h})$

여기서, h_x : 과열증기 엔탈피
h'' : 발생증기 엔탈피
h_e : 절탄기 출구의 급수 엔탈피
h' : 절탄기 입구의 급수 엔탈피
t_n : 공기예열기 출구의 온도
t_a : 공기예열기 입구의 온도(보일러실 온도)

7. 환산증발배수 : 연료 1kg당(또는 1Nm³당)의 환산증발량

환산증발배수 $= \dfrac{\text{매시 환산증발량}}{\text{매시 연료소모량}} \text{kg}_\text{f}/\text{kg}(\text{kg}_\text{f}/\text{Nm}^3)$

8. 부하율 : 보일러의 정격용량과 실제 증발량과의 비율

부하율 $= \dfrac{\text{매시 실제증발량}}{\text{매시 최대연속증발량}} \times 100(\%)$

참고 매시 최대연속증발량이란 보일러의 최대용량으로서 정격용량과 같다.

9. 보일러의 효율

보일러의 효율은 보일러에 공급되는 열량과 실제 사용할 수 있는 유효열과의 비율로서 일반적으로 공급열은 연료의 저위발열량 Hl을 취한다.

① 온수 보일러의 효율 $= \dfrac{\text{매시 온수발생량} \times \text{온수의 비열}(t_2 - t_1)}{\text{매시 연료소비량} \times H_l} \times 100(\%)$

② 증기 보일러의 효율 $= \dfrac{\text{매시 실제증발량}(h'' - h')}{\text{매시 연료소비량} \times H_l} \times 100(\%)$

$= \dfrac{\text{상당증발량} \times 539}{\text{매시 연료소비량} \times \text{연료의 저위발열량}} \times 100(\%)$

여기서, 상당증발량(W_e) : 환산증발량(kg_f/h)

연료의 저위발열량(H_l) : kcal/kg, kcal/Nm^3

온수의 비열(C_p) : kcal/kg℃, kJ/kg℃

온수의 출구온도(t_2) : ℃

보일러수 입구온도(t_1) : ℃

발생증기엔탈피(h'') : kcal/kg

급수엔탈피(h') : kcal/kg

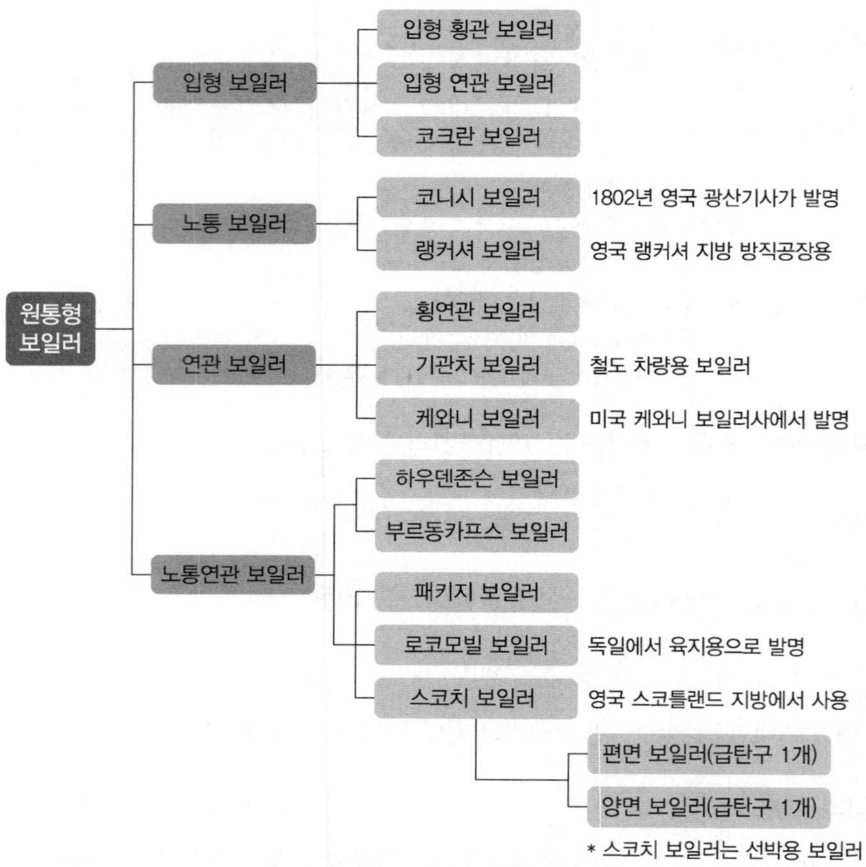

❙ 원통형 보일러의 분류 ❙

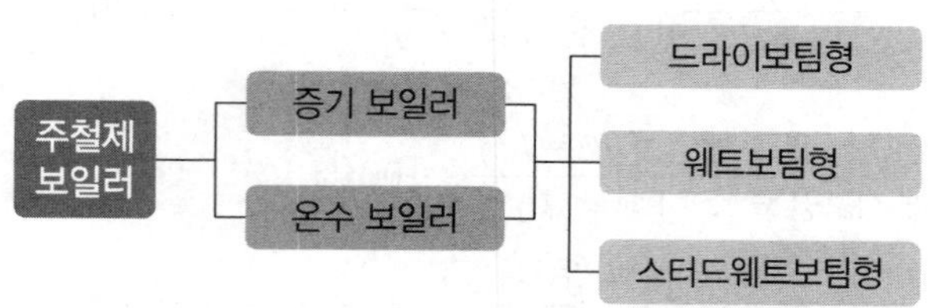

❙ 주철제 보일러의 분류 ❙

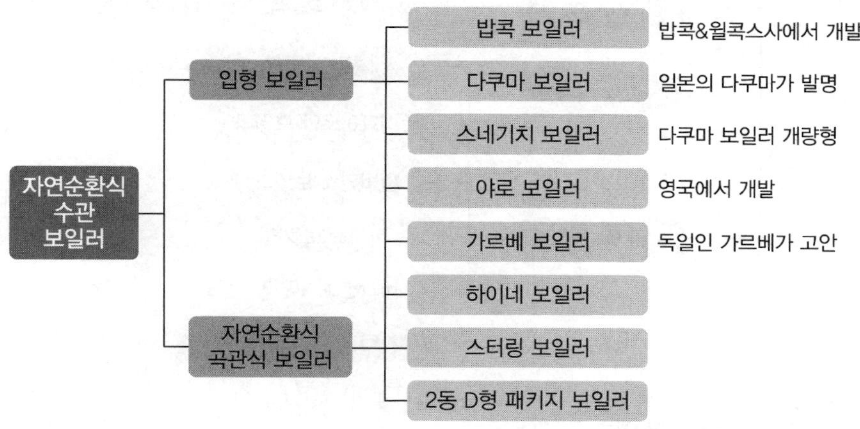

❙ 자연순환식 수관 보일러의 분류 ❙

❙ 강제순환식 수관 보일러의 분류 ❙

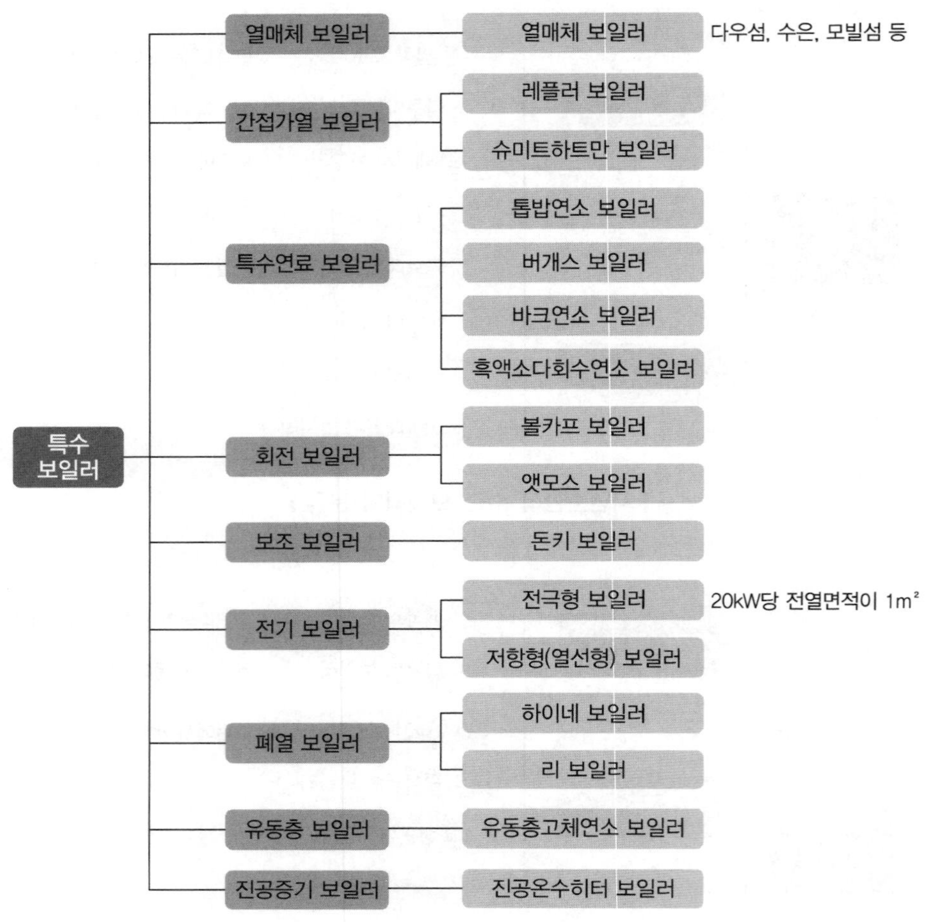

| 특수 보일러의 분류 |

▼ 보일러의 특징 비교

원통형 보일러의 특징	수관식 보일러의 특징
• 일반적으로 효율이 낮다. • 전열면적이 적다. • 보유수가 많아서 파열 시 피해가 크다. • 증기발생시간이 길다. • 보일러 취급 시 안전에 유의하여야 한다. • 급수처리가 그다지 까다롭지 않다. • 저압 소용량 보일러이다.	• 일반적으로 효율이 높다. • 전열면적이 크다. • 고압 대용량 보일러이다. • 증기발생시간이 짧다. • 급수처리가 심각하다. • 부식이나 스케일 발생이 심하다. • 사고 발생 시 피해가 적다.

SECTION 10 최근의 신형 보일러

1 응축형 보일러(콘덴싱 보일러)

1. 개요

가스 보일러는 천연가스(CH_4)를 사용하는데, 배기가스 중 수분의 농도가 약 17~18% 정도이기 때문에 천연가스 $1Nm^3$를 연소시키면 배기가스 중 수분이 1.7kg 발생된다.

이 배기가스의 열을 회수하여 온도를 낮추게 되면 배기가스 중 수분 17~18%가 응축하여 발생되는 응축잠열을 이용해(연료 $1Nm^3$의 잠열 약 600kcal) 약 6%의 효율이 증대된다.

이 응축열을 회수하기 위하여 보일러 후단에 연소가스 중의 수분이 응축되도록 설계된 응축형 보일러를 일명 콘덴싱(Condensing) 보일러라고 한다.

2. 구조 및 특성

① 응축형 보일러에서 발생되는 배기가스 중의 수분이 응축된 응축수는 pH가 4~6인 산성이기 때문에 그대로 방류하는 경우 수질을 오염시킬 수 있다. 따라서 응축형 보일러는 응축수 중화처리 설비를 구비하는 것이 필요하다.

② 시중에 판매되는 콘덴싱 보일러는 공기예열기에 히트파이프를 사용하였으며 그 후단에 응축형 절탄기를 직렬로 설치하였다.

③ 응축형 보일러의 열정산 결과는 저위발열량을 기준으로 열효율이 100~103%(고위발열량 기준 약 90%)로 나타난다.

④ 응축형 보일러는 보일러 효율을 극대화하기 위하여 도입된 보일러로서, 보일러 가장 후단에 설치되는 절탄기(급수가열기)는 배기가스와 급수의 온도차가 작기 때문에 전열면적을 크게 해야 하고 응축수로 인한 부식을 방지하기 위하여 고가의 내식성 재료를 사용하여야 한다.

⑤ 편심노통 2-Pass 구조의 노통연관식 보일러는 보일러 연관 내부로 효율을 향상시키기 위해 터뷰레이터(Turbulator)가 삽입된 것이 있다.

⑥ 윈드박스에 압입송풍기가 부착된다.

⑦ 절탄기(이코노마이저)의 표면 산부식을 방지하기 위해 SUS316 스파이럴튜브를 사용하고 케이싱은 SUS304 스테인리스판을 이용한 절탄기도 있다.

⑧ 보일러 용량은 1~15(Ton/h)까지 중온수 보일러는 1(Gcal/h)에서 10(Gcal/h) 또한 최고사용압력은 10~14kg/cm^2 범위의 것도 생산된다.

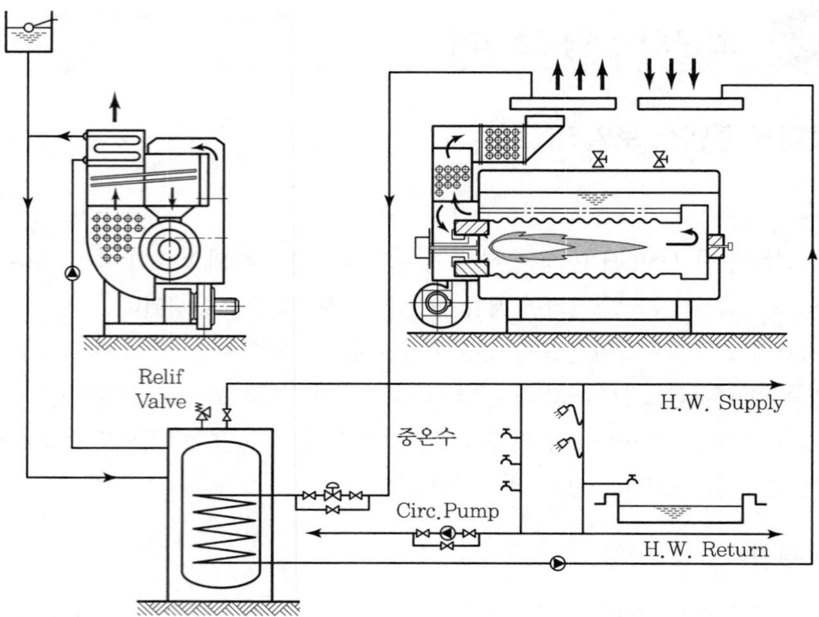

▌DMFX 콘덴싱 보일러 급탕가열 Flow System▐

- 급탕용 온수는 이코노마이저에서 가열되어 급탕탱크로 자동공급되고 온수사용량이 증가하여 온도가 떨어질 때에는 급탕탱크에 스팀(중온수)을 공급하여 히팅 코일(Heating Coil)로 가열한다.
- 온수를 사용하지 않을 경우 급탕탱크 내 온수의 온도와 압력은 일정한도까지 높아지나 상부에 팽창탱크가 연결되어 있고 탱크 상부에는 릴리프 밸브(Relief Valve)가 부착되어 있어 사용상 전혀 문제가 없다.

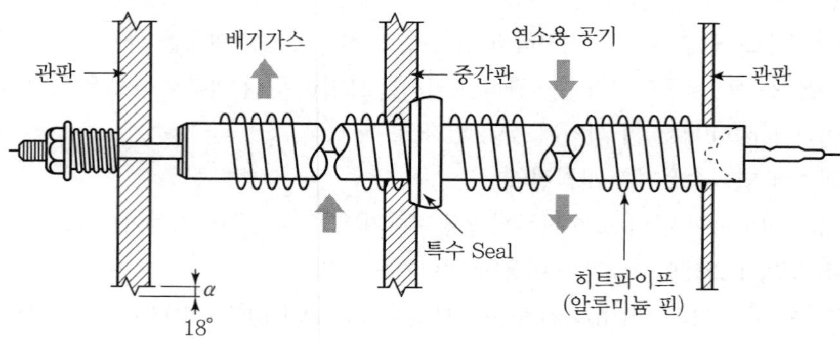

▌히트파이프식 공기예열기의 구조와 명칭▐

❙ 히트파이프식 공기예열기 ❙

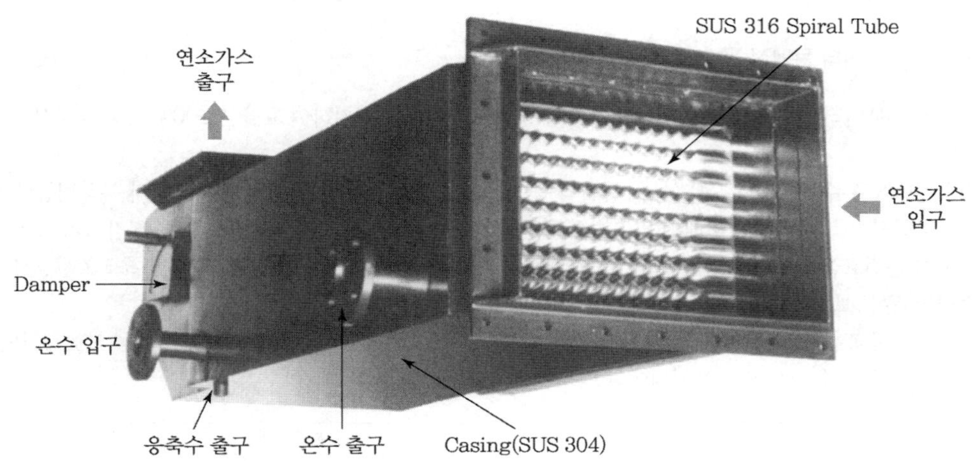

❙ 콘덴싱 이코노마이저의 구조와 명칭 ❙

2 인버터 보일러

1. 개요

일반적인 보일러는 계절별 또는 시간대별로 실제 부하가 커진다. On－off 운전방식의 관류 보일러는 시간당 수 회 또는 수십 회씩 On－off 작동을 한다. 이 경우에 송풍기와 급수펌프도 일정한 회전속도로 On－off 동작을 반복한다.

비례제어방식의 대용량 보일러도 운전부하와 관계없이 송풍기와 급수펌프는 항상 일정 속도로 운전된다. 기존 보일러의 송풍기와 급수펌프는 부하 변동에 관계없이 항상 최대속도로 운전되고 계속되는 On－off(단속운전)로 전력이 많이 소모되는 단점이 있는데, 이를 보완해 만든 보일러가 인버터 보일러이다.

2. 구조 및 특성

① 인버터 보일러는 송풍기와 급수펌프에 인버터(Inverter)를 부착하여 운전부하에 따라 송풍기와 급수펌프의 회전수를 가감시켜 연소용 공기량과 급수량을 조절한다. 이렇게 함으로써 보일러의 전기소모량을 줄이는 것이 주목적이다.

② 이 인버터 보일러는 전력소모가 줄어들 뿐만 아니라 기타 부가적인 효과도 있는 보일러이다.

③ 일반적인 보일러는 송풍기나 펌프와 같은 회전기기의 유량은 회전수에 비례하고 소모전력은 회전수의 3승에 비례한다. 이것을 개선하기 위해 송풍기나 급수펌프에 인버터를 부착하여 운전부하 변동에 따라 회전수를 가감시켜 연소용 공기량과 급수량을 조절하여 전력소모를 줄이는 보일러이다.

REFERENCE 인버터 콘덴싱 온수 보일러의 개요

콘덴싱 온수 보일러는 보일러 후단에 잠열회수용 이코노마이저를 설치하여 효율을 100% 이상 향상시킨 보일러이다.
인버터 콘덴싱 온수 보일러는 콘덴싱 보일러의 송풍기에 고효율 모터와 인버터를 부착시켜 부하변동에 맞게 송풍기의 회전수를 조절하여 비례제어 연속운전을 할 수 있게 함으로써 사용전력을 50% 절감시키고 퍼지 손실을 줄여 운전효율을 크게 향상시키며 고장 없이 오래 상용할 수 있도록 개발한 초절전, 초고효율, 저소음, 긴 수명의 온수 보일러이다.
호텔, 병원, 학교, 주상복합건물, 아파트, 은행, 대욕장, 골프장, 빌딩, 레미콘공장 등은 물론 ESCO사업, 턴키설계, 현상설계에 이상적인 보일러이다.

3 진공온수 보일러

1. 개요

진공온수 보일러란 보일러 동체 내부의 압력이 진공압(대기압 이하)으로 운전이 된다. 즉, 보일러 열매수 온도가 10℃에서 진공도 750mmHg 전후(절대압 10mmHg 전후)에서 초기에 운전이 되다가 점차 온도가 10℃에서 상승되면서 상대적으로 진공도는 떨어지며 온도 컨트롤 상한치 약 88℃ 부근에서 온도부하 변동에 따라 작동 또는 정지를 반복하는 자동운전 보일러이다.
이 과정에서 열매수는 비등 → 증발작용 → 열교환기 → 응축낙하 → 비등 → 증발상승 등의 상변화를 반복하므로 열교환기를 통하여 온수의 온도가 상승된다.
만일 보일러운전 중 열매수나 내부 스팀의 온도가 88℃를 넘어서 96℃에 이르게 되면 안전장치인 온도퓨즈가 용해되어 버너가 정지되고 보일러 내부 스팀을 외부로 방출하여 안전하게 보일러가 정지된다.
진공식 온수 보일러는 진공이 최우선이므로 진공펌프를 이용해 1일 3회 3분씩 주기적으로 가동하여 적정한 진공도를 유지시켜 진공도 150mmHg 이하가 되면 다시 진공펌프가 작동되는 진공시스템의 보일러이다.

2. 구조 및 특징

① 진공식 온수 보일러는 안전장치로 안전밸브(용해전 등)와 진공 스위치가 장착된다.

② 안전장치는 100℃ 이하에서 증기스팀을 방출하고 진공밸브는 대기압 이하에서 열매의 증기를 방출하는 구조로 된다.

③ 진공식은 일반 보일러와 같이 내압을 받는 구조가 아니라 외압을 받는 구조다.

④ 진공 온수 보일러는 그 하부에 설치된 연소실의 노통과 대류 전열면은 열매(물)와 접촉하고 이곳에서 연소열이 열매로 전달되어 증기가 발생한다.

⑤ 발생된 증기는 자연대류에 의해 보일러 내 상부로 이동하고 이 증기는 상부에 설치된 열교환기에서 온수를 발생시킨 후 열을 잃고 다시 물로 되어 하부로 낙하한다.

⑥ 상부의 열교환기에서는 열매증기의 응축열을 흡수하여 난방용 또는 급탕용으로 사용되는 온수를 생산한다.

⑦ 진공식 온수 보일러는 난방온수 및 급탕온수를 만들 때 버너의 연소열로 하지 않고 내부에서 봉입된 열매증기에 의해 간접적으로 가열된다.

⑧ 보일러는 밀폐 상태이므로 (진공을 위하여) 내부에 봉입된 열매(물)는 손실이 없어서 열매의 보충은 필요 없다.

⑨ 난방만 하는 경우에는 열교환기가 1개, 급탕을 동시에 하는 경우에는 열교환기가 2대(2회로식) 설치된다.

⑩ 운전 초기에는 －760mmHg 진공도가 유지되나 운전이 시작되어 열매가 증발할 경우 내부 온도가 93℃ 정도에 다다르게 되면 내부 압력이 －150mmHg(절대압 610mmHg)가 된다.

⑪ 온수의 온도는 약 85℃까지 얻을 수 있고 그 용량은 10~250만 kcal/h(4.16T/h증기 보일러 용량 정도)까지 출력이 되는 보일러가 제작된다.

⑫ 연소실 구조는 다관식 관류 보일러에 사용되는 수관과 유사한 구조의 수관으로 구성된 것도 있고 노통구조로 제작되는 경우가 있다. 또한 연소실이 전반부에는 노통 그리고 후부의 대류전열부는 수관형으로 된 혼합형도 있다.

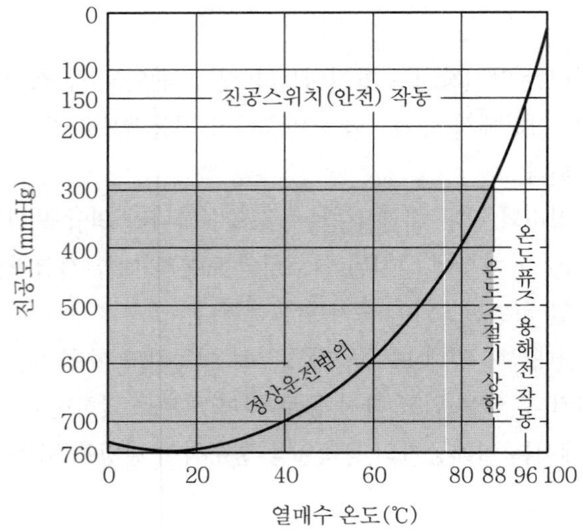

▎표준대기압▐

4 무압관수식 온수 보일러

1. 개요

대기압 수준의 압력이 보일러 동체에 작용하는 보일러이다. 보일러 내부에 물을 완전히 채우는 구조로서 물을 열매로 사용한다. 진공식과 달리 열교환기에 공급되는 열매도 온수이기 때문에 자연대류만으로는 전열이 잘 이루어지지 않고 순환도 신속하지가 못하다. 그렇기 때문에 순환을 촉진하기 위하여 순환펌프를 설치한 후 열매(보일러수)를 강제 순환시킨다.

2. 구조 및 특성

① 열교환기 외부에 설치된 순환펌프에서 물을 흡입하여 보일러 하부로 보내주면 열교환기 안쪽 끝에서 가열된 온수가 흡입되어 열교환기에서 강제대류 열전달이 이루어진다.

② 보일러 상부에 팽창탱크를 설치하고 이 팽창탱크에서 오버플로(Overflow)를 방출하기도 하고 보충수를 이곳으로 공급하기도 하기 때문에 진공온수 보일러는 밀폐식이나, 무압관수식은 개방형으로 본다.

③ 팽창탱크에는 저수위 경보기 및 차단기가 설치되어 보일러 열교환기가 확실하게 물속(열매 속)에 잠기게 한다.

④ 진공식 온수 보일러 용량은 5~350만 kcal/h까지 다양하게 제작된다.(온수 60만 kcal/h는 증기 보일러 1톤 정도)

⑤ 무압관수식 온수 보일러의 연소실 구조는 다관식 관류 보일러와 유사한 구조의 수관으로 구성된 것도 있고 또한 노통구조로 제작되는 경우도 있다. 그중 연소실은 노통구조로 구성되고 그 후부에 대류전열부가 수직형 수관으로 구성되는 경우는 무압관수식 노통수관 보일러라고도 한다.

⑥ 무압관수식 보일러는 진공온수식과는 달리 열매의 보충이 필요하다. 그러나 새로운 보충수는 소량의 양만 필요하고 연수처리가 되기 때문에 스케일이나 부식이 적게 발생하여 그 수명이 길다. (진공식 온수 보일러는 밀폐형이고 외부와의 공기도 완전차단되어 스케일이나 부식, 녹 발생이 거의 없다.)

⑦ 열교환기가 1개이면 1회로식으로 난방이 해결되고, 2개이면 2회로식으로 난방 · 급탕이 동시에 해결된다.

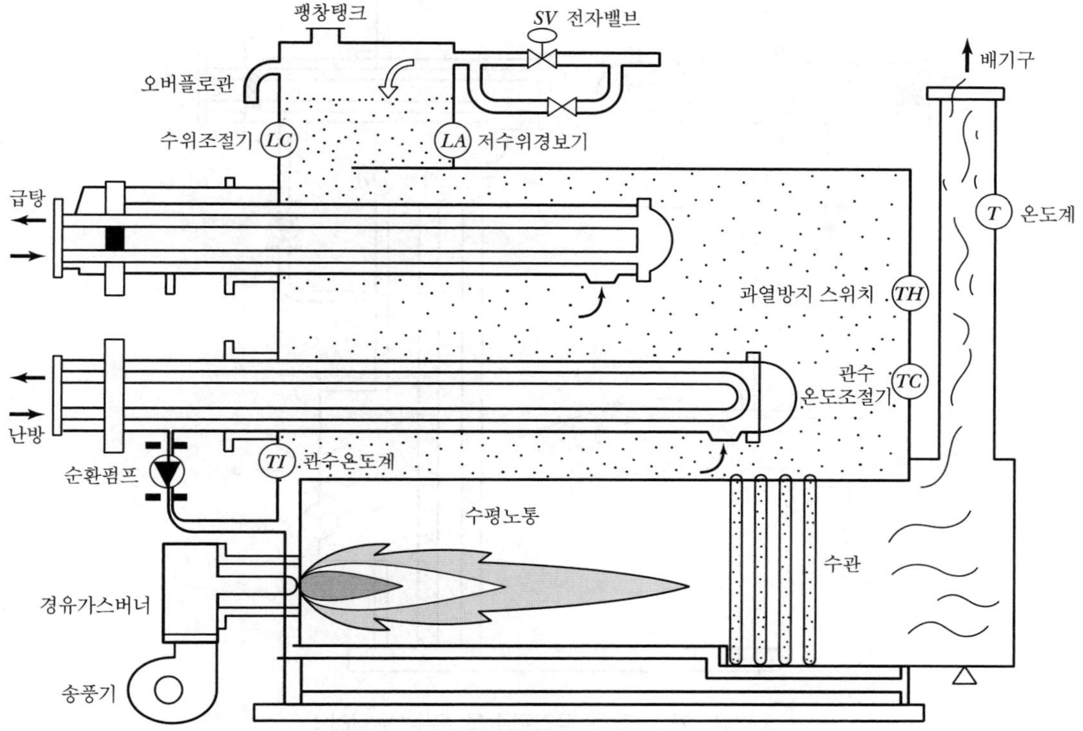

▌경유 사용 무압관수식 온수 보일러▐

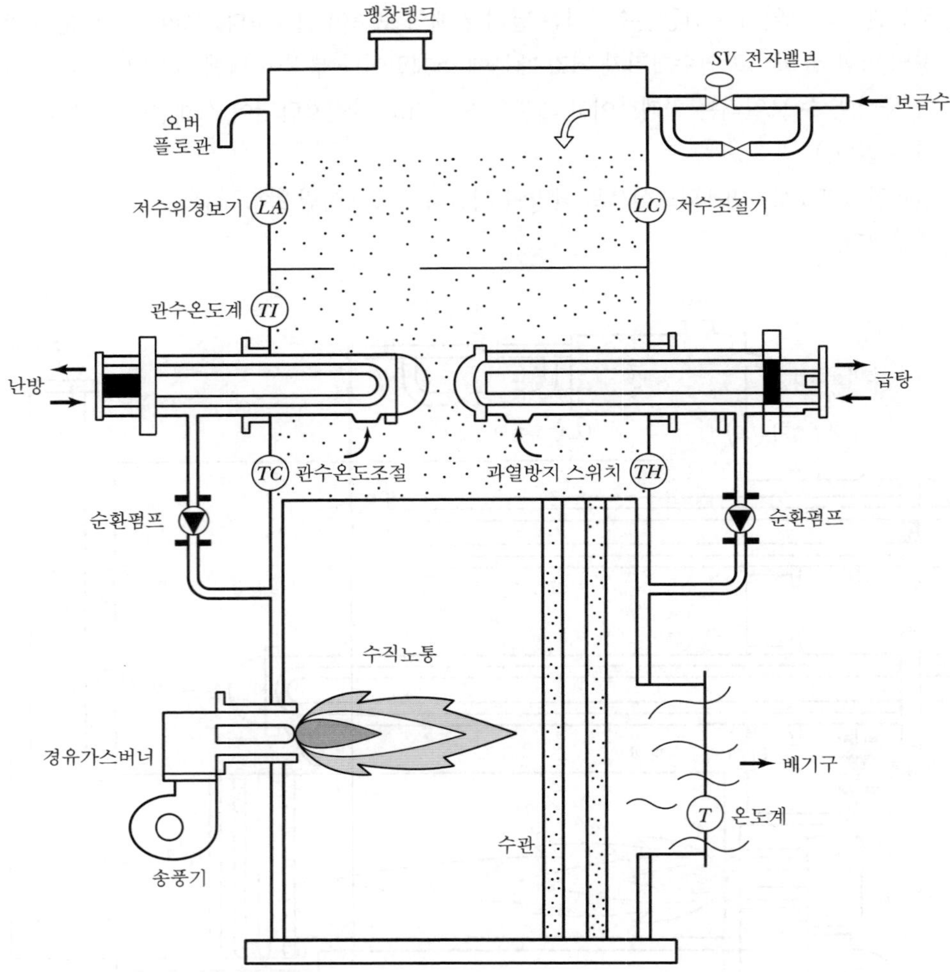

| 경유, 가스 겸용 무압관수식 온수 보일러 |

02장 출제예상문제

01 기수드럼이 없으며, 보일러수가 관 내에서 증발하여 과열증기로 되는 보일러는?

① 열매체 보일러 ② 수관식 보일러
③ 관류 보일러 ④ 연관 보일러

해설
관류 보일러는 기수드럼이 없고 보일러수가 관 내에서 증발하여 과열증기를 만들 수 있다.

02 주철제 보일러의 장단점을 설명한 것으로 잘못된 것은?

① 섹션의 증감에 의하여 보일러 용량의 증감이 매우 편리하다.
② 고온, 고압의 증기를 얻을 수 있다.
③ 강철제에 비하여 내식성, 내열성이 좋다.
④ 열에 의한 부동팽창으로 균열이 발생하기 쉽다.

해설
저압, 저온의 증기를 얻을 수 있다.

03 강제순환 수관 보일러에서 보일러수를 강제 순환시키는 이유는?

① 증기압력이 높아지면 보일러수와 증기의 비중차가 적어지므로
② 보일러 용량을 증대시키기 위하여
③ 파열사고 시 폭발범위를 줄이기 위하여
④ 수관 보일러의 수관 지름이 작기 때문에

해설
보일러수를 강제순환시키는 이유는 증기압력이 높아지면 보일러수와 증기의 비중차가 적어지기 때문이다.

04 관류 보일러에 속하는 것은?

① 베록스 보일러 ② 라몬트 노즐 보일러
③ 레플러 보일러 ④ 벤슨 보일러

해설
관류보일러
㉠ 슐처 보일러(스위스 제품)
㉡ 벤슨 보일러
㉢ 아트모스 보일러
㉣ 소형관류 보일러(단관식, 다관식)

05 원통 보일러에 대한 설명으로 틀린 것은?

① 본체가 지름이 큰 드럼으로 되어 있는 저압보일러로서, 용량이 작은 곳에 사용된다.
② 보일러 파열 시 보유수량이 적으므로 피해가 작다.
③ 노통 보일러, 연관 보일러, 노통연관 보일러, 직립 보일러 등이 있다.
④ 부하 변동에 의한 압력 변동이 적다.

해설
원통형 보일러는 보일러 파열 시 보유수량이 많아 피해가 크다.

06 입형 횡관식 보일러에서 횡관을 설치하는 목적으로 틀린 것은?

① 횡관을 설치함으로써 연소상태가 양호하고, 연소가 촉진된다.
② 횡관을 설치하면 전열면적이 증가되고 증발량도 많아진다.
③ 횡관에 의해 내압이 약한 화실벽이 보강된다.
④ 횡관을 설치함으로써 수(水) 순환이 좋아진다.

해설
횡관 설치와 연소상태는 관련이 없다. 횡관 설치 시 물의 순환량이 증가한다.

정답 01 ③ 02 ② 03 ① 04 ④ 05 ② 06 ①

07 입형 보일러에 대한 설명으로 잘못된 것은?

① 비교적 장소가 좁은 곳에도 설치가 가능하다.
② 수관 보일러에 비하여 효율이 높다.
③ 고압력의 보일러로는 부적합하다.
④ 수면이 좁고 증기부가 적어 습증기가 발생할 수 있다.

해설
입형 보일러는 효율이 매우 낮다.

08 보일러의 3대 구성요소에 해당되지 않는 것은?

① 보일러 본체 ② 연소장치
③ 부속설비 ④ 보일러실

해설
보일러의 3대 구성요소
㉠ 본체
㉡ 연소장치
㉢ 부속설비

09 주철제 보일러의 특징이 아닌 것은?

① 저압이기 때문에 사고 시 피해가 적다.
② 내식성, 내열성이 좋다.
③ 구조가 간단하여 청소, 수리가 용이하다.
④ 굽힘, 충격 강도가 약하다.

해설
주철제 보일러는 구조가 간단하나 청소나 수리는 매우 불편하다.

10 보일러 분류의 기준이 될 수 없는 것은?

① 보일러 본체의 구조 ② 물의 순환방식
③ 가열방식 ④ 통풍방식

해설
통풍방식(부대장치)
㉠ 자연통풍 : 굴뚝에 의존(소형 보일러용)
㉡ 강제통풍 : 송풍기에 의존(대형 보일러용)

11 외분식 보일러의 특징이 아닌 것은?

① 연소실의 크기나 형상을 자유롭게 할 수 있다.
② 연소율이 좋다.
③ 사용연료의 선택이 자유롭다.
④ 방사열의 흡수가 크다.

해설
방사열의 흡수가 큰 것은 내분식 연소실을 가진 보일러이다.

12 수관식 보일러의 특징을 잘못 설명한 것은?

① 전열면적이 커서 증기의 발생이 빠르다.
② 구조가 간단하여 청소, 검사, 수리 등이 용이하다.
③ 철저한 급수처리가 요구된다.
④ 용량에 비해 가벼워서 운반과 설치가 쉽다.

해설
수관식(대용량) 보일러는 구조가 복잡하고 수관이 많아서 청소, 검사, 수리가 매우 불편하다.

13 수관 보일러와 비교한 원통 보일러의 장점을 틀리게 설명한 것은?

① 제작이 쉽고 설비비가 싸다.
② 보유수량이 적어 부하변동에 따른 압력 변화가 적다.
③ 내부 청소 및 보수가 쉽다.
④ 구조가 간단하고 취급이 용이하다.

해설
원통 보일러는 보유수량이 많아 부하변동에 따른 압력 변화가 적다.

14 케와니 보일러 또는 스코치보일러는 어떤 형식의 보일러인가?

① 원통 보일러 ② 노통연관 보일러
③ 수관식 보일러 ④ 관류 보일러

정답 07 ② 08 ④ 09 ③ 10 ④ 11 ④ 12 ② 13 ② 14 ①

해설

원통형 보일러
㉠ 습식 : 스코치 보일러
㉡ 건식 : 부르동 카프스 보일러, 하우덴 존슨 보일러

15 관류 보일러의 특징으로 잘못된 것은?

① 증기 취출 및 급수를 위하여 기수 드럼이 필요하다.
② 부하변동에 따라 압력 변화가 심하다.
③ 양질의 급수가 필요하다.
④ 보유수량이 적어 기동시간이 짧다.

해설

관류 보일러(단관식, 다관식)는 기수모음 헤더는 있으나 기수 드럼은 불필요하다.

16 증기 또는 온수 보일러로서 여러 개의 섹션(Section)을 조합하여 제작하는 보일러는?

① 열매체 보일러 ② 강철제 보일러
③ 관류 보일러 ④ 주철제 보일러

해설

주철제 보일러는 여러 개의 섹션을 조합하여 제작한 보일러로서 내열성, 내식성이 크고 난방용으로 사용된다.

17 원통 보일러의 장점이 아닌 것은?

① 구조가 간단하고 취급이 용이하다.
② 부하변동에 비하여 압력 변화가 적다.
③ 보유수량이 적어 파열 시 피해가 적다.
④ 내부 청소 및 보수가 쉽다.

해설

원통 보일러는 보유수량이 많아서 파열 시 열수가 지나치게 분출하므로 그 피해가 크다.

18 원통 보일러에 관한 설명으로 틀린 것은?

① 보일러 내 보유수량이 많다.
② 일반적으로 수관 보일러보다 효율이 떨어진다.
③ 구조가 간단하고 정비, 취급이 용이하다.
④ 전열면적이 커서 증기 발생시간이 짧다.

해설

원통형 보일러는 전열면적이 작아서 증기 발생에 시간이 많이 소요된다.

19 원통 보일러와 비교한 수관식 보일러의 특징을 잘못 설명한 것은?

① 고압 대용량에 적합하다.
② 과열기, 공기예열기 설치가 용이하다.
③ 증발량당 수부(水部)가 적어 부하변동에 따른 압력 변동이 적다.
④ 용량에 비해 경량이며 효율이 좋고 운반, 설치가 용이하다.

해설

㉠ 수관식 보일러는 수부가 적고 용량이 커서 부하변동 시 압력변동이 심하다.
㉡ 원통형 보일러는 보유수량이 많아 부하변동 시 압력변화가 적다.

20 주철제 섹셔널 보일러의 특징을 잘못 설명한 것은?

① 강판제 보일러에 비하여 내부식성이 크다.
② 조립식이므로 보일러 용량을 쉽게 증감할 수 있다.
③ 재질이 주철이므로 충격에 강하다.
④ 고압 및 대용량에 부적당하다.

해설

주철제 보일러는 탄소(C) 함량이 많아 충격에 약하다. 주로 난방용 저압 보일러에만 사용한다.

정답 15 ① 16 ④ 17 ③ 18 ④ 19 ③ 20 ③

21 보일러 노통에서 가장 열손실이 큰 부위는?

① 바닥 ② 측벽
③ 후면 ④ 천장

해설
노 내 연소가스의 온도가 높을수록 밀도가 감소하며 상부로 이동하는 능력이 크다.

22 주철제 보일러는 어떤 용도로 많이 사용되는가?

① 발전용 ② 소형 난방용
③ 제조가공용 ④ 일반 동력용

해설
주철제 보일러는 저압 보일러이므로 소형 난방용에 적합하다.

23 수관식 보일러의 특징을 잘못 설명한 것은?

① 전열면적이 커서 증기의 발생이 빠르다.
② 구조가 간단하여 청소, 검사, 수리 등이 용이하다.
③ 철저한 급수처리가 요구된다.
④ 용량에 비해 가벼워서 운반과 설치가 쉽다.

해설
구조가 복잡하여 청소나 검사, 수리가 불편하다.

24 주철제 보일러의 특징으로 옳은 것은?

① 부식되기 쉽다.
② 고압 및 대용량으로 적합하다.
③ 섹션의 증감으로 용량을 조절할 수 없다.
④ 인장 및 충격에 약하다.

해설
주철제 보일러의 특징
㉠ 부식이 잘 되지 않는다.
㉡ 저압이며 소용량 난방용에 용이하다.
㉢ 섹션의 증감으로 용량 조절이 가능하다.
㉣ 인장 및 충격에 약하다.

25 드럼 없이 초임계 압력하에서 증기를 발생시키는 강제순환 보일러는?

① 특수 열매체 보일러 ② 2중 증발 보일러
③ 연관 보일러 ④ 관류 보일러

해설
관류 보일러의 특징
㉠ 고압에 잘 견딘다.
㉡ 열효율이 높다.
㉢ 드럼이 없어도 된다.(기수분리기는 필요하다.)
㉣ 단관식, 다관식이 있다.

26 열매체 보일러의 열매체로 주로 많이 사용되는 것은?

① 물 ② 수은
③ 다우섬 ④ 알코올

해설
열매체
㉠ 다우섬
㉡ 수은
㉢ 카네크롤
㉣ 모빌섬

27 각종 보일러에 대한 설명 중 옳은 것은?

① 노통 보일러는 내부 청소가 힘들고 고장이 자주 생겨 수명이 짧다.
② 원통형 보일러는 보유 수량이 많아 파열 시 피해가 크며 구조상 고압 대용량에 부적합하다.
③ 수관 보일러는 고온, 고압 증기용으로 중용량 이상의 보일러에 적합하며 내분식이다.
④ 코니시 및 랭커셔 보일러의 노통은 2개 이상이다.

해설
노통 보일러는 내부 청소가 수월하며 고장이 적고, 코니시 보일러는 노통이 1개이다. 수관식은 대용량 보일러이며 외분식이다.

정답 21 ④ 22 ② 23 ② 24 ④ 25 ④ 26 ③ 27 ②

28 노통연관식 보일러의 특징을 잘못 설명한 것은?

① 내분식이므로 연소실의 크기에 제한을 받는다.
② 보유수량이 적어 파열 시 피해가 작다.
③ 구조상 고압 대용량에 부적당하다.
④ 내부 구조가 복잡하여 보수 점검이 곤란하다.

해설
보유수량이 적어 파열 시 피해가 적은 보일러는 수관식 보일러이다.

29 연관에 대한 설명으로 옳은 것은?

① 관의 내부로 연소가스가 지나가는 관
② 관의 외부로 연소가스가 지나가는 관
③ 관의 내부로 물이 지나가는 관
④ 관의 내부로 증기가 지나가는 관

해설
㉠ 연관 : 관 내부로 연소가스가 이송된다.
㉡ 수관 : 관 내부로 열수가 이송된다.

30 다음 보일러 중 일반적으로 효율이 가장 높은 보일러는?

① 노통 보일러 ② 노통연관식 보일러
③ 수직(입형) 보일러 ④ 수관식 보일러

해설
보일러 효율
관류 보일러 > 수관식 보일러 > 노통연관식 보일러 > 연관식 보일러 > 노통 보일러 > 입형 보일러

31 노통 보일러 특징에 대한 설명 중 틀린 것은?

① 구조가 간단하고 취급이 용이하다.
② 부하변동에 비하여 압력 변화가 적다.
③ 보유수량이 적어 파열 시 재해가 적다.
④ 내부 청소 및 보수가 쉽다.

해설
노통 보일러는 보유수량이 많아 파열 시 피해가 크다.

32 랭커셔 보일러에 브리딩 스페이스를 너무 적게 하면 어떤 현상이 일어나는가?

① 발생 증기가 습하기 쉽다.
② 수격작용이 일어나기 쉽다.
③ 그루빙을 일으키기 쉽다.
④ 불량 연소가 되기 쉽다.

해설
랭커셔 보일러에 브리딩 스페이스(노통의 신축호흡거리)를 너무 적게 하면 그루빙(구식=도랑부식)을 일으키기 쉽다.

33 주철제 보일러의 특징으로 옳은 것은?

① 부식되기 쉽다.
② 고압 및 대용량으로 적합하다.
③ 섹션의 증감으로 용량을 조절할 수 있다.
④ 인장 및 충격에 강하다.

해설
주철제 보일러는 용접이 어려워 용량 증감 시 섹션의 증감으로 조절이 가능하다.

34 주철제 보일러의 장점으로 틀린 것은?

① 복잡한 구조도 제작이 가능하다.
② 저압이기 때문에 사고 시 피해가 적다.
③ 조립식으로 반입 및 해체가 쉽다.
④ 청소, 검사, 수리가 용이하다.

해설
주철제 보일러는 연소실의 용적이 적어서 청소나 검사, 수리가 불편하다.

정답 28 ② 29 ① 30 ④ 31 ③ 32 ③ 33 ③ 34 ④

35 강제순환식 수관 보일러의 특징은?

① 수관의 배치가 자유롭고 설계가 쉽다.
② 보일러 제작이 용이하다.
③ 온도 상승에 따른 물의 비중차로 순환한다.
④ 순환펌프가 필요 없다.

해설

강제순환식 수관 보일러는 수관의 배치가 자유롭고 설계가 용이하다.

36 외분식 보일러의 특징으로 잘못된 것은?

① 연소실의 크기나 형상을 자유롭게 할 수 있다.
② 연소율이 좋다.
③ 사용연료의 선택이 자유롭다.
④ 방사열의 흡수가 크다.

해설

외분식 보일러는 방사열의 흡수가 매우 적고 내분식 보일러는 방사열의 흡수가 매우 크다.

37 강제순환식 수관 보일러의 순환비를 구하는 식으로 옳은 것은?

① $\frac{\text{발생증기량}}{\text{공급급수량}}$　② $\frac{\text{순환수량}}{\text{발생증기량}}$
③ $\frac{\text{발생증기량}}{\text{연료사용량}}$　④ $\frac{\text{연료사용량}}{\text{증기발생량}}$

해설

$\text{순환비} = \frac{\text{순환수량}}{\text{발생증기량}}$

38 보일러에서 스테이를 설치하는 목적은?

① 물 순환을 좋게 하기 위해서
② 보일러의 부식을 방지하기 위해서
③ 강도를 증가시키기 위해서
④ 재료를 절감시키기 위해서

해설

보일러에서 스테이를 부착하는 목적은 강도를 증가시키기 위해서이다.

39 수관식 보일러의 특징으로 틀린 것은?

① 전열면적이 크고, 증발률이 크므로 고온, 고압의 대용량 보일러로 적합하다.
② 보일러의 효율이 원통 보일러에 비해 좋다.
③ 드럼의 지름과 수관의 지름이 작으므로 고압에 잘 견딘다.
④ 고압 보일러이므로 급수처리를 잘 할 필요가 없다.

해설

수관식 보일러의 특징
㉠ 고압에 잘 견딘다.　㉡ 전열면적이 크다.
㉢ 보일러 효율이 높다.　㉣ 스케일 생성이 빠르다.
㉤ 철저한 급수처리가 요망된다.

40 원통형 보일러와 비교하여 수관식 보일러의 특징을 설명한 것으로 틀린 것은?

① 급수에 대한 수위변동이 적어 수위조절이 쉽다.
② 구조상 고압 대용량에 적합하다.
③ 보유수량이 적어 파열 시 피해가 적다.
④ 증기 발생에 소요되는 시간이 짧다.

해설

수관식 보일러는 전열면적은 크나 보유수량이 적어서 급수에 대한 수위변동이 커서 수위조절이 용이하지 못하다.

41 원통 보일러의 종류에 속하지 않는 것은?

① 노통 보일러　② 연관 보일러
③ 직립 보일러　④ 관류 보일러

해설

관류 보일러는 수관식 보일러에 속한다.

정답 35 ① 36 ④ 37 ② 38 ③ 39 ④ 40 ① 41 ④

42 코니시 보일러에서 노통을 편심으로 설치하는 이유는?

① 보일러수의 순환을 좋게 하기 위함이다.
② 연소장치의 설치를 쉽게 하기 위함이다.
③ 온도 변화에 따른 신축량을 흡수하기 위함이다.
④ 보일러의 강도를 크게 하기 위함이다.

해설
노통의 편심 목적 : 보일러수의 순환 촉진

43 곡관식과 비교하여 직관식 수관 보일러의 특징을 잘못 설명한 것은?

① 수관의 파손 시 교체가 편리하다.
② 곡관식보다 제작이 까다롭고 가격이 비싸다.
③ 물의 순환이 비교적 원활하다.
④ 수관이 경사지지 않으면 물의 순환이 불량하다.

해설
곡관식 수관 보일러는 제작이 까다로워서 가격이 비싸다.

44 입형 보일러의 일반적인 특징 중 틀린 것은?

① 일반적으로 소용량 보일러이다.
② 설치장소가 넓지 않아도 된다.
③ 설비비가 적게 든다.
④ 중유 등 저급 연료를 주로 사용한다.

해설
입형 보일러는 노 내가 협소하여 불완전연소가 발생되기 때문에 연소가 용이한 양질의 연료 공급이 우선되어야 한다.

45 수관 보일러에 있어서 강제 순환식으로 하는 이유는?

① 관지름이 작고 보유수량이 많기 때문이다.
② 보일러 드럼이 1개뿐이기 때문이다.
③ 고압에서 포화수와 포화증기의 비중차가 작기 때문이다.
④ 보일러 드럼이 상부에 위치하기 때문이다.

해설
강제순환의 이유는 고압에서 포화수와 포화증기의 비중차가 작아서 자연순환이 제대로 되지 않기 때문이다.

46 비교적 저압에서 고온의 증기를 얻을 수 있는 보일러는?

① 벤슨 보일러 ② 주철제 보일러
③ 다우섬 보일러 ④ 레플러 보일러

해설
다우섬 열매체 보일러는 비교적 저압에서 고온의 증기를 얻을 수 있다.

47 수관 보일러의 특징으로 잘못된 것은?

① 고압이기 때문에 급수의 수질에 영향을 받지 않는다.
② 보일러 파열 시에 피해가 비교적 적다.
③ 고온, 고압의 대용량 보일러로 적합하다.
④ 효율이 비교적 높다.

해설
수관 보일러는 고압 대용량 보일러이며 스케일 생성이 빨라서 급수의 수질에 큰 영향을 받는다.

48 보일러 동체의 수실에 연소가스의 통로가 되는 많은 연관을 설치한 보일러는?

① 복합 보일러 ② 연관 보일러
③ 노통 보일러 ④ 직립 보일러

해설
연관 보일러 : 보일러 동체의 수실에 연관을 설치한 보일러

49 원통 보일러 중 외분식 보일러인 것은?

① 횡연관 보일러 ② 노통 보일러
③ 입형 보일러 ④ 노통연관 보일러

해설
외분식 보일러는 연소실이 보일러 본체 밖에 있는 것으로 횡연관 보일러, 수관식 보일러, 관류 보일러 등이 있다. 원통형 보일러 중에서 외분식인 것은 횡연관 보일러 하나다.

정답 42 ① 43 ② 44 ④ 45 ③ 46 ③ 47 ① 48 ② 49 ①

50 보일러 스테이 종류 중 주로 경판의 강도를 보강할 목적으로 경판과 동판 사이에 설치되는 판 모양의 스테이는?

① 볼트 스테이 ② 튜브 스테이
③ 바 스테이 ④ 거싯 스테이

해설

거싯 스테이
주로 경판의 강도를 보강하기 위해 경판과 동판 사이에 설치되는 판 모양의 스테이다.

51 수관식 보일러 중 관류식에 해당되는 것은?

① 슐처 보일러 ② 라몬트 노즐 보일러
③ 베록스 보일러 ④ 다쿠마 보일러

해설

관류 보일러 : 슐처 보일러, 벤슨 보일러, 램진 보일러 등

52 드럼 없이 초임계 압력에서 증기를 발생시키는 보일러는?

① 복사 보일러 ② 관류 보일러
③ 수관 보일러 ④ 노통연관 보일러

해설

관류 보일러의 특징
㉠ 드럼이 없다.(단, 전열면적은 크다.)
㉡ 초임계 압력하에서 사용 가능하다.
㉢ 스케일 생성이 빠르다.
㉣ 습증기 발생으로 기수분리가 필요하다.
㉤ 증기의 생성이 빠르다.

53 원통 보일러 중 외분식 보일러로서 대표적인 것은?

① 횡연관 보일러 ② 노통 보일러
③ 코크란 보일러 ④ 노통연관 보일러

해설

원통형 보일러 중 외분식은 횡연관 보일러뿐이다.

54 크기에 비하여 전열면적이 크고 보유 수량이 적으므로 증기의 발생도 빠르고 또한 고압용으로 만들기 쉬우므로 육상용 및 선박용으로 많이 사용되는 보일러는?

① 수관식 보일러 ② 연관식 보일러
③ 원통형 보일러 ④ 특수 보일러

해설

수관식 보일러의 특징
㉠ 크기에 비하여 전열면적이 크다.
㉡ 보유수량이 적어 압력의 변화가 크다.
㉢ 증기의 발생속도가 빠르다.
㉣ 고압 보일러에 이상적이다.

55 긴 관의 한끝에서 펌프로 압송된 급수가 관을 지나는 동안 차례로 가열, 증발, 과열되어 마지막에 과열증기가 되어 나가는 형식의 보일러는?

① 수관 보일러 ② 관류 보일러
③ 원통연관 보일러 ④ 입형 보일러

해설

관류 보일러는 긴 관의 한 끝에서 펌프로 압송된 급수가 관을 지나는 동안 차례로 가열, 증발, 과열되어 증기가 배출된다.

56 일반 개인 가정용 난방 보일러로 주로 사용되는 보일러 형식은?

① 노통연관식 ② 관류식
③ 입형 ④ 수관식

해설

입형 보일러는 가정용 난방 보일러로 사용된다.

57 일반적으로 효율이 매우 높은 보일러 형식은?

① 노통연관식 ② 관류식
③ 입형 ④ 수관식

해설

보일러 유형별 효율 크기
관류식 > 수관식 > 노통연관식 > 입형

정답 50 ④ 51 ① 52 ② 53 ① 54 ① 55 ② 56 ③ 57 ②

CHAPTER 03 보일러 부속장치

SECTION 01 안전장치

보일러 내의 압력 상승이나 유사시에 기계적으로 압력초과 및 여러 가지 장해 요인을 사전에 막아 주어서 기관 자체의 악영향을 미연에 방지하기 위한 장치다.

1 안전밸브

1. 안전밸브의 설치개수

① 증기 보일러 : 2개 이상 설치

② 전열면적 50m^2 이하 증기 보일러 : 1개 이상

2. 안전밸브 부착 시 주의사항

① 본체에 직접 부착시킨다.

② 밸브 축을 수직으로 세운다.

3. 안전밸브의 크기 : 보일러 최대 증발량을 분출할 수 있게 크기를 정하여야 한다.

4. 안전밸브의 초과범위

① 처음의 것은 최고사용압력 이하에서 분출되어야 한다.

② 나중의 보조 안전밸브는 최고사용압력 1.03배 이내에서 분출되어야 한다.

5. 안전밸브의 호칭 크기

① 호칭 지름 25mm 이상이어야 한다.

② 다만 소용량 보일러는 20mm 이상일 수도 있다.

6. 과열기에 안전밸브 부착 시 주의사항

① 과열기 출구에 1개 이상 설치한다.

② 분출량은 과열기의 온도를 설계온도 이하로 유지하는 데 필요한 양이어야 한다.

③ 과열기 안전밸브의 분출 압력은 증기 발생부의 안전밸브보다 낮게 조정한다.
④ 관류 보일러의 안전밸브는 과열기 출구에 소요분출 용량의 안전밸브를 설치한다.

7. 안전밸브의 종류

(1) 스프링식 안전밸브

① **저양정식** : 양정이 밸브디스크 지름의 1/40~1/15의 것
② **고양정식** : 양정이 밸브디스크 지름의 1/15~1/7의 것
③ **전양정식** : 양정이 밸브디스크 지름의 1/7 이상인 것
④ **전양식** : 밸브시트구에 있어서 증기의 통로면적이 다른 최소의 단면적(밸브의 목부분)의 통로면적보다 큰 것(변좌지름이 목부지름의 1.15배 이상)

[스프링식 안전밸브의 분출용량(E) 계산식]

- 저양정식 : $E=\dfrac{(1.03P+1)SC}{22}(\text{kg/h})$
- 고양정식 : $E=\dfrac{(1.03P+1)SC}{10}(\text{kg/h})$
- 전양정식 : $E=\dfrac{(1.03P+1)SC}{5}(\text{kg/h})$
- 전양식 : $E=\dfrac{(1.03P+1)AC}{2.5}(\text{kg/h})$

여기서, S : 밸브시트의 면적(mm^2)(단, 밸브시트가 45°일 때는 그 면적에 0.707배를 한다.)
P : 안전밸브의 분출압력(kg_f/cm^2)
C : 계수로서 증기압력 $120\text{kg}_f/\text{cm}^2$ 이하, 증기의 온도가 280℃ 이하일 때는 1로 한다.
A : 안전밸브의 최소증기 통로면적(목부단면적 mm^2)

(2) 지렛대식(레버식) 안전밸브

[지렛대식(레버식) 안전밸브의 추의 중량 계산식]

$$W=\frac{\left(\frac{\pi}{4}D^2P-W_1\right)l_1}{L}-\frac{W_2 l_2}{L}(\text{kg}_f)$$

여기서, W : 추의 중량(kg_f)
W_1 : 안전밸브의 중량(kg_f)
W_2 : 지렛대의 중량(kg)
l_1 : 지점과 밸브의 거리(cm)
l_2 : 지점과 지렛대 중심의 거리(cm)
L : 지점과 추의 거리(cm)
P : 분출압력(kg_f/cm^2)
D : 밸브 지름(cm)

(3) 추식 안전밸브

[추식 안전밸브의 추의 중량 계산식]

$$\text{추의 중량 } W(\text{kg}) = \frac{\pi D^2 P}{4}$$

여기서, D : 밸브디스크 지름(cm), P : 압력(kg_f/cm^2)

(4) 복합식 안전밸브 : 스프링식 안전밸브와 지렛대식 안전밸브의 혼합형식 안전밸브이다.

REFERENCE 압력용기의 안전밸브 분출용량(E) 계산식

$$E(\text{kg}_f/\text{h}) = 230A(P+1)\sqrt{\frac{M}{T}}$$

여기서, E : 안전밸브의 분출량(kg_f/h),

A : 안전밸브의 유효면적(cm^2)(다만, 밸브가 열렸을 때의 밸브자리, 구멍의 증기통로로의 면적이 목부분의 면적보다 클 때는 최소 증기통로의 면적을 취한다.)

① 밸브의 리프트가 밸브자리 구멍 지름의 $\frac{1}{4}$ 미만인 안전밸브

안전밸브 유효면적$(A) = 2.22Dl$

② 밸브의 리프트가 밸브자리 구멍 지름의 $\frac{1}{4}$ 이상인 안전밸브

안전밸브 유효면적$(A) = 0.758D^2$

여기서 D : 안전밸브의 지름(cm)(①에 있어서는 밸브자리 구멍의, 지름 ②에 있어서는 목부분의 지름을 취한다.),

l : 안전밸브 리프트(cm), P : 안전밸브의 분출압력(kg_f/cm^2),

M : 분출되는 기체의 분자량, T : 분출되는 기체의 온도(절대온도 °K)

REFERENCE 고체연료 연소 시 안전밸브의 최소지름(mm)

로스터의 면적이 0.37m^2를 넘는 경우 안전밸브의 최소지름

최소지름$(D) = 27.3G + 15\text{mm}$

로스터의 면적이 0.37m^2 이하인 경우의 안전밸브 최소지름

최소지름$(D) = 68G\text{mm}$

여기서, D : 안전밸브의 최소지름(mm)으로서 변좌구의 지름으로 한다.

G : 로스터의 면적(m^2)으로서 가스 또는 액체연료를 사용하는 보일러에 있어서는 석탄을 사용하는 것으로 간주한다.

밸브시트의 총면적은 아래 식으로 구한다.

$$\text{시트 총면적}(A) = \frac{\pi D^2}{4} = (\text{mm}^2)$$

REFERENCE 안전밸브의 분출 총면적(밸브시트) 계산식

$$\text{시트 총면적}(A) = \frac{22E}{1.03P+1} = (\text{mm}^2)$$

① 최고사용압력이 1kgf/cm²를 넘는 증기 보일러

② 최고사용압력이 1kgf/cm² 이하의 증기 보일러

여기서, E : 시간당 증기발생량(정격용량 kgf/h),

P : 증기의 분출압력(kgf/cm²)

2 고저 수위 경보기

증기 보일러 및 모든 보일러에서 보일러를 안전하게 쓸 수 있는 최저수위(일반 저수위) 및 최고수위와 온수 보일러에서 120℃ 이상이 넘기 직전에 자동적으로 경보가 울리는 장치이며 이 경보가 울린 후 50~100초 이내에 자동적으로 연료공급이 차단된다.

① **기계식** : 맥도널드식, 자석식

② **전극식** : 관류 보일러용

3 방출밸브

온수 보일러에서 최고사용압력의 초과 시에 보일러를 안전하게 유지하기 위한 고온수 배출기구의 안전장치

1. 120℃ 이하 온수 보일러

① 방출밸브 지름은 20mm 이상

② 온수 보일러 최고사용압력에 그 10%를 더한 값을 초과하지 않게 설정한다.(단, 10%가 0.35kgf/cm² 미만일 때는 0.35kgf/cm²로 한다.)

2. 120℃ 이상 초과 시 온수 보일러 : 안전밸브를 설치하고 지름은 20mm 이상

▼ **방출관의 크기**

전열면적(m²)	방출관의 안지름(mm)
10 미만	25 이상
10 이상~15 미만	30 이상
15 이상~20 미만	40 이상
20 이상	50 이상

4 가용전(가용마개)

관수의 이상 감수 시 보일러 수위가 안전 저수위 이하로 내려갈 때 과열로 인한 동의 파열이나 압궤 등 사고를 미연에 방지하기 위하여 설치한 안전장치기구이다. 재질은 주석과 납의 합금 등으로 되어 있다.

주석 : 납	용융온도(℃)
3 : 10	250
3 : 3	200
10 : 3	150

5 방폭문

연소실 내 미연가스(CO)에 의한 폭발이나 역화의 발생 시 그 폭발을 외부로 배출시켜서 보일러 손상 및 안전사고를 사전에 방지하기 위한 장치다.

① **스프링식(밀폐식)** : 압입통풍에 많이 사용하며 일반적으로 노통연관 보일러 등에 설치한다.

② **스윙식(개방식)** : 자연통풍 시에 많이 사용하며 주철제 보일러 등에 설치하며 충격 진동 등에 의한 주철의 균열방지용으로도 쓰인다.

6 화염검출기

연소실 내 화염의 유무를 판정하여 연소실 내 가스의 폭발 및 안정된 연소를 위하여 설치한 기구이다.

1. 스택 스위치

연소실의 배기가스가 연도를 지나면서 그 연도 가스의 온도 변화를 감지하여 연소상태를 검출하는 기구로서 저압 보일러 또는 소형 온수기나 소형 온풍로에 많이 쓴다. 참고 사용 온도 : 300~550℃

2. 광전관 검출기(플레임 아이)

광전관은 물체에 빛이 닿으면 광전자를 방출하는 현상을 이용한 화염검출기이며 전기적 신호로 변화하여 화염의 상태를 파악한다.

① **용도** : 기름 연소

② **온도** : 상온(최고온도 50℃)

③ **수명** : 2,000시간

3. 플레임 로드

내열성 금속인 스테인리스, 칸탈 등으로 된 4mmϕ 정도의 막대로 불꽃 속에 직접 넣어서 불꽃의 유무를 검출한다.

① **용도** : 파일럿 불꽃, 때로는 주 버너의 불꽃검출에도 사용한다.
② **특징** : 불꽃의 길이 및 강도 등을 검출할 수 있다.
③ **온도**
- 칸탈 로드 : 1,100℃ 이하
- 그로버 로드 : 1,450℃ 이하

4. 자외선 검출기

불꽃의 파장분포 가운데서 자외선 영역의 특정파장을 압력으로 하여 동작하는 검출기다.
① **용도** : 기름연소, 가스연소
② **온도** : −30~60℃
③ **특징** : 백열전구, 형광전구에는 응답하지 않는다.

SECTION 02 급수계통(급수장치)

보일러에서는 항상 최대증기 발생량을 충족시킬 수 있는 급수펌프를 2대 이상 갖추어야 한다.(다만, 소용량의 경우는 1대 이상)

1 급수탱크(저수조)

① 강판으로 제작하며 용량은 1일 최대 증기사용량의 1시간분 이상의 용량이 되어야 한다.
② 급수탱크에서는 과대급수로 인한 오버플로를 방지하기 위하여 액면의 제어용인 플로트 밸브를 설치하는 것이 좋다.

2 급수장치

급수장치의 종류에는 급수펌프, 환수탱크(리턴트랩), 인젝터(소형) 등이 있다.

1. 급수펌프

(1) 급수펌프의 구비조건

① 고온이나 고압력에 견디어야 한다.
② 작동이 확실하고 조작 및 취급이 간편하여야 한다.
③ 부하 변동에 적절히 대응할 수 있어야 한다.
④ 고속회전에 지장이 없어야 한다.
⑤ 병열운전 시에 지장이 없어야 한다.
⑥ 저부하 시에도 효율이 좋아야 한다.

(2) 급수펌프의 종류

① 원심펌프

㉠ **벌류트펌프** : 안내 날개는 설치하지 않고 벌류트(스파이럴) 케이싱 내부에 있는 임펠러에 의한 원심력을 이용한 것으로 양정 20m 이하의 저양정에 사용하는 펌프이다.

㉡ **다단터빈펌프** : 임펠러 및 안내 날개가 있으며 물의 유통을 정돈하며 유속을 작게 하여 수압을 높여 양정 20m 이상의 고양정에 사용하는 펌프이다.

[특징]

- 고속회전에 적합하며 소형으로서 대용량에 적합하다.
- 토출 시 맥동이 적고 효율이 높고 안정된 성능을 얻는다.
- 토출 시 흐름이 고르고 운전상태가 조용하다.
- 구조가 간단하고 취급이 용이하며 보수관리가 용이하다.
- 양수의 효율이 높다.

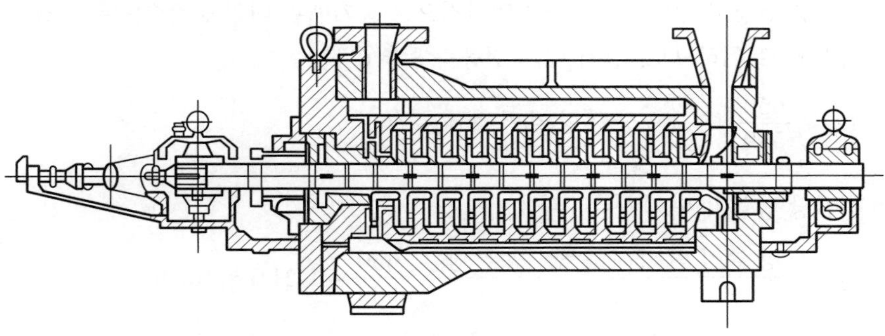

▌다단터빈펌프▐

② 왕복동펌프

㉠ **플런저펌프** : 전동기의 회전에 의해 플런저가 움직여서 왕복운동으로 급수가 된다.

㉡ 워싱턴펌프

- 증기피스톤, 급수의 피스톤이 연결되어 증기의 압력을 받아서 급수한다.
- 비교적 고점도의 액체수송에 적합하다.
- 유체의 흐름에 맥동을 가져온다.
- 토출압의 조정이 가능하다.
- 증기 측의 피스톤 지름이 물의 피스톤 지름보다 크고 면적이 2배 정도로 설계된다.

㉢ 웨어펌프

- 증기 측의 피스톤과 펌프피스톤이 1개의 피스톤으로 연결되며 피스톤이 1조뿐이다.
- 고압용에 적당하다.
- 유체흐름 시 맥동이 일어난다.

- 토출압의 조절이 용이하다.
- 고점도의 유체수송에 적합하다.

(3) 급수펌프의 용량 및 양정

급수펌프는 보일러에서 최대증기 발생량의 2배 성능을 갖추어야 한다.

① 급수펌프의 축마력과 축동력

㉠ 마력(PS) : $\dfrac{rQH}{75\times 60\times \eta}$

㉡ 동력(kW) : $\dfrac{rQH}{102\times 60\times \eta}$

여기서, r : 물의 비중량(1,000kg/m³), Q : 유량(m³/min),
η : 펌프효율(%), H : 전양정, h_1 : 증기압력양정,
h_2 : 흡입양정, h_3 : 토출양정,
h_4 : 마찰손실수두양정, h_5 : 여유분의 양정

② 시간당 전장치 내의 응축수량 : 일반적으로 증기배관 내의 응축수량은 방열기 내 응축수량의 30%로 취하므로, 장치 내의 전응축수량(Q_c)는

$$Q_c = \frac{650}{539}\times 1.3\times \text{상당방열면적}\,(\text{kg}_\text{f}/\text{h})$$

③ 시간당 방열기 내의 응축수량(Q_r)

$$Q_r = \frac{\text{방열기면적 }1\text{m}^2\text{당 방열량}}{539} = \frac{650}{539} = 1.21\,(\text{kg}_\text{f}/\text{m}^2\text{h})$$

표준 응축수량은 방열기 면적 1m²당 1.21(kgf/m²h)로 한다.

④ 응축수 펌프의 용량(Q_1) : 응축수 펌프의 용량은 1분간의 양수량으로 하고, 펌프의 양수량은 발생 응축수량의 3배로 한다. 이에 따라 펌프의 용량(Q_1)은 분당 계산이다.

$$Q_1 = \frac{\text{장치 내의 전응축수량}}{60}\times 3(\text{kg}_\text{f}/\text{min})$$

⑤ 응축수 탱크의 용량(Q_2)

㉠ 응축수 탱크용량은 응축수 펌프용량의 2배로 계산한다.

$$Q_2 = Q_1\times 2 = \frac{\dfrac{650}{539}\times 1.3\times \text{상당방열면적}\times 3\times 2}{60}(\text{kg}_\text{f})$$

㉡ 응축수 탱크의 유효수량$(V) = 2Q = 6\dfrac{Q_c}{60} = 0.1\,Q_c(\text{kg})$

2. 인젝터(소형 급수설비)

증기의 분사에 의해 속도에너지를 운동에너지로 그 다음 압력에너지(진공상태)로 변화시켜서 급수를 행하는 것이다.

(1) 종류

① **메트로폴리탄형** : 급수가 65℃ 이상이면 급수가 불능
② Grasham형 : 급수가 50℃ 이상이면 급수가 불능

(2) 노즐

① 증기노즐
② 혼합노즐
③ 토출노즐

(3) 장점

① 구조가 매우 간단하다.
② 매우 소형이다.
③ 장소가 좁아도 된다.
④ 동력이 필요 없다.
⑤ 급수가 예열되어 열효율이 좋다.

(4) 인젝터 작동불능의 원인

① 급수의 온도가 높을 때
② 증기압이 $2kg/cm^2$ 이하이거나 $10kg/cm^2$ 이상일 때
③ 공기가 누입할 때
④ 관 속에 불순물이 투입할 때
⑤ 인젝터가 과열일 때
⑥ 증기 속에 수분이 과다할 때
⑦ 역정지변이 고장일 때

(5) 인젝터의 정지순서

① 핸들을 닫는다.
② 증기밸브를 차단한다.
③ 급수밸브를 닫는다.
④ 정지밸브를 차단한다.

(6) 인젝터의 작동 시 순서

① 출구정지밸브를 연다.
② 흡수밸브를 연다.
③ 증기밸브를 연다.
④ 핸들을 연다.

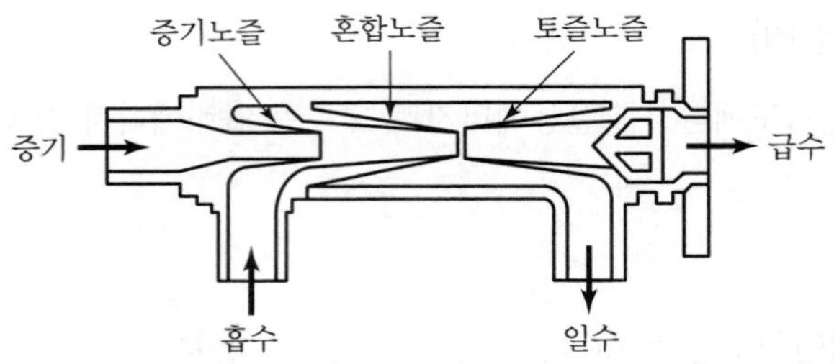

▮ 메트로폴리탄형 인젝터 ▮

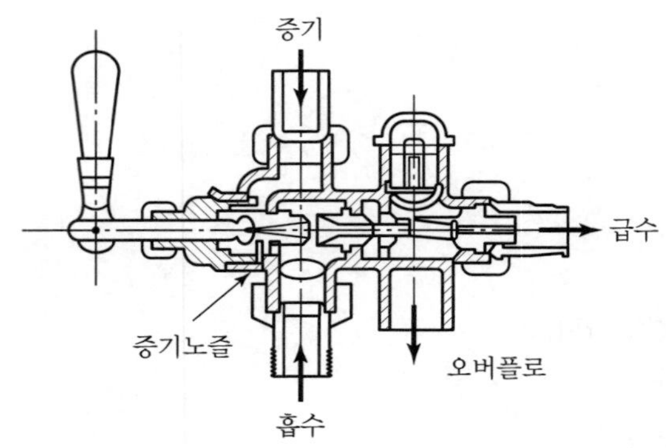

▮ 인젝터의 구조 ▮

3. 환원기

응결수 탱크로서 보일러 상부 1m 이상 위치에서 증기의 압력과 물의 압력으로 급수하는 소용량이다.

4. 급수량계

보일러 급수의 양을 측정하는 계기는 거의가 용적식 유량계로서 오벌식과 루츠식의 2가지를 많이 쓴다.

[특징]

- 정밀도가 높다.
- 계측이 간편하다.
- 점성이 강한 유체측정에 편리하다.
- 80~100℃ 고온의 유체측정도 가능하다.

캐비테이션 현상(공동현상)	서징 현상(맥동현상)
관내의 유체가 급히 꺾어져 흐를 시 압력이 저하할 때 관수 중의 기포가 분리되어 오는 현상이다.	공동현상에 의하여 발생된 기포의 흐름이 정상으로 돌아올 때 기포가 깨지고 맥동현상을 일으키는 것이다.

5. 환수탱크(리턴트랩)

배관 중에 모인 응축수를 회수하여 보일러의 동내로 공급하는 것이며 응축수, 수두와 보일러의 압력이 작용하여 보일러 증기드럼 내의 압력보다 더 큰 압력이 생겨서 응축수가 공급된다.

6. 급수정지 밸브

보일러 내에 급수되는 급수량을 조절하고 차단하는 밸브이다. 또한 급수정지 밸브 옆에 급수의 역류방지를 위한 역정지 밸브(체크밸브)도 함께 설치된다. 즉, 보일러 가까이에는 급수정지 밸브를, 보일러에서 먼 거리에는 역정지 밸브를 단다.

7. 급수내관

보일러 증기드럼에 물을 급수할 때 너무 위에 급수하면 부동팽창이 일어나고 너무 낮게 급수하면 대류작용을 방해하기 때문에 안전 저수위 이하에서 물을 골고루 뿌리는 기구인 둥근 관이다. 직경 38~75mm의 강관으로 다수의 구멍이 나 있어 그 사이로 골고루 물이 급수된다. 설치 위치는 정확히 안전 저수위 하방 50mm이다.

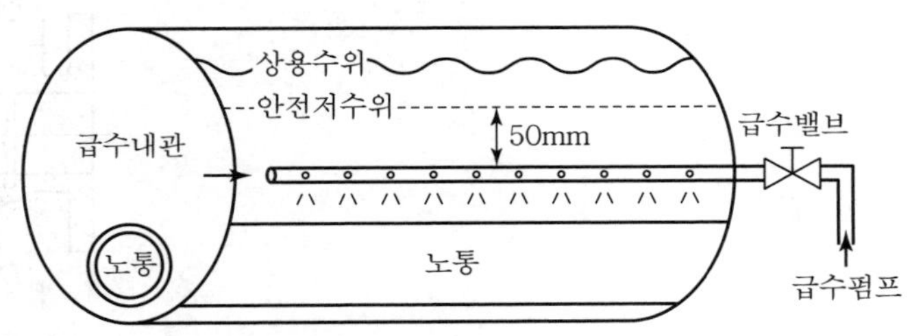

▌급수내관 설치 위치▐

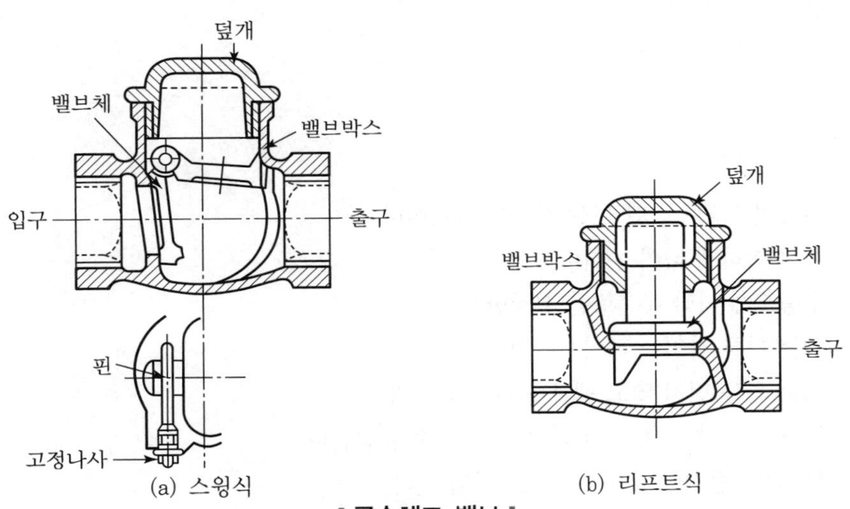

▌급수체크 밸브▐

SECTION 03 분출장치

관수 중의 유지분이나 부유물 또는 관수 중의 불순물을 낮게 하고 pH를 조정하기 위하여 설치하는 것

1 종류

① **수면분출장치** : 포밍 현상을 방지하기 위하여 안전 저수위 선상에 부착하며 분출관과 분출밸브 또는 분출콕으로 연결되어 있다.

② **수저분출장치** : 관수 중의 불순물 농도를 저하시키며 또한 pH를 조절하기 위한 장치로서 분출관, 분출밸브 또는 분출콕 등을 설치하여 동하부에서 불순물을 제거하는 장치다.

2 분출의 목적

① 동저부의 스케일 부착 방지
② 관수의 pH 조절
③ 관수의 농축방지
④ 프라이밍, 포밍 방지
⑤ 고수위의 방지
⑥ 세관작업 후 불순물 제거

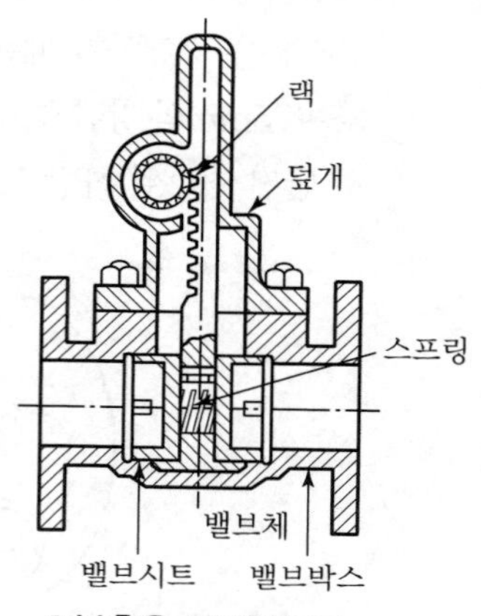

❙ 분출용 급개밸브 ❙

3 분출시기

① 보일러 가동 직전
② 연속가동 시 열부하가 가장 낮을 때
③ 비수나 프라이밍이 일어날 때

4 분출작업 시 주의사항

① 작업 시는 2인 1조로 하여 이상 감수를 방지한다.
② 가능한 한 신속하게 하여야 한다.
③ 불순물의 농도에 따라 분출량을 설정한다.
④ 분출 시에는 다른 작업을 하여서는 아니 된다.
⑤ 분출 시에는 콕을 먼저 열고 밸브를 나중에 연다.
⑥ 분출이 끝난 후는 밸브를 먼저 닫고 콕을 나중에 닫는다.
⑦ 2대의 보일러를 동시에 분출하여서는 아니 된다.

5 일일 보일러수 분출량(W)의 계산

$$W=\frac{G_a(1-R)d}{r-d}\text{(L/day)}$$

$$R(\%)=\frac{\text{응축수량}}{\text{실제증발량}}\times 100$$

$$\text{분출률}(K)=\frac{d}{r-d}\times 100(\%)$$

여기서, W : 1일 분출량(L)
G_a : 1일 급수량(L)
R : 응축수 회수율(%)
d : 급수 중의 허용고형분(ppm)
r : 관수 중의 허용고형분(ppm)

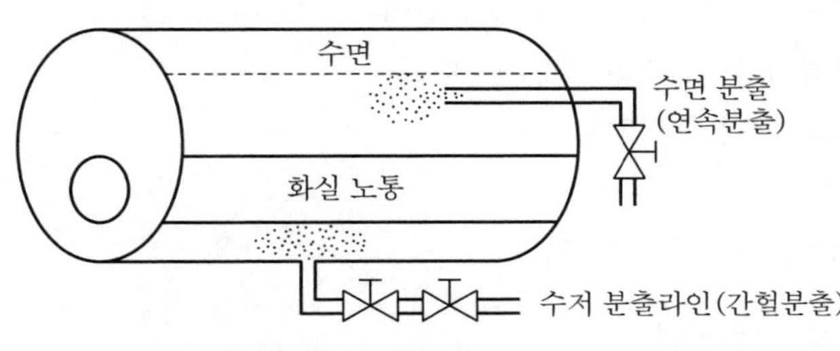

▮수저 분출, 수면 분출▮

SECTION 04 급유계통(오일공급계통)

1 저유조(스토리지탱크, 메인탱크)

보통 10~15일간(1~2주) 연료소비량을 저장하는 유류탱크이다.

1. 부속장치

① 액면체
② 통기관(공기빼기관)
③ 가열장치(점도를 낮춘다.)
④ 드레인밸브(응축수 배출)
⑤ 송유관(기름 송유관)
⑥ 맨홀
⑦ 오버플로관
⑧ 방유벽

2. 가열방법 : 전면가열, 국부가열, 복합가열

3. 송유관의 지상높이 : 0.1m 높이 이상

4. 열원에 의한 가열방식 : 증기식, 온수식, 전기식

5. **송유에 필요한 점도** : 800~500cst(센티스토크)

6. **송유 시의 온도** : 40~50℃ 정도

2 서비스 탱크

저유조에서 적당량(2시간~1일분)을 수용하여 버너에 공급하는 유류탱크이다.

① **탱크형식** : 직립원통형, 횡치원통형, 각형, 횡치타원형
② **설치위치** : 버너선단에서 1.5~2m 상단높이
③ **설비위치** : 보일러로부터 2m 이상의 거리
④ **보온재** : 규조토, 암면, 석면 등
⑤ **예열온도** : 60±5℃(60~70℃)
⑥ **여유용량** : 소요용량 ±10%의 여유

[서비스 탱크의 용량계산식]

㉠ **횡치원통형의 내용적(V)**

내용적은 ①, ②, ③의 합이므로

$$V=\frac{\pi r^2}{3}l_1+\pi r^2 l+\frac{\pi r^2}{3}l_2$$

$$=\pi r^2\left(l+\frac{l_{1+}l_2}{3}\right)(\text{m}^3)$$

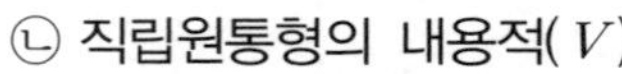

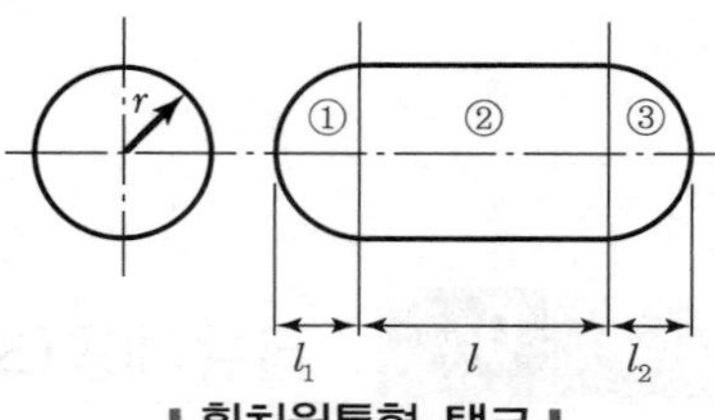

‖ 횡치원통형 탱크 ‖

㉡ **직립원통형의 내용적(V)**

직립원통형의 탱크는 그 지붕에 의한 용적이 탱크의 유효용적에서 제외되므로 탱크의 내용적은

$$V=\pi r_2 l(\text{m}^3)$$

‖ 직립원통형 탱크 ‖

㉢ **횡치타원형의 내용적(V)**

횡치타원형도 횡치원통형과 동일한 방법으로 내용적 V는

㉠, ㉡, ㉢의 합이므로

$$V=\frac{1}{4}\cdot\frac{\pi ab}{3}l_1+\frac{1}{4}\pi ab\times l+\frac{1}{4}\cdot\frac{\pi ab}{3}l_2$$

$$=\frac{\pi ab}{4}\left(l+\frac{l_1+l_2}{3}\right)(\text{m}^3)$$

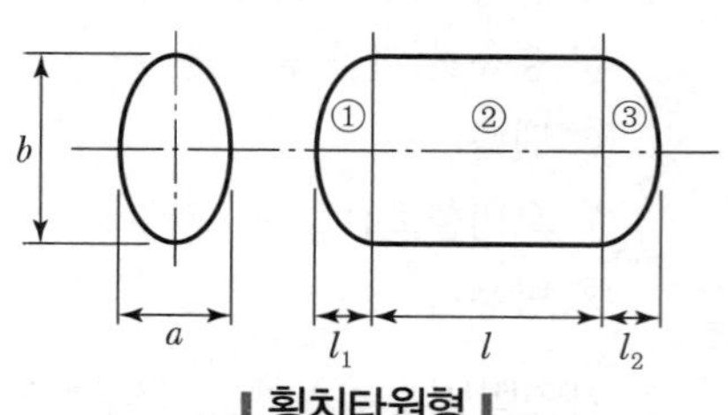

‖ 횡치타원형 ‖

3 오일프리히터(연료예열기)

버너 입구 전에 최종적으로 전열기에 의해(또는 증기식) 연료를 가열하여 점도를 낮추어서 무화를 양호하게 하는 기구이다.

1. 종류

① 전기식

② 증기식

2. 예열온도

80~90℃(인화점보다 5℃ 낮게)

3. 점도

20~40cst(센티스토크)

4. 오일프리히터 용량 계산

① 전기식 용량(kW－h) 계산

$$\frac{Gf \times f_{cp} \times (t' - t'')}{860 \times \text{연료예열기의 효율}} (\text{kW} - \text{h})$$

여기서, G_f : 보일러의 최대연료 사용량(kg/h), 1kW－h＝860kcal

f_{cp} : 연료의 평균비열(kcal/kg · ℃)

t' : 예열기 출구 오일온도(℃)

t'' : 예열기 입구 오일온도(℃)

② 증기식 용량(kg/h) 계산

$$\frac{G_f \times C \times (t_2 - t_1)}{r \times \eta} (\text{kg/h})$$

여기서, r : 증기의 잠열(kcal/kg)

G_f : 시간당 연료사용량(kg/h)

η : 히터 효율(%)

C : 연료의 비열(kcal/kg℃)

t_2 : 히터 출구 오일온도(℃)

t_1 : 히터 입구 오일온도(℃)

4 여과기(오일스트레너)

① 연료 속의 불순물 방지
② 유량계 및 펌프의 손상방지
③ 버너 노즐 폐색방지

종류	여과망
• U자형 여과기 • V자형 여과기 • Y형 여과기	• 유량계전에는 20~30메시 사용 • 버너 입구에는 60~120메시 사용

REFERENCE

- **분연펌프(미터링펌프)** : 부하에 따른 연료사용량과 버너의 분무압 조절장치
- **전자밸브(솔레노이드밸브)** : 보일러의 이상 감수 시나 유사시에 안전사고를 방지하기 위하여 자동적으로 연료를 차단하는 밸브

5 오일펌프

1. 원심펌프

① 저점도의 유체에 적합
② 밸브의 조절이 양호
③ 유량 및 토출압 증감이 용이함

2. 기어펌프

① 고점도의 유체수송에 적합
② 토출 흐름에 맥동이 없음
③ 기계의 유압장치에 적당

3. 스크루 펌프

① 고속회전에 적합
② 고양정이 가능
③ 고점도 유체에도 가능
④ 95℃까지 고온에도 수송 가능

SECTION 05 송기장치(증기이송장치)

1 비수방지관

둥근 보일러에 부착하며 동 내부의 증기취출구에 부착하여 송기 시 비수 발생을 막고 캐리오버 현상을 방지하기 위하여 다수의 구멍이 뚫린 횡관을 설치한 것으로서, 내관의 구멍 총면적이 주 증기 정지밸브 면적의 1.5배 이상이 되도록 설계된 기구이다.

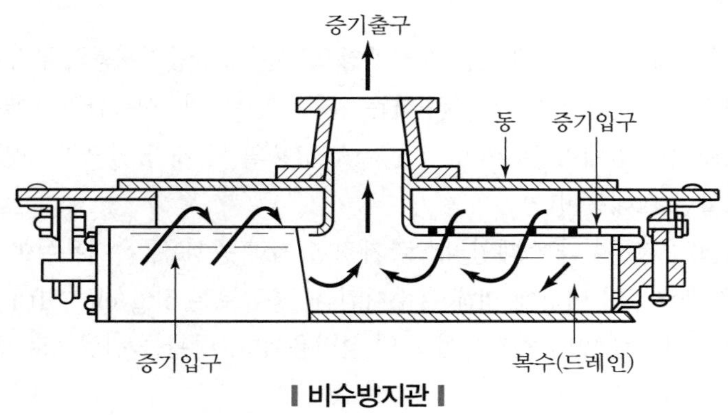

| 비수방지관 |

2 기수분리기

고압수관 보일러에서 기수 드럼 또는 배관에 부착하여 승수관을 통하여 상승하는 증기 중에 혼입된 수적을 분리하기 위한 부속기구이며 4가지 형식이 있다.

① **스크레버형** : 다수의 강판을 조합하여 만든 것
② **사이클론형** : 원심분리기를 사용한 것
③ **배플형** : 방향의 변화를 이용한 것
④ **건조 스크린형** : 금속의 망을 이용한 것(금속망판)

[부착 시 장점]

- 워터 해머 방지
- 건증기 취출
- 규산 캐리오버에 의한 증기계통의 부속장치 및 밸브의 손상방지
- 드레인(응축수)에 의한 열손실 방지
- 송기의 저항감소

3 주 증기 밸브

일반적으로 글로브앵글밸브(스톱밸브)를 사용하며 최소한 $7kg_f/cm^2$ 이상의 압력에 견디어야 한다. 보일러에서 발생한 증기를 최초로 송기시킬 때 필요한 배관라인 중 가장 중요한 부분의 밸브이며 주철제 주증기 밸브는 $16kg_f/cm^2$의 증기압 미만에 사용하며 주강제(강철주물)는 $16kg_f/cm^2$의 이상 증기 압력에 사용한다.

4 신축관(신축조인트)

증기나 온수의 송기 시에 고온의 열에 의한 관의 팽창으로 관 또는 증기계통의 부속기구에 악현상을 초래하는 것을 흡수 완화하는 것을 목적으로 설치하는 신축조인트이다. 신축관의 종류는 다음과 같다.

① **미끄럼형(슬리브형)** : 압력이 $5kg/cm^2$, $10kg/cm^2$용의 두 개가 있으며 저압증기 및 온수배관의 신축이음에 적합한 실내용이다.

② **파상형(벨로스형)** : 청동이나 스테인리스로 제작한 저압 증기용, 옥내용이며 관의 온도 변화에 따라 관의 신축을 벨로스의 변형에 의해 흡수시킨다. 종류로는 $5kg/cm^2$, $10kg/cm^2$의 것이 있다.

③ **루프형(만곡형)** : 장소를 많이 차지하며 옥외 설비용이다. 강관을 원형으로 굽혀서 제작하며 고압에 많이 필요하고 고장이 적다.

[곡관의 필요길이(L)]

$$L(\mathrm{m}) = 0.073\sqrt{d \cdot \Delta L}$$

여기서, d : 곡관에 사용되는 관의 외경(mm)
ΔL : 흡수해야 하는 배관의 신장(mm)

참고 철선 팽창계수는 0.000012. 따라서 온도 1℃의 변화에 있어서 1m에 대해 0.012m로 잡으면 된다.

④ **스위블이음(스윙형)** : 2개 이상의 엘보를 사용하여 나사의 회전에 의해 신축이 흡수되며 저압의 증기 및 온수난방에 사용된다.

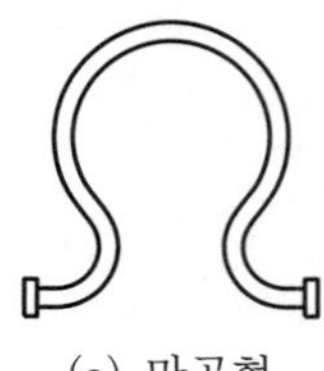

(a) 만곡형

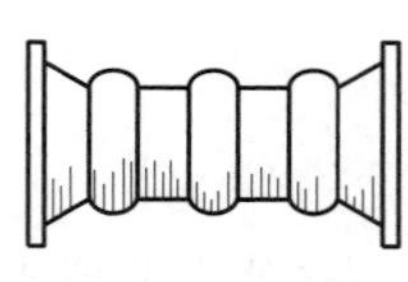

(b) 벨로스형

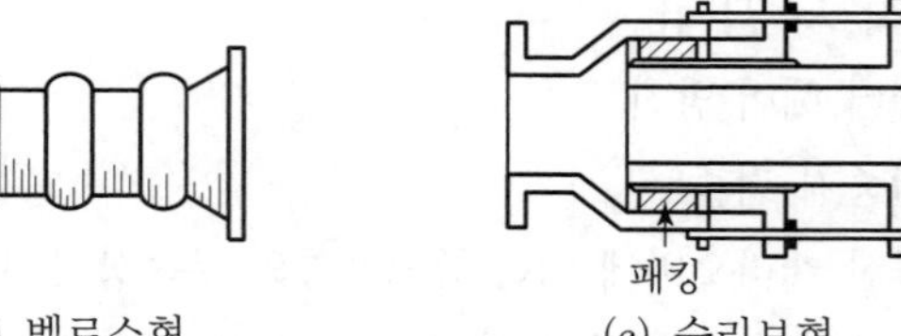

(c) 슬리브형

▎신축조인트▎

5 증기헤더(증기저장고)

주 증기 밸브에서 나온 증기를 잠시 저장한 후 각 소요처에 증기량을 조절하여 보내주는 설비이다.(그 크기는 주증기관 지름의 2배 이상 크기로 한다.)

▼ **배관 내의 유체표시 약자**

유체	약자	유체	약자
공기	A	물	W
증기	S	가스	G
기름	O		

6 증기 축열기(어큐뮬레이터)

여분의 발생증기를 일시 저장하며 잉여분의 증기를 물탱크에 저장하여 온수로 만든 후 과부하 시에 방출하여 증기의 부족량을 보충하는 기구이며 송기계통에 설치하는 변압식과 급수계통에 설치하는 정압식이 있다. 즉, 여분의 증기를 물에 저장하는 것이다.

7 증기트랩(스팀트랩)

증기계통이나 증기관 방열기 등에서 고인 응축수(드레인)를 연속 응축수 탱크로 배출시키는 기구이다.

1. 증기트랩의 구비조건

① 유체에 대한 마찰저항이 적을 것
② 공기빼기를 할 수 있을 것
③ 작동이 확실할 것
④ 내구력이 있을 것
⑤ 내식성이 클 것
⑥ 작동 시 소음이 적고 수격작용에 강할 것

2. 증기트랩 부착 시 장점

① 워터 해머(수격작용) 방지
② 응축수에 의한 부식 방지
③ 열설비의 효율 저하 감소
④ 배관계통에 저항방지

3. 증기트랩의 종류

(1) 기계식 트랩의 종류

① 상향 버킷식

장점	단점
• 작동이 확실하다. • 증기의 손실이 없다.	• 배기의 능력이 빈약하다. • 겨울에 동결의 우려가 있다. • 구조가 대형이다.

② 하향 버킷식(역버킷식)

장점	단점
• 배기 시 능력이 양호하다.	• 부착이 불편하다. • 겨울에 동결 우려가 있다. • 증기의 손실량이 많다.

③ 프리 플로트형(자유식)

장점	단점
• 구조가 간단하고 소형이다. • 증기의 누출이 거의 없다. • 연속적 배출형이다. • 공기빼기가 필요 없다. • 작동 시 소음이 나지 않는다. • 플로트와 밸브시트의 교환 시 매우 용이하다.	• 옥외 설치 시 동결의 위험이 있다.(겨울) • 워터 해머에 약하여 조치가 필요하다.

④ 레버 플로트형

장점	단점
• 저부하 시 양호하다.	• 수격작용에 약하다. • 레버의 연결부에 마모로 인한 고장이 잦다.

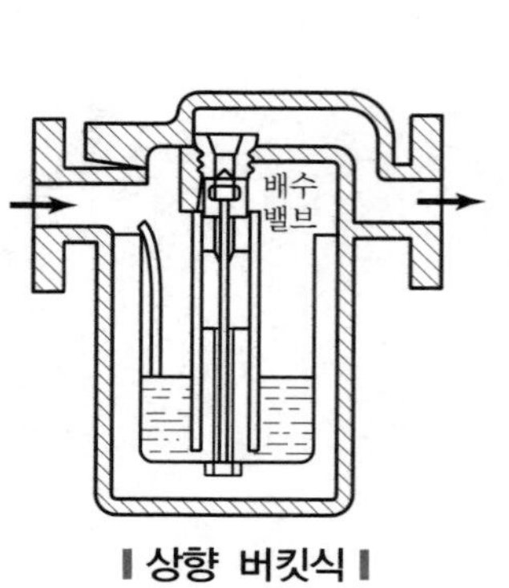

| 상향 버킷식 |

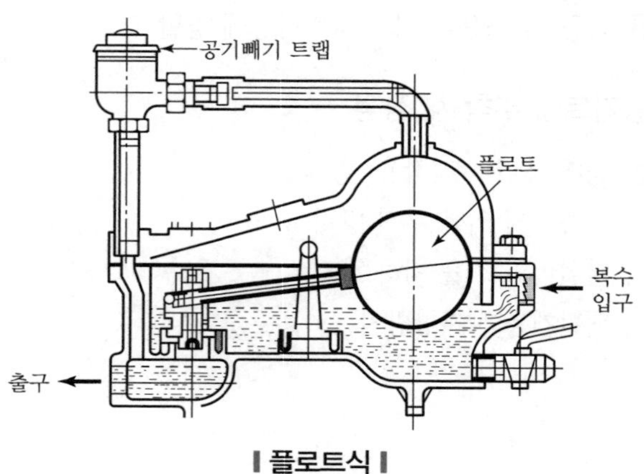

| 플로트식 |

(2) 온도조절식 트랩(응축수와 증기온도차 이용)

① 벨로스식 트랩

장점	단점
• 배기능력이 우수하다. • 소형이라 취급이 편하다. • 응축수의 온도 조절이 가능하다. • 저압의 증기에 사용한다. • 압력변동에 적응이 잘 된다.	• 워터 해머에 약하다. • 고압력에는 부적당하다. • 과열증기에는 사용이 불가능하다.

② 바이메탈식

장점	단점
• 배기능력이 우수하다. • 고압용에 편리하다. • 증기의 누출이 없다. • 부착 시 수직 수평이 가능하다. • 밸브의 폐색 우려가 없다.	• 개폐 시 온도차가 크다. • 과열증기에는 취급하지 못한다. • 오래 사용하면 특성이 변한다.

③ 열역학적 및 유체의 역학을 이용한 것

㉠ 디스크식

장점	단점
• 소형이고 구조가 간단하다. • 작동 시 효율이 높다. • 과열증기 사용에 적합하다. • 공기빼기가 필요 없다. • 워터 해머에 강하다. • 증기온도와 동일한 온도의 응축수가 배출된다.	• 배압의 허용도가 50% 이하이다. • 최저작동 압력차가 4PSI이다.(0.3kg_f/cm^2) • 배기력이 약하다. • 증기의 누출이 많다. • 작동 시 소음이 매우 크다.

참고 트랩의 배압허용도 $= \dfrac{\text{최대허용배압}}{\text{입구압}} \times 100(\%)$

㉡ 오리피스형(충격식)

장점	단점
• 설치가 자유롭다. • 과열증기 사용에 적합하다. • 작동 시 효율이 높다. • 공기빼기가 필요 없다.	• 배압의 허용도가 30% 미만이다. • 정밀한 구조로서 고장이 잦다. • 증기의 누설이 잦다.

참고 트랩의 용량표시 : (kg/h)=(lb/h)

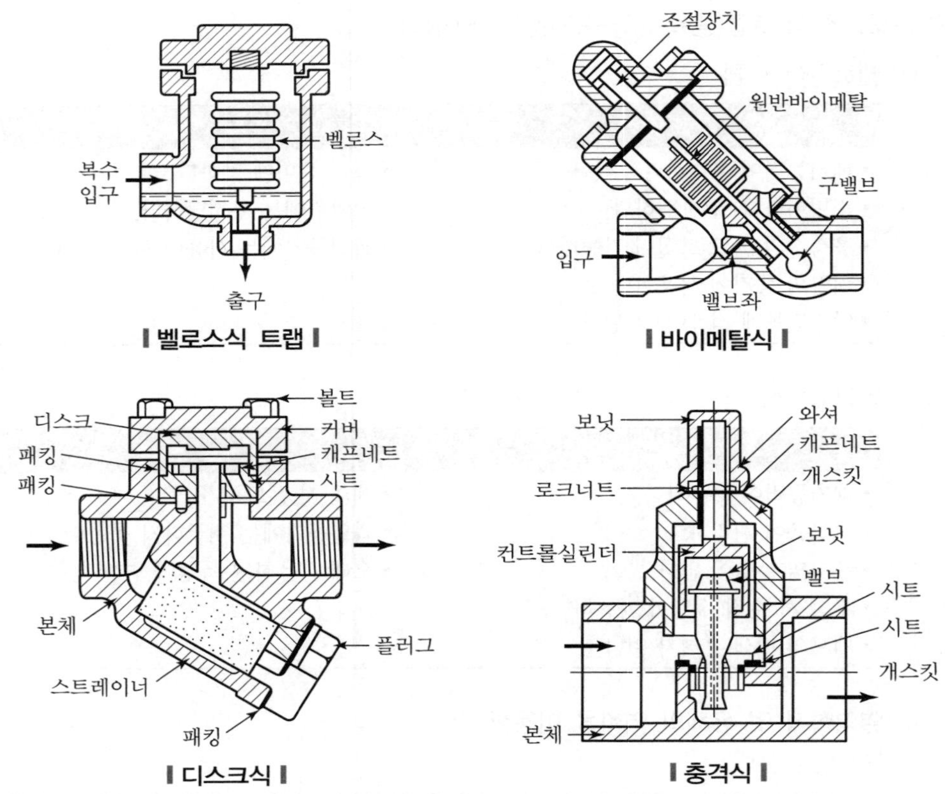

▌벨로스식 트랩▐ ▌바이메탈식▐ ▌디스크식▐ ▌충격식▐

8 감압밸브

증기 통로의 면적을 증감하여 유속의 변화를 일으켜서 고압의 증기를 저압의 증기로 만드는 밸브이다.

1. 목적

① 고압의 증기를 저압으로 만든다.

② 고정적인 증기압력을 유지한다.(부하 측의 압력을 일정하게 유지시킨다.)

③ 고압, 저압의 증기로 동시에 사용 가능하다.

2. 종류

① 스프링식

② 다이어프램식

③ 추식

3. 설치 시 주의사항

① 감압변의 전후에 압력계를 단다.
② 감압변 전에는 여과기와 기수분리기를 설치한다.
③ 감압변 뒤편에는 인크러셔와 안전변을 부착한다.
④ 바이패스 라인을 설치한다.(고장 시 대비)
⑤ 바이패스 관의 직경은 주관 직경의 $\frac{1}{2}$이어야 된다.

SECTION 06 통풍장치

1 통풍의 종류

1. 자연통풍

장점	단점
• 소음이 안 난다. • 동력소비가 없다. • 소용량에 적당하다.	• 통풍의 효율이 낮다. • 통풍력은 연돌의 높이, 배기가스 및 외기의 온도에 영향을 받는다. • 연소실 구조가 복잡한 곳에는 부적당하다.

참고 배기가스의 유속은 3~4m/sec이다.

2. 강제통풍(인공통풍)

(1) 특징

- 통풍의 효율이 높다.
- 통풍의 조절이 양호하다.
- 동력의 소비가 많다.
- 소음이 많이 난다.
- 외기온도나 배기가스온도의 영향을 받지 않는다.
- 연돌의 높이가 낮아도 된다.

(2) 종류

① 압입통풍

장점	단점
• 연소용 공기가 예열된다. • 가압연소가 가능하다. • 연소실 열부하를 높일 수 있다. • 노 내압 정압이 유지된다. • 보일러 효율을 높일 수 있다.	• 열부하가 높아서 노벽의 수명이 단축된다.

참고 배기가스의 유속은 6~8m/sec이다.

② 흡입통풍(유인통풍)

장점	단점
• 압입식에 비해 통풍력이 높다.	• 소요동력이 많이 든다. • 연소가스에 의한 부식이 많다. • 연소효율이 낮다.(연소실 온도 저하로) • 송풍기의 수명이 짧다. • 보수 관리가 불편하다.(배풍기) • 배기가스에 의한 마모가 많다. • 대형의 배풍기가 필요하다. • 연도에 설치해야 한다.

참고 배기가스의 유속은 10m/sec

③ **평형통풍** : 보일러 전면, 후면에 각 송풍기 및 배풍기를 부착한 병용식 통풍방식

장점	단점
• 연소실의 구조가 복잡하여도 통풍이 양호하다. • 통풍력이 강해서 대형 보일러에 적합하다. • 노 내 압력의 조절이 용이하다.	• 설비비나 유지비가 많이 든다. • 설치 시 소음이 매우 크다.

2 풍량 및 통풍조절

송풍기에 의하여 유입된 공기량을 말하며 표준상태(0℃, 760mmHg)에서 풍량의 단위는 Nm^3/min (즉, 분당의 풍량)을 기준으로 한다. 풍량과 통풍의 조절방법은 다음과 같다.

1. 전동기의 회전수에 의한 조절방법

① 제작 시 경비가 많이 든다.
② 부착 시 면적을 많이 차지한다.
③ 저부하 시 제어가 용이하다.

2. 댐퍼를 통한 조절방법

① 운전효율이 나쁘다.
② 불필요한 동력이 낭비된다.
③ 조절방식이 매우 간단하다.

3. 섹션 베인의 개도에 의한 방식

① 제작비가 적게 든다.
② 조작이나 취급이 용이하다.
③ 설치 시 면적을 적게 차지한다.
④ 가동 시 효율이 가장 좋다.
⑤ 풍량의 제어에 적합하다.(약 60~70% 정도)

3 통풍력 계산

1. 자연통풍력의 상승조건

① 배기가스의 온도가 높을수록
② 외기의 온도가 저하될수록
③ 연돌의 높이가 높을수록
④ 연돌의 단면적이 클수록

2. 이론, 실제 통풍력의 계산식 종류

표준상태(0℃, 760mmHg)에서 공기의 비중량은 $r_a = 1.293\text{kg}_\text{f}/\text{m}^3$이고, 연소가스의 비중량이 $r_g = 1.354\text{kg}_\text{f}/\text{m}^3$이므로, 보일러 운전 상태에서 이론 통풍력은 다음과 같이 된다.

• 이론 통풍력$(Z) = h\left(\dfrac{1.293\times 273}{273+t_1} - \dfrac{1.354\times 273}{273+t_2}\right)\text{mmAq}(\text{mmH}_2\text{O})$

$= h\left(\dfrac{353}{273+t_1} - \dfrac{367}{273+t_2}\right)\text{mmAq} = h\left(\dfrac{353}{T_1} - \dfrac{367}{T_2}\right)\text{mmAq}(\text{mmH}_2\text{O})$

• 이론 통풍력$(Z) = 273H\left[\dfrac{ra}{273+ta} - \dfrac{rg}{273+tg}\right]\text{mmH}_2\text{O}$

• 이론 통풍력$(Z) = H(ra - rg) = (\text{mmH}_2\text{O})$

단, T_1, T_2는 절대온도(273+섭씨온도) K이다. 그런데 실제적으로 위의 이론 통풍력의 80%인 것을 연돌의 실제 통풍력으로 한다. 따라서, 연돌의 실제 통풍력 Zp는 다음과 같다.

실제 통풍력$(Zp) = 0.8h\left(\dfrac{353}{T_1} - \dfrac{367}{T_2}\right)\text{mmAq}(\text{mmH}_2\text{O})$

REFERENCE

1. 약식의 통풍력 계산

① 약식으로 통풍력은 공기와 가스의 밀도차로 이루어지므로

$Z=(ra-rg)H$

② 통상 공기와 가스의 밀도차는 0.56 정도이므로

$Z=0.56H$로 표시할 수 있다.

여기서, Z : 이론통풍력(mmAq), H : 연돌높이(m),

ra : 0℃ 때의 공기밀도(kg/m³), rg : 0℃ 때의 가스밀도(kg/m³),

ta : 대기의 평균온도(℃), tg : 배기가스의 평균온도(℃)

2. 연돌의 높이와 직경의 비율관계

$d \geqq 2.5$ ⇨ $H \geqq (25\sim30)d$, $d > 2.5$ ⇨ $H \leqq 20d$

여기서, d : 연돌의 직경(m), H : 연돌의 높이(m)

또 석탄의 사용량을 계산하면

$B=(147A-27\sqrt{A})\sqrt{H}$, $B=(116_2-24d)\sqrt{H}$이 성립된다.

여기서, B : 석탄 연소량(kg/h), A : 연돌 단면적(m²),

H : 연돌의 높이(m), d : 연돌의 지름(m)

연소량을 증가시키려면 연돌을 높게 하는 것보다 지름을 크게 하는 것이 효과적이다.

[요점]

- 배기가스온도는 연돌높이 1m에 대해 약 1~2℃씩 낮아진다.
- 연돌의 높이는 주위 건물의 2.5배 이상 높게 설치한다.

3. 연돌 상부 단면적(F)

일정한 압력하에서 기체의 체적은 1℃ 변화하는 데 대해서 0℃ 때 체적의 $\frac{1}{273}$만큼 변화한다.

$$G=G_o+G_o\times\frac{t}{273}=G_o\left(1+\frac{t}{273}\right)$$

여기서, G : t℃ 때의 가스용적(m³)

G_o : 0℃ 때의 가스용적(Nm³)

유량 $Q=AV$(m³/s)에서 연돌상부단면적 $A(\mathrm{m}^2)=\dfrac{Q(\mathrm{m}^3/\mathrm{s})}{V(\mathrm{m/sec})}$

$$\therefore\ A=\frac{G_o\left(1+\frac{t}{273}\right)}{V}=\frac{G_o\left(1+\frac{1}{273}t\right)}{V}$$

배기가스 유속(V)는 m/s이므로 3,600s/h를 곱하면 m/h가 나온다.

$$\text{연돌상부단면적}(F)=\frac{G_o(1+0.0037t)}{3{,}600\,V}(\mathrm{m}^2)$$

그러나 연소가스량이 Nm^3/h로 표시될 때에는 배기가스 온도와 압력하에서 양(m^3)으로 표시해야 되므로 보일 샤를의 법칙에 적용한다.

즉, $\dfrac{PV}{T} = \dfrac{P_1V_1}{T_1}$에 의하여 배기가스량$(V_1) = \dfrac{PVT_1}{P_1T}(Nm^3)$

$$연돌상부단면적(F) = \frac{G \times Q \times \dfrac{760 \times T_g}{273 \times P_g}}{3{,}600\,V}(\text{mm}^2)$$

4 송풍기의 종류(통풍기)

1. 원심형의 종류

① 시로코형(다익형이며 전향 날개형)
② 터보형(후향 날개형)
③ 플레이트형(경향 날개형)

2. 축류형의 종류

① 디스크형
② 프로펠러형

3. 송풍기의 특징

(1) 시로코형

① 날개가 60~90개 정도이다.(짧은 날개)
② 소음이 적고 설치 시 면적을 적게 차지한다.
③ 풍량의 변화에 대하여 풍압의 변화는 적은 편이다.
④ 효율이 45~50% 정도이며 풍압은 15~200mmH_2O 정도이다.
⑤ 고속운전에는 부적당하며 구조가 약한 편이다.

(2) 터보형

① 보일러의 압입통풍에서 가장 많이 사용한다.
② 견고하면서도 구조가 간단한 편이다.
③ 내마모성이 좋다.
④ 효율은 55~80% 정도이다.
⑤ 풍압은 200~800mmH_2O 정도이다.
⑥ 풍량의 변화에 대하여 풍압 변화는 적다.
⑦ 날개의 수는 약 8~24매 정도이다.

(3) 플레이트형

① 배기가스의 흡출용이다.
② 6~12매의 날개가 있다.
③ 구조가 매우 견고하고 내마모성이 크다.
④ 풍량이 매우 많고 날개의 고장 시 교체가 용이하다.
⑤ 부식이 많은 곳에서도 잘 견딘다.

(4) 디스크형

① 송풍량은 크나 효율이 40~50% 정도로 낮다.
② 저압용으로 많이 쓴다.
③ 소음이 있다.

(5) 프로펠러형

① 대용량의 보일러 압입식 송풍기로 적당하다.
② 운전이 양호하다.
③ 고속운전에 적합하다.
④ 구조는 간단하나 고장이 적다.
⑤ 효율은 약 50~70% 정도이다.
⑥ 소음이 매우 커서 옥외용으로 쓴다.

5 송풍기의 성능

1. 원심형 송풍기

① 풍량은 송풍기의 회전수에 비례
② 풍압(mmH_2O)은 송풍기 회전수의 2제곱에 비례
③ 풍마력(PS)은 송풍기 회전수의 3제곱에 비례

2. 송풍기의 회전수 증가에 의한 풍압을 구하는 공식(상사법칙)

① 풍량$(M) = M_1 \times \left(\frac{N_2}{N_1}\right) = \mathrm{m}^3$

② 풍압$(P) = P_1 \times \left(\frac{N_2}{N_1}\right)^2 = \mathrm{mmH_2O}$

③ 풍동력(PS) $= HP_1 \times \left(\frac{N_2}{N_1}\right)^3 = \mathrm{PS}$

여기서, N_1, N_2 : 처음과 나중의 회전수, M_1 : 처음의 풍량(m^3/min),
P_1 : 처음의 풍압(mmH_2O), HP_1 : 처음의 동력(PS)

6 송풍기의 소요마력 및 소요동력 계산

$$B \cdot PS = \frac{PS \times Q}{75 \times 60} (\text{PS})$$

동력으로 구하려면 $B \cdot kW = \dfrac{PS \times Q}{120 \times 60} (\text{kW})$

여기서, $B \cdot PS$: 송풍기의 필요마력(HP)
$B \cdot kW$: 송풍기의 필요동력(kW)
PS : 송풍기에서 발생하는 정압(mmH_2O)
ηs : 송풍기의 정압효율(%)
Q : 송풍량(m^3/min)

7 송풍기 공기마력의 계산

송풍기 공기마력$(A \cdot PS) = \dfrac{PS \times Q}{75 \times 60} (\text{PS})$

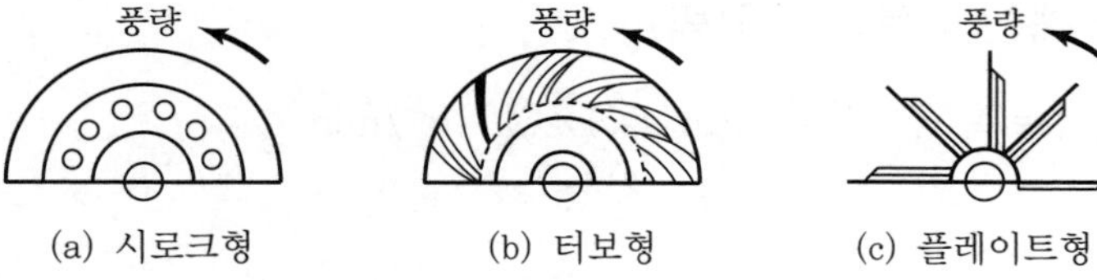

(a) 시로크형　(b) 터보형　(c) 플레이트형

❙ 원심형 송풍기의 날개와 특성 ❙

8 캔버스 조인트

송풍기와 덕트의 접속 시에 진동이나 소음을 흡수시키는 기구이며 재질은 천을 사용하며 조인트의 폭은 100mm 정도이다.

9 덕트

공기나 가스 기체 등을 보내기 위한 통로로서 금속판(함석이나 양철 등이 흔히 쓰인다.)으로 만든다.

[덕트의 댐퍼]

- 루버댐퍼(소형 덕트에 사용)
- 버터플라이댐퍼(대형 덕트에 사용)
- 스플릿댐퍼(풍량 조절)
- 가이드베인(와류의 감소장치)

10 통풍 계기

통풍력의 측정계기이다.

[종류]
- 액주식 압력계
- 침종식 압력계
- 링 밸런스식 압력계

11 덕트의 소음(경음)방지 방식

① 흡음재를 부착시킨다.
② 송풍기 출구에 프리넘 · 챔버를 단다.
③ 적당한 곳에 셀형, 플레이트형의 흡음장치를 부착한다.

12 원형덕트송풍량 계산(덕트의 송풍량)

Q = 단면적(m^2) × 덕트 속 공기의 유속(m/sec) × 60 = m^3/min

13 연돌(굴뚝)

연돌 높이는 주위 건물보다 2.5배 이상 높게 설치하여야 한다.

SECTION 07 매연과 집진장치

1 매연의 종류

① 연소에 의해 발생하는 유황산 산화물
② 연소 시 발생하는 매진 및 분진
③ 기타 처리과정에서 카드뮴, 염소, 불화수소 등

2 매연농도와 측정

1. 링겔만(Ringelman) 매연 농도표

0도에서 5도까지 6종으로 나타낸 것이며 연기의 색깔과 비교하여 측정한다.(백색 바탕에 10mm 간격으로 검은 선을 그어 만든다.)

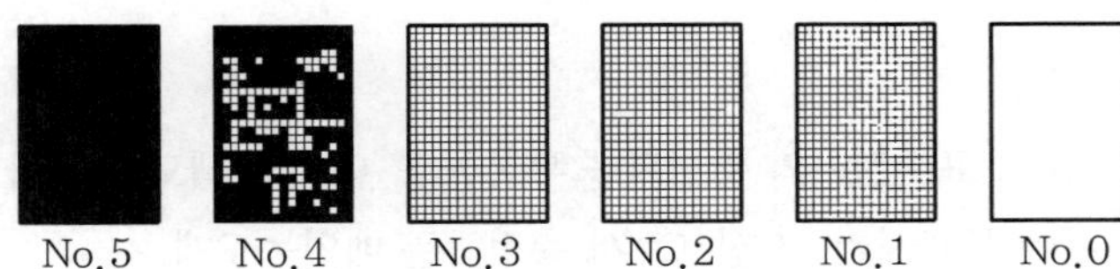

Ⅰ14×21(cm) 크기로 제작Ⅰ

No	0	1	2	3	4	5
농 도 율	0	20%	40%	60%	80%	100%
흑선(mm)	–	1	2.3	3.7	5.5	전흑
백선(mm)	전백	9	7.7	6.3	4.5	–
연 기 색	무색	엷은 회색	회색	엷은 흑색	흑색	암흑색

2. 링겔만 매연농도의 측정방식

① 측정하는 굴뚝으로부터 39m 떨어진 곳에서 측정한다.

② 매연농도표는 측정자 위치에서 굴뚝 쪽으로 16m의 거리에 측정자의 눈의 위치와 동일한 높이로 설치한다.

③ 연기의 측정 시 측정기준은 연돌정상에서 30~40cm의 높이를 기준으로 한다.

④ 태양의 직접광선을 피한 방향에서 실시한다.

⑤ 타의에 의해 연기의 색깔이 어두워지는 것을 피한다.

⑥ 몇 회 반복하여 평균을 낸다.(10초의 간격)

[매연 발생 원인]

- 통풍력이 부족하거나 산소공급이 부족할 때
- 무리하게 연소할 때
- 유온 및 유압이 부족할 때
- 기술이 미숙할 때
- 연소기구가 불량할 때
- 저질연료가 연소할 때
- 매연의 농도율(R) 공식

$$R = \frac{\text{총 매연값}}{\text{측정 총 시간(분)}} \times 20(\%)$$

3 매연농도계

① **광전관식 매연농도계** : 표준전구와 광전관을 부착한 후 연기의 색도에 따라 표준전구로부터 투과된 방사관을 광전관에 통과시켜 그 신호로서 측정하는 매연농도계
② **매연포집 중량법** : 연도가스를 여과지(석면이나 암면 기타의 내열성광 물질이 섬유)에 통과시켜 부착된 매연의 양으로 매연 농도율을 측정하는 것
③ **바카라치 스모그 테스터** : 매연포집 중량법과 비슷하며 색도로서 측정하는 방식의 매연농도계

4 집진장치

열의 설비 시 연소에 의해 배출되는 가스가 대기의 오염에 심각한 영향을 주게 되므로 이를 방지하기 위하여 설치되는 기구이다.

1. 집진장치 선정 시 유의사항

① 배기 및 분진의 입자 크기 및 비중과 성분조성 파악
② 사용연료의 종류 및 연소방식
③ 배기가스량과 온도 및 습도
④ SO_3의 농도
⑤ 입자의 전기저항이나 친수성 및 흡수성

2. 집진장치의 종류

(1) 건식

① 관성식
② 중력식
③ 음파진동식
④ 사이클론식(원심식)
⑤ 여과식

(2) 습식

① 저유수식
② 가압수식
③ 회전식

(3) 전기식 : 코트렐식

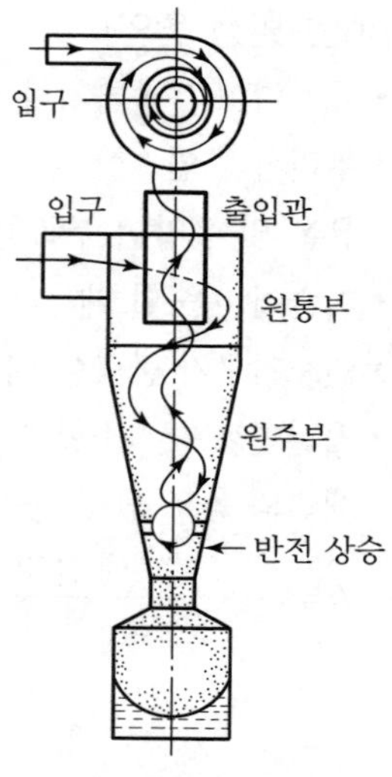

| 사이클론식 |

3. 집진장치의 종류별 특성

① **중력식 집진장치** : 관성력을 소멸시킨 후 입자가 가진 그 자체의 중력을 이용하여 자연적으로 침강시켜 청정가스와 분진을 분리시키는 것(건식)

② **관성식 집진장치** : 배기가스를 집진장치 내에 충돌시키거나 배기가스의 기류에 급격한 방향전환을 주어서 입자의 관성력에 의해 집진시켜 입자와 분리시킨다.(건식)

[종류] 충돌식, 반전식

③ **사이클론식 집진장치** : 둥근 원통형 상부에서 접선방향으로 선회운동을 주어 하강시킨 후 연소가스 중의 입자가 원심력에 의해 벽면에 충돌하게 되면 입자가 침강되고 청정가스는 상승하여 외부로 분리되는 집진장치이다.(원심식 · 건식)

④ **멀티사이클론 집진장치** : 사이클론을 몇 개 조합하여 분진 집진율을 크게 하기 위하여 능력을 개선한 성능이 좋은 집진장치이다.(원심식 · 건식)

⑤ **블로다운형 집진장치** : 사이클론 집진장치 내의 반전부 부근에서 분진이 밀려나가는 것을 방지하고 장치 내부 흐름의 상호간섭을 방지한 형식으로서 집진장치의 하부와 연도 입구에 연결한 덕트를 설치하여 그 사이 중간에 블로다운용 사이클론을 설치한 집진장치이다.(원심식 · 건식)

⑥ **표면여과 집진장치(백필터식)** : 여재 표면(여포 또는 여지)에 초층을 형성하여 그 사이를 통과할 때 집진되는 방식이다.(여과식)

⑦ **내면 여과법 집진장치** : 유리섬유와 광면재 등을 사용하여 그 섬유층 내부에 배기가스를 통과시킨 후 여과 집진시키는 방법이다.(여과식)

⑧ **저유수식 집진장치** : 일정한 양의 물 또는 액체를 장치 내에 담아 연소가스를 수중에 통과시켜 집진입자를 포집하는 방식이다.(세정식 · 습식)

[종류] 피이보디 스크레버식, 에어텀블러식, 전류형 스크레버식

⑨ **가압수식 집진장치** : 물을 가압 분사시킨 후 연소가스를 투입시켜 충돌이나 확산시켜 포집하는 방식이며 집진 시 배기가스의 압력손실이 400~850mmH_2O이다.(세정식)

[종류] 벤투리 스크레버식(성능 우수), 사이클론 스크레버식, 제트 스크레버식, 충전탑

⑩ **회전식 집진장치** : 물을 임펠러의 회전에 의하여 분산시켜서 송풍기의 풍량으로 그 수적을 연소가스 중에 불어넣어서 접촉한 후 포집시키는 방식이다. 이 방식은 회전 시에 동력이 많이 소모되고 장치에 부식이 많이 생기기 쉽다.(세정식 · 습식)

[종류] 임펠스 스크레버식(충격식), 타이젠 와셔식

⑪ **전기식 집진장치** : 집진기 내에 방전극과 집진극을 만들어서 방전극 측에 많은 볼트의 전압을 걸어 양극 간에 일어나는 코로나 방전을 부여하고 이 대전입자를 정전기력에 의해 분리한다. 유지비 및 장치비가 많이 드나 성능이 우수하고 처리 시 용량이 매우 크다. 특히 석탄연소 시 미분탄연소의 집진에 가장 우수한 방식이다.(전기식)

[종류] 코트렐식

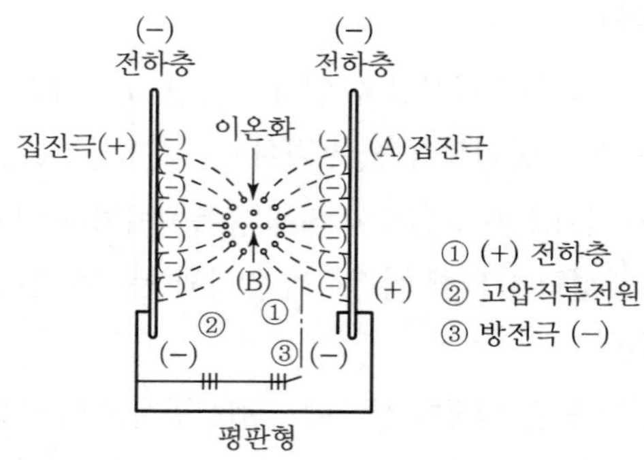

▌전기식 집진장치▐

▼ 집진장치별 집진입자의 크기 및 가스압력 손실

집진장치 종류	집진입자의 크기	가스압력 손실
중력식	20μ	10mmH_2O
관성식	10~100μ	50mmH_2O
사이클론식	10~200μ	100~200mmH_2O
여과식	1μ 이하	
세정식	0.1μ	
가압수식	0.1μ	400~850mmH_2O

SECTION 08 여열장치(폐열회수장치)

연도로 배출되는 배기가스의 폐열을 이용하여 발생된 동작유체의 능력을 높이고 보일러의 열효율을 향상시키는 장치이다.

1 과열기

동에서 발생된 습포화증기의 수분을 제거한 후 압력은 올리지 않고 건도만 높인 후 온도를 올리는 기구이다.

1. 종류

① **방사(복사)과열기** : 연도 입구의 노벽에 설치하며 화염의 방사 전열을 이용한다. 단점이라면 증기 생성량에 따라 과열도가 저하된다.

② **접촉과열기** : 연도에 설치하는 과열기이며 고온의 배기가스 대류 전열을 이용한 것이다. 증기 생성량에 따라(증가 시) 과열의 온도가 증가된다.

③ **복사(방사)접촉 과열기** : 균일한 과열도를 얻으며 노벽과 연도 입구 사이에 부착하는 방사와 접촉 과열기의 중간 형식이다.

2. 과열기의 부착 시 장점

- 보일러 열효율 증대
- 증기의 마찰손실 감소
- 부식의 방지
- 이론상의 열효율 증대

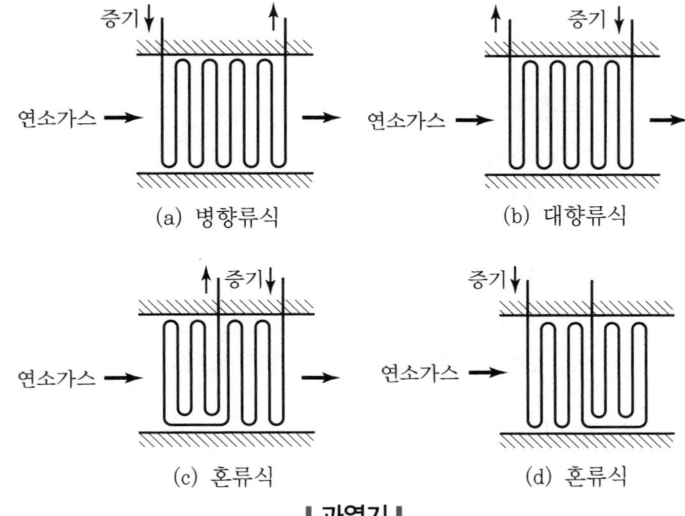

❙ 과열기 ❙

REFERENCE

[과열증기의 온도조절방식]

- 연소가스량의 증감에 의한 방식
- 과열저감기 사용 방식
- 연소실 화염의 위치이동 방식
- 절탄기 출구의 저온 배기가스를 연소실 내로 재순환시켜 온도를 증가시키는 방식

[과열저감기]

과열기에 급수를 분산시키거나 과열증기의 일부분을 냉각수와 열교환시켜 증기의 온도가 상용온도에 맞게끔 만드는 방식

2 재열기

과열증기가 고압터빈 등에서 열을 방출한 후 온도의 저하로 팽창되어 포화온도까지 하강한 과열증기를 고온의 열가스나 과열증기로 재차 가열시켜서 저온의 과열증기로 만든 후 저압터빈 등에서 다시 이용하는 장치다.

3 절탄기(이코노마이저)

폐가스(배기가스)의 여열을 이용하여 보일러에 급수되는 급수의 예열기구다.

1. 종류

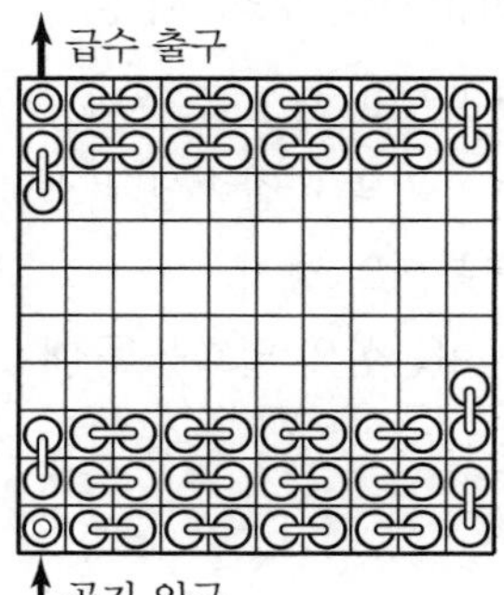

▮ 주철관형 절탄기 ▮

(1) 주철제

① 저압용(20~35kg$_f$/cm^2)
② 플랜지형과 평활관형이 있다.

(2) 강관형

① 고압용(35kg$_f$/cm^2 이상)
② 평활관형과 플랜지 부착형이 있다.

2. 부착 시 장점

① 부동팽창의 방지
② 보일러 증발능력 증대
③ 일시 불순물 및 경도성분 와해
④ 보일러 효율 및 증발력 증대
⑤ 연료의 절약

3. 절탄기 내로 보내는 급수의 온도

① 전열면의 부식을 방지하기 위하여 35~40℃ 정도로 유지한다.
② 보일러의 포화수 온도보다 20~30℃ 낮게 한다.

4 공기예열기

배기가스의 여열을 이용하여 연소실에 투입되는 공기를 예열한다.

1. 종류

(1) 전열식

연소가스와 공기를 연속적으로 접촉시켜 전열을 행하는 것이다.
[종류] 강관형, 강판형

(2) 재생식

금속에 일정기간 배기가스를 투입시켜 전열을 한 후 별도로 공기를 불어넣어 교대시키면서 공기를 예열하는 기구(일명 축열식)
[종류] 회전식, 고정식

장점	단점
• 전열효율이 전열식보다 24배나 높다. • 소형으로도 가능하다.	• 공기와 가스의 누설이 있다.

2. 설치 시 장점

- 노 내의 온도상승으로 연소가 잘된다.
- 저질 연료의 연소도 가능하다.
- 보일러 효율이 향상된다.
- 과잉 공기량을 줄여도 된다.

▼ 공기의 예열온도 기준

연소방식	공기예열온도
스토커연소	120~160℃ 정도
버너연소	270℃ 정도
미분탄연소	350℃ 정도
대형버너	350℃ 정도

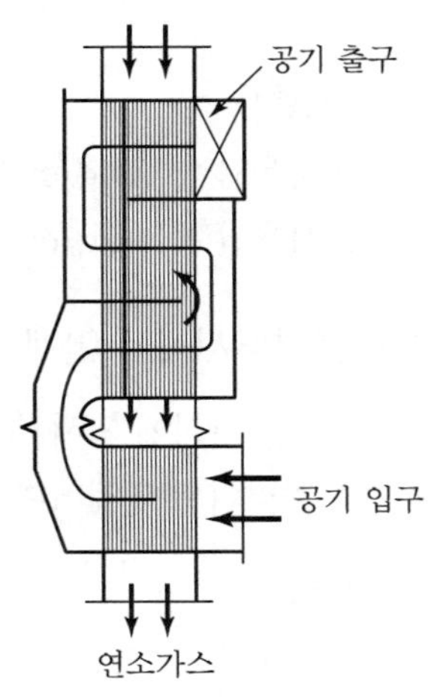

❙ 관형 공기예열기 ❙

SECTION 09 수면계(보일러 수면측정장치)

보일러 속 관수의 수위를 나타내는 기구로서 저수위, 고수위, 기준수위 등을 보일러 가동 시에 수면의 높이를 보고 안전하게 가동하는 데 필요한 안전기구의 일종이다.

1 수면계의 종류

1. 유리수면계(구형수면계)

일반적으로 저압($10kg/cm^2$ 이하)에 사용하는 수면계로서 모세관의 현상을 방지하기 위하여 수면계의 직경을 10mm 이상으로 하여야 하는 수면계이다. 수면계의 최상부는 최고수위에 일치하며 수면계 하단부는 안전 저수위에 해당한다.

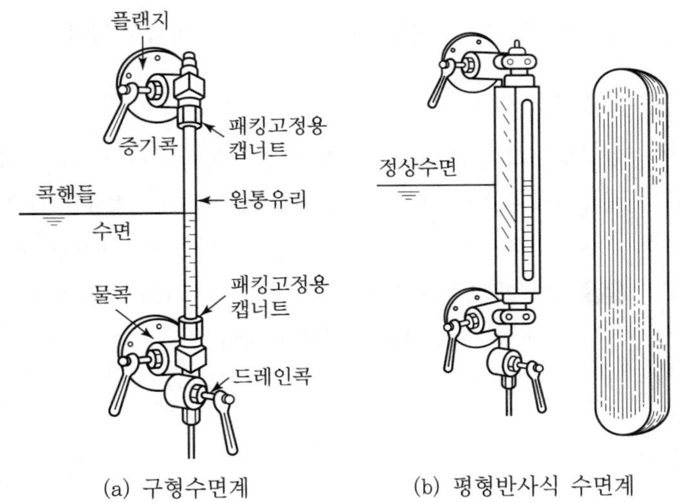

❙ 수면계의 종류 ❙

2. 평형반사식 수면계

금속테 속에 경질의 평형유리를 끼워서 만든 것이며 유리 내면에 삼각의 세로 홈이 있어 이에 의해 투과된 빛을 난반사시켜 관수가 있는 부분은 검게 보이게 하고 증기부는 흰 부분으로 나타내도록 구성되어 있다.(압력에 따라 사용이 두 가지이다.)

[종류]
- 사용압력 16kg/cm² 이하용
- 사용압력 25kg/cm² 이하용

3. 평형투시식 수면계

평형반사식에 의해서 측정을 용이하게 만든 수면계로서 발전소 발전용이나 고압 대용량으로 만든 보일러의 수면계이며 종류는 2가지가 있다.

[종류]
- 사용압력 45kg/cm² 이하용
- 사용압력 75kg/cm² 이하용

4. 멀티포트식 수면계(고압용 수면계)

초고압용 보일러 등에 사용하는 수면계이며 구조가 고압력에 견딜 수 있도록 유리판의 외부를 강판의 케이싱에 세로로 2열의 둥근 구멍을 내어서 수위의 높이가 표시되도록 된 수면계이다(사용압력은 210kg/cm² 이하).

5. 차압식 수면계

U자관(마노미터)의 형식으로 만들어졌으며 내부에 수은을 봉입하여 수은의 차압을 측정하여 만든 수면계이고 원격지시를 할 수 있도록 설계되어 있다.

6. 2색 수면계

평형투시식 수면계보다 수위 판별이 쉽도록 하기 위해 2매의 경질 평유리와 적색, 녹색의 두 장의 색유리와 광원의 위치를 연구하여 액상의 빛 굴절률의 차를 이용하여 증기부가 적색, 수부가 녹색으로 보이도록 한 수면계이다. 발전용이나 고압, 대용량 보일러 등에 사용된다.

참고 수면계의 부착위치 : 원통상의 수주에다 수면계를 부착하고 수면계 유리판 최하단부가 보일러 안전 저수위와 일치하게 한다.

2 기타 사항

1. 수주계

수면계의 보호기구로서 보일러 등에서 직접 수면계를 달 때, 불순물에 의하여 수면계의 연락관이 막힐 경우를 대비하여 수주관을 먼저 달고 수주관에다 수면계를 달아주는 기구이다. 보일러와 수주관의 연결 시 연락관은 호칭 20A 이상으로 하며, 20A 이상의 분출관도 장치해야 한다.

2. 상용수위

수면계에 표시하여야 하며 가장 이상적인 수위의 높이를 상용(일상수위) 수위 또는 기준수위라 한다. 수위의 높이는 노통 보일러나 노통연관 보일러에서는 동체에서 수위의 높이가 65% 이내에 있어야 하며 수면계에서는 수위가 중심선에 있으면 가장 이상적이다.

3. 검수콕

수면계의 대용으로 사용되며 동의 직경이 750mm 이하인 증기 보일러에 사용하고 주철제 보일러나 소량의 보일러에도 사용된다. 일반적으로 최고 수위와 최저 수위 사이에 3개 정도 설치를 요한다.

SECTION 10 기타 장치

1 맨홀

보일러 내부의 청소 및 검사 시 대비하는 설치구경을 맨홀이라 한다.

1. 맨홀 및 구멍의 크기

① **맨홀** : 장경 375mm 이상, 단경 275mm 이상의 타원형이나 지름 375mm 이상의 원형으로 한다.

② **손구멍[청소(소제)구멍, Cleaning Hole]**

- 타원형일 때 : 장경 120mm 이상, 단경 90mm 이상
- 원형일 때 : 지름 90mm 이상

참고 노통연관 보일러의 경우

- 타원형일 때 : 장경 120mm 이상, 단경 90mm 이상
- 원형일 때 : 120mm 이상

④ **검사구멍** : 지름 30mm 이상의 원형으로 할 수 있다.

2. 구멍의 설치위치 및 개수

① 보일러에는 내부의 청소와 검사에 필요한 청소구멍 및 검사구멍을 설치한다.

② 외부 연소형 수평연관 보일러에는 동체에 설치하는 청소구멍 외에 앞 관 판의 아랫부분 청소구멍을 동시에 설치한다.

③ 노통연관 보일러에는 동체 아랫부분 부근에 청소구멍 1개 이상을, 동체 측면의 노통이 보이는 위치에 검사구멍을 좌우에 각 1개 이상 설치한다.
④ 랭커셔 보일러에는 동체에 설치하는 청소구멍 외에 앞 경판의 하부에 청소구멍을 설치한다.

2 청관제 약액 주입기구

관수의 청정 및 pH의 조절을 하기 위한 약품의 주입기구로서 별도의 부속기구이다.

1. 종류

① 개방형 중력 주입기(수동식 투입)
② 밀폐형 중력 주입기(보충수의 양에 비례해서 투입)
③ 포트형 비례 주입기(서행투입용)

2. 약품 투입시기

① 30~45일에 1회 투입방식
② 90일에 1회 투입방식

3. 약품 투입 시 약액펌프 순환용량

30분 이내에 보일러에 관수시킬 수 있는 능력이어야 한다.

4. 약액 순환용 탱크용량

관수량(보일러수)의 $\frac{1}{10}$ 이상 용량의 것

3 점화장치(착화버너)

주 버너를 착화시키기 위하여 사용한다. 변압기는 전압 5,000~15,000V의 고압으로 승압시켜 착화한다.

참고 오일버너 : 10,000~15,000V, 가스버너 : 5,000~7,000V

4 수트 블로어

연소가 시작되면 분진, 회, 클링커, 탄화물, 카본, 그을음 등의 부착으로 열전도가 방해되어 매연 분출기로 그을음을 불어내기 위한 기구가 수트 블로어다. 특히 관형의 공기 예열기에 부착된 그을음 제거기가 에어히터 크리너형이다.

1. 매연분출기(수트 블로어)

① 종류
- 고온 전열면 블로어 : 롱 리트랙터블형
- 연소노벽 블로어 : 쇼트 리트랙터블형
- 전열면 블로어 : 건타입형
- 저온 전열면 블로어 : 로터리형
- 공기예열기 클리너 : 롱 리트랙터블형, 트래블링, 포레임형

② 사용 시 주의사항
- 부하가 50% 이하인 때는 수트 블로어 사용 금지
- 소화 후 수트 블로어 사용 금지(폭발 위험)
- 분출횟수와 시기는 연료 종류, 분출위치, 증기온도 등에 따라 결정
- 분출 시에는 유인 통풍을 증가시킬 것
- 분출 전에는 분출기 내부의 드레인을 제거

5 부넘기

화격자 버너의 연소 시 고체(석탄 등)연료가 기준범위 밖으로 벗어나지 못하게 하여 불꽃의 안정을 도모하기 위한 기구

6 배플(화염의 방해판)

수관 보일러에서 화염의 진행방향을 조절하기 위하여 만든 기구

[특징]
- 화염의 방향이 원하는 곳에 갈 수 있다.
- 노 내의 배기가스 체류시간이 연장된다.
- 노 내의 국부적 과열을 막는다.

7 멤브레인 월

수랭로 벽을 설치한 수관에서 수랭로 벽과 벽 사이를 연결한 강판의 일종이다.

8 화염투시구

연소 시 연소실 내의 화염상태를 파악하기 위하여 경질유리로 만든 기구이며, 연소실 내 화염상태를 육안으로 관찰할 수 있다.

REFERENCE 보일러 부속장치의 총정리

종 류	기 구
안전장치	안전변, 화염검출기, 고저수위경보기, 가용전, 방폭문, 전자변, 압력제한기, 압력조절기, 팽창변
지시장치	온도계, 수면계, 유면계, 압력계, 통풍계, 급유계, 수량계, 수고계, 가스미터기
분출장치	분출관, 분출콕, 분출밸브
송기장치	주증기변, 기수분리기, 비수방지관, 신축조인트, 감압변, 스팀헤드, 증기트랩
급수장치	급수펌프, 인젝터, 급수배관, 급수탱크, 급수정지변, 체크밸브, 수량계, 응축수탱크
여열장치	과열기, 재열기, 절탄기, 공기예열기
통풍장치	송풍기, 댐퍼, 연도, 통풍계, 연돌
송유계통	스토리지탱크, 서비스탱크, 여과기, 원심펌프, 기어펌프, 스크루펌프(고압), 급유량계
유류가열장치	증기식, 온수식, 전기식, 드레인밸브, 오일프리히터
처리장치	집진장치, 회분처리장치

REFERENCE 가스공급장치 : 가스트레인

① LNG 저장탱크
② LNG 기화장치
③ 대형가스 정압기
④ 가스공급배관
⑤ 중간지역 정압기
⑥ 가스중간공급배관
⑦ 가스내관
⑧ 소형정압기
⑨ 가스자동 또는 수동차단밸브
⑩ 가스미터기(막식, 터빈식)
⑪ 가스압력계(저압용)
⑫ 가스정압기(가버너)
⑬ 가스안전차단밸브
⑭ 가스누설경보장치
⑮ 가스버너
⑯ 압송기 등

03장 출제예상문제

01 보일러 증기통로에 증기트랩을 설치하는 가장 주된 이유는?

① 증기관의 신축작용을 방지하기 위하여
② 증기관 속의 과다한 증기를 방출하기 위하여
③ 증기관 속의 응결수를 배출하기 위하여
④ 증기 속의 불순물을 제거하기 위하여

해설
배관에 증기트랩을 설치하는 가장 주된 이유는 증기관 속의 응결수를 배출하기 위해서이다.

02 보일러 공기예열기에 대한 설명으로 잘못된 것은?

① 연소 배기가스의 여열을 이용한다.
② 보일러 효율이 약 5[%] 이상 향상된다.
③ 배기가스와의 접촉이 절탄기보다 먼저 이루어진다.
④ 저온부식에 유의해야 한다.

해설
㉠ 공기예열기는 배기가스와의 접촉이 절탄기보다 나중에 이루어진다.
㉡ 과열기 → 재열기 → 절탄기 → 공기예열기

03 난방용 방열기에 사용되는 증기트랩으로 직각(앵글)형과 직선(스트레이트)형으로 구분되는 트랩은?

① 실로폰트랩
② 플로트트랩
③ 버킷트랩
④ 충격식 트랩

해설
㉠ 실로폰트랩은 난방용 방열기에 사용되는 증기트랩이다.
㉡ 종류 : 앵글형, 스트레이트형

04 급유배관에 여과기를 설치하는 주된 이유는?

① 기름의 열량을 증가시키기 위해서이다.
② 기름의 점도를 조절하기 위해서이다.
③ 기름배관 중의 공기를 빼기 위해서이다.
④ 기름 중의 이물질을 제거하기 위해서이다.

해설
여과기에는 Y자형, U자형, V자형이 있다. 급유배관에는 U자형 여과기를 많이 사용한다. 여과기의 설치 이유는 기름 중의 이물질을 제거하기 위해서이다.

05 과열증기를 사용할 때의 이점에 속하지 않는 것은?

① 증기손실의 방지
② 마찰저항 감소
③ 관의 부식 방지
④ 안전사고 발생 방지

해설
과열증기 사용 시 이점
㉠ 증기손실의 방지
㉡ 마찰저항의 감소
㉢ 관의 부식 방지
㉣ 엔탈피 증가로 적은 증기양으로도 많은 일이 가능

06 증기트랩이 갖추어야 할 조건으로 틀린 것은?

① 마찰저항이 클 것
② 유압, 유량이 변해도 작동이 확실할 것
③ 증기가 배출되지 않을 것
④ 내구력이 클 것

해설
증기트랩은 어떠한 경우에도 마찰저항이 작아야 한다.

정답 01 ③ 02 ③ 03 ① 04 ④ 05 ④ 06 ①

07 소요전력이 40[kW]이고, 효율이 90[%], 흡입양정 6[m], 토출량이 20[m]인 보일러 급수펌프의 송출량은?

① 0.13[m^3/min]
② 7.53[m^3/min]
③ 8.50[m^3/min]
④ 11.77[m^3/min]

해설

$$kW = \frac{1{,}000 \times Q \times H}{102 \times 60 \times \eta} = \frac{1{,}000 \times Q \times (6+20)}{102 \times 60 \times 0.9} = 40$$

$$Q = \frac{102 \times 60 \times 0.9 \times 40}{1{,}000 \times 26} = 8.47[m^3/min]$$

08 인젝터의 작동불량 원인에 해당되지 않는 것은?

① 흡입관에 공기 누입이 있을 때
② 급수온도가 너무 낮을 때
③ 증기압력이 너무 낮을 때
④ 인젝터가 과열되었을 때

해설

급수의 온도가 낮아도 인젝터는 정상운전할 수 있다.(50[℃] 이하 유지)

09 증기트랩의 불량으로 응축수가 제거되지 않을 때의 현상에 대한 설명으로 틀린 것은?

① 가열효과가 떨어지고 가열시간이 길어진다.
② 수격현상을 일으켜 설비와 배관을 손상시킨다.
③ 증기관의 내부 부식을 촉진시킨다.
④ 설비 재질의 노화를 둔화시킨다.

해설

증기트랩의 불량으로 응축수가 제거되지 않으면 설비 재질의 노화를 촉진시킨다.

10 보일러 급수펌프의 구비조건에 대한 설명으로 옳은 것은?

① 고가이고 용량이 커야 한다.
② 병렬운전에 지장이 없어야 한다.
③ 수동조작이 어려워야 한다.
④ 전원공급 없이 작동되어야 한다.

해설

급수펌프는 병렬운전에 지장이 없어야 한다.

11 체크밸브(Check Valve)에 관한 설명으로 잘못된 것은?

① 유체의 역류 방지용으로 사용된다.
② 크게 나누어 리프트형과 스윙형의 2종류가 있다.
③ 스윙형은 수직, 수평배관에 모두 사용할 수 있다.
④ 리프트형은 수직배관에만 사용할 수 있다.

해설

체크밸브 중 리프트형은 수평배관에만 적용이 가능하다.

12 공기예열기에 대한 설명으로 잘못된 것은?

① 보일러 효율을 높인다.
② 연소상태가 좋아진다.
③ 연료 중의 황분에 의한 부식이 방지된다.
④ 적은 과잉공기로 완전연소시킬 수 있다.

해설

공기예열기나 절탄기는 연료 중 황분에 의해 저온 부식이 발생한다.

13 과열증기의 온도를 조절하는 방법으로 적합하지 않은 것은?

① 과열증기를 통하는 열가스량 조절
② 과열증기에 습증기를 분무
③ 댐퍼의 개도 조절
④ 과열저감기를 사용

정답 07 ③ 08 ② 09 ④ 10 ② 11 ④ 12 ③ 13 ③

해설

댐퍼의 개도 조절

배기가스의 열손실을 방지하고 통풍력을 조절한다.

14 보일러 급수배관에서 급수의 역류를 방지하기 위하여 설치하는 밸브는?

① 체크밸브 ② 슬루스밸브
③ 글로브밸브 ④ 앵글밸브

해설

체크밸브(역류방지 밸브)

㉠ 스윙 체크밸브 ㉡ 리프트 체크밸브

※ 스윙 체크밸브의 문제점을 보완한 것으로 '스모렌스키 체크밸브'가 있다.

15 다음 중 인젝터의 급수불량 원인으로 옳은 것은?

① 급수온도가 너무 낮을 때
② 흡입관(급수관)에 공기 누입이 없을 때
③ 인젝터 자체의 온도가 높을 때
④ 증기압력이 높을 때

해설

인젝터 급수불량 원인

㉠ 인젝터 자체의 과열
㉡ 증기압력이 0.2[MPa] 이하
㉢ 인젝터 내의 공기 유입
㉣ 체크밸브 고장
㉤ 인젝터 노즐 확장

16 보일러 급수장치의 원리를 설명한 것으로 틀린 것은?

① 환원기 : 수두압과 증기압력을 이용한 급수장치
② 인젝터 : 보일러의 증기에너지를 이용한 급수장치
③ 워싱턴펌프 : 기어의 회전력을 이용한 급수장치
④ 회전펌프 : 날개의 회전에 의한 원심력을 이용한 급수장치

해설

기어의 회전력을 이용한 급수장치는 회전식 기어펌프다.

17 다음 중 별도의 동력원 없이 증기를 이용하여 보일러에 급수하는 장치는?

① 인젝터 ② 터빈펌프
③ 진공펌프 ④ 벌류트펌프

해설

무동력 펌프

㉠ 인젝터
㉡ 워싱턴펌프(왕복식)
㉢ 웨어펌프

18 다음 중 왕복식 펌프가 아닌 것은?

① 플런저펌프 ② 피스톤펌프
③ 워싱턴펌프 ④ 터빈펌프

해설

터빈펌프, 벌류트펌프는 원심식 펌프이다.

19 다음 트랩(Trap) 중 증기트랩의 종류가 아닌 것은?

① 버킷트랩 ② 플로트트랩
③ 벨로스트랩 ④ 벨트랩

해설

벨트랩이란 증기트랩이 아닌 배수트랩이다.

20 급수펌프 중에서 왕복식이며 증기를 동력으로 사용하는 것은?

① 인젝터 ② 워싱턴펌프
③ 터빈펌프 ④ 기어펌프

해설

워싱턴펌프나 웨어펌프는 왕복식이며 증기를 동력으로 사용한다.

정답 14 ① 15 ③ 16 ③ 17 ① 18 ④ 19 ④ 20 ②

21 버킷트랩은 어떤 종류의 트랩인가?

① 열역학적 트랩 ② 온도조절식 트랩
③ 금속 팽창형 트랩 ④ 기계적 트랩

해설

1. 기계적 트랩(비중차 트랩)
   ㉠ 버킷 트랩 ㉡ 플로트 트랩
2. 온도조절식 트랩
   ㉠ 바이메탈 트랩 ㉡ 벨로스 트랩
3. 열역학적 트랩
   ㉠ 디스크 트랩 ㉡ 오리피스 트랩

22 보일러 부속장치 중 연소가스 여열을 이용한 효율 증대장치가 아닌 것은?

① 급탄기 ② 절탄기
③ 공기예열기 ④ 과열기

해설

폐열회수장치
㉠ 절탄기 ㉡ 공기예열기
㉢ 과열기 ㉣ 재열기

23 증기트랩이 갖추어야 할 조건이 아닌 것은?

① 동작이 확실할 것 ② 마찰저항이 클 것
③ 내구성이 있을 것 ④ 공기를 뺄 수 있을 것

해설

증기트랩의 구비조건
① 동작이 확실할 것 ② 마찰저항이 작을 것
③ 내구성이 있을 것 ④ 공기빼기가 양호할 것

24 보일러 증기 통로에 증기트랩을 설치하는 가장 주된 이유는?

① 증기관 속의 응결수를 배출하기 위하여
② 증기관 속의 과다한 증기를 응축하기 위하여
③ 증기관의 팽창 또는 수축을 증가시키기 위하여
④ 증기 속의 불순물을 제거하기 위하여

해설

증기 통로의 증기트랩은 증기관 속의 응결수를 배출하여 수격작용을 방지한다.

25 부력을 이용한 트랩은?

① 바이메탈식 ② 벨로스식
③ 오리피스식 ④ 플로트식

해설

부력을 이용한 트랩 : 플로트식 증기트랩

26 증기트랩에 대한 설명으로 틀린 것은?

① 배관 중의 응축수와 공기를 배출하는 것이다.
② 응축수를 배출할 때 마찰저항이 커야 한다.
③ 내마모성 및 내식성이 커야 한다.
④ 정지 후에도 응축수 배출이 가능해야 한다.

해설

증기트랩은 응축수의 배출 시 마찰저항이 작아야 한다.

27 다음 그림은 증기 과열기의 증기와 연소가스의 흐름 방향을 나타낸 것이다. 이 과열기는 어떤 종류의 과열기인가?

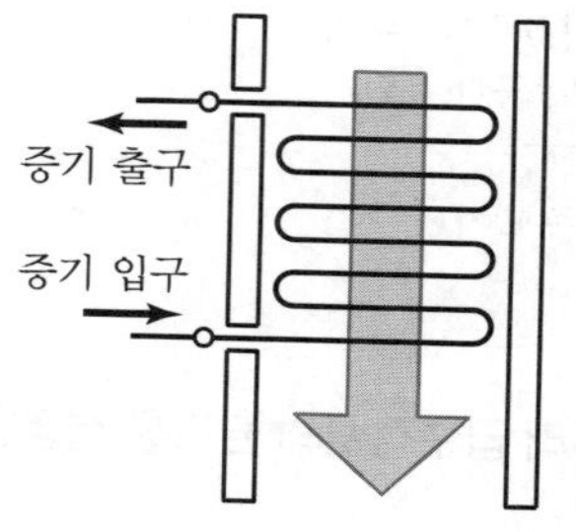

① 병류형 ② 향류형
③ 복사대류형 ④ 혼류형

해설

연소가스와 증기가 흐르는 방향이 정반대이므로 향류형 과열기이다.

정답 21 ④ 22 ① 23 ② 24 ① 25 ④ 26 ② 27 ②

28 수관식 보일러에 있어서, 연소실에서부터 연돌까지의 연소가스 흐름을 옳게 나열한 것은?

① 과열기 – 증발기 – 공기예열기 – 절탄기
② 과열기 – 증발관 – 절탄기 – 공기예열기
③ 증발관 – 공기예열기 – 과열기 – 절탄기
④ 증발관 – 과열기 – 절탄기 – 공기예열기

해설
수관식 보일러 전열순서
증발관 → 과열기 → 절탄기 → 공기예열기

29 보일러 절탄기의 설명으로 틀린 것은?

① 절탄기 외부에 저온부식이 발생할 수 있다.
② 절탄기에는 주철제와 강철제가 있다.
③ 보일러 열효율을 증대시킬 수 있다.
④ 연소가스 흐름이 원활하여 통풍력이 증대된다.

해설
절탄기(급수가열기) 설치 시
㉠ 열효율 증가
㉡ 연료소비량 감소
㉢ 급수 중 일부의 불순물 제거
㉣ 저온부식의 발생 및 통풍력 감소

30 루프형 신축이음을 바르게 설명한 것은?

① 굽힘 반지름은 관지름의 2배 이상으로 한다.
② 응력이 생기는 결점이 있다.
③ 주로 저압에 사용한다.
④ 강관의 경우 10[m]마다 1개씩 설치한다.

해설
루프형 신축이음(곡관형 신축이음)은 응력이 생기는 결점이 있으나 옥외 배관에 설치가 가능하고 신축흡수가 가장 크다.

31 전열방식에 따른 보일러 과열기의 종류가 아닌 것은?

① 복사형 ② 대류형
③ 복사대류형 ④ 혼류형

해설
전열방식에 따른 과열기의 종류
㉠ 복사과열기
㉡ 대류과열기
㉢ 복사대류과열기

32 공기예열기에 대한 설명으로 틀린 것은?

① 보일러의 열효율을 향상시킨다.
② 적은 공기비로 연소시킬 수 있다.
③ 연소실의 온도가 높아진다.
④ 통풍저항이 작아진다.

해설
공기예열기(폐열회수장치)를 연도에 설치하면 통풍 저항이 커지고 저온부식이 발생되나 열효율은 향상된다.

33 수트 블로어 사용 시 주의사항으로 틀린 것은?

① 압축공기를 사용하는 경우 습공기를 사용한다.
② 보일러 정지 시 수트 블로어 작업을 하지 않는다.
③ 분출 시에는 유인 통풍을 증가시킨다.
④ 분출 전에는 분출기 내부의 드레인을 제거한다.

해설
수트 블로어 사용 시에 압축공기를 사용할 경우 건조한 공기를 사용한다.

34 수트 블로어 사용 시 유의할 점이 아닌 것은?

① 저부하(50[%] 이하)일 때 수트 블로어를 사용해야 한다.
② 소화 후 수트 블로어의 사용을 금지한다.
③ 분출 시에는 유인 통풍을 증가시킨다.
④ 분출 전에 분출기 내부의 드레인을 제거한다.

해설
수트 블로어(그을음 제거기)는 저부하 시에 사용을 금지한다.

정답 28 ④ 29 ④ 30 ② 31 ④ 32 ④ 33 ① 34 ①

35 보일러 수트 블로어 사용 시의 주의사항으로 옳은 것은?

① 가급적 부하가 높을 때 사용한다.
② 보일러 소화 후에 사용해야 한다.
③ 분출 전에 분출기 내부의 드레인을 제거한다.
④ 분출 시 유인 통풍을 감소시켜야 한다.

해설
수트 블로어(그을음 제거기)는 가급적 부하 50[%] 이상에서 실시하며 분출 시 유인 통풍을 증가시킨다.(분출 전에 분출기 내부의 드레인을 제거한다.)

36 부력(浮力)을 이용한 트랩은?

① 바이메탈식　② 벨로스식
③ 오리피스식　④ 플로트식

해설
플로트 증기트랩은 부력을 이용하여 응축수를 드레인한다.

37 트랩 설치상의 주의사항 중 잘못된 것은?

① 트랩 입구관은 끝올림으로 한다.
② 트랩 출구관은 굵고 짧게 하여 배압을 적게 한다.
③ 트랩 출구관이 입상이 되는 경우에는 출구 직후에 역지밸브를 부착한다.
④ 트랩 설치 시는 바이패스 라인을 부설한다.

해설
증기트랩 설치 시 트랩 입구관은 언제나 끝내림 기울기로 한다.

38 공기예열기가 보일러에 주는 효과와 관계 없는 것은?

① 배기가스에 의한 열손실을 감소시킨다.
② 보일러 열효율을 높인다.
③ 공기의 온도를 높이므로 연소효율을 높일 수 있다.
④ 보일러 통풍력을 증대시킨다.

해설
공기예열기가 연도에 설치되면 열효율은 향상되고 완전연소가 용이하며 연소용 공기공급량이 감소하지만 저온부식 또는 통풍력의 감소가 일어난다.

39 보일러 공기예열기에 대한 설명으로 잘못된 것은?

① 연소 배기가스의 여열을 이용한다.
② 보일러 효율이 향상된다.
③ 배기가스와의 접촉이 과열기보다 먼저 이루어진다.
④ 저온부식에 유의해야 한다.

해설
폐열회수장치 설치순서
전열관 → 과열기 → 재열기 → 절탄기 → 공기예열기 → 연돌

40 증기난방 배관 시공에서 난방 중 증기관 내의 응축수를 환수관으로 배출하기 위해서 설치하는 장치는?

① 공기빼기 밸브　② 증기트랩
③ 드레인 밸브　④ 리프트 피팅

해설
증기트랩은 증기관 내의 응축수를 환수관으로 배출하기 위해서 설치한다.
㉠ 기계적 트랩
㉡ 온도차에 의한 트랩
㉢ 열역학적 트랩

41 보일러 부속장치 중 가장 낮은 온도의 연소가스가 통과하는 곳에 설치되는 것은?

① 절탄기　② 공기예열기
③ 과열기　④ 재열기

해설
연소가스배기 순서
증발관 → 과열기 → 절탄기 → 공기예열기(고온의 배기가스에서 저온의 배기가스로 변화)

정답 35 ③ 36 ④ 37 ① 38 ④ 39 ③ 40 ② 41 ②

42 보일러 공기예열기의 종류에 속하지 않는 것은?

① 전열식 ② 재생식
③ 증기식 ④ 방사식

해설
공기예열기
㉠ 전열식 : 판형, 관형
㉡ 재생식 : 융그스트롬식(고정식, 회전식, 이동식)
㉢ 증기식

43 보일러 과열기의 전열방식에 따른 종류에 해당되지 않는 것은?

① 대류형 ② 전도형
③ 방사형 ④ 방사 대류형

해설
과열기의 전열방식에 따른 종류
㉠ 대류과열기(접촉과열기)
㉡ 방사과열기
㉢ 방사 대류과열기

44 증기트랩의 역할이 아닌 것은?

① 수격작용을 방지한다.
② 관의 부식을 막는다.
③ 열효율을 증가시킨다.
④ 응축수의 누출을 방지한다.

해설
증기트랩은 열효율을 증가시키고 수격작용 및 관의 부식을 방지한다.

45 전열방식에 의해 증기 과열기를 분류한 것은?

① 병류과열기 ② 복사과열기
③ 향류과열기 ④ 혼류과열기

해설
㉠ 전열방식의 과열기
- 복사과열기
- 대류과열기
- 복사 대류과열기(방사 대류과열기)

㉡ 열가스 흐름방식에 의한 과열기
- 병류과열기
- 향류과열기
- 혼류과열기

46 다음 보일러 부속장치 중 연돌 쪽에 가장 가까이 설치되는 것은?

① 절탄기 ② 과열기
③ 공기예열기 ④ 재열기

해설
연소가스 → 증발관 → 과열기 → 재열기 → 공기예열기 → 굴뚝으로 배기

47 연도 내의 배기가스로 보일러 급수를 예열하는 장치는?

① 재열기 ② 과열기
③ 절탄기 ④ 예열기

해설
절탄기는 연도 내의 연소가스로 보일러 급수를 예열하는 장치이다.

48 공기예열기 설치에 따른 문제점 설명으로 옳은 것은?

① 고온부식이 발생할 수 있다.
② 열효율이 감소된다.
③ 통풍력을 감소시킨다.
④ 가성취화가 발생한다.

해설
연도에 공기예열기를 설치하면 저온부식 통풍력 감소, 배기가스의 온도저하 등이 발생

정답 42 ④ 43 ② 44 ④ 45 ② 46 ③ 47 ③ 48 ③

49 보일러 내부의 부속장치를 연소실에 가까운 것부터 나열할 때 옳은 것은?

① 절탄기 – 과열기 – 공기예열기
② 공기에열기 – 절탄기 – 과열기
③ 과열기 – 공기예열기 – 절탄기
④ 과열기 – 절탄기 – 공기예열기

해설
연소실 → 과열기 → 절탄기 → 공기예열기

50 보일러 연도가스를 이용한 급수예열장치는?

① 공기예열기　② 과열기
③ 절탄기　④ 재열기

해설
절탄기(연도의 급수가열기)를 설치하면 급수와 관수의 온도차가 적어 본체의 응력이 감소한다. 또한 급수 중 불순물 일부가 제거되고 급수온도가 10[℃] 상승할 때마다 열효율이 1.5[%] 증가한다.

51 보일러의 폐열회수장치 중 급수를 예열하는 장치는?

① 과열기　② 절탄기
③ 재열기　④ 공기예열기

해설
부속장치 중 절탄기는 연도에서 배기가스로 급수를 예열하여 열효율을 높인다.

52 연소가스 여열(餘熱)을 이용해 급수를 가열하는 보일러 부속장치는?

① 재열기　② 탈기기
③ 절탄기　④ 증발기

해설
㉠ 절탄기는 연소가스의 여열을 이용해 급수를 가열한다. 보일러의 열효율을 높이는 폐열회수장치이다.
㉡ 폐열회수장치 : 재열기, 과열기, 절탄기, 공기예열기

53 보일러 폐열회수장치 중 연돌에 가장 가까이 설치되는 것은?

① 절탄기　② 공기예열기
③ 과열기　④ 재열기

해설
폐열회수장치 설치순서
전열관 → 과열기 → 재열기 → 절탄기 → 공기예열기 → 연돌

54 전열방식에 의해 증기과열기를 분류한 것은?

① 병류과열기　② 대류과열기
③ 향류과열기　④ 혼류과열기

해설
전열방식의 과열기 : 복사과열기, 대류과열기, 복사대류 과열기

55 전열식 공기예열기의 종류에 해당되는 것은?

① 회전식　② 이동식
③ 강판형　④ 고정식

해설
전열식 공기예열기에는 강판형, 강관형이 있다.

56 보일러 부속기기 중 열효율 증대장치가 아닌 것은?

① 절탄기　② 압력계
③ 과열기　④ 공기예열기

해설
압력계는 급수, 급유, 증기, 가스의 게이지 압력을 측정하는 기기다.

정답 49 ④ 50 ③ 51 ② 52 ③ 53 ② 54 ② 55 ③ 56 ②

57 방열기 주위의 신축이음으로 가장 적합한 것은?

① 신축곡관 ② 스위블형
③ 벨로스형 ④ 미끄럼형

해설
방열기는 수직형이므로 스위블형 신축이음의 사용이 편리하다.

58 보일러 부속장치인 증기과열기를 설치할 때 위치에 따라 분류한 것이 아닌 것은?

① 대류식(접촉식)
② 복사식
③ 전도식
④ 복사대류식(복사접촉식)

해설
대류식, 복사식, 복사대류식은 설치 장소에 따라 분류한 것이다.

59 보일러의 부속설비 중 열교환기의 형태가 아닌 것은?

① 절탄기 ② 공기예열기
③ 방열기 ④ 과열기

해설
방열기(라디에이터)는 주형, 길드형, 컨벡터 등의 난방방열장치이다.

60 보일러의 부속장치 중 일반적으로 증발관 바로 다음에 배치되는 것은?

① 재열기 ② 절탄기
③ 공기 예열기 ④ 과열기

해설
보일러 부속장치 배치 순서
증발관 → 과열기 → 재열기 → 절탄기 → 공기예열기

61 보일러 전열면에 부착된 그을음이나 재를 분출시켜 전열효과를 증대시키는 장치는?

① 수트 블로어 ② 수저분출장치
③ 스팀트랩 ④ 기수분리기

해설
수트 블로어(그을음 제거기)는 전열면에 부착된 그을음을 제거한다. 그을음 1[mm]에 열효율 12[%]가 손실된다.

62 인젝터의 급수불능 원인이 아닌 것은?

① 증기압이 낮을 때
② 급수온도가 낮을 때
③ 흡입관 내에 공기가 누입될 때
④ 인젝터가 과열되었을 때

해설
인젝터는 급수온도가 50[℃] 이상이면 급수불능의 원인이 된다.

63 펌프의 종류 중 원심 펌프에 속하는 것은?

① 워싱턴펌프 ② 플런저펌프
③ 웨어펌프 ④ 다단터빈펌프

해설
원심식 펌프
㉠ 터빈펌프 ㉡ 벌류트펌프

64 버킷트랩에서 수직관 속의 응축수가 트랩에 간헐적으로 역류하는 것을 방지하기 위하여 트랩 출구 측에 설치하는 밸브는?

① 체크밸브 ② 앵글밸브
③ 게이트밸브 ④ 스톱밸브

해설
상향 버킷트랩에서는 수직관 속의 응축수가 역류하는 것을 방지하기 위해 체크밸브를 설치한다.

정답 57 ② 58 ③ 59 ③ 60 ④ 61 ① 62 ② 63 ④ 64 ①

65 급수펌프 중 왕복식 펌프가 아닌 것은?

① 워싱턴펌프 ② 웨어펌프
③ 터빈펌프 ④ 플런저펌프

해설
왕복식 펌프 : 워싱턴펌프, 웨어펌프, 플런저펌프

66 보일러 급수펌프의 구비조건에 대한 설명 중 맞는 것은?

① 고가이고 용량이 커야 한다.
② 회전식은 고속회전에 지장이 없어야 한다.
③ 수동조작이 어려워야 한다.
④ 전원 공급 없이 작동되어야 한다.

해설
급수펌프의 구비조건
㉠ 가격이 싸야 한다.
㉡ 병렬운전에 지장이 없어야 한다.
㉢ 고속회전에 지장이 없어야 한다.
㉣ 조작이 수월하고 수리가 간편해야 한다.

67 보일러 부속장치 설명 중 잘못된 것은?

① 기수분리기 : 증기 중에 혼입된 수분을 분리하는 장치
② 수트 블로어 : 보일러 동 저면의 스케일, 침전물 등을 밖으로 배출하는 장치
③ 증기헤드 : 발생증기를 한곳에 모아 필요한 양을 필요한 곳에 분배 공급하는 장치
④ 스팀트랩 : 응결수를 자동으로 배출하는 장치

해설
보일러 분출장치
보일러 동 저면의 스케일, 침전물 등을 밖으로 배출하는 장치이다.

68 소용량 온수 보일러에 사용되는 화염검출기의 한 종류로서 화염의 발열을 이용하는 것은?

① 플레임 아이 ② 플레임 로드
③ 스택 스위치 ④ CbS 셀

해설
스택 스위치(바이메탈 스위치)는 소형 온수 보일러 연도에 설치하는 화염검출기이다.

69 보일러 수저분출장치의 주된 기능은?

① 보일러 동(胴) 내 압력을 조절한다.
② 보일러 동 내 부유물을 배출한다.
③ 보일러 하부의 침전물이나 농축수를 배출한다.
④ 수격작용을 방지하기 위하여 응축수를 배출한다.

해설
보일러 수저분류장치는 보일러 하부의 침전물이나 농축수를 배출한다.

70 보일러 화염검출기 종류 중 화염검출의 응답이 느려 버너 분사, 정지에 시간이 많이 걸리므로 주로 소용량 보일러에 사용되는 것은?

① 스택 스위치 ② 플레임 아이
③ 플레임 로드 ④ 광전관식 검출기

해설
스택 스위치
㉠ 연도에 설치
㉡ 소용량 보일러용
㉢ 화염의 검출응답이 느림

71 보일러 인젝터의 기능이 저하되는 경우가 아닌 것은?

① 인젝터 자체의 온도가 낮을 때
② 증기에 수분이 많을 때
③ 급수 온도가 너무 높을 때
④ 흡입 관로 중에 누설이 있을 때

정답 65 ③ 66 ② 67 ② 68 ③ 69 ③ 70 ① 71 ①

해설

인젝터 자체가 가열되면 기능이 저하되므로, 인젝터 내로 공급되는 물의 온도는 50[℃] 이상이 되지 않아야 한다.

72 플런저 펌프의 특징으로 잘못된 것은?

① 증기압을 이용하며, 고압용으로 적합하다.
② 비교적 고점도의 액체 수송용으로 적합하다.
③ 유체의 흐름에 맥동을 가져온다.
④ 토출량과 토출압력의 조절이 어렵다.

해설

플런저 펌프(왕복식 펌프)는 토출량과 토출압력의 조절이 편리하다.

73 인젝터(Injector)의 구성요소에 해당되지 않는 것은?

① 혼합노즐 ② 급수구
③ 토출노즐 ④ 고압부

해설

인젝터의 구성요소

㉠ 혼합노즐 ㉡ 흡입노즐
㉢ 토출노즐 ㉣ 흡수밸브
㉤ 급수정지 밸브 ㉥ 체크밸브
㉦ 증기밸브

74 스트레이너(여과기)의 형상이 아닌 것은?

① Y ② U
③ T ④ V

해설

스트레이너 형상의 종류

㉠ Y자형 ㉡ U자형 ㉢ V자형 등

75 인젝터의 작동 순서로 옳은 것은?

① 급수밸브 – 핸들 – 증기밸브 – 출구관의 밸브 개방
② 핸들 – 증기밸브 – 출구관의 밸브 개방 – 급수밸브
③ 증기밸브 – 핸들 – 급수밸브 – 출구관의 밸브 개방
④ 출구관의 밸브 개방 – 급수밸브 – 증기밸브 – 핸들

해설

인젝터는 ④의 순서대로 작동시킨다.

76 팩리스 신축이음이라고 하는 신축이음은?

① 슬리브형 신축이음 ② 벨로스형 신축이음
③ 루프형 신축이음 ④ 스위블형 신축이음

해설

벨로스형 신축이음은 팩리스 신축이음으로도 불린다.

77 고압에 견디며 고장이 적으므로 옥외배관에 많이 사용되는 신축이음은?

① 벨로스형 ② 슬리브형
③ 루프형 ④ 스위블형

해설

루프형(곡관형)은 대형이며 고압용으로 고장이 적고 옥외배관에 많이 사용되는 신축이음쇠이다.

78 방열기 자체의 신축에 의한 변위를 흡수할 목적으로 설치되는 신축이음 종류는?

① 스위블 이음 ② 볼 조인트 이음
③ 벨로스 이음 ④ 루프형 이음

해설

방열기의 입상관에는 스위블 이음을 설치하여 신축을 흡수한다.

79 2개 이상의 엘보를 사용하여 나사부의 회전에 의해 배관의 신축을 흡수하는 것으로, 나사이음이 헐거워지면 누설의 우려가 있는 신축조인트는?

① 루프형 ② 스위블형
③ 슬리브형 ④ 벨로스형

해설

2개 이상의 엘보를 사용하여 나사부의 회전에 의해 신축을 흡수하는 신축조인트는 스위블형이다.

정답 72 ④ 73 ④ 74 ③ 75 ④ 76 ② 77 ③ 78 ① 79 ②

80 신축곡관이라고 부르는 신축이음쇠는?

① 슬리브형　② 루프형
③ 스위블형　④ 벨로스형

해설
신축조인트 중 곡관형(옥외용)은 다른 말로 루프형이라 부른다.

81 온수난방 방열기 배관에 주로 사용되는 신축조인트는?

① 벨로스형　② 스위블형
③ 슬리브형 조인트　④ 루프형 조인트

해설
방열기는 입상관이므로 엘보를 사용한 스위블형 신축조인트가 필요하다.

82 방열기 설치라인 주위에 설치하는 신축이음으로 가장 적합한 것은?

① 벨로스 이음　② 슬리브 이음
③ 루프 이음　④ 스위블 이음

해설
벨로스 이음은 방열기 주위에 설치하는 신축이음이다.

83 주로 증기 및 온수 난방 방열기 주위에 적용되는 신축이음으로 2개 이상의 엘보를 이용하는 것은?

① 스위블 신축이음　② 볼 신축이음
③ 벨로스 신축이음　④ 슬리브 신축이음

해설
스위블 신축이음은 2개 이상의 엘보를 이용하여 주로 저압증기 배관이나 온수배관에 많이 사용한다.

84 신축곡관이라고도 하며 강관을 구부려 그 신축성을 이용한 것으로 고압증기의 옥외 배관에 많이 사용하는 것은?

① 스위블 이음　② 슬리브 신축이음
③ 벨로스형 신축이음　④ 루프형 신축이음

해설
루프형 신축곡관
㉠ 강관을 구부려 그 신축성을 이용한다.
㉡ 고압증기의 옥외배관용이다.
㉢ 곡률반지름은 관 지름의 6~8배이다.

85 보일러 배관 중에 신축이음을 하는 목적은?

① 증기 속의 복수를 제거하기 위하여
② 열팽창에 의한 관의 파열을 막기 위하여
③ 증기의 통과를 잘 시키기 위하여
④ 증기 속의 수분을 분리하기 위하여

해설
㉠ 신축이음은 열팽창에 의한 관의 파열을 막기 위하여 배관에 설치한다.
㉡ 신축량 크기순서 : 루프형 > 슬리브형 > 벨로스형 > 스위블형

86 고압에 견디며 고장이 적으므로 옥외배관에 많이 사용되는 신축이음은?

① 벨로스형　② 슬리브형
③ 루프형　④ 스위블형

해설
루프형(곡관형) 신축이음은 대형이라 옥외배관에 많이 설치한다.

87 배관의 신축이음 종류가 아닌 것은?

① 슬리브형　② 벨로스형
③ 루프형　④ 파일럿형

해설
신축이음
㉠ 슬리브형　㉡ 루프형　㉢ 벨로스형　㉣ 스위블형

정답 80 ② 81 ② 82 ① 83 ① 84 ④ 85 ② 86 ③ 87 ④

88 보일러에서 수트 블로어 설치목적은?

① 급수 중의 이물질을 제거하기 위한 장치
② 포화증기를 과열증기로 만드는 장치
③ 증발관 내의 비수를 방지하기 위한 장치
④ 보일러 전열면에 부착된 재를 불어내는 장치

해설
수트 블로어 : 보일러 전열면에 부착된 재를 불어내는 장치

89 수트 블로어의 기능 설명으로 옳은 것은?

① 보일러 동 내면의 슬러지를 배출시킨다.
② 보일러 수면상의 부유물을 배출시킨다.
③ 보일러 전열면의 그을음을 불어낸다.
④ 보일러 급수를 원활하게 해준다

해설
수트 블로어(그을음 제거)는 압축공기나 건조증기 등을 이용하여 전열면에 부착된 그을음을 제거한다.

90 보일러 연소 안전장치의 종류에 속하지 않는 것은?

① 윈드박스　② 보염기
③ 버너 타일　④ 수트 블로어

해설
수트 블로어 : 전열면의 그을음 제거기

91 다음 중 보일러의 수위가 낮아 보일러가 과열되었을 때 작용하는 안전장치는?

① 가용마개　② 인젝터
③ 수위개　④ 방폭문

해설
가용마개(납+주석) : 저수위 사고 시 과열되었을 때 사용되는 안전장치(원통형 보일러에 많이 사용된다.)

92 유량 조절용으로는 부적합하고, 완전히 열리거나 닫히는 형태로서 차단밸브로 가장 널리 사용되는 것은?

① 글로브밸브　② 체크밸브
③ 슬루스밸브　④ 콕

해설
슬루스밸브의 특징
㉠ 유량 조절용으로는 부적합하다.
㉡ 완전히 열리거나 닫히는 형태이다.
㉢ 차단밸브용이다.
㉣ 반개하면 부러질 염려가 있다.
㉤ 물, 오일 등의 유체배관에 용이하다.

93 보일러 전열면의 그을음을 청소하는 장치는?

① 수저분출장치　② 수트 블로어
③ 절탄기　④ 인젝터

해설
수트 블로어는 보일러 전열면의 그을음을 청소하는 장치이다.

94 안전밸브의 밸브 및 밸브시트에 포금을 사용하는 이유로 가장 합당한 것은?

① 과열되어도 조직의 변화가 없다.
② 부식에 강하고 주조하기 쉽다.
③ 가열되어도 변형이 없다.
④ 열의 전도가 양호하다.

해설
안전밸브에 포금을 사용하는 이유는 부식에 강하고 주조, 가공성이 높기 때문이다.
※ 포금(청동)=구리+주석

정답 88 ④ 89 ③ 90 ④ 91 ① 92 ③ 93 ② 94 ②

95 안전밸브로부터 증기가 누설되는 경우가 아닌 것은?

① 밸브의 디스크 지름이 증기압에 비하여 너무 작다.
② 밸브 시트를 균등하게 누르고 있지 않다.
③ 밸브 스프링 장력이 감쇄되었다.
④ 밸브 시트가 더러워져 있다.

해설
밸브의 디스크 지름은 안전밸브의 분출용량에 맞게 제작되기 때문에 작거나 크게 할 수가 없다.

96 안전밸브의 종류가 아닌 것은?

① 레버 안전밸브 ② 추 안전밸브
③ 스프링 안전밸브 ④ 휨 안전밸브

해설
안전밸브의 종류 : 레버식, 스프링식, 추식, 복합식

97 보일러 안전장치의 종류가 아닌 것은?

① 고저수위 경보기 ② 안전밸브
③ 가용마개 ④ 드레인 콕

해설
드레인 콕은 물이나 오일 탱크, 관에서 유체를 외부로 추출하는 기구이다.

98 보일러 화염검출기 종류 중 화염검출의 응답이 느려 버너 분사, 정지에 시간이 많이 걸리므로 주로 소용량 보일러에 사용되는 것은?

① 스택 스위치 ② 플레임 아이
③ 플레임 로드 ④ 광전관식 검출기

해설
스택 스위치(화염검출기)는 검출의 응답이 느려 버너 분사, 정지에 시간이 많이 걸리므로 주로 소용량 보일러 연도에 부착한다.

99 보일러 화염 유무를 검출하는 스택 스위치에 대한 설명으로 틀린 것은?

① 가격이 싸다.
② 구조가 간단하다.
③ 버너 용량이 큰 곳에 사용된다.
④ 바이메탈의 신축작용으로 화염 유무를 검출한다.

해설
스택 스위치는 온수 보일러나 소용량 보일러에 사용한다.

100 고저수위 경보장치에서 경보는 연료차단 몇 초 전에 울려야 하는가?

① 30초 ② 10~50초
③ 30~70초 ④ 50~100초

해설
저수위 경보장치는 연료차단 50~100초 전에 울려야 한다.

101 보일러 연소가스의 폭발 시에 대비한 안전장치는?

① 안전밸브 ② 파괴판
③ 방출밸브 ④ 방폭문

해설
방폭문(폭발구)은 연소실 내 가스(잔류가스) 폭발 시 폭발가스를 외부로 빼내 보일러의 파열을 방지하기 위한 장치이다.

102 부르동관 압력계에 고온의 증기가 직접 들어가는 것을 방지하는 방법은?

① 신축 이음쇠를 설치한다.
② 균압관을 사용하여 설치한다.
③ 사이펀관을 사용하여 설치한다.
④ 안전밸브와 함께 설치한다.

해설
부르동관 압력계 사이펀관 내부에는 물이 들어 있고 고온의 증기가 부르동관에 직접 들어 가는 것을 방지한다.

정답 95 ① 96 ④ 97 ④ 98 ① 99 ③ 100 ④ 101 ④ 102 ③

103 사이펀관(Siphon Tube)과 특히 관계가 있는 것은?

① 수면계 ② 안전밸브
③ 어큐뮬레이터 ④ 탄성식 압력계

해설
압력계에서 사이펀관에는 물을 저장한 후 압력계 부르동관을 보호한다.

104 배관 내에 흐르는 유체 중의 찌꺼기를 제거하기 위해 장치나 기기 앞에 설치하는 배관 부품은?

① 신축이음 ② 배니밸브
③ 증기트랩 ④ 스트레이너

해설
스트레이너(여과기)는 급수, 급유, 증기배관 등에서 찌꺼기를 제거시키는 기기이다.

105 증기배관에 설치된 감압밸브의 기능을 가장 옳게 설명한 것은?

① 증기의 엔탈피를 낮추는 장치이다.
② 증기의 과열도를 낮추는 장치이다.
③ 증기의 온도와 압력을 낮추는 장치이다.
④ 증기의 압력을 낮추고, 부하 측의 압력을 일정하게 유지하는 장치이다.

해설
감압밸브
㉠ 증기의 압력을 감소시킨다.
㉡ 부하 측의 압력을 일정하게 공급한다.
㉢ 고압과 저압을 동시에 공급할 수 있다.

106 저수위 안전장치가 작동할 때 연동하여 이루어지는 부속장치의 동작으로 잘못된 것은?

① 자동경보가 울렸다.
② 오일 버너가 꺼졌다.
③ 연도 댐퍼가 닫혔다.
④ 2차 공기송풍기는 계속 돌고 있다.

해설
저수위 사고와 연도 댐퍼 차단과는 관련성이 없는 내용이다.

107 전개 시 유체의 흐름에 지장이 가장 적은 밸브는?

① 슬루스밸브 ② 앵글밸브
③ 니들밸브 ④ 글로브밸브

해설
슬루스밸브는 관내 유체의 흐름에 대한 마찰저항이 적다.

108 사이펀관(Siphon Tube)과 특히 관계가 있는 것은?

① 수면계 ② 안전밸브
③ 어큐뮬레이터 ④ 부르동관 압력계

해설
부르동관 압력계를 보호하기 위하여 사이펀관을 설치하고 내부에 물을 넣어둔다.

109 유체의 저항이 적고, 유로를 급속하게 개폐하며 1/4 회전으로 완전 개폐되는 것은?

① 글로브밸브 ② 체크밸브
③ 슬루스밸브 ④ 콕

해설
콕은 유체의 저항이 적고 유로를 급속하게 90도 개폐한다.

110 펌프 배관에서 펌프의 양정이 불량한 이유와 무관한 것은?

① 흡입관의 이음쇠 등에서 공기가 샌다.
② 펌프 내에 공기가 차 있다.
③ 회전 방향이 역회전 방향이다.
④ 흡입양정이 낮다.

해설
흡입양정이 높으면 캐비테이션(공동)현상이 발생된다.

정답 103 ④ 104 ④ 105 ④ 106 ③ 107 ① 108 ④ 109 ④ 110 ④

111 파이프 축에 대해서 직각방향으로 개폐되는 밸브로 유체의 흐름에 따른 마찰저항 손실이 적으며 난방배관 등에 주로 이용되나 유량 조절용으로는 부적합한 밸브는?

① 앵글밸브　　② 슬루스밸브
③ 글로브밸브　　④ 다이어프램밸브

해설

슬루스밸브(게이트밸브) 특징
㉠ 파이프 축에 대해서 직각방향으로 개폐된다.
㉡ 마찰저항 손실이 적다.
㉢ 유량조절은 부적당하다.

112 배관에서 바이패스관의 설치 목적은?

① 트랩이나 스트레이너 등의 고장 시 수리, 교환을 위해 설치한다.
② 고압증기를 저압증기로 바꾸기 위해 사용한다.
③ 온수공급관에서 온수의 신속한 공급을 위해 설치한다.
④ 고온의 유체를 중간과정 없이 직접 저온의 배관부로 전달하기 위해 설치한다.

해설

배관의 바이패스관의 설치목적
증기트랩이나 스트레이너, 유량계 등의 고장 시 수리나 교환을 용이하게 하기 위해 설치한다.

113 감압밸브의 기능을 가장 옳게 설명한 것?

① 증기의 엔탈피를 낮추는 장치이다.
② 증기의 과열도를 나추는 장치이다.
③ 증기의 온도와 압력을 낮추는 장치이다.
④ 증기의 압력을 낮추고, 부하 측의 압력을 일정하게 유지하는 장치이다.

해설

㉠ 감압밸브는 증기의 압력을 일정하게 공급하며 고압의 증기를 저압으로 감압시킨다.
㉡ 종류 : 벨로스식, 다이어프램식, 피스톤식

114 보일러 부속장치에 관한 설명으로 틀린 것은?

① 배기가스로 급수를 예열하는 장치를 절탄기라 한다.
② 배기가스의 열로 연소용 공기를 예열하는 것을 공기예열기라 한다.
③ 고압 증기터빈에서 팽창되어 압력이 저하된 증기를 가열하는 것을 과열기라 한다.
④ 오일프리히터는 기름을 예열하여 점도를 낮추고, 연소를 원활히 하는 데 목적이 있다.

해설

고압 증기터빈에서 팽창되어 압력이 저하된 증기를 가열하는 것은 재열기라 한다.

115 공기예열기 전후의 배기가스 온도차가 100[℃]이면 이 공기예열기에 의해 보일러 열효율은 몇 [%] 정도 향상되는가?

① 1~2[%]　　② 4~5[%]
③ 7~8[%]　　④ 10[%] 이상

해설

공기예열기에서 배기가스의 온도가 30[℃] 감소하면 열효율은 1~2[%] 정도 증가한다.(100℃=4~5%)

116 보일러 가동 중 실화되거나 압력이 규정값을 초과하는 경우는 연료 공급이 자동적으로 차단되어야 한다. 이때 직접적으로 연료를 차단하는 기구는?

① 광전관　　② 화염검출기
③ 유전자밸브　　④ 체크밸브

해설

유전자밸브는 압력이 초과하거나 저수위 사고 등이 있을 때 연료공급을 직접 차단하여 보일러 사고를 사전에 예방한다.

정답 111 ② 112 ① 113 ④ 114 ③ 115 ② 116 ③

117 보일러 화염 유무를 검출하는 스택 스위치에 대한 설명으로 틀린 것은?

① 가격이 싸다.
② 구조가 간단하다.
③ 버너 용량이 큰 곳에 사용된다.
④ 바이메탈의 신축작용으로 화염 유무를 검출한다.

해설
화염검출기
㉠ 스택 스위치(버너 용량이 소규모일 때 사용)
㉡ 플레임 아이
㉢ 플레임 로드

118 보일러 급수자동조절장치 형식이 아닌 것은?

① 플로트식　　② 코프식
③ 전극식　　④ 레버식

해설
자동급수 조절기
㉠ 플로트식　　㉡ 코프식
㉢ 전극식　　㉣ 차압식

119 부르동관 압력계에 연결되는 관으로 증기가 직접 압력계 내부로 들어가는 것을 방지하는 역할을 하는 것은?

① 균형관　　② 베록스관
③ 압력관　　④ 사이펀관

해설
사이펀관은 증기가 직접 압력계에 들어가지 못하게 방지한다.

120 열교환기의 용도와 거리가 먼 것은?

① 증발 및 응축　　② 냉각 및 가열
③ 잠열 증가　　④ 폐열회수

해설
열교환기 용도
㉠ 증발 및 응축
㉡ 냉각 또는 가열
㉢ 폐열회수

121 보일러 증기압력 측정에 주로 사용되는 압력계는?

① 다이어프램식 압력계　　② 침종식 압력계
③ 부르동관식 압력계　　④ 액주식 압력계

해설
부르동관식 압력계 : 고압의 증기 압력계

122 보일러의 수트 블로어 장치에 대한 설명으로 잘못된 것은?

① 보일러 전열면 외측의 그을음이나 재를 제거하는 장치이다.
② 연도 댐퍼를 닫고 통풍력을 약하게 하여 작동한다.
③ 부하가 50[%] 이하일 때는 사용을 금한다.
④ 응결수를 제거한 건조증기를 사용한다.

해설
보일러 수트 블로어(그을음 제거기) 사용 시에는 연도의 댐퍼를 활짝 열고 통풍력을 강하게 하여 그을음을 외부로 제거시킨다.

123 수트 블로어 사용 시의 주의사항으로 틀린 것은?

① 저부하(50[%] 이하)일 때, 수트 블로어를 사용해야 한다.
② 보일러 정지 시 수트 블로어 작업을 하지 않는다.
③ 분출 시에는 유인 통풍을 증가시킨다.
④ 분출 전에 분출기 내부의 드레인을 제거한다.

해설
수트 블로어는 부하가 50[%] 이상일 때 수트 블로어(그을음 제거)를 사용한다.

정답 117 ③ 118 ④ 119 ④ 120 ③ 121 ③ 122 ② 123 ①

124 부력을 이용하여 밸브를 개폐하고, 공기를 배출할 수 없으므로 열동식 트랩을 병용하기도 하며 다량 트랩이라고도 불리는 트랩은?

① 버킷트랩 ② 임펄스 증기트랩
③ 플로트트랩 ④ 실로폰트랩

해설
플로트트랩은 다량 트랩이며 비중차를 이용한 기계식 트랩이다.

125 포화온도에서 액체 내부에 증기가 발생되면서 액면이 심하게 요동하는 현상은?

① 증발 ② 기화
③ 비등 ④ 승화

해설
비등이란 포화온도에서 액체 내부에 증기가 발생되면서 액면이 심하게 요동하는 현상이다.

126 원통 보일러에서 거싯 스테이를 많이 사용하는 이유는?

① 보일러수의 손실을 방해하지 않기 때문에
② 설치가 용이하기 때문에
③ 스테이로서 경판을 유효하게 지지하기 때문에
④ 청소와 검사가 용이하기 때문에

해설
거싯 스테이는 경판을 유효하게 지지한다.

127 보일러의 증기관 중 필히 보온을 해야 하는 곳은?

① 난방하고 있는 실내에 노출된 배관
② 방열기 주위 배관
③ 주증기 공급관
④ 관말 증기트랩장치의 냉각 레그

해설
주증기 공급관이나 온수관은 필히 보온을 해야 한다.

128 중유 보일러의 연소 보조장치에 속하지 않는 것은?

① 여과기 ② 인젝터
③ 오일프리히터 ④ 화염검출기

해설
인젝터는 펌프의 일종이다.

129 보일러 분출 시의 유의사항 중 잘못된 것은?

① 분출 도중 다른 작업을 하지 말 것
② 2대 이상의 보일러를 동시에 분출하지 말 것
③ 안전저수위 이하로 분출하지 말 것
④ 계속 운전 중인 보일러는 부하가 가장 클 때 할 것

해설
보일러 분출(수면 분출) 시에 계속 운전 중인 보일러는 부하가 가장 작을 때 실시하여 저수위 사고를 방지한다.

130 방열기 출구에 설치되어 응축수만을 보일러에 환수시키는 역할을 하는 것은?

① 열동식 트랩 ② 박스트랩
③ 밸트랩 ④ 방열기 밸브

해설
열동식 트랩은 방열기 출구에 설치되어 응축수만을 보일러에 흡수시키는 역할을 한다.

131 부력을 이용해 간헐적으로 응축수를 배출하며, 상향식과 하향식이 있고 증기압에 의해 입상이 가능하며, 주로 관말트랩에 사용하는 증기트랩의 종류는?

① 벨로스트랩 ② 플로트트랩
③ 버킷트랩 ④ 디스크트랩

해설
버킷트랩(기계식 트랩) : 응축수 배출용이며 상향식, 하향식이 있다.

정답 124 ③ 125 ③ 126 ③ 127 ③ 128 ② 129 ④ 130 ① 131 ③

132 급수펌프에서 송출량이 10[m³/min]이고 전양정이 8[m]일 때 펌프의 소요마력[PS]은?(단, 펌프 효율은 75[%]이다.)

① 15.6　　② 17.8
③ 23.7　　④ 31.6

해설

$$PS = \frac{1{,}000 \times Q \times H}{75 \times 60 \times \eta} = \frac{1{,}000 \times 10 \times 8}{75 \times 60 \times 0.75} = 23.7[\text{PS}]$$

133 연소가스 여열을 이용해 급수를 가열하는 보일러 부속장치는?

① 재열기　　② 탈기기
③ 절탄기　　④ 증발기

해설

절탄기(이코노마이저)는 연도에 설치하여 배기가스의 여열을 이용해 보일러에 공급하는 급수를 가열, 열효율을 높이고 급수 중 불순물을 일부 제거한다.

134 오일프리히터(기름 예열기)에 대한 설명으로 잘못된 것은?

① 예열방식은 전기식과 증기식이 있다.
② 기름의 유동성과 무화를 좋게 하기 위하여 사용한다.
③ 중유 예열온도는 100[℃] 이상으로 높을수록 좋다.
④ 히터의 용량은 가열용량 이상이 되어야 한다.

해설

오일프리히터(오일가열기)는 중유의 예열온도(80~90[℃])를 알맞게 하여 점도를 낮추어 분무를 양호하게 한다.

135 회전식(원심식) 펌프의 한 종류로서 중, 고압 보일러의 급수용으로 사용되며 급수량이 많은 펌프는?

① 기어펌프　　② 터빈펌프
③ 플런저펌프　　④ 웨어펌프

해설

원심식 펌프
㉠ 터빈펌프
㉡ 벌류트펌프

136 보일러 부속장치에 대한 설명 중 잘못된 것은?

① 인젝터 : 증기를 이용한 급수장치
② 기수분리기 : 증기 중에 혼입된 수분을 분리하는 장치
③ 스팀트랩 : 응축수를 자동으로 배출하는 장치
④ 수트 블로어 : 보일러 등 저면의 스케일, 침전물을 밖으로 배출하는 장치

137 보일러 분출장치의 설치목적과 가장 무관한 것은?

① 보일러 동 내부의 불순물 제거
② 발생 증기의 압력 조절
③ 보일러 수조(탱크)의 슬러지 성분 배출
④ 보일러 관수의 pH 조절

해설

발생증기의 압력 조절용 밸브 : 감압밸브

138 보일러의 부속설비 중 연료공급 계통에 해당되는 것은?

① 기수분리기　　② 버너 타일
③ 수트 블로어　　④ 오일프리히터

해설

㉠ 기수분리기 : 송기장치
㉡ 수트 블로어 : 그을음 제거장치
㉢ 버너 타일 : 에어레지스터(공기 조절)
㉣ 오일프리히터 : 연료공급장치이며 오일가열기

정답 132 ③ 133 ③ 134 ③ 135 ② 136 ④ 137 ② 138 ④

139 다음 중 보일러에서 연소가스의 배기가 잘되는 경우는?

① 연도의 단면적이 작을 때
② 배기가스 온도가 높을 때
③ 연도에 급한 굴곡이 있을 때
④ 연도에 공기가 많이 누입될 때

해설
배기가스의 온도가 높은 경우 밀도가 가벼워서 배기가 용이하다.

140 보일러 통풍방식 중 강제압입 통풍방식의 장점을 틀리게 설명한 것은?

① 가압 연소가 되므로 연소율이 높다.
② 완전연소로 동력 소비가 적다.
③ 고부하 연소가 가능하다.
④ 노 내가 정압이 유지되므로 연소가 쉽다.

해설
통풍방식
㉠ 자연통풍 : 굴뚝 높이에 의존
㉡ 인공통풍(강제통풍)
- 압입통풍
- 흡입통풍
- 평형통풍

141 보일러에서 연도에 댐퍼를 설치하는 목적은?

① 배기가스의 유량을 측정하기 위해서
② 배기가스의 온도를 일정하게 유지하기 위해서
③ 배기가스량을 가감하여 일정한 통풍력을 유지하기 위해서
④ 배기가스의 유속을 빨리 하여 통풍력을 증가시키기 위해서

해설
연도에 댐퍼를 설치하는 목적
㉠ 배기가스량의 가감으로 열손실 억제
㉡ 통풍력 조절

142 강제통풍 방식에서 통풍력이 약화되는 경우가 아닌 것은?

① 연도가 너무 짧은 경우
② 연도의 단면적이 작은 경우
③ 연도의 굴곡이 많은 경우
④ 연도 통로에 배플, 수관, 연관이 있는 경우

해설
연돌은 높고 연도가 짧으면 자연통풍력은 증가한다.

143 연소용 공기를 노의 앞에서 불어넣으므로 공기가 차고, 깨끗하며, 송풍기의 고장이 적고, 점검 수리가 용이한 보일러 강제통풍방식은?

① 압입통풍 ② 흡입통풍
③ 자연통풍 ④ 수직통풍

해설
㉠ 강제통풍 : 압입통풍, 흡입통풍, 평형통풍
㉡ 압입통풍은 연소용 공기를 노의 앞에서 불어넣으므로 공기가 정압이 유지되어 완전연소가 용이하다.

144 보일러 연돌의 자연통풍력을 증가시키는 방법으로 부적합한 것은?

① 연돌의 굴곡부를 없앤다.
② 연돌 높이를 증가시킨다.
③ 연돌을 보온 처리한다.
④ 배기가스 온도를 외기온도보다 낮게 한다.

해설
연돌(굴뚝)의 자연통풍력을 증가시키려면 배기가스 온도를 외기온도보다 높게 한다.

정답 139 ② 140 ③ 141 ③ 142 ① 143 ① 144 ④

145 송풍기 마력(PS) N을 구하는 공식은?(단, 송풍기 출구의 압력은 Z[mmAq], 송풍량 Q[m^3/min]이다.)

① $N=\dfrac{ZQ}{60\times 75}$　② $N=\dfrac{Q}{60\times 75\times Z}$

③ $N=\dfrac{Z}{60\times 75\times Q}$　④ $N=\dfrac{Q\times 60\times 75}{Z}$

해설

$PS=\dfrac{ZQ}{60\times 75}$

146 원심 송풍기의 풍량조절방법으로 부적합한 것은?

① 회전수의 변경
② 댐퍼의 개폐
③ 흡입 베인의 개폐
④ 익차날개의 피치를 조절

해설

원심식 송풍기(터보형 송풍기)의 풍량조절방법
㉠ 회전수의 변경
㉡ 댐퍼의 개폐
㉢ 흡입 베인의 개폐

147 보일러 통풍에 대한 설명으로 틀린 것은?

① 자연통풍－굴뚝의 압력차를 이용
② 강제통풍－송풍기를 이용
③ 압입통풍－굴뚝 밑에 흡출송풍기를 사용
④ 평형통풍－압입 및 흡출송풍기를 겸용

해설

흡입통풍 : 굴뚝 밑에 흡출송풍기 부착

148 보일러 배기가스의 자연통풍력을 증가시키는 방법과 무관한 것은?

① 배기가스 온도를 높인다.
② 연돌 높이를 증가시킨다.
③ 연돌을 보온 처리한다.
④ 압입통풍과 흡입통풍을 병행한다.

평형통풍(압입＋흡입)은 강제통풍방식이다.

149 보일러의 통풍력에 대한 설명 중 틀린 것은?

① 외기의 온도가 높을수록 통풍력은 증가한다.
② 연통의 단면적이 클수록 통풍력은 증가한다.
③ 연통의 높이가 높을수록 통풍력은 증가한다.
④ 공기의 습도가 높을수록 통풍력은 감소한다.

해설

㉠ 외기의 온도가 낮을수록 통풍력은 증가한다.
㉡ 연통이나 연돌의 단면적이 클수록 통풍력이 증가한다.
㉢ 연통이나 연돌의 높이가 클수록 통풍력이 증가한다.
㉣ 배기가스의 온도가 높을수록 통풍력이 증가한다.
㉤ 연도의 길이가 짧을수록 통풍력이 증가한다.
㉥ 공기의 습도가 높을수록 통풍력은 감소한다.

150 고온, 고압, 대용량에 적합하며, 값이 싸고 작은 동력으로도 운전할 수 있는 송풍기는?

① 다익형 송풍기　② 축류형 송풍기
③ 플레이트형 송풍기　④ 터보형 송풍기

해설

터보형 송풍기
원심식이며 고온, 고압, 대용량에 적합하고 작은 동력으로 운전이 가능하다.

151 송풍기의 고장이 적고, 점검, 수리가 용이하며 노 내 압력이 정압인 통풍방식은?

① 흡입통풍　② 압입통풍
③ 평형통풍　④ 자연통풍

정답 145 ① 146 ④ 147 ③ 148 ④ 149 ① 150 ④ 151 ②

해설

압입통풍(강제통풍)은 터보형 송풍기를 많이 사용하며 고장이 적고 점검이나 수리가 편리하여 연소실 내의 정압이 유지된다.

152 보일러의 통풍력에 대한 설명으로 틀린 것은?

① 배기가스의 온도가 높을수록 통풍력은 커진다.
② 외기온도가 높을수록 통풍력은 커진다.
③ 연돌의 단면적이 클수록 통풍력이 커진다.
④ 연돌이 높을수록 통풍력은 커진다.

해설

외기온도가 낮을수록 통풍력이 커진다.

153 배기가스와 외기의 밀도차에 의한 통풍방식은?

① 압입통풍 ② 평형통풍
③ 자연통풍 ④ 흡입통풍

해설

자연통풍방식은 배기가스와 외기의 밀도차[kg/m^3]에 의한 통풍방식이다.

154 통풍력을 크게 하는 방법이 아닌 것은?

① 연돌 높이를 높게 한다.
② 연돌의 단면적을 크게 한다.
③ 배기가스 온도를 낮춘다.
④ 송풍기의 용량을 증대한다.

해설

㉠ 배기가스의 온도를 높이려면 연소효율을 증가시키고, 열효율을 증가시키려면 전열면의 효율 또한 증가시켜야 한다.
㉡ 배기가스의 온도가 낮으면 통풍력이 감소한다.

155 보일러 집진장치의 형식과 종류를 서로 짝지은 것으로 틀린 것은?

① 가압수식 – 벤투리 스크러버
② 여과식 – 타이젠 와셔
③ 원심력식 – 사이클론
④ 전기식 – 코트렐

해설

여과식 : 백 필터 사용

156 포집하고자 하는 먼지의 입경이 비교적 클 경우, 경제성과 집진성능을 고려할 때 가장 적합한 집진장치는?

① 백필터 ② 사이클론
③ 전기집진장치 ④ 벤투리 스크러버

해설

사이클론(원심력식 집진기) 집진장치는 포집하고자 하는 먼지의 입경이 비교적 클 경우, 경제성과 집진성능을 고려할 때 가장 적합하다.

157 크기가 가장 작은 분진을 포집할 수 있는 집진장치는?

① 사이클론 ② 여과 집진장치
③ 벤투리 스크러버 ④ 코트렐 집진기

해설

코트렐

전기식 집진기는 크기가 가장 작은 분진을 포집할 수 있다.

158 가장 미세한 먼지를 집진할 수 있는 집진장치는?

① 전기식 집진장치 ② 중력식 집진장치
③ 세정식 집진장치 ④ 여과식 집진장치

해설

전기식은 0.05~0.2[μ]의 작은 입자도 제거시킨다.

정답 152 ② 153 ③ 154 ③ 155 ② 156 ② 157 ④ 158 ①

159 건식 집진장치에 해당되는 것은?

① 백 필터 ② 타이젠 와셔식
③ 제트 스크러버 ④ 벤투리 스크러버

해설
②, ③, ④는 세정식(습식) 집진장치이다.

160 보일러 연소에 있어서 매연이 발생되는 경우가 아닌 것은?

① 통풍력이 부족할 경우
② 연소실의 용적이 너무 클 경우
③ 연료가 불량한 경우
④ 연소장치가 불량한 경우

해설
연소실 용적이 크면 공기량이 풍부하여 연소상태가 순조롭다.

161 배기가스 중 입자성 물질을 제거하기 위한 집진장치의 형식을 선정하려고 할 때 제일 먼저 고려해야 할 사항은?

① 배기가스의 속도 ② 배기가스의 온도
③ 입자성 물질의 농도 ④ 입자성 물질의 크기

해설
집진장치 선정 시 가장 먼저 입자성 물질의 크기를 고려한다.

162 보일러 연돌에서의 자연통풍력 증대방법은?

① 연돌의 길이를 짧게 한다.
② 연돌 입구에 공기예열기를 설치한다.
③ 연돌의 단면적을 작게 한다.
④ 연돌 내부 배기가스와 외기의 온도차를 크게 한다.

해설
자연통풍력 증가방법
㉠ 연도의 길이를 짧게 한다.
㉡ 연돌의 단면적을 크게 한다.
㉢ 연돌 내부 배기가스와 외기의 온도차를 크게 한다.

163 집진효율이 좋고 $0.5[\mu]$ 이하 정도의 미세한 입자도 처리할 수 있는 집진장치는?

① 관성력 집진기 ② 전기식 집진기
③ 원심력 집진기 ④ 멀티사이클론식 집진기

해설
전기식 집진장치는 $0.5[\mu]$ 이하 정도의 미세한 입자도 처리가 가능하다.

164 보일러의 압력이 $8[kg_f/cm^2]$이고 안전밸브의 단면적이 $20[cm^2]$이라면 안전밸브에 작용하는 힘은?

① $140[kg_f]$ ② $160[kg_f]$
③ $170[kg_f]$ ④ $180[kg_f]$

해설
$8[kg_f/cm^2] \times 20[cm^2] = 160[kg]$

165 가압수식 세정집진장치가 아닌 것은?

① 임펠러식 집진장치 ② 벤투리 스크러버
③ 사이클론 스크러버 ④ 세정탑식 집진장치

해설
가압수식 세정집진장치
㉠ 벤투리 스크러버
㉡ 사이클론 스크러버
㉢ 세정탑식(충전탑식) 집진장치
㉣ 제트 스크러버

166 배관 내에 고여 있는 응축수를 자동적으로 배출하는 바이메탈형 트랩의 특징으로 잘못된 것은?

① 배기능력이 우수하다.
② 동결의 우려가 없다.
③ 과열증기에도 사용할 수 있다.
④ 부착 위치에 제한이 없다.

해설
바이메탈형 증기트랩(온도차를 이용한 트랩)은 과열증기용으로는 사용이 불가능하고 일반증기 배관용이다.

정답 159 ① 160 ② 161 ④ 162 ④ 163 ② 164 ② 165 ① 166 ③

167 연료저장탱크로부터 예열기(Oil Preheater)까지 공급되는 중유의 점도를 낮추어 유동성을 좋게 하기 위해 증기로 가열하는 배관의 명칭은?

① 이중 재킷배관 ② 바이패스 배관
③ 온수배관 ④ 진공배관

해설
중질유 연료저장탱크에서 오일-프리히터까지 공급되는 배관은 연료를 가열하여 점성을 낮추고 송유를 원활히 하기 위해 증기로 가열하는 경우 이중 재킷배관을 구비한다.

168 보일러 급수내관의 설치위치로 적당한 것은?

① 보일러 상용수위와 일치시킨다.
② 보일러 안전저수위보다 조금 높게 설치한다.
③ 보일러 안전저수위보다 조금 아래 설치한다.
④ 보일러 고수위보다 조금 낮게 설치한다.

해설
보일러 급수내관은 안전저수위보다 조금 아래(5cm 지점) 설치한다.

169 가압수식 세정집진장치가 아닌 것은?

① 코트렐 집진장치 ② 벤투리 스크러버
③ 사이클론 스크러버 ④ 세정탑식 집진장치

해설
가압수식 세정집진장치
㉠ 벤투리 스크러버 ㉡ 사이클론 스크러버
㉢ 세정탑식 집진장치 ㉣ 제트 스크러버

170 보일러 부속장치가 아닌 것은?

① 안전장치 ② 송기장치
③ 방열장치 ④ 급수장치

해설
방열장치는 난방장치이다.

171 보일러 동(胴) 수면 위에 있는 부유물 또는 농축수를 분출시키는 장치는?

① 간헐 분출장치 ② 배수 분출장치
③ 단속 분출장치 ④ 연속 분출장치

해설
연속 분출장치는 보일러 동 수면 위에 있는 부유물 또는 농축수를 분출시키는 수면 분출장치이다.

정답 167 ① 168 ③ 169 ① 170 ③ 171 ④

CHAPTER 04 연료의 종류

SECTION 01 연료 및 연소

1. 연소의 3대 요건

① 가연성 물질
② 산소 공급원
③ 점화원

2. 연료의 요소

① **주성분** : C, H(기본성분 : 발생열을 좌우한다.)
② **불순물** : O, N, S, W, A, P(산소, 질소, 황, 수분, 회분, 인)
③ **가연성분** : C, H, S(탄소, 수소, 황)

[발열량 분석]

참고 공업분석 : W, A, V, F(항습시료 : 수분 포함)
원소분석 : C, H, O, S, N, P(무수시료 : 수분은 포함 안 함)

- 탄소 $= C + O_2 \rightarrow CO_2$: 97,200kcal/kmol(완전연소 시)
  1kg → 97,200/12 = 8,100kcal/kg(C 1kg 완전연소 시 발생열)
- 탄소 $= C + 1/2O_2 \rightarrow CO$: 30,000kcal/kmol(불완전연소 시)
  1kg → 30,000/12 = 2,500kcal/kg
- 수소 $= H_2 + 1/2O_2 \rightarrow H_2O$
  액체 : Hh : 68,000kcal/kmol ÷ 2 = 34,000kcal/kg(고위발열량)
  기체 : Hl : 57,200kcal/kmol ÷ 2 = 28,600kcal/kg(저위발열량)
- 황 $= S + O_2 \rightarrow SO_2$: 80,000kcal/kmol
  1kg → 80,000 ÷ 32 = 2,500kcal/kg

※ 1kmol의 질량

- 탄소(C) = 12kg
- 수소(H_2) = 2kg
- 황(S) = 32kg
- 산소(O_2) = 32kg

SECTION 02 연료의 종류

1 고체연료

1. 석탄의 탄화과정 및 성분

(1) **탄화도** : 석탄의 성분이 변화되는 진행 정도

(2) **석탄화 작용** : 산소, 수소의 감소로 탄소가 증가하여 가는 과정

(3) **탄화도가 클수록 진행되는 현상**

① 고정탄소가 증가하여 발열량이 커진다.

② 연료비가 증가하고 연소속도가 늦어진다.

③ 착화온도가 높아진다.

▼ 고체연료의 특징

장점	단점
• 노천야적이 가능하다.(특별한 장소가 필요하지 않다.) • 저장 취급이 용이하다. • 구입하기 쉽고 가격이 저렴하다. • 특수 목적에 사용된다. • 연소장치가 간단하다.	• 완전연소가 곤란하다. • 회분이 많다. • 연소효율이 낮고 고온을 얻기가 힘들다. • 재처리가 곤란하다. • 착화 소화가 어렵다. • 배관 수송이 곤란하다. • 연소조절이 어렵다.

▼ 고체연료에 함유되어 있는 각 성분

수분	회분	휘발분	고정탄소
• 착화성이 저하된다. • 기화열을 소비하여 열손실을 초래한다.	• 발열량이 저하된다. • 연소효율이 저하된다.	• 화염이 길어진다. • 검은 매연이 발생한다.	• 발열량이 증가한다. • 불꽃이 짧아진다.

REFERENCE 탄화도

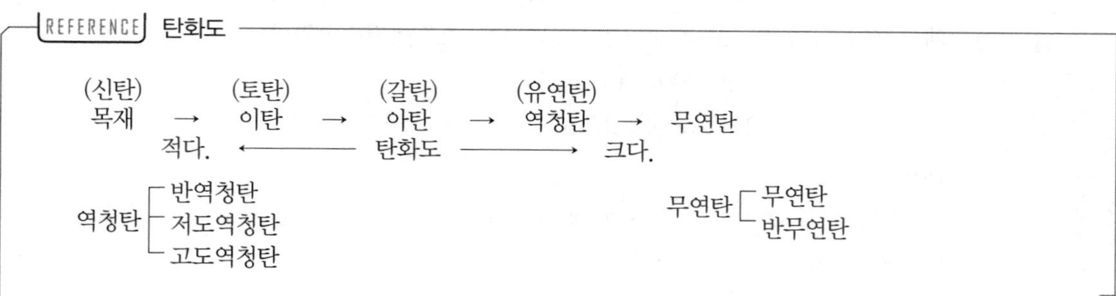

(4) 점결성에 따른 분류

① **강점결탄** : 굳은 코크스를 얻는다.(고도역청탄)
② **약점결탄** : 취약한 코크스를 얻는다.(반역청탄, 저도역청탄)
③ **비점결탄** : 전혀 융합되지 않는다.(무연탄, 반무연탄, 갈탄)

(5) 물리적 성질

① **비중**
㉠ 참비중 : 석탄질 자체의 비중
㉡ 겉보기비중 : 기공을 포함한 비중
㉢ 기공률 $= \left(1 - \frac{\text{겉보기비중}}{\text{참비중}}\right) \times 100(\%)$

② **비열**
㉠ 탄화도가 강해짐과 동시에 감소한다.
㉡ 회분이 많고 수분이 적을수록 감소한다.
㉢ 비열은 회분 수분의 비율에 대개 비례한다.

(6) 코크스

① **코크스 제조방법** : 역청탄을 고온 건류하여 얻는다.
② **건류** : 공기의 공급이 없이 가열하여 열분해를 시키는 조작
③ **고온건류** : 1,000℃ 내외
저온건류 : 500~600℃ 내외
④ **코크스 강도를 중요시하는 경우** : 야금용
반응성을 중요시하는 경우 : 제철, 제선, 가스제조

2. 석탄의 풍화작용과 자연발화

(1) 풍화작용

석탄을 오랫동안 저장하면 공기 중의 산소와 산화작용에 의해 변질되는 현상이다.

① **장해**
㉠ 질이 물러져 분탄이 되기 쉽다.
㉡ 석탄 고유의 광택을 잃고 표면은 붉게 녹슨다.
< $O_2 \rightarrow$ $V + O_2 \rightarrow$ VO_2(2산화 바나듐), $Fe + O_2 \rightarrow$ FeO(산화철)>
㉢ 휘발분과 점결성이 감소한다.
㉣ 발열량이 저하한다.

② **원인**
㉠ 수분이 많을수록 ㉡ 휘발분이 많을수록 ㉢ 입자가 작을수록
㉣ 외기온도가 높을수록 ㉤ 새로 캐낸 석탄일수록

(2) 자연발화

① 석탄의 자연발화란 탄층 내부 온도가 60℃ 이상이면 스스로 점화하여 연소하는 현상이다.

② 방지법

㉠ 공기유통을 좋게 하여 실내온도를 60℃ 이하로 유지한다.

㉡ 탄층은 적당한 높이로 쌓아올린다.(옥외 4m, 옥내 2m 이하)

㉢ 저장일은 30일이 넘지 않도록 한다.

㉣ 수입시기, 탄종마다 구분 저장한다.

㉤ 탄 중간에 파이프 삽입통기를 유지한다.

3. 미분탄

석탄을 150~200mesh 이하로 미세하게 분쇄한 것으로 연소시간이 매우 단축된다.(약 2초 이내)

(1) 미분탄 연료의 장단점

① 장점

㉠ 적은 과잉공기로 완전연소가 된다.(20~40%)

㉡ 연소 조절이 자유로워 부하의 급변화에 응할 수 있다.

㉢ 열등탄도 유용하게 연소시킬 수 있다.(회분이 40% 이상인 탄)

㉣ 연료의 선택범위가 넓다.

㉤ 연소효율이 크고, 쉽게 고온을 얻을 수 있다.

㉥ 대규모 보일러에 적합하다.

② 단점

㉠ 설비비 및 유지비가 많다.(1t당 10~20kWh 소비)

㉡ 연소실이 고온이므로 노재가 상하기 쉽다.

㉢ 재, 회분 등의 비산이 심하여 집진기가 필요하다.

㉣ 취급부주의로 역화의 위험성이 크다.

㉤ 소규모 보일러에는 부적당하다.

(2) 고체 및 미분탄 연료의 특성

① 수분이 많을 경우

㉠ 점화가 어렵다.

㉡ 수분의 기화로 다량의 열을 흡수하고 연소를 나쁘게 한다.

㉢ 열효율을 저하시킨다.

㉣ 화층의 균일을 방해하여 통기구가 작아져 통풍이 불량해진다.

② 회분이 많을 경우

㉠ 발열량이 감소한다.

㉡ 클링커 발생으로 통풍을 방해한다.

㉢ 연소상태가 고르지 못하다.
㉣ 불완전연소로 열손실이 많다.

③ **휘발분이 많을 경우**

㉠ 연소 시 그을음 발생이 심하다.
㉡ 점화가 손쉽다.
㉢ 연소 시 붉은 장염이 발생한다.
㉣ 발열량이 저하되고 매연 발생이 많다.

④ **고정탄소가 많을 경우**

㉠ 발열량이 높고 매연 발생이 적다.
㉡ 연소 시 새파란 단염을 발생한다.
㉢ 복사선의 강도가 크다.
㉣ 열효율은 높지만 점화가 느리다.

2 액체연료

1. 원소의 구성성분

탄소(C), 수소(H), 산소(O), 유황(S), 질소(N), 수분(W), 회분(A)

2. 비중과 용적

온도가 1℃ 상승할 때 체적은 0.0007 증가하고, 비중은 0.00065 감소한다. 비중이 크면 아래와 같은 현상이 나타난다.

① 연료의 연소 시 온도가 낮다.
② 탄화수소비$\left(\frac{C}{H}\right)$가 커진다.

참고 탄화수소비 크기순서 : 중유 > 경유 > 등유 > 가솔린

③ 발열량이 감소한다.(중량당)
④ 연료의 체적이 줄어든다.
⑤ 화염의 휘도가 커진다.(중유가 가장 크다.)
⑥ 점도가 증가한다.
⑦ 인화점이 높아진다.(중유 60~150℃, 경유 50~70℃, 등유 30~60℃, 가솔린 −20~−43℃)

비중 시험방법으로 다음 4가지가 있다.

① **비중병법** : 정확한 측정
② **비중계법** : 저점도 측정

③ **비중천평법** : 고점도 및 중점도 측정

④ **치환법** : 고점도 및 중점도 측정

3. 성분 증가에 여한 연료의 성상

(1) 탄소

① 발열량이 커진다.

② 연소속도가 완만해진다.

③ 불꽃이 짧아진다.

(2) 잔류탄소

① 화염에 스파클링을 발생시킨다.

② 그을음을 발생시킨다.

③ 발열량이 저하한다.

(3) 수소

① 화염의 휘도가 커진다.

② 발열량이 저하한다.

(4) 산소

① 발열량이 저하한다.

② 고유수분의 양이 증가한다.

(5) 유황

① 연료의 질이 저하한다.

② 매연이 발생한다.

(6) 질소

① 착화성이 저하한다.

② 연소효율이 저하한다.

(7) 수분

① 착화성이 저하한다.

② 발열량이 저하한다.

(8) 회분

① 연소율이 저하한다.

② 발열량이 저하한다.

③ 연소 배출물이 많아진다.

4. 점도

비중이 작을수록, 온도가 높을수록 낮다.

- 절대점도 : 정지상태의 점도(g/cmS : 푸아즈) $= \dfrac{\text{질량(g)}}{\text{길이(cm)} \times \text{시간(S)}}$
- 동점도 : 유동상태의 점도(cm²/S : 스토크스) $= \dfrac{(\text{길이})^2}{\text{시간}}$

참고 동점도 $= \dfrac{\text{절대점도}}{\text{밀도}}$ (동점도 : 절대점도를 그 온도에서의 밀도로 나눈 값)

(1) 점도가 높을 때

① 송유 곤란

② 무화불량, 불완전연소

③ 버너 선단에 카본 부착

④ 연소상태 불량

⑤ 화염 스파크 발생

(2) 점도가 낮을 때

① 연료소비량 과다
② 불완전연소
③ 역화의 원인
④ 인화점 저하

(3) 점도계 : 세이볼트 점도계 · 우베로테 점도계 · 레드우드 점도계 · 엔그라 점도계

(4) 송유 시 저하 점도 : 500~1,000CST(50℃ 예열 시 400~440CST)

5. 유동점

① 배관수송 중 연료유를 유동시킬 수 있는 최저의 온도(액체가 흐를 수 있는 최저온도)
② 유동점은 응고점보다 2.5℃ 높다.
③ 유동점=응고점+2.5℃

6. 인화점

불씨 접촉에 의해 불이 붙는 최저 온도를 말한다.
인화점이 높으면 착화가 곤란하고, 낮으면 역화의 위험이 있다. 예열온도는 인화점보다 5℃ 낮게 조정한다. 일반적으로 비중이 낮으면 인화점도 낮다. 인화 후 연소가 계속되는 온도를 연소점이라 하고 인화점보다 7~10℃ 높다.

[인화점 시험방법]

- 태그 밀폐식 : 인화점이 80℃ 이하의 석유제품에 사용
- 태그 개방식 : 인화점이 80℃ 이하의 휘발성 가연물질에 적용
- 클리블랜드 개방식 : 중유류를 제외하고 인화점이 80℃ 이상인 윤활유류에 적용
- 펜스키－마르텐스 밀폐식 : 인화점이 50℃ 이상인 석유류에 적용
- 아벨－펜스키 밀폐식 : 인화점이 50℃ 이하인 석유류에 적용

7. 착화점

불씨 접촉 없이 그 산화열로 인해 스스로 불이 붙는 최저의 온도

[연료의 착화온도]

① 발열량이 높을수록 낮아진다.
② 분자구조가 간단할수록 낮아진다.
③ 산소농도가 짙을수록 낮아진다.
④ 압력이 높을수록 낮아진다.

8. 발화점

인화점 이상 온도를 올리면 증기 발생이 더욱 격심하게 되고 불꽃으로 점화시킬 때 연소가 계속되는 온도(인화점보다 20~30℃ 높은 것이 보통이나 일정한 관계가 없다.)

9. 유황분 시험

(1) 램프식

① **용량법** : 황 함유량이 0.002% 이상인 가솔린, 등유, 액화석유 가스 및 저비점 탄화수소의 전황분 정량에 사용

② **중량법** : 황 함유량이 0.002% 이상인 석유류 제품의 전황분 정량에 사용

(2) 봄브식 : 램프식 시험을 적용할 수 없는 석유류 등의 전황분 정량에 사용

(3) 연소관식

① **공기법** : 경유 등의 전황분 정량에 사용

② **산소법** : 경유 및 중유 등 램프식 시험이 적용되지 않는 연료의 전황분 정량에 사용

10. 온도에 따른 중유의 보정

15℃의 비중$(d) = dt + 0.00065(t-15)$

예열된 기름의 비중$(dt) = d - 0.00065(t-15)$

(1) 비중과 체팽창계수(0.0007)가 동시에 주어질 경우

$d = dt[1+0.0007(t-15)]$

$$dt = \frac{d}{1+0.0007(t-15)}$$

(2) 중유의 용량(L)과 중량(kg)의 관계식

① 용량(L)
- 15℃ 중량(G)÷15℃ 비중(d)
- t℃ 중량(Gt)÷t℃ 비중(dt)

② 중량(kg)
- 15℃ 용량(V)×15℃ 비중(d)
- t℃ 용량(Vt)×t℃ 비중(dt)

3 기체연료

액체연료에 비하여 용적당의 보유 열량이 적고 저장 시나 수송 등이 불편하고 항상 폭발의 위험성을 갖고 있으나 연소 공해는 타 연료보다 훨씬 낮아서 연료로 많이 채택되는 연료가 기체연료이다.

1. 기체연료의 주성분

(1) 탄화수소
① 발열량의 증가
② 그을음 생성의 증가

(2) 황화수소
① 배출 시 유독가스의 증가
② 비중량 등의 증가

(3) 탄산가스
① 연소속도의 저하
② 발열량의 저하

(4) 수소
① 연소속도의 증가
② 이론 연소온도의 증가

(5) 일산화탄소
① 연소속도의 증가
② 착화온도의 상승

(6) 질소
① 그을음 생성의 저하
② 발열량의 저하

2. 기체연료의 호칭

① **천연가스** : 유전가스, 가스전가스, 탄전가스 등의 가연성 가스
② **액화석유가스(LPG)** : 석유정제 공업과정에서 유동접촉분해, 수소화분해 등의 공정 시 부생된 가스를 액화시킨 것
③ **석탄계 가스** : 석탄의 건류 또는 연소 시 배출되는 가스로서 석탄건류가스, 석탄계 가스화가스, 고로가스 등이 있다.
④ **석유계 가스화 가스** : 정유소의 폐가스 등을 말하며 오프가스, 가스화 가스 등이 있다.
⑤ **도시가스** : 수소, 일산화탄소 등의 연소속도가 빠른 가스와 메탄, 저급탄화수소, 탄산가스, 질소 등의 혼합가스

▼ **기체연료의 종류**

가스명	해설
석탄가스	석탄을 600~1,000℃에서 건류시킬 때 발생되는 것으로 발열량은 7,500kcal/m^3이며 메탄 63%, 수소가 20% 정도의 가스이다.
천연가스	지하에서 발생되는 탄화수소의 주성분이며 메탄가스가 69~99%, 발열량이 7,700~14,400kcal/m^3이며 유전지방에서 많이 생산된다.
액화천연가스(LNG)	천연가스를 −162℃ 이하로 냉각액화한 것으로 CO_2나 황화수소 등을 제거한 가스이다.

▼ **기체연료의 종류**

가스명	해설
정유가스	석유화학 계열 공장에서 부산물로 생산되는 가스, 수소 66%, 메탄 19%, 발열량 9,800 kcal/m^3의 성분가스이다.
나프타분해가스	원유를 상압에서 증류할 때 얻어지는 가스로, 메탄이 60%, CO_2가 20%, H_2가 10%, 발열량은 6,500kcal/m^3이다.
액화석유가스(LPG)	상온이나 영하 −42℃ 정도에서 액화시킨 가스, 비중은 1.5, 발열량은 26,000kcal/Nm^3이며 프로판과 부탄이 주성분이다.
코크스가스(COG)	제철용인 코크스 제조 시 얻어지는 가스이며 석탄 1톤당 가스가 약 300m^3가 얻어진다. 발열량은 5,000kcal/Nm^3이며 CO와 C_nH_{2n+2}가 주성분이다.
발생로가스	적열된 석탄에 공기나 산소를 불어넣어서 CO를 발생시킨 가스이다. 발열량이 나쁘고 가격이 싸고 제조방식이 간단하다.
수성가스	적열된 탄소에 H_2O(수증기)를 불어넣어서 만든다. 코크스 1톤당 1,100~1,400m^2의 가스가 생성되고 발열량은 2,700kcal/m^3이다.
고로가스(BFG)	용광로에서 제철 시 배출되는 CO가스이며 선철 1톤의 용해 시 4,500m^3가 생성된다. 열량은 900kcal/m^3이다.
도시가스	도시에서 배관에 의해 공급되는 가스이며 우리나라는 메탄가스가 대부분이다.
전로가스(LDG)	제강로에서 발생되는 가스이다.
전기로가스(EFG)	전기로 제강 시 발생되는 가스이다.

3. 기체연료의 저장과 관리사항

(1) 구입

① **검량** : 부피[Nm^3]로 계산하며, 온도와 압력을 측정하고 LPG, LNG는 보통 kg으로 계량을 한다.

② **품질검사** : 발열량의 측정, 필요에 따라서는 일반성분 및 특수성분의 분석 등도 하고 액화석유가스(LPG)는 용도에 따라 황분, 불포화분, 수분, 증기압 등을 시험한다.

(2) 가스의 저장

① **유수식 홀더** : 수조 속에 밑이 있는 원통(가스조)을 거꾸로 놓은 것으로 가스로가 단조로 된 단식과 여러 층으로 신축되는 복식이 있다. 가스조를 승강시키는 구조에 따라 유수식과 무수식이 있고 가스량에 따라 부피가 변화하며, 보통 300mH_2O 이하의 압력으로 저장된다. 일반적으로 가스량이 3,000m^3 정도 이상이 되면 복식을 쓴다.

② **무수식 홀더** : 원통형 또는 다각형의 외통과 그 내벽을 위아래로 움직이는 평반상의 피스톤과 밑판 및 지붕판으로 구성된다. 가스는 피스톤의 아래쪽에 저장되고, 증감에 따라 피스톤이 위아래로 움직인다. 내벽과 피스톤 사이의 기밀은 콜타르 또는 특수 광물유 등에 의하거나 합성고무막을 쓴 것도 있다.

저장압력은 600mH_2O 정도를 한도로 하며 부식이 적고, 건조상태로 저장되며, 가스압의 변동이 없고, 유수식에 비해서 건설비가 싸나, 관리가 복잡하다.

③ **고압홀더** : 원통형 또는 구형의 내압홀더도 보통 가스는 수기압으로 저장되고, 저장량은 가스의 압력 변화로 증감한다. 저장 가스는 수분이 없는 장점이 있고, 저압식과 비교하면 소형이고 가스의 누출이 없으며, 관리가 쉽고 가스 배출에 홀더의 압력이 쓰이며, 자재면적이 적고, 건설비가 싸다.

(3) 액화석유가스(LPG)의 저장

① 저장

㉠ 가압식 : 가스를 상온에서 가압, 액화시켜 저장하는 것으로 가동식 용기와 탱크가 있다.

㉡ 저온식 : 가스를 저온으로 냉각시켜 액화시킨 다음 상압에서 보랭, 저장하는 것으로 대체로 저장량이 3,000톤 이상인 경우에 쓰이며, 지상저장과 지하저장이 있다.

② **가동식 용기** : 용접 용기가 쓰이며, 일반용기(1, 5, 10, 20, 50kg형)와 탱크 롤러용 등 대형용기(500, 600kg형)가 있다. 용기 외면은 회색으로 도색하고, 규격에 정한 부속품 및 글씨를 써야 한다.

③ **탱크** : 저장량이 30톤 이하의 경우는 누운 형을 쓰고, 50톤 이상의 경우에는 구형을 쓴다. 특별한 경우를 제외하고, 일반적으로 10~500kg 용기와 횡형의 탱크가 사용된다.

(4) 안전관리

① 가스 홀더

㉠ 가스 홀더에는 전임 책임자를 둔다.

㉡ 가스 홀더는 기내 건축물로부터 10m 이상 떨어져야 하며, 특히 목조물이나 화재의 염려가 있는 것은 멀리한다.

㉢ 점검을 정기적으로 하고 조사, 기록, 보관한다.

㉣ 가스로 전체에 가스의 누출이 없는가 주의한다.

㉤ 홀더 부근에서의 화기 사용, 전기설비 취급에 주의한다.

② 액화석유가스(LPG) 용기

㉠ 떨어졌을 때나 쓰러졌을 때의 충격, 밸브 파손에 대한 예방조치를 강구한다.

㉡ 저장 중 항상 40℃ 이내로 실내를 유지한다.

㉢ 운반 사용 중에는 항상 40℃ 이하로 유지하고 용기, 밸브 및 도관을 가열할 때는 40℃ 이하로 온수를 쓴다.

㉣ 통풍이 잘 되는 곳에 저장하고, 그 주위 2m 이내의 곳에는 화기, 인화성 또는 발화성 물질을 놓지 않는다.

㉤ 밸브는 천천히 열고 닫는다.

③ 액화천연가스(LNG) 용기

㉠ LNG의 저장과 기화 LNG는 냉동탱크에서 꺼낸 다음 도시가스 발전용 등의 공급으로 대량 저장하므로 큰 문제가 된다.

㉡ 경제성, 건설기술 및 안정성을 이유로 단열구조의 지상식, 2중 금속제 보랭탱크, 콘크리트제 보랭탱크가 많이 쓰인다.

㉢ 여름철 가스 공급을 위해서는 액체를 기화화해야 하는데, 해안에 인접한 경우 따뜻한 바닷물을 이용한 해수가열방법을 사용한다.

04장 출제예상문제

01 증발식(기화식) 버너에 적합한 연료는?

① 타일유 ② 중유
③ 경유 ④ 휘발유

해설
증발식 버너에 사용이 편리한 오일은 경유 및 등유이다.

02 보일러 기체연료인 LNG의 주성분은?

① 에탄 ② 메탄
③ 프로판 ④ 부탄

해설
LNG(액화천연가스)
㉠ 주성분 : 메탄(CH_4) ㉡ 비점 : −162[℃]
㉢ 발열량 : 10,500~11,000[kcal/m^3]

03 기체연료의 특징을 설명한 것으로 잘못된 것은?

① 적은 공기비로 완전연소가 가능하다.
② 수송 및 저장이 편리하다.
③ 연소효율이 높고 자동제어가 용이하다.
④ 누설 시 화재 및 폭발의 위험이 크다.

해설
기체연료는 수송이나 저장이 불편하다.

04 석탄과 비교하여 중유의 장점을 설명한 것으로 틀린 것은?

① 이론공기량으로 완전연소시킬 수 있다.
② 연소 효율이 높은 연소가 가능하다.
③ 단위 중량당 발열량이 크다.
④ 재의 처리가 필요 없고 연소의 조작에 필요한 인력을 줄일 수 있다.

해설
중유나 석탄은 실제공기량으로 완전연소가 가능하다.

05 중유에 대한 설명으로 틀린 것은?

① 중유의 비중이 클수록 점도가 증가한다.
② 중유의 인화점이 높으면 착화가 곤란하다.
③ 점도가 큰 중유는 가열하여 점도를 낮춘다.
④ 비중이 작을수록 C/H비가 커진다.

해설
중유는 비중이 클수록 탄화수소비(C/H비)가 커진다.

06 액화석유가스(LPG)에 대한 설명으로 잘못된 것은?

① 비중이 공기보다 무거우므로 누설하면 밑부분에 정체한다.
② 용기의 전락 또는 충격을 피해야 한다.
③ 단위체적당 발열량이 도시가스보다 작다.
④ 그늘진 곳에 저장하고 공기의 유통을 좋게 해야 한다.

해설
액화석유가스는 단위체적당 발열량이 약 22,300[kcal/m^3]이므로 발열량이 도시가스보다 매우 크다.

07 중유의 성상을 개선하기 위한 첨가제 중 분무를 순조롭게 하기 위하여 사용하는 것은?

① 연소촉진제 ② 슬러지 분산제
③ 회분개질제 ④ 탈수제

해설
연소촉진제란 중유의 연소 시 중유의 성상을 개선하고 분무를 순조롭게 하는 첨가제이다.

정답 01 ③ 02 ② 03 ② 04 ① 05 ④ 06 ③ 07 ①

08 다음 기체연료 중 단위체적당 고위 발생량이 가장 큰 것은?

① 천연가스 ② 프로판가스
③ 고로가스 ④ 발생로가스

해설
발열량
① 천연가스(9,000~12,000[kcal/Nm^3])
② 프로판가스(23,200[kcal/Nm^3])
③ 고로가스(900[kcal/Nm^3])
④ 발생로가스(1,100[kcal/Nm^3])

09 기체연료의 장점을 잘못 설명한 것은?

① 적은 양의 과잉공기로 완전연소가 가능하다.
② 일반적으로 연료비가 저렴하다.
③ LPG는 단위 용적당 발열량이 크다.
④ 황분이 적고, 유해성분이 거의 없다.

해설
기체연료는 일반적으로 연료비가 비싼 편이다.

10 버너에 공급되는 중유의 예열온도는 몇 [℃] 정도인가?

① 50~60[℃] ② 80~90[℃]
③ 100~110[℃] ④ 110~120[℃]

해설
버너에 공급되는 중유의 예열온도는 80~90[℃]가 가장 이상적이다.(분무연소를 양호하게 하고 점도를 감소시키기 위하여)

11 연료의 성질 설명으로 잘못된 것은?

① 수분이 많은 연료는 착화성이 나쁘다.
② 회분이 많은 연료는 발열량이 낮다.
③ 휘발분이 많은 연료는 검은 연기가 나오기 쉽다.
④ 고정탄소가 많은 연료는 기화열을 소비하고 열손실을 가져온다.

해설
㉠ 고정탄소가 많으면 착화온도가 높고 발열량이 크다.
㉡ 휘발분이 많은 연료는 기화열을 소비하고 열손실을 가져온다.

12 석탄과 비교하여 석유계 연료의 장점을 설명한 것으로 잘못된 것은?

① 동일한 무게에 있어서 발열량이 크다.
② 완전연소를 위하여는 많은 과잉공기가 필요하다.
③ 연소효율이 높은 연소가 가능하다.
④ 운반, 저장, 취급이 용이하다.

해설
석유는 석탄에 비교하여 완전연소 시 적은 양의 공기가 필요하다.

13 액체연료의 연소 시에 연료를 무화시키는 목적이 아닌 것은?

① 단위중량당 표면적을 크게 한다.
② 자동제어장치에 유용하다.
③ 공기와의 혼합을 좋게 한다.
④ 연소효율을 높인다.

해설
액체연료의 무화 목적
㉠ 단위중량당 표면적을 크게 한다.
㉡ 공기와의 혼합을 좋게 한다.
㉢ 연소효율을 높인다.

14 발화점, 인화성 물질의 취급에 대한 설명으로 잘못된 것은?

① 발화성 물질 등을 혼합해서 같은 용기에서 저장한다.
② 주위에 항상 적절한 소화설비를 갖추어 둔다.
③ 독립된 내화구조 또는 준내화구조로 한다.
④ 환기가 잘 될 수 있는 구조로 한다.

해설
발화성이나 인화성 물질은 개별 용기에 별도로 저장시킨다.

정답 08 ② 09 ② 10 ② 11 ④ 12 ② 13 ② 14 ①

15 다음 중 단위체적당 발열량이 가장 높은 기체 연료는?

① LPG ② 석탄가스
③ 발생로가스 ④ 오일가스

해설
① 23,000~32,000[kcal/Nm³]
② 5,670[kcal/Nm³]
③ 1,100[kcal/Nm³]
④ 4,710[kcal/Nm³]

16 관 내부에 기름이 흐를 때 어떤 문자를 사용하여 표시하는가?

① W ② O
③ G ④ A

해설
㉠ 물 : W ㉡ 오일 : O
㉢ 가스 : G ㉣ 공기 : A
㉤ 스팀 : S

17 다음 기체연료 중 석유계 연료에서 얻는 것은?

① 건류가스 ② 오일가스
③ 발생로가스 ④ 고로가스

해설
㉠ 석유계 가스
- 오일가스
- LPG

㉡ 석탄계 가스
- 천연가스
- 고로가스
- 발생로가스
- 수성가스

18 연료의 인화점에 대한 설명으로 가장 옳은 것은?

① 가연물을 공기 중에서 가열했을 때 외부로부터 점화원 없이 발화하여 연소를 일으키는 최저온도
② 가연성 물질이 공기 중의 산소와 혼합하여 연소할 경우에 필요한 혼합가스의 농도 범위
③ 가연성 액체의 증기 등이 불씨에 의해 불이 붙는 최저온도
④ 연료의 연소를 계속시키기 위한 온도

해설
인화점 : 가연성 액체의 증기 등이 불씨에 의해 불이 붙는 최저온도

19 석탄과 비교하여 석유계 연료의 장점을 설명한 것으로 잘못된 것은?

① 동일한 무게에 있어서 발열량이 크다.
② 공기비가 석탄에 비하여 크다.
③ 연소효율이 높은 연소가 가능하다.
④ 운반, 저장, 취급이 용이하다.

해설
㉠ 석탄보다는 석유계 연료가 완전연소를 위하여 적은 과잉공기가(공기비) 필요하다.
㉡ 공기비
- 오일 : 1.2~1.4
- 석탄 : 1.8~2

20 기체연료의 특징 설명으로 잘못된 것은?

① 매연 발생이 적고, 대기오염도가 적다.
② 연소의 자동제어에 적합하다.
③ 이론공기량에 가까운 공기로 완전연소가 가능하다.
④ 경제적이고, 수송 및 저장이 편리하다.

해설
기체연료는 수송이나 저장이 불편하다.

21 도시가스 등 보일러 기체연료의 특징 설명으로 잘못된 것은?

① 적은 과잉공기로 완전연소가 가능하다.
② 매연 발생이 거의 없다.
③ 연소용 공기 및 연료 자체의 예열이 가능하다.
④ 연소의 자동제어가 불가능하다.

해설
도시가스와 같은 보일러 기체연료는 연소의 자동제어가 용이하다.

정답 15 ① 16 ② 17 ② 18 ③ 19 ② 20 ④ 21 ④

22 보일러 연료로서 액체연료 사용 시의 장점이 아닌 것은?

① 화재, 역화 등에 의한 사고가 잘 일어나지 않는다.
② 매연의 발생은 석탄 등에 비하여 훨씬 적다.
③ 연료의 품질이 비교적 일정하다.
④ 운반, 저장이 용이하다.

해설
액체연료는 화재나 역화 등의 사고가 빈번하게 발생된다.

23 기체연료의 특징 설명으로 잘못된 것은?

① 매연 발생이 적고, 대기오염도가 적다.
② 연소의 자동제어에 적합하다.
③ 이론공기량에 가까운 공기로 완전연소가 가능하다.
④ 경제적이고, 누설 시에도 재해의 위험이 없다.

해설
기체연료는 누설 시 가스폭발의 위험이 발생한다.

24 보일러 기체 연료인 액화천연가스의 주성분은?

① 에탄 ② 메탄
③ 프로판 ④ 부탄

해설
액화천연가스(LNG)의 주성분은 메탄가스(CH_4)이다.

25 다음 중 메탄(CH_4)의 함유 비율이 가장 높은 기체연료는?

① 천연가스 ② 프로판가스
③ 부탄가스 ④ 석탄가스

해설
㉠ 천연가스 : CH_4
㉡ 프로판가스 : C_3H_8
㉢ 부탄가스 : C_4H_{10}
㉣ 석탄가스 : CO, CH_4

26 A, B, C 중유는 무엇에 의하여 구분되는가?

① 인화점 ② 착화점
③ 점도 ④ 황분

해설
중유는 점도에 따라 A, B, C급으로 분류한다.

27 다음 기체연료 중 단위체적당 발열량이 가장 높은 것은?

① 도시가스 ② 발생로가스
③ 프로판가스 ④ 천연가스

해설
프로판가스(C_3H_8)는 발열량이 23,200[kcal/Nm^3]로 매우 크다.

28 사용 중 예열이 필요 없고 비중이 가장 작은 중유는?

① 타르 중유 ② A중유
③ B중유 ④ C중유

해설
A중유는 사용 시 예열이 필요 없고 비중이 가장 작다.

29 보일러 액체연료가 갖추어야 할 성질이 아닌 것은?

① 발열량이 클 것
② 점도가 낮고, 유동성이 클 것
③ 적당한 유황분을 포함할 것
④ 저장이 간편하고, 연소 시 매연이 적을 것

해설
액체연료나 각종 연료에서 유황분은 제거되는 것이 좋다.

정답 22 ① 23 ④ 24 ② 25 ① 26 ③ 27 ③ 28 ② 29 ③

30 기체연료 중 가스 보일러용 연료로 사용하기에 적합하고, 발열량이 비교적 좋으며, 석유분해가스, 액화석유가스, 천연가스 등을 혼합한 것은?

① LPG ② LNG
③ 도시가스 ④ 수성가스

해설
도시가스는 석유분해가스, 액화석유가스, 천연가스 등의 혼합물 가스이다.

31 프로판가스(C_3H_8)의 발생열량은 487,580[kcal/kmol]이다. 이 가스 22[kg]을 연소시키면 발생되는 열량은?

① 487,580[kcal] ② 975,700[kcal]
③ 243,790[kcal] ④ 22,163[kcal]

해설
C_3H_8의 분자량=44

$$\frac{22}{44} \times 487,580 = 243,790[\text{kcal}]$$

32 다음 중 연소 시에 매연 등의 공해 물질이 가장 적게 발생되는 연료는?

① 액화석유가스 ② 무연탄
③ 중유 ④ 경유

해설
가스연료는 완전연소가 용이하여 매연 등의 공해 물질이 적게 발생된다.

33 다음 기체연료 중 단위체적당 발열량이 가장 큰 것은?

① 도시가스 ② 발생로가스
③ 프로판가스 ④ 천연가스

해설
① 도시가스 : 4,500[kcal/m^3]
② 발생로가스 : 1,100[kcal/m^3]
③ 프로판가스 : 23,200[kcal/m^3]
④ 천연가스 : 9,000~12,000[kcal/m^3]

정답 30 ③ 31 ③ 32 ① 33 ③

CHAPTER 05 연소 및 연소장치와 소화

SECTION 01 연소

1. 연소의 정의

급격한 산화반응에 의하여 빛과 열을 수반하는 현상으로서 발열에 의한 온도 상승이 나타난다.

2. 연소의 조건

① 가연물
② 산소공급원
③ 점화원

3. 연소의 형태

① 정상연소 : 열의 발생과 일산이 평형을 유지하면서 정상적으로 연소가 진행되는 연소
② 비정상연소 : 연소로 인하여 발생속도가 일산 속도를 능가하는 것(예 폭발)

4. 가연물질의 연소 형태

① **확산연소** : 기체연료 중 가연성 가스분자와 공기분자의 확산 혼합에 의하여 불꽃을 형성하며 연소하는 것
② **증발연소** : 중유를 제외한 액체연료가 액면에서 증발하여 가연성 증기로 되고 착화되어 화염을 내고 증발이 촉진되면 연소하는 것
③ **분해연소** : 고체가 가열되어 열의 분해가 일어나고 가연성 가스가 발생하여 공기의 산소와 혼합하여 연소하는 것
④ **표면연소** : 숯 · 코크스 · 금속 등이 표면의 고온을 유지하면서 표면에서 내부로 연소가 진행되는 고체연료의 연소
⑤ **자기연소** : 화약, 폭약 등과 같이 공기 속의 산소는 필요 없이 고체 자체가 분해되어 연소하면서 내부로 연소가 진행되는 것

5. 인화점과 발화점

① **인화점** : 불씨에 의해 불이 붙는 최저온도

② **발화점** : 주위의 산화열에 의하여 불이 붙는 최저온도
③ **자연발화점** : 물질이 서서히 산화되면서 축적된 산화열이 발화되는 최저온도

6. 연소의 범위

가열물질의 연소가 계속되기 위해서는 필요한 산소(O_2)의 한계가 있다. 이 한계 농도에서 저농도 쪽을 연소의 하한계, 고농도 쪽을 연소의 상한계라 한다.

7. 연소의 난이성

① 산화되기 쉬울수록 연소되기 쉽다.
② 산소와 접촉면이 클수록 연소되기 쉽다.
③ 단위 중량당 발열량이 클수록 연소되기 쉽다.
④ 열전도율이 낮은 것일수록 연소되기 쉽다.
⑤ 건조도가 좋은 성분일수록 연소되기 쉽다.

8. 연소속도 및 연소온도

연소속도 : 가연물과 산소의 반응속도, 즉 각 분자 간의 충돌 속도를 말한다.

[연소의 속도에 영향을 미치는 인자]
- 연소용 공기 속의 산소농도
- 분무의 확산 및 산소와의 혼합
- 반응물질의 온도
- 물질의 활성화 에너지

9. 연소온도

연소 후 발생된 연소가스의 온도이다.

(1) 연소온도에 미치는 인자

① 연소 시 반응 물질의 주위압력, 즉 압력이 높으면 연소온도가 높아진다.
② 연소 시 연소용 공기의 온도
③ 연소용 공기 중 산소의 농도
④ 연료단위당 발열량
⑤ 공기비, 즉 최고연소온도는 공기비가 1보다 조금 작을 때 최고가 된다.

(2) 연소온도의 계산

연소온도는 연료의 발열량에 기인하므로 다음 식에 따라 계산할 수 있다.

$$t = \frac{\eta \cdot Hl + Q_a - Q}{G \cdot C_{pm}} \text{℃}$$

여기서, t : 연소온도(℃), Hl : 연료의 저위발열량(kcal/kg),
Q_a : 연소용 공기의 보유열(cal/kg), Q : 주위로의 방열량(kcal/kg),
G : 연소가스량(Nm^3/kg), η : 연소효율,
C_{pm} : 연소가스의 평균비열(kcal/Nm^3 · ℃)

10. 불완전연소

(1) 그을음의 생성원인

① 연소의 온도가 낮을수록 생성
② 산화 매체와의 혼합이 조화를 이루지 못할 때
③ 연소 시 주위의 조건 및 압력이 적당치 못할 때
④ 산화하기 어려운 연료가 연소할 때
⑤ 탄화수소비$\left(\frac{C}{H}\right)$가 큰 연료일수록 생성

(2) 일산화탄소(CO)의 생성

① 산소의 농도가 불충분할 때
② 고온으로 배기가스 중의 CO_2가 해리하여 CO로 발생, 즉 산화반응에 의해 생성된 물질이 다시 환원, 흡열반응에 의해 CO가 발생

SECTION 02 각 연료의 연소방법

1 기체연료의 연소

공기와의 혼합속도가 빨라 일반적으로 확산 연소를 하며 고체나 액체연료와 같이 분쇄나 분무를 할 필요가 없는 연료이다. 기체연료는 무색이 거의 대부분이며 연소의 속도가 급격하여 부주의하면 폭발이 일어나므로 주의를 요한다.

1. 기체연료 연소성의 장단점

장점	단점
• 이론공기량에 가까워도 완전연소가 가능하다. • 자동제어 연소에 적합하다. • 연소 시 매연 발생이 거의 없고 대기오염이 적다. • 예혼합연소가 이루어져서 고부하 연소가 가능하다. • 노 내의 온도분포가 균일하게 유지된다.	• 연료를 예열하지 않을 경우 방사열이 적어 액체연료보다 연소실의 온도가 낮다. • 소규모로 사용하지 않을 경우 배관 설비비가 많이 든다. • 독성 가스는 적으나 질식의 우려가 있고 가스누설 시 폭발의 주의가 요망된다. • 대규모 연료 사용 시 경제적 여건이 고려된다.

2. 연소방식

① **확산연소방식** : 공기와 가스연료를 각각 연소실로 분사하여 난류 및 자연 확산에 의해 연소하는 외부혼합 연소방식으로 역화의 위험이 다소 적고 부하의 조절 범위가 크다.

② **예혼합 연소방식** : 버너 내에서 공기와 가스연료를 미리 혼합시킨 후 연소실에 분사시켜 연소하며 화염이 짧고 고온의 화염 온도를 얻을 수 있는 연소방식이나 역화의 위험이 항상 따른다.

2 액체연료 연소

1. 액체연료의 장단점

장점	단점
• 연소 시 효율이 높고 완전연소가 용이하며 고온도를 얻는다. • 점화나 소화가 용이하고 연소 시 조절이 쉬운 편이며 부하변동 시 조정 범위가 넓다. • 석탄연료에 비해 매연 발생이 적다. • 그을음 부착이 매우 적고 전열효율의 저하가 적다. • 단위 중량당 발열량이 높아서 용량이 큰 설비에 적합하다.	• 연소 시 온도가 높아 열 설비의 손상이 오고 국부가열을 일으키기 쉽다. • 버너분무 시 소음이 발생된다. • 분무연소 시 입경이 원활치 못하면 역화나 폭발이 우려된다. • 기화연소 시 기화하는 시간 지연 및 매연 발생이 우려된다.

2. 연소형태

① **증발연소** : 열분해보다 비점이 낮은 액체연료의 연소형태로서 액면에서 기화된 기름의 증기가 공기와 혼합되어 연소한다. 특히 휘발유, 등유 등이 대표적이다.

② **분해연소** : 열의 분해점보다 비점이 높은 연료의 연소형태로서 연료가 증발되기 전 열분해가 일어나서 탄소를 배출하여 연소되는 액체 연소방식이며 그 대표적인 연료가 중유나 타르 등이다.

3. 액체연료의 연소방식

(1) **분무연소방식** : 연료를 세공으로 분사시켜 회전체 등에 의하여 연소실 내로 분사시켜 연소하는 기계식 연소방식이다.

① **특징**

㉠ 무화 시 유적의 직경이 평균 50~100μ 정도

㉡ 분무속도는 100~300m/sec 정도가 양호하다.

㉢ 주위 공기와의 확산 및 혼합의 양부에 의하여 연소상태가 결정된다.

㉣ 연료의 예열온도는 인화점 온도보다 5℃ 낮게 하는 것이 좋고 그 이상이면 기화하여 역화현상이 일어난다.

ⓜ 연료의 점도는 낮게 할수록 좋고 높으면 송유의 불합리 및 무화가 잘 안 된다.

ⓑ 연료의 분무 시 압력은 5~20kgf/cm²이 최적이다.

② 무화방식의 종류

㉠ 이류체 무화식 : 증기나 공기 등의 분무매체에 의해 무화된다.

㉡ 선회류 무화식 : 화실에서 선회운동을 주어 무화한다.

㉢ 회전이류체 무화식 : 회전체의 원심력에 의해 무화시킨다.

㉣ 유압 무화식 : 가압하여 기름에 압력을 주어서 무화시킨다.

㉤ 충돌 무화식 : 금속판에 연료를 고속으로 충돌시켜 무화시킨다.

㉥ 진동 무화식 : 음의 파장으로 연료를 진동시켜 무화시킨다.

(2) **기화연소방식** : 고온의 유체를 액체연료에 접촉시키거나 연료를 고온에 충돌시켜 연료가 증기 발생을 하여 연소시키는 것으로서 기화성이 농후한 가벼운 경질유의 액체연료에 적합하다. 그러나 너무 고온이 되면 연료의 열분해가 이루어져 가스화하여 역화나 폭발의 위험이 있으므로 조심하여야 한다.

3 고체연료의 연소

1. 고체연료의 연소 시 장단점

장점	단점
• 연소 시 소음이 적다. • 역화나 폭발 등의 염려가 없다. • 화염에 의한 국부가열이 없어 노재가 안전하다. • 연소 시 발생된 슬러그를 용융시켜 방사열의 이용이 이루어진다.	• 연소 후 회분처리가 많다. • 단위당 발열량이 타 연료에 비해 낮다. • 연소실이 커야 한다. • 사용 부하 시 연소조절이 곤란하다.

2. 연소형태

연료가 외부의 열원에 의하여 표면이 적색으로 되며 산소가 연료 표면에 확산해 가면서 연소가 된다.

[고체연료의 연소방식]

① 화격자 연소방식

② 미분탄 연소방식

③ 유동층 연소방식

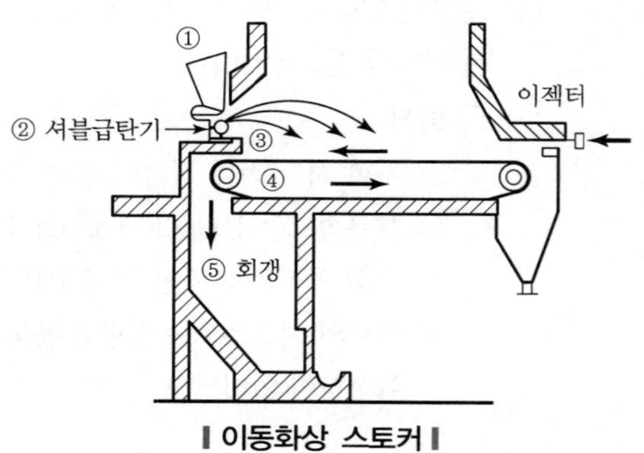

| 이동화상 스토커 |

3. 투입방법에 따른 연소방식

① **상입식** : 연료가 화격자(로스터) 위에 투탄되며 화층 위에 연료가 투입되어 석탄의 열분해가 일어나서 층상으로부터 매연이나 불완전연소가 되기 쉽다.

② **하입식** : 연료가 화층의 하부로 공급되는 것으로 상입식에 비해 매연 발생이 적다.

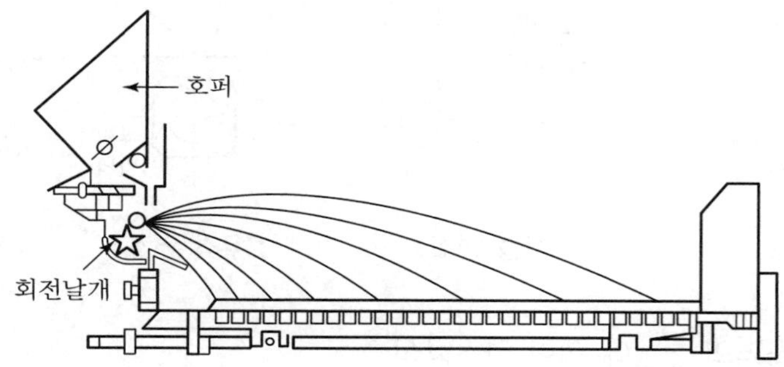

| 산포식 스토커 |

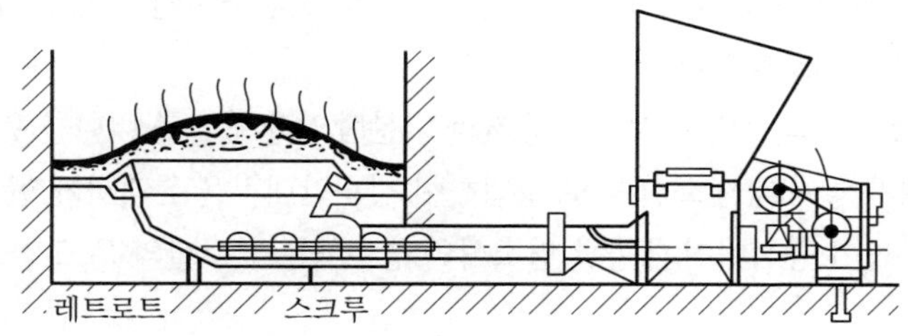

| 하입식 스토커 |

4. 연료의 입경(입도)에 따른 연소방식

① **화격자연소** : 화격자 위에 고체연료 자체 그대로 얹어서 연소시키는 것

② **미분탄연소** : 석탄연료를 미세화하여(약 200메시) 버너로 분사시켜 노 내의 대류 및 방사열로 착화시켜 완전연소에 가깝게 연소시키는 것

③ **세분탄연소** : 큰 고체연료를 세분화하여 연소시키는 연소

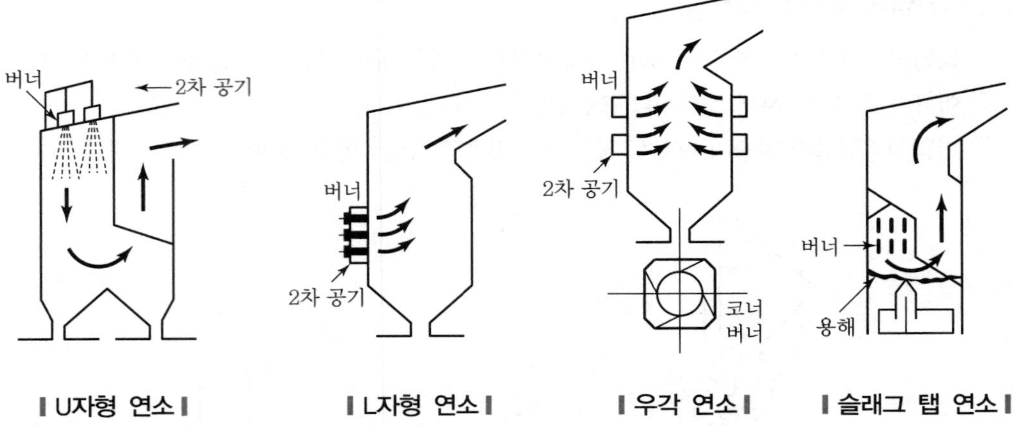

Ⅰ U자형 연소 Ⅰ　Ⅰ L자형 연소 Ⅰ　Ⅰ 우각 연소 Ⅰ　Ⅰ 슬래그 탭 연소 Ⅰ

5. 미분탄 연료 화염의 형상에 의한 연소방식

① **유자형(U) 연소** : 저휘발분탄 및 무연탄과 같이 착화가 쉽지 않은 연료를 연소할 때 사용하는 방식이며 버너를 천장 쪽에 설치하며 화염을 도염상태로 연소시킨 후 연소가스가 천장을 통과하여 외부로 배기되는 연소식이다.

② **엘자형(L) 연소** : 노의 전면에서 1차 공기와 미분탄의 혼합기를 버너를 통하여 분사시켜 연소시키며 동시에 2차 공기를 연소실 내로 투입하여 선회안내깃을 통과하게 한 후 배기가스가 외부로 배기되게 하는 연소방식이며 대향류 연소식의 경우에는 연소실의 온도가 고온이 될 수 있는 연소방식

③ **우각(牛角) 연소** : 노 사각의 네 모퉁이에 각각 버너를 설치하여 노 중앙에 선회류의 화염을 형성시킴으로써 연소하는 방식이며 상하 30°의 범위에서 움직이는 틸팅버너가 많이 이용된다.

④ **슬래그 탭 연소(사이클론 연소)** : 이 방식은 1차로에서 고온으로 연소시켜 회분의 양을 80%로 융해시켜 처리하고 나머지 20%는 2차로에서 용융시켜 재의 제거율을 높이는 특수 연소방식이며 이 방식은 재를 용융상태에서 제거시키는 것을 습식, 용융상태가 아닌 재의 처리 연소를 건식이라 한다. 특히 습식의 경우 고부하로 인하여 노재의 취급에 각별한 유의가 요망된다.

SECTION 03 소화방법

1 소화방식

① **냉각소화** : 물의 수증기 증발잠열 이용
② **질식소화** : 불연성 포말로 공기 차단
③ **제거소화** : 가연물 제거
④ **희석소화** : 가연성 가스의 산소 농도나 가연물의 조성을 연소한계 이하로 하여 소화
⑤ **기타 소화** : 부촉매 작용에 의해 소화

2 소화기 종류

1. 포말소화기 : 유류, 목재, 섬유류 화재 시 사용

① 거품의 pH가 7.4로서 기물의 손상이 없다.
② 방사시간은 1분이며 방사거리는 10m다.
③ 다량의 기포로 재연소 방지에 강력한 효과가 있다.
④ 섭씨 5℃ 이하에서는 보온이 필요하다.

2. 분말소화기 : 유류, 전기, 화약약품의 소화에 적당

① 신속한 진화작용으로 연소물에 피복작용으로 대연소 방지에 좋다.
② 어떤 종류의 화재에도 사용이 가능하며 고압의 전기화재나 유류화재에 우수하다.
③ 기물 손상이 없다.

3. CO_2(탄산가스) 소화기 : 전기, 유류화재 적당

① 기계류나 자동차 화재에 적당하다.
② 다량의 물질이 연소하는 일반 화재에는 별 효과가 없으나 소량의 경우 화재 시는 산소억제 효과가 있다.
③ 방사시간은 15~30초, 방사거리는 0.9~2.7m다.
④ 소규모의 유류화재나 불전도성의 소화제가 필요한 초기화재에 효과가 크다.

4. 산알칼리 소화기 : 일반 화재에 적당

5. 물(냉수) 소화기 : 일반 화재에 적당, 펌프나 고압전수로 소화작업

6. 강화액 소화제 : 유류, 일반 화재에 적당

7. 건조사(마른 모래) 소화제 : 만능 소화제

3 소화일반

① A급 화재(일반화재) : 물질이 탄 후 재를 남기는 화재이며 냉각수(물)나 산알칼리, 포말 등으로 소화
② B급 화재(유류화재) : 공기의 차단으로 인한 피복 소화로서 화학포, 할로겐화물, CO_2, 드라이케미(소화분말) 등으로 소화
③ C급 화재(전기화재) : CO_2 소화제나 증발성 액체, 소화분말 등으로 소화
④ D급 화재(금속화재) : 마그네슘의 화재 등이며 건조사(모래) 등으로 소화
⑤ E급 화재(가스화재) : 가스화재

4 제4류 위험물(유류)의 화재예방

① 가연성 액체는 인화점 이하로 유지한 후 저장한다.
② 액체 및 증기의 누출을 방지한다.
③ 증기는 상부 높은 곳으로 배출이 되도록 통풍을 충분히 시켜준다.
④ 용기가 기기 등의 누전을 방지한다.
⑤ 정전기나 불꽃의 발생을 방지한다.
⑥ 밀폐된 용기 속에 혼합기가 생기지 않게 한다.

5 제4류 위험물의 소화방법

① 공기를 차단한다.(산소)
② 연소물질을 제거시킨다.
③ 액체를 인화점 이하로 냉각시켜 준다.
④ 소화제는 각기 연료의 성질에 맞는 것을 사용한다.
⑤ 소화기는 소량의 여러 개보다 대형의 소화기가 유사시에 훨씬 효과가 크다.

SECTION 04 각 연료의 연소장치

[연소장치의 구비조건]
- 보일러 연소실 구조에 적합하여야 한다.
- 사용연료에 따라 완전연소가 되는 것이어야 한다.
- 사용부하에 따라 조작범위가 넓어야 한다.
- 취급이나 보수가 용이하여야 한다.

1 기체연료의 연소장치

- 특수한 점화장치가 필요 없다.
- 예혼합식 연소 시는 연소실의 설치가 따로 필요하지 않고 가열실 공간이 연소에 이용된다.
- 상압버너 사용 시는 배관설비와 버너, 송풍기 혼합기가 필요하다.
- 가스의 누설에 의한 사고방지를 위하여 배관공사에 신경을 써야 된다.

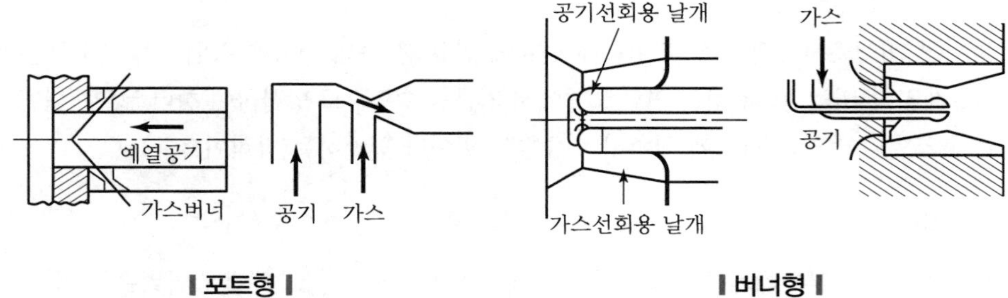

| 포트형 | **| 버너형 |**

1. 확산형 가스버너

① **포트형** : 내화재로 구성된 화구에서 공기와 가스를 각각 송입하여 공기와 가스연료를 고온으로 예열할 수 있는 형태로 연소하며 발생로가스 등을 연소시키는 형식이다.

② **버너형** : 공기와 가스연료를 가이드베인을 통하여 혼합 연소시키는 형태로서 구조의 모양과 설비에 따라서 연료 선택의 사용범위가 넓다.

2. 예혼합형 가스버너

① **저압버너** : 송풍기가 필요 없고 노 내를 부압으로 하여 공기를 흡입시켜 연소한다. 가스의 압력이 70~160mmH_2O 정도면 충분히 공기의 흡입이 가능하며 도시가스 등의 연료가 투입된다.

② **고압버너** : 노 내의 압력을 정압으로 하여서 고온의 분위기를 얻을 수 있는 버너로서 연료사용은 LPG나 압축도시가스 등을 사용하며 가스연료의 압력은 2kg_f/cm^2 정도로 한다.

③ **송풍버너** : 연소용 공기를 노즐에 의하여 가압 분사시켜 연료의 가스를 흡인 후 혼합, 연소시키는 형태의 버너이다. 고압버너와 동일한 방식이며 노 내의 압력이 정압상태이며 고온의 노 내 분위기가 이루어진다.

2 액체연료의 연소장치

1. 증발식 버너

기화성이 양호한 경질 액체연료에 사용하는 버너로서 난방용이나 온수가열용이다. 연소속도가 완만하여 고부하 연소는 불합리화하며 포트형 · 심지형 · 월프레임형이 있다.

① **포트형 버너** : 접시모양의 용기에 연료를 투입하고 노 내의 열이나 방사열(노벽방사열)로서 증발시켜 연소하는 버너

② **심지형 버너** : 모세관 현상을 이용해 심지에 연료 통 속의 기름을 흡입시켜 연소하는 버너

③ **월프레임형 버너** : 회전하는 연료 노즐에서 기름을 수평으로 방사하여 히터 코일이나 노 내의 열로서 가열되어 있는 화정에 접촉시켜 증발이 일어나 연소하는 방식이다.

2. 분무식 버너

증기나 공기 등의 분무매체를 사용하여 연료에 분무시키거나 연료 자체에 압력을 주어서 분무시키는 형식이며 분무압의 조절이 간편하고 연소 시 연소속도가 빨라 고부하 연소를 행하는 형식이다.

① **유압식 버너** : 기름펌프로 연료 자체에 높은 압력을 가하여 작은 분사구에서 분사하여 무화시키는 버너

- 유압은 5~20kg_f/cm^2이다.
- 고점도의 기름은 무화가 불량하다.
- 유량의 조절범위는 1 : 1.5~1 : 4 정도이다.
- 주위 공기의 흡인효과가 적으므로 착화를 안정화하는 기구가 필요하다.
- 연료를 되돌리는 방식에 따라 환유형과 비환유형으로 나눈다.
- 구조가 간단하고 부하변동이 적은 곳에 적당하다.
- 유량은 유압의 평방근에 비례한다.

② **회전식 버너** : 고속의 회전하는 Atomizer컵(무화컵)의 원심력에 의하여 연료유를 비산시켜 무화하는 형식의 버너이다.

- 점도가 높은 유류에 적합하다.
- 유량이 적으면 무화가 불량해진다.
- 연소실의 구조에 따라 화염의 형상을 조절할 수 있다.
- 연료의 유압은 적어도 된다.
- 유량 조절범위는 1 : 5 정도이다.
- 전동기의 장치에 따라 직접식과 간접식으로 나눈다.
- 분무각도는 40~80° 정도가 된다.

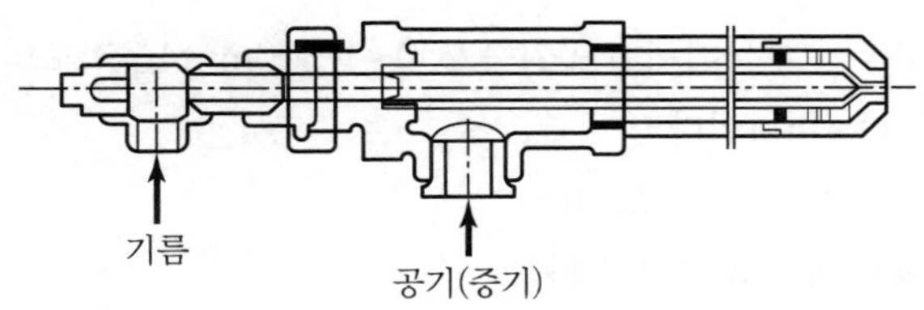

(a) 외부혼합식 버너

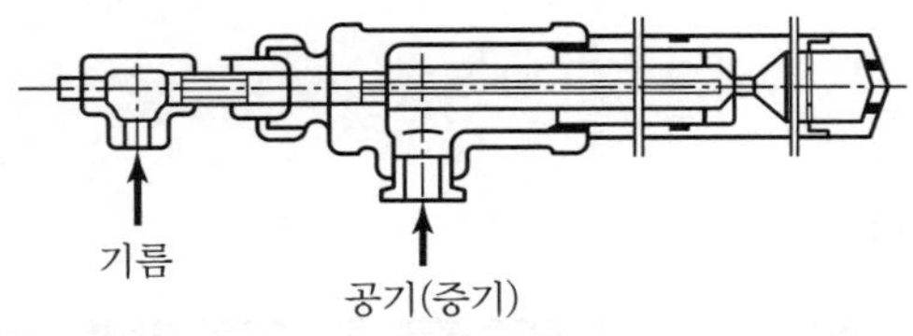

(b) 내부혼합식 버너

❙ 고압기류식 버너 ❙

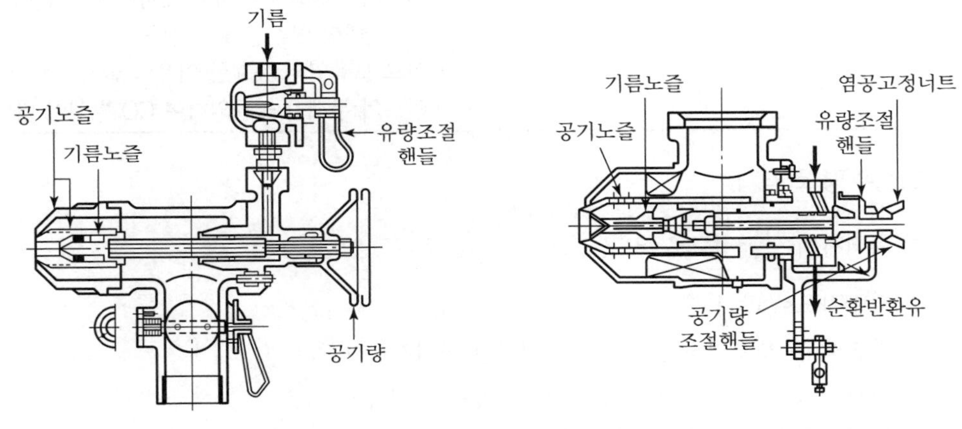

❙ 비연동형 저압공기 버너 ❙ **❙ 연동형 저압공기 버너 ❙**

③ **기류식 버너** : 증기나 공기 등의 분무매체에 압력으로 분사 · 무화시켜 연소시키는 버너이며 분무 매체의 압력에 따라 고압과 저압 기류식이 있다.

㉠ 고압기류식 버너 : 공기나 증기에 2~7kgf/cm^2의 압력을 주어서 고속에 의해 연료를 무화시킨다.

- 연소 시 소음이 난다.
- 유량의 조절범위가 1 : 10 정도이다.
- 노즐의 직경이 크면 고점도의 유체도 무화가 순조롭다.
- 외부 혼합식보다 내부 혼합식의 버너가 양호한 무화가 된다.
- 분무 광각도가 30° 정도이다.
- 무화 시 무화매체를 증기로 하면 연료가 예열되어 연소효율을 높일 수 있다.

ⓛ 저압기류식 버너 : 분무매체인 공기를 200~1,500mmAq 정도의 압력으로 연료를 분무 분사시켜 연소하는 버너이다.

- 유량조절 범위가 1 : 5 정도이다.
- 구조상 소용량 보일러에 적당하다.
- 공기와 연료의 공급에 따라 연동형과 비연동형 저압기류식 공기버너가 있다.
- 무화 시 공기압력에 따라 공기량을 증감할 수 있다.

3 고체연료의 연소장치

1. 수분식(화격자) 연소장치

장점	단점
• 부하변동에 용이하게 응할 수 있다. • 구조가 간단하고 시설 유지비가 적게 든다. • 연료에 관계없이 쉽게 연소가 이루어진다.	• 수동식 연소라서 인력이 많이 든다. • 대용량 설비 시는 부적당하다. • 재처리가 신속치 못하고 재처리 시 시간이 경과하여 노 내의 열손실이 따른다. • 연료 보유열의 유효한 이용이 불가능하다. • 연료의 두께가 불균일하여 CO 발생이 많다.

(1) 고정수평 화격자

① 화격자의 $\frac{1}{20}$ 정도로 크다.

② 일반적으로 많이 사용한다.

③ 주철제 봉으로 일정한 간격으로 배열된 화격자이다.

④ 공기 통로의 면적은 화격자 면적의 30~80%이다.

⑤ 공기의 통로가 통풍저항을 좌우한다.

(2) 계단식 화격자

① 저질 연탄의 연소에 적합하다.

② 화격자가 30~40°의 계단식 장치로 되어 있다.

(3) 가동 화격자

① 화격자봉을 좌우로 회전할 수 있다.

② 화층에 고인 재를 꺼내기가 용이하다.

③ 불씨를 살릴 때 시간과 노력이 단축된다.

(4) 중공 화격자

① 화상 전면에 통풍을 고르게 한 화격자이다.

② 화격자 봉을 빈 것으로 하고 연소용 공기를 송입하여 화격자 상부에 세공으로부터 분출시킨다.

2. 기계분(스토커) 화격자

탄의 송입과 재의 처리가 기계적으로 자동화되어 있는 화격자이다.

장점	단점
• 저질 연료라도 양호한 연소가 이루어진다. • 대용량 설비에 적당하다. • 연속적으로 급탄이 이루어져서 양호한 연소가 된다. • 화층이 균일하고 완전연소 및 연소상태가 양호하다. • 기계에 의해 연소되므로 인건비가 절약된다.	• 설비비, 유지비가 많이 든다. • 취급자의 기술이 요한다. • 동력이 소요된다. • 부하 변동 시 적응성이 좋지 않다. • 연료의 품질에 대한 적응성이 좋지 않다.

① **상입식 스프레더 스토커** : 양질의 연료를 필요로 하는 스토커이며 회분과 저휘발분이 많은 탄의 연소에는 부적당하다.
투탄방식은 스프레더에 의한 것이 되고 쇄상 스토커와 이상 스토커가 있다.

❙ 체인 크레이트 스토커 ❙

② **하입식 스크루 피더 스토커** : 화격자 밑에서 스크루에 의해 연료가 밑에서 방수로 투탄되는 방식이며 사용연료에 대한 연료제한이 까다롭고 통풍과 연료가 한 방향에서 진입되기 때문에 화상이 냉각되기 쉽다.

③ **계단식(경사식) 스토커** : 호퍼에서 공급되는 연료가 화격자 위로 굴러 떨어져서 경사가 30~40°로 만들어진 계단 밑으로 내려가면서 연소가 진행되는 방식이며 저질탄 연료의 연소에 이상적이다.

3. 미분탄(석탄가루) 연소장치

석탄을 150~200메시로 분쇄하여 공기와 혼합시켜서 버너에서 연소시키는 방식이다.

① **선회식 버너** : 미분탄 노즐이 2중관이며 그 사이에 중유버너를 장치하고 1차 공기와 미분탄 혼합기는 2중관 사이에서 선회운동하면서 전면의 환상노즐로부터 뿜어나와서 2차 공기와 혼합 후 연소되는 버너이다.

② **교차형 버너(편평류 버너)** : 1차 공기와 미분탄의 혼합기가 중심의 가늘고 긴 홈으로부터 분사되고 2차 공기는 그 양측에 교대로 마련된 구멍으로부터 서로 교차하여 혼합 연소시키는 형태의 연로로서 연소시간을 단축할 수 있다.

4. 특수 미분탄 연소장치

① **크레이머 연소장치(조분쇄 연소장치)** : 수분이나 회분이 많아서 미분쇄가 곤란한 갈탄 등을 건조시켜서 직경 1mm 정도로 조분쇄하여 포트에서 저속으로 연소실에 불어넣어 미분 및 휘발분은 기류에 부유하여 연소하고 부유하지 못하는 큰 성분의 연료는 화격자 위에서 연소가 된다. 연소실에는 해머밀이 장치되어 분쇄된 후 송풍을 겸하며 배기가스의 열을 받아서 건조되면서 분쇄가 된다.

② **사이클론 연소장치** : 1차 공기와 연료가 선회운동으로 연소실로 분무가 되고 2차 공기로 더욱 강하게 선회운동을 주어 연소시킨다. 1차 연소실에서 용융된 재는 노의 밑으로 하강하고 제2연소실을 통하여 냉수가 있는 슬러그 탱크에 모여서 회분처리가 된다.

4 고체연료의 미분탄 분쇄기

1. 원심식(롤밀)

① 분쇄 효율이 좋다.
② 분쇄 시 소음이 적다.
③ 설치면적을 적게 차지한다.
④ 시설 유지비가 많이 든다.

2. 중력식(볼밀)

① 분쇄 효율이 낮다.
② 소음이 크다.
③ 설치면적을 많이 차지한다.
④ 유지비가 적게 든다.
⑤ 회분이 많은 저질 연료의 분쇄에 용이하다.

3. 충격식(해머밀)

① 분쇄 효율이 높다.
② 소형으로도 대량의 연료 분쇄가 가능하다.
③ 설치면적을 적게 차지한다.
④ 유지비가 많이 든다.
⑤ 회분이 많은 연료의 분쇄 시는 해머(망치)의 마모(닳는 것)가 심하다.

SECTION 05 보염장치(화염보호장치)

1 윈드박스

연소 시 압입통풍을 하는 경우 버너장착의 벽면에 설치한 밀폐상자로서 덕트를 통하여 연소용 공기를 받아서 동압 상태의 공기를 정압으로 바꿔 노 내에 보내는 작용을 하며 윈드박스 내에 부착된 가이드베인에 의해 공기가 선회류를 형성하여 공기와 연료의 분무 혼합을 촉진시키는 기구이다.

2 스태빌라이저(보염기)

버너 선단에 디퓨저(선회기)를 부착한 것과 슬리트(보염판)를 부착한 형식의 두 가지가 있다. 공급된 공기를 버너 선단에서 난류를 부여하여 선회기에 의해 공기의 유속과 방향을 조절하여 착화 연소를 용이하게 하고 화염의 안정과 연소상태의 개선을 도모한다. 주로 유압식 버너 장착 시 주위공기의 흡인력이 부족할 경우 많이 이용된다.

(a) 축류식 선회기

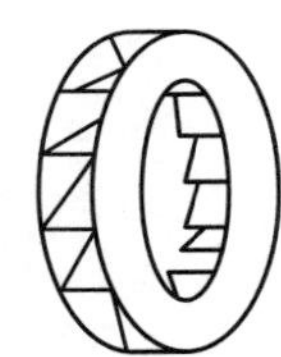
(b) 반경류식 선회기

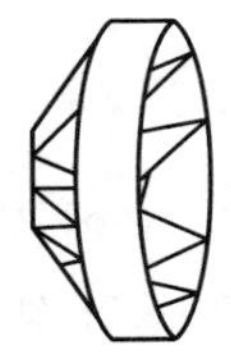
(c) 혼류식 선회기

| 스태빌라이저 |

3 컴버스트

버너타일과 연소실 입구에 설치한 원통의 금속제이다. 분무된 연료의 착화를 돕고 저온 시에도 연소의 안정을 도모한다. 중유 연소 시 분무 입자의 열분해를 촉진시켜 완전연소를 도모하는 기구이다.

4 버너 타일

버너 주위에 내화 벽돌을 둥글게 쌓은 것이며 기류식 버너와 같이 분무 시 주위공기의 흡인력이 클 때 화염의 현장을 연소실의 구조에 알맞게 하여 착화를 양호하게 해주는 역할의 기구이다. 버너 타일의 각도를 너무 작게 하지 말아야 탄화물 퇴적의 부착이 방지된다.

SECTION 06 연소장치의 용량

1 화격자 용량

사용하는 보일러의 최대 출력을 발생시키는 능력의 연소량을 가져야 한다.

① 화격자 면적 $= \dfrac{\text{정격출력}}{Hl \times \text{화격자 연소율}} (\text{m}^2)$

② 화격자 연소율 $= \dfrac{\text{매시간당 연료 소비량}}{\text{화격자 면적}} (\text{kg}_\text{f}/\text{m}^2\text{h})$

2 버너의 용량

보일러 최대 열출력을 발생시킬 수 있는 능력이 되어야 한다.

버너용량 $= \dfrac{\text{정격용량} \times 539}{\text{연료의 저위발열량}(Hl)} = \dfrac{\text{정격출력}}{Hl} (\text{L/h})$

3 버너 선정 시 고려사항

① 노의 구조에 적합하여야 된다.
② 사용연료의 성상에 적합하여야 한다.
③ 자동제어일 때는 그 구조에 맞아야 한다.
④ 부하변동 시 유량 조절의 범위가 고려되어야 한다.
⑤ 노 내의 압력 분위기 등에 맞아야 한다.
⑥ 가열 조건에 적합하여야 한다.

4 배기가스의 평균온도 계산

연돌 내에서는 평균가스 온도를 t_m =(℃)로 하고, 연돌입구 온도를 t_1(℃), 출구 온도를 t_2(℃)로 하면 다음 식으로 나타낸다.

평균 배기가스 온도$(t_m) = \dfrac{t_1 - t_2}{2.3\log\dfrac{t_1}{t_2}}$(℃)

▼ **연소관리와 이상연소**

고장현상	고장 원인	사고방지대책
진동연소	연소실 온도가 낮음	온도가 오른 다음 천천히 기름양을 늘릴 것
	버너의 조립불량	기름 노즐, 공기노즐 관계 점검
	통풍력 부적당	댐퍼 개도조정, 연도 배기구 점검
	분무공기압 과대	불꽃이 부풀려 끊기기 직전의 상태에서 연소금지
	노 내압이 너무 높음	노 속의 가스가 균일하게 혼합되도록 할 것
	버너 타일 형상이 맞지 않음	분무가열에 과부족이 없도록 수정
	1차 공기압 및 유입불안정	안정되도록 조정 또는 개량
	분연 펌프의 맥동	어큐뮬레이터의 설치
	버너 타일과 버너 위치 불량	버너 타일 속으로 버너가 너무 들어가지 않도록 하고 중심을 어긋나지 않도록 설치
	연도 이음부분이 나쁨	연소가스가 원활하게 흐르도록 개량
	노속 가스의 흐름이 공명진동	연소실 개량 또는 기름양 조절
	연소용 공기 공급기구 부적당	스와라, 에어레지스터의 설치 위치 및 각도 수정
불가루 튐	예열온도가 낮음	예열온도를 높여 점도를 낮춤
	노즐의 분무특성 불량	사용하는 연료에 맞는 노즐로 바꿈
	중유성분에 아스팔트가 많음	분산제 사용, 여과기 재검토
	버너 속에 카본이 붙음	버너 분해, 청소
	연소실 온도가 낮음	연소실 온도가 오른 후 기름양을 늘릴 것
소음진동	노즐부의 분사음	공기 조절기 채용
	공기배관 속의 기류 진동	극단적인 방향전환을 피하고 공명 또는 공진을 함
	컴프레서의 흡입진동	소음기 채용
	송풍기의 흡입소음	흡입 측에 소음기 설치
	송풍기 임펠러의 언밸런스	임펠러의 동작 임펠러를 바로 잡을 것
	연소실 공명	버너설치 위치, 버너 수, 부하에 맞는 구조로 개량
	기름펌프 소음	워터 해머, 펌프 마모 등을 점검
	연소 소음	진동 연소할 때 발생
버너 모터는 도는데, 기름이 분사되지 않음	기름탱크의 기름 부족	물, 슬러지 등의 이물질 혼입 유무 점검
	분연펌프의 압력이 낮음	압력조정 밸브, 컷오프 밸브 점검
	노즐이 막힘	노즐, 여과기 점검
	불꽃검출기의 동작불량	의사 신호, 리셋, 안전스위치 점검 오손 점검
	분염펌프의 압력 조정변 작동불량	밸브 고착, 마모 등 점검

고장현상	고장 원인	사고방지대책
버너 화구에 카본이 쌓임	점도과대	점도를 낮추기 위해 예열온도를 높일 것
	분무불량	기름 및 1차 공기압 조정
	유압과대	분무기구에 적당한 압력조정
	분무 불균일	노즐 폐색 또는 홈 점검, 헐겁지 않나 점검
	소화한 다음 기름이 샌다.	버너 속에 남은 기름양 전부 분사
	노즐과 버너 타일의 센터링 불량	정확하게 중심을 맞춤
	기름에 카본량 과대	1차 공기압 및 양을 늘리며 필요에 따라 송풍량도 증가시킴
	공기량 부족	1차 공기, 통기력 점검
	예열온도가 높음	사용연료에 알맞은 온도로 예열
버너 화구에 카본이 쌓임	기름 점도 과대	가열온도를 높이고 1차 공기압을 올림
	분무에 직접 충돌	분무각도 및 불꽃과 연소실의 관계거리 조절
	유압과대	1차 공기압과 유량을 적당히 조절
	1차 공기압 과대	착화거리가 길어지므로 분사속도 늦추기
버너 화구에 카본이 쌓임	버너 팁 모양 및 위치가 나쁨	점검, 분해 청소 또는 교환
	노 내 온도가 낮음	급격히 대량 연소시키지 않을 것
	기름 점도 과소	기름분사 속도를 낮춤
	노폭협소	연소량 및 버너의 분사각도를 맞춰 설계
	공기부족	공기량을 증가시켜 불꽃이 짧도록 함
예열기탄 화물축척	예열온도가 높음	예열온도 적정선 유지
	기름 중의 역청질 슬러지 함유	적정연료 선택
펄럭거리고 불꽃이 일정하지 않음	과대점도	가열온도 및 분무압력 높이기
	펌프의 흡인량 부족	펌프 용량을 큰 것으로 교체
	1차 공기 압송량 과대 기름배관 중의 공기 가열온도가 너무 높음	압력을 적당량으로 조절, 배관에 공기빼기 밸브설치, 기포발생방지, 배관에 배기밸브 설치
	분화구 지름과대	적당한 버너를 설치하고 복사열 이용
운전도중 소화	버너 기름 조절기를 너무 조임	버너의 작동 폭 수정
	안전장치의 작동, 점화불량일 때 원인 참조	수위계, 기타 압력 스위치 점검
벽돌의 변색	연료성분 중 황, 철분, 기타 회분 등이 들어 있음	연료를 적당한 것으로 선택
버너 모터가 돌지 않음	전원 불량	스위치, 퓨즈와 전압점검
	버너 모터의 온도 릴레이가 끊김	분연펌프 과부하 점검, 팬이 케이스에 닿지 않았는지, 모터가 타지 않았는지 등 점검

고장현상	고장 원인	사고방지대책
기름펌프의 흡입 불량	기름 점도가 너무 높음	예열하여 점도를 낮춤
	기름의 증기폐색	기름 예열온도를 낮춤
	배관계통에 공기가 들어감	패킹, 시일, 이음새의 점검
	펌프의 슬리브	벨트, 키, 커플링 점검
	흡입 낙차과대	유면을 높임
	밸브를 열지 않음	흡입, 토출, 밸브 점검
	기름 여과기 폐색	분해 청소
노즐이 막힘	기름에 협잡물이 많음	여과기 설치 여과망의 메시를 적당한 것으로 선택
	노즐 온도가 너무 높음	방사열로부터 차단
	소화 시에 남은 기름이 있음	에어블로어로 제거
화염 검출기의 기능 불량	집광렌즈가 흐림	빼내어 청소
	검출기 위치불량	설치각도 및 위치수정
	배선이 끊어짐	수리
	증폭기 노후	부품교환
	오동작	불꽃 특성에 맞는 수감부 선정
	영향 동력선	검출회로 배선과 동력선 분리
	광전관, 광전지 노후	교환, 주위온도를 적당히 유지, 광량 조절
	점화전극의 고전압이 플레임로드에 들어감	전극과 불꽃 사이의 여과기 설치
매연발생	공기부족	불꽃이 짧아지도록 공기량 증가
	회분량 과대	압입 통풍하면서 연소실 온도가 높아지도록 함
	연료 속의 중질분 취입불량	2차 공기 도입, 고온 연소하고 통풍력을 증가시킴
	연소량 과대	연소실 용적과 유량을 적당히 조절
	불완전연소	분무입경, 공기비, 연소실 온도 검토
점화불량	기름이 없을 때	점화 시 기름 유출, 유무 확인
	인화점이 너무 낮음	점화용 화염을 충분하게 하거나 점용 버너 준비
	연료 예열부족	점도가 낮은 기름 선택 또는 예열온도를 높임
	버너 팁이 막힘	소화 시 버너 소제, 점화 시 기름 유출 확인
	배관 중에 물, 슬러지 함유	여과기 설치, 탱크, 배관 등에 드레인빼기 설치
	1차 공기량 과대	적정량을 유지
	통풍력 부족	통기력 확인, 댐퍼의 개폐 여부 확인
	연도가 막힘	흡입구, 연도, 배기구, 정기점검
	파일럿 버너의 불꽃 불량 및 타이밍이 맞지 않음	점화에너지 증가 및 타이밍 수정

고장현상	고장 원인	사고방지대책
역화	인화점 과저	적당한 버너로 교환, 분사방향 검토
	물 및 협잡물 함유	여과기, 공기빼기, 드레인빼기 등의 설치
	프리퍼지 부족	타이머 조절, 미연소 가스 존재 확인 검토
	유압 과대	분무입경, 분사속도 조절
	1차 공기의 압력 부족	미연입자의 분사는 절대 금지
	기름배관 속의 공기 존재	공기빼기 실시

SECTION 07 기체연료의 연소장치

1 기체연료의 연소방식

기체연료의 연소방식은 연소용 공기의 공급방식에 따라 두 가지가 있다.

1. 확산 연소방식

화구로부터 가스와 연소용 공기를 각각 연소실에 분사하고, 이것이 난류와 자연확산에 의한 가스와 공기의 혼합에 의해 연소하는 방식이다.

① 외부 혼합식이다.
② 가스와 공기를 예열할 수 있다.
③ 고로가스나 발생로가스 등 탄화수소가 적은 가스연소에 유리하다.
④ 역화의 위험성이 적다.
⑤ 불꽃의 길이가 긴 편이다.
⑥ 부하에 따른 조작범위가 넓다.

2. 예혼합 연소방식

기체연료와 연소용 공기를 사전에 버너 내에서 혼합하여 연소실 내로 분사시켜 연소를 일으키는 연소방식이며 완전 혼합형, 부분 혼합형의 2가지가 있다.

① 내부 혼합식이다.
② 불꽃의 길이가 짧다.
③ 고온의 화염을 얻을 수 있다.
④ 연소실 부하가 높다.
⑤ 역화의 위험성이 크다.

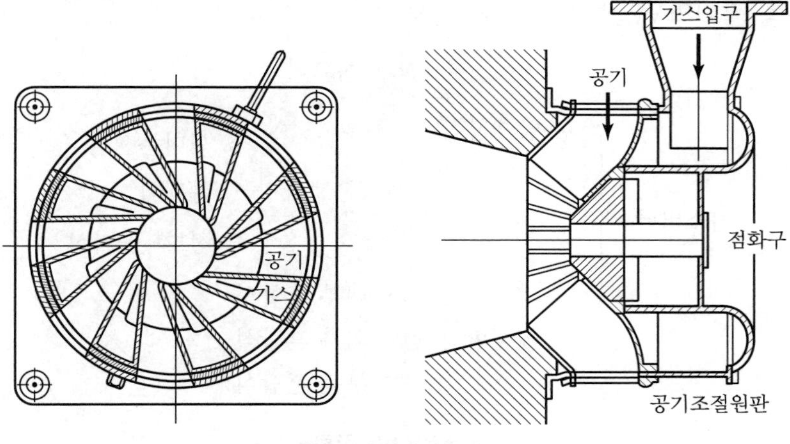

▌가스버너▐

3. 기체연료의 연소성 특징

① 연소속도가 빠르다.
② 연소성이 좋고, 연소가 안정된다.
③ 완전연소가 가능하다.
④ 연소실 용적이 작아도 된다.
⑤ 대기오염의 발생이 적다.
⑥ 회분이 거의 없다.
⑦ 과잉공기가 적어도 된다.

4. 버너의 종류

(1) 확산 연소방식의 버너

① **포트형(Port Type)** : 넓은 단면의 화구로부터 가스를 고속으로 노 내로 확산하면서 공기와 혼합 연소하는 형식의 버너이다.
　㉠ 발생로가스나 고로가스 등의 탄화수소가 적은 연료를 사용한다.
　㉡ 가스와 공기를 고온으로 예열할 수 있다.
　㉢ 가스와 공기의 속도를 크게 잡을 수 없다.

② **선회형 버너(Guide Vane)** : 가이드 베인이 있어 이것에 의해 가스와 공기를 혼합하여 그 혼합가스를 연소실로 확산시켜서 연소하는 버너이다. 특히, 사용연료는 고로가스(용광로가스 등), 저품위의 연료가 사용된다.

③ **방사형 버너** : 천연가스와 같은 고발열량의 가스를 연소시키는 버너이며 연소방식은 선회형 버너와 비슷하다.

(2) 연소용 공기의 공급방식에 따른 분류

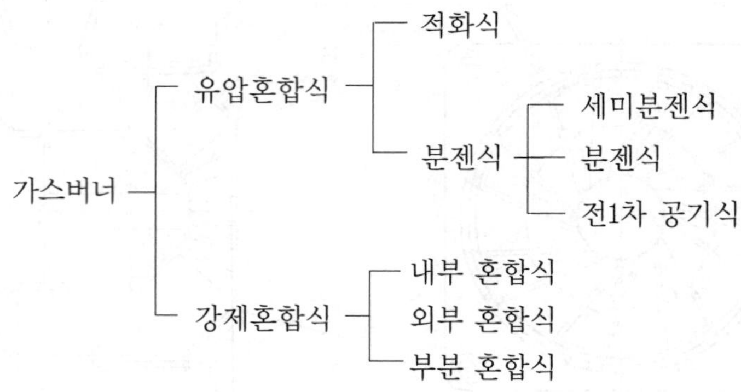

| 가스버너의 종류 |

▼ 가스버너 소요 공기량에 의한 분류

버너형식			1차 공기량(%)	예
유압혼합식	적화(赤火)식		0	① Pipe 버너 ② 어미식(魚尾式) 버너 ③ 충염 버너
	분젠식	세미분젠식	40	
		분젠식	50~60	① Ring 버너 ② Slit 버너
		전일차 공기식	100% 이상	① 적외선버너 ② 중압분젠버너
강제혼합식	내부 혼합식		90~120	① 고압버너 ② 표면연속 버너 ③ Ribbon 버너
	외부 혼합식		0	① 고속버너 ② Radient Tube 버너 ③ 액중 연소버너 ④ 휘염버너 ⑤ 혼소버너 ⑥ 보일러용 버너
	부분 혼합식			

(3) 사용연료에 따른 분류

① **가스전소 버너** : 가스연료만 사용하여 연소시키는 버너이다.

② **혼소버너** : 가스연료와 유류연료도 함께 사용할 수 있는 버너이다.

❙ 각종 연소방법의 성질 ❙

▼ 가스연소방식

구분		분젠식	세미분젠식	적화식	전1차 공기식
필요 공기	1차 공기	40~70%	30~40%	0	100(%)
	2차 공기	60~30%	70~60%	100(%)	0
불꽃의 색		청록색	청색	약간 적색	세라믹이나 금속망의 표면에서 연소한다.
불꽃의 길이		짧다.	약간 길다.	길다.	
불꽃의 온도(℃)		1,300	1,000	900	950

2 보일러용 혼소버너 및 외부 혼합식 버너의 특징

1. 센터－파이어(Center－fire)형 가스버너(Gun형)

① 센터－파이어 가스버너는 가스연료를 버너 중심에 설치한 노즐(Nozzle)에서 분출한다. 이 버너는 노즐의 중심부에 유류 버너를 내장할 수 있도록 2중관 구조로 하여 유류 버너에서 분사되는 유류 연료분무 외측에 연료가스가 분출되기 때문에 액체연료의 분무가 가스분류에 영향을 받게 된다. 따라서 액체연료와 가스연료를 교체하여 사용하는 혼소버너에 이상적인 버너이다.

② 버너의 구조가 간단하고 다양한 가스에 적용이 가능하기 때문에 많이 사용된다.

③ 노즐의 면적이 작기 때문에 비교적 가스의 공급압력이 높아야 사용이 용이하다.

2. 저압 센터－파이어(Center－fire)의 가스버너

① 저압 센터－파이어 가스버너는 가스의 공급압력이 낮은 경우에 적용되는 버너이다.

② 노즐의 면적을 크게 하여 낮은 압력하에서도 사용이 가능하다.

③ 가스와 공기의 혼합을 촉진하기 위해 노즐(Nozzle)에서 분할 분출하게 되었으며 센터－파이어형과 유사한 이중관 구조로 하여 중심부에 유류버너를 설치할 수 있다.

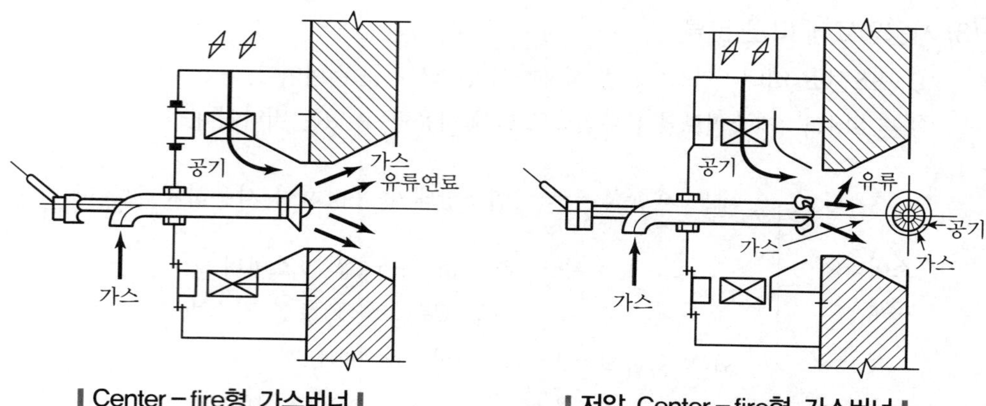

❙ Center－fire형 가스버너 ❙ ❙ 저압 Center－fire형 가스버너 ❙

3. 링(Ring)형 가스버너

① 링형 가스버너란, 버너 타일(Tile)과 거의 동일한 직경의 링(Ring)에 다수의 노즐을 설치한 버너이다.

② 노즐 수가 많기 때문에 보염효과가 크고, 버너 타일 전부분에 걸쳐 연료가 균일하게 분사되기 때문에 매우 안정된 화염을 형성한다.

③ 버너 중심부에 유류버너를 설치할 수 있는 공간이 충분하여 유류 및 가스연료가 상호 간의 간섭 없이 혼합이 잘 될 수 있기 때문에 동시 혼소에 이상적인 구조이다.

4. 멀티 스폿(Multi－spot)형 가스버너

멀티－스폿형 가스버너는 링형 가스버너와 비슷하나 링형은 노즐부분에 수열면적이 커서 LPG와 같이 고탄화수소 가스연료에는 적합지 못하다. 멀티 스폿형 가스버너는 노즐(Nozzle)부의 수열면적을 작게 하여 열분해에 의한 연료의 탄화를 방지하며 동시에 노즐부의 청소가 용이하여 LPG용 버너로 이상적이다.

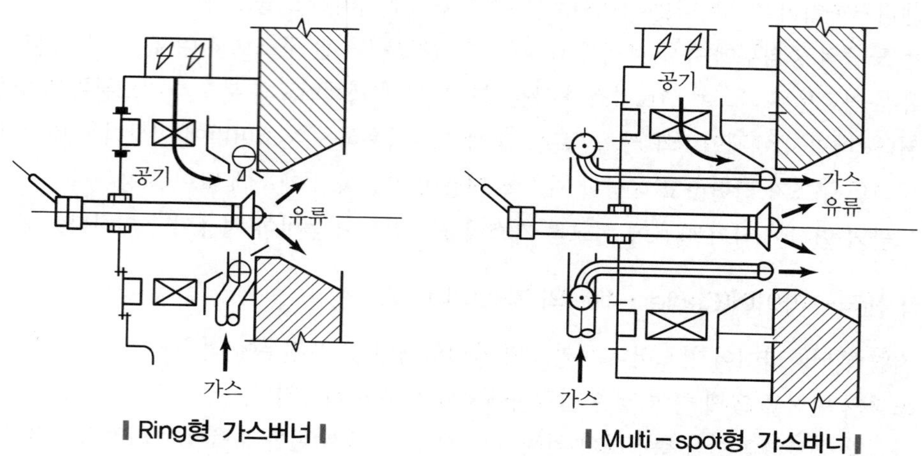

❙ Ring형 가스버너 ❙ ❙ Multi－spot형 가스버너 ❙

5. 스크롤(Scroll)형 가스버너(소용돌이형)

① 스크롤형 가스버너는 노즐의 면적을 대단히 크게 할 수 있기 때문에 가스 공급압력이 낮은 경우나 저칼로리 대용량의 가스버너에 사용된다.

② 이 버너는 가스와 공기의 혼합을 위하여 연료가스를 Scroll(소용돌이) 내에서 선회시켜 분사함과 동시에 확산 혼합이 행해지도록 되어 있는 버너이다.

③ Scroll 버너는 유류와 혼소 시에 가스분사가 유류분무에 영향을 주지 않기 때문에 유류와 가스의 동시 혼소에도 지장이 없다.

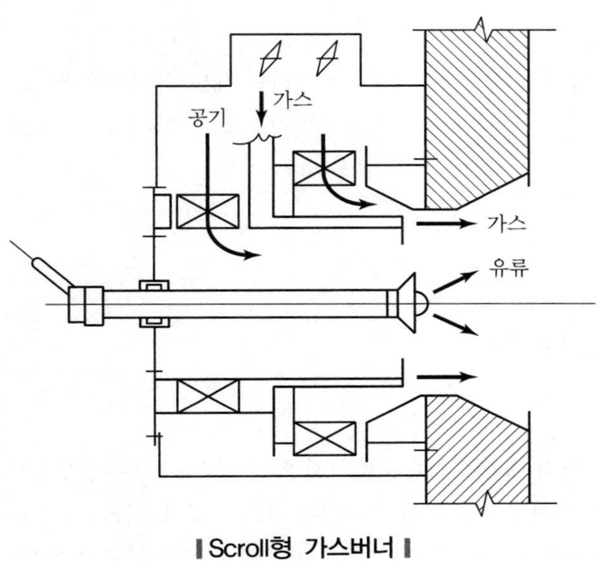

▎Scroll형 가스버너 ▎

3 가스버너 분류와 종류

1. 적화식 버너

① 적화식 파이프버너

② 충염버너

③ 하이 팩트(High Pact)버너

2. 분젠식 버너

① 분젠식 파이프버너

② 분젠버너

③ 전1차 공기식 버너

3. 블라스트(Blast)식 버너

① 원혼합 버너
② 라인 버너
③ 표면 연소식 버너
④ 라디언트 컵형 버너
⑤ 슈퍼히터 버너

4. 준원혼합 버너 : EC 버너

5. 선혼합 버너

① 하이 스피드 버너
② 노즐 믹싱 버너
③ 플랫 플레임 버너
④ 라인 세트 라디언트 튜브 버너
⑤ 프레임 홀더 버너
⑥ 싱글 히트 라디언트 튜브 버너
⑦ 에어히터 버너

6. 패키지 버너

4 공기비에 따른 가스의 연소

1. 적화식 연소

가스의 공급압력을 거의 대기압으로 분출시켜 확산 연소시키는 것으로 가스와 공기의 혼합은 화염 주위의 대기 중에서 확산혼합에 의해 수행되는 것으로 확산화염이라고 말한다. 연소반응은 지극히 늦고, 화염은 길게 퍼지며 적황색으로 되고, 화염의 온도도 비교적 저온이다. 도시가스의 경우 그 최고온도가 약 900℃ 정도이다.

2. 분젠(Bunsen)식 연소

가스를 노즐에서 분출시켜 그 에너지에 공기 중에서 연소에 필요한 공기의 일부분, 즉 1차 공기를 흡인 혼합한다. 혼합관 중에 그 양자가 충분히 혼합하여 염공에서 연소하며 그 직전에 연소에 필요한 공기는 주위의 대기 중에서 확산에 의해 얻어서 투입된다. 이러한 연소방식이 분젠(Bunsen)식이다. 1차 공기가 적기도 하고, 2차 공기도 적게 들어와 충분하지 않으면 탄화수소의 열분해에 의해 유지된 탄소가 백열상태로 되어 내염의 선단에 적황색의 부분이 나타나는 옐로 팁(Yellow Tip)이 된다.

3. 전1차식 연소

연소에 필요한 공기를 100% 정도 또는 그 이상을 1차 공기로 하여 포함한 가스 공기혼합기로서 연소한다. 분젠식 연소보다 1차 공기를 많이 함유한 연소방식이며 적외선이라고도 말해지는 열선이 발생하는 연소기구(적외선 버너) 등이 전1차 공기식 연소에 포함된다.

REFERENCE 화학반응과 에너지

1. 발열반응

H_2(기체)$+\frac{1}{2}O_2$(기체)$\Rightarrow H_2O$(액체)$+68.3$kcal

2. 흡열반응

$\frac{1}{2}N_2$(기체)$+\frac{1}{2}O_2$(기체) $\Rightarrow$ NO(기체)-21.6kcal

3. 반응열 : 화학변화에 수반되어 발생 또는 흡수되는 에너지의 양

① 생성열 : 화학물 1몰이 2성분 원소의 단체로부터 생성될 때 발생 또는 흡수되는 에너지이다.

C(흑연)$+O_2$(기체)$\rightarrow CO_2$(기체)$+94.1$kcal

$\frac{1}{2}N_2$(기체)$+\frac{1}{2}O_2$(기체)$\rightarrow$NO(기체)-21.6kcal

※ CO_2의 생성열은 94.1kcal, NO의 생성열은 -21.6kcal

② 분해열 : 화합물 1몰이 그 성분인 단체로 분해될 때의 반응열을 분해열이라 한다.(그 값은 생성열과 절댓값은 같으나 부호가 반대이다.)

H_2O(액체)$=H_2$(기체)$+\frac{1}{2}O_2$(기체)-68.3kcal

NO(기체)$=\frac{1}{2}N_2$(기체)$+\frac{1}{2}O_2$(기체)$+21.6$kcal

(H_2O의 분해열은 -68.3kcal, NO의 분해열은 21.6kcal)

③ 연소열 : 1몰의 물질이 산소 속에서 완전히 연소할 때 발생하는 열량을 연소열이라 한다.

C(흑연)$+O_2$(기체)$=CO_2$(기체)$+94.1$kcal

05장 출제예상문제

01 다음 유류 중 인화점이 가장 낮은 것은?

① 가솔린 ② 등유
③ 경유 ④ 중유

해설
오일의 인화점
① 가솔린 : −20~−43[℃]
② 등유 : 50~70[℃]
③ 경유 : 50~70[℃]
④ 중유 : 60~150[℃]

02 미분탄 연소장치의 특징 설명으로 틀린 것은?

① 적은 과잉공기로 양호한 연소상태를 얻을 수 있다.
② 연소량의 조절이 어렵다.
③ 자동제어기술을 유효하게 이용할 수 있다.
④ 기체, 액체 연료와의 혼합연소가 가능하다.

해설
미분탄은 연소량의 조절이 용이하다. 버너연소이기 때문이다.

03 스트레이너(여과기)의 형상이 아닌 것은?

① Y ② U
③ T ④ V

해설
여과기의 형상
㉠ Y형 ㉡ U형 ㉢ V형

04 연료를 완전연소시키는 데 필요한 공기량보다 더 많은 공기가 투입될 때 배기가스 중의 함유 비율이 증대하는 성분은?

① CO_2 ② SO_2
③ CO ④ O_2

해설
연료의 연소 시 필요한 공기량이 너무 많으면 CO_2나 SO_2, CO는 감소하나 O_2는 증가한다.

05 액체연료 연소에서 무화의 목적이 아닌 것은?

① 단위중량당 표면적을 크게 한다.
② 연소효율을 향상시킨다.
③ 주위공기와 혼합을 고르게 한다.
④ 연소실의 열부하를 낮게 한다.

해설
오일의 무화 목적
㉠ 단위중량당 표면적을 크게 한다.
㉡ 연소효율을 향상시킨다.
㉢ 주위공기와 혼합을 고르게 한다.

06 로터리 버너에서 연료의 무화상태에 가장 크게 영향을 미치는 것은?

① 유압 ② 공기의 온도
③ 분무컵의 회전수 ④ 연소실 용적

해설
로터리 버너에서 연료의 무화상태에 가장 큰 영향력을 미치는 것은 분무컵의 회전이다.

07 액체연료 배관에서 여과기(Strainer)의 역할은?

① 기름의 양을 적게 한다.
② 기름 중의 수분을 제거한다.
③ 기름 속의 불순물을 제거한다.
④ 연소를 잘 시켜준다.

해설
액체연료의 여과기는 기름 속의 불순물을 제거하는 스트레이너이다.

정답 01 ① 02 ② 03 ③ 04 ④ 05 ④ 06 ③ 07 ③

08 정격 출력이 85,000[kcal/h]이고, 효율이 85[%]인 보일러에서 발열량 10,000[kcal/kg]인 연료를 버너를 사용하여 연소시키고 있다. 이 버너의 연료 소비량은?

① 10[kg_f/h] ② 100[kg_f/h]
③ 125[kg_f/h] ④ 250[kg_f/h]

해설

$$\frac{85,000}{10,000 \times 0.85} = 10[kg_f/h]$$

09 다음 설명에 해당되는 버너는?

> 유압식 기류식을 병합한 무화방식으로 7기압 이상의 유압으로 연료를 공급하며, 소형으로 전자동 연소를 할 수 있고, 연소가 양호하다.

① 건타입 버너 ② 유압분무식 버너
③ 회전무화식 버너 ④ 고압기류식 버너

해설

건타입 버너는 유압식과 기류식을 병용한 버너이며 소형으로 전자동이 가능하다.

10 중유의 연소상태를 개선하기 위한 첨가제의 종류가 아닌 것은?

① 연소촉진제 ② 회분개질제
③ 탈수제 ④ 슬러지 생성제

해설

중유의 첨가제
㉠ 연소촉진제 ㉡ 유동점 강하제
㉢ 회분개질제 ㉣ 매연방지제
㉤ 탈수제 ㉥ 슬러지 분산제

11 유전자밸브는 보일러의 어느 부분에 설치하는가?

① 버너 출구 ② 버너 입구
③ 급유량계 앞 ④ 급유량계 뒤

해설

유전자 밸브는 인터록 장치와 연결되며 버너 입구에 설치한다.

12 회전분무식 로터리 버너의 특징 설명으로 틀린 것은?

① 설비가 간단하고 자동화에 편리하다.
② 유량이 적을수록 무화가 양호하다.
③ 구조가 간단하고 교환이 용이하다.
④ 유량의 조절범위는 1 : 5 정도이다.

해설

회전식 로터리 버너는 유량이 적을수록 무화가 나빠진다.

13 다음 중 유압이 가장 낮게 작용하는 버너는?

① 회전식 버너 ② 압력분무식 버너
③ 건타입 버너 ④ 고압증기분무식 버너

해설

오일버너의 유압
㉠ 회전식 버너 : 0.5~3[kg_f/cm^2]
㉡ 고압증기식 버너 : 0.3~6[kg_f/cm^2]
㉢ 압력분무식 버너 : 5~20[kg_f/cm^2]
㉣ 건타입 버너 : 7[kg_f/cm^2]

14 초음파 버너란 어떤 형식의 버너인가?

① 충격 무화방식 ② 이유체 무화방식
③ 정전기 무화방식 ④ 진동 무화방식

해설

초음파 버너 : 진동 무화식 버너

15 중유 연소 시 연료의 가열온도가 너무 높을 때 발생하는 현상과 가장 무관한 것은?

① 그을음, 분진 등이 발생한다.
② 분무상태가 고르지 못하다.
③ 탄화물 생성의 원인이 된다.
④ 분사 각도가 흐트러진다.

정답 08 ① 09 ① 10 ④ 11 ② 12 ② 13 ① 14 ④ 15 ①

해설

중유 연소 시 연료의 가열온도가 적정온도보다 낮으면 그을음, 분진 등이 발생한다.

16 펌프를 이용하여 연료유 자체에 압력을 가하여 노즐로 연료를 분사시키는 버너는?

① 유압분무식 ② 회전분무식
③ 건타입 ④ 고압기류식

해설

유압분무식 펌프는 연료유 자체에 압력을 가하여 노즐로 연료를 분사시키는 버너이다.
㉠ 연료유 압력 : 5~20[kg_f/cm^2]
㉡ 유량조절 범위 : 1 : 2
㉢ 종류 : 환류식 버너, 비환류식 버너

17 액체연료 연소에서 연료를 무화시키는 목적의 설명으로 잘못된 것은?

① 주위공기와 혼합을 고르게 하기 위하여
② 연료의 단위중량당 표면적을 적게 하기 위하여
③ 연소효율을 향상시키기 위하여
④ 연소실의 열부하를 높게 하기 위하여

해설

액체연료의 무화목적은 단위중량당 표면적을 크게 하기 위해서이다.

18 오일버너 종류 중 연료유 자체에 압력을 가하여 노즐을 이용, 고속 분출 무화시키는 버너는?

① 건타입 버너 ② 로터리 버너
③ 유압식 버너 ④ 기류 분무식 버너

해설

유압식 버너(5~20[kg_f/cm^2])는 오일 자체에 펌프로 압력을 가하여 노즐을 이용, 고속 분출 무화시킨다.

19 중유 연소 보일러에서 중유를 예열하는 목적 설명으로 잘못된 것은?

① 연소효율을 높인다.
② 버너에서 무화를 좋게 해준다.
③ 중유의 유동을 원활히 해준다.
④ 중유의 점도를 증대시켜 관통력을 크게 한다.

해설

중유는 점성이 커서 오일배관 내에 송유가 불가능하여 항상 80~90[℃]로 예열하여 사용하면 점성이 감소하고 분무연소가 용이하다.

20 다음 중 소화(消火) 조건에 해당되지 않는 것은?

① 가연물의 제거 ② 연속적 연소의 차단
③ 냉각에 의한 온도 저하 ④ 질소 공급원의 차단

해설

연료의 취급 부주의로 화재가 발생하면 CO_2나 질소 등의 불연성 가스를 공급하여 조연성 가스인 산소 공급을 차단시켜야 화기가 소화된다.

21 1개의 라인으로 연료를 버너에 공급하는 낙차 급유방식은?

① 복관식 ② 단관식
③ 강제순환식 ④ 중력식

해설

단관식 급유방식은 연료를 버너에 공급하는 낙차 급유방식이다.(1개의 라인)

22 액체연료 연소에서 무화의 목적이 아닌 것은?

① 단위 중량당 표면적을 크게 한다.
② 연소효율을 향상시킨다.
③ 주위공기와 혼합을 고르게 한다.
④ 연소실의 온도를 낮게 한다.

해설

중유등 액체의 무화 연소를 하게 되면 온도 상승 및 연소실 열부하가 크게 된다.

정답 16 ① 17 ② 18 ③ 19 ④ 20 ④ 21 ② 22 ④

23 액체연료 배관에서 여과기(Strainer)의 역할은?

① 기름의 양을 적게 한다.
② 기름 중의 수분을 제거한다.
③ 기름 속의 찌꺼기 등을 제거한다.
④ 연소를 잘 시켜준다.

해설
액체오일 배관의 여과기는 기름 속의 불순물을 제거시킨다.

24 연료의 연소장치가 아닌 것은?

① 트랩 ② 버너
③ 포트 ④ 화격자

해설
트랩에는 증기트랩과 배수트랩이 있다.

25 증발식(기화식) 버너에 가장 적합한 연료는?

① 타일유 ② 중유
③ 경유 ④ 휘발유

해설
경유나 등유는 기화식 버너에 적합한 오일버너이다.

26 보일러 연소실의 연소온도를 높이는 방법으로 부적합한 것은?

① 발열량이 높은 연료를 사용할 것
② 연료를 완전연소시킬 것
③ 연소실 용적을 크게 할 것
④ 연료 또는 공기를 충분히 예열할 것

해설
연소실 용적을 크게 하면 완전연소에 일조한다.

27 완전연소의 구비조건으로 틀린 것은?

① 연료를 인화점 이하로 예열 공급할 것
② 적정량의 공기를 공급하여 연료와 잘 혼합할 것
③ 연소에 충분한 시간을 줄 것
④ 연소실 내의 온도는 높게 유지할 것

해설
연료는 인화점 이상이나 이하로 예열하는 것보다는 연료의 착화점에 따라 적정온도로 예열하면 완전연소가 용이하다.

28 중유의 연소상태를 개선하기 위한 첨가제의 종류가 아닌 것은?

① 연소촉진제 ② 회분개질제
③ 탈수제 ④ 오일포밍제

해설
중유의 첨가제
㉠ 연소촉진제 ㉡ 회분개질제
㉢ 탈수제 ㉣ 슬러지 분산제

29 압력분무식 버너에 대한 설명으로 틀린 것은?

① 부하 조절범위가 협소하다.
② 분무각도는 기름의 압력, 점도에 의해서 변화한다.
③ 고점도의 연료는 무화가 곤란하다.
④ 분무압력이 높으면 무화가 나쁘게 된다.

해설
압력분무식은 5[kg_f/cm^2] 이상의 분무압력이 높아야 분무가 순조롭다.

30 미분탄 연소장치의 특징 설명으로 틀린 것은?

① 적은 과잉공기로 양호한 연소상태를 얻을 수 있다.
② 200메시 이상만 연소가 가능하다.
③ 자동제어기술을 유효하게 이용할 수 있다.
④ 기체, 액체 연료와의 혼합연소가 가능하다.

정답 23 ③ 24 ① 25 ③ 26 ③ 27 ① 28 ④ 29 ④ 30 ②

해설

미분탄(200메시 이하)은 버너연소로 이루어지므로 연소량의 조절이 용이하다.

31 보일러 연소장치와 가장 거리가 먼 것은?

① 스테이 ② 버너
③ 포트 ④ 화격자

해설

스테이는 보일러에서 강도가 부족한 곳을 충족시켜주는 버팀목 역할을 한다. 대표적으로 거싯스테이, 관스테이가 있다.

32 유류 연소 온수 보일러에서 연료탱크와 버너 사이에 반드시 설치되어야 하는 것은?

① 트랩 ② 여과기
③ 온도계 ④ 체크밸브

해설

연료탱크와 버너 사이에는 여과기, 유량계, 기름가열기, 유수분리기가 필요하다.

33 회전식 오일버너에서 점화 불능이 되는 경우는?

① 공기가 유입되지 않을 때
② 연료의 인화점이 매우 낮을 때
③ 연료에 물이 섞여 있을 때
④ 유압이 과대할 때

해설

회전식 버너에서 공기가 유입되면 연소가 순조로우나 공기가 유입되지 않으면 점화가 불능된다.

34 설비가 간단하고 자동화에 가장 편리한 버너는?

① 회전분무식 버너 ② 압력분사식 버너
③ 증기분무식 버너 ④ 기류식 버너

해설

회전분무식 버너 : 설비 간단, 자동화에 편리한 수평로터리식 버너가 여기에 속한다.

35 보일러 가스연료인 LNG 또는 LPG 등의 압력을 버너에 적합한 압력으로 감압시켜 일정 압력으로 만들어 주는 장치는?

① 기화기 ② 가스홀더
③ 예열기 ④ 정압기

해설

정압기는 도시가스에서 가스의 공급 압력으로 감압시켜 일정 압력으로 버너에 가스를 공급한다.

36 가스 보일러 점화의 경우 잘못된 것은?

① 흡출 통풍기가 부착된 경우에는 환기할 필요가 없다.
② 가스의 누출은 비눗물로 점검한다.
③ 연소가 불안정할 때는 연료공급을 중단하고 환기시킨다.
④ 가스의 사용 압력이 적정한가를 점검한다.

해설

보일러 운전 초기에는 통풍기에 관계없이 환기(프리퍼지)가 반드시 필요하며 가스폭발 발생을 예방할 수 있다.

37 연통에서 배기되는 가스량이 2,500[kg_f/h]이고, 배기가스 온도가 230[℃], 가스의 평균비열이 0.31[kcal/kg · ℃], 외기 온도가 18[℃]이면, 배기가스에 의한 손실열량은?

① 164,300[kcal/h] ② 174,300[kcal/h]
③ 184,300[kcal/h] ④ 194,300[kcal/h]

해설

$Q = 2{,}500 \times 0.31 \times (230 - 18) = 164{,}300$[kcal/h]

정답 31 ① 32 ② 33 ① 34 ① 35 ④ 36 ① 37 ①

38 기체연료의 연소방식 중 화염이 짧고 높은 화염온도를 얻을 수 있으나 역화 등의 위험이 있는 방식은?

① 확산연소방식 ② 직접연소방식
③ 복합연소방식 ④ 예혼합연소방식

해설
기체의 연소방식
㉠ 확산연소방식
㉡ 예혼합연소방식(역화 등의 위험이 있다.)

39 유량을 일정하게 하고 관지름을 2배로 하면 유속은?

① 1/2배로 느려진다.
② 1/4배로 느려진다.
③ 2배로 빨라진다.
④ 4배로 빨라진다.

해설
관지름이 2배 증가하면 관내 유속은 1/4배로 감소한다.

$\frac{3.14}{4} \times (1)^2 = 0.785[\text{cm}^2]$

$\frac{3.14}{4} \times (2)^2 = 3.14[\text{cm}^2]$

$\therefore \frac{0.785}{3.14} = 0.25 = \left(\frac{1}{4}\right)$

40 보일러 연소장치에서 액체연료를 완전히 연소시키기 위한 조치로 잘못된 것은?

① 무화를 잘 시킬 것
② 연소실 내의 온도를 되도록 낮게 할 것
③ 적당한 양의 공기를 공급할 것
④ 공기와 연료의 혼합을 잘 시킬 것

해설
액체연료를 완전연소시키려면 연소실 내의 온도는 1,000~1,200[℃] 정도의 고온으로 유지한다.

41 기름연소 보일러의 점화 시 역화 원인에 해당되지 않는 것은?

① 착화지연 시간이 너무 길 때
② 연료보다 공기를 먼저 노 내에 공급하였을 때
③ 연료의 인화점이 매우 낮을 때
④ 연료의 압력이 너무 과대할 때

해설
기름이나 가스의 연소 시 연료보다 공기를 먼저 노 내에 공급한 경우 점화 시 역화가 방지된다.

42 액체연료를 연소시키는 버너 중 초음파 버너는?

① 진동 무화식이다. ② 압력 분무식이다.
③ 조연제 첨가식이다. ④ 기류 분무식이다.

해설
초음파 무화식 버너 : 진동 무화식 이용

43 유압식 오일버너의 특징으로 옳은 것은?

① 부하변동이 큰 보일러에 적합하다.
② 유압은 $5[\text{kg}_f/\text{cm}^2]$ 이하로 유지한다.
③ 유량은 유압의 평방근에 거의 비례하여 변화한다.
④ 유압이 높아질수록 분사량이 적어진다.

해설
유압식 오일버너에서 유량은 유압의 평방근에 거의 비례하여 유량이 분사한다.

44 연료(중유) 배관에서 연료 저장탱크와 버너 사이에 설치되지 않는 것은?

① 오일펌프 ② 여과기
③ 가열기 ④ 축열기

해설
축열기는 증기 보일러에서 잉여증기를 저장하는 온수탱크이다.(변압식과 정압식이 있다.)

정답 38 ④ 39 ② 40 ② 41 ② 42 ① 43 ③ 44 ④

45 경유용 기름 보일러를 점화할 때 점화용 변압기에서 발생하는 전압은 몇 볼트(V)인가?

① 3,000 ② 7,000
③ 10,000 ④ 20,000

해설
경유용 기름 보일러 점화용 변압기 전압은 10,000~15,000[V], 가스는 5,000~7,000[V]이다.

46 보일러 연료를 완전연소시키기 위한 연소방법 설명으로 잘못된 것은?

① 연료와 연소용 공기를 적당히 예열할 것
② 적량의 공기를 공급하여 연료와 잘 혼합할 것
③ 연소에 충분한 시간을 줄 것
④ 연소실 용적은 되도록 작게 할 것

해설
연소실의 용적이 크면 연료를 완전연소시키기가 용이하다.

47 가스버너 연소방식 중 역화의 위험이 가장 높은 것은?

① 확산연소방식 ② 예열혼합연소방식
③ 포트형 연소방식 ④ 송풍버너연소방식

해설
가스버너의 연소방식에는 확산연소방식, 예열혼합연소방식이 있고 이 중 예열혼합연소방식은 역화의 위험에 유의해야 한다.

48 유량의 조절범위가 가장 넓은 버너는?

① 고압기류식 버너 ② 회전식 버너
③ 유압분무식 버너 ④ 건타입 버너

해설
유량의 조절범위
1. 고압기류식 버너(1 : 10)
2. 회전식 버너(1 : 5)
3. 건타입 버너(유압 7[kg_f/cm^2] 이상)
4. 유압분무식 버너(1 : 2)

49 다음 중 연소 온도에 영향을 미치는 요소와 무관한 것은?

① 산소의 농도 ② 연료의 저위 발열량
③ 과잉공기량 ④ 연료의 단위 중량

해설
연료의 단위 중량은 연소 온도에 영향을 미치는 요소와는 무관하다.

50 기체연료 연소장치인 확산 연소방식의 종류는?

① 버너형과 포트형
② 부분 혼합형과 회전형
③ 환유형과 비환유형
④ 코너형과 슬래그 탭형

해설
기체연료의 연소장치인 확산연소의 종류

51 연소과정에 대한 설명으로 잘못된 것은?

① 분해 연소하는 물체는 연소초기에 화염이 발생한다.
② 휘발분이 없는 연료는 표면 연소한다.
③ 탄화도가 높은 고체연료는 증발 연소한다.
④ 연소속도는 산화반응속도라고 할 수 있다.

해설
탄화도가 높은 고체연료는 분해 연소한다.

52 고압분무식 버너의 종류에 속하지 않는 것은?

① 비연속식 ② 증기분무식
③ 공기분무식 ④ 외부혼합식

해설
고압분무식 버너
공기분무식, 증기분무식(외부혼합형과 내부혼합형)

정답 45 ③ 46 ④ 47 ② 48 ① 49 ④ 50 ① 51 ③ 52 ①

53 액체연료의 연소에 있어서 1차 공기란?

① 연료의 무화에 필요한 공기
② 자연통풍으로 공급되는 공기
③ 강제통풍으로 공급되는 공기
④ 평형통풍으로 공급되는 공기

해설
액체연료의 연소에 있어서 1차 공기란 연료의 무화에 필요한 공기로 사용되며 무화가 필요한 연료는 중유 등 중질유이다.

54 연료의 연소에서 환원염이란?

① 산소부족으로 인한 화염이다.
② 공기비가 너무 클 때의 화염이다.
③ 산소가 많이 포함된 화염이다.
④ 연료를 완전연소시킬 때의 화염이다.

해설
환원염
산소부족으로 인한 화염이다.

55 보일러의 연소 자동제어설비로 사용되는 밸브는?

① 감압밸브 ② 안전밸브
③ 솔레노이드밸브 ④ 게이트밸브

해설
솔레노이드밸브(전자밸브)는 보일러 연소장치에 설치하여 인터록과 연계시켜 공급연료를 개폐시키는 역할을 하고 위급상황에서는 연료공급을 신속히 차단시킨다.

56 연소실 용적을 V[m³], 시간당 연료 소비량을 G_f[kg/h], 연료의 저위발열량을 Hl[kcal/kg]이라 할 때, 연소실 열발생률 ρ를 구하는 옳은 식은?

① $\rho = \dfrac{G_f \cdot V}{Hl}$ ② $\rho = \dfrac{Hl \cdot V}{G_f}$
③ $\rho = \dfrac{G_f \cdot Hl}{V}$ ④ $\rho = G_f \cdot V \cdot Hl$

해설
연소실 열발생률

$$= \frac{\text{시간당 연료소비량} \times \text{연료의 저위발열량}}{\text{연소실 용적}} [\text{kcal/m}^3\text{h}]$$

57 보일러 연도 및 연돌의 구조로서 적합하지 않은 것은?

① 청소를 쉽게 할 수 있는 구조
② 열량을 많이 흡수할 수 있는 구조
③ 점검을 용이하게 할 수 있는 구조
④ 건축물을 관통하는 부분 등은 확실한 절연재료를 사용한 구조

해설
보일러 연도나 연돌은 열량을 적게 흡수하는 구조여야 한다.

58 기체연료의 연소방식 중 화염이 짧고 높은 화염온도를 얻을 수 있으나 역화 등의 위험이 있는 방식은?

① 확산 연소방식 ② 직접 연소방식
③ 복합 연소방식 ④ 예혼합 연소방식

해설
예혼합 연소방식의 기체연료 연소방식은 역화의 위험이 뒤따른다.

59 링겔만 도표 번호에서 연소상태가 가장 나쁜 것은?

① 0도 ② 1도
③ 3도 ④ 5도

해설
링겔만 농도표 1도는 매연이 20%, 5도는 100%의 매연 발생

정답 53 ① 54 ① 55 ③ 56 ③ 57 ② 58 ④ 59 ④

60 연료배관에서 유류탱크가 버너보다 위나 아래 설치되어도 좋은 배관방법은?

① 단관식 ② 복관식
③ 낙차급유방식 ④ 중력급유식

해설
복관식 연료배관은 유류탱크가 버너보다 위나 아래 설치되어도 무방한 배관이다.

61 보일러 연소실 내 연소온도를 높이는 방법으로 잘못된 것은?

① 발열량이 높은 연료를 사용한다.
② 연료를 완전연소시킨다.
③ 비중과 점도가 높은 연료를 사용한다.
④ 연료 및 연소용 공기를 예열한다.

해설
비중과 점도가 높은 연료는 연소상태가 불량하여 완전연소가 어려워진다.

62 보일러 인터록(Inter-lock) 종류 중 송풍기 작동 유무와 관련이 가장 큰 것은?

① 저수위 인터록 ② 불착화 인터록
③ 저연소 인터록 ④ 프리퍼지 인터록

해설
프리퍼지 인터록이란 보일러 운전 중 송풍기가 작동하지 않으면 연료공급 차단으로 보일러 사고를 사전에 방지한다.

63 내화물의 구비조건이 아닌 것은?

① 고열에서 연화, 변형되지 않을 것
② 체적의 변화가 클 것
③ 기계적 강도가 클 것
④ 온도의 급변에 잘 견딜 것

해설
내화물(내화벽돌)은 온도 상승 시 체적 변화가 적어야 한다.

64 보일러의 열손실에 해당되지 않는 것은?

① 방산열 ② 연료의 불완전연소 열량
③ 연소용 공기의 현열 ④ 배기가스 보유열

해설
열정산 입열
㉠ 연료의 연소열
㉡ 연료의 현열
㉢ 공기의 현열

65 연소가스 측정 제어 시 연소가스 중의 어느 성분이 최대가 되도록 제어하는 것이 좋은가?

① CO ② CO_2
③ NO_2 ④ H_2O

해설
$C+O_2 \rightarrow CO_2$(완전연소)

$C+\frac{1}{2}O_2 \rightarrow CO$(불완전연소)

66 보일러에서 연소가스의 배기가 잘되는 경우는?

① 연도의 단면적이 작을 때
② 배기가스 온도가 높을 때
③ 연도에 급한 굴곡이 있을 때
④ 공기가 많이 누입될 때

해설
보일러 운전 중 연소가스의 배기가 잘되고 통풍력을 크게 하기 위해서는 자연통풍에서는 배기가스의 온도를 높여야 한다.

67 연료탱크와 보일러의 버너 사이에 설치되지 않는 것은?

① 유수 분리기 ② 오일펌프
③ 증기트랩 ④ 여과기

해설
트랩은 증기배관에서 응축수를 신속히 제거하여 수격작용을 방지한다.

정답 60 ② 61 ③ 62 ④ 63 ② 64 ③ 65 ② 66 ② 67 ③

CHAPTER 06 연소공학

SECTION 01 연소계산

연료가 산소와 불씨에 의해 산화반응을 하여 연소에 관계되는 반응물질계와 생성물질계 사이에 존재하는 물질 간의 양적 관계를 명백하게 하여 보다 효율적인 연소에 기여하기 위한 목적으로 연소계산이 이루어져야 한다.

1 연료의 구성요소

C	H	O	S	N	A	V	W
(탄소)	(수소)	(산소)	(유황)	(질소)	(회분)	(휘발분)	(수분)

2 가연성 성분

C	H	S
(탄소)	(수소)	(유황)

3 연소 시 필요한 공기 속의 산소량

① **체적당 비율** : 산소 21%, 질소 79%

② **중량당 비율** : 산소 23.2%, 질소 76.8%

참고 $\left(\frac{79}{21}=3.762\text{배}\right)$, $\left(\frac{76.8}{23.2}=3.310\text{배}\right)$, $\left(\frac{100}{21}=4.762\text{배}\right)$

SECTION 02 연소공학

1 유효수소$\left(\mathrm{H}-\frac{\mathrm{O}}{8}\right)$

연료의 수소성분이 일부분은 산소와 화합되어 결합수로 되어 있다. 그러므로 이 산소(O)에 상당하는 양만큼 수소는 결합수가 되어서 연소가 되지 않는다. 실제 연소 시는 남은 잔여 수소(H)뿐이다. 이 연소에 유효한 수소가 유효수소이며 그 양은 $\left(H-\frac{O}{8}\right)$이고 산소에 상당하는 만큼의 수소는 중량으로는 산소(O)의 $\frac{2}{16}$배, 즉 $\frac{O}{8}$배에 해당된다. $\left(H_2+\frac{1}{2}O_2=H_2O\right)$

2 이론산소량(O_o)

연료를 이론적으로 완전연소시키는 데 소요되는 최소한의 산소량을 의미한다.

3 이론공기량(A_o)

연료의 연소 시 소요되는 최소한의 이론공기량이며 공기는 여러 성분이 있으나 보통 연소계산 시는 산소와 질소만을 뜻한다. 체적의 비율은 21 : 79이며 중량의 비는 23.2 : 76.8이다.

4 실제공기량(A)

연료를 연소시키는 데는 이론공기량만으로는 실질적으로 완전연소가 불가능하다. 그래서 과잉의 추가 공기를 충분히 공급하여야 완전연소가 가능하다. 실제 사용한 공기량은 그 이론공기량의 몇 배에 해당하는가를 양으로 나타내는 것을 공기비(m) 또는 과잉공기계수이며 비율로 나타내는 것을 과잉공기율(%)이라 한다.

공기비가 적을 때의 특징	• 미연소에 의한 열손실의 증가가 있다. • 미연소 가스에 의한 폭발 등 역화의 위험이 있다.
공기비가 클 경우의 특징	• 배기가스량이 많아져서 배기가스에 의한 열손실의 증가가 있다. • 연소실의 온도가 저하된다. • 연소가스 중의 SO_2 발생 등 대기오염을 초래한다.

5 탄산가스 최대율(CO_{2max})

이론공기량만으로 연료를 연소시킬 때 연료 속의 가연성 성분인 C가 연소되어서 CO_2의 양이 가장 많이 나올 때의 CO_2 체적을 백분율로 표시한 것이다.

[특징]

① 연소가 양호하면 CO_2는 상승된다.

② 연소 시 이론공기량이 많으면 과잉공기에 의해 CO_2는 감소된다.

③ 공기량 부족 시에도 CO_2가 감소된다.

6 연소 배기가스량

연료가 연소되어 연돌로 배기될 때의 가스량이며 이론배기가스와 실제배기가스량이 있다. 연료 중의 수소는 연소 시 수증기가 되고 또 수분도 증발하여 수증기가 된다. 이 수증기는 100℃ 이상에서는 기체이나 그 이하에서는 응축되어 물방울이 된다. 이와 같이 전체 중 생성 배기가스량을 습연소가스량, 연소생성 수증기를 제외한 것을 건배기가스량이라 한다.

- 이론 건연소가스량(G_{od})
- 이론 습연소가스량(G_{ow})
- 실제 건연소가스량(G_d)
- 실제 습연소가스량(G_w)

7 연소생성 수증기량(W_g)

연료 속의 수소나 공기 속의 수분, 연료 속의 수분 등이 연소 시 증발되어 나가는 것

- $1.244(9H+W)=H_2O(Nm^3/kg)$

8 이론연소온도

연료에 이론공기량을 불어넣어서 완전연소시켜 화염에 도달할 수 있는 최고온도를 이론연소온도(화염온도)라 한다.

SECTION 03 연료의 연소

1 탄소(C)의 연소

① 연료 중의 가연성분과 산소와의 화학반응으로 탄소(C)가 연소하여, 이산화탄소(CO_2)로 되는 변화를 화학식으로 나타내면 다음과 같다.

C	+	O_2	$(+N_2)$	→	CO_2	$(+N_2)$	
12kg		32kg	106kg		44kg	106kg	(중량식)
∴1kg		2.67kg	8.93kg		3.67kg	8.93kg	
		(공기 11.6kg)			(연소가스 12.6kg)		

- 분자량 : $C=12$, $O_2=32$, $H_2=2$, $S=32$, $N_2=28$, $CO_2=44$, $SO_2=44$

② 산소와 이산화탄소는 기체이므로 부피로 표시하면 다음과 같다.

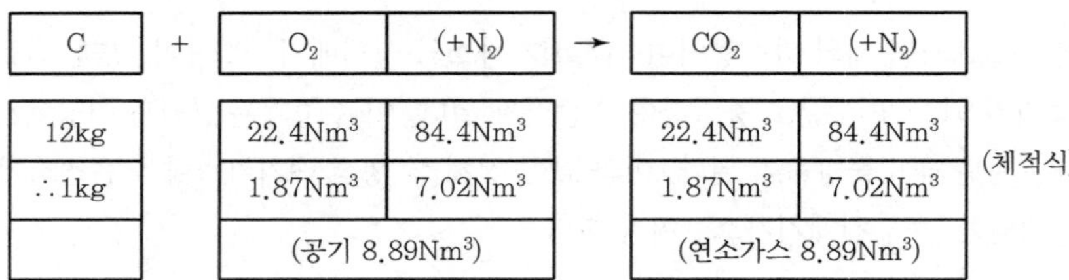

C	+	O_2	$(+N_2)$	→	CO_2	$(+N_2)$	
12kg		$22.4Nm^3$	$84.4Nm^3$		$22.4Nm^3$	$84.4Nm^3$	(체적식)
∴1kg		$1.87Nm^3$	$7.02Nm^3$		$1.87Nm^3$	$7.02Nm^3$	
		(공기 $8.89Nm^3$)			(연소가스 $8.89Nm^3$)		

2 수소의(H_2) 연소

① 수소와 산소의 반응식으로 무게 변화를 나타내면 다음과 같다.

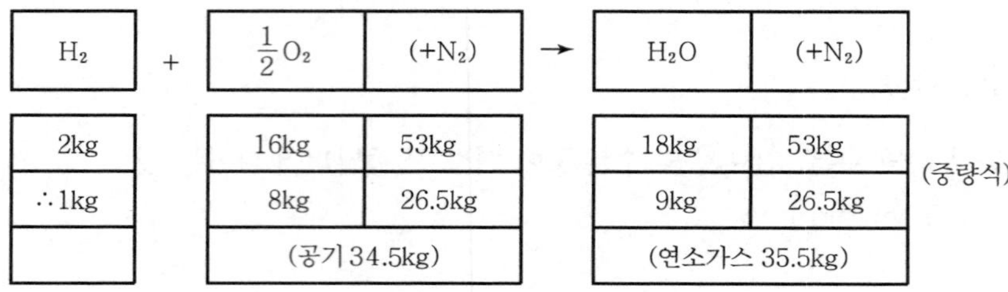

H_2	+	$\frac{1}{2}O_2$	$(+N_2)$	→	H_2O	$(+N_2)$	
2kg		16kg	53kg		18kg	53kg	(중량식)
∴1kg		8kg	26.5kg		9kg	26.5kg	
		(공기 34.5kg)			(연소가스 35.5kg)		

② 기체이므로 부피로 표시하면 다음과 같다.

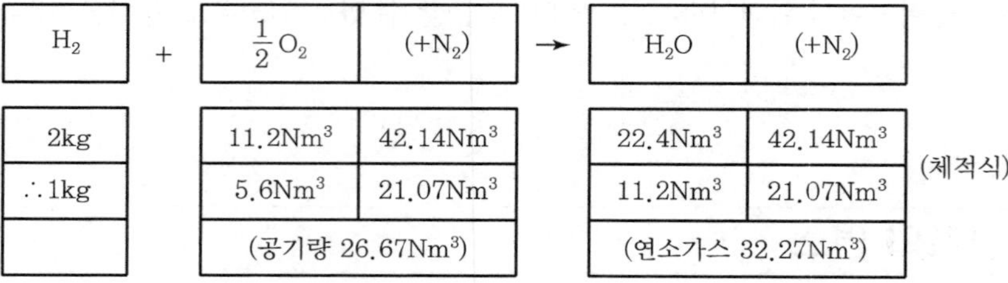

H_2	+	$\frac{1}{2}O_2$	$(+N_2)$	→	H_2O	$(+N_2)$	
2kg		$11.2Nm^3$	$42.14Nm^3$		$22.4Nm^3$	$42.14Nm^3$	(체적식)
∴1kg		$5.6Nm^3$	$21.07Nm^3$		$11.2Nm^3$	$21.07Nm^3$	
		(공기량 $26.67Nm^3$)			(연소가스 $32.27Nm^3$)		

3 황(S)의 연소

황의 연소를 간략하게 하면 다음과 같다.

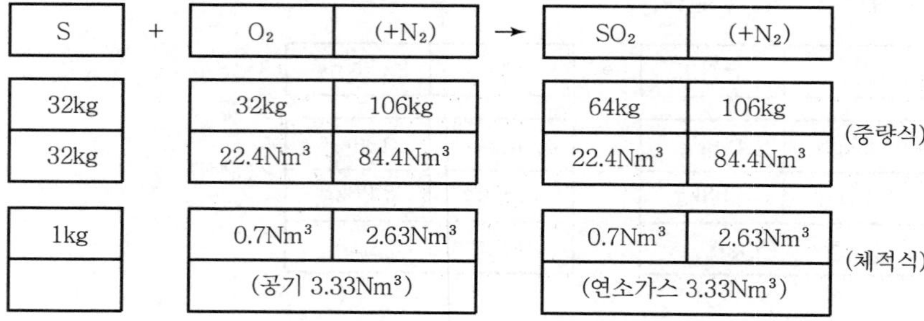

S	+	O_2	$(+N_2)$	→	SO_2	$(+N_2)$	
32kg		32kg	106kg		64kg	106kg	(중량식)
32kg		$22.4Nm^3$	$84.4Nm^3$		$22.4Nm^3$	$84.4Nm^3$	
1kg		$0.7Nm^3$	$2.63Nm^3$		$0.7Nm^3$	$2.63Nm^3$	(체적식)
		(공기 $3.33Nm^3$)			(연소가스 $3.33Nm^3$)		

▼ 각 원소의 원자량 및 분자량

구분	탄소(C)	수소(H_2)	산소(O_2)	황(S)	질소(N_2)
원자량	12	1	16	32	14
분자량	12	2	32	32	28

[가연성분의 발열량]

- $C + O_2 = CO_2 + 97,200$[kcal/kmol]
- $H_2 + 1/2O_2 = H_2O + 68,000$[kcal/kmol] ································ [액체]
- $H_2 + 1/2O_2 = H_2O + 57,200$[kcal/kmol] ································ [기체]
- $S + O_2 = SO_2 + 80,000$[kcal/kmol]

열량의 단위는 kcal/kmol로서, 가연성분 1kg 분자량이 연소할 때의 발열량이므로 kcal/kg 단위로 환산하여야 한다.

kcal/kg 단위는 가연성분 $\frac{1}{1\text{kg분자량}}$에 대한 열량단위이다.

① 탄소(C) : $97,200 \times \frac{1}{12} = 8,100$[kcal/kg]

② 수소(H) : $68,000 \times \frac{1}{2} = 34,000$[kcal/kg] ································ [액체]

: $57,200 \times \frac{1}{2} = 28,600$[kcal/kg] ································ [기체]

③ 황(S) : $80,000 \times \frac{1}{32} = 2,500$[kcal/kg]

참고 수소의 발열량 액체 34,000[kcal/kg]과 기체 28,600[kcal/kg]이 서로 차이가 나는 원인은 수소의 연소 시 발생되는 수증기의 증발잠열의 차이이다.

생성수증기의 양은

① $H_2 + 1/2O_2 = H_2O$

② 2kg + 16kg = 18kg

③ 1kg + 8kg = 9kg이 되고

물의 증발잠열은 표준상태 S.T.P에서 600[kcal/kg]이므로 수소의 연소 시 발생되는 물의 전체 증발잠열은 $600 \times 9 = 5,400$[kcal/kg]

∴ 저위발열량(Hl) = $34,000 - 5,400 = 28,600$[kcal/kg]

SECTION 04 연소계산공식(고체, 액체)

1 고체, 액체 연료 각 1kg 연소 시 필요한 이론산소량 공식(O_o)

① 중량식

$$O_o = \frac{32}{12}C = \frac{16}{2}\left(H - \frac{O}{8}\right) + \frac{32}{32}S$$

$$= 2.67C + 8\left(H - \frac{O}{8}\right) + 1S$$

$$= 2.67C + 8H - (O - S)[kg/kg]$$

② 체적식

$$O_o' = \frac{22.4}{12}C + \frac{11.2}{2}\left(H - \frac{O}{8}\right) + \frac{22.4}{32}S$$

$$= 1.87C + 5.6\left(H - \frac{O}{8}\right) + 0.7S$$

$$= 1.87C + 5.6H - 0.7(O - S)[Nm^3/kg]$$

2 고체, 액체 연료 각 1kg 연소 시 필요한 이론공기량 공식(A_0)

① 중량식

$$A_o = 11.5C + 34.49\left(H - \frac{O}{8}\right) + 4.31S$$

$$= 11.5C + 34.49 - 4.31(O - S)[kg/kg]$$

$$A_o = \frac{2.67C + 8H - (O - S)}{0.232}[kg/kg]$$

② 체적식

$$A_o = 8.89C + 26.67\left(H - \frac{O}{8}\right) + 3.33S$$

$$= 8.89C + 26.67H - 33.3(O - S)[Nm^3/kg]$$

$$A_o = \frac{1.87C + 5.6H - 0.7(O - S)}{0.21}[Nm^3/kg]$$

3 정미 이론공기량(연소용 공기 속에 수분이 포함된 이론공기량)

① 이론습공기량 $= A_o \times \frac{1}{1 - W_a}[Nm^3/kg]$

4 발열량에 의한 고체, 액체연료의 이론공기량 공식(A_0)

① 액체연료 : $A_o = 12.38 \times \frac{Hl - 1,100}{10,000}$[Nm³/kg]

② 고체연료 : $A_o = 1.01 \times \frac{Hl + 550}{1,000}$[Nm³/kg]

※ Hl : 연료 1kg의 저위발열량[kcal/kg]

5 고체, 액체, 기체연료의 실제공기량 공식(A)

① $A = A_o \times m$[kcal/kg][kcal/Nm³]

② A = 이론공기량×공기비

※ 공기비(m) = $\left(\frac{실제공기량}{이론공기량}\right)$

6 고체, 액체 연료 각 1kg 연소 시 이론습연소가스량 공식(G_{ow})

① 중량식

$$G_{ow} = 12.5C + 35.49\left(H - \frac{O}{8}\right) + 5.31S + N + W(+A_o \cdot W_a)$$

$$= 12.5C + 35.49H - 3.31O + 5.31S + N + W(+A_o \cdot W_a)[kg/kg]$$

$$G_{ow} = (1 - 0.232)A_O + 3.67C + 9H + 2S + N + W(+A_o \cdot W_a)[kg/kg]$$

② 체적식

$$G_{ow} = 8.89C + 32.27\left(H - \frac{O}{8}\right) + 3.33S + 0.8N + 1.25W(+A_o \cdot W_a)$$

$$= 8.89C + 32.27H - 2.63O + 3.33S + 0.8N + 1.25W(+A_o \cdot W_a)$$

$$G_{ow} = (1 - 0.21)A_o + 1.87C + 11.2H + 0.7S + 0.8N + 1.25W(+A_o \cdot W_a)[Nm^3/kg]$$

※ $G_{ow} = G_{od} + (11.2H + 1.25W) = (Nm^3/kg)$

7 고체, 액체연료 각 1kg의 저위발열량에 의한 이론습배기가스량 공식(G_{ow})

① 액체연료 : $G_{ow} = 15.75 \times \frac{Hl - 1,100}{10,000} - 2.18$[Nm³/kg]

② 고체연료 : $G_{ow} = 0.095 \times \frac{Hl - 550}{1,000} + 1.17$[Nm³/kg]

8 고체, 액체연료 각 1kg 연소 시 이론건배기가스량 공식(G_{od})

① 중량식

$$G_{od} = 12.5C + (35.49 - 9)\left(H - \frac{O}{8}\right) + 5.31S + N$$

$$G_{od} = 12.5C + 26.49\left(H - \frac{O}{8}\right) + 5.31S + N$$

$$G_{od} = 12.5C + 26.49H - 3.31O + 5.31S + N[\text{kg/kg}]$$

$$G_{od} = (1 - 0.232)A_o + 3.67C + 2S + N[\text{kg/kg}]$$

② 체적식

$$G_{od} = 8.99C + (32.27 - 11.2)\left(H - \frac{O}{8}\right) + 3.33S + 0.8N$$

$$= 8.89C + 21.07\left(H - \frac{O}{8}\right) + 3.33S + 0.8N$$

$$= 8.89C + 21.07H - 2.63O + 3.33S + 0.8N\,[\text{Nm}^3/\text{kg}]$$

$$G_{od} = (1 - 0.21)A_o + 1.87C + 0.7S + 0.8N\,[\text{Nm}^3/\text{kg}]$$

$$G_{od} = G_{ow} - (11.2H + 1.25W)$$

9 고체, 액체연료 각 1kg당 실제습배기가스량 공식(G_w)

① 체적식

$$G_w = (m - 0.21)A_o + 1.867C + 11.2H + 0.7S + 0.8N + 1.25W\,[\text{Nm}^3/\text{kg}]$$

$$G_w = m - 0.21\left[\frac{1.867C + 5.6H - 0.7O + 0.7S}{0.21}\right] + 1.87C + 11.2H + 0.7S + 0.8N + 1.25W\,[\text{Nm}^3/\text{kg}]$$

$$G_w = m \cdot A_o + 5.6H + 0.7O + 0.8N + 1.25W\,[\text{Nm}^3/\text{kg}]$$

$$G_w = 1.87C + 1.244(9H + W) + 0.7S + (m - 0.21)A_o + 0.8N\,[\text{Nm}^3/\text{kg}]$$

$$G_w = G_d + 1.25(9H + W)[\text{Nm}^3/\text{kg}]$$

② 중량식(G_w)

$$G_w = (m - 0.232)A_o + 3.667C + 9H + 2S + N + W\,[\text{kg/kg}]$$

$$G_w = m - 0.232\left\{\frac{2.667C + 8\left(H - \frac{O}{8}\right) + 1S}{0.232}\right\} + 3.667C + 9H + 2S + N + W\,[\text{kg/kg}]$$

$$G_w = A + C + H + S + O + N + W\,[\text{kg/kg}]$$

10 고체, 액체연료 각 1kg 연소 시 실제건배기가스량 공식(G_d)

① 체적식

$$G_d = (m-0.21)A_o + 1.867C + 0.7S + 0.8N$$

$$= mA_o - 0.21\left\{\frac{1.867C + 5.6H - 0.7O + 0.7S}{0.21}\right\} + 1.867C + 0.7S + 0.8N$$

$$= mA_o + 5.6H + 0.7O + 0.8N[\text{Nm}^3/\text{kg}]$$

$$W_g = (11.2H + 1.244W)[\text{Nm}^3/\text{kg}]$$

② 중량식

$$G_d = (m-0.232)A_o + 3.667C + CS + N[\text{kg/kg}]$$

$$G_d = mA_o - 0.232\left\{\frac{2.67C + 8H - (O-S)}{0.232}\right\} + 3.67C + 2S + N[\text{kg/kg}]$$

$$G_d = mA_o + C - 8H + O + S + N[\text{kg/kg}]$$

$$W_g = (9H + W)[\text{kg/kg}]$$

11 연소생성 수증기량(H_2O) 공식(W_g)

① 체적식(W_g) $= 11.2H + 1.244W$

$= 1.244(9H + W)[\text{Nm}^3/\text{kg}]$

② 중량식(W_g) $= 9H + W[\text{kg/kg}]$

참고 위 공식에서 알아 두어야 할 사항

① $(1-0.21)A_o$: 이론공기량 중의 질소량[Nm^3/kg]

② $(1-0.79)A_o$: 이론공기량 중의 산소량[Nm^3/kg]

③ $(m-0.21)A_o$: 이론공기량 중의 질소량과 과잉공기량의 합[Nm^3/kg]

④ $(m-1)A_o$: 과잉공기량[Nm^3/kg]

⑤ $(m-1)100$: 과잉공기율[%]

- 공기 중 산소(O_2) : 중량당 23.2[%], 체적당 21[%]
- H : 수소성분[%]
- W : 연료 중 수분성분[%]

⑫ 기타 간이식 총정리

적산식 분류	고체연료(A_oNm³/kg)	액체연료	기체연료
일반식	$A_o = 1.09 \times \frac{H_i}{1,000} - 0.09$ $A_o = 1.07 \times \frac{H_\eta}{1,000} - 0.2$	$A_o = 1.04 \times \frac{H_i}{1,000} - 0.02$	$A_o = 1.1 \times \frac{H_i}{1,000} - 0.32$ $A_o = 0.956 \times \frac{H_\eta}{1,000} - 0.19$
KS식	$A_o = 1.01 \times \frac{H_i - 550}{1,000}$	$A_o = 12.38 \times \frac{H_i - 1,100}{10,000}$	$A_o = 11.05 \times \frac{H_i}{10,000} - 0.2$
배기가스	$G_o = 0.905 \times \frac{H_i - 550}{1,000} - 1.17$	$G_o = 15.75 \times \frac{H_i - 1,100}{10,000} - 2.18$	$G_o = 11.9 \times \frac{H_i}{10,000} - 0.5$

SECTION 05 기체연료 연소계산

❶ 이론산소량(Nm³/Nm³)

$$\text{이론산소량}(O_o) = 0.5H_2 + 0.5CO + 2CH_4 + 2.5C_2H_2 + 3C_2H_4 + 3.5C_2H_6 + 5C_4H_8 + 6.5C_4H_{10} + 1.5H_2S - O_2$$

❷ 이론공기량(Nm³/Nm³)

$$\text{이론공기량}(A_o) = \{0.5H + 0.5CO + 2CH_4 + 2.5C_2H_2 + 3C_2H_4 + 3.5C_2H_6 + 5C_3H_8 + 6.5C_4H_{10} + 1.5H_2S - O_2\}\frac{1}{0.21}$$

$$= 2.38H_2 + 2.38CO + 9.52CH_4 + 11.91C_2H_2 + 14.29C_2H_4 + 16.67C_2H_6 + 23.81C_3H_8 + 30.95C_4H_{10} + 7.14H_2S - 4.762O_2$$

❸ 실제공기량(Nm³/Nm³)(A)

$$\text{실제공기량}(A) = A_o \times m \text{ (이론공기량}\times\text{공기비)}$$

4 연소가스량(Nm³/Nm³)

1. 이론습연소가스량(G_{ow})

$$G_{ow} = (1-0.21)A_o + H_2 + CO + 3CH_4 + 3C_2H_2 + 4C_2H_4 + 5C_2H_6 + 7C_3H_8 + 9C_4H_{10} + 2H_2S + 3.762O_2(W + A_o W_A)$$

∴ $W + A_o W_a$ 값은 연료 중의 수분(W)과 공기 중의 수분(A_o · W_a)이 된다.

$$= 0.79\{2.38H_2 + 2.38CO + 9.52CH_4 + 11.91C_2H_2 + 14.29C_2H_4 + 16.67C_2H_6 + 23.81C_3H_8 + 30.95C_4H_{10} + 7.14H_2S - 4.762O_2\} + H_2 + CO + 3CH_4 + 3C_2H_2 + 4C_2H_4 + 5C_2H_6 + 7C_3H_8 + 9C_4H_{10} + 2H_2S + (W + A_o W_a)$$

$$= 2.88H_2 + 2.88CO + 10.52CH_4 + 12.41C_2H_2 + 15.29C_2H_4 + 18.17C_2H_6 + 25.81C_3H_8 + 33.45C_4H_{10} + 7.64H_2S - 3.762O_2 + (W + A_o W_a)$$

2. 이론건연소가스량(G_{od})

$$G_{od} = (1-0.21)A_o + CO + CH_4 + 2C_2H_4 + 2C_2H_6 + 3C_3H_8 + 4C_4H_{10} + H_2S + (W + A_o W_a)$$

$$= 0.79\{2.38H_2 + 2.38CO + 9.52CH_4 + 11.91C_2H_2 + 14.29C_2H_4 + 16.67C_2H_6 + 23.81C_3H_8 + 30.95C_4H_{10} + 7.14H_2S - 4.7620O_2\} + CO + CH_4 + 2C_2H_2 + 2C_2H_4 + 2C_2H_6 + 3C_3H_8 + 4C_4H_{10} + H_2S + (W + A_o W_a)$$

$$= 1.88H_2 + 2.88CO + 8.52CH_4 + 11.41C_2H_2 + 13.29C_2H_4 + 15.17C_2H_6 + 21.81C_3H_8 + 28.45C_4H_{10} + 6.64H_2S - 3.76O_2 + W + A_o W_a$$

3. 실제습연소가스량(G_w)

$$G_w = (m-0.21)A_o + H_2 + CO + 3CH_4 + 3C_2H_2 + 4C_2H_4 + 5C_2H_6 + 7C_3H_8 + 9C_4H_{10} + 2H_2S + (W + A_o W_a)$$

4. 실제건연소가스량(G_d)

$$G_d = (m-0.21)A_o + CO + CH_4 + 2C_2H_2 + 2C_2H_4 + 2C_2H_6 + 3C_3H_8 + 4C_4H_{10} + H_2S + (W + A_o W_a)$$

간이식 $G_d = \dfrac{CO + CO_2 + CH_4 + 2C_2H_4 + \cdots}{CO_2\% + CO\%}$

5. 연소생성수증기량(W_g)

$$W_g = H_2 + 2CH_4 + C_2H_2 + 2C_2H_4 + 3C_2H_6 + 4C_3H_8 + H_2S(+W' + A'_o W'_a \text{ 또는 } + W' + mA'_o W_a)$$

- 수분(W) 또는 수소(H_2)가 연소 후 H_2O(연소생성수증기 발생)

5 기체연료 단일성분의 연소계산식(Nm^3/Nm^3)

	분자식		이론산소량		이론공기량		이론습배기가스량
① 메탄	$[CH_4]$	+	$[2O_2]$	→	$\left[2\times\frac{1}{0.21}\right]$	→	$\left[(1-0.21)\times\frac{2}{0.21}+3\right]$
② 아세틸렌	$[C_2H_2]$	+	$[2.5O_2]$	→	$\left[2.5\times\frac{1}{0.21}\right]$	→	$\left[(1-0.21)\times\frac{2.5}{0.21}+3\right]$
③ 에틸렌	$[C_2H_4]$	+	$[3O_2]$	→	$\left[3\times\frac{1}{0.21}\right]$	→	$\left[(1-0.21)\times\frac{3}{0.21}+4\right]$
④ 에탄	$[C_2H_6]$	+	$[3.5O_2]$	→	$\left[3.5\times\frac{1}{0.21}\right]$	→	$\left[(1-0.21)\times\frac{3.5}{0.21}+5\right]$
⑤ 프로필렌	$[C_3H_6]$	+	$[4.5]$	→	$\left[4.5\times\frac{1}{0.21}\right]$	→	$\left[(1-0.21)\times\frac{4.5}{0.21}+6\right]$
⑥ 프로판	$[C_3H_8]$	+	$[5O_2]$	→	$\left[5\times\frac{1}{0.21}\right]$	→	$\left[(1-0.21)\times\frac{5}{0.21}+7\right]$
⑦ 부틸렌	$[C_4H_8]$	+	$[6O_2]$	→	$\left[6\times\frac{1}{0.21}\right]$	→	$\left[(1-0.21)\times\frac{6}{0.21}+8\right]$
⑧ 부탄	$[C_4H_{10}]$	+	$[6.5O_2]$	→	$\left[6.5\times\frac{1}{0.21}\right]$	→	$\left[(1-0.21)\times\frac{6.5}{0.21}+9\right]$
⑨ 벤젠	$[C_6H_6]$	+	$[7.5O_2]$	→	$\left[7.5\times\frac{1}{0.21}\right]$	→	$\left[(1-0.21)\times\frac{7.5}{0.21}+9\right]$
⑩ 황화수소	$[H_2S]$	+	$[1.5O_2]$	→	$\left[1.5\times\frac{1}{0.21}\right]$	→	$\left[(1-0.21)\times\frac{1.5}{0.21}+2\right]$

※ 기체 연료의 발열량에 의한 이론공기량, 이론배기가스량 공식

- 이론공기량(A_o) $= 11.05\frac{Hl}{10,000} + 0.2Nm^3/Nm^3$
- 이론습배기가스량(G_{ow}) $= 11.9\frac{Hl}{10,000} + 0.5Nm^3/Nm^3$

6 기체연료 1kg당 필요한 $O_o \cdot A_o \cdot G_{ow}$의 관계(Nm³/kg)

	O_o(Nm³)		A_o(Nm³)		G_{ow}(Nm³)
① CH_4 +	$\left[\frac{2\times22.4}{16}\right]$	→	$\left[\frac{22.4\times2}{16}\times\frac{1}{0.21}\right]$	→	$\left[2\times\frac{0.79}{0.21}+2\right]\times\frac{22.4}{16}$(메탄)
② C_2H_2 +	$\left[\frac{2.5\times22.4}{26}\right]$	→	$\left[\frac{22.4\times2.5}{26}\times\frac{1}{0.21}\right]$	→	$\left[2.5\times\frac{0.79}{0.21}+3\right]\times\frac{22.4}{26}$(아세틸렌)
③ C_2H_4 +	$\left[\frac{3\times22.4}{28}\right]$	→	$\left[\frac{22.4\times3}{28}\times\frac{1}{0.21}\right]$	→	$\left[3\times\frac{0.79}{0.21}+4\right]\times\frac{22.4}{28}$(에틸렌)
④ C_2H_6 +	$\left[\frac{3.5\times22.4}{30}\right]$	→	$\left[\frac{22.4\times3.5}{30}\times\frac{1}{0.21}\right]$	→	$\left[3.5\times\frac{0.79}{0.21}+5\right]\times\frac{22.4}{30}$(에탄)
⑤ C_3H_6 +	$\left[\frac{4.5\times22.4}{42}\right]$	→	$\left[\frac{22.4\times4.5}{42}\times\frac{1}{0.21}\right]$	→	$\left[4.5\times\frac{0.79}{0.21}+6\right]\times\frac{22.4}{42}$(프로필렌)
⑥ C_3H_8 +	$\left[\frac{5\times22.4}{44}\right]$	→	$\left[\frac{22.4\times5}{44}\times\frac{1}{0.21}\right]$	→	$\left[5\times\frac{0.79}{0.21}+7\right]\times\frac{22.4}{44}$(프로판)
⑦ C_4H_8 +	$\left[\frac{6\times22.4}{56}\right]$	→	$\left[\frac{22.4\times6}{56}\times\frac{1}{0.21}\right]$	→	$\left[6\times\frac{0.79}{0.21}+8\right]\times\frac{22.4}{56}$(부틸렌)
⑧ C_4H_{10} +	$\left[\frac{6.5\times22.4}{58}\right]$	→	$\left[\frac{22.4\times6.5}{58}\times\frac{1}{0.21}\right]$	→	$\left[6.5\times\frac{0.79}{0.21}+9\right]\times\frac{22.4}{58}$(부탄)
⑨ C_6H_6 +	$\left[\frac{7.5\times22.4}{78}\right]$	→	$\left[\frac{22.4\times7.5}{78}\times\frac{1}{0.21}\right]$	→	$\left[7.5\times\frac{0.79}{0.21}+9\right]\times\frac{22.4}{78}$(벤젠)

참고 O_o : 이론산소량(Nm³/Nm³)
A_o : 이론공기량(Nm³/Nm³)
G_{ow} : 이론습배기가스량(Nm³/Nm³)
G_{od} : 이론건배기가스량(수증기(H_2O)의 양만 빼면 된다.)

SECTION 06 연소가스의 조성성분

1 고체, 액체 연료의 경우

1. 습배기가스 기준

① 산소 $O_2(\%)=\frac{0.21(m-1)A_o}{G_w}\times100$

② 이산화탄소 $CO_2(\%)=\frac{1.867C}{G_w}\times100$

③ 아황산가스 $SO_2(\%)=\frac{0.7S}{G_w}\times100$

④ 연소생성 수증기 $H_2O(\%)= \dfrac{11.2H+1.244W}{G_w}\times 100$

아황산가스(SO_2)는 극소량이며 시험할 때 수산화칼륨(KOH)용액에 CO_2와 함께 흡수되므로 같이 계산해도 된다.

⑤ 질소 $N_2(\%) = 100-\{O_2(\%)+CO_2(\%)+H_2O(\%)+SO_2(\%)\}$

2. 건배기가스 기준

① $O_2(\%) = \dfrac{0.21(m-1)A_o}{G_d}\times 100$

② $CO_2(\%) = \dfrac{1.867C+0.7S}{G_d}\times 100$

③ $N_2(\%) = 100-\{O_2(\%)+CO_2(\%)\}$

2 기체연료일 때

(1) $O_2(\%)= \dfrac{0.21(m-1)A_o}{G_w}\times 100$

(2) $CO_2(\%) = \dfrac{CO+CO_2+CH_4+2C_2H_4}{G_w}\times 100$

(3) $H_2O(\%) = \dfrac{H_2+2CH_4+2C_2H_4}{G_w}\times 100$

(4) $N_2(\%) = 100-\{O_2(\%)+CO_2(\%)+H_2O(\%)\}$

(5) 오르사트 분석인 경우 수증기가 검출되지 않으므로,

① $O_2(\%) = \dfrac{0.21(m-1)A_o}{G_d}\times 100$

② $CO_2(\%) = \dfrac{CO+CO_2+CH_4+2C_4H_4\cdots}{G_d}\times 100$

③ $N_2(\%) = 100-\{O_2(\%)+CO_2(\%)\}$

3 가스분석에 의한 최대 탄산가스율($(CO_2)_{max}\%$)을 구하는 계산

$(CO_2)_{max}$란 배기가스 중에 포함되어 있는 이산화탄소의 최대치를 말하며, 이론공기량으로 연소시킬 때 그 값이 가장 크다.

1. 완전연소 시의 $(CO_2)_{max}$%를 구하는 계산식

$$(CO_2)_{max} = \frac{21 \times CO_2}{21 - O_2} \quad \cdots\cdots ①$$

$$(CO_2)_{max} = \frac{1.87C + 0.7S}{G_{od}} \quad \cdots\cdots ②$$

2. 불완전연소 시의 $(CO_2)_{max}$%를 구하는 계산식

$$(CO_2)_{max} = \frac{21(CO_2 + CO)}{21 - O_2 + 0.395CO}$$

3. 기체연료의 $(CO_2)_{max}$%를 구하는 공식

$$(CO_2)_{max} = \frac{CO_2 + CO + CH_4 + 2C_2H_2 + 2C_2H_4 + 2C_2H_6 + 3C_3H_8}{G_{od}} \times 100$$

4. 공기비 계산 공식(과잉공기계수)

$$\text{공기비}(m) = \frac{\text{실제공기량}}{\text{이론공기량}} = \frac{A}{A_o}$$

$$\text{공기비}(m) = 1 + \frac{\text{과잉공기량}}{\text{이론공기량}} = 1 + \frac{(m-1)A_o}{A_o}$$

① 완전연소 시의 공기비 계산식

$$\text{공기비}(m) = \frac{21}{21 - O_2}$$

$$\text{공기비}(m) = \frac{N_2}{N_2 - 3.76(O_2)}$$

② 불완전연소 시의 공기비 계산식

$$\text{공기비}(m) = \frac{N_2}{N_2 - 3.76(O_2 - 0.5CO)}$$

③ 기체연료의 공기비

$$\text{공기비}(m) = \frac{21}{21 - 79\left[\frac{O_2 - 0.5CO}{N_2}\right]} \times \left[1 + \frac{O_2}{N_2} \times \frac{n_2}{21A'_o}\right]$$

여기서, N_2 : 기체연료 속의 질소량(%)
A'_o : 이론공기량(Nm^3/Nm^3)
m : 공기비는 항상 1보다 크다.

SECTION 07 발열량 계산공식

1 원소분석에 의한 방법(고체, 액체연료)

① 고위발열량 $= 8{,}100C + 34{,}000\left(H - \frac{O}{8}\right) + 2{,}500S\,(kcal/kg)$

② 저위발열량 $= 8{,}100C + 28{,}600\left(H - \frac{O}{8}\right) + 2{,}500S - 600W - 600\left(9\frac{O}{8}\right)(kcal/kg)$

③ 고위발열량(Hh)과 저위발열량(Hl)과의 차는 연료 중 수소 및 수분의 증발잠열에 의한 것으로서
$Hl = Hh - 600(9H + W)(kcal/kg)$

2 공업분석에 의한 방법(고체연료)

① 석탄인 경우 : 발열량 $= 97\{81F + (96 - aW)(V + W)\}(kcal/kg)$

② 코크스인 경우 : 발열량 $= 81(V + F) = 81(V + F) = 81(100 - A - W)(kcal/kg)$

여기서, F : 고정탄소(kg/kg)
V : 휘발분(kg/kg)
W : 수분(kg/kg)
A : 회분(kg/kg)
a : 수분에 관계된 계수로서, $W <$ 5.0%이면 $a = 650$
$W \geq$ 5.0%이면 $a = 500$

3 각 성분의 발열량 표시

1. 고체 및 액체

① 탄소 : $C + O_2 = CO_2 + 97{,}200 \div 12 = 8{,}100kcal/kg$

② 수소 : $H_2 + \frac{1}{2}O_2 = H_2O + 68{,}000 \div 2 = 34{,}000kcal/kg$

③ 유황 : $S + O_2 = SO_2 + 80{,}000 \div 32 = 2{,}500kcal/kg$

2. 기체

① 수소 : $H_2 + \frac{1}{2}O_2 = H_2O$(기체)$ + 3{,}050kcal/Nm^3$

② 일산화탄소 : $CO + \frac{1}{2}O_2 = CO_2 + 3{,}035kcal/Nm^3$

③ 메탄 : $CH_4 + 2O_2 = CO_2 + 2H_2O + 9{,}530kcal/Nm^3$

④ 아세틸렌 : $2C_2H_2 + 5O_2 = 4CO_2 + 2H_2O + 14{,}080kcal/Nm^3$

⑤ 에틸렌 : $C_2H_4 + 3O_2 = 2CO_2 + 2H_2O + 15,280kcal/Nm^3$

⑥ 에탄 : $2C_2H_6 + 7O_2 = 4CO_2 + 6H_2O + 16,810kcal/Nm^3$

⑦ 프로필렌 : $2C_3H_6 + 9O_2 = 6CO_2 + 6H_2O + 22,540kcal/Nm^3$

⑧ 프로판 : $C_3H_8 + 5O_2 = 3CO_2 + 4H_2O + 243,700kcal/Nm^3$

⑨ 부틸렌 : $C_4H_8 + 6O_2 = 4CO_2 + 4H_2O + 29,170kcal/Nm^3$

⑩ 부탄 : $2C_4H_{10} + 13O_2 = 8CO_2 + 10H_2O + 32,010kcal/Nm^3$

⑪ 벤졸증기 : $2C_6H_6 + 15O_2 = 12CO_2 + 6H_2O + 34,960kcal/Nm^3$

4 혼합기체연료의 고위(Hh) 저위(Hl)발열량 계산

① $Hh = 3,035CO + 3,050H_2 + 9,530CH_4 + 14,080C_2H_2 + 15,280C_2H_4$
$+ 16,810C_2H_6 + 24,370C_3H_8 (kcal/Nm^3)$

② $Hl = 3,035CO + 2,570H_2 + 8,570CH_4 + 13,600C_2H_2 + 14,320C_2H_4$
$+ 15,370C_2H_6 + 22,450C_3H_8 (kcal/Nm^3)$

③ 수증기 증발잠열에 의한 저위발열량(기체, Hl) 공식
고위발열량$(Hh) - 480wg (kcal/Nm^3)$
고위발열량$(Hh) - 480(H_2 + 2CH_4 + 2C_2H_4 + 3C_2H_6 + 4C_3H_8)(kcal/Nm^3)$

④ 수증기의 기체연료의 손실열(Hs)
$Hs = 480(H_2 + 2CH_4 + C_2H_2 + 2C_2H_4 + 3C_2H_6 + 4C_3H_8)(kcal/Nm^3)$

⑤ 기체의 수증기 증발열에 의한 열손실
㉠ $Hl = Hh - 480 \times wg = kcal/Nm^3$(저위발열량)
㉡ $Hh = Hl + 480 \times wg = kcal/Nm^3$(고위발열량)
※ $1Nm^3$의 수증기(H_2O)의 응축잠열[$480kcal/Nm^3$]
※ 0℃에서 1kg당 수증기(H_2O)의 응축잠열[600kcal/kg]

SECTION 08 이론연소 및 실제연소 온도계산

① 이론연소온도$(t) = \dfrac{Hl - Q}{G_{o \times C}}$

② 실제연소온도$(t℃) = \dfrac{\eta \times Hl + Q_a + Q_f + Q}{G \cdot C} + t_o$

여기서, η : 연소효율, Hl : 저위발열량(kcal/kg), Q_a : 공기현열(kcal/kg),
Q_f : 연료의 현열(kcal/kg), Q : 방산열량, G : 배기가스량(Nm^3/kg),
C : 배기가스비열(kcal/Nm^3℃), t_o : 외기온도(℃), G_o : 이론배기가스량

SECTION 09 기체연료 단일 성분의 저위발열량 계산

[고위 · 저위의 계산]

- $H_2 + \frac{1}{2}O_2 = H_2O \rightarrow Hh(3,050) - 480 = 2,570(Hl)$: 수소
- $CH_4 + 2O_2 = 2H_2O \rightarrow Hh(9,530) - 480 \times 2 = 8,570(Hl)$: 메탄
- $C_2H_2 + 2.5O_2 = H_2O \rightarrow Hh(14,080) - 480 = 13,600(Hl)$: 아세틸렌
- $C_2H_4 + 3O_2 = 2H_2O \rightarrow Hh(15,280) - 480 \times 2 = 14,320(Hl)$: 에틸렌
- $C_2H_6 + 3.5O_2 = 3H_2O \rightarrow Hh(16,810) - 480 \times 3 = 15,370(Hl)$: 에탄
- $C_3H_8 + 5O_2 = 4H_2O \rightarrow Hh(24,370) - 480 \times 4 = 22,450(Hl)$: 프로탄

SECTION 10 고체연료의 고위 · 저위발열량 간이계산

고위발열량과 저위발열량과의 차이는 수증기의 증발열 차이다.

[고체 · 액체]

- $Hh = Hl + 600(9H + W)$kcal/kg(고위발열량)
- $Hl = Hh - 600(9H + W)$kcal/kg(저위발열량)

여기서, Hh : 고위발열량, Hl : 저위발열량, H : 연료 중 수소성분,
W : 연료 중 부착수분, 600 : 수분, 수소 1kg의 0℃에서 증발열량

06장 출제예상문제

01 탄소 1[kg]이 완전연소하여 탄산가스가 되면서 약 몇 [kcal]의 열을 발생하는가?

① 28,800[kcal] ② 97,200[kcal]
③ 4,270[kcal] ④ 8,100[kcal]

$C+O_2 \rightarrow CO_2 + 97,200$[kcal/kmol]
$\therefore$ 97,200/12 = 8,100[kcal/kg]

02 연료의 가연성분 원소가 아닌 것은?

① C ② H
③ S ④ O

해설

연료의 가연성분
① 탄소(C), ② 수소(H), ③ 황(S)
산소는 연소 시 조연성 가스이다.

03 탄소 1[kg]을 연소시키는 데 필요한 이론공기량은?

① 8.89[Nm³] ② 11.49[Nm³]
③ 22.40[Nm³] ④ 26.67[Nm³]

해설

$C+O_2 \rightarrow CO_2$
12[kg] + 22.4[Nm³] → 22.4[Nm³]
$\therefore \frac{22.4}{12} \times \frac{100}{21} = 8.89$[Nm³]

04 과잉공기계수(공기비)로 옳은 것은?

① 연소가스량과 이론공기량과의 비
② 실제공기량과 이론공기량과의 비
③ 배기가스량과 사용공기량과의 비
④ 이론공기량과 배기가스량과의 비

해설

㉠ 공기비[m] = $\frac{\text{연소 시 실제공기량}}{\text{연소 시 이론공기량}}$
㉡ 공기비는 항상 1보다 크다.

05 연료의 성분이 C = 72[%], H = 5[%], O = 9[%], S = 0.9[%], H_2O = 6[%]일 때의 저위발열량은?

① 5,930[kcal/kg] ② 6,234[kcal/kg]
③ 7,075[kcal/kg] ④ 6,866[kcal/kg]

$$Hl = 8,100C + 28,600\left(H - \frac{O}{8}\right) + 2,500S - 600W$$
$$= 8,100 \times 0.72 + 28,600\left(0.05 - \frac{0.09}{8}\right) + 2,500 \times 0.099 - 600 \times 0.06$$
$$= 6,866\text{[kcal/kg]}$$

06 가연성 원소가 아닌 것은?

① C ② H
③ O ④ S

가연성 원소 : 탄소, 수소, 황(C, H, S)이고 산소는 조연성이다.

07 프로판 가스 1[kg]을 완전연소시킬 때 필요한 이론산소량은 약 몇 [Nm³]인가?(단, 프로판 가스 연소식은 $C_3H_8 + 5O_2 \rightarrow 3CO_2 + 4H_2O$이다.)

① 2.5[Nm³] ② 12.1[Nm³]
③ 44[Nm³] ④ 112[Nm³]

프로판의 분자량 44(22.4[Nm³]) → $5 \times \frac{22.4}{44}$ =2.54545[Nm³/kg]

정답 01 ④ 02 ④ 03 ① 04 ② 05 ④ 06 ③ 07 ①

08 증기 보일러의 효율이 83[%], 연료소비량은 350[kg/h], 연료의 저위발열량은 9,800[kcal/kg]이다. 증기의 유효열량은 몇 [kcal/h]인가?

① 2,846,900[kcal/h] ② 2,487,600[kcal/h]
③ 2,875,490[kcal/h] ④ 2,965,478[kcal/h]

해설
Q=350×9,800×0.83=2,846,900[kcal/h]

09 보일러 연소에서 공기비가 적정 공기비보다 적을 때 나타나는 현상은?

① 연소실 내 연소온도 상승
② 보일러 열효율 증대
③ 불완전연소에 의한 매연 발생량 증가
④ 배기가스 중 O_2 및 NO_2량 증대

해설
연소 시 공기비가 적정공기보다 적을 때 연소를 공기량이 부족하여 불완전연소에 의한 매연의 발생량이 증가한다.

10 보일러 매연 발생 원인과 가장 거리가 먼 것은?

① 공기비를 1.0 이하로 하여 연소시킬 때
② 연료 중에 회분이 과다하게 포함되었을 때
③ 연소실의 온도가 현저하게 낮을 때
④ 프리퍼지가 부족할 때

해설
프리퍼지(치환)가 부족하면 노 내에서 가스폭발이 발생된다.

11 경유의 성분이 C = 85[%], H = 13[%], O = 2[%]인 경우 이론공기량은 몇 [Nm^3/kg]인가?

① 7.0[Nm^3/kg] ② 8.7[Nm^3/kg]
③ 9.5[Nm^3/kg] ④ 10.9[Nm^3/kg]

해설

$$A_o = 8.89C + 26.67\left(H - \frac{O}{8}\right) + 3.33$$

$$S = 8.89 \times 0.85 + 26.67\left(0.13 - \frac{0.02}{8}\right)$$

$$= 7.5565 + 26.67 \times (0.13 - 0.0025) = 10.96[Nm^3/kg]$$

12 프로판 가스의 연소식은 다음과 같다. 프로판 가스 10[kg]을 연소시키는 데 필요한 이론산소량은?

$$C_3H_8 + 5O_2 \rightarrow 3CO_2 + 4H_2O$$

① 약 11.6[Nm^3] ② 약 25.5[Nm^3]
③ 약 13.8[Nm^3] ④ 약 22.4[Nm^3]

해설
C_3H_8의 분자량 44
44[kg] = 22.4[Nm^3]

$$\therefore\ 22.4 \times \frac{10}{44} \times 5 = 25.5[Nm^3]$$

13 연료의 고위발열량에서 저위발열량은 뺀 값은?

① 물의 잠열 ② 수증기의 열량
③ 수증기의 증기온도 ④ 물의 엔탈피

해설
1. 저위발열량 = 고위발열량 − 물의 잠열
2. 물의 잠열 = 고위발열량 − 저위발열량

14 과잉공기량을 증가시킬 때 연소가스 중의 성분 함량(백분율)이 증가하는 것은?

① CO_2 ② SO_2
③ O_2 ④ CO

해설
과잉공기량이 증가하면 연소가스 중의 성분 중 산소량이 증가한다.

정답 08 ① 09 ③ 10 ④ 11 ④ 12 ② 13 ① 14 ③

15 연료를 연소시키는 데 필요한 실제공기량과 이론공기량의 비, 즉 공기비를 m이라 할 때 다음 식이 뜻하는 것은?

$$(m-1)\times 100[\%]$$

① 과잉공기율 ② 과잉공기량
③ 이론공기율 ④ 실제 공기율

과잉공기율 = (공기비 − 1)×100[%]

16 연료의 연소 시 과잉공기계수(공기비)를 구하는 옳은 식은?

① $\dfrac{\text{연소가스량}}{\text{이론공기량}}$ ② $\dfrac{\text{실제공기량}}{\text{이론공기량}}$
③ $\dfrac{\text{배기가스량}}{\text{사용공기량}}$ ④ $\dfrac{\text{이론가스량}}{\text{실제배기가스량}}$

$\text{공기비} = \dfrac{\text{실제공기량}}{\text{이론공기량}}$

17 과잉공기량을 맞게 설명한 것은?

① 완전연소에 필요한 실제공기량에 추가로 공급하는 공기량
② 1차 공기로 부족할 때 추가로 공급하는 공기량
③ 이론공기량과 실제공기량을 합한 공기량
④ 완전연소에 필요한 실제공기량과 이론공기량의 차

해설
과잉공기량 = 실제공기량 − 이론공기량

18 탄소 12[kg]을 완전연소시키는 데 필요한 산소의 부피는?

① 12[Nm³] ② 2.67[Nm³]
③ 22.4[Nm³] ④ 32[Nm³]

해설
$C + O_2 \rightarrow CO_2$
12[kg + 22.4[Nm³] → 22.4[Nm³]
1[kg] + 1.867[Nm³] → 1.867[Nm³]

19 과잉공기율을 μ, 이론공기량은 A[Nm³/kg]라고 할 때 실제공기량을 계산하는 식은?

① μA ② $\dfrac{\mu}{A}$
③ $\dfrac{1}{\mu A}$ ④ μA_o

해설
실제공기량(A) = 이론공기량(A)×공기비(m)
= 과잉공기율×이론공기량

정답 15 ① 16 ② 17 ④ 18 ③ 19 ①

CHAPTER 07 육용 보일러의 열정산방식

SECTION 01 열정산의 조건

열정산의 조건은 다음에 따른다.

(1) 보일러의 열정산은 원칙적으로 정격부하 이상에서 정상상태(Steady State)로 적어도 2시간 이상의 운전결과에 따라 한다. 다만, 액체 또는 기체연료를 사용하는 소형 보일러에서는 인수 · 인도 당사자 간의 협정에 따라 시험시간을 1시간 이상으로 할 수 있다. 시험부하는 원칙적으로 정격부하 이상으로 하고, 필요에 따라 3/4, 2/4, 1/4 등의 부하로 한다. 최대출열량을 시험할 경우에는 반드시 정격부하에서 시험을 한다. 측정결과의 정밀도를 유지하기 위하여 급수량과 증기배출량을 조절하여 증발량과 연료의 공급량이 일정한 상태에서 시험을 하도록 최대한 노력하고, 급수량과 연료공급량의 변동이 불가피한 경우에는 가능한 한 그 변동량이 작은 상태에서 시험을 한다.

(2) 보일러의 열정산시험은 미리 보일러 각부를 점검하여, 연료, 증기 또는 물의 누설이 없는가를 확인하고, 시험 중 실제 사용상 지장이 없는 경우 블로다운(Blow Down), 그을음불어내기(Soot Blowing) 등은 하지 않는다. 또한 안전밸브를 열지 않은 운전상태에서 하며 안전밸브가 열린 때는 시험을 다시 한다.

(3) 시험은 시험 보일러를 다른 보일러와 무관한 상태로 하여 실시한다.

(4) 열정산 시험 시의 연료 단위량, 즉 고체 및 액체 연료의 경우는 1kg, 기체 연료의 경우는 표준상태(온도 0℃, 압력 101.3kPa)로 환산한 $1Nm^3$에 대하여 열정산을 하는 것으로 하고, 단위시간당 총 입열량(총 출열량, 총 손실 열량)에 대하여 열정산을 하는 경우에는 그 단위를 명확히 표시한다. 혼소(混燒) 보일러 및 폐열 보일러의 경우에는 단위시간당 총 입열량에 대하여 실시한다.

(5) 발열량은 원칙적으로 사용 시 연료의 고발열량(총발열량)으로 한다. 저발열량(진발열량)을 사용하는 경우에는 기준발열량을 분명하게 명기해야 한다.

(6) 열정산의 기준온도는 시험 시의 외기온도를 기준으로 하나, 필요에 따라 주위 온도 또는 압입송풍기출구 등의 공기온도로 할 수 있다.

(7) 열정산을 하는 보일러의 표준적인 범위를 그림에 나타낸다. 과열기, 재열기, 절탄기 및 공기예열기를 갖는 보일러는 이들을 그 보일러에 포함시킨다. 다만, 인수 · 인도당사자 간의 협정에 의해 이 범위를 변경할 수 있다.

(8) 이 표준에서 공기란 수증기를 포함하는 습공기로 하며, 연소가스란 수증기를 포함하지 않은 건조가스로 하는 경우와 연소에 의하여 발생한 수증기를 포함한 습가스로 하는 경우가 있다. 이들의 단위량은 어느 것이나 연료 1kg(또는 Nm^3)당으로 한다.

(9) 증기의 건도는 98% 이상인 경우에 시험함을 원칙으로 한다(건도가 98% 이하인 경우에는 수위 및 부하를 조절하여 건도를 98% 이상으로 유지한다).

(10) 보일러효율의 산정방식은 다음 ① 및 ②의 방법에 따른다.

① **입출열법**(η_1)

$$\eta_1 = \frac{Q_s}{H_h + Q} \times 100$$

여기서, η_1 : 입출열법에 따른 보일러 효율
Q_s : 유효 출열
$H_h + Q$: 입열 합계

② **열손실법**(η_2)

$$\eta_2 = \left(1 - \frac{L_h}{H_h + Q}\right) \times 100$$

여기서, η_2 : 열손실법에 따른 보일러 효율
L_h : 열손실 합계

③ 보일러의 효율산정방식은 입출열법과 열손실법으로 실시하고, 이 두 방법에 의한 효율의 차가 과대한 경우에는 시험을 다시 실시한다. 다만, 입출열법과 열손실법 중 어느 하나의 방법에 의하여 효율을 측정할 수밖에 없는 경우에는 그 이유를 분명하게 명기한다.

(11) 온수 보일러 및 열매체 보일러의 열정산은 증기 보일러의 경우에 준하여 실시하되, 불필요한 항목(예를 들면, 증기의 건도 등)은 고려하지 않는다.

(12) 폐열 보일러의 열정산은 증기 보일러의 경우에 준하여 실시하되, 입열량을 보일러에 들어오는 폐열과 보조연료의 화학에너지로 하고, 단위시간당 총 입열량(총 출열량, 총 손실열량)에 대하여 실시한다.

(13) 전기에너지는 1kW당 860kcal/h로 환산한다.

(14) 증기 보일러 열출력 평가의 경우, 시험 압력은 보일러 설계 압력의 80% 이상에서 실시한다. 온수 보일러 및 열매체 보일러의 열출력 평가 시에는 보일러 입구 온도와 출구 온도의 차에 민감하기 때문에 설계온도와의 차를 ±1℃ 이하로 조절하고 시험을 실시한다. 이 조건을 만족하지 못하는 경우에는 그 이유를 명기한다.

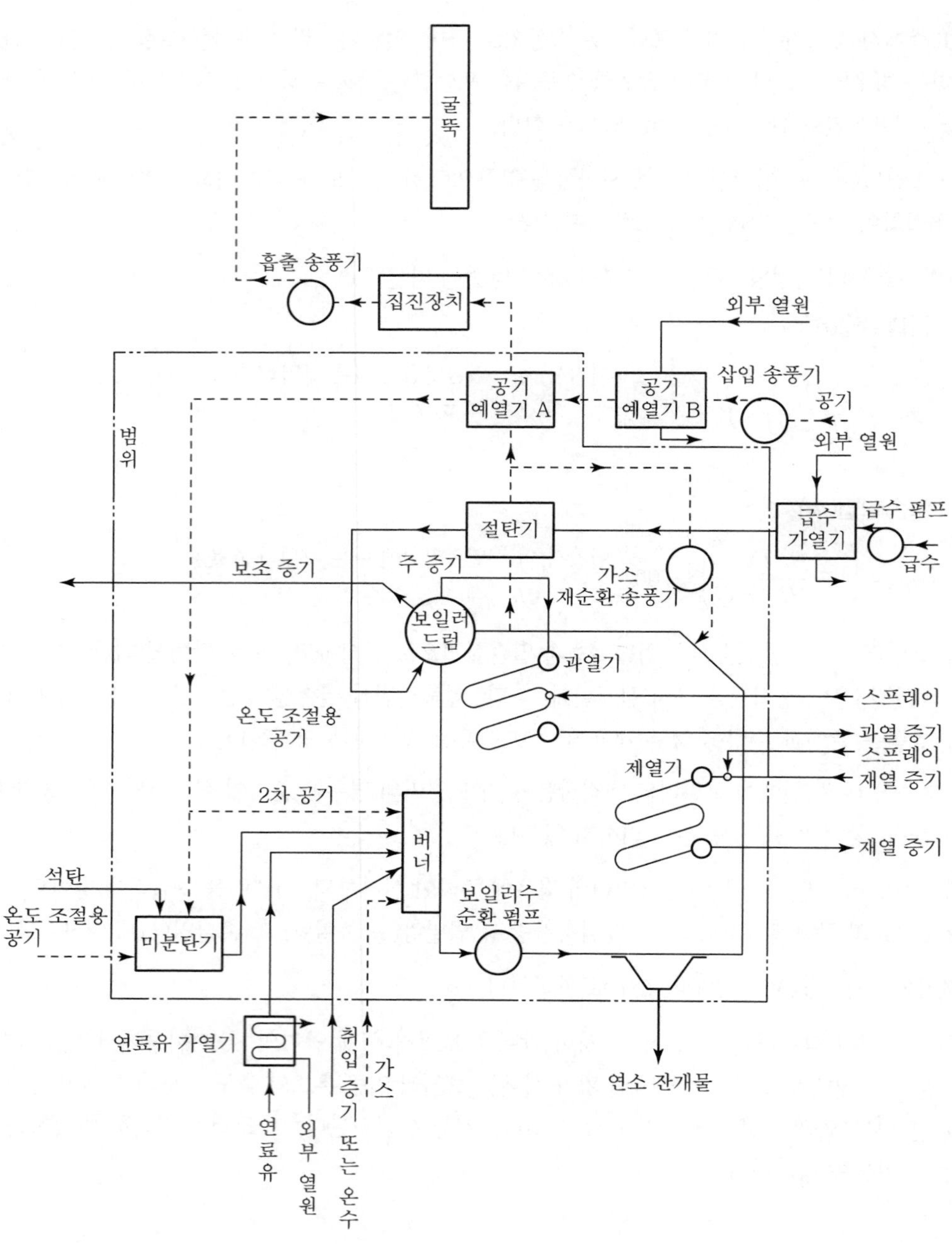

굴뚝
흡출 송풍기
집진장치
외부 열원
삽입 송풍기
공기 예열기 A
공기 예열기 B
공기
외부 열원
범위
급수 가열기
급수 펌프
급수
절탄기
보조 증기
주 증기
가스 재순환 송풍기
보일러 드럼
과열기
스프레이
온도 조절용 공기
과열 증기
스프레이
제열기
재열 증기
2차 공기
재열 증기
버너
석탄
보일러수 순환 펌프
온도 조절용 공기
미분탄기
연료유 가열기
취입 증기 또는 온수
가스
연소 잔개물
연료유
외부 열원

‖ 보일러의 범위 ‖

SECTION 02 측정방법

보일러의 열정산에서 측정항목은 다음과 같다. 입출열법에 따른 보일러 효율을 구하는 경우는 연료의 사용량과 발열량 등의 입열 및 발생 증기의 흡수열을, 또한 열손실법에 따른 보일러 효율을 구하는 경우는 연료 사용량과 발열량 등에 의한 입열 및 각부의 열손실을 구할 필요가 있다.

1 기준온도

기준온도는 햇빛이나 기기의 복사열을 받지 않는 상태에서 측정한다.

2 연료

1. 연료사용량의 측정

연료사용량의 측정은 다음과 같다.

(1) 고체연료

고체연료는 측정 후 수분의 증발을 피하기 위해 가능한 한 연소 직전에 측정하고, 그때마다 동시에 시료를 채취한다. 측정은 보통 저울을 사용하나, 콜미터나 그 밖의 계측기를 사용할 때에는 지시량을 정확하게 보정한다. 측정의 허용오차는 보통 ±1.5%로 한다.

(2) 액체연료

① 액체연료는 중량 탱크식 또는 용량 탱크식 혹은 용적식 유량계로 측정한다. 측정의 허용 오차는 원칙적으로 ±1.0%로 한다.

② 용량 탱크식 또는 용적식 유량계로 측정한 용적 유량은 유량계 가까이에서 측정한 유온을 보정하기 위해 다음 방법으로 중량유량으로 환산한다. 중유의 경우에는 다음과 같은 온도 보정계수를 사용하고, 중유 이외 연료의 온도보정계수는 1로 한다.

연료사용량(F) $= d \times k \times V_t$

여기서, F : 연료 사용량(kg/h), d : 연료의 비중,
k : 온도보정계수(다음 표에 따른다.), V_t : 연료사용량(L/h)

▼ 연료(중유)의 온도(t)에 따른 체적보정계수

중유 비중(d 15℃)	온도 범위	k값
1.000~0.966	15~50℃ 50~100℃	1.000−0.00063×(t−15) 0.9779−0.0006×(t−50)
0.965~0.851	15~50℃ 50~100℃	1.000−0.00071×(t−15) 0.9754−0.00067×(t−50)

(3) 기체연료

① 기체연료는 용적식, 오리피스식 유량계 등으로 측정하고, 유량계 입구나 출구에서 압력, 온도를 측정하여 표준 상태의 용적 Nm^3로 환산한다. 측정의 허용 오차는 원칙적으로 ±1.6%로 한다.

② 표준상태로의 용적 유량 환산은 다음에 따른다. 측정값을 압력 · 온도에 따라 표준상태(0℃, 101.3kPa)로 환산한다.

$$\text{표준상태 연료사용량}(V_0) = V \times \frac{P}{P_0} \times \frac{T_0}{T}$$

여기서 V_0 : 표준상태에서 연료 사용량(Nm^2)
V : 유량계에서 측정한 연료 사용량(m^3)
P : 연료 가스의 압력(Pa, mmHg, mbar 등)
P_0 : 표준상태의 압력(Pa, mmHg, mbar 등)
T : 연료 가스의 절대온도(K)
T_0 : 표준상태의 절대온도(K)

2. 시료의 측정방법

① 사용 연료의 시료 채취, 시험, 분석 및 발열량 측정은 일반적으로 다음 표준에 따른다.
KS E 3707, KS E 3709, KS M 2001, KS M 2002, KS M 2017, KS M 2027, KS E ISO 589, KS M ISO 6245, KS M 2057, KS M ISO 3733

② 연소 계산을 위하여 액체연료와 고체연료는 원소 분석과 발열량 측정을 하고, 기체연료는 성분 분석과 발열량 측정을 한다.

3 급수

1. 급수량 측정

① 급수량 측정은 중량 탱크식 또는 용량 탱크식 혹은 용적식 유량계, 오리피스 등으로 한다. 측정의 허용 오차는 일반적으로 ±1.0%로 한다.

② 측정한 급수의 일부를 보일러에 넣지 않은 경우에는 그 양을 보정하여야 한다. 과열기 및 재열기에 증기 온도 조절을 위하여 스프레이 물을 넣는 경우에는 그 양을 측정한다.

③ 용적 유량을 측정한 경우에는 유량계 부근에서 측정한 온도에 따른 비체적을 증기표에서 찾아 다음 방법으로 급수량을 중량으로 환산한다.

$$\text{환산한 급수량}(W) = \frac{W_0}{V_1}$$

여기서, W : 환산한 급수량(kg/h)
W_0 : 실측한 급수량(L/h)
W_1 : 측정 시 급수 온도에서 급수의 비체적(L/kg)

2. 급수 온도의 측정

급수 온도는 절탄기 입구에서(필요한 경우에는 출구에서도) 측정한다. 절탄기가 없는 경우에는 보일러 몸체의 입구에서 측정한다. 또한 인젝터를 사용하는 경우에는 그 앞에서 측정한다.

4 연소용 공기

1. 공기량의 측정

① 연료의 조성(액체 연료와 고체 연료는 원소 분석값, 기체 연료는 성분 분석값)에서 이론 공기량(A_0)을 계산하고, 배기가스 분석 결과에 의해 공기비를 계산하여 실제공기량(A)을 계산한다.

실제 공기량$(A) = mA_0$

여기서, A : 실제공기량(Nm^3/h)
m : 공기비
A_0 : 이론공기량(연소 프로그램에서 계산)(Nm^3/h)

② 필요한 경우에는 압입 송풍기의 출구에서 오리피스, 피토관 등을 사용하여 측정한다. 공기 예열기가 있는 경우에는 그 출구에서 측정한다(KS B 6311 참조).

2. 예열 공기 온도의 측정

공기 온도는 공기 예열기의 입구 및 출구에서 측정한다. 터빈 추기 등의 외부 열원에 의한 공기 예열기를 병용하는 경우는 필요에 따라 그 전후의 공기 온도도 측정한다.

3. 공기의 습도 측정

① 송풍기 입구 부근에서 건습구 온도계를 이용하여 건구 온도와 습구 온도를 측정하거나 습도계를 사용하여 상대 습도 또는 절대 습도를 측정한다.

② 건습구 온도계의 건구 온도 t℃와 습구 온도 t'℃에서 습공기 중의 절대습도 z를 다음과 같이 구한다.

$$\text{습공기 중 절대습도}(z) = 0.622 \times \frac{P_w}{P - P_w}$$

여기서, z : 공기의 절대습도($kg-H_2O/kg-air$)
P : 대기압(즉, 전압)(kPa)
P_w : 수증기의 분압(kPa)

$$P_w = P_s' - \frac{P}{30} \cdot \frac{t-t'}{50}$$

여기서, P_s' : 습구온도 t'℃에서 수증기의 포화압력(kPa)
t : 건구온도(℃)
t' : 습구온도(℃)

③ 습도계로 상대습도를 측정한 경우, 절대습도는 다음과 같이 구한다.

$$\text{절대습도}(z) = 0.622 \times \frac{\phi P_s}{P - \phi P_s}$$

여기서, ϕ : 상대습도(%)

P_s : 공기 온도 t℃에서 수증기의 포화압력(kPa)

④ 습도가 보일러의 효율에 미치는 영향이 미미한 경우(습도가 낮은 경우)에는 습도 측정을 생략할 수 있다.

5 연료 가열용 또는 노 내 취입 증기

① 연료 가열용 증기량 측정은 유량계로 측정하거나 증기 트랩이 있는 연료 가열기의 경우에는 트랩의 응축수량을 측정할 수도 있다.

② 노 내 취입 증기량은 증기 유량계로 측정한다.

6 발생 증기

1. 발생 증기량의 측정

① 발생 주증기량은 일반적으로 급수량으로부터 수위 보정(시험 개시시 및 종료시에 있어 보일러 수면의 위치변화를 고려한 급수량의 보정)을 통해 산정한다. 증기 유량계가 설비되어 있는 경우는 그 측정값을 참고값으로 한다.

② 발생증기의 일부를 연료 가열, 노 내 취입 또는 공기 예열에 사용하는 경우 등에는 그 양을 측정하여 급수량에서 뺀다.

③ 재열기 입구 증기량은 주증기량에서 증기 터빈의 그랜드 증기량 및 추기 증기량을 빼서 구한다.

④ 과열기와 재열기 출구 증기량은 그 입구 증기량에 과열 저감기에서 분사한 스프레이양을 더하여 구한다.

2. 과열 증기 및 재열 증기 온도의 측정

① 과열기 출구 온도는 과열기 출구에 근접한 위치에서 측정하지만, 출구에 온도 조절 장치가 있는 경우에는 그 뒤에서 측정한다.

② 재열기 출구 온도는 재열기 출구에 근접한 위치에서 측정하지만, 출구에 온도 조절 장치가 있는 경우에는 그 뒤에서 측정한다. 재열기의 경우는 그 입구에서도 측정한다.

3. 증기 압력의 측정

① 포화 증기의 압력은 보일러 몸체 또는 그에 상당하는 부분(노통 연관식 보일러의 경우, 동체의 증기부)에서 측정한다.

② 과열 증기 및 재열 증기의 압력은 그 온도를 측정하는 위치에서 측정한다.
③ 압력 취출구와 압력계 사이에 높이의 차가 있는 경우는 연결관 내의 수주에 따라 압력을 보정한다.

4. 포화 증기의 건도 측정

① 포화 증기의 건도는 원칙적으로 보일러 몸체 출구에 근접한 위치 또는 그에 상당하는 부분에서 복수 열량계, 스로틀 열량계 등을 사용하여 측정한다.
② 건도계의 온도 측정에는 정밀급 열전대 또는 정밀급 저항 온도계, 정밀급 수은 봉상 온도계를 사용하여 측정하고, 교축 열량계의 경우에는 다음 식에 따라 건도를 환산한다.

$$\text{증기 건도}(x) = \frac{[(0.46 \times (t_1 - 99.09) + 638.81 - h')]}{\gamma} \times 100$$

여기서, x : 증기 건도(%)
t_1 : 건도 계출구 증기 온도(℃)
h' : 측정압에서의 포화 엔탈피(kcal/kg)
γ : 측정압력에 대한 증발 잠열(kcal/kg)

③ 증기의 건도 측정이 불가능한 경우 강제 보일러의 건도는 0.98, 주철제 보일러는 0.97로 한다. 이 경우에는 측정이 불가능한 사유를 명기한다.

7 배기가스(연소가스)

1. 배기가스 온도의 측정

① 배기가스 온도는 보일러의 최종 가열기 출구에서 측정한다. 가스 온도는 각 통로 단면의 평균 온도를 구하도록 한다.
② 배기가스 중의 수증기 일부가 응축되는 절탄기나 공기 예열기의 경우에는 그 전후에서 온도를 측정한다. 또한 응축이 일어나지 않는 경우에도 필요에 따라 보일러 본체 출구 및 과열기, 재열기, 절탄기 및 공기 예열기의 입구 및 출구에서 온도를 측정한다.

2. 배기가스 성분 분석

① 배기가스의 시료 채취 위치는 절탄기 출구(절탄기가 없는 경우에는 보일러 본체 또는 과열기 출구)로 한다. 또한 공기 예열기가 있는 경우에는 그 출구에서도 측정한다. 시료 채취 방법은 일반적으로 KS I 2202에 따른다. 배기 댐퍼의 조절이 가능한 경우에는 조절하여 배기가스 성분 분석을 위한 시료 채취 위치에 음압이 걸리지 않도록 한다.
② 배기가스의 성분 분석은 일반적으로 오르자트 가스 분석기, 전기식 또는 기계식 가스 분석기를 사용한다. 가스 분석기는 센서나 시약의 수명관리를 위해 표준가스(Standard Gas)로 교정하여 사용하여야 한다. 교정을 위한 표준 가스는 분석하고자 하는 배기가스의 성분과 유사한 것을 사용하도록 한다.

3. 공기비 측정

① 유류를 연료로 사용하는 보일러에서는 공기비 측정 시 보일러의 공기비 측정을 위하여 바카라치 스모크 스케일(Smoke Scale)을 기준으로 사용하여 다음 조건 시의 배기가스 분석값 중 O_2 농도나 CO_2 농도를 이용하여 공기 비를 계산한다(다만, 다음 조건을 만족하지 못하는 경우에는 그 이유를 명기한다).

㉠ 중유 연소 보일러 : 바카라치 스모크 No.4 이하

㉡ 경유 연소 보일러 : 바카라치 스모크 No.3 이하

② 유류 연료의 경우, ①의 바카라치 스모크 스케일을 만족하는 경우에도 배기가스 중 CO 농도가 300ppm 이상인 경우에는 CO 농도 300ppm 이하로 공기비를 조정하여 배기가스 분석값 중 O_2 농도나 CO_2 농도를 이용하여 공기비를 계산한다(다만, 이 조건을 만족하지 못하는 경우에는 그 이유를 명기한다).

③ 가스 보일러의 경우에는 배기가스 중의 CO 농도가 300ppm 이하인 경우의 배기가스 분석값 중 O_2 농도나 CO_2 농도를 이용하여 공기비를 계산한다.

④ 공기비 계산은 배기가스 분석값 중 O_2 농도나 CO_2 농도를 이용하여 다음과 같이 계산한다.

㉠ 배기가스 중의 산소(O_2) 농도에서 계산하는 경우

$$공기비(m) = \frac{21}{21-(O_2)}$$

여기서, m : 공기비
(O_2) : 건배기가스 중의 산소분(체적 %)

㉡ 배기가스 중의 탄산가스(CO_2) 농도에서 계산하는 경우

$$공기비(m) = \frac{(CO_2)_{max}}{(CO_2)}$$

여기서, m : 공기비(과잉공기계수)
$(CO_2)_{max}$: 건배기가스 중의 이산화탄소분 최댓값(체적 %)
(CO_2) : 건배기가스 중의 이산화탄소분(체적 %)

참고 주요 연료의 $(CO_2)_{max}$

- 등유 : 15.13%
- 경유 : 15.16%
- B－A유 : 15.6%
- B－C : 15.7%
- LNG : 12.0%
- LPG : 14.5%

4. 배기가스 중의 응축 수량 측정

① 배기가스 중의 수증기가 응축하여 다량의 응축수가 배출되는 경우에는 그 응축수의 배출량을 측정한다. 응축수의 측정을 위해 배기가스가 응축되는 부분에 응축수를 모을 수 있는 배관을 설치하여 응축수를 한곳으로 유도하여 그 양을 측정한다.

② 응축수의 온도를 측정한다.

③ 응축수의 페하(pH)를 측정한다.

5. 응축형 보일러의 배기가스 습도 측정

① 배기가스 중의 수증기가 응축하여 다량의 응축수가 배출되는 경우에는 습도계를 이용하여 최종 열교환기(공기 예열기 또는 절탄기) 출구에서 배기가스 중의 습도(상대 습도 또는 절대 습도)를 측정한다.

② 습도계로 배기가스의 상대 습도를 측정한 경우, 절대 습도는 다음과 같이 구한다.

$$\text{배기가스 절대습도}(z_g) = 0.622 \times \frac{\phi P_s}{P - \phi P_s}$$

여기서, z_g : 배기가스의 절대습도(kg－H_2O/kg－gas)
ϕ : 상대습도(%)
P_s : 배기 온도 t_g℃에서 수증기의 포화 압력(kPa)

8 송풍압

필요에 따라 송풍압(정압)을 측정한다. 정압 측정 방법은 KS B 6311에 따른다.

① **송풍압(정압)의 측정**
송풍압은 수주 압력계 등을 사용하여 압입 송풍기 토출구에서 측정한다. 필요에 따라 공기예열기의 입구 및 출구 또는 버너 윈드박스 등에서도 측정한다.

② **배기가스의 압력 측정**
배기가스의 압력은 수주 압력계 등을 사용하여 최종 가열기를 나온 위치에서 측정한다. 필요에 따라 노 내, 보일러 본체 출구, 절탄기, 공기 예열기, 흡출 송풍기의 입구 및 출구에서도 측정한다.

9 연소 잔재물

액체연료나 기체연료의 경우에는 연소 잔재물이 미량이기 때문에 무시할 수 있고, 고체연료의 경우에는 다음에 따른다.

① **연소 잔재물의 양 측정**
연소 잔재물의 양은 연료의 사용량, 연료 중의 회분 및 연소 잔재물 중 미연소분의 비율로부터 산정한다. 연소 잔재량을 실측할 수 있는 경우는 그에 따른다.

② **연소 잔재물의 시료 채취 및 미연소분의 측정**
연소 잔재물의 시료 채취는 KS E ISO 589에 따른다. 미연소분의 측정은 KS E 3705 : 2001의 '6. 회분정량 방법'에 따른다.

③ **연소 잔재물의 온도 측정**
연소 잔재물이 다량인 고체 연료의 경우에는 잔재물에 의한 열 손실을 고려할 수 있도록 잔재물의 배출 온도를 측정한다.

10 소요전력

① 소요전력 측정 시 보일러 시스템의 모든 전원이 동일 제어 패널에서 공급된 경우에는 그 제어 패널에 공급되는 전원에 전력계를 설치하여 측정한다.
② 보일러 시스템 작동기기의 전원이 별개의 제어 패널에서 공급되는 경우 송풍기, 펌프 등의 모터나 전기히터의 전력을 측정하는 경우에는 전압, 전류, 소요전력을 측정하여 합산한다.

11 소음 측정

보일러의 소음은 보일러 주위에서 1.5m 떨어진 여러 위치에서 측정하여 최고값을 기록한다.

12 폐열 보일러의 측정

- 폐열 보일러의 경우에는 보일러의 입열량 계산을 위해 유입되는 가스의 유량, 온도, 압력 및 그 조성을 측정한다.
- 폐열 보일러에 유입되는 가스를 발생하는 장치에서 가연성 물질을 소각하여 폐가스가 발생하는 경우 그 가연성 물질의 원소 분석 또는 성분 분석을 실시하고, 그 분석값을 이용하여 연소 반응식에 의해 가스량과 가스 조성을 계산할 수 있다.

(1) 가스 유량 측정

① 가스 유량 측정 방법은 KS B 6311의 유량 측정법에 따른다.
② 표준상태로의 용적 유량 환산은 다음에 따른다. 측정값을 압력 · 온도에 따라 표준상태(0℃, 101.3kPa)로 환산한다.

$$\text{표준상태 배기가스량}(V_0) = V \times \frac{P}{P_0} \times \frac{T_0}{T}$$

여기서, V_0 : 표준상태에서 가스량(Nm³), V : 측정 조건에서 가스량(m³)
P : 가스의 압력(kPa, mmHg, mbar 등)
P_0 : 표준상태의 압력(101.3kPa, 760mmHg, 1,013mbar 등)
T : 가스의 절대 온도(K), T_0 : 표준상태의 절대 온도(273K)

(2) 가스 온도 측정

가스 온도 측정은 보일러 입구와 출구로부터 가까운 위치에서 측정한다. 온도 측정 위치의 단면에서 온도 구배가 있는 경우에는 온도 측정값이 단면 평균 온도가 되도록 여러 점에서 측정하여 평균한다.

(3) 가스 조성의 측정

가스 조성은 가스 크로마토그래프와 같은 가스 분석기를 사용하여 가스의 조성을 측정한다. 다만, 폐열 발생원에서 계산(예를 들면, 연소 계산)에 의해 유입 가스의 조성을 명확하게 알 수 있는 경우에는 그 계산 결과를 가스조성으로 사용할 수 있다.

⑬ 측정 시간 간격

연료 시료의 채취, 증기, 공기, 배기가스의 압력 및 온도 등의 측정은 기록식 계기를 사용하는 경우 이외에는 각각 일정 시간 간격마다 한다. 그 중요한 보기를 표시하면 다음과 같다.

- 석탄의 시료 채취 : 시험 시간 중 가능한 한 횟수를 많이 한다(KS E ISO 589 참조).
- 액체, 기체 연료의 시료 채취 및 증기의 건도 측정 : 시험 시간 중 2회 이상
- 증기 압력 및 온도와 급수 온도 : 10~30분마다
- 급수 유량 및 연료 사용량 : 5~10분마다
- 공기, 배기가스 등의 압력 및 온도 : 15~30분마다
- 배기가스의 시료 채취 : 30분마다(수동식 급탄 연소의 경우에는 되도록 횟수를 많이 한다.)

SECTION 03 시험 준비 및 운전상 주의

① 보일러의 상태 검사 및 보수

보일러는 미리 각 부분을 검사하여 증기 및 물의 누설(특히 블로 밸브에서의 누설)이 없도록 정비하고, 내화재, 보온재, 그 밖의 파손이 있으면 보수하여 둔다. 내부 및 외부의 오염 상황 또는 관리 상황(시험 전의 청소 기일, 청소 방법, 청소 후의 운전 상황 및 운전 시간, 보수 상황 등)을 기록한다.

② 보조 기기류의 정비

운전 장치, 연료 공급 장치, 회 처리 장치, 통풍 장치, 급수 장치, 수면계, 자동제어장치, 그 밖의 보조 기기, 계기류의 기능을 미리 점검 조정하여 시험 중에 고장이 생기지 않도록 정비한다.

③ 측정 기구의 정비

필요한 계기류는 미리 검사하고, 정확히 교정하여 소정의 위치에 배치한다. 급수 및 연료의 측정 기구에 바이패스가 있는 경우는 그곳에 누설이 없는가를 확인한다.

④ 보일러 운전 상황의 조정

보일러를 미리 소기의 운전상태로 조정하고, 보일러의 종류에 따라 적당한 시간 중(일반적으로는 1시간 이상) 그 상태를 지속하여 양호한 운전 상황이 지속될 수 있는지 확인한 다음에 본시험을 하도록 한다.

5 측정원의 배치

측정원은 미리 부서를 정하여 배치하고, 가능한 한 본 시험 전의 준비 운전에서 훈련하고, 시험 개시와 동시에 즉시 정확한 측정을 할 수 있도록 하여야 한다.

6 블로다운, 그을음 불어내기, 급수 시료 채취 등

블로다운, 그을음 불어내기 및 급수 · 보일러수, 발생 증기의 시료 채취 등은 시험 개시 전에 하고, 본 시험 중에는 하지 않도록 한다.

7 측정값의 변동

발생 증기량, 압력 및 온도의 변동은 다음 범위를 넘지 않도록 한다. 다음 범위를 초과한 경우는 그 상황을 측정 결과의 비고란에 기입한다.

① **발생 증기량의 변동** : 평균값의 ±10%

② **증기 압력 및 온도의 변동** : 평균값의 ±6 %

8 시험 조건이 계속 변화하는 보일러의 시험

① 측정 결과의 정밀도를 유지하기 위하여 급수량과 증기 배출량을 조절하여 증발량과 연료의 공급량이 일정한 상태에서 시험을 실시하도록 최대한 노력하고, 급수량과 연료 공급량의 변동이 불가피한 경우에는 가능한 한 그 변동량이 작은 상태에서 시험을 한다.

② 급수량과 연소량은 비교적 일정한 경우에도 증기의 응축수를 회수하는 난방용 증기 보일러 시스템과 같이 운전이 간헐적이고 운전 시간이 짧으면서도 응축수 회수에 의해 급수 온도가 계속적으로 변화하는 보일러의 시험 시에는 데이터 로깅 시스템(Data Logging System)이나 기록식 계기를 사용하여 각부 온도의 시간 평균값을 구하여 사용한다. 이 경우, 평균값을 계산할 때는 운전 초기의 측정값과 운전 종료 직전의 측정값은 버리도록 한다.

③ 회분식 소각로와 함께 설치되는 폐열 보일러와 같이 입열량이 주기적으로 크게 변화하는 경우에는 1회분 전 기간에 걸쳐 누적값을 사용하여 성능 평가를 실시한다.

9 간접 가열식 보일러의 시험

진공식 온수 보일러, 대기 개방형 온수 보일러, 중탕형 온수 보일러 등과 같이 연소 가스에 의해 열매를 가열하고, 그 열매와 급수와의 열교환에 의해 온수를 발생하는 간접 가열식 보일러의 경우에는 열매가 보유하고 있는 열량이 비교적 크기 때문에 온수 발생량, 연소량, 순환 수량을 조절하여 버너와 순환 펌프가 단속적으로 운전되지 않는 상태, 즉 연속 운전상태에서 시험을 실시한다.

07장 출제예상문제

01 1BHP(보일러 마력)를 옳게 설명한 것은?

① 0[℃]의 물 539[kg]을 1시간에 100[℃]의 증기로 바꿀 수 있는 능력이다.
② 100[℃]의 물 539[kg]을 1시간에 같은 온도의 증기로 바꿀 수 있는 능력이다.
③ 100[℃]의 물 15.65[kg]을 1시간에 같은 온도의 증기로 바꿀 수 있는 능력이다.
④ 0[℃]의 물 15.65[kg]을 1시간에 100[℃]의 증기로 바꿀 수 있는 능력이다.

해설
1보일러 마력이란 100[℃]의 물 15.65[kg]을 1시간에 같은 온도의 증기로 바꿀 수 있는 능력이다.

02 보일러 증발배수를 구하는 공식으로 옳은 것은?

① $\dfrac{\text{매시 실제증발량}}{\text{매시 연료소모량}}$ ② $\dfrac{\text{매시 실제증발량}}{\text{전열면적}}$
③ $\dfrac{\text{매시 실제증발량}}{\text{매시 환산증발량}}$ ④ $\dfrac{\text{매시 환산증발량}}{\text{전열면적}}$

해설
보일러 증발배수 $= \dfrac{\text{매시 실제증발량}}{\text{매시 연료소모량}}$[kg/kg]

03 보일러의 열손실에 해당되지 않는 것은?

① 배기가스 손실
② 방산열에 의한 손실
③ 연료의 현열에 의한 손실
④ 불완전연소가스에 의한 손실

해설
연료의 현열
입열에 해당된다.(①, ②, ④항은 열손실이다.)

04 보일러의 전열효율[%]을 구하는 옳은 식은?

① $\dfrac{\text{증기발생에 이용된 열}}{\text{보일러실에 공급된 열}} \times 100$
② $\dfrac{\text{증기발생에 이용된 열}}{\text{연료 연소 열량}} \times 100$
③ $\dfrac{\text{연료 연소 열량}}{\text{연료의 저위발열량}} \times 100$
④ $\dfrac{\text{연료 연소 열량}}{\text{증기발생에 이용된 열}} \times 100$

해설
$\eta = \dfrac{\text{증기발생에 이용된 열}}{\text{보일러실에 공급된 열}} \times 100$[%]

05 보일러 관련 용어의 단위가 잘못된 것은?

① 급수엔탈피 – [kcal/kg]
② 전열면적 – [m^2]
③ 저위발열량 – [kcal/kg]
④ 보일러 용량 – [kcal/m^2]

해설
보일러 용량 : kg/h, ton/h, kcal/h

06 보일러의 연소배기가스를 분석하는 궁극적인 목적은?

① 노 내압 조정 ② 연소열량 계산
③ 매연농도 산출 ④ 연소의 합리화 도모

해설
연소배기가스를 분석하는 궁극적인 목적은 연소의 합리화 도모이다.

정답 01 ③ 02 ① 03 ③ 04 ① 05 ④ 06 ④

07 증기 보일러의 용량을 표시하는 값으로 일반적으로 가장 많이 사용하는 것은?

① 최고사용압력 ② 상당증발량
③ 시간당 발열량 ④ 시간당 연료사용량

해설
증기 보일러의 용량을 표시하는 값으로 일반적으로 가장 많이 사용하는 것은 상당증발량이다.

08 1보일러 마력을 열량으로 환산하면 약 몇 [kcal/h]인가?

① 15.65[kcal/h] ② 539[kcal/h]
③ 10,780[kcal/h] ④ 8,435[kcal/h]

해설
1마력＝상당증발량 15.65[kg/h]
물의 증발잠열＝539[kcal/kg]
∴ 15.65×539＝8,435[kcal/h]

09 보일러 열정산 시 입열항목에 해당되는 것은?

① 연료의 현열 ② 발생증기 흡수열
③ 배기가스 보유열 ④ 미연가스 보유열

해설
입열
㉠ 연료의 현열
㉡ 공기의 현열
㉢ 연료의 연소열

10 보일러 열정산 시의 기준온도는?

① 상온 ② 실내온도
③ 외기온도 ④ 측정온도

보일러 열정산 시 기준온도는 외기온도이다.

11 어떤 보일러의 증발량이 2,000[kg_f/h], 발생증기 엔탈피가 660[kcal/kg], 급수온도가 60[℃]일 때 이 보일러의 상당증발량은?

① 2,226[kg/h] ② 3,125[kg/h]
③ 4,105[kg/h] ④ 5,216[kg/h]

해설
$$Ge = \frac{G(h_2 - h_1)}{539} = \frac{2,000(660-60)}{539} = 2,226[kg/h]$$

12 1보일러 마력을 열량으로 환산하면 몇 [kcal/h]인가?

① 1,566 ② 8,435
③ 9,290 ④ 7,500

해설
보일러 1마력은 상당증발량 15.65[kg_f/h](8,435kcal/h)의 용량이다.

13 전열면적 25[m^2]인 입형 연관 보일러를 2시간 가동한 결과 2,000[kg]의 증기가 발생하였다면 이 보일러의 증발률은?

① 1,000[kg/m^2h] ② 160[kg/m^2h]
③ 100[kg/m^2h] ④ 40[kg/m^2h]

해설
$$\frac{2,000}{2\times25} = 40kg/m^2h$$

14 증기순환열을 구하는 식으로 옳은 것은?

① 연료 1[kg]의 발생증기량×(증기엔탈피 · 증발배수)
② 연료 1[kg]의 발생증기량×(증기엔탈피－급수엔탈피)
③ 연료 1[kg]의 발생증기량×(증기엔탈피＋증발배수)
④ 연료 1[kg]의 발생증기량×(증기엔탈피＋급수엔탈피)

해설
증기순환열＝연료 1kg의 발생증기량×(증기엔탈피－급수엔탈피)

정답 07 ② 08 ④ 09 ① 10 ③ 11 ① 12 ② 13 ④ 14 ②

15 보일러의 열정산에 관한 설명으로 옳은 것은?

① 열정산과 열수지는 서로 다른 의미를 지니고 있다.
② 열정산 시 연료의 기준발열량은 저위발열량이다.
③ 열정산은 다른 열설비와 무관한 상태에서 행한다.
④ 열정산 시 압력 변동값은 ±15[%] 이내로 한다.

해설

열정산은 다른 열설비와 무관한 상태에서 행한다.

㉠ 입열
- 연료의 연소열
- 공기의 현열
- 연료의 현열
- 노 내 분입증기에 의한 입열

㉡ 출열
- 배기가스 손실열
- 불완전 열손실
- 미연탄소분에 의한 열손실
- 방사 열손실
- 노 내 분입증기에 의한 손실열

16 어떤 보일러의 증발량이 3,000[kg_f/h], 증기의 엔탈피가 670[kcal/kg], 급수의 엔탈피가 20[kcal/kg], 연료사용량이 200[kg_f/h]이었다. 증발배수[kg/kg]는 얼마인가?

① 1.2 ② 3.25
③ 15 ④ 3,617

해설

$$\text{증발배수} = \frac{\text{증기발생량}(kg_f/h)}{\text{연료소비량}(kg_f/h)} = \frac{3{,}000}{200} = 15[kg/kg]$$

17 보일러 본체 전열면적 1[m^2]에서의 상당증발량은?

① 전열면 상당증발률 ② 전열면 출력
③ 상당면 효율 ④ 상당증발 효율

해설

전열면의 상당증발률 : [kg/m^2h]

18 급수온도 26[℃]의 물을 공급받아 엔탈피 665[kcal/kg]인 증기를 5,000[kg/h] 발생시키는 보일러의 상당증발량은?

① 5,928[kg/h] ② 6,169[kg/h]
③ 7,100[kg/h] ④ 4,915[kg/h]

해설

$$Ge = \frac{G(h_2 - h_1)}{539} = \frac{5{,}000(665-26)}{539} = 5{,}928[kg/h]$$

19 50[kW]의 전기 온수 보일러 용량을 kcal/h로 나타내면?

① 43,000[kcal/h] ② 48,000[kcal/h]
③ 50,000[kcal/h] ④ 81,000[kcal/h]

해설

1[kW−h]=860[kcal]
50×860=43,000[kcal/h]

20 온도 25[℃]의 급수를 받아 압력 15[kg/cm^2], 온도 300[℃]의 증기를 1시간당 10,780[kg] 발생하는 경우의 상당증발량은?(단, 발생증기의 엔탈피는 725[kcal/kg]이다.)

① 14,000[kg/h] ② 9,236.6[kg/h]
③ 645.7[kg/h] ④ 16,141[kg/h]

해설

$$Ge = \frac{G(h_2 - h_1)}{539} = \frac{10{,}780(725-25)}{539} = 14{,}000[kg/h]$$

21 매시간 1,500[kg]의 연료를 연소시켜서 시간당 10,000[kg]의 증기를 발생시키는 보일러의 효율은 약 몇 [%]인가?(단, 연료의 발열량은 6,000[kcal/kg], 발생증기의 엔탈피는 742[kcal/kg], 급수의 엔탈피는 20[kcal/kg]이다.)

① 86[%] ② 80[%]
③ 78[%] ④ 66[%]

정답 15 ③ 16 ③ 17 ① 18 ① 19 ① 20 ① 21 ②

해설

$$\frac{10,000(742-20)}{1,500\times 6,000}\times 100 = 80[\%]$$

22 보일러 열손실 종류 중 일반적으로 손실량이 가장 큰 것은?

① 배기가스에 의한 열손실
② 미연소 연료분에 의한 열손실
③ 복사 및 전도에 의한 열손실
④ 불완전연소에 의한 열손실

해설

보일러 열손실 중에서 배기가스에 의한 열손실이 16~20[%]로 가장 크다.

23 보일러의 상당증발량을 구하는 옳은 식은? (단, h_1 : 급수엔탈피, h_2 : 발생증기 엔탈피)

① 상당증발량＝실제증발량×(h_2-h_1)/539
② 상당증발량＝실제증발량×(h_1-h_2)/539
③ 상당증발량＝실제증발량×(h_2-h_1)/639
④ 상당증발량＝실제증발량/539

해설

$$\text{상당증발량} = \text{실제증발량}\times\frac{(h_2-h_1)}{539}$$

24 보일러의 효율을 옳게 설명한 것은?

① 증기발생에 이용된 열량과 보일러에 공급한 연료가 완전연소할 때의 열량과의 비
② 증기발생에 이용된 열량과 연소실에서 발생한 열량과의 비
③ 연소실에서 발생한 열량과 보일러에 공급한 연료가 완전연소할 때의 열량과의 비
④ 연료의 연소 열량과 배기가스 열량과의 비

해설

$$\text{효율} = \frac{\text{증기발생에 이용된 열량}}{\text{공급 연료의 완전연소 열량}}\times 100[\%]$$

25 증기 보일러 용량표시방법으로 일반적으로 가장 많이 사용되는 것은?

① 전열면적[m^2]
② 상당증발량[ton/h]
③ 보일러 마력
④ 매시 발열량[kcal/h]

해설

증기 보일러 용량표시
상당증발량(ton/h)

26 어떤 보일러의 실제증발량이 3,500[kg/h], 증기의 엔탈피가 670[kcal/kg], 급수의 엔탈피가 20[kcal/kg], 연료사용량이 200[kg/h]이었다. 증발배수[kg/kg]는 얼마인가?

① 1.2
② 3.25
③ 17.5
④ 3,617

해설

㉠ 상당증발배수

$$=\frac{\text{상당증발량}}{\text{연료소비량}}=\frac{3,500(670-20)}{539}=\frac{4,220}{200}=21[\text{kg/kg}]$$

㉡ $\text{증발배수}=\frac{\text{실제 증기발생량}}{\text{연료소비량}}=\frac{3,500}{200}=17.5[\text{kg/kg}]$

27 보일러 열정산 시 입열 항목에 해당되는 것은?

① 발생증기의 보유열
② 배기가스의 보유열량
③ 노 내 분입증기의 보유열량
④ 재의 현열

해설

입열항목
㉠ 연료의 연소열
㉡ 연료의 현열
㉢ 공기의 현열
㉣ 노 내 분입증기의 보유열량

정답 22 ① 23 ① 24 ① 25 ② 26 ③ 27 ③

28 1보일러 마력이란, 1시간에 100[℃]의 물 몇 [kg]을 전부 증기로 만들 수 있는 능력을 말하는가?

① 13.65[kg] ② 14.65[kg]
③ 15.65[kg] ④ 17.65[kg]

해설
보일러 1마력이란 1시간에 100[℃]의 물 15.65[kg]을 100[℃]의 증기로 만드는 능력이다.

29 보일러 상당증발량을 옳게 설명한 것은?

① 일정온도의 보일러수가 최종의 증발상태에서 증기가 되었을 때의 중량
② 시간당 증발된 보일러수의 중량
③ 보일러에서 단위시간에 발생하는 증기 또는 온수의 보유열량
④ 시간당 실제증발량이 흡수한 전열량을, 온도 100[℃]의 포화수를 100[℃]의 증기로 바꿀 때의 열량으로 나눈 값

해설
상당증발량은 시간당 실제증발량이 흡수한 열량을 온도 100[℃]의 포화수를 100[℃]의 증기로 바꿀 때의 열량(539[kcal/kg])으로 나눈 값

30 어떤 보일러의 연소효율이 92[%], 전열면 효율이 85[%]이면 보일러 효율은?

① 73.2[%] ② 74.8[%]
③ 78.2[%] ④ 82.8[%]

해설
$0.92 \times 0.85 = 0.782 \quad \therefore 78.2[\%]$

31 수소 13[%], 수분 0.5[%]가 포함되어 있는 어떤 중유의 고위발열량이 9,700[kcal/kg]이다. 이 중유의 저위발열량은?

① 8,995[kcal/kg] ② 9,000[kcal/kg]
③ 9,325[kcal/kg] ④ 9,650[kcal/kg]

해설
$Hl = Hh - 600 \times (9 \times H + W)$
$= 9,700 - 600 \times (9 \times 0.13 + 0.005) = 8,995[\text{kcal/kg}]$
※ 13/100=0.13 0.5/100=0.005

32 500[kg]의 물을 20[℃]에서 84[℃]로 가열하는 데 40,000[kcal]의 열을 공급했을 경우 이 설비의 열효율은?

① 70[%] ② 75[%]
③ 80[%] ④ 85[%]

해설
$Q = G \times C_p \times \Delta t = 500 \times 1 \times (84 - 20) = 32,000[\text{kcal}]$

$\therefore \dfrac{32,000}{40,000} \times 100 = 80[\%]$

33 보온하기 전에 손실되는 열량이 600[kcal/h]인 증기관을 보온한 후 손실열량을 측정하였더니 열손실이 100[kcal/h]이었다. 이 보온재의 보온효율은?

① 80.3[%] ② 83.3[%]
③ 86.3[%] ④ 89.3[%]

해설
$\eta = \dfrac{Q_o - Q}{Q_o} = \dfrac{600 - 100}{600} \times 100 = 83.3[\%]$

34 매시간당 1,000[kg]의 연료를 연소시켜 10,200[kg_f/h]의 증기를 발생시키는 보일러의 효율은 몇 [%]인가?(단, 연료의 저위발열량 9,750[kcal/kg], 발생증기엔탈피 740[kcal/kg], 급수엔탈피 20[kcal/kg])

① 82.1 ② 75.3
③ 79.7 ④ 72.3

해설
$\text{효율} = \dfrac{\text{유효율}}{\text{공급열}} \times 100 = \dfrac{10,200(740 - 20)}{1,000 \times 9,750} \times 100 = 75.3[\%]$

정답 28 ③ 29 ④ 30 ③ 31 ① 32 ③ 33 ② 34 ②

35 어떤 보일러의 연료사용량이 20[kg_f/h]이고, 보일러실에 공급된 열량이 170,000[kcal/h]이라면, 연소효율은?(단, 연료발열량은 9,750[kcal/kg]이다.)

① 86.4[%] ② 87.2[%]
③ 90.8[%] ④ 92.5[%]

해설

$$\frac{\text{공급받은 열}}{\text{연소실 내 공급열}} \times 100[\%] = \frac{170,000}{20 \times 9,750} \times 100 = 87.2[\%]$$

36 보일러 열정산 시 원칙적인 시험부하는?

① 1/2 부하 ② 정격부하
③ 1/3 부하 ④ 2배 부하

해설

보일러 열정산 시 시험부하는 정격부하에서 시험한다.

37 보일러 열정산 시 입열항목에 해당되는 것은?

① 발생증기의 보유열량 ② 배기가스의 보유열량
③ 공기의 현열 ④ 재의 현열

해설

열정산 시 입열항목

1. 연료의 연소열 2. 공기의 현열
3. 연료의 현열 4. 노 내 분입증기의 보유열량

38 전열면적이 25[m^2]인 연관 보일러를 4시간 가동시킨 결과 8,000[kg]의 증기가 발생하였다면 이 보일러의 증발률은?

① 30[kg/m^2 · h] ② 40[kg/m^2 · h]
③ 60[kg/m^2 · h] ④ 80[kg/m^2 · h]

해설

$$\text{전열면의 증발률} = \frac{\text{시간당 증기발생량}}{\text{전열면적}}[kg/m^2h]$$

$$\text{시간당 증기발생량} = \frac{8,000[kg]}{4\text{시간}} = 2,000[kg/h]$$

$$\therefore \frac{2,000}{25} = 80[kg/m^2h]$$

39 보일러의 연소배기가스를 분석하는 궁극적인 목적은?

① 노 내압 조정 ② 연소열량 계산
③ 매연농도 산출 ④ 공기비 산출

해설

연소배기가스의 분석 목적 : 연소의 합리화 도모 및 공기비 산출

40 어떤 보일러의 증발량이 40[t/h]이고 보일러 본체의 전열면적이 580[m^2]일 때 이 보일러의 증발률은?

① 69[kg/m^2 · h] ② 57[kg/m^2 · h]
③ 44[kg/m^2 · h] ④ 14.5[kg/m^2 · h]

해설

40[t/h] = 40,000[kg/h]

$$\text{증발률} = \frac{We}{sb} = \frac{40,000}{580} = 69[kg/m^2 \cdot h]$$

41 1보일러 마력을 열량으로 환산하면 약 몇 [kcal/h]인가?

① 15.65[kcal/h] ② 539[kcal/h]
③ 10,780[kcal/h] ④ 8,435[kcal/h]

해설

보일러 1마력 = 상당증발량 15.65[kg/h]

∴ 15.65×539 = 8,435[kcal/h]

42 1보일러 마력을 시간당 상당증발량으로 환산하면?

① 15.65[kcal/h] ② 15.65[kg_f/h]
③ 9,290[kcal/h] ④ 7,500[kcal/h]

해설

보일러 1마력 = 상당증발량 15.65[kg_f/h]

∴ 15.65[kg_f/h]×539[kcal/kg] = 8,435[kcal/h]

정답 35 ② 36 ② 37 ③ 38 ④ 39 ④ 40 ① 41 ④ 42 ②

43 보일러 열정산의 조건과 관련된 설명으로 틀린 것은?

① 기준온도는 시험 시의 외기온도를 기준으로 한다.
② 보일러의 정상 조업상태에서 적어도 2시간 이상의 운전 결과에 따른다.
③ 시험부하는 원칙적으로 최대부하로 한다.
④ 시험은 시험 보일러를 다른 보일러와 무관한 상태로 한다.

해설
보일러 열정산 시 시험부하는 2시간 이상의 운전결과에 따라 정격부하로 시험한다. 기준온도는 외기온도가 기준이며 시험은 다른 보일러와 무관한 상태로 한다.

44 어떤 보일러의 전열면 증발률이 100[$kg_f/m^2 \cdot h$]이고, 증발량이 5,000[kg/h]일 때 전열면적은?

① 25[m^2]　　② 50[m^2]
③ 100[m^2]　　④ 125[m^2]

해설
$100 = \frac{5,000}{x} \rightarrow x = \frac{5,000}{100} = 50[m^2]$

45 보일러의 열손실에 해당되지 않는 것은?

① 배기가스 손실
② 방산열에 의한 손실
③ 연료의 현열에 의한 손실
④ 불완전연소가스에 의한 손실

해설
연료의 현열은 열손실이 아니고 입열에 속한다.

46 효율이 85[%]인 보일러를 발열량 9,800[kcal/kg]의 연료를 200[kg] 연소시키는 경우의 손실열량은?

① 320,000[kcal]　　② 32,000[kcal]
③ 294,000[kcal]　　④ 14,700[kcal]

해설
효율이 85[%]이면 손실은 15[%]
$\therefore 200 \times 9,800(1-0.85) = 294,000[kcal]$

47 보일러 증발계수를 옳게 설명한 것은?

① 실제증발량을 539로 나눈 값이다.
② 상당증발량을 실제증발량으로 나눈 값이다.
③ 상당증발량을 539로 나눈 값이다.
④ 실제증발량을 상당증발량으로 나눈 값이다.

해설
$증발계수(증발력) = \frac{상당증발량}{실제증발량}$

48 보일러의 열손실에 해당되지 않는 것은?

① 불완전연소에 의한 손실
② 미연소 연료에 의한 손실
③ 배기가스에 의한 손실
④ 연료의 연소열

해설
보일러의 열손실은 ①, ②, ③이며 연료의 연소열은 입열이다.

49 효율 80[%]인 장치로 400[kg]의 물을 30[℃]에서 100[℃]로 가열할 때 필요한 열량은?

① 12,000[kcal]　　② 22,400[kcal]
③ 28,000[kcal]　　④ 35,000[kcal]

해설
$Q = 400 \times 1 \times (100-30) = 28,000[kcal]$
$\therefore \frac{28,000}{0.8} = 35,000[kcal]$

50 코니시 보일러의 노통 길이가 4,500[mm]이고, 외경이 3,000[mm], 두께가 10[mm]일 때 전열면적은?

① 54.0[m^2]　　② 42.7[m^2]
③ 40.4[m^2]　　④ 42.4[m^2]

정답 43 ③ 44 ② 45 ③ 46 ③ 47 ② 48 ④ 49 ④ 50 ④

해설

㉠ 연관 : $sb = \pi DLN$

㉡ 코니시 보일러 : $sb = \pi DL = 3.14 \times 3 \times 4.5 = 42.4\text{m}^2$

51 1보일러마력을 상당증발량으로 환산하면?

① 15.65[kg_f/h] ② 27.56[kg_f/h]
③ 52.25[kg_f/h] ④ 539.0[kg_f/h]

해설

보일러 1마력 : 상당증발량 15.65[kg_f/h]

52 보일러의 용량을 나타내는 것으로 부적합한 것은?

① 상당증발량 ② 보일러마력
③ 전열면적 ④ 연료사용량

해설

보일러 용량 표시

㉠ 상당증발량 ㉡ 보일러마력 ㉢ 전열면적

53 발열량 6,000[kcal/kg]인 연료 80[kg]을 연소시켰을 때 실제로 보일러에 흡수된 유효열량이 408,000[kcal]이면, 이 보일러의 효율은?

① 70[%] ② 75[%]
③ 80[%] ④ 85[%]

해설

$$\eta = \frac{408,000}{80 \times 6,000} \times 100 = 85[\%]$$

54 어떤 보일러의 급수온도가 60[℃], 증발량이 1시간당 2,500[kg], 증기압력 7[kg_f/cm^2]일 때 상당증발량은 몇 [kg/h]인가?(단, 발생증기 엔탈피는 660[kcal/kg]이다.)

① 2,782 ② 2,960
③ 3,265 ④ 3,415

해설

상당증발량

$$= \frac{\text{시간당 증기발생량(발생증기엔탈피} - \text{급수엔탈피)}}{539}$$

$$= \frac{2,500 \times (660 - 60)}{539} = 2,782.93[\text{kg/h}]$$

55 보일러의 열손실에 해당하는 것은?

① 연료의 완전연소에 의한 손실열량
② 과잉공기에 의한 손실열량
③ 보일러 전열면에 전달된 열량
④ 연료의 현열에 의한 손실열량

해설

보일러 열손실

㉠ 과잉공기에 의한 손실열
㉡ 배기가스에 의한 손실열
㉢ 방사열에 의한 열손실
㉣ 미연탄소분에 의한 손실열

56 보일러 본체 전열면적이 200[m^2]이고 증발률이 40[$\text{kg/m}^2\text{h}$]인 보일러의 증발량은 몇 [ton/h]인가?

① 20 ② 8
③ 40 ④ 240

해설

증기량 = 전열면적 × 증발률 = 200 × 40 = 8,000[kg/h] = 8[ton/h]

57 어떤 보일러의 3시간 동안 증발량이 4,500[kg]이고, 그때의 증기압력이 9[kg_f/cm^2]이며, 급수온도가 25[℃], 증기엔탈피가 680[kcal/kg]이라면 상당증발량은?

① 551[kg/h] ② 1,684[kg/h]
③ 1,823[kg/h] ④ 5,051[kg/h]

해설

$$\frac{\frac{4,500}{3} \times (680 - 25)}{539} = 1,823[\text{kg/h}]$$

정답 51 ① 52 ④ 53 ④ 54 ① 55 ② 56 ② 57 ③

58 어떤 연관 보일러에서 안지름이 140[mm]이고, 길이가 8[m]인 연관이 40개 설치된 경우 연관의 총 전열면적은?

① 65[m²]　② 83[m²]
③ 151[m²]　④ 141[m²]

$Sb = \pi DLN = 3.14 \times 0.14 \times 8 \times 40 = 141[m^2]$

59 급수의 엔탈피 20[kcal/kg], 증기의 엔탈피 650[kcal/kg], 증발량이 1,000[kg/h], 연료소모량이 75[kg/h]인 보일러의 효율은?(단, 연료의 저발열량은 10,000[kcal/kg]이다.)

① 76.4[%]　② 84.0[%]
③ 81.5[%]　④ 88.1[%]

해설

$$\eta = \frac{G(h_2 - h_1)}{Gf \times Hl} \times 100 = \frac{1{,}000 \times (650-20)}{75 \times 10{,}000} \times 100 = 84.0[\%]$$

60 보일러의 열손실에 해당되지 않는 것은?

① 불완전연소에 의한 손실
② 미연소 연료에 의한 손실
③ 배기가스에 의한 손실
④ 연료의 현열에 의한 손실

해설

연료의 현열, 공기의 현열, 연료의 연소열 등은 열정산 시 입열에 속한다.

61 보일러 연소실 열부하 단위는?

① kcal/m³ · h　② kcal/m² · h
③ kcal/h　④ kcal/kg

해설

연소실 열부하율 단위 : kcal/m³ · h

62 보일러 관련 계산식 중 잘못된 것은?

① 증발계수=(발생증기의 엔탈피−급수의 엔탈피)/539
② 보일러 마력=실제증발량/539
③ 보일러 효율=연소효율×전열효율
④ 화격자 연소율=매시간 석탄 소비량/화격자 면적

해설

$$\text{보일러마력} = \frac{\text{상당증발량}}{15.65}$$

63 어떤 보일러의 증발량이 50[t/h]이고 보일러 본체의 전열면적이 250[m²]일 때 이 보일러의 증발률은?

① 20[kg/m² · h]
② 50[kg/m² · h]
③ 500[kg/m² · h]
④ 200[kg/m² · h]

해설

$$\frac{50 \times 1{,}000}{250} = 200[kg/m^2 \cdot h]$$

64 보일러 열효율을 계산하는 식으로 옳은 것은?

① $\dfrac{\text{공급열량} - \text{손실열량}}{\text{공급열량}} \times 100[\%]$

② $\dfrac{\text{공급열량}}{\text{유효열량}} \times 100[\%]$

③ $\dfrac{\text{유효열량} - \text{손실열량}}{\text{유효열량}} \times 100[\%]$

④ $\dfrac{\text{유효열량} - \text{손실열량}}{\text{공급열량}} \times 100[\%]$

해설

$$\text{열효율} = \frac{\text{공급열량} - \text{손실열량}}{\text{공급열량}} \times 100[\%]$$

정답 58 ④ 59 ② 60 ④ 61 ① 62 ② 63 ④ 64 ①

65 증기 보일러의 상당증발량 계산식으로 옳은 것은?(단, G : 실제증발량[kg/h], i_1 : 급수의 엔탈피[kcal/kg], i_2 : 발생증기의 엔탈피[kcal/kg])

① $G(i_2-i_1)$
② $539\times G(i_2-i_1)$
③ $G(i_2-i_1)/539$
④ $639\times G/(i_2-i_1)$

해설

상당증발량

$$=\frac{\text{실제증발량(발생증기 엔탈피}-\text{급수의 엔탈피)}}{539}\text{[kg/h]}$$

66 보일러의 열손실에 해당되지 않는 것은?

① 불완전연소에 의한 손실
② 미연소 연료에 의한 손실
③ 과잉공기에 의한 손실
④ 연료의 현열에 의한 손실

해설

연료나 공기의 현열은 열정산 시 입열에 해당된다.

67 어떤 보일러의 증발률이 100[kg/m²h]이고, 증발량이 6,000[kg/h]일 때 전열면적은?

① 25[m²]
② 60[m²]
③ 100[m²]
④ 125[m²]

해설

$$\text{전열면적}=\frac{\text{증기발생량(kg/h)}}{\text{전열면의 증발률(kg/m}^2\text{h)}}=\frac{6{,}000}{100}=60\text{m}^2$$

68 일반적으로 증기 보일러의 출력(능력)을 나타내는 단위는?

① 상당증발량[kg_f/h]
② 연소율[kcal/m²h]
③ 엔탈피[kcal/kg]
④ 연료의 소비량[kg_f/h]

해설

보일러의 능력

상당증발량[kg_f/h]

69 온수 보일러의 일반적인 용량 표시방법은?

① 전열면 1[m²]에서 1시간에 가열시키는 물의 양
② 연소실 용적 1[m³]에서 발생하는 열량
③ 전열면 1[m²]에서 물에 전달하는 열량
④ 1시간에 물에 전달하는 열량

해설

온수 보일러 용량 : 정격출력[kcal/h]

70 발열량 6,000[kcal/kg]인 연료 80[kg]을 연소시켰을 때 실제로 보일러에 흡수된 열량이 384,000[kcal]이면, 이 보일러의 효율은?

① 65[%]
② 70[%]
③ 75[%]
④ 80[%]

해설

$$\frac{384{,}000}{80\times6{,}000}\times100=80[\%]$$

71 보일러 마력을 열량으로 환산하면 몇 [kcal/h]인가?

① 15.65[kcal/h]
② 8,435[kcal/h]
③ 9,290[kcal/h]
④ 7,500[kcal/h]

해설

1마력 = 상당증발량 15.65[kg/h]

증발잠열 = 539[kcal/kg]

∴ 15.65×539 = 8,435[kcal/h]

72 온수 보일러의 출력 15,000[kcal/h], 보일러 효율 90[%], 연료의 발열량이 10,000[kcal/kg]일 때 연료소모량은?(단, 연료의 비중량은 0.9[kg/l]이다.)

① 1.26[l/h]
② 1.67[l/h]
③ 1.85[l/h]
④ 2.21[l/h]

해설

$$\frac{15{,}000}{10{,}000\times0.9\times0.9}=1.85[l/\text{h}]$$

정답 65 ③ 66 ④ 67 ② 68 ① 69 ④ 70 ④ 71 ② 72 ③

73 전열면적에 대한 설명 중 옳은 것은?

① 한쪽에 물이 닿고 다른 한쪽은 배기가스가 닿는 면적
② 한쪽에 물이 닿고 다른 한쪽은 공기가 닿는 면적
③ 한쪽에 공기가 닿고 다른 한쪽은 연소가스가 닿는 면적
④ 한쪽에 연소가스가 닿고 다른 한쪽은 물이 닿는 면적

해설
보일러 전열면적이란 한쪽에 연소가스가 닿고 다른 한쪽은 물이 닿는 면적이다.

74 보일러의 열정산 시 입열사항은?

① 불완전연소에 의한 손실
② 미연소 연료에 의한 손실
③ 배기가스에 의한 손실
④ 연료의 현열

해설
입열사항
㉠ 연료의 현열
㉡ 공기의 현열
㉢ 연료의 연소열

75 보일러 열정산은 정상 조업상태에서 몇 시간 이상의 운전 결과에 따르는가?

① 10분 ② 20분
③ 30분 ④ 2시간

해설
보일러 열정산 시 정상 조업상태에서 2시간 이상의 운전결과에 따라 효율을 측정하고 입열, 출열을 계산한다.

76 보일러 효율을 구하는 옳은 식은?

① 연소효율/전열효율 ② 전열효율/연소효율
③ 증발량/연소효율 ④ 연소효율×전열효율

해설
보일러 열효율=연소효율×전열면의 효율

77 보일러 열정산을 하는 목적과 관계없는 것은?

① 연료의 열량계산 ② 열의 손실파악
③ 열설비 성능파악 ④ 조업방법 개선

해설
열정산의 목적
㉠ 열의 손실파악
㉡ 열설비 성능파악
㉢ 조업방법 개선

정답 73 ④ 74 ④ 75 ④ 76 ④ 77 ①

CHAPTER 08 자동제어

SECTION 01 자동제어

1 자동제어 정의

어떤 규정치의 목적에 적합하도록 필요한 조작을 기계가 스스로 작동하여 제어동작을 행하는 장치

1. 자동제어의 종류

① **시퀀스 제어** : 다음 단계로 나아갈 제어동작이 정해져 있고 앞으로 단계가 완료된 후 일정 시간이 경과하면 다음 동작으로 행하여지는 제어이다. 즉, 미리 정해진 순서에 입각하여 제어의 각 단계가 순차적으로 제어가 시작되는 자동제어이며 자동 엘리베이터, 전기세탁기, 자동판매기, 교통신호, 전기밥솥 등의 형태가 거의 시퀀스 제어이다.

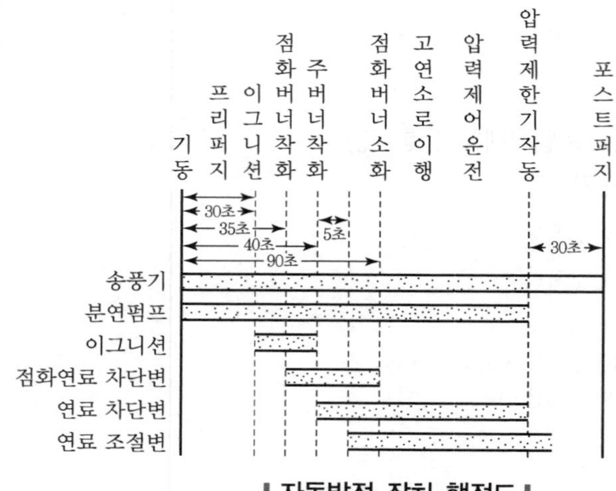

| 자동발전 장치 행정도 |

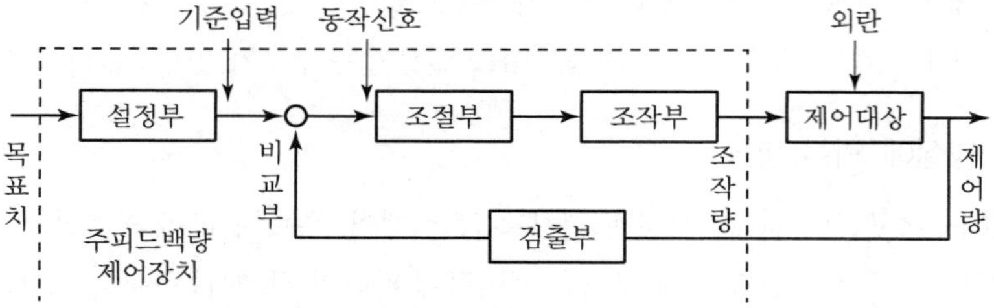

▌피드백 제어의 기본회로(블록선도)▐

② **피드백 제어** : 자동제어의 기본이며 출력의 신호를 입력의 측으로로 되돌려주는 제어, 피드백에 의하여 제어할 양의 값을 목표치와 비교하여 일치되도록 동작을 행하는 제어이다.

2. 자동제어의 목적

보일러의 안전운전 및 온도나 증기의 압력을 일정하게 유지시키며 자동화에 의한 인원의 절감, 시간 낭비 등을 줄이며 경제적인 열효율 향상 대책에 부응하기 위한 것이다.

3. 피드백 제어의 블록선도

① **목표치** : 입력이라 하며 목푯값이다. 이 목푯값에 의하여 자동제어가 목푯값을 벗어나지 않으려고 제어하는 것이며 어떤 설정해 놓은 기준치이다. 피드백 제어계에서는 기준입력 요소가 된다.
② **비교부** : 현재의 상태가 목푯값과 얼마의 차이가 있는가를 구분하는 부서이다.
③ **조절부** : 비교부에 의하여 목푯값과의 차이가 나면 여러 가지 제어동작으로 조작신호를 만들어 조작부에 하달하는 부서이다.
④ **조작부** : 조작신호를 조작량으로 변환하여 제어대상에 작용시키는 부서이다.
⑤ **검출부** : 제어량의 현재 상태를 알기 위하여 목푯값 또는 기준입력 요소와 비교가 되도록 검출하는 부서이다.
⑥ **외란** : 제어계의 상태를 혼란시키는 외부의 작용이다.

2 피드백 제어의 종류

1. 제어량의 성질에 따른 분류

① **프로세스 제어** : 공장에서 원료를 물리적 · 화학적으로 처리하여 목적하는 제품을 만드는 과정의 제어이며 압력, 온도, 유량, 농도, pH 등의 상태량을 생산공정에 알맞게 자동 조절하는 자동제어이며 프로세스에 가해지는 외란의 억제를 주목적으로 한다.
② **서보 기구** : 선박, 비행기 등 물체의 위치, 방위, 자세 등의 기계적 변위를 제어량으로 하는 제어계이며 목푯값의 임의 변화 시 추종하여 구성된 자동제어계다.
③ **자동조정** : 제어량의 속도 또는 회전속도, 장력, 전압, 전류 등의 공업적 자동제어를 조정한다.

④ **다변수 제어** : 발생된 증가량에 따라 부하변동을 일정하게 유지시키는 것이 자동제어이나 각 제어량 사이에는 각각 매우 복잡한 자동제어를 일으키는 경우가 있다. 이러한 제어를 말한다.

2. 목푯값의 성질에 의한 분류

① **정치제어** : 목푯값이 시간적으로 변화하지 않는 제어, 즉 목푯값이 일정한 것

② **추치제어** : 목푯값이 변화할 때 그것을 제어량에 따라서 관계하는 제어, 즉 목표치가 변화하면 목표치를 측정하면서 제어량을 목표치에 맞추는 제어로서 3가지로 구분한다.

㉠ 추종제어 : 목표치가 임의적으로 변화하는 제어(자기조정제어)

㉡ 프로그램제어 : 목표치가 정하여진 계획에 따라서 시간적으로 변화하는 제어

㉢ 비율제어 : 목표치가 다른 양과 일정한 비율관계에서 변화되는 추치제어

③ **캐스케이드제어** : 프로세스 제어계 내에 시간 지연이 크거나 외란이 심한 경우 사용하며 일명 측정제어라고도 한다. 외란의 영향을 줄이고 전체시간 지연을 적게 하는 효과가 있어 출력 측에 낭비시간이 큰 프로세스 제어에 이용이 많다.(측정제어)

3. 프로세스 제어의 응답과 특성

① **응답(Response)** : 입력은 원인, 출력은 결과의 현상이며 자동제어에서 어떤 요소에 대한 출력의 결과를 입력에 대하여 응답이라고 한다.

② **동특성** : 일반적으로 안전성과 적응성이 좋으며 자동제어에서 응답을 나타낼 때 목표치의 앞과 뒤 진동으로 시간지연을 필요로 하는 시간적 동작을 동특성이라 한다.

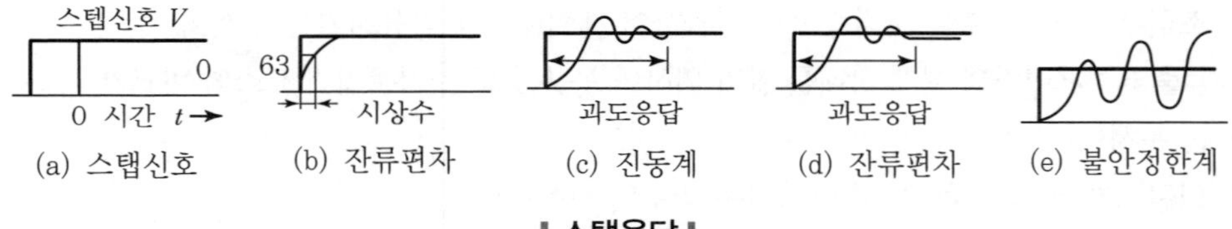

▎스탭응답▎

③ **정특성** : 밀도나 감도 등 시간에 관계없이 정적 특성을 의미한다.

④ **정상응답(Ordinary Response)** : 자동제어계가 완전히 정상상태로 유지되었을 때 자동제어계의 응답을 말한다.

⑤ **과도응답(Transient Response)** : 자동제어계에서 목표기준치가 변화하면 평형상태가 무너지고 시간이 지나 새로운 평형상태가 유지될 때의 응답을 말한다.

⑥ **주파수 응답(Trequency Response)** : 자동계에서 정상응답을 주파수의 함수로 표시한 응답을 말한다.

⑦ **인디시얼 응답(Indicial Response)** : 응답이 입력과 출력이 어떤 평행상태에 있을 때 입력을 다소 돌변시켜 새로운 평형상태로 변화 시 출력의 시간적 경과를 말한다.

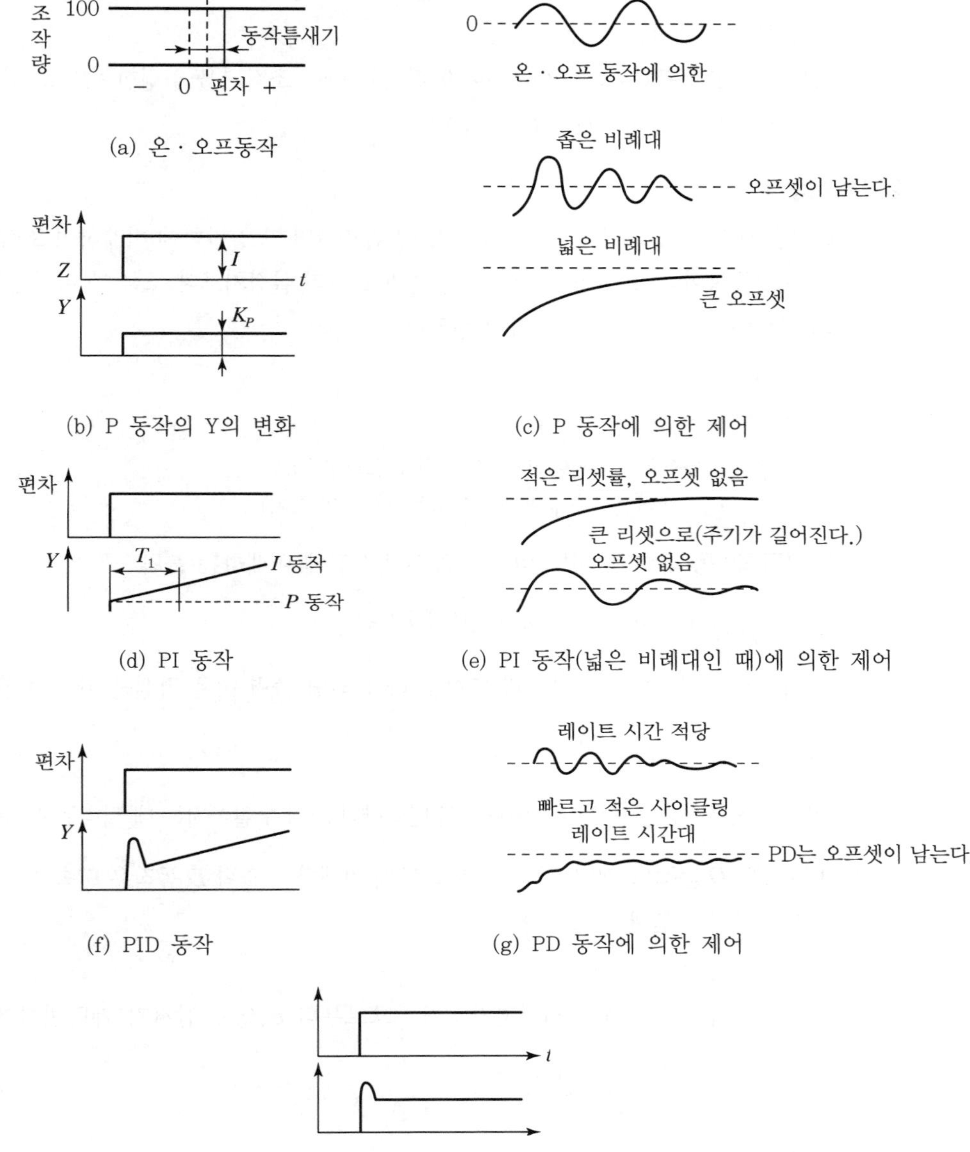

▎각 동작의 출력과 제어량이 평행에 이르기까지의 일반적인 편차곡선▎

4. 조절부의 제어동작

(1) 불연속 동작

① 2위치 동작(On－off) : 제어량이 설정값에 차이가 나면 조작부를 전폐 또는 전개하여 시동하는 동작이며 반응속도가 빠른 프로세스에서 시간지연과 부하변화가 크며 빈도가 많은 경우에 적합한 동작

② **다위치 동작** : 제어량의 변화 시 제어장치의 조작 위치가 3위치 이상이 있어 제어량에 따라 그중 하나를 택하는 동작

③ **불연속 속도동작**(부동제어) : 제어량 편차에 따라 조작단을 일정한 속도로 정작동이나 역작동 방향으로 움직이게 하는 동작이다.

(2) 연속동작

① **비례동작**(P 동작) : 제어에서 편차의 양이 검출되면 그 양만큼에 비례하여 조작량을 가감하는 조절동작이다. 그렇게 하면 제어량은 목표치의 설정치보다 조금 못 미치는 값으로 일단의 균형이 잡힌다.(잔류편차가 발생된다.)

$m = K_p \cdot e + m_o$

$\therefore\ m' = m - m_o = K_p \cdot e$

여기서, m : 출력, e : 제어편차, K_p : 비례감도(상수),
m_o : 제어편차가 없을 때 출력(동작신호의 크기)

② **적분동작**(I 동작) : 제어편차의 크기와 지속시간에 비례하는 출력

$m = \frac{I}{T_1}\int e \cdot dt,\ T_1 =$ 적분시간(리셋시간)

제어편차(e)가 0에서 e_o로 계단변화를 하게 되면 출력 m은 직선을 따라 변한다.

$m = \frac{e_o t}{T_1},\quad \therefore\ T_1 \cdot \frac{m}{e_o}$

여기서 적분시간은 출력이 제어편차의 변화량과 크기가 같아지는 데 걸리는 시간을 의미한다.

③ **미분동작**(D 동작) : 제어편차의 변화속도에 비례하는 출력 D 동작은 단속으로 사용하지 않고 비례동작과 함께 사용한다.

$m = K_p(e_o t + t) + m_o$

여기서 시간 $t = 0$에서 제어편차 e가 0으로부터 e_o으로 갑자기 계단변화를 하게 되면 $m = K_p\left(e_o + \frac{e_o}{T_1}t\right)$로 된다.

④ **비례 적분동작**(PI 동작)

$m = K_p\left(e + \frac{1}{T_1}\int edt\right)$

⑤ **비례 미분동작**(PD 동작)

$m = K_p\left(e + T_D\frac{de}{dt}\right) + m_o$

T_D : 미분시간을 나타내는 상수

여기서 제어편차가 시간 t에 대하여 $e = e_o t$와 같이 변한다면

$m = K_p(e_o t + T_D e_o) + m_o$

$\therefore\ m = K_p\ e_o(t_1 + t_D) + m_o$

$m = K_p e_o t_2 + m_o$

여기서 $T_D = t_2 - t_1$가 된다.

⑥ **비례 · 적분 · 미분동작(PID 동작)**

$$m = K_p\left(e + \frac{1}{T_1}\int e \cdot dt + T_D\frac{de}{dt}\right)$$

[요점]

- P 동작 : $y = K_p z$
- I 동작 : $y = K_1\int zdt$
- D 동작 : $y = K_D\frac{dy}{dt}$
- PI 동작 : $y = K_p\left(z + \frac{1}{T_1}\int zdt\right)$
- PD 동작 : $y = K_p\left(z + T_D\frac{dz}{dt}\right)$
- PID 동작 : $y = K_p\left(z + \frac{1}{T_1}\int zdt + T_D\frac{dz}{dt}\right)$

3 보일러 피드백 자동제어 특징

1. 피드백 제어의 장점

① 생산품질의 향상 및 균일한 제품을 얻는다.

② 생산속도 및 생산량의 증대

③ 원료 및 연료 동력, 인건비의 절약

④ 안전한 작업조건

⑤ 설비시설 수명연장 및 원가의 절감

2. 피드백 제어의 단점

① 설비 시 고가의 금액 및 고도의 기술이 필요

② 숙련된 기술이 필요

③ 일부가 고장 나도 전체 생산에 영향을 미침

3. 보일러 점화 자동제어

시퀀스 제어 사용

4 조절기의 신호전달방식 장단점

▼ 각 제어방식의 특징

종류	장점	단점	비고
공기식	① 위험성이 적다. ② 온도제어 등에 적합하다. ③ 배관이 용이하다. ④ 보존이 쉽다. ⑤ 내열성이 우수하다.	① 압축성이므로 신호전달에 지연이 있다. ② 희망 특성을 살리기 어렵다. ③ 전송거리가 100~150m 정도로 짧다.	① 0.2~1kg_f/cm^2의 압력으로 조작한다. ② PID 동작에 사용 가능하다.
유압식	① 전송의 지연이 적다. ② 조작력이 크다. ③ 희망 특성을 살리기 쉽다. ④ 부식이 발생하지 않는다. ⑤ 조작속도 및 응답이 빠르다.	① 인화의 위험이 크다. ② 고압의 유압이 필요하다. ③ 전송거리가 300m로 짧다.	
전기식	① 배선이 용이하다. ② 신호전달에 지연이 없다. ③ 컴퓨터와 조합이 용이하다. ④ 전송거리는 300m~10km까지 가능하다. ⑤ 대규모에 적합하다.	① 값이 비싸다. ② 기술을 요한다. ③ On-off 동작은 쉬우나 미적분 비례는 복잡한 장치가 필요하다.	① 4~20mA.DC ② 10~50mA.DC

참고 보일러 자동제어(ABC ; Automatic Boiler Control)

① 자동연소제어(ACC ; Automatic Combustion Control)

② 자동급수제어(FWC ; Feed Water Control)

③ 자동증기온도 제어(STC ; Steam Temperature Control)

제어장치명	제어량	조작량
자동연소	증기압력, 노 내 압력	연료량, 공기량, 연소가스량
자동급수	보일러 수위	급수량
증기온도	증기온도	전열량

5 보일러 운전 중 인터록(안전장치)

현재 진행 중인 제어동작이 다음 단계로 미리 옮겨 가지 못하게 차단시키는 장치이다. 즉, 전동작(前動作)이 끝나지 않은 상태에서 후동작의 연결로 넘어가지 못하게 필요한 안전장치의 여러 가지 인터록이 있다.

① **저수위 인터록** : 소정의 수위가 저수위 이하 시에 전자밸브의 차단으로 연소를 저지한다.
② **압력초과 인터록** : 증기압이 초과할 경우 전자밸브 차단과 동시에 연소를 저지한다.
③ **불착화 인터록** : 연료분사 후 착화가 되지 않으면 전자밸브 차단과 동시에 연료의 공급을 중지한다.
④ **프리퍼지 인터록(환기장치 인터록)** : 대형 보일러인 경우 송풍기 미작동 시 전자밸브가 열리지 않고 점화가 저지된다.
⑤ **저연소 인터록** : 연소 초기에 연소가 저연소(총 부하의 약 30%) 상태가 되지 않으면 연소가 중지된다.

6 보일러 급수제어 종류 및 요소

① **단요소식** : 수위
② **2요소식** : 수위, 증기량
③ **3요소식** : 수위, 증기량, 급수량

7 과열증기 온도제어

① 과열저감기를 사용한다.
② 열가스 흐름유량을 댐퍼로 조절한다.
③ 연소실 연소가스 화염의 위치를 바꾼다.
④ 배기가스 폐가스를 연소실로 재순환시킨다.

08장 출제예상문제

01 다음은 보일러의 피드백 자동제어에 관한 블록선도이다. [　　] 안에 들어갈 말은?

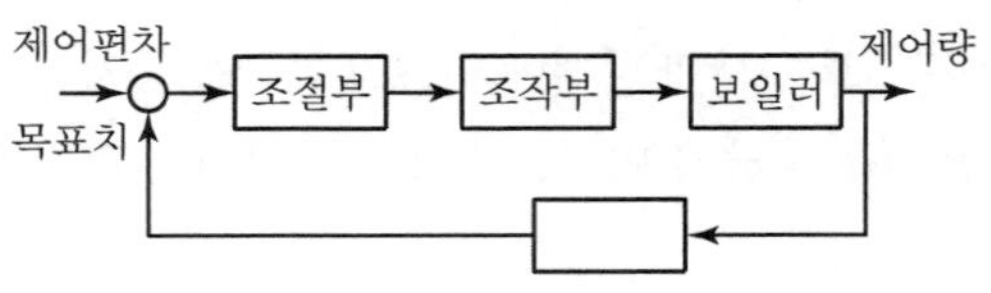

① 제어량　② 검출부
③ 작동부　④ 시동부

해설

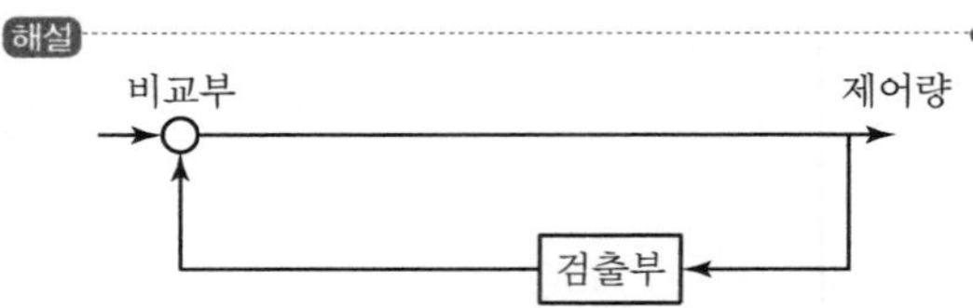

02 자동제어에서 조절기의 작동 동력 종류가 아닌 것은?

① 공기식　② 자석식
③ 유압식　④ 전기식

해설
자동제어 조절기 종류
㉠ 공기식　㉡ 유압식
㉢ 전기식　㉣ 전자식

03 보일러 자동제어에서 급수제어의 영문 약자는?

① ABC　② ACC
③ STC　④ FWC

해설
① ABC : 보일러 자동제어
② ACC : 자동연소제어
③ STC : 과열증기 온도제어
④ FWC : 자동급수제어

04 보일러 자동제어에서 증기압의 자동제어는 어떤 양을 조절함으로써 이루어지는가?

① 증기압력　② 노 내 압력
③ 급수량　④ 연료량과 공기량

해설
증기압력 조절을 위한 조작량
㉠ 연료량
㉡ 공기량

05 자동제어의 신호전달방식 중 전달거리가 가장 긴 것은?

① 공기식　② 전기식
③ 유압식　④ 저항식

해설
자동제어 신호전달거리
㉠ 전기식 : 수 [km]까지
㉡ 유압식 : 300[m] 내외
㉢ 공기식 : 100[m] 내외

06 피드백 자동제어에서 동작신호를 받아서 제어계가 정해진 동작을 하는 데 필요한 신호를 만들어 조작부에 보내는 부분은?

① 검출부　② 조절부
③ 비교부　④ 제어부

해설

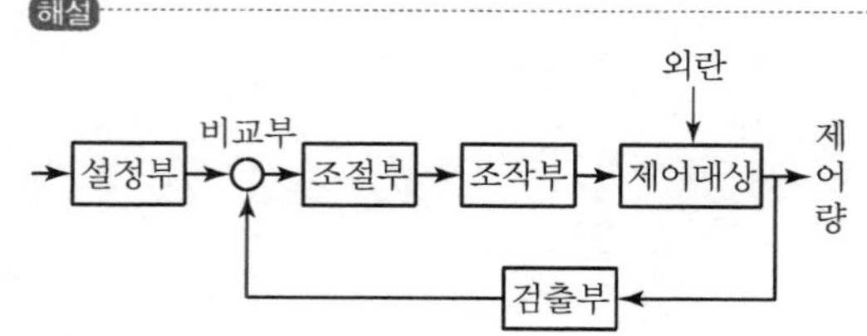

정답 01 ② 02 ② 03 ④ 04 ④ 05 ② 06 ②

07 제어기기 중 공기식 조절계를 전기식 조절계와 비교하였을 때 가장 큰 단점은?

① 가격 ② 안전도
③ 전송지연시간 ④ 정도

해설
공기식 조절계는 전송지연시간이 있어서 보일러의 제어기기로서는 부적당하다.

08 자동제어에 관한 다음 설명 중 맞는 것은?

① 이미 정해진 순서의 따라 제어의 각 단계를 차례로 진행하는 제어는 시퀀스(Sequence) 제어이다.
② 어느 한쪽의 조건이 구비되지 않으면 다른 제어를 정지시키는 것은 피드백(Feed Back) 제어이다.
③ 결과가 원인으로 되어 제어단계를 진행하는 것을 인터록(Interlock) 제어라고 한다.
④ 목푯값이 일정한 자동제어를 추치제어라고 한다.

해설
① 시퀀스 제어, ② 인터록, ③ 피드백 제어, ④ 정치제어

09 피드백 자동제어회로에서 제어대상에 외란이 발생한 경우 1차적 피드백 신호를 발생시켜 주는 부분은?

① 조절부 ② 검출부
③ 조작부 ④ 비교부

해설
검출부는 피드백 자동제어 회로에서 제어대상에 외란이 발생하면 1차적 피드백 신호를 발생시킨다.

10 보일러 자동온도조절기의 일종인 아쿠아스태트(리밋 컨트롤)의 감온부는 어디에 부착되는가?

① 버너 ② 연도
③ 온수공급관 ④ 보일러 본체

해설
㉠ 프로텍터 릴레이 : 버너에 부착
㉡ 아쿠아스태트 : 보일러 본체에 부착
㉢ 콤비네이션 릴레이 : 보일러 본체에 부착

11 보일러의 자동제어장치로 쓰이지 않는 것은?

① 화염검출기 ② 안전밸브
③ 조절밸브 ④ 전자밸브

해설
㉠ 보일러의 자동제어장치 : 화염검출기, 조절밸브, 전자밸브
㉡ 안전장치 : 안전밸브, 방폭문, 화염검출기, 저수위경보기

12 피드백 자동제어장치의 검출부에 대한 것은?

① 조작신호를 조작부에 보내는 부분
② 제어량을 검출하여 기준입력과 비교할 수 있도록 신호로 나타내는 부분
③ 조작신호를 받아 이것을 조작량으로 만드는 부분
④ 실제로 제어대상에 대하여 작용을 걸어오는 부분

해설
검출부란 제어량을 검출하여 기준입력과 비교할 수 있도록 신호를 나타내는 부분이다.

13 자동제어에 있어서 목푯값에서 제어량을 뺀 값은?

① 제어값 ② 제어편차
③ 제어대상값 ④ 외란

해설
제어편차란 자동제어의 목푯값에서 제어량을 뺀 값이다.

14 대형 보일러의 경우 송풍기가 작동되지 않으면 전자밸브가 열리지 않고 점화를 저지하는 인터록은?

① 프리퍼지 인터록 ② 불착화 인터록
③ 압력초과 인터록 ④ 저연소 인터록

정답 07 ③ 08 ① 09 ② 10 ④ 11 ② 12 ② 13 ② 14 ①

해설

프리퍼지 인터록은 대형 보일러의 경우 송풍기와 관련된 인터록이다.

15 코프식 자동급수 조절장치는 다음 중 어떤 것을 이용한 것인가?

① 공기의 열팽창 ② 금속관의 열팽창
③ 액체의 열팽창 ④ 증기압력의 변화

해설

코프식 자동급수 조절장치는 금속관의 열팽창을 이용한 것이다.

16 보일러에서 제어해야 할 요소에 해당되지 않는 것은?

① 급수제어 ② 연소제어
③ 증기온도제어 ④ 전열면제어

해설

보일러 자동제어

㉠ 급수제어(FWC) ㉡ 증기온도제어(STC)
㉢ 연소제어(ACC)

17 자동제어 동작 중 잔류편차가 남지 않아서 비례동작과 조합하여 쓰여지는데, 제어의 안정성이 떨어지고 진동하는 경향이 있는 동작은?

① 미분동작 ② 적분동작
③ 온－오프 동작 ④ 다위치 동작

해설

자동제어 동작

㉠ 연속동작 : 비례동작, 미분동작, 적분동작(잔류편차 제거)
㉡ 불연속동작 : 온－오프 동작, 다위치 동작

18 피드백 자동제어장치에서 기준 입력과 검출부 출력의 차이 값을 조작부로 신호를 전달하는 부분은?

① 조절부 ② 검출부
③ 비교부 ④ 설정부

해설

조절부는 동작신호에 의하여 이에 대응하는 연산출력을 만들어서 조작신호를 조작부로 보낸다.

19 작동동력에 의해 제어기기의 조절기를 분류할 때 해당되지 않는 것은?

① 진공식 조절기 ② 공기식 조절기
③ 전기식 조절기 ④ 유압식 조절기

해설

자동제어 신호 조절기

공기식, 전기식, 유압식

20 보일러의 점화, 소화를 하기 위한 자동제어 조작은 어떤 제어방식을 이용하는 것이 좋은가?

① 피드백 제어(Feed Back Control)
② 시퀀셜 제어(Sequential Control)
③ 인터록 제어(Interlock Control)
④ 캐스케이드 제어(Cascade Control)

해설

시퀀셜 제어는 보일러 점화, 소화를 위한 조작제어 방식이다.

21 보일러 자동제어의 인터록(Interlock) 종류가 아닌 것은?

① 저연소 인터록 ② 압력초과 인터록
③ 저수위 인터록 ④ 증기온도 인터록

해설

인터록

㉠ 저연소 인터록
㉡ 압력초과 인터록
㉢ 저수위 인터록
㉣ 저연소 인터록
㉤ 프리퍼지 인터록

정답 15 ② 16 ④ 17 ② 18 ① 19 ① 20 ② 21 ④

22 자동제어 신호전달의 한 방식인 공기압식에 대하여 틀리게 설명한 것은?

① 신호로 되는 공기압은 0.2~1.0[kg_f/cm^2]이다.
② 관로저항으로 전송지연이 생길 수 있다.
③ 실질상 200[m] 이내에서는 전송지연이 없다.
④ 신호 공기질은 충분히 제습, 제진한 것이 요구된다.

해설
공기압식의 신호전달방식에서는 100[m] 이내에서는 전송지연이 없다.

23 보일러의 급수자동 조정장치 형식이 아닌 것은?

① 플로트식 ② 코프스식
③ 전극식 ④ 레버식

해설
레버식은 안전밸브이다.

24 자동제어계에 있어서 신호전달방법의 종류에 해당되지 않는 것은?

① 전기식 ② 유압식
③ 기계식 ④ 공기식

해설
자동제어 신호전달방식 : 전기식, 유압식, 공기식

25 피드백 자동제어에서 기준입력요소(목표량)와 주 피드백량과의 차이를 구하는 부분은?

① 비교부 ② 검출부
③ 제어부 ④ 설정부

해설
비교부는 기준입력요소, 즉 피드백량과의 차이를 비교하는 부서이다.

26 보일러의 자동제어장치로 쓰이지 않는 것은?

① 화염검출기 ② 감압밸브
③ 수위검출기 ④ 유전자밸브

해설
감압밸브는 송기장치에 해당한다.

27 보일러의 점화, 소화를 하기 위한 자동제어조작은 어떤 제어방식을 이용하는 것이 좋은가?

① 피드백 제어(Feed Back Control)
② 시퀀셜 제어(Sequential Control)
③ 인터록 제어(Interlock Control)
④ 캐스케이드 제어(Cascade Control)

해설
시퀀셜 제어는 보일러 점화, 소화를 하기 위한 조작제어 방식이다.

28 미리 정해진 순서에 따라 순차적으로 제어의 각 단계가 진행되는 제어방식으로 작동명령이 타이머나 릴레이에 의해서 수행되는 제어는?

① 시퀀스 제어 ② 피드백 제어
③ 프로그램 제어 ④ 캐스케이드 제어

해설
시퀀스 제어는 미리 정해진 순서에 따라 순차적으로 제어의 각 단계가 진행되는 제어방식이다.

29 보일러 급수제어의 3요소식과 관련이 없는 것은?

① 연소량 ② 수위
③ 증기유량 ④ 급수유량

해설
급수제어 조작량(3요소식)
㉠ 수위
㉡ 증기유량
㉢ 급수유량

정답 22 ③ 23 ④ 24 ③ 25 ① 26 ② 27 ② 28 ① 29 ①

30 보일러 자동제어에서 자동연소제어의 약자는?

① ACC　　② ABC
③ FWC　　④ STC

해설
① 자동연소제어 : ACC
② 자동 보일러제어 : ABC
③ 자동급수제어 : FWC
④ 증기온도제어 : STC

31 자동제어에서 온－오프(On－off) 동작에 해당되는 것은?

① 제어량이 목푯값에서 어떤 양만큼 벗어나면 밸브를 개폐한다.
② 비교부의 출력이 조작량에 비례하여 변화한다.
③ 편차량의 시간 적분에 비례한 속도로 조작량이 변화한다.
④ 어떤 출력이 편차의 시간변화에 비례하여 변화한다.

해설
자동제어 온－오프 동작이란 제어량이 목푯값에서 어떤 양만큼 벗어나면 밸브를 개폐한다.

32 보일러 급수제어 방식의 3요소식에서 검출대상이 아닌 것은?

① 수위　　② 증기유량
③ 급수유량　　④ 급유유량

해설
급수제어 3요소식
㉠ 수위
㉡ 증기유량
㉢ 급수유량

33 보일러 자동제어에서 각종 제어량과 조작량을 연결한 것으로 잘못된 것은?

① 노 내압－연소가스량
② 보일러 수위－급수량
③ 증기온도－수위량
④ 증기압력－연료량, 공기량

해설
증기온도의 조작량 : 전열량

34 보일러 자동제어의 종류에 해당되지 않는 것은?

① 자동연소제어　　② 부하자동제어
③ 급수제어　　④ 증기온도제어

해설
30번 문제 해설 참고

35 제어기기 중 공기식 조절계를 전기식 조절계와 비교하였을 때 가장 큰 단점은?

① 가격이 고가　　② 안전도가 낮음
③ 전송지연이 발생　　④ 정도가 낮음

해설
공기식 조절계는 전기식과 비교하여 전송지연이 발생한다.

36 보일러 증기온도제어에 해당되는 약호는?

① ACC　　② FWC
③ STC　　④ ABC

해설
30번 문제 해설 참고

37 보일러 연소자동제어를 뜻하는 영어 약자는?

① ABC　　② FWC
③ STC　　④ ACC

해설
30번 문제 해설 참고

정답　30 ①　31 ①　32 ④　33 ③　34 ②　35 ③　36 ③　37 ④

38 제어편차가 설정치에 대하여 정(+), 부(-)에 따라 제어되는 2위치 동작은?

① 미분동작　② 적분동작
③ 온-오프 동작　④ 다위치 동작

해설
온-오프 동작 : 정, 부에 따라 제어되는 2위치 동작

39 보일러 연소 자동제어를 하는 경우 연소 공기량은 어느 값에 따라 주로 조절되는가?

① 연료 공급량　② 발생 증기온도
③ 발생 증기량　④ 급수 공급량

해설
연소 공기량은 연료 공급량에 비례하여 조절한다.

40 송풍기의 고장이 적고 점검, 수리가 용이하며 노 내 압력이 정압인 통풍방식은?

① 흡입통풍　② 압입통풍
③ 평형통풍　④ 자연통풍

해설
압입통풍은 노 내 압력이 정압이 되나 흡입이나 자연통풍은 부압이 발생한다.

41 자동연소제어의 조작량에 해당되지 않는 것은?

① 연소 가스량　② 공기 공급량
③ 연소 공급량　④ 급수량

해설
급수량 : 자동급수제어의 조작량

42 보일러 급수제어의 3요소식과 관련이 없는 것은?

① 연소량　② 수위
③ 증기유량　④ 급수유량

해설
자동급수 제어요소
㉠ 단요소식 : 수위 검출
㉡ 2요소식 : 수위, 증기량 검출
㉢ 3요소식 : 수위, 증기량, 급수량 검출

43 보일러의 자동제어장치로 사용되는 솔레노이드밸브의 동작종류는?

① 2위치(On-off) 동작
② 다위치동작
③ 비례동작(P 동작)
④ 미분동작(D 동작)

해설
솔레노이드밸브(전자밸브)는 온-오프, 즉 2위치 동작으로 연료를 개폐시킨다.

44 보일러 인터록(Interlock) 장치에서 프리퍼지 인터록과 관련이 있는 것은?

① 유량조절밸브　② 송풍기
③ 증기압력　④ 저수위

해설
송풍기가 오작동 하면 프리퍼지 인터록이 작동한다.

45 일반적으로 행하여지는 보일러의 연소자동제어에 해당되지 않는 것은?

① 연료 공급량 제어　② 보일러 용량 제어
③ 연소가스량 배출 제어　④ 공기 공급량 제어

해설
보일러 연소자동제어
㉠ 연료공급량 제어
㉡ 연소가스량 배출 제어
㉢ 공기공급량 제어

정답 38 ③ 39 ① 40 ② 41 ④ 42 ① 43 ① 44 ② 45 ②

46 계측 설비용 문자기호에서 조절을 나타내는 기호는?

① A ② C
③ E ④ S

해설
조절(컨트롤) 기호 : C

47 온도나 액면과 같이 진행과정의 상태를 검출하는 신호는?

① 수동신호 ② 시간신호
③ 작동신호 ④ 공정신호

해설
온도나 액면과 같이 진행과정의 상태를 검출하는 신호는 공정신호이다.

정답 46 ② 47 ④

PART

02

보일러 시공취급 및 안전관리

CHAPTER 01 난방부하 및 난방설비

1 난방부하

난방에 있어서 부하(負何)라 함은 열손실을 말하는 것이다. 난방부하 손실은 크게 나누어서 다음과 같다.

- 외벽, 지붕, 바닥 난방을 하지 않은 방과의 칸막이나 천장을 통한 온도차로 인한 열손실량
- 창문의 틈새 및 환기를 위한 외부공기 유입 등이 있고 벽이나 지붕을 통하여 전도되는 전도 열손실량

1. 열전도, 열손실

벽이나 지붕을 통하여 전도되는 열손실을 최대한 방지하고자 할 경우 건물 등을 신축할 때 벽의 두께를 이중으로 하여 공간쌓기를 하고 그 공간에 단열재를 넣은 후 외부는 타일로 마무리하고 내부에는 석고보드나 나무 또는 벽지를 바른다. 즉, 쉽게 말하면 열관류율을 최소화하여야 한다.

① 열관류율이란, 고온체의 열이 벽이나 보온 및 보랭이 된 벽을 통과해서 다른 쪽의 저온유체로 이동하는 열통과율, 즉 열관류의 열량계수이다.
② 벽이나 물체가 두꺼우면 두꺼울수록 열의 전도가 나빠진다.
③ 벽이나 고체를 통과하는 열의 전도방법을 열통과율 또는 열관류율이라 한다.
④ 단열재를 사용할 때와 사용하지 않는 경우 약 1/2 정도의 열손실 차이가 있다.
⑤ 열손실을 줄이려면 열관류율 K값을 적게 하도록 하여야 한다.
⑥ 창유리만큼은 단열할 수 없으므로 2중 유리로 하든가 페어유리를 사용하여야 하며 두꺼운 커튼을 설치하거나 경우에 따라서는 창의 면적을 작게 하여 난방부하, 즉 열손실을 최소한 적게 한다.

2. 열관류율(열통과율) 계산

열전도율이 다른 여러 층의 재료와 내외부에 열전달률에 의하여 열의 전달을 저하하는 경우 열의 흐름 자체가 정상상태라고 하면 고온으로부터 저온으로 열이 이동할 때를 평균열통과율이라고 한다. 단위는 kcal/m²h℃로 나타내고 역수를 열저항(R)이라고 한다.

① **열의 이동속도**(kcal/m²h) $= \dfrac{\text{추진력}(\Delta t)}{\text{열저항}(R)}$

② **통과된 열량**$(Q) = K \cdot F \cdot \Delta t$로 나타낸다.

여기서, F : 열전달면적(m²), K : 열관류율(kcal/m²h℃), Δt : 온도차(℃)

③ **열관류율**$(K) = \dfrac{1}{R} = \dfrac{1}{\text{열저항}}$ (kcal/m²h℃)

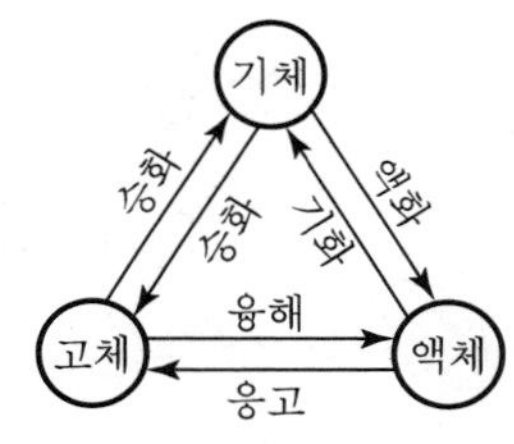

▮ 물질의 삼상태 ▮

④ 전열저항계수$(R)=\dfrac{\dfrac{1}{a_1}+\dfrac{b_1}{\lambda}+\dfrac{1}{a_2}}{1}$(m²h℃/kcal)

3. 난방부하 계산

(1) 상당방열면적(EDR)으로부터 계산

① EDR : 상당방열면적이라고 하며 표준방열량을 말한다. 방열면적 $1m^2$를 1EDR이라 한다. 표준방열량은 온수난방의 경우 $450kcal/m^2h$, 증기난방의 경우 $650kcal/m^2h$이다.

② 주철제 방열기의 경우 온수평균온도가 80℃, 실내온도가 18.5℃일 때 온수난방 시 표준방열량은 $450kcal/m^2h$이다.

③ 표준방열량

구분	방열기 내의 평균온도	난방온도	온도차	방열계수	표준방열량 ($kcal/m^2h$)
온수난방	80℃	18.5℃	61.5℃	7.31	450
증기난방	102℃	18.5℃	83.5℃	7.78	650

④ 방열량 계산

㉠ 방열기의 방열량($kcal/m^2h$) 계산

ⓐ 방열기의 방열계수×온도차

ⓑ 표준방열량×방열량 보정계수

㉡ 온도차 계산(℃)

$$=\frac{\text{방열기 입구온도}+\text{방열기 출구온도}}{2}-\text{실내온도}$$

⑤ 난방부하 계산(kcal/h)

㉠ 난방부하=EDR×방열기의 표준방열량

㉡ 난방부하=방열기의 소요방열면적×방열기의 방열량

⑥ 방열기의 소요방열면적 계산

$$=\frac{\text{난방부하}(kcal/h)}{\text{방열기의 방열량}(kcal/m^2h)}(m^2)$$

⑦ 상당방열면적(EDR) 계산

$$=\frac{\text{난방부하}}{\text{표준방열량}}(m^2)$$

(2) 열손실 열량으로부터 난방부하(kcal/h) 계산

벽체, 천장, 바닥, 유리창, 중간벽, 실내 환기 등에서의 손실을 총 열손실 난방부하라고 한다.

① 난방부하＝열손실 합계－임의 취득열량

임의 취득열량이란, 각 전열기구나 인체 발생열 등의 부산물에서 얻어지는 열량이다.

② 난방부하 계산(kcal/h)

$Q = K \cdot F \cdot \Delta t$

여기서, Q : 열손실(난방부하) 합계(kcal/h)

F : 벽체, 바닥, 천장, 유리창, 중간벽 등의 열관류율이 생길 수 있는 전체 면적(m^2)

Δt : 실내와 외기의 온도차(℃)

③ 열관류율(K) 계산

$$\text{열관류율}(K) = \frac{1}{R}(\text{kcal/m}^2\text{h°C})$$

$$\text{전열저항}(R) = \frac{1}{\text{실내 측 열전달률}} + \frac{\text{두께}}{\text{열전도율}} + \frac{1}{\text{실외 측 열전달률}} + \frac{1}{\text{저항}}$$

(3) 간이식으로부터 열손실 계산

① 난방부하 계산(kcal/h)

Q＝열손실지수×난방면적

② 열손실지수(kcal/m²h) : 일반주택의 경우 각 지역별 보온, 단열상태에 따라 정한 값이며 일반주택에서는 모든 자료를 종합한 열량이다.

③ 간이식 난방부하에서는 유류 보일러인 경우 외기온도에 대한 열용량의 여유가 적기 때문에 간이식으로부터 계산된 난방부하에서 25% 정도 높은 값을 적용하여야 난방부하에 차질이 생기지 않는다.

④ 기준 주택과 열손실지수가 다른 경우에는 시공 주택 열손실지수도 환산하여 사용한다.

㉠ 열관류율에 의한 열손실지수 보정

$$\text{시공주택 열손실지수} = \frac{\text{시공 주택 열관류율}}{\text{기준 주택 열관류율}} \times \text{기준 주택 열손실지수}$$

㉡ 외기온도에 의한 열손실지수 보정

$$\frac{\text{동절기 최저 온도차}}{\text{최저 평균온도차}} \times \text{기준 열손실지수}$$

일반적으로 최저 평균온도차는 28℃로 한다. 그 이유는 온수난방 시 실내온도가 18℃ 외기의 평균온도를 동절에는 영하(－10℃)로 보기 때문에 [18－(－10)]＝28℃가 된다.

4. 난방부하 계산 시 고려해야 할 사항

① 건물의 위치

㉠ 일사광선 풍향의 방향

㉡ 인근 건물의 지형지물 반사에 의한 영향 등

② 천장높이와 천장과 지붕 사이의 간격

천장높이가 높으면 호흡선의 온도를 보다 높은 온도로 한 난방설계가 필요하다.

③ 건축구조

벽지붕, 천장, 바닥 등의 두께 및 보온, 단열상태 벽체의 경우 열관류율이 0.5kcal/m^2h℃ 이하가 되도록 건축법에서 규정하기 때문에 온수온도가 높은 바닥의 열관류율이 0.2kcal/m^2h℃보다 적게 하여야 한다.

[보온재 적정두께]

- 단독주택 : 50mm
- 공동주택 : 70mm

④ 주위환경 조건

⑤ 유리창의 크기 및 문의 크기

⑥ 마루, 현관 등의 공간

㉠ 온수온돌난방 시공 시에는 온돌바닥을 37℃ 이상 유지하여야 하기 때문에 환수주관의 온도를 37~38℃로 유지하는 것이 이상적이다.

㉡ 대류난방은 바닥온도와는 관계가 없다.

5. 난방의 정의

① 난방이라 함은 궁극적으로 인간의 신체표면으로부터 대류나 발한, 복사 등에 의해 잃는 열 등을 기류, 기온, 습도, 복사열 등으로 조절하여 쾌적한 체감온도를 유지해 주는 것이다. 따라서 난방방식이란, 인간이 쾌적한 체감온도를 유지시키기 위하여 자연환경의 온도, 습도 등을 인위적으로 조절하는 방법을 말한다.

② 난방방식은 여러 가지 기계기구를 포함한 것이므로 우선 열을 만드는 기기를 열원기기라 하며 이것이 열 발생원이다. 그리고 만들어진 열을 난방이 필요한 장소로 이동시키는 것을 열의 운반이라 하고 운반된 열을 소비하는 과정을 열 소비라고 한다. 결국 난방방식이란, ㉠ 열 발생 ㉡ 열 운반 ㉢ 열 소비의 과정이 조합된 것이다.

▼ 각 재료의 열전도율(kcal/mh℃)

재료	내벽 및 이에 준하는 곳의 열전도율	외벽 및 이에 준하는 곳의 열전도율
대리석	1.1	1.2
모래	0.42	0.50
자갈	0.68	0.78
콘크리트	1.3~1.4	1.4~1.5
시멘트모르타르	1.2	1.3
펄라이트	0.26	–
회반죽	0.60	0.62
시멘트모르타르벽	1.37	1.4
벽돌벽	0.52	0.55
노송나무	0.12	0.13
라왕	0.14	0.15
합판	0.13	0.14
타일	1.1	1.1
고무타일	0.34	0.34
바닥용 아스타일	0.38	0.38
모노륨	0.17~0.19	0.19
바닥용 코르크타일	0.056	0.056
석고보드	0.1	0.19
플렉시블판	0.25	0.25
폴리우레탄폼	0.017	0.017
양면보온판	0.039	0.039
유리면보온판	0.034	0.034
창유리	0.68	0.68
12(m) 짝유리	0.09	0.09

▼ 기준 주택의 열관류율(kcal/m²h℃)

구분	상급	중급	하급
지붕 · 천장	0.299(3.344)	0.511(1.957)	2.5(0.4)
외벽	0.3(3.332)	0.533(1.877)	2.024(0.494)
창문	2(0.5)	2.469(0.405)	3.226(0.31)
출입문	1.142(0.876)	3.021(0.331)	3.66(0.273)
바닥	0.257(3.89)	0.296(3.38)	0.56(1.776)

* (　)는 열관류 역수인 저항임(m²h℃/kcal)

> REFERENCE 간이난방부하 계산
>
> - 단열이 잘되는 건축물에서 보일러 용량 계산은 평당 500kcal/h로 계산
> - 단열이 제대로 되지 않은 건물의 보일러 용량 계산은 평당 600kcal/h로 계산
> - 냉방부하 시는 건물 평당 400kcal/h로 냉동기 용량계산
> - 1RT=3,320(kcal/h)
> - 흡수 시 냉동기 1RT=6,640(kcal/h)
> - 1USRT=3,024(kcal/h)
> - 쿨링타워(냉각탑) 1RT=3,900(kcal/h)

2 보일러의 용량계산

1. 보일러의 효율 및 난방부하 계산

구멍탄 보일러나 온수 보일러에서 보일러의 효율계산은 기본적으로 같다.

(1) 효율(η)

$$(\eta)=\frac{G_w \cdot C_p(t_2-t_1)}{G_0 \cdot Hl}\times 100(\%)$$

여기서, G_w : 온수출탕량(kg/h), C_p : 물의 평균비열≒1kcal/kg℃
t_2 : 온수의 평균출구온도, t_1 : 평균입구온도(℃)
G_0 : 연료소비량(kg/h), Hl : 연료의 저위발열량(kcal/kg)

(2) 온수 보일러 난방출력(kcal/h)

$$\text{난방출력}=G_h \cdot C_p(th_2-th_1)[\text{kcal/h}]$$

여기서, G_h : 출탕량 또는 급수량(kg/h), C_p : 물의 평균비열(kcal/kg℃)
th_2 : 난방출구온도(℃), th_1 : 입구온도(℃)

(3) 온수 보일러 연속 급탕출력(kcal/h)

$$\text{급탕출력}=G_h \cdot C_p(th_2-th_1)$$

여기서, G_h : 급탕량 또는 급수량(kg/h), C_p : 물의 평균비열(kcal/kg℃)
th_2 : 급탕평균온도(℃), th_1 : 급수온도(℃)

(4) 구멍탄 보일러 효율

$$(\eta)=\frac{\text{보일러 출력}\times 24}{\text{연소통수}\times\text{통당 연탄 사용개수}\times\text{연탄의 무게}\times\text{연탄의 발열량}}\times 100(\%)$$

여기서, 보일러 출력(kcal/h), 구멍탄의 무게(kg)
연탄의 발열량 4,400~4,600kcal/kg, 통당 연탄사용개수 : 1일 사용개수

(5) 구멍탄 보일러의 출력계산

$$출력 = \frac{연소통수 \times 통당\ 연탄\ 사용개수 \times 연탄의\ 무게 \times 4,600 \times 효율}{24} [\text{kcal/h}]$$

여기서, 보일러 효율은 일반적으로

㉠ 온수 보일러는 75% 이상

㉡ 구멍탄 온수 보일러는 70% 이상

㉢ 4,600 : 연탄 1kg의 발열량(4,600kcal/kg)

(6) 온수 보일러의 현열계산

$G \cdot C_p(th_2 - th_1)$[kcal]

여기서, G : 온수의 사용량(kg), C_p : 온수의 비열(kcal/kg℃)

th_2 : 온수 출구온도(℃), th_1 : 보일러공급수의 온도(℃)

2. 난방용 보일러의 출력계산(kcal/h)

(1) 정격출력(보일러 용량)$(H_m) = H_1 + H_2 + H_3 + H_4$

(2) 상용출력 $= H_1 + H_2 + H_3$

(3) 방열기 부하 $= H_1$

여기서, H_1 : 난방부하(kcal/h), H_2 : 급탕부하(kcal/h)

H_3 : 배관부하(kcal/h), H_4 : 시동부하(kcal/h)

① 난방부하계산(H_1)

㉠ 상당방열면적으로부터 계산

ⓐ 상당방열면적을 EDR이라 한다.

ⓑ 상당방열면적에서 표준방열량

- 증기의 경우 650kcal/m²h
- 온수의 경우 450kcal/m²h

ⓒ 난방부하=EDR×방열기의 방열량

▼ **표준방열량과 상당방열면적의 비교**

구분	방열기 내의 평균온도	난방온도	온도차	방열계수	표준방열량
증기	102℃	18.5℃	83.5℃	7.38	650
온수	80℃	18.5℃	61.5℃	7.31	450

$$여기서,\ 온도차 = \frac{방열기\ 입구온도 + 방열기\ 출구온도}{2} - 실내온도(℃)$$

$$평균온수의\ 온도 = \frac{방열기\ 입구온도 + 방열기\ 출구온도}{2}(℃)$$

㉡ 손실열량으로부터 계산(Q)

$Q = K \cdot F \cdot \Delta t \cdot Z$(kcal/h)

여기서, K : 열관류율(kcal/m²h℃)

$K = \frac{1}{R}$

여기서, R : 전열저항계수(열저항)(m²h℃/kcal)

F : 벽체, 바닥 등의 총면적(m²)

Δt : 실내 · 실외의 온도차(℃)

Z : 방위에 따른 부가계수

참고 방위에 따른 부가계수란, 남쪽 벽은 태양열을 받아서 벽체 온도가 상승되지만 북쪽 벽은 열을 받지 않아서 남쪽 벽보다 15~20% 정도의 열손실이 생긴다고 보는 계수로서 일반적으로 부가계수 Z는 1.1~2.0 정도이다.

K(열관류율)

$$K = \frac{1}{\frac{1}{a_1} + \frac{b}{\lambda} + \frac{1}{a_2}}$$

R(전열저항계수)

$$R = \frac{\frac{1}{a_1} + \frac{b}{\lambda} + \frac{1}{a_2}}{1}$$

여기서, a_1 : 실내 측 열전달률(kcal/m²h℃)

a_2 : 실외 측 열전달률(kcal/m²h℃)

λ : 벽체의 열전도율(kcal/mh℃)

b : 벽체의 두께(m)

② **급탕 및 취사 부하계산(H_2)** : 보일러에서 급탕이란 급수를 공급하여 온수를 만들어서 사용하는 것이다.

$H_2 = G \cdot C_p \cdot \Delta t$(kcal/h)

여기서, G : 시간당 급탕사용량(kg/h)

C_p : 물의 평균비열(kcal/kg℃)

Δt : 출탕온도에서 급수온도를 뺀 값의 온도(℃)

일반적으로 급탕온도와 급수온도가 없으면 60kcal/h로 계산된다.

③ **배관부하계산(H_3)** : 배관부하는 배관에서 생기는 열손실이며 난방, 급탕 등의 목적으로 배관을 통하여 온수를 공급하는 경우에 온수의 온도와 배관 주위의 공기와 접하는 온도차로 인하여 많은 열손실이 생긴다. 그러나 배관부하는 작을수록 좋다.

[배관부하 공식]

㉠ 배관부하 $= (H_1 + H_2) \times (0.25 \sim 0.35)$

㉡ 배관부하 $= K \cdot F \cdot L \cdot \Delta t$

여기서, K : 관의 표면 열전달률(kcal/m²h℃), F : 배관의 나관 1m 표면적(m²)

L : 배관의 총길이(m), Δt : 관의 표면온도에서 접촉공기의 온도를 뺀 값의 온도

④ **시동부하계산(예열부하, H_4)** : 보일러 가동 전 냉각된 보일러를 운전온도가 될 때까지 가열하는 데 필요한 열량으로 보일러, 배관 등의 전철의(보일러, 배관의 총중량) 무게가 예열되는 데 필요한 열량과 보일러 내부의 보유수를 가열하는 데 소비되는 총열량을 시동부하라 한다.

㉠ $H_4 = (C \cdot W + U \cdot C_p)(t_2 - t_1)(\text{kcal})$

여기서, C : 철의 비열(kcal/kg℃), W : 철의 무게(kg)
C_p : 물의 비열(kcal/kg℃), t_2 : 보일러 가동상태의 물의 온도(℃)
t_1 : 보일러 가동 전 물의 온도(℃), U : 물의 무게(kg)

㉡ $H_4 = (H_1 + H_2 + H_3) \times (0.25 \sim 0.35)$

⑤ **정격출력계산(보일러 용량계산)**

$$\text{정격출력}(H_m) = \frac{(H_1 + H_2)(1+a)B}{K}(\text{kcal/h})$$

여기서, H_1 : 난방부하(kcal/h), H_2 : 급탕부하(kcal/h)
a : 배관부하율(0.25~0.35), B : 예열부하(여력계수 : 1.40~1.65)
K : 출력저하계수(석탄연료 사용 시 적용)

보일러 출력저하계수 K는 연료가 액체연료인 경우는 1이고, 석탄연소인 경우는 다음과 같다.

석탄의 발열량	보일러 효율(%)	출력저하계수(K)
6,900kcal/kg	70	1.00
6,600kcal/kg	68	0.94
6,100kcal/kg	65	0.82
5,500kcal/kg	61	0.69
5,000kcal/kg	57	0.58

(4) 보일러 예열에 필요한 시간(hr)

$$h_r = \frac{H_4}{H_m - \frac{1}{2}(H_1 + H_3)}$$

여기서, H_4 : 예열부하(kcal/h), H_m : 정격출력(kcal/h)
H_1 : 난방부하(kcal/h), H_3 : 배관부하(kcal/h)
$\frac{1}{2}(H_1 + H_3)$: 예열시간 중의 평균열손실(kcal/h)

(5) 방열기

① 방열기의 방열량(kcal/m²h)＝방열기의 방열계수×(방열기 내의 평균온수온도－실내온도)

② 사용방열면적(m²)＝난방부하÷450(또는 실제 방열기의 발열량)

③ 방열기에 의한 난방부하(kcal/h)＝소요방열면적×방열기의 방열량

여기서, 방열기의 방열량(kcal/m²h)
방열기의 방열계수(kcal/m²h℃)
난방부하(kcal/h)

④ 방열기의 쪽수계산(온수난방 시)$=\dfrac{\text{난방부하}}{450\times\text{쪽당 표면적}}$(쪽)

여기서, 증기난방 시에는 450 대신 650을 사용

⑤ 소요방열면적(m²)$=\dfrac{\text{난방부하}(\text{kcal/h})}{\text{방열기의 방열량}(\text{kcal/m}^2\text{h})}$

⑥ 상당방열면적(m²) EDR 계산 → 온수난방 시

$=\dfrac{\text{난방부하}(\text{kcal/h})}{450}$

(6) 온수순환량계산(kg/h)

$$\frac{\text{시간당 난방부하}(\text{kcal/h})}{\text{온수의 비열}(\text{kcal/kg℃})\times(\text{송수온도}-\text{환수온도})(℃)}$$

(7) 자연순환수두(가득수두계산, mmAq)

1,000×(보일러 가동 전 물의 밀도－보일러 운전 중 물의 밀도)×배관의 수직높이

여기서, 보일러 물의 밀도(kg/l), 배관의 높이(m)

(8) 온수 팽창량의 계산

$$\text{보일러 내 물의 양}(l)\times\left(\frac{1}{\text{송수의 밀도}}-\frac{1}{\text{보일러 가동 전 물의 밀도}}\right)(l)$$

여기서, 밀도(ρ) : (kg/l)

(9) 개방식 팽창탱크의 용량계산(V_1)

V_1＝온수팽창량(l)×2~2.5배(l)

(10) 밀폐식 팽창탱크 용량계산(V_2)

$$V_2=\frac{\text{온수팽창량}}{\dfrac{1}{1+0.1\times h}-\dfrac{1}{\text{절대압력}(abs)}}(l)$$

여기서, h : 배관 최고 높이의 수직거리(m)
abs : 보일러게이지 압력＋1

3 난방방식의 분류

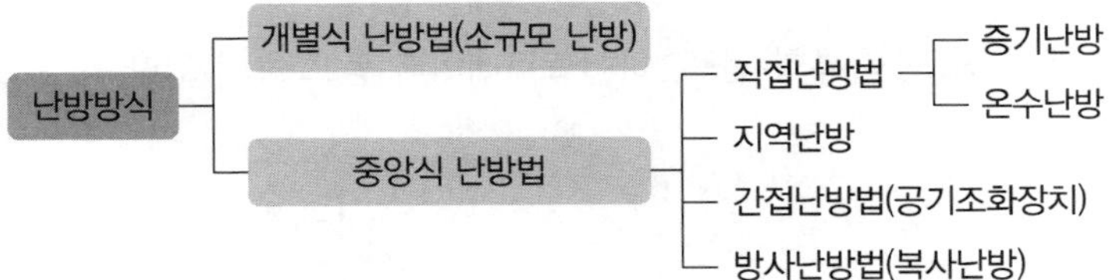

1. 온수난방법(Hot Water Heating System)

(1) 온수난방이 증기난방보다 우수한 점

① 난방부하의 변동에 따라 온도조절이 용이하다.

② 가열시간은 길지만 잘 식지 않아서 증기난방에 비해 배관의 동결 우려가 없다.

③ 방열기의 표면온도가 낮아서 화상의 염려가 없고 실내의 쾌감도가 높다.

④ 보일러의 취급이 용이하고 소규모 주택에 적당하다.

⑤ 연료비도 비교적 적게 든다.

(2) 온수난방의 분류

온수난방은 증기난방에 비해 우수한 점들이 많아 일반주택용으로 많이 이용된다.

분류기준	종류
1. 온수온도	① 보통온수식 : 보통 85~90(℃)의 온수 사용, 개방식 팽창탱크 ② 고온수식 : 보통 100(℃) 이상의 고온수 사용, 밀폐식 팽창탱크
2. 온수 순환방법	① 중력순환식 : 중력작용에 의한 자연순환 ② 강제순환식 : 펌프 등의 기계력에 의한 강제순환
3. 배관방법	① 단관식 : 송탕관과 복귀탕관이 동일 배관 ② 복관식 : 송탕관과 복귀탕관이 서로 다른 배관
4. 온수 공급방법	① 상향공급식 : 송탕주관을 최하층에 배관, 수직관을 상향 분기 ② 하향공급식 : 송탕주관을 최상층에 배관, 수직관을 하향 분기

(3) 온수의 순환방법에 의한 분류

① 중력순환식 온수난방

㉠ 온수의 온도가 저하되면 무더워지는 것을 이용하여 자연적으로 순환시킨다.(밀도차를 이용)

㉡ 보일러 설치는 최하위의 방열기보다 낮은 곳에 설치하여야 한다.(그러나 소규모일 때에는 보일러와 방열기를 같은 층에 설비하는 동층 온수난방, 일명 동계 같은 층 온수난방을 할 수 있다.)

② **강제순환식 온수난방** : 순환펌프 등에 의해 온수를 강제 순환시키는 방법으로 대규모 난방용으로 적당하다.

㉠ 순환펌프 : 센트리퓨걸 펌프, 축류형 펌프, 하이드로레이터 펌프 등이 있다.

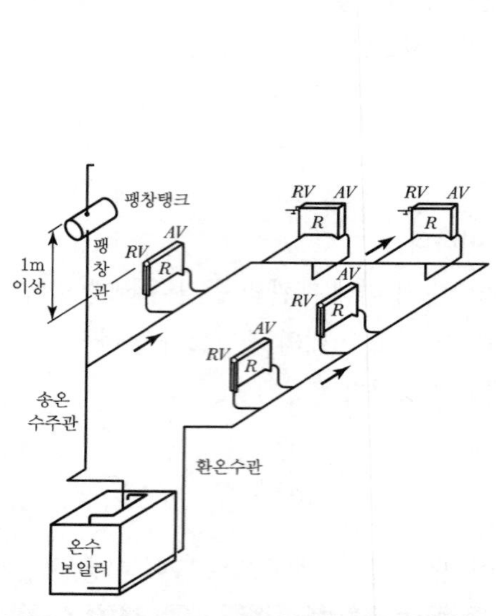

| 단관 중력순환식 온수난방법(상향 공급) |

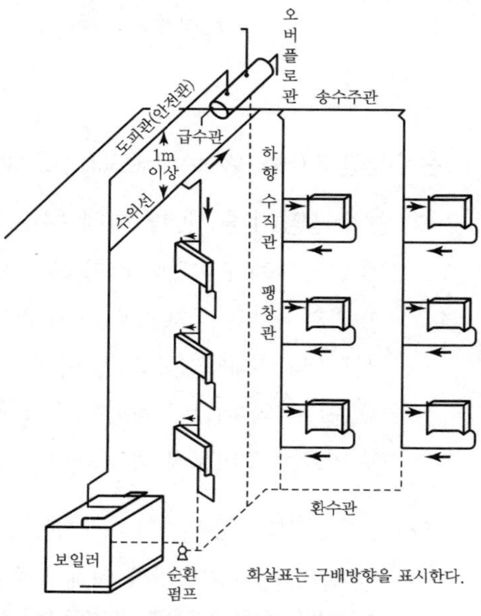

| 단관 강제순환식 온수난방법(상향 공급) |

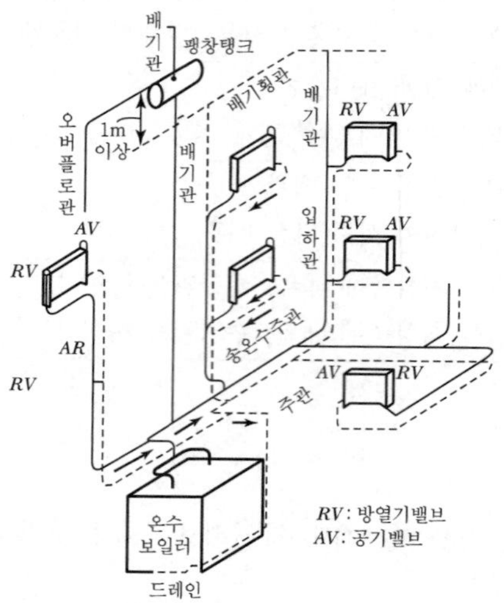

| 복관 중력순환식 온수난방법(하향 공급) |

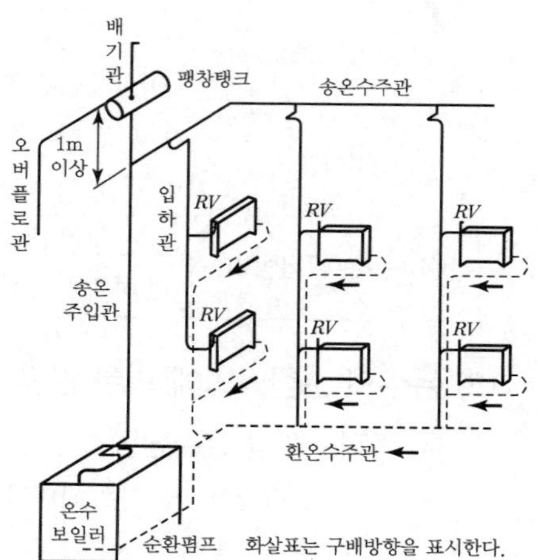

| 복관 강제식 온수난방법(하향 공급) |

(4) 온수 보일러 설치 시 단점

① 동일 방열량에 대하여 증기난방보다 방열면적이 커야 한다.
② 배관의 직경이 큰 것을 써야 한다.
③ 설비비가 많이 든다.
④ 건축물 높이에 상당하는 수압이 보일러나 방열기에 가해져서 건축물 높이에 제한을 받는다.

2. 증기난방법

(1) 중력환수식 증기난방

① **단관 중력환수식 증기난방**
㉠ 저압 보일러용이다.
㉡ 난방이 불완전하다.
㉢ 환수관이 없어서 난방을 용이하게 하기 위해 공기빼기장치가 반드시 필요하다.
㉣ 방열기의 밸브는 방열기 하부 태핑에 장착하고 공기빼기 밸브는 상부 태핑에 장착한다.
㉤ 개폐로 증기량이 조절되지 않는다.
㉥ 배관경은 크고 길이는 짧게 할 수 있다.
㉦ 증기와 응축수가 관 내에서 역류하므로 증기의 흐름이 방해가 된다.
㉧ 소규모 주택 등의 난방에 사용된다.

② **복관 중력환수식 증기난방** : 증기와 응축수가 각각 다른 관을 통해 공급되는 난방이므로 일반적으로 방열기 밸브는 위로 설치하고 반대편 하부 태핑에 열동식 트랩을 장치한다.
㉠ 통기의 배기방법
ⓐ 에어리턴식(Air Return)
ⓑ 에어벤트식(Air Vent)

분류기준	분류
1. 증기압력	① 고압식(증기압력 $1kg/cm^2$ 이상) ② 저압식(증기압력 $0.15 \sim 0.35kg/cm^2$)
2. 배관방법	① 단관식(증기와 응축수가 동일 배관) ② 복관식(증기와 응축수가 서로 다른 배관)
3. 증기공급법	① 상향공급식 ② 하향공급식
4. 응축수 환수법	① 중력환수식(응축수를 중력작용으로 환수) ② 기계환수식(펌프로 보일러에 강제환수) ③ 진공환수식(진공펌프로 환수 내 응축수와 공기를 흡입순환)
5. 환수관의 배관법	① 건식환수관식(환수주관을 보일러 수면보다 높게 배관) ② 습식환수관식(환수주관을 보일러 수면보다 낮게 배관)

(2) 기계환수식 증기난방

응축수를 일단 탱크 내에 모아서 펌프를 사용하여 보일러에 급수하는 난방이다.

① 응축수가 중력환수가 되지 않는 보일러에 사용된다.
② 탱크(수주탱크)는 최하위의 방열기보다 낮은 곳에 설치한다.
③ 방열기에는 공기빼기가 불필요하다.
④ 방열기 밸브의 반대편 하부 태핑에 열동식 트랩을 단다.
⑤ 응축수 펌프는 저양정의 센트리퓨걸 펌프가 사용된다.
⑥ 탱크 내에 들어온 공기는 자동 공기드레인 밸브에 의하여 공기 속으로 배기된다.
⑦ 펌프의 압력은 0.3~1.4kg/cm^2 정도이다.

(3) 진공환수식 증기난방

대규모 난방에 사용되며 환수관의 끝에서 보일러 바로 앞에 진공펌프를 설치하여 난방시킨다. 즉, 환수관 내의 응축수와 공기를 펌프로 빨아내고 관 내를 100~250mmHg 정도의 진공상태로 유지하여 응축수를 빨리 배출시킨다.

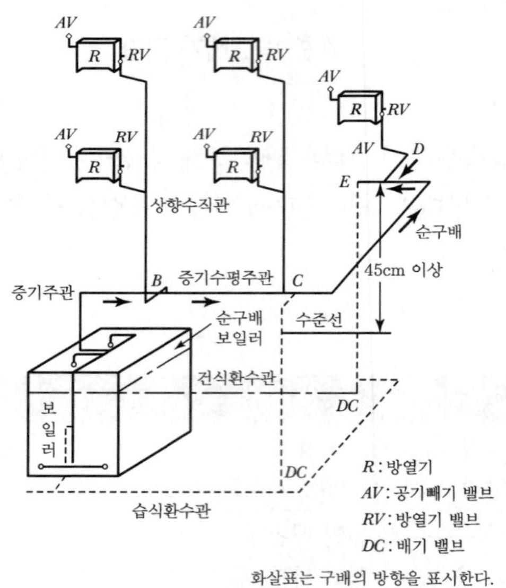

▌단관 중력환수식 증기난방(상향 급기)▐

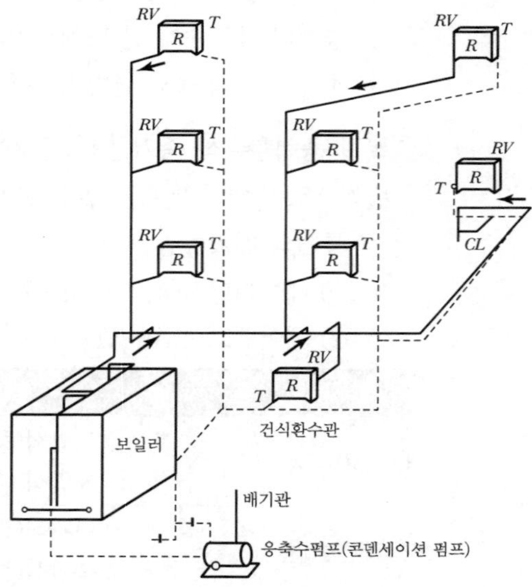

▌기계환수식 증기난방(상향식)▐

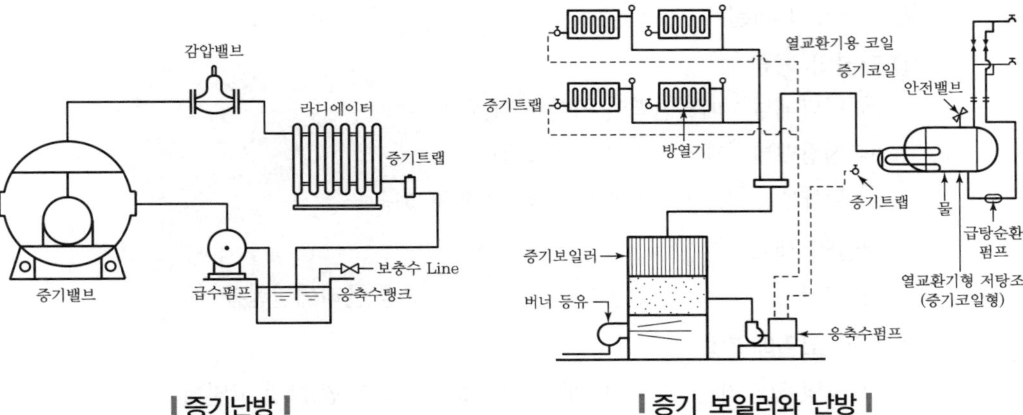

▌증기난방▐ ▌증기 보일러와 난방▐

① 증기의 회전이 제일 빠른 난방이다.
② 환수관의 직경이 작아도 된다.
③ 방열기 설치장소에 제한을 받지 않는다.
④ 방열량이 광범위하게 조절된다.

3. 복사난방법(Panel Heating System)

벽 속에 가열코일을 묻고 코일 내에 온수를 보내어 그 복사열로 난방을 하는 것이다.

(1) 복사난방의 장단점

① 장점

㉠ 실내온도가 균일하여 쾌감도가 높다.
㉡ 방열기의 설치가 불필요하여 바닥면의 이용도가 높다.
㉢ 동일 방열량에 대해 열손실이 대체로 적다.
㉣ 공기의 대류가 적어서 공기의 오염도가 적다.
㉤ 평균온도가 낮아서 열손실이 적다.
㉥ 천장이 높은 집 난방에 적당하다.

② 단점

㉠ 외기 온도변화에 따른 조작이 어렵다.
㉡ 배관을 벽 속에 매설하기 때문에 시공이 어렵다.
㉢ 고장 시 발견이 어렵고 벽 표면이나 시멘모르타르 부분에 균열이 발생한다.
㉣ 단열재 시공이 필요하다.

(2) 복사난방의 패널

① 패널의 종류

㉠ 바닥패널 : 패널면적이 커야 한다.

㉡ 천장패널 : 패널면적이 작아도 된다.

㉢ 벽패널 : 시공이 곤란하여 활용 가치가 없다.

② 패널의 재료

㉠ 강관 ㉡ 동관 ㉢ 폴리에틸렌관

③ 벽면 코일배열법

㉠ 그릿 코일법 ㉡ 벤드 코일법 ㉢ 벽면 그릿 코일법

④ **열전도율의 순서** : 동관 > 강관 > 폴리에틸렌관

⑤ **패널의 한 조당 길이** : 코일 길이는 40~60m 정도이다.

(3) 패널의 구조(크기)

① 바닥코일

㉠ 탄소강 강관 : 20~25A 정도 사용

㉡ 동관 : 13~16A 정도 사용

② **천장코일** : 15A 정도 사용

REFERENCE 패널(Panel)의 분류

(1) 천장패널

① 바닥패널에 비교해서 시공이 어렵다.

② 방사면이 실내의 가구 등에 방해받지 않는다.

③ 바닥패널보다도 높은 43.3℃까지 올릴 수 있어 패널면적이 적어도 된다.

④ 천장이 너무 높거나 낮은 경우에는 사용이 불편하다.

(2) 바닥패널

① 시공이 용이하다.

② 표면온도는 35℃ 이상 올리지 않는 것이 좋다.

③ 패널면적이 커야 한다.

④ 패널의 방사면이 가구의 방해를 받는다.

(3) 벽패널

① 창의 가까운 곳에 설치한다.

② 가구에 의해 열이 차단되는 경우가 많다.

③ 바닥패널이나 천장패널의 보조로 사용된다.

④ 시공이 불편하다.

⑤ 실외로 열이 방열되지 않게 주의하여 시공한다.

4. 지역난방

(1) 지역난방의 개요

지역난방은 1개소 또는 수 개소의 보일러실에서 어떤 지역 내의 건물에 증기 또는 온수를 공급하는 난방방식이다. 공장이나 병원 또는 학교, 집단, 주택 등의 난방에서 시가지 전 지역에 걸쳐서 난방하는 것을 지역난방이라 한다.

① 지역난방의 장점

㉠ 각 개의 건물에 보일러를 설치하는 경우에 비해 대규모로 설비되어 전체 관리가 가능함에 따라 열효율이 좋고 연료비가 절감된다.

㉡ 각 건물에 보일러실 연돌이 필요 없으므로 건물의 유효면적이 증대된다.

㉢ 설비의 고도화에 따라 도시 매연이 감소된다.

㉣ 인건비가 경감된다.

㉤ 각 건물의 난방운전이 합리적으로 된다.

② 지역난방의 열매체

㉠ 증기 : 게이지 압력 $1kg_f/cm^2$에서 $15kg_f/cm^2$까지 사용된다.

㉡ 온수 : 주로 100℃ 이상의 고온수가 사용된다.(약 102~115℃)

③ 지역난방 열매체의 사용상 특징

㉠ 증기 사용

ⓐ 응축수 펌프가 필요하다.

ⓑ 증기트랩의 고장이 있다.

ⓒ 각종 기기의 보수 관리에 노력이 많이 든다.

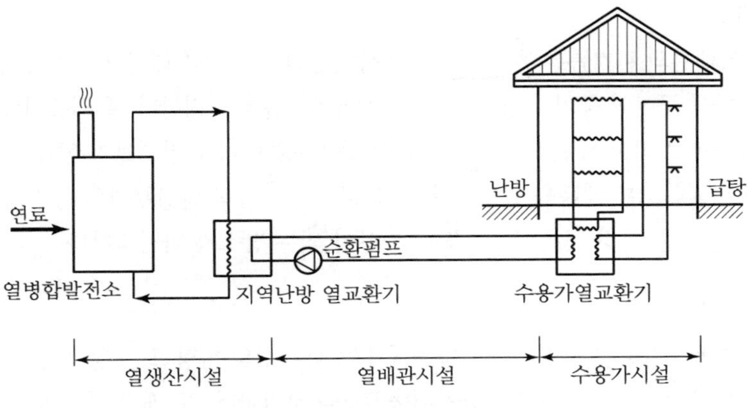

▌지역난방 열공급 계통도▐

ⓛ 온수 사용

ⓐ 지형의 고저가 있어도 온수순환펌프에 의해 순환이 가능하다.

ⓑ 외기의 온도변화에 따라 온수의 온도가 가감된다.

ⓒ 난방부하에 따라 보일러의 가동이 가감된다.

ⓓ 연료의 절약이 가능하다.

ⓔ 열용량이 커서 연속운전이 아니면 시동 시 예열부하 손실이 크다.

ⓕ 증기에 비해 관 내 저항손실이 커서 넓은 지역난방에서는 사용이 불편하다.

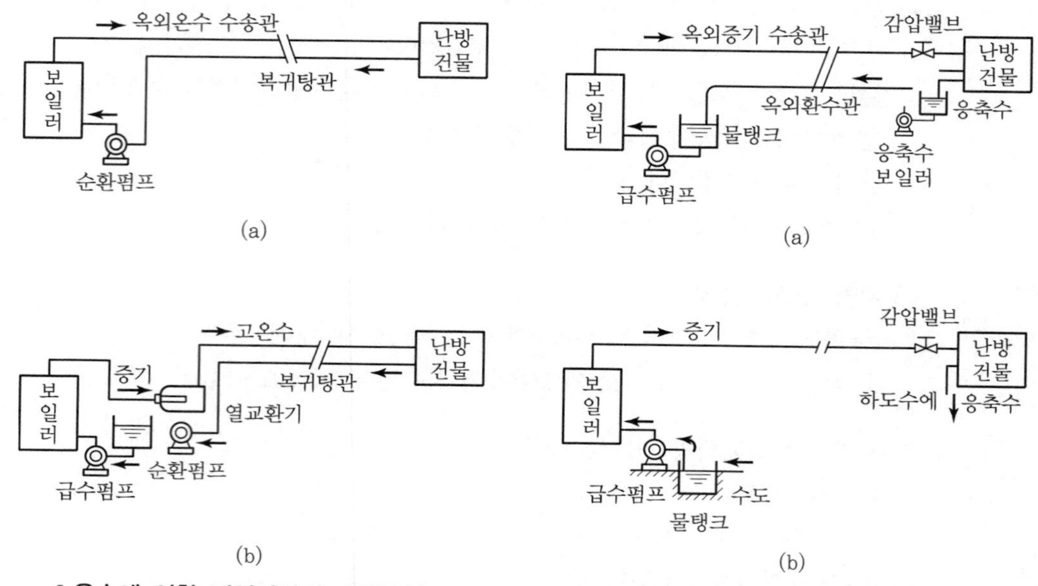

▌온수에 의한 지역난방의 배관방식▐

▌증기에 의한 지역난방의 배관방식▐

(2) 증기배관

옥외증기배관의 관지름은 건물에 필요한 증기압과 보일러에 대한 압력차에서 단위길이당 허용압력 강하를 구하여 증기 유량에 대해 적합한 관지름을 선정한다. 옥외증기배관은 지형에 맞추어 하향구배로 하고 배관 도중에 설치하는 증기트랩이나 감압밸브가 있는 장소에는 후일 점검 수리에 편리하도록 맨홀을 설치한다. 감압밸브는 가급적 난방부하의 중앙지점에 설치하여 펌프실은 지역 중 가장 낮은 장소, 또는 중앙이 되는 장소가 바람직하다.

(3) 고온수배관

옥외온수배관은 공기가 정류하지 않도록 1/250 이상의 하향 또는 상향 구배로 하고 공기가 정류되는 부분에는 플로트식 자동공기배출밸브를 부착한다. 또 배관 중 가장 낮은 위치에는 드레인 밸브를 설치하여 드레인을 제거한다.

4 배관시공법

1. 온수난방 시공

(1) 배관구배

온수배관은 공기밸브나 팽창탱크를 향하여 상향구배로 하여 에어포켓(Air Pocket)을 만들지 않게 배관한다. 일반적으로 구배는 1/250로 하고 배수밸브를 향하여 하향구배를 한다.

① **단관 중력순환식** : 메인 파이프에 선단하향구배를 하고 공기는 모두 팽창탱크에서 배제하도록 한다. 온수주관은 끝내림 구배를 준다.

② **복관 중력환수식**

㉠ 하향공급식 : 공급관이나 복귀관 다같이 선단하향구배이다.

㉡ 상향공급식

ⓐ 공급관을 선단상향구배

ⓑ 복귀관을 선단하향구배

③ **강제순환식**

㉠ 배관의 구배는 선단상향, 하향과는 무관하다.

㉡ 배관 내에 에어포켓을 만들어서는 안 된다.

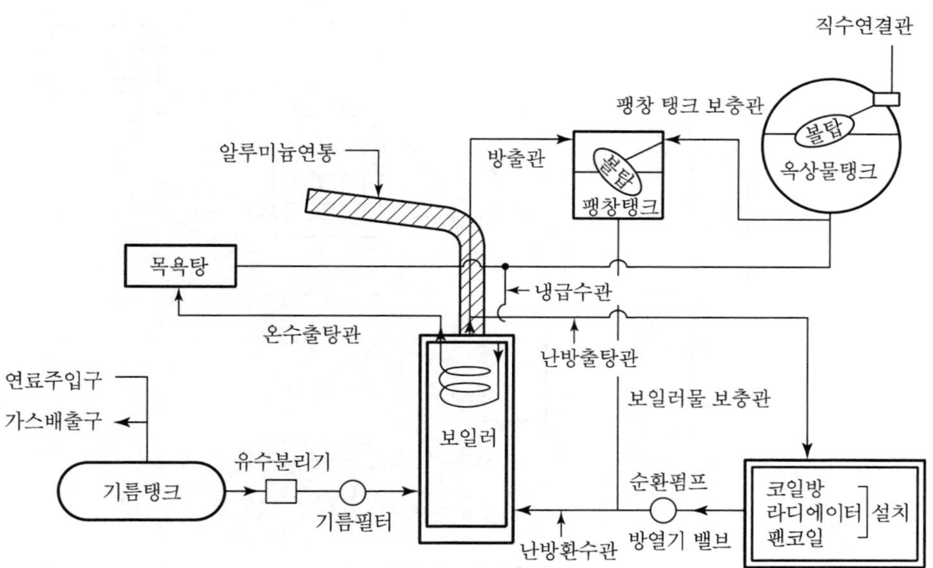

▌온수 보일러 설비계통도▐

2. 증기난방 시공

(1) 배관구배

① **단관 중력식 증기난방** : 단관식의 경우는 가급적 구배를 크게 하여 하향식 · 상향식 모두 증기와 응축수가 역류되지 않게 한다. 그러기 위하여 선단하향구배(끝내림 구배)를 준다.

㉠ 순류관 구배 : 증기가 응축수와 동일 방향으로 흐르며 구배는 1/100~1/200 정도이다.

㉡ 역류관(상향공급식)에서 구배는 1/50~1/100 정도이다.

② **복관 중력식 증기난방** : 복관식의 경우 환수관이 건식과 습식에서는 시공법이 다르지만 증기 메인 파이프는 어느 경우도 구배가 1/200 정도의 선단하향구배이다.

㉠ 건식환수관 : 1/200 정도의 선단하향구배로 보일러실까지 배관하고 환수관의 위치는 보일러 표준수위보다 650mm 높은 위치에 시공하여 급수에 지장이 없도록 한다. 또한 증기관과 환수관이 연결되는 곳에는 반드시 증기트랩을 설치하여 증기가 환수관으로 흐르지 않도록 방지한다.

㉡ 습식환수관 : 증기관 내의 응축수를 환수관에 배출할 때 트랩장치를 사용하지 않고 직접 배출이 가능하다. 또 환수관 말단의 수면이 보일러 수면보다 응축수의 마찰손실 수면이 높아지므로 증기주관을 환수관의 수면보다 450mm 이상 높게 하고 이 설비가 불가능하면 응축수 펌프를 설비하여 보일러에 급수한다.

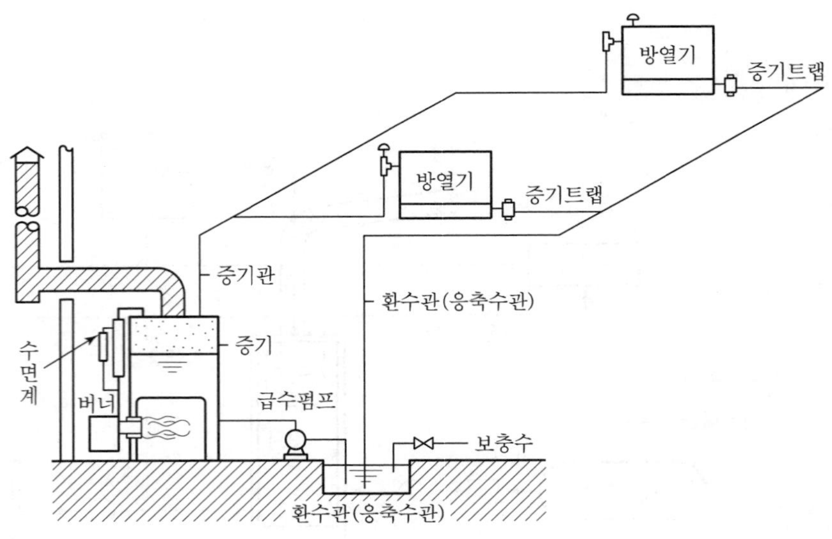

Ⅰ 증기난방 설치도 Ⅰ

③ **진공환수식 증기난방** : 진공환수식에서 환수관은 건식환수관을 사용한다. 또한 증기주관은 1/200~1/300 하향구배(끝내림)를 만들고 방열기, 브랜치관 등에서 선단에 트랩장치를 가지고 있지 않은 경우에는 1/50~1/100의 역구배를 만든 후 응축수를 증기주관에 역류시킨다. 그리고 저압증기 환수관이 진공펌프의 흡입구보다 저위치에 있을 때 응축수를 끌어올리기 위한 설치로 리프트 피팅을 시공하는 경우에는 환수주관보다 1~2mm 정도의 작은 치수를 사용하고 1단의 흡상높이는 1.5m 이내로 한다. 리프트 피팅의 그 사용개수는 가급적 적게 하고 급수펌프의 가까이에서 1개소만 설비하도록 한다.

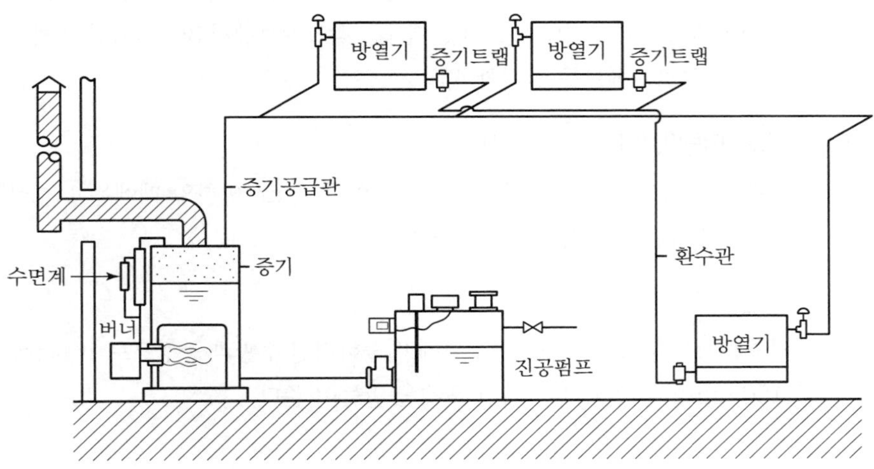

| 진공환수식 증기난방 |

(2) 보일러 주위의 배관

① **하트포드 접속법(Hartford Connection)** : 보일러의 물이 환수관에 역류하여 보일러 속의 수면이 저수위 이하로 내려가는 경우가 있는데 이것을 방지하기 위하여 증기관과 환수관 사이에 균형관(밸런스관)을 설치하여 증기압력과 환수관의 균형을 유지시켜 환수족관에서 흘러나오는 물이 보일러로 들어가지 않게 방지하는 역할을 한다.

② **이경관 접속법** : 지름이 다른 관의 접속

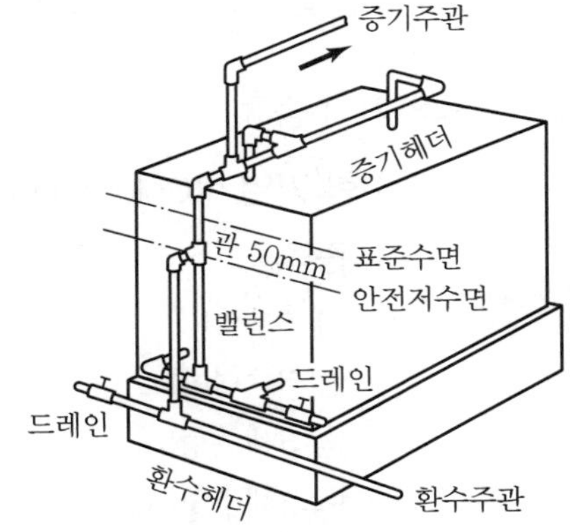

| 하트포드 접속관 |

▼ 하트포드 접속법의 밸런스관 관경

보일러 화상면적(m^2)	밸런스관 관경(mm)
0.37 이하	40
0.37~1.4	65
1.4 이상	100

편심이경 티 편심이경 소켓

| 이경관 접속 |

(3) 방열기 주변 배관

방열기 지관은 스위블 이음을 적용해 따내고 지관의 구배는 증기관은 끝올림, 환수관은 끝내림으로 한다. 주형 방열기는 벽에서 50~60mm 떼어서 설치한다. 또한 벽걸이형은 방바닥에서 150mm 높게 설치하여야 한다.

(4) 감압밸브의 설치

감압밸브는 배관에 유체가 흐르는 입구 쪽에서부터 압력계(고압 측), 글로브밸브, 여과기, 감압밸브, 인크리저(Increaser), 슬루스밸브, 안전밸브, 저압 측 압력계의 순으로 설치된다. 그리고 감압밸브에서 파일럿관을 이을 때에는 감압밸브에서 3m 떨어진 유체의 출구 쪽에 접속하고 밸브는 글로브밸브를 설치한다.

(5) 리프트 피팅(Lift Fitting) 설치

리프트 피팅에서 응축수를 끌어올리는 높이가 1.5m 이하일 때에는 1단 리프트 피팅을 하고 3m 이하일 때는 2단 리프트 피팅을 한다.

(6) 드레인 포켓

증기주관에서 응축수를 건식환수관에 배출하려면 주관과 동경으로 100mm 이상 내리고 하부로 150mm 이상 연장해 드레인 포켓을 만들어 준다.

5 방열기(Radiator)

방열기(라디에이터)는 주로 대류난방에 사용되며 재료상 주철제, 강판제, 강관제, 알루미늄제가 있다.

1. 방열기의 종류

(1) 주형 방열기(Columm Radiator)

① 종류

㉠ 2주형(Ⅱ)

㉡ 3주형(Ⅲ)

㉢ 3세주형(3)

㉣ 5세주형(5)

② **방열면적** : 한쪽(Section)당 표면적으로 나타낸다.

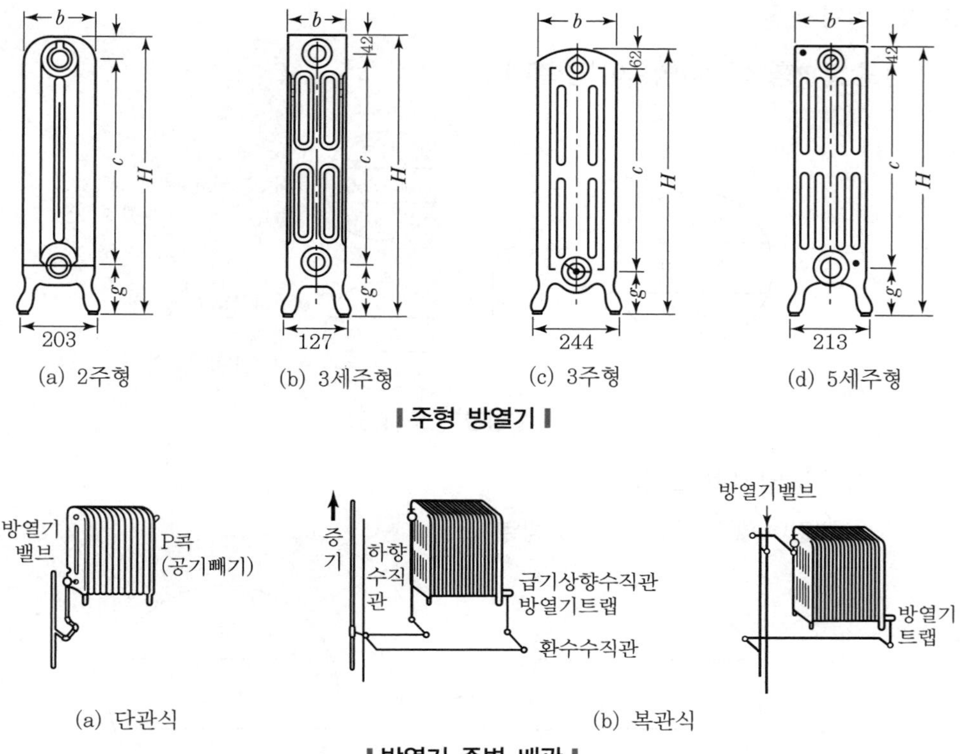

(a) 2주형 (b) 3세주형 (c) 3주형 (d) 5세주형

▮주형 방열기▮

(a) 단관식 (b) 복관식

▮방열기 주변 배관▮

(2) 벽걸이 방열기(Wall Radiator)

주철제로서 횡형과 종형이 있다.(바닥에서 150mm 이상 높이에 설치)

① 횡형(W－H) ② 종형(W－V)

(3) 길드 방열기(Gilled Radiator)

1m 정도의 주철제로 된 파이프가 방열기이다.

(4) 대류 방열기(Convector)

강판제 캐비닛 속에 핀튜브형의 가열기가 들어 있는 방열기이며 캐비닛 속에서 대류작용을 일으켜 난방한다. 특히 높이가 낮은 대류 방열기를 베이스 보드 히터라 하며 베이스 보드 히터는 바닥면에서 최대 90mm 정도의 높이로 설치한다.

2. 방열기의 배치

(1) 배치장소와 거리

① **설치장소** : 외기와 접한 창 밑에 설치한다.

② **배치거리** : 벽에서 50~60mm 떨어진 곳에 설치한다.

3. 방열기의 호칭

(1) 종별－형×쪽수(벽걸이 방열기)

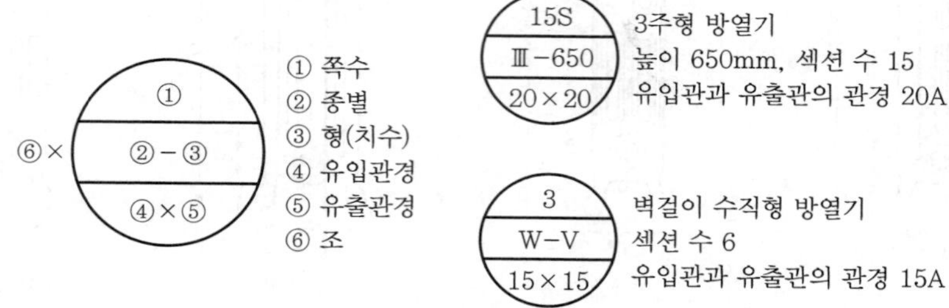

❙ 방열기 도시법 ❙

(2) 기타 방열기의 도시기호

① 벽걸이형(수직형, 수평형) 방열기

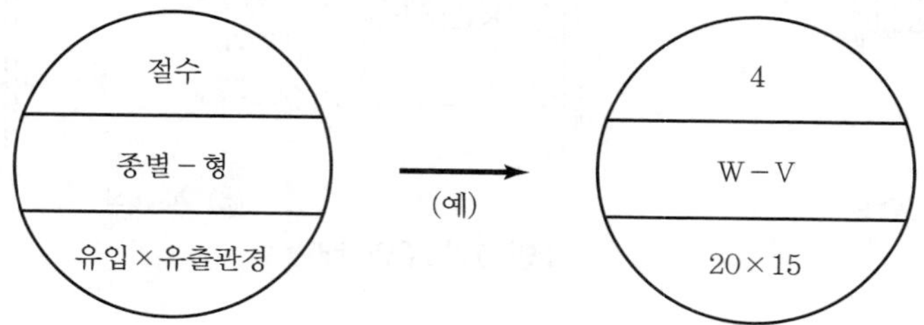

② 길드형 방열기

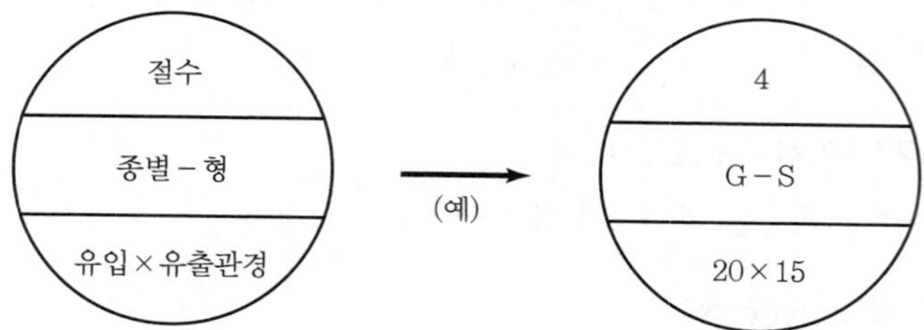

③ 캐비닛 히터

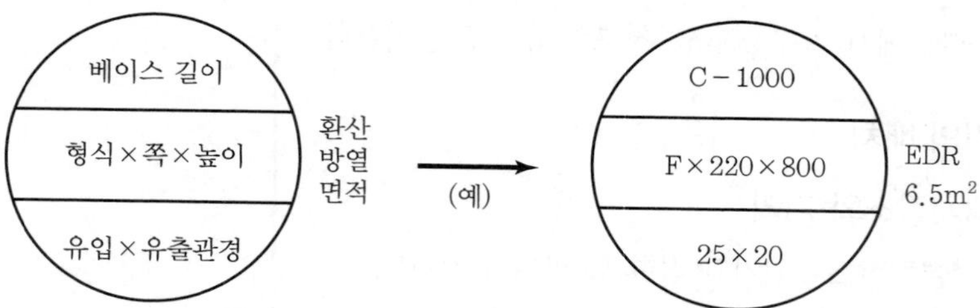

④ 베이스 보드 히터

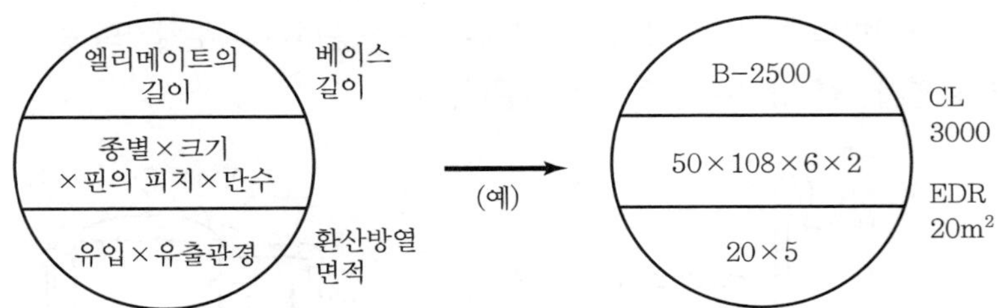

4. 방열기의 부속

① 방열기 밸브

방열기 입구에 설치해서 증기나 온수의 유량을 수동으로 조절한다. 일명 팩리스 밸브(Packless Valve)라고 한다.

② 방열기 트랩

방열기 출구에 설치하는 열동식 트랩(Thermostatic Trap)이며 에테르 등의 휘발성 액체를 넣은 벨로스를 부착하여 이것에 접촉되는 열의 고저에 의한 팽창이나 수축작용으로 벨로스 하부의 밸브가 개폐됨으로써 응축수를 환수관에 보내는 역할을 한다.

5. 방열면적 계산(온수난방)

① 소요방열면적(m^2) $= \dfrac{\text{시간당 난방부하}}{\text{방열기의 방열량}}$

② 상당방열면적 EDR(m^2) $= \dfrac{\text{시간당 난방부하}}{450}$ (단, 증기난방에서는 650kcal/m^2h로 나눈다.)

6. 방열기 쪽수계산

① 소요방열 쪽수계산(쪽수)

$$\frac{\text{시간당 난방부하}}{\text{방열기의 방열량} \times \text{쪽당 방열표면적}} \text{(쪽)}$$

② 방열기 쪽수계산(온수난방)

$$\frac{\text{시간당 난방부하}}{450 \times \text{쪽당 방열표면적}}$$

③ 방열기 쪽수계산(증기난방)

$$\frac{\text{시간당 난방부하}}{650 \times \text{쪽당 방열표면적}}$$

여기서, 시간당 난방부하 : kcal/h
방열기의 방열량 : kcal/m^2h
쪽당 방열표면적 : m^2/섹션당

6 팽창탱크

팽창탱크는 온수 보일러의 안전장치로서 온수의 온도가 상승하여 온수체적의 증가로 수압의 상승에 의한 보일러의 파열사고를 방지하기 위해 설치된다.

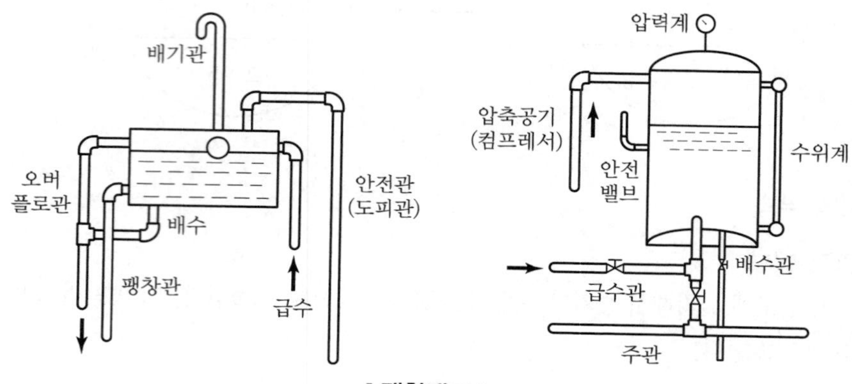

❙ 팽창탱크 ❙

1. 설치목적

① 보일러 운전 중 장치 내의 온도상승에 의한 체적팽창이나 이상팽창의 압력을 흡수한다.
② 운전 중 장치 내를 소정의 압력으로 유지한다.
③ 팽창한 물의 배출을 방지하여 장치 내의 열손실을 방지한다.
④ 보충수를 공급하여 준다.
⑤ 공기를 배출하고 운전정지 후에도 일정압력이 유지된다.

2. 팽창탱크의 종류

- 구조에 따라 ┌ 개방식 / └ 밀폐식
- 재질에 따라 ┌ 강철제 / └ 내열성 합성수지

(1) 개방식 팽창탱크

일반주택 등에서 저온수 난방 시에 주로 사용되며, 대기에 개방된 개방관은 팽창탱크에 두고 온수팽창에 의한 팽창압력을 외부로 배출한다.

① 설치 시 주의사항

㉠ 최고 부위 방열기나 방열관보다 1m 이상 높게 설치한다.
㉡ 100℃ 이상의 온도에 견딜 수 있는 재료를 선택한다.
㉢ 팽창탱크 내부의 수위를 알 수 있는 구조이어야 한다.
㉣ 용량은 온수팽창량의 2배 정도가 되어야 한다.

ⓜ 동결에 의한 방지조치가 필요하다.

ⓑ 필요시 자동급수장치를 갖추는 것을 원칙으로 한다.

ⓢ 팽창탱크에는 상부에 통기구멍을 설치한다.

ⓞ 팽창탱크의 과잉수에 의해 화상을 당하지 않게 하기 위하여 오버플로관을 설치한다.

ⓙ 탱크에 연결되는 팽창흡수관은 탱크 바닥면보다 25mm 이상 높게 설치한다.

ⓒ 수도관이나 급수관이 보일러나 배관 등에 직접 연결되지 않도록 한다.

② **팽창탱크의 연결장치(온수 보일러)**

㉠ 팽창관의 크기(설치검사기준에 의해)

ⓐ 30,000kcal/h 이하 : 15mm 이상

ⓑ 30,000~150,000kcal/h 이하 : 25mm 이상

ⓒ 150,000kcal/h 초과 : 30mm 이상

㉡ 방출관(안전관 크기)

ⓐ 30,000kcal/h 이하 : 15mm 이상

ⓑ 30,000~150,000kcal/h 이하 : 25mm 이상

ⓒ 150,000kcal/h 초과 : 30mm 이상

(2) 밀폐식 팽창탱크

주로 고온수 난방에 사용되며 설치위치에 관계없이 설비가 가능하다. 팽창압력을 압축공기 등으로 흡수해야 하기 때문에 여기에 필요한 장치가 필요하다.

[밀폐식 팽창탱크 부대장치]

㉠ 수위계	㉡ 방출밸브
㉢ 압력계	㉣ 압축공기관
㉤ 급수관	㉥ 배수관

(3) 개방식, 밀폐식 팽창탱크 용량계산

① **개방식(ΔV)**

$$\Delta V = a \cdot V \cdot \Delta t, \ \Delta V = \left(\frac{1}{\rho_2} - \frac{1}{\rho_1}\right) \times V(\mathrm{L})$$

여기서, a : 물의 팽창계수 0.5×10^{-3}/℃

Δt : 온도상승(℃)(운전온도－시동 전 온도)

V : 보유수량(전수량)

ρ_1 : 시동 전 물의 밀도(비중)

ρ_2 : 운전 중 물의 밀도(비중)

ΔV : 온수팽창량(l)

② 밀폐식($E \cdot T$)

$$E \cdot T = \frac{\Delta V}{\frac{P_a}{P_a + 0.1h} - \frac{P_a}{P_1}} (\mathrm{L})$$

여기서, ΔV : 온수팽창량(l), P_a : 대기압(kg_f/cm^2) = $1kg_f/cm^2$($1.0332kg_f/cm^2a$)
h : 팽창탱크로부터 최고부까지 높이(m), P_1 : 보일러의 최고허용압력(kg_f/cm^2 abs)

③ 밀폐식 팽창탱크에 필요한 공기압(H_T)

$$H_T = h + h_t + \left(\frac{1}{2}\right)h_p + 2$$

여기서, H_T : 필요한 공기압(mH_2O), h : 최고부까지의 높이(m)
h_p : 펌프의 양정(m), h_t : 온수온도에 상당하는 포화증기압(mH_2O)

7 공기방출기

온수 보일러 등에서 장치 내에 침입하는 공기를 외부로 방출하기 위하여 설치한다.

1. 구조상의 종류

① **자동에어벤트** : 물과 공기의 비중차를 이용한다.
② **에어핀** : 수동으로 공기를 제어시킨다.
③ **공기방출관** : 공기가 스스로 배기되나 고층에서는 활용가치가 없다.

2. 설치방법

① **상향식 보일러** : 공기방출기는 환수주관부 가장 높은 곳에 설치한다.
② **하향식 보일러** : 공기방출기는 팽창탱크과 겸하여 보일러 바로 위에 설치한다(팽창탱크와 별도로 설치하면 더욱 좋다).
③ **공기방출기 설치위치**
㉠ 개방식은 팽창탱크 수면보다 50cm 이상 높게 한다.
㉡ 인접주관식 배관의 상향순환식은 한 갈래마다 공기방출기가 필요하다.

8 급수설비

1. 급수배관법

(1) 직결식(직접급수법)

① **우물직결식** : 우물 근처에 펌프를 설치하여 물을 끌어올린 후 급수한다.
② **수도직결식** : 수도원관의 수압을 이용하여 직접 건물에 급수하는 방식이다. 사용처는 일반주택 및 소규모 건축물에 쓰인다. 연결은 수도 본관에 지관을 붙여서 급수관을 연결한 후 급수 수전계량기를 설치한다.

(2) 고가탱크식(옥상탱크) 급수법

수도 본관의 수압이 부족하여 물이 건물의 최상층까지 도달하지 못하거나 오히려 수압이 과다하여 배관부속품이 파손될 우려가 있을 때 탱크를 옥상 높은 곳에 설치하여 그 탱크에 펌프로 물을 퍼올려 그 탱크에서 물을 하향 급수관에 의해 급수시킨다.

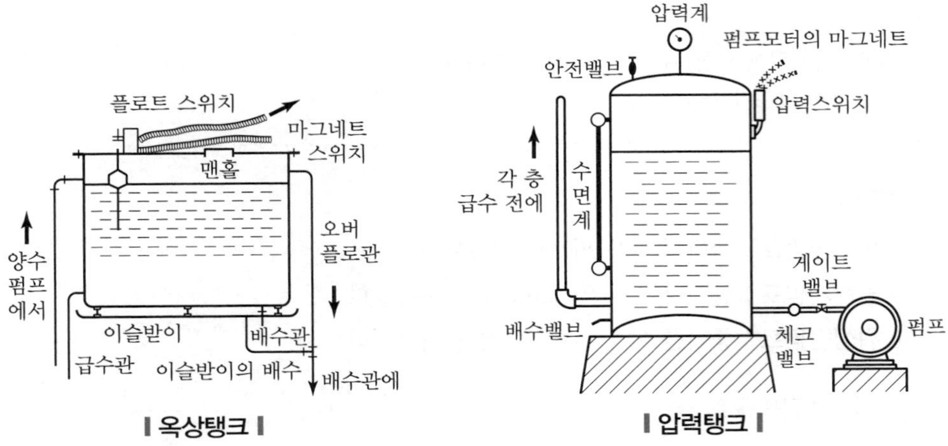

▌옥상탱크▌ ▌압력탱크▌

(3) 압력탱크식 급수법

지상에 강판제 밀폐탱크를 설치하여 펌프로 탱크 속에 압입하여 탱크 속의 공기를 3kg/cm^2 압축하여 물이 30m 정도 높은 곳에 급수시킨다.

2. 펌프(Pump)

(1) 원심식 펌프

① 센트리퓨걸펌프(Centrifugal Pump) : 벌류트 펌프는 주로 15m 내외의 낮은 양정에 사용되며 펌프 내에 플라밍하여 임펠러가 회전하면서 원심력에 의하여 양수한다.

② 터빈펌프(Turbine Pump) : 벌류트 펌프의 임펠러 외측에 안내 날개(Guide Vane)가 있어 물의 흐름을 조절하여 양정 20m 이상에 사용한다.

왕복 펌프	회전 펌프	깊은 우물 펌프	특수 펌프
① 피스톤펌프 ② 플런저펌프 ③ 워싱턴펌프	① 센트리퓨걸펌프 ② 터빈펌프	① 보어홀펌프 ② 수중모터펌프 ③ 제트펌프	① 인젝터 ② 오수펌프 ③ 기어펌프

REFERENCE 원심식 펌프의 이점

왕복식에 비하여 다음과 같은 이점이 있어서 널리 사용된다.
① 소형이며 가볍다.
② 고속회전에 적합하여 모터에 연결되기 때문에 운전성능이 우수하다.
③ 진동과 소음이 적다.
④ 장치가 간편하다.
⑤ 파동이 없어 (송수압에 의한) 수량의 조절이 용이하다.
⑥ 원심력을 이용한 급수가 가능하다.

(2) 왕복식 펌프

① **피스톤펌프** : 일반 우물용 펌프로 사용된다.
② **플런저펌프** : 물이나 기타 액체고압용에 사용된다.
③ **워싱턴펌프** : 증기를 이용하여 고압용에 사용된다.

REFERENCE 왕복식 펌프 특징

① 송수압의 파동이 크다.
② 수량조절이 곤란하다.
③ 양수량이 적어서 양정이 큰 경우에만 사용이 적합하다.

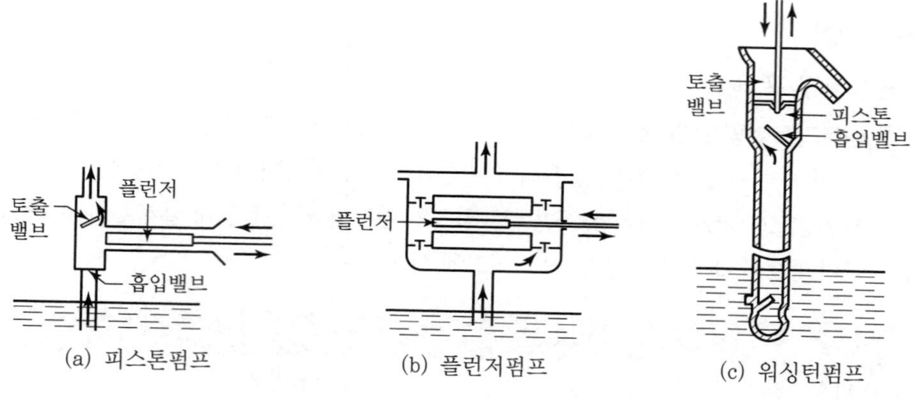

❙ 왕복식 펌프 ❙

(3) 심정펌프(Deep Well Pump)

이 펌프는 깊이 7m 이상의 깊은 물에 사용되는 펌프로서 세 종류가 있다.

① **보어홀펌프(Borehole Pump)** : 수직형 터빈펌프로서 임펠러와 여과기는 물속에 있고 모터는 땅 위에 있어 이 2개를 긴축으로 연결하여 우물을 퍼올린다.

② **수중모터펌프** : 수직형 터빈펌프 밑에 모터를 직결하여 양수하며 모터와 터빈은 모두 수중에서 작동된다.

③ **제트펌프(Jet Pump, 보조펌프)** : 지상에 설치한 터빈펌프에 연결된 흡입관과 압력관을 우물 속에 세운다. 터빈에서 압력수의 일부를 압력관을 통하여 물속에 있는 제트에 보내어 고속으로 벤투리관에 분사시킨다. 이때 벤투리관은 압력이 하강하여 우물물을 흡입하고 흡입된 물은 압력수와 같이 흡입관으로 올라가 터빈펌프로 배출된다. 우물물을 6~7m까지 끌어올린다.

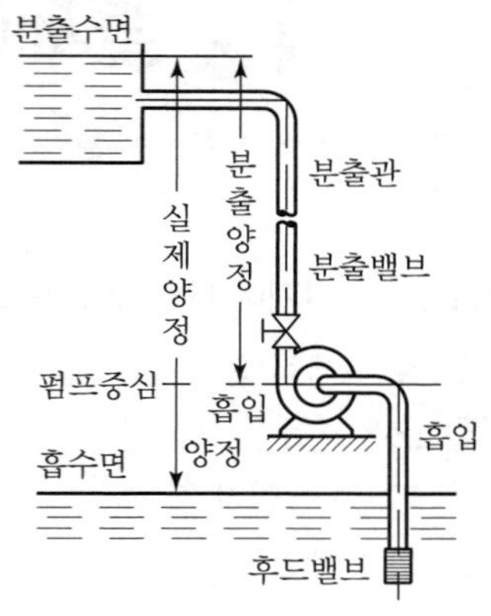

▮ 급수펌프 ▮

9 급탕설비

급탕을 필요로 하는 개소에는 세면기, 욕조, 샤워, 요리 싱크대 등이 있고, 특히 호텔이나 병원 등에도 급탕설비는 반드시 되어 있다. 온수의 온도는 용도별로 차이가 있지만 보통 70~80℃의 온수를 공급하며 사용장소에서 냉수를 혼합하여 적당한 온도로 용도에 맞게 사용한다.

1. 급탕방법

(1) 개별식 급탕법(Local Hot Water Supply System)

가스나 전기, 증기 등을 열원으로 하여 욕실이나 싱크대, 세면기 등 더운 물이 필요한 곳에 탕비기를 설치하여 짧은 배관시설에 의하여 기구급탕전에 연결하여 사용하는 간단한 방법이다. 장점은 다음과 같다.

① 배관길이가 짧아서 열손실이 적다.
② 필요한 장소에 간단하게 설비가 가능하다.
③ 급탕개소가 적을 때는 설비비가 싸다.
④ 소규모 설비에 급탕이 용이하다.

(2) 중앙식 급탕법(Central Hot Water Supply System)

이 방식은 건물의 지하실 등 일정한 장소에 탕비장치를 설치하여 배관으로 사용처에 급탕하며 열원으로는 증기, 석탄, 중유 등이 사용된다.

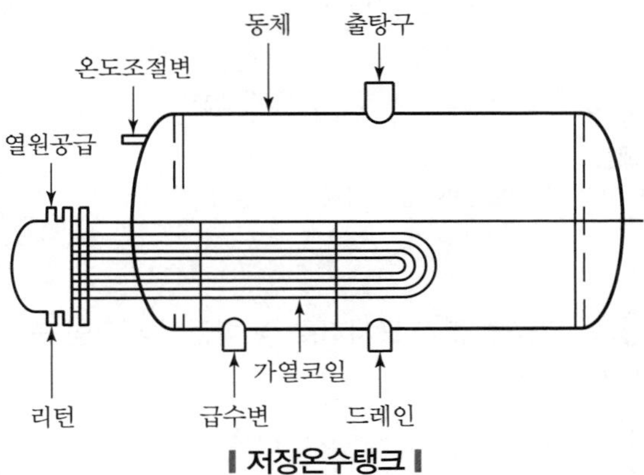

▮ 저장온수탱크 ▮

01장 출제예상문제

01 방열기에 대한 설명으로 잘못된 것은?

① 3은 3세주형
② 18은 쪽수
③ 650은 방열기 길이
④ 25는 유입관경

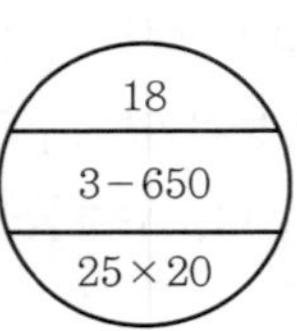

해설
650[mm] : 방열기의 높이 표시

02 난방부하가 7,500[kcal/h]인 사무실에 설치하는 온수방열기의 방열면적은?(단, 방열기의 방열량은 450[kcal/m² · h]로 한다.)

① 14.5[m²]
② 15.7[m²]
③ 16.7[m²]
④ 17.5[m²]

해설
온수난방에서 상당방열면적(EDR) $= \frac{7,500}{450} = 16.7\text{m}^2$

03 단관중력환수식 온수난방에서 방열기 입구 반대편 상부에 부착하는 밸브는?

① 방열기밸브
② 온도조절밸브
③ 공기빼기밸브
④ 배기밸브

해설
방열기 입구 반대편에는 공기빼기밸브를 설치한다.

04 다음 방열기 도시기호 중 벽걸이 세로형 도시기호는?

① W－H
② W－V
③ W－Ⅱ
④ W－Ⅲ

해설
벽걸이 방열기
㉠ 세로형(W－V)
㉡ 가로형(W－H)

05 길이가 1[m] 정도의 주철제 파이프에 방열효과를 높이기 위해 주름(fin)을 붙인 방열기는?

① 주형 방열기
② 팬 히터
③ 강판 방열기
④ 길드 방열기

해설
길드 방열기는 길이 1[m] 정도의 주철제 파이프에 방열효과를 높이기 위해 핀을 붙인 것이다.

06 방열기의 상당 방열면적을 나타내는 기호는?

① GA
② EE
③ HS
④ EDR

해설
상당방열면적(EDR)

07 벽걸이형 방열기 설치 시 바닥면과 방열기 밑면까지의 간격을 얼마 정도로 하는 것이 좋은가?

① 150[mm]
② 200[mm]
③ 250[mm]
④ 100[mm]

해설
벽걸이형 방열기 설치 시 바닥면과 방열기 밑면까지의 간격은 150[mm] 이상을 요하는 것이 이상적이다.

정답 01 ③ 02 ③ 03 ③ 04 ② 05 ④ 06 ④ 07 ①

08 주철제 온수방열기의 입구온수온도가 96[℃], 출구온도가 70[℃]이며 실내공기온도 20[℃]일 경우 방열량은?(단, 표준방열기의 표준온도차는 62[℃]이다.)

① 656.5[kcal/m² · h] ② 650[kcal/m² · h]
③ 450[kcal/m² · h] ④ 457[kcal/m² · h]

해설

$$Q=450\times\frac{\Delta t}{62}=450\times\frac{\left[\frac{96+70}{2}-20\right]}{62}=457[\text{kcal/m}^2\cdot\text{h}]$$

09 주철제 주형 방열기의 형식 종류에 해당되는 것은?

① 2세주형 ② 3세주형
③ 4세주형 ④ 6세주형

해설

주철제 주형 방열기
㉠ Ⅱ주형
㉡ Ⅲ주형
㉢ 3세주형
㉣ 5세주형

10 온수방열기의 입구온도가 90[℃], 출구온도가 76[℃]일 때 실내의 공기온도를 18[℃]로 유지했다면 주철제 방열기의 방열량은?

① 450[kcal/m² · h] ② 464[kcal/m² · h]
③ 472[kcal/m² · h] ④ 650[kcal/m² · h]

해설

$$\frac{90+76}{2}=83[℃]$$

$$450\times\frac{83-18}{62}=471.77[\text{kcal/m}^2\cdot\text{h}]$$

11 주철제 증기방열기의 표준방열량에 대한 1[m²]당 증기의 응축수량은 약 몇 [kg/m² · h]인가?(단, 증기의 압력 1[kg_f/cm^2], 증발잠열 539[kcal/kg])

① 0.3[kg/m² · h] ② 1.2[kg/m² · h]
③ 1.4[kg/m² · h] ④ 1.6[kg/m² · h]

해설

주철제 증기방열량=650[kcal/m²·h]

$$\therefore \frac{650}{539}=1.2[\text{kg/m}^2\cdot\text{h}]$$

12 온수난방 시 상당방열면적이 30[m²]일 때의 난방부하는?

① 13,500[kcal/h] ② 19,500[kcal/h]
③ 22,500[kcal/h] ④ 21,500[kcal/h]

해설

온수난방 1EDR=450[kcal/m²h]
∴ H=450×30=13,500[kcal/h]

13 어느 건물의 난방부하가 15,000[kcal/h]이다. 5세주 650[mm]의 주철제 방열기로 온수난방한다면 방열기 쪽수는?(단, 방열기의 쪽당 방열면적은 0.26[m²]이다.)

① 33개 ② 117개
③ 129개 ④ 178개

해설

$$\frac{15,000}{450\times0.26}=129개$$

14 주철제 방열기의 종류가 아닌 것은?

① 벽걸이형 ② 5세주형
③ 3세주형 ④ 2세주형

해설

주철제 방열기
주형(2주형, 3주형, 3세주형, 5세주형), 벽걸이형

정답 08 ④ 09 ② 10 ③ 11 ② 12 ① 13 ③ 14 ④

15 아래 방열기 도시기호의 설명으로 옳은 것은?

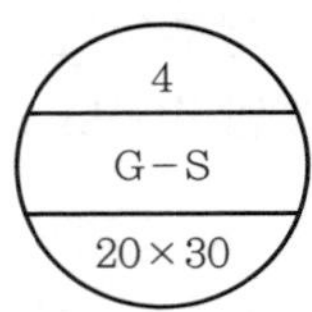

① 벽걸이 방열기로 절수가 4개 S형이다.
② 길드 방열기로 절수가 4개 S형이다.
③ 주철 방열기로 S형은 표준방열기이다.
④ 세주형 방열기로서 S형이다.

해설
G−S 표시 : 길드 방열기이며 절수가 4개, 형은 S형, 관의 입출구 지름은 20×30[mm]이다.

16 다음 방열기 표시에서 유입 측 관의 지름은?

① 3[mm]
② 25[mm]
③ 30[mm]
④ 50[mm]

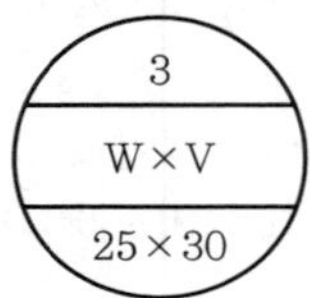

해설
㉠ 절수 : 3개
㉡ W : 벽걸이형 방열기
㉢ V : 수직형
㉣ 25 : 유입 측 관지름
㉤ 30 : 유출 측 관지름

17 어느 건물의 난방부하가 20,000[kcal/h]이다. 5세주 650[mm]의 주철제 방열기로 온수난방한다면 방열기 쪽수는?(단, 방열기의 쪽당 방열면적은 0.26[m^2]이다.)

① 33개 ② 117개
③ 171개 ④ 178개

해설
$\frac{20,000}{450\times sb}=\frac{20,000}{450\times 0.26}=171$개

18 손실열량 3,000[kcal/h]의 사무실에 온수 방열기를 설치할 때 방열기의 소요 섹션 수는?(단, 방열기 방열량은 표준방열량으로 하며, 1섹션의 방열면적은 0.26[m^2]이다.)

① 10매 ② 15매
③ 26매 ④ 32매

해설
소요 섹션 수 $=\frac{\text{손실열량(난방부하)}}{450\times \text{1섹션 방열면적}}=\frac{3,000}{450\times 0.26}=26$매

19 주철제 방열기 중 벽걸이 수평형을 나타내는 기호는?

① W−H ② W−V
③ Ⅱ−V ④ Ⅲ−H

해설
주철제 방열기
㉠ 벽걸이 수평형 : W−H
㉡ 벽걸이 수직형 : W−V

20 길이 1[m] 정도의 주철제 파이프에 방열효과를 높이기 위해 주름을 붙인 방열기는?

① 베이스 보드 히터 ② 팬 히터
③ 대류 방열기 ④ 길드 방열기

해설
길이 1[m] 정도의 주철관에 방열효과를 주기 위해 주름을 붙인 방열기는 길드 방열기이다.

21 증기방열기의 표준방열량은 열매온도(t_1)와 실내온도(t_2)를 각각 얼마로 했을 때인가?

① t_1=80[℃], t_2=17[℃]
② t_1=80[℃], t_2=18[℃]
③ t_1=102[℃], t_2=18.5[℃]
④ t_1=102[℃], t_2=20[℃]

정답 15 ② 16 ② 17 ③ 18 ③ 19 ① 20 ④ 21 ③

해설

증기방열기의 표준방열량(650[kcal/m²h])은 열매온도 102[℃], 실내온도 18.5[℃]를 기준으로 한다.

22 보일러 출력 표시에서 EDR이란 무슨 뜻인가?

① 증발량　② 유효열량
③ 상당방열면적　④ 연소율

해설

EDR : 방열기의 상당방열면적[m²]

23 일반적으로 방열기에 부착되는 부속품이 아닌 것은?

① 열동식 트랩　② 앵글밸브
③ 스트레이너　④ 공기빼기밸브

해설

스트레이너 : 증기, 물, 가스 등의 유체 중 불순물 찌꺼기를 제거한다.

24 온수난방에서 기둥형 방열기는 벽과 어느 정도의 간격을 두고 설치하는가?

① 20~30[mm]　② 50~60[mm]
③ 80~90[mm]　④ 120~150[mm]

해설

기둥형 방열기(주형) 주철제는 벽에서 50~60[mm] 간격을 띠고 설치한다.

25 세주형 주철제 방열기의 호칭방법으로 옳은 것은?

① 종류－높이 × 쪽수　② 종류－형 × 쪽수
③ 종류 × 높이－쪽수　④ 종류 × 형－쪽수

해설

주형 방열기 호칭법 : 종별－방열기 높이 × 쪽수

26 방열기 주변 배관에 관한 설명 중 틀린 것은?

① 벽과의 거리는 5~6[cm]가 좋다.
② 열팽창에 따른 영향을 고려해 스위블 이음한다.
③ 방열기의 공기빼기밸브는 상부 태핑에 설치한다.
④ 단관식 배관일 경우 상부에 방열기밸브를 설치한다.

해설

중력환수식 증기난방
㉠ 단관식의 경우 : 방열기밸브는 하부 태핑에 장치한다.
㉡ 복관식의 경우 : 상하 어느 태핑에 장치해도 좋다.(보통 방열기밸브는 상부 태핑, 열동식 트랩은 하부 태핑)

27 고온 유체가 흐르는 관에 대하여 보온을 하지 않았을 때의 방산열량을 Q_o, 보온 시공했을 때의 방산열량을 Q라 하면 보온효율은?

① $\eta = \dfrac{Q_o - Q}{Q_o}$　② $\eta = \dfrac{Q_o - Q}{Q}$
③ $\eta = \dfrac{Q_o}{Q_o - Q}$　④ $\eta = \dfrac{Q}{Q_o - Q}$

해설

보온효율 $= \dfrac{Q_o - Q}{Q_o}$

28 다음 방열기 도시기호에서 유출 측 관의 지름은?

① 20[mm]
② 25[mm]
③ 18[mm]
④ 650[mm]

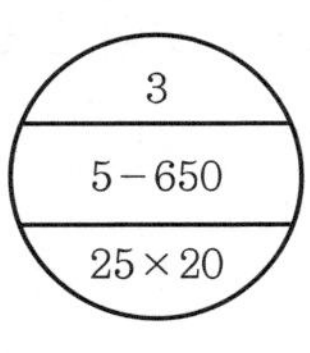

해설

㉠ 방열기 기호에서 유입과 유출 측 관지름은 25×20[mm]이다.
㉡ 섹션 수 : 18개
㉢ 종별 : 5세주형
㉣ 방열기 높이 : 650[mm]

정답 22 ③ 23 ③ 24 ② 25 ① 26 ④ 27 ① 28 ①

29 보온시공된 어떤 관의 열손실이 2,000[kcal/h]이다. 보온효율이 80[%]이면 나관(裸管)의 열손실은?

① 1,600[kcal/h]　② 4,000[kcal/h]
③ 3,600[kcal/h]　④ 10,000[kcal/h]

해설

20[%] : 2,000[kcal/h]
80[%] : x[kcal/h]

$x = 2,000 \times \frac{80}{20} = 8,000$[kcal/h]

$\therefore$ 2,000+8,000=10,000[kcal/h]

30 어느 건물의 난방부하가 30,000[kcal/h]이다. 5세주 650[mm]의 주철제 방열기로 온수난방한다면 방열기 쪽수는?(단, 방열기의 쪽당 전열면적은 0.26[m²]이고, 방열량은 표준방열량으로 계산한다.)

① 33개　② 117개
③ 256개　④ 301개

해설

$\frac{30,000}{450 \times 0.26} = 256$개

31 주철제 벽걸이형 방열기를 설치할 때 바닥면에서 방열기 밑면까지의 높이는 몇 mm가 되도록 설치하는 것이 좋은가?

① 150[mm]　② 650[mm]
③ 800[mm]　④ 1,000[mm]

해설

벽걸이 방열기(W)는 바닥면에서 방열기 밑면까지의 간격이 150[mm] 이상 되도록 설치한다.

32 벽걸이 세로형(수직형) 방열기의 표시기호는?

① W－H　② W－Ⅱ
③ Ⅱ－H　④ W－V

해설

㉠ W－H : 벽걸이 수평형
㉡ W－V : 벽걸이 수직형

33 주철제 방열기의 형식에 속하지 않는 것은?

① 3세주형　② 벽걸이형
③ 대류형　④ 5세주형

해설

㉠ 주철제 방열기
- 3세주형　• 5세주형
- Ⅱ주형　• Ⅲ주형

㉡ 방열기의 종류
- 주형 방열기(Column Radiator)
- 벽걸이 방열기(Wall Radiator)
- 길드 방열기(Gilled Radiator)
- 대류 방열기(Convector)

34 다음과 같이 표시된 방열기의 종류는?

① 주철제 방열기
② 벽걸이형 방열기
③ 캐비닛형 방열기
④ 길드형 방열기

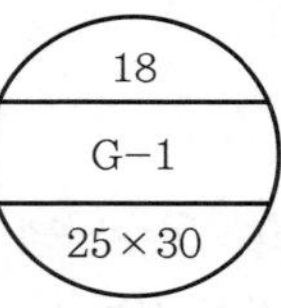

해설

G 표시는 길드형 방열기

35 다음 방열기 표시에서 유입 측 관의 지름은?

① 3[mm]
② 25[mm]
③ 30[mm]
④ 5[mm]

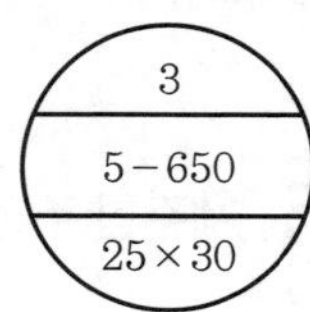

해설

㉠ 유입 측 관지름 : 25[mm]
㉡ 유출 측 관지름 : 30[mm]

정답 29 ④ 30 ③ 31 ① 32 ④ 33 ③ 34 ④ 35 ②

36 어떤 방의 난방부하가 15,000[kcal/h]일 때 증기방열기의 소요방열면적은 약 몇 [m^2]인가? (단, 방열기의 방열량은 표준방열량으로 한다.)

① 16[m^2]　② 18[m^2]
③ 20[m^2]　④ 23[m^2]

해설

$$A = \frac{15,000}{650} = 23[m^2]$$

방열기 방열량
㉠ 증기 : 650[kcal/m^2 · h]
㉡ 온수 : 450[kcal/m^2 · h]

37 방열기 부속품으로서 방열기 출구에 설치되는 스팀 트랩은?

① 열동식 트랩　② 수봉식 트랩
③ 버킷 트랩　④ 플로트 트랩

해설

방열기(라디에이터)에는 그 출구에 열동식 트랩을 설치하여 드레인(응축수)을 배출한다.

38 온수난방에서 상당방열면적이 45[m^2]일 때 난방부하는?(단, 방열기의 방열량은 표준방열량으로 한다.)

① 16,560[kcal/h]　② 18,500[kcal/h]
③ 19,450[kcal/h]　④ 20,250[kcal/h]

해설

온수난방 표준방열량=450[kcal/m^2 · h]
45×450=20,250[kcal/h]

39 주철제 증기방열기의 표준방열량은?

① 450[kcal/m^2 · h]　② 539[kcal/m^2 · h]
③ 639[kcal/m^2 · h]　④ 650[kcal/m^2 · h]

해설

주철제 증기 보일러의 표준방열량은 650[kcal/m^2 · h]이다.

40 온수난방에서 방열기 내 온수의 평균온도가 82[℃], 실내온도가 18[℃]이고, 방열기의 방열계수가 6.8[kcal/m^2 · h · ℃]인 경우 방열기 방열량은?

① 450[kcal/m^2 · h]
② 650[kcal/m^2 · h]
③ 557.6[kcal/m^2 · h]
④ 435.2[kcal/m^2 · h]

해설

$Q = 6.8 \times (82 - 18) = 435.2$[kcal/$m^2$ · h]

41 다음 용어 중 난방설비와 관계가 없는 것은?

① 시스턴 밸브　② 팽창관
③ 스위블 조인트　④ 팽창 탱크

해설

시스턴 밸브는 급수설비와 관계된다.

42 바닥이나 벽에 코일을 묻고, 여기에 온수를 보내어 그 열로 난방하는 방법은?

① 개별난방　② 직접난방
③ 복사난방　④ 간접난방

해설

복사난방이란 바닥이나 벽, 천장 등에 온수 코일을 묻고 그 관 내부로 온수를 흐르게 하는 난방이다.

43 난방설비와 관계가 없는 용어는?

① 체크 밸브　② 방열기
③ 스위블 조인트　④ 팽창탱크

해설

난방설비
스위블 신축조인트, 방열기(라디에이터), 팽창탱크, 순환펌프 등

정답 36 ④ 37 ① 38 ④ 39 ④ 40 ④ 41 ① 42 ③ 43 ①

44 온수온돌 시공의 배관방식에 따른 분류 중 사다리꼴 배관방식의 특징 설명으로 잘못된 것은?

① 나사이음을 할 경우 관이음쇠가 많이 필요하므로 경제성 면에서 불리하다.
② 기울기 잡기가 편리하다.
③ 용접이음에 적합하다.
④ 관로저항이 크게 되므로 난방면적 3[m^2] 이상에서는 적용이 곤란하다.

해설
온수온돌 배관방식에서 사다리꼴 배관방식은 관로의 저항이 적게 되므로 난방면적 10[m^2] 이상에 사용이 가능하다.

45 증기트랩배관에서 냉각 레그(leg)의 길이는 최소 얼마 이상이어야 하는가?

① 1[m] ② 1.5[m]
③ 2[m] ④ 2.5[m]

해설
증기트랩배관에서 냉각 레그(응축수에 혼입된 증기를 응축시키는 관)의 최소길이는 1.5[m] 이상이어야 한다.

46 난방설비와 관계가 없는 용어는?

① 플렉시블 조인트 밸브 ② 방열기
③ 스위블 조인트 ④ 팽창탱크

해설
난방설비 : 스위블 신축조인트, 방열기(라디에이터), 팽창탱크, 순환펌프 등

47 저압 증기난방장치에서 하트포드 배관법에 대한 설명으로 잘못된 것은?

① 증기관과 환수관 사이에 균형관을 설치하는 배관법이다.
② 보일러의 물이 환수관으로 역류하는 것을 방지하기 위한 배관법이다.
③ 환수관의 침전물이 보일러에 유입되지 못하게 하는 역할을 한다.
④ 관말 트랩을 보호하기 위한 배관법이다.

해설
하트포드 연결법의 목적은 ①, ②, ③ 내용이며 관말 트랩 보호와는 상관이 없다.

48 다음과 같은 특징을 갖는 응축수 환수법은?

- 방열기 반대편에 열동식 트랩을 장착한다.
- 응축수 탱크를 설치한다.
- 0.7~1.4[kg/cm^2]의 펌프가 필요하다.

① 복관중력환수식 ② 기계환수식
③ 진공환수식 ④ 건식환수식

해설
기계환수식 증기난방
㉠ 응축수 탱크의 설치가 필요하다.
㉡ 센트리퓨걸 펌프가 필요하다.
㉢ 방열기 반대편에 열동식 트랩이 필요하다.

49 지역난방의 특징을 설명한 것 중 틀린 것은?

① 설비가 길어지므로 배관 손실이 있다.
② 작업 인원의 절감으로 인건비를 줄일 수 있다.
③ 시설비가 적게 든다.
④ 대기오염의 방지를 효과적으로 시행할 수 있다.

해설
지역난방은 처음 설비 시 시설비가 가장 많이 든다.

50 증기난방방식에서 응축수 환수방법에 의한 분류가 아닌 것은?

① 진공환수식 ② 복합환수식
③ 기계환수식 ④ 중력환수식

해설
증기난방의 응축수 환수방법
㉠ 중력환수식 ㉡ 진공환수식 ㉢ 기계환수식

정답 44 ④ 45 ② 46 ① 47 ④ 48 ② 49 ③ 50 ②

51 고온 유체가 흐르는 관에 대하여 보온을 하지 않았을 때의 방산열량을 Q_o, 보온 시공했을 때의 방산열량을 Q라 하면 보온효율은?

① $\eta = \dfrac{Q_o - Q}{Q_o} \times 100(\%)$

② $\eta = \dfrac{Q_o - Q}{Q} \times 100(\%)$

③ $\eta = \dfrac{Q_o}{Q_o - Q} \times 100(\%)$

④ $\eta = \dfrac{Q}{Q_o - Q} \times 100(\%)$

해설

$\eta = \dfrac{\text{보온하기 전} - \text{보온 후}}{\text{보온하기 전}} \times 100[\%]$

52 중력순환식 난방방식에서 방열기의 출구온수온도가 80[℃](밀도 : 0.96876[kg/l]), 환수관 온도가 60[℃](밀도 : 0.98001[kg/l])이면, 이 난방배관의 순환수두는?(단, 보일러 중심에서 방열기 중심까지의 높이 : 10[m])

① 142.7[mmAq] ② 136.2[mmAq]
③ 127.2[mmAq] ④ 112.5[mmAq]

해설

$H = 1,000 \times (\rho_2 - \rho_1)h$
$= 1,000 \times (0.98001 - 0.96876) \times 10$
$= 112.5[\text{mmAq}]$

53 가정용 온수 보일러의 용량은 주로 무엇으로 나타내는가?

① 보일러 마력 ② 보일러 열출력
③ 전열면적 ④ 매시간당 출탕량

해설

가정용 온수 보일러 용량은 매시간당 보일러 열출력(kcal/h)으로 나타낸다.

54 난방부하 계산에 고려하지 않아도 되는 것은?

① 극간풍에 의한 열량
② 외기 및 실내온도, 습도 조건
③ 외벽, 지붕, 유리창의 손실 열량
④ 실내조명 및 발열체의 열량

해설

실내조명, 발열체의 열량은 냉방부하 계산 시 고려한다.

55 20[℃]에서 강관 50[m]를 배관한 다음 외기 온도가 −20[℃]로 바뀌면 강관의 수축량은 몇 [mm]인가?(단, 강관의 선팽창계수는 1.22×10^{-5} 이다.)

① 38.8[mm] ② 24.4[mm]
③ 1.22[mm] ④ 2.44[mm]

해설

$[20 - (-20)] = 40[℃]$
$l = 50 \times 1.22 \times 10^{-5} \times 40 = 0.0244[\text{m}] = 24.4[\text{mm}]$

56 온수난방배관 시공법상 온수주관의 구배는 어느 정도로 하는가?(단, 중력순환식임)

① 1/50 이상 ② 1/100 이상
③ 1/200 이상 ④ 1/250 이상

해설

온수난방 배관 기울기 : $\dfrac{1}{250}$ 이상

57 아래의 온수배관 일부 배관도에서 A부분의 부품명은?

A

① 자동조절밸브
② 공기빼기밸브
③ 다이어프램밸브

④ 솔레노이드밸브

해설

공기빼기밸브
배관 상부에 설치한다.

정답 51 ① 52 ④ 53 ② 54 ④ 55 ② 56 ④ 57 ②

58 동관의 경우 배관길이 몇 [m]당 1개의 신축 이음쇠를 설치하는 것이 좋은가?

① 20[m] ② 30[m]
③ 40[m] ④ 50[m]

해설
㉠ 동관 : 20[m] ㉡ 강관 : 30[m]

59 벽체의 열관류에 의한 손실열량(H_L)을 계산하는 다음 식의 기호 설명으로 잘못된 것은?

$$H_L = KA(t_r - t_o)$$

① K : 벽체의 열관류율
② A : 벽체의 부피
③ t_r : 벽체 내부(고온부)의 온도
④ t_o : 벽체 외부(저온부)의 온도

해설
A : 벽체의 전체면적(m^2)

60 70[℃]에서 강관 100[m]를 배관한 다음 외기온도가 10[℃]로 바뀌면 강관의 수축량은 몇 [mm]인가?(단, 강관의 선팽창계수는 1.22×10^{-5}이다.)

① 73.2 ② 78.6
③ 1.22 ④ 2.44

해설
$100 \times (70-10) \times 1.22 \times 10^{-5} = 0.0732\text{m} = 73.2[\text{mm}]$

61 보온관의 열손실이 2,000[kcal/h]이다. 보온효율이 60[%]이면 나관의 열손실 열량은 몇 [kcal/h]인가?

① 1,600 ② 4,000
③ 3,600 ④ 5,000

해설
보온효율이 60%이면 열손실은 40[%], 40[%]의 열손실이 2,000[kcal/h]이면 나관(100[%])의 열손실은 5,000[kcal/h]이다.

62 두께 100[mm], 면적 10[m^2]인 평판의 고온 측 온도 300[℃], 저온 측 온도 20[℃]일 때, 이 평판을 통하여 흐르는 열량은?(단, 이평판의 열전도율은 0.11[kcal/m · h · ℃]이다.)

① 3,080[kcal/h] ② 2,308[kcal/h]
③ 2,800[kcal/h] ④ 1,080[kcal/h]

해설
$$Q = \lambda \times \frac{\Delta t \cdot A}{b} = 0.11 \times \frac{(300-20) \times 10}{0.1} = 3{,}080[\text{kcal/h}]$$

63 단관식 연료배관에 관한 설명으로 틀린 것은?

① 연료탱크는 버너보다 위에 설치해야 한다.
② 일반적으로 건 타입 버너를 설치하는 것이 좋다.
③ 배관 내에 공기가 차면 그때마다 공기빼기 조작이 필요하다.
④ 낙차 급유방식의 간단한 연료배관이다.

해설
단관식 연료배관이나 복관식 연료배관과 버너 선정은 관련이 없다.

64 중력순환식 난방방식에서 방열기의 출구 온수온도를 80[℃](밀도 : 0.96876[kg/l]), 환수관 온도를 60[℃](밀도 : 0.9800[kg/l])라 하면 이 난방 배관의 순환수두는?(단, 보일러 중심에서 방열기 중심까지의 높이 : 20[m])

① 142.7[mmAq] ② 136.2[mmAq]
③ 127.2[mmAq] ④ 224.8[mmAq]

해설
$$Aq = (\rho_1 - \rho_2)h$$
$$= 1{,}000(0.9800 - 0.96876) \times 20$$
$$= 224.8[\text{mmAq}]$$

정답 58 ① 59 ② 60 ① 61 ④ 62 ① 63 ② 64 ④

65 XL관으로 온수배관을 할 경우의 설명으로 틀린 것은?

① 보통 100[℃] 이상의 온수용으로 주로 사용된다.
② 시공이 간단, 용이하다.
③ 시공비용이 저렴하다.
④ 내구성이 있어 장기간 사용이 가능하다.

해설
XL관은 저온수배관용으로 100[℃] 미만의 온도에 사용되는 방열관이다.(고밀도 폴리에틸렌)

66 복관식 연료공급 배관방식에 많이 쓰이는 오일버너는?

① 압력분무식 ② 로터리식
③ 살포식 ④ 원심식

해설
압력분무식(건타입버너) 버너는 오일버너에 사용이 용이하다.

67 방열기 안의 공기가 빠지지 않으면 방열기가 뜨거워지지 않으므로 설치하는 밸브는?

① 체크밸브 ② 에어벤트밸브
③ 게이트밸브 ④ 글로브밸브

해설
방열기 내 공기가 차면 공기분압에 의해 온수의 순환이 불량하기 때문에 에어벤트를 설치하여 에어를 제거한다.

68 학교, 공장, 집단 주택 등 특정지역 전반에 걸쳐 대규모로 난방하는 방법은?

① 중앙난방법 ② 지역난방법
③ 방사난방법 ④ 대류난방법

해설
지역난방이란 열병합발전을 이용하여 학교공장, 집단주택 등 특정지역 전반에 걸쳐 대규모로 난방하는 방법이다.

69 방사(복사)난방에 대한 설명으로 잘못된 것은?

① 실내온도가 균일해지며 쾌감도가 좋다.
② 고장 시 수리가 곤란하다.
③ 바닥 이용도가 높다.
④ 온도조절이 용이하다.

해설
온도조절이 용이한 것은 온수난방이다.

70 복사난방의 특징 설명으로 잘못된 것은?

① 실내의 온도가 균등하고 쾌적도가 높다.
② 방열기가 불필요하다.
③ 열손실을 막기 위해 단열층이 필요하다.
④ 온도조절이 용이하고 예열시간이 짧다.

해설
복사난방은 온도조절이 다소 불편하고 예열시간이 길다.

71 천장높이가 높거나 공간이 큰 공간 등에서 전체 실내공기의 온도를 올리기 어려울 때 필요한 부분만 난방하는 데 이용되는 난방원리는?

① 복사 ② 전도
③ 대류 ④ 난류

해설
복사난방은 천장높이가 높거나 공간이 큰 공간 등에서 전체 실내공기의 온도를 올리기 어려울 때 필요한 부분만 난방을 하는 데 필요한 난방방식이다.

72 다음 중 실내의 온도 분포가 가장 균등한 난방방식은?

① 온풍난방 ② 방열기난방
③ 복사난방 ④ 온돌난방

정답 65 ① 66 ① 67 ② 68 ② 69 ④ 70 ④ 71 ① 72 ③

해설

복사난방은 실내의 온도분포가 가장 균등한 난방방식이며 패널의 설치가 필요하다.
㉠ 바닥 패널 ㉡ 벽 패널 ㉢ 천장 패널

73 증기난방에서 응축수의 환수방법에 따른 분류(종류) 중 증기의 순환과 응축수의 배출이 가장 빠르며 방열량도 광범위하게 조절할 수 있어서 대규모 난방에서 많이 채택되는 방식은?

① 단관식 중력환수식 증기난방
② 복관식 중력환수식 증기난방
③ 진공환수식 증기난방
④ 기계환수식 증기난방

해설

진공환수식 증기난방
㉠ 응축수의 배출이 빠르다.
㉡ 방열량은 광범위하게 조절된다.
㉢ 대규모 난방용이다.
㉣ 진공도 : 100~250[mmHg]

74 진공환수식에서 리프트 피팅(Lift Fitting)의 1단 끌어올림 높이는?

① 1.5[m] 이내 ② 2[m] 이내
③ 2.5[m] 이내 ④ 3[m] 이내

해설

리프트 피팅
1단 끌어올림 배관높이는 1.5[m] 이내

75 증기난방에서 응축수의 환수방법에 따른 분류(종류) 중, 증기의 순환과 응축수의 배출이 가장 빠르며 방열량도 광범위하게 조절할 수 있고, 진공도 100~250[mmHg]인 난방방식은?

① 단관식 중력환수식 증기난방
② 복관식 중력환수식 증기난방
③ 진공환수식 증기난방
④ 기계환수식 증기난방

해설

진공환수식 증기난방은 증기의 순환과 응축수의 배출이 가장 빠르다.

76 실내 온도 분포가 균등하고 쾌감도가 좋으며 바닥 이용도가 높은 난방방법은?

① 증기중앙난방법 ② 복사난방법
③ 방열기난방법 ④ 온풍난방법

해설

복사난방법의 특징
㉠ 실내온도 분포가 균등하다.
㉡ 쾌감도가 높다.
㉢ 바닥의 이용도가 높다.
㉣ 매설 시 누수 발견이 어렵다.
㉤ 시공비가 많이 든다.

77 복사난방법의 특징으로 잘못 설명한 것은?

① 방열기를 설치하므로 바닥면 이용도가 낮다.
② 동일 방열량에 대해 열손실이 적다.
③ 공기의 대류가 적어 실내공기의 오염도가 적다.
④ 실내온도가 균등하게 되어 쾌감도가 좋다.

해설

복사난방은 패널난방이므로 방열기 설치가 불필요하다.

78 온수난방 설비와 관계가 없는 것은?

① 관말트랩 ② 팽창탱크
③ 순환펌프 ④ 방열관

해설

관말트랩을 설치하는 배관은 증기난방배관에서 시공한다.

79 난방부하의 손실열량 계산공식 $H_L = K \cdot A(t_1 - t_2)$에서 K가 뜻하는 것은?

① 벽체의 두께 ② 열전도율
③ 열관류율 ④ 공기층의 열저항

정답 73 ③ 74 ① 75 ③ 76 ② 77 ① 78 ① 79 ③

해설

㉠ K : 열관류율[kcal/m²h℃]
㉡ A : 전열면적[m²]
㉢ $t_1 - t_2$: 실내 외기의 온도차[℃]

80 건식 환수관에서 증기관 내의 응축수가 체류하기 쉬운 곳에 설치해야 하는 것은?

① 공기빼기밸브 ② 방출밸브
③ 안전밸브 ④ 트랩

해설

건식 환수관에서 증기관 내의 응축수가 체류하기 쉬운 곳에는 증기트랩을 설치한다.
$\frac{1}{200}$의 끝내림 기울기로 보일러실까지 배관하며 환수관은 보일러 수면보다 높게 설치한다.

81 복사난방의 특징 설명으로 잘못된 것은?

① 실내의 온도가 균등하고 쾌적도가 높다.
② 방열기가 불필요하다.
③ 열손실을 막기 위해 단열층이 불필요하다.
④ 온도조절이 용이하지 않고 예열시간이 길다.

해설

복사난방은 온도조절이 수월하지 않고 예열시간이 길다. 그리고 단열층이 필요하다.

82 난방부하 계산 시의 관련 요소와 가장 거리가 먼 것은?

① 실내의 상태 ② 외기상태
③ 벽체의 치수 ④ 작업의 종류

해설

난방부하를 계산할 때 작업의 종류는 관련이 없다.

83 직선길이 20[m]인 강관으로 된 배관의 온도가 15[℃]에서 85[℃]로 변환되었다면 늘어난 길이는 몇 [mm]인가?(단, 강관의 선팽창계수는 0.000012이다.)

① 0.24[mm] ② 3.6[mm]
③ 16.8[mm] ④ 20.4[mm]

해설

$20 \times 0.000012 \times 1{,}000 \times (85 - 15) = 16.8$[mm]
※ 1m = 1,000mm

84 난방부하가 20,000[kcal/h]인 건물에 효율 80[%]인 기름 보일러로 난방하는 경우, 소요되는 기름의 양은?(단, 기름의 저위발열량은 10,000[kcal/kg]이다.)

① 1.8[kg/h] ② 2.5[kg/h]
③ 3.0[kg/h] ④ 3.6[kg/h]

해설

$\frac{20{,}000}{10{,}000 \times 0.8} = 2.5$[kg/h]

85 다음은 온수난방배관 시공 시 주관에서 지관을 분기할 때의 배관도이다. 잘못된 것은?

①
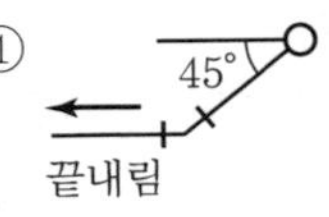

②
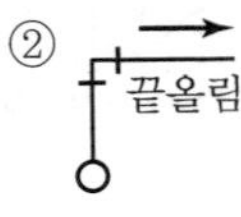

③
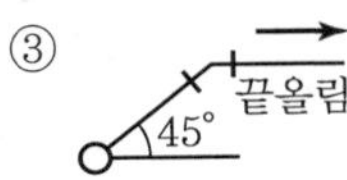

④

해설

끝올림 :
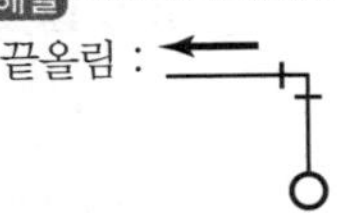

정답 80 ④ 81 ③ 82 ④ 83 ③ 84 ② 85 ④

86 온수난방설비의 분류에서 온수의 공급방법에 따라 분류한 것은?

① 보통온수식 ② 복관식
③ 중력순환식 ④ 하향식

해설
온수난방
㉠ 온수온도에 의한 분류 : 저온수난방, 고온수난방
㉡ 온수순환방법에 의한 분류 : 자연순환식, 강제순환식
㉢ 배관방법 : 단관식, 복관식
㉣ 온수의 공급방법 : 상향공급식, 하향공급식

87 진공환수식 증기배관에서 흡상관의 흡상높이는 몇 [m] 이내로 하는가?

① 1[m] ② 1.5[m]
③ 2[m] ④ 2.5[m]

해설
진공환수식 증기배관에서 흡상관의 높이는 1.5[m] 이내로 한다.

88 진공환수식 증기난방에 대한 설명으로 잘못된 것은?

① 환수관의 지름을 작게 할 수 있다.
② 환수관의 기울기를 작게 할 수 있다.
③ 증기주관에 순환펌프를 설치한다.
④ 중력식이나 기계식보다 증기의 순환이 빠르다.

해설
순환펌프는 중력순환식, 온수난방용이다.

89 증기난방과 비교하여 온수난방 설비의 특징에 대한 설명으로 틀린 것은?

① 예열시간이 많이 걸리지만 쉽게 냉각되지 않는다.
② 동일 방열량에 대해 방열면적이 많이 필요하다.
③ 물의 잠열을 이용하여 난방하는 방식이다.
④ 방열면의 표면온도가 증기의 경우에 비해 낮다.

해설
㉠ 온수난방은 물의 현열을 이용한다.
㉡ 증기난방은 물의 증발잠열을 이용한다.

90 온수순환방법에서 순환이 자유롭고 신속하여 균일하게 급탕할 수 있는 방법은?

① 강제순환식 배관법
② 복관중력순환식 배관법
③ 건식 · 순환식 배관법
④ 단관중력순환식 배관법

해설
강제순환식 온수난방은 온수의 순환이 자유롭고 균일하게 급탕이 가능하다.

91 온수난방법 시 팽창탱크에 관한 설명으로 옳지 않은 것은?

① 온도변화에 따른 온수의 체적변화를 흡수한다.
② 팽창탱크는 방열면 또는 최고 위치의 방열기보다 1[m] 높게 설치한다.
③ 안전밸브의 역할을 한다.
④ 온수순환을 촉진시키고 열효율을 높인다.

해설
온수순환 촉진은 순환펌프가 용이하다.

92 온수난방법의 종류에 대한 설명 중 틀린 것은?

① 배관방법에 따라 단관식과 복관식이 있다.
② 온수온도에 따라 보통온수식과 고온수식이 있다.
③ 온수순환방식에 따라 중력순환식과 강제순환식이 있다.
④ 온수의 공급방법에 따라 직접공급식과 간접공급식이 있다.

해설
온수난방의 온수공급방법 : 상향식, 하향식

정답 86 ④ 87 ② 88 ③ 89 ③ 90 ① 91 ④ 92 ④

93 복관 강제순환식 온수난방시공에 관한 설명으로 틀린 것은?

① 배관 기울기는 자유롭게 해도 된다.
② 공기 굄이 생기지 않도록 하는 것이 절대적이다.
③ 공기 굄이 되는 곳에 반드시 에어벤트밸브를 설치한다.
④ 배관은 공기가 온수의 흐름방향과 반대로 흐르게 하는 것이 이상적이다.

해설
온수난방시공에서 강제순환식은 순환펌프를 사용함으로써 끝올림이든 끝내림 기울기이든 무관하다.

94 복관강제순환식 온수난방시공에 관한 설명으로 틀린 것은?

① 배관기울기는 자유롭게 해도 된다.
② 공기 굄이 생기지 않도록 하는 것이 절대적이다.
③ 공기 굄이 되는 곳에 반드시 에어벤트밸브를 설치한다.
④ 강제복관식은 순환펌프가 필요하지 않으나 중력순환식은 순환펌프가 필요하다.

해설
강제순환식은 온수순환펌프가 필요하다.

95 온수난방법의 특징을 잘못 설명한 것은?

① 증기난방에 비하여 동결의 염려가 크다.
② 예열시간이 많이 걸리는 편이다.
③ 시설비는 많이 드나 보일러 취급이 쉽다.
④ 난방부하의 변동에 따라 방열량 조절이 쉽다.

해설
증기난방은 온수난방에 비해 동결의 염려가 크다. 열손실이 많고 열용량이 적기 때문이다.

96 온수난방법의 종류에 대한 설명 중 틀린 것은?

① 배관방법에 따라 단관식과 복관식이 있다.
② 온수온도에 따라 보통온수식과 고온수식이 있다.
③ 온수순환방법에 따라 중력순환식과 강제순환식이 있다.
④ 온수귀환방식에 따라 강제귀환방식과 역귀환방식이 있다.

해설
온수귀환방식 : 직접귀환방식, 역귀환방식이 있다.

97 온수난방에서 역환수식을 채택하는 이유는?

① 배관의 신축을 조정하기 위해서
② 배관길이를 짧게 하기 위해서
③ 온수를 식지 않게 하기 위해서
④ 온수유량분배를 균등하게 하기 위해서

해설
온수난방에서 역환수식을 채택하는 이유는 온수의 유량분배를 균등하게 하기 위해서이다.

98 온수난방 배관시공 시의 주의사항으로 잘못된 것은?

① 주관에서의 입상분기는 스위블 이음으로 한다.
② 방열기에는 수동 공기빼기밸브를 설치한다.
③ 수평배관에서 관경을 바꿀 때는 편심 줄이개를 사용한다.
④ 밸브는 가능한 한 글로브밸브를 사용한다.

해설
글로브밸브는 유량조절이 필요하거나 증기난방배관에 많이 사용한다.

정답 93 ④ 94 ④ 95 ① 96 ④ 97 ④ 98 ④

99 중력순환식 온수난방의 설명으로 틀린 것은?

① 주로 주택용으로 사용된다.
② 온수의 비중차에 따른 자연순환식이다.
③ 온수순환이 자유롭고 순환력이 크다.
④ 보일러는 방열기보다 낮게 설치한다.

해설
강제순환식 온수난방은 온수의 순환이 자유롭고 순환력이 크다.

100 온수배관에 쓰이는 방열관 종류를 열전도도(熱傳導度)가 큰 것부터 작은 것 순서로 옳게 나열한 것은?

① 동관 > 강관 > 폴리에틸렌관
② 동관 > 폴리에틸렌관 > 강관
③ 강관 > 동관 > 폴리에틸렌관
④ 폴리에틸렌관 > 강관 > 동관

해설
방열관의 열전도도
동관 > 강관 > 폴리에틸렌관

101 고온수 난방법에 대한 설명 중 잘못된 것은?

① 방열면적은 보통 온수난방보다 작아도 된다.
② 온수의 공급 및 복귀 온도차를 크게 할 수 있다.
③ 대규모 난방이나 지역난방에 사용된다.
④ 온수의 열매온도는 75~80[℃]이다.

해설
㉠ 고온수 난방 : 100[℃] 이상
㉡ 저온수 난방 : 100[℃] 미만(70~80[℃])

102 어떤 방의 온수난방에서 소요되는 열량이 시간당 21,000[kcal]이고, 송수온도가 85[℃]이며, 환수온도가 25[℃]라면, 온수의 순환량은?(단, 온수의 비열은 1[kcal/kg · ℃]이다.)

① 324[kg/h] ② 350[kg/h]
③ 398[kg/h] ④ 423[kg/h]

해설
$21,000 = G \times 1 \times (85-25)$

$$\therefore G = \frac{21,000}{1 \times (85-25)} = 350[\text{kg/h}]$$

103 온수순환방법에서 순환이 자유롭고 신속하여 균일하게 급탕할 수 있는 방법은?

① 강제순환식 배관법
② 복관 중력순환식 배관법
③ 건식순환식 배관법
④ 단관 중력순환식 배관법

해설
강제순환식 온수순환방법은 순환이 자유롭고 신속하며 균일하게 할 수 있다.

104 어떤 방의 온수난방에서 소요되는 열량이 시간당 27,500[kcal]이고, 송수온도가 85[℃]이며, 환수온도가 20[℃]라면, 온수의 순환량은?(단, 온수의 비열은 1[kcal/kg · ℃]이다.)

① 324[kg/h] ② 367[kg/h]
③ 398[kg/h] ④ 423[kg/h]

해설

$$\frac{27,500}{1 \times (85-20)} = 423[\text{kg/h}]$$

105 온수난방에서 보통 온수식의 온수온도는 몇 [℃]인가?

① 70~75 ② 75~80
③ 85~95 ④ 100~110

해설
보통 온수식 난방은 85~95[℃]가 이상적이다.

정답 99 ③ 100 ① 101 ④ 102 ② 103 ① 104 ④ 105 ③

106 중력순환식 온수난방법에 관한 설명으로 잘못된 것은?

① 온수의 밀도차에 의한 자연순환방식이다.
② 보일러는 최하위(最下位)의 방열기보다 높은 곳에 설치된다.
③ 소규모일 때 보일러를 방열기와 같은 층에 둘 수 있다.
④ 소형 보일러의 온수난방법이다.

해설
중력순환식 온수난방은 보일러 설치 시 최하위의 방열기보다 낮은 곳에 설치한다.

107 중력순환식 온수난방법의 설명으로 잘못된 것은?

① 주로 가정 주택용으로 사용된다.
② 온수온도의 밀도차에 의해 순환한다.
③ 강제순환식보다 순환력이 약하다.
④ 보일러를 방열기보다 높은 곳에 설치한다.

해설
중력순환식 온수난방에서 보일러는 항상 방열기보다 낮은 곳에 설치한다.

108 진공환수식 난방설비에 관한 설명으로 틀린 것은?

① 응축수 환수방식 중 응축수순환이 가장 빠르다.
② 환수관의 구경은 다른 방식에 비해 작아도 무방하다.
③ 방열기 설치위치에 제한을 받으므로 반드시 방열기는 보일러보다 높은 위치에 설치한다.
④ 이 방식은 환수관에 입상부가 있어도 지장이 없다.

해설
㉠ 진공환수식 증기난방은 방열기의 설치 시 설치장소에 제한을 받지 않는다.
㉡ 증기난방법 : 중력환수식 증기난방, 기계환수식 증기난방, 진공환수식 증기난방

109 저압 증기난방장치에서 하트포드 배관법에 대한 설명으로 타당하지 못한 것은?

① 증기관과 환수관 사이에 균형관을 설치하는 배관법이다.
② 보일러의 물이 환수관으로 역류하는 것을 방지하기 위한 배관법이다.
③ 환수관의 침전물이 보일러에 유입되지 못하도록 하는 역할을 한다.
④ 관말 트랩을 보호하기 위한 배관법이다.

해설
트랩을 보호하는 부속장치는 여과기 및 바이패스관 또는 사이트 글라스이다.

110 어떤 관의 바깥지름이 50[mm], 관의 총 길이가 50[m], 관의 표면온도가 100[℃]이다. 관 외부 공기온도가 18[℃]이고, 관의 열전달률이 20[kcal/m^2 · h · ℃]이면, 이 관의 시간당 열손실량은?

① 11,820[kcal/h] ② 12,109[kcal/h]
③ 12,689[kcal/h] ④ 12,874[kcal/h]

해설
$Q = A \times K(t_2 - t_1)$, 표면적(A) $= \pi DL$(m^2)
$= (3.14 \times 0.05 \times 50) \times 20 \times (100 - 18)$
$= 12,874$[kcal/h]

111 증기주관의 관말트랩배관에 대한 설명으로 틀린 것은?

① 주관과 같은 관지름으로 하향수직관을 세워 배관한다.
② 열동식 트랩에 의해 응축수와 공기를 건식환수관에 보낸다.
③ 완전한 응축수를 트랩에 보내는 관계로 냉각 레그에는 보온 피복을 하여야 한다.
④ 냉각면적을 넓히기 위해 냉각 레그는 최소 1.5[m] 이상으로 한다.

정답 106 ② 107 ④ 108 ③ 109 ④ 110 ④ 111 ③

해설

완전한 응축수를 트랩에 보내는 관계로 냉각 레그는 1.5[m] 정도 길이에 보온피복을 하지 않는다.

112 온수난방에 관한 설명으로 틀린 것은?

① 단관식은 보일러에서 멀어질수록 온수의 온도가 낮아진다.

② 복관식은 방열량의 변화가 일어나지 않고 밸브의 조절로 방열량은 가감할 수 있다.

③ 역환수식은 각 방열기의 방열량이 거의 일정하다.

④ 복사난방은 방열기를 사용하여 실내를 난방한다.

해설

복사난방(패널난방) : 방열기 설치가 필요 없어 바닥면의 이용도가 높다.

정답 112 ④

CHAPTER 02 배관일반

SECTION 01 배관의 관재료

- 철금속관 : 강관, 주철관
- 비철금속관 : 동관, 연관, 알루미늄관, 스테인리스관 등
- 비금속관 : PVC관, 석면시멘트관, 철근콘크리트관, 원심력철근콘크리트관, 도관 등

1 강관(Steel Pipe)

1. 특징

① 연관 주철관에 비해 가볍고 인장강도가 크다.
② 내충격성, 내굴요성이 크다.
③ 관의 접합작용이 용이하다.
④ 연관 주철관보다 가격이 저렴하다.

2. 강관의 종류와 용도

종류		규격		주요 용도와 기타 사항
		KS	JIS	
배관용	배관용 탄소강관	SPP	SGP	사용압력이 비교적 낮은 (10kg/cm^2 이하) 배관에 사용. 흑관과 백관이 있으며, 호칭지름 6~500A
	압력배관용 탄소강관	SPPS	STPG	350℃ 이하의 온도에서 압력 10~100kg/cm^2 까지의 배관에 사용. 호칭은 호칭지름과 두께(스케줄 번호)에 따름. 호칭지름 6~500A
	고압배관용 탄소강관	SPPH	STS	350℃ 이하의 온도에서 압력 100kg/cm^2 이상의 배관에 사용. 호칭은 SPPS관과 동일. 호칭지름 6~500A
	고온배관용 탄소강관	SPHT	STPT	350℃ 이상의 온도에서 사용하는 배관용 호칭은 SPPS관과 동일. 호칭지름 6~500A
	배관용 아크용접 탄소강관	SPW	STPY	사용압력 10kg/cm^2 이하의 배관에 사용. 호칭지름 350~1,500A
	배관용 합금강관	SPA	STPA	주로 고온도의 배관에 사용. 호칭은 SPPS관과 동일. 호칭지름 6~300A
	배관용 스테인리스 강관	STS×T	SUS－TP	내식용, 내열용, 고온용, 저온용에 사용. 호칭은 SPPS관과 동일. 호칭지름 6~500A
	저온 배관용 강관	SPLT	STPL	빙점 이하의 특히 저온도 배관에 사용. 호칭은 SPPS관과 동일. 호칭지름은 6~500A

종류		규격		주요 용도와 기타 사항
		KS	JIS	
수도용	수도용 아연 도금 강관	SPPW	SGPW	SPP관에 아연 도금을 실시한 관으로 정수두 100m 이하의 수도 배관에 사용. 호칭지름 6~500A
	수도용 도복장 강관	STPW	–	SPP관 또는 아크 용접 탄소 강관에 피복한 관으로 정수두 100m 이하의 수도용에 사용. 호칭지름 80~1,500A
열전달용	보일러 열교환기용 탄소강관	STH (SBTH)	STB	관의 내외면에서 열의 접촉을 목적으로 하는 장소에 사용하는 탄소강관을 말한다.
	보일러 열교환기용 합금강관	STHB	STBA	관의 내외에서 열의 교환을 목적으로 하는 곳에 사용(보일러의 수관, 연관, 과열관, 공기예열관, 화학공업이나 석유공업의 열교환기관, 콘덴서관, 촉매관, 가열로관 등) 관 지름 15.9~139.8mm, 두께 1.2~12.5mm
	보일러 열교환기용 스테인리스 강관	STS×TB	SUS×TB	보일러용 열교환기에 사용하는 STS 강관
	저온 열교환기용 강관	STLT	STBL	빙점 이하의 특히 낮은 온도에 있어서 관의 내외에서 열의 교환을 목적으로 하는 관(열교환기관, 콘덴서관)
구조용	일반구조용 탄소강관	SPS	STK	토목, 건축, 철탑, 발판, 지주, 비계, 말뚝 기타의 구조물에 사용. 관지름 21.7~1,016mm, 관두께 1.9~16.0mm
	기계구조용 탄소강관	SM	STKM	기계, 항공기, 자동차, 자전거, 가구, 기구 등의 기계 부품에 사용
	구조용 합금강관	STA	STKS	항공기, 자동차, 기타 구조물에 사용

2 주철관(Cast Iron Pipe)

주철관은 내압성 내마모성이 우수하고, 특히 강관에 비하여 내식성, 내구성이 뛰어나므로 수도용 급수관, 가스공급관, 광산용 양수관, 화학공업용 배관, 통신용 지하 매설관, 건축물의 오수배관 등에 광범위하게 사용된다.

관의 제조방법에는 수직법과 원심력법의 2종류가 있다. 수직법은 주형을 관의 소켓 쪽 아래로 하여 수직으로 세우고 여기에 용선(溶銑)을 부어서 만드는 방법이며, 원심력은 주형을 회전시키면서 용융선철을 부어 만드는 방법이다.

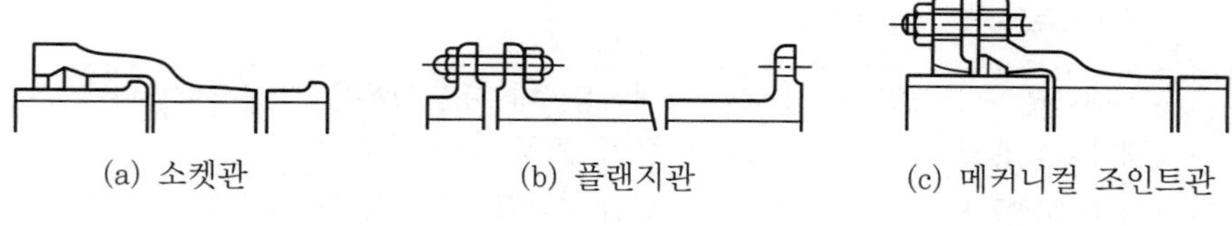

(a) 소켓관　(b) 플랜지관　(c) 메커니컬 조인트관

| 주철관 접합부 모양 |

① 특징

㉠ 내구력이 크다.

㉡ 내식성이 강해 지중매설 시 부식이 적다.

㉢ 다른 관보다 강도가 크다.

② 용도 : 수도용, 배수용, 가스용, 광산용(양수관), 화학공업용 등

③ 종류

㉠ 수도용 수직형 주철관 : 보통압관, 저압관
최대 사용 정수두(보통압관 75m 이하 저압관 45m)

㉡ 수도용 원심력 사형 주철관 : 고압관(최대사용정수두 100m 이하)
보통압관(75m 이하), 저압관(45m 이하)

㉢ 원심력 수도용 극형 주철관 : 고압관(최대 사용정수두 100m 이하), 보통압관(75m 이하)

㉣ 원심력 모르타르 라이닝 주철관, 수도용 원심력 덕타일 주철관(구상흑연 주철관), 배수용 주철관이 있다.

3 비철금속관

1. 동 및 동합금관(Copper－Pipes and Copper Alloy Pipe)

동은 전기 및 열의 전도율이 좋고 내식성이 뛰어나며 전성 · 연성이 풍부하여 가공도 용이하며, 판, 봉, 관으로 제조되어 전기재료, 열교환기, 급수관 등에 널리 사용되고 있다.
순도가 높은 동은 지나치게 연하여 기계적 성질이 강하지 못하므로 경질 또는 반경질로 가공 경화시켜 사용한다. 동관에는 이음매 없는 인성(Tough Pitch)동관, 무산소동관, 인탈산동관이 있다. 동에 아연, 주석, 규소, 니켈 등의 원소를 첨가하여 기계적 성질을 개량시켜 내열성, 내식성을 증가시킨 황동, 청동, 니켈 동합금 등의 동합금관이 있다.

동 및 동합금관은 다음과 같은 특징이 있다.

- 담수에 내식성은 크나 연수에는 부식된다.
- 경수에는 아연화동, 탄산칼슘의 보호피막이 생성되므로 동의 용해가 방지된다.
- 상온공기 속에서는 변하지 않으나 탄산가스를 포함한 공기 중에는 푸른 녹이 생긴다.
- 아세톤, 에테르, 프레온가스, 휘발유 등 유기약품에는 침식되지 않는다.
- 가성소다, 가성칼리 등 알칼리성에 내식성이 강하다.
- 암모니아수, 습한 암모니아가스, 초산, 진한 황산에는 심하게 침식된다.
- 유연성이 커서 가공하기가 용이하다.
- 마찰저항 손실이 적다.
- 무게가 가볍고 매우 위생적이다.
- 외부충격에 약하고 가격이 비싸다.

① 동관의 분류

구분	종류	비고
사용된 소재에 따른 분류	인탈산동관(Phosphorous Deoxidized Copper)	일반배관재료 사용
	터프피치 동관(Tough Pitch Copper)	순도 99.9% 이상으로 전기기기 재료
	무산소동관(Oxygen Tree Copper)	순도 99.96% 이상
	동합금관(Copper Alloy Tube)	용도 다양
질별 분류	연질(O)	가장 연하다.
	반연질(OL)	연질에 약간의 경도 강도 부여
	반경질(1/2H)	경질에 약간의 연성 부여
	경질(H)	가장 강하다.
두께별 분류 (표준치수)	K Type(Heavy Wall) : 의료배관	가장 두껍다.
	L Type(Medium Wall) : 의료배관, 냉난방	두껍다.
	M Type(Light Wall) : L형과 같다.	보통 두께
	N Type	얇은 두께(KS 규격은 없음)
용도별 분류	워터 튜브(순동제품) : Water Tube	물에 사용, 일반적인 배관용
	ACR 튜브(순동제품) : ACR Tube	열교환용 코일(에어컨, 냉동기)
	콘덴서 튜브(동합금 제품) : Condenser Tube	열교환기류의 열교환용 코일
형태별 분류	직관(15~150A=6m, 200A 이상=3m)	일반배관용
	코일(L/W : 300m, B/C : 50, 70, 100m), P/C=15, 30m)	상수도, 가스 등 장거리 배관
	PMC-808	온돌난방전용

② 용도

열교환기용관, 급수관, 압력계관, 급유관, 냉매관, 급탕관, 기타 화학공업용

2. 스테인리스 강관(Austenitic Stainless Pipe)

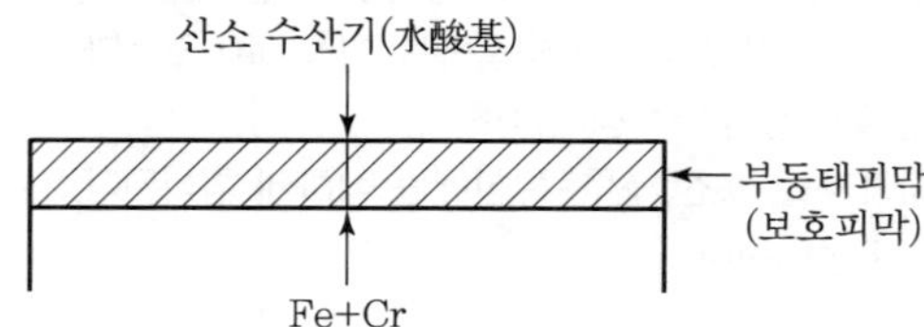

① 건축설비배관에 내식성이 우수한 스테인리스 강관의 이용도가 날로 증대하고 있다.

② 보통 스테인리스강이란 절대 녹슬지 않는다고 생각하는 사람이 많으나 사실은 글자대로 스테인(Stain : 녹 또는 더러움)이 리스(Less : 보다 적은)한 것으로 비교적 녹이 잘 슬지 않는 강을 말한다.

수돗물이나 100℃의 열탕과 같은 조건하에서는 거의 녹이 슬지 않는다. 즉, 스테인리스강 자체가 내식성이 있는 것은 아니다. 스테인리스강에도 여러 종류가 있어 강의 종류에 따라 각각의 특정 환경에서 우수한 내식성을 가지고 있다.

③ 스테인리스강은 철에 12~20% 정도의 크롬을 함유한 것을 바탕(Base)으로 만들어졌기 때문에 크롬이 산소나 수산기(－OH)와 결합하여 강의 표면에 얇은 피막을 형성하는데, 이는 대단히 강하며 만일 보호막이 파손되더라도 주위의 산소(O_2)와 수산기(－OH)가 있으면 곧 재생되어 부식을 방지한다.

④ 스테인리스 강관의 특성
㉠ 내식성이 우수하여 계속 사용 시 내경의 축소, 저항증대 현상이 없다.
㉡ 위생적이어서 적수, 백수, 청수의 염려가 없다.
㉢ 강관에 비해 기계적 성질이 우수하고 두께가 얇아 운반 및 시공이 쉽다.
㉣ 저온 충격성이 크고 한랭지 배관이 가능하며 동결에 대한 저항은 크다.
㉤ 나사식, 용접식, 몰코식, 플랜지이음법 등의 특수 시공법으로 시공이 간단하다.

3. 연관(Lead Pipe)

① 연관(鉛管)은 오래전부터 급수관 등에 이용되어 온 관이며 재질이 부드럽고 전성 및 연성이 풍부하여 상온 가공이 용이하며 타 금속에 비하여 특히 내식성이 뛰어나다. 연관은 건조한 공기 속에서는 침식되지 않고 해수나 천연수에도 관 표면에 불활성탄산연막(不活性炭酸鉛膜)을 만들어 납의 용해와 부식을 방지하므로 안전하게 사용할 수 있다.

② 납은 초산, 농염산, 농초산 등에는 잘 침식되고 증류수에도 다소 침식된다.

③ 연관은 콘크리트 속에 직접 매설하면 시멘트에서 유리된 석회석에 침식되므로 방식피막 처리한 후에 매설한다. 현재는 가격 때문에 연관으로 대용하는 것이 많으므로 가정용 수도인입관, 기구배수관, 가스배관, 화학공업배관 등 다른 재료로 대응되지 않는 곳에 사용되며 KS에는 순수한 연관, 합금연관, 배수용 연관이 규정되어 있다.

④ 연관은 용도에 따라 1종(화학공업용), 2종(일반용), 3종(가스용)으로, 사용방법에 따라 수도용과 배수용으로 구분된다. 다만 비중이 11.3으로 매우 크다.

⑤ 특징(장점)
㉠ 부식성이 적다.
㉡ 산에는 강하지만 알칼리에는 약하다.
㉢ 전연성이 풍부하고 굴곡이 용이하다.
㉣ 신축성이 매우 좋다.
㉤ 관의 용해나 부식이 방지된다.

⑥ 단점
㉠ 중량이 크다.

㉡ 횡주배관에서 휘어 늘어지기 쉽다.
㉢ 가격이 비싸다.(강관의 약 3배)
㉣ 산에 강하나 알칼리에 부식된다.

⑦ 종류
㉠ 수도용(정수두 75m 이하용)
㉡ 일반 공업용

4. 알루미늄관(Aluminium Pipe)

① 알루미늄은 동 다음으로 전기 및 열전도성이 양호하고 비중은 2.7로서 실용금속 중에서는 Na, Mg, Ba 다음으로 가벼운 금속이다. 동이나 스테인리스보다 값이 싸며, 전성, 연성이 풍부하고 가공도 용이하며 판, 관, 봉, 선으로 제조하여 건축재료와 화학공업용 재료로 널리 사용하고 있다.
② 알루미늄은 활성 금속이기 때문에 순도가 높은 것은 내식성이 뛰어나 대기 중에서 표면에 엷은 산화피막이 생긴다. 이 산화피막은 극히 엷으며, 그 이상 침식되지 않고 오히려 부식을 방지하는 작용을 함으로써 더욱 내식성을 높여 준다. 알루미늄은 공기와 증기 · 물에는 강하며, 아세톤 · 아세틸렌 · 유류에는 침식되지 않으나 알칼리에는 약하다. 특히 해수 · 염산 · 황산 · 가성소다 등에 약하다.
③ 관 재료로는 이음매 없는 알루미늄 및 알루미늄 합금 관과 알루미늄 합금 용접관 등이 있다. 이음매 없는 알루미늄 및 알루미늄 합금 관은 알루미늄, 동, 마그네슘, 규소, 망간 등 몇 종류의 원소를 첨가하여 내식성과 강도를 개선한 관으로서 화학 성분에 따라 압출관 17종류, 인발관 14종류로 나뉘고, 용접관에는 6종류가 있다. 어느 것이나 치수 허용의 정도에 따라 보통급과 특수급으로 구분된다.

5. 규소 청동관(Silicon－Bronze Pipe and Tube)

규소(Si)를 2.5~3.5% 섞은 청동관은 내산성이 우수하고 강도가 높아 화학공업용으로 사용된다. 냉간인발법 또는 압출법으로 이음쇠 없이 제조된다. 관의 화학성분 및 인장시험 규격은 다음과 같다.

▼ 규소 청동관의 화학성분 및 기계적 성질

Si	Sn	Cd	불순물(Fe＋Pb)	Cu	인장강도(kg/mm²)	신장(%)
2.5~3.5	0.5~1.5	0.15 이하	1.0 이하	잔부	37 이상	50 이상

6. 니켈 동관(Nickel Bronze Pipe)

이음매 없는 니켈 동합금 관은 내식성, 내산성이 우수하고 강도가 높아 고온에 사용한다.
급속가열기 화학공업용 배관에 적당하다.

7. 티탄관(Titan Pipe)

배관용 티탄관은 내식성이 우수하며, 열교환기용 티탄관은 관의 내외면에서 열을 전달하는 장소에 사용한다. 화학공업용이나 석유공업용의 열교환기 콘덴서 등에 사용된다.

8. 주석관(Tin Pipe)

① 주석은 연관과 마찬가지로 냉간압출제판기로 제조된다. 주석은 상온에서 물 · 공기 · 묽은 산류에도 전혀 침식되지 않는다. 비중 7.3, 용융온도 232℃이며 납(용융온도 327℃)보다 저온도에서 용융한다. 주로 양조공장 · 화학공장에서 알코올, 맥주 등의 수송관으로 사용된다.

② 주석은 고가이므로 연관의 내면에 주석을 도금한 주석도금연관, 동관에 주석도금한 주석도금동관 등이 만들어지고 있으며 병원 제약 공장의 증류수(극연수), 소독액 등의 수송관에 사용된다.

4 비금속관

1. 합성수지관(Plastic Pipe)

합성수지관은 석유, 석탄, 천연가스 등으로부터 얻어지는 에틸렌(C_2H_6), 프로필렌(C_3H_6), 아세틸렌(C_2H_2), 벤젠 등을 원료로 만들어진다. 합성수지관은 크게 경질염화비닐과 폴리에틸렌관으로 나누어진다. 합성수지의 일반적 특성은 다음과 같다.

- 가소성이 크고 가공이 용이하다.
- 비중이 작고 강인하며 투명 또는 착색이 자유롭다.
- 내수(耐水), 내유(耐油), 내약품성(耐藥品性)이 크며 특히 산 · 알칼리에 강하다.
- 쉽게 타지는 않으나 내열성은 금속에 비하여 낮다.
- 전기 절연성이 좋다.

합성수지의 용도는 관, 판, 기계부품, 필름, 도료 접착제 등으로 공업용 재료로는 건축재료, 전기부품 등에 광범위하게 이용되고 있다.

① 경질염화비닐관(Rigid Polyvinyl Chloride Pipes for Industry)
근래 급속한 발전을 이루고 있는 플라스틱(합성수지)관의 대표적인 것은 경질염화비닐관이다. 급수용, 배수용은 물론 내약품성에 뛰어난 성질을 지니고 있어, 지금까지의 강관, 연관, 동관 대신에 사용되고 있다. 사용 온도는 5~0℃ 정도이며 경질염화 비닐관은 금속관이 지니지 못한 다음과 같은 장단점이 있다.

장점	단점
• 내식성이 크고 염산, 황산, 가성소다 등 산, 알칼리 등의 부식성 약품에 대해 거의 부식되지 않는다. • 비중은 1.43으로 알루미늄이 약 1/2, 철의 1/5, 납의 1/8 정도로 대단히 가볍고 운반과 취급에 편리하다. 인장력은 20℃에서 500~550kg/cm^{2}으로 기계적 강도도 비교적 크고 튼튼하다. • 전기 절연성이 크고 금속관과 같은 전식작용(電蝕作用)을 일으키지 않으며 열의 불량도체로 열전도율은 철의 1/350 정도이다. • 관절단 구부림 접합 용접 등의 가공이 용이하다. • 다른 종류의 관에 비하여 가격이 저렴하다.	• 열에 약하고 온도 상승에 따라 기계적 강도가 약해지며, 약 75℃에서 연화한다. • 저온에 약하며 한랭지에서는 외부로부터 조금만 충격을 주어도 파괴되기 쉽다. • 열팽창률이 크기 때문에(강관의 7~8배) 온도변화에 신축이 심하다. • 용재에 약하고 특히 방부제(크레오소트액)의 아세톤에 약하며, 또 파이프 접착제에도 침식된다. • 50℃ 이상의 고온 또는 저온 장소에 배관하는 것은 부적당하다. 온도변화가 심한 노출부의 직선 배관에는 10~20m마다 신축 조인트를 만들어야 한다.

▼ **경질염화비닐관의 치수(일반관)(KS M 3401)**

호칭지름	평균 바깥지름	두께	안지름	무게(g/m)	길이(mm)
10	15.0	2.5	10	140	4,000
13	18.0	2.5	13	174	4,000
16	22.0	3.0	16	256	4,000
20	26.0	3.0	20	310	4,000
25	32.0	3.5	25	448	4,000
30	38.0	3.5	31	542	4,000
40	48.0	4.0	40	791	4,000, 5,000
50	60.0	4.5	51	1,122	4,000, 5,000

② 폴리에틸렌관(Polyethylene Pipes for General Purpose)

㉠ 에틸렌을 원료로 하여 만든 관으로 화학적, 전기적 성질은 염화비닐관보다 우수하고 비중도 0.92~0.96(염화비닐의 약 2/3배)으로 가볍고 유연성이 있으며, 약 90℃에서 연화하지만 저온에 강하고 −60℃에서도 취하하지 않으므로 한랭지 배관에 알맞다. 결점으로는 질이 부드럽기 때문에 외부 손상을 받기 쉽고 인장강도가 적다.

㉡ 우유색으로서 햇빛에 바래면 산화막이 벗겨져 연화하므로 카본블랙(Carbon Black)을 혼입해서 흑색으로 만들어 급수관에 널리 사용한다.

▼ 수도용 폴리에틸렌의 규격(KS M 3402)

호칭지름 (mm)	외경 (mm)	길이 (m)	1종(연질관)			2종(경질관)		
			두께(mm)	내경(mm)	중량(kg/m)	두께(mm)	내경(mm)	중량(kg/m)
10	17.0	120	3.0	11.0	0.123	2.5	12.0	0.108
13	21.5	4	3.5	14.5	0.184	2.5	16.5	0.142
20	27.0	4	4.0	19.0	0.269	3.0	21.0	0.215
25	34.0	4	5.0	24.0	0.423	3.5	27.0	0.318
30	42.0	4	5.5	31.0	0.586	4.0	34.0	0.453
40	48.0	4	6.5	35.0	0.788	4.5	39.0	0.584
50	60.0	4	8.0	44.0	1.210	5.0	50.0	0.820

참고 일반용과 수도용이 있고 각각 연질과 경질이 있다.

2. 콘크리트관(Concrete Pipe)

① 원심력 철근콘크리트관(Centrifugal Reinforced Concrete Pipe)

원심력 철근콘크리트관은 상 · 하수도 수리, 배수 등에 널리 사용되고 있다.

원형으로 조립된 철근을 강재형(鋼材型) 형틀에 넣고 원심기의 차륜에 올려놓은 다음 회전시키면서 소정량의 콘크리트를 투입하여 원심력을 이용해 콘크리트를 균일하게 다져 관을 제조한다. 성형 후에는 증기 양생을 실시하여 평균한 경화를 촉진한다.

배수관에 사용되는 보통 압관과 송수관 등에 사용하는 압력관의 2종류가 있다. 관 이음재의 형상에 따라 A형(칼리 이음쇠), B형(소켓 이음쇠), C형(삽입 이음쇠)의 3종류가 있으며 C형은 보통 압관에만 사용한다.

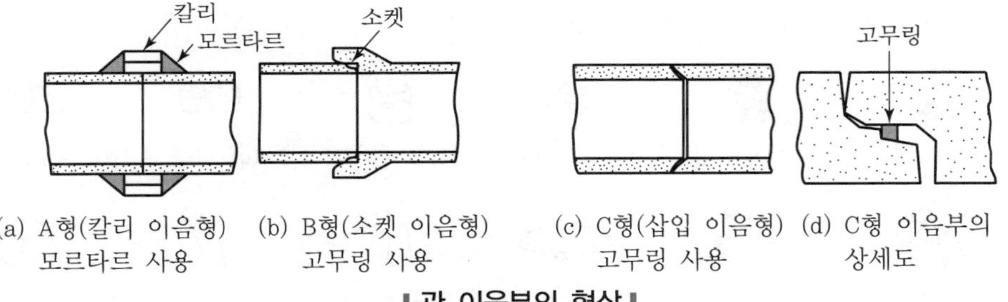

▎관 이음부의 형상▎

② 철근콘크리트관(Reinforced Concrete Pipe)

철근콘크리트관은 철근을 넣은 수제 콘크리트관이며 주로 옥외 배수관으로서 사용되는 것이다. 이것을 접합하는 방법은 소켓부분관 주위에 시멘트 모르타르를 채운다.

SECTION 02 강관 이음쇠

강관용 이음쇠(Steel Pipe Fittings)의 이음방법에는 나사식, 용접식, 플랜지식이 있다.

1 나사식 이음쇠

물, 증기, 기름, 공기 등의 저압용 일반 배관에 사용하되 심한 마모, 충격, 진동, 부식 및 균열 등이 생길 우려가 있는 곳에는 나사식 이음쇠를 사용하지 않는 것이 좋다.
KS에서는 가단 주철제(KS B 1531), 강관제(KS B 5133), 배수관용(KS B 5132) 이음쇠 등으로 구분된다.

1. 가단 주철제관 이음쇠

배관용 탄소강관을 나사 이음할 때 사용하는 이음쇠로서 흑심가단주철을 1종으로 만든다.
이음쇠의 나사는 KS B 0222에 규정한 관용 테이퍼나사로 하며, 멈춤너트(Lock Nut)는 KS B 0221에 규정한 관용평행나사로 한다.

| 관 이음쇠의 종류 |

사용목적에 따른 분류는 다음과 같다.

- 관의 방향을 바꿀 때 : 엘보(Elbow), 밴드(Bend) 등
- 관을 도중에서 분기할 때 : 티(Tee), 와이(Y), 크로스(Cross) 등
- 같은 지름(동경)의 관을 직선 연결할 때 : 소켓(Socket), 유니언(Union), 플랜지(Flange), 니플(Nipple) 등

- 이경관을 연결할 때 : 이경 엘보, 이경 소켓, 이경 티, 부싱(Bushing) 등
- 관의 끝을 막을 때 : 캡(Cap), 플러그(Plug)
- 관의 분해 수리 교체가 필요할 때 : 유니언, 플랜지 등

이음쇠는 제조 후 25kg/cm^{2}의 수압시험과 5kg/cm^2 공기압 시험을 실시하여 누설이나 기타 이상이 없어야 한다.
이음쇠의 크기를 표시하는 방법은 아래와 같다.

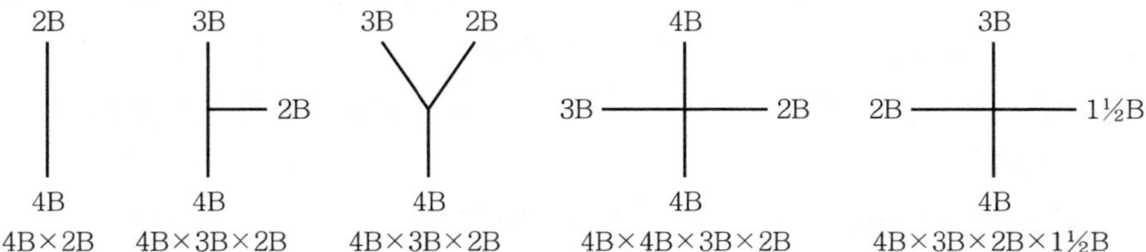

▌이음쇠의 크기 표시▐

- 지름이 같은 경우에는 호칭지름으로 표시한다.
- 지름이 2개인 경우는 지름이 큰 것을 첫 번째, 작은 것을 두 번째 순서로 기입한다.
- 지름이 3개인 경우는 동일 중심선 또는 평행 중심선 상에 있는 지름이 큰 것을 첫 번째, 작은 것을 두 번째, 세 번째로 기입한다. 단, 90° Y인 경우에는 지름이 큰 것을 첫 번째, 작은 것을 두 번째, 세 번째로 기입한다.
- 지름이 4개인 경우에는 가장 큰 것을 첫 번째, 이것과 동일 중심선 상에 있는 것을 두 번째, 나머지 2개 중에서 지름이 큰 것을 세 번째, 작은 것을 네 번째로 기입한다.

2. 강관제 관 이음쇠

배관용 탄소강관과 같은 재질로 만든 이음쇠로 물, 증기, 기름, 공기 등의 일반배관에 사용한다.

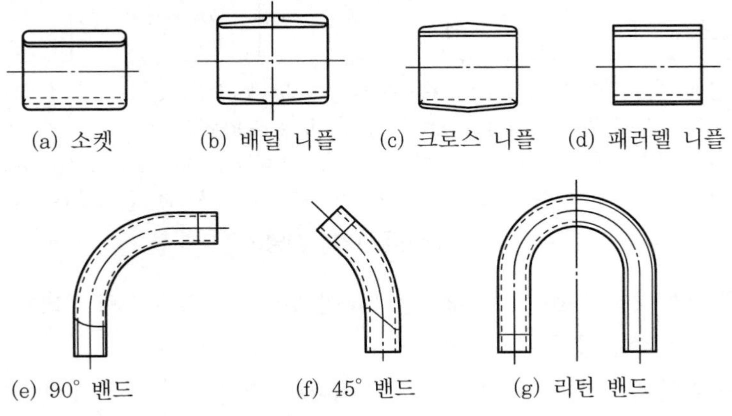

▌강관제 이음쇠의 종류▐

2 동관 이음쇠

동관용 이음재에는 관과 동일한 재질로 만들어진 것과 동합금 주물로 만들어진 것이 있다. 접속방법에 따라 땜접합(납땜, 황동납땜, 은납땜)에 쓰이는 슬리브식 이음재와 관 끝을 나팔끝 모양으로 넓혀 플레어너트(Flare Nut)로 죄어서 접속하는 플레어식 이음재가 있다.

1. 순동 이음쇠

순동 이음쇠는 주물 이음재의 결점을 보완하기 위하여 개발되었다. 이것들은 모두 동관을 성형 가공시킨 것으로 주로 엘보, 티, 소켓, 리듀서 등이다.

순동 이음쇠는 냉온수 배관은 물론 도시가스 의료용 산소 등 각종 건축용 동관의 이음에 널리 사용되고 있으며 특징은 다음과 같다.

① 용접 시 가열시간이 짧아 공수절감을 가져온다.

② 벽 두께가 균일하므로 취약 부분이 적다.

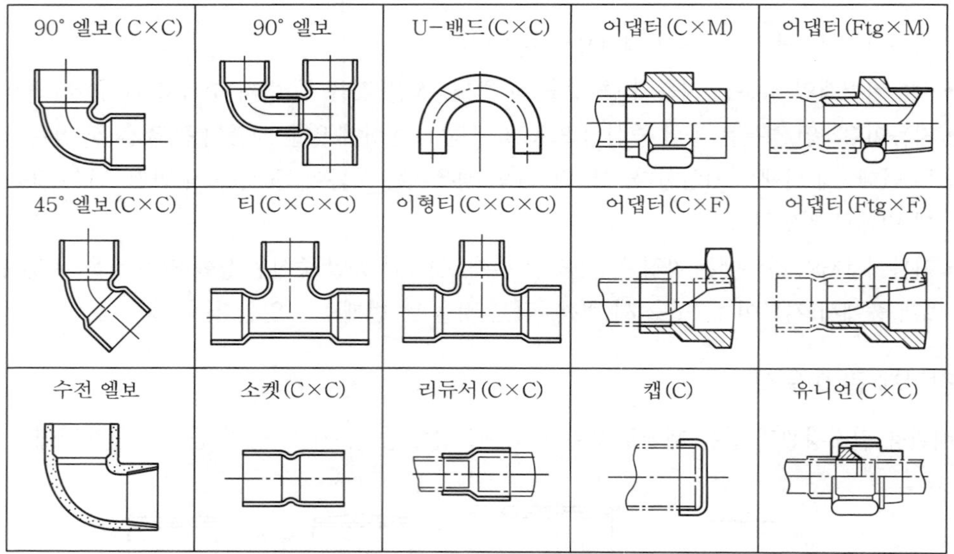

주) C : 이음쇠 내로 관이 들어가 접합되는 형태(Female Solder Cup)
Ftg : 이음쇠 외로 관이 들어가 접합되는 형태(Male Solder Cup)
F : Ans I 규격 관형나사가 안으로 난 나사이음용 이음쇠(Female Npt Thread)
M : Ans I 규격 관형나사가 밖으로 난 나사이음용 이음쇠(Male Npt Thread)

▮ 관이음 표시 설명 ▮

③ 재료가 동관과 같은 순동이므로 내식성이 좋아 부식에 의한 누수의 우려가 없다.

④ 내면이 동관과 같아 압력 손실이 적다.

⑤ 외형이 크지 않은 구조이므로 배관 공간이 적어도 된다.

⑥ 다른 이음쇠에 의한 배관에 비해 공사비용을 절감할 수 있다.

동관의 이음은 모세관 현상을 이용한 야금적 접합 방법을 사용하므로 겹친 부위의 틈새를 일정하게 유지하는 것이 가장 중요하다. 그러므로 외경과 내경의 기준 치수는 규격 이상으로 공차를 규정하고 있다.

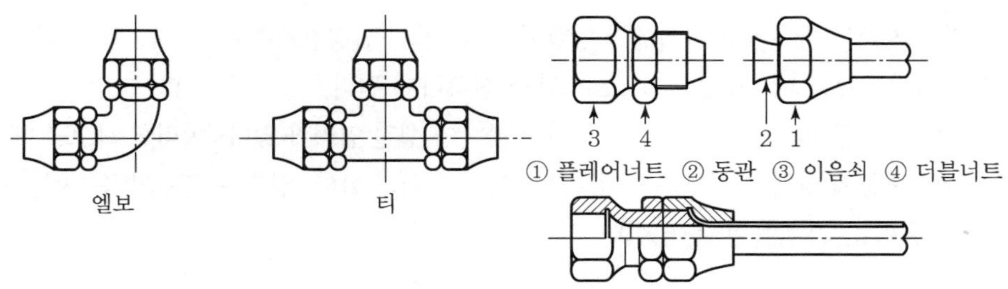

❙ 나팔관 이음재의 종류 및 접합 모양 ❙

3 스테인리스 강관 이음쇠

스테인리스강이 보급되기 시작한 것은 불과 40년의 역사를 가지고 있으며 보급 당시의 스테인리스강은 녹슬지 않은 귀금속으로써 화학장치, 의료기기, 원자력 배관 등 특수한 정도에만 쓰였으나, 근래에는 대중화되어 주방기기, 난간, 지하철 및 건물의 내 · 외장재, 냉난방 위생용 배관재 등으로 우리 생활과 밀접한 관계를 가지고 있다.

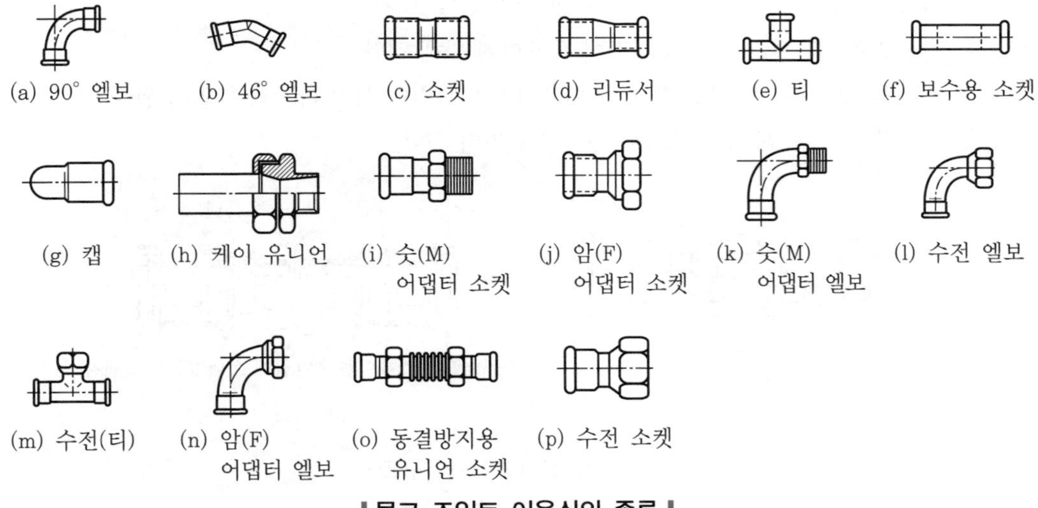

❙ 몰코 조인트 이음쇠의 종류 ❙

4 신축 이음쇠(Expansion Joints)

- 관 속을 흐르는 유체의 온도와 관 벽에 접하는 외부 온도의 변화에 따라 관은 팽창 또는 수축한다. 이때 신축의 크기는 관의 길이와 온도의 변화에 직접 관계가 있으며, 관의 길이 팽창은 일반적으로 관 지름의 크기에는 관계없고 길이에만 영향이 있다. 철의 선팽창계수 $\alpha=1.2\times10^{-5}$이므로 강관인 경우 온도차가 1℃일 때 1m당 0.012mm만큼 신축하게 된다.
- 직선거리가 긴 배관에서는 관 접합부나 기기의 파손이 생길 염려가 있다. 이러한 사고를 예방하기 위하여 배관의 도중에 설치하는 이음용 재료를 신축 이음쇠라 한다. 신축 이음쇠의 종류에는 슬리브형, 벨로스형, 루프형, 스위블형 등이 있다.

1. 슬리브형 신축 이음쇠(Sleeve Type Expansion Joint)

슬리브형 신축 이음쇠는 호칭경 50A 이하일 때는 청동제 이음쇠이고, 호칭경 65A 이상일 때는 슬리브 파이프는 청동제이며 본체는 일부가 주철제이거나 전부가 주철제로 되어 있다. 슬리브와 본체 사이에 패킹을 넣어 온수 또는 증기가 누설되는 것을 방지하며 패킹에는 석면을 흑연 또는 기름으로 처리한 것이 사용된다.

용도는 물 또는 압력 $8kg/cm^2$ 이하의 포화증기, 공기, 가스, 기름 등의 배관에 사용된다.

[특징]

① 신축량이 크고 신축으로 인한 응력이 생기지 않는다.
② 직선으로 이음하므로 설치 공간이 루프형에 비해 적다.
③ 배관에 곡선 부분이 있으면 신축 이음쇠에 비틀림이 생겨 파손의 원인이 된다.
④ 장시간 사용 시 패킹의 마모로 누수의 원인이 된다.

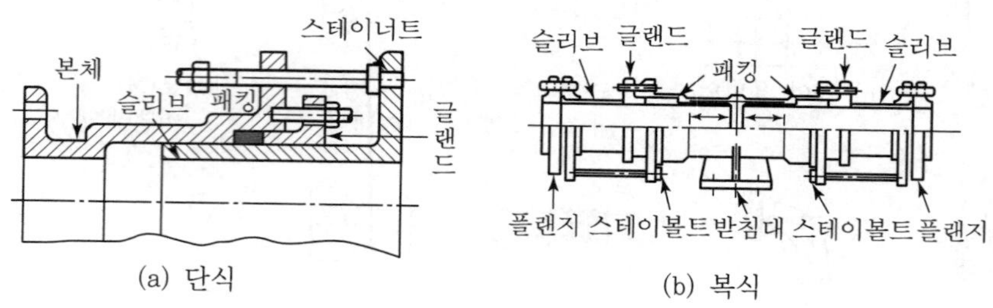

| 슬리브 이음쇠의 구조 |

2. 벨로스형 신축 이음쇠(Bellows Type Expansion Joint)

일명 팩리스(Packless) 신축 이음쇠라고도 하며 인청동제 또는 스테인리스제가 있다. 이음방법에 따라 나사이음식 및 플랜지 이음식이 있다. 벨로스형은 패킹 대신 벨로스로 관내 유체의 누설을 방지한다. 신축량은 벨로스의 산수 피치 등의 구조에 따라 다르다.

[특징]
① 설치공간을 넓게 차지하지 않는다.
② 고압배관에는 부적당하다.
③ 자체 응력 및 누설이 없다.
④ 벨로스는 부식되지 않는 스테인리스, 청동제품 등을 사용한다.

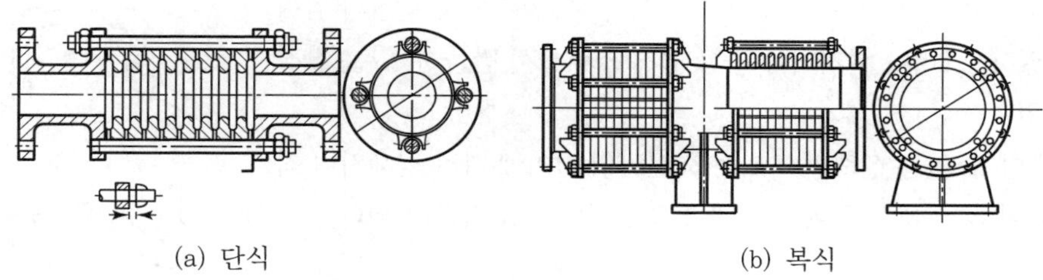

▎벨로스형 신축 이음쇠 종류▎

3. 루프형 신축 이음쇠(Loop Type Expansion Joint)

신축곡관이라고도 하며 강관 또는 동관 등을 루프(Loop)모양으로 구부려, 구부림을 이용하여 배관의 신축을 흡수하는 것이다.

구조는 곡관에 플랜지를 단 모양과 같으며 강관제는 고압에 견디고 고장이 적어 고온 고압용 배관에 사용되며 곡률반경은 관 지름의 6배 이상이 좋다.

[특징]
① 설치공간을 많이 차지한다.
② 신축에 따른 자체 응력이 생긴다.
③ 고온고압의 옥외 배관에 많이 사용된다.

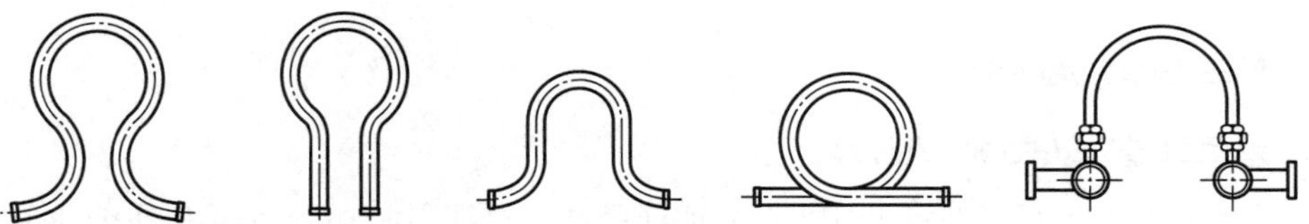

▎루프형 신축 이음쇠의 종류▎

4. 스위블형 신축 이음쇠(Swivel Type Expansion Joint)

- 주로 증기 및 온수 난방용 배관에 많이 사용된다.
- 2개 이상의 엘보를 사용하여 이음부의 나사 회전을 이용해서 배관의 신축을 이 부분에서 흡수한다.
- 스위블 이음의 결점은 굴곡부에서 압력 강하를 가져오는 점과 신축량이 너무 큰 배관에서는 나사 이음부가 헐거워져 누설의 염려가 있다. 그러나 설치비가 싸고 쉽게 조립해서 만들 수 있는 장점이 있다.
- 흡수할 수 있는 신축의 크기는 회전관의 길이에 따라 정해지며 직관길이 30m에 대하여 회전관 1.5m 정도로 조립하면 된다.

[특징]

① 굴곡부에서 압력 강하를 가져온다.
② 신축량이 큰 배관에는 부적당하다.
③ 설치비가 싸고 쉽게 조립할 수 있다.

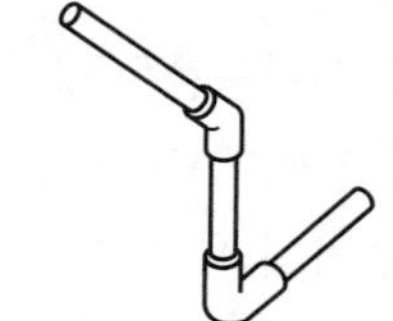
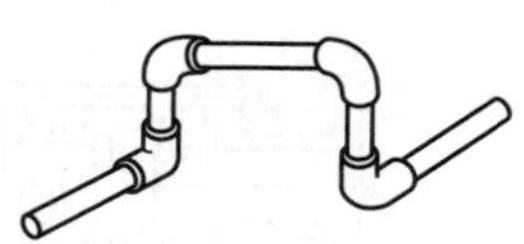
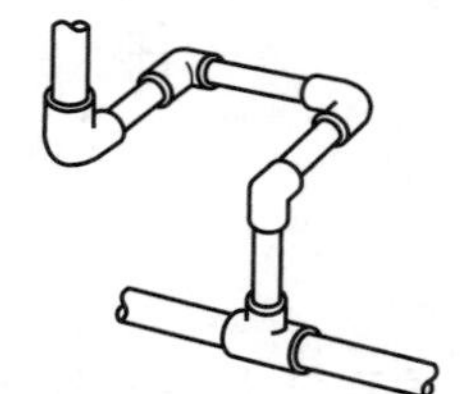

▎스위블형 신축 이음쇠의 종류▕

SECTION 03 밸브 및 기타 부속장치

1 밸브의 종류와 용도

밸브는 배관 도중에 설치하여 유체의 유량조절, 흐름의 단속, 방향전환, 압력 등을 조절하는 데 사용한다. 밸브의 구조는 흐름을 막는 밸브 디스크(Disk)와 시트(Seat) 및 이것이 들어 있는 밸브 몸체와 이를 조정하는 핸들의 4부분으로 되어 있다.

1. 정지밸브(Stop Valve)

(1) 글로브 밸브(Globe Valve)

글로브 밸브는 밸브가 구형이며 직선 배관 중간에 설치한다. 이 밸브는 유입 방향과 유출 방향은 같으나, 유체가 밸브의 아래로부터 유입하여 밸브시트의 사이클을 통해 흐르게 되어 있다. 따라서 유체의 흐름이 갑자기 바뀌기 때문에 유체에 대한 저항은 크나 개폐가 쉽고 유량조절이 용이하다. 보통 50A 이하는 포금제 나사형, 65A 이상은 밸브디스크와 시트는 청동제, 본체는 주철(주강) 플랜지 이음형이다. 밸브 디스크의 모양에는 평면형, 반구형, 원뿔형 등이 있다.(유량조절용 밸브)

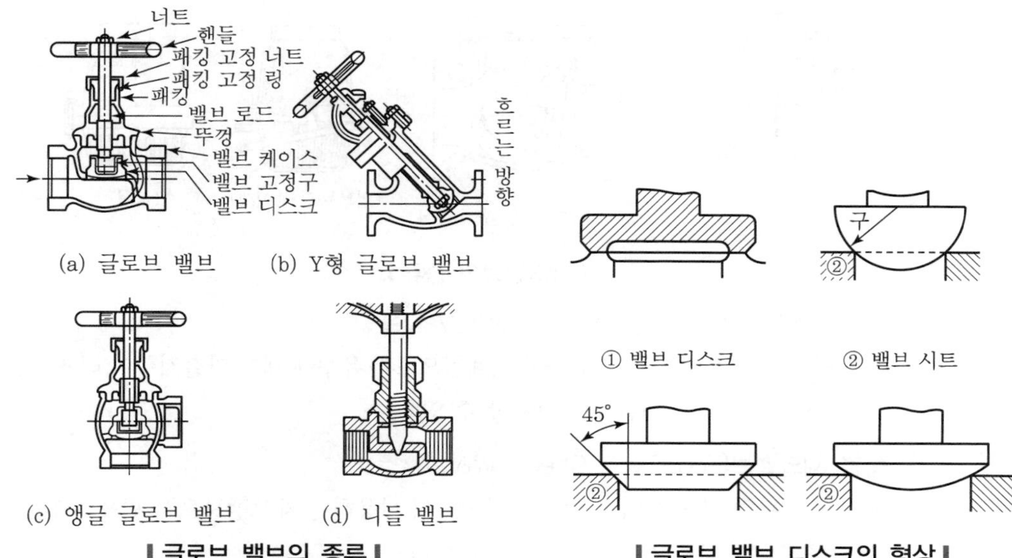

▎글로브 밸브의 종류▎

▎글로브 밸브 디스크의 형상▎

(2) 슬루스 밸브(Sluice Valve)

① 게이트 밸브(Gate Valve)라고도 하며 유체의 흐름을 단속하는 대표적인 밸브로서 배관용으로 가장 많이 사용된다. 밸브를 완전히 열면 유체 흐름의 단면적 변화가 없어서 마찰저항이 없다. 그러나 리프트(Lift)가 커서 개폐(開閉)에 시간이 걸리며 더욱이 밸브를 절반 정도 열고 사용하면 와류(渦流)가 생겨 유체의 저항이 커지기 때문에 유량 조절이 적당하지 않다.

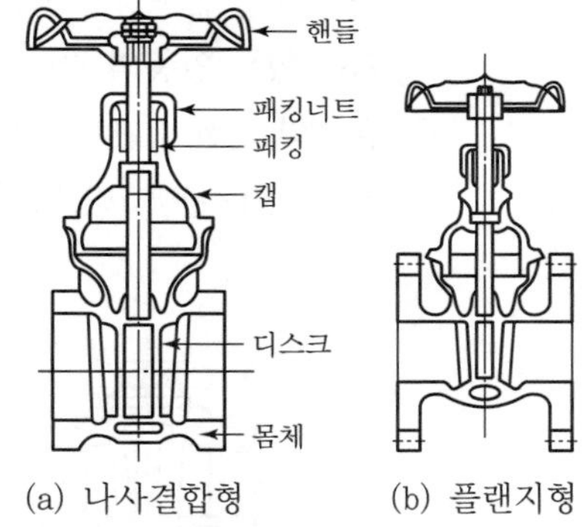

▎슬루스 밸브▎

② 일반적으로 65A 이상의 스템은 강재, 동체는 주철제, 디스크 및 시트는 포금제이다. 50A 이하는 전부 포금제 나사 이음형이 보통이다.

(3) 체크밸브(Check Valve)

유체를 일정한 방향으로만 흐르게 하고 역류를 방지하는 데 사용한다. 밸브의 구조에 따라 리프트형, 스윙형, 풋형이 있다.

① 리프트형 체크밸브(Lift Type Check Valve)

글로브 밸브와 같은 밸브 시트의 구조로서 유체의 압력에 밸브가 수직으로 올라가게 되어 있다. 밸브의 리프트는 지름의 1/4 정도이며 흐름에 대한 마찰저항이 크므로 구조상 수평 배관에만 사용된다.

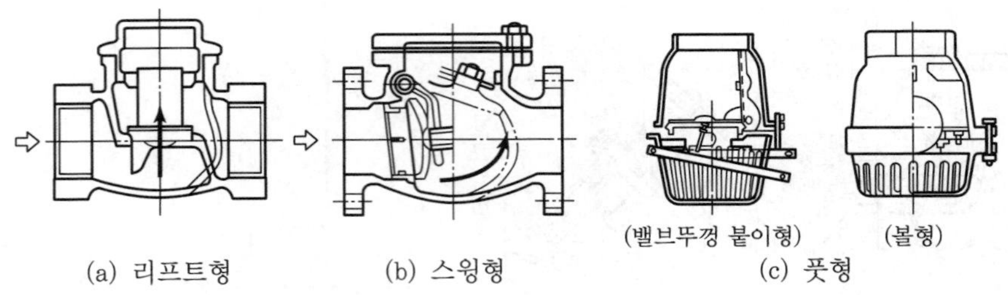

(a) 리프트형 (b) 스윙형 (c) 풋형

▎체크밸브의 종류▎

② **스윙형 체크밸브(Swing Type Check Valve)**
시트의 고정 핀을 축으로 회전하여 개폐됨으로써 유수에 대한 마찰저항이 리프트형보다 적고 수평 · 수직 어느 배관에도 사용할 수 있다.

③ **풋형 체크밸브(Foot Type Check Valve)**
개방식 배관의 펌프 흡입관 선단에 부착하여 사용하는 체크밸브로서 펌프 운전 중에 흡입관 속을 만수상태로 만들도록 고려된 것이다.

(4) 콕(Cock)

① 콕은 원뿔에 구멍을 뚫은 것으로 90° 회전함에 따라 구멍이 개폐되어 유체가 흐르고 멈추게 되어 있는 일종의 간단한 밸브이다.
② 유로의 면적이 단면적과 같고 일직선이 되기 때문에 유체의 저항이 적고 구조도 간단하다.
③ 기밀성이 나빠 고압의 유량에는 적당하지 않다.

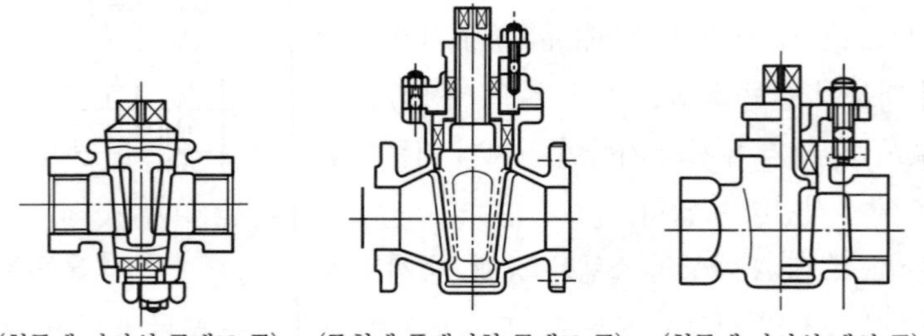
(청동제 나사식 글랜드 콕) (주철제 플랜지형 글랜드 콕) (청동제 나사식 메인 콕)

(a) 접속 방식에 따른 콕의 분류

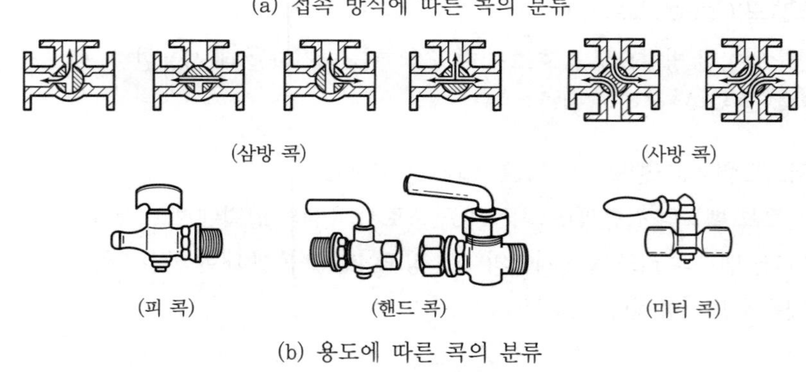
(삼방 콕) (사방 콕)

(피 콕) (핸드 콕) (미터 콕)

(b) 용도에 따른 콕의 분류

▎콕의 분류▎

2 패킹의 종류와 용도

배관이나 밸브 등에 사용되는 패킹재의 경우 패킹의 결합은 기계의 원활한 운전을 저해할 뿐만 아니라, 공장 내의 오염, 화재, 열손실 재해의 원인이 되므로 적절한 패킹을 선정하여 사용하는 것은 매우 중요하다.

[패킹 재료 선택 시 고려사항]

- 관 속에 흐르는 유체의 물리적인 성질 : 압력, 온도, 밀도, 점도 상태
- 관 속에 흐르는 유체의 화학적인 성질 : 부식성, 용해 능력, 휘발성, 인화성, 폭발성 등
- 기계적인 조건 : 교체의 난이, 진동의 유무, 내압과 외압

1. 플랜지 패킹(Flange Packing)

(1) 고무 패킹

① 천연고무의 특징은 탄성이 크며 흡수성이 없고 맑은 산이나 알칼리에 침식되기 어려우나, 열과 기름에 극히 약하기 때문에 100℃ 이상의 고온을 취급하는 배관이나 기름을 사용하는 배관에는 사용할 수 없다. 또한 －55℃에서 경화 변질된다.

② 합성 고무제품인 네오프렌(Neoprene)은 천연 고무제품을 개선한 것으로 내유(耐油), 내후, 내산화성이며 기계적 성질이 우수하다. 내열도는 －60～－121℃ 사이에는 안전하다. 따라서 120℃ 이하의 배관에 거의 사용할 수 있다.

(2) 섬유 패킹

섬유 패킹에는 식물성 · 동물성 · 광물성 섬유 패킹으로 구분한다.

① 식물성 섬유류

식물성 패킹 중에 대표적인 것은 오일시트(Oil Sheet) 패킹이다. 오일시트 패킹은 한지를 여러 겹 붙여서 일정한 두께로 하여 내유가공(耐油加工)한 것으로 내유성은 있으나 내열도가 작아 용도에 제한을 받는다. 펌프, 기어박스 및 유류 배관에 사용된다.

② 동물성 섬유류

- 동물성 섬유류의 패킹에는 가죽과 펠트(Felt)가 있다. 가죽은 동물의 껍질을 화학 처리하여 수분 기타 불순물을 제거한 것으로 강인하고 장기 보존에 적합한 장점이 있다.
- 다공질(多孔質)로서 관 속의 유체가 투과되어 새는 결점이 있으므로 사용할 때는 동물성 기름이나 고무 합성수지 등을 충진하여 사용하는 것이 좋다.
- 가죽은 기계적 성질은 뛰어나지만 내열도가 낮고 알칼리에 용해되며 내약품성이 떨어지는 결점이 있다.
- 펠트는 가죽에 비하면 극히 거친 섬유 제품이지만 강인하기 때문에 압축성이 풍부하다.
- 약산에는 잘 견디나 알칼리에 용해되며 내유성이 크므로 기름 배관에 적합하다.

③ 광물성 섬유류

내열온도가 큰 것이 특징이다. 석면은 유일한 광물성 천연 섬유로 질이 섬세하고 질기며 450℃ 고온에 사용된다. 특히 석면 섬유에 천연 또는 합성 고무를 섞어서 판 모양으로 가공한 과열 석면(Super Heat Asbestos)은 450℃ 이하의 증기 온수 고온의 기름 배관에 많이 쓰인다.

(3) 합성수지류

합성수지류 패킹 중 가장 많이 사용되는 것은 테플론(Teflon)이다. 기름이나 약품에도 침식되지 않으나 탄성이 부족하기 때문에 석면, 고무, 파형 금속관 등으로 표면 처리하여 사용하고 있다. 내열범위는 －260~260℃까지이다.

(4) 금속 패킹

① 금속 패킹에는 철, 구리, 납, 알루미늄, 크롬강 등이 사용되며 주로 강이나 납이 많이 쓰이고 고온·고압의 배관에는 철, 구리, 크롬강으로 제조된 패킹이 사용된다.

② 금속 패킹의 결점은 고무와 같은 탄성이 없기 때문에 한번 강하게 조여진 볼트가 온도 때문에 팽창하든가 진동 때문에 약간 헐거워지면 일정한 압력을 유지하기가 어렵다.

2. 나사용 패킹

① 페인트(Paint)

페인트의 광명단을 혼합하여 사용하며 고온의 기름 배관을 제외하고는 모든 배관에 사용할 수 있다.

② 일산화연(Lithrage)

일산화연은 냉매 배관에 많이 사용하며 빨리 굳기 때문에 페인트에 일산화연을 조금 섞어서 사용한다.

③ 액상 합성수지

액상 합성수지는 약품에 강하고 내유성이 크며 내열범위는 －30~130℃이다. 증기 기름 약품배관에 사용한다.

3. 글랜드 패킹(Gland Packing)

글랜드 패킹은 회전이나 왕복 운동용 축의 누설 방지 장치로 널리 사용되는데 패킹박스(Packing Box)에 패킹을 밀어 넣고 패킹 누르개(Packing Gland)를 조이도록 되어 있다.

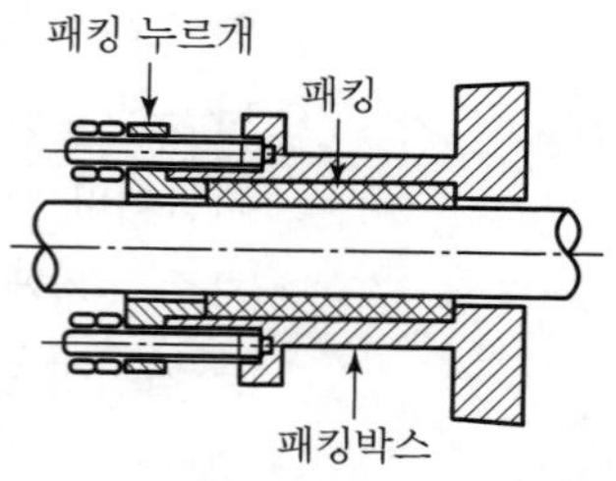

❙글랜드 패킹 설치❙

① 석면 각형 패킹

석면실을 각형으로 짜서 흑연과 윤활유를 침투시킨 패킹이며 내열 내산성이 좋아 대형밸브에 사용한다.

② 석면 얀 패킹

석면 실을 꼬아서 만든 것으로 소형 밸브의 글랜드에 사용한다.

③ 아마존 패킹

면포와 내열 고무 콤파운드를 가공하여 만든 것으로 압축기의 글랜드에 사용한다.

④ 몰드 패킹

석면, 흑연, 수지 등을 배합 성형하여 만든 것으로 밸브 펌프 등에 사용한다.

3 배관 도장 재료(도료의 종류)

- 도장공사에는 도장면의 미관이나 방식을 목적으로 하는 것, 색깔 분별에 의한 식별을 목적으로 하는 것, 기타 방음, 방열, 방습 등 특별한 목적을 갖고 있는 것들이 있다.
- 방식을 주로 해서 고려하는 도장을 방청공사, 미관이나 식별을 고려한 도장을 도장공사라 부른다.

1. 도료의 종류와 용도

① 광명단 도료

㉠ 연단을 아마인유와 혼합하여 만들며 녹을 방지하기 위해 페인트 밑칠 및 다른 착색 도료의 초벽(Under Coating)으로 우수하다.

㉡ 밀착력이 강하고 도막(途膜)도 단단하여 풍화에 강하므로 방청도료로서 기기류의 도장 밑칠에 널리 사용한다.

② 합성수지 도료

㉠ 프탈산(Phthal Acid) : 상온에서 도막을 건조시키는 도료이다. 내후성, 내유성이 우수하며 내수성은 불량하고 특히 5℃ 이하의 온도에서 건조가 잘 안 된다.

㉡ 요소(尿素) 멜라민(Melamine) : 내열 · 내유 · 내수성이 좋다. 특수한 부식에서 금속을 보호하기 위한 내열도료로 사용되고 내열도는 150~200℃ 정도이며 베이킹 도료로 사용된다.

㉢ 염화비닐계 : 내약품성, 내유 · 내산성이 우수하며 금속의 방식도료로서도 우수하다. 부착력과 내후성이 나쁘며 내열성이 약한 결점이 있다.

㉣ 실리콘 수지계 : 요소 멜라민계와 같이 내열도료 및 베이킹 도료로 사용된다.

③ 알루미늄 도료

㉠ 알루미늄 분말에 유성 바니시를 섞어 만든 도료로서 알루미늄 도막은 금속 광택이 있으며 열을 잘 반사한다. 400~500℃의 내열성을 지니고 있어 난방용 방열기 등의 외면에 도장한다.

㉡ 은분이라고도 하며 수분이나 습기가 통하기 어려우므로 내구성이 풍부한 도막이 형성된다.

④ 산화철 도료

산화 제2철에 보일유나 아마인유를 섞어 만든 도료로 도막이 부드럽고 가격은 저렴하나 녹방지 효과는 불량이다.

⑤ 타르 및 아스팔트

㉠ 관의 벽면에 타르 및 아스팔트를 도포해 내식성 도막을 형성하여 물과의 접촉을 막아 부식을 방지하나 노출 시에는 외부적 원인에 따라 균열이 생기거나 박리하는 등의 결점이 있다.

㉡ 철관 등에 도장할 때는 130℃ 정도로 가열해서 사용하는 것이 좋다.

⑥ 고농도 아연도료

최근 배관공사에 많이 사용되는 방청도료의 일종으로서 도료를 칠했을 경우 생기는 핀홀(Pin Hole) 등의 곳에 물이 고여도 주위의 철 대신 아연이 희생 전극이 되어 부식되므로 철을 부식으로부터 방지하는 전기부식 작용이 생기는 특징이 있어 오랫동안 미관을 유지할 수 있다.

SECTION 04 배관 공작

1 강관 공작용 공구와 기계

1. 강관 공작용 공구

① 파이프 바이스(Pipe Vise)

관의 절단과 나사절삭 및 조합 시 관을 고정시키는 데 사용되며, 파이프 바이스의 크기는 고정 가능한 관경의 치수로 나타낸다. 대구경관에는 체인을 이용한 체인바이스(Chain Vise)를 사용하며 관의 구부림 작업에는 기계바이스(평바이스)를 사용한다.

② 파이프 커터(Pipe Cutter)

관을 절단할 때 사용되며 1개의 날에 2개의 롤러가 장착되어 있는 것과 3개의 날로 되어 있는 것이 있다. 크기는 관을 절단할 수 있는 관경으로 표시한다.

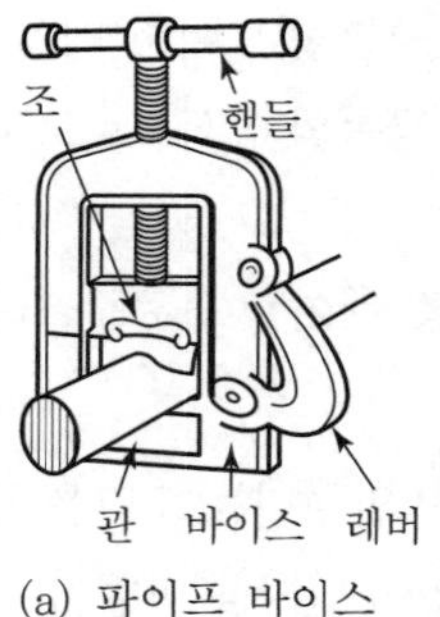

(a) 파이프 바이스

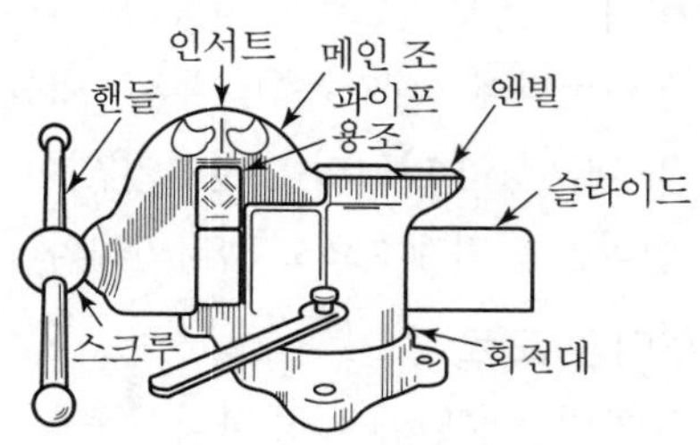

(b) 기계바이스(평바이스)

▌바이스의 종류▐

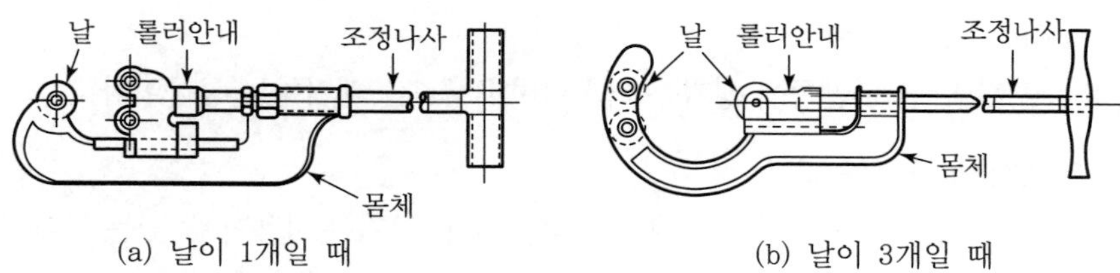

(a) 날이 1개일 때 (b) 날이 3개일 때

‖ 파이프 커터 ‖

▼ 바이스의 호칭 사용 범위

평바이스		파이프 바이스	
호칭번호	사용범위(mm)	호칭번호	사용범위(인치)
#0	6~50	#0	$\frac{1}{8}$~2
#1	6~65	#1	$\frac{1}{8}$~$3\frac{1}{2}$
#2	6~90	#2	$\frac{1}{8}$~$3\frac{1}{2}$
#3	6~115	#3	$\frac{1}{8}$~$4\frac{1}{2}$
#4	50~150	#4	$\frac{1}{2}$~6

▼ 파이프 커터의 절단 능력

1개 날		2개 날	
호칭번호	파이프 치수	호칭번호	파이프 치수
1	6~32A	2	15~50A
2	6~50A	3	32~75A
3	25~75A	4	65~100A
		5	100~150A

③ 쇠톱(Hack Saw)

관과 환봉 등의 절단용 공구로 피팅 홀(Fitting Hole)의 간격에 따라 200mm, 250mm, 300mm의 3종류가 있다. 톱날의 산 수는 재질에 따라 알맞은 것을 선택 후 사용하여야 한다.

▼ 재질별 톱날의 산 수

톱날의 산 수(inch당)	재질
14	동합금, 주철, 경합금
18	경강, 동, 납, 탄소강
24	강관, 합금강, 형강
32	박판, 구도용 강관, 소경합금강

④ 파이프 리머(Pipe Reamer)

관 절단 후 관 단면의 안쪽에 생기는 거스러미(Burr)를 제거하는 공구이다.

⑤ 파이프 렌치(Pipe Wrench)

관을 회전시키거나 나사를 죌 때 사용하는 공구이다. 크기는 사용할 수 있는 최대의 관을 물었을 때의 전 길이로 표시하며, 호칭치수로 표시한다.(체인식 파이프 렌치는 200mm 이상의 관 물림에 사용된다.)

▼ 파이프 렌치의 치수

사용 치수		사용 관경	사용 치수		사용 관경
150	6″	6A(1/8B)~15A(1/2B)	450	18″	8A(1/4B)~50A(2B)
200	8″	6A(1/8B)~20A(3/4B)	600	24″	8A(1/4B)~65A($2\frac{1}{2}$B)
250	10″	6A(1/8B)~25A(1B)	900	36″	15A(1/2B)~95A($3\frac{1}{2}$B)
300	12″	6A(1/8B)~32A($1\frac{1}{4}$B)	1,200	48″	25A(1B)~125A(5B)
350	14″	8A(1/4B)~40A($1\frac{1}{2}$B)			

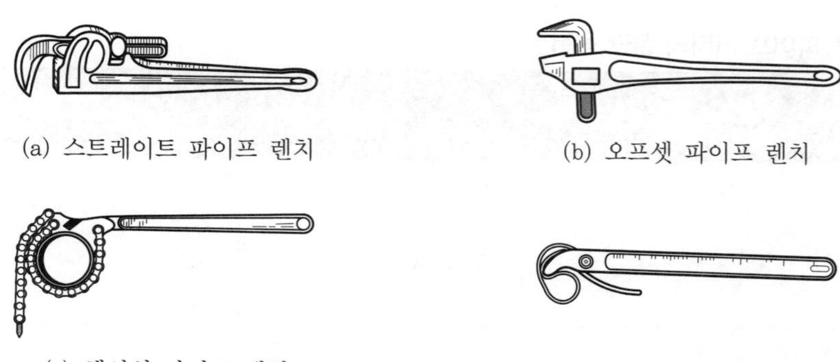

| 파이프 렌치의 종류 |

⑥ 나사 절삭기

수동으로 나사를 절삭할 때 사용하는 공구로서 오스터형(Oster Type)과 리드형(Reed Type)으로 나눌 수 있으며 그 외에 비비형, 드롭 헤드형 등이 있다.

㉠ 오스터형 나사 절삭기(Oster Type Die Stock) : 4개의 날이 1조로 되어 있는데 15~20A는 나사산이 14산, 25~250A는 나사산이 11산으로 되어 있다.

▼ **오스터형 나사 절삭기의 사용 관경**

호칭번호	사용 관경
102(112R)	8A($\frac{1}{4}$B)~32A(1$\frac{1}{4}$B)
104(114R)	15A($\frac{1}{2}$B)~50A(2B)
105(115R)	40A(1$\frac{1}{2}$B)~80A(3B)
107(117R)	65A(2$\frac{1}{2}$B)~100A(4B)

㉡ 리드형 나사 절삭기(Reed Type Die Stock) : 2개의 날이 1조로 되어 있는데, 날의 뒤쪽에는 4개의 조로 파이프의 중심을 맞출 수 있는 스크롤(Scroll)이 있다.

▼ **리드형 나사 절삭기의 사용 관경**

호칭번호	사용 관경
2R4	15A($\frac{1}{2}$B)~32A(1$\frac{1}{4}$B)
2R5	8A($\frac{1}{4}$B)~25A(1B)
2R6	8A($\frac{1}{4}$B)~32A(1$\frac{1}{4}$B)
4R	15A($\frac{1}{2}$B)~50A(2B)

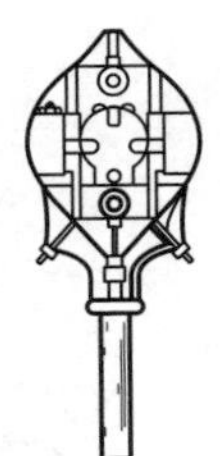

▌수동 파이프 나사 절삭기▐

2. 강관 공작용 기계

(1) 동력 나사 절삭기(Pipe Machine)

동력을 이용하여 나사를 절삭하는 기계로 오스터를 이용한 것, 다이헤드(Die Head), 호브(Hob) 등을 이용한 것 등이 있다.

① **오스터식** : 동력으로 관을 저속 회전시키며 나사 절삭기를 밀어 넣는 방법으로 나사가 절삭되며 50A 이하 작은 관에 주로 사용한다.

② **다이헤드식** : 관의 절단, 나사 절삭, 거스러미 제거 등의 일을 연속적으로 할 수 있기 때문에 다이헤드를 관에 밀어 넣어 나사를 가공한다. 관지름 15~100A, 25~150A까지의 것도 사용되고 있다.

③ **호브식** : 나사 절삭 전용 기계로서 호브를 100~180rpm의 저속으로 회전시키면 관은 어미나사와 척의 연결에 의해 1회전할 때마다 1피치만큼 이동나사가 절삭된다. 관지름 50A 이하 65~150A, 80~200A의 나사내기 종류가 있다.

(2) 기계톱(Hack Sawing Machine)

관 또는 환봉을 절단하는 기계로서 절삭 시는 톱날의 하중이 걸리고 귀환 시는 하중이 걸리지 않는다. 작동 시 단단한 재료일수록 톱날의 왕복운동은 천천히 한다. 절단이 진행되는 시점부터 절삭유의 공급을 필요로 한다.

(3) 고속 숫돌 절단기(Abrasive Cut off Machine)

① 고속 숫돌 절단기는 두께 0.5~3mm 정도의 얇은 연삭 원판을 고속 회전시켜 재료를 절단하는 기계로서 커터 그라인 머신이라 부르기도 한다. 연삭 숫돌은 알런덤(Alundum), 카보런덤(Carborundum) 등의 입자를 소결한 것이다.

② 절단할 수 있는 관의 지름은 100mm까지이고 연삭절단기의 회전수는 약 200~230rev/min 정도이다. 절단 시 갑작스런 절삭량 증대는 숫돌의 파손 원인이 된다.

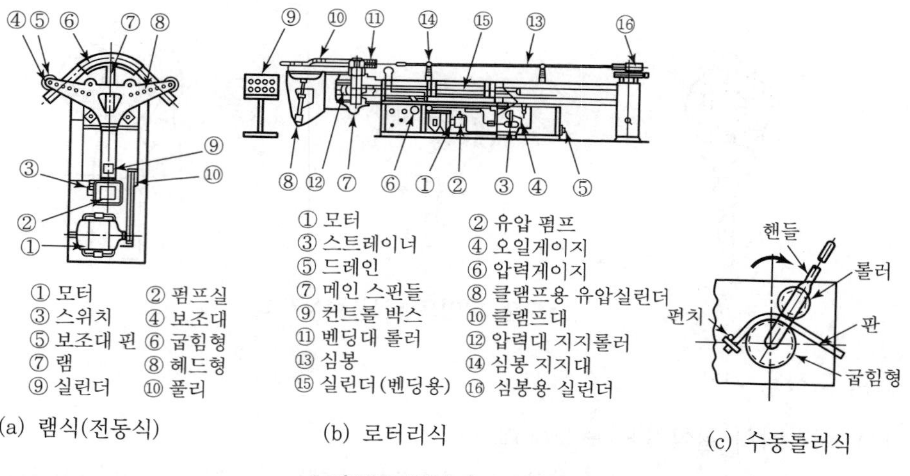

▌파이프 벤딩기의 종류▐

(4) 파이프 벤딩기(Pipe Bending Machine)

① **램식(Ram Type)** : 현장용으로 많이 쓰이며 수동식(유압식)은 50A, 모터를 부착한 동력식은 100A 이하의 관을 굽힐 수 있다.

② **로터리식(Rotary Type)**

㉠ 공장에서 동일 모양의 벤딩 제품을 다량 생산할 때 적합하다. 관에 심봉을 넣고 구부리므로 관의 단면 변형이 없고 두께에 관계없이 강관, 스테인리스 강관, 동관 등을 쉽게 굽힐 수 있는 장점이 있다.

㉡ 관의 구부림 반경은 관경의 2.5배 이상이어야 한다.

③ **수동 롤러식(Hand Roller Type)** : 32A 이하의 관을 구부릴 때 관의 크기와 곡률 반경에 맞는 포머(Former)를 설치하고 롤러와 포머 사이에 관을 삽입하고 핸들을 서서히 돌려서 180°까지 자유롭게 굽힐 수 있다.

2 주철관, 동관, 연관 등 배관용 공구와 기계

1. 주철관용 공구

① **납 용해용 공구세트** : 납 냄비, 파이어포트, 납 국자, 산화납 제거기 등이 있다.
② **클립(Clip)** : 소켓이음 작업 시 용해된 납물의 비산을 방지하는 데 사용한다.
③ **링크형 파이프 커터(Link Type Pipe Cutter)** : 주철관 전용 절단 공구로서 75A~150A용은 8개의 날, 75~200A용은 10개의 날로 구성되어 있다.
④ **코킹정(Chisels)** : 소켓 이음 시 얀(Yarn)을 박아 넣거나 다지는 공구로 1번 세트에서 7번 세트가 있고 얇은 것부터 순차적으로 사용한다.

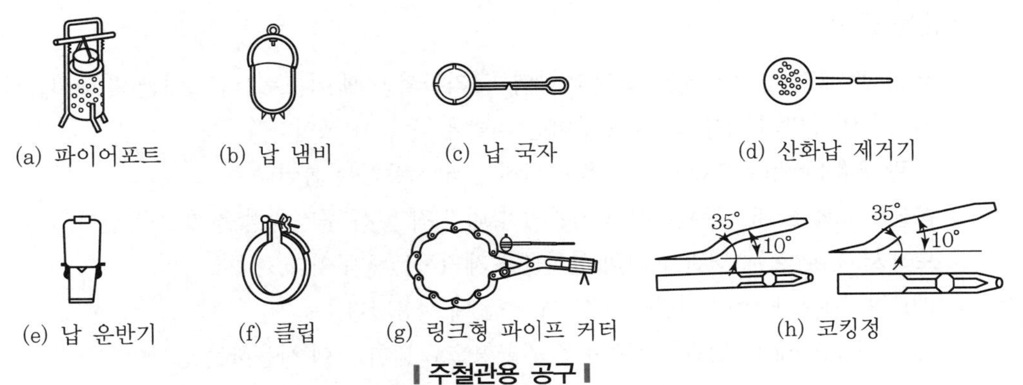

(a) 파이어포트 (b) 납 냄비 (c) 납 국자 (d) 산화납 제거기
(e) 납 운반기 (f) 클립 (g) 링크형 파이프 커터 (h) 코킹정

▌주철관용 공구▐

2. 동관용 공구

① **사이징 툴(Sizing Tool)** : 동관의 끝부분을 진원으로 정형하는 공구
② **나팔관 확관기(Flaring Tool Set)** : 동관의 끝을 나팔형으로 만들어 압축 이음 시 사용하는 공구(플레어링 툴 셋)
③ **굴관기(Bender)** : 동관의 전용 굽힘 공구
④ **확관기(Expander)** : 동관 끝의 확관용 공구(익스팬더)
⑤ **파이프 커터(Pipe Cutter)** : 동관의 전용 절단 공구
⑥ **티뽑기(Extractors)** : 직관에서 분기관 성형 시 사용하는 공구
⑦ **리머(Reamer)** : 파이프 절단 후 파이프 가장자리의 거치른 거스러미(Burr) 등을 제거하는 공구

(a) 확관기 (b) 티뽑기 (c) 굴관기
(d) 나팔관 확관기 (e) 파이프 커터 (f) 리머

| 동관 공작용 공구 |

3. 연관용 공구

① **토치 램프(Torch Lamp)** : 납관의 납땜, 구리관의 냅땜 이음, 그리고 배관 및 배선공사의 국부 가열용으로 많이 사용되는데 연료에는 휘발유, 등유가 쓰인다.
② **연관 톱(Plumber Saw)** : 납관을 절단하는 데 사용하는 톱이다.
③ **봄볼(Bome Ball)** : 주관에서 분기관의 따내기 작업 시 구멍을 뚫을 때 사용한다.
④ **드레서(Dresser)** : 연관 표면의 산화물을 제거하는 공구이다.
⑤ **벤드벤(Bend Ben)** : 연관을 굽힐 때나 펼 때 사용한다.
⑥ **턴 핀(Turn Pin)** : 연관의 끝부분을 원뿔형으로 넓히는 데 사용하는 공구이다.
⑦ **맬릿(Mallet)** : 턴핀을 때려 박거나 접합부 주위를 오므리는 데 사용하는 나무로 만든 해머이다.

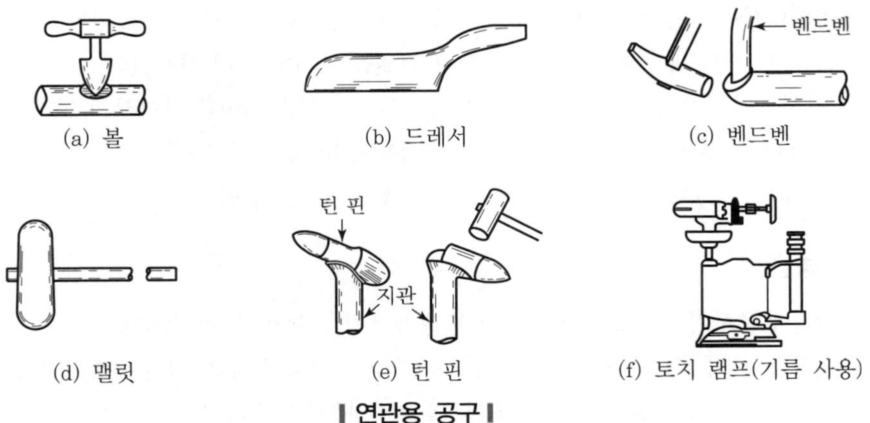

(a) 볼 (b) 드레서 (c) 벤드벤
(d) 맬릿 (e) 턴 핀 (f) 토치 램프(기름 사용)

| 연관용 공구 |

4. 합성수지관 접합용 공구

① 가열기(Heater) : 토치 램프에 부착시켜, 경질 염화 비닐관, 폴리에틸렌관 등을 이음하기 위해 가열할 때 사용한다.

② 열풍 용접기(Hot Jet) : 경질염화비닐관의 접합 및 수리를 위한 용접에 사용한다.

③ 커터(Cutter) : 경질염화비닐관 전용으로, 관을 절단할 때 쓰인다.

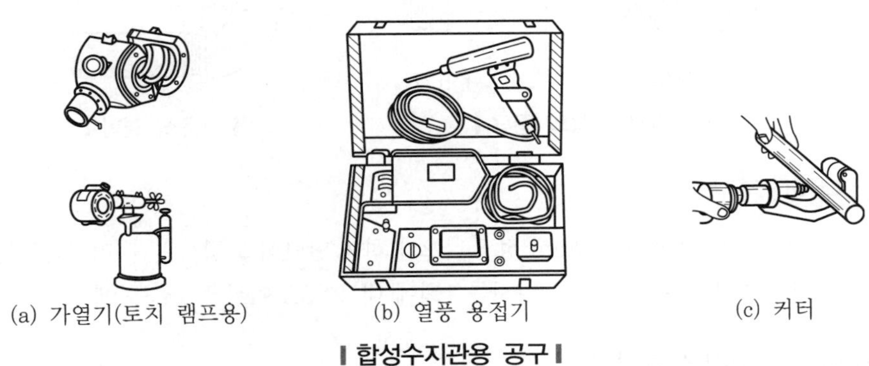
(a) 가열기(토치 램프용) (b) 열풍 용접기 (c) 커터

| 합성수지관용 공구 |

SECTION 05 배관 재질별 관 이음방법

1 강관 이음

1. 관용나사(Pipe Thread)

① 관용나사란, 주로 배관용 탄소강 강관을 이음하는 데 사용되는 나사로서 나사산의 형태에 따라 평행나사(PF)와 테이퍼 나사(PT)가 있다.

② 평행나사는 배관계통의 이음에서 기계적 결합을 주목적으로 하고 테이퍼 나사는 1/16의 테이퍼를 가진 원뿔 나사로 누수를 방지하고 기밀을 유지하는 데 사용된다.

③ 나사산의 각도는 55°이고 나사산의 크기는 25.4mm당 나사산 수로 표시하며 호칭지름 6A(1/8B)일 때는 28산, 8A(1/4B)~10A(3/8B)일 때는 19산, 15A(1/2B)~20A(3/4B)일 때는 14산, 25A(1B) 이상일 때는 11산의 4가지 종류가 있다.

2. 이음방법

① 강관에 나사이음을 할 때에는 나사 부분에 패킹을 감고 파이프렌치를 사용하여 규정 위치까지 체결한다. 이때 주의할 점으로는 이음쇠가 헐거운 경우 누수가 되며 빡빡한 경우 이음쇠가 파손되므로 나사길이를 정확히 내는 기능이 필요하다. 불완전 나사부가 1~2산 정도 남도록 하는 것이 가장 바람직한 이음상태를 나타낸 것이다.

② 나사이음에 사용되는 패킹의 종류에는 광명단 액상합성수지, 실링테이프(Sealing Tape) 등이 있다. 액상합성수지나 광명단을 나사부에 바를 때는 나사 끝에서 2/3 정도만 나사홈에 가득 차게 바르고 이음쇠에 바를 경우는 입구의 3~5산 정도에만 바른다. 실링테이프 사용방법은 나사가 난 방향으로 당기면서 나사부 전체를 1회전 감고 마지막에 10~15mm 정도 겹치게 한다.

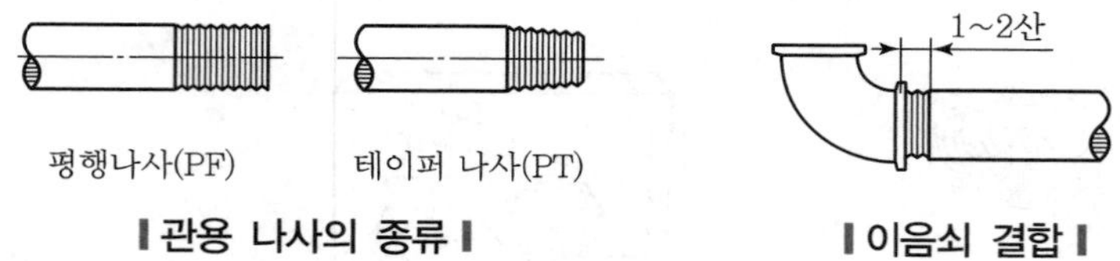

| 관용 나사의 종류 |　　**| 이음쇠 결합 |**

3. 강관 나사내기

강관을 파이프 바이스에서 150mm 정도 나오게 하여 단단히 고정시킨 후 리머작업을 하여 나사를 낸다. 이때 관경 15~20A 강관은 나사를 1회에 내고 25A 이상은 2~3회에 걸쳐 나사를 낸다.

4. 관의 나사부 길이 산출방법

배관 도면에는 일반적으로 중심선만 표시되어 있고 나사부분의 길이는 표시되어 있지 않다. 그러므로 나사이음을 할 때에는 나사부의 길이를 알아야 하는데 나사부의 길이는 관의 지름에 따라 다르다.

▼ 관지름에 따른 나사부 길이와 나사가 물리는 길이

관지름(A)	15	20	25	32	40	50	65	80	100	125	150
나사부 길이(mm)	15	17	19	21	23	25	28	30	32	35	37
나사가 물리는 길이(a)	11	13	15	17	19	20	23	25	28	30	33

① 직선 길이 산출(mm)

배관의 중심선 길이 L, 관의 길이 l, 이음쇠(Joint)의 중심선에서 단면까지의 치수 A, 나사길이를 a라 하면 다음과 같은 식이 정리된다.

$L = l + 2(A - a)$

$l = L - 2(A - a)$

$l' = L - (A - a)$

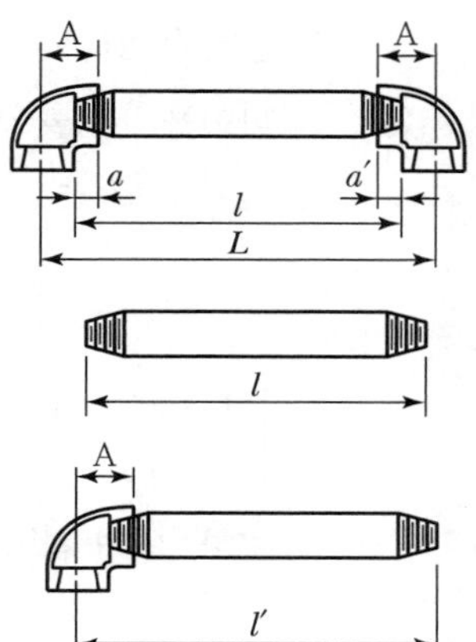

┃나사이음 시 치수(직선)┃

② 빗변 길이 산출(mm)

길이 l_1, l_2를 알고 빗변 길이 l를 미지수로 하면

피타고라스의 정리를 응용하여 간단히 구할 수 있다.

$l^2 = {l_1}^2 + {l_2}^2$

$l = \sqrt{{l_1}^2 + {l_2}^2}$

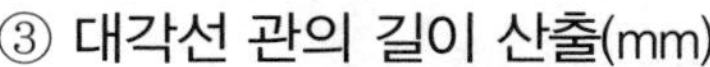

③ 대각선 관의 길이 산출(mm)

직육방체의 가로, 세로, 높이의 길이를 각각 l_1, l_2, l_3라 하면 l_1과 l_2의 빗변의 길이 L은 다음과 같다.

$L = \sqrt{{l_1}^2 + {l_2}^2}$

따라서 대각선 길이 l을 다음 식으로 구한다.

$l = \sqrt{L^2 + {l_3}^2} = \sqrt{{l_1}^2 + {l_2}^2 + {l_3}^2}$

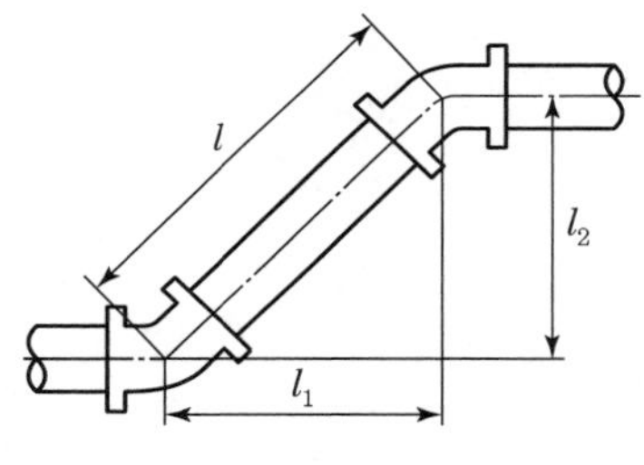

┃빗변 길이 계산┃

④ 굽힘 길이 산출(mm)

곡관에서 직선 부분의 길이를 그림과 같이, l_1, l_2 곡관 부위의 길이를 l이라 하면 관의 전체길이 L은 다음 식으로 계산한다.

$L = l_1 + l_2 + l$

여기서, $l = \dfrac{2R\pi\theta}{360}$이므로

$L = l_1 + l_2 + \dfrac{2R\pi\theta}{360}$

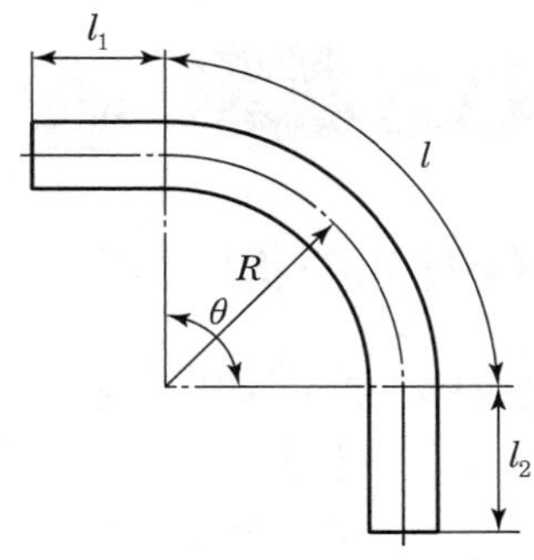

┃굽힘 길이 산출┃

⑤ 절단각 및 N편 마이터 길이 산출

파이프의 곡률 반지름을 R, 마이터의 회전 각도를 θ, 마이터의 절단각을 α라 하면, 마이터의 길이 A, B는 다음과 같이 구한다.

$\alpha = \dfrac{\theta}{2(n-1)}$이므로

$$\begin{bmatrix} A = R\times\tan\alpha = R\times\tan\dfrac{\theta}{2(n-1)} \\ B = 2A \end{bmatrix}$$

또한, 내면 길이 A_2와 외면 길이 A_1의 길이는 다음 식으로 구한다.

$$A_1 = A_2 = D\tan\alpha,\ A_1 = A + \frac{D}{2}\tan\alpha$$

$$A_2 = A - \frac{D}{2}\tan\alpha$$

$$B_1 = 2\left(A + \frac{D}{2}\tan\alpha\right),\ B_2 = 2\left(A - \frac{D}{2}\tan\alpha\right)$$

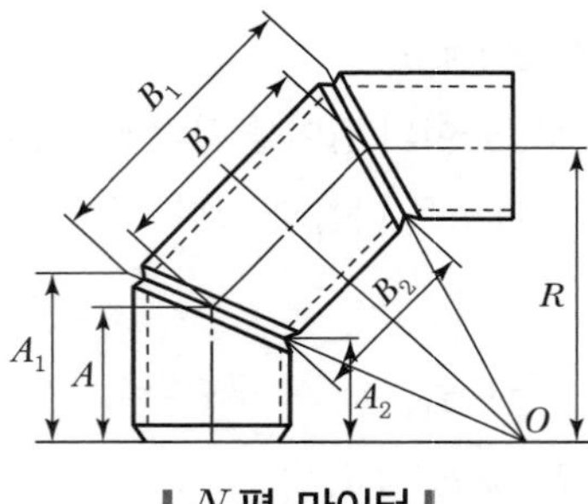

Ⅰ N편 마이터 Ⅰ

SECTION 06 배관 등 지지장치

1 지지장치의 분류

① 배관은 길이가 길어 관 자체의 무게와 적설하중, 열에 의한 신축 유체의 흐름에서 발생하는 진동이 배관에 작용한다. 이러한 하중 · 진동 · 신축은 관로에 접속된 기계 및 계측기의 노즐에도 작용하여 변형을 일으켜 기기의 성능을 저하시킨다. 이것을 방지하기 위하여 지지물을 만들어 관을 지지한다.

② 관계지지 장치는 화학플랜트를 위시하여 화력 · 원자력 발전 · 플랜트 · 선박 · 가스 · 터빈 및 플랜트 등에 널리 사용되고 있으며 그 용도도 사용조건에 따라 다종다양한 형식, 구조가 있으나 그 기능을 용도별로 구별하면 다음과 같다.

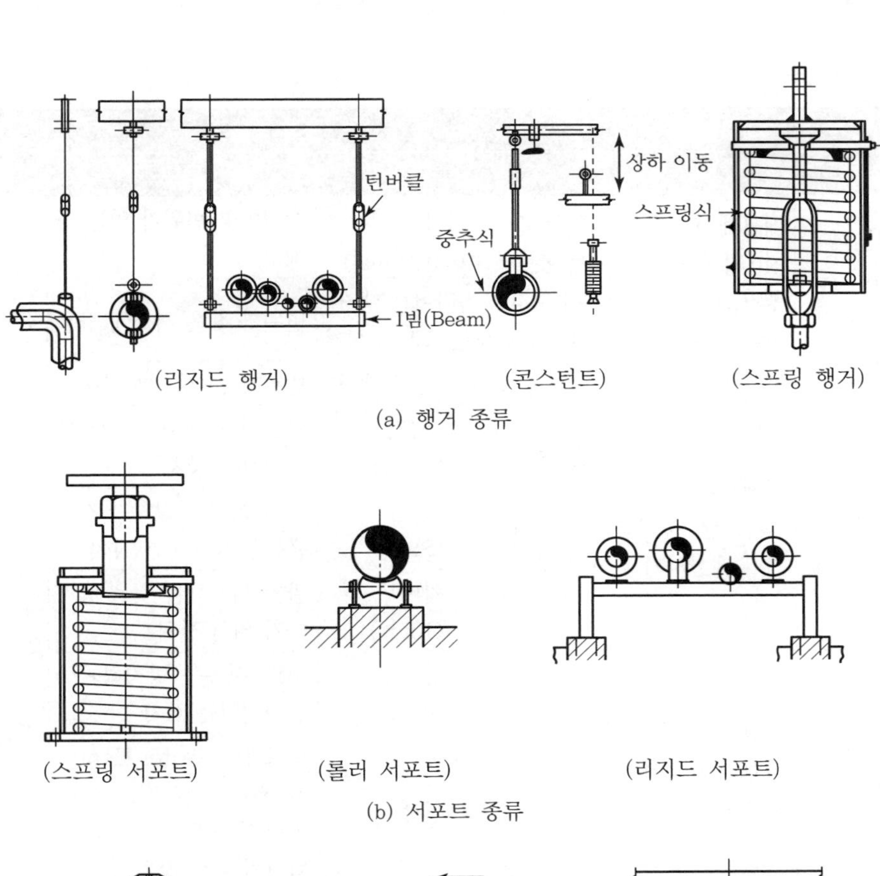

(리지드 행거) (콘스턴트) (스프링 행거)

(a) 행거 종류

(스프링 서포트) (롤러 서포트) (리지드 서포트)

(b) 서포트 종류

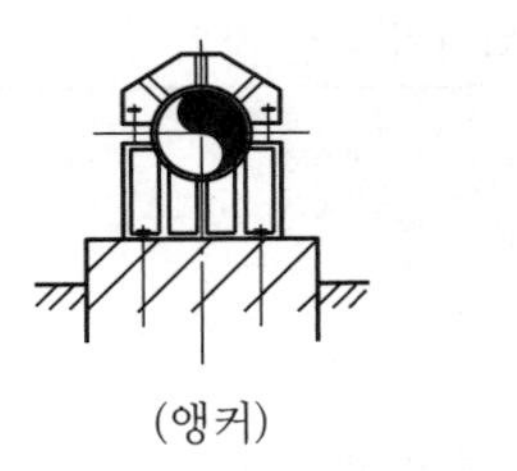

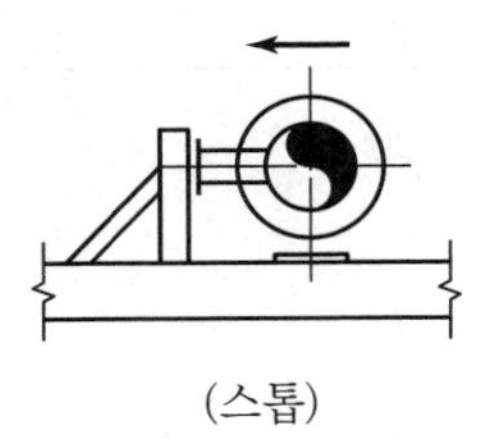

(앵커) (스톱) (가이드)

(c) 리스트레인트 종류

❙ 관 지지장치의 종류 ❙

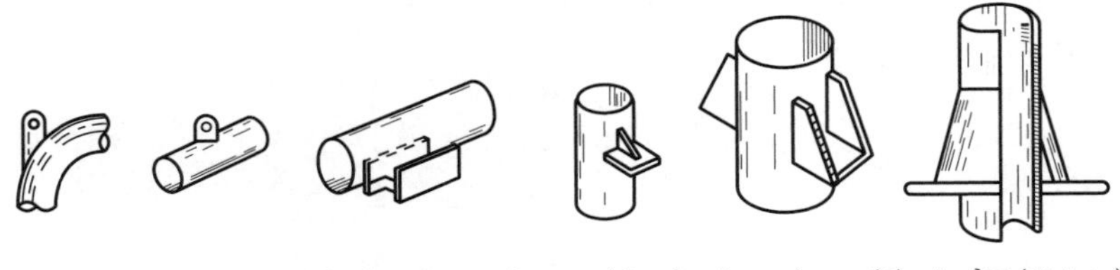

(a) 이어(Ears) (b) 슈즈(Shoes) (c) 러그(Lugs) (d) 스커트(Skirts)

❙ 기타 지지장치 ❙

▼ 관 지지 금구의 분류

<table>
<tr><th colspan="2">대구경용</th><th colspan="2">소구경용</th><th rowspan="2">비고</th></tr>
<tr><th>명칭</th><th>용도</th><th>명칭</th><th>용도</th></tr>
<tr><td rowspan="3">서포트(Support) 또는 행거(Hanger)</td><td rowspan="3">배관계 중량을 지지하는 장치[(위에서 달아 매는 것을 행거(Hanger), 밑에서 지지하는 것을 서포트(Support)라 함]</td><td>리지드 행거(Rigid Hanger)</td><td>수직방향 변위가 없는 곳에 사용</td><td rowspan="3">부하용량 35~1,400kg</td></tr>
<tr><td>버리어블 행거 또는 스프링 행거</td><td>변위가 작은 개소에 사용</td></tr>
<tr><td>콘스턴트 행거</td><td>변위가 큰 개소에 사용</td></tr>
<tr><td rowspan="3">리스트레인트(Restraint)</td><td rowspan="3">열팽창에 의한 배관 관계의 자유로운 움직임을 구속하거나 제한하기 위한 장치</td><td>앵커(Anchor)</td><td>완전히 배관관계 일부를 고정하는 장치</td><td rowspan="3"></td></tr>
<tr><td>스톱(Stop)</td><td>관의 회전은 되지만 직선운동을 방지하는 장치</td></tr>
<tr><td>가이드(Guide)</td><td>관이 회전하는 것을 방지하기 위한 장치</td></tr>
<tr><td rowspan="2">브레이스(Brace)</td><td rowspan="2">열팽창 및 중력에 의한 힘 이외의 외력에 의한 배선이동을 제한하는 장치</td><td>방진구(防振具)</td><td>주로 진동을 방지하거나 감쇠시키는 장치</td><td rowspan="2">리스트레인트식, 스프링식, 유압식, 리지드식</td></tr>
<tr><td>완충기</td><td>주로 진동 Water Hammering, 안전밸브 토출 반력 등에 의한 충격을 완화하기 위한 장치</td></tr>
</table>

2 지지장치의 일반사항

관 지지의 필요조건은 다음과 같다.

① 관과 관내의 유체 및 피부재의 합계 중량을 지지하는 데 충분한 재료일 것
② 외부에서의 진동과 충격에 대해서도 견고할 것
③ 배관 시공에 있어서 구배의 조정이 간단하게 될 수 있는 구조일 것
④ 온도 변화에 따른 관의 신축에 대하여 대응이 가능할 것
⑤ 관의 지지 간격에 적당할 것

SECTION 07 배관도면

1 배관도의 종류

배관 제도에는 평면도, 입면도(측면 배관도), 입체도 등이 있고 이것을 조합한 것이 조립도이다. 조립도는 장치 전체의 배관을 명시하는 그림이다. 이 밖에 배관 한 개의 배관열만 표시하는 부분 조립도가 있으며, 제작 공정의 상태를 표시하는 공정도, 상세배관 계통도(PID) 등이 있다.

1. 평면 배관도(Plane Drawing)

① 평면 배관도에는 배관과 직접 관계가 없는 기기류, 가구류 등은 대략적인 외형만 표시하고 직접 관계가 있는 관 또는 기구의 지지, 트랩, 빔 등은 상세히 표시한다.

② 평면 배관도는 배관장치를 위에서 아래로 내려다보고 그린 그림이며, 기계제도의 평면도와 일치한다.

2. 입면 배관도(Side View Drawing)

배관 전체를 측면에서 그린 도면으로 소규모의 배관을 제외하고 평면도의 입면도를 동일 지면에 그리는 일은 거의 없으며, 입면도의 위치를 명확히 하기 위해 평면도에 입면도의 작도위치를 화살표로 명시한다.

3. 입체 배관도(Isometrical Piping Drawing)

① 입체 배관도는 입체 공간을 X축, Y축, Z축으로 나누어 입체적인 형상을 평면에 나타낸 그림이다. 일반적으로 Y축에는 수직 배관을 수직선으로 그리고, 수평면에 존재하는 X축과 Z축이 120°로 만나게 선을 그어 배관도를 그린다.

② 각각의 축에 어디까지나 평행으로 작도하기 때문에 등각투영법이라고도 한다. 도면은 축척으로 표시하는 것이 원칙이나, 입체도면은 일반적으로 척도를 기준으로 하지 않는다. 다만 배관의 중복으로 복잡하여, 판독이 어려운 곳만 적당한 척도로 그린다.

4. 부분 조립도(Isometric Each Line Drawing)

입체(조립도)에서 발생하여 상세히 그린 그림으로 각부의 치수와 높이를 기입하며, 플랜지 접속의 기계, 계기 및 배관 부품과 플랜지면 사이의 치수도 기입한다. 입체 부분도 또는 스풀 드로잉(Spool Drawing)이라고도 부른다.

5. 계통도(Flow Diagram)

① 위로 가는 입상관(立上管)이나 아래로 가는 입하관(立下管)이 많아서 평면도로서는 배관계통을 이해하기 힘들 경우, 관의 접속 관계를 알기 쉽게 그린 것이 계통도이다.
도면에 나타내는 주요한 것은 각종 관의 경로, 관경, 관의 종류, 이음, 기기 및 층고 등이다.

② 축척은 일반적으로 사용하지 않고 No Scale로 한다.
상세 배관 계통도(PID)는 장치의 설계와 건설, 운전 및 조작에 관한 프로세스 설계의 기본계획을 전문기술자에게 정확하고 바르게 이해시키기 위한 도면으로 다음 사항을 기입한다.
㉠ 주요 기기의 외관, 내부 구조의 개요
㉡ 배관계의 구배, 관의 번호, 관 및 밸브 등의 호칭치수
㉢ 배관의 재질 구분과 보온의 필요성 유무
㉣ 물, 기름 등 기타 유체에 관한 부식 · 방식 억제재의 주입방법

6. 공정도(Block Diagram)

제작 공정과 제조 상태를 표시한 도면으로, 특히 제조 공정도를 플랜트 공정도(Plant Diagram)라 한다.

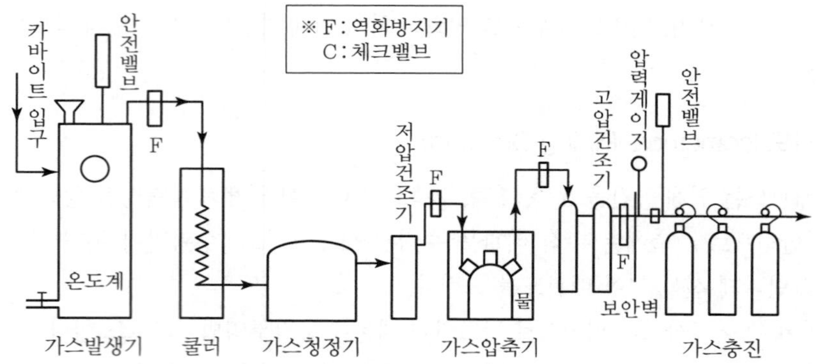

▌아세틸렌(C_2H_2) 플랜트 공정도▐

7. 배치도(Plot Plan)

① 건물과 대지 및 도로와의 관계 등을 평면으로 그린 것을 배치도라 한다.
도면에 나타내는 주요한 것은 형상, 지면의 고저, 인접지 와의 경계선, 도료의 폭, 대지 면적의 계산표, 건물의 위치와 크기, 방위, 옥외 급 · 배수관 계통 및 연료 탱크의 위치 등이다.(전체도 또는 옥외 배관도라고도 한다.)

② 부근 겨냥도를 같이 그려서 여기에 대지의 지명, 번지, 방위, 부근의 목표물 등을 기입하여 그 장소를 알기 쉽게 한 것도 있다. 방향 표시로 지도상의 북방을 표시하는 기호 CN(Construction North)과 장치에만 사용되는 북방표시 기호 PN(Plant North)이 있다.

2 치수기입법

배관도면의 평면도에는 가로 · 세로를 표시하는 치수만 치수선에 기입하고, 입면도와 입체도에는 높이를 표시하는 치수만을 기입하는데 이를 EL(Elevation Line)로 표시한다.

1. 치수표시

치수는 mm 단위를 원칙으로 하며, 치수선에는 숫자만 기입한다. 각도는 일반적으로 도(°)를 표시하며, 필요에 따라 도 · 분 · 초로 나타내기도 한다.

2. 높이표시

① EL : EL(Elevation Line) 또는 CLE(Center Line of Pipe Elevation)는 배관의 높이를 표시할 때 기준선으로 기준선에 의해 높이를 표시하는 법을 EL표시법이라 하며 약호 다음에 치수 숫자를 기입한다.

기준선(Base Line)은 평균 해면에서 측량된 어떤 기준선이며, 옥외 배관 장치에서의 기준선은 지반면이 반드시 수평이 되지 않으므로, 지반면의 최고 위치를 기준으로 하여 150~200mm 정도의 상부를 기준선이라 하며, 배관에서의 베이스라인은 EL±0으로 한다.(기준선에서 상부(+), 하부(−))

참고 EL+5,500 : 관의 중심이 기준면보다 5,500 높은 장소에 있다.
EL−650BOP : 관의 밑면이 기준면보다 650 낮은 장소에 있다.
EL−350TOP : 관의 윗면이 기준면보다 350 낮은 장소에 있다.

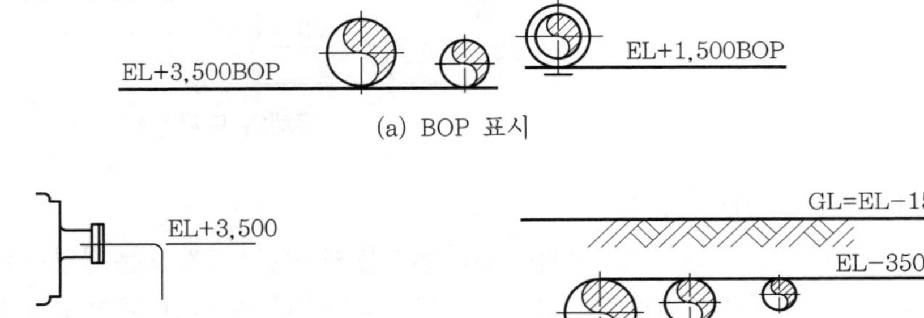

| 관 높이의 표시 |

② BOP(Bottom of Pipe) : EL에서 관 외경의 밑면까지를 높이를 표시할 때
③ TOP(Top of Pipe) : EL에서 관 외경의 윗면까지를 높이로 표시할 때
④ GL(Ground Level) : 지면의 높이를 기준으로 할 때 사용하고 치수 숫자 앞에 기입
⑤ FL(Floor Level) : 건물의 바닥면을 기준으로 하여 높이를 표시할 때

REFERENCE 배관의 식별 표시

배관의 종류를 식별하기 위해 도장을 하는 예가 많다. 식별 시 관내 물질의 종류를 표시하는 색깔, 도장은 배관 전부를 해야 하나, 부분표시를 해도 된다.

① 식별 기호 : 식별색과 병용해 사용할 수 있다.(아래 표 '유체의 종류와 기호' 참조)
② 소화표시 : 단독 혹은 식별색, 식별기호에 추가해서 사용한다.
③ 방사능 표시 : 식별색 식별기호에 추가해서 사용한다.

3 배관도면의 표시법

1. 관의 도시법

관은 하나의 실선으로 표시하며 동일 도면에서 다른 관을 표시할 때도 같은 굵기선으로 표시함을 원칙으로 한다.

① 유체의 종류 · 상태 · 목적 표시 기호

문자로 표시하되 관을 표시하는 선위에 표시하거나 인출선을 이용해 도시한다.

▼ 유체의 종류와 기호

유체의 종류	기호
공기	A
가스	G(증기)
유류	O
수증기	S
물	W

A(공기)
S(스팀)
W(보일러 급수)

진공
냉수
오일
공기
냉매
온수
응결액
가스

▌유체의 도시법▐

② 관의 굵기와 재질 표시

관의 굵기 또는 종류를 표시할 때는 관의 굵기를 표시하는 문자 또는 관의 종류를 표시하는 문자, 혹은 기호를 아래 그림과 같이 표시하는 것을 원칙으로 한다.(단, 관의 굵기 및 종류를 동시에 표시하는 경우에는 관의 굵기를 표시하는 문자 다음에, 관의 종류를 표시하는 문자 또는 기호를 기입한다.) 다만, 복잡한 도면에서 오해를 초래할 염려가 있는 경우에는 지시선을 사용하여 표시해도 무방하다.

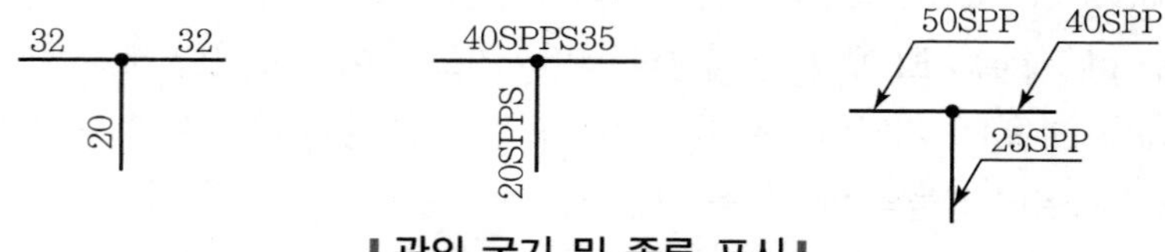

▌관의 굵기 및 종류 표시▐

▼ 관의 접속 상태 및 입체적 표시법

접속상태	실제모양	도시기호	굽은 상태	실제모양	도시기호
접속하지 않을 때			파이프 A가 앞쪽 수직으로 구부러질 때	A	A
접속하고 있을 때			파이프 B가 뒤쪽 수직으로 구부러질 때	B	B
분기하고 있을 때			파이프 C가 뒤쪽으로 구부러져서 D에 접속될 때	C D	C D

▼ 관의 이음방법 표시(KS B 0051)

이음종류	연결방법	도시기호	예	이음종류	연결방식	도시기호
관이음	나사형			신축이음	루프형	
	용접형				슬리브형	
	플랜지형				벨로스형	
	턱걸이형				스위블형	
	납땜형					

▼ 밸브 및 계기의 표시방법(KS B 0051)

종류	기호	종류	기호
글로브밸브		일반조작밸브	
슬루스밸브		전자밸브	S
앵글밸브		전동밸브	M
체크밸브		도출밸브	
안전밸브(스프링식)		공기빼기밸브	
안전밸브(추식)		닫혀 있는 일반밸브	
일반 콕		닫혀 있는 일반 콕	
삼방 콕		온도계 · 압력계	T P

4 배관용 도시기호(Symbol Mark)

▼ 관이음 및 밸브(Fitting, Valve)

		플랜지 이음 (Lenged)	나사 이음 (Screwed)	턱걸이 이음 (Bell & Spigot)	용접 이음 (Welded)	땜 이음 (Soldered)
부싱(Bushing)				6 4		
캡(Cap)						
크로스 (Cross)	줄임 크로스 (Reducing)	2 6 6 4	2 6 6 4	2 6 6 4	2 6 6 4	2 6 6 4
	크로스 (Straight Size)					
엘보 (Elbow)	45° 엘보 (45－Degree)					
	90° 엘보 (90－Degree)					
	가는 엘보 (Turned Down)					
	오는 엘보 (Turned Up)					

		플랜지 이음 (Lenged)	나사 이음 (Screwed)	턱걸이 이음 (Bell & Spigot)	용접 이음 (Welded)	땜 이음 (Soldered)
엘보 (Elbow)	받침 엘보 (Base)	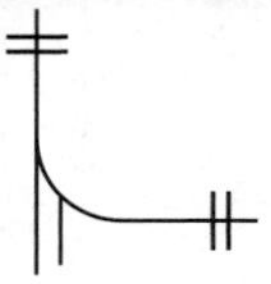	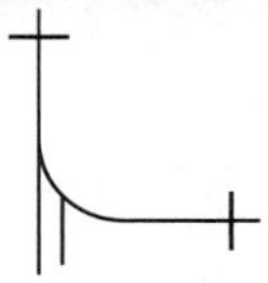	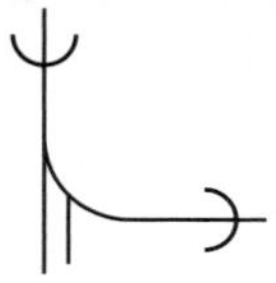		
	6쌍가지 엘보 (Double Branch)	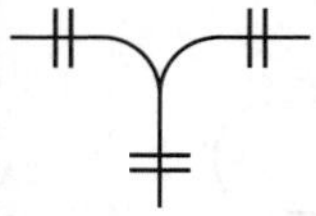	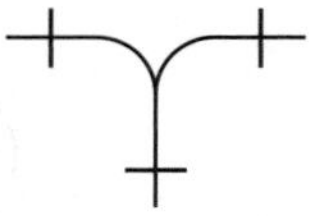			
	긴 반지름 엘보 (Long Radius)	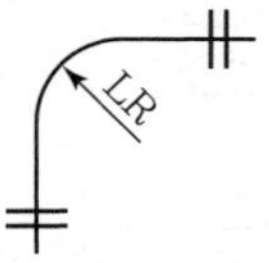	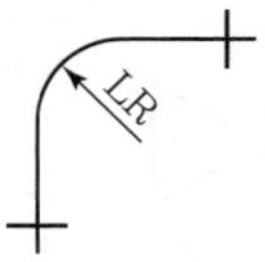			
	줄임 엘보 (Reducing)	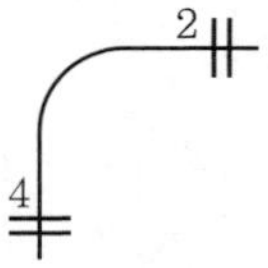	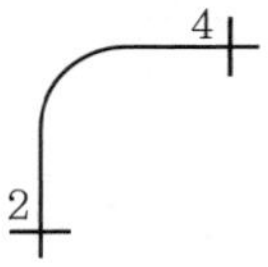			
	옆가지 엘보 (가는 것) [Side Outlet (Outlet Down)]	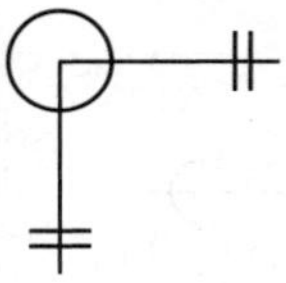	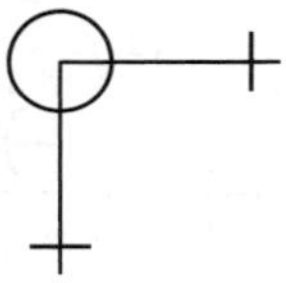	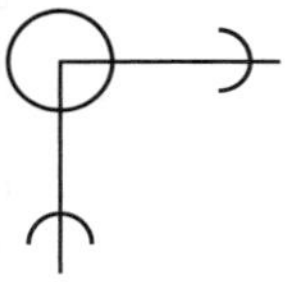		
	옆가지 엘보 (오는 것) [Side Outlet (Outlet Up)]	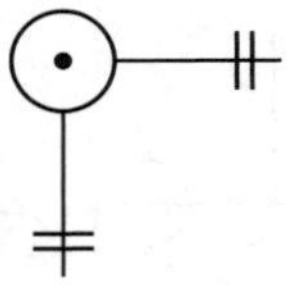	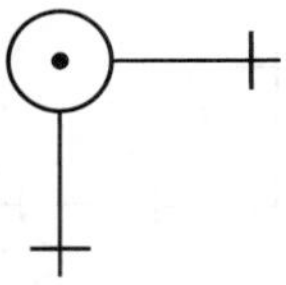			
조인트 (Joint)	조인트 (Connecting Pipe)	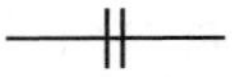	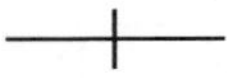			
	2팽창 조인트 (Expansion)	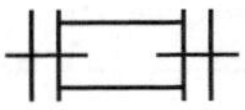	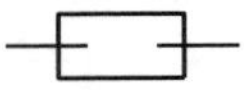	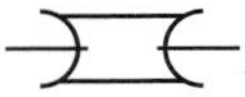	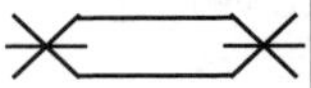	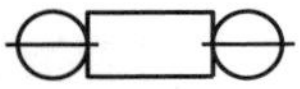
와이(Y)타이(Lateral)		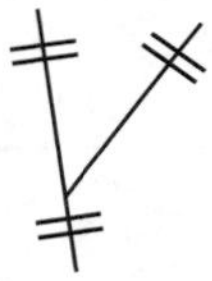	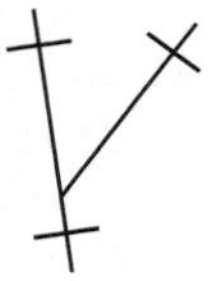	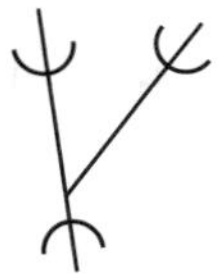		

		플랜지 이음 (Lenged)	나사 이음 (Screwed)	턱걸이 이음 (Bell & Spigot)	용접 이음 (Welded)	땜 이음 (Soldered)
오리피스 플랜지 (Orifice Flange)		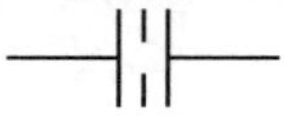				
줄임 플랜지 (Reducing Flange)		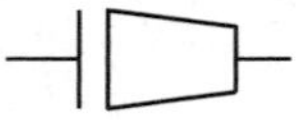				
플러그 (Plugs)	플러그 (Plugs)					
	벌 플러그 (Bull Plug)	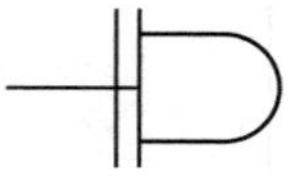				
	파이프 플러그 (Pipe Plug)					
줄이개 (Reducer)	줄이개 (Concentric)	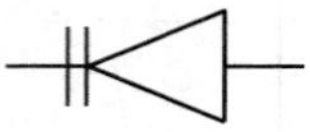	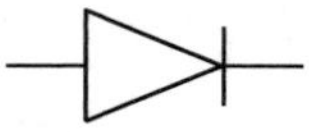	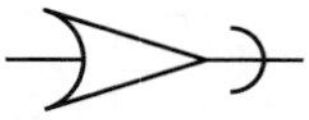	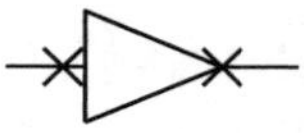	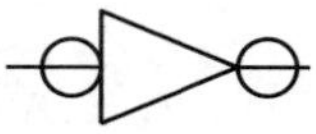
	편심 줄이개 (Eccenitric)	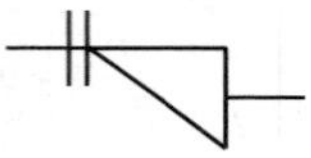	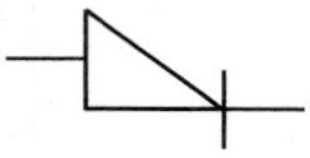	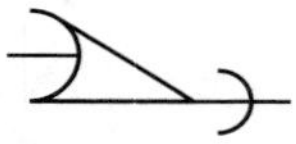	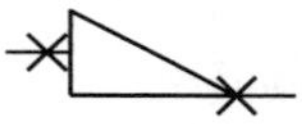	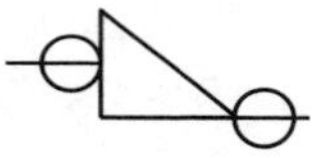
슬리브(Sleeve)		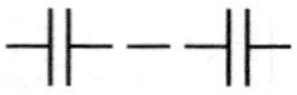	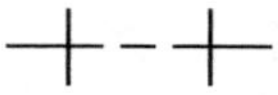	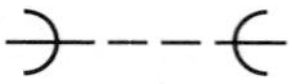	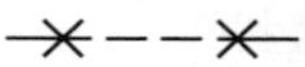	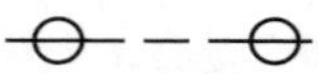
티 (Tee)	티 [(Straight) Size]	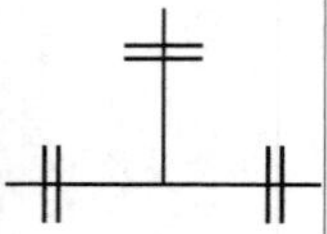	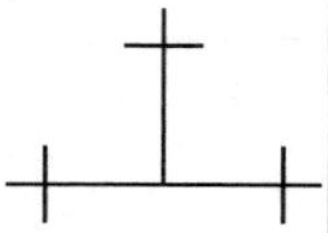	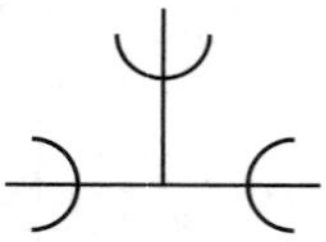	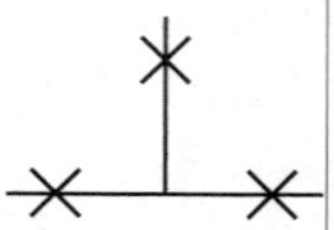	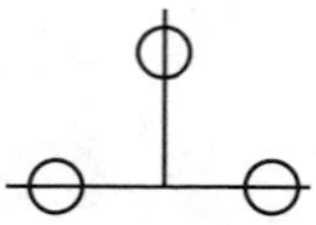
	오는 티 (Outlet Up)	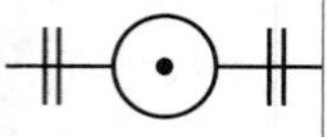	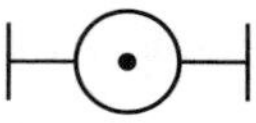	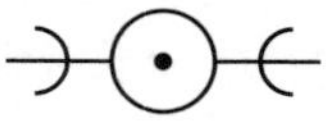	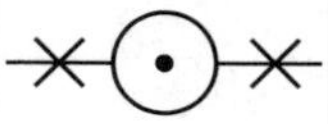	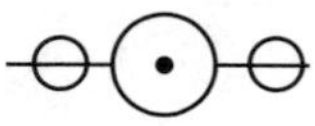
	가는 티 (Outlet Down)	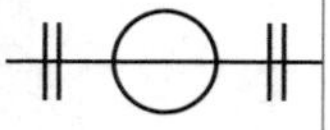	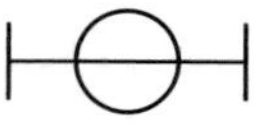	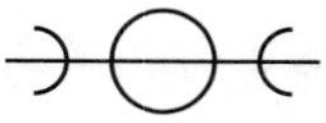	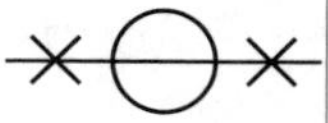	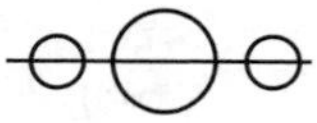
	쌍 스위프 (Double Sweep)		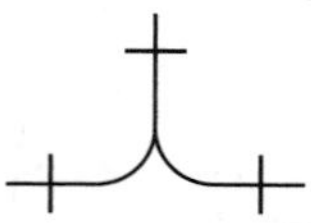			

		플랜지 이음 (Lenged)	나사 이음 (Screwed)	턱걸이 이음 (Bell & Spigot)	용접 이음 (Welded)	땜 이음 (Soldered)
티 (Tee)	줄임 티 (Redoucing)	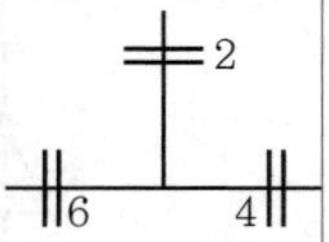 2 6 4	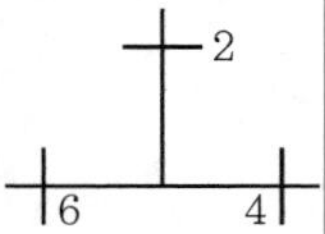 2 6 4	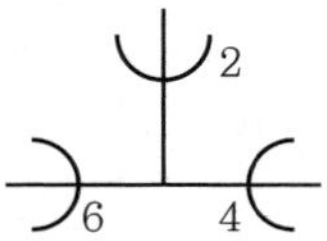 2 6 4	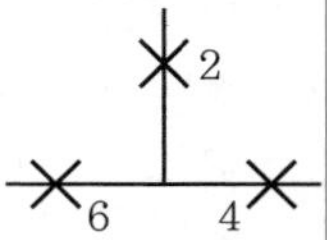 2 6 4	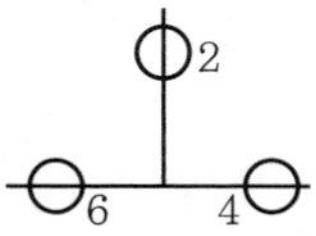 2 6 4
	스위프 티 (Single Sweep)	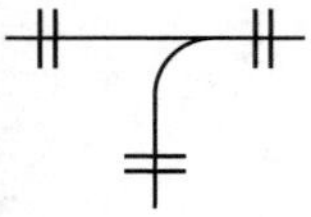	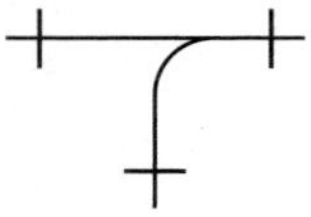			
	옆가지 티 (가는 것) [Side Outlet (Outlet Down)]	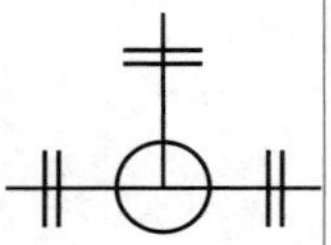	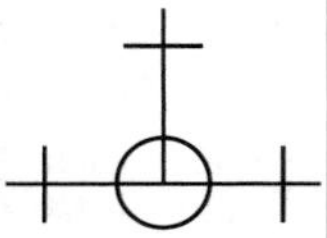	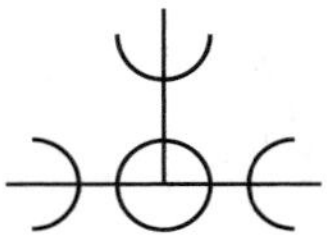		
	옆가지 티 (오는 것) [Side Outlet (Outlet Up)]	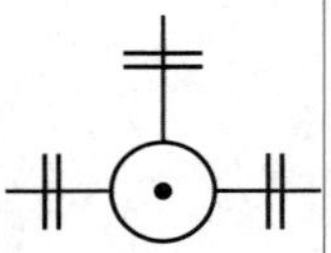	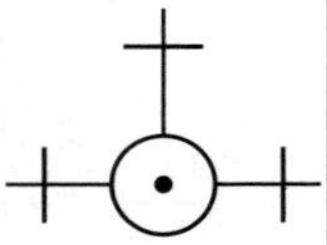	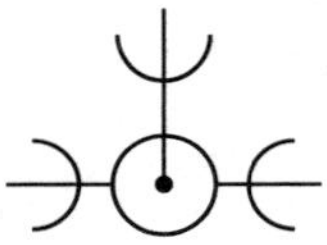		
유니언(Union)		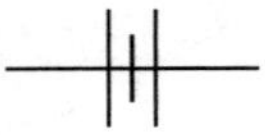	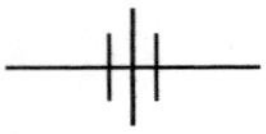		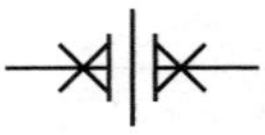	
앵글 밸브 (Angle Valve)	체크 밸브 (Check)	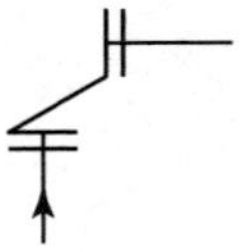	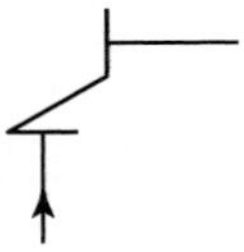	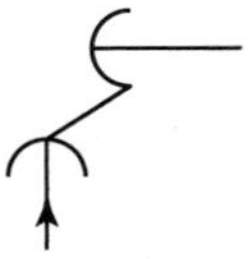	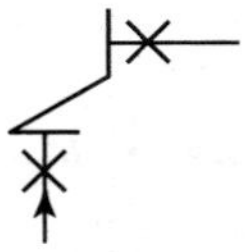	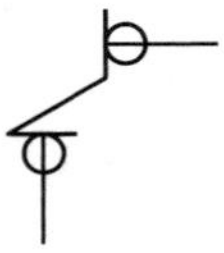
	슬루스 앵글 밸브(수직) [Gate (Elevation)]		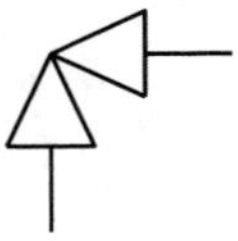		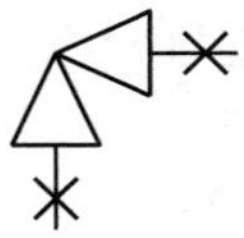	
	슬루스 앵글 밸브(수평) [Gate(Plan)]	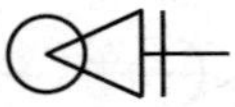	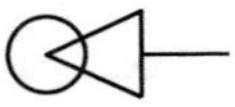		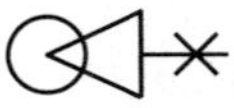	

		플랜지 이음 (Lenged)	나사 이음 (Screwed)	턱걸이 이음 (Bell & Spigot)	용접 이음 (Welded)	땜 이음 (Soldered)
앵글 밸브 (Angle Valve)	글로브 앵글밸브 (수직) [Globe (Elevation)]					
	글로브 밸브(수평) [Globe (Plan)]					
	호스앵글 밸브 (Hose Angle)	앵글호스밸브와 동일				
자동밸브 (Auto-matic Valve)	바이패스 자동밸브 (By Pass)					
	거버너 자동밸브 (Governor Operated)					
	줄임 자동밸브 (Reducing)					
체크밸브 (Check Valve)	앵글체크 밸브 (Angle Check)	체크밸브와 동일				
	체크밸브 (Straight Way)					

		플랜지 이음 (Lenged)	나사 이음 (Screwed)	턱걸이 이음 (Bell & Spigot)	용접 이음 (Welded)	땜 이음 (Soldered)
콕(Cock)						
다이어프램밸브 (Diaphragm Valve)						
플로트밸브 (Float Valve)						
슬루스 밸브 (Sluice Valve)	슬루스밸브					
	앵글슬루스 밸브 (Angle Sluice)	슬루스 앵글밸브 (수직 · 수평)와 동일				
	호스슬루스 밸브 (Hose Sluice)	슬루스 호스밸브와 동일				
	진동슬루스 밸브 (Motor Operated)	M	M			M
글로브 밸브 (Globe Valve)	글로브밸브					
	앵글글로브 밸브 (Angle Globe)	글로브 앵글 밸브 (수직 · 수평)와 동일				
	호스글로브 밸브 (Hose Globe)	봉합밸브와 동일				
	진동글로브 밸브 (Motor Operated)	M	M			M

		플랜지 이음 (Lenged)	나사 이음 (Screwed)	턱걸이 이음 (Bell & Spigot)	용접 이음 (Welded)	땜 이음 (Soldered)
호스밸브 (Hose Valve)	앵글호스 밸브 (Angle)					
	게이트밸브 (Gate)					
	글로브호스 밸브 (Globe)					
봉합밸브 (Lock Shield Valve)						
지렛대밸브 (Quick Opening Valve)						
안전밸브 (Safety Valve)						
스톱밸브 (Stop Valve)		슬루스밸브와 동일				
감압밸브 (Reducing Pressure)						

SECTION 08 보온단열재

1 단열재의 종류와 용도

단열은 열절연이라고도 하며 고온도의 유체에서 저온도 유체로의 열 이동을 차단하는 것을 말한다. 단열재는 그 사용목적에 따라 보온재, 보랭재, 단열재 등으로 구별해서 부를 때도 있으나 일괄해서 보온재라 부를 때가 많다.

보온재의 종류는 유기질 보온재와 무기질 보온재로 나누며, 유기질 보온재는 펠트, 탄화코르크, 기포성 수지 등이고 무기질 보온재에는 석면, 암면, 규조토, 탄산마그네슘, 유리섬유, 슬래그 섬유, 글라스울, 폼 등이 있다. 무기질은 일반적으로 높은 온도에서, 유기질은 비교적 낮은 온도에서 사용한다.

1. 유기질 보온재

① 펠트(Felt)

재료에는 양모, 우모 등의 동물성 섬유로 만든 것과 삼베, 면, 그 밖의 식물성 섬유를 혼합하여 만든 것이 있다. 동물성 펠트는 100℃ 이하의 배관에 사용하며 아스팔트와 아스팔트 천을 이용하여 방습가공한 것은 −60℃ 정도까지의 보랭용으로 사용한다.(열전도율 : 0.042~0.050kcal/mh℃)

② 코르크(Cork)

천연 코르크를 압축 가공하여 만든 것으로 액체 또는 기체의 침투력을 방지하며 보온·보랭 효과가 좋다. 탄화 코르크는 판형, 원통형의 모형으로 압축한 다음 300℃로 가열하여 만든 것인데, 재질이 여리고 굽힘성이 없어 곡면에 사용하면 균열이 생기기 쉽다. 냉수·냉매배관, 냉각기, 펌프 등의 보랭용에 사용된다.(안전사용온도 : 130℃, 열전도율 : 0.046~0.049kcal/mh℃)

③ 기포성 수지

합성수지 또는 고무질 재료를 사용하여 다공질 제품으로 만든 것이다. 이것은 열전도율이 낮고 가벼우며, 부드럽고 불연성이기 때문에 보온·보랭 재료로서 효과가 좋다.

④ 폼류

㉠ 안전사용온도는 80℃ 이하이다.

㉡ 종류 : 경질 폴리우레탄폼, 폴리스티렌폼, 염화비닐폼 등

2. 무기질 보온재

① 석면

- 석면은 아스베스토스(Asbestos)를 주원료로 하여 만든 것인데 400℃ 이하의 파이프, 탱크, 노벽 등의 보온재로 적합하다.
- 400℃ 이상에서는 탈수 분해하고 800℃에서는 강도와 보온성을 잃게 된다.
- 석면은 사용 중에 부서지거나 뭉그러지지 않아서 진동이 있는 장치의 보온재로 많이 사용된다.(열전도율 : 0.048~0.065kcal/mh℃)

② 암면

- 안산암(Andesite), 현무암(Basalt)에 석회석을 섞어 용융하여 섬유 모양으로 만든 것이다.
- 석면에 비해 섬유가 거칠고 굳어서 부서지기 쉬운 결점이 있다. 암면은 식물성, 내열성 합성수지 등의 접착제를 써서 띠모양, 판모양, 원통형으로 가공하여 400℃ 이하의 파이프, 덕트, 탱크 등의 보온재로 사용한다.(열전도율 : 0.039~0.048kcal/mh℃)

③ 규조토

- 규조토는 광물질의 잔해 퇴적물로 좋은 것은 순백색이고 부드러우나 일반적으로 사용되고 있는 것은 불순물을 함유하고 있어 황색이나 회녹색을 띠고 있다. 단독으로 성형할 수 없고 점토 또는 탄산마그네슘을 가하여 형틀에 압축 성형한다.
- 규조토(Diatomaceous Earth)는 다른 보온재에 비해 단열 효과가 떨어지므로 두껍게 시공해야 하는데 500℃ 이하의 파이프, 탱크 노벽 등의 보온에 사용한다.(열전도율 : 0.083~0.0977 kcal/mh℃)
- 접착성은 좋으나 철사망 등으로 보강재를 사용한다.

④ 탄산마그네슘($MgCO_3$)

염기성 탄산마그네슘 85%, 석면 15%를 배합한 것으로 물에 개어서 사용하는 보온재이다. 열전도율이 가장 낮으며 300~320℃에서 열분해한다. 방습 가공한 것은 옥외나 암거배관의 습기가 많은 곳에 사용하며 250℃ 이하 파이프 탱크 등의 보랭용으로도 사용한다.(열전도율 : 0.05~0.07kcal/mh℃)

⑤ 유리섬유(글라스 울)

- 용융유리를 압축공기나 원심력을 이용하여 섬유형태로 제조한다.
- 열전도율은 0.036~0.054kcal/mh℃이고 안전사용온도는 300℃ 이하이나 방수처리된 것은 600℃ 이하이다. 단, 흡수성이 크기 때문에 방수처리가 필요하다.

⑥ 규산칼슘보온재

규산질 재료, 석회질 재료, 암면 등을 혼합하여 수열 반응시켜 규산칼슘을 주원료로 하는 결정체 보온재이다.(열전도율 : 0.053~0.065kcal/mh℃, 안전사용온도 : 650℃)

⑦ 실리카 파이버 및 세라믹 파이버

㉠ 열전도율 : 0.035~0.06kcal/mh℃

㉡ 안전사용온도

- 실리카 파이버(1,100℃)
- 세라믹 파이버(1,300℃)

⑧ 펄라이트

㉠ 열전도율 : 0.05~0.065kcal/mh℃

㉡ 안전사용온도 : 650℃

▼ 보온재의 종류와 안전사용(최고)온도(JIS A 9501 발췌)

보온재의 명칭	안전사용(최고)온도(℃)
석면 보온판 · 통	550, 350
석면방석	400
석면이 든 규조토보온재	500
깊이 든 규조토보온재	250
로크울보온판 · 통	600, 400
로크울블랭킷	600
글래스울보온판 · 통	300
글래스울블랭킷	350
탄산마그네슘 물반죽 보온재	250
탄화코르크판	130
우모펠트	100
규산칼슘보온판 · 통	650
폼폴리스티렌보온판 · 통	70
펄라이트보온판 · 통	650
경질폼러버보온통	50
내화단열벽돌	900, 1,000, 1,100, 1,200, 1,300, 1,500

3. 금속질 보온재(금속 특유의 복사열 반사 특성 이용)

① 알루미늄박

㉠ 알루미늄판 또는 박(箔)을 사용하여 공기층을 중첩시킨 것이다.

㉡ 알루미늄박의 공기층 두께는 10mm 이하일 때 효과가 제일 좋다.

02장 출제예상문제

01 강관과 비교한 스테인리스관의 특징으로 옳은 것은?

① 염소 성분 등에 대하여 내식성이 크다.
② 내열성이 없다.
③ 관마찰 손실수두가 크다.
④ 강도가 작고 굽힘성이 좋다.

해설
배관용 스테인리스강관(STS×TP)
㉠ 내식성이 크다.
㉡ 내열성이 있으며 고온배관용, 저온배관용이다.
㉢ 호칭지름은 6~500[A]까지 있다.
㉣ 두께는 스케줄 번호로 표시된다.

02 동관에 대한 설명으로 틀린 것은?

① 전기 및 열전도율이 좋다.
② 가공이 용이하고 동파가 잘 안 된다.
③ 강한 산에 대하여 내식성이 우수하다.
④ 전연성이 크고 마찰저항이 적다.

해설
동관은 알칼리에는 내식성이 우수하나 산성에는 심하게 부식된다.

03 관 재료를 선택할 때 고려해야 할 사항으로 가장 관계가 없는 것은?

① 관의 진동 또는 충격, 내압 및 외압
② 관내 유체의 질량과 비중
③ 관내 유체의 온도
④ 관의 접합, 굽힘, 용접 등의 가공성

해설
배관 재료 선택 시 고려사항
㉠ 관의 진동 또는 충격, 내압 및 외압 상태
㉡ 관내 이송되는 유체의 온도
㉢ 관의 접합, 굽힘, 용접 등의 가공성

04 다음 설명에 해당되는 동관은?

- 전기 전도성이 다른 종류에 비해 나쁜 편이다.
- 고온에서도 수소취화 현상이 발생하지 않는다.
- 공조기기, 열교환기용으로 많이 사용된다.

① 터프피치 동관　② 무산소 동관
③ 인탈산 동관　④ 합금 동관

해설
인탈산 동관
수소취성이 없고 또 연화 온도도 조금 높기 때문에 용접용으로 적합하나 일반배관용이나 전기전도성은 떨어진다.

05 동일한 조건에서 신축량이 가장 큰 배관재료는?

① 강관　② 동관
③ 스테인리스 강관　④ 경질염화비닐관

해설
경질염화비닐관은 열팽창률이 강관의 7~8배이다.

06 가교화 폴리에틸렌관($X-L$관)의 특징으로 틀린 것은?

① 동파, 녹, 부식이 없고, 내화학성이 우수하다.
② 가볍고, 신축성이 좋으며, 용접이 필요 없다.
③ 내열성 및 내한성이 작으므로 난방용으로 부적합하다.
④ 관의 길이가 길고 운반이 편리하다.

정답 01 ① 02 ③ 03 ② 04 ③ 05 ④ 06 ③

해설

가교화 폴리에틸렌관은 내열성이나 내한성이 커서 난방용으로 매우 적합하다.

07 KS 규격에서 관경의 크기가 20A로 표시되었다면 어떤 단위 계열인가?

① inch ② cm
③ feet ④ mm

해설

㉠ A : mm
㉡ B : inch

08 내식성이 크고, 고온 및 저온배관용으로 사용되며, STS 304 TP 등으로 표시되는 관은?

① 압력배관용 탄소강관 ② 스테인리스 강관
③ 경질염화비닐관 ④ 동관

해설

STS×TP
㉠ 내식성이 크고, 내열성이 있으며, 고온배관용, 저온배관용이다.
㉡ 호칭지름은 6~500[A]까지 있다.
㉢ 두께는 스케줄 번호로 표시한다.

09 최고사용압력이 40[kg/cm^2], 관의 인장강도가 20[kg/mm^2]인 압력배관용 강관의 스케줄 번호는?(단, 안전율은 4로 한다.)

① 30 ② 40
③ 60 ④ 80

해설

Sch$= 10\times\frac{P}{S} \rightarrow S=\frac{20}{4}=5$, S : 허용응력

$\therefore 10\times\frac{40}{5}=80$

10 압력배관용 탄소강관의 KS 규격기호는?

① STH ② SPPS
③ STLT ④ STHA

해설

① STH : 보일러 열교환기용 탄소강 강관
② SPPS : 압력배관용 탄소강 강관
③ STLT : 저온 열교환기용 강관
④ STHA : 보일러 열교환기용 합금강 강관

11 강관의 KS 규격기호에 대한 설명으로 잘못 짝지어진 것은?

① SPP－배관용 탄소강 강관
② SPPS－압력배관용 탄소강 강관
③ STA－고온배관용 합금강 강관
④ SPPH－고압배관용 탄소강 강관

해설

STA(STHA) : 보일러 열교환기용 합금강 강관

12 동관의 용도로 부적합한 것은?

① 열교환장치용 ② 압력계 및 기기용
③ 급수용 ④ 배수관용

해설

주철관은 급수관, 배수관, 통기관, 케이블 매설관, 오수관, 가스공급관, 광산용 양수관, 화학공업용 배관에 사용된다.

13 압력배관용 탄소강관의 스케줄 번호를 계산하는 공식은?(단, 사용압력 : P[kg/cm^2], 허용인장응력 : S[kg/mm^2])

① $100\times\frac{P}{S}$ ② $10\times\frac{S}{P}$
③ $\frac{P}{10\times S}$ ④ $10\times\frac{P}{S}$

해설

스케줄 번호(Sch)$= 10\times\frac{P}{S}$(번호가 클수록 관의 두께가 두껍다.)

정답 07 ④ 08 ② 09 ④ 10 ② 11 ③ 12 ④ 13 ④

14 고압배관용 탄소강관의 KS 규격 기호는?

① SPP ② SPPS
③ SPPH ④ STHA

해설
① SPP : 일반배관용 탄소강 강관
② SPPS : 압력배관용 탄소강 강관
③ SPPH : 고압배관용 탄소강 강관
④ STHA : 보일러 열교환기용 합금강 강관

15 다음 중 전성과 연성이 가장 풍부한 것은?

① 주철관 ② 연관
③ 강관 ④ PVC관

해설
연관은 전성과 연성이 매우 풍부하다.

16 보일러 및 열교환기용 탄소강 강관의 KS 규격 기호는?

① SPPH ② STS
③ STBH ④ STLT

해설
STBH : 보일러 및 열교환기용 탄소강 강관

17 고압배관용 탄소강 강관은 사용압력 몇 [kg/cm²] 이상의 고압배관에 사용되는가?

① 50[kg/cm²] ② 100[kg/cm²]
③ 150[kg/cm²] ④ 200[kg/cm²]

해설
고압배관용 탄소강 강관(SPPH)은 100[kg/cm²](10MPa) 이상의 유체 수송관에 사용이 가능하다.

18 동관의 용도로 부적합한 배관은?

① 냉매배관 ② 배수배관
③ 연료(경유)배관 ④ 온수방열관

해설
㉠ 동관의 용도 : 열교환기관용, 급수관, 압력계관, 급유관, 냉매관, 급탕관, 연료관, 온수방열관, 화학공업용
㉡ 연질(O), 반연질(OL), 반경질($\frac{1}{2}$H), 경질(H)
㉢ K형(의료배관용), L형(의료용, 급배수용, 급탄용, 냉난방용, 배관용), M형(L형과 같다.)

19 동관의 특성 설명으로 잘못된 것은?

① 내식성과 열전도율이 크다.
② 유체에 대한 관내 마찰저항이 크다.
③ 가공성이 매우 좋다.
④ 무게가 가볍고 외부 충격에 약하다.

해설
동관은 유체에 대한 관내 마찰저항이 작다.

20 온수난방설비의 방열관으로 부적합한 관은?

① 동관 ② PVC관
③ XL관 ④ 강관

해설
PVC관(비금속관)
㉠ 경질염화비닐관 : 일반용, 수도용, 배수용
㉡ 폴리에틸렌관 : 염화비닐관보다 가볍다.

21 XL관으로 온수배관을 할 경우의 설명으로 틀린 것은?

① 보통 100[℃] 이상의 온수용으로 주로 사용된다.
② 시공이 간단, 용이하다.
③ 시공 비용이 저렴하다.
④ 내구성이 있어 장기간 사용이 가능하다.

해설
XL관(고밀도 폴리에틸렌관)은 저온복사난방에서 바닥코일로 사용하며 보통 100[℃] 미만의 온수용이다.

정답 14 ③ 15 ② 16 ③ 17 ② 18 ② 19 ② 20 ② 21 ①

22 압력배관용 강관의 호칭에서 스케줄 번호(Sch. No)가 뜻하는 것은?

① 관의 재질 ② 관의 바깥지름
③ 관의 압력 ④ 관의 두께

해설

스케줄 번호(Sch)$= 10 \times \frac{P}{S}$(관의 두께를 나타내는 번호)

23 크리프 강도가 문제되는 온도 범위까지 사용 가능하며, 기호로는 SPHT로 표시되는 관은?

① 고압배관용 탄소강 강관
② 고온배관용 탄소강 강관
③ 배관용 스테인리스 강관
④ 배관용 특수강 강관

해설

SPHT(고온배관용 탄소강 강관) 특성
㉠ 350~450[℃]의 유체배관용이다.
㉡ 관의 호칭은 호칭지름과 스케줄 번호에 따른다.
㉢ 호칭지름은 6~600[A]까지 있다.

24 배관용 탄소강관에 아연(Zn)을 도금함으로써 증가되는 성질은?

① 내충격성 ② 내마모성
③ 굴요성 ④ 내식성

해설

배관용 탄소강관에 아연도금을 실시하면 내식성이 증가된다.

25 고온배관용 탄소강관의 KS 기호는?

① SPHT ② SPPH
③ STHA ④ STPW

해설

① SPHT : 고온배관용 탄소강 강관
② SPPH : 고압배관용 탄소강 강관
③ STHA : 보일러 열교환기용 합금강 강관
④ STPW : 수도용 도복장 강관

26 배관재료 선택 시 고려해야 할 사항으로 가장 관계가 없는 것은?

① 관내 유체의 화학적 성질
② 관내 유체의 압력과 온도
③ 관의 접합방법
④ 배관의 설치 시기

해설

배관재료 선택 시 고려사항
㉠ 관내 유체의 화학적 성질
㉡ 관내 유체의 압력과 온도
㉢ 관의 접합방법

27 동과 아연(Zn)의 합금으로 내식성이 우수하여 구조용, 열교환기용, 각종 기기의 부품 등으로 사용되는 것은?

① 인탈산 동관 ② 니켈동합금관
③ 황동관 ④ 청동관

해설

황동관 : (동 · 아연)의 합금관

28 강관의 호칭지름이 20[A]일 때, 실제 강관의 바깥지름은?

① 21.7[mm] ② 27.2[mm]
③ 34.0[mm] ④ 42.7[mm]

해설

20[A] 강관의 경우 관의 두께는 3.6[mm]이므로 $3.6 \times 2 + 20 = 27.2$[mm]가 바깥지름이 된다.

29 고온배관용(350~450℃) 탄소강관의 KS 표시기호는?

① SPPH ② SPHT
③ SPW ④ SPPS

해설

① 고압배관용, ② 고온배관용, ③ 배관용 아크 용접강관, ④ 압력배관용

정답 22 ④ 23 ② 24 ④ 25 ① 26 ④ 27 ③ 28 ② 29 ②

30 나사식 가단주철제 관이음쇠 중 이음부의 양쪽이 모두 수나사로 되어 있는 것은?

① 소켓 ② 니플
③ 부싱 ④ 유니언

해설
니플은 나사식 가단주철에 관 이음쇠 중 이음부의 양쪽이 모두 수나사로 되어 있다.

31 동일 지름의 관을 직선으로 연결할 때 사용되는 관 이음쇠는?

① 부싱(Bushing) ② 엘보(Elbow)
③ 소켓(Socket) ④ 플러그(Plug)

해설
소켓 : 동일 지름의 관을 직선이음

32 배관의 관 끝을 막을 때 사용하는 부품은?

① 엘보 ② 소켓
③ 티 ④ 캡

해설
배관의 끝을 폐쇄하는 부속품
㉠ 캡 ㉡ 플러그 ㉢ 막힘 플랜지

33 배관에서 고장이 생겼을 때 쉽게 분해하기 위해 사용하는 배관이음쇠는?

① 엘보 ② 티
③ 소켓 ④ 유니언

해설
유니언은 50[mm] 이하로 만든 배관에서 고장이 생겼을 때 쉽게 분해하기 위해 사용하는 배관이음쇠이다.

34 온수난방 배관에서 수평주관에 지름이 다른 관을 접속하여 연결할 때 가장 적합한 관 이음쇠는?

① 동심 리듀서 ② 편심 리듀서
③ 부싱 ④ 니플

해설
편심 리듀서는 온수난방 배관에서 수평주관에 지름이 다른 관을 접속하여 연결 시 가장 적합한 관 이음쇠이다.

35 배관 부속품 중 배관의 끝에 사용되는 것이 아닌 것은?

① 캡 ② 플러그
③ 막힘 플랜지 ④ 니플

해설
배관의 끝을 폐쇄시키는 이음쇠에는 캡, 플러그, 막힘 플랜지가 사용된다.

36 강관 배관에서 같은 지름의 관을 직선으로 접합할 때 사용하는 이음쇠가 아닌 것은?

① 소켓 ② 유니언
③ 플러그 ④ 플랜지

해설
플러그나 캡은 관의 끝을 폐쇄할 때 사용된다.

37 강관 배관에서 유체의 흐름 방향을 바꾸는 데 사용되는 이음쇠는?

① 부싱 ② 밴드
③ 티 ④ 소켓

해설
밴드, 엘보 등은 유체의 흐름방향을 바꾸는 이음쇠이다.

38 배관 부속품 중 배관의 끝에 사용되는 것이 아닌 것은?

① 캡 ② 플러그
③ 막힘 플랜지 ④ 소켓

해설
소켓은 배관 부속품의 끝에 사용되는 것이 아니라 관과 연결하는 데 필요한 이음쇠이다.

정답 30 ② 31 ③ 32 ④ 33 ④ 34 ② 35 ④ 36 ③ 37 ② 38 ④

39 다음 중 강관 배관에서 유체의 흐름 방향을 바꿀 때 사용되는 이음쇠는?

① 부싱 ② 소켓
③ 티 ④ 밴드

해설
강관 배관에서 유체의 흐름 방향을 바꾸는 데 사용되는 이음쇠는 밴드이다.

40 다음과 같은 동관 이음쇠의 올바른 호칭은?

① 45° 엘보 C×C
② 45° 엘보 M×M
③ 45° 엘보 F×F
④ 45° 엘보 T×T

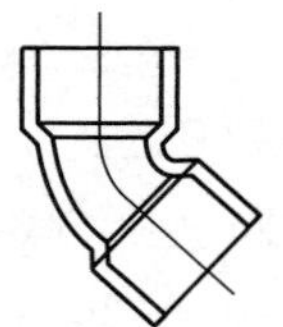

해설
C×C : 이음쇠 내부로 관이 삽입된다.

41 지름이 같은 강관을 직선으로 연결할 때 사용하는 이음쇠는?

① 크로스 ② 니플
③ 부싱 ④ 와이

해설
지름이 같은 강관을 직선연결할 때는 소켓, 플랜지, 니플, 유니언 등이 사용된다.

42 다음 그림과 같은 동관 이음쇠는?

① 어댑터 C×M
② 어댑터 Ftg×M
③ 어댑터 C×F
④ 어댑터 Ftg×F

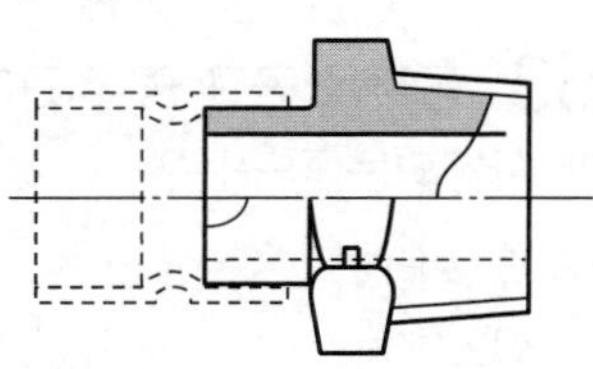

해설
㉠ 어댑터의 동관용 연결부속
- Ftg×M, C×M(M 어댑터)
- C×F, Ftg×F(CF 어댑터)

㉡ Ftg : 연결부속의 바깥지름이 동관의 안지름 치수에 맞게 만들어진 부속의 끝부분
㉢ F : 나사가 안으로 난 나사이음용 부속의 끝부분

43 강관의 끝을 막을 때 사용하는 부속은?

① 플러그 ② 크로스
③ 엘보 ④ 리듀서

해설
강관의 끝을 막는 부속은 캡이나 플러그이다.

44 배관의 패킹재에 관한 설명으로 옳은 것은?

① 천연고무 패킹은 내산, 내알칼리성이 작다.
② 섬유가 가늘고 강한 광물질로서 450[℃]까지 견딜 수 있는 것은 테프론이다.
③ 일산화연 패킹의 내열범위는 −260~260[℃] 정도이다.
④ 소형밸브, 수면계의 콕, 기타 소형 글랜드용 패킹은 석면 얀 패킹이다.

해설
㉠ 천연고무는 내식성, 내알칼리성이 크나 기름에 약하다.
㉡ 테프론은 플랜지 패킹이며 −260~260[℃]용이다.
㉢ 일산화연은 나사용 패킹이며 페인트에 소량 타서 쓴다.
㉣ 석면 얀은 소형밸브, 수면계의 콕, 기타 소형 글랜드용 패킹제(Packing)이다.

45 천연섬유로 강인한 특징이 있으며, 내열도가 높아 450[℃]의 고온, 고압 증기용으로 사용되는 패킹은?

① 고무패킹 ② 석면 조인트 시트 패킹
③ 합성수지 패킹 ④ 오일 실 패킹

해설
석면 조인트 시트 패킹
㉠ 섬유가 가늘고 강한 광물질로 된 패킹이다.
㉡ 450[℃]의 고온에도 견딘다.
㉢ 증기, 온수, 고온의 기름배관에 적합하다.
㉣ Super Heat 석면이 많이 쓰인다.

정답 39 ④ 40 ① 41 ② 42 ② 43 ① 44 ④ 45 ②

46 나사용 패킹으로 사용되는 것은?

① 석면 얀 패킹　② 오일 실
③ 아마존 패킹　④ 액상합성수지

해설
①, ③ 글랜드 패킹
② 플랜지 패킹
※ 나사용 패킹 : 페인트, 일산화연, 액상합성수지

47 글랜드 패킹(Gland Packing)재에 속하지 않는 것은?

① 석면각형 패킹　② 아마존 패킹
③ 몰드 패킹　④ 액상합성수지 패킹

해설
㉠ 나사용 패킹
- 페인트
- 일산화연
- 액상합성수지

㉡ 글랜드 패킹
- 석면각형 패킹
- 석면 얀 패킹
- 아마존 패킹
- 몰드 패킹

48 난방배관 등에 최근 많이 사용되는 합성수지 패킹으로 기름에 침해되지 않고 내열범위가 －260[℃]에서 260[℃] 정도인 재료는?

① 네오프렌　② 석면
③ 테프론　④ 액화합성수지

해설
테프론 패킹제는 Flange Packing이자 합성수지 패킹이며 기름에도 침해되지 않고 내열범위가 －260~260[℃]용이다.

49 고온, 고압의 관 플랜지 이용 시 사용되는 패킹의 재료로 적합한 것은?

① 테프론　② 고무
③ 석면　④ 가죽

해설
석면은 450[℃]의 고온에서도 사용이 가능하다.

50 글랜드 패킹의 종류에 해당되지 않는 것은?

① 석면 얀(Yarn) 패킹　② 오일 실 패킹
③ 아마존 패킹　④ 몰드 패킹

해설
오일 실 패킹은 나사용 패킹이다.

51 수동 오스터형 나사절삭기에 대한 설명으로 잘못된 것은?

① 체이스의 이송을 빨리하여 한 번에 절삭한다.
② 단번에 깊이 물리지 않는다.
③ 체이스는 보통 4개가 1조로 이루어져 있다.
④ 3개의 가이드(조)로 관을 지지한다.

해설
수동 오스터형 나사절삭기는 체이스(절삭날)의 이송을 천천히 하여 두세 번 나누어 완벽하게 절삭한다.

52 강관의 절단공구가 아닌 것은?

① 파이프 커터　② 톱
③ 가스 절단기　④ 링－커터

해설
링－커터는 주철관 절단용 공구이다.

53 동관용 공구 중 직관에서 분기관을 성형할 때 사용되는 공구는?

① 튜브밴더　② 티－뽑기
③ 익스팬더　④ 튜브커터

해설
티－뽑기는 동관용 공구 중 직관에서 분기관을 성형할 때 사용되는 공구이다.

정답 46 ④ 47 ④ 48 ③ 49 ③ 50 ② 51 ① 52 ④ 53 ②

54 강관 공작용 공구와 관계가 없는 것은?

① 오스터형 나사 절삭기 ② 파이프 커터
③ 익스팬더(확관기) ④ 고속 숫돌 절단기

해설
익스팬더(확관기)는 동관의 관끝 확관용 공구이다.

55 다이헤드형 자동 나사 절삭기에서 할 수 없는 작업은?

① 나사절삭 작업 ② 리밍 작업
③ 확관 작업 ④ 절단 작업

해설
다이헤드형 자동 나사 절삭기의 작업
㉠ 나사절삭 작업 ㉡ 리밍 작업 ㉢ 절단 작업

56 강관에 수동으로 나사를 절삭할 때 사용하는 공구는?

① 파이프 렌치 ② 오스터형 나사 절삭기
③ 체인식 파이프 렌치 ④ 다이헤드형 나사 절삭기

해설
오스터형 수동 나사 절삭기
강관에 수동으로 나사를 절삭할 때 사용하는 공구이다.

57 파이프 절단용 장비가 아닌 것은?

① 포터블 소잉 머신 ② 고정식 기계톱
③ 동력용 나사 절삭기 ④ 고속 숫돌 절단기

해설
동력용 나사 절삭기
㉠ 오스터식 ㉡ 호브식 ㉢ 다이헤드식

58 동관의 끝을 나팔 모양으로 만드는 데 사용되는 공구는?

① 사이징 툴 ② 익스팬더
③ 플레어링 툴 ④ 리머

해설
플레어링 툴은 동관의 끝을 나팔모양으로 만들어 플레어이음(압축이음)에 사용한다.

59 다이헤드형 자동 나사 절삭기에서 할 수 없는 작업은?

① 나사절삭작업 ② 리밍작업
③ 확관작업 ④ 절단작업

해설
다이헤드형 자동 나사 절삭기의 기능
㉠ 나사절삭작업 ㉡ 리밍작업 ㉢ 절단작업

60 배관공작 시에 사용되는 측정공구가 아닌 것은?

① 철자 ② 버니어 캘리퍼스
③ 줄자 ④ 다이얼 게이지

해설
다이얼 게이지 : 관의 안지름을 측정한다.

61 스패너나 파이프 렌치의 사용방법으로 잘못된 것은?

① 스패너나 렌치는 뒤로 밀어 돌릴 것
② 파이프 렌치 사용 시는 정지장치를 확실히 할 것
③ 너트에 맞는 것을 사용할 것
④ 해머 대용으로 사용하지 말 것

해설
스패너나 파이프 렌치는 앞으로 당겨 돌릴 것

62 활 모양의 프레임(Frame)에 톱날을 끼워 크랭크 작용에 의한 왕복운동으로 강관을 절단하는 것은?

① 핵소잉 머신 ② 리벨링 시어 절단기
③ 띠톱 기계 ④ 강관 절단기

정답 54 ③ 55 ③ 56 ② 57 ③ 58 ③ 59 ③ 60 ④ 61 ① 62 ①

해설

핵소잉 머신은 활 모양의 프레임에 톱날을 끼워 크랭크 작용에 의한 왕복운동으로 강관을 절단한다.

63 두께 3~4[mm]의 레지노이드계의 원판형 연마석을 고속으로 회전시키면서 강관 등을 절단하는 기계는?

① 디스크 그라인더 ② 고속 숫돌 절단기
③ 기계톱 ④ 파이프 가스절단기

해설

고속 숫돌 절단기는 두께 3~4[mm]의 레지노이드계의 원판형 연마석을 고속으로 회전시키면서 강관 등을 절단한다.

64 강관용 파이프 리머(Pipe Reamer)의 역할을 바르게 설명한 것은?

① 관 절단 후 생기는 관 내 거스러미를 제거한다.
② 관을 절단한다.
③ 관 끝에 나사 절삭을 한다.
④ 관의 굽힘 가공 시 사용된다.

해설

파이프 리머는 관 절단 후 생기는 관 내 거스러미를 제거한다.

65 강관 벤딩용 기계에 관한 설명 중 옳은 것은?

① 동일 모양의 굽힘관을 대량 생산하는 데 적합한 것은 램식(Ram Type)이다.
② 로터리식(Rotary Type)은 이동식이므로 현장용으로 적합하다.
③ 램식(Ram Type)은 관에 모래를 채우는 대신 심봉을 넣고 구부린다.
④ 로터리식(Rotary Type)은 두께에 관계없이 강관뿐만 아니라 동관, 스테인리스관 등도 구부릴 수 있다.

해설

로터리식은 두께에 관계없이 강관뿐만 아니라 동관, 스테인리스관 등도 함께 구부릴 수 있다.(정치용이며 대량생산 동일 모양에 사용)

66 동관 끝을 원형으로 정형하기 위해 사용하는 공구는?

① 사이징 툴 ② 익스팬더
③ 파이프 리머 ④ 튜브밴더

해설

사이징 툴은 동관의 끝을 원형으로 정형하기 위한 공구이다.

67 다음 중 동관용 공구가 아닌 것은?

① 링크형 파이프 커터 ② 사이징 툴
③ 익스팬더 ④ 플레어링 툴

해설

링크형 파이프 커터는 200[mm] 이상의 주철관을 절단하는 데 사용된다.

68 동관의 절단 후 생긴 변형을 원형으로 교정하는 데 사용하는 공구는?

① 플레어링 툴 ② 스웨이징 툴
③ 사이징 툴 ④ 익스팬더

해설

사이징 툴
동관의 절단 후 생긴 변형 부위를 원형으로 교정하는 데 필요한 공구이다.

69 체인식 파이프 렌치는 일반적으로 몇 [mm] 이상의 강관작업에 사용하는가?

① 200[mm] 이상 ② 150[mm] 이상
③ 10[mm] 이상 ④ 50[mm] 이상

해설

체인식 파이프 렌치는 200[mm] 이상의 강관용에 사용한다.

정답 63 ② 64 ① 65 ④ 66 ① 67 ① 68 ③ 69 ①

70 강관 벤딩용 기계에 관한 설명 중 잘못된 것은?

① 램식은 가변식이므로 현장용으로 적당하다.
② 동일 모양의 굽힘을 다량 생산하는 데 적당한 것은 로터리식이다.
③ 램식은 관에 모래를 채우는 대신 심봉을 넣고 구부린다.
④ 램식은 유압에 의해 작동하는 것이 대부분이다.

해설
심봉이 필요한 강관 벤딩기는 수동롤러식이다.

71 파이프 절단형 장비에 속하지 않는 것은?

① 포터블 소잉머신 ② 고정식 기계뽑기
③ 동력용 나사 절삭기 ④ 커팅 휠 절단기

해설
파이프 절단장비
포터블 소잉머신, 동력용 나사 절삭기(호브식, 다이헤드식), 커팅 휠 절단기, 가스 절단기

72 동관 접합 시에 사용되는 공구가 아닌 것은?

① 익스팬더 ② 플레어링 툴
③ 사이징 툴 ④ 벤드 밴

해설
벤드 밴은 연관을 굽히거나 펼 때 사용한다.

73 파이프렌치나 스패너 사용방법의 설명으로 잘못된 것은?

① 파이프렌치는 부속품을 확실히 고정시켜 돌린다.
② 파이프렌치는 밀면서 돌려야 한다.
③ 너트에 맞는 스패너를 사용한다.
④ 공구의 본래 용도 외에는 사용하지 않는다.

해설
파이프렌치나 스패너는 앞으로 당겨 돌리면서 작업한다.

74 관을 회전시킬 때 체인식 파이프렌치는 일반적으로 몇 [mm] 이상의 강관작업에 사용하는가?

① 200[mm] 이상 ② 150[mm] 이상
③ 100[mm] 이상 ④ 50[mm] 이상

해설
체인식 파이프렌치는 200[mm] 이상의 강관 등 작업에 사용하는 공구이다.

75 다이헤드형 나사 절삭기로서 할 수 없는 작업은?

① 절단 ② 리밍
③ 나사 절삭 ④ 벤딩

해설
다이헤드형 나사 절삭기의 기능
㉠ 관의 절단 ㉡ 리밍(거스러미 절단)
㉢ 나사 절삭

76 배관에서 바이패스관의 설치 목적은?

① 트랩이나 스트레이너 등의 고장 시, 교환을 위해 설치한다.
② 고압증기를 저압증기로 바꾸기 위해 사용한다.
③ 온수공급관에서 온수의 신속한 공급을 위해 설치한다.
④ 고온의 유체를 중간 과정 없이 직접 저온의 배관부로 전달하기 위해 설치한다.

해설
배관에서 바이패스관은 트랩이나 스트레이너 등의 고장 시 수리, 교환을 위해 설치한다.

77 경질 동관이나 지름이 큰 동관을 굽힐 때는 가열하여 가공하는데 가열온도는 몇 도 정도로 하는가?

① 100~150[℃] ② 250~300[℃]
③ 450~500[℃] ④ 600~650[℃]

정답 70 ③ 71 ② 72 ④ 73 ② 74 ① 75 ④ 76 ① 77 ③

해설

㉠ 강관의 열간 벤딩 : 800~900[℃]
㉡ 동관의 열간 벤딩 : 600~700[℃]
㉢ 경질 동관 열간 벤딩 : 450~500[℃]
㉣ 연관의 열간 벤딩 : 100[℃] 전후

78 동관 접합방식 중 슬리브 너트 및 체결 너트를 사용하는 접합방식은?

① 플레어 접합 ② 플랜지 접합
③ 용접법 ④ 납땜법

해설

플레어 접합(압축이음)은 동관 중 20[mm] 이하 관에서 결합하며 슬리브 너트 및 체결너트를 사용한다. 분해나 해체가 가능하다.

79 호칭지름 20[A]의 강관을 반지름 100[mm]로 180°로 벤딩할 때 곡선길이는 약 몇 [mm]인가?

① 285[mm] ② 314[mm]
③ 428[mm] ④ 628[mm]

해설

$$l = 2\pi R \times \frac{\theta}{360} = 2 \times 3.14 \times 100 \times \frac{180}{360} = 314[\text{mm}]$$

80 다음 그림과 같이 강관을 45° 벤딩할 때 구부림에 소요되는 길이는?(반경 R = 80[mm])

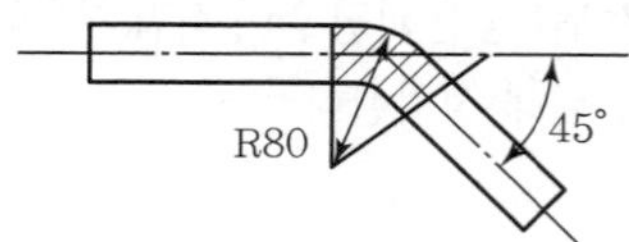

① 53[mm] ② 63[mm]
③ 120[mm] ④ 126[mm]

해설

$$l = 2\pi R \times \frac{\theta}{360} = 2 \times 3.14 \times 80 \times \frac{45}{360} = 62.8[\text{mm}]$$

81 동관의 이음방법 중 압축이음에 대한 설명으로 잘못된 것은?

① 동관 끝을 나팔형으로 넓히고 압축이음쇠를 이용하여 체결하는 이음방법이다.
② 진동 등으로 인한 풀림을 방지하기 위하여 더블 너트(Double Nut)로 체결한다.
③ 점검, 보수 등이 필요한 장소에 쉽게 분해, 조립하기 위하여 사용한다.
④ 압축이음을 플랜지 이음이라고도 한다.

해설

압축이음은 플래어 이음이다.

82 플랜지 접합시공을 할 때 개스킷 양면에 그리스를 바르는 이유는?

① 관의 부식을 방지하기 위함이다.
② 보수 작업 시 관과 개스킷을 분리하기 쉽게 하기 위해서이다.
③ 관과 플랜지의 밀착을 도모하기 위함이다.
④ 플랜지의 부식을 방지하기 위함이다.

해설

플랜지 접합시공 시 개스킷 양면에 그리스를 바르는 이유는 배관과 개스킷의 분리를 쉽게 하기 위해서이다.

83 그림과 같은 강관의 나사 접합 시, 관의 실제 길이[l]를 구하는 식으로 옳은 것은?

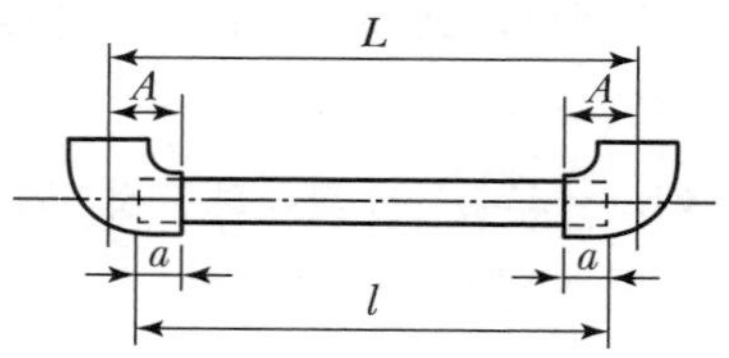

① $l = L + 2(A - a)$ ② $l = L - 2(A - a)$
③ $l = L + 2A - a$ ④ $l = L - 2(L - A)$

해설

관의 실제 절단길이
$l = L - 2(A - a)$

정답 78 ① 79 ② 80 ② 81 ④ 82 ② 83 ②

84 동관의 이음방법이 아닌 것은?

① 플레어 이음 ② 용접 이음
③ 플랜지 이음 ④ 플라스턴 이음

해설
플라스턴 이음은 연관의 이음방법이다.

85 배관의 용접 접합과 비교한 나사접합의 특징으로 잘못 설명된 것은?

① 살두께가 불균일하다.
② 준비가 간단하다.
③ 접합부의 강도가 크다.
④ 피복시공이 어렵다.

해설
나사접합은 접합부의 강도가 작다.

86 호칭지름 15[A]의 강관을 각도 90도로 구부릴 때 곡선부의 길이는?(단, 곡선부의 반지름은 90[mm]로 한다.)

① 141.4[mm] ② 145.5[mm]
③ 150.2[mm] ④ 155.3[mm]

해설
$l = 2\pi R \times \frac{\theta}{360} = 2 \times 3.14 \times 90 \times \frac{90}{360} = 141.3[mm]$

87 파이프와 플랜지를 접합하는 방법이 아닌 것은?

① 맞대기 용접이음 ② 나사 이음
③ 슬리브 용접이음 ④ 볼트 이음

해설
파이프와 플랜지를 접합하는 방법
㉠ 맞대기 용접이음
㉡ 나사 이음
㉢ 슬리브 용접이음

88 동관의 이음방법 중 동관을 분리, 결합해야 하는 경우 또는 사용되는 이음방법은?

① 플레어 이음 ② 슬리브 이음
③ 몰코 이음 ④ 고무형 이음

해설
플레어 이음(압축이음)은 동관의 이음방법에서 동관을 분리, 결합하는 이음방법이다.

89 강관 벤딩의 특징 설명으로 틀린 것은?

① 연결 부속이 필요 없다.
② 곡률 반지름이 관지름의 6배 이상 되면 관내에서 유체의 저항을 무시한다.
③ 강관의 열간 벤딩은 300[℃] 이하에서 한다.
④ 피복 작업이 쉽고 강도가 크다.

해설
강관의 열간 벤딩은 900[℃] 정도에서 한다. 즉, 800~900[℃]까지 가열된 후 실시한다.

90 동관 접합방법의 종류가 아닌 것은?

① 연납 용접 ② 빅토릭 접합
③ 플레어 접합 ④ 경납 접합

해설
빅토릭 접합은 주철관의 접합법이다.

91 동관의 이음방법이 아닌 것은?

① 압축 이음 ② 납땜 이음
③ 용접 이음 ④ 몰코 이음

해설
몰코 이음은 스테인리스관의 이음방법이다.

정답 84 ④ 85 ③ 86 ① 87 ④ 88 ① 89 ③ 90 ② 91 ④

92 관을 가열하여 구부릴 때의 작업요령으로 잘못된 것은?

① 파이프 속에 모래를 채우고 양끝을 막는다.
② 내열성이 큰 젖은 모래를 사용한다.
③ 가열 횟수는 되도록 적게 한다.
④ 구부릴 부분은 여러 등분하여 석필로 표시한다.

해설
관을 구부리기 위한 열간 벤딩 작업 시 내열성이 큰 건조한 모래를 관에 채운다.
젖은 모래는 H_2O가 증발하여 사고가 발생한다.

93 강관의 슬리브 용접 접합에서 슬리브의 길이는 파이프 지름의 약 몇 배로 하는가?

① 1.2~1.7배 ② 2.0~2.8배
③ 3.0~3.5배 ④ 3.5~4.0배

해설
강관의 슬리브 용접 접합에서 슬리브의 길이는 파이프 지름의 1.2~1.7배이다.

94 동관의 이음방법 중 동관을 분리 결합해야 하는 경우 또는 용접을 할 수 없는 곳에 사용되는 이음방법은?

① 플레어 이음 ② 슬리브 이음
③ 몰코 이음 ④ 고무링 이음

해설
20[mm] 이하의 동관의 이음방법 중 동관을 분리 결합해야 하는 경우 또는 용접을 할 수 없는 곳에는 플레어 이음을 설치한다.

95 강관의 접합방법에 속하지 않는 것은?

① 나사 이음 ② 용접 이음
③ 플랜지 이음 ④ 소켓 이음

해설
강관의 접합방법
㉠ 나사 이음
㉡ 용접 이음
㉢ 플랜지 이음

96 직선길이 20[m]인 강관으로 된 배관으로 온도가 15[℃]에서 85[℃]로 변화되었다면 늘어난 길이는 몇 [mm]인가?(단, 강관의 선팽창계수는 0.000012이다.)

① 0.24[mm] ② 3.6[mm]
③ 16.8[mm] ④ 20.4[mm]

해설
$20 \times 0.000012 \times (85-15) = 0.0168[m/m]$
$\therefore 0.0168 \times 1,000 = 16.8[mm]$

97 동관의 용접이음은 어떤 현상을 이용하는가?

① 모세관 현상 ② 단락 현상
③ 용착 현상 ④ 고착 현상

해설
동관의 용접이음은 모세관 현상을 이용한다.

98 동관의 경우 배관길이가 몇 m당 1개의 신축이음쇠를 설치하는 것이 좋은가?

① 20[m] ② 30[m]
③ 40[m] ④ 50[m]

해설
㉠ 강관 : 30[m]
㉡ 동관 : 20[m]
㉢ PVC : 10[m]

99 신축곡관 이음에서 곡관의 곡률반경은 관지름의 몇 배 이상으로 하는 것이 좋은가?

① 1배 ② 2배
③ 4배 ④ 6배

해설
신축곡관(루프형) 신축이음에서 곡관의 곡률 반지름은 관지름의 6배 이상으로 한다.

정답 92 ② 93 ① 94 ① 95 ④ 96 ③ 97 ① 98 ① 99 ④

100 열팽창에 의한 배관의 이동을 구속 또는 제한하는 배관 지지구인 리스트레인트의 종류가 아닌 것은?

① 앵커 ② 스톱
③ 가이드 ④ 행거

해설
㉠ 행거란 배관 시공상 하중을 위해서 걸어당겨 지지할 목적으로 사용된다.
㉡ 종류
• 리지드 행거
• 스프링 행거
• 콘스턴트 행거

101 관이나 덕트를 천장에 매달아 지지하는 경우 미리 천장 콘크리트에 매입하는 지지쇠는?

① 행거 ② 인서트
③ 서포트 ④ 턴 버클

해설
인서트
관이나 덕트를 천장에 매달아 지지하는 경우 미리 천장콘크리트에 매입하는 지지쇠이다.

102 관에 직접 용접하여 부착하는 관 지지구가 아닌 것은?

① 파이프 슈 ② 이어(Ear)
③ 러그(Lug) ④ 롤러 스폿

해설
서포트(Support)는 관을 지지하면서 신축을 자유롭게 하는 것으로 롤러가 관을 받치고 있다.

103 관에 직접 용접하여 부착하는 관 지지구가 아닌 것은?

① 파이프 슈 ② 이어(Ear)
③ 러그(Lug) ④ 서포트

해설
서포트는 배관의 하중을 아래에서 위로 지지하는 지지쇠이다.
(스프링 서포트, 롤러 스폿, 파이프 슈, 리지드 서포트가 있으며 롤러에는 용접이 불필요하다.)

104 관을 아래에서 지지하면서 신축을 자유롭게 하는 지지물은?

① 스프링 행거 ② 롤러 서포트
③ 콘스턴트 행거 ④ 리스트레인트

해설
㉠ 롤러 서포트는 관을 아래에서 지지하면서 신축을 자유롭게 하는 지지물이다.
㉡ Support
• 스프링 서포트
• 롤러 서포트
• 파이프 슈
• 리지드 서포트

105 다음 중 배관의 지지장치가 아닌 것은?

① 행거 ② 서포트
③ 리스트레인트 ④ 체이서

해설
체이서는 관의 나사 절삭 시 절삭날이다.

106 파이프 지지의 방법과 위치를 정하는 데 반드시 고려하여야 할 사항은?

① 중량과 지지간격
② 유속 및 온도
③ 압력 및 유속
④ 배출구

해설
파이프 지지의 방법과 위치를 정하는 데는 반드시 중량과 지지간격을 고려해야 한다.

정답 100 ④ 101 ② 102 ④ 103 ④ 104 ② 105 ④ 106 ①

107 다음 그림에서 공기빼기 밸브(AV)는 어느 지점에 설치하는 것이 가장 좋은가?

① ㉠지점
② ㉡지점
③ ㉢지점
④ ㉣지점

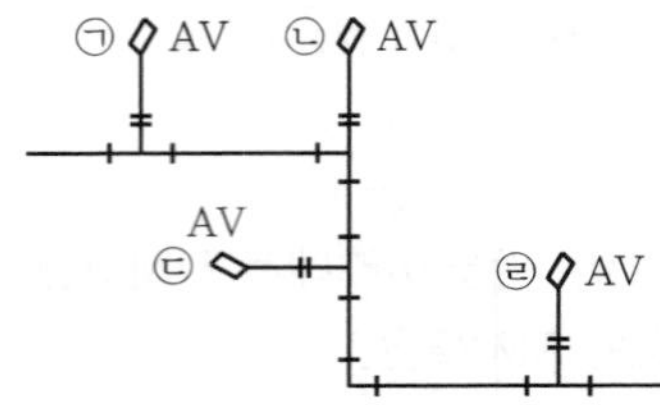

해설
공기빼기 밸브 설치지점
수직배관에서 가장 높은 곳

108 다음 중 팽창이음 배관도 표시는?

① 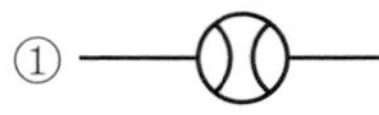
② 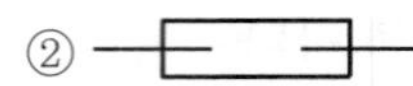
③ 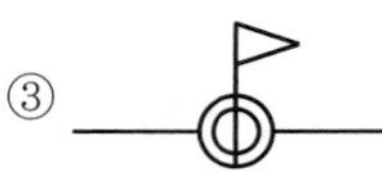
④ 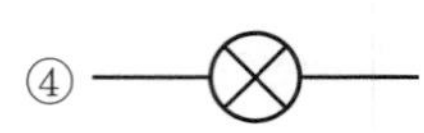

해설
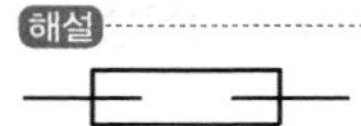 : 신축이음(슬리브형 팽창이음)

109 배관 도면에서 다음 그림과 같은 부속품의 명칭은?

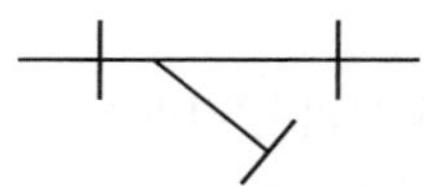

① 슬루스 밸브
② 스트레이너
③ 글로브 밸브
④ 와이티 밸브

해설
스트레이너는 y자형 여과기이며 물, 오일, 가스, 증기라인에 설치한다.

110 관 내부에 기름이 흐를 때 어떤 문자를 사용하여 표시하는가?

① W
② O
③ G
④ A

해설
㉠ 물 : W
㉡ 오일 : O
㉢ 가스 : G
㉣ 공기 : A
㉤ 스팀 : S

111 파이프의 입체적 표시에서 파이프 A가 도면에서 직각으로 앞쪽으로 나올 때의 도시기호는?

① A
② 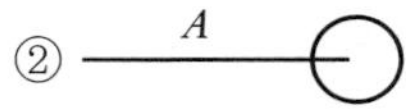

③ 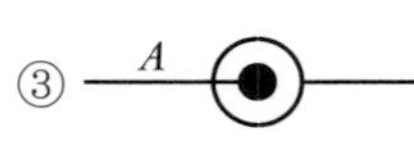

④ 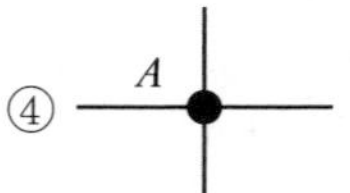

해설
A : 파이프가 도면에서 직각으로 앞쪽으로 나올 때의 도시기호

112 관내에 흐르는 유체가 증기인 것을 나타내는 기호는?

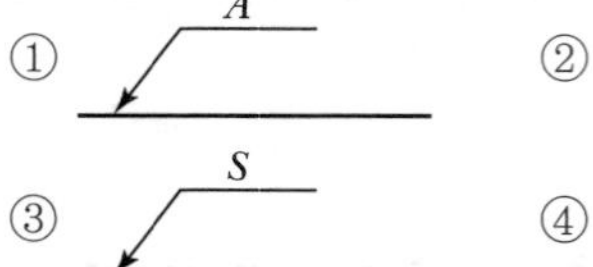

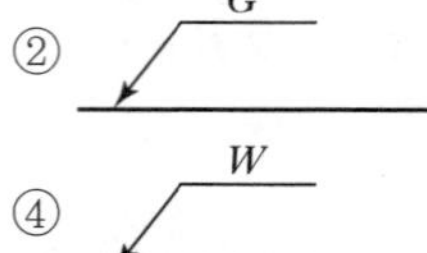

해설
① A : 공기
② G : 가스
③ S : 스팀
④ W : 물

113 배관도에서 관내에 흐르는 유체가 물(급수)인 경우 도면 상에 표시하는 문자는?

① W
② O
③ S
④ A

해설
① 물 : W
② 오일 : O
③ 스팀 : S
④ 공기 : A

정답 107 ② 108 ② 109 ② 110 ② 111 ① 112 ③ 113 ①

114 배관 도면에서 다음과 같은 부속품의 명칭은?

① 슬루스 밸브　　② 스트레이너
③ 글로브 밸브　　④ 슬라이드 밸브

해설

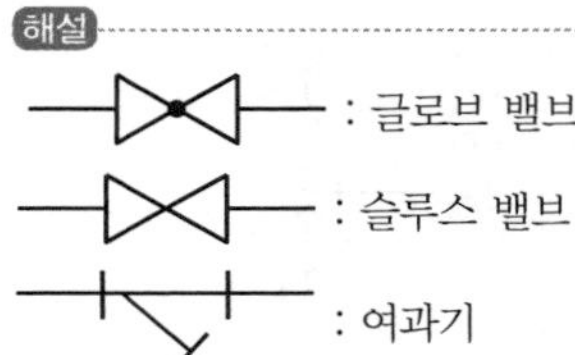

115 스트레이너(여과기)의 형상이 아닌 것은?

① Y　　② U
③ T　　④ V

해설

여과기의 종류 : Y형, U형, V형

116 볼 밸브의 배관도시 기호는?

① 　　② 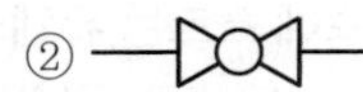
③ 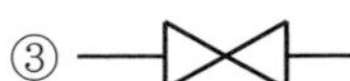　　④ 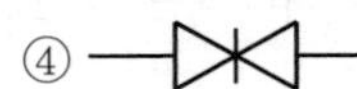

해설

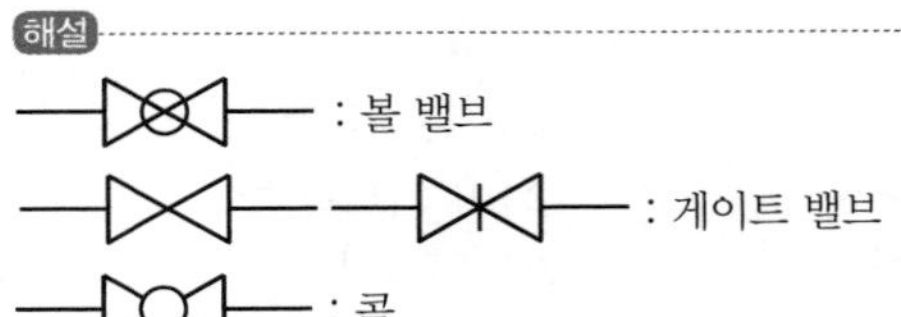

117 관 이음 방식의 표시 중 용접식 이음을 나타내는 것은?

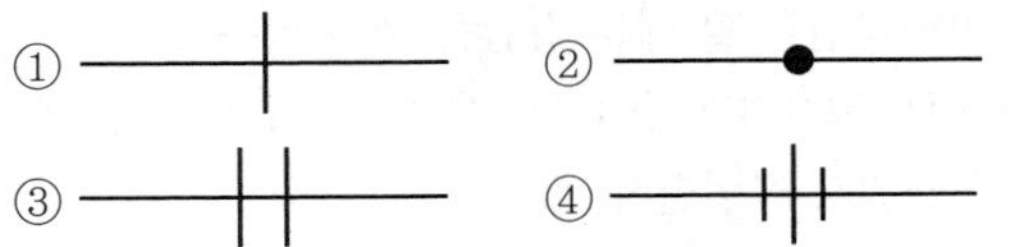

해설

① : 나사이음
② : 용접이음
③ : 플랜지이음
④ : 유니언이음

118 강관의 접합방법 도시기호에서 용접 등 영구적인 결합을 나타내는 것은?

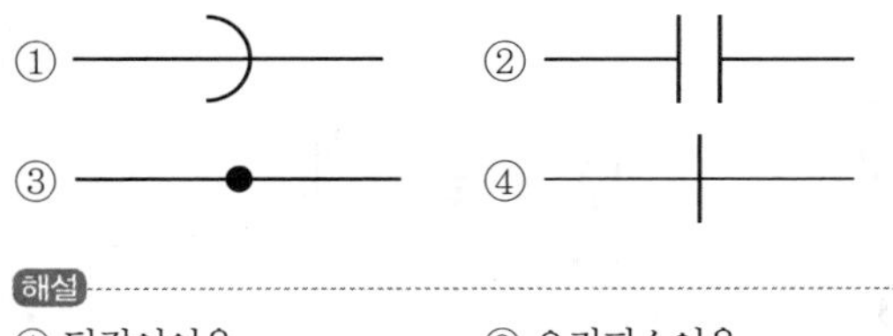

해설

① 턱걸이이음　　② 오리피스이음
③ 용접이음　　④ 나사이음

119 파이프 이음 도시기호 중 턱걸이 이음을 나타내는 것은?

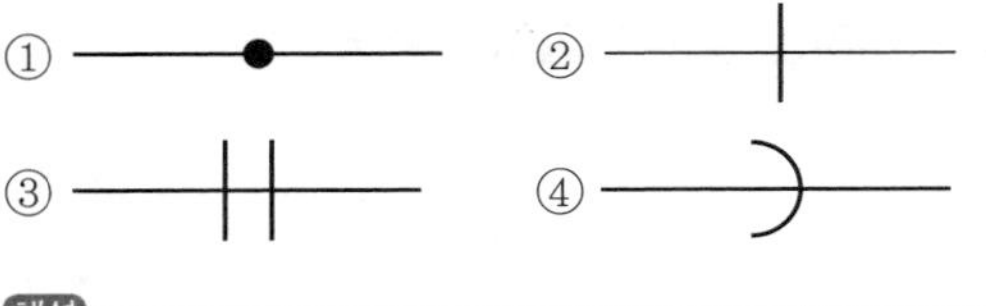

해설

① 용접이음　　② 나사이음
③ 플랜지이음　　④ 턱걸이이음

120 관 내부에 기름이 흐를 때 어떤 문자를 사용하여 표시하는가?

① W　　② O
③ G　　④ A

해설

① W : 물　　② O : 오일
③ G : 가스　　④ A : 공기

정답 114 ③ 115 ③ 116 ① 117 ② 118 ③ 119 ④ 120 ②

121 그림은 배관의 입체도이다. 평면도로 옳게 나타낸 것은?

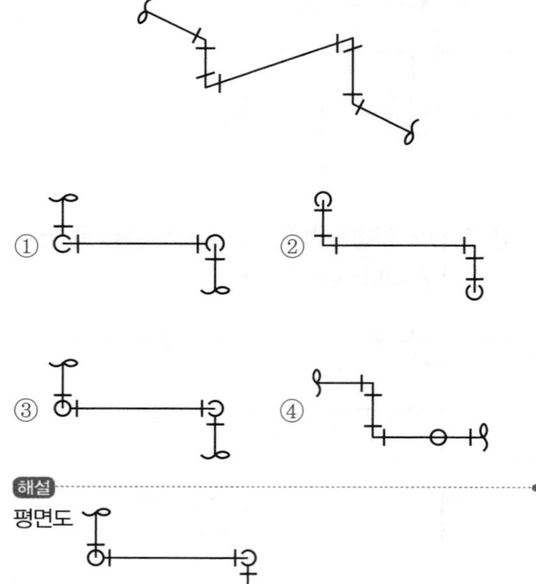

해설
평면도

122 배관의 높이를 표시할 때 관 밑면까지의 높이를 표시하는 경우 기입하는 기호는?

① BOP ② TOP
③ BP ④ LOP

해설
높이 표시(EL 표시)
㉠ BOP : 지름이 다른 관의 높이를 나타낼 때 적용되며 관 바깥지름의 아랫면까지를 기준으로 표시한다.
㉡ TOP : BOP와 같은 목적이나 관의 윗면을 기준으로 표시한다.

123 배관도에서 배관의 높이를 지면으로부터 표시하기 곤란한 경우 지상에서 200~500[mm] 높이를 공간에 기준 수평선을 정한다. 이때의 기준면 기호는?

① TOP ② GL
③ BOP ④ EL

해설
EL법은 지면으로부터 표시하기 곤란한 경우 지상에서 200~500[mm] 높이에 공간의 기준 수평면을 정하는 기호이다.

124 다음 온수배관 일부 배관도에서 *A*부분의 부품명은?

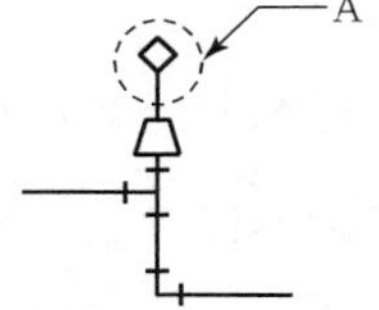

① 자동조절 밸브
② 공기빼기 밸브
③ 다이어프램 밸브
④ 솔레노이드 밸브

해설
공기빼기 밸브 :

125 배관도에 표시되는 아래 기호와 같은 밸브는?

① 글로브 밸브
② 체크 밸브
③ 슬루스 밸브
④ 다이어프램 밸브

126 관속에 흐르는 유체의 종류를 나타내는 기호 중 공기를 나타내는 것은?

① *S* ② *W*
③ *O* ④ *A*

해설
① *S* : 수증기 ② *W* : 급수
③ *O* : 오일 ④ *A* : 공기

127 보일러 시공 공구 취급 시 안전사항으로 잘못된 것은?

① 강관의 열간 굽힘 시 필히 소화기를 비치한다.
② 해머 작업을 할 때는 장갑을 끼지 않는다.
③ 파이프 렌치의 손잡이 길이가 짧을 경우에는 파이프를 끼워서 작업한다.
④ 파이프 내면의 불순물을 제거하면서 작업한다.

정답 121 ③ 122 ① 123 ④ 124 ② 125 ③ 126 ④ 127 ③

해설

파이프 렌치의 손잡이 길이가 짧을 경우에는 긴 것으로 교체하여 작업한다.

128 동관 등에 황동납 용접을 할 때 사용되는 용제(Flux)로 적합한 것은?

① 붕사 ② 염산
③ 염화아연 ④ 염화암모늄

해설

용제
㉠ 동합금(붕사)
㉡ 연강(사용치 않는다.)
㉢ 반경강(중탄산소다+탄산소다)
㉣ 주철(붕사+중탄산소다+탄산소다)

129 부력에 의하여 자동적으로 밸브가 개폐되어 물 탱크 등에 항상 일정량의 물을 저장하는 데 사용되는 밸브는?

① 지수밸브 ② 분수밸브
③ 볼 탭 ④ 게이트 밸브

해설

볼 탭은 부력에 의하여 자동적으로 밸브가 개폐되어 물 탱크 등에 항상 일정량의 물을 저장하는 데 사용한다.

130 파이프 축에 대해서 직각 방향으로 개폐되는 밸브로 유체의 흐름에 따른 마찰저항 손실이 적으며 난방배관 등에 주로 이용되나 유량 조절용으로는 부적합한 밸브는?

① 앵글밸브 ② 슬루스 밸브
③ 글로브 밸브 ④ 다이어프램 밸브

해설

슬루스 밸브(게이트 밸브)는 마찰저항 손실이 적으며 난방배관에 이용되나 유량조절은 부적당하다.

131 해머 사용법의 설명으로 잘못된 것은?

① 자기 체중에 비례해서 해머를 선택한다.
② 장갑을 끼고 작업한다.
③ 자기 역량에 맞는 것을 골라서 사용한다.
④ 처음부터 힘들이지 말고 차차 타격을 가한다.

해설

해머 사용 시는 안전을 위해 장갑을 끼지 않고 맨손으로 작업한다.

132 이종 금속의 배관에서 부식을 방지하거나 감소시키기 위한 대책으로 잘못된 것은?

① 두 금속보다 전위가 약한 제3의 금속에 아연(Zn)을 피복하여 설치해 준다.
② 음극부를 더 두꺼운 관으로 한다.
③ 금속의 전위차가 적은 금속을 택한다.
④ 부식억제제를 첨가한다.

해설

양극 쪽에 더 두꺼운 관으로 하여 부식을 감소시킨다.

133 보온재의 환경기준으로 부적합한 것은?

① 안전사용 온도 범위에 부합할 것
② 공사현장에 대한 적응성이 좋을 것
③ 부식이 없고 열전도율이 클 것
④ 불연성이며 취급이 용이할 것

해설

보온재는 열전도율이 작어야 한다.

134 강관의 부식방지방법과 무관한 것은?

① 전기절연을 시킨다.
② 아연도금을 한다.
③ 열처리를 잘한다.
④ 습기의 접촉을 적게 한다.

정답 128 ① 129 ③ 130 ② 131 ② 132 ② 133 ③ 134 ③

해설

강관의 부식방지법
㉠ 전기절연을 시킨다.
㉡ 아연도금을 실시한다.
㉢ 습기의 접촉은 적게 한다.

135 배관 내에 흐르는 유체 중 찌꺼기를 제거하기 위해 장치나 기기 앞에 설치하는 배관 부품은?

① 신축이음 ② 배니 밸브
③ 증기 트랩 ④ 스트레이너

해설

스트레이너(여과기)는 배관 내에 흐르는 유체 중 찌꺼기를 제거하기 위해 장치나 기기 앞에 설치하는 배관 부속품이다.

136 여과기를 모양에 따라 분류할 때 해당되지 않는 것은?

① U형 ② V형
③ X형 ④ Y형

해설

여과기의 모양 : Y형, U형, V형

137 안전사용온도가 400[℃] 정도이고, 진동 충격에 강하며 아스베스트질 섬유로 된 보온재는?

① 석면 ② 버미큘라이트
③ 유리면 ④ 탄산마그네시아

해설

석면보온재
㉠ 재질은 아스베스트질이다.
㉡ 안전사용온도 : 350~550[℃]
㉢ 진동을 받는 부분에 사용된다.
㉣ 800[℃]에서 강도나 보온성이 감소한다.
㉤ 곡관부나 플랜지에 사용된다.

138 보일러 연도 보온용으로 부적합한 보온재는?

① 암면 ② 규산칼슘
③ 규조토 ④ 폴리스티렌 폼

해설

㉠ 폴리스티렌 폼은 사용온도 80[℃] 이하의 유기질 보온재이다.
㉡ 암면, 규산칼슘, 규조토는 무기질 보온재이다.

139 보온재가 갖추어야 할 조건과 거리가 먼 것은?

① 비중이 작을 것
② 열전도율이 클 것
③ 장시간 사용하여도 변질되지 않을 것
④ 어느 정도의 강도를 가질 것

해설

보온재는 열전도율[kcal/mh℃]이 적어야 한다.

140 보온재로 사용되는 것이 아닌 것은?

① 석면 ② 글라스 울
③ 탄화규소 ④ 탄산마그네슘

해설

탄화규소질 : 내화벽돌용

141 다음 보온재 중 안전사용온도가 가장 낮은 것은?

① 글라스 울 ② 규산칼슘
③ 우모펠트 ④ 세라믹 파이버

해설

㉠ 우모, 양모펠트 : 100[℃] 이하용
㉡ 경질 폴리우레탄 폼 : 80[℃] 이하용
㉢ 탄화코르크 : 130[℃] 이하용
㉣ 글라스 울 : 300[℃] 이하용
㉤ 규산칼슘 : 650[℃] 이하용
㉥ 세라믹 파이버 : 1,300[℃] 이하용

정답 135 ④ 136 ③ 137 ① 138 ④ 139 ② 140 ③ 141 ③

142 보온재의 역할을 가장 잘 설명한 것은?

① 보온재를 가로지른 열 이동을 적게 한다.
② 보온재를 가로지른 물질 이동을 적게 한다.
③ 재료의 부식을 작게 한다.
④ 재료의 강도를 크게 한다.

해설
보온재는 보온재를 가로지른 열 이동을 적게 하고 열손실을 차단시킨다.

143 다음 중 유기질 보온재는?

① 규조토 ② 질석
③ 석면 ④ 펠트

해설
유기질 보온재
㉠ 펠트 : 양모, 우모
㉡ 텍스류 : 톱밥, 목재, 펄프
㉢ 코르크
㉣ 기포성 수지(스펀지) : 폼류

144 다음 중 유기질 단열재가 아닌 것은?

① 펠트 ② 코르크
③ 기포성 수지 ④ 석면

해설
석면 보온재(무기질)
㉠ 아스베스트이다.
㉡ 열전도율 : 0.048~0.065[kcal/mh℃]
㉢ 진동을 받는 부분에 사용된다.
㉣ 800[℃] 정도에서 강도나 보온성이 상실된다.
㉤ 곡관부나 플랜지부 등에 많이 사용한다.
㉥ 천연 폼으로 제조한다.

145 다음 중 무기질 보온재인 것은?

① 펠트 ② 탄산마그네슘
③ 코르크 ④ 기포성 수지

해설
유기질 보온재
㉠ 펠트 ㉡ 코르크 ㉢ 기포성 수지

146 보온재 중 흔히 스티로폼이라고도 하며, 체적의 97~98[%]가 공기로 되어 있어 열차단 능력이 우수하고, 내수성도 뛰어난 보온재는?

① 발포 폴리스티렌 ② 경질우레탄 폼
③ 코르크 ④ 글라스 울

해설
발포 폴리스티렌(스티로폼)은 체적의 97~98[%]가 공기로 되어 있어 열차단 능력이 우수하고 내수성도 뛰어난 유기질 보온재이다.

147 양털이나 소털 등의 섬유로 만든 단열재로 곡면부분의 단열에 편리한 단열재료는?

① 코르크 ② 기포성 수지
③ 펠트 ④ 석면

해설
펠트의 보온재는 양털이나 소털 등의 동물섬유로 만든 보온 단열재이다.

148 다음 보온재료 중 불연성 재료인 것은?

① 유리섬유 ② 우모 펠트
③ 경질 우레탄폼 ④ 탄화 코르크

해설
유리섬유(글라스 울)
㉠ 무기질 불연성 보온재다.
㉡ 안전사용온도 : 300[℃] 이하
㉢ 열전도율 : 0.036~0.054[kcal/mh℃]
㉣ 흡수성이 크다.(방수처리가 필요하다.)

149 보온재의 선정기준으로 적합지 않은 것은?

① 안전 사용 온도 범위에 적합할 것
② 공사현장에 대한 적응성이 좋을 것
③ 부식이 없고 열전도율이 좋을 것
④ 불연성이며 취급이 용이할 것

해설
보온재는 열전도율[kcal/mh℃]이 작아야 한다.

정답 142 ① 143 ④ 144 ④ 145 ② 146 ① 147 ③ 148 ① 149 ③

150 유리솜 또는 암면의 용도와 관계없는 것은?

① 보온재 ② 보랭재
③ 흡음재 ④ 방습재

해설
유리솜 등은 보온재, 보랭재, 흡음재 역할을 한다.

151 보온 및 피복재료를 옳게 설명한 것은?

① 열전도율이 커야 한다.
② 내구성이 뛰어나고 흡수성이 커야 한다.
③ 유기질 보온재에는 암면, 석면, 규조토 등이 있다.
④ 일반적으로 온도가 높아질수록 열전도율이 증가한다.

해설
보온재는 열전도율이 적고 흡수성이 없으며 온도가 높을수록 열전도율이 커진다.

152 배관 보온재의 선정 시 고려해야 할 사항과 가장 거리가 먼 것은?

① 안전사용온도 범위 ② 보온재의 가격
③ 해체의 편리성 ④ 공사현장의 작업성

해설
배관 보온재 선정 시 고려사항
㉠ 안전사용온도 범위
㉡ 보온재의 가격
㉢ 공사현장의 작업성

153 다음 중 유기질 보온재에 해당되는 것은?

① 석면 ② 암면
③ 규조토 ④ 펠트

해설
유기질 보온재에는 펠트, 콕, 기포성 수지 등이 있다.

154 보온재 선정 시 고려하여야 할 사항으로 틀린 것은?

① 안전사용온도 범위에 적합해야 한다.
② 열전도율이 커야 한다.
③ 부피, 비중이 작아야 한다.
④ 흡수성이 작고, 가공이 용이해야 한다.

해설
보온재(유기질, 무기질, 금속질)는 언제나 열전도율[kcal/mh℃]이 작어야 한다.

155 보온재의 열전도율에 대한 설명으로 잘못된 것은?

① 온도가 상승하면 열전도율이 커진다.
② 비중이 작을수록 열전도율이 크다.
③ 습기를 포함하면 열전도율이 커진다.
④ 열전도율이 작을수록 보온효과가 크다.

해설
비중이 클수록 열전도율(kcal/mh℃)이 크다.

156 용융 유리를 압축공기나 원심력을 이용하여 섬유형태로 제조한 것으로 안전사용온도가 300[℃] 정도의 보온재는?

① 세라믹 울 ② 글라스 울
③ 캐스라이트 ④ 로크 울

해설
글라스 울(Glass Wool)
용융 유리는 압축공기나 원심력을 이용하여 섬유형태로 제조한다.(안전사용온도 : 300[℃] 이하)

정답 150 ④ 151 ④ 152 ③ 153 ④ 154 ② 155 ② 156 ②

157 보온재의 열전도율에 대한 설명으로 옳은 것은?

① 독립기포의 다공질층이 많을수록 열전도율은 커진다.
② 보온재의 온도가 높을수록 열전도율은 커진다.
③ 보온재의 비중이 클수록 열전도율은 작아진다.
④ 보온재가 수분을 흡수하면 열전도율은 작아진다.

해설

① 독립기포의 다공질층이 많으면 열전도율은 작아진다.
②, ④ 보온재의 비중이 크거나 수분을 흡수하면 열전도율은 커진다.

158 보온 및 피복재료를 옳게 설명한 것은?

① 열전도율이 커야 한다.
② 내구성이 뛰어나고 흡수성이 커야 한다.
③ 유기질 보온재에는 암면, 석면, 규조토 등이 있다.
④ 온도가 높아질수록 열전도율이 증가한다.

해설

㉠ 보온재는 내부에 이송되는 유체의 온도가 높아질수록 열전도율이 증가한다.
㉡ 열전도율의 단위 : kcal/mh℃

159 보온 · 단열시공 후 반드시 시행해야 할 작업은?

① 보습 ② 방습
③ 도장 ④ 방첨

해설

보온, 단열시공 후 반드시 방습제로 처리하여야 한다.

160 무기질 단열재에 해당되는 것은?

① 암면 ② 펠트
③ 코르크 ④ 기포성 수지

해설

유기질 보온재
펠트, 코르크, 기포성 수지 등

정답 157 ② 158 ④ 159 ② 160 ①

CHAPTER 03 보일러 설치 검사기준 등

SECTION 01 설치 · 시공기준

1 설치장소

1. 옥내 설치

보일러를 옥내에 설치하는 경우에는 다음 조건을 만족시켜야 한다.

① 보일러는 불연성물질의 격벽으로 구분된 장소에 설치하여야 한다. 다만, 소용량 강철제 보일러, 소용량 주철제 보일러, 가스용 온수 보일러, 소형관류 보일러(이하 "소형 보일러"라 한다.)는 반격벽으로 구분된 장소에 설치할 수 있다.

② 보일러 동체 최상부로부터(보일러의 검사 및 취급에 지장이 없도록 작업대를 설치한 경우에는 작업대로부터) 천장, 배관 등 보일러 상부에 있는 구조물까지의 거리는 1.2m 이상이어야 한다. 다만, 소형 보일러 및 주철제 보일러의 경우에는 0.6m 이상으로 할 수 있다.

③ 보일러 동체에서 벽, 배관, 기타 보일러 측부에 있는 구조물(검사 및 청소에 지장이 없는 것은 제외)까지 거리는 0.45m 이상이어야 한다. 다만, 소형 보일러는 0.3m 이상으로 할 수 있다.

④ 보일러 및 보일러에 부설된 금속제의 굴뚝 또는 연도의 외측으로부터 0.3m 이내에 있는 가연성 물체에 대하여는 금속 이외의 불연성 재료로 피복하여야 한다.

⑤ 연료를 저장할 때에는 보일러 외측으로부터 2m 이상 거리를 두거나 방화격벽을 설치하여야 한다. 다만, 소형 보일러의 경우에는 1m 이상 거리를 두거나 반격벽으로 할 수 있다.

⑥ 보일러에 설치된 계기들을 육안으로 관찰하는 데 지장이 없도록 충분한 조명시설이 있어야 한다.

⑦ 보일러실은 연소 및 환경을 유지하기에 충분한 급기구 및 환기구가 있어야 하며 급기구는 보일러 배기가스 덕트의 유효단면적 이상이어야 하고 도시가스를 사용하는 경우에는 환기구를 가능한 한 높이 설치하여 가스가 누설되었을 때 체류하지 않는 구조이어야 한다.

2. 옥외 설치

보일러를 옥외에 설치할 경우에는 다음 조건을 만족시켜야 한다.

① 보일러에 빗물이 스며들지 않도록 케이싱 등의 적절한 방지설비를 하여야 한다.

② 노출된 절연재 또는 레깅 등에는 방수처리(금속커버 또는 페인트 포함)를 하여야 한다.

③ 보일러 외부에 있는 증기관 및 급수관 등이 얼지 않도록 적절한 보호조치를 하여야 한다.

④ 강제 통풍팬의 입구에는 빗물방지 보호판을 설치하여야 한다.

3. 보일러의 설치

보일러는 다음 조건을 만족시킬 수 있도록 설치하여야 한다.

① 기초가 약하여 내려앉거나 갈라지지 않아야 한다.

② 강 구조물은 접지되어야 하고 빗물이나 증기에 의하여 부식이 되지 않도록 적절한 보호조치를 하여야 한다.

③ 수관식 보일러의 경우 전열면을 청소할 수 있는 구멍이 있어야 하며, 구멍의 크기 및 수는 보일러 제조 검사기준에 따른다. 다만, 전열면의 청소가 용이한 구조인 경우에는 예외로 한다.

④ 보일러에 설치된 폭발구의 위치가 보일러기사의 작업장소에서 2m 이내에 있을 때에는 당해 보일러의 폭발가스를 안전한 방향으로 분산시키는 장치를 설치하여야 한다.

⑤ 보일러의 사용압력이 어떠한 경우에도 최고사용압력을 초과할 수 없도록 설치하여야 한다.

⑥ 보일러는 바닥 지지물에 반드시 고정되어야 한다. 소형 보일러의 경우는 앵커 등을 설치하여 가동 중 보일러의 움직임이 없도록 설치하여야 한다.

4. 배관

보일러 실내의 각종 배관은 팽창과 수축을 흡수하여 누설이 없도록 하고, 가스용 보일러의 연료배관은 다음에 따른다.

(1) 배관의 설치

① 배관은 외부에 노출하여 시공하여야 한다. 다만, 동관, 스테인리스 강관, 기타 내식성 재료로서 이음매(용접이음매를 제외한다.) 없이 설치하는 경우에는 매몰하여 설치할 수 있다.

② 배관의 이음부(용접이음매를 제외한다.)와 전기계량기 및 전기개폐기와의 거리는 60cm 이상, 굴뚝(단열조치를 하지 아니한 경우에 한한다.) · 전기점멸기 및 전기접속기와의 거리는 30cm 이상, 절연전선과의 거리는 10cm 이상, 절연조치를 하지 아니한 전선과의 거리는 30cm 이상의 거리를 유지하여야 한다.

(2) 배관의 고정

배관은 움직이지 아니하도록 고정 부착하는 조치를 하되 그 관경이 13mm 미만의 것에는 1m마다, 13mm 이상 33mm 미만의 것에는 2m마다, 33mm 이상의 것에는 3m마다 고정장치를 설치하여야 한다.

(3) 배관의 집합

① 배관을 나사접합으로 하는 경우에는 KS B 0222(관용 테이퍼나사)에 의하여야 한다.

② 배관의 접합을 위한 이음쇠가 주조품인 경우에는 가단주철제이거나 주강제로서 KS표시허가제품 또는 이와 동등 이상의 제품을 사용하여야 한다.

(4) 배관의 표시

① 배관은 그 외부에 사용가스명 · 최고사용압력 및 가스흐름방향을 표시하여야 한다. 다만, 지하에 매설하는 배관의 경우에는 흐름방향을 표시하지 아니할 수 있다.

② 지상배관은 부식방지 도장 후 표면색상을 황색으로 도색한다. 다만, 건축물의 내 · 외벽에 노출된 것으로서 바닥(2층 이상의 건물의 경우에는 각 층의 바닥을 말한다)에서 1m의 높이에 폭 3cm의 황색 띠를 2중으로 표시한 경우에는 표면 색상을 황색으로 하지 아니할 수 있다.

5. 가스버너

가스용 보일러에 부착하는 가스버너는 액화석유가스의 안전 및 사업관리법 제21조의 규정에 의하여 검사를 받은 것이어야 한다.

2 급수장치

1. 급수장치의 종류

① 급수장치를 필요로 하는 보일러에는 다음의 조건을 만족시키는 주펌프(인잭터를 포함한다. 이하 동일) 세트 및 보조펌프세트를 갖춘 급수장치가 있어야 한다. 다만, 전열면적 $12m^2$ 이하의 보일러, 전열면적 $14m^2$ 이하의 가스용 온수 보일러 및 전열면적 $100m^2$ 이하의 관류 보일러에는 보조펌프를 생략할 수 있다.

- 주펌프세트 및 보조펌프세트는 보일러의 상용압력에서 정상가동상태에 필요한 물을 각각 단독으로 공급할 수 있어야 한다. 다만, 보조펌프세트의 용량은 주펌프세트가 2개 이상의 펌프를 조합한 것일 때에는 보일러의 정상상태에서 필요한 물의 25% 이상이면서 주펌프세트 중의 최대펌프의 용량 이상으로 할 수 있다.

② 주펌프세트는 동력으로 운전하는 급수펌프 또는 인젝터이어야 한다. 다만, 보일러의 최고사용압력이 0.25MPa($2.5kg_f/cm^2$) 미만으로 화격자면적이 $0.6m^2$ 이하인 경우, 전열면적이 $12m^2$ 이하인 경우 및 상용압력 이상의 수압에서 급수할 수 있는 급수탱크 또는 수원을 급수장치로 하는 경우에는 예외로 할 수 있다.

③ 보일러 급수가 멎는 경우 즉시 연료(열)의 공급이 차단되지 않거나 과열될 염려가 있는 보일러에는 인젝터, 상용압력 이상의 수압에서 급수할 수 있는 급수탱크, 내연기관 또는 예비전원에 의해 운전할 수 있는 급수장치를 갖추어야 한다.

2. 2개 이상의 보일러에 대한 급수장치

1개의 급수장치로 2개 이상의 보일러에 물을 공급할 경우 제1절－❷의 규정은 이들 보일러를 1개의 보일러로 간주하여 적용한다.

3. 급수밸브와 체크밸브

급수관에는 보일러에 인접하여 급수밸브와 체크밸브를 설치하여야 한다. 이 경우 급수가 밸브디스크를 밀어 올리도록 급수밸브를 부착하여야 하며, 1조의 밸브디스크와 밸브시트가 급수밸브와 체크밸브의 기능을 겸하고 있어도 별도의 체크밸브를 설치하여야 한다. 다만, 최고사용압력 0.1MPa(1kg_f/cm^2) 미만의 보일러에서는 체크밸브를 생략할 수 있으며, 급수 가열기의 출구 또는 급수펌프의 출구에 스톱밸브 및 체크밸브가 있는 급수장치를 개별 보일러마다 설치한 경우에는 급수밸브 및 체크밸브를 생략할 수 있다.

4. 급수밸브의 크기

급수밸브 및 체크밸브의 크기는 전열면적 10m^2 이하의 보일러에서는 호칭 15A 이상, 전열면적 10m^2를 초과하는 보일러에서는 호칭 20A 이상이어야 한다.

5. 급수장소

급수장소에 대해서는 '보일러제조(용접 및 구조) 검사기준 구조 급수장소'항 및 다음에 따른다.

- 복수를 공급하는 난방용 보일러를 제외하고 급수를 분출관으로부터 송입해서는 안 된다.

6. 자동급수조절기

자동급수조절기를 설치할 때에는 필요에 따라 즉시 수동으로 변경할 수 있는 구조이어야 하며, 2개 이상의 보일러에 공통으로 사용하는 자동급수조절기를 설치하여서는 안 된다.

7. 급수처리

① 용량 1t/h 이상의 증기 보일러에는 수질관리를 위한 급수처리 또는 스케일 부착방지나 제거를 위한(이하 "수처리"라 한다.) 시설을 하여야 한다. 이때, 수처리된 수질기준은 KS B 6209(보일러 급수 및 보일러수의 수질) 중 총경도($CaCO_3$ppm) 성분만으로 한다.

② ①의 수처리시설은 국가공인시험 또는 검사기관의 성능결과를 검사기관에 제출하여 인증받은 것에 한한다.

3 압력방출장치

1. 안전밸브의 개수

① 증기 보일러에는 2개 이상의 안전밸브를 설치하여야 한다. 다만, 전열면적 $50m^2$ 이하의 증기보일러에서는 1개 이상으로 한다.

② 관류 보일러에서 보일러와 압력방출장치와의 사이에 체크밸브를 설치할 경우 압력방출장치는 2개 이상이어야 한다.

2. 안전밸브의 부착

안전밸브는 쉽게 검사할 수 있는 장소에 밸브 축을 수직으로 하여 가능한 한 보일러의 동체에 직접 부착시켜야 하며, 안전밸브와 안전밸브가 부착된 보일러 동체 등의 사이에는 어떠한 차단밸브도 있어서는 안 된다.

3. 안전밸브 및 압력방출장치의 용량

안전밸브 및 압력방출장치의 용량은 다음에 따른다.

① 안전밸브 및 압력방출장치의 분출용량은 보일러제조(용접 및 구조) 검사기준의 압력 방출장치기준에 따른다.

② 자동연소제어장치 및 보일러 최고사용압력의 1.06배 이하의 압력에서 급속하게 연료의 공급을 차단하는 장치를 갖는 보일러로서 보일러 출구의 최고사용압력 이하에서 자동적으로 작동하는 압력방출장치가 있을 때에는 동 압력방출장치의 용량(보일러의 최대증발량의 30%를 초과하는 경우에는 보일러 최대증발량의 30%)을 안전밸브용량에 산입할 수 있다.

4. 안전밸브 및 압력방출장치의 크기

안전밸브 및 압력방출장치의 크기는 호칭지름 25A 이상으로 하여야 한다. 다만, 다음 보일러에서는 호칭지름 20A 이상으로 할 수 있다.

① 최고사용압력 0.1MPa($1kg_f/cm^2$) 이하의 보일러

② 최고사용압력 0.5MPa($5kg_f/cm^2$) 이하의 보일러로 동체의 안지름이 500mm 이하이며 동체의 길이가 1,000mm 이하의 것

③ 최고사용압력 0.5MPa($5kg_f/cm^2$) 이하의 보일러로 전열면적 $2m^2$ 이하의 것

④ 최대증발량 5t/h 이하의 관류 보일러

⑤ 소용량 강철제 보일러, 소용량 주철제 보일러

5. 과열기 부착 보일러의 안전밸브

① 과열기에는 그 출구에 1개 이상의 안전밸브가 있어야 하며 그 분출용량은 과열기의 온도를 설계온도 이하로 유지하는 데 필요한 양(보일러의 최대증발량의 15%를 초과하는 경우에는 15%) 이상이어야 한다.

② 과열기에 부착되는 안전밸브의 분출용량 및 수는 보일러 동체의 안전밸브의 분출용량 및 수에 포함시킬 수 있다. 이 경우 보일러의 동체에 부착하는 안전밸브는 보일러의 최대증발량의 75% 이상을 분출할 수 있는 것이어야 한다. 다만, 관류 보일러의 경우에는 과열기 출구에 최대증발량에 상당하는 분출용량의 안전밸브를 설치할 수 있다.

6. 재열기 또는 독립과열기의 안전밸브

재열기 또는 독립과열기에는 입구 및 출구에 각각 1개 이상의 안전밸브가 있어야 하며 그 분출용량의 합계는 최대통과증기량 이상이어야 한다. 이 경우 출구에 설치하는 안전밸브의 분출용량의 합계는 재열기 또는 독립과열기의 온도를 설계온도 이하로 유지하는 데 필요한 양(최대통과증기량의 15%를 초과하는 경우에는 15%) 이상이어야 한다. 다만, 보일러에 직결되어 보일러와 같은 최고사용압력으로 설계된 독립과열기에서는 그 출구에 안전밸브를 1개 이상 설치하고 그 분출용량의 합계는 독립과열기의 온도를 설계온도 이하로 유지하는 데 필요한 양(독립과열기의 전열면적 $1m^2$당 30kg/h로 한 양을 초과하는 경우에는 독립과열기의 전열면적 $1m^2$당 30kg/h로 한 양) 이상으로 한다.

7. 안전밸브의 종류 및 구조

① 안전밸브의 종류는 스프링안전밸브로 하며 스프링안전밸브의 구조는 KS B 6216(증기용 및 가스용 스프링 안전밸브)에 따라야 하며, 어떠한 경우에도 밸브시트나 본체에서 누설이 없어야 한다. 다만, 스프링안전밸브 대신에 스프링 파일럿 밸브부착 안전밸브를 사용할 수 있다. 이 경우 소요분출량의 1/2 이상이 스프링안전밸브에 의하여 분출되는 구조의 것이어야 한다.

② 인화성 증기를 발생하는 열매체 보일러에서는 안전밸브를 밀폐식 구조로 하든가 또는 안전밸브로부터의 배기를 보일러실 밖의 안전한 장소에 방출시키도록 한다.

③ 안전밸브는 산업안전보건법 제33조 제3항의 규정에 의한 성능검사를 받은 것이어야 한다.

8. 온수발생 보일러(액상식 열매체 보일러 포함)의 방출밸브와 방출관

① 온수발생 보일러에는 압력이 보일러의 최고사용압력(열매체 보일러의 경우에는 최고사용압력 및 최고사용온도)에 달하면 즉시 작동하는 방출밸브 또는 안전밸브를 1개 이상 갖추어야 한다. 다만, 손쉽게 검사할 수 있는 방출관을 갖출 때는 방출밸브로 대응할 수 있다. 이때 방출관에는 어떠한 경우든 차단장치(밸브 등)를 부착하여서는 안 된다.

② 인화성 액체를 방출하는 열매체 보일러의 경우 방출밸브 또는 방출관은 밀폐식 구조로 하든가 보일러 밖의 안전한 장소에 방출시킬 수 있는 구조이어야 한다.

9. 온수발생 보일러(액상식 열매체 보일러 포함)의 방출밸브 또는 안전밸브의 크기

① 액상식 열매체 보일러 및 온도 393K(120℃) 이하의 온수발생 보일러는 방출밸브를 설치하여야 하며, 그 지름은 20mm 이상으로 하고, 보일러의 압력이 보일러의 최고사용압력에 그 10%(그 값이 0.035MPa(0.35kg$_f$/cm^2) 미만인 경우에는 0.035MPa(0.35kg$_f$/cm^2)로 한다)를 더한 값을 초과하지 않도록 지름과 개수를 정하여야 한다.

② 온도 393K(120℃)를 초과하는 온수발생 보일러에는 안전밸브를 설치하여야 하며, 그 크기는 호칭지름 20mm 이상으로 한다. 다만, 환산증발량은 열출력을 보일러의 최고사용압력에 상당하는 포화증기의 엔탈피와 급수엔탈피의 차로 나눈 값(kg/h)으로 한다.

10. 온수발생 보일러(액상식 열매체 보일러 포함) 방출관의 크기

방출관은 보일러의 전열면적에 따라 다음 표에 제시된 크기로 하여야 한다.

▼ 방출관의 크기

전열면적(m^2)	방출관의 안지름(mm)
10 미만	25 이상
10 이상 15 미만	30 이상
15 이상 20 미만	40 이상
20 이상	50 이상

4 수면계

1. 수면계의 개수

① 증기 보일러에는 2개(소용량 및 소형관류 보일러는 1개) 이상의 유리수면계를 부착하여야 한다. 다만, 단관식 관류 보일러는 제외한다.

② 최고사용압력 1MPa(10kg$_f$/cm^2) 이하로서 동체 안지름이 750mm 미만인 경우에 있어서는 수면계 중 1개는 다른 종류의 수면측정장치로 할 수 있다.

③ 2개 이상의 원격지시 수면계를 시설하는 경우에 한하여 유리수면계를 1개 이상으로 할 수 있다.

2. 수면계의 구조

유리수면계는 보일러의 최고사용압력과 그에 상당하는 증기온도에서 원활히 작용하는 기능을 가지며, 또한 수시로 이것을 시험할 수 있는 동시에 용이하게 내부를 청소할 수 있는 구조로서 다음에 따른다.

① 유리수면계는 KS B 6208(보일러용 수면계유리)의 유리를 사용하여야 한다.

② 유리수면계는 상 · 하에 밸브 또는 콕을 갖추어야 하며, 한눈에 그것의 개 · 폐 여부를 알 수 있는 구조이어야 한다. 다만, 소형관류 보일러에서는 밸브 또는 콕을 갖추지 아니할 수 있다.
③ 스톱밸브를 부착하는 경우에는 청소에 편리한 구조로 하여야 한다.

5 계측기

1. 압력계

보일러에는 KS B 5305(부르동관 압력계)에 따른 압력계 또는 이와 동등 이상의 성능을 갖춘 압력계를 부착하여야 한다.

(1) 압력계의 크기와 눈금

① 증기 보일러에 부착하는 압력계 눈금판의 바깥지름은 100mm 이상으로 하고 그 부착높이에 따라 용이하게 지침이 보이도록 하여야 한다. 다만, 다음의 보일러에 부착하는 압력계에 대하여는 눈금판의 바깥지름을 60mm 이상으로 할 수 있다.
㉠ 최고사용압력 0.5MPa($5kg_f/cm^2$) 이하이고, 동체의 안지름 500mm 이하 동체의 길이 1,000mm 이하인 보일러
㉡ 최고사용압력 0.5MPa($5kg_f/cm^2$) 이하로서 전열면적 $2m^2$ 이하인 보일러
㉢ 최대증발량 5t/h 이하인 관류 보일러
㉣ 소용량 보일러
② 압력계의 최고눈금은 보일러의 최고사용압력의 3배 이하로 하되 1.5배보다 작아서는 안 된다.

(2) 압력계의 부착

증기 보일러의 압력계 부착은 다음에 따른다.
① 압력계는 원칙적으로 보일러의 증기실에 눈금판의 눈금이 잘 보이는 위치에 부착하고, 얼지 않도록 하며, 그 주위의 온도는 사용상태에 있어서 KS B 5305(부르동관압력계)에 규정하는 범위 안에 있어야 한다.
② 압력계와 연결된 증기관은 최고사용압력에 견디는 것으로서 그 크기는 황동관 또는 동관을 사용할 때는 안지름 6.5mm 이상, 강관을 사용할 때는 12.7mm 이상이어야 하며, 증기온도가 483K(210℃)를 초과할 때에는 황동관 또는 동관을 사용하여서는 안 된다.
③ 압력계에는 물을 넣은 안지름 6.5mm 이상의 사이펀관 또는 동등한 작용을 하는 장치를 부착하여 증기가 직접 압력계에 들어가지 않도록 하여야 한다.
④ 압력계의 콕은 그 핸들을 수직인 증기관과 동일방향에 놓은 경우에 열려 있는 것이어야 하며 콕 대신에 밸브를 사용할 경우에는 한눈으로 개 · 폐 여부를 알 수가 있는 구조로 하여야 한다.

⑤ 압력계와 연결된 증기관의 길이가 3m 이상이며 내부를 충분히 청소할 수 있는 경우에는 보일러의 가까이에 열린 상태에서 봉인된 콕 또는 밸브를 두어도 좋다.
⑥ 압력계의 증기관이 길어서 압력계의 위치에 따라 수두압에 따른 영향을 고려할 필요가 있을 경우에는 눈금에 보정을 하여야 한다.

(3) 시험용 압력계 부착장치

보일러 사용 중에 그 압력계를 시험하기 위하여 시험용 압력계를 부착할 수 있도록 나사의 호칭 $PF\frac{1}{4}$, $PT\frac{1}{4}$ 또는 $PS\frac{1}{4}$의 관용나사를 설치해야 한다. 다만, 압력계 시험기를 별로도 갖춘 경우에는 이 장치를 생략할 수 있다.

2. 수위계

① 온수발생 보일러에는 보일러 동체 또는 온수의 출구 부근에 수위계를 설치하고, 이것에 가까이 부착한 콕을 닫을 경우 이외에는 보일러와의 연락을 차단하지 않도록 하여야 하며, 이 콕의 핸들은 콕이 열려 있을 경우에 이것을 부착시킨 관과 평행되어야 한다.
② 수위계의 최고눈금은 보일러의 최고사용압력의 1배 이상 3배 이하로 하여야 한다.

3. 온도계

아래 부분에는 KS B 5320(공업용 바이메탈식 온도계) 또는 이와 동등 이상의 성능을 가진 온도계를 설치하여야 한다. 다만, 소용량 보일러 및 가스용 온수 보일러는 배기가스온도계만 설치하여도 좋다.

① 급수입구의 급수온도계
② 버너 급유입구의 급유온도계. 다만, 예열을 필요로 하지 않는 것은 제외한다.
③ 절탄기 또는 공기예열기가 설치된 경우에는 각 유체의 전후 온도를 측정할 수 있는 온도계. 다만, 포화증기의 경우에는 압력계로 대신할 수 있다.
④ 보일러 본체 배기가스온도계. 다만 ③의 규정에 의한 온도계가 있는 경우에는 생략할 수 있다.
⑤ 과열기 또는 재열기가 있는 경우에는 그 출구온도계
⑥ 유량계를 통과하는 온도를 측정할 수 있는 온도계

4. 유량계

용량 1t/h 이상의 보일러에는 다음의 유량계를 설치하여야 한다.

① 급수관에는 적당한 위치에 KS B 5336(고압용 수량계) 또는 이와 동등 이상의 성능을 가진 수량계를 설치하여야 한다. 다만 온수발생 보일러는 제외한다.
② 기름용 보일러에는 연료의 사용량을 측정할 수 있는 KSB 5328(오일미터) 또는 이와 동등 이상의 성능을 가진 유량계를 설치하여야 한다. 다만, 2t/h 미만의 보일러로서 온수발생 보일러 및 난방전용 보일러에는 CO_2 측정장치로 대신할 수 있다.

③ 가스용 보일러에는 가스사용량을 측정할 수 있는 유량계를 설치하여야 한다. 다만, 가스의 전체 사용량을 측정할 수 있는 유량계를 설치하였을 경우는 각각의 보일러마다 설치된 것으로 본다.

㉠ 유량계는 당해 도시가스 사용에 적합한 것이어야 한다.

㉡ 유량계는 화기(당해 시설 내에서 사용하는 자체 화기를 제외한다)와 2m 이상의 우회거리를 유지하는 곳으로서 수시로 환기가 가능한 장소에 설치하여야 한다.

㉢ 유량계는 전기계량기 및 전기개폐기와의 거리는 60cm 이상, 굴뚝(단열조치를 하지 아니한 경우에 한한다.) · 전기점멸기 및 전기접속기와의 거리는 30cm 이상, 절연조치를 하지 아니한 전선과의 거리는 15cm 이상의 거리를 유지하여야 한다.

④ 각 유량계는 해당 온도 및 압력범위에서 사용할 수 있어야 하고 유량계 앞에 여과기가 있어야 한다.

5. 자동연료차단장치

① 최고사용압력 0.1MPa(1kg_f/cm^2)를 초과하는 증기 보일러에는 다음 각 호의 저수위 안전장치를 설치해야 한다.

㉠ 보일러의 수위가 안전을 확보할 수 있는 최저수위(이하 "안전수위"라 한다)까지 내려가기 직전에 자동적으로 경보가 울리는 장치

㉡ 보일러의 수위가 안전수위까지 내려가는 즉시 연소실 내에 공급하는 연료를 자동적으로 차단하는 장치

② 열매체 보일러 및 사용온도가 393K(120℃) 이상인 온수발생 보일러에는 작동유체의 온도가 최고사용온도를 초과하지 않도록 온도-연소제어장치를 설치해야 한다.

③ 최고사용압력이 0.1MPa(1kg_f/cm^2)(수두압의 경우 10m)를 초과하는 주철제 온수 보일러에는 온수온도가 388K(115℃)를 초과할 때에는 연료공급을 차단하거나 파일럿연소를 할 수 있는 장치를 설치하여야 한다.

④ 관류 보일러는 급수가 부족한 경우에 대비하기 위하여 자동적으로 연료의 공급을 차단하는 장치 또는 이에 대신하는 안전장치를 갖추어야 한다.

⑤ 가스용 보일러에는 급수가 부족한 경우에 대비하기 위하여 자동적으로 연료의 공급을 차단하는 장치를 갖추어야 하며, 또한 수동으로 연료공급을 차단하는 밸브 등을 갖추어야 한다.

⑥ 유류 및 가스용 보일러에는 압력차단장치를 설치하여야 한다.

⑦ 동체의 과열을 방지하기 위하여 온도를 감지하여 자동적으로 연료공급을 차단할 수 있는 온도상한스위치를 보일러 본체에서 1m 이내인 배기가스출구 또는 동체에 설치하여야 한다.

⑧ 폐열 또는 소각 보일러에 대해서는 ⑦의 온도상한스위치를 대신하여 온도를 감지하여 자동적으로 경보를 울리는 장치와 송풍기 가동을 멈추는 장치가 설치되어야 한다.

6. 공기유량 자동조절기능

가스용 보일러 및 용량 5t/h(난방전용은 10t/h) 이상인 유류 보일러에는 공급연료량에 따라 연소용 공기를 자동조절하는 기능이 있어야 한다. 이때 보일러용량이 MW(kcal/h)로 표시되었을 때에는 0.6978MW(600,000kcal/h)를 1t/h로 환산한다.

7. 연소가스 분석기

6.의 적용을 받는 보일러에는 배기가스성분(O_2, CO_2 중 1성분)을 연속적으로 자동 분석하여 지시하는 계기를 부착하여야 한다. 다만, 용량 5t/h(난방전용은 10t/h) 미만인 가스용 보일러로서 배기가스온도 상한스위치를 부착하여 배기가스가 설정온도를 초과하면 연료의 공급을 차단할 수 있는 경우에는 이를 생략할 수 있다.

8. 가스누설 자동차단장치

가스용 보일러에는 누설되는 가스를 검지하여 경보하며 자동으로 가스의 공급을 차단하는 장치 또는 가스누설자동차단기를 설치하여야 하며 이 장치의 설치는 도시가스사업법 시행규칙 [별표 7]의 규정에 따라 산업통상자원부장관이 고시하는 가스사용시설의 시설기준 및 기술기준에 따라야 한다.

9. 압력조정기

보일러실 내에 설치하는 가스용 보일러의 압력조정기는 액화석유가스의 안전 및 사업관리법 제21조 제2항 규정에 의거 가스용품 검사에 합격한 제품이어야 한다.

6 스톱밸브 및 분출밸브

1. 스톱밸브의 개수

① 증기의 각 분출구(안전밸브, 과열기의 분출구 및 재열기의 입구 · 출구를 제외한다.)에는 스톱밸브를 갖추어야 한다.

② 맨홀을 가진 보일러가 공통의 주증기관에 연결될 때에는 각 보일러와 주증기관을 연결하는 증기관에는 2개 이상의 스톱밸브를 설치하여야 하며, 이들 밸브 사이에는 충분히 큰 드레인밸브를 설치하여야 한다.

2. 스톱밸브

① 스톱밸브의 호칭압력(KS규격에 최고사용압력을 별도로 규정한 것은 최고사용압력)은 보일러의 최고사용압력 이상이어야 하며 적어도 0.7MPa(7kg_f/cm^2) 이상이어야 한다.

② 65mm 이상의 증기스톱밸브는 바깥나사형의 구조 또는 특수한 구조로 하고 밸브 몸체의 개폐를 한눈에 알 수 있는 것이어야 한다.

3. 밸브의 물빼기

물이 고이는 위치에 스톱밸브가 설치될 때에는 물빼기를 설치하여야 한다.

4. 분출밸브의 크기와 개수

① 보일러 아랫부분에는 분출관과 분출밸브 또는 분출콕을 설치해야 한다. 다만, 관류 보일러에 대해서는 이를 적용하지 않는다.

② 분출밸브의 크기는 호칭지름 25mm 이상의 것이어야 한다. 다만, 전열면적이 $10m^2$ 이하인 보일러에서는 호칭지름 20mm 이상으로 할 수 있다.

③ 최고사용압력 0.7MPa($7kg_f/cm^2$) 이상의 보일러(이동식 보일러는 제외한다)의 분출관에는 분출밸브 2개 또는 분출밸브와 분출콕을 직렬로 갖추어야 한다. 이 경우에는 적어도 1개의 분출밸브는 닫힌 밸브를 전개하는 데 회전축을 적어도 5회전하는 것이어야 한다.

④ 1개의 보일러에 분출관이 2개 이상 있을 경우에는 이것들을 공동의 어미관에 하나로 합쳐서 각각의 분출관에는 1개의 분출밸브 또는 분출콕을, 어미관에는 1개의 분출밸브를 설치하여도 좋다. 이 경우 분출밸브는 닫힌 상태에서 전개하는데 회전축을 적어도 5회전하는 것이어야 한다.

⑤ 2개 이상의 보일러에서 분출관을 공동으로 하여서는 안 된다.

⑥ 정상 시 보유수량 400kg 이하의 강제순환 보일러에는 닫힌 상태에서 전개하는데 회전축을 적어도 5회전 이상 회전을 요하는 분출밸브 1개를 설치하여야 좋다.

5. 분출밸브 및 콕의 모양과 강도

① 분출밸브는 스케일 그 밖의 침전물이 퇴적되지 않는 구조이어야 하며 그 최고사용압력은 보일러 최고사용압력의 1.25배 또는 보일러의 최고사용압력에 1.5MPa($15kg_f/cm^2$)를 더한 압력 중 작은 쪽의 압력 이상이어야 하고, 어떠한 경우에도 0.7MPa($7kg_f/cm^2$)(소용량 보일러, 가스용 온수 보일러 및 주철제 보일러는 0.5MPa($5kg_f/cm^2$) 이상이어야 한다.

② 주철제의 분출밸브는 최고사용압력 1.3MPa($13kg_f/cm^2$) 이하, 흑심가단 주철제를 1.9 MPa($19kg_f/cm^2$) 이하의 보일러에 사용할 수 있다.

③ 분출콕은 글랜드를 갖는 것이어야 한다.

6. 기타 밸브

보일러 본체에 부착하는 기타의 밸브는 그 호칭압력 또는 최고사용압력이 보일러의 최고사용압력 이상이어야 한다.

7 운전성능

1. 운전상태

보일러는 운전상태(정격부하상태를 원칙으로 한다.)에서 이상진동과 이상소음이 없고 각종 부분품의 작동이 원활하여야 한다.

(1) 다음 압력계들의 작동이 정확하고 이상이 없어야 한다.

① 증기드럼 압력계(관류 보일러에서는 절탄기입구 압력계)
② 과열기출구 압력계(과열기를 사용하는 경우)
③ 급수압력계
④ 노 내압계

(2) 다음 계기들의 작동이 정확하고 이상이 없어야 한다.

① 급수량계
② 급유량계
③ 유리수면계 또는 수면측정장치
④ 수위계 또는 압력계
⑤ 온도계

(3) 급수펌프는 다음 사항이 이상 없고 성능에 지장이 없어야 한다.

① 펌프 송출구에서의 송출압력상태
② 급수펌프의 누설 유무

2. 배기가스 온도

① 유류용 및 가스용 보일러(열매체 보일러는 제외한다.) 출구에서의 배기가스 온도는 주위온도와의 차이가 정격용량에 따라 다음 표와 같아야 한다. 이때 배기가스온도의 측정위치는 보일러 전열면의 최종출구로 하며 폐열회수장치가 있는 보일러는 그 출구로 한다.

▼ **배기가스 온도차**

보일러 용량(t/h)	배기가스 온도차(K)[℃]
5 이하	300 이하
5 초과 20 이하	250 이하
20 초과	210 이하

1. 보일러용량이 MW(kcal/h)로 표시되었을 때에는 0.6978MW(600,000kcal/h)를 1t/h로 환산한다.
2. 주위온도는 보일러에 최초로 투입되는 연소용 공기 투입위치의 주위온도로 하며 투입위치가 실내일 경우는 실내온도, 실외일 경우는 외기온도로 한다.

② 열매체 보일러의 배기가스 온도는 출구열매 온도와의 차이가 150K(℃) 이하이어야 한다.

3. 외벽의 온도

보일러의 외벽온도는 주위온도보다 30K(℃)를 초과하여서는 안 된다.

4. 저수위안전장치

① 저수위안전장치는 연료차단 전에 경보가 울려야 하며, 경보음은 70dB 이상이어야 한다.
② 온수발생 보일러(액상식 열매체 보일러 포함)의 온도 – 연소제어장치는 최고사용온도 이내에서 연료가 차단되어야 한다.

SECTION 02 설치검사기준

1 검사의 신청 및 준비

1. 검사의 신청

검사의 신청은 관리규칙 제39조의 규정에 의하되, 시공자가 이를 대행할 수 있으며 제조검사가 면제된 경우는 자체검사기록서(별지 제4호 서식)를 제출하여야 한다.

2. 검사의 준비

검사신청자는 다음의 준비를 하여야 한다.
① 기기조종자는 입회하여야 한다.
② 보일러를 운전할 수 있도록 준비한다.
③ 정전, 단수, 화재, 천재지변 등 부득이한 사정으로 검사를 설치할 수 없을 경우에는 재신청 없이 다시 검사를 하여야 한다.

2 검사

1. 수압 및 가스누설시험

(1) 수압시험대상

① 수입한 보일러
② 제2절 – 2 – 4.의 검사를 받아야 하는 보일러

(2) 가스누설시험대상

가스용 보일러

(3) 수압시험압력

① 강철제 보일러

㉠ 보일러의 최고사용압력이 0.43MPa(4.3kgf/cm²) 이하일 때에는 그 최고사용압력의 2배의 압력으로 한다. 다만, 그 시험압력이 0.2MPa(2kgf/cm²) 미만인 경우에는 0.2 MPa(2kgf/cm²)로 한다.

㉡ 보일러의 최고사용압력이 0.43MPa(0.43kgf/cm²) 초과 1.5MPa(15kgf/cm²) 이하일 때에는 그 최고사용압력의 1.3배에 0.3MPa(3kgf/cm²)를 더한 압력으로 한다.

㉢ 보일러의 최고사용압력이 1.5MPa(15kgf/cm²)를 초과할 때에는 그 최고사용압력의 1.5배의 압력으로 한다.

② 가스용 온수 보일러

㉠ 강철제인 경우에는 ①의 ㉠에서 규정한 압력

③ 주철제 보일러

㉠ 보일러의 최고사용압력이 0.43MPa(0.43kgf/cm²) 이하일 때는 그 최고사용압력의 2배의 압력으로 한다.
다만, 시험압력이 0.2MPa(2kgf/cm²) 미만인 경우에는 0.2MPa(2kgf/cm²)로 한다.

㉡ 보일러의 최고사용압력이 0.43MPa(4.3kgf/cm²)를 초과할 때는 그 최고사용압력의 1.3배에 0.3MPa(3kgf/cm²)을 더한 압력으로 한다.

(4) 수압시험 방법

① 공기를 빼고 물을 채운 후 천천히 압력을 가하여 규정된 시험 수압에 도달된 후 30분이 경과된 뒤에 검사를 실시하여 검사가 끝날 때까지 그 상태를 유지한다.

② 시험수압은 규정된 압력의 6% 이상을 초과하지 않도록 모든 경우에 대한 적절한 제어를 마련하여야 한다.

③ 수압시험 중 또는 시험 후에도 물이 얼지 않도록 하여야 한다.

(5) 가스누설시험 방법

① 내부누설시험

차압누설감지기에 대하여 누설확인작동시험 또는 자기압력기록계 등으로 누설 유무를 확인한다. 자기압력기록계로 시험할 경우에는 밸브를 잠그고 압력발생기구를 사용하여 천천히 공기 또는 불활성 가스 등으로 최고사용압력의 1.1배 또는 840mmH_2O 중 높은 압력 이상으로 가압한 후 24분 이상 유지하여 압력의 변동을 측정한다.

② 외부누설시험

보일러 운전 중에 비눗물시험 또는 가스누설검사기로 배관접속부위 및 밸브류 등의 누설유무를 확인한다.

(6) 판정기준

수압 및 가스누설시험결과 누설, 갈라짐 또는 압력의 변동 등 이상이 없어야 한다. 가스누설검사기의 경우에 있어서는 가스농도가 0.2% 이하에서 작동하는 것을 사용하여 당해 검사기가 작동되지 않아야 한다.

2. 압력방출장치

제1절－3 및 다음에 따른다.

(1) 안전밸브 작동시험

① 안전밸브의 분출압력은 1개일 경우 최고사용압력 이하, 안전밸브가 2개 이상인 경우 그중 1개는 최고사용압력 이하 기타는 최고사용압력의 1.03배 이하일 것

② 과열기의 안전밸브 분출압력은 증발부 안전밸브의 분출압력 이하일 것

③ 재열기 및 독립과열기에 있어서는 안전밸브가 하나의 경우 최고사용압력 이하, 2개인 경우 하나는 최고사용압력 이하이고 다른 하나는 최고사용압력의 1.03배 이하에서 분출하여야 한다. 다만, 출구에 설치하는 안전밸브의 분출압력은 입구에 설치하는 안전밸브의 설정압력보다 낮게 조정되어야 한다.

④ 발전용 보일러에 부착하는 안전밸브의 분출정지 압력은 분출압력의 0.93배 이상이어야 한다.

(2) 방출밸브의 작동시험

온수발생 보일러(액상식 열매체 보일러 포함)의 방출밸브는 다음 각 항에 따라 시험하여 보일러의 최고사용압력 이하에서 작동하야 한다.

① 공급 및 귀환밸브를 닫아 보일러를 난방시스템과 차단한다.

② 팽창탱크에 연결된 관의 밸브를 닫고 탱크의 물을 빼내고 공기 쿠션이 생겼나 확인하여 공기쿠션이 있을 경우 공기를 배출시킨다. 다만, 가압 팽창탱크는 배수시키지 않으며 분출시험 중 보일러와 차단되어서는 안 된다.

③ 보일러의 압력이 방출밸브의 설정압력의 50% 이하로 되도록 방출밸브를 통하여 보일러의 물을 배출시킨다.

④ 보일러수의 압력과 온도가 상승함을 관찰한다.

⑤ 보일러의 최고사용압력 이하에서 작동하는지 관찰한다.

(3) 온수발생 보일러의 압력방출장치의 작동시험

제1절－3－8. 및 10.에 적합한 방출관을 부착한 보일러는 압력방출장치의 작동시험을 생략할 수 있다.

3. 운전성능

(1) 제1절 – 7 및 다음에 따른다.

(2) 용량 5t/h(난방용은 10t/h) 이상인 유류 보일러 및 가스용 보일러는 부하율을 90±10%에서 45±10%까지 연속적으로 변경시켜 배기가스 중 O_2 또는 CO_2 성분이 사용연료별로 다음 표에 적합하여야 한다. 이 경우 시험은 반드시 다음 조건에서 실시하여야 한다.

① 매연농도 바카락스모크스켈 4 이하, 다만 가스용 보일러의 경우 배기가스 중 CO의 농도는 200ppm 이하이어야 한다.

② 부하변동 시 공기량은 별도 조작 없이 자동조절

▼ **배기가스 성분**

성분	O_2(%)		CO_2(%)	
부하율	90±10	45±10	90±10	45±10
중 유	3.7 이하	5 이하	12.7 이상	12 이상
경 유	4 이하	5 이하	11 이상	10 이상
가 스	3.7 이하	4 이하	10 이상	9 이상

4. 내부검사 등

① 유류 및 가스를 제외한 연료를 사용하는 전열면적이 30m 이하인 온수발생 보일러가 연료 변경으로 인하여 검사대상이 되는 경우의 최초검사를 제3절 – 2, 3 및 보일러 제조(용접 및 구조)검사기준 제1절 재료를 추가로 검사하여 이상이 없어야 한다.

② 검사대상이 아닌 유류용 및 기타 연료용 보일러가 가스로 연료를 변경하여 검사대상으로 되는 경우의 최초검사는 제3절 – 2, 3을 추가로 검사하여 이상이 없어야 한다.

SECTION 03 계속 사용검사기준

1 검사의 신청 및 준비

1. 검사의 신청

관리규칙 제41조의 규정에 따른다.

2. 검사의 준비

(1) 개방검사

① 연료공급관은 차단하며 적당한 곳에서 잠가야 한다. 기름을 사용하는 곳에서는 무화장치들

을 버너로부터 제거한다. 가스를 사용하는 경우에는 공급관에 이중 블록과 블라인드(2개의 차단밸브와 그 사이에 한 개의 통기구멍이 있는)가 설비되어 있지 않으면 공급관을 비게 하든지 가스차단밸브와 버너 사이의 연결관을 떼어내야 한다.

② 보일러에 대한 손상을 방지하고 가열면에 고착물이 굳어져 달라붙지 않도록 충분히 냉각시켜야 한다. 맨홀과 청소구멍 또는 검사구멍의 뚜껑을 열어 환기시킬 때에는 보일러의 내부가 마를 수 있기에 충분한 열이 아직 보일러에 남아 있을 때 배수한다.

③ 모든 맨홀과 선택된 청소구멍 또는 검사구멍의 뚜껑세척, 플러그 및 수주 연결관을 열고 보일러 장치 안에 들어가기 전에 체크밸브와 증기 스톱밸브는 반드시 잠그고 꼬리표를 붙이고 꺾쇠로 고정시키며 두 밸브 사이의 배수밸브 또는 콕은 열어야 한다. 급수밸브는 잠그고 꼬리표를 붙어야 하고 꺾쇠로 고정하는 것이 좋으며 두 밸브 사이의 배수밸브나 콕들은 열어야 한다. 보일러를 배수한 후에 블로오프 밸브는 잠그고 고정하여야 한다. 실제로 가능한 경우에는 내압부분과 밸브 사이의 블로오프 배관은 떼어낸다. 모든 배수 및 통기배관은 열어야 한다.

④ **내부조명** : 검사를 위한 내부조명은 축전지로부터 전류가 공급되는 12볼트램프나 이동램프를 사용하여야 한다.

⑤ **화염 측 청소** : 보일러의 내벽, 배플 및 드럼은 철저히 청소되어야 하고 모든 부품을 검사원이 철저히 검사할 수 있도록 재와 매연을 제거시켜야 한다.

⑥ **수실 측 청소** : 보일러 수실 측의 스케일, 슬러지, 퇴적물 등은 깨끗이 제거하여야 하며, 급수내관, 비수방지판은 동체에서 분리시켜야 한다.

⑦ 안전밸브, 안전방출밸브 및 저수위 감지장치는 분해 정비하여야 한다.

⑧ 화재, 천재지변 등 부득이한 사정으로 검사를 실시할 수 없는 경우에는 재신청 없이 다시 검사를 받을 수 있다.

(2) 사용 중 검사

① 보일러를 가동 중이거나 또는 운전할 수 있도록 준비하고 부착된 각종 계측기 및 화염감시장치, 저수위안전장치, 온도상한스위치, 압력조절장치 등은 검사하는 데 이상이 없도록 정비되어야 한다.

② 정전, 단수, 화재, 천재지변 등 부득이한 사정으로 검사를 실시할 수 없는 경우에는 재신청 없이 다시 검사를 하여야 한다.

2 검사

1. 개방검사

(1) 외부

① 내용물의 외부유출 및 본체의 부식이 없어야 한다. 이때 본체의 부식상태를 판별하기 위하여 보온재 등 피복물을 제거하게 할 수 있다.
② 보일러는 깨끗하게 청소된 상태이어야 하며 사용상에 현저한 부식과 그루빙이 없어야 한다.
③ 시험용 해머로 스테이볼트 한쪽 끝을 가볍게 두들겨보아 이상이 없어야 한다.
④ 가용 플러그가 사용된 경우에는 플러그 주위 금속부위와 플러그면의 산화피막을 적절히 제거하여 육안으로 관찰하였을 때 사용상 이상이 없어야 하며 불완전한 경우에는 교환토록 해야 한다.
⑤ 보일러가 매달려 있는 경우에는 지지대와 고정구대를 검사하여 구조물의 과도한 변형이 없어야 한다.
⑥ 리벳이음 보일러에서 이음부분에 누설 또는 그 밖의 유해한 결함이 없어야 한다.
⑦ 보일러 지지대의 균열, 내려앉음, 지지부재의 변형 또는 파손 등 보일러의 설치상태에 이상이 없어야 한다.
⑧ 모든 배관계통의 관 및 이음쇠 부분에 누기 및 누수가 없어야 한다.
⑨ 벽돌쌓음에서 벽돌의 이탈, 심한 마모 또는 파손이 없어야 한다.
⑩ 보일러 동체는 보온과 케이싱이 되어 있어야 하며 손상이 없어야 한다.

(2) 내부

① 관의 부식 등을 검사할 수 있도록 스케일은 제거되어야 하며, 관 끝부분의 손모, 취화 및 빠짐이 없어야 한다.
② 보일러의 내부에는 균열, 스테이의 손상, 이음부의 현저한 부식이 없어야 하며, 침식, 스케일 등으로 드럼에 현저히 얇아진 곳이 없어야 한다.
③ 화염을 받는 곳에는 그을음을 제거하여야 하며 얇아지기 쉬운 관 끝부분을 가벼운 해머로 두들겨 보았을 때 현저한 얇아짐이 없어야 한다.
④ 관의 표면은 팽출, 균열 또는 결함 있는 용접부가 없어야 한다.
⑤ 관이 지나친 찌그러짐이 없어야 한다.
⑥ 급수관 및 그 밑의 물받이 상태는 퇴적물이 없어야 하며, 이음쇠는 헐거워지거나 개스킷의 손상이 없어야 한다.
⑦ 관판에 있는 관구멍 사이의 리거먼트를 조사하여 파단이나 누설이 없어야 한다.
⑧ 노벽 보호부분은 벽체의 현저한 균열 및 파손 등 사용상 지장이 없어야 한다.
⑨ 맨홀 및 기타 구멍과 보강관, 노즐, 플랜지이음, 나사이음 연결부의 내외부를 조사하여 균열이나 변형이 없어야 한다. 이때 검사는 가능한 한 보일러 안쪽부터 시행한다.

⑩ 저수위 차단 배관 등의 외부 부착 구멍들이나 방출밸브 구멍들에 흐름의 차단 또는 지장을 줄 수 있는 퇴적물 등의 장애물이 없어야 한다.
⑪ 연소실 내부에는 부적당하거나 결함이 있는 버너 또는 스토커의 설치운전에 의한 현저한 열의 국부적인 집중으로 인한 현상이 없어야 한다.
⑫ 보일러 각부에 불룩해짐, 팽출, 팽대, 압궤 또는 누설이 없어야 한다.

(3) 수압시험

중지 신고 후 1년 이상 경과한 보일러의 재사용검사 및 부식 등 상태가 불량하다고 판단되는 경우에 한하여 실시하며 시험방법 등은 제2절－❷－1. (3), (4)의 규정에 따르고, 이에 대한 판정기준은 제2절－❷－1. (6)의 규정에 따른다.

2. 사용 중 검사

① 검사대상기기의 가동상태에서 화염감시장치, 저수위안전장치, 온도상한스위치, 압력조절장치 등의 정상 작동 여부를 검사하여야 하며, 이때 시험방법 및 시험범위가 안전장치의 작동실패 시에도 안전사고로 이어지지 않도록 당해 검사대상기기 조종자와 협의하여 충분한 주의를 기울여야 한다.
② 보일러가 매달려 있는 경우에는 지지대와 고정구대를 검사하여 구조물의 과도한 변형이 없어야 한다.
③ 리벳이음 보일러에서 이음부분에 누설 또는 그 밖의 유해한 결함이 없어야 한다.
④ 보일러 지지대의 균열, 내려앉음, 지지부재의 변형 또는 파손 등 보일러의 설치상태에 이상이 없어야 한다.
⑤ 보일러 본체의 누설, 변형이 없어야 한다.
⑥ 보일러와 접속된 배관, 밸브 등 각종 이음부에는 누기, 누수가 없어야 한다.
⑦ 연소실 내부가 충분히 청소된 상태이어야 하고, 축로의 변형 및 이탈이 없어야 한다.
⑧ 보일러 동체는 보온과 케이싱이 되어 있어야 하며, 손상이 없어야 한다.

3. 판정기준

① 제3절－❷의 검사결과 이상이 없어야 한다. 다만, 안전사고와 직접 관련이 없는 경미한 사항에 대하여는 검사대상기기별로 특성을 고려하여 동 사항을 검사증에 기재하고 가능한 한 최단시일 내에 보수하는 조건으로 합격판정을 하여야 한다.
② 보일러의 부식에 따른 잔존수명의 평가는 다음 식에 따른다. 잔존수명이 1년 이하인 경우에는 잔존수명기한 내에 기기를 교체하는 조건으로 합격판정을 하여야 한다.

잔존수명＝$(t_{측정} - t_{허용})$/부식속도

- $t_{측정}$: 경판, 노통, 화실, 관 등 부식발생부위에서 측정한 판두께(mm)

- $t_{허용}$: 제작 시 해당 부위의 최소두께(mm)
- 부식속도 : 연간 부식에 의해 제거되는 두께

3 검사의 특례

1. 적용 제외

① '87.3.31. 이전에 설치된 보일러는 제1절 – 5 – 6. 및 7.의 규정을 적용하지 아니한다. 다만, '87.3.31. 이후 연료를 가스로 변경한 경우에는 배기가스온도 상한스위치를 부착하여야 한다.

② '96.9.1. 이전에 설치된 보일러는 제1절 – 5 – 4.의 (1), (2) 및 5.의 (1), (7) 규정의 적용을 받지 아니한다.

③ 2000.4.1. 이전에 설치된 보일러는 제1절 – 1 – 1.의 (3), 3.의 (6), 제1절 – 5 – 3.의 (6), 5.의 (5) 및 (8) 규정의 적용을 받지 아니한다.

2. 검사주기

검사방법별 검사주기의 연장은 다음 각 호에 따른다.

(1) 연속 2년 자체검사, 3년째는 개방검사

① 설치한 날로부터 15년 이내인 보일러 및 관련 압력용기로서, 검사기관이 인정하는 순수처리에 대한 수질시험성적서를 검사기관에 제출하여 인정을 받은 검사대상기기

② 순수처리라 함은 다음의 수질기준을 만족하여야 한다.

㉠ pH(298 K{25℃}에서) : 79

㉡ 총경도($mgCaCO_3/l$) : 0

㉢ 실리카($mgSiO_2/l$) : 흔적이 나타나지 않음

㉣ 전기 전도율(298K{25℃}에서의) : 0.5μs/cm 이하

(2) 연속 2년 사용 중 검사, 3년째는 개방검사

① 설치한 날로부터 10년 이내인 보일러 및 관련 압력용기로서, KS B 6209(보일러 급수 및 보일러수의 수질) 규격기준 이상의 검사기관이 인정하는 수질시험성적서를 검사기관에 제출하여 인정을 받은 검사대상기기

② 설치한 날로부터 5년 이내인 보일러로서 제1절 – 2 – 7.의 수처리시설을 한 것으로서 검사기관이 인정하는 수질관리일지를 검사기관에 제출하여 인정을 받은 검사대상기기

(3) 1년 사용 중 검사, 2년째는 개방검사

제3절－❸－3.의 (1), (2)를 제외한 검사대상기기. 다만, 보일러를 설치한 날로부터 15년을 경과한 보일러는 사용 중 검사를 할 수 없으며, 설치 후 최초의 계속사용검사는 개방검사로 한다.

(4) 기타 안전장치의 장착 등

기타 안전장치의 장착 등에 의하여 수처리와 동등 이상의 안전관리 효과가 있다고 에너지관리공단 이사장이 인정하는 검사대상기기에 대하여 각각 제3절－❸－3.의 (1), (2)의 기준을 적용할 수 있다.

(5) 개방검사의 적용

① 설치자의 요구가 있을 때에는 개방검사를 할 수 있다.
② 사용 중 검사 시 보일러 본체의 누설, 변형으로 불합격한 경우의 재검사는 누설 및 변형의 원인과 손상을 확인하기 위하여 개방검사로 하여야 한다.
③ 사용 중지 후 재사용검사, 개조검사(연료 또는 연소방법 변경에 따른 개조검사는 제외)는 개방검사로 하여야 한다.

SECTION 04 계속 사용검사 중 운전성능 검사기준

❶ 검사의 신청 및 준비

1. 검사의 신청

관리규칙 제41조의 규정에 따른다.

2. 검사의 준비

① 보일러를 가동 중이거나 운전할 수 있도록 준비하고 부착된 각종 계측기는 검사하는 데 이상이 없도록 정비되어야 한다.
② 정전, 단수, 화재, 천재지변, 가스의 공급중단 등 부득이한 사정으로 검사를 실시할 수 없는 경우에는 재신청 없이 다시 검사를 하여야 한다.

2 검사

사용부하에서 다음 해당 사항에 대한 검사를 실시하여 적합하여야 한다.

1. 열효율

유류용 증기 보일러는 다음 표에 제시된 의 열효율 또는 성능지표값을 만족하여야 한다.

▼ 열효율

용량(t/h)	1 이상 3.5 미만	3.5 이상 6 미만	6 이상 20 미만	20 이상
열효율(%)	75 이상	78 이상	81 이상	84 이상

▼ 성능지표

<table>
<tr><th>구분</th><th colspan="2">동체 표면</th><th colspan="2">급유가열온도</th><th colspan="5">배기가스</th></tr>
<tr><td>온도 K (℃)</td><td colspan="2">303 미만(30)</td><td colspan="2">인화점－10K 이하</td><td colspan="5">523 미만(250)</td></tr>
<tr><td rowspan="2">구분</td><td colspan="2">총경도(급수)</td><td colspan="2">전기전도율
(보일러수)</td><td colspan="2">pH</td><td colspan="2">배기</td><td rowspan="2">연소
효율</td></tr>
<tr><td>원수</td><td>연화수</td><td>둥근
보일러</td><td>수관
보일러</td><td>급수</td><td>보일러
수</td><td>CO_2</td><td>O_2</td></tr>
<tr><td>성분</td><td>60mgCaCO$_3$
/l 이하</td><td>4.5mgCaCO$_3$
/l 이하</td><td>6,000μs
/cm 이하</td><td>4,500μs
/cm 이하</td><td>79.6</td><td>9.611.8</td><td>11.0%
이상</td><td>5.0%
이하</td><td>86.7%
이상</td></tr>
</table>

1. 동체 표면온도는 보일러 본체 주위온도차이며, 배기가스온도는 배기출구온도와 주위온도차로 한다.
2. 급유온도는 비가열용 연료는 제외한다.
3. pH 값은 온도 298K(25℃)을 기준으로 한다.
4. 보일러수 성분지표값은 알칼리 처리를 기준으로 한다.
5. 수질성분지표값은 KS B 6209에서 정의된 둥근 보일러 및 수관 보일러에 대하여만 적용하며, 스케일부착 방지나 제거를 위한 시설을 한 경우에는 성분적용을 생략한다.
6. 총경도 적용은 원수장치가 설치된 경우는 연화수 기준값으로 하고, 그 외는 원수를 기준값으로 한다.

2. 유류 보일러로서 증기보일러 이외의 보일러

유류 보일러로서 증기 보일러 이외의 보일러는 배기가스 중에 CO_2 용적이 중유의 경우 11.3% 이상, 경유 및 보일러 등유의 경우 9.5% 이상이어야 하며 출구에서의 배기가스온도와 주위온도와의 차는 다음 표를 만족하여야 한다. 다만, 열매체 보일러는 출구 열매유 온도와 차가 150K(℃) 이하여야 한다.

▼ **배기가스 온도차**

보일러 용량(t/h)	배기가스 온도차(K)[℃]
5 이하	315 이하
5 초과 20 이하	275 이하
20 초과	235 이하

1. 폐열회수장비가 있는 보일러는 그 출구에서 배기가스온도를 측정한다.
2. 보일러용량이 MW(kcal/h)로 표시되었을 때에는 0.6978MW(600,000 kcal/h) 1t/h로 환산한다.
3. 주위온도는 보일러에 최초로 투입되는 연소용 공기투입위치의 주위온도로 하며, 투입위치가 실내일 경우는 실내온도, 실외일 경우는 실외온도로 한다.

3. 가스용 보일러

가스용 보일러의 배기가스 중 일산화탄소(CO)의 이산화탄소(CO_2)에 대한 비는 0.002 이하이어야 하며, 출구에서의 배기가스온도와 주위 온도차는 제4절－❷－2.의 값 이하이어야 하거나 또는 위 표에 제시된 성능지표값을 만족하여야 한다.

4. 보일러의 성능시험방법

보일러의 성능시험방법은 KS B 6205(육용 보일러 열정산방식) 및 다음에 따른다.

① 유종별 비중 및 발열량은 아래 표에 따르되 실측이 가능한 경우 실측치에 따른다.

▼ **유종별 비중 및 발열량**

유종	경유	B－A유	B－B유	B－C유
비중	0.83	0.86	0.92	0.95
저위발열량 kJ/kg(kcal/kg)	43,116 (10,300)	42,697 (10,200)	41,441 (9,900)	40,814 (9,750)

② 증기건도는 다음에 따르되 실측이 가능한 경우 실측치에 따른다.
- 강철제 보일러 : 0.98
- 주철제 보일러 : 0.97

③ 측정은 매 10분마다 실시한다.

④ 수위는 최초측정 시와 최종측정 시가 일치하여야 한다.

⑤ 측정기록 및 계산양식은 검사기관에서 따로 정할 수 있으며, 이 계산에 필요한 증기의 물성치, 물의 비중, 연료별 이론공기량, 이론배기가스량, CO_2 최대치 및 중유의 용적보정계수 등은 검사기관에서 지정한 것을 사용한다.

3 검사의 특례

① 검사대상기기 관리일지와 연소효율 자동측정 기록 자료를 검사기관에 제출하여 제4절 - 2 의 검사기준에 적합하다고 판정을 받은 자에 대하여는 운전성능 검사에 대한 검사유효기간을 2년 단위로 하여 연장할 수 있다.

② 이 특례를 적용받는 자는 검사대상기기 관리일지와 연소효율 자동측정 기록 자료를 계속 사용검사 시 확인할 수 있도록 하여야 한다.

③ 검사기관은 ②에 의한 확인 시에 제4절 - 2 의 검사기준에 미달된 경우에는 지체 없이 특례적용을 취소하고 운전성능 검사를 실시하여야 한다.

④ 검사대상기기 관리일지에 배기가스 성분(CO_2, CO, O_2 바카락스모그스켈 No) 및 수질(급수의 pH 및 총경도, 관수의 pH 및 M 알칼리도)을 매분기 1회 이상 측정하고 그 기록을 유지하여야 한다.

⑤ 1996.5.14일 이전에 계속사용 운전측정을 받은 보일러는 제4절 - 2 - 1.에 제시된 열효율 표를 적용하지 아니하며, 다음을 적용한다.

용량(t/h)	1 이상 1.5 미만	1.5 이상 2 미만	2 이상 3.5 미만	3.5 미만 6 미만	6 이상 12 미만	12 이상 20 미만	20 이상
열효율(%)	71 이상	73 이상	74 이상	77 이상	79 이상	80 이상	82 이상

⑥ 다음에 해당하는 경우는 제4절 - 2 을 적용하지 않는다.

㉠ 혼소용 보일러

㉡ 폐목 등 고체연료용 보일러

㉢ 공정부 생가스 또는 폐가스를 사용하는 보일러

SECTION 05 개조검사기준

1 검사의 신청 및 준비

1. 검사의 신청

관리규칙 제40조의 규정에 따른다.

2. 검사의 준비

① 연료를 가스로 변경하는 검사의 경우 가스용 보일러의 누설시험 및 운전성능을 검사할 수 있도록 준비하여야 한다.

② 그 밖의 검사의 경우 제5절 - 2 의 검사를 실시할 수 있도록 단계적으로 제2절 - 1 - 2. 및 제3절 - 1 - 2.의 해당 항목을 준비하여야 한다.

③ 정전, 단수, 화재, 천재지변 등 부득이한 사정으로 검사를 실시할 수 없는 경우에는 재신청 없이 다시 검사를 받을 수 있다.

2 검사

1. 수압 및 가스누설시험

(1) 수압시험

내압부분의 개조에 한하여 실시하며 시험방법 등은 제2절 – 2 – 1.의 (3), (4) 규정에 따른다.

(2) 가스누설시험

연료를 가스로 변경한 경우에 한하여 실시하며 시험방법은 제2절 – 2 – 1.의 (5) 규정에 따른다.

(3) 판정기준

제2절 – 2 의 규정에 따른다.

2. 재료 및 내부

제3절 – 2 및 보일러 제조(용접 및 구조) 검사기준재료의 규정에 적합하여야 한다. 다만, 동체, 경판, 이와 유사한 부분을 용접으로 개조한 경우에는 용접부의 비파괴시험을 추가 검사하여 이상이 없어야 한다.

3. 설치상태 및 운전성능

제2절 – 2 – 2. 3. 및 제3절 – 2 – 1.의 규정에 적합하여야 한다.

SECTION 06 설치장소 변경검사기준

1 검사의 신청 및 준비

1. 검사의 신청

관리규칙 제40조의 규정에 따른다.

2. 검사의 준비

① 보일러 설치검사기준 등 제1절 설치시공기준의 검사를 실시할 수 있도록 단계적으로 제2절 – 1 – 2. 및 제3절 – 1 – 2.의 해당 항목을 준비하여야 한다.

② 정전, 단수, 화재, 천재지변 등 부득이한 사정으로 검사를 실시할 수 없는 경우에는 재신청 없이 다시 검사를 받을 수 있다.

2 검사

(1) 수압시험

시험방법 등은 제2절 - 2 - 1.의 (3), (4)의 규정에 따른다.

(2) 가스누설시험

시험방법 및 시험대상은 제2절 - 2 - 1.의 (2), (5)의 규정에 따른다.

(3) 판정기준

제2절 - 1 의 규정에 따른다.

CHAPTER 04 보일러의 안전관리

SECTION 01 부속장치의 취급

1 압력계

1. 취급상 주의사항

① 80℃ 이상의 온도가 되지 않게 해야 한다.
② 연락관에 콕을 붙혀 콕의 핸들이 관의 방향과 일치할 때 개통되게 하여야 한다.
③ 한랭 시 동결하지 않도록 사이펀관에 물을 제거하여야 한다.
④ 표준 압력계를 준비하여 때에 따라 비교한다.

2. 시험시기

① 성능검사 시에 한다.
② 오랫동안 휴지 후 사용 직전에 한다.
③ 압력계 지시치에 의심이 날 때 시험한다.
④ 포밍 · 프라이밍이 유발하였을 때 실시한다.
⑤ 안전밸브 취출 시 압력이 다를 때 실시한다.

2 수면계

1. 취급상 주의

① 조명을 충분히 하고 항상 깨끗하게 청소하여 준다.
② 수면계 기능 점검은 매일 행한다.
③ 콕(Cock)은 빠지기 쉬우므로 6개월마다 분해 정비하여 준다.
④ 수주 연락관 도중에 있는 정지밸브로 개폐를 오인하지 않게 한다.
⑤ 수주 연락관은 경사 및 굴곡을 피하여 부착한다.

2. 수면계 유리 파손 원인

① 상하 콕의 중심이 일치하지 않을 때 파손된다.
② 상하 콕의 패킹용 너트를 너무 조였을 때 파손된다.

③ 유리가 열화되었을 때 파손된다.
④ 유리에 충격을 가했을 때 파손된다.
⑤ 유리를 오래 사용하여 노화되었을 때 파손된다.

3. 유리관 교체 순서

① 낡은 유리관과 패킹(Packing)을 제거하고 청소한다.
② 양단에 패킹을 끼워 교체 준비한다.
③ 콕은 상단부터 넣고 하단에 넣는다.
④ 하부에 패킹을 붙이고 가볍게 손으로 너트를 조인 후 상부 패킹을 조인다.
⑤ 드레인 콕을 열고 위의 증기 콕을 조금 열어서 증기를 소량 통하게 하고 유리관을 따뜻이 하여 상하의 패킹 누르기 너트를 공구로 고르게 천천히 더 조인다.
⑥ 드레인 콕을 닫아 물 콕을 열고 증기 콕과 물 콕을 열어 수위를 안전하게 한다.
⑦ 수면계 기능을 점검한다.

4. 수면계 시험시기

① 보일러 가동 직전
② 가동 후 압력이 오르기 시작할 때
③ 2조의 수면계 수위가 차이가 날 때
④ 포밍 · 프라이밍이 유발할 때
⑤ 수면계 교체 또는 보수 후
⑥ 수위의 요동이 심할 때
⑦ 담당자가 교대되었을 때

5. 수면계 점검 순서

① 물 콕, 증기 콕을 닫고 드레인 콕을 연다.
② 물 콕을 열어 통수관을 확인한다.
③ 물 콕을 닫고 증기 콕을 열고 통기관을 확인한다.
④ 드레인 콕을 닫고 물 콕을 연다.

3 안전밸브

1. 증기 누설

① 밸브와 밸브 시트 사이에 이물질이 부착되었을 때 누설된다.
② 밸브와 밸브 시트의 마찰이 불량할 때 누설된다.
③ 밸브바와 중심이 벗어나 밸브를 누르는 힘이 불균일할 때 누설된다.

2. 작동불량 원인

① 스프링이 지나치게 조여 있을 때
② 밸브 시트 구경과 로드가 밀착되었을 때
③ 밸브 시트 구경과 로드가 틀어져서 심하게 고착될 때

4 도피관(온수용)

① 온수 보일러용의 도피관은 동결하지 않도록 보온재로 피복한다.
② 일수(Overflow)의 판단이 보이도록 한다.
③ 내면이 녹이나 물속의 이물질 때문에 막힐 때가 있으므로 항상 주의하여 보살핀다.

SECTION 02 보일러 보존

1 일상 보존

1. 점검 항목

① **압력, 수위 등** : 압력, 수위, 안전밸브, 취출장치, 급수밸브, 증기밸브, 기타
② **자동제어장치 관계** : 수위 검출기, 화염 검출기, 인터록의 양부
③ **급수 관계** : 수위, 급수온도, 급수장치, 기타 상태
④ **연료 관계** : 수송 배관, 유가열기, 스트레이너, 연소장치, 착화장치의 상태
⑤ **통풍 관계** : 댐퍼의 개도, 통풍기, 기타

2. 계측 항목

① **증기** : 압력, 유량온도
② **보일러수** : 수위, 취출량
③ **급수** : 압력, 온도, 급수량, 복수의 회수량 등
④ **연료** : 연료량, 기름의 가열온도, 유압
⑤ **통풍** : 댐퍼개도, 통풍계
⑥ **연소가스** : 온도, CO_2%, 매연농도 등

2 휴지 중의 보일러 보존

1. 만수보존(단기보존)

휴지 기간이 6개월 이내일 때 사용하는 방법으로 보일러 내부를 완전히 청소한 후 물을 가득 채운 뒤 약을 첨가하는 방법이다.

① 저압 보일러($60kg/cm^2$ 이하)

㉠ 가성소다(NaOH) 300ppm : 관수 1,000kg에 가성소다 0.3kg 투입

㉡ 잔류 아황산소다(Na_2SO_3) 100ppm : 급수 중 용해 산소량을 예상하여 투입

② 고압 보일러

㉠ 암모니아(NH_3) 0.25ppm : 관수 1,000kg에 30% 암모니아수 0.83g 투입

㉡ 잔류 히드라진(NH_2) 100ppm : 급수 중 용해 산소량을 예상하여 투입

2. 건조보존(장기보존)

휴지 기간이 장기간이거나 1년 이상 또는 동결의 위험이 있는 경우 보존하는 방법

① 보일러수를 전부 배출하여 내외면을 청소한 후 저온으로 예열시켜 건조한다.

② 보일러 내에 증기나 물이 새어 들어가지 않도록 증기관, 급수관은 확실하게 외부와의 연락을 단절하여 준다.

③ 내용적 $1m^3$에 대해 흡습제인 생석회 0.25kg 또는 실리카겔(Silicagel) 1.2kg 정도 혼합액을 만든다.

④ 1~2주 후 흡습제로 점검하고 교체한다.

⑤ 본체 외면은 와이어 브러시로 청소한 다음, 그리스, 페인트, 콜타르(Coaltar) 등으로 도장이나 도포 등을 한다.

3. 질소봉입 건조 보온

99.5%의 질소를 $0.6kgf/cm^2$ 정도로 가압하여 공기와 치환하는 방법이다.

4. 내면 페인트의 도포

도료는 흑연, 아스팔트, 타르 등을 주성분으로 희석제로 용해한 것을 사용하여 도포한다.

3 보일러 청소

1. 내면 청소 목적

① 스케일, 가마검댕에 의한 효율 저하 방지를 위하여

② 스케일, 가마검댕에 의한 과열의 원인을 제거하고 부식 손상을 방지하기 위하여

③ 관의 폐쇄에 의한 안전장치, 자동제어장치, 기타의 운전기능 장애 방지

④ 보일러수의 순환 저해 예방

2. 외면 청소 목적

① 그을음의 부착에 의한 효율 저하 방지 예방

② 재의 퇴적에 의한 통풍 저해 제거

③ 외부 부식 방지

3. 보일러 청소 시 유의사항

① 장비는 안전성이 높은 것을 착용한다.
② 전등, 전기배선, 기기류는 절연, 안전한 것을 사용한다.
③ 증기관, 급수관은 타 보일러와의 연락을 차단한 후 실시한다.
④ 보일러 내와 연도 내의 통풍 환기를 충분하게 실시한다.
⑤ 내부작업 중에는 출입구에 감시자를 꼭 대기시킨다.
⑥ 화학 세관 작업에서는 수소가 발생하므로 화기를 조심한다.

4. 보일러 내에 들어갈 때 주의사항

① 맨홀의 뚜껑을 벗길 때는 내부의 압력을 주의하여 조심한다.
② 보일러 내에 공기가 유통될 수 있도록 모든 구멍 등을 개방한다.
③ 보일러 내에 들어갈 때는 외부에 감시인을 두고 증기정지, 밸브 등에는 조작금지 표시를 꼭 실시한다.
④ 타 보일러와의 연락되는 주증기 밸브 등을 확실하게 차단한 후 작업한다.
⑤ 전등은 안전 가더(Guarder)가 붙은 것을 사용한다.

5. 연도 내에 들어갈 때 주의사항

① 노, 연도 내의 환기 및 통풍을 충분히 하기 위해 댐퍼는 개방한 채 들어간다.
② 타 보일러와 연도가 연결되었을 때는 댐퍼를 닫고 가스역류를 방지하는 데 신경 쓴다.
③ 연도 내에서는 가스 중독의 위험이 많으므로 외부에 감시인을 두고 작업한다.

6. 기타 청소작업

① 워싱법(수세법, Washing) : pH 8~9의 용수를 대량으로 사용하여 수세한다.
② 특수한 방법으로서 샌드블로(Sand Blow)법이나 스틸쇼트클리닝(Steel Short Cleaning)법이 있다.

4 보일러 세관

1. 산세관

① **약품**
㉠ 염산 5~10%(염산 외에 황산 인산 설파민 등이 있다.)
㉡ 인히비터(Inhibitor) 0.2~0.6%
㉢ 기타 첨가제(실리카 용해제, 환원제 등)
㉣ 경질 스케일일 때에는 스케일 용해 촉진제도 첨가하여 준다.

② **관수온도** : 60℃를 유지한다.

③ **시간** : 4~6시간을 유지한다.

④ **수세(세척)** : 산세정이 끝난 후 pH 5 이상될 때까지 세척하고 소다 보일링(Boiling)이나 중화방청처리 등을 한다.

⑤ **중화방청(中和防錆)제** : 탄산소다, 가성소다, 인산소다, 히드라진, 암모니아 등의 약품이다.

2. 알칼리 세관

보일러 제작 후 내면의 유지류 등을 제거한다.

① **약제** : 알칼리의 농도 0.1~0.5% 정도

② **관수온도** : 70℃ 유지

③ **가성 취화 방지제** : 탄닌, 리그닌, 질산나트륨($NaNO_3$), 인산나트륨(Na_3PO_4)

3. 유기관 세관

① **약제** : 구연산 3% 정도(구연산의 히드록산, 의산 등)

② **관수온도** : 90±5℃ 유지

③ **시간** : 4~6시간 유지

4. 기계적 세관

수동공구로 스케일 해머, 스크래이퍼, 와이어 브러시 등이며 내면에는 튜브 클리너가 일반적이다.

REFERENCE 기계적 세관 시 주의사항

① 내부에 부착된 기수분리기, 급수내관 등은 떼어서 밖에서 청소한다.
② 동의 모든 구멍은 헝겊 또는 금속망 등으로 막아서 외부 타 물질의 침입을 방지한다.
③ 안전밸브, 수면계, 급수밸브, 취출밸브 등은 따로 제거하여 분해 청소한다.
④ 튜브 클리너로 작업할 때는 수관의 동일 부분에서는 3초 이상 머물지 않도록 해야 한다.

5. 소다 보일링(Soda Boiling)

보일러를 신설 및 수선하였을 때는 부착된 유지나 밀 스케일(Millscale) 페인트 등을 제거한다.

① **약제** : 탄산소다(Na_2CO_2), 가성소다($NaOH$), 제3인산소다($Na_3PO_4 12H_2O$), 아황산소다(Na_2SO_3), 히드라진 암모니아 등을 단독 또는 혼합하여 사용한다.

② **배합** : 관수 1,000kg +
- 탄산소다 2kg
- 가성소다 2kg
- 제3인산소다 2~5kg
- 아황산소다 0.2kg

SECTION 03 물관리

보일러 수로는 천연수, 수돗물, 복수 등이 있으나 일반적으로 수처리를 행하여 사용한다. 단, 상수도용 급수는 보편적으로 총 경도가 50ppm 이내로서 이것을 소독용 유리염소로 제거한다.

[급수관리의 목적]

- 전열면에 스케일 생성을 방지한다.
- 부식의 발생을 방지한다.
- 케리오버를 방지한다.(기수 공발)
- 관수의 농축을 방지한다.
- 가성 취화를 방지한다.

1 물의 용어와 단위

1. 불순물의 농도표시

① ppm(parts per million) : 100만분의 1의 함유량으로 mg/L(물)을 나타낸다.
② ppb(parts per billion) : 10억분의 1의 함유량으로 mg/m^3(물)을 나타낸다.
③ epm(equivalents per million) : 물 1L 속에 용존하는 물질의 mg 당량수로 표시한다.
④ gpg(grain per gallon) : 1gallon 중에 탄산칼슘 1grain을 표시한다.

2. 수질 용어

[pH(수소 이온 지수)]

물의 이온적(K) = $(H^+) \times (OH^-)$

물이 중성일 때 K값(25℃)은 10^{-14}이다. 그러므로 중성의 물은 (H^+)와(OH^-)의 값은 같으므로 $H^+ = OH^- = 10^{-7}$이 된다.

$$pH = \log\frac{1}{H^+} = -\log H^+ = -\log_{10}^{-7} = 7$$

∴ pH > 7 : 알칼리성, pH < 7 : 산성, pH=7 : 중성

2 경도

1. $CaCO_3$ 경도(ppm 경도)

수중의 칼슘과 마그네슘의 양을 $CaCO_3$로 환산하여 표시한다. 물 1L 속에 $CaCO_3$ 1mg 함유할 때 1도(1ppm)라 한다. $MgCO_3$는 1.4배하여 $CaCO_3$에 가한다.

$$\text{ppm 경도} = \frac{CaCO_3mg + MgCO_3mg \times 1.4}{\text{물}(L)}$$

2. 독일 경도(CaO 경도)

수중의 칼슘과 마그네슘의 양을 CaO로 환산하고 물 100mL 속에 CaO 1mg 함유할 때를 1도(1°pH)라 한다. Mg는 MgO로 환산하여 1.4배 하여 CaO에 가한다.

$$\text{CaO 경도} = \frac{\text{CaOmg} + \text{MgOmg} \times 1.4}{\text{물(L)}}$$

3. 경도 구분

① **탄산염 경도** : 중탄산염에 의한 것으로 끓이면 연화되고 제거되는 경도
② **비탄산염 경도** : 황산염, 염화물 등에 의한 것으로 끓여도 제거되지 않는 경도
③ **전 경도** : 탄산염 경도와 비탄산염 경도의 합계로 일반적으로 경도라 함
④ **연수** : 칼슘경도 9.5 이하로서 단물이라 함
⑤ **적수** : 칼슘경도 9.5 이상 10.5 이하를 말하며 보일러수로 가장 양호한 물을 말함
⑥ **경수** : 칼슘경도 10.5 이상으로서 센물이라 함

3 탁도

물의 탁한 정도를 표시하는 것으로 증류수 1L 속에 백도토(Kaoline)가 1mg 함유됐을 때 탁도 1도라 한다.(또는 1ppm SiO_2)

4 색도

물의 색도를 나타내는 것으로 물 1L 속에 색도 표준용액이 1mL 함유됐을 때 색도 1도라 한다.(또는 1ppm)

5 알칼리도

알칼리도는 수중에 녹아 있는 탄산수소염, 탄산수산화물, 그 외 알칼리성염 등을 중화시키는 데 요하는 산의 당량을 epm 또는 산에 대응하는 탄산칼슘의 ppm으로 환산한 것이다.

1. 용해 고형분

보일러에서 증발 시 농축되어 스케일이나 가마검댕이 되고 부식의 원인이 된다.

① 칼슘, 마그네슘의 중탄산염류 등에 의해 불용해성 탄산염과 탄산가스로 분해하고 탄산염은 가마검댕이로 되어 보일러 내에 침전(일시경도)

② **칼슘, 마그네슘의 황산염류**
끓여도 분해되지 않으며 농축하여 단단한 스케일로 된다. 황산칼슘은 단단한 스케일의 원인이 된다. 황산마그네슘은 단독으로는 스케일성이 적지만 염화물과 공존하면 부식성을 갖는다.(영구경도)

③ **규산염** : 칼슘, 마그네슘, 나트륨과 복잡한 화합물을 만들어 경질 스케일을 만든다.

2. 고형 불순물

진흙, 모래, 유기미생물, 수산화철, 유지분, 콜로이드(Colloid) 모양의 규산염

6 불순물에 의한 장애

1. 스케일(Scale)

관벽, 드럼 등 전열면에 고착하는 것

① **연질 스케일** : 인산염, 탄산염 등

② **경질 스케일** : 황산염, 규산염

참고 스케일 1mm가 효율을 10% 저하시킨다.

2. 가마검댕(Sludge)

① 고착하지 않고 드럼 저부에 침적하는 것

② 칼슘, 마그네슘의 중탄산염이 80~100℃로 가열하면 분해되어 생긴 탄산칼슘이나 수산화마그네슘과 연화를 목적으로 한 청정제를 첨가한 경우에 생기는 인산칼슘, 인산마그네슘 등의 연질 침전물(부식, 과열, 취출관 내 폐쇄 등의 원인)

3. 부유물

부유물에는 인산칼슘 등의 불용물질, 미세한 먼지 또는 에멀션화된 광유물 등(기수공발의 원인이 된다.)

[스케일과 가마검댕의 장해]

- 보일러 판이나 수관 등 전열면을 가열시킨다.
- 열의 전달을 방해하고 보일러의 효율을 저하시켜 준다.
- 수관의 내면에 부착하면 물의 순환을 불량하게 한다.
- 보일러에 연결하는 관이나 콕(Cock) 및 기타의 작은 구멍을 막는다.

SECTION 04 보일러 급수처리

1 보일러 내 처리

급수 또는 관수 중의 불순물을 화학적, 물리적 작용으로 처리하는 방법

① **pH 조정제** : 가성소다, 제1인산소다, 제3인산소다, 암모니아

② **연화제** : 탄산소다, 인산소다

③ **탈산소제** : 탄닌(Tannin), 히드라진, 아황산나트륨

④ **슬러지 조정제** : 전분, 탄닌, 리그닌, 덱스트린

⑤ **기포 방지제** : 알코올, 폴리아미드, 고급 지방산에스테르

⑥ **가성취화 방지제** : 인산2나트륨, 중합인산나트륨

2 보일러 외 처리

1. 가스체의 처리

① **기폭법(공기노폭법)** : 주로 이산화탄소(CO_2)의 제거에 사용되며 철분, 망간 등을 공기 중의 산소와 접촉시켜 산화를 제거한다.

② **탈기법(脫氣法)** : 급수 중에 용존하고 있는 산소, 탄산가스를 제거하는 방법으로서 기계적 탈기법과 화학적 탈기법이 있다. 기계적 탈기법에는 다음의 방법이 있다.

㉠ 진공 탈기법 : 급수를 하는 기내를 진공으로 하여 탈기하는 것

㉡ 가열식 탈기법 : 급수를 탈기기 내에 산포하여 약 100℃로 가열하고 그 열로 급수 중의 용존산소를 분리하는 방법

2. 고형 협잡물의 처리

수중에 녹지 않고 현탁하고 있는 물질, 콜로이드(Colloid) 모양의 실리카, 불순물, 철분 등의 제거에는 일반적으로 다음의 방법이 사용된다.

① **침강법** : 입자가 0.1mm 이상의 것을 처리하는 방법

㉠ 자연침강법

㉡ 기계적 침강법(급속침전법)

② **응집법** : 입자가 0.1mm 이하의 침강속도가 느린 것을 응집제를 사용하여 물에 불용해의 부유물을 만들고 탁도 성분을 흡착 결합시켜 제거하는 방법
(응집제 : 황산알루미늄, 폴리염화알루미늄)

③ **여과법** : 작은 입자를 제거하는 방법

㉠ 종류 : 완속여과법, 급속여과법

참고 급속여과법
- 개방형 : 중력식
- 밀폐형 : 압력식

㉡ 여과재 : 모래, 자갈, 활성탄소, 엔트라사이트

3. 용해 고형분의 제거

① **이온교환법** : 이온교환수지(일반적으로 불용성 다공질)를 이용하여 급수가 가지는 이온을 수지의 이온과 교환시켜 처리하는 방법(가장 효과가 큰 방법)

㉠ 경수연화 : 단순연화(제올라이트법), 탈알칼리연화

㉡ 전염탈염 : 복상식, 혼상식 폴리셔 붙은 전염탈염

참고 이온교환수지 – 양이온 : Na^+, H^+, NH^+
– 음이온 : OH^-, Cl^-

② **증류법** : 물을 가열시켜 증기를 발생시킨 후 냉각하여 응축수를 만드는 방법으로 극히 양질의 용수를 얻을 수 있으나 비경제적이다.

③ **약품처리법** : 칼슘(Ca), 마그네슘(Mg) 등의 화합물을 약품의 첨가에 의해 소다 화합물(불용성 화합물)로 하여 침전 여과시키는 방법이다. 종류에는 석회소다법, 가성소다법, 인산소다법 등이 있다.

SECTION 05 분출작업

1 관수의 분출(Blow)

1. 목적

① 스케일의 부착을 방지한다.
② 포밍 · 프라이밍을 방지한다.
③ 물의 순환을 양호하게 한다.
④ 가성 취화를 방지한다.
⑤ 세관 시 폐액을 제거한다.

2. 취출 · 분출방법

① **간헐취출(1일 1회 정도)** : 적당한 시기를 택하여 보일러수의 일부를 보일러의 최하부로부터 간헐적으로 배출하는 것

② **연속취출(자동)** : 동내에 설치된 취출내관으로부터 취출하고 조정밸브, 플래시 탱크(Flesh Tank), 열교환기 보일러수 농도시험기 등을 연결하고 자동적으로 농도를 조정한다.

3. 분출량

분출량(m³/day)= $\frac{W(1-R)d}{r-d}$ 　　　　분출률(K)%= $\frac{d}{r-d}\times 100$

여기서, w : 1일 증발량(급수량)(m³)
R : 응축수 회수율(%)
d : 보일러 급수 중의 고형분(ppm)
r : 보일러 관수 중의 허용 고형분(ppm)

SECTION 06 부식 및 보일러 이상상태

1 부식의 종류

1. 내면부식 원인

① 관수의 화학적 처리가 불량할 때
② 보일러 휴지 중 보존이 불량할 때
③ 화학 세관이 불량할 때
④ 관수의 순환불량으로 국부과열이 발생할 때

2. 외면부식 원인

① 수분, 습분이 있을 때
② 이음이나 뚜껑 등으로 관수가 누설될 때
③ 연료 중 황(S) 및 바나듐(V)이 많을 때

2 보일러의 이상현상

1. 이음의 이완(헐거움) 및 누설

① 이상 감수 시 계수부, 전광부가 가열된 경우
② 누설부분 내면에 스케일이 고착한 경우
③ 급격한 가열과 냉각에 의한 신축작용을 할 때
④ 국부적으로 화염이 집중하여 열이 축적될 때
⑤ 공작이 불량할 경우

2. 래미네이션(Lamination)

보일러 강판이 두 장의 층을 형성하고 있는 홈을 말한다.

3. 블리스터(Blister)

강판이나 관 등의 두 장의 층으로 갈라지면서 화염이 접하는 부분이 부풀어 오르는 현상이다.

4. 가성취화(알칼리열화)

관수 중에 분해되어 생긴 가성소다가 심하게 농축되면 수산이온이 많아지고 알칼리도가 높아져서, 강재와 작용하여 생성되는 수소(H) 또는 고온고압하에서 작용하여 생기는 나트륨(Na)이 강재의 결정입계를 침투하여 재질을 열화시키는 현상이다.

5. 캐리오버(Carry Over)

증기 중의 불순물이 물방울에 섞여서 옮겨가는 현상이다.

6. 팽출과 압궤

① **팽출(Bulge)** : 화염이 접하는 부분이 과열되어 외부로 부풀어 오르는 현상
② **압궤(Collapse)** : 노통이나 연관 등이 외압에 의하여 내부로 짓눌려 터지는 현상

7. 파열

① 압력이 초과될 때
② 구조상 결함이 있을 때
③ 취급이 불량할 때

8. 가스폭발(역화연상)

(1) 원인

① 연료가 가스화 상태로 노 및 연도 내에 존재할 시
② 가스와 공기의 혼합비가 폭발 한계 내일 때
③ 혼합가스에 점화원이 존재할 때 및 취급자의 부주의 시

(2) 방지법

① 점화하기 전에 프리퍼지를 충분히 한다.(환기작업)
② 점화에 실패했을 때나 소화할 때는 포스트퍼지를 행한다.
③ 연도가 길거나 가스포켓 등이 있을 경우 충분히 통풍한다.

REFERENCE 과열 방지대책

① 보일러 수위를 너무 낮게 하지 않는다.
② 과열부분의 내면에 스케일, 가마 검댕이를 부착시키지 않는다.
③ 관수 속에 유지를 혼입시키거나 관수를 과도히 농축시키지 않는다.
④ 관수의 순환을 양호하게 한다.
⑤ 화염을 국부적으로 집중시키지 않는다.

SECTION 07 보일러 운전조작

1 보일러 수위점검

① 수면계 수위가 적당한가 점검
② 수면계의 기능을 시험하여 정상 여부 확인
③ 두 조의 수면계 수위가 동일한지 확인
④ 검수 콕이 있는 경우에는 수부에 있는 콕으로부터 물의 취출 여부 확인
⑤ 수부 연락관의 정지밸브가 바르게 개통되어 있는지 확인

2 급수장치 점검

① 저수탱크 내 저수량 확인
② 급수관로의 밸브 개폐 여부, 급수장치의 기능 여부 확인
③ 자동급수장치의 기능 확인

3 연소장치 점검

① 기름탱크의 유량, 가스연료의 유량 압력 등 확인
② 연료배관, 스트레이너, 연료펌프의 상태 및 밸브의 개폐 점검
③ 유가열기 기름의 온도를 적정하게 유지
④ 통풍장치의 댐퍼 기능을 점검하고 그 개도를 확인

4 점화 전 점검사항

- 보일러 수위의 정상 여부
- 노 내의 통풍, 환기 확인
- 공기와 연료의 투입 준비 확인

(1) 유류 보일러

① 점화조작

- 부속설비 점검
- 연료유를 적정온도까지 예열
- 댐퍼를 만개하여 노 내 미연가스 배출
- 통풍을 위한 댐퍼 조작
- 점화버너 기동
- 주버너 작동
- 유변 열기(점화 후 5초 이내 착화되지 않을 때는 재점화)

② 점화조작 시 주의사항

- 가스의 유출속도가 너무 빠르면 취소가 일어나고 너무 늦으면 역화가 발생
- 연소실의 온도가 낮으면 연료의 확산이 불량해지며 착화가 불량
- 연료유의 예열온도가 낮을 때는 무화불량 등이 발생
- 연료유의 예열온도가 높을 때
  - 기름의 분해가 발생
  - 분사 각도가 흐트러지며 분무상태가 불량해짐
  - 탄화물이 생성됨
- 유압이 낮을 경우에는 점화불량 연료분사 불량이 되고 유압이 높을 때는 카본이 축적
- 무화용 매체가 과다할 경우에는 연소실의 온도하강과 점화불량을 일으키며 과소일 경우에는 불꽃이 발생되며 역화의 발생 원인이 됨
- 점화시간이 늦을 경우에는 연소실 내로 연료가 누입되며 역화의 원인이 됨
- 퍼지 시간이 너무 길면 노 내의 냉각현상을 초래하고 짧으면 역화 발생(퍼지 시간은 30초~3분 정도)
- 버너가 2개 이상인 경우는 하나의 버너에 점화하고 화염이 안정된 후 다른 버너에 점화(버너가 상하로 있을 경우 하층의 버너부터 점화)

REFERENCE 기동 전 준비사항

- 각 스위치를 점검하고 자동으로 표시되었는지 확인한다.
- 표시등의 점멸에 주의하고 시퀀스(Sequence)의 이행이 정규적으로 진행되었나 확인한다.
- 이상이 유발되었을 때는 즉시 정지하여 그 원인을 개선하여 재기동한다.

(2) 가스 보일러

① 점화조작

- 댐퍼를 모두 열어 통풍시키고 재받이문을 닫고 화격자 위에 연곡을 얇게 감아 그 위에 석탄을 얇고 고르게 분포시킨다.
- 석탄 위에 장작이나 기름누더기 등의 가연물을 올린 뒤 가연물에 점화한다.
- 불이 석탄에 옮겨타면 불을 화격자 전체에 넓혀 조금씩 석탄을 투입하여 확장시켜서 태운다.

② 점화조작 시 주의사항

- 가스 누설 유무를 면밀히 검사한다.
- 가스압력이 적정하고 안전한가 확인한다.
- 점화용 불씨는 화력이 큰 것을 사용한다.
- 노 내의 통풍을 충분히 한다.
- 착화 후 연소가 불안정한 때에는 연료공급을 중지한다.

5 절탄기의 취급

연도에 바이패스(Bypass)가 있는 경우는 보일러에 급수를 시작하기까지 연소가스는 바이패스를 통하여 배출시킨다.

6 송기 초 주증기 밸브 개폐

워터 해머(수격작용)를 방지하기 위하여 다음 순서에 따른다.

① 증기를 집어넣는 측의 주증기관, 증기배관 등에 있는 드레인 밸브를 만개하고 드레인을 완전히 배출한다.

② 주증기관 내에 소량의 증기를 통하여 관을 따뜻하게 한다.

③ 난관이 순조롭게 된 다음 주증기 밸브를 처음에는 약간 열고 다음에 단계적으로 서서히 연다.(주증기관 밸브는 만개상태로 되면 반드시 조금 되돌려 놓는다.)

[송기 직후 점검사항]

- 드레인밸브, 바이패스밸브, 기타 밸브의 개폐상태가 바른지 여부 점검
- 송기하면 보일러의 압력이 강하하므로 압력계를 보면서 연소량 조정
- 수면계의 수위에 변동이 나타나므로 급수장치의 운전상태를 보면서 수위 감시
- 자동제어장치 인터록 재점검

SECTION 08 연소관리

1 매연

매연방지대책은 다음과 같다.

(1) 아황산가스

① 황이 적은 연료 사용
② 연소가스 중 아황산가스 제거
③ 연돌을 높이고 대기에 의한 확산을 용이하게 실시

(2) CO(일산화탄소), Soot 분진 등 제거

발생원인	방지법
• 통풍력이 부족한 경우 • 통풍력이 과대한 경우 • 무리한 연소를 하고 있는 경우 • 연소실의 온도가 낮은 경우 • 연소실의 용적이 작은 경우 • 연소장치가 불량한 경우 • 연료의 품질이 그 보일러에 적합하지 않은 경우 • 취급자의 기술이 미숙한 경우	• 통풍력을 적절하게 유지할 것 • 무리한 연소를 하지 말 것 • 연소실, 연소장치를 개선할 것 • 적절한 연료를 선택할 것 • 연소기술을 향상시킬 것 • 집진시설을 설치할 것

2 저온부식

연소가스 중 아황산가스(SO_2)가 산화하여 무수황산(SO_3)이 되어 수분(H_2O)과 화합하여 황산(H_2SO_4)으로 된다. 이 황산 중의 산이 금속에 부착하여 부식을 촉진시킨다.(노점은 150℃)

[방지법]

- 연료 중의 황분을 제거한다.
- 첨가제를 사용하여 황산가스의 노점을 내린다.
- 배기가스의 온도를 노점 이상으로 유지한다.
- 전열면에 보호 피막을 입힌다.
- 저온 전열면은 내식 재료를 사용하여 준다.
- 배기가스 중의 O_2%를 감소시켜 아황산가스의 산화를 방지한다.
- 완전연소를 시킨다.
- 연소실 및 연도에 공기누입을 방지하여 준다.

3 고온부식

회분에 포함되어 있는 바나듐(V)이 연소에 의하여 5산화 바나듐(V_2O_5)으로 되어 가스의 온도가 500℃(V_2O_5의 융점 : 620~670℃ 정도) 이상이 되면 고온 전열면에 융착하여 그 부분을 부식시키는 현상

[방지법]

- 중유를 처리하여 바나듐, 나트륨 등을 제거한다.
- 첨가제를 사용하여 바나듐의 융점을 올려 전열면에 부착하는 것을 방지한다.
- 연소가스의 온도를 바나듐의 융점 이하로 유지한다.
- 고온 전열면에 내식 재료를 사용한다.
- 전열면 표면에 보호 피막을 사용한다.
- 전열면의 온도가 높아지지 않도록 설계한다.

4 이상연소

연소 중 연소실 또는 버너 및 연도에서 좋지 못한 현상이 발생되는 것으로서 연료의 질, 연소의 불합리, 연소실의 구조불량 등 때문에 발생된다.

[이상연소의 요인]

- 연료 중에 수분 및 협잡물의 과다
- 연도 등의 에어포켓 및 통풍불량
- 연소장치의 불합리
- 연료와 공기의 혼합불량 및 연소속도의 완만
- 연료 및 공기투입의 불합리
- 연료의 가열상태 및 점도의 불합리

▼ **각종 이상연소의 원인 및 대책**

고장	원인	대책
역화	물 및 협잡물의 함유	여과기, 공기빼기, 드레인빼기 등의 설치
	프리퍼지 부족	타이머 조절, 미연소 가스 존재 확인 검토
	유압과대	분무입경, 분사속도 조절
	1차 공기의 압력 부족	미연입자의 분사는 절대금지
	기름배관 속의 공기존 재	공기빼기를 충분히 할 것
운전도중 소화	버너 기름양을 너무 줄였다.	버너의 작동폭 수정
	안전장치의 작동 및 점화 불량	수위계, 기타 압력 스위치 점검
진동연소	연소실 온도가 낮음	온도가 오른 다음 천천히 기름양을 늘릴 것
	버너의 조립불량	기름노즐, 공기노즐 관계 점검
	통풍력 부적당	댐퍼 개도조정, 연도 배기구 점검
	점도과대	점도를 낮추기 위해 예열온도를 높일 것
	분무불량	기름 및 1차 공기압 조정

고장	원인	대책
진동연소	유압과대	분무기구에 적당한 압력 조정
버너 화구에 카본이 쌓임	분무 불균일	노즐폐색 또는 홈 점검, 헐겁지 않나 확인
	소화한 다음 기름 유출	버너 속에 남은 기름양 전부 분사
	노즐과 버너 타일의 센터링 불량	정확하게 중심을 맞춤
	기름에 카본량 과대	1차 공기압 및 양을 증가하며 필요에 따라 송풍량을 증가시킴
	공기량 부족	1차 공기, 통기력 점검
	예열온도가 높음	사용연료에 알맞은 온도로 예열
연소실 내벽에 카본이 쌓임	기름 점도 과대	가열온도를 높이고 1차 공기압 올리기
	분무에 직접 충돌	분무각도 및 불꽃과 연소실의 관계 거리 조절
	유압과대	1차 공기압과 유량을 적당히 조절
	1차 공기압 과대	착화거리가 길어지므로 분사속도 늦추기
	버너 팁 모양 위치가 나쁨	점검, 분해청소 또는 교환
	노 내 온도가 낮음	급격히 대량 연소시키지 않음
	기름 점도 과소	기름 분사속도 낮추기
	노폭 협소	연소량 및 버너의 분사각도를 맞춰 설계
	공기부족	공기량을 증가시켜 불꽃이 짧도록 함
예열기 탄화물추적	예열온도가 높음	예열온도 적정선 유지
	기름 중의 역청질 슬러지 함유	적정연료 선택
펄럭거리고 불꽃이 일정하지 않음	점도과대	가열온도 및 분무압력 높이기
	펌프의 흡인량 부족	펌프 용량을 큰 것으로 교체
	1차 공기의 압송량 과대 기름배관 중의 공기가열 온도가 너무 높음	압력을 적당량으로 조절, 배관에 공기빼기 밸브 설치, 기포 발생 방지, 배관에 배기밸브 설치
	분화구 지름과대	적당한 버너를 설치하고 복사열 이용
매연발생	공기부족	불꽃이 짧아지도록 공기량 증가시키기
	회분량 과대	압입통풍하면서 연소실 온도가 높아지도록 할 것
	연료 속의 중질분 취입불량	2차 공기 도입, 고온연소하고 통풍력 증가시키기
	연료량 과대	연소실 용적과 유량을 적당히 조절
	불완전연소	분무입경, 공기비 연소실 온도 검토
점화불량	기름이 없을 때	점화 시 기름유출 유무 확인
	인화점이 너무 낮음	점화용 화염을 충분하게 하거나 점화용 버너 준비
	연료예열 부족	점도가 낮은 기름 선택 또는 예열온도 높이기
	버너 팁이 막힘	소화 시 버너 청소, 점화 시 기름유출 확인
	배관 중에 물, 슬러지 함유	여과기 설치, 탱크, 배관 등에 드레인빼기 설치
	통풍력 부족	통기력 확인, 댐퍼의 개폐 여부 확인

고장	원인	대책
점화불량	1차 공기량 과대	적정량 유지
	연도 막힘	흡입구, 연도, 배기구, 정기점검
	화염검출기 불량	검출기 위치, 그을음 등의 점검
	파일럿 버너의 불꽃불량 및 타이밍이 맞지 않음	점화에너지 증가 및 타이밍 수정
역화	인화점 과저	적당한 버너로 교환, 분사방향 검토
기름펌프의 흡입 불량	흡입낙차 과대	유면 높이기
	밸브를 열지 않음	흡입, 토출밸브 점검
	기름여과기 폐색	분해청소
노즐이 막힘	기름에 협잡물이 많음	여과기 설치, 여과망의 메시를 적당한 것으로 선택
	노즐 온도가 너무 높음	방사열로부터 차단
	소화 시에 남은 기름이 없음	에어블로어를 실시
	집광렌즈가 흐림	빼내어 청소
	검출기 위치불량	설치각도 및 위치 수정
	배선이 끊김	수리
화염검출기의 기능 불량	증폭기 노후	부품교환
	오동작	불꽃 특성에 맞는 수감부 선정
	동력선 영향	검출회로 배선과 동력선 분리
	광전관, 광전지 노후	교환, 주위온도를 적당히 유지, 광량 조절
	점화전극의 고전압이 플레임 로드에 들어감	전극과 불꽃 사이의 여과기 설치
버너 모터는 도는데 기름이 분사되지 않음	기름탱크의 기름 부족	물, 슬러지 등의 이물질 흡입유무 점검
	노즐이 막힘	노즐 여과기 점검
	분연펌프의 압력이 낮음	압력조정밸브, 컷오프밸브 점검
	불꽃검출기의 동작불량	의사 신호, 리셋, 안전스위치 점검, 오손 점검
	분연펌프의 압력조정변 작동 불량	밸브 고착, 마모 등 점검
벽돌의 변색	연료성분 중 황, 철분, 기타 회분 등이 들어 있음	연료를 적당한 것으로 선택
버너 모터가 돌지 않음	전원불량	스위치, 퓨즈와 전압 점검
	버너 모터의 온도 릴레이 끊김	분연펌프과부하 점검, 팬이 케이스에 닿지 않았는지 모터가 타지 않았는지 등 점검
기름펌프의 흡입불량	기름 점도가 너무 높음	예열하여 점도를 낮춤
	기름의 증기폐색	기름 예열온도를 낮춤
	배관계통에 공기가 들어감	패킹, 실, 이음새 점검
	펌프의 슬리브	벨트, 키, 커플링 점검

고장	원인	대책
진동연소	분무공기압과대	불꽃이 부풀려 끊기기 직전의 상태에서 연소 금지
	노 내압이 너무 높음	노 속의 가스가 균일하게 혼합되도록 할 것
	버너 타일 형상이 맞지 않음	분무가열에 과부족 없도록 수정
	1차 공기압 및 유입불안정	안정되도록 조정 또는 개량
	분연펌프의 맥동	어큐뮬레이터 설치
	버너 타일과 버너 위치 불량	버너 타일 속으로 버너가 너무 들어가지 않도록 하고 중심을 어긋나지 않도록 설치
	연도 이음부분 불량	연소가스가 원활하게 흐르도록 개량
	노 속 가스의 흐름이 공명진동	연소실 개량 또는 기름양 조절
	연소용 공기 공급기구 부적당	스와라, 에어레지스터의 설치위치 및 각도 수정
불꽃이 튐	예열온도가 낮음	예열온도를 높여 점도 낮추기
	노즐의 분무특성 불량	사용하는 연료에 맞는 노즐로 바꾸기
	중유성분에 아스팔트가 많음	분산제 사용, 여과기 재검토
	버너 속에 카본이 붙음	버너 분해, 청소
	연소실 온도가 낮음	연소실 온도가 오른 후 기름양 늘리기
소음진동	노즐부의 분사음	공기조절기 채용
	공기배관 속의 기류진동	극단적인 방향전환을 피하고 공명 또는 공진을 함
	컴프레서의 흡입진동	소음기 채용
	송풍기의 흡입소음	흡입 측에 소음기 설치
	송풍기 임펠러의 언밸런스	임펠러를 바로 잡을 것
	연소실 공명	버너 설치 위치, 버너 수, 부하에 맞는 구조로 개량
	기름펌프 소음	워터 해머, 펌프 마모 등을 점검
	연소 소음	진동연소할 때 발생

SECTION 09 운전 중 장해

1 이상 감수의 원인

① 수위의 감시불량
② 증기의 소비과대
③ 수면계 기능불량
④ 급수불능
⑤ 보일러 수의 누설
⑥ 자동급수장치 고장

2 포밍(Forming), 프라이밍(Priming), 캐리오버(Carryover) 현상

① **프라이밍(Priming)** : 과부하 등에 의해 보일러수가 몹시 비등하여 수면으로부터 끊임없이 물방울이 비산하여 기실이 충만하고 수위가 불안정해지는 현상이다.

② **포밍(Forming)** : 보일러수에 불순물이 많이 함유된 경우 보일러수의 비등과 함께 수면 부근에 거품층을 형성하여 수위가 불안정하게 되는 현상이다.

③ **캐리오버(Carryover, 기수공발)** : 보일러에서 증기관 쪽에 보내는 증기에 수분(물방울)이 많이 함유되는 경우(증기가 나갈 때 수분이 따라가는 현상을 캐리오버라 한다.) 프라이밍이나 포밍이 생기면 필연적으로 캐리오버가 일어난다.

3 프라이밍과 포밍이 유발될 때의 장해

① 보일러수 전체가 현저하게 동요하고 수면계의 수위를 확인하기 어렵다.
② 안전밸브가 더러워지거나 수면계의 통기구멍에 보일러수가 들어가거나 하여 이들의 성능을 해친다.
③ 증기과열기에 보일러수가 들어가 증기온도나 과열도가 저하하여 과열기를 더럽힌다.
④ 증기와 더불어 보일러로부터 나온 수분이 배관 내에 고여 워터 해머를 일으켜 손상을 끼치는 수가 있다.
⑤ 보일러 내 수위가 급히 내려가고 저수위 사고를 일으키는 위험이 있다.

4 프라이밍과 포밍의 원인

① 증기 부하가 과대한 경우
② 고수위인 때
③ 주증기밸브를 급개할 때
④ 관수에 유지분, 부유물, 불순물이 많을 때
⑤ 관수가 농축되었을 때

5 프라이밍, 포밍 발생 시 조치사항

① 연소량을 가볍게 한다.
② 주증기밸브를 닫고 수위의 안정을 기다린다.
③ 관수의 일부를 취출하고 물을 넣는다.
④ 안전밸브, 수면계, 압력계, 연락관을 시험한다.
⑤ 수질검사를 실시한다.

6 워터 해머(수격현상)

증기관 속에 고여 있는 응축수가 송기 시 고온, 고압의 증기에 밀려 관의 굴곡부분을 강하게 치는 매우 나쁜 현상

원인	방지법
• 주증기변을 급개할 때 • 증기관 속에 응축수가 고여 있을 때 • 과부하를 행할 때 • 증기관이 냉각될 때	• 주증기변을 서서히 개폐 • 증기관 말단에 트랩을 설치 • 증기관을 보온 • 증기관의 굴곡은 가급적 피하기 • 증기관에 경사 주기 • 증기관을 가열 후 송기 • 과부하 방지

7 가마울림(공명음)

연소 중 연소실이나 연도 내에서 연속적인 울림을 내는 현상(수관, 노통, 횡연관, 보일러 등에서 일어난다.)

원인	방지법
• 연료 중에 수분이 많은 경우 일어난다. • 연료와 공기의 혼합이 나빠 연소속도가 늦은 경우에 일어난다. • 연도에 포켓이 있을 때 일어난다.	• 습분이 적은 연료 사용 • 2차 공기의 가열, 통풍 조절 개선 • 연소실이나 연도 개조 • 연소실 내에서 연소

SECTION 10 보일러 운전정지

1 보일러 비상정지의 순서

① 연료의 공급정지
② 연소용 공기의 공급정지
③ 버너의 기동 중지, 그리고 연결된 보일러가 있으면 연락 차단
④ 압력의 하강을 기다림
⑤ 급수를 필요로 할 때는 급수하여 정상수위를 유지(주철제는 제외)
⑥ 댐퍼는 개방한 상태로 취출 통풍을 실시

2 보일러 작업 종료 시 정지순서

① 연료 예열기의 전원을 차단
② 연료의 투입을 정지
③ 공기의 투입을 정지
④ 급수한 후 급수변 닫기
⑤ 증기밸브를 닫고 드레인 밸브 열기
⑥ 포스트 퍼지를 행한 후 댐퍼를 닫고 작업을 종료

04장 출제예상문제

01 보일러 과열원인이 아닌 것은?

① 보일러 동 저면에 스케일이 부착되었을 때
② 저수위로 운전할 때
③ 보일러 동이 팽출 또는 압궤되었을 때
④ 보일러수가 농축되었을 때

해설
팽출이나 압궤는 고온의 화염을 받아서 전열면이 과열되거나 내압력이 지나치면 발생된다.
㉠ 팽출이 일어나는 장소 : 수관, 횡관, 동체
㉡ 압궤가 일어나는 장소 : 노통, 화실

02 보일러 점화 시에 역화나 폭발을 방지하기 위해 어떤 조치를 가장 먼저 해야 하는가?

① 댐퍼를 열고 미연가스 등을 배출시킨다.
② 연료의 점화가 빨리 고르게 전파되게 한다.
③ 연료를 공급 후 연소용 공기를 공급한다.
④ 화력의 상승 속도를 빠르게 한다.

해설
역화나 가스폭발을 방지하려면 가장 먼저 댐퍼를 열고 미연가스 등을 배출시킨다.

03 보일러 점화 시 취급자의 옳은 위치는?

① 보일러의 측면　② 보일러의 위
③ 보일러의 정면　④ 보일러의 후면

해설
보일러 점화 시 역화의 피해를 막기 위해 반드시 점화자는 보일러 측면에서 점화시킨다.

04 보일러 본체의 일부분이 과열되어 외부로 부풀어 오르는 현상은?

① 팽출　② 압궤
③ 래미네이션　④ 블리스터

해설
팽출이란 보일러 본체 또는 노통 등이 과열되어 외부로 부풀어 오르는 현상이다.

05 보일러 배기가스의 자연 통풍력을 증가시키는 방법과 무관한 것은?

① 배기가스 온도를 높인다.
② 연돌 높이를 증가시킨다.
③ 연돌을 보온 처리한다.
④ 압입통풍과 흡입통풍을 평행한다.

해설
평행통풍(압입+흡입)은 강제통풍방식이다.

06 연소과정에 대한 설명으로 잘못된 것은?

① 분해 연소하는 물체는 연소 초기에 화염을 발생한다.
② 휘발분이 없는 연료는 표면연소한다.
③ 탄화도가 높은 고체연료는 증발연소한다.
④ 연소속도는 산화반응속도라고 할 수 있다.

해설
탄화도가 높은 고체연료는 분해연소한다.

07 보일러 점화 시에 가장 먼저 해야 할 사항은?

① 증기밸브를 연다.　② 불씨를 넣는다.
③ 연료를 넣는다.　④ 노 내 환기를 시킨다.

정답 01 ③ 02 ① 03 ① 04 ① 05 ④ 06 ③ 07 ④

해설

보일러 점화 시에는 노 내 가스폭발을 방지하기 위하여 노 내 환기(프리퍼지)를 시킨다.

08 다음 중 장갑을 착용하여도 무방한 작업은?

① 목공기계 작업　② 드릴 작업
③ 그라인더 작업　④ 핸드탭 작업

해설

핸드탭 작업 시에는 장갑을 착용하여도 지장이 없다.

09 보일러의 수압시험을 하는 주된 목적은?

① 제한압력을 결정하기 위하여
② 열효율을 측정하기 위하여
③ 균열 여부를 알기 위하여
④ 설계의 양부를 알기 위하여

해설

수압시험의 목적
㉠ 균열 여부를 알기 위해　㉡ 누수의 원인을 알기 위해

10 신설 저압 보일러에서 소다 끓임(알칼리 세관)을 하는 것은 주로 어떤 성분을 제거하기 위해서인가?

① 스케일 성분　② 염산염 성분
③ 유지 성분　④ 탄산염 성분

해설

신설 보일러에서 소다 끓임 작업은 유지분의 제거를 위해서 필요하다.

11 보일러 연료로 인해 발생한 연소실 부착물이 아닌 것은?

① 클링커(Klinker)
② 버드 네스트(Bird Nest)
③ 신더(Cinder)
④ 스케일(Scale)

해설

스케일(관석)은 급수처리가 미숙하여 생기는 현상이다

12 보일러를 긴급 정지할 때 제일 먼저 해야 할 일은?

① 댐퍼 개방　② 증기밸브 차단
③ 급수 중단　④ 연료공급 중단

해설

보일러 운전 중 긴급히 정지하는 일이 발생된 때는 가장 먼저 연료공급을 차단한다.

13 유류 화재의 등급은?

① A급　② B급
③ C급　④ D급

해설

㉠ A급 : 일반화재　㉡ B급 : 유류화재
㉢ C급 : 전기화재　㉣ D급 : 금속화재
㉤ E급 : 가스화재

14 보일러 점화 전에 연도 내의 환기를 충분히 해야 하는 이유는?

① 통풍력을 점검
② 가스폭발을 방지
③ 아황산가스를 적게 하고 부식을 방지
④ 연료의 양호한 착화를 도모

해설

보일러 점화 전 연도 내의 환기를 충분히 해야 하는 이유는 가스폭발을 방지하기 위해서 프리퍼지를 실시한다.

15 보일러 파열사고 원인 중 구조물의 강도 부족에 의한 것이 아닌 것은?

① 용접불량　② 재료불량
③ 동체구조 불량　④ 용수관리 불량

정답 08 ④ 09 ③ 10 ③ 11 ④ 12 ④ 13 ② 14 ② 15 ④

해설

용수관리 불량은 보일러 취급 시 관리 소홀로 사고가 발생한다.

16 보일러 연소실 내에서 가스 폭발을 일으킨 원인으로 가장 적합한 것은?

① 프리퍼지 부족으로 미연소가스가 충만되어 있었다.
② 연도 쪽의 댐퍼가 열려 있었다.
③ 연소용 공기를 다량으로 주입하였다.
④ 연료의 공급이 원활하지 못하였다.

해설

보일러 점화 시 먼저 프리퍼지(치환)를 실시하고 점화하면 연소실 내에서 가스의 폭발을 방지할 수 있다.

17 작업환경과 거리가 먼 것은?

① 복장 ② 소음
③ 조명 ④ 대기(大氣)

해설

작업환경
㉠ 소음 ㉡ 조명 ㉢ 대기

18 온수 보일러에서 안전장치 역할을 하는 것은?

① 수고계 ② 팽창탱크
③ 온도계 ④ 라디에이터

해설

팽창탱크 : 온수 보일러에서 온수의 팽창량(4.3[%])을 흡수한다.

19 보일러 연료 연소 시 매연발생원인이 아닌 것은?

① 기름 속의 회분 과다
② 기름 속의 중질분 과다
③ 공기량 과대
④ 연소량 과대

해설

공기량 과대 시 나타나는 장해
㉠ 배기가스의 열손실 증가
㉡ 노 내 온도 저하

20 보일러수 중에 포함되어 있는 불순물로서 포밍의 원인이 되는 것은?

① 산소 ② 탄산칼슘
③ 유지분 ④ 황산칼슘

해설

유지분의 유해성은 보일러수의 포밍(거품)을 일으키고 과열의 원인이 된다.

21 연료의 완전연소를 위한 구비조건으로 틀린 것은?

① 연료를 인화점 이하에서 예열 공급할 것
② 적량의 공기를 공급하여 연료와 잘 혼합할 것
③ 연소에 충분한 시간을 줄 것
④ 연소실 내의 온도는 높게 유지할 것

해설

연료는 착화점 이하로 예열한다.

22 보일러의 그을음 불어내기 장치 사용 시 주의해야 할 사항으로 틀린 것은?

① 그을음 불어내기를 하기 전에 반드시 드레인을 충분히 배출한다.
② 그을음 불어내기를 할 때는 통풍력을 크게 한다.
③ 자동연소 제어장치를 갖춘 보일러에서는 자동으로 바꾸어서 실시한다.
④ 장치를 한 장소에 오래 사용하지 않도록 한다.

해설

보일러 그을음 불어내기와 자동연소 제어장치는 관련이 없다.

정답 16 ① 17 ① 18 ② 19 ③ 20 ③ 21 ① 22 ③

23 연소 시 발생되는 가마울림현상의 방지책이 아닌 것은?

① 수분이 적은 연료를 사용한다.
② 2차 공기를 가열한다.
③ 연소실 내에서 연료를 천천히 연소시킨다.
④ 연소실이나 연도를 개조한다.

해설
연소 시 가마울림(공명음) 발생을 방지하려면 연소실 내에서 연료를 신속히 연소시킨다.

24 절탄기에 열가스를 보낼 때 가장 주의할 점은?

① 급수온도
② 연소가스의 온도
③ 절탄기 내의 물의 움직임
④ 유리 수면계의 물의 움직임

해설
연도에 설치한 절탄기(급수가열기)의 과열을 방지하기 위하여 배기가스를 보낼 때 절탄기 내 물의 움직임을 관찰하여야 한다.

25 보일러에서 과열의 원인이 될 수 없는 것은?

① 보일러수의 순환이 나쁠 때
② 보일러수의 불순물의 농도가 매우 높을 때
③ 보일러수의 수위가 높을 때
④ 고열이 닿는 곳의 내면에 스케일이 부착되어 있을 때

해설
보일러수의 수위가 높으면 부하변동 시 응하기가 수월하나 예열부하가 크게 되고 압력변화는 적어 파열이 방지된다.

26 보일러에서 프라이밍, 포밍이 발생하는 경우와 거리가 먼 것은?

① 증기발생부가 클 때
② 급수처리가 불량할 때
③ 증기발생량이 과대할 때
④ 고수위로 보일러를 운전할 때

해설
증기발생부가 크면 프라이밍(비수), 포밍(물거품)의 발생이 방지된다.

27 중유연소장치에서 역화가 발생하는 원인이 아닌 것은?

① 미연가스를 배출하지 않고 점화할 때
② 유압이 과대할 때
③ 연소실 온도가 너무 높을 때
④ 공기보다 먼저 연료를 공급할 때

해설
연소실 온도가 고온이면 완전연소가 용이하여 역화발생이 방지된다.

28 발화성, 인화성 물질의 취급에 대한 설명으로 잘못된 것은?

① 발화성 물질 등은 혼합해서 같은 용기에서 저장한다.
② 주위에 항상 적절한 소화설비를 갖추어 둔다.
③ 독립된 내화구조 또는 준내화구조로 한다.
④ 환기가 잘 될 수 있는 구조로 한다.

해설
발화성, 인화성 물질의 취급에서 혼합하지 말고 개별로 저장한다.

29 보일러 운전 시 포밍 발생원인으로 적합지 않은 것은?

① 보일러수에 불순물이 많이 섞여 있는 경우
② 보일러수에 유지분이 섞인 경우
③ 보일러가 과열된 경우
④ 보일러 수면에 부유물이 많은 경우

해설
보일러의 과열은 소손현상이나 파열의 원인이 된다.

정답 23 ③ 24 ③ 25 ③ 26 ① 27 ③ 28 ① 29 ③

30 보일러 본체와 일부분이 과열되어 내부로 오므라드는 현상은?

① 팽출 ② 압궤
③ 래미네이션 ④ 블리스터

해설
- 팽출 : 외부로 부풀어 오르는 현상
- 압궤 : 내부로 오므라드는 현상

31 가스 보일러 점화 시 주의사항 설명으로 잘못된 것은?

① 점화는 한 번만에 점화되도록 한다.
② 불씨는 화력이 큰 것을 사용한다.
③ 갑작스런 실화 시에는 연료공급을 즉시 차단한다.
④ 댐퍼를 닫고 프리퍼지를 한 다음 점화한다.

해설
프리퍼지(노 내 환기) 시에는 연도의 댐퍼는 활짝 열고 실시한다.

32 장갑을 착용해야 하는 작업은?

① 가스용접작업 ② 기계가공작업
③ 해머작업 ④ 기계톱작업

해설
용접작업이나 무거운 중량물을 운반할 때는 장갑착용이 가능하다.

33 보일러 안전장치와 가장 무관한 것은?

① 안전밸브 ② 고저수위 경보기
③ 화염검출기 ④ 급수밸브

해설
급수밸브는 급수장치이다.

34 보일러의 안전관리상 가장 중요한 것은?

① 연도의 부식방지 ② 연료의 예열
③ 2차 공기의 조절 ④ 안전저수위 이상 유지

해설
보일러 안전관리상 중요사항 : 저수위사고 방지, 압력초과 방지, 가스폭발 방지, 스케일 생성 방지

35 안전관리의 목적과 가장 거리가 먼 것은?

① 생산성 증대 및 품질 향상
② 안전사고 발생요인 제거
③ 근로자의 생명 및 상해로부터의 보호
④ 사고에 따른 재산의 손실 방지

해설
안전관리의 목적
㉠ 안전사고 발생요인 제거
㉡ 근로자의 생명 및 상해로부터의 보호
㉢ 사고에 따른 재산의 손실 방지

36 보일러 연소실의 가스폭발 시에 대비하여 설치한 방폭문의 설치위치로서 적합하지 않은 곳은?

① 연소실 후부
② 폭발로 열렸을 때 인명피해가 발생하지 않는 위치
③ 폭발로 열렸을 때 화재 위험이 없는 곳
④ 보일러 연소가스 출구

해설
보일러 연소가스 출구는 연돌의 상단부가 된다.

37 보일러 점화 시 역화의 원인과 거리가 먼 것은?

① 연료의 인화점이 매우 높을 때
② 프리퍼지가 부족할 때
③ 1차 공기의 압력이 부족할 때
④ 연료의 압력이 과대할 때

해설
역화의 원인
㉠ 프리퍼지 부족(환기치환 부족)
㉡ 1차 공기의 압력 부족
㉢ 연료의 압력 과대

정답 30 ② 31 ④ 32 ① 33 ④ 34 ④ 35 ① 36 ④ 37 ①

38 보일러 유류 연소장치에서 역화의 발생원인과 가장 거리가 먼 것은?

① 흡입통풍의 부족 ② 2차 공기의 예열 부족
③ 착화지연 ④ 협잡물의 혼입

해설
역화의 발생원인
㉠ 흡입통풍의 부족 ㉡ 착화지연 ㉢ 협잡물의 혼입

39 보일러를 청소하기 위해 연도 내에 들어가는 경우 조치사항으로 틀린 것은?

① 보일러의 연도가 다른 보일러와 연결된 경우에는 댐퍼를 열어 둔다.
② 통풍을 충분히 하기 위하여 댐퍼는 적정하게 열어 놓는다.
③ 연도 내에 사람이 들어가 있다는 사실을 알리는 표시를 한다.
④ 화상을 입지 않도록 조치한다.

해설
연도 내에 청소를 위하여 보일러 연도가 다른 보일러와 연결되어 있는 경우 댐퍼는 반드시 닫는다.

40 보일러 점화 시 취급자의 옳은 위치는?

① 가스폭발이 방지되는 측면
② 보일러의 위
③ 보일러의 정면
④ 보일러의 후면

해설
보일러 점화 시 가스폭발의 우려를 피하기 위해 운전자는 보일러 버너 측면에서 점화한다.

41 신설 저압 보일러에서 소다 끓임을 하는 것은 주로 어떤 성분을 제거하기 위해서인가?

① 스케일 성분 ② 인산염 성분
③ 기름성분 ④ 탄산염 성분

해설
신설 보일러의 소다 끓임의 목적은 동내부의 기름성분을 제거하기 위함이다.

42 보일러 전열면의 오손을 방지하는 방법으로 잘못된 것은?

① 연료 중 회분의 융점을 강하한다.
② 황분이 적은 연료를 사용한다.
③ 내식성이 강한 재료를 사용한다.
④ 배기가스의 노점을 강하시킨다.

해설
보일러 전열면의 오손을 방지하려면 연료 중 회분의 융점을 높여야 한다.

43 보일러 점화 전에 연도 내의 환기를 충분히 해야 하는 이유는?

① 통풍력을 점검
② 잔존 미연소 가스폭발을 방지
③ 아황산가스를 적게 하고 부식을 방지
④ 연료의 착화를 양호하게 함

해설
보일러 점화 전 연도 내 환기(프리퍼지)를 시키는 이유는 잔존 미연소 가스의 폭발을 방지하기 위해서다.

44 화염검출기의 일종인 스택릴레이의 안전사용온도는 몇 [℃] 이하인가?

① 100[℃] 이하 ② 280[℃] 이하
③ 300[℃] 이하 ④ 390[℃] 이하

해설
스택 릴레이(Stack Relay)는 연도에 설치하며 280[℃] 이상이면 사용이 불가하다.

정답 38 ② 39 ① 40 ① 41 ③ 42 ① 43 ② 44 ②

45 작업장 내에서의 안전수칙으로 부적합한 것은?

① 작업 중 장난, 잡담을 하지 않을 것
② 규정된 안전복장을 반드시 착용할 것
③ 작업장 내의 정리정돈을 잘할 것
④ 기계는 작동상태에서 안전점검을 할 것

해설
작업장에서 기계 점검을 할 때에는 반드시 작업을 중지한 후 실시한다.

46 중유연소장치에서 역화가 발생하는 경우가 아닌 것은?

① 미연가스를 배출하지 않고 착화할 때
② 유압이 과대할 때
③ 연소실 온도가 너무 높은 때
④ 공기보다 먼저 연료를 공급한 때

해설
연소실 온도가 너무 높으면 완전연소가 가능하여 역화 발생은 방지된다.

47 보일러의 열손실 중에서 가장 큰 것은?

① 불완전연소에 의한 손실
② 배기가스에 의한 손실
③ 보일러 본체 벽에서의 복사, 전도에 의한 손실
④ 그을음에 의한 손실

해설
배기가스 열손실은 보일러 열손실 중 가장 크다.

48 부르동관 압력계의 사이펀관 속에 넣는 물질은?

① 물 ② 증기
③ 공기 ④ 경유

해설
사이펀관 속에 80[℃] 이하의 물을 넣어 압력계를 보호한다.

49 구조는 간단하지만 연소차단 시간이 길어 가정용 소형 보일러에서만 사용되는 화염검출기는?

① 플레임 아이 ② 스택 스위치
③ 전자밸브 ④ 플레임 로드

해설
스택 스위치는 구조는 간단하지만 연소차단 시간이 30~40초간 길어서 가정용 소형 보일러에서만 사용되며 연도에 설치한다.

50 보일러 연도에 설치하는 댐퍼의 설치 목적과 관계없는 것은?

① 매연 및 그을음의 차단
② 통풍력의 조절
③ 가스 흐름의 차단
④ 주연도, 부연도의 가스흐름 교체

해설
그을음의 차단은 수트 블로어가 편리하다.

51 보일러가 파손되는 경우 수관식 보일러의 피해가 원통형 보일러보다 적은 이유는?

① 수관이 많기 때문에 ② 보유수량이 적기 때문에
③ 고압에 견디므로 ④ 전열면적이 크므로

해설
보일러가 파손되는 경우 수관식 보일러의 피해가 적은 이유는 본체 내에 보유수량이 적기 때문이다.

52 유류화재에 사용할 수 있는 소화기의 몸통 부분에는 어떤 색깔의 원형이 표시되어 있는가?

① 백색 ② 청색
③ 녹색 ④ 황색

해설
유류화재에 사용하는 소화기의 본체에는 황색의 원형이 표시되어 있다.

정답 45 ④ 46 ③ 47 ② 48 ① 49 ② 50 ① 51 ② 52 ④

53 가스버너 중 위험성이 가장 높은 것은?

① 송풍식 ② 확산연소식
③ 예열혼합식 ④ 포트형

해설
예혼합식 연소방식은 역화의 발생 위험이 가장 높다.

54 보일러의 과열방지대책이 아닌 것은?

① 보일러 수위를 너무 낮게 하지 말 것
② 보일러수를 농축시킬 것
③ 보일러수의 순환을 좋게 할 것
④ 화염을 국부적으로 집중시키지 말 것

해설
보일러수가 농축되면 슬러지 발생 및 스케일의 생성이 촉진된다.

55 보일러의 청소목적이 아닌 것은?

① 수명연장 ② 연료절감
③ 보일러수의 농축 ④ 열효율 향상

해설
보일러의 청소목적
㉠ 수명연장 ㉡ 연료절감
㉢ 열효율 향상 ㉣ 스케일 생성 방지

56 다음 중 장갑을 끼고 작업하여야 하는 것은?

① 선반작업 ② 드릴작업
③ 해머작업 ④ 용접작업

해설
용접작업 시에는 뜨거운 열기나 감전을 방지하기 위하여 장갑을 낀다.

57 신설 저압 보일러에서 소다 끓임(알칼리 세관)을 하는 것은 주로 어떤 성분을 사용하는가?

① 스케일 성분 ② 인산염 성분
③ 가성소다 성분 ④ 탄산염 성분

해설
유지분 제거는 알칼리 세관(소다 끓임) 시 가성소다 성분이 필요하다.

58 보일러 전열면의 오손을 방지하는 방법으로 잘못된 것은?

① 연료 중 바나듐의 융점을 강하한다.
② 황분이 적은 연료를 사용한다.
③ 내식성이 강한 재료를 사용한다.
④ 배기가스의 노점을 강하시킨다.

해설
전열면의 오손방지를 위하여 연료 중 회분(바나듐 등)의 융점을 높인다.

59 유류 연소장치에서 역화의 발생원인과 가장 거리가 먼 것은?

① 흡입통풍의 부족 ② 통풍력 증가
③ 착화지연 ④ 협잡물의 혼입

해설
통풍력 증가는 연소가 잘되고 노 내 온도가 높기 때문이다.

60 연도가스의 폭발에 대비한 안전조치사항으로 옳은 것은?

① 방폭문을 부착한다. ② 연도를 가열한다.
③ 배관을 굵게 한다. ④ 스케일을 제거한다.

해설
방폭문(폭발구)을 설치하면 연도에서 연소가스의 폭발이 일어났을 때 피해를 줄일 수 있다.

정답 53 ③ 54 ② 55 ③ 56 ④ 57 ③ 58 ① 59 ② 60 ①

61 장갑을 착용해야 하는 작업은?

① 가스용접작업 ② 기계가공작업
③ 해머작업 ④ 기계톱작업

해설
가스용접이나 무거운 물건을 이동할 때는 장갑을 착용한다.

62 화상을 당했을 때 현장에서의 응급조치로 가장 옳은 것은?

① 잉크를 바른다. ② 아연화연고를 바른다.
③ 옥시풀을 바른다. ④ 붕대를 감는다.

해설
화상을 당했을 때 현장에서 응급조치로 즉시 아연화연고를 바른다.

63 급수부족으로 보일러가 과열되었을 때의 조치로 가장 적합한 것은?

① 냉각수를 급속히 급수하여 냉각시킨다.
② 송기밸브를 전개(全開)하고 연도댐퍼를 닫는다.
③ 연소를 중지하고 천천히 냉각시킨다.
④ 연소실 내부로 공기를 계속 공급하여 냉각시킨다.

해설
급수부족으로 보일러에서 저수위 사고 시 과열을 제거하기 위해서는 연소를 즉시 중단하고 댐퍼를 열고 천천히 냉각시킨다.

64 보일러 전열면의 오손을 방지하는 방법으로 잘못된 것은?

① 연료 중 V_2O_5의 융점을 강하한다.
② 회분이 적은 연료를 사용한다.
③ 내식성이 강한 재료를 사용한다.
④ 배기가스의 노점을 강하시킨다.

해설
전열면의 오손방지에는 고온부식 방지책으로 연료 중 회분의 융점을 높여준다.

65 작업환경과 거리가 먼 것은?

① 연소장치 화염 ② 소음
③ 조명 ④ 대기

해설
연소장치 화염은 작업환경과는 거리가 멀다.

66 보일러의 과열 · 소손 방지대책이 아닌 것은?

① 보일러 수위를 너무 낮게 하지 말 것
② 보일러수를 분출시키지 말 것
③ 보일러수의 순환을 좋게 할 것
④ 화염을 국부적으로 집중시키지 말 것

해설
보일러수가 농축되면 과열의 우려가 있고 스케일 생성의 원인이 된다.

67 보일러 분출 시의 유의사항 중 잘못된 것은?

① 분출 도중 다른 작업을 하지 말 것
② 2대 이상의 보일러를 동시에 분출하지 말 것
③ 안전저수위 이하로 분출하지 말 것
④ 계속 운전 중인 보일러는 부하가 가장 클 때 할 것

해설
보일러 분출은 보일러 운전 중에 부하가 가장 작을 때 실시해야 저수위사고가 예방된다.

68 안전관리의 목적과 가장 거리가 먼 것은?

① 보일러 증기발생 증가
② 안전사고 발생요인 제거
③ 근로자의 생명 및 상해로부터의 보호
④ 사고에 따른 재산의 손실방지

해설
안전관리의 목적 : ②, ③, ④항의 내용

정답 61 ① 62 ② 63 ③ 64 ① 65 ① 66 ② 67 ④ 68 ①

69 보일러의 저수위 사고 방지대책으로 옳지 못한 것은?

① 수면계의 수위를 수시로 감시한다.
② 수면계의 통수관이 관석으로 막히지 않도록 청소해 준다.
③ 자동연소 차단장치를 부착하고 그 기능을 유지하도록 주기적으로 점검한다.
④ 급수내관의 부착위치를 안전저수위 위쪽으로 조정한다.

해설
급수내관의 부착위치 : 안전저수위 아래 5[cm] 지점

70 보일러의 청소목적과 무관한 것은?

① 부식, 과열사고 방지를 위하여
② 열효율의 향상을 위하여
③ 발생증기를 효율적으로 사용하기 위하여
④ 통풍저항을 경감하기 위하여

해설
①, ②, ④항은 보일러 청소목적과 관계된다.

71 안전관리의 목적과 관계가 먼 것은?

① 사고를 사전에 예방
② 사고에 따른 재산의 손실방지
③ 근로자의 생명과 상해로부터 보호
④ 신제품의 개발 및 품질, 환경개선

해설
신제품의 개발 및 품질개선, 환경개선은 안전관리와는 관련이 없는 내용이다.

72 작업안전에 대한 설명으로 잘못된 것은?

① 해머작업 시에는 장갑을 끼지 않는다.
② 스패너는 너트에 꼭 맞는 것을 사용한다.
③ 간편한 작업복 차림으로 작업에 임한다.
④ 전기용접작업 시에는 면장갑을 낀다.

해설
전기용접작업 시에는 용접전용장갑을 낀다.

73 보일러 저수위 사고의 원인을 열거한 것 중 틀린 것은?

① 저수위 제어기의 고장 ② 수위의 오판
③ 급수 역지밸브의 고장 ④ 연료공급 노즐의 막힘

해설
연료공급 노즐이 막히면 노 내에 소화가 되어 연소가 중지된다.

74 보일러의 연소가스 폭발 시에 대비한 안전장치는?

① 폭발문 ② 안전밸브
③ 파괴판 ④ 연돌

해설
폭발문은 보일러의 연소가스 폭발 시에 대비하여 연소실 후부에 설치한다. 스프링 타입이 가장 많이 사용된다.

75 보일러 용수처리의 목적이 아닌 것은?

① 스케일 부착방지
② 가성취화 발생방지
③ 포밍과 캐리오버 발생방지
④ 연소상태 불량방지

해설
연소상태와 보일러 용수처리 목적과는 관련이 없다.

76 소용량 온수 보일러에 사용되는 화염검출기의 한 종류로서 화염의 발열을 이용하는 것은?

① 플레임 아이 ② 플레임 로드
③ 스택 스위치 ④ CdS 셀

해설
스택 스위치
㉠ 화염의 유무 검출
㉡ 소용량 온수 보일러에 이상적
㉢ 연도에 설치 가능

정답 69 ④ 70 ③ 71 ④ 72 ④ 73 ④ 74 ① 75 ④ 76 ③

77 보일러의 안전 저수위란 보일러 운전상 유지하여야 할 어떤 수위인가?

① 최고수위 ② 상용수위
③ 중간수위 ④ 최저수위

해설
최저수위
보일러 안전에 필요한 운전상 유지해야 할 가장 낮은 수위이다.

78 보일러 운전 중 갑자기 소화되었을 때 작동하는 안전장치는?

① 수위경보기 ② 폭발문
③ 화염검출기 ④ 리셋 버튼

해설
보일러 운전 중 갑자기 소화(실화)되면 화염검출기가 작동하여 연료공급이 중지된다.

79 온도계를 장착할 필요가 없는 보일러 부속장치 또는 위치는?

① 버너 입구 ② 오일 프리히터
③ 서비스 탱크 ④ 인젝터

해설
인젝터는 보일러 발생 증기를 흡인하여 분사하는 급수펌프(무동력펌프)이며 그래샴(Grasham)형과 메트로폴리탄형이 있다.

80 보일러 안전관리의 목적으로 가장 옳은 것은?

① 연료 사용기기의 품질 향상 및 단가 절감
② 관계자의 능력 향상
③ 경제적인 보일러 운전과 연료 절감
④ 각종 기기 및 설비 사용 시의 사고발생 및 위해 방지

해설
보일러 안전관리란 각종 기기 및 설비사용 시의 사고 발생 및 위해방지가 목적이다.

81 작업안전에 대한 설명으로 잘못된 것은?

① 해머작업 시에는 장갑을 끼지 않는다.
② 스패너는 너트에 꼭 맞는 것을 사용한다.
③ 간편한 작업복 차림으로 작업에 임한다.
④ 전기용접작업 시에는 감전보다는 가스폭발에 주의한다.

해설
전기용접작업 시에는 절연용 가죽장갑을 끼는 것이 이상적이다.

82 보일러 및 연도에 들어갈 경우 주의사항으로 틀린 것은?

① 보일러 내부 및 연도의 환기를 충분히 한다.
② 다른 보일러와 연결된 경우 배기가스의 역류를 방지한다.
③ 안전커버가 있는 전등을 사용한다.
④ 통풍이 원활하지 못할 때 들어가서 청소한다.

해설
연도에 들어가는 경우 통풍소통이 원활한 경우 작업한다.

83 응축수가 많이 고여 있는 배관 내에 고압의 증기를 급격하게 보내면 발생하는 현상은?

① 증발력 증강 ② 수격작용
③ 수막현상 ④ 효율증대

해설
응축수가 많이 고여 있는 배관 내에 고압의 증기를 급격히 보내면 워터 해머(수격작용)가 발생된다.

84 안전사고 조사의 목적으로 가장 타당한 것은?

① 사고 관련자의 책임 규명을 위하여
② 사고의 원인을 파악하여 사고 재발방지를 위하여
③ 사고 관련자의 처벌을 정확하고 명확히 하기 위하여
④ 재산, 인명 등의 피해 정도를 정확히 파악하기 위하여

정답 77 ④ 78 ③ 79 ④ 80 ④ 81 ④ 82 ④ 83 ② 84 ②

해설

안전사고의 조사 목적은 사고의 원인을 파악하여 사고 재발방지를 위해서이다.

85 보일러 가동 시 역화의 원인과 가장 무관한 것은?

① 연료의 인화점이 너무 낮다.
② 프리퍼지가 부족하다.
③ 1차 공기의 압력이 부족하다.
④ 연료 중 회분량이 많다.

해설

연료 중 회분량이 많으면 발열량이 저하하고 재처리가 많아진다.

86 증기배관에서 수격작용이 발생하는 원인과 가장 거리가 먼 것은?

① 증기트랩이 고장일 경우
② 증기관 내에 응축수가 고여 있을 경우
③ 주증기밸브를 급개할 경우
④ 저수위일 경우

해설

저수위 사고는 보일러 압력 초과나 파열의 위험이 발생된다.

87 보일러가 최고사용압력 이하에서 파손되는 이유로 가장 옳은 것은?

① 안전장치가 작동하지 않기 때문에
② 안전밸브가 작동하지 않기 때문에
③ 안전장치가 불완전하기 때문에
④ 구조상 결함이 있기 때문에

해설

보일러가 최고사용압력 이하에서 파손되는 이유는 구조상 결함이 있기 때문이다.

88 보일러의 안전관리상 가장 중요한 것은?

① 연도의 부식방지 ② 연료의 예열
③ 2차 공기의 조절 ④ 상용수위 유지

해설

보일러 안전관리상 주의사항
㉠ 저수위 사고방지
㉡ 압력초과방지
㉢ 노 내 가스폭발방지

89 오일 연소장치에서 역화가 발생하는 원인과 무관한 것은?

① 1차 공기의 압력 부족
② 점화할 때 프리퍼지 부족
③ 물 또는 협잡물 혼입
④ 송풍량이 증가할 때

해설

송풍량이 풍부하면 역화가 방지된다.

90 보일러 방폭문이 설치되는 위치로 가장 적합한 것은?

① 연소실 후부 또는 좌우측
② 노통 또는 화실 천장부
③ 증기드럼 내부 또는 주증기 배관 내
④ 연도

해설

방폭문의 설치장소는 연소실 후부 또는 연소실 후부의 좌우측이 가장 적합하다.

91 신설 저압 보일러에서 소다 끓임(알칼리 세관)을 하는 것은 주로 어떤 성분을 제거하기 위해서인가?

① 스케일 성분 ② 인산염 성분
③ 페인트 또는 유지나 녹 ④ 탄산염 성분

해설

신설 저압 보일러에서 소다 끓임, 즉 알칼리 세관을 하는 목적은 본체 내의 유지성분을 제거하기 위해서이다.

정답 85 ④ 86 ④ 87 ④ 88 ④ 89 ④ 90 ① 91 ③

92 가벼운 1도 화상이라 하더라도 화상을 입은 부분이 전신의 몇 [%] 이상이면 생명의 위험이 있는가?

① 10[%] ② 20[%]
③ 30[%] ④ 40[%]

해설
화상을 입은 부분이 전신의 약 30[%] 이상이면 생명의 위험이 있다.

93 가스 보일러 점화 시의 주의사항 설명으로 잘못된 것은?

① 점화는 한 번만에 착화되도록 한다.
② 불씨는 화력이 큰 것을 사용한다.
③ 갑작스런 실화 시에는 연료공급을 즉시 차단한다.
④ 저수위 사고를 막기 위해 댐퍼를 닫고 프리퍼지를 한 다음 점화한다.

해설
가스 보일러의 점화 시 댐퍼를 열고 프리퍼지를 한 다음 점화시킨다.

94 보일러 파열사고 원인 중 구조물의 강도 부족에 의한 것이 아닌 것은?

① 용접불량 ② 재료불량
③ 동체 구조불량 ④ 용수관리불량

해설
보일러 용수관리불량은 보일러 취급자의 사고원인이다.

95 급수처리방법 중 용해 고형물 제거법이 아닌 것은?

① 이온교환법 ② 증류법
③ 약재첨가법 ④ 응집법

해설
응집법, 침강법, 여과법은 고형 협잡물 처리방법이다.

96 안전밸브의 누설 원인이 아닌 것은?

① 공작불량으로 밸브와 밸브 시트가 맞지 않을 경우
② 스프링 불량으로 밸브가 닫히지 않을 경우
③ 밸브와 밸브 시트 사이에 불순물이 끼어 있을 때
④ 스프링의 탄성압이 너무 강할 때

해설
스프링의 탄성압이 너무 약하면 안전밸브에서 증기의 누설이 발생된다.

97 보일러 저수위 사고의 원인을 열거한 것 중 틀린 것은?

① 저수위 제어기의 고장
② 수위의 오판
③ 급수 역지밸브의 고장
④ 연료공급노즐의 막힘

해설
연료공급노즐의 막힘은 연소실 내 소화 또는 실화의 원인이 된다.

98 보일러 외부부식 원인과 가장 거리가 먼 것은?

① 청소구멍의 주위에서 누수가 된다.
② 빗물이 침입한다.
③ 지면에 습기가 있다.
④ 보일러관이 연소실의 강한 화염과 접촉한다.

해설
보일러 외부부식 원인
㉠ 청소구멍의 주위에서 누수가 된다.
㉡ 빗물이 침입한다.
㉢ 지면에 습기가 있다.

99 보일러를 청소할 경우 보일러에 들어가기 전의 주의사항으로 잘못된 것은?

① 사용 중인 보일러와 차단시킨다.
② 전등은 안전커버를 씌운 것을 사용한다.
③ 웃옷을 벗고 들어간다.
④ 충분히 환기를 시킨다.

정답 92 ③ 93 ④ 94 ④ 95 ④ 96 ④ 97 ④ 98 ④ 99 ③

해설
보일러 청소 시 작업복을 착용하고 보일러 내부에 들어가서 청소한다.

100 보일러 전열면에 부착된 그을음이나 재를 분출시켜 전열효과를 증대시키는 장치는?

① 수트 블로어 ② 수저분출장치
③ 스팀 트랩 ④ 기수분리기

해설
수트 블로어(그을음 제거)는 전열면에 부착된 그을음을 제거하는 장치다.

101 보일러의 안전관리상 가장 중요한 것은?

① 연도의 부식방지 ② 연료의 예열
③ 2차 공기의 조절 ④ 안전저수위 사고방지

해설
보일러 안전관리상 중요사항 : 저수위 사고방지, 압력초과방지, 가스폭발방지, 스케일 생성방지

102 보일러 건식 보존 시에 사용되는 건조제가 아닌 것은?

① 암모니아 ② 생석회
③ 실리카겔 ④ 염화칼슘

해설
암모니아는 만수 보존 시에 사용된다.

103 보일러의 외부부식 원인과 가장 거리가 먼 것은?

① 청소구멍의 주위에서 누수가 된다.
② 빗물이 침입한다.
③ 지면에 습기가 있다.
④ 가성소다 사용량이 적었다.

해설
보일러 외부부식 원인
㉠ 청소구멍 주위에 누수 현상이 있다.
㉡ 빗물이 침입한다.
㉢ 지면에 습기가 있다.

104 보일러의 관수에 의한 보일러 내부부식의 종류가 아닌 것은?

① 그루빙 ② 점식
③ 알칼리 부식 ④ 고온부식

해설
㉠ 저온 부식인자 : 황
㉡ 고온 부식인자 : 바나듐

105 보일러 저온부식의 방지대책과 무관한 것은?

① 저유황 연료 사용
② 연료에 돌로마이트 등의 첨가제 사용
③ 금속 표면에 알루미늄 등을 코팅
④ 바나듐 성분 제거

해설
바나듐은 500[℃] 이상에서 과열기나 재열기 등 폐열회수장치에서 고온부식을 유발한다.

106 보일러의 보존법에 관한 설명으로 옳은 것은?

① 건조보존법을 이용할 경우 고압 대용량 보일러일 때는 질소를 넣어두는 것이 좋다.
② 만수보존법을 밀폐식이라고도 한다.
③ 건조보존법 이용 시 투입되는 약품은 투입 후 상태점검을 하지 않아도 된다.
④ 만수보존법은 6개월 이상 장기휴지 시에 적당하다.

해설
㉠ 보일러 건조보존법은 내부에 질소가스를 넣어 둔다.
㉡ 보일러 만수보전법은 단기보존법(6개월 미만)으로서 본체 내부에 물을 만수시키고 pH 12 이하로 유지한다.

정답 100 ① 101 ④ 102 ① 103 ④ 104 ④ 105 ④ 106 ①

107 보일러 저온부식의 방지대책 중 잘못된 것은?

① 탈황 중유 또는 저유황 중유를 사용한다.
② 과잉 공기량을 더욱 증가시킨다.
③ 노점온도를 낮추기 위한 연료 첨가제를 이용한다.
④ 절탄기나 공기예열기에 공급되는 유체의 온도를 높게 유지한다.

해설

저온부식의 발생

$S+O_2 \rightarrow SO_2$

$SO_2+H_2O \rightarrow H_2SO_3$

$H_2SO_3+1/2O_2 \rightarrow H_2SO_4$(진한 황산)

저온부식은 H_2O와 과잉공기량의 산소에 의해 발생

108 보일러 부식 중 저온부식의 방지법으로 틀린 것은?

① 연료를 전처리하여 유황(S)분을 제거한다.
② 배기가스의 온도를 노점 이하로 유지한다.
③ 전열면 표면에 보호피막을 입힌다.
④ 연료 연소 시 과잉공기를 적게 한다.

해설

㉠ 보일러 저온부식을 방지하려면 배기가스의 온도를 노점 이상으로 유지시킨다.
㉡ 절탄기(급수가열기)나 공기예열기에서 저온부식이 발생된다.

109 보일러의 외부부식에 속하지 않는 것은?

① 저온부식 ② 고온부식
③ 산화부식 ④ 알칼리부식

해설

㉠ 보일러 외부부식
- 저온부식
- 고온부식
- 산화부식

㉡ 알칼리부식은 보일러 내부부식이다.

110 보일러 내부부식인 구식(Grooving)이 발생하기 쉬운 부분은?

① 노통 전단 플랜지의 둥근 부분
② 수면 부근
③ 연관 내부
④ 거싯스테이판

해설

구식(그루빙)의 발생부위는 원통형 보일러의 노통 전단 플랜지의 둥근 부분에서 발생하기 쉽다.

111 보일러의 급수예열기, 공기예열기 등에서 저온부식을 일으키는 물질은?

① 황 ② 염소
③ 바드네트 ④ 바나듐

해설

황 성분은 보일러의 급수예열기, 공기예열기 등에서 저온부식을 일으킨다.

112 보일러 손상의 종류와 원인이 되는 물질을 연결한 것으로 틀린 것은?

① 점식 – 보일러수 중의 CO_2와 O_2
② 국부부식 – 보일러수 중의 $CaCl_2$
③ 가성취화 – 보일러수의 알칼리도
④ 고온부식 – 연료 중의 바나듐

해설

국부부식

보일러의 내면과 이면의 얼룩 모양의 부식

113 보일러 연결부위 및 만곡부에서 고온의 열에 의한 팽창과 수축의 반복적인 응력으로 V자 또는 U자 형태의 홈을 만들며 나타나는 부식은?

① 점식(Pitting) ② 국부부식
③ 전면부식(일반부식) ④ 구식(Grooving)

정답 107 ② 108 ② 109 ④ 110 ① 111 ① 112 ② 113 ④

해설

구식

V자 또는 U자 형태의 도랑부식이다.

114 보일러 부식의 종류 중 내부부식이 아닌 것은?

① 점식 ② 구식

③ 전면식 ④ 저온부식

해설

저온부식은 연도 등에서 공기예열기나 절탄기에서 발생되는 외부부식이다.

115 보일러 내부부식인 점식을 유발하는 급수 중의 성분은?

① 용존산소 ② 황산칼슘

③ 탄산칼슘 ④ 유지분

해설

내부부식인 점식의 부식인자

물속의 용존산소

116 응축수가 많이 고여 있는 배관 내에 고압의 증기를 급격하게 보내면 발생하는 현상은?

① 증발력 증강 ② 워터 해머

③ 수막현상 ④ 효율 증대

해설

응축수가 많이 고여 있는 배관 내에 고압의 증기를 급격하게 보내면 수격작용이 발생한다.

117 일반적으로 보일러에 가장 많이 사용되는 안전밸브는?

① 레버 안전밸브 ② 스프링식 안전밸브

③ 추 안전밸브 ④ 중추식 안전밸브

해설

스프링식 안전밸브는 일반적으로 보일러에 가장 많이 사용된다.

118 가스관의 누설검사 시 사용하는 물체로 가장 적합한 것은?

① 촛불 ② 물

③ 기름 ④ 비눗물

해설

비눗물의 사용은 가스관의 누설검사 시 사용하는 유체이다.

119 보일러 동(胴) 내부의 부식형태가 아닌 것은?

① 점식 ② 그루빙

③ 알칼리 부식 ④ 래미네이션

해설

래미네이션

강판이 두 장으로 갈라져서 강도저하, 균열발생, 열전도감소 등의 피해를 일으킨다.

120 보일러 화학세정법 중 세정효과가 가장 크고 안전한 방법은?

① 순환법 ② 침적법

③ 서징법 ④ 계면저항법

해설

보일러 화학세정법 중 순환펌프에 의한 순환법이 가장 효과가 크고 안전하다.

정답 114 ④ 115 ① 116 ② 117 ② 118 ④ 119 ④ 120 ①

PART

03

에너지법과 에너지이용 합리화법

최근 정부조직개편으로 인하여 기획예산처와 재정경제부는 기획재정부, 산업자원부는 산업통상자원부, 건설교통부는 국토교통부, 미래창조과학부는 과학기술정보통신부로 변경되었습니다.

에너지법

제1조(목적) 이 법은 안정적이고 효율적이며 환경친화적인 에너지 수급(需給) 구조를 실현하기 위한 에너지정책 및 에너지 관련 계획의 수립·시행에 관한 기본적인 사항을 정함으로써 국민경제의 지속가능한 발전과 국민의 복리(福利) 향상에 이바지하는 것을 목적으로 한다. [전문개정 2010.6.8.]

제2조(정의) 이 법에서 사용하는 용어의 뜻은 다음과 같다. 〈개정 2013.3.23., 2013.7.30., 2014.12.30., 2019.8.20., 2021.9.24.〉

1. "에너지"란 연료·열 및 전기를 말한다.
2. "연료"란 석유·가스·석탄, 그 밖에 열을 발생하는 열원(熱源)을 말한다. 다만, 제품의 원료로 사용되는 것은 제외한다.
3. "신·재생에너지"란 「신에너지 및 재생에너지 개발·이용·보급 촉진법」 제2조 제1호 및 제2호에 따른 에너지를 말한다.
4. "에너지사용시설"이란 에너지를 사용하는 공장·사업장 등의 시설이나 에너지를 전환하여 사용하는 시설을 말한다.
5. "에너지사용자"란 에너지사용시설의 소유자 또는 관리자를 말한다.
6. "에너지공급설비"란 에너지를 생산·전환·수송 또는 저장하기 위하여 설치하는 설비를 말한다.
7. "에너지공급자"란 에너지를 생산·수입·전환·수송·저장 또는 판매하는 사업자를 말한다.

7의2. "에너지이용권"이란 저소득층 등 에너지 이용에서 소외되기 쉬운 계층의 사람이 에너지공급자에게 제시하여 냉방 및 난방 등에 필요한 에너지를 공급받을 수 있도록 일정한 금액이 기재(전자적 또는 자기적 방법에 의한 기록을 포함한다)된 증표를 말한다.

8. "에너지사용기자재"란 열사용기자재나 그 밖에 에너지를 사용하는 기자재를 말한다.
9. "열사용기자재"란 연료 및 열을 사용하는 기기, 축열식 전기기기와 단열성(斷熱性) 자재로서 산업통상자원부령으로 정하는 것을 말한다.
10. "온실가스"란 「기후위기 대응을 위한 탄소중립·녹색성장 기본법」 제2조 제5호에 따른 온실가스를 말한다.

제4조(국가 등의 책무) ① 국가는 이 법의 목적을 실현하기 위한 종합적인 시책을 수립·시행하여야 한다.

② 지방자치단체는 이 법의 목적, 국가의 에너지정책 및 시책과 지역적 특성을 고려한 지역에너지시책을 수립·시행하여야 한다. 이 경우 지역에너지시책의 수립·시행에 필요한 사항은 해당 지방자치단체의 조례로 정할 수 있다.

③ 에너지공급자와 에너지사용자는 국가와 지방자치단체의 에너지시책에 적극 참여하고 협력하여야 하며, 에너지의 생산·전환·수송·저장·이용 등의 안전성, 효율성 및 환경친화성을 극대화하도록 노력하여야 한다.

④ 모든 국민은 일상생활에서 국가와 지방자치단체의 에너지시책에 적극 참여하고 협력하여야 하며, 에너지를 합리적이고 환경친화적으로 사용하도록 노력하여야 한다.

⑤ 국가, 지방자치단체 및 에너지공급자는 빈곤층 등 모든 국민에게 에너지가 보편적으로 공급되도록 기여하여야 한다. [전문개정 2010.6.8.]

제7조(지역에너지계획의 수립) ① 특별시장·광역시장·특별자치시장·도지사 또는 특별자치도지사(이하 "시·도지사"라 한다)는 관할 구역의 지역적 특성을 고려하여 「저탄소 녹색성장 기본법」 제41조에 따른 에너지기본계획(이하 "기본계획"이라 한다)의 효율적인 달성과 지역경제의 발전을 위한 지역에너지계획(이하 "지역계획"이라 한다)을 5년마다 5년 이상을 계획기간으로 하여 수립·시행하여야 한다. 〈개정 2014.12.30.〉

② 지역계획에는 해당 지역에 대한 다음 각 호의 사항이 포함되어야 한다.

1. 에너지 수급의 추이와 전망에 관한 사항
2. 에너지의 안정적 공급을 위한 대책에 관한 사항
3. 신·재생에너지 등 환경친화적 에너지 사용을 위한 대책에 관한 사항
4. 에너지 사용의 합리화와 이를 통한 온실가스의 배출감소를 위한 대책에 관한 사항
5. 「집단에너지사업법」 제5조 제1항에 따라 집단에너지공급대상지역으로 지정된 지역의 경우 그 지역의 집단에너지 공급을 위한 대책에 관한 사항
6. 미활용 에너지원의 개발·사용을 위한 대책에 관한 사항
7. 그 밖에 에너지시책 및 관련 사업을 위하여 시·도지사가 필요하다고 인정하는 사항

③ 지역계획을 수립한 시·도지사는 이를 산업통상자원부장관에게 제출하여야 한다. 수립된 지역계획을 변경하였을 때에도 또한 같다. 〈개정 2013.3.23.〉

④ 정부는 지방자치단체의 에너지시책 및 관련 사업을 촉진하기 위하여 필요한 지원시책을 마련할 수 있다. [전문개정 2010.6.8.]

제9조(에너지위원회의 구성 및 운영) ① 정부는 주요 에너지정책 및 에너지 관련 계획에 관한 사항을 심의하기 위하여 산업통상자원부장관 소속으로 에너지위원회(이하 "위원회"라 한다)를 둔다. 〈개정 2013.3.23.〉

② 위원회는 위원장 1명을 포함한 25명 이내의 위원으로 구성하고, 위원은 당연직위원과 위촉위원으로 구성한다.

③ 위원장은 산업통상자원부장관이 된다. 〈개정 2013.3.23.〉

④ 당연직위원은 관계 중앙행정기관의 차관급 공무원 중 대통령령으로 정하는 사람이 된다.

⑤ 위촉위원은 에너지 분야에 관한 학식과 경험이 풍부한 사람 중에서 산업통상자원부장관이 위촉하는 사람이 된다. 이 경우 위촉위원에는 대통령령으로 정하는 바에 따라 에너지 관련 시민단체에서 추천한 사람이 5명 이상 포함되어야 한다. 〈개정 2013.3.23.〉

⑥ 위촉위원의 임기는 2년으로 하고, 연임할 수 있다.

⑦ 위원회의 회의에 부칠 안건을 검토하거나 위원회가 위임한 안건을 조사·연구하기 위하여 분야별 전문위원회를 둘 수 있다.

⑧ 그 밖에 위원회 및 전문위원회의 구성·운영 등에 관하여 필요한 사항은 대통령령으로 정한다. [전문개정 2010.6.8.]

제10조(위원회의 기능) 위원회는 다음 각 호의 사항을 심의한다.

1. 「저탄소 녹색성장 기본법」 제41조 제2항에 따른 에너지기본계획 수립 · 변경의 사전심의에 관한 사항
2. 비상계획에 관한 사항
3. 국내외 에너지개발에 관한 사항
4. 에너지와 관련된 교통 또는 물류에 관련된 계획에 관한 사항
5. 주요 에너지정책 및 에너지사업의 조정에 관한 사항
6. 에너지와 관련된 사회적 갈등의 예방 및 해소 방안에 관한 사항
7. 에너지 관련 예산의 효율적 사용 등에 관한 사항
8. 원자력 발전정책에 관한 사항
9. 「기후변화에 관한 국제연합 기본협약」에 대한 대책 중 에너지에 관한 사항
10. 다른 법률에서 위원회의 심의를 거치도록 한 사항
11. 그 밖에 에너지에 관련된 주요 정책사항에 관한 것으로서 위원장이 회의에 부치는 사항 [전문개정 2010.6.8.]

제11조(에너지기술개발계획) ① 정부는 에너지 관련 기술의 개발과 보급을 촉진하기 위하여 10년 이상을 계획기간으로 하는 에너지기술개발계획(이하 "에너지기술개발계획"이라 한다)을 5년마다 수립하고, 이에 따른 연차별 실행계획을 수립 · 시행하여야 한다.

② 에너지기술개발계획은 대통령령으로 정하는 바에 따라 관계 중앙행정기관의 장의 협의와 「국가과학기술자문회의법」에 따른 국가과학기술자문회의의 심의를 거쳐서 수립된다. 이 경우 위원회의 심의를 거친 것으로 본다. 〈개정 2013.3.23., 2018.1.16.〉

③ 에너지기술개발계획에는 다음 각 호의 사항이 포함되어야 한다.

1. 에너지의 효율적 사용을 위한 기술개발에 관한 사항
2. 신 · 재생에너지 등 환경친화적 에너지에 관련된 기술개발에 관한 사항
3. 에너지 사용에 따른 환경오염을 줄이기 위한 기술개발에 관한 사항
4. 온실가스 배출을 줄이기 위한 기술개발에 관한 사항
5. 개발된 에너지기술의 실용화의 촉진에 관한 사항
6. 국제 에너지기술 협력의 촉진에 관한 사항
7. 에너지기술에 관련된 인력 · 정보 · 시설 등 기술개발자원의 확대 및 효율적 활용에 관한 사항 [전문개정 2010.6.8.]

제12조(에너지기술 개발) ① 관계 중앙행정기관의 장은 에너지 기술 개발을 효율적으로 추진하기 위하여 대통령령으로 정하는 바에 따라 다음 각 호의 어느 하나에 해당하는 자에게 에너지기술 개발을 하게 할 수 있다. 〈개정 2011.3.9., 2015.1.28., 2016.3.22., 2019.12.31., 2021.4.20., 2023.6.13.〉

1. 「공공기관의 운영에 관한 법률」 제4조에 따른 공공기관
2. 국 · 공립 연구기관
3. 「특정연구기관 육성법」의 적용을 받는 특정연구기관
4. 「산업기술혁신 촉진법」 제42조에 따른 전문생산기술연구소
5. 「소재 · 부품 · 장비산업 경쟁력 강화 및 공급망 안정화를 위한 특별조치법」에 따른 특화선도기업등
6. 「정부출연연구기관 등의 설립 · 운영 및 육성에 관한 법률」에 따른 정부출연연구기관
7. 「과학기술분야 정부출연연구기관 등의 설립 · 운영 및 육성에 관한 법률」에 따른 과학기술분야 정부출연연구기관
8. 「연구산업진흥법」 제2조 제1호 가목의 사업을 전문으로 하는 기업
9. 「고등교육법」에 따른 대학, 산업대학, 전문대학
10. 「산업기술연구조합 육성법」에 따른 산업기술연구조합
11. 「기초연구진흥 및 기술개발지원에 관한 법률」 제14조의2 제1항에 따라 인정받은 기업부설연구소
12. 그 밖에 대통령령으로 정하는 과학기술 분야 연구기관 또는 단체

② 관계 중앙행정기관의 장은 제1항에 따른 기술개발에 필요한 비용의 전부 또는 일부를 출연(出捐)할 수 있다.

제13조(한국에너지기술평가원의 설립) ① 제12조 제1항에 따른 에너지기술 개발에 관한 사업(이하 "에너지기술개발사업"이라 한다)의 기획 · 평가 및 관리 등을 효율적으로 지원하기 위하여 한국에너지기술평가원(이하 "평가원"이라 한다)을 설립한다.

② 평가원은 법인으로 한다.

③ 평가원은 그 주된 사무소의 소재지에서 설립등기를 함으로써 성립한다.

④ 평가원은 다음 각 호의 사업을 한다.

1. 에너지기술개발사업의 기획, 평가 및 관리
2. 에너지기술 분야 전문인력 양성사업의 지원
3. 에너지기술 분야의 국제협력 및 국제 공동연구사업의 지원
4. 그 밖에 에너지기술 개발과 관련하여 대통령령으로 정하는 사업

⑤ 정부는 평가원의 설립 · 운영에 필요한 경비를 예산의 범위에서 출연할 수 있다.

⑥ 중앙행정기관의 장 및 지방자치단체의 장은 제4항 각 호의 사업을 평가원으로 하여금 수행하게 하고 필요한 비용의 전부 또는 일부를 대통령령으로 정하는 바에 따라 출연할 수 있다.

⑦ 평가원은 제1항에 따른 목적 달성에 필요한 경비를 조달하기 위하여 대통령령으로 정하는 바에 따라 수익사업을 할 수 있다.

⑧ 평가원의 운영 및 감독 등에 필요한 사항은 대통령령으로 정한다.

⑨ 삭제 〈2014.12.30.〉

⑩ 평가원에 관하여 이 법에 규정되지 아니한 사항은 「민법」 중 재단법인에 관한 규정을 준용한다. [전문개정 2010.6.8.]

제14조(에너지기술개발사업비) ① 관계 중앙행정기관의 장은 에너지기술개발사업을 종합적이고 효율적으로 추진하기 위하여 제11조 제1항에 따른 연차별 실행계획의 시행에 필요한 에너지기술개발사업비를 조성할 수 있다.

② 제1항에 따른 에너지기술개발사업비는 정부 또는 에너지 관련 사업자 등의 출연금, 융자금, 그 밖에 대통령령으로 정하는 재원(財源)으로 조성한다.

③ 관계 중앙행정기관의 장은 평가원으로 하여금 에너지기술개발사업비의 조성 및 관리에 관한 업무를 담당하게 할 수 있다.

④ 에너지기술개발사업비는 다음 각 호의 사업 지원을 위하여 사용하여야 한다.

1. 에너지기술의 연구 · 개발에 관한 사항
2. 에너지기술의 수요 조사에 관한 사항
3. 에너지사용기자재와 에너지공급설비 및 그 부품에 관한 기술개발에 관한 사항
4. 에너지기술 개발 성과의 보급 및 홍보에 관한 사항
5. 에너지기술에 관한 국제협력에 관한 사항
6. 에너지에 관한 연구인력 양성에 관한 사항
7. 에너지 사용에 따른 대기오염을 줄이기 위한 기술개발에 관한 사항
8. 온실가스 배출을 줄이기 위한 기술개발에 관한 사항
9. 에너지기술에 관한 정보의 수집 · 분석 및 제공과 이와 관련된 학술활동에 관한 사항
10. 평가원의 에너지기술개발사업 관리에 관한 사항

⑤ 제1항부터 제4항까지의 규정에 따른 에너지기술개발사업비의 관리 및 사용에 필요한 사항은 대통령령으로 정한다. [전문개정 2010.6.8.]

제15조(에너지기술 개발 투자 등의 권고) 관계 중앙행정기관의 장은 에너지기술 개발을 촉진하기 위하여 필요한 경우 에너지 관련 사업자에게 에너지기술 개발을 위한 사업에 투자하거나 출연할 것을 권고할 수 있다. [전문개정 2010.6.8.]

제16조(에너지 및 에너지자원기술 전문인력의 양성) ① 산업통상자원부장관은 에너지 및 에너지자원기술 분야의 전문인력을 양성하기 위하여 필요한 사업을 할 수 있다. 〈개정 2013.3.23.〉

② 산업통상자원부장관은 제1항에 따른 사업을 하기 위하여 자금지원 등 필요한 지원을 할 수 있다. 이 경우 지원의 대상 및 절차 등에 관하여 필요한 사항은 산업통상자원부령으로 정한다. 〈개정 2013.3.23.〉 [전문개정 2010.6.8.]

제17조(행정 및 재정상의 조치) 국가와 지방자치단체는 이 법의 목적을 달성하기 위하여 학술연구 · 조사 및 기술개발 등에 필요한 행정적 · 재정적 조치를 할 수 있다.
[전문개정 2010.6.8.]

제18조(민간활동의 지원) 국가와 지방자치단체는 에너지에 관련된 공익적 활동을 촉진하기 위하여 민간부문에 대하여 필요한 자료를 제공하거나 재정적 지원을 할 수 있다.

제20조(국회 보고) ① 정부는 매년 주요 에너지정책의 집행 경과 및 결과를 국회에 보고하여야 한다.

② 제1항에 따른 보고에는 다음 각 호의 사항이 포함되어야 한다.

1. 국내외 에너지 수급의 추이와 전망에 관한 사항
2. 에너지 · 자원의 확보, 도입, 공급, 관리를 위한 대책의 추진 현황 및 계획에 관한 사항
3. 에너지 수요관리 추진 현황 및 계획에 관한 사항
4. 환경친화적인 에너지의 공급 · 사용 대책의 추진 현황 및 계획에 관한 사항
5. 온실가스 배출 현황과 온실가스 감축을 위한 대책의 추진 현황 및 계획에 관한 사항
6. 에너지정책의 국제협력 등에 관한 사항의 추진 현황 및 계획에 관한 사항
7. 그 밖에 주요 에너지정책의 추진에 관한 사항

③ 제1항에 따른 보고에 필요한 사항은 대통령령으로 정한다. [전문개정 2010.6.8.]

에너지법 시행령

제2조(에너지위원회의 구성) ① 「에너지법」(이하 "법"이라 한다)에서 "대통령령으로 정하는 사람"이란 다음 각 호의 중앙행정기관의 차관(복수차관이 있는 중앙행정기관의 경우는 그 기관의 장이 지명하는 차관을 말한다)을 말한다. 〈개정 2013.3.23., 2017.7.26.〉

1. 기획재정부
2. 과학기술정보통신부
3. 외교부
4. 환경부
5. 국토교통부

제4조(전문위원회의 구성 및 운영) ① 법 제9조 제7항에 따른 분야별 전문위원회는 다음 각 호와 같다. 〈개정 2013.1.28., 2024.5.7.〉

1. 에너지정책전문위원회
2. 에너지기술기반전문위원회
3. 에너지산업자원개발전문위원회
4. 원자력발전전문위원회
5. 삭제 〈2024.5.7.〉
6. 에너지안전전문위원회

② 에너지정책전문위원회는 다음 각 호의 사항과 관련하여 위원회의 회의에 부칠 안건이나 위원회가 위임한 안건을 조사 · 연구한다. 〈개정 2013.1.28., 2024.5.7.〉

1. 에너지 관련 중요 정책의 수립 및 추진에 관한 사항
2. 장애인 · 저소득층 등에 대한 최소한의 필수 에너지 공급 등 에너지복지정책에 관한 사항
3. 비상시 에너지수급계획의 수립에 관한 사항
4. 에너지 산업의 구조조정에 관한 사항
5. 에너지와 관련된 교통 및 물류에 관한 사항
6. 에너지와 관련된 재원의 확보, 세제(稅制) 및 가격정책에 관한 사항
7. 에너지 관련 국제 및 남북 협력에 관한 사항
8. 에너지 부문의 녹색성장 전략 및 추진계획에 관한 사항
9. 에너지 · 산업 부문의 기후변화 대응과 온실가스의 감축에 관한 기본계획의 수립에 관한 사항
10. 「기후변화에 관한 국제연합 기본협약」 관련 에너지 · 산업 분야 대응 및 국내 이행에 관한 사항
11. 에너지 · 산업 부문의 기후변화 및 온실가스 감축을 위한 국제협력 강화에 관한 사항
12. 온실가스 감축목표 달성을 위한 에너지 · 산업 등 부

문별 할당 및 이행방안에 관한 사항
13. 에너지 및 기후변화 대응 관련 갈등관리에 관한 사항
14. 그 밖에 에너지 및 기후변화와 관련된 사항으로서 에너지정책전문위원회의 위원장이 회의에 부치는 사항

③ 에너지기술기반전문위원회는 다음 각 호의 사항과 관련하여 위원회의 회의에 부칠 안건이나 위원회가 위임한 안건을 조사 · 연구한다. 〈개정 2024.5.7.〉
1. 에너지기술개발계획 및 신 · 재생에너지 등 환경친화적 에너지와 관련된 기술개발과 그 보급 촉진에 관한 사항
2. 에너지의 효율적 이용을 위한 기술개발에 관한 사항
3. 에너지기술 및 신 · 재생에너지 관련 국제협력에 관한 사항
4. 신 · 재생에너지 및 에너지 분야 전문인력의 양성계획 수립에 관한 사항
5. 신 · 재생에너지 관련 갈등관리에 관한 사항
6. 그 밖에 에너지기술 및 신 · 재생에너지와 관련된 사항으로서 에너지기술기반전문위원회의 위원장이 회의에 부치는 사항

④ 에너지산업자원개발전문위원회는 다음 각 호의 사항과 관련하여 위원회의 회의에 부칠 안건이나 위원회가 위임한 안건을 조사 · 연구한다. 〈개정 2013.1.28., 2024.5.7.〉
1. 외국과의 전략적 에너지(에너지 중 열 및 전기는 제외한다. 이하 이 항에서 같다)산업 및 자원개발 촉진에 관한 사항
2. 국내외 에너지산업 및 자원개발 관련 전략 수립 및 기본계획에 관한 사항
3. 국내외 에너지산업 및 자원개발 관련 기술개발 · 인력양성 등 기반 구축에 관한 사항
4. 에너지산업 및 자원개발 관련 기업 지원 시책 수립에 관한 사항
5. 에너지산업 및 자원개발 관련 국제협력 지원 및 국내 이행에 관한 사항
6. 에너지의 가격제도, 유통, 판매, 비축 및 소비 등에 관한 사항
7. 에너지산업 및 자원개발 관련 갈등관리에 관한 사항
8. 남북 간 에너지산업 및 자원개발 협력에 관한 사항
9. 에너지산업 및 자원개발 관련 경쟁력 강화 및 구조조정에 관한 사항
10. 에너지자원의 안정적 확보 및 위기 대응에 관한 사항
11. 에너지자원 관련 품질관리에 관한 사항
12. 그 밖에 에너지산업 및 자원개발과 관련된 사항으로서 에너지산업자원개발전문위원회의 위원장이 회의에 부치는 사항

⑤ 원자력발전전문위원회는 다음 각 호의 사항과 관련하여 위원회의 회의에 부칠 안건이나 위원회가 위임한 안건을 조사 · 연구한다. 〈개정 2024.5.7.〉
1. 원전(原電) 및 방사성폐기물관리와 관련된 연구 · 조사와 인력양성 등에 관한 사항
2. 원전산업 육성시책의 수립 및 경쟁력 강화에 관한 사항
3. 원전 및 방사성폐기물관리에 대한 기본계획 수립에 관한 사항
4. 원전연료의 수급계획 수립에 관한 사항
5. 원전 및 방사성폐기물 관련 갈등관리에 관한 사항
6. 원전 플랜트 · 설비 및 기술의 수출 진흥, 국제협력 지원 및 국내 이행에 관한 사항
7. 그 밖에 원전 및 방사성폐기물과 관련된 사항으로서 원자력발전전문위원회의 위원장이 회의에 부치는 사항

⑥ 삭제 〈2024.5.7.〉

⑦ 에너지안전전문위원회는 다음 각 호의 사항과 관련하여 위원회의 회의에 부칠 안건이나 위원회가 위임한 안건을 조사 · 연구한다. 〈신설 2013.1.28., 2024.5.7.〉
1. 석유 · 가스 · 전력 · 석탄 및 신 · 재생에너지의 안전관리에 관한 사항
2. 에너지사용시설 및 에너지공급시설의 안전관리에 관한 사항
3. 그 밖에 에너지안전과 관련된 사항으로서 에너지안전전문위원회의 위원장이 회의에 부치는 사항

제8조(연차별 실행계획의 수립) ① 산업통상자원부장관은 법 제11조 제1항에 따른 에너지기술개발계획에 따라 관계 중앙행정기관의 장의 의견을 들어 연차별 실행계획을 수립 · 공고하여야 한다. 〈개정 2013.3.23.〉

② 제1항에 따른 연차별 실행계획에는 다음 각 호의 사항이 포함되어야 한다. 〈개정 2013.3.23.〉
1. 에너지기술 개발의 추진전략
2. 과제별 목표 및 필요 자금
3. 연차별 실행계획의 효과적인 시행을 위하여 산업통상자원부장관이 필요하다고 인정하는 사항 [전문개정 2011.9.30.]

제8조의2(에너지기술 개발의 실시기관) "대통령령으로 정하는 과학기술 분야 연구기관 또는 단체"란 다음 각 호의 연구기관 또는 단체를 말한다. 〈개정 2013.3.23.〉
1. 「민법」 또는 다른 법률에 따라 설립된 과학기술 분야 비영리법인
2. 그 밖에 연구인력 및 연구시설 등 산업통상자원부장관이 정하여 고시하는 기준에 해당하는 연구기관 또는 단체

[전문개정 2011.9.30.]

제11조(평가원의 사업) 법 제13조 제4항 제4호에서 "대통령령으로 정하는 사업"이란 다음 각 호의 사업을 말한다. 〈개정 2013.3.23.〉
1. 에너지기술개발사업의 중장기 기술 기획
2. 에너지기술의 수요조사, 동향분석 및 예측
3. 에너지기술에 관한 정보 · 자료의 수집, 분석, 보급 및 지도
4. 에너지기술에 관한 정책수립의 지원
5. 법 제14조 제1항에 따라 조성된 에너지기술개발사업비의 운용 · 관리(같은 조 제3항에 따라 관계 중앙행정기관의 장이 그 업무를 담당하게 하는 경우만 해당한다)
6. 에너지기술개발사업 결과의 실증연구 및 시범적용
7. 에너지기술에 관한 학술, 전시, 교육 및 훈련
8. 그 밖에 산업통상자원부장관이 에너지기술 개발과 관련하여 필요하다고 인정하는 사업 [전문개정 2011.9.30.]

제11조의2(협약의 체결 및 출연금의 지급 등) ① 중앙행정기관의 장 및 지방자치단체의 장은 법 제13조 제6항에 따라 평

가원에 같은 조 제4항 각 호의 사업을 수행하게 하려면 평가원과 다음 각 호의 사항이 포함된 협약을 체결하여야 한다.
1. 수행하는 사업의 범위, 방법 및 관리책임자
2. 사업수행 비용 및 그 비용의 지급시기와 지급방법
3. 사업수행 결과의 보고, 귀속 및 활용
4. 협약의 변경, 해지 및 위반에 관한 조치
5. 그 밖에 사업수행을 위하여 필요한 사항

② 중앙행정기관의 장 및 지방자치단체의 장은 평가원에 법 제13조 제6항에 따라 출연금을 지급하는 경우에는 여러 차례에 걸쳐 지급한다. 다만, 수행하는 사업의 규모나 시작 시기 등을 고려하여 필요하다고 인정하는 경우에는 한 번에 지급할 수 있다.

③ 제2항에 따라 출연금을 지급받은 평가원은 그 출연금에 대하여 별도의 계정을 설정하여 관리하여야 한다. [전문개정 2011.9.30.]

제11조의3(사업연도) 평가원의 사업연도는 정부의 회계연도에 따른다. [본조신설 2009.4.21.]

제11조의4(평가원의 수익사업) 평가원은 법 제13조 제7항에 따라 수익사업을 하려면 해당 사업연도가 시작하기 전까지 수익사업계획서를 산업통상자원부장관에게 제출하여야 하며, 해당 사업연도가 끝난 후 3개월 이내에 그 수익사업의 실적서 및 결산서를 산업통상자원부장관에게 제출하여야 한다. 〈개정 2013.3.23.〉 [전문개정 2011.9.30.]

제12조(에너지기술 개발 투자 등의 권고) ① 법 제15조에 따른 에너지 관련 사업자는 다음 각 호의 자 중에서 산업통상자원부장관이 정하는 자로 한다. 〈개정 2013.3.23.〉
1. 에너지공급자
2. 에너지사용기자재의 제조업자
3. 공공기관 중 에너지와 관련된 공공기관

② 산업통상자원부장관은 법 제15조에 따라 에너지 관련 사업자에게 에너지기술 개발을 위한 사업에 투자하거나 출연할 것을 권고할 때에는 그 투자 또는 출연의 방법 및 규모 등을 구체적으로 밝혀 문서로 통보하여야 한다. 〈개정 2013.3.23.〉 [전문개정 2011.9.30.]

제15조(에너지 관련 통계 및 에너지 총조사) ① 법 제19조 제1항에 따라 에너지 수급에 관한 통계를 작성하는 경우에는 산업통상자원부령으로 정하는 에너지열량 환산기준을 적용하여야 한다. 〈개정 2013.3.23.〉

③ 법 제19조 제5항에 따른 에너지 총조사는 3년마다 실시하되, 산업통상자원부장관이 필요하다고 인정할 때에는 간이조사를 실시할 수 있다. 〈개정 2013.3.23.〉 [전문개정 2011.9.30.]

에너지법 시행규칙

제3조(전문인력 양성사업의 지원대상 등) ① 산업통상자원부장관이 필요한 지원을 할 수 있는 대상은 다음 각 호와 같다. 〈개정 2013.3.23.〉
1. 국 · 공립 연구기관
2. 「특정연구기관 육성법」에 따른 특정연구기관
3. 「정부출연연구기관 등의 설립 · 운영 및 육성에 관한 법률」에 따른 정부출연연구기관
4. 「고등교육법」에 따른 대학(대학원을 포함한다) · 산업대학(대학원을 포함한다) 또는 전문대학
5. 「과학기술분야 정부출연연구기관 등의 설립 · 운영 및 육성에 관한 법률」에 따른 과학기술분야 정부출연연구기관
6. 그 밖에 에너지 및 에너지자원기술 분야의 전문인력을 양성하기 위하여 산업통상자원부장관이 필요하다고 인정하는 기관 또는 단체

② 산업통상자원부장관은 제2항에 따른 지원신청서가 접수되었을 때에는 60일 이내에 지원 여부, 지원 범위 및 지원 우선순위 등을 심사 · 결정하여 지원신청자에게 알려야 한다. 〈개정 2013.3.23.〉

제4조(에너지 통계자료의 제출대상 등) ① 산업통상자원부장관이 자료의 제출을 요구할 수 있는 에너지사용자는 다음 각 호와 같다. 〈개정 2013.3.23.〉
1. 중앙행정기관 · 지방자치단체 및 그 소속기관
2. 「공공기관 운영에 관한 법률」 제4조에 따른 공공기관
3. 「지방공기업법」에 따른 지방직영기업, 지방공사, 지방공단
4. 에너지공급자와 에너지공급자로 구성된 법인 · 단체
5. 「에너지이용 합리화법」 제31조 제1항에 따른 에너지다소비사업자
6. 자가소비를 목적으로 에너지를 수입하거나 전환하는 에너지사용자

② 제1항에 따른 에너지사용자가 자료의 제출을 요구받았을 때에는 특별한 사유가 없으면 그 요구를 받은 날부터 60일 이내에 산업통상자원부장관에게 그 자료를 제출하여야 한다. 〈개정 2013.3.23.〉

제5조(에너지열량 환산기준) ① 영 제15조 제1항에 따른 에너지열량 환산기준은 별표와 같다. 〈개정 2017.12.28.〉

② 에너지열량 환산기준은 5년마다 작성하되, 산업통상자원부장관이 필요하다고 인정하는 경우에는 수시로 작성할 수 있다. 〈개정 2013.3.23., 2017.12.28.〉 [전문개정 2011.12.30.] [제목개정 2017.12.28.]

[별표]

〈개정 2022.11.21.〉

에너지열량 환산기준(제5조 제1항 관련)

구분	에너지원	단위	총발열량			순발열량		
			MJ	kcal	석유환산톤(10^{-3}toe)	MJ	kcal	석유환산톤(10^{-3}toe)
석유	원유	kg	45.7	10,920	1.092	42.8	10,220	1.022
	휘발유	L	32.4	7,750	0.775	30.1	7,200	0.720
	등유	L	36.6	8,740	0.874	34.1	8,150	0.815
	경유	L	37.8	9,020	0.902	35.3	8,420	0.842
	바이오디젤	L	34.7	8,280	0.828	32.3	7,730	0.773
	B-A유	L	39.0	9,310	0.931	36.5	8,710	0.871
	B-B유	L	40.6	9,690	0.969	38.1	9,100	0.910
	B-C유	L	41.8	9,980	0.998	39.3	9,390	0.939
	프로판(LPG1호)	kg	50.2	12,000	1.200	46.2	11,040	1.104
	부탄(LPG3호)	kg	49.3	11,790	1.179	45.5	10,880	1.088
	나프타	L	32.2	7,700	0.770	29.9	7,140	0.714
	용제	L	32.8	7,830	0.783	30.4	7,250	0.725
	항공유	L	36.5	8,720	0.872	34.0	8,120	0.812
	아스팔트	kg	41.4	9,880	0.988	39.0	9,330	0.933
	윤활유	L	39.6	9,450	0.945	37.0	8,830	0.883
	석유코크스	kg	34.9	8,330	0.833	34.2	8,170	0.817
	부생연료유1호	L	37.3	8,900	0.890	34.8	8,310	0.831
	부생연료유2호	L	39.9	9,530	0.953	37.7	9,010	0.901
가스	천연가스(LNG)	kg	54.7	13,080	1.308	49.4	11,800	1.180
	도시가스(LNG)	Nm^3	42.7	10,190	1.019	38.5	9,190	0.919
	도시가스(LPG)	Nm^3	63.4	15,150	1.515	58.3	13,920	1.392
석탄	국내무연탄	kg	19.7	4,710	0.471	19.4	4,620	0.462
	연료용 수입무연탄	kg	23.0	5,500	0.550	22.3	5,320	0.532
	원료용 수입무연탄	kg	25.8	6,170	0.617	25.3	6,040	0.604
	연료용 유연탄(역청탄)	kg	24.6	5,860	0.586	23.3	5,570	0.557
	원료용 유연탄(역청탄)	kg	29.4	7,030	0.703	28.3	6,760	0.676
	아역청탄	kg	20.6	4,920	0.492	19.1	4,570	0.457
	코크스	kg	28.6	6,840	0.684	28.5	6,810	0.681
전기 등	전기(발전기준)	kWh	8.9	2,130	0.213	8.9	2,130	0.213
	전기(소비기준)	kWh	9.6	2,290	0.229	9.6	2,290	0.229
	신탄	kg	18.8	4,500	0.450	–	–	–

비고

1. "총발열량"이란 연료의 연소과정에서 발생하는 수증기의 잠열을 포함한 발열량을 말한다.
2. "순발열량"이란 연료의 연소과정에서 발생하는 수증기의 잠열을 제외한 발열량을 말한다.
3. "석유환산톤"(toe : ton of oil equivalent)이란 원유 1톤(t)이 갖는 열량으로 10^7kcal를 말한다.
4. 석탄의 발열량은 인수식(引受式)을 기준으로 한다. 다만, 코크스는 건식(乾式)을 기준으로 한다.
5. 최종 에너지사용자가 사용하는 전력량 값을 열량 값으로 환산할 경우에는 1kWh=860kcal를 적용한다.
6. 1cal=4.1868J이며, 도시가스 단위인 Nm^3은 0℃ 1기압(atm) 상태의 부피 단위(m^3)를 말한다.
7. 에너지원별 발열량(MJ)은 소수점 아래 둘째 자리에서 반올림한 값이며, 발열량(kcal)은 발열량(MJ)으로부터 환산한 후 1의 자리에서 반올림한 값이다. 두 단위 간 상충될 경우 발열량(MJ)이 우선한다.

에너지이용 합리화법

제1장 총칙

제1조(목적) 이 법은 에너지의 수급(需給)을 안정시키고 에너지의 합리적이고 효율적인 이용을 증진하며 에너지소비로 인한 환경피해를 줄임으로써 국민경제의 건전한 발전 및 국민복지의 증진과 지구온난화의 최소화에 이바지함을 목적으로 한다.

제3조(정부와 에너지사용자 · 공급자 등의 책무) ① 정부는 에너지의 수급안정과 합리적이고 효율적인 이용을 도모하고 이를 통한 온실가스의 배출을 줄이기 위한 기본적이고 종합적인 시책을 강구하고 시행할 책무를 진다.

② 지방자치단체는 관할 지역의 특성을 고려하여 국가에너지정책의 효과적인 수행과 지역경제의 발전을 도모하기 위한 지역에너지시책을 강구하고 시행할 책무를 진다.

③ 에너지사용자와 에너지공급자는 국가나 지방자치단체의 에너지시책에 적극 참여하고 협력하여야 하며, 에너지의 생산 · 전환 · 수송 · 저장 · 이용 등에서 그 효율을 극대화하고 온실가스의 배출을 줄이도록 노력하여야 한다.

④ 에너지사용기자재와 에너지공급설비를 생산하는 제조업자는 그 기자재와 설비의 에너지효율을 높이고 온실가스의 배출을 줄이기 위한 기술의 개발과 도입을 위하여 노력하여야 한다.

⑤ 모든 국민은 일상 생활에서 에너지를 합리적으로 이용하여 온실가스의 배출을 줄이도록 노력하여야 한다.

제2장 에너지이용 합리화를 위한 계획 및 조치 등

제4조(에너지이용 합리화 기본계획) ① 산업통상자원부장관은 에너지를 합리적으로 이용하게 하기 위하여 에너지이용 합리화에 관한 기본계획(이하 "기본계획"이라 한다)을 수립하여야 한다. 〈개정 2008.2.29., 2013.3.23.〉

② 기본계획에는 다음 각 호의 사항이 포함되어야 한다. 〈개정 2008.2.29., 2013.3.23.〉

1. 에너지절약형 경제구조로의 전환
2. 에너지이용효율의 증대
3. 에너지이용 합리화를 위한 기술개발
4. 에너지이용 합리화를 위한 홍보 및 교육
5. 에너지원간 대체(代替)
6. 열사용기자재의 안전관리
7. 에너지이용 합리화를 위한 가격예시제(價格豫示制)의 시행에 관한 사항
8. 에너지의 합리적인 이용을 통한 온실가스의 배출을 줄이기 위한 대책
9. 그 밖에 에너지이용 합리화를 추진하기 위하여 필요한 사항으로서 산업통상자원부령으로 정하는 사항

③ 산업통상자원부장관이 제1항에 따라 기본계획을 수립하려면 관계 행정기관의 장과 협의한 후 「에너지법」 제9조에 따른 에너지위원회(이하 "위원회"라 한다)의 심의를 거쳐야 한다. 〈개정 2008.2.29., 2013.3.23., 2018.4.17.〉

④ 산업통상자원부장관은 기본계획을 수립하기 위하여 필요하다고 인정하는 경우 관계 행정기관의 장에게 필요한 자료를 제출하도록 요청할 수 있다. 〈신설 2018.4.17.〉

제5조 삭제 〈2018.4.17.〉

제6조(에너지이용 합리화 실시계획) ① 관계 행정기관의 장과 특별시장 · 광역시장 · 도지사 또는 특별자치도지사(이하 "시 · 도지사"라 한다)는 기본계획에 따라 에너지이용 합리화에 관한 실시계획을 수립하고 시행하여야 한다.

② 관계 행정기관의 장 및 시 · 도지사는 제1항에 따른 실시계획과 그 시행 결과를 산업통상자원부장관에게 제출하여야 한다. 〈개정 2008.2.29., 2013.3.23.〉

③ 산업통상자원부장관은 위원회의 심의를 거쳐 제2항에 따라 제출된 실시계획을 종합 · 조정하고 추진상황을 점검 · 평가하여야 한다. 이 경우 평가업무의 효과적인 수행을 위하여 대통령령으로 정하는 바에 따라 관계 연구기관 등에 그 업무를 대행하도록 할 수 있다. 〈신설 2018.4.17.〉

제7조(수급안정을 위한 조치) ① 산업통상자원부장관은 국내외 에너지사정의 변동에 따른 에너지의 수급차질에 대비하기 위하여 대통령령으로 정하는 주요 에너지사용자와 에너지공급자에게 에너지저장시설을 보유하고 에너지를 저장하는 의무를 부과할 수 있다. 〈개정 2008.2.29., 2013.3.23.〉

② 산업통상자원부장관은 국내외 에너지사정의 변동으로 에너지수급에 중대한 차질이 발생하거나 발생할 우려가 있다고 인정되면 에너지수급의 안정을 기하기 위하여 필요한 범위에서 에너지사용자 · 에너지공급자 또는 에너지사용기자재의 소유자와 관리자에게 다음 각 호의 사항에 관한 조정 · 명령, 그 밖에 필요한 조치를 할 수 있다. 〈개정 2008.2.29., 2013.3.23.〉

1. 지역별 · 주요 수급자별 에너지 할당
2. 에너지공급설비의 가동 및 조업
3. 에너지의 비축과 저장
4. 에너지의 도입 · 수출입 및 위탁가공
5. 에너지공급자 상호 간의 에너지의 교환 또는 분배 사용
6. 에너지의 유통시설과 그 사용 및 유통경로
7. 에너지의 배급
8. 에너지의 양도 · 양수의 제한 또는 금지
9. 에너지사용의 시기 · 방법 및 에너지사용기자재의 사용 제한 또는 금지 등 대통령령으로 정하는 사항
10. 그 밖에 에너지수급을 안정시키기 위하여 대통령령으로 정하는 사항

제8조(국가 · 지방자치단체 등의 에너지이용 효율화조치 등) ① 다음 각 호의 자는 이 법의 목적에 따라 에너지를 효율적으로 이용하고 온실가스 배출을 줄이기 위하여 필요한 조치를 추진하여야 한다. 이 경우 해당 조치에 관하여 위원회의 심의를 거쳐야 한다. 〈개정 2018.4.17.〉

1. 국가
2. 지방자치단체
3. 「공공기관의 운영에 관한 법률」 제4조 제1항에 따른 공공기관

② 제1항에 따라 국가 · 지방자치단체 등이 추진하여야 하는 에너지의 효율적 이용과 온실가스의 배출 저감을 위하여 필요한 조치의 구체적인 내용은 대통령령으로 정한다.

제9조(에너지공급자의 수요관리투자계획) ① 에너지공급자 중 대통령령으로 정하는 에너지공급자는 해당 에너지의 생산·전환·수송·저장 및 이용상의 효율향상, 수요의 절감 및 온실가스배출의 감축 등을 도모하기 위한 연차별 수요관리투자계획을 수립·시행하여야 하며, 그 계획과 시행 결과를 산업통상자원부장관에게 제출하여야 한다. 연차별 수요관리투자계획을 변경하는 경우에도 또한 같다. 〈개정 2008.2.29., 2013.3.23.〉

② 산업통상자원부장관은 에너지수급상황의 변화, 에너지가격의 변동, 그 밖에 대통령령으로 정하는 사유가 생긴 경우에는 제1항에 따른 수요관리투자계획을 수정·보완하여 시행하게 할 수 있다. 〈개정 2008.2.29., 2013.3.23.〉

제10조(에너지사용계획의 협의) ① 도시개발사업이나 산업단지개발사업 등 대통령령으로 정하는 일정규모 이상의 에너지를 사용하는 사업을 실시하거나 시설을 설치하려는 자(이하 "사업주관자"라 한다)는 그 사업의 실시와 시설의 설치로 에너지수급에 미칠 영향과 에너지소비로 인한 온실가스(이산화탄소만을 말한다)의 배출에 미칠 영향을 분석하고, 소요에너지의 공급계획 및 에너지의 합리적 사용과 그 평가에 관한 계획(이하 "에너지사용계획"이라 한다)을 수립하여, 그 사업의 실시 또는 시설의 설치 전에 산업통상자원부장관에게 제출하여야 한다. 〈개정 2008.2.29., 2013.3.23.〉

② 산업통상자원부장관은 제1항에 따라 제출한 에너지사용계획에 관하여 사업주관자 중 제8조 제1항 각 호에 해당하는 자(이하 "공공사업주관자"라 한다)와 협의하여야 하며, 공공사업주관자 외의 자(이하 "민간사업주관자"라 한다)로부터 의견을 들을 수 있다. 〈개정 2008. 2.29., 2013.3.23.〉

③ 사업주관자가 제1항에 따라 제출한 에너지사용계획 중 에너지 수요예측 및 공급계획 등 대통령령으로 정한 사항을 변경하려는 경우에도 제1항과 제2항으로 정하는 바에 따른다.

④ 사업주관자는 국공립연구기관, 정부출연연구기관 등 에너지사용계획을 수립할 능력이 있는 자로 하여금 에너지사용계획의 수립을 대행하게 할 수 있다.

⑤ 제1항부터 제4항까지의 규정에 따른 에너지사용계획의 내용, 협의 및 의견청취의 절차, 대행기관의 요건, 그 밖에 필요한 사항은 대통령령으로 정한다.

⑥ 산업통상자원부장관은 제4항에 따른 에너지사용계획의 수립을 대행하는 데에 필요한 비용의 산정기준을 정하여 고시하여야 한다. 〈개정 2008.2.29., 2013.3.23.〉

제11조(에너지사용계획의 검토 등) ① 산업통상자원부장관은 에너지사용계획을 검토한 결과, 그 내용이 에너지의 수급에 적절하지 아니하거나 에너지이용의 합리화와 이를 통한 온실가스(이산화탄소만을 말한다)의 배출감소 노력이 부족하다고 인정되면 대통령령으로 정하는 바에 따라 공공사업주관자에게는 에너지사용계획의 조정·보완을 요청할 수 있고, 민간사업주관자에게는 에너지사용계획의 조정·보완을 권고할 수 있다. 공공사업주관자가 조정·보완요청을 받은 경우에는 정당한 사유가 없으면 그 요청에 따라야 한다. 〈개정 2008.2.29., 2013.3.23.〉

② 산업통상자원부장관은 에너지사용계획을 검토할 때 필요하다고 인정되면 사업주관자에게 관련 자료를 제출하도록 요청할 수 있다. 〈개정 2008.2.29., 2013.3.23.〉

③ 제1항에 따른 에너지사용계획의 검토기준, 검토방법, 그 밖에 필요한 사항은 산업통상자원부령으로 정한다. 〈개정 2008.2.29., 2013.3.23.〉

제3장 에너지이용 합리화 시책

제1절 에너지사용기자재 및 에너지관련기자재 관련 시책 〈개정 2013.7.30.〉

제15조(효율관리기자재의 지정 등) ① 산업통상자원부장관은 에너지이용 합리화를 위하여 필요하다고 인정하는 경우에는 일반적으로 널리 보급되어 있는 에너지사용기자재(상당량의 에너지를 소비하는 기자재에 한정한다) 또는 에너지관련기자재(에너지를 사용하지 아니하나 그 구조 및 재질에 따라 열손실 방지 등으로 에너지절감에 기여하는 기자재를 말한다. 이하 같다)로서 산업통상자원부령으로 정하는 기자재(이하 "효율관리기자재"라 한다)에 대하여 다음 각 호의 사항을 정하여 고시하여야 한다. 다만, 에너지관련기자재 중 「건축법」 제2조 제1항의 건축물에 고정되어 설치·이용되는 기자재 및 「자동차관리법」 제29조 제2항에 따른 자동차부품을 효율관리기자재로 정하려는 경우에는 국토교통부장관과 협의한 후 다음 각 호의 사항을 공동으로 정하여 고시하여야 한다. 〈개정 2008.2.29., 2013.3.23., 2013.7.30.〉

1. 에너지의 목표소비효율 또는 목표사용량의 기준
2. 에너지의 최저소비효율 또는 최대사용량의 기준
3. 에너지의 소비효율 또는 사용량의 표시
4. 에너지의 소비효율 등급기준 및 등급표시
5. 에너지의 소비효율 또는 사용량의 측정방법
6. 그 밖에 효율관리기자재의 관리에 필요한 사항으로서 산업통상자원부령으로 정하는 사항

② 효율관리기자재의 제조업자 또는 수입업자는 산업통상자원부장관이 지정하는 시험기관(이하 "효율관리시험기관"이라 한다)에서 해당 효율관리기자재의 에너지 사용량을 측정받아 에너지소비효율등급 또는 에너지소비효율을 해당 효율관리기자재에 표시하여야 한다. 다만, 산업통상자원부장관이 정하여 고시하는 시험설비 및 전문인력을 모두 갖춘 제조업자 또는 수입업자로서 산업통상자원부령으로 정하는 바에 따라 산업통상자원부장관의 승인을 받은 자는 자체측정으로 효율관리시험기관의 측정을 대체할 수 있다. 〈개정 2008.2.29., 2013.3.23.〉

③ 효율관리기자재의 제조업자·수입업자 또는 판매업자가 산업통상자원부령으로 정하는 광고매체를 이용하여 효율관리기자재의 광고를 하는 경우에는 그 광고내용에 제2항에 따른 에너지소비효율등급 또는 에너지소비효율을 포함하여야 한다. 〈개정 2008.2.29., 2013.3.23.〉

제17조(평균에너지소비효율제도) ① 산업통상자원부장관은 각 효율관리기자재의 에너지소비효율 합계를 그 기자재의 총수로 나누어 산출한 평균에너지소비효율에 대하여 총량적인 에너지효율의 개선이 특히 필요하다고 인정되는 기자재로서 「자동차관리법」 제3조 제1항에 따른 승용자동차 등 산업

통상자원부령으로 정하는 기자재(이하 이 조에서 "평균효율관리기자재"라 한다)를 제조하거나 수입하여 판매하는 자가 지켜야 할 평균에너지소비효율을 관계 행정기관의 장과 협의하여 고시하여야 한다. 〈개정 2008.2.29., 2013.3.23.〉

② 산업통상자원부장관은 제1항에 따라 고시한 평균에너지소비효율(이하 "평균에너지소비효율기준"이라 한다)에 미달하는 평균효율관리기자재를 제조하거나 수입하여 판매하는 자에게 일정한 기간을 정하여 평균에너지소비효율의 개선을 명할 수 있다. 다만, 「자동차관리법」 제3조 제1항에 따른 승용자동차 등 산업통상자원부령으로 정하는 자동차에 대해서는 그러하지 아니하다. 〈개정 2008.2.29., 2013.3.23., 2013.7.30.〉

④ 평균효율관리기자재를 제조하거나 수입하여 판매하는 자는 에너지소비효율 산정에 필요하다고 인정되는 판매에 관한 자료와 효율측정에 관한 자료를 산업통상자원부장관에게 제출하여야 한다. 다만, 자동차 평균에너지소비효율 산정에 필요한 판매에 관한 자료에 대해서는 환경부장관이 산업통상자원부장관에게 제공하는 경우에는 그러하지 아니하다. 〈개정 2008.2.29., 2013.3.23., 2013.7.30.〉

제17조의2(과징금 부과) ① 환경부장관은 「자동차관리법」 제3조 제1항에 따른 승용자동차 등 산업통상자원부령으로 정하는 자동차에 대하여 「기후위기 대응을 위한 탄소중립 · 녹색성장 기본법」 제32조 제2항에 따라 자동차 평균에너지소비효율기준을 택하여 준수하기로 한 자동차 제조업자 · 수입업자가 평균에너지소비효율기준을 달성하지 못한 경우 그 정도에 따라 대통령령으로 정하는 매출액에 100분의 1을 곱한 금액을 초과하지 아니하는 범위에서 과징금을 부과할 수 있다. 다만, 「대기환경보전법」 제76조의5 제2항에 따라 자동차 제조업자 · 수입업자가 미달성분을 상환하는 경우에는 그러하지 아니하다. 〈개정 2021.9.24.〉

② 자동차 평균에너지소비효율기준의 적용 · 관리에 관한 사항은 「대기환경보전법」 제76조의5에 따른다.

③ 제1항에 따른 과징금의 산정방법 · 금액, 징수시기, 그 밖에 필요한 사항은 대통령령으로 정한다. 이 경우 과징금의 금액은 「대기환경보전법」 제76조의2에 따른 자동차 온실가스 배출허용기준을 준수하지 못하여 부과하는 과징금 금액과 동일한 수준이 될 수 있도록 정한다.

④ 환경부장관은 제1항에 따라 과징금 부과처분을 받은 자가 납부기한까지 과징금을 내지 아니하면 국세 체납처분의 예에 따라 징수한다.

⑤ 제1항에 따라 징수한 과징금은 「환경정책기본법」에 따른 환경개선특별회계의 세입으로 한다. [본조신설 2013.7.30.]

제18조(대기전력저감대상제품의 지정) 산업통상자원부장관은 외부의 전원과 연결만 되어 있고, 주기능을 수행하지 아니하거나 외부로부터 켜짐 신호를 기다리는 상태에서 소비되는 전력(이하 "대기전력"이라 한다)의 저감(低減)이 필요하다고 인정되는 에너지사용기자재로서 산업통상자원부령으로 정하는 제품(이하 "대기전력저감대상제품"이라 한다)에 대하여 다음 각 호의 사항을 정하여 고시하여야 한다. 〈개정 2008.2.29., 2009.1.30., 2013.3.23.〉

1. 대기전력저감대상제품의 각 제품별 적용범위
2. 대기전력저감기준
3. 대기전력의 측정방법
4. 대기전력 저감성이 우수한 대기전력저감대상제품(이하 "대기전력저감우수제품"이라 한다)의 표시
5. 그 밖에 대기전력저감대상제품의 관리에 필요한 사항으로서 산업통상자원부령으로 정하는 사항

제19조(대기전력경고표지대상제품의 지정 등) ① 산업통상자원부장관은 대기전력저감대상제품 중 대기전력 저감을 통한 에너지이용의 효율을 높이기 위하여 제18조 제2호의 대기전력저감기준에 적합할 것이 특히 요구되는 제품으로서 산업통상자원부령으로 정하는 제품(이하 "대기전력경고표지대상제품"이라 한다)에 대하여 다음 각 호의 사항을 정하여 고시하여야 한다. 〈개정 2008.2.29., 2013.3.23.〉

1. 대기전력경고표지대상제품의 각 제품별 적용범위
2. 대기전력경고표지대상제품의 경고 표시
3. 그 밖에 대기전력경고표지대상제품의 관리에 필요한 사항으로서 산업통상자원부령으로 정하는 사항

제20조(대기전력저감우수제품의 표시 등) ① 대기전력저감대상제품의 제조업자 또는 수입업자가 해당 제품에 대기전력저감우수제품의 표시를 하려면 대기전력시험기관의 측정을 받아 해당 제품이 제18조 제2호의 대기전력저감기준에 적합하다는 판정을 받아야 한다. 다만, 제19조 제2항 단서에 따라 산업통상자원부장관의 승인을 받은 자는 자체측정으로 대기전력시험기관의 측정을 대체 할 수 있다. 〈개정 2008.2.29., 2013.3.23.〉

② 제1항에 따른 적합 판정을 받아 대기전력저감우수제품의 표시를 하는 제조업자 또는 수입업자는 제1항에 따른 측정 결과를 산업통상자원부령으로 정하는 바에 따라 산업통상자원부장관에게 신고하여야 한다. 〈개정 2008.2.29., 2013.3.23.〉

제21조(대기전력저감대상제품의 사후관리) ① 산업통상자원부장관은 대기전력저감우수제품이 제18조 제2호의 대기전력저감기준에 미달하는 경우 산업통상자원부령으로 정하는 바에 따라 대기전력저감대상제품의 제조업자 또는 수입업자에게 일정한 기간을 정하여 그 시정을 명할 수 있다. 〈개정 2008.2.29., 2013.3.23.〉

② 산업통상자원부장관은 대기전력저감대상제품의 제조업자 또는 수입업자가 제1항에 따른 시정명령을 이행하지 아니하는 경우에는 그 사실을 공표할 수 있다. 〈개정 2008.2.29., 2013.3.23.〉

제22조(고효율에너지기자재의 인증 등) ① 산업통상자원부장관은 에너지이용의 효율성이 높아 보급을 촉진할 필요가 있는 에너지사용기자재 또는 에너지관련기자재로서 산업통상자원부령으로 정하는 기자재(이하 "고효율에너지인증대상기자재"라 한다)에 대하여 다음 각 호의 사항을 정하여 고시하여야 한다. 다만, 에너지관련기자재 중 「건축법」 제2조 제1항의 건축물에 고정되어 설치 · 이용되는 기자재 및 「자동차관리법」 제29조 제2항에 따른 자동차부품을 고효율에너지인증대상기자재로 정하려는 경우에는 국토교통부장관과 협의한 후 다음 각 호의 사항을 공동으로 정하여 고시하여야 한다. 〈개정 2008.2.29., 2013.3.23., 2013.7.30.〉

1. 고효율에너지인증대상기자재의 각 기자재별 적용범위

2. 고효율에너지인증대상기자재의 인증 기준 · 방법 및 절차
3. 고효율에너지인증대상기자재의 성능 측정방법
4. 에너지이용의 효율성이 우수한 고효율에너지인증대상기자재(이하 "고효율에너지기자재"라 한다)의 인증 표시
5. 그 밖에 고효율에너지인증대상기자재의 관리에 필요한 사항으로서 산업통상자원부령으로 정하는 사항

② 고효율에너지인증대상기자재의 제조업자 또는 수입업자가 해당 기자재에 고효율에너지기자재의 인증 표시를 하려면 해당 에너지사용기자재 또는 에너지관련기자재가 제1항 제2호에 따른 인증기준에 적합한지 여부에 대하여 산업통상자원부장관이 지정하는 시험기관(이하 "고효율시험기관"이라 한다)의 측정을 받아 산업통상자원부장관으로부터 인증을 받아야 한다. 〈개정 2008.2.29., 2013.3.23., 2013.7.30.〉

③ 제2항에 따라 고효율에너지기자재의 인증을 받으려는 자는 산업통상자원부령으로 정하는 바에 따라 산업통상자원부장관에게 인증을 신청하여야 한다. 〈개정 2008.2.29., 2013.3.23.〉

④ 산업통상자원부장관은 제3항에 따라 신청된 고효율에너지인증대상기자재가 제1항 제2호에 따른 인증기준에 적합한 경우에는 인증을 하여야 한다. 〈개정 2008.2.29., 2013.3.23.〉

⑤ 제4항에 따라 인증을 받은 자가 아닌 자는 해당 고효율에너지인증대상기자재에 고효율에너지기자재의 인증 표시를 할 수 없다.

⑥ 산업통상자원부장관은 고효율에너지기자재의 보급을 촉진하기 위하여 필요하다고 인정하는 경우에는 제8조 제1항 각 호에 따른 자에 대하여 고효율에너지기자재를 우선적으로 구매하게 하거나, 공장 · 사업장 및 집단주택단지 등에 대하여 고효율에너지기자재의 설치 또는 사용을 장려할 수 있다. 〈개정 2008.2.29., 2013.3.23.〉

⑦ 제2항의 고효율시험기관으로 지정받으려는 자는 다음 각 호의 요건을 모두 갖추어 산업통상자원부령으로 정하는 바에 따라 산업통상자원부장관에게 지정 신청을 하여야 한다. 〈개정 2008.2.29., 2013.3.23.〉

1. 다음 각 목의 어느 하나에 해당할 것
   가. 국가가 설립한 시험 · 연구기관
   나. 「특정연구기관육성법」 제2조에 따른 특정연구기관
   다. 「국가표준기본법」 제23조에 따라 시험 · 검사기관으로 인정받은 기관
   라. 가목 및 나목의 연구기관과 동등 이상의 시험능력이 있다고 산업통상자원부장관이 인정하는 기관
2. 산업통상자원부장관이 고효율에너지인증대상기자재별로 정하여 고시하는 시험설비 및 전문인력을 갖출 것

⑧ 산업통상자원부장관은 고효율에너지인증대상기자재 중 기술 수준 및 보급 정도 등을 고려하여 고효율에너지인증대상기자재로 유지할 필요성이 없다고 인정하는 기자재를 산업통상자원부령으로 정하는 기준과 절차에 따라 고효율에너지인증대상기자재에서 제외할 수 있다. 〈신설 2013.7.30.〉

제23조(고효율에너지기자재의 사후관리) ① 산업통상자원부장관은 고효율에너지기자재가 제1호에 해당하는 경우에는 인증을 취소하여야 하고, 제2호에 해당하는 경우에는 인증을 취소하거나 6개월 이내의 기간을 정하여 인증을 사용하지 못하도록 명할 수 있다. 〈개정 2008.2.29., 2013.3.23.〉

1. 거짓이나 그 밖의 부정한 방법으로 인증을 받은 경우
2. 고효율에너지기자재가 제22조 제1항 제2호에 따른 인증기준에 미달하는 경우

② 산업통상자원부장관은 제1항에 따라 인증이 취소된 고효율에너지기자재에 대하여 그 인증이 취소된 날부터 1년의 범위에서 산업통상자원부령으로 정하는 기간 동안 인증을 하지 아니할 수 있다. 〈개정 2008.2.29., 2013.3.23.〉

제24조(시험기관의 지정취소 등) ① 산업통상자원부장관은 효율관리시험기관, 대기전력시험기관 및 고효율시험기관이 다음 각 호의 어느 하나에 해당하는 경우에는 그 지정을 취소하거나 6개월 이내의 기간을 정하여 시험업무의 정지를 명할 수 있다. 다만, 제1호 또는 제2호에 해당하면 그 지정을 취소하여야 한다. 〈개정 2008.2.29., 2013.3.23.〉

1. 거짓이나 그 밖의 부정한 방법으로 지정을 받은 경우
2. 업무정지 기간 중에 시험업무를 행한 경우
3. 정당한 사유 없이 시험을 거부하거나 지연하는 경우
4. 산업통상자원부장관이 정하여 고시하는 측정방법을 위반하여 시험한 경우
5. 제15조 제5항, 제19조 제5항 또는 제22조 제7항에 따른 시험기관의 지정기준에 적합하지 아니하게 된 경우

② 산업통상자원부장관은 제15조 제2항 단서, 제19조 제2항 단서에 따라 자체측정의 승인을 받은 자가 제1호 또는 제2호에 해당하면 그 승인을 취소하여야 하고, 제3호 또는 제4호에 해당하면 그 승인을 취소하거나 6개월 이내의 기간을 정하여 자체측정업무의 정지를 명할 수 있다. 〈개정 2008.2.29., 2013.3.23.〉

1. 거짓이나 그 밖의 부정한 방법으로 승인을 받은 경우
2. 업무정지 기간 중에 자체측정업무를 행한 경우
3. 산업통상자원부장관이 정하여 고시하는 측정방법을 위반하여 측정한 경우
4. 산업통상자원부장관이 정하여 고시하는 시험설비 및 전문인력 기준에 적합하지 아니하게 된 경우

제2절 산업 및 건물 관련 시책

제25조(에너지절약전문기업의 지원) ① 정부는 제3자로부터 위탁을 받아 다음 각 호의 어느 하나에 해당하는 사업을 하는 자로서 산업통상자원부장관에게 등록을 한 자(이하 "에너지절약전문기업"이라 한다)가 에너지절약사업과 이를 통한 온실가스의 배출을 줄이는 사업을 하는 데에 필요한 지원을 할 수 있다. 〈개정 2008.2.29., 2013.3.23.〉

1. 에너지사용시설의 에너지절약을 위한 관리 · 용역사업
2. 제14조 제1항에 따른 에너지절약형 시설투자에 관한 사업
3. 그 밖에 대통령령으로 정하는 에너지절약을 위한 사업

② 에너지절약전문기업으로 등록하려는 자는 대통령령으로 정하는 바에 따라 장비, 자산 및 기술인력 등의 등록기준을 갖추어 산업통상자원부장관에게 등록을 신청하여야 한다. 〈개정 2008.2.29., 2013.3.23.〉

제26조(에너지절약전문기업의 등록취소 등) 산업통상자원부장관은 에너지절약전문기업이 다음 각 호의 어느 하나에 해당하면 그 등록을 취소하거나 이 법에 따른 지원을 중단할 수 있다. 다만, 제1호에 해당하는 경우에는 그 등록을 취소하여야 한다. 〈개정 2008.2.29., 2013.3.23.〉

1. 거짓이나 그 밖의 부정한 방법으로 제25조 제1항에 따른 등록을 한 경우
2. 거짓이나 그 밖의 부정한 방법으로 제14조 제1항에 따른 지원을 받거나 지원받은 자금을 다른 용도로 사용한 경우
3. 에너지절약전문기업으로 등록한 업체가 그 등록의 취소를 신청한 경우
4. 타인에게 자기의 성명이나 상호를 사용하여 제25조 제1항 각 호의 어느 하나에 해당하는 사업을 수행하게 하거나 산업통상자원부장관이 에너지절약전문기업에 내준 등록증을 대여한 경우
5. 제25조 제2항에 따른 등록기준에 미달하게 된 경우
6. 제66조 제1항에 따른 보고를 하지 아니하거나 거짓으로 보고한 경우 또는 같은 항에 따른 검사를 거부·방해 또는 기피한 경우
7. 정당한 사유 없이 등록한 후 3년 이내에 사업을 시작하지 아니하거나 3년 이상 계속하여 사업수행실적이 없는 경우

제27조(에너지절약전문기업의 등록제한) 제26조에 따라 등록이 취소된 에너지절약전문기업은 등록취소일부터 2년이 지나지 아니하면 제25조 제2항에 따른 등록을 할 수 없다.

제27조의2(에너지절약전문기업의 공제조합 가입 등) ① 에너지절약전문기업은 에너지절약사업과 이를 통한 온실가스의 배출을 줄이는 사업을 원활히 수행하기 위하여 「엔지니어링산업 진흥법」 제34조에 따른 공제조합의 조합원으로 가입할 수 있다.

② 제1항에 따른 공제조합은 다음 각 호의 사업을 실시할 수 있다.

1. 에너지절약사업에 따른 의무이행에 필요한 이행보증
2. 에너지절약사업을 위한 채무 보증 및 융자
3. 에너지절약사업 수출을 위한 주거래은행 설정에 관한 보증
4. 에너지절약사업으로 인한 매출채권의 팩토링
5. 에너지절약사업의 대가로 받은 어음의 할인
6. 조합원 및 조합원에 고용된 자의 복지 향상을 위한 공제사업
7. 조합원 출자금의 효율적 운영을 위한 투자사업

③ 제2항 제6호의 공제사업을 위한 공제규정, 공제규정으로 정할 내용 등에 관한 사항은 대통령령으로 정한다. [본조신설 2011.7.25.]

제28조(자발적 협약체결기업의 지원 등) ① 정부는 에너지사용자 또는 에너지공급자로서 에너지의 절약과 합리적인 이용을 통한 온실가스의 배출을 줄이기 위한 목표와 그 이행방법 등에 관한 계획을 자발적으로 수립하여 이를 이행하기로 정부나 지방자치단체와 약속(이하 "자발적 협약"이라 한다)한 자가 에너지절약형 시설이나 그 밖에 대통령령으로 정하는 시설 등에 투자하는 경우에는 그에 필요한 지원을 할 수 있다.

② 자발적 협약의 목표, 이행방법의 기준과 평가에 관하여 필요한 사항은 환경부장관과 협의하여 산업통상자원부령으로 정한다. 〈개정 2008.2.29., 2013.3.23.〉

제29조(온실가스배출 감축실적의 등록·관리) ① 정부는 에너지절약전문기업, 자발적 협약체결기업 등이 에너지이용 합리화를 통한 온실가스배출 감축실적의 등록을 신청하는 경우 그 감축실적을 등록·관리하여야 한다.

② 제1항에 따른 신청, 등록·관리 등에 관하여 필요한 사항은 대통령령으로 정한다.

제30조(온실가스의 배출을 줄이기 위한 교육훈련 및 인력양성 등) ① 정부는 온실가스의 배출을 줄이기 위하여 필요하다고 인정하면 산업계종사자 등 온실가스배출 감축 관련 업무담당자에 대하여 교육훈련을 실시할 수 있다.

② 정부는 온실가스 배출을 줄이는 데에 필요한 전문인력을 양성하기 위하여 「고등교육법」 제29조에 따른 대학원 및 같은 법 제30조에 따른 대학원대학 중에서 대통령령으로 정하는 기준에 해당하는 대학원이나 대학원대학을 기후변화협약특성화대학원으로 지정할 수 있다.

③ 정부는 제2항에 따라 지정된 기후변화협약특성화대학원의 운영에 필요한 지원을 할 수 있다.

④ 제1항에 따른 교육훈련대상자와 교육훈련 내용, 제2항에 따른 기후변화협약특성화대학원 지정절차 및 제3항에 따른 지원내용 등에 필요한 사항은 대통령령으로 정한다.

제31조(에너지다소비사업자의 신고 등) ① 에너지사용량이 대통령령으로 정하는 기준량 이상인 자(이하 "에너지다소비사업자"라 한다)는 다음 각 호의 사항을 산업통상자원부령으로 정하는 바에 따라 매년 1월 31일까지 그 에너지사용시설이 있는 지역을 관할하는 시·도지사에게 신고하여야 한다. 〈개정 2008.2.29., 2013.3.23., 2014.1.21.〉

1. 전년도의 분기별 에너지사용량·제품생산량
2. 해당 연도의 분기별 에너지사용예정량·제품생산예정량
3. 에너지사용기자재의 현황
4. 전년도의 분기별 에너지이용 합리화 실적 및 해당 연도의 분기별 계획
5. 제1호부터 제4호까지의 사항에 관한 업무를 담당하는 자(이하 "에너지관리자"라 한다)의 현황

② 시·도지사는 제1항에 따른 신고를 받으면 이를 매년 2월 말일까지 산업통상자원부장관에게 보고하여야 한다. 〈개정 2008.2.29., 2013.3.23.〉

③ 산업통상자원부장관 및 시·도지사는 에너지다소비사업자가 신고한 제1항 각 호의 사항을 확인하기 위하여 필요한 경우 다음 각 호의 어느 하나에 해당하는 자에 대하여 에너지다소비사업자에게 공급한 에너지의 공급량 자료를 제출하도록 요구할 수 있다. 〈신설 2014.1.21.〉

1. 「한국전력공사법」에 따른 한국전력공사
2. 「한국가스공사법」에 따른 한국가스공사
3. 「도시가스사업법」 제2조 제2호에 따른 도시가스사업자
4. 「집단에너지사업법」 제2조 제3호에 따른 사업자 및 같은 법 제29조에 따른 한국지역난방공사
5. 그 밖에 대통령령으로 정하는 에너지공급기관 또는 관리기관

제32조(에너지진단 등) ① 산업통상자원부장관은 관계 행정기관의 장과 협의하여 에너지다소비사업자가 에너지를 효율적으로 관리하기 위하여 필요한 기준(이하 "에너지관리기준"이라 한다)을 부문별로 정하여 고시하여야 한다. 〈개정 2008.2.29., 2013.3.23.〉

② 에너지다소비사업자는 산업통상자원부장관이 지정하는 에너지진단전문기관(이하 "진단기관"이라 한다)으로부터 3년 이상의 범위에서 대통령령으로 정하는 기간마다 그 사업장에 대하여 에너지진단을 받아야 한다. 다만, 물리적 또는 기술적으로 에너지진단을 실시할 수 없거나 에너지진단의 효과가 적은 아파트 · 발전소 등 산업통상자원부령으로 정하는 범위에 해당하는 사업장은 그러하지 아니하다. 〈개정 2008.2.29., 2013.3.23., 2015.1.28.〉

③ 산업통상자원부장관은 대통령령으로 정하는 바에 따라 에너지진단업무에 관한 자료제출을 요구하는 등 진단기관을 관리 · 감독한다. 〈개정 2008.2.29., 2013.3.23.〉

④ 산업통상자원부장관은 자체에너지절감실적이 우수하다고 인정되는 에너지다소비사업자에 대하여는 산업통상자원부령으로 정하는 바에 따라 에너지진단을 면제하거나 에너지진단주기를 연장할 수 있다. 〈개정 2008.2.29., 2013.3.23.〉

⑤ 산업통상자원부장관은 에너지진단 결과 에너지다소비사업자가 에너지관리기준을 지키고 있지 아니한 경우에는 에너지관리기준의 이행을 위한 지도(이하 "에너지관리지도"라 한다)를 할 수 있다. 〈개정 2008.2.29., 2013.3.23.〉

제33조(진단기관의 지정취소 등) 산업통상자원부장관은 진단기관의 지정을 받은 자가 다음 각 호의 어느 하나에 해당하면 그 지정을 취소하거나 2년 이내의 기간을 정하여 그 업무의 정지를 명할 수 있다. 다만, 제1호에 해당하는 경우에는 그 지정을 취소하여야 한다. 〈개정 2008.2.29., 2013.3.23., 2014.1.21., 2022.10.18.〉

1. 거짓이나 그 밖의 부정한 방법으로 지정을 받은 경우
2. 에너지관리기준에 비추어 현저히 부적절하게 에너지진단을 하는 경우
3. 평가 결과 진단기관으로서 적절하지 아니하다고 판단되는 경우
4. 지정기준에 적합하지 아니하게 된 경우
5. 보고를 하지 아니하거나 거짓으로 보고한 경우 또는 같은 항에 따른 검사를 거부 · 방해 또는 기피한 경우
6. 정당한 사유 없이 3년 이상 계속하여 에너지진단업무 실적이 없는 경우

제34조(개선명령) ① 산업통상자원부장관은 에너지관리지도 결과, 에너지가 손실되는 요인을 줄이기 위하여 필요하다고 인정하면 에너지다소비사업자에게 에너지손실요인의 개선을 명할 수 있다. 〈개정 2008.2.29., 2013.3.23.〉

② 제1항에 따른 개선명령의 요건 및 절차는 대통령령으로 정한다.

제35조(목표에너지원단위의 설정 등) ① 산업통상자원부장관은 에너지의 이용효율을 높이기 위하여 필요하다고 인정하면 관계 행정기관의 장과 협의하여 에너지를 사용하여 만드는 제품의 단위당 에너지사용목표량 또는 건축물의 단위면적당 에너지사용목표량(이하 "목표에너지원단위"라 한다)을 정하여 고시하여야 한다. 〈개정 2008.2.29., 2013.3.23.〉

② 산업통상자원부장관은 산업통상자원부령으로 정하는 바에 따라 목표에너지원단위의 달성에 필요한 자금을 융자할 수 있다. 〈개정 2008.2.29., 2013.3.23.〉

제36조(폐열의 이용) ① 에너지사용자는 사업장 안에서 발생하는 폐열을 이용하기 위하여 노력하여야 하며, 사업장 안에서 이용하지 아니하는 폐열을 타인이 사업장 밖에서 이용하기 위하여 공급받으려는 경우에는 이에 적극 협조하여야 한다.

② 산업통상자원부장관은 폐열의 이용을 촉진하기 위하여 필요하다고 인정하면 폐열을 발생시키는 에너지사용자에게 폐열의 공동이용 또는 타인에 대한 공급 등을 권고할 수 있다. 다만, 폐열의 공동이용 또는 타인에 대한 공급 등에 관하여 당사자 간에 협의가 이루어지지 아니하거나 협의를 할 수 없는 경우에는 조정을 할 수 있다. 〈개정 2008.2.29., 2013.3.23.〉

③ 「집단에너지사업법」에 따른 사업자는 같은 법 제5조에 따라 집단에너지공급대상지역으로 지정된 지역에 소각시설이나 산업시설에서 발생되는 폐열을 활용하기 위하여 적극 노력하여야 한다.

제36조의2(냉난방온도제한건물의 지정 등) ① 산업통상자원부장관은 에너지의 절약 및 합리적인 이용을 위하여 필요하다고 인정하면 냉난방온도의 제한온도 및 제한기간을 정하여 다음 각 호의 건물 중에서 냉난방온도를 제한하는 건물을 지정할 수 있다. 〈개정 2013.3.23.〉

1. 자가 업무용으로 사용하는 건물
2. 에너지다소비사업자의 에너지사용시설 중 에너지사용량이 대통령령으로 정하는 기준량 이상인 건물

② 산업통상자원부장관은 제1항에 따라 냉난방온도의 제한온도 및 제한기간을 정하여 냉난방온도를 제한하는 건물을 지정한 때에는 다음 각 호의 구분에 따라 통지하고 이를 고시하여야 한다. 〈개정 2013.3.23.〉

1. 제1항 제1호의 건물 : 관리기관(관리기관이 따로 없는 경우에는 그 기관의 장을 말한다. 이하 같다)에 통지
2. 제1항 제2호의 건물 : 에너지다소비사업자에게 통지

③ 제1항 및 제2항에 따라 냉난방온도를 제한하는 건물로 지정된 건물(이하 "냉난방온도제한건물"이라 한다)의 관리기관 또는 에너지다소비사업자는 해당 건물의 냉난방온도를 제한온도에 적합하도록 유지 · 관리하여야 한다.

④ 산업통상자원부장관은 냉난방온도제한건물의 관리기관 또는 에너지다소비사업자가 해당 건물의 냉난방온도를 제한온도에 적합하게 유지 · 관리하는지 여부를 점검하거나 실태를 파악할 수 있다. 〈개정 2013.3.23.〉

⑤ 제1항에 따른 냉난방온도의 제한온도를 정하는 기준 및 냉난방온도제한건물의 지정기준, 제4항에 따른 점검 방법 등에 필요한 사항은 산업통상자원부령으로 정한다. 〈개정 2013.3.23.〉 [본조신설 2009.1.30.]

제36조의3(건물의 냉난방온도 유지 · 관리를 위한 조치) 산업통상자원부장관은 냉난방온도제한건물의 관리기관 또는 에너지다소비사업자가 해당 건물의 냉난방온도를 제한온도에 적합하게 유지 · 관리하지 아니한 경우에는 냉난방온도의 조절 등 냉난방온도의 적합한 유지 · 관리에 필요한 조치를 하

도록 권고하거나 시정조치를 명할 수 있다. 〈개정 2013.3.23.〉 [본조신설 2009.1.30.]

제4장 열사용기자재의 관리

제37조(특정열사용기자재) 열사용기자재 중 제조, 설치·시공 및 사용에서의 안전관리, 위해방지 또는 에너지이용의 효율관리가 특히 필요하다고 인정되는 것으로서 산업통상자원부령으로 정하는 열사용기자재(이하 "특정열사용기자재"라 한다)의 설치·시공이나 세관(洗罐 : 물이 흐르는 관 속에 낀 물때나 녹따위를 벗겨 냄)을 업(이하 "시공업"이라 한다)으로 하는 자는 「건설산업기본법」 제9조 제1항에 따라 시·도지사에게 등록하여야 한다. 〈개정 2008.2.29., 2013.3.23.〉

제38조(시공업등록말소 등의 요청) 산업통상자원부장관은 제37조에 따라 시공업의 등록을 한 자(이하 "시공업자"라 한다)가 고의 또는 과실로 특정열사용기자재의 설치, 시공 또는 세관을 부실하게 함으로써 시설물의 안전 또는 에너지효율 관리에 중대한 문제를 초래하면 시·도지사에게 그 등록을 말소하거나 그 시공업의 전부 또는 일부를 정지하도록 요청할 수 있다. 〈개정 2008.2.29., 2013.3.23.〉

제39조(검사대상기기의 검사) ① 특정열사용기자재 중 산업통상자원부령으로 정하는 검사대상기기(이하 "검사대상기기"라 한다)의 제조업자는 그 검사대상기기의 제조에 관하여 시·도지사의 검사를 받아야 한다. 〈개정 2008.2.29., 2013.3.23.〉

② 다음 각 호의 어느 하나에 해당하는 자(이하 "검사대상기기설치자"라 한다)는 산업통상자원부령으로 정하는 바에 따라 시·도지사의 검사를 받아야 한다. 〈개정 2008.2.29., 2013.3.23.〉

1. 검사대상기기를 설치하거나 개조하여 사용하려는 자
2. 검사대상기기의 설치장소를 변경하여 사용하려는 자
3. 검사대상기기를 사용중지한 후 재사용하려는 자

③ 시·도지사는 제1항이나 제2항에 따른 검사에 합격된 검사대상기기의 제조업자나 설치자에게는 지체 없이 그 검사의 유효기간을 명시한 검사증을 내주어야 한다.

④ 검사의 유효기간이 끝나는 검사대상기기를 계속 사용하려는 자는 산업통상자원부령으로 정하는 바에 따라 다시 시·도지사의 검사를 받아야 한다. 〈개정 2008.2.29., 2013.3.23.〉

⑤ 제1항·제2항 또는 제4항에 따른 검사에 합격되지 아니한 검사대상기기는 사용할 수 없다. 다만, 시·도지사는 제4항에 따른 검사의 내용 중 산업통상자원부령으로 정하는 항목의 검사에 합격되지 아니한 검사대상기기에 대하여는 검사대상기기의 안전관리와 위해방지에 지장이 없는 범위에서 산업통상자원부령으로 정하는 기간 내에 그 검사에 합격할 것을 조건으로 계속 사용하게 할 수 있다. 〈개정 2008.2.29., 2013.3.23.〉

⑦ 검사대상기기설치자는 다음 각 호의 어느 하나에 해당하면 산업통상자원부령으로 정하는 바에 따라 시·도지사에게 신고하여야 한다. 〈개정 2008.2.29., 2013.3.23.〉

1. 검사대상기기를 폐기한 경우
2. 검사대상기기의 사용을 중지한 경우
3. 검사대상기기의 설치자가 변경된 경우
4. 제6항에 따라 검사의 전부 또는 일부가 면제된 검사대상기기 중 산업통상자원부령으로 정하는 검사대상기기를 설치한 경우

제40조(검사대상기기관리자의 선임) ① 검사대상기기설치자는 검사대상기기의 안전관리, 위해방지 및 에너지이용의 효율을 관리하기 위하여 검사대상기기의 관리자(이하 "검사대상기기관리자"라 한다)를 선임하여야 한다. 〈개정 2018.4.17.〉

② 검사대상기기관리자의 자격기준과 선임기준은 산업통상자원부령으로 정한다. 〈개정 2008.2.29., 2013.3.23., 2018.4.17.〉

③ 검사대상기기설치자는 검사대상기기관리자를 선임 또는 해임하거나 검사대상기기관리자가 퇴직한 경우에는 산업통상자원부령으로 정하는 바에 따라 시·도지사에게 신고하여야 한다. 〈개정 2008.2.29., 2013.3.23, 2018.4.17.〉

④ 검사대상기기설치자는 검사대상기기관리자를 해임하거나 검사대상기기관리자가 퇴직하는 경우에는 해임이나 퇴직 이전에 다른 검사대상기기관리자를 선임하여야 한다. 〈개정 2018.4.17.〉

[제목개정 2018.4.17.]

제6장 한국에너지공단 〈개정 2015.1.28.〉

제45조(한국에너지공단의 설립 등) ① 에너지이용 합리화사업을 효율적으로 추진하기 위하여 한국에너지공단(이하 "공단"이라 한다)을 설립한다. 〈개정 2015.1.28.〉

② 정부 또는 정부 외의 자는 공단의 설립·운영과 사업에 드는 자금에 충당하기 위하여 출연을 할 수 있다.

③ 제2항에 따른 출연시기, 출연방법, 그 밖에 필요한 사항은 대통령령으로 정한다. [제목개정 2015.1.28.]

제57조(사업) 공단은 다음 각 호의 사업을 한다. 〈개정 2008.2.29., 2013.3.23., 2013.7.30., 2015.1.28.〉

1. 에너지이용 합리화 및 이를 통한 온실가스의 배출을 줄이기 위한 사업과 국제협력
2. 에너지기술의 개발·도입·지도 및 보급
3. 에너지이용 합리화, 신에너지 및 재생에너지의 개발과 보급, 집단에너지공급사업을 위한 자금의 융자 및 지원
4. 제25조 제1항 각 호의 사업
5. 에너지진단 및 에너지관리지도
6. 신에너지 및 재생에너지 개발사업의 촉진
7. 에너지관리에 관한 조사·연구·교육 및 홍보
8. 에너지이용 합리화사업을 위한 토지·건물 및 시설 등의 취득·설치·운영·대여 및 양도
9. 「집단에너지사업법」 제2조에 따른 집단에너지사업의 촉진을 위한 지원 및 관리
10. 에너지사용기자재·에너지관련기자재의 효율관리 및 열사용기자재의 안전관리
11. 사회취약계층의 에너지이용 지원
12. 제1호부터 제11호까지의 사업에 딸린 사업
13. 제1호부터 제12호까지의 사업 외에 산업통상자원부장관, 시·도지사, 그 밖의 기관 등이 위탁하는 에너지이용의 합리화와 온실가스의 배출을 줄이기 위한 사업

제7장 보칙

제65조(교육) ① 산업통상자원부장관은 에너지관리의 효율적인 수행과 특정열사용기자재의 안전관리를 위하여 에너지관리자, 시공업의 기술인력 및 검사대상기기관리자에 대하여 교육을 실시하여야 한다. 〈개정 2008.2.29., 2013.3.23., 2018.4.17.〉

② 에너지관리자, 시공업의 기술인력 및 검사대상기기관리자는 제1항에 따라 실시하는 교육을 받아야 한다. 〈개정 2018.4.17.〉

③ 에너지다소비사업자, 시공업자 및 검사대상기기설치자는 그가 선임 또는 채용하고 있는 에너지관리자, 시공업의 기술인력 또는 검사대상기기관리자로 하여금 제1항에 따라 실시하는 교육을 받게 하여야 한다. 〈개정 2018.4.17.〉

④ 제1항에 따른 교육담당기관 · 교육기간 및 교육과정, 그 밖에 교육에 관하여 필요한 사항은 산업통상자원부령으로 정한다. 〈개정 2008.2.29., 2013.3.23.〉

제66조(보고 및 검사 등) ① 산업통상자원부장관이나 시 · 도지사는 이 법의 시행을 위하여 필요하면 산업통상자원부령으로 정하는 바에 따라 효율관리기자재 · 대기전력저감대상제품 · 고효율에너지인증대상기자재의 제조업자 · 수입업자 · 판매업자 및 각 시험기관, 에너지절약전문기업, 에너지다소비사업자, 진단기관과 검사대상기기설치자에 대하여 그 업무에 관한 보고를 명하거나 소속 공무원 또는 공단으로 하여금 효율관리기자재 제조업자 등의 사무소 · 사업장 · 공장이나 창고에 출입하여 장부 · 서류 · 에너지사용기자재, 그 밖의 물건을 검사하게 할 수 있다. 〈개정 2008.2.29., 2013.3.23.〉

② 제1항에 따른 검사를 하는 공무원이나 공단의 직원은 그 권한을 표시하는 증표를 지니고 이를 관계인에게 내보여야 한다.

제67조(수수료) 다음 각 호의 어느 하나에 해당하는 자는 산업통상자원부령으로 정하는 바에 따라 수수료를 내야 한다. 〈개정 2008.2.29., 2013.3.23., 2016.12.2.〉

1. 고효율에너지기자재의 인증을 신청하려는 자
2. 에너지진단을 받으려는 자
3. 검사대상기기의 검사를 받으려는 자
4. 검사대상기기의 검사를 받으려는 제조업자

제68조(청문) 산업통상자원부장관은 다음 각 호의 어느 하나에 해당하는 처분을 하려면 청문을 하여야 한다. 〈개정 2008.2.29., 2011.7.25., 2013.3.23.〉

1. 효율관리기자재의 생산 또는 판매의 금지명령
2. 고효율에너지기자재의 인증 취소
3. 각 시험기관의 지정 취소
4. 자체측정을 할 수 있는 자의 승인 취소
5. 에너지절약전문기업의 등록 취소. 다만, 같은 조 제3호에 따른 등록 취소는 제외한다.
6. 진단기관의 지정 취소

제69조(권한의 위임 · 위탁) ① 이 법에 따른 산업통상자원부장관의 권한은 대통령령으로 정하는 바에 따라 그 일부를 시 · 도지사에게 위임할 수 있다. 〈개정 2008.2.29., 2013.3.23.〉

② 시 · 도지사는 제1항에 따라 위임받은 권한의 일부를 산업통상자원부장관의 승인을 받아 시장 · 군수 또는 구청장(자치구의 구청장을 말한다)에게 재위임할 수 있다. 〈개정 2008.2.29., 2013.3.23.〉

③ 산업통상자원부장관 또는 시 · 도지사는 대통령령으로 정하는 바에 따라 다음 각 호의 업무를 공단 · 시공업자단체 또는 대통령령으로 정하는 기관에 위탁할 수 있다. 〈개정 2008.2.29., 2009.1.30., 2013.3.23., 2016.12.2., 2018.4.17., 2022.10.18.〉

1. 에너지사용계획의 검토
2. 이행 여부의 점검 및 실태파악
3. 효율관리기자재의 측정결과 신고의 접수
4. 대기전력경고표지대상제품의 측정결과 신고의 접수
5. 대기전력저감대상제품의 측정결과 신고의 접수
6. 고효율에너지기자재 인증 신청의 접수 및 인증
7. 고효율에너지기자재의 인증취소 또는 인증사용정지 명령
8. 에너지절약전문기업의 등록
9. 온실가스배출 감축실적의 등록 및 관리
10. 에너지다소비사업자 신고의 접수
11. 진단기관의 관리 · 감독
12. 에너지관리지도

12의2. 냉난방온도의 유지 · 관리 여부에 대한 점검 및 실태 파악

13. 검사대상기기의 검사, 검사증의 교부 및 검사대상기기 폐기 등의 신고의 접수

13의2. 검사대상기기의 검사 및 검사증의 교부

14. 검사대상기기관리자의 선임 · 해임 또는 퇴직신고의 접수 및 검사대상기기관리자의 선임기한 연기에 관한 승인

제8장 벌칙

제72조(벌칙) 다음 각 호의 어느 하나에 해당하는 자는 2년 이하의 징역 또는 2천만원 이하의 벌금에 처한다.

1. 에너지저장시설의 보유 또는 저장의무의 부과시 정당한 이유 없이 이를 거부하거나 이행하지 아니한 자
2. 조정 · 명령 등의 조치를 위반한 자
3. 제63조를 위반하여 직무상 알게 된 비밀을 누설하거나 도용한 자

제73조(벌칙) 다음 각 호의 어느 하나에 해당하는 자는 1년 이하의 징역 또는 1천만원 이하의 벌금에 처한다. 〈개정 2016.12.2.〉

1. 검사대상기기의 검사를 받지 아니한 자
2. 제39조 제5항을 위반하여 검사대상기기를 사용한 자
3. 제39조의2 제3항을 위반하여 검사대상기기를 수입한 자

제74조(벌칙) 제16조 제2항에 따른 생산 또는 판매 금지명령을 위반한 자는 2천만원 이하의 벌금에 처한다.

제75조(벌칙) 검사대상기기관리자를 선임하지 아니한 자는 1천만원 이하의 벌금에 처한다. 〈개정 2018.4.17.〉
[전문개정 2009.1.30.]

제76조(벌칙) 다음 각 호의 어느 하나에 해당하는 자는 500만원 이하의 벌금에 처한다.

1. 삭제 〈2009.1.30.〉
2. 효율관리기자재에 대한 에너지사용량의 측정결과를 신

고하지 아니한 자
3. 삭제 〈2009.1.30.〉
4. 대기전력경고표지대상제품에 대한 측정결과를 신고하지 아니한 자
5. 대기전력경고표지를 하지 아니한 자
6. 대기전력저감우수제품임을 표시하거나 거짓 표시를 한 자
7. 시정명령을 정당한 사유 없이 이행하지 아니한 자
8. 제22조 제5항을 위반하여 인증 표시를 한 자

제78조(과태료) ① 다음 각 호의 어느 하나에 해당하는 자에게는 2천만원 이하의 과태료를 부과한다. 〈개정 2013.7.30., 2017.10.31.〉
1. 효율관리기자재에 대한 에너지소비효율등급 또는 에너지소비효율을 표시하지 아니하거나 거짓으로 표시를 한 자
2. 에너지진단을 받지 아니한 에너지다소비사업자
3. 한국에너지공단에 사고의 일시 · 내용 등을 통보하지 아니하거나 거짓으로 통보한 자

② 다음 각 호의 어느 하나에 해당하는 자에게는 1천만원 이하의 과태료를 부과한다. 〈개정 2009.1.30.〉
1. 에너지사용계획을 제출하지 아니하거나 변경하여 제출하지 아니한 자. 다만, 국가 또는 지방자치단체인 사업주관자는 제외한다.
2. 개선명령을 정당한 사유 없이 이행하지 아니한 자
3. 검사를 거부 · 방해 또는 기피한 자

③ 제15조 제4항에 따른 광고내용이 포함되지 아니한 광고를 한 자에게는 500만원 이하의 과태료를 부과한다. 〈신설 2009.1.30., 2013.7.30.〉
1. 삭제 〈2013.7.30.〉
2. 삭제 〈2013.7.30.〉

④ 다음 각 호의 어느 하나에 해당하는 자에게는 300만원 이하의 과태료를 부과한다. 다만, 제1호, 제4호부터 제6호까지, 제8호, 제9호 및 제9호의2부터 제9호의4까지의 경우에는 국가 또는 지방자치단체를 제외한다. 〈개정 2009.1.30., 2015.1.28.〉
1. 에너지사용의 제한 또는 금지에 관한 조정 · 명령, 그 밖에 필요한 조치를 위반한 자
2. 정당한 이유 없이 수요관리투자계획과 시행결과를 제출하지 아니한 자
3. 수요관리투자계획을 수정 · 보완하여 시행하지 아니한 자
4. 필요한 조치의 요청을 정당한 이유 없이 거부하거나 이행하지 아니한 공공사업주관자
5. 관련 자료의 제출요청을 정당한 이유 없이 거부한 사업주관자
6. 제12조에 따른 이행 여부에 대한 점검이나 실태 파악을 정당한 이유 없이 거부 · 방해 또는 기피한 사업주관자
7. 제17조 제4항을 위반하여 자료를 제출하지 아니하거나 거짓으로 자료를 제출한 자
8. 정당한 이유 없이 대기전력저감우수제품 또는 고효율에너지기자재를 우선적으로 구매하지 아니한 자
9. 제31조 제1항에 따른 신고를 하지 아니하거나 거짓으로 신고를 한 자

9의2. 냉난방온도의 유지 · 관리 여부에 대한 점검 및 실태 파악을 정당한 사유 없이 거부 · 방해 또는 기피한 자
9의3. 시정조치명령을 정당한 사유 없이 이행하지 아니한 자
9의4. 제39조 제7항 또는 제40조 제3항에 따른 신고를 하지 아니하거나 거짓으로 신고를 한 자
10. 한국에너지공단 또는 이와 유사한 명칭을 사용한 자
11. 교육을 받지 아니한 자 또는 같은 조 제3항을 위반하여 교육을 받게 하지 아니한 자
12. 보고를 하지 아니하거나 거짓으로 보고를 한 자

⑤ 제1항부터 제4항까지의 규정에 따른 과태료는 대통령령으로 정하는 바에 따라 산업통상자원부장관이나 시 · 도지사가 부과 · 징수한다. 〈개정 2008.2.29., 2009.1.30., 2013.3.23.〉

에너지이용 합리화법 시행령

제2장 에너지이용 합리화를 위한 계획 및 조치 등

제3조(에너지이용 합리화 기본계획 등) ① 산업통상자원부장관은 5년마다 법 제4조 제1항에 따른 에너지이용 합리화에 관한 기본계획(이하 "기본계획"이라 한다)을 수립하여야 한다. 〈개정 2013.3.23.〉

② 관계 행정기관의 장과 특별시장 · 광역시장 · 도지사 또는 특별자치도지사(이하 "시 · 도지사"라 한다)는 매년 법 제6조 제1항에 따른 실시계획(이하 "실시계획"이라 한다)을 수립하고 그 계획을 해당 연도 1월 31일까지, 그 시행 결과를 다음 연도 2월 말일까지 각각 산업통상자원부장관에게 제출하여야 한다. 〈개정 2013.3.23.〉

③ 산업통상자원부장관은 제2항에 따라 받은 시행 결과를 평가하고, 해당 관계 행정기관의 장과 시 · 도지사에게 그 평가 내용을 통보하여야 한다. 〈개정 2013.3.23.〉

제12조(에너지저장의무 부과대상자) ① 법 제7조 제1항에 따라 산업통상자원부장관이 에너지저장의무를 부과할 수 있는 대상자는 다음 각 호와 같다. 〈개정 2010.4.13., 2013.3.23.〉
1. 전기사업자
2. 도시가스사업자
3. 「석탄가공업자」
4. 집단에너지사업자
5. 연간 2만 석유환산톤(「에너지법 시행령」 제15조 제1항에 따라 석유를 중심으로 환산한 단위를 말한다. 이하 "티오이"라 한다) 이상의 에너지를 사용하는 자

② 산업통상자원부장관은 제1항 각 호의 자에게 에너지저장의무를 부과할 때에는 다음 각 호의 사항을 정하여 고시하여야 한다. 〈개정 2013.3.23.〉
1. 대상자
2. 저장시설의 종류 및 규모
3. 저장하여야 할 에너지의 종류 및 저장의무량
4. 그 밖에 필요한 사항

제13조(수급 안정을 위한 조치) ① 산업통상자원부장관은 법 제7조 제2항에 따른 에너지수급의 안정을 위한 조치를 하려는 경우에는 그 사유 · 기간 및 대상자 등을 정하여 조치 예정일 7일 이전에 에너지사용자 · 에너지공급자 또는 에너지사용기자재의 소유자와 관리자에게 예고하여야 한다. 〈개정 2013.3.23.〉

제14조(에너지사용의 제한 또는 금지) ① "에너지사용의 시기 · 방법 및 에너지사용기자재의 사용제한 또는 금지 등 대통령령으로 정하는 사항"이란 다음 각 호의 사항을 말한다.

1. 에너지사용시설 및 에너지사용기자재에 사용할 에너지의 지정 및 사용 에너지의 전환
2. 위생 접객업소 및 그 밖의 에너지사용시설에 대한 에너지사용의 제한
3. 차량 등 에너지사용기자재의 사용제한
4. 에너지사용의 시기 및 방법의 제한
5. 특정 지역에 대한 에너지사용의 제한

② 산업통상자원부장관이 제1항 제1호에 따른 사용 에너지의 지정 및 전환에 관한 조치를 할 때에는 에너지원 간의 수급상황을 고려하여 에너지사용시설 및 에너지사용기자재의 소유자 또는 관리인이 이에 대한 준비를 할 수 있도록 충분한 준비기간을 설정하여 예고하여야 한다. 〈개정 2013.3.23.〉

③ 산업통상자원부장관이 제1항 제2호부터 제5호까지의 규정에 따른 에너지사용의 제한조치를 할 때에는 조치를 하기 7일 이전에 제한 내용을 예고하여야 한다. 다만, 긴급히 제한할 필요가 있을 때에는 그 제한 전일까지 이를 공고할 수 있다. 〈개정 2013.3.23.〉

④ 산업통상자원부장관은 정당한 사유 없이 법 제7조 제2항에 따른 에너지의 사용제한 또는 금지조치를 이행하지 아니하는 자에 대하여는 에너지공급자로 하여금 에너지공급을 제한하게 할 수 있다. 〈개정 2013.3.23.〉

제15조(에너지이용 효율화조치 등의 내용) 법 제8조 제1항에 따라 국가 · 지방자치단체 등이 에너지를 효율적으로 이용하고 온실가스의 배출을 줄이기 위하여 추진하여야 하는 필요한 조치의 구체적인 내용은 다음 각 호와 같다.

1. 에너지절약 및 온실가스배출 감축을 위한 제도 · 시책의 마련 및 정비
2. 에너지의 절약 및 온실가스배출 감축 관련 홍보 및 교육
3. 건물 및 수송 부문의 에너지이용 합리화 및 온실가스배출 감축

제16조(에너지공급자의 수요관리투자계획) ① "대통령령으로 정하는 에너지공급자"란 다음 각 호에 해당하는 자를 말한다. 〈개정 2013.3.23.〉

1. 「한국전력공사법」에 따른 한국전력공사
2. 「한국가스공사법」에 따른 한국가스공사
3. 「집단에너지사업법」에 따른 한국지역난방공사
4. 그 밖에 대량의 에너지를 공급하는 자로서 에너지 수요관리투자를 촉진하기 위하여 산업통상자원부장관이 특히 필요하다고 인정하여 지정하는 자

② 제1항에 따른 에너지공급자는 연차별 수요관리투자계획(이하 "투자계획"이라 한다)을 해당 연도 개시 2개월 전까지, 그 시행 결과를 다음 연도 2월 말일까지 산업통상자원부장관에게 제출하여야 하며, 제출된 투자계획을 변경하는 경우에는 그 변경한 날부터 15일 이내에 산업통상자원부장관에게 그 변경된 사항을 제출하여야 한다. 〈개정 2013.3.23.〉

③ 투자계획에는 다음 각 호의 사항이 포함되어야 한다.

1. 장 · 단기 에너지 수요 전망
2. 에너지절약 잠재량의 추정 내용
3. 수요관리의 목표 및 그 달성 방법
4. 그 밖에 수요관리의 촉진을 위하여 필요하다고 인정하는 사항

④ 투자계획 및 그 시행 결과의 구체적인 기재 사항, 작성 방법, 그 밖에 필요한 사항은 산업통상자원부장관이 정하여 고시한다. 〈개정 2013.3.23.〉

제18조(수요관리전문기관) "대통령령으로 정하는 수요관리전문기관"이란 다음 각 호의 어느 하나에 해당하는 기관을 말한다. 〈개정 2013.3.23., 2015.7.24.〉

1. 설립된 한국에너지공단
2. 그 밖에 수요관리사업의 수행능력이 있다고 인정되는 기관으로서 산업통상자원부령으로 정하는 기관

제20조(에너지사용계획의 제출 등) ① 에너지사용계획을 수립하여 산업통상자원부장관에게 제출하여야 하는 사업주관자는 다음 각 호의 어느 하나에 해당하는 사업을 실시하려는 자로 한다. 〈개정 2013.3.23.〉

1. 도시개발사업
2. 산업단지개발사업
3. 에너지개발사업
4. 항만건설사업
5. 철도건설사업
6. 공항건설사업
7. 관광단지개발사업
8. 개발촉진지구개발사업 또는 지역종합개발사업

② 에너지사용계획을 수립하여 산업통상자원부장관에게 제출하여야 하는 공공사업주관자(법 제10조 제2항에 따른 공공사업주관자를 말한다. 이하 같다)는 다음 각 호의 어느 하나에 해당하는 시설을 설치하려는 자로 한다. 〈개정 2013.3.23.〉

1. 연간 2천5백 티오이 이상의 연료 및 열을 사용하는 시설
2. 연간 1천만 킬로와트시 이상의 전력을 사용하는 시설

③ 에너지사용계획을 수립하여 산업통상자원부장관에게 제출하여야 하는 민간사업주관자(법 제10조 제2항에 따른 민간사업주관자를 말한다. 이하 같다)는 다음 각 호의 어느 하나에 해당하는 시설을 설치하려는 자로 한다. 〈개정 2013.3.23.〉

1. 연간 5천 티오이 이상의 연료 및 열을 사용하는 시설
2. 연간 2천만 킬로와트시 이상의 전력을 사용하는 시설

④ 제1항부터 제3항까지의 규정에 따른 사업 또는 시설의 범위와 에너지사용계획의 제출 시기는 별표 1과 같다.

⑤ 산업통상자원부장관은 에너지사용계획을 제출받은 경우에는 그날부터 30일 이내에 공공사업주관자에게는 그 협의 결과를, 민간사업주관자에게는 그 의견청취 결과를 통보하여야 한다. 다만, 산업통상자원부장관이 필요하다고 인정할 때에는 20일의 범위에서 통보를 연장할 수 있다.

〈개정 2013.3.23.〉

제21조(에너지사용계획의 내용 등) ① 에너지사용계획(이하 "에너지사용계획"이라 한다)에는 다음 각 호의 사항이 포함되어야 한다. 〈개정 2013.3.23.〉

1. 사업의 개요
2. 에너지 수요예측 및 공급계획
3. 에너지 수급에 미치게 될 영향 분석
4. 에너지 소비가 온실가스(이산화탄소만 해당한다)의 배출에 미치게 될 영향 분석
5. 에너지이용 효율 향상 방안
6. 에너지이용의 합리화를 통한 온실가스(이산화탄소만 해당한다)의 배출감소 방안
7. 사후관리계획
8. 그 밖에 에너지이용 효율 향상을 위하여 필요하다고 산업통상자원부장관이 정하는 사항

제22조(에너지사용계획 · 수립대행자의 요건) 에너지사용계획의 수립을 대행할 수 있는 기관은 다음 각 호의 어느 하나에 해당하는 자로서 산업통상자원부장관이 정하여 고시하는 인력을 갖춘 자로 한다. 〈개정 2011.1.17., 2013.3.23.〉

1. 국공립연구기관
2. 정부출연연구기관
3. 대학부설 에너지 관계 연구소
4. 「엔지니어링산업 진흥법」 제2조에 따른 엔지니어링사업자 또는 「기술사법」 제6조에 따라 기술사사무소의 개설등록을 한 기술사
5. 법 제25조 제1항에 따른 에너지절약전문기업

제23조(에너지사용계획에 대한 검토) ① 산업통상자원부장관은 에너지사용계획의 검토 결과에 따라 다음 각 호의 사항에 관하여 필요한 조치를 하여 줄 것을 공공사업주관자에게 요청하거나 민간사업주관자에게 권고할 수 있다. 〈개정 2013.3.23.〉

1. 에너지사용계획의 조정 또는 보완
2. 사업의 실시 또는 시설설치계획의 조정
3. 사업의 실시 또는 시설설치시기의 연기
4. 그 밖에 산업통상자원부장관이 그 사업의 실시 또는 시설의 설치에 관하여 에너지 수급의 적정화 및 에너지사용의 합리화와 이를 통한 온실가스(이산화탄소만 해당한다)의 배출 감소를 도모하기 위하여 필요하다고 인정하는 조치

제24조(이의 신청) 공공사업주관자는 요청받은 조치에 대하여 이의가 있는 경우에는 산업통상자원부령으로 정하는 바에 따라 그 요청을 받은 날부터 30일 이내에 산업통상자원부장관에게 이의를 신청할 수 있다. 〈개정 2013.3.23.〉

제26조(에너지사용계획의 사후관리 등) ① 공공사업주관자는 에너지사용계획에 대한 협의절차가 완료된 경우에는 그 에너지사용계획 및 이행계획 중 그 사업 또는 시설의 실시설계서에 반영된 내용을 그 실시설계서가 확정된 후 14일 이내에 산업통상자원부장관에게 제출하여야 한다. 〈개정 2013.3.23.〉

② 산업통상자원부장관은 법 제12조에 따라 에너지사용계획 또는 제23조 제1항에 따른 조치의 이행 여부를 확인하기 위하여 필요한 경우에는 공공사업주관자에 대하여는 소속 공무원으로 하여금 현지조사 또는 실태파악을 하게 할 수 있으며, 민간사업주관자에 대하여는 권고조치의 수용 여부 등의 실태파악을 위한 관련 자료의 제출을 요구할 수 있다. 〈개정 2013.3.23.〉

제27조(에너지절약형 시설투자 등) ① 에너지절약형 시설투자, 에너지절약형 기자재의 제조 · 설치 · 시공은 다음 각 호의 시설투자로서 산업통상자원부장관이 정하여 공고하는 것으로 한다. 〈개정 2013.3.23., 2021.1.5.〉

1. 노후 보일러 및 산업용 요로(燎爐 : 고온가열장치) 등 에너지다소비 설비의 대체
2. 집단에너지사업, 열병합발전사업, 폐열이용사업과 대체연료사용을 위한 시설 및 기기류의 설치
3. 그 밖에 에너지절약 효과 및 보급 필요성이 있다고 산업통상자원부장관이 인정하는 에너지절약형 시설투자, 에너지절약형 기자재의 제조 · 설치 · 시공

② 지원대상이 되는 그 밖에 에너지이용 합리화와 이를 통한 온실가스배출의 감축에 관한 사업은 다음 각 호의 사업으로서 산업통상자원부장관이 인정하는 사업으로 한다. 〈개정 2013.3.23.〉

1. 에너지원의 연구개발사업
2. 에너지이용 합리화 및 이를 통하여 온실가스배출을 줄이기 위한 에너지절약시설 설치 및 에너지기술개발사업
3. 기술용역 및 기술지도사업
4. 에너지 분야에 관한 신기술 · 지식집약형 기업의 발굴 · 육성을 위한 지원사업

제3장 에너지이용 합리화 시책

제1절 에너지사용기자재 관련 시책

제28조(효율관리기자재의 사후관리 등) ① 산업통상자원부장관은 효율관리기자재의 사후관리를 위하여 필요한 경우에는 관계 행정기관의 장에게 필요한 자료의 제출을 요청할 수 있다. 〈개정 2013.3.23.〉

② 산업통상자원부장관은 시정명령 및 생산 · 판매금지 명령의 이행 여부를 소속 공무원 또는 한국에너지공단으로 하여금 확인하게 할 수 있다. 〈개정 2013.3.23., 2015.7.24.〉

제28조의3(과징금의 부과 및 납부) ① 과징금의 부과기준은 별표 1의2와 같다.

② 환경부장관은 과징금을 부과할 때에는 과징금의 부과사유와 과징금의 금액을 분명하게 적어 평균에너지소비효율을 이월 · 거래 또는 상환하는 기간이 지난 다음 연도에 서면으로 알려야 한다.

③ 제2항에 따라 통지를 받은 자동차 제조업자 또는 수입업자는 통지받은 해 9월 30일까지 과징금을 환경부장관이 정하는 수납기관에 내야 한다. 〈개정 2023.12.12.〉

제2절 산업 및 건물 관련 시책

제30조(에너지절약전문기업의 등록 등) ① 에너지절약전문기업으로 등록을 하려는 자는 산업통상자원부령으로 정하는 등록신청서를 산업통상자원부장관에게 제출하여야 한다. 〈개정 2013.3.23.〉

② 에너지절약전문기업의 등록기준은 별표 2와 같다.

제31조(에너지절약형 시설 등) "그 밖에 대통령령으로 정하는 시설 등"이란 다음 각 호를 말한다. 〈개정 2013.3.23.〉

1. 에너지절약형 공정개선을 위한 시설
2. 에너지이용 합리화를 통한 온실가스의 배출을 줄이기 위한 시설
3. 그 밖에 에너지절약이나 온실가스의 배출을 줄이기 위하여 필요하다고 산업통상자원부장관이 인정하는 시설
4. 제1호부터 제3호까지의 시설과 관련된 기술개발

제32조(온실가스배출 감축사업계획서의 제출 등) ① 온실가스배출 감축실적의 등록을 신청하려는 자(이하 "등록신청자"라 한다)는 온실가스배출 감축사업계획서(이하 "사업계획서"라 한다)와 그 사업의 추진 결과에 대한 이행실적보고서를 각각 작성하여 산업통상자원부장관에게 제출하여야 한다. 〈개정 2013.3.23.〉

제33조(온실가스배출 감축 관련 교육훈련 대상 등) ① 교육훈련의 대상자는 다음 각 호의 어느 하나에 해당하는 자를 말한다.

1. 산업계의 온실가스배출 감축 관련 업무담당자
2. 정부 등 공공기관의 온실가스배출 감축 관련 업무담당자

② 교육훈련의 내용은 다음 각 호와 같다.

1. 기후변화협약과 대응 방안
2. 기후변화협약 관련 국내외 동향
3. 온실가스배출 감축 관련 정책 및 감축 방법에 관한 사항

제34조(기후변화협약특성화대학원의 지정기준 등) ① "대통령령으로 정하는 기준에 해당하는 대학원 또는 대학원대학"이란 기후변화 관련 교통정책, 환경정책, 온난화방지과학, 산업활동과 대기오염 등 산업통상자원부장관이 정하여 고시하는 과목의 강의가 3과목 이상 개설되어 있는 대학원 또는 대학원대학을 말한다. 〈개정 2013.3.23.〉

② 기후변화협약특성화대학원으로 지정을 받으려는 대학원 또는 대학원대학은 산업통상자원부장관에게 지정신청을 하여야 한다. 〈개정 2013.3.23.〉

③ 산업통상자원부장관은 지정된 기후변화협약특성화대학원이 그 업무를 수행하는 데에 필요한 비용을 예산의 범위에서 지원할 수 있다. 〈개정 2013.3.23.〉

④ 제1항 및 제2항에 따른 지정기준 및 지정신청 절차에 관한 세부적인 사항은 산업통상자원부장관이 환경부장관, 국토교통부장관 및 해양수산부장관과의 협의를 거쳐 정하여 고시한다. 〈개정 2013.3.23.〉

제35조(에너지다소비사업자) "대통령령으로 정하는 기준량 이상인 자"란 연료·열 및 전력의 연간 사용량의 합계(이하 "연간 에너지사용량"이라 한다)가 2천 티오이 이상인 자(이하 "에너지다소비사업자"라 한다)를 말한다.

제36조(에너지진단주기 등) ① 에너지다소비사업자가 주기적으로 에너지진단을 받아야 하는 기간(이하 "에너지진단주기"라 한다)은 별표 3과 같다.

② 에너지진단주기는 월 단위로 계산하되, 에너지진단을 시작한 달의 다음 달부터 기산(起算)한다.

제37조(에너지진단전문기관의 관리·감독 등) 산업통상자원부장관은 다음 각 호의 사항에 관하여 에너지진단전문기관(이하 "진단기관"이라 한다)을 관리·감독한다. 〈개정 2013.3.23.〉

1. 진단기관 지정기준의 유지에 관한 사항
2. 진단기관의 에너지진단 결과에 관한 사항
3. 에너지진단 내용의 이행실태 및 이행에 필요한 기술지도 내용에 관한 사항
4. 그 밖에 진단기관의 관리·감독을 위하여 산업통상자원부장관이 필요하다고 인정하여 고시하는 사항

제38조(에너지진단비용의 지원) ① 산업통상자원부장관이 에너지진단을 받기 위하여 드는 비용(이하 "에너지진단비용"이라 한다)의 일부 또는 전부를 지원할 수 있는 에너지다소비사업자는 다음 각 호의 요건을 모두 갖추어야 한다. 〈개정 2009.7.27., 2013.3.23.〉

1. 「중소기업기본법」 제2조에 따른 중소기업일 것
2. 연간 에너지사용량이 1만 티오이 미만일 것

② 제1항에 해당하는 에너지다소비사업자로서 에너지진단비용을 지원받으려는 자는 에너지진단신청서를 제출할 때에 제1항 제1호에 해당함을 증명하는 서류를 첨부하여야 한다.

③ 에너지진단비용의 지원에 관한 세부기준 및 방법과 그 밖에 필요한 사항은 산업통상자원부장관이 정하여 고시한다. 〈개정 2013.3.23.〉

제40조(개선명령의 요건 및 절차 등) ① 산업통상자원부장관이 에너지다소비사업자에게 개선명령을 할 수 있는 경우는 10퍼센트 이상의 에너지효율 개선이 기대되고 효율 개선을 위한 투자의 경제성이 있다고 인정되는 경우로 한다. 〈개정 2013.3.23.〉

② 산업통상자원부장관은 제1항의 개선명령을 하려는 경우에는 구체적인 개선 사항과 개선 기간 등을 분명히 밝혀야 한다. 〈개정 2013.3.23.〉

③ 에너지다소비사업자는 제1항에 따른 개선명령을 받은 경우에는 개선명령일부터 60일 이내에 개선계획을 수립하여 산업통상자원부장관에게 제출하여야 하며, 그 결과를 개선 기간 만료일부터 15일 이내에 산업통상자원부장관에게 통보하여야 한다. 〈개정 2013.3.23.〉

제41조(개선명령의 이행 여부 확인) 산업통상자원부장관은 개선명령의 이행 여부를 소속 공무원으로 하여금 확인하게 할 수 있다. 〈개정 2013.3.23.〉

제42조의2(냉난방온도의 제한 대상 건물 등) ① "대통령령으로 정하는 기준량 이상인 건물"이란 연간 에너지사용량이 2천티오이 이상인 건물을 말한다.

제42조의3(시정조치 명령의 방법) 시정조치 명령은 다음 각 호의 사항을 구체적으로 밝힌 서면으로 하여야 한다.

1. 시정조치 명령의 대상 건물 및 대상자
2. 시정조치 명령의 사유 및 내용
3. 시정기한 [본조신설 2009.7.27.]

제6장 보칙

제50조(권한의 위임) 산업통상자원부장관은 과태료의 부과·징수에 관한 권한을 시·도지사에게 위임한다. 〈개정 2009.7.27., 2013.3.23.〉

제51조(업무의 위탁) ① 산업통상자원부장관 또는 시·도지사의 업무 중 다음 각 호의 업무를 공단에 위탁한다. 〈개정 2009.7.27., 2013.3.23., 2017.11.7., 2018.7.17., 2023.1.17.〉

1. 에너지사용계획의 검토
2. 이행 여부의 점검 및 실태파악
3. 효율관리기자재의 측정 결과 신고의 접수
4. 대기전력경고표지대상제품의 측정 결과 신고의 접수
5. 대기전력저감대상제품의 측정 결과 신고의 접수
6. 고효율에너지기자재 인증 신청의 접수 및 인증
7. 고효율에너지기자재의 인증취소 또는 인증사용 정지명령
8. 에너지절약전문기업의 등록
9. 온실가스배출 감축실적의 등록 및 관리
10. 에너지다소비사업자 신고의 접수
11. 진단기관의 관리 · 감독
12. 에너지관리지도
12의2. 진단기관의 평가 및 그 결과의 공개
12의3. 냉난방온도의 유지 · 관리 여부에 대한 점검 및 실태 파악
13. 검사대상기기의 검사
14. 검사증의 발급(제13호에 따른 검사만 해당한다)
15. 검사대상기기의 폐기, 사용 중지, 설치자 변경 및 검사의 전부 또는 일부가 면제된 검사대상기기의 설치에 대한 신고의 접수
16. 검사대상기기조종자의 선임 · 해임 또는 퇴직신고의 접수

에너지이용 합리화법 시행규칙

제1조의2(열사용기자재) 「에너지이용 합리화법」(이하 "법"이라 한다) 제2조에 따른 열사용기자재는 별표 1과 같다. 다만, 다음 각 호의 어느 하나에 해당하는 열사용기자재는 제외한다. 〈개정 2013.3.23., 2017.1.26., 2021.10.12.〉

1. 「전기사업법」 제2조제2호에 따른 전기사업자가 설치하는 발전소의 발전(發電)전용 보일러 및 압력용기. 다만, 「집단에너지사업법」의 적용을 받는 발전전용 보일러 및 압력용기는 열사용기자재에 포함된다.
2. 「철도사업법」에 따른 철도사업을 하기 위하여 설치하는 기관차 및 철도차량용 보일러
3. 「고압가스 안전관리법」 및 「액화석유가스의 안전관리 및 사업법」에 따라 검사를 받는 보일러(캐스케이드 보일러는 제외한다) 및 압력용기
4. 「선박안전법」에 따라 검사를 받는 선박용 보일러 및 압력용기
5. 「전기용품 및 생활용품 안전관리법」 및 「의료기기법」의 적용을 받는 2종 압력용기
6. 이 규칙에 따라 관리하는 것이 부적합하다고 산업통상자원부장관이 인정하는 수출용 열사용기자재 [본조신설 2012.6.28.]

제3조(에너지사용계획의 검토기준 및 검토방법) ① 에너지사용계획의 검토기준은 다음 각 호와 같다.

1. 에너지의 수급 및 이용 합리화 측면에서 해당 사업의 실시 또는 시설 설치의 타당성
2. 부문별 · 용도별 에너지 수요의 적절성
3. 연료 · 열 및 전기의 공급 체계, 공급원 선택 및 관련 시설 건설계획의 적절성
4. 해당 사업에 있어서 용지의 이용 및 시설의 배치에 관한 효율화 방안의 적절성
5. 고효율에너지이용 시스템 및 설비 설치의 적절성
6. 에너지이용의 합리화를 통한 온실가스(이산화탄소만 해당한다) 배출감소 방안의 적절성
7. 폐열의 회수 · 활용 및 폐기물 에너지이용계획의 적절성
8. 신 · 재생에너지이용계획의 적절성
9. 사후 에너지관리계획의 적절성

② 산업통상자원부장관은 제1항에 따른 검토를 할 때 필요하면 관계 행정기관, 지방자치단체, 연구기관, 에너지공급자, 그 밖의 관련 기관 또는 단체에 검토를 의뢰하여 의견을 제출하게 하거나, 소속 공무원으로 하여금 현지조사를 하게 할 수 있다. 〈개정 2013.3.23.〉

제4조(변경협의 요청) 공공사업주관자(법 제10조 제2항에 따른 공공사업주관자를 말한다. 이하 같다)가 에너지사용계획의 변경 사항에 관하여 산업통상자원부장관에게 협의를 요청할 때에는 변경된 에너지사용계획에 다음 각 호의 사항을 적은 서류를 첨부하여 제출하여야 한다. 〈개정 2011.1.19., 2013.3.23.〉

1. 에너지사용계획의 변경 이유
2. 에너지사용계획의 변경 내용

제5조(이행계획의 작성 등) 이행계획에는 다음 각 호의 사항이 포함되어야 한다. 〈개정 2013.3.23.〉

1. 영 제23조 제1항 각 호의 사항에 관하여 산업통상자원부장관으로부터 요청받은 조치의 내용
2. 이행 주체
3. 이행 방법
4. 이행 시기

제7조(효율관리기자재) ① 법 제15조 제1항에 따른 효율관리기자재(이하 "효율관리기자재"라 한다)는 다음 각 호와 같다. 〈개정 2013.3.23.〉

1. 전기냉장고
2. 전기냉방기
3. 전기세탁기
4. 조명기기
5. 삼상유도전동기(三相誘導電動機)
6. 자동차
7. 그 밖에 산업통상자원부장관이 그 효율의 향상이 특히 필요하다고 인정하여 고시하는 기자재 및 설비

② 제1항 각 호의 효율관리기자재의 구체적인 범위는 산업통상자원부장관이 정하여 고시한다. 〈개정 2013.3.23.〉

③ "산업통상자원부령으로 정하는 사항"이란 다음 각 호와 같다. 〈개정 2011.12.15., 2013.3.23.〉

1. 효율관리시험기관(이하 "효율관리시험기관"이라 한다) 또는 자체측정의 승인을 받은 자가 측정할 수 있는 효율관리기자재의 종류, 측정 결과에 관한 시험성적

서의 기재 사항 및 기재 방법과 측정 결과의 기록 유지에 관한 사항
2. 이산화탄소 배출량의 표시
3. 에너지비용(일정기간 동안 효율관리기자재를 사용함으로써 발생할 수 있는 예상 전기요금이나 그 밖의 에너지요금을 말한다)

제8조(효율관리기자재 자체측정의 승인신청) 효율관리기자재에 대한 자체측정의 승인을 받으려는 자는 별지 제1호 서식의 효율관리기자재 자체측정 승인신청서에 다음 각 호의 서류를 첨부하여 산업통상자원부장관에게 제출하여야 한다. 〈개정 2013.3.23.〉
1. 시험설비 현황(시험설비의 목록 및 사진을 포함한다)
2. 전문인력 현황(시험 담당자의 명단 및 재직증명서를 포함한다)
3. 「국가표준기본법」 제23조에 따른 시험 · 검사기관 인정서 사본(해당되는 경우에만 첨부한다)

제9조(효율관리기자재 측정 결과의 신고) ① 법 제15조 제3항에 따라 효율관리기자재의 제조업자 또는 수입업자는 효율관리시험기관으로부터 측정 결과를 통보받은 날 또는 자체측정을 완료한 날부터 각각 90일 이내에 그 측정 결과를 법 제45조에 따른 한국에너지공단(이하 "공단"이라 한다)에 신고하여야 한다. 이 경우 측정 결과 신고는 해당 효율관리기자재의 출고 또는 통관 전에 모델별로 하여야 한다. 〈개정 2014.11.5., 2015.7.29., 2018.9.18.〉
② 제1항에 따른 효율관리기자재 측정 결과 신고의 방법 및 절차 등에 관하여 필요한 사항은 산업통상자원부장관이 정하여 고시한다. 〈신설 2018.9.18.〉

제10조(효율관리기자재의 광고매체) 광고매체는 다음 각 호와 같다. 〈개정 2013.3.23.〉
1. 「신문 등의 진흥에 관한 법률」 제2조 제1호 및 제2호에 따른 신문 및 인터넷 신문
2. 「잡지 등 정기간행물의 진흥에 관한 법률」 제2조 제1호에 따른 정기간행물
3. 「방송법」 제9조 제5항에 따른 상품소개와 판매에 관한 전문편성을 행하는 방송채널사용사업자의 채널
4. 「전기통신기본법」 제2조 제1호에 따른 전기통신
5. 해당 효율관리기자재의 제품안내서
6. 그 밖에 소비자에게 널리 알리거나 제시하는 것으로서 산업통상자원부장관이 정하여 고시하는 것

[전문개정 2011.12.15.]

제10조의2(효율관리기자재의 사후관리조사) ① 산업통상자원부장관은 조사(이하 "사후관리조사"라 한다)를 실시하는 경우에는 다음 각 호의 어느 하나에 해당하는 효율관리기자재를 사후관리조사 대상에 우선적으로 포함하여야 한다. 〈개정 2013.3.23.〉
1. 전년도에 사후관리조사를 실시한 결과 부적합율이 높은 효율관리기자재
2. 전년도에 법 제15조 제1항 제2호부터 제5호까지의 사항을 변경하여 고시한 효율관리기자재

② 산업통상자원부장관은 사후관리조사를 위하여 필요하면 다른 제조업자 · 수입업자 · 판매업자나 「소비자기본법」 제33조에 따른 한국소비자원 또는 같은 법 제2조 제3호에 따른 소비자단체에게 협조를 요청할 수 있다. 〈개정 2013.3.23.〉
③ 그 밖에 사후관리조사를 위하여 필요한 사항은 산업통상자원부장관이 정하여 고시한다. 〈개정 2013.3.23.〉 [본조신설 2009.7.30.]

제11조(평균효율관리기자재) ① "「자동차관리법」 승용자동차 등 산업통상자원부령으로 정하는 기자재"란 다음 각 호의 어느 하나에 해당하는 자동차를 말한다.
1. 「자동차관리법」 제3조 제1항 제1호에 따른 승용자동차로서 총중량이 3.5톤 미만인 자동차
2. 「자동차관리법」 제3조 제1항 제2호에 따른 승합자동차로서 승차인원이 15인승 이하이고 총중량이 3.5톤 미만인 자동차
3. 「자동차관리법」 제3조 제1항 제3호에 따른 화물자동차로서 총중량이 3.5톤 미만인 자동차

② 제1항에도 불구하고 다음 각 호의 어느 하나에 해당하는 자동차는 제1항에 따른 자동차에서 제외한다.
1. 환자의 치료 및 수송 등 의료목적으로 제작된 자동차
2. 군용(軍用)자동차
3. 방송 · 통신 등의 목적으로 제작된 자동차
4. 2012년 1월 1일 이후 제작되지 아니하는 자동차
5. 「자동차관리법 시행규칙」 별표 1 제2호에 따른 특수형 승합자동차 및 특수용도형 화물자동차 [전문개정 2016.12.9.]

제12조(평균에너지소비효율의 산정 방법 등) ① 평균에너지소비효율의 산정 방법은 별표 1의2와 같다. 〈개정 2012.6.28.〉
② 평균에너지소비효율의 개선 기간은 개선명령을 받은 날부터 다음 해 12월 31일까지로 한다.
③ 개선명령을 받은 자는 개선명령을 받은 날부터 60일 이내에 개선명령 이행계획을 수립하여 산업통상자원부장관에게 제출하여야 한다. 〈개정 2013.3.23.〉
④ 제3항에 따라 개선명령이행계획을 제출한 자는 개선명령의 이행 상황을 매년 6월 말과 12월 말에 산업통상자원부장관에게 보고하여야 한다. 다만, 개선명령이행계획을 제출한 날부터 90일이 지나지 아니한 경우에는 그 다음 보고 기간에 보고할 수 있다. 〈개정 2013.3.23.〉
⑤ 산업통상자원부장관은 제3항에 따른 개선명령이행계획을 검토한 결과 평균에너지소비효율의 개선계획이 미흡하다고 인정되는 경우에는 조정 · 보완을 요청할 수 있다. 〈개정 2013.3.23.〉
⑥ 제5항에 따른 조정 · 보완을 요청받은 자는 정당한 사유가 없으면 30일 이내에 개선명령이행계획을 조정 · 보완하여 산업통상자원부장관에게 제출하여야 한다. 〈개정 2013.3.23.〉
⑦ 법 제17조 제5항에 따른 평균에너지소비효율의 공표 방법은 관보 또는 일간신문에의 게재로 한다.

제14조(대기전력경고표지대상제품) ① 대기전력경고표지대상제품(이하 "대기전력경고표지대상제품"이라 한다)은 다음 각 호와 같다. 〈개정 2010.1.18.〉
1. 삭제 〈2022.1.26.〉

2. 삭제 〈2022.1.26.〉
3. 프린터
4. 복합기
5. 삭제 〈2012.4.5.〉
6. 삭제 〈2014.2.21.〉
7. 전자레인지
8. 팩시밀리
9. 복사기
10. 스캐너
11. 삭제 〈2014.2.21.〉
12. 오디오
13. DVD플레이어
14. 라디오카세트
15. 도어폰
16. 유무선전화기
17. 비데
18. 모뎀
19. 홈 게이트웨이

제16조(대기전력경고표지대상제품 측정 결과의 신고) 대기전력경고표지대상제품의 제조업자 또는 수입업자는 대기전력시험기관으로부터 측정 결과를 통보받은 날 또는 자체측정을 완료한 날부터 각각 60일 이내에 그 측정 결과를 공단에 신고하여야 한다.

제17조(대기전력시험기관의 지정신청) 대기전력시험기관으로 지정받으려는 자는 별지 제3호 서식의 대기전력시험기관 지정신청서에 다음 각 호의 서류를 첨부하여 산업통상자원부장관에게 제출하여야 한다. 〈개정 2013.3.23.〉

1. 시험설비 현황(시험설비의 목록 및 사진을 포함한다)
2. 전문인력 현황(시험 담당자의 명단 및 재직증명서를 포함한다)
3. 「국가표준기본법」 제23조에 따른 시험 · 검사기관 인정서 사본(해당되는 경우에만 첨부한다)

제18조(대기전력저감우수제품의 신고) 대기전력저감우수제품의 표시를 하려는 제조업자 또는 수입업자는 대기전력시험기관으로부터 측정 결과를 통보받은 날 또는 자체측정을 완료한 날부터 각각 60일 이내에 그 측정 결과를 공단에 신고하여야 한다.

제19조(시정명령) 산업통상자원부장관은 대기전력저감우수제품이 대기전력저감기준에 미달하는 경우 대기전력저감우수제품의 제조업자 또는 수입업자에게 6개월 이내의 기간을 정하여 다음 각 호의 시정을 명할 수 있다. 다만, 제2호는 대기전력저감우수제품이 대기전력경고표지대상제품에도 해당되는 경우에만 적용한다. 〈개정 2013.3.23.〉

1. 대기전력저감우수제품의 표시 제거
2. 대기전력경고표지의 표시

제20조(고효율에너지인증대상기자재) ① 고효율에너지인증대상기자재(이하 "고효율에너지인증대상기자재"라 한다)는 다음 각 호와 같다. 〈개정 2013.3.23.〉

1. 펌프
2. 산업건물용 보일러
3. 무정전전원장치
4. 폐열회수형 환기장치
5. 발광다이오드(LED) 등 조명기기
6. 그 밖에 산업통상자원부장관이 특히 에너지이용의 효율성이 높아 보급을 촉진할 필요가 있다고 인정하여 고시하는 기자재 및 설비

제21조(고효율에너지기자재의 인증신청) 고효율에너지기자재의 인증을 받으려는 자는 별지 제4호 서식의 고효율에너지기자재 인증신청서에 다음 각 호의 서류를 첨부하여 공단에 인증을 신청하여야 한다. 〈개정 2012.10.5.〉

1. 고효율시험기관의 측정 결과(시험성적서)
2. 에너지효율 유지에 관한 사항

제22조(고효율시험기관의 지정신청) 고효율시험기관으로 지정받으려는 자는 별지 제5호 서식의 고효율시험기관 지정신청서에 다음 각 호의 서류를 첨부하여 산업통상자원부장관에게 제출하여야 한다. 〈개정 2013.3.23.〉

1. 시험설비 현황(시험설비의 목록 및 사진을 포함한다)
2. 전문인력 현황(시험 담당자의 명단 및 재직증명서를 포함한다)
3. 「국가표준기본법」 제23조에 따른 시험 · 검사기관 인정서 사본(해당되는 경우에만 첨부한다)

제25조(에너지절약전문기업 등록증) ① 공단은 신청을 받은 경우 그 내용이 에너지절약전문기업의 등록기준에 적합하다고 인정하면 별지 제7호 서식의 에너지절약전문기업 등록증을 그 신청인에게 발급하여야 한다.

② 제1항에 따른 등록증을 발급받은 자는 그 등록증을 잃어버리거나 헐어 못 쓰게 된 경우에는 공단에 재발급신청을 할 수 있다. 이 경우 등록증이 헐어 못 쓰게 되어 재발급신청을 할 때에는 그 등록증을 첨부하여야 한다.

제26조(자발적 협약의 이행 확인 등) ① 에너지사용자 또는 에너지공급자가 수립하는 계획에는 다음 각 호의 사항이 포함되어야 한다.

1. 협약 체결 전년도의 에너지소비 현황
2. 에너지를 사용하여 만드는 제품, 부가가치 등의 단위당 에너지이용효율 향상목표 또는 온실가스배출 감축목표(이하 "효율향상목표 등"이라 한다) 및 그 이행 방법
3. 에너지관리체제 및 에너지관리방법
4. 효율향상목표 등의 이행을 위한 투자계획
5. 그 밖에 효율향상목표 등을 이행하기 위하여 필요한 사항

② 자발적 협약의 평가기준은 다음 각 호와 같다.

1. 에너지절감량 또는 에너지의 합리적인 이용을 통한 온실가스배출 감축량
2. 계획 대비 달성률 및 투자실적
3. 자원 및 에너지의 재활용 노력
4. 그 밖에 에너지절감 또는 에너지의 합리적인 이용을 통한 온실가스배출 감축에 관한 사항

제26조의2(에너지경영시스템의 지원 등)

① 삭제 〈2015.7.29.〉

② 전사적(全社的) 에너지경영시스템의 도입 권장 대상은 연료 · 열 및 전력의 연간 사용량의 합계가 영 제35조에 따른 기준량 이상인 자(이하 "에너지다소비업자"라 한다)

로 한다. 〈신설 2014.8.6.〉

③ 에너지사용자 또는 에너지공급자는 지원을 받기 위해서는 다음 각 호의 사항을 모두 충족하여야 한다. 〈개정 2014.8.6.〉
  1. 국제표준화기구가 에너지경영시스템에 관하여 정한 국제규격에 적합한 에너지경영시스템의 구축
  2. 에너지이용효율의 지속적인 개선

④ 지원의 방법은 다음 각 호와 같다. 〈개정 2013.3.23., 2014.8.6.〉
  1. 에너지경영시스템 도입을 위한 기술의 지도 및 관련 정보의 제공
  2. 에너지경영시스템 관련 업무를 담당하는 자에 대한 교육훈련
  3. 그 밖에 에너지경영시스템의 도입을 위하여 산업통상자원부장관이 필요하다고 인정한 사항

⑤ 제4항에 따른 지원을 받으려는 자는 다음 각 호의 사항이 포함된 계획서를 산업통상자원부장관에게 제출하여야 한다. 〈개정 2013.3.23., 2014.8.6.〉
  1. 에너지사용량 현황
  2. 에너지이용효율의 개선을 위한 경영목표 및 그 관리체제
  3. 주요 설비별 에너지이용효율의 목표와 그 이행 방법
  4. 에너지사용량 모니터링 및 측정 계획

제27조(에너지사용량 신고) 에너지다소비사업자가 법 제31조 제1항에 따라 에너지사용량을 신고하려는 경우에는 별지 제8호 서식의 에너지사용량 신고서에 다음 각 호의 서류를 첨부하여 제출해야 한다.
  1. 사업장 내 에너지사용시설 배치도
  2. 에너지사용시설 현황(시설의 변경이 있는 경우로 한정한다)
  3. 제품별 생산공정도 [전문개정 2022.1.26.]

제28조(에너지진단 제외대상 사업장) "산업통상자원부령으로 정하는 범위에 해당하는 사업장"이란 다음 각 호의 어느 하나에 해당하는 사업장을 말한다. 〈개정 2011.1.19., 2013.3.23.〉
  1. 「전기사업법」 제2조 제2호에 따른 전기사업자가 설치하는 발전소
  2. 「건축법 시행령」 별표 1 제2호 가목에 따른 아파트
  3. 「건축법 시행령」 별표 1 제2호 나목에 따른 연립주택
  4. 「건축법 시행령」 별표 1 제2호 다목에 따른 다세대주택
  5. 「건축법 시행령」 별표 1 제7호에 따른 판매시설 중 소유자가 2명 이상이며, 공동 에너지사용설비의 연간 에너지사용량이 2천 티오이 미만인 사업장
  6. 「건축법 시행령」 별표 1 제14호 나목에 따른 일반업무시설 중 오피스텔
  7. 「건축법 시행령」 별표 1 제18호 가목에 따른 창고
  8. 「산업집적활성화 및 공장설립에 관한 법률」 제2조 제13호에 따른 지식산업센터
  9. 「군사기지 및 군사시설 보호법」 제2조 제2호에 따른 군사시설
  10. 「폐기물관리법」 제29조에 따라 폐기물처리의 용도만으로 설치하는 폐기물처리시설
  11. 그 밖에 기술적으로 에너지진단을 실시할 수 없거나 에너지진단의 효과가 적다고 산업통상자원부장관이 인정하여 고시하는 사업장

제29조(에너지진단의 면제 등) ① 에너지진단을 면제하거나 에너지진단주기를 연장할 수 있는 자는 다음 각 호의 어느 하나에 해당하는 자로 한다. 〈개정 2011.3.15., 2013.3.23., 2014.2.21., 2015.7.9., 2015.7.29., 2016.12.9., 2023.8.3.〉
  1. 자발적 협약을 체결한 자로서 자발적 협약의 평가기준에 따라 자발적 협약의 이행 여부를 확인한 결과 이행실적이 우수한 사업자로 선정된 자
  1의2. 에너지경영시스템을 도입한 자로서 에너지를 효율적으로 이용하고 있다고 산업통상자원부장관이 정하여 고시하는 자
  2. 에너지절약 유공자로서 「정부표창규정」 제10조에 따른 중앙행정기관의 장 이상의 표창권자가 준 단체표창을 받은 자
  3. 에너지진단 결과를 반영하여 에너지를 효율적으로 이용하고 있다고 산업통상자원부장관이 인정하여 고시하는 자
  4. 지난 연도 에너지사용량의 100분의 30 이상을 다음 각 목의 어느 하나에 해당하는 제품, 기자재 및 설비(이하 "친에너지형 설비"라 한다)를 이용하여 공급하는 자
    가. 금융 · 세제상의 지원을 받는 설비
    나. 효율관리기자재 중 에너지소비효율이 1등급인 제품
    다. 대기전력저감우수제품
    라. 인증 표시를 받은 고효율에너지기자재
    마. 「산업표준화법」 제15조에 따라 설비인증을 받은 신 · 재생에너지 설비
  5. 산업통상자원부장관이 정하여 고시하는 요건을 갖춘 에너지관리시스템을 구축하여 에너지를 효율적으로 이용하고 있다고 산업통상자원부장관이 고시하는 자
  6. 「기후위기 대응을 위한 탄소중립 · 녹색성장 기본법 시행령」 제17조 제1항 각 호의 기관과 같은 법 시행령 제19조 제1항에 따른 온실가스배출관리업체(이하 "목표관리업체"라 한다)로서 온실가스 목표관리 실적이 우수하다고 산업통상자원부장관이 환경부장관과 협의한 후 정하여 고시하는 자. 다만, 「온실가스 배출권의 할당 및 거래에 관한 법률」 제8조 제1항에 따라 배출권 할당 대상업체로 지정 · 고시된 업체는 제외한다.

제30조(진단기관의 지정절차 등) ① 진단기관으로 지정받으려는 자 또는 진단기관 지정서의 기재 내용을 변경하려는 자는 별지 제9호 서식의 진단기관 지정신청서 또는 진단기관 변경지정신청서를 산업통상자원부장관에게 제출하여야 한다. 〈개정 2013.3.23., 2023.8.3.〉

② 제1항에 따른 진단기관 지정신청서에는 다음 각 호의 서류(변경지정신청의 경우에는 지정신청을 할 때 제출한 서류 중 변경된 것만을 말한다)를 첨부하여야 한다. 이 경우 신청을 받은 산업통상자원부장관은 「전자정부법」 제36조 제1항에 따른 행정정보의 공동이용을 통하여 법인 등기사항증명서(신청인이 법인인 경우만 해당한다)를 확인하여야 한다. 〈개정 2010.1.18., 2011.1.19., 2013.3.23.〉
  1. 에너지진단업무 수행계획서
  2. 보유장비명세서

3. 기술인력명세서(자격증 사본, 경력증명서, 재직증명서를 포함한다)

제31조(진단기관의 지정취소 공고) 산업통상자원부장관은 진단기관의 지정을 취소하거나 그 업무의 정지를 명하였을 때에는 지체 없이 이를 관보와 인터넷 홈페이지 등에 공고하여야 한다. 〈개정 2013.3.23.〉

제31조의2(냉난방온도의 제한온도 기준) 냉난방온도의 제한온도(이하 "냉난방온도의 제한온도"라 한다)를 정하는 기준은 다음 각 호와 같다. 다만, 판매시설 및 공항의 경우에 냉방온도는 25℃ 이상으로 한다.

1. 냉방 : 26℃ 이상
2. 난방 : 20℃ 이하

[본조신설 2009.7.30.]

제31조의4(냉난방온도 점검 방법 등) ① 냉난방온도제한건물의 관리기관 및 에너지다소비사업자는 냉난방온도를 관리하는 책임자(이하 "관리책임자"라 한다)를 지정하여야 한다. 〈개정 2011.1.19., 2014.8.6.〉

② 관리책임자는 냉난방온도 점검 및 실태파악에 협조하여야 한다.

③ 산업통상자원부장관이 냉난방온도를 점검하거나 실태를 파악하는 경우에는 산업통상자원부장관이 고시한 국가교정기관지정제도운영요령에서 정하는 방법에 따라 인정기관에서 교정 받은 측정기기를 사용한다. 이 경우 관리책임자가 동행하여 측정결과를 확인할 수 있다. 〈개정 2013.3.23.〉

④ 그 밖에 냉난방온도 점검을 위하여 필요한 사항은 산업통상자원부장관이 정하여 고시한다. 〈개정 2013.3.23.〉 [본조신설 2009.7.30.]

제31조의9(검사기준) 법 제39조 제1항 · 제2항 · 제4항 및 법 제39조의2 제1항에 따른 검사대상기기의 검사기준은 「산업표준화법」 제12조에 따른 한국산업표준(이하 "한국산업표준"이라 한다) 또는 산업통상자원부장관이 정하여 고시하는 기준에 따른다. 〈개정 2013.3.23., 2017.12.1., 2018.7.23.〉

[본조신설 2012.6.28.]

제31조의10(신제품에 대한 검사기준) ① 산업통상자원부장관은 검사기준이 마련되지 아니한 검사대상기기(이하 "신제품"이라 한다)에 대해서는 제31조의11에 따른 열사용기자재기술위원회의 심의를 거친 검사기준으로 검사할 수 있다. 〈개정 2013.3.23.〉

② 산업통상자원부장관은 제1항에 따라 신제품에 대한 검사기준을 정한 경우에는 특별시장 · 광역시장 · 도지사 또는 특별자치도지사(이하 "시 · 도지사"라 한다) 및 검사신청인에게 그 사실을 지체 없이 알리고, 그 검사기준을 관보에 고시하여야 한다. 〈개정 2013.3.23.〉 [본조신설 2012.6.28.]

제31조의14(용접검사신청) ① 검사대상기기의 용접검사를 받으려는 자는 별지 제11호 서식의 검사대상기기 용접검사신청서를 공단이사장 또는 검사기관의 장에게 제출하여야 한다. 〈개정 2017.12.1.〉

② 제1항에 따른 신청서에는 다음 각 호의 서류를 첨부하여야 한다. 다만, 검사대상기기의 규격이 이미 용접검사에 합격한 기기의 규격과 같은 경우에는 용접검사에 합격한 날부터 3년간 다음 각 호의 서류를 첨부하지 아니할 수 있다.

1. 용접 부위도 1부
2. 검사대상기기의 설계도면 2부
3. 검사대상기기의 강도계산서 1부 [본조신설 2012.6.28.]

제31조의15(구조검사신청) ① 검사대상기기의 구조검사를 받으려는 자는 별지 제11호 서식의 검사대상기기 구조검사신청서를 공단이사장 또는 검사기관의 장에게 제출하여야 한다. 〈개정 2017.12.1.〉

② 제1항에 따른 신청서에는 용접검사증 1부(용접검사를 받지 아니하는 기기의 경우에는 설계도면 2부, 제31조의13에 따라 용접검사가 면제된 기기의 경우에는 제31조의14 제2항 각 호에 따른 서류)를 첨부하여야 한다. 다만, 검사대상기기의 규격이 이미 구조검사에 합격한 기기의 규격과 같은 경우에는 구조검사에 합격한 날부터 3년간 해당 서류를 첨부하지 아니할 수 있다. [본조신설 2012.6.28.]

제31조의17(설치검사신청) ① 검사대상기기의 설치검사를 받으려는 자는 별지 제12호 서식의 검사대상기기 설치검사신청서를 공단이사장에게 제출하여야 한다. 〈개정 2017.12.1.〉

② 제1항에 따른 신청서에는 다음 각 호의 구분에 따른 서류를 첨부하여야 한다. 〈개정 2017.12.1.〉

1. 보일러 및 압력용기의 경우에는 검사대상기기의 용접검사증 및 구조검사증 각 1부 또는 제31조의21 제8항에 따른 확인서 1부(수입한 검사대상기기는 수입면장 사본 및 법 제39조의2 제1항에 따른 제조검사를 받았음을 증명하는 서류 사본 각 1부, 제31조의13 제1항에 따라 제조검사가 면제된 경우에는 자체검사기록 사본 및 설계도면 각 1부)
2. 철금속가열로의 경우에는 다음 각 목의 모든 서류
   가. 검사대상기기의 설계도면 1부
   나. 검사대상기기의 설계계산서 1부
   다. 검사대상기기의 성능 · 구조 등에 대한 설명서 1부

[본조신설 2012.6.28.]

제31조의18(개조검사신청, 설치장소 변경검사신청 또는 재사용검사신청) ① 검사대상기기의 개조검사, 설치장소 변경검사 또는 재사용검사를 받으려는 자는 별지 제12호 서식의 검사대상기기 개조검사(설치장소 변경검사, 재사용검사)신청서를 공단이사장에게 제출하여야 한다. 〈개정 2017.12.1.〉

② 제1항에 따른 신청서에는 다음 각 호의 서류를 첨부하여야 한다.

1. 개조한 검사대상기기의 개조부분의 설계도면 및 그 설명서 각 1부(개조검사인 경우만 해당한다)
2. 검사대상기기 설치검사증 1부 [본조신설 2012.6.28.]

제31조의19(계속사용검사신청) ① 검사대상기기의 계속사용검사를 받으려는 자는 별지 제12호 서식의 검사대상기기 계속사용검사신청서를 검사유효기간 만료 10일 전까지 공단이사장에게 제출하여야 한다. 〈개정 2017.12.1.〉

② 제1항에 따른 신청서에는 해당 검사대상기기 설치검사증 사본을 첨부하여야 한다. [본조신설 2012.6.28.]

제31조의20(계속사용검사의 연기) ① 계속사용검사는 검사유효기간의 만료일이 속하는 연도의 말까지 연기할 수 있다.

다만, 검사유효기간 만료일이 9월 1일 이후인 경우에는 4개월 이내에서 계속사용검사를 연기할 수 있다.

② 제1항에 따라 계속사용검사를 연기하려는 자는 별지 제12호 서식의 검사대상기기 검사연기신청서를 공단이사장에게 제출하여야 한다.

③ 다음 각 호의 어느 하나에 해당하는 경우에는 해당 검사일까지 계속사용검사가 연기된 것으로 본다.

1. 검사대상기기의 설치자가 검사유효기간이 지난 후 1개월 이내에서 검사시기를 지정하여 검사를 받으려는 경우로서 검사유효기간 만료일 전에 검사신청을 하는 경우
2. 「기업활동 규제완화에 관한 특별조치법 시행령」 제19조 제1항에 따라 동시검사를 실시하는 경우
3. 계속사용검사 중 운전성능검사를 받으려는 경우로서 검사유효기간이 지난 후 해당 연도 말까지의 범위에서 검사시기를 지정하여 검사유효기간 만료일 전까지 검사신청을 하는 경우 [본조신설 2012.6.28.]

제31조의21(검사의 통지 등) ① 공단이사장 또는 검사기관의 장은 규정에 따른 검사신청을 받은 경우에는 검사지정일 등을 별지 제14호 서식에 따라 작성하여 검사신청인에게 알려야 한다. 이 경우 검사신청인이 검사신청을 한 날부터 7일 이내의 날을 검사일로 지정하여야 한다.

② 공단이사장 또는 검사기관의 장은 규정에 따라 신청된 검사에 합격한 검사대상기기에 대해서는 검사신청인에게 별지 제15호 서식부터 별지 제19호 서식에 따른 검사증을 검사일부터 7일 이내에 각각 발급하여야 한다. 이 경우 검사증에는 그 검사대상기기의 설계도면 또는 용접검사증을 첨부하여야 한다.

③ 공단이사장 또는 검사기관의 장은 제1항에 따른 검사에 불합격한 검사대상기기에 대해서는 불합격사유를 별지 제21호 서식에 따라 작성하여 검사일 후 7일 이내에 검사신청인에게 알려야 한다.

④ "산업통상자원부령으로 정하는 항목의 검사"란 계속사용검사 중 운전성능검사를 말한다. 〈개정 2013.3.23.〉

⑤ "산업통상자원부령으로 정하는 기간"이란 검사에 불합격한 날부터 6개월(철금속가열로는 1년)을 말한다. 〈개정 2013.3.23.〉

⑥ 제4항에 따라 계속사용검사 중 운전성능검사를 받으려는 자는 별지 제12호 서식의 검사대상기기 계속사용검사신청서에 검사대상기기 설치검사증 사본을 첨부하여 공단이사장에게 제출하여야 한다.

제31조의22(검사에 필요한 조치 등) ① 공단이사장 또는 검사기관의 장은 검사를 받는 자에게 그 검사의 종류에 따라 다음 각 호 중 필요한 사항에 대한 조치를 하게 할 수 있다. 〈개정 2017.12.1.〉

1. 기계적 시험의 준비
2. 비파괴검사의 준비
3. 검사대상기기의 정비
4. 수압시험의 준비
5. 안전밸브 및 수면측정장치의 분해 · 정비
6. 검사대상기기의 피복물 제거
7. 조립식인 검사대상기기의 조립 해체
8. 운전성능 측정의 준비

② 제1항에 따른 검사를 받는 자는 그 검사대상기기의 관리자(용접검사 및 구조검사의 경우에는 검사 관계자)로 하여금 검사 시 참여하도록 하여야 한다. 〈개정 2018.7.23.〉

③ 공단이사장 또는 검사기관의 장은 다음 각 호의 어느 하나에 해당하는 사유로 인하여 검사를 하지 못한 경우에는 검사신청인에게 별지 제22호 서식의 검사대상기기 미검사통지서에 따라 그 사실을 알려야 한다. 〈개정 2018.7.23.〉

1. 제1항 각 호에 따른 검사에 필요한 조치의 미완료
2. 제2항에 따른 검사대상기기의 관리자(용접검사 및 구조검사의 경우에는 검사 관계자)의 참여조치의 불이행

④ 제3항에 따른 통지를 받은 검사신청인 중 검사일을 변경하여 검사를 받으려는 자는 별지 제11호 서식의 검사대상기기 용접(구조)검사신청서 또는 별지 제12호 서식의 검사대상기기 설치검사(개조검사, 설치장소 변경검사, 재사용검사, 계속사용검사, 검사연기)신청서를 검사기관의 장 또는 공단이사장에게 제출하여야 한다. 이 경우 첨부서류는 제출하지 아니하여도 된다. [본조신설 2012.6.28.]

제31조의23(검사대상기기의 폐기신고 등) ① 검사대상기기의 설치자가 사용 중인 검사대상기기를 폐기한 경우에는 폐기한 날부터 15일 이내에 별지 제23호 서식의 검사대상기기 폐기신고서를 공단이사장에게 제출하여야 한다.

② 검사대상기기의 설치자가 그 검사대상기기의 사용을 중지한 경우에는 중지한 날부터 15일 이내에 별지 제23호 서식의 검사대상기기 사용중지신고서를 공단이사장에게 제출하여야 한다.

③ 제1항 및 제2항에 따른 신고서에는 검사대상기기 설치검사증을 첨부하여야 한다. [본조신설 2012.6.28.]

제31조의24(검사대상기기의 설치자의 변경신고) ① 검사대상기기의 설치자가 변경된 경우 새로운 검사대상기기의 설치자는 그 변경일부터 15일 이내에 별지 제24호 서식의 검사대상기기 설치자 변경신고서를 공단이사장에게 제출하여야 한다.

② 제1항에 따른 신고서에는 검사대상기기 설치검사증 및 설치자의 변경사실을 확인할 수 있는 다음 각 호의 어느 하나에 해당하는 서류 1부를 첨부하여야 한다.

1. 법인 등기사항증명서
2. 양도 또는 합병 계약서 사본
3. 상속인(지위승계인)임을 확인할 수 있는 서류 사본 [본조신설 2012.6.28.]

제31조의25(검사면제기기의 설치신고) ① 신고하여야 하는 검사대상기기(이하 "설치신고대상기기"라 한다)란 별표 3의6에 따른 검사대상기기 중 설치검사가 면제되는 보일러를 말한다.

② 설치신고대상기기의 설치자는 이를 설치한 날부터 30일 이내에 별지 제13호 서식의 검사대상기기 설치신고서에 검사대상기기의 용접검사증 및 구조검사증 각 1부 또는 제31조의21 제8항에 따른 확인서 1부(수입한 검사대상기기는 수입면장 사본 및 법 제39조의2 제1항에 따른 제조검사를 받았음을 증명하는 서류 사본 각 1부, 제31조의13 제1항에 따라 제조검사가 면제된 경우에는 자체검사

기록 사본 및 설계도면 각 1부)를 첨부하여 공단이사장에 게 제출하여야 한다. 〈개정 2017.12.1.〉

제31조의26(검사대상기기관리자의 자격 등) ① 법 제40조 제2항에 따른 검사대상기기관리자의 자격 및 관리범위는 별표 3의9와 같다. 다만, 국방부장관이 관장하고 있는 검사대상기기의 관리자의 자격 등은 국방부장관이 정하는 바에 따른다. 〈개정 2018.7.23.〉

② 별표 3의9의 인정검사대상기기관리자가 받아야 할 교육과목, 과목별 시간, 교육의 유효기간 및 그 밖에 필요한 사항은 산업통상자원부장관이 정한다. 〈개정 2013.3.23., 2018.7.23.〉

[본조신설 2012.6.28.]

[제목개정 2018.7.23.]

제31조의27(검사대상기기관리자의 선임기준) ① 법 제40조 제2항에 따른 검사대상기기관리자의 선임기준은 1구역마다 1명 이상으로 한다. 〈개정 2018.7.23.〉

② 제1항에 따른 1구역은 검사대상기기관리자가 한 시야로 볼 수 있는 범위 또는 중앙통제 · 관리설비를 갖추어 검사대상기기관리자 1명이 통제 · 관리할 수 있는 범위로 한다. 다만, 캐스케이드 보일러 또는 압력용기의 경우에는 검사대상기기관리자 1명이 관리할 수 있는 범위로 한다. 〈개정 2018.7.23., 2021.10.12.〉

[본조신설 2012.6.28.]

[제목개정 2018.7.23.]

제31조의28(검사대상기기관리자의 선임신고 등) ① 법 제40조 제3항에 따라 검사대상기기의 설치자는 검사대상기기관리자를 선임 · 해임하거나 검사대상기기관리자가 퇴직한 경우에는 별지 제25호 서식의 검사대상기기관리자 선임(해임, 퇴직)신고서에 자격증수첩과 관리할 검사대상기기 검사증을 첨부하여 공단이사장에게 제출하여야 한다. 다만, 제31조의26 제1항 단서에 따라 국방부장관이 관장하고 있는 검사대상기기관리자의 경우에는 국방부장관이 정하는 바에 따른다. 〈개정 2018.7.23.〉

② 제1항에 따른 신고는 신고 사유가 발생한 날부터 30일 이내에 하여야 한다.

③ 법 제40조 제4항 단서에서 "산업통상자원부령으로 정하는 사유"란 다음 각 호의 어느 하나의 해당하는 경우를 말한다. 〈개정 2013.3.23., 2018.7.23.〉

1. 검사대상기기관리자가 천재지변 등 불의의 사고로 업무를 수행할 수 없게 되어 해임 또는 퇴직한 경우
2. 검사대상기기의 설치자가 선임을 위하여 필요한 조치를 하였으나 선임하지 못한 경우

④ 검사대상기기의 설치자는 제3항 각 호에 따른 사유가 발생한 경우에는 별지 제28호 서식의 검사대상기기관리자 선임기한 연기신청서를 시 · 도지사에게 제출하여 검사대상기기관리자의 선임기한의 연기를 신청할 수 있다. 〈개정 2018.7.23.〉

⑤ 시 · 도지사는 제4항에 따른 연기신청을 받은 경우에는 그 사유가 제3항 각 호의 어느 하나에 해당되는 것으로서 연기가 부득이하다고 인정되면 그 신청인에게 검사대상기기관리자의 선임기한 및 조치사항을 별지 제29호 서식에 따라 알려야 한다. 〈개정 2018.7.23.〉

[본조신설 2012.6.28.]

[제목개정 2018.7.23.]

제32조(에너지관리자에 대한 교육) ① 에너지관리자에 대한 교육의 기관 · 기간 · 과정 및 대상자는 별표 4와 같다.

② 산업통상자원부장관은 제1항에 따라 교육대상이 되는 에너지관리자에게 교육기관 및 교육과정 등에 관한 사항을 알려야 한다. 〈개정 2013.3.23.〉

③ 공단이사장은 다음 연도의 교육계획을 수립하여 매년 12월 31일까지 산업통상자원부장관의 승인을 받아야 한다. 〈개정 2012.6.28., 2013.3.23.〉

제32조의2(시공업의 기술인력 등에 대한 교육) ① 시공업의 기술인력 및 검사대상기기관리자에 대한 교육의 기관 · 기간 · 과정 및 대상자는 별표 4의2와 같다. 〈개정 2018.7.23.〉

② 산업통상자원부장관은 제1항에 따라 교육의 대상이 되는 시공업의 기술인력 및 검사대상기기관리자에게 교육기관 및 교육과정 등에 관한 사항을 알려야 한다. 〈개정 2013.3.23., 2018.7.23.〉

③ 제1항에 따른 교육기관의 장은 다음 연도의 교육계획을 수립하여 매년 12월 31일까지 산업통상자원부장관의 승인을 받아야 한다. 〈개정 2013.3.23.〉

④ 제1항부터 제3항까지의 규정에도 불구하고 제31조의26 제1항 단서에 따라 국방부장관이 관장하는 검사대상기기관리자에 대한 교육은 국방부장관이 정하는 바에 따른다. 〈개정 2018.7.23.〉

[본조신설 2012.6.28.]

제33조(보고 및 검사 등) ① 산업통상자원부장관이 보고를 명할 수 있는 사항은 다음 각 호와 같다. 〈개정 2013.3.23.〉

1. 효율관리기자재 · 대기전력저감대상제품 · 고효율에너지인증대상기자재의 제조업자 · 수입업자 또는 판매업자의 경우 : 연도별 생산 · 수입 또는 판매 실적
2. 에너지절약전문기업(법 제25조 제1항에 따른 에너지절약전문기업을 말한다. 이하 같다)의 경우 : 영업실적(연도별 계약실적을 포함한다)
3. 에너지다소비사업자의 경우 : 개선명령 이행실적
4. 진단기관의 경우 : 진단 수행실적

② 산업통상자원부장관, 시 · 도지사가 소속 공무원 또는 공단으로 하여금 검사하게 할 수 있는 사항은 다음 각 호와 같다. 〈개정 2012.6.28., 2013.3.23., 2018.7.23., 2023.8.3.〉

1. 법 제15조 제2항에 따른 에너지소비효율등급 또는 에너지소비효율 표시의 적합 여부에 관한 사항
2. 법 제15조 제2항에 따른 효율관리시험기관의 지정 및 자체측정의 승인을 위한 시험능력 확보 여부에 관한 사항
3. 효율관리기자재의 사후관리를 위한 사항
4. 대기전력시험기관의 지정 및 자체측정의 승인을 위한 시험능력 확보 여부에 관한 사항
5. 대기전력경고표지의 이행 여부에 관한 사항
6. 대기전력저감우수제품 표시의 적합 여부에 관한 사항
7. 대기전력저감대상제품의 사후관리를 위한 사항
8. 고효율에너지기자재 인증 표시의 적합 여부에 관한 사항
9. 고효율시험기관의 지정을 위한 시험능력 확보 여부에

관한 사항
10. 고효율에너지기자재의 사후관리를 위한 사항
11. 효율관리시험기관, 대기전력시험기관 및 고효율시험기관의 지정취소요건의 해당 여부에 관한 사항
12. 자체측정의 승인을 받은 자의 승인취소 요건의 해당 여부에 관한 사항
13. 에너지절약전문기업이 수행한 사업에 관한 사항
14. 에너지절약전문기업의 등록기준 적합 여부에 관한 사항
15. 에너지다소비사업자의 에너지사용량 신고 이행 여부에 관한 사항
16. 에너지다소비사업자의 에너지진단 실시 여부에 관한 사항
17. 진단기관의 지정기준 적합 여부에 관한 사항
18. 진단기관의 지정취소 요건의 해당 여부에 관한 사항
19. 에너지다소비사업자의 개선명령 이행 여부에 관한 사항
20. 검사대상기기설치자의 검사 이행에 관한 사항
21. 검사대상기기를 계속 사용하려는 자의 검사 이행에 관한 사항
22. 검사대상기기 폐기 등의 신고 이행에 관한 사항
23. 검사대상기기관리자의 선임에 관한 사항
24. 검사대상기기관리자의 선임 · 해임 또는 퇴직의 신고 이행에 관한 사항

③ 공단이사장 또는 검사기관의 장은 매달 검사대상기기의 검사 실적을 다음 달 10일까지 별지 제30호 서식에 따라 작성하여 시 · 도지사에게 보고하여야 한다. 다만, 검사 결과 불합격한 경우에는 즉시 그 검사 결과를 시 · 도지사에게 보고하여야 한다. 〈신설 2012.6.28.〉

[별표 1]
〈개정 2022.1.21.〉

열사용 기자재(제1조의2 관련)

구분	품목명	적용범위
보일러	강철제 보일러, 주철제 보일러	다음 각 호의 어느 하나에 해당하는 것을 말한다. 1. 1종 관류보일러 : 강철제 보일러 중 헤더(여러 관이 붙어 있는 용기)의 안지름이 150밀리미터 이하이고, 전열면적이 5제곱미터 초과 10제곱미터 이하이며, 최고사용압력이 1MPa 이하인 관류보일러(기수분리기를 장치한 경우에는 기수분리기의 안지름이 300밀리미터 이하이고, 그 내부 부피가 0.07세제곱미터 이하인 것만 해당한다) 2. 2종 관류보일러 : 강철제 보일러 중 헤더의 안지름이 150밀리미터 이하이고, 전열면적이 5제곱미터 이하이며, 최고사용압력이 1MPa 이하인 관류보일러(기수분리기를 장치한 경우에는 기수분리기의 안지름이 200밀리미터 이하이고, 그 내부 부피가 0.02세제곱미터 이하인 것에 한정한다) 3. 제1호 및 제2호 외의 금속(주철을 포함한다)으로 만든 것. 다만, 소형 온수보일러 · 구멍탄용 온수보일러 · 축열식 전기보일러 및 가정용 화목보일러는 제외한다.
	소형 온수보일러	전열면적이 14제곱미터 이하이고, 최고사용압력이 0.35MPa 이하의 온수를 발생하는 것. 다만, 구멍탄용 온수보일러 · 축열식 전기보일러 · 가정용 화목보일러 및 가스사용량이 17kg/h(도시가스는 232.6킬로와트) 이하인 가스용 온수보일러는 제외한다.
	구멍탄용 온수보일러	「석탄산업법 시행령」 제2조 제2호에 따른 연탄을 연료로 사용하여 온수를 발생시키는 것으로서 금속제만 해당한다.
	축열식 전기보일러	심야전력을 사용하여 온수를 발생시켜 축열조에 저장한 후 난방에 이용하는 것으로서 정격(기기의 사용조건 및 성능의 범위)소비전력이 30킬로와트 이하이고, 최고사용압력이 0.35MPa 이하인 것
	캐스케이드 보일러	「산업표준화법」 제12조 제1항에 따른 한국산업표준에 적합함을 인증받거나 「액화석유가스의 안전관리 및 사업법」 제39조 제1항에 따라 가스용품의 검사에 합격한 제품으로서, 최고사용압력이 대기압을 초과하는 온수보일러 또는 온수기 2대 이상이 단일 연통으로 연결되어 서로 연동되도록 설치되며, 최대 가스사용량의 합이 17kg/h(도시가스는 232.6킬로와트)를 초과하는 것
	가정용 화목보일러	화목(火木) 등 목재연료를 사용하여 90℃ 이하의 난방수 또는 65℃ 이하의 온수를 발생하는 것으로서 표시 난방출력이 70킬로와트 이하로서 옥외에 설치하는 것
태양열집열기	태양열집열기	
압력용기	1종 압력용기	최고사용압력(MPa)과 내부 부피(㎥)를 곱한 수치가 0.004를 초과하는 다음 각 호의 어느 하나에 해당하는 것 1. 증기 그 밖의 열매체를 받아들이거나 증기를 발생시켜 고체 또는 액체를 가열하는 기기로서 용기 안의 압력이 대기압을 넘는 것 2. 용기 안의 화학반응에 따라 증기를 발생시키는 용기로서 용기 안의 압력이 대기압을 넘는 것 3. 용기 안의 액체의 성분을 분리하기 위하여 해당 액체를 가열하거나 증기를 발생시키는 용기로서 용기 안의 압력이 대기압을 넘는 것 4. 용기 안의 액체의 온도가 대기압에서의 끓는점을 넘는 것

구분	품목명	적용범위
압력용기	2종 압력용기	최고사용압력이 0.2MPa를 초과하는 기체를 그 안에 보유하는 용기로서 다음 각 호의 어느 하나에 해당하는 것 1. 내부 부피가 0.04세제곱미터 이상인 것 2. 동체의 안지름이 200밀리미터 이상(증기헤더의 경우에는 동체의 안지름이 300밀리미터 초과)이고, 그 길이가 1천밀리미터 이상인 것
요로 (窯爐 : 고온 가열장치)	요업요로	연속식유리용융가마 · 불연속식유리용융가마 · 유리용융도가니가마 · 터널가마 · 도염식가마 · 셔틀가마 · 회전가마 및 석회용선가마
	금속요로	용선로 · 비철금속용융로 · 금속소둔로 · 철금속가열로 및 금속균열로

[별표 2]
〈개정 2022.1.26.〉

대기전력저감대상제품(제13조 제1항 관련)

1. 삭제 〈2022.1.26.〉
2. 삭제 〈2022.1.26.〉
3. 프린터
4. 복합기
5. 삭제 〈2012.4.5.〉
6. 삭제 〈2014.2.21.〉
7. 전자레인지
8. 팩시밀리
9. 복사기
10. 스캐너
11. 삭제 〈2014.2.21.〉
12. 오디오
13. DVD플레이어
14. 라디오카세트
15. 도어폰
16. 유무선전화기
17. 비데
18. 모뎀
19. 홈 게이트웨이
20. 자동절전제어장치
21. 손건조기
22. 서버
23. 디지털컨버터
24. 그 밖에 산업통상자원부장관이 대기전력의 저감이 필요하다고 인정하여 고시하는 제품

[별표 3]
〈개정 2016.12.9.〉

에너지진단의 면제 또는 에너지진단주기의 연장 범위(제29조 제2항 관련)

대상사업자	면제 또는 연장 범위
1. 에너지절약 이행실적 우수사업자	
가. 자발적 협약 우수사업장으로 선정된 자(중소기업인 경우)	에너지진단 1회 면제
나. 자발적 협약 우수사업장으로 선정된 자(중소기업이 아닌 경우)	1회 선정에 에너지진단주기 1년 연장
1의2. 에너지경영시스템을 도입한 자로서 에너지를 효율적으로 이용하고 있다고 산업통상자원부장관이 정하여 고시하는 자	에너지진단주기 2회마다 에너지진단 1회 면제
2. 에너지절약 유공자	에너지진단 1회 면제
3. 에너지진단 결과를 반영하여 에너지를 효율적으로 이용하고 있는 자	1회 선정에 에너지진단주기 3년 연장
4. 지난 연도 에너지사용량의 100분의 30 이상을 친에너지형 설비를 이용하여 공급하는 자	에너지진단 1회 면제
5. 에너지관리시스템을 구축하여 에너지를 효율적으로 이용하고 있다고 산업통상자원부장관이 고시하는 자	에너지진단주기 2회마다 에너지진단 1회 면제
6. 목표관리업체로서 온실가스·에너지 목표관리 실적이 우수하다고 산업통상자원부장관이 환경부장관과 협의한 후 정하여 고시하는 자	에너지진단주기 2회마다 에너지진단 1회 면제

비고
1. 에너지절약 유공자에 해당되는 자는 1개의 사업장만 해당한다.
2. 제1호, 제1호의2 및 제2호부터 제6호까지의 대상사업자가 동시에 해당되는 경우에는 어느 하나만 해당되는 것으로 한다.
3. 제1호가목 및 나목에서 "중소기업"이란 「중소기업기본법」 제2조에 따른 중소기업을 말한다.
4. 에너지진단이 면제되는 "1회"의 시점은 다음 각 목의 구분에 따라 최초로 에너지진단주기가 도래하는 시점을 말한다.
   가. 제1호 가목의 경우 : 중소기업이 자발적 협약 우수사업장으로 선정된 후
   나. 제2호의 경우 : 에너지절약 유공자 표창을 수상한 후
   다. 제4호의 경우 : 100분의 30 이상의 에너지사용량을 친에너지형 설비를 이용하여 공급한 후

[별표 3의3]
〈개정 2021.10.12.〉

검사대상기기(제31조의6 관련)

구분	검사대상기기	적용범위
보일러	강철제 보일러, 주철제 보일러	다음 각 호의 어느 하나에 해당하는 것은 제외한다. 1. 최고사용압력이 0.1MPa 이하이고, 동체의 안지름이 300밀리미터 이하이며, 길이가 600밀리미터 이하인 것 2. 최고사용압력이 0.1MPa 이하이고, 전열면적이 5제곱미터 이하인 것 3. 2종 관류보일러 4. 온수를 발생시키는 보일러로서 대기개방형인 것
	소형 온수 보일러	가스를 사용하는 것으로서 가스사용량이 17kg/h(도시가스는 232.6킬로와트)를 초과하는 것
	캐스케이드 보일러	별표 1에 따른 캐스케이드 보일러의 적용범위에 따른다.
압력용기	1종 압력용기, 2종 압력용기	별표 1에 따른 압력용기의 적용범위에 따른다.
요로	철금속가열로	정격용량이 0.58MW를 초과하는 것

[별표 3의4]
〈개정 2022.1.21.〉

검사의 종류 및 적용대상(제31조의7 관련)

검사의 종류		적용대상	근거 법조문
제조검사	용접검사	동체·경판(동체의 양 끝부분에 부착하는 판) 및 이와 유사한 부분을 용접으로 제조하는 경우의 검사	법 제39조제1항 및 법 제39조의2제1항
	구조검사	강판·관 또는 주물류를 용접·확대·조립·주조 등에 따라 제조하는 경우의 검사	
설치검사		신설한 경우의 검사(사용연료의 변경에 의하여 검사대상이 아닌 보일러가 검사대상으로 되는 경우의 검사를 포함한다)	법 제39조제2항제1호
개조검사		다음 각 호의 어느 하나에 해당하는 경우의 검사 1. 증기보일러를 온수보일러로 개조하는 경우 2. 보일러 섹션의 증감에 의하여 용량을 변경하는 경우 3. 동체·돔·노통·연소실·경판·천정판·관판·관모음 또는 스테이의 변경으로서 산업통상자원부장관이 정하여 고시하는 대수리의 경우 4. 연료 또는 연소방법을 변경하는 경우 5. 철금속가열로로서 산업통상자원부장관이 정하여 고시하는 경우의 수리	
설치장소 변경검사		설치장소를 변경한 경우의 검사. 다만, 이동식 검사대상기기를 제외한다.	법 제39조제2항제2호
재사용검사		사용중지 후 재사용하고자 하는 경우의 검사	법 제39조제2항제3호
계속사용검사	안전검사	설치검사·개조검사·설치장소 변경검사 또는 재사용검사 후 안전부문에 대한 유효기간을 연장하고자 하는 경우의 검사	법 제39조제4항
	운전성능검사	다음 각 호의 어느 하나에 해당하는 기기에 대한 검사로서 설치검사 후 운전성능부문에 대한 유효기간을 연장하고자 하는 경우의 검사 1. 용량이 1t/h(난방용의 경우에는 5t/h) 이상인 강철제보일러 및 주철제보일러 2. 철금속가열로	

[별표 3의5]
〈개정 2023.12.20.〉

검사대상기기의 검사유효기간(제31조의8 제1항 관련)

검사의 종류		검사유효기간
설치검사		1. 보일러 : 1년. 다만, 운전성능 부문의 경우에는 3년 1개월로 한다. 2. 캐스케이드 보일러, 압력용기 및 철금속가열로 : 2년
개조검사		1. 보일러 : 1년 2. 캐스케이드 보일러, 압력용기 및 철금속가열로 : 2년
설치장소 변경검사		1. 보일러 : 1년 2. 캐스케이드 보일러, 압력용기 및 철금속가열로 : 2년
재사용검사		1. 보일러 : 1년 2. 캐스케이드 보일러, 압력용기 및 철금속가열로 : 2년
계속사용검사	안전검사	1. 보일러 : 1년 2. 캐스케이드 보일러 및 압력용기 : 2년
	운전성능검사	1. 보일러 : 1년 2. 철금속가열로 : 2년

비고

1. 보일러의 계속사용검사 중 운전성능검사에 대한 검사유효기간은 해당 보일러가 산업통상자원부장관이 정하여 고시하는 기준에 적합한 경우에는 2년으로 한다.
2. 설치 후 3년이 지난 보일러로서 설치장소 변경검사 또는 재사용검사를 받은 보일러는 검사 후 1개월 이내에 운전성능검사를 받아야 한다.
3. 개조검사 중 연료 또는 연소방법의 변경에 따른 개조검사의 경우에는 검사유효기간을 적용하지 않는다.
4. 다음 각 목의 구분에 따른 검사대상기기의 검사에 대한 검사유효기간은 각 목의 구분에 따른다. 다만, 계속사용검사 중 운전성능검사에 대한 검사유효기간은 제외한다.
   가. 「고압가스 안전관리법」 제13조의2 제1항에 따른 안전성향상계획과 「산업안전보건법」 제44조 제1항에 따른 공정안전보고서 모두를 작성하여야 하는 자의 검사대상기기(보일러의 경우에는 제품을 제조ㆍ가공하는 공정에만 사용되는 보일러만 해당한다. 이하 나목에서 같다) : 4년. 다만, 산업통상자원부장관이 정하여 고시하는 바에 따라 8년의 범위에서 연장할 수 있다.
   나. 「고압가스 안전관리법」 제13조의2 제1항에 따른 안전성향상계획과 「산업안전보건법」 제44조 제1항에 따른 공정안전보고서 중 어느 하나를 작성하여야 하는 자의 검사대상기기 : 2년. 다만, 산업통상자원부장관이 정하여 고시하는 바에 따라 6년의 범위에서 연장할 수 있다.
   다. 「의약품 등의 안전에 관한 규칙」 별표 3에 따른 생물학적제제 등을 제조하는 의약품제조업자로서 같은 표에 따른 제조 및 품질관리기준에 적합한 자의 압력용기 : 4년
   라. 「집단에너지사업법」 제9조에 따라 사업 허가를 받은 자가 사용하는 같은 법 시행규칙 제2조 제1호 가목에 따른 열발생설비 중 터빈에서 나온 열을 활용하는 보일러 : 2년
5. 제31조의25 제1항에 따라 설치신고를 하는 검사대상기기는 신고 후 2년이 지난 날에 계속사용검사 중 안전검사(재사용검사를 포함한다)를 하며, 그 유효기간은 2년으로 한다.
6. 법 제32조 제2항에 따라 에너지진단을 받은 운전성능검사대상기기가 제31조의9에 따른 검사기준에 적합한 경우에는 에너지진단 이후 최초로 받는 운전성능검사를 에너지진단으로 갈음한다(비고 4에 해당하는 경우는 제외한다).

[별표 3의6]
〈개정 2022.1.21.〉

검사의 면제대상 범위(제31조의13 제1항 제1호 관련)

검사대상 기기명	대상범위	면제되는 검사
강철제 보일러, 주철제 보일러	1. 강철제 보일러 중 전열면적이 5제곱미터 이하이고, 최고사용압력이 0.35MPa 이하인 것 2. 주철제 보일러 3. 1종 관류 보일러 4. 온수 보일러 중 전열면적이 18제곱미터 이하이고, 최고사용 압력이 0.35MPa 이하인 것	용접검사
	주철제 보일러	구조검사
	1. 가스 외의 연료를 사용하는 1종 관류 보일러 2. 전열면적 30제곱미터 이하의 유류용 주철제 증기 보일러	설치검사
	1. 전열면적 5제곱미터 이하의 증기 보일러로서 다음 각 목의 어느 하나에 해당하는 것 가. 대기에 개방된 안지름이 25밀리미터 이상인 증기관이 부착된 것 나. 수두압(水頭壓)이 5미터 이하이며 안지름이 25밀리미터 이상인 대기에 개방된 U자형 입관이 보일러의 증기부에 부착된 것 2. 온수 보일러로서 다음 각 목의 어느 하나에 해당하는 것 가. 유류 · 가스 외의 연료를 사용하는 것으로서 전열면적이 30제곱미터 이하인 것 나. 가스 외의 연료를 사용하는 주철제 보일러	계속사용검사
소형 온수 보일러	가스사용량이 17kg/h(도시가스는 232.6kW)를 초과하는 가스용 소형 온수 보일러	제조검사
캐스케이드 보일러	캐스케이드 보일러	제조검사
1종 압력용기, 2종 압력용기	1. 용접이음(동체와 플랜지와의 용접이음은 제외한다)이 없는 강관을 동체로 한 헤더 2. 압력용기 중 동체의 두께가 6밀리미터 미만인 것으로서 최고사용압력(MPa)과 내부 부피(m^3)를 곱한 수치가 0.02 이하(난방용의 경우에는 0.05 이하)인 것 3. 전열교환식인 것으로서 최고사용압력이 0.35MPa 이하이고, 동체의 안지름이 600밀리미터 이하인 것	용접검사
	1. 2종 압력용기 및 온수탱크 2. 압력용기 중 동체의 두께가 6밀리미터 미만인 것으로서 최고사용압력(MPa)과 내부 부피(m^3)를 곱한 수치가 0.02 이하(난방용의 경우에는 0.05 이하)인 것 3. 압력용기 중 동체의 최고사용압력이 0.5MPa 이하인 난방용 압력용기 4. 압력용기 중 동체의 최고사용압력이 0.1MPa 이하인 취사용 압력용기	설치검사 및 계속 사용검사
철금속가열로	철금속가열로	제조검사, 사용검사 및 계속사용검사 중 안전검사

[별표 3의9]
〈개정 2018.7.23.〉

검사대상기기관리자의 자격 및 조종범위(제31조의26 제1항 관련)

관리자의 자격	관리범위
에너지관리기능장 또는 에너지관리기사	용량이 30t/h를 초과하는 보일러
에너지관리기능장, 에너지관리기사 또는 에너지관리산업기사	용량이 10t/h를 초과하고 30t/h 이하인 보일러
에너지관리기능장, 에너지관리기사, 에너지관리산업기사 또는 에너지관리기능사	용량이 10t/h 이하인 보일러
에너지관리기능장, 에너지관리기사, 에너지관리산업기사, 에너지관리기능사 또는 인정검사대상기기관리자의 교육을 이수한 자	1. 증기보일러로서 최고사용압력이 1MPa 이하이고, 전열면적이 10제곱미터 이하인 것 2. 온수발생 및 열매체를 가열하는 보일러로서 용량이 581.5킬로와트 이하인 것 3. 압력용기

비고
1. 온수발생 및 열매체를 가열하는 보일러의 용량은 697.8킬로와트를 1t/h로 본다.
2. 제31조의27 제2항에 따른 1구역에서 가스 연료를 사용하는 1종 관류보일러의 용량은 이를 구성하는 보일러의 개별 용량을 합산한 값으로 한다.
3. 계속사용검사 중 안전검사를 실시하지 않는 검사대상기기 또는 가스 외의 연료를 사용하는 1종 관류보일러의 경우에는 검사대상기기관리자의 자격에 제한을 두지 아니한다.
4. 가스를 연료로 사용하는 보일러의 검사대상기기관리자의 자격은 위 표에 따른 자격을 가진 사람으로서 제31조의26 제2항에 따라 산업통상자원부장관이 정하는 관련 교육을 이수한 사람 또는 「도시가스사업법 시행령」 별표 1에 따른 특정가스사용시설의 안전관리 책임자의 자격을 가진 사람으로 한다.

[별표 4]
〈개정 2015.7.29.〉

에너지관리자에 대한 교육(제32조 제1항 관련)

교육과정	교육기간	교육대상자	교육기관
에너지관리자 기본교육과정	1일	법 제31조 제1항 제1호부터 제4호까지의 사항에 관한 업무를 담당하는 사람으로 신고된 사람	한국에너지공단

비고
1. 에너지관리자 기본교육과정의 교육과목 및 교육수수료 등에 관한 세부사항은 산업통상자원부장관이 정하여 고시한다.
2. 에너지관리자는 법 제31조 제1항에 따라 같은 항 제1호부터 제4호까지의 업무를 담당하는 사람으로 최초로 신고된 연도(年度)에 교육을 받아야 한다.
3. 에너지관리자 기본교육과정을 마친 사람이 동일한 에너지다소비사업자의 에너지관리자로 다시 신고되는 경우에는 교육대상자에서 제외한다.

[별표 4의2]
〈개정 2018.7.23.〉

시공업의 기술인력 및 검사대상기기관리자에 대한 교육(제32조의2 제1항 관련)

구분	교육과정	교육기간	교육대상자	교육기관
시공업의 기술인력	1. 난방시공업 제1종 기술자과정	1일	「건설산업기본법 시행령」 별표 2에 따른 난방시공업 제1종의 기술자로 등록된 사람	법 제41조에 따라 설립된 한국열관리시공협회 및 「민법」 제32조에 따라 국토교통부장관의 허가를 받아 설립된 전국보일러설비협회
	2. 난방시공업 제2종 · 제3종 기술자과정	1일	「건설산업기본법 시행령」 별표 2에 따른 난방시공업 제2종 또는 난방시공업 제3종의 기술자로 등록된 사람	
검사대상 기기관리자	1. 중 · 대형 보일러 관리자과정	1일	법 제40조 제1항에 따른 검사대상기기관리자로 선임된 사람으로서 용량이 1t/h(난방용의 경우에는 5t/h)를 초과하는 강철제 보일러 및 주철제 보일러의 관리자	공단 및 「민법」 제32조에 따라 산업통상자원부장관의 허가를 받아 설립된 한국에너지기술인협회
	2. 소형 보일러 · 압력용기 관리자과정	1일	법 제40조 제1항에 따른 검사대상기기관리자로 선임된 사람으로서 제1호의 보일러 관리자과정의 대상이 되는 보일러 외의 보일러 및 압력용기 관리자	

비고

1. 난방시공업 제1종 기술자과정 등에 대한 교육과목, 교육수수료 및 교육 통지 등에 관한 세부사항은 산업통상자원부장관이 정하여 고시한다.
2. 시공업의 기술인력은 난방시공업 제1종 · 제2종 또는 제3종의 기술자로 등록된 날부터, 검사대상기기관리자는 법 제40조 제1항에 따른 검사대상기기관리자로 선임된 날부터 6개월 이내에, 그 후에는 교육을 받은 날부터 3년마다 교육을 받아야 한다.
3. 위 교육과정 중 난방시공업 제1종 기술자과정을 이수한 경우에는 난방시공업 제2종 · 제3종기술자과정을 이수한 것으로 보며, 중 · 대형 보일러 관리자과정을 이수한 경우에는 소형 보일러 · 압력용기 관리자과정을 이수한 것으로 본다.
4. 산업통상자원부장관은 제도의 변경, 기술의 발달 등 안전관리환경의 변화로 효율 향상을 위하여 추가로 교육하려는 경우에는 교육의 기관 · 기간 · 과정 등에 관한 사항을 미리 고시하여야 한다.

01장 출제예상문제

01 검사대상기기에 대하여 에너지이용 합리화법에 의한 검사를 받지 않아도 되는 경우는?

① 검사대상기기를 설치 또는 개조하여 사용하고자 하는 경우
② 검사대상기기의 설치장소를 변경하여 사용하고자 하는 경우
③ 유효기간이 만료되는 검사대상기기를 계속 사용하고자 하는 경우
④ 검사대상기기의 사용을 중지하고자 하는 경우

해설
①, ②, ③은 검사를 필히 받아야 한다.
④ 15일 이내에 에너지관리공단 이사장에게 중지신고서를 제출한다.

02 특정 열사용 기자재의 설치, 시공 또는 세관을 업으로 하는 자는 어느 법에 따라 등록해야 하는가?

① 에너지이용 합리화법 ② 집단에너지사업법
③ 고압가스안전관리법 ④ 건설산업기본법

해설
특정 열사용 기자재의 설치, 시공, 세관업은 건설산업기본법에 의해 시・도시자에게 등록하여야 한다.

03 에너지사용량이 대통령령이 정하는 기준량 이상이 되는 에너지 사용자가 매년 1월 31일까지 신고해야 할 사항과 관계없는 것은?

① 전년도 에너지 사용량
② 전년도 제품생산량
③ 에너지사용 기자재 현황
④ 당해연도 에너지관리 진단현황

해설
에너지 사용량 신고
㉠ 전년도 에너지 사용량, 제품생산량
㉡ 당해연도의 에너지사용 예정량, 제품생산 예정량
㉢ 에너지사용 기자재의 현황
㉣ 전년도의 에너지이용 합리화 실적 및 당해연도의 계획

04 검사에 합격되지 아니한 검사대상기기를 사용한 자에 대한 벌칙은?

① 1년 이하의 징역 또는 1천만 원 이하의 벌금
② 2년 이하의 징역 또는 2천만 원 이하의 벌금
③ 1천만 원 이하 벌금
④ 5백만 원 이하의 벌금

해설
검사에 불합격한 보일러나 압력용기 등을 사용하다 적발되거나 검사대상기기의 검사를 받지 않거나 하면 1년 이하의 징역이나 1천만 원 이하의 벌금에 처한다.

05 효율관리기자재에 대한 에너지의 소비효율, 소비효율등급 등을 측정하는 시험기관은 누가 지정하는가?

① 대통령 ② 시・도지사
③ 산업통상자원부장관 ④ 에너지관리공단이사장

해설
시험기관, 진단기관 등은 산업통상자원부장관이 지정한다.

06 산업통상자원부장관은 에너지이용 합리화 기본계획을 몇 년마다 수립하는가?

① 1년 ② 2년
③ 3년 ④ 5년

정답 01 ④ 02 ④ 03 ④ 04 ① 05 ③ 06 ④

해설

㉠ 에너지 기본계획 기간 : 5년마다 실시
㉡ 에너지 총조사 기간 : 3년마다 실시

07 검사대상기기인 보일러의 검사를 받는 자에게 필요한 사항에 대한 조치를 하게 할 수 있다. 조치에 해당되지 않는 것은?

① 비파괴검사의 준비
② 수압시험의 준비
③ 검사대상기기의 피복물 제거
④ 단열재의 열전도율 시험준비

해설

보일러 검사 시 단열재의 열전도율 시험은 별도로 하지 않는다.

08 검사대상기기의 설치, 개조 등을 한 자가 검사를 받지 않은 경우의 벌칙은?

① 1년 이하의 징역 또는 1천만 원 이하의 벌금
② 2년 이하의 징역 또는 2천만 원 이하의 벌금
③ 500만 원 이하의 벌금
④ 300만 원 이하의 과태료

해설

검사대상기기의 설치자가 설치검사나 개조검사 등의 검사를 받지 않으면 1년 이하의 징역이나 1천만 원 이하의 벌금에 처한다.

09 산업통상자원부장관이 에너지 기술개발을 위한 사업에 투자 또는 출연할 것을 권고할 수 있는 대상이 아닌 것은?

① 에너지 공급자
② 대규모 에너지 사용자
③ 에너지사용기자재의 제조업자
④ 에너지 관련 기술용역업자

해설

에너지 기술개발 투자의 권고 대상
㉠ 에너지 공급자
㉡ 에너지사용기자재의 제조업자
㉢ 에너지 관련 기술용역업자

10 대통령령이 정하는 일정량 이상이 되는 에너지를 사용하는 자가 신고하여야 할 사항이 아닌 것은?

① 전년도의 에너지 사용량
② 당해연도 수입, 지출 예산서
③ 당해연도 제품생산 예정량
④ 전년도의 에너지이용 합리화 실적

해설

㉠ 일정량 : 연간 석유환산량 2,000TOE 이상
㉡ 신고일자 : 매년 1월 31일까지
㉢ 신고사항 : ①, ③, ④ 외 에너지사용기자재 현황

11 에너지사용량을 신고하여야 하는 에너지사용자는 연료 및 열과 전력의 연간 사용량 합계가 몇 티오이(TOE) 이상인 자인가?

① 500 ② 1,000
③ 1,500 ④ 2,000

해설

연간 에너지 사용량이 2,000TOE 이상이면 시장, 도지사에게 신고하여야 한다.

12 검사대상기기의 사용정지 명령을 위반한 자에 대한 벌칙금은?

① 500만 원 이하의 벌금
② 1천만 원 이하의 벌금
③ 1년 이하의 징역 또는 1천만 원 이하의 벌금
④ 2천만 원 이하의 벌금

해설

검사대상기기의 사용정지 명령을 위반한 자의 벌칙은 ③에 해당된다.

정답 07 ④ 08 ① 09 ② 10 ② 11 ④ 12 ③

13 에너지 절약형 시설투자를 이용하는 경우 금융, 세제상의 지원을 받을 수 있는데 해당되는 시설투자는 산업통상자원부장관이 누구와 협의하여 고시하는가?

① 국토교통부장관
② 환경부장관
③ 과학기술정보통신부장관
④ 기획재정부장관

해설
세제상의 지원 투자금액의 고시는 산업통상자원부장관이 기획재정부장관과 협의한다.

14 특정 열사용 기자재의 설치 · 시공은 원칙적으로 어디에 따르는가?

① 대통령령으로 정하는 기준
② 국토교통부장관이 정하는 기준
③ 에너지관리공단 이사장이 정하는 기준
④ 한국산업규격

해설
특정 열사용 기자재의 설치 · 시공은 한국산업규격에 따른다.

15 검사대상기기의 검사 종류 중 제조검사에 해당하는 것은?

① 설치검사 ② 제조검사
③ 계속사용검사 ④ 구조검사

해설
제조검사 : 구조검사, 용접검사

16 에너지이용 합리화법에 따라 2천만 원 이하의 벌금에 처하는 경우는?

① 검사대상기기의 사용정지 명령에 위반한 자
② 산업통상자원부장관이 생산 또는 판매금지를 명한 효율관리기자재를 생산 또는 판매한 자
③ 검사대상기기의 조종자를 선임하지 아니한 자
④ 검사대상기기의 검사를 받지 아니한 자

해설
① 1년 이하의 징역 또는 1천만 원 이하의 벌금
② 2천만 원 이하의 벌금
③ 1천만 원 이하의 벌금
④ 1년 이하의 징역이나 또는 1천만 원 이하의 벌금

17 에너지수요관리 투자계획을 수립하여야 하는 대상이 아닌 곳은?

① 한국전력공사 ② 에너지관리공단
③ 한국지역난방공사 ④ 한국가스공사

해설
에너지수요관리 투자계획에서 에너지 공급자
㉠ 한국가스공사
㉡ 한국지역난방공사
㉢ 기타 대량의 에너지를 공급하는 자
㉣ 한국전력공사

18 검사대상기기 조종자를 선임하지 아니한 경우 벌칙은?

① 5백만 원 이하의 과태료
② 5백만 원 이하의 징역
③ 1년 이하의 징역
④ 1천만 원 이하의 벌금

해설
㉠ 검사대상기기
- 강철제 보일러
- 주철제 보일러
- 가스용 온수 보일러
- 압력용기
- 철금속 가열로

㉡ 조종자를 채용하지 않으면 1천만 원 이하의 벌금에 처한다.

19 에너지 사용자의 에너지 사용량이 대통령령이 정하는 기준량 이상일 때는 전년도 에너지 사용량 등을 매년 언제까지 신고를 해야 하는가?

① 1월 31일 ② 3월 31일
③ 7월 31일 ④ 12월 31일

정답 13 ④ 14 ④ 15 ④ 16 ② 17 ② 18 ④ 19 ①

해설

㉠ 기준량 : 2,000티오이 이상
㉡ 시장, 도지사에게 매년 1월 31일까지 신고한다.(에너지관리대상자 지정자)

20 에너지이용 합리화법상의 연료단위인 티오이(TOE)란?

① 석탄환산론　② 전력량
③ 중유환산톤　④ 석유환산톤

해설

티오이(TOE, 석유환산톤)
TOE는 Ton of Oil Equivalent의 약자로 에너지의 단위이다. 원유 1톤이 가지고 있는 열량 (10^7[kacl]) 또는 전기 4,000[kWh]에 해당된다.
※ 1배럴(1[bbl])=158.988[liter]이다.

21 산업통상자원부장관이 지정하는 효율관리기자재의 에너지 소비효율, 사용량, 소비효율등급 등을 측정하는 기관은?

① 확인기관　② 진단기관
③ 검사기관　④ 시험기관

해설

시험기관 : 소비효율, 사용량, 등급측정

22 일정량 이상의 에너지를 사용하는 자는 법에 의하여 신고를 해야 하는데, 연간에너지(연료 및 열과 전기의 합) 사용량이 얼마 이상인 경우인가?

① 3천 티오이　② 2천 티오이
③ 1천 티오이　④ 1천 5백 티오이

해설

에너지관리대상자 : 연간 석유환산량을 2천 티오이 이상 사용하면 매년 1월 31일까지 시장, 도지사에게 신고하여야 한다.

23 에너지이용 합리화법상 에너지사용 기자재의 에너지 소비효율, 사용량 등을 측정하는 기관은?

① 진단기관　② 시험기관
③ 검사기관　④ 전문기관

해설

시험기관에서 하는 일
㉠ 에너지 소비효율 측정
㉡ 에너지 사용량 측정

24 에너지 사용자에 대하여 에너지관리지도를 할 수 있는 경우는?

① 에너지관리기준을 준수하지 아니한 경우
② 에너지소비효율기준에 미달된 경우
③ 에너지사용량 신고를 하지 아니한 경우
④ 에너지관리진단 명령을 위반한 경우

해설

산업통상자원부장관은 에너지 사용자가 에너지 관리기준을 준수하지 못한다고 인정되면 에너지관리지도를 할 수 있다.

25 다음 중 에너지 손실요인 개선명령을 행할 수 있는 경우가 아닌 것은?

① 에너지관리상태가 에너지관리기준에 현저하게 미달된다고 인정되는 경우
② 에너지관리 진단결과 10[%] 이상의 에너지 효율개선이 기대되는 경우
③ 효율개선을 위한 투자의 경제성이 있다고 인정되는 경우
④ 효율기준미달 기자재를 생산, 판매하는 경우

해설

열사용 기자재의 효율기준미달 기자재를 생산, 판매하는 경우에는 수거, 파기 등의 명령을 내리게 된다.

정답 20 ④ 21 ④ 22 ② 23 ② 24 ① 25 ④

26 검사대상기기의 검사 종류 중 제조검사에 해당되는 것은?

① 설치검사 ② 용접검사
③ 개조검사 ④ 계속사용검사

해설
제조검사 : 용접검사, 구조검사

27 다음 중 효율관리 기자재에 대하여 지정·고시하는 기준이 아닌 것은?

① 에너지의 목표소비효율 기준
② 에너지의 소비효율등급 기준
③ 에너지의 최대사용량 기준
④ 에너지의 최대소비효율 기준

해설
효율관리 기자재의 지정·고시 기준
㉠ 에너지의 목표소비효율 기준
㉡ 에너지의 소비효율등급 기준
㉢ 에너지의 최대사용량 기준

28 효율관리 기자재에 대한 에너지 소비효율 등의 측정시험기관은 누가 지정하는가?

① 시·도지사 ② 에너지관리공단이사장
③ 시장, 군수 ④ 산업통상자원부장관

해설
에너지소비효율 등의 측정을 하는 시험기관은 산업통상자원부장관이 지정한다.

29 에너지 수급안정을 위한 비상조치에 해당되지 않는 것은?

① 에너지 판매시설의 확충
② 에너지 사용의 제한
③ 에너지의 배급
④ 에너지의 비축과 저장

해설
에너지 수급안정의 비상조치 : 에너지의 배급, 에너지의 사용제한, 에너지의 비축과 저장

30 에너지이용 합리화법상 "에너지사용 기자재"의 정의로서 옳은 것은?

① 연료 및 열만을 사용하는 기자재
② 에너지를 생산하는 데 사용되는 기자재
③ 에너지를 수송, 저장 및 전환하는 기자재
④ 열사용 기자재 및 기타 에너지를 사용하는 기자재

해설
에너지사용 기자재란 열사용 기자재 및 기타 에너지를 사용하는 기자재이다.

31 에너지소비효율 관리기자재로 지정 및 에너지사용기자재에 대하여 에너지소비효율 등은 누가 표시하는가?

① 산업통상자원부장관
② 기자재 제조업자
③ 시·도지사
④ 시험기관

해설
열사용 기자재 제조업자는 에너지소비효율 표시를 한 후 판매하여야 한다.(수입업자도 표시하여야 한다.)

32 검사대상기기 조종자 채용기준에 합당한 것은?

① 1구역에 보일러가 2대인 경우 1명
② 1구역에 보일러가 2대인 경우 2명
③ 구역과 보일러의 수에 관계없이 1명
④ 2구역으로서 각 구역에 보일러가 1대씩일 경우 1명

해설
검사대상기기 조종자의 경우 1구역에는 보일러 대수에 관계없이 1인 이상 채용한다.

정답 26 ② 27 ④ 28 ④ 29 ① 30 ④ 31 ② 32 ①

33 특정 열사용 기자재 시공업의 범위에 포함되지 않는 것은?

① 기자재의 설치 ② 기자재의 검사
③ 기자재의 시공 ④ 기자재의 세관

해설
기자재 검사는 시공업이 아닌 검사권자의 권리

34 에너지이용 합리화법에 따라 2천만 원 이하의 벌금에 처하는 경우는?

① 검사대상기기의 사용정지 명령에 위반한 자
② 산업통상자원부장관이 생산 또는 판매금지를 명한 효율관리기자재를 생산 또는 판매한 자
③ 검사대상기기의 조종자를 선임하지 아니한 자
④ 검사대상기기의 검사를 받지 아니한 자

해설
①, ④ 1년 이하의 징역 또는 1천만 원 이하의 벌금
② 2천만 원 이하의 벌금
③ 1천만 원 이하의 벌금

35 에너지이용 합리화법상의 목표에너지원 단위를 가장 옳게 설명한 것은?

① 에너지를 사용하여 만드는 제품의 연간 연료사용량
② 에너지를 사용하여 만드는 제품의 단위당 연료사용량
③ 에너지를 사용하여 만드는 제품의 연간 에너지사용 목표량
④ 에너지를 사용하여 만드는 제품의 단위당 에너지사용 목표량

해설
목표 에너지원 단위 : 에너지를 사용하여 만드는 제품의 단위당 에너지사용 목표량

36 에너지이용 합리화법의 목적이 아닌 것은?

① 에너지의 수급안정
② 에너지의 합리적이고 효율적인 이용 증진
③ 에너지의 소비촉진을 통한 경제발전
④ 에너지의 소비로 인한 환경피해 감소

해설
에너지법의 목적 : ①, ②, ④ 외에도 국민경제의 건전한 발전과 국민복지의 증진에 이바지하여야 한다.

37 에너지이용 합리화법상 연료에 해당되지 않는 것은?

① 원유 ② 석유
③ 코크스 ④ 핵연료

해설
㉠ 에너지 : 연료, 열, 전기
㉡ 연료 : 석유, 석탄, 대체에너지, 기타 열을 발생하는 열원(핵연료만은 제외한다.)

38 에너지이용 합리화 기본계획에 포함되지 않는 것은?

① 에너지절약형 경제구조로의 전환
② 에너지의 대체계획
③ 에너지이용효율의 증대
④ 에너지의 보존계획

해설
우리나라는 에너지 97[%]가 수입이고 생산되지 않기 때문에 보존계획이 아닌 절약대책이 필요하다.

39 산업통상자원부장관이 에너지관리대상자에게 에너지손실효율의 개선을 명하는 경우는 에너지관리자도 결과 몇 [%] 이상의 에너지효율 개선이 기대되는 경우인가?

① 5[%] ② 10[%]
③ 15[%] ④ 20[%]

정답 33 ② 34 ② 35 ④ 36 ③ 37 ④ 38 ④ 39 ②

해설

에너지손실효율의 개선명령은 10[%] 이상의 에너지효율 개선이 기대되는 경우이다.

40 제2종 압력용기를 시공할 수 있는 난방시공 업종은?

① 제1종 ② 제2종
③ 제3종 ④ 제4종

해설

보일러, 압력용기 등은 제1종 난방시공업종에 해당된다.(건설산업기본법)

41 검사대상기기를 설치, 증설, 개조 등을 한 자가 검사를 받지 않은 경우의 벌칙은?

① 1년 이하의 징역 또는 1천만 원 이하의 벌금
② 2년 이하의 징역 또는 2천만 원 이하의 벌금
③ 500만 원 이하의 벌금
④ 300만 원 이하의 과태료

해설

검사대상기기의 검사를 받지 않으면 ①의 벌칙 적용

42 에너지다소비업자는 전년도 에너지사용량, 제품생산량을 누구에게 신고하는가?

① 산업통상자원부장관 ② 에너지관리공단이사장
③ 시 · 도지사 ④ 한국난방시공협회장

해설

에너지다소비업자(연간 2,000 TOE 이상 사용자)는 시장 또는 도지사에게 1. 31.까지 신고

43 에너지다소비업자는 에너지손실요인의 개선명령을 받은 경우 며칠 이내에 개선계획을 제출해야 하는가?

① 30일 ② 45일
③ 50일 ④ 60일

해설

에너지손실요인의 개선명령을 받은 에너지다소비업자는 개선명령을 받은 날로부터 60일 이내에 산업통상자원부장관에게 개선계획을 제출해야 한다.

44 다음 중 1년 이하의 징역 또는 1천만 원 이하의 벌금에 처하는 경우는?

① 에너지관리진단 명령을 거부, 방해 또는 기피한 경우
② 에너지의 소비효율 또는 사용량을 표시하지 아니하였거나 허위의 표시를 한 경우
③ 검사대상기기의 검사를 받지 않은 경우
④ 열사용 기자재 파기명령을 위반한 경우

해설

② 500만 원 이하의 벌금
③ 1년 이하의 징역이나 또는 1천만 원 이하의 벌금에 처한다.

45 산업통상자원부장관은 몇 년마다 에너지 총조사를 실시하는가?

① 1년 ② 2년
③ 3년 ④ 5년

해설

㉠ 에너지 총조사 : 3년마다 실시
㉡ 간이조사 : 필요할 때마다 실시

46 특정 열사용 기자재 시공업 등록의 말소 또는 시공업의 전부 또는 일부의 정지요청은 누가 누구에게 하는가?

① 시 · 도지사가 산업통상자원부장관에게
② 시공업자단체장이 산업통상자원부장관에게
③ 시 · 도지사가 국토교통부장관에게
④ 국토교통부장관이 산업통상자원부장관에게

해설

특정 열사용 기자재 시공업등록의 말소 또는 시공업의 전부 또는 일부의 정지요청은 시장 또는 도지사가 국토교통부장관에게 한다.

정답 40 ① 41 ① 42 ③ 43 ④ 44 ③ 45 ③ 46 ③

47 검사에 불합격한 검사대상기기를 사용한 자에 대한 벌칙은?

① 1년 이하의 징역 또는 1천만 원 이하의 벌금
② 2년 이하의 징역 또는 2천만 원 이하의 벌금
③ 500만 원 이하의 벌금
④ 300만 원 이하의 벌금

해설
검사에 불합격한 검사대상기기를 사용한 자는 1년 이하의 징역이나 또는 1천만 원 이하의 벌금에 처한다.

48 제3자로부터 위탁을 받아 에너지절약을 위한 관리 · 용역과 에너지절약형 시설투자에 관한 사업 등을 하는 자로서 산업통상자원부장관에게 등록을 한 자는?

① 에너지관리진단기업
② 에너지절약전문기업
③ 에너지관리공단
④ 수요관리전문기관

해설
에너지절약전문기업은 제3자로부터 위탁을 받아 에너지절약을 위한 관리용역과 에너지절약형 시설투자에 관한 사업을 한다. 그 등록은 산자부장관이 에너지관리공단에게 위탁하였다.

49 에너지이용 합리화 에너지 공급설비에 포함되지 않는 것은?

① 에너지 생산설비 ② 에너지 판매설비
③ 에너지 수송설비 ④ 에너지 전환설비

해설
에너지 공급설비
에너지를 생산, 전환, 수송, 저장하기 위하여 설치하는 설비이다.

50 에너지이용 합리화법상 목표에너지원 단위란?

① 제품의 단위당 에너지사용 목표량
② 제품의 종류별 연간 에너지사용 목표량
③ 단위 에너지당 제품생산 목표량
④ 단위 연료당 목표 주행거리

해설
목표에너지원 단위
에너지를 만드는 제품의 단위당 에너지사용 목표량이다.

51 에너지이용 합리화법상의 에너지에 해당되지 않는 것은?

① 원유 ② 석유
③ 석탄 ④ 우라늄

해설
우라늄(핵연료)은 에너지에서는 제외된다.

52 대통령이 정한 일정 규모 이상의 에너지를 사용하는 자가 신고하여야 할 사항이 아닌 것은?

① 대체에너지 이용현황 ② 전년도 제품 생산량
③ 전년도 에너지사용량 ④ 에너지사용 기자재 현황

해설
대체에너지 이용현황은 연간 석유환산량이 2,000[TOE] 이상되는 에너지다소비업자가 매년 1월 31일까지 시장 또는 도지사에게 신고할 내용에서 제외되는 항목이다.

53 에너지이용 합리화법을 만든 취지에 가장 알맞은 것은?

① 보일러 제조업체의 경영 개선
② 대체에너지 개발 및 에너지 절약
③ 에너지의 수급안정 및 합리적이고 효율적인 이용
④ 석유제품의 합리적 판매

해설
③ 에너지이용 합리화법규 제정 목적에 가장 부합한다.

정답 47 ① 48 ② 49 ② 50 ① 51 ④ 52 ① 53 ③

54 에너지절약형 시설투자를 하는 경우 금융, 세제상의 지원을 받을 수 있는데 해당되는 시설투자는 산업통상자원부장관이 누구와 협의하여 고시하는가?

① 국토교통부장관
② 환경부장관
③ 기획재정부장관
④ 과학기술정보통신부장관

해설
산업통상자원부장관이 기획재정부장관과 협의하여 고시한다.

55 권한의 위임, 위탁 규정에 따라 에너지절약 전문기업의 등록은 누구에게 하도록 되어 있는가?

① 산업통상자원부 장관
② 시 · 도지사
③ 에너지관리공단 이사장
④ 시공업자단체장

해설
에너지절약 전문기업 등록권자
에너지관리공단 이사장

56 검사대상기기 조종자의 선임, 해임 또는 퇴직 신고는 누구에게 하는가?

① 에너지관리공단 이사장
② 시 · 도지사
③ 산업통상자원부장관
④ 한국난방시공협회장

해설
검사대상기기 조종자의 선임, 해임, 퇴직, 신고권자는 에너지관리공단 이사장이다.

57 다음 중 에너지관리공단 이사장에게 위탁한 권한은?

① 검사대상기기의 검사
② 에너지관리대상자의 지침
③ 특정 열사용 기자재 시공업 등록 말소의 요청
④ 목표에너지원단위의 지정

해설
① 에너지관리공단 이사장
② 시장 또는 도지사
③ 시장 또는 도지사가 국토교통부장관에게 요청
④ 산업통상자원부 장관

58 사용 중인 검사대상기기를 폐기한 경우 폐기한 날로부터 며칠 이내에 신고해야 하는가?

① 7일 ② 10일
③ 15일 ④ 30일

해설
검사대상기기를 폐기처분하면 15일 이내에 에너지관리공단 이사장에게 신고한다.

59 에너지관리공단 이사장에게 권한이 위탁된 업무는?

① 에너지다소비업자의 에너지사용량 신고의 접수
② 특정 열사용 기자재 시공업 등록의 말소 신청
③ 에너지관리기준의 지정 및 고시
④ 검사대상기기의 설치, 개조 등의 검사

해설
검사대상기기의 설치나 개조, 제조검사는 에너지관리공단 이사장에게 그 권한이 위탁된 사항이다.

60 산업통상자원부장관이 도지사에게 권한을 위임, 위탁한 사항은?

① 에너지다소비업자(2,000TOE 이상)의 에너지사용 신고접수
② 에너지절약 전문기업의 등록
③ 검사대상기기 조종자의 선임 신고 접수
④ 확인대상기기의 설치 시공 확인에 관한 업무

해설
에너지다소비업자의 에너지사용 신고접수는 2002년 3월 25일 법률개정에 의해 시장 · 도지사에게 신고한다.

정답 54 ③ 55 ③ 56 ① 57 ① 58 ③ 59 ④ 60 ①

61 에너지절약 전문기업의 등록은 누구에게 하는가?

① 대통령　② 시 · 도지사
③ 산업통상자원부 장관　④ 에너지관리공단 이사장

해설
에스코사업(ESCO) 등록은 에너지관리공단 이사장에게 한다.
※ ESCO는 Energy Service Company의 약어로, 에너지 절약 사업을 뜻한다.

62 에너지이용 합리화법상의 열사용 기자재 종류에 해당되는 것은?

① 급수장치　② 압력용기
③ 연소기기　④ 버너

해설
제1종, 2종 압력용기는 열사용 기자재이다.

63 온수 보일러로서 검사대상기기에 해당하는 것은 가스 사용량이 몇 (kg/h)를 초과하는 경우인가? (단, 도시가스가 아닌 가스를 연료로 사용하는 경우임)

① 15[kg/h]　② 17[kg/h]
③ 20[kg/h]　④ 23[kg/h]

해설
가스사용량이 17[kg/h]를 초과하거나 도시가스가 232.6[kW]를 초과하면 검사대상기기이다.

64 검사대상기기에 포함되지 않는 것은?

① 압력용기　② 유류용 소형 온수 보일러
③ 주철제 증기 보일러　④ 철금속가열로

해설
온수 보일러로 대기개방형은 검사대상기기가 아니다.

65 검사대상기기 조정자의 교육기간은 며칠 이내로 하는가?

① 1일　② 3일
③ 5일　④ 10일

해설
검사대상기기 조종자의 교육기간 : 1일 이내

66 에너지이용 합리화법에 의한 검사대상기기 조종자의 자격이 아닌 것은?

① 에너지관리기사　② 에너지관리기능사
③ 에너지관리산업기사　④ 위험물취급기사

해설
㉠ 검사대상기기 : 보일러, 압력용기, 철금속 가열로
㉡ 조종자 자격
- 에너지관리기능사
- 에너지관리산업기사
- 에너지관리기능장
- 에너지관리기사

67 에너지이용 합리화법에 의한 검사대상기기가 아닌 것은?

① 주철제 보일러　② 2종 압력용기
③ 철금속 가열로　④ 태양열 집열기

해설
㉠ 태양열 집열기는 열사용 기자재이다.
㉡ 검사대상기기
- 강철제 보일러
- 주철제 보일러
- 가스용 온수 보일러(kg/h 초과용)
- 요업 철금속가열로
- 1, 2종 압력용기

68 특정 열사용 기자재 중 검사대상기기에 해당되는 것은?

① 온수를 발생시키는 대기 개방형 강철제 보일러
② 최고사용압력이 2[kg_f/cm^2]인 주철제 보일러
③ 축열식 전기 보일러
④ 가스사용량이 15[kg/h]인 소형 온수 보일러

해설
주철제 보일러는 최고사용압력이 1kg_f/cm^2(0.1MPa) 초과, 전열면적 5[m^2] 이상이면 검사 대상기기이다.

정답 61 ④ 62 ② 63 ② 64 ② 65 ① 66 ④ 67 ④ 68 ②

69 특정 열사용 기자재에 해당되는 것은?

① 2종 압력용기 ② 유류용 온풍난방기
③ 구멍탄용 연소기 ④ 에어핸들링 유닛

해설

특정 열사용 기자재
㉠ 기관 : 강철제, 주철제, 온수, 구멍탄용 온수, 축열식, 태양열 집열기 등의 보일러
㉡ 압력용기 : 제1, 2종 압력용기
㉢ 요업요로
㉣ 금속요로

70 검사대상기기 설치자가 변경된 때는 신설치자는 변경된 날로부터 며칠 이내에 신고해야 하는가?

① 15일 ② 20일
③ 25일 ④ 30일

해설

㉠ 검사대상기기 설치자 변경 : 15일 이내
㉡ 검사대상기기 사용중지신고 : 15일 이내
㉢ 검사대상기기 폐기신고 : 15일 이내
㉣ 신고접수권자 : 에너지관리공단 이사장

71 검사대상기기의 검사 종류 중 유효기간이 없는 것은?

① 설치검사
② 계속사용검사
③ 설치장소변경검사
④ 구조검사

해설

㉠ 설치검사 : 보일러(1년 이내), 압력용기나 철금속가열로(2년 이내)
㉡ 계속사용검사 : 보일러(1년), 압력용기(2년)
㉢ 설치장소변경검사 : 보일러(1년), 압력용기 및 철금속가열로(2년)
㉣ 구조검사와 용접검사는 제조검사이며 유효기간이 없다.

72 온수 보일러 용량이 몇 [kcal/h] 이하인 경우 제2종 난방 시공업자가 시공할 수 있는가?

① 5만 [kcal/h] ② 8만 [kcal/h]
③ 10만 [kcal/h] ④ 15만 [kcal/h]

해설

제2종 시공난방법
5만 [kcal/h] 이하 보일러 시공

73 다음 중 인정검사대상기기 조종자가 조종할 수 없는 검사대상기기는?

① 증기 보일러로서 최고사용압력이 1[MPa] 이하이고, 전열면적이 10[m^2] 이하인 것
② 압력용기
③ 온수발생 보일러로서 출력이 0.58[mW] 이하인 것
④ 가스사용량이 17[kg/h]를 초과하는 소형 온수 보일러

해설

가스사용량 17[kg/h] 초과나 도시가스 사용량 232.6[kW] 초과(약 20만 [kcal/h])용 온수 보일러는 인정 검사대상기기 조종자가 조정할 수 없다.

74 모든 검사대상기기 조정자가 될 수 없는 자는?

① 에너지관리기사 자격증 소지자
② 에너지관리산업기사 자격증 소지자
③ 에너지관리기능사 자격증 소지자
④ 에너지관리정비사 자격증 소지자

해설

검사대상기기 조종자
㉠ 에너지관리기능사
㉡ 에너지관리산업기사
㉢ 에너지관리기사
㉣ 에너지관리기능장

정답 69 ① 70 ① 71 ④ 72 ① 73 ④ 74 ④

75 검사대상기기 설치자가 그 사용 중인 검사대상기기를 사용 중지한 때는 그 중지한 날로부터 며칠 이내에 신고해야 하는가?

① 10일 ② 15일
③ 20일 ④ 30일

해설
검사대상기기(보일러, 압력용기 등)를 사용 중지하면 15일 이내에 에너지관리공단 이사장에게 신고한다.

76 인정검사기기 조종자가 조정할 수 없는 기기는?

① 최고사용압력이 5[kg_f/cm^2]이고, 전열면적이 10[m^2] 이하인 증기 보일러
② 출력 40만[kcal/h]인 열매체 가열 보일러
③ 압력용기
④ 전열면적이 20[m^2]인 관류 보일러

해설
인정검사기기 조종자는 관류 보일러의 경우 최고사용압력 1MPa (10[kg_f/cm^2]) 이하로서 전열면적이 10[m^2] 이하만 가능하다.

77 특정 열사용 기자재의 기관에 해당되지 않는 것은?

① 금속요로 ② 태양열 집열기
③ 축열식 전기 보일러 ④ 온수 보일러

해설
기관
㉠ 강철제 보일러 ㉡ 주철제 온수 보일러
㉢ 축열식 전기 보일러 ㉣ 구멍탄용 온수 보일러
㉤ 태양열 집열기 ㉥ 온수 보일러

78 특정 열사용 기자재 중 검사대상기기에 해당되는 것은?

① 온수를 발생시키는 대기 개방형 강철제 보일러
② 최고사용압력이 2[kg_f/cm^2]인 주철제 보일러로서 전열면적이 5[m^2] 이상
③ 축열식 전기 보일러
④ 가스 사용량이 15[kg_f/h]인 소형 온수 보일러

해설
최고사용압력이 2[kg_f/cm^2]인 주철제 보일러는 검사대상기기이다.(1kg_f/cm^2 이하만 가능)

79 검사대상기기 조종자의 선임에 대한 설명으로 틀린 것은?

① 에너지관리기능사 자격증 소지자는 보일러 10톤/h 이하 검사대상기기를 조정할 수 있다.
② 1구역당 1인 이상의 조종자를 채용해야 한다.
③ 조종자를 선임치 아니한 경우 1천만 원 이하의 벌금에 처한다.
④ 압력용기는 에너지관리기사 자격증 소지자만 조종할 수 있다.

해설
인정검사기기 조종사 수첩으로 갈음할 수 있다.

80 검사대상기기의 개조검사 대상이 아닌 것은?

① 보일러의 설치장소를 변경하는 경우
② 연료 또는 연소방법을 변경하는 경우
③ 증기 보일러를 온수 보일러로 개조하는 경우
④ 보일러 섹션의 증감에 의하여 용량을 변경하는 경우

해설
① 설치장소 변경검사를 에너지관리공단 이사장에게 신청한다.

81 에너지이용 합리화법상 검사대상기기의 폐기신고는 언제, 누구에게 하여야 하는가?

① 폐기 15일 전에 시 · 도 경찰청장에게
② 폐기 10일 전에 시 · 도지사에게
③ 폐기 후 15일 이내에 에너지관리공단 이사장에게
④ 폐기 후 15일 이내에 관할 세무서장에게

정답 75 ② 76 ④ 77 ① 78 ② 79 ④ 80 ① 81 ③

해설

검사대상기기 폐기신고

15일 이내에 에너지관리공단 이사장에게 신고한다.

82 열사용 기자재인 소형 온수 보일러의 적용범위는?

① 전열면적 12[m^2] 이하이고, 최고사용압력 3.5 [kg_f/cm^2] 이하인 온수가 발생하는 것

② 전열면적 14[m^2] 이하이고, 최고사용압력 2.5 [kg_f/cm^2] 이하인 온수가 발생하는 것

③ 전열면적 12[m^2] 이하이고, 최고사용압력 4.5 [kg_f/cm^2] 이하인 온수가 발생하는 것

④ 전열면적 14[m^2] 이하이고, 최고사용압력 3.5 [kg_f/cm^2] 이하인 온수가 발생하는 것

해설

소형 온수 보일러 : 전열면적 14[m^2] 이하의(최고사용압력 3.5 [kg_f/cm^2]) 이하) 온수가 발생하는 보일러

83 검사대상기기의 계속사용검사 유효기간 만료일이 9월 1일 이후인 경우는 몇 개월의 기간 내에서 이를 연기할 수 있는가?

① 1개월 ② 2개월

③ 3개월 ④ 4개월

해설

㉠ 검사의 연기 : 당해 연도 말까지

㉡ 9월 1일 이후 : 4개월의 기간 내에서

84 에너지이용 합리화법에 의한 검사대상기기가 아닌 것은?

① 주철제 보일러 ② 2종 압력용기

③ 철금속가열로 ④ 태양열 집열기

해설

태양열 집열기는 열사용 기자재이다.

85 검사대상기기의 계속사용검사 신청서는 유효기간 만료 며칠 전까지 제출해야 하는가?

① 10일 ② 15일

③ 20일 ④ 30일

해설

계속사용검사신청서는 유효기간 만료 10일 전까지 에너지관리공단 이사장에게 신고한다.

86 제2종 난방시공업 등록을 한 자가 시공할 수 있는 온수 보일러의 용량은?

① 15만[kcal/h] 이하 ② 10만[kcal/h] 이하

③ 5만[kcal/h] 이하 ④ 3만[kcal/h] 이하

해설

제2종 난방시공업자는 온수 보일러 용량 50,000[kcal/h] 이하를 시공할 수 있다.(건설산업기본법에 의하여)

87 열사용 기자재의 축열식 전기 보일러의 정격소비전력은 몇 [kW] 이하이며, 최고사용압력은 몇 [MPa] 이하인 것인가?

① 30, 0.35 ② 40, 0.5

③ 50, 0.75 ④ 100, 1

해설

축열식 전기 보일러는 30[kW] 이하로서 최고사용압력이 0.35[MPa] 이하이다.

88 에너지이용 합리화법상 열사용 기자재가 아닌 것은?

① 태양열 집열기

② 구멍탄용 온수 보일러

③ 전기순간온수기

④ 2종 압력용기

해설

전기순간온수기는 에너지법상 열사용 기자재에서 제외된다.

정답 82 ④ 83 ④ 84 ④ 85 ① 86 ③ 87 ① 88 ③

89 특정 열사용 기자재 중 검사대상기기의 검사 종류에서 유효기간이 없는 것은?

① 설치검사 ② 계속사용검사
③ 설치장소 변경장소 ④ 용접검사

해설
유효기간이 없는 검사
㉠ 구조검사 ㉡ 용접검사 ㉢ 개조검사

90 에너지이용 합리화법의 특정 열사용 기자재의 기관에 포함되지 않는 것은?

① 1종 압력용기
② 태양열 집열기
③ 구멍탄용 온수 보일러
④ 축열식 전기 보일러

해설
압력용기는 제1종, 제2종이다.

91 에너지이용 합리화법상 소형 온수 보일러는 전열면적 몇 [m^2] 이하인 것인가?

① 10 ② 14
③ 18 ④ 20

해설
소형 온수 보일러는 압력 0.35[MPa] 이하 전열면적 14[m^2] 이하이다.

92 검사대상기기인 보일러의 검사 유효기간으로 옳은 것은?

① 개조검사 : 2년
② 계속사용안전검사 : 1년
③ 구조검사 : 1년
④ 용접검사 : 3년

해설
㉠ 개조검사, 구조검사, 용접검사는 유효기간이 없다.
㉡ 계속사용안전검사는 1년

93 특정 열사용 기자재 시공업자는 설치, 시공기록 및 배관도면 등을 작성하여 몇 년간 보존해야 하는가?

① 1년 ② 2년
③ 3년 ④ 5년

해설
설치시공기록 도면은 1년간 작성하여 보존시킨다.

94 검사대상기기의 검사 종류별 유효기간이 옳은 것은?

① 용접검사－1년 ② 구조검사－없음
③ 개조검사－2년 ④ 설치검사－없음

해설
㉠ 용접검사, 구조검사, 개조검사는 유효기간이 정해져 있지 않다.
㉡ 설치 후 1년 이내에 에너지관리공단 이사장에게 보일러 설치검사를 신청한다.

95 검사대상기기에 해당되는 소형 온수 보일러는 가스 사용량이 몇 [kg/h]를 초과하는 경우인가?

① 10[kg/h] ② 15[kg/h]
③ 17[kg/h] ④ 20[kg/h]

해설
검사대상기기
소형 온수 보일러 : 가스사용량 17[kg/h] 초과 또는 도시가스 232.6kW 초과

96 특정 열사용 기자재 시공업의 기술인력에 대한 교육은 며칠 이내에 하도록 되어 있는가?

① 3일 ② 5일
③ 1일 ④ 10일

해설
모든 교육은 연간 1일 이내이다.(시행규칙 제59조)

정답 89 ④ 90 ① 91 ② 92 ② 93 ① 94 ② 95 ③ 96 ③

97 검사대상기기인 보일러의 검사 분류 중 검사 유효기간이 1년인 것은?

① 용접검사 ② 구조검사
③ 계속사용검사 ④ 개조검사

보일러의 계속사용검사 유효기간은 1년이다.

98 특정 열사용 기자재 시공업의 범주에 포함되지 않는 것은?

① 기자재의 설치 ② 기자재의 제조
③ 기자재의 시공 ④ 기자재의 세관

해설

기자재의 제조는 시공업이 아닌 제조업자의 소관사항이다.

정답 97 ③ 98 ②

APPENDIX

01

보일러 및 부속장치 용어 설명

ㄱ

▶ **가스버너**(Gas Burner)

기체연료를 연소시키며 연료의 공급압력에 따라 대기압 가스버너, 플러스 가스버너가 있고, 가스와 공기의 혼합방법에 따라 확산형 가스버너(선혼합식 가스버너), 예혼합식 가스버너(부분 예혼합식 가스버너, 예혼합식 가스버너)가 있으며 예혼합식 가스버너에는 내외 구분에 따라 내부혼합식, 외부혼합식이 있다. 버너 종류에는 구조상 건타입(통형), 링타입, 환상형, 다분기 분사형이 있다.

▶ **가스압력조정기**(Gas Pressure Regulator)

가스의 공급압력을 일정압으로 제어 유지하는 감압밸브의 일종으로서 일명 거버너라고도 한다.

▶ **가스전자밸브**(Gas Solenoid Operated Valve)

가스버너 입구에 설치하는 연료차단 밸브로서 가스차단밸브라고도 한다. 가스 연료 특성상 밸브가 열릴 때는 서서히 열리고 닫힐 때는 순간적으로 동작할 필요가 있다. 일반적으로 통전개방식의 액동밸브가 사용되나 극히 소용량인 경우에는 통전개방식의 전자밸브를 사용한다.

▶ **가스폭발**(Gas Explosion)

보일러의 경우 노 내나 연도 내에 미연소가스가 정체하고 있을 때, 어떤 점화원에 의해 강력히 폭발하는 것이다.

▶ **가압연소**(Pressurized Combustion)

강제통풍 팬으로 노 내압을 대기압 이상으로 가압하면서 연소시키는 방법이다. 일명 플러스 연소라고도 하며, 패키지 보일러에는 거의 가압연소를 한다.

▶ **가열탈기기**(Heating Deaerator)

탈기기 내에서 피처리수와 증기를 효율적으로 접촉시켜서 수온을 기내 압력에 대응하는 포화온도에 접근시켜 피처리수에 용존하고 있는 가스분 기체 O_2, CO_2 등을 기화하여 배출증기와 함께 탈기기 외부로 방출하는 급수처리장치

▶ **가요관**(Flexible Tube)

증기관이나 급수관, 급유관, 온수관 등 배관의 일부에 진동 또는 신축 가능한 이음을 써서 무리한 힘을 완화시키는 플렉시블관이다.

▶ **가용전**(Fusible Plug)

노통이나 화실 등의 꼭대기에서 연소가스 온도가 높은 부분에 붙여 저수위사고가 일어나기 직전 용전의 일부가 녹아서 내부의 기수가 분출하여 저수위사고를 알리는 안전장치이다. 일명 가용플러그이다.

▶ **간헐분출**(Periodic Blow)

보일러 운전 중 어떤 시간마다 적당한 간격을 두고 보일러수의 일부를 분출시키는 것(수저분출)

▶ **갈탄**(Brown Coal)

석탄의 연료비(고정탄소/휘발분) 값이 1 이하인 저품위의 석탄이다. 흑색갈탄, 갈색갈탄으로 나눈다.

▶ **감시창**(화염투시구, Observation Port)

보일러 노 속의 연소상태를 보기 위해 둔 화염점검 구멍

▶ **감압밸브**(Pressure Reducing Valve)

유량의 변동에 상관없이 2차 측 유체압력을 압력이 높은 1차 측의 압력보다도 낮은 일정한 압력으로 감압할 수 있는 자동밸브이다. 밸브의 틈새를 압력에 따라 자동 조절하는 방법은 피스톤식과 다이어프램식으로 대별된다. 저압 측에 고압 측의 유체가 흐르면 위험하므로 반드시 저압 측에는 압력계와 안전밸브를 갖춘다.

▶ **감열**(현열, Desuper Heating)

물에 (빙점에서 비점까지) 열을 가하면 가한 열량에 거의 비례하여 온도가 상승한다. 이 가한 열량은 온도계로 잴 수 있다. 즉, 물 상태인 채로 온도만 변화하고 상태변화가 없는 경우의 열량 부분을 말한다.

▶ **감진장치**(감진기, Earthquake Detector for Boiler Combustion Emergency Stop)

보일러 운전 중 강진 이상의 지진 발생 시에 조작회로를 차단하는 장치이다. 복귀는 수동으로 한다.

▶ **강제대류**(Forced Convection)

유체를 펌프 같은 외력에 의해 강제적으로 유동시키는 것

▶ **강제순환 보일러**(Forced Circulation)

증기 보일러에서 고온 · 고압이 되면 증기와 보일러수의 밀도차가 작아져서 자연순환력이 저하되므로 순환펌프를 써서 보일러수를 강제적으로 순환시키는 강제유동수관 보일러이다.

▶ **강제통풍**(Forced Draft)

연소실 입구 측에 버너와 함께 송풍기를 배치하여 연소용 공기를 강제적으로 밀어 넣어 노 내압을 대기압 이상으로 유지하는 가압연소방식이다.(압입통풍방식 등)

▶ **개방형 팽창탱크**(Open Type Expansion Tank)

대기 중에 개방된 팽창탱크로서 방출관(안전관)으로부터 압송된 수두압 상승에 따른 체적 증가분의 물을 받아들여 비정상적인 체적 증가분의 물을 탱크에 있는 오버플로관을 통해 외부로 배출하고 온수 보일러에 정해진 수두압 이상의 압력이 걸리지 않도록 한다.

▶ **개스킷**(Gasket)

맨홀 뚜껑판의 부착부나 플랜지부 등과 같이 정지부분의 누설방지를 위해 사용한 패킹이다.

▶ **갤러웨이관**(Galloway Tube)

코니시 보일러나 랭커셔 보일러의 노통을 가로로 절단하여 부착한 원추형 횡관의 수관을 말한다. 노통의 외압에 대한 저항력을 증대하고 전열면적을 크게 함과 동시에 보일러수의 순환을 양호하게 한다.

▶ **거더스테이**(Girder Stay)

두 장의 강판 사이에 짧은 쇠붙이를 끼우고 리벳으로 고정한 거더를 평판 위에 걸쳐서 여러 개의 볼트를 세워 받친 스테이로 화실 천장판의 보강에 쓰인다.

▶ **거싯스테이**(Gusset Stay)

평경판이나 평관판을 보강하기 위한 스테이로 3각형의 평판을 사용하여 경판과 드럼의 원통부를 받친다.

▶ **건조도**(건도, Dryness)

습포화증기 중 건포화증기분의 질량비다. $(1-x)$kg의 수분이 포함되어 있는 경우 x를 그 습증기의 건도, $(1-x)$를 습도라고 한다.

▶ **건식 연소**(Dry Bottom Firing)

미분탄 연소에서 재를 용융하지 않은 미분 그대로의 재를 연소실 밖으로 꺼내는 방식. 노 내 온도를 수랭벽을 통해 비교적 낮게 유지한다.

▶ **건조보존법**(Boiler Banking Method By Drying)

보일러 장기간의 휴지보존에 적립하며 내외를 청소 후 본체 증기관, 분출관, 급수관을 차단하고 충분히 건조한 다음, 건조제를 내부에 넣고 맨홀 등을 밀폐시키는 보존법이다.(연소실 측에는 방청유 등을 칠한다.) 건조제로는 생석회, 실리카겔, 활성알루미나가 있다.

▶ **건 타입 버너**(Gun Type Burner)

압력분무 버너의 일종이며 연소용 공기를 공급하는 팬과 한 몸으로 버너 노즐 점화장치, 화염 검출기, 조작반, 유압펌프 등이 갖추어져 있는 비교적 소형의 버너이다. 일반적으로 오일 연소용 버너이나 가스연소에도 건 타입이 있다.

▶ **건포화증기**(Dry Saturated Steam)

건조도(건도)가 1인 포화증기, 즉 수분을 전혀 함유하지 않은 상태의 포화증기

▶ **검사구멍**(Inspection Hole)

보일러나 압력 용기 등의 내부 검사를 할 수 있도록 하기 위한 구멍

▶ **검수 콕**(Test Cock Try Cock)

증기 보일러의 드럼 또는 수주관에 부착한 콕으로 이것을 개폐하여 분출함으로써 보일러 내부의 수위가 어느 위치인가를 점검하기 위한 수면 측정장치

▶ **검출기**(Detector)

보일러에서 드럼의 수위, 증기압 등을 검출하는 것으로 플로트, 전극, 벨로스 등이 쓰인다.

▶ **게이지 압력**(Gauge Pressure)

압력계에 나타나는 압력으로 표준대기압을 0으로 기점하여 나타낸다. 그 단위는 Pa, MPa, Gauge 등이다.

▶ **게이트 밸브**(Gate Valve)

액체 입구 측의 압력에 의해 밸브와 밸브 시트로 압착되어 기밀을 유지하고 또 밸브를 전개하면 유체는 직선상으로 흘러가기 때문에 저항이 적다. 급수관, 온수관의 스톱 밸브 또는 증기관에 사용하는 경우도 있다.

▶ **경도**(Hardness)

물의 경도를 말하며 수중의 칼슘이온(Ca^{2-}) 및 마그네슘 이온(Mg^{2-})의 합계 농도를 나타내는 척도이다. 그 농도 단위에서 $CaCO_3$ 경도(mg/L)를 쓴다. 경도를 포함한 물을 경수라 한다. 경도에는 전경도, 칼슘 경도, 마그네슘 경도, 탄산염 경도, 비탄산염 경도가 있다.

▶ **경보**(Alarm)

미리 정해둔 위험 상태에 이르렀을 때 주의를 알리는 것. 버저, 벨 등이 울리는 동시에 적색, 오렌지색 등의 램프가 켜지는 방법을 선택한다.

▶ **경사 스테이**(Diagonal Stay)

경판과 드럼판을 봉스테이에 의해 보강하는 것

▶ **경판**(End Plate)

경판은 보일러 드럼의 양단을 감싸고 있는 부분을 말한다. 평경판, 접시형 경판, 반타원형 경판, 전반구형 경판이 있다.

▸ **계단식 스토커**(Step Grate Stoker)

고체연료의 화격자를 계단 모양으로 배치 또는 배열한 것으로 저품위의 탄이나 톱밥, 쓰레기 등의 연료를 아래로 미끄러지게 하여 이것을 연소시킨다.

▸ **계전기**(릴레이, Relay)

어떤 조건이 주어졌을 때 또는 어떤 조건의 상태가 되었을 때 접점이 동작하여 그에 의해 다른 전기회로를 개폐한 스위치이다. 일명 접점식 릴레이라고도 한다.

▸ **고로가스**(Blast Furnace Gas)

용광로(고로)에서 부생한 가스로서, CO_2를 많이 포함한다. 발열량은 약 3,800kcal(3.8MJ)이다.

▸ **고위발열량**(고발열량, Higher Calorific Value)

열량계에 수증기(H_2O)의 응축열을 포함한 발열량이다. 일명 총발열량이라 한다.

▸ **고온부식**(High Temperature Corrosion)

중유에 바나듐(Vanadium)을 포함하면 이것이 연소 중에 5산화바나듐으로 변질되어 과열기나 재열기 등 600℃ 전후의 것을 부식시킨다.

▸ **고정탄소**(Fixed Carbon)

고체연소 중 공업분석에 의한 분석치이다. 석탄의 탄화도가 진행되면 고정탄소가 늘어나 착화온도는 높아지나 발열량은 커지는 코크스분이다.

▸ **곡관식 수관 보일러**(Corrugated Water Tube Boiler)

수관이 곡관군으로 구성한 수관 보일러이다. 형식이 자유롭고 직관식 보일러에 비해 콤팩트하게 수관을 연소실 주위에 배치할 수 있으므로 보일러 효율은 높아진다.

▸ **공기빼기밸브**(Air Vent Valve)

보일러 드럼, 절탄기, 과열기, 펌프 등에서 공기를 배출시킨다.

▸ **공기예열기**(Air Preheater)

연도에 설치하여 배기가스열을 이용해서 연소용 공기를 가열하는 장치이다. 전도식(전열식), 재생식(회전식)이 있고 연소배기가스가 아닌 증기로 가열하는 방식도 있다.

▸ **공랭 노벽**(공랭벽, Air-cooled Furnace Wall)

연소실 노벽을 공기로 냉각하도록 한 것으로 벽돌벽을 이중으로 하여 그 공간에 공기가 통하게 하는 형식이다. 현재는 수랭벽 표면(바깥 쪽)에 사이를 두고 케이싱(외장)을 두어 이 공간에 공기를 통하는 형식이 많다. 이 가열된 공기는 연소용으로 이용한다.

▸ **공업분석**(Proximate Analysis)

연료 성분을 항습시료에 대한 질량 %로 나타내는 성분은 수분, 회분, 휘발분, 고정탄소로 측정하는 분석이다.

▸ **과열기**(Superheater)

보일러 본체에서 발생한 포화증기를 다시 가열하여 과열증기로 하기 위한 장치이며 복사과열기, 대류과열기, 복사대류과열기가 있다.

▸ **과열저감기**(Attemperator)

과열증기온도를 일정하게 유지하기 위해 과열기에서 나오는 증기온도를 저하시키는 장치로 증기 내에 순수를 분무시킨다든지 연소가스의 전열량을 감소시키는 조작을 한다.

▸ **과열증기**(Superheated Steam)

건포화증기의 포화온도 이상으로 과열된 증기를 말한다.

▸ **과잉공기량**(Excess Air)

실제 연소에서 이론공기량보다 다량의 공기를 공급하여 연소하게 된다. 그 과잉의 공기량을 말한다.

▸ **과잉공기율**(Percentage of Excess Air)

과잉공기량의 이론공기량에 대한 비율로 (공기비－1)×100(%)로 나타낸다.

▸ **관대**

드럼, 관, 헤더 또는 배관에 밸브 또는 분기관을 부착하기 위해 둔 짧은 관

▸ **관류 보일러**(Once-through Boiler)

급수펌프에 의해 관계의 한 끝에서 공급된 물이 수관 내의 전열면을 통해서 다른 끝에서 증기를 꺼내도록 한 수관 보일러의 일종이다. 수관의 배열은 단관형의 것과 관 헤더를 쓴 다관형이 있다. 증기추출기에 기수분리기를 갖춘 것이 많다.

▸ **관 스테이**(Stay Tube)

연관 보일러의 연관군 중에 배치되어 전후의 평관판을 연결, 보강하는 관의 스테이다. 용접기술이 발달한 현재는 모두 용접으로 부착하는 스테이다.

▸ **관판**(Tube Plate)

연관이 부착되어 있는 경판

▸ **관 플래싱**(Pipe Flashing)

각종 배관의 신설 및 증설 시 배관공사 중에 배관 속에 들어간 이물질을 증기를 통하여 관 밖으로 배출하는 세척이다.

▶ **관 헤더**(Pipe Header)

수관 보일러에 다수의 수관을 한곳에 모으거나 한곳에서 분배할 때 공통의 용기이며 과열기, 절탄기에도 사용된다.

▶ **광화학 스모그**(Photochemical Smog)

대기 중의 탄화수소(CmHn)나 질소산화물(NO_2)이 자외선을 흡수하여 광하학적 반응을 일으켜 유해 물질인 광화학 옥시던트 또는 유기화합물인 과산화물 등을 생성한 현상으로 스모그란 스모크(연기)와 포그(안개)의 합성어다.

▶ **국부전지작용**(Local Cell Action)

금속은 각각 고유의 전위를 가지고 있다. 두 금속이 접촉하면 전위차가 생겨 여기에 보일러수가 있으면 직류 전류가 양극(A금속) → 물 → 음극(B금속) → 양극(A금속)과 같이 흘러서 국부전지작용이 생기면 A금속은 국부적으로 부식이 생긴다.

▶ **굴뚝**(연돌, Smoke Stack)

연소실에 통풍력을 주는 동시에 연소배기가스를 대기 중에 비산 방출시키기 위한 높은 통 모양 또는 네모진 모양의 연돌이다.

▶ **규산**(실리카, Silica)

산화규소(SiO_2)와 물(H_2O)이 결합한 상태의 약한 산이다. 일반적으로 냉수에는 잘 녹지 않으나 고온의 가성소다 수용액에는 잘 녹는다.

▶ **균열**(Crack)

보일러에서 균열이 생기는 것은 전열면이 과열되어 내압에 견디지 못하고 깨지는 경우이다. 일명 크랙이라 한다.

▶ **그루빙**(Grooving)

응력부식 균열의 일종이다. 경판과 동판과의 부착부이다. 거싯스테이 부착부 경판에 둔 급수구멍 주변에서 응력이 생기는 부분에 많이 발생하는 구식 부식에 속한다.

▶ **그을음**(Soot)

석탄이나 석유류 등 중탄화수소를 많이 포함하는 연료가 불완전연소한 경우에 발생한다. 미연소의 탄소미립자로서 전열면에 부착되면 전열을 방해한다.

▶ **그을음 불어내기**(수트 블로어, Soot blower)

전열면에 그을음이 부착한 것을 압축공기 또는 증기로 제거하는 것을 말한다. 수트 블로어는 수관식 보일러의 전열면 그을음을 제거하는 기구이다.

▶ **글로브밸브**(Glove Valve)

유체가 흐를 때 입구와 출구가 일직선 상에 있고 밸브 내는 S자형으로 되어서 흐르기 때문에 저항이 다소 있다. 수증기 밸브나 관 헤더용 스톱밸브에 사용되는 밸브이다.

▶ **급수내관**(Internal Feed Pipe)

보일러 드럼 내에 낮은 온도의 물을 한곳에 집중하여 급수하면 드럼이나 관에 부동 신축이 생긴다든지 한다. 이것을 방지하기 위해 배관을 동 내부에 부착하고 내관 옆에 작은 구멍을 다수 두어 고르게 분포하도록 한다. 일반적으로 보일러 안전저수면의 조금 밑에 부착하는 관이다.

▶ **급수체크밸브**(Feed Check Valve)

보일러 내 보일러수가 급수관으로 역류하는 것을 방지하는 밸브이다. 증기 보일러에서 관류 보일러를 제외하고는 0.1MPa 압력 이상에서 반드시 부착한다.

▶ **급유탱크**(오일서비스 탱크, Oil Service Tank)

저유탱크로부터 오일을 소량씩 받아 버너로 공급하기 위한 소용량 오일탱크(3~5시간 용량)로서 자동적으로 오일을 공급받기 위해 플로트 스위치가 설치된다.

▶ **급탕**(Hot Water Supply)

보일러 설비로 가열한 온수를 세면장, 욕탕, 주방 등의 필요한 곳으로 보내는 것이다. 열교환기에 의해 보일러수, 증기 등으로 교환시켜 만든다.

▶ **기관차용 보일러**(Locomotive Boiler)

증기기관차에 사용되는 보일러이다. 좁은 궤도상을 주행하는 관계로 높이나 폭이 제한되고 진동에 견디며 비교적 1.5MPa(15kg_f/cm^2) 전후의 증기가 다량으로 발생하는 보일러로서 연관이 길다. 굴뚝이 짧기 때문에 아래쪽에서 기관의 배기를 쓴 이젝터에 의해 간접유인 통풍을 한다.

▶ **기관차형 보일러**(Locomotive Type Boiler)

기관차용 보일러와 같은 구조인 정치식의 내연소 보일러이다. 수평연관 보일러의 구조이며 석탄으로 난방하는 보일러로 많이 사용되었다. 미국 일리노이 주의 케와니 지방에서 개발되었기 때문에 케와니 보일러라 한다.

▶ **기수드럼**(Steam and Water Drum)

수관 보일러 위쪽에 설치하며 증기와 보일러수가 공존하는 드럼으로, 증기드럼이라고도 한다.

▸ **기수분리기(Steam Separator)**

수관 보일러에서 기수드럼 내에 발생하는 증기 중의 물방울을 분리 제거하여 수실로 되돌리고 증기만을 기수드럼에서 배기하는 장치, 단 관류 보일러에서 분리된 수분은 급수입구 측으로 되돌려 준다.

▸ **기어펌프(Gear Pump)**

회전펌프의 일종으로서 서로 맞물리고 있는 2개의 같은 모양 기어의 회전운동에 의한 펌프이다. 외전식과 내전식이 있으며 구조 특성상 오일펌프로 많이 사용된다.

▸ **기준증발량(Reference Evaporation)**

정격증발량, 환산증발량이라 한다.

▸ **기화열(증발열)**

비점(끓는점)에 이른 물(포화수)에 다시 열을 가하면 동압인 경우 물의 온도는 상승하지 않고 그 일부는 증발을 시작한다. 이에 가해진 열은 물을 같은 온도의 증기로 바꾸는 데 소비되며 온도는 상승하지 않는다. 표준대기압에서 물의 증발열은 538.8kcal/kg이다.

▸ **기화장치(Vaporizer)**

베이퍼라이저이며 LPG나 LNG 가스의 액화가스에 열을 가하여 기화시키는 열교환기이다. 그 가열원의 열매체는 온수 또는 증기, 공기 등이다.

ㄴ

▸ **나비형 밸브(버터플라이밸브, Butterfly Valve)**

밸브판 중앙부를 고정하고 있는 축의 둘레를 선회함으로써 유량의 면적을 가감시키는 구조의 밸브이다. 큰 지름에 적합하며 가볍고 구조는 간단하다. 가스량 조절 밸브 등에 사용된다.

▸ **난류확산연소(Turbulent Diffusion Combustion)**

연료와 공기의 난류를 이용하여 강제적으로 혼합해가면서 연소시키는 연소이다. 층류 확산연소에 비해 연소속도가 빠르고 연소효율이 좋으나 소음이 크다.

▸ **내부에너지(Internal Energy)**

물체가 갖는 에너지에서 물체가 전체로서 이동하는 운동에너지나 외력에 대한 위치에너지를 뺀 것

▸ **내부혼합형 고압기류식 오일버너(Intermixing High Pressure Steam or Air Atomizing Oil Burner)**

기류식 오일버너로서 오일과 증기 또는 공기를 0.2~0.7MPa의 균등한 압력으로 혼합실로 압송 후 혼합한 다음 노즐로부터 분무시키는 것으로 오일과 공기의 혼합기는 노즐로부터 분무됨과 동시에 팽창 · 무화하기 때문에 연소용 공기의 혼합확산이 된다. 또한 적당한 노즐과 교환하면 화염의 각도나 길이 변화를 할 수 있다.

▸ **내연소 보일러(내분식 보일러, Internally-fired Boiler)**

보일러 본체 내 노통이나 화실을 장치한 보일러이고 노의 형상, 크기가 제한을 받는다.

▸ **내화단열벽돌(Insulating Fire Brick)**

단열벽돌이며 내화단열재를 성형 소성한 벽돌, 내화벽돌의 후면 라이닝용으로 사용된다.

▸ **내화도(Refractoriness)**

내화재가 어느 정도의 온도까지 견딜 수 있는지를 나타낸 것으로 보통 제게르콘 번호로 표시한다.

▸ **내화벽돌(Fire Brick)**

내화재를 성형하여 소성한 것으로 고온도에서 견디는 내화벽돌이다. 표준치수는 길이 230, 폭 114, 두께 65mm이다.

▸ **노 내압(Furnace Pressure)**

노압이라고도 하며 화로 내부의 압력을 말한다. 노 내압은 그 보일러 연소장치가 최저값으로 유지되도록 조절하는 것이 중요하다. 노 내압 제어는 주로 강제 통풍에서 쓰인다.

▸ **노 내 퍼지(Furnace Purge)**

점화 조작 시 노 내나 연도 내 미연가스가 존재하면 가스폭발사고가 발생한다. 이것을 방지하기 위해 신선한 공기와 교환, 즉 환기시키는 것이다. 점화조작에 앞서 하는 프리퍼지와 연소정지 직후에 하는 포스트퍼지가 있다.

▸ **노벽(연소실 벽, Furnace Wall)**

화로, 즉 보일러 연소실을 형성하는 벽이다. 기본적으로 벽돌벽, 공랭벽, 수랭벽 등으로 구성된다.

▸ **노점(Dew Point)**

어떤 양의 수증기를 포함한 습공기를 그 공기가 수증기를 포함할 수 있는 온도 이하로 냉각하면 여분의 수증기가 응축하여 이슬이 맺히기 시작하는 온도를 말한다. 즉, 상대습도가 100%로 되어 이슬이 맺히기 시작하는 온도

▸ **노즐 팁(Nozzle Tip)**

버너로부터 연료가 분사하는 작은 구멍으로 버너 팁이다.

▸ **노통**(Flue)

원통형(횡형) 보일러 내에 설치하는 연소통이다. 노통은 그 내부가 연소실 및 연소가스의 통로, 전열면까지 형성한다. 파형노통과 평형노통이 있다.

▸ **노통 보일러**(Flue Boiler)

노통이 있는 보일러로서 노통이 1개면 코니시 보일러, 노통이 2개면 랭커셔 보일러이다.

▸ **노통연관 보일러**(Flue And Smoke Tube Boiler)

드럼(본체)과 노통 및 연관으로 구성된 원통 횡형 보일러이다. 그 원형은 로코모빌 보일러인데 현재는 노통과 연관의 조합에 여러 가지 방법이 취해지며 또한 연소가스의 흐름도 보일러 전열면을 3회에 걸쳐 흐르도록 3단 리턴방식이 많이 취해진다.

▸ **농담 전지작용**(Concentration Cell Action)

농도가 다른 두 동일 전해질 용액에 동일한 금속을 담그면 전지가 구성된다. 농도가 작은 쪽 용액에 접하는 금속이 양극이 되고 부식이 촉진되는데, 연소이온과 용존산소, pH가 적은 것이 원인이 되기 때문에 일명 산소 농담전지작용이라 한다.

▸ **니들밸브**(Needle Valve)

밸브보디가 바늘모양으로 되어 노즐 또는 관 속의 유량을 조절하는 밸브이다. 유체의 교란이 없고 유량 조절이 쉽다.

ㄷ

▸ **다단터빈펌프**(Multi- stage Turbine Pump)

터빈펌프에서 더욱 고압수를 만들기 위해 안내날개를 설치한 임펠러를 동일 축선상에 여러 단 더 설치하여 전단의 안내 날개로부터 토출된 물을 다음 임펠러의 흔합 측으로 유도하여 가압을 반복하는 펌프이다. 안내날개가 붙은 임펠러가 1단 증가 시 0.3~0.6MPa 급수압력이 증가된다.

▸ **다우섬**(Dowtherm)

260~400℃ 정도의 고온으로 열을 운반할 수 있는 액상의 열매체이다. 고온에서는 압력이 낮다.

▸ **다우섬 보일러**(Dowtherm Boiler)

미국의 다우화학공업회사 제품인 특수 열매체를 사용하는 보일러이다. 저압에서 고온증기가 발생된다. 공업상 보일러용은 비점이 180℃인 다우섬 E, 약 260℃인 다우섬 A가 사용된다.

▸ **다이어프램**(Diaphragm)

합성고무 등으로 만들어진 막이다. 감압밸브, 압력조절밸브 등의 부품에 사용된다.

▸ **다이어프램밸브**(Diaphragm Valve)

밸브 박스의 중앙에 활 모양의 격막을 설치하고 다이어프램을 이용해 개폐하는 밸브, 즉 다이어프램에 의해 유로 넓이를 변화시켜 유량을 조절하는 밸브이며 다이어프램의 팽창 수축을 이용한 감압밸브가 있다.

▸ **다이어프램식 풍압스위치**(Diaphragm Air Pressure)

수압 넓이를 넓게 취한 다이어프램을 검출부로 하고, 이것에 저항하는 스프링과 마이크로 스위치로 구성되는 스위치를 말한다.

▸ **다익 댐퍼**(Multiblade Type Damper)

연도나 덕트가 큰 경우에 사용되는 댐퍼로서 2매 이상의 날개를 갖는 구조의 댐퍼를 말한다.

▸ **다익형 송풍기**(통풍기, Multiblade Fan)

임펠러는 반경 방향으로 얕고 폭이 길며 전향의 날개수가 다수이며 통풍압력은 150~2,000Pa(0.00148~ 0.0197 kg_f/cm^2)로 낮다.

▸ **단순연화법**(Method of Simple Softening)

Na(나트륨)형 양이온 교환수지를 충전한 탑 내에 급수를 통과시켜서 칼슘 이온, 마그네슘 이온을 수지의 나트륨 이온과 교환하는 연화수 제조법이다.

▸ **단열변화**(Adiabatic Change)

외계와의 열출입을 시키지 않고 생기는 기체의 상태변화

▸ **단요소식 수위제어**(1요소식 수위제어, Single Element Water Level Control)

보일러 드럼의 수위만을 검출하여 그 변화에 따라서 급수펌프를 가동 또는 정지시키든지 하여 급수조절밸브의 개도를 변화시켜 급수량을 조절하는 제어이다.

▸ **대류**(Convection)

기체나 액체가 가열되면 팽창하여 가벼워져서 위로 상승하고 그 다음에 유체가 흘러드는 것으로 자연대류, 강제대류가 있다.

▸ **대류형 과열기**(Convection Superheater)

접촉형 과열기라고도 하며 연도 속에 설치하여 연도가스의 접촉(대류)에 의해 부하의 증가와 더불어 증기온도가 상승하는 온도 특성이 있는 과열기이다.

▶ **대향류식(對向流式)**

과열기나 절탄기(급수가열기) 등 내부에 흐르는 유체의 방향에 대하여 연소가스(배기가스)가 역방향으로 흐르는 형식

▶ **댐퍼(Damper)**

연도나 통풍로 등에 설치한 문이다. 통풍의 흐름을 조절하거나 또는 주연도 부연도 사이의 배기가스 흐름을 전환시키거나, 차단하는 기능을 가진다. 종류로는 회전식, 승강식이 있다.

▶ **더스트(Dust)**

기체 속에 포함된 고체 입자로 통상 $1\mu m$ 이상 크기의 입자를 말한다. 즉, 집진장치의 처리대상이 되는 입자의 총칭이다.

▶ **덕트(Duct)**

공기나 배기가스 등 유체를 통하기 위해 설치된 통로이다. 보일러에서 연소 가스통로에 설치된 강판형 덕트, 연소용 공기 송입용에 사용되는 아연철판형 덕트가 있다.

▶ **덤핑화격자(Dumping Grate)**

인력 또는 기계력으로 화격자봉을 좌우로 회전 가능하게 한 화격자이다. 일명 가동화격자라 하며 화층의 조정이나 화층의 재를 처리하는 데 노력이 절감된다.

▶ **독일경도(Hardness German Method)**

경도 단위의 하나로 물 100mL(100cc) 중의 경도 성분을 CaO(산화칼슘) mg으로 환산하며 단위는 °dH를 사용한다.

▶ **돔(Dome)**

보일러에서 용량이 작은 것은 증기를 축적하는 공간이 적으므로 특히 증기리시버를 둔다. 이 증기리시버를 돔이라 한다.

▶ **동(드럼, Drum)**

용기의 통 모양부분으로 통상 연강판을 원통형으로 감은 것을 여러 개 이어서 필요한 길이로 만든 것이다. 일반적으로 원통형 보일러의 본체이다.

▶ **동압(Dynamic Pressure)**

기체 등 유체가 흐름 속도에 관계해서 나타내는 압력이다.

▶ **드래프트(Draft)**

통풍력, 즉 틈새 바람의 힘

▶ **드럼(Drum)**

수관 보일러에서 수관이 부착된 기수드럼과 물드럼을 말한다.

▶ **드럼 바닥분출(수저분출, Bottom Blow)**

드럼 바닥에 퇴적하는 슬러지의 배출을 의미하며 보일러수 농도의 저하를 목적으로 한다. 간헐분출 또는 단속분출이라 한다.

▶ **드레인(복수, 응축수, Drain)**

증기관계에서 온도 저하에 의한 응축수(응결수)

▶ **등압변화(정압변화, Isobaric Change)**

일정한 온도하에서 행해지는 기체의 상태변화

▶ **등온변화(정온변화, Isothermal Change)**

일정한 압력하에서 행해지는 압력, 용적 등의 상태변화

▶ **등유(Kerosene)**

원유를 증류할 때 150~300℃에서 얻어지는 기름 유황분이 적은 연료로서 액체연료이다.

▶ **디스크 체크밸브(Disc Check Valve)**

디스크 밸브와 코일 스프링으로 구성되며 코일 스프링 힘에 의해 디스크 밸브를 개폐하여 유체를 한쪽 방향으로만 유동시켜 역류를 방지한다.

ㄹ

▶ **라몽 보일러(La mont Boiler)**

독일의 라몽이 착상한 근거로 개발된 강제순환 보일러

▶ **라미네이션(Lamination)**

강철재의 제조 중에 원료의 조합 가스배기, 슬러그 제거 등의 불량에 의해 잉곳(Ingot) 내부에 공동이 생겼거나 슬러그가 혼입한 것이다. 이와 같이 강재의 압연 제조과정에서 공동 또는 슬러그가 존재하여 그 부분이 2매의 판처럼 갈라진 현상

▶ **라이닝(Lining)**

연통이나 노의 내면에 내화벽돌을 입히거나 용기의 내면에 내산성이나 내알칼리성의 재료를 입히는 식으로 목적에 적합한 재료를 본체 내면에 입히는 것

▶ **램진 보일러(Ramsin Boiler)**

소련에서 개발된 관류 보일러의 일종

▶ **랭커셔 보일러**(Lancashire Boiler)

19세기 중반 영국의 랭커셔 주에서 만든 것으로 동 드럼 내에 노통이 2개인 것(노통 1개는 코니시 보일러)

▶ **레버식 안전밸브**(Lever Safety Valve)

지레의 원리를 응용한 안전밸브이다. 움직이는 보일러에는 사용이 불가하고 밸브에 가해지는 전압력이 602 kg_f(5,900N)를 넘는 경우에는 사용이 불가능하다.

▶ **로코모빌 보일러**(Locomobile Boiler)

노통연관 보일러의 일종으로 노통연관 보일러가 개발된 당시 독일에서 주로 만들어졌다. 가스의 흐름이 원패스(1단 리턴)이다. 연료가 노통 속에서 연소 후 1단 연관에서 배출된다.

▶ **로터미터**(Rotameter)

테이퍼가 달린 투명한 관 내부에 플로트를 넣고 흐름에 따라 플로트가 부상하여 유량 눈금의 위치를 나타내는 일종의 면적식 유량계

▶ **루츠식 유량계**(Roots Flow Meter)

누에고치형의 회전자(루츠)를 2개 사용하며, 루츠의 회전수에 의해 루츠와 벽 사이에 용적의 몇 배에 해당하는 유량이 통과되었는가를 확인하는 용적식 유량계

▶ **리턴 오일형 유압버너**(Return Oil Type Oil Pressure Burner)

버너 본체에서 주입한 오일을 일부 조절밸브를 통해서 분출펌프의 흡입 측으로 되돌려 분사량을 조절하는 기능의 버너

▶ **레토르트**(Retort)

석탄 등을 건류하는 불항아리 가마로서 화격자 중 하입식 화격자에서 화상의 아래에 설치되는 석탄의 통로

▶ **리프트**(Lift)

안전밸브의 양정(열리는 높이)

▶ **릴리프 밸브**(Relief Valve)

급수릴리프 밸브 또는 온수릴리프에서 소정의 압력 이상이 되면 자동적으로 물을 배출하는 밸브이다. 구조적으로는 안전밸브와 동일하나 배출되는 온수 등을 안전한 장소까지 옮길 거리가 상당히 먼 거리의 관이 필요하다.

▶ **링겔만 농도표**(Ringelman Chart)

석탄이나 중유연소에서 굴뚝으로 배출되는 배기가스의 매진 농도를 광선 투과율로 측정하는 것으로서 매진 농도에 따라 0도에서 5도까지 측정된다. 1도가 매연농도 20%, 5도가 매진 100%이다.

ㅁ

▶ **막 비등**(Film Boiling)

보일러의 전열면에서 허용량을 넘어 가열량이 늘어나면 기포의 수도 늘어나고 증발량도 늘어나 기포끼리 한 몸이 되어 막 모양이 된다. 전열면에는 증기가 접촉하게 되므로 보일러수의 전열이 나빠져서 과열로 진행되는 원인이 된다.

▶ **마그네슘 경도**(Magnecium Hardness)

수중의 마그네슘 이온의 양을 이에 대응하는 탄산칼슘의 양으로 환산하여 시료 1 중의 mg 수로 나타낸다.

▶ **만수보존법**(Banking by Fullfilling Water)

보일러 휴지 시 보일러에 물을 가득 채우고 방식제를 투입하여 보존하는 단기보존법이다. 일명 습식보존법이며 탈산소를 위해 하이드라진(N_2H_4)을 주입하는 경우는 100~500mg/L 정도를 사용한다.

▶ **매진**(Soot and Dust)

연소 배기가스에 포함되는 그을음, 미립자의 재 등을 총칭

▶ **매진농도계**(Smoke Dust Meter)

배기가스 감시장치로 널리 이용되는 것으로 광학식 매연농도계가 있다.

▶ **매화**(Banked Fire)

석탄의 화격자 연소에서 야간 등에 보일러를 일시 정지시킬 때, 남은 불을 화격자 위 한곳에 모으고 그 위에 습한 석탄을, 다시 그 위에 재를 덮어 댐퍼를 완전히 닫는다. 운전 시 댐퍼를 다시 열고 불씨를 화격자 위에 파헤쳐 펼침으로써 즉시 연소가 되도록 하는 작업이다. (증기발생시간 단축 가능)

▶ **맥동연소**(Pulsating Combustion)

진동연소라 하며 연소실 내에서 압력이 주기적으로 변동할 때 불안정한 연소상태이다. 일반적으로 고부하 연소 시 잘 생긴다.

▶ **맨홀**(Manhole)

보일러나 압력용기 등 내부의 점검, 청소를 위해 사람이 출입하는 구멍이며 타원형의 경우 긴 지름 375mm, 짧은 지름 275mm 이상이다.

▶ **멤브레인 벽**(수랭로벽, Membrane Wall)

수랭벽관과 수랭벽관 사이에 띠형 강제를 삽입하고 양 수랭벽관에 용접으로 부착하여 한 장의 패널 모양을 한 것

▶ **무수 베이스(Ultimate Analysis Base without Humidity)**

원소 분석 등 연료의 분석에서 연료 중의 습분 또는 수분을 제거한 것을 기준으로 분석한 것

▶ **무수황산(SO_3)**

무수황산물(SO_2)은 과잉한 연소용 공기의 산소(O_2)와 화합하여 무수황산(SO_3)이 된다. SO_3은 화학명으로 3산화 유황이라 하며 연소가스 중의 수분(H_2O)과 화합하여 노점 이하가 되면 황산이 되는데, 이 황산(H_2SO_4)은 금속을 심하게 부식시킨다.

▶ **무연탄(Anthracite)**

석탄의 연료비 분류에 따라 연료비가 7 이상인 석탄을 말한다. 즉, 연료비가 12 이상의 것이다. 고정탄소 성분이 많고 휘발분이 적으며 착화온도가 높아 착화가 어려우나 불꽃이 짧고 발열량이 크다.

▶ **무화(Atomization)**

액체연료를 미립자화시키는 동시에 그 미립자를 공기와 혼합하기 위해 기름을 적당한 범위로 분산시키는 것을 말한다.

▶ **무화매체(Atomizing Medium)**

버너에서 액체연료를 무화시키기 위해 사용하는 압축공기나 증기를 말한다.

▶ **물 드럼(Water Drum)**

수관 보일러 하부에 두는 드럼으로 하강관에서 강하된 보일러수를 증발관으로 내보내는 역할도 한다. 기수드럼과의 수관을 연결하는 하부드럼이다.

▶ **물의 3중점(Triple Point of Water)**

밀폐한 용기에 물을 넣고 증발한 증기를 진공펌프로 추기하면서 냉각하면 물속에 얼음이 생기고 물과 얼음의 혼합물이 전부 얼음이 되기까지는 일정한 온도와 압력으로 평형하는데, 이 물의 3중점 온도를 0.01℃(273.16K)로 한다.

▶ **미분탄연소(Pulverized Coal Firing)**

미분탄기로 분쇄된 미분탄을 1차 공기와 함께 노 속에 넣어서 연소시키는 것을 말한다. 화염을 방사열에 착화시키고 노 속에서 부유상태로 연소시킨다.

▶ **미스트(Mist)**

기체 속에 포함되어 있는 액체 입자. 보통 10μm 크기이다.

▶ **미연소가스(Unburned Gas)**

연소가스 중에 포함되어 있는 CO(일산화탄소), H_2(수소), 메탄(CH_4)가스 등이다.

▶ **밀도(Density)**

물질의 단위체적당 질량(kg/m^3)

▶ **밀폐형 팽창탱크(Closed Type Expansion Tank)**

밀폐된 팽창탱크로서 온수 보일러에서 이상압력을 담당할 온수를 방출시키지 않고 흡수하는 구조인 팽창탱크이다.

ㅂ

▶ **바나듐(Vanadium)**

금속원소이며 기호는 V로 나타낸다. 원유의 산출지에 따라 재에 소량 포함된다. 연소 시 5산화바나듐(V_2O_5)이 되어 보일러 과열기 등에 부착시키는 물질이 된다. 고온에서의 부식을 바나듐어택(V_2O_5)이라 한다.

▶ **바둑판 배열(In Line Arrangement)**

연관 보일러나 노통연관 보일러의 연관군 배열방식으로 관을 종횡 일직선으로 나란히 배치한다. 바둑판 배열에 의해 보일러수의 순환이 잘 되고 연관 외면에 부착된 스케일의 제거가 용이하다.

▶ **바람상자(윈드박스, Wind Box)**

버너연소에 있어 송풍기 덕트를 통해 들어오는 연소용 공기의 흐름을 규제함과 동시에 동압의 대부분을 정압으로 변화시켜 노 내로 보내지는 공기흐름이 소정의 일정한 분포 또는 대칭적인 흐름이 되도록 하는 상자이다.

▶ **바이메탈(Bimetal)**

팽창률이 다른 두 장의 금속판을 붙인 것으로 온도에 따라 변형이 생기는 것을 이용하여 온도검출을 한다. 바이는 2중, 메탈은 금속으로 이것을 이용한 것으로 서모스탯 스위치, 스팀트랩이 있다.

▶ **바이메탈식 증기트랩(Bimetal Type Steam Trap)**

작동 원리상 서모스태틱(Thermostatic)형의 증기트랩에 속하는 것으로 감온체로서 원판형 바이메탈을 사용하고 바이메탈이 증기나 드레인의 온도변화에 의한 팽창·수축을 이용하여 밸브를 개폐함으로써 응축수(드레인)를 배출하고 방열기(라디에이터)에 사용된다.

▶ **바이메탈식 화염검출기(스택 스위치, Bimetal Type Flame Detector)**

화염은 열을 발생시키는 성질이 있기 때문에 연소가스의 온도를 측정함으로써 화염의 유무를 검출한다. 연도

에 바이메탈의 엘리먼트를 삽입하여 바이메탈의 온도변화에 의한 현저한 기계적 변위를 응용하여 프로텍트 릴레이(보호계전기)의 전기회로 접점을 개폐한다. 일명 스택 스위치(Stack Switch)라 하며 지연시간이 길어서 열등하므로 버너 용량이 10만 kcal/h 미만의 소용량 보일러용이다.

▶ **바이패스 배관**(By-pass Piping)

본 배관에 감압밸브, 전동밸브, 유량계 등을 둔 경우에 이들이 배치하고 있는 기기의 고장이나 수리 등에 대비하여 우회시키도록 한 배관을 말한다.

▶ **바크연소 보일러**(Bark Fired Boiler)

펄프 공장에서 나오는 바크(나무껍질)나 칩(나뭇조각)을 연료로 이용하는 보일러이다. 일반적으로 수관 보일러에서 많이 사용한다.

▶ **반타원형체 경판**(Ellipsoidal Surface Type End Plate)

타원체를 둘로 쪼갠 형상의 경판으로 장축의 길이와 단축 길이와의 비는 3 이하이어야 한다.

▶ **발생로 가스**(Producer Gas)

코크스나 석탄에 한정된 공기를 공급하여 불완전연소시켜 얻어지는 가스이다. 발열량은 약 1,200kcal/Nm^3 정도

▶ **방열기**(라디에이터, Radiator)

증기나 온수가 기내에 흘러 열을 방출시키는 난방장치

※ 주철제 표준난방(증기 : 650kcal/m^{2}h, 온수 : 450kcal/m^{2}h)

▶ **방열기 트랩**(Radiator Trap)

증기를 열원으로 하는 경우 사용하는 벨로스식, 바이메탈식 증기트랩

▶ **배기가스**(Exhaust Gas)

연도 출구에서 굴뚝을 통과하여 대기 중에 방출되는 연소가스

▶ **배플판**(화염방해판, Baffle Plate)

연소가스 등 유체의 흐름을 바꾸기 위한 판

▶ **백 파이어**(Back Fire)

역화라고 하며 소규모 가스 폭발에 의해 연소실 입구부터 순간적으로 화염이 역유출하는 현상

▶ **밸브보디**(Valve Body)

밸브나 밸브봉 등으로 이루어지는 부분으로 밸브 시트에서 떨어진 쪽을 말한다.

▶ **밸브시트**(변좌, Valve Seat)

밸브박스에 고정되어 있는 밸브가 안착하는 자리로 밸브시트의 구멍직경은 거의 관의 내경과 같다.

▶ **버개스연소 보일러**(Bagasse Fired Boiler)

사탕수수를 짜고 난 찌꺼기를 버개스라 하는데, 이것을 연료로 사용하는 보일러

▶ **버너타일**(Burner Tile)

방사열을 이용하여 버너에서 분무된 기름 연료의 기화를 촉진하여 착화를 쉽게 한다.(보염장치)

▶ **벌지**(팽출, Bulge)

내부의 압력에 견디지 못하고 강도가 저하한 곳이 외부로 부푸는 수관이나 드럼바닥부의 팽출현상

▶ **베록스 보일러**(Velox Boiler)

스위스의 브라운 보베리사에서 개발된 특수설계의 강제순환식 보일러이다. 가스터빈 병용의 고속 연소가 가능하다.

▶ **베이퍼**(Vapor)

포화온도에 가까운 상태의 기체(수증기)

▶ **베이퍼 록**(Vapor Lock)

오일연료의 연소에 있어서 버너나 오일배관 속에 공기가 갇히거나 오일 가열온도의 과상승으로 오일이 기화하여 이들 기체에 의해 오일의 유동이 방해되는 현상

▶ **베인**(Vane)

날개이며 풍량제어나 유량제어에 쓰인다.

▶ **베인 컨트롤**(Vane Control)

대형 보일러의 풍량제어에 주로 사용된다. 송풍기의 흡입구에 다수의 안내 날개, 즉 섹션베인을 부착하고 섹션베인의 각도를 조절하여 유입하는 바람의 방향으로 조절하는 방법이다.

▶ **베일리식 수랭벽**(Bailey Water-wall)

보온이 없는 나수관을 주철 또는 내화재 블록으로 피복한 것을 배치하는 피복 수랭벽

▶ **베크만 온도계**(Beck Mann's Thermometer)

열량이나 온도의 변화를 정밀하게 측정할 때 사용하는 일종의 수은 온도계

▶ **벤슨 보일러**(Benson Boiler)

영국인 벤슨이 발명한 대용량의 다관식 관류 보일러이다.

▸ **벤투리관**(Venturi Tube)

원뿔관을 조합시켜서 유로 중앙부의 단면적을 작게 한 조리개(이탈리아 물리학자 벤투리의 이름을 딴 것)

▸ **벨로스**(Bellows)

많은 주름을 가진 초롱 모양의 원통이다.

▸ **벨로스식 증기트랩**(Bellows Type Steam Trap)

벨로스를 감온체로 하고 증기와 드레인의 온도변화에 따라 벨로스가 변위하는 것을 이용한 증기트랩이다. 그 작동원리상 서모스태틱형 증기트랩에 속한다. 벨로스 자체의 구조상 결점 때문에 0.1MPa 이하에서 사용하므로 방열기트랩용이다.

▸ **변압식 증기 어큐뮬레이터**

(변압식 축열기, Variable Pressure Type Steam Accumulator)

압력용기 내의 물에 잉여의 증기를 뿜어 넣어 고온의 포화수로 해서 열을 축적하고 필요에 따라서 압력을 낮추어 증기를 꺼내는 방식의 증기 축열기

▸ **보급수**(Make-up Water)

응축수(복수)만으로는 급수가 부족할 때 처리수 등을 급수계에 보급하는 물

▸ **보염기**(Flame Stabilizer)

버너에서 착화를 확실히 하고 또 화염이 꺼지지 않도록 화염의 안정을 도모하는 장치. 선회기 형식과 보염판 형식으로 대별된다. 공기의 흐름을 차단하는 배플판 형식의 보염기는 이 보염판을 반경방향으로 몇 개의 슬릿(Slit)을 뚫어 소량의 공기를 보염판의 내면에 접하도록 유입시켜 작은 와류를 만듦으로써 보염의 역할과 보염판의 냉각, 카본디포짓(Carbon Deposit)의 부착을 방지한다.

▸ **복사**(Radiation)

공간 또는 진공층을 거쳐서 열이 전해지는 것이다. 열복사, 열방사라고도 하며 온도가 높고 거리가 짧을수록 커진다. 고온물체에서 저온물체로의 방사에 의한 전열량은 양 물체 표면 절대온도의 4승의 차에 비례하고 거리의 제곱에 반비례한다.

▸ **복사 보일러**(**방사 보일러**, Radiant Boiler)

고압 대용량 수관식 보일러이며 연소실이 높고 노벽 전열면을 수랭벽으로 하고 화염의 방사열을 이용하는 보일러이다.

▸ **복사전열면**(Radiation Heating Surface)

화로에 직면하여 주로 화염으로부터 강한 복사열을 받는 전열면, 수랭벽 전열면이 여기에 속한다.

▸ **복식안전밸브**(Duplex Type Safety Valve)

하나의 관대에 2개의 안전밸브(스프링과 지레식 안전밸브)가 조합된 것이다. 이 경우 지레식이 먼저 분출하도록 조절한다.

▸ **볼 밸브**(Ball Valve)

밸브의 개폐 부분에는 구멍이 뚫린 둥근 구 모양의 밸브가 있으며 이것을 회전시키면서 개폐가 가능하다. 콕과 유사한 밸브 핸들을 90도로 조작하고 가스배관에 많이 사용된다.

▸ **볼 삽입 유리수면계**(Glass Type Water Level Gauge With Emergency Ball)

보일러 운전 중 유리수면계가 파손되면 기수가 분출하여 위험하기 때문에 사람이 접근할 수 없어서 유리관이 깨진 경우 수면계 통수 및 통기구멍을 닫아 기수의 분출을 그치게 한다.

▸ **볼 탭**(Ball Tap)

자력제어장치이며 레버의 선단에 플로트(부자)가 있다. 이 플로트에 의해 수면을 검출한다. 간단한 수위제어이다.

▸ **봄베열량계**(Bomb Calorimeter)

연료의 시료와 산소를 넣은 용기 외부를 둘러싸서 연소시키고 그 수온의 상승한 온도를 측정하여 물에 전해진 열량에서 발생한 열량을 계산하는 열량계

▸ **봉 스테이**(Bar Stay)

평판부 등을 연강봉으로 보강한 것이다. 봉 스테이에는 길이방향 스테이, 경사 스테이, 수평 스테이, 행거 스테이가 있다.

▸ **부르동관 압력계**(Bourdon Tube Pressure Gauge)

구리 또는 황동제로서 그 단면이 편평한 타원형의 관을 원호상으로 구부려서 한쪽 끝을 고정하고 다른 끝은 폐쇄한 관이다. 이 부르동관의 성질을 이용하여 그 변형 정도를 확대하여 눈금판 위에 나타내도록 한 압력계이다.

▸ **부스터 급수펌프**(Booster Feed Water Pump)

고압급수펌프에 필요한 흡입압력을 부여하기 위해 주펌프의 흡입 측에 설치하는 펌프

▸ **부식억제제**(Corrosion InHibitor)

부식성이 있는 액체에 소량 첨가함으로써 그 부식작용을 효과적으로 억제할 수 있는 각종 약제의 총칭이다. 일반적으로 보일러 염산세관 시에 산의 용액에 의한 보일러의 부식을 방지하기 위해 산액 속에 0.5~1.5% 첨가한다.

▶ **부정형 내화물**(Unshaped Refractories)

내화벽돌과 다른 형태의 이형내화물이다. 부분보수가 용이하고 원료에 따라 점토질, 고알루미나질, 크롬질이 있으며 물리적으로 캐스터블 내화물과 플라스틱 내화물이 있다.

▶ **부하**(Load)

터빈이나 전동기 등의 원동기로부터 나오는 에너지를 소비하는 기계설비 또는 그 기계설비가 소비하는 동력의 크기로 보일러에서는 증기발생량, 펌프에서는 토출량을 말한다.

▶ **분무연소**(Spray Combustion)

경질유나 중유의 공업상 일반적인 연소법이다. 연료 오일을 기계적으로 수 미크론 내지 수백 미크론의 무수한 오일 방울로 미립화함으로써 증발 표면적을 비약적으로 증가시켜 연소시키는 것을 분무연소라 한다.

▶ **블로오프**(Blow off)

버너상에서 혼합기화염을 만들 때 버너로부터의 분출속도가 빠르면 화염의 전파속도가 혼합기의 유속보다 늦어져서 버너로부터 화염이 이탈되어 꺼지는 현상이다.

▶ **블리스터**(Blister)

라미네이션 부분이 가열에 의해 팽창하여 바깥쪽으로 부풀어 나오는 현상이다.

▶ **비등**(Boiling)

액체를 일정압력하에서 열을 가해 일정온도 이상으로 하면 표면으로부터 증발하는 것 외에 물 내부에서도 기화하여 기포로 증발하는 현상이다.

▶ **비례동작**(Proportional Control Action)

동작신호의 현재 값에 비례하는 조작량

▶ **비례식 압력조절기**(Proportional Pressure Controller)

압력을 검출하여 기내의 벨로스가 신축함으로써 와이퍼가 슬라이딩 저항기 위를 접동하여 그 전기 저항값에 의해 컨트롤 모터를 구동해서 연료조절밸브나 2차 공기댐퍼를 조절하여 연소량 가감으로 압력을 조절한다.

▶ **비수방지관**(Anti-priming Pipe)

원통형 보일러 드럼 내의 증기실에 설치하여 고르게 증기를 배출하기 위한 장치이다. 증기실의 정상부에서 직접 증기를 내보내면 그 부근에 비등이 활발해져 물방울이 섞인 증기가 나오므로 그것을 방지하고 건조증기를 취출하는 관이다.

▶ **비엔탈피**(Specific Enthalpy)

물이나 증기 등 1kg이 보유하고 있는 열량

▶ **비엔트로피**(Specific Entropy)

단위 중량당 엔트로피

▶ **비복귀 오일형 버너**(압력분무식 버너, Non- return Oil Type Burner)

버너 본체에 보내진 오일을 되돌리는 회로가 없고 노내로 전부가 분사되는 형식의 버너이다. 유량조절은 압력변화 또는 팁을 교환해서 한다.

▶ **비연동형 저압공기 분무 오일버너**(Individual Control Type Low Pressure Atomizing Oil Burner)

분무용 공기만을 버너에 공급하고 오일의 토출량과 분무공기량을 별개로 조절하며 또 분무용 공기 이외의 잔류공기는 자연통풍이나 압입통풍으로 별도로 노 내로 투입하는 형식의 기름용 오일버너타입이다.

▶ **비열**(Specific Heat)

물체의 온도를 1K(1℃) 상승시키는 데 필요한 열량이다. 질량 1kg당의 열용량을 그 물질의 비열이라 한다. 단위는 kJ/kg · K(단, 기체의 비열에는 정용비열, 정압비열이 있다.)이다.

▶ **비용적**(비체적, Specific Volume)

1kg의 물질이 얼마만큼의 체적(m^3)이 되는가의 단위(m^3/kg)로서 밀도의 역수이다.

▶ **비점**(Boiling Point)

액체가 비등하여 기체가 되는 온도 표준대기압하에서 물은 100℃(물리학상은 99.974℃)를 증기점, 비등점이라 한다.

▶ **비중**(Specific Gravity)

물질의 질량과 그것과 같은 체적을 가진 표준 물질의 질량비이다. 고체, 액체의 경우에는 표준물질로서 4℃의 물을 기준으로 하고 비중은 1.0으로 한다. 기체는 1atm 0℃의 공기를 표준물질로 하여 비중을 1.0으로 한다.

▶ **비중량**(Specific Weight)

물질의 단위체적당 중량(질량)이며 그 단위는 kg/m^3이다.

▶ **비탄산염 경도**(Non-carbonate Hardness)

경도 성분이 칼슘, 마그네슘의 황산염 등에 의한 것으로 끓여도 연화하지 않는 경도로 영구경도라고 한다. 이 성분을 포함하는 물을 영구경수(영구경도)라 한다.

▶ **빙점**(Ice Point)

순수가 표준대기압하에서 동결하여 얼음으로 되기 시작하는 온도로 섭씨 0℃이기도 하다.

ㅅ

▶ **사이클링(Cycling)**

온－오프 동작에서 제어량의 주기적인 변동

▶ **사이펀관(Siphon Tube)**

원형 또는 U자형으로 구부려서 물이 고이게 한 관

▶ **산성(Acidic Property)**

수용액의 수소 이온(H^+)농도가 수산화물 이온(OH^-)농도보다 커졌을 때, 즉 pH가 7(중성) 미만일 때가 산성이다.

▶ **산세척(Acid Cleaning)**

화학세척법의 일종. 보일러의 스케일을 제거하기 위해 무기산인 염산 5~10% 또는 유기산인 구연산 3% 정도의 수용액을 만든 후 산에 의한 보일러의 부식을 방지하기 위해 인히비터(부식억제제)를 적당량 첨가한 산세척액을 60~95℃로 가열하여 보일러 내로 순환시켜 산과 스케일의 화학반응에 의해 스케일을 용해시키는 세척법이다. 수세척수의 pH가 5 이상으로 될 때까지 충분한 수세척을 한다. 수세척 공정이 끝나도 산액이 잔류하기 때문에 산세척의 마지막을 최종공정으로서 중화방청처리를 한다.

▶ **산소농담전지(Oxygen Concentration Cell)**

보일러에서 수중에 용존산소량이 큰 부분과 작은 부분 사이에 농담전지 작용이 생기고 또 온도차가 있는 부분에서 고온 측이 양극으로 되어 강판이나 관의 피칭에 의한 잠식부식이 생긴다.

▶ **산소비량(알칼리도)**

알칼리를 필요로 한 pH를 중화하는 데 요하는 산의 양을 산에 해당하는 탄산칼슘의 양으로 환산하여 시료 1에 대한 mg 수로 나타낸다.

▶ **산포식 스토커(Spreader Stoker)**

석탄을 기계적으로 산포하는 스토커로, 급탄은 연속적으로 하고 화격자 형식에는 가동식, 이동화격자식 등이 있다.

▶ **산화염(Oxidizing Flame)**

화염을 화학적 성상에서 본 경우 연료를 필요 이상의 증기과잉상태로 연소하면 화염 속에 다량의 과잉산소를 함유하며 산화가 완전히 담청색으로 되는 화염이다.

▶ **산화층(Oxidizing Zone)**

석탄의 고정탄소는 연소하여 이산화탄소가 된다. 이때 방출되는 반응력이 크다. 화층의 온도가 1,200~1,500℃일 때가 가장 화층이 높은 산화층이다.

▶ **3방 밸브(Three-way Valve)**

주로 컨트롤 모터와 조합하여 전동밸브로 하며 온수난방장치에 있어서 온수의 유로 전환과 동시에 유량조절을 하는 자동밸브이다.

▶ **3요소식 수위제어(Three Elements Water Level Control)**

고압 대용량의 수관 보일러에서 수위와 증기유량 외에 급수유량까지 3요소를 검출하고 안정한 수위제어를 하는 방식이다.

▶ **3중점(Triple Point)**

증기, 액상, 고상의 3상이 공존할 때의 상태. 물의 3중점의 온도는 4.6mmHg(0.6112kPa) 상태에서 0.01℃(273.16K)이다.

▶ **상당방열면적(EDR ; Equivalent Direct Radiation)**

증기난방의 경우 0.1kg_f/cm^2G에서 102℃, 실내온도 18.5℃로 했을 때 방열량은 650kcal/m^2h, 온수의 평균온도 80℃, 실내온도 18.5℃에서 방열량은 450kcal/m^2h가 된다.

▶ **상승관(Riser Tube)**

수관 보일러의 보일러수가 수관의 내부에서 증기를 발생시키면서 기수드럼에 상승하는 수관을 말한다.

▶ **보일러 상용수위(Boiler Normal Water Level)**

증기 보일러의 정상운전 시 유리수면계의 중앙부가 상용수위이다.

▶ **상용압력(Normal Pressure)**

증기 보일러 운전상 목푯값으로 하는 증기압력이며 최고사용압력의 80% 전후 압력이다.

▶ **샌드 블라스트법(Boiler Cleaning Method By Sand Blasting)**

그을음이 부착한 전열면에 모래를 분출시켜 그 충격으로 제거하는 외면청소법

▶ **서비스 탱크(Service Tank)**

중유 등 주저장 탱크에서 사용하는 정도에 따라 3~5시간 정도 사용량을 옮겨 조금씩 담아 연료탱크로 사용하며 버너선단에서 1~2m 높은 곳에 설치한다.

▶ **서징**(Surging)

원심식, 축류식의 펌프, 압축기, 송풍기 등에서 운전 중에 진동을 하며 이상소음을 내고 유량과 토출압력에 이상변동을 일으키는 수가 있는데 이러한 현상을 서징 현상이라 한다. 특히 적은 토출량으로 운전하는 경우에 발생된다.

▶ **석면**(Asbestos)

섬유상 광물로 규산마그네슘이 주성분이며 보온이나 내화재료 패킹 등에 쓰인다.

▶ **석탄가스**(Coal Gas)

석탄건류 시 생성하는 가스이다. 주성분은 수소(H_2) 40~50%, 메탄(CH_4) 25~30%이고, 발열량은 4,000~5,000kcal/Nm^3이다.

▶ **석탄의 풍화**(Weathering Of Coal)

석탄을 대기 중에 장기간 방치하여 풍우 등에 노출된 경우에 서서히 변화를 일으키는 것이다. 질이 저하하고 발열량이 적어진다.

▶ **석탄 크러셔**(Coal Crusher)

미분탄을 만들기 위한 석탄 파쇄기

▶ **선용 보일러**(Marine Boiler)

선박에 설치하는 기관용 보일러, 즉 박용 보일러

▶ **선회기**(보염기, Swirler)

선회기는 압력분무 오일버너나 고압기류분무 오일버너의 보염기로 사용되는데 선회날개를 이용하여 공기를 선회시키고 중심부가 부압이 되도록 하여 착화가 가능한 저속의 고온순환력을 형성한다. 종류로는 축류식, 반경류식, 혼류식이 있다.

▶ **섭씨온도**(Centigrade Temperature)

표준대기압하에서 순수의 얼음이 녹고 있을 때 빙점은 0℃로 하고 가열 후 물이 비등하는 온도를 100℃(물리학상은 99.974℃)로 하여 이 사이를 100등분한 온도이다. 스웨덴의 천문학자 셀시우스(Celsius)의 글자를 따서 기호(℃)로 쓴다. SI 단위에서는 셀시우스라 한다.

▶ **섹셔널 보일러**(Sectional Boiler)

조합 보일러란 뜻이다. 일반적으로 주철제 보일러이지만 직관식 단동 수관 보일러, 일명 밥콕 보일러도 섹셔널 보일러이다.

▶ **소다끓임**(Boiling with Soda Water)

새로 설치한 보일러 등에서 내부에 공작 중인 유지류 등이 부착하고 있을 때 소다류의 고온 수용액으로 화학세척, 즉 알칼리 세척을 하는 것이다.

▶ **소다회수 보일러**(Soda Boiler)

펄프를 분리한 흑액을 연료로 하는 보일러이다. 증기 발생과 동시에 용융회에서 가성소다를 회수하는 것이 목적인 특수연료 보일러이다.

▶ **소손**(Burning)

강재의 과열이 더욱 진행하여 용해점에 가까운 고온이 되면 강재 내부에 함유한 탄소의 일부가 연소하여 열처리를 하여도 원래의 성질을 회복할 수 없는 상태

▶ **솔레노이드**(Solenoid)

전자기학에서 관모양으로 전선을 감은 원통형의 코일이다.

▶ **송기장치**(Steam Supply Plant)

보일러 증기를 각 현장에서 증기소비설비까지 공급하는 장치이다. 증기헤더, 증기밸브, 감압밸브, 증기트랩, 신축이음, 비수방지관, 기수분리기, 드레인 빼기 등이다.

▶ **송풍기**(Blower Fan)

날개의 회전 등에 의해 공기 등의 기체를 압송하는 기계로, 일명 통풍기이다.

▶ **쇄상식 스토커**(Chain Grate Type Stoker)

이동식 화격자 스토커이다.

▶ **수고계**(Altitude Gauge)

온수 보일러에서 그 수두압을 측정하는 계기로 구조는 압력계와 같다. 온도계와 조합시킨 것도 있으며 기호는 mH_2O 또는 mAq로 사용한다.

▶ **수격작용**(Water Hammer)

배관 속에 가득 찬 흐르는 물 등의 유체 속도를 급격히 변화시키면 심한 경우 배관이나 밸브류 등을 파괴해버리는 일을 말한다.

▶ **수관**(Water Tube)

증기압력에 의해 인장응력을 주로 받으며 전열면을 구성한다. 외경이 30~100mm 정도이며 관 내부에는 물, 외부에는 연소가스가 접촉한다. 강수관(하강관), 상승관(물오름관), 수랭벽에 설치되는 상승관은 수랭벽관이라 한다.

▶ **수관 보일러**(Water Tube Boiler)

보일러수의 유동에 따라 자연순환식, 강제순환식, 관류 보일러로 구별된다.

▶ **수관식 섹셔널 보일러**(밸브콕 보일러, Water Tube Type Sectional Boiler)

1개의 기수드럼과 수평에 대해 약 15도 경사진 직관식의 수관군으로 구성된 보일러이다. 세로열의 수관은 양단이 각각 동일한 파형관 헤더에 익스팬더(확관기)에 의해 부착되어 1조를 이룬다. 이 섹션은 몇 개 정도 가로로 줄지어 있는 수관군이 형성되어 있다. 밸브 콕 앤드 윌콕스사가 개발한 밸브콕 보일러가 대표적이다.

▶ **수랭벽**(Water-cooled Wall)

연소실 벽에 수관을 배치하고 노의 둘레를 수관으로 구성한 것으로 노 바닥에 수관을 배치한 것도 있다. 즉, 수랭벽을 구성하기 위해 배치되는 상승관을 수랭벽관이라 하며 복사 전열면을 형성하는 멤브레인 벽, 핀부착수관, 탄젠트관 배열, 스페이스드관 배열, 베일리식 수랭벽, 내화벽돌식 수랭벽이 있다.

▶ **수두압**(Head Pressure)

압력을 수주의 높이로 표시하는 것, 즉 10mAq(0.1 MPa)이다.

▶ **수산화나트륨**(Sodium Hydroxide)

NaOH의 화학기호로서 가성소다이다.

▶ **수산화물 이온**(Hydroxide Ion)

OH^-의 기호로 표시되는 1가의 음이온이다. 수용액 중의 OH^- 농도가 H^+ 농도보다 높으면 그 수용액은 알칼리이다. OH^- 농도가 높을수록 알칼리성이 강해지면 수산이온이라 한다. NaOH, NH_3, Na_3PO_4 등을 물에 용해시키면 OH^-를 전리한다.

▶ **수소이온**(Hydrogen Ion)

H^+의 기호로 표시되는 양이온 수용액 중의 H^+ 농도가 OH^- 농도보다 높으면 그 수용액은 산성이다. 즉, 산성의 세기를 나타낸다. 수중에 산을 녹이면 H^+를 전리한다.

▶ **수위검출기**(Water Level Detector)

보일러 수위를 검출하여 그 신호를 조절밸브에 내보내는 장치로 플로트식, 마그넷형 플로트식, 전극식 등이 있다.

▶ **수위제어**(Water Level Control)

급수제어이며 단요소식, 2요소식, 3요소식으로 대별된다.

▶ **수은 스위치**(Mercury Switch)

진공 또는 불활성 가스 봉입의 유리관 내에 수은과 전극용 단자선을 봉해 넣은 것으로 좌우로 기울임으로써 내부의 수은이 유동하여 접점을 개폐하는 구조의 스위치

▶ **수주관**(Water Column)

외연소 수평 연관 보일러 등 그 구조상 보일러 본체에 직접 유리수면계가 부착되지 않는 경우 원통형의 관을 부착하고 이것에 유리수면계를 부착하는 관이다.

▶ **수지탑**(Resin Tower)

이온교환수지를 넣고 물을 통과시키면 이온교환이 일어나도록 만든 용기이다. 수지탑은 탑 속에 이온교환수지가 하나면 단상, 복수면 복상으로 나뉜다.

▶ **수직 보일러**(입형 보일러, Vertical Boiler)

드럼을 직립시킨 것으로 보일러 바닥부에 화실을 둔 내연소 보일러이다. 수직형 수평관, 수직형 연관 보일러, 입형 횡관 보일러, 입형 연관 보일러, 코크란 보일러, 입형 신제품 보일러가 있다.

▶ **수트 블로어**(Soot Blower)

수관 보일러 전열면에 부착한 재나 그을음을 운전 중에 제거하는 조작기다.

▶ **순수**(Demineralized Water)

이론상 순수란 H_2O로서 25℃에서 pH 7.0이다.

▶ **슐처 보일러**(Sulzer Boiler)

스위스의 슐처사가 완성한 대용량 단관식 보일러로서 기수분리기가 설치된다.

▶ **스로트**(Throat)

안전밸브의 증기 도입구에서 밸브시트면까지 증기통로의 가장 좁은 목부이다.

▶ **스케일**(Scale)

수중의 경도 성분이 농축 · 석출되어 전열면에 고착한 관석이다.

▶ **스코치 보일러**(Scotch Boiler)

영국 스코틀랜드에서 널리 사용된 노통연관 보일러의 원형이다. 노통이 1~4개 정도 있으며 또한 연관이 있다.

▶ **스크러버**(Scrubber)

수관 보일러의 드럼 내에 있는 기수분리기의 일부로서 파형판을 겹친 것으로 증기 중의 수분을 제거한다.

▶ **스터드 튜브**(Stud Tube)

수랭벽의 수관 등에서 전열면적을 증가시켜 열 흡수를 좋게 할 목적으로 수랭면 외면에 용접으로 많은 돌기부를 붙인 관이다.

▶ **스테이(Stay)**

보일러 내 증기압력에 의해 재료를 파괴하기 쉬운 굽힘 응력이 생기게 되는데, 이것을 방지하기 위해 평판이 받는 하중을 지지하는 보강재이다.

▶ **스테이볼트(Stay Bolt)**

양단에 나사를 낸 짧은 둥근 막대를 판에 비틀어 넣은 다음 양단을 고정시켜서 붙인 스테이. 기관차형의 보일러 내외 화실판 사이와 같이 접근하고 있는 평판의 보강재이며 탐지구멍이 있다.

▶ **스토리지 탱크(Storage Tank)**

중유저장탱크(대형 오일탱크)이다.

▶ **스토커(기계식 화격자, Stoker)**

기계적으로 동력 등에 의해 화격자에 급탄하는 연소방식이다.

▶ **스톱밸브(Stop Valve)**

밸브보디가 밸브시트에 의해 직각방향으로 작동하는 밸브의 총칭

▶ **스트레이너(Strainer)**

급유관, 급수관 도중에 두어 이물질을 모아 두는 것, 즉 여과기이다.

▶ **스팀 어큐뮬레이터(증기축열기, Steam Accumulator)**

증기발생량이 소비량에 비해 남아돌 때 증기를 축적하여 돌연 부하 증가 시 축적한 증기를 방출하여 부족한 증기를 보충하는 장치로서 변압식, 정압식이 있으며 주로 변압식이 널리 사용되는 제1종 압력용기

▶ **스파이럴관(Spiral Tube)**

나선상으로 가공한 관으로 전열효과를 높이기 위해 만든 특수관이다. 연관이나 전열관 등에 사용된다.

▶ **스파크 발생장치(Sparking Equipment)**

점화장치이며 방전극을 갖춘 점화플러그와 점화플러그의 방전극에서 5,000~10,000V 고전압에 의한 스파크 불꽃 방전을 발생시키는 승압변압기 트랜스이다.

▶ **스페이스드관 배열(Spaced Tube Array)**

수관을 일정간격을 두고 배열한 나수관 수랭벽

▶ **스프링 안전밸브(Direct Spring Loaded Safety Valve)**

스프링으로 밸브를 밸브시트에 밀어 붙이는 구조의 안전밸브. 동작이 민감하여 보일러용으로 사용된다.(저양정식, 고양정식, 전량정식, 전량식 4가지가 있다.)

▶ **스피드 컨트롤(Speed Control)**

송풍기의 회전수를 증감함으로써 풍량제어를 하는 방식

▶ **슬러리(Slurry)**

유체 속에 분말상의 고형물이 비교적 다량으로 함유된 채 유동하는 것

▶ **슬러지(Sludge)**

급수 중에 용해되어 있는 일부의 성분은 보일러 내에서 보일러 청정제와 화학반응을 일으켜 불용성 물질로 되어 보일러 저부에 현탁물로 침전한 것

▶ **습포화증기(Wet Saturated Steam)**

건포화증기와 안개모양의 포화수가 포함된 상태의 증기이다. 습분의 비율을 습도(%)라 한다.

▶ **시퀀스 제어(Sequential Control)**

미리 정해진 순서에 따라 제어의 각 단계를 순차 진행시키는 제어이다.

▶ **신축이음(가요관이음, Expansion Joint)**

배관에 흐르는 유체의 온도상승에 관의 신축을 흡수하는 이음으로 루프형, 벨로스형, 슬리브형, 스위블형이 있다.

▶ **실리카(Silica)**

규산(SiO_2)이다.

▶ **실리카의 선택적 캐리오버(Selective Silica Carryover)**

증기 중의 녹기 쉬운 실리카만이 선택적으로 증기에 녹아서 일어나는 캐리오버(기수공발)현상

▶ **실제공기량(Actual Amount of Air)**

연료의 완전연소 시 이론공기량으로는 불가능하므로 이론공기량보다 조금 많게 공급하는 과잉공기량의 공기

▶ **실화(멸화, Flame Failure)**

정상적인 연소조작을 하고 있음에도 불구하고 연소가 중단되는 현상이다. 실화 시는 즉시 연소가 차단되어야 가스폭발이 방지된다.

ㅇ

▶ **아치**(Arch)

착화아치며 스토커 연소 보일러의 연소실에 쓰이는 벽돌쌓기 구조

▶ **아쿠아**(Aqua)

라틴어로 물이란 뜻으로 수고계나 통풍력의 눈금단위로 사용. 즉, 물 10mAq=0.1MPa(1kg$_f$/cm^2)이다. SI 압력단위로는 Pa(파스칼)을 쓴다.

▶ **아탄**(Lignite)

석탄의 성분에 의한 분류로 갈탄 중 갈색갈탄이다.

▶ **아황산가스**(Sulfite Gas)

유황이 연소하여 생긴 가스($S+O_2 \rightarrow SO_2$)의 관용어

▶ **아황산나트륨**(Sodium Sulfite)

Na_2SO_3의 화학식으로 백색의 고체이다. 일명 아황산소다로서 산소를 환원하는 성질이 있어서 급수처리 탈산소제로 사용한다.

▶ **안내날개**(Guide Vane)

펌프, 팬, 압축기 등의 터보기계에서 주로 케이싱에 부착하여 유체를 원하는 방향으로 유도하거나 속도헤드의 일부를 압력헤드로 바꾸기 위한 날개를 갖는 부품

▶ **안전밸브**(Safety Valve)

보일러나 압력용기에서 압력이 소정의 값을 넘었을 때 자동적으로 순간작동해서 증기를 외부로 방출하여 내부의 압력을 정상화시키는 자력자동장치로서 스프링식, 추식, 지레식이 있다.

▶ **안전밸브의 양정**(Safety Valve Lift)

안전밸브가 닫힌 상태에서 작동 후 열린 상태까지의 거리를 양정이라 한다. 스프링식에는 양정에 따라 저양정식, 고양정식, 전양정식, 전량식(온양식) 등이 있다.

▶ **안전장치**(Safety Device)

보일러에서 안전밸브, 방출밸브, 가용플러그, 고저수위경보기 압력제한기, 방폭문, 화염검출기 등을 말한다.

▶ **안전저수면**(Lowest Permissible Water Level)

보일러 운전 시 유지하지 않으면 안 되는 최저의 수면, 유리제 수면계의 유리면 최하부가 이 위치가 되도록 설치한다. 단, 수관 보일러의 안전저수면은 제조사가 지시한 위치이다.

▶ **안전차단장치**(Emergency Fuel Trip Device)

자동 보일러에서 고저수위, 압력초과, 과열, 착화불능 등 소정의 위험상태 시 즉시 자동적으로 연소를 정지시키는 장치의 총칭이며 넓은 뜻의 인터록이다.

▶ **알칼리도**(Alkalinity)

수중에 함유하는 수산화물, 탄산염, 탄산수소염 등 알칼리 성분의 농도를 나타내는 척도, 즉 산소소비량의 관용어이다.

▶ **알칼리 부식**(Alkali Corrosion)

보일러수 중에 수산화나트륨(가성소다) 등의 유리 알칼리도의 농도가 과도하게 높아 pH 값이 크면 고온화에서 전열면의 강재를 부식하는 것이다.

▶ **알칼리 세척**(Alkali Cleaning)

신설 또는 수리를 한 보일러 내부의 유지분 등의 오염을 제거할 주목적으로 알칼리 약품과 계면활성제를 녹인 온수를 순환시켜 세척하는 것이다.

▶ **압괴**(Collapse)

노통이나 화실이 과열 등에 의해 외압을 받아서 강도가 저하하여 눌려 찌부러지는 현상으로 그 반대는 팽출이다.

▶ **압력계**(Pressure Gauge)

부르동관식 압력계 등을 말하며 게이지압을 나타낸다. 해당 보일러의 최고사용압력 1.5배 이상, 3배 이하의 눈금 범위의 것을 쓴다. 압력계는 80℃ 이상이 되지 않게 사용한다.

▶ **압력분무버너**(유압분무버너, Pressure Atomizing Burner)

연료유에 고압력을 가하여 연료유 자체의 압력에너지에 의해 고속도로 팁에서 분무시켜 연소하는 버너이다. 비복귀오일형, 복귀오일형, 플런저식이 있다.

▶ **압력스위치**(Pressure Switch)

용기 내의 유체 압력이 소정의 값에 이른 경우 전기 접점을 개폐하는 기기로 압력제어에 쓰인다. 일명 온-오프식 압력제한기라 한다.

▶ **압력조절기**(Pressure Controller)

증기압력을 소정의 범위 내에 유지하도록 연소를 온-오프시키는 지령신호를 만들어 내는 장치에 해당하며 온-오프식, 비례식 압력조절기가 있다.

▶ **압축응력**(Compressive Stress)

보일러 노통이나 화실, 연관 등에서 재료를 압축하려는 하중, 즉 압축하중에 의해 생기는 응력(외압이 가해지는 개소에 생긴다.)

▶ **애덤슨 링**(Adamson Ring)

애덤슨 조인트의 플랜지와 플랜지 사이에 넣는 링이다. 평형노통에서 1m 전후의 마디로 나누어 조인트 부분에 플랜지를 갖게 하고 이 사이에 1매의 보강링을 넣어서 강도를 증가시킨다.

▶ **액동밸브**(Fluid Power Operated Valve)

유압에 의해 밸브 스템(축)을 상하로 작동하는 구조의 밸브이다. 주로 가스 연소장치의 연료차단밸브로 연소개시 시에는 신호에 따라 통전이 되면 솔레노이드가 여자되고, 유압상승에 의해 밸브가 서서히 열려 연소정지 신호에 따라 통전이 정지되면 솔레노이드가 비여자된다. 가스 연소장치의 연료차단밸브에서 주로 이용된다. 연소개시 때는 15~19초 정도 시간적 여유를 두고 서서히 밸브를 열 필요가 있으나 정지 시에는 1초 이내로 가스공급을 완전히 차단한다.

▶ **액면검출기**(액면계, Level Detector)

액체연료나 물탱크 등의 액면검출에는 전극식, 수은스위치식, 플로트식 등을 이용하는 계측이다. 이것을 이용한 액면계, 즉 레벨게이지(Level Gauge) 등의 유리액면계와 플로트(부자)를 사용한 액면계가 있다.

▶ **액체이송펌프**(Fluid Delivery Pump)

기어펌프와 다이어프램식 펌프가 있다.

▶ **액화석유가스**(Liquefied Petroleum Gas)

석유 정제 시 프로판, 부탄 등의 가수유분을 압축액화한 가스, 통칭 LPG 가스라 하며 발열량은 약 $100MJ/m^3N$이다. $1MJ=10^6J=1,000,000J$이다.

▶ **액화천연가스**(Liquefied Natural Gas)

천연가스를 상압에서 −160℃로 냉각, 액화시킨 가스이다. 가스 체적이 $\frac{1}{600}$로 축소되며 약칭 LNG라 한다. 메탄(CH_4)이 주성분이다.

▶ **앵글밸브**(Angle Valve)

유체의 입구와 출구의 중심선이 직각으로, 유체는 밸브의 아래쪽으로 들어와 위쪽의 왼쪽 또는 오른쪽으로 나가도록 하여 유체의 흐름방향이 직각으로 변하는 밸브이다. 주증기밸브, 방열기 밸브, 급수밸브는 앵글타입이다.

▶ **약액주입**(Chemical Injection)

약제주입이라고도 하며 보일러급수계통에 청정제를 주입하는 것으로 이 장치가 약액주입장치이다.

▶ **양정**(펌프 등의 리프트, Head Lift)

펌프 등에서 흡입 면에서 토출 면까지의 수직거리

▶ **어큐뮬레이터**(Accumulator)

증기축열기

▶ **에멀션 연소**(Emulsion Combustion)

석유계 연료 연소 시 질소산화물(NO_2)을 억제하기 위해 기름과 물에 계면활성제를 첨가하여 유화상(에멀션)으로 만들고 화염 중에 국소 고온역이 생기지 않도록 연소온도를 낮추는 연소이다.

▶ **엔탈피**(Enthalpy)

물체가 가지고 있는 열에너지를 나타내는 열역학의 상태량이다.

▶ **엔트로피**(Entropy)

열역학 변수의 하나로서 물체가 외부로 받는 열량을 그 때 물체의 절대온도로 나눈 값이다. 즉, $\frac{dQ}{T}$이다.

▶ **여과법**(Filtration)

물속에 함유된 현탁한 고형물을 여과하여 제거하는 방법으로 중력식 여과법, 압력식 여과법이 있고 물의 여과속도에 따라 완속여과법, 급속여과법이 있다.

▶ **여자**(Excitation)

전자계전기의 전자코일에 전류가 흘러서 전자석이 되는 것

▶ **역청탄**(Bituminous Coal)

석탄의 연료비 분류에 의해 연료비 등급이 1~7인 석탄으로 반역청탄, 고도역청탄, 저도역청탄이 있다.

▶ **역화**(Back Fire)

소규모 가스폭발로 연소실 입구에 불꽃 또는 연소가스가 분출하는 현상

▶ **역화방지장치**(Flame Arrester)

40메시 정도의 금속망을 여러 장 겹쳐 예혼합식 가스버너나 부분예혼합식 가스버너에서 역화를 방지하는 것

▶ **연관**(Flue Tube Smoke Tube Fire Tube)

관내에 연소가스를 통하고 외면에 물이 있는 보일러 전열면이다. 전열효과를 높이는 데는 직관보다 스파이럴(나선상)관이 우수하다.

▶ **연관 보일러**(Smoke Tube Boiler)

원통 보일러이며 노통이 없고 연관을 다수로 배치한 보일러이다. 노통 보일러보다는 전열면적이 커서 1MPa 이하의 난방용 등에 이용하는데, 그 종류로는 외분식 연소수평연관 보일러, 기관차 보일러, 기관차형 보일러가 있으며 코크란 보일러도 여기에 속한다.

▶ **연도**(Flue)

보일러 연소실에서 발생한 연소가스가 전열면을 통과한 다음 굴뚝에 이르기까지의 통로이다. 연도는 위치에 따라 측연도, 저연도, 내부연도, 외부연도 등으로 부른다.

▶ **연도 댐퍼**(Flue Damper)

연도 출구에 설치하며 버터플라이 댐퍼와 다익댐퍼가 널리 이용된다. 댐퍼는 통풍력 조절, 배기가스량 조절 등의 기능을 가진다.

▶ **연료비**(Flue Ratio)

공업분석 값의 고정탄소와 휘발분의 비를 말한다.

▶ **연성계**(Compound Gauge)

진공도와 대기압 이상의 압력의 양자를 측정할 수 있는 계기, 일명 연성압력계이다.

▶ **연소실 열부하**(Heat Loading of Combustion Chamber)

단위시간에 있어서 연소실 단위용적당 발생열량으로 단위는 (kJ/m³h)이다.

▶ **연소의 3대 요소**(Three Elements of Combustion)

가연물, 점화원, 산소공급원이다.

▶ **연속분출장치**(Continuous Blow off Equipment)

보일러수의 표면에서 소량씩 연속적으로 분출하는 수면분출장치

▶ **연수**(Soft Water)

연수장치로 처리하여 경도 성분을 제거한 물

▶ **연실**(Smoke Box)

주로 원통 보일러에서 연소가스가 노통이나 연관군의 전열면을 나온 곳에 두는 방을 의미한다. 즉, 연도나 굴뚝과의 연락부분이다.

▶ **연화제**(Softening Agent)

보일러수 중에 첨가하여 수중의 경도 성분과 반응시켜서 불용성의 슬러지로 바꾸어 침전시키고 분출에 의해 배출하는 약제가 연화제로서, 수산화나트륨(가성소다), 탄산나트륨(탄산소다), 인산나트륨(인산소다) 등의 총칭이다.

▶ **열관류**(Overall Heat Transmission)

고체 벽을 거쳐서 한쪽 유체에서 다른 쪽 유체로 열을 전하는 것으로, 이동의 비율은 열통과율(열관류율)이고 그 단위는 kJ/m²h℃이다.

▶ **열교환기**(Heat Exchanger)

고온의 유체가 갖는 열에너지를 전열면을 거쳐서 저온 유체로 전하기 위한 용기이다.

▶ **열매체**(Heat Medium)

열의 전달에 쓰이는 물질. 열원으로 일단 열매체를 가열하고 그 열매체의 열은 피가열물을 가열하는 간접가열에 쓰인다. 물이나 다우섬, 수은 등이 열매체로 사용되고 이것을 이용하는 보일러가 열매체보일러이다.

▶ **열방사**(열복사, Thermal Radiation)

태양 빛을 직접 받는다거나 스토브나 급탄불에 직면하면 주위의 온도 이상으로 가열되는데, 이와 같이 공간을 사이에 두고 상대하고 있는 물체 간에 이루어지는 열의 이동이 열복사이다. 즉, 물체표면으로부터 전자파에 의해 방산되는 에너지에 의해 이동하는 열로서 열복사열량은 표면절대온도(TK)의 4승에 비례하여 방사된다.

▶ **열전달**(Heat Transfer)

고온의 고체 표면에 접하고 있는 공기나 액체에 열이 이동하는 것이며 열전달 비율을 열전달률(kJ/m²h℃)이라 한다. 즉, 표면전열 또는 대류전열이라고도 한다.

▶ **열전도율**(Thermal Conductivity)

고체 물체 속을 열전도에 의해 열이 이동하는 비율로, 고체 내에서 1m 간격의 2개의 평행 평면 사이에 단면적 1m²에 대해서 온도차 1℃당 1시간에 전달하는 열량을 말한다. 단위는 kcal/mh℃이다.

▶ **열팽창관식 수위조정장치**(Boiler Water Level Controller Thermo Expansion)

열팽창관(서모스탯)이 증기와 물의 온도차에 의해 신축하여 이에 따라 급수조정밸브의 개도를 조절해서 급수량을 조절하는 것

▶ **염**(Salt)

산과 염기와의 반응에 의해 물과 함께 생기는 물질이다. 즉, 염기의 양이온과 산의 음이온이 결합한 모양의 화합물로서

$$HCl + NaOH \rightarrow NaOH + H_2O$$

가성소다(NaOH)와 염산(HCl)을 중화반응시키면 염화나트륨(NaCl), 즉 식염이라는 염이 나온다.

▶ **염산**(Hydrochloric)

염화수소(HCl)의 수용액이다. 순수한 것은 무색투명하나 불순한 것은 황색을 띤다. 산성이 강하고 H형 양이온 교환수지의 재생액이나 산세척액으로 보일러 세관 시 사용된다.

▶ **염화나트륨**(Sodium Chloride)

NaCl의 식염수로서 해수에 2.8% 포함되어 있다. Na형 양이온 교환수지(단순연화장치 연수기)의 재생제로도 사용된다.

▶ **영구경도**(Permanent Hardness)

비탄산염 경도(황산염 경도)를 함유한 물은 끓여도 연화수가 되지 않는다. 이 황산염 경도가 영구경도이며 이러한 물을 영구경수라 한다.

▶ **예혼합 연소방식**(Premixed Combustion System)

기체 연료의 연소방식이며 사전에 공기와 연료를 혼합하여 버너에서 연소시키는 방식이다. 가정에서 가스레인지, 보일러에서 파일럿 연소방식이 이 연소방식이며, 이때 공기는 1차 공기와 혼합한다.

▶ **옐로 팁**(Yellow Tip)

가스연료의 연소에 있어서 가스 화염의 선단이 적황색으로 되어 연소되고 있는 현상. 적황색의 원인은 연소반응 도중에 탄화수소가 열분해되어 탄소입자가 발생된 후 미연소상태 그대로 적열되어 적황색 빛을 띠게 된다. 즉, 1차 공기가 부족하여 나타나는 현상이다.

▶ **오르사트 가스분석기**(Orsat Gas Analyzer)

배기가스 중에 CO_2, O_2, CO의 비율을 분석하는 가스분석기

▶ **오리피스**(Orifice)

관로 도중이나 출구에 설치하여 유체 흐름을 줄이는데, 보통 원형이며 입구의 둘레는 얇은 칼날모양으로 한다. 구멍의 넓이와 전후의 압력차로 유량을 알 수 있기 때문에 유량측정에 사용되거나 또는 증기트랩에 사용된다.

▶ **오버플로관**(Overflow Pipe)

탱크 내 등에 소정량을 넘는 액체가 유입되면 그 범위를 벗어난 양만큼 외부로 내보내기 위한 배관이다.

▶ **오벌유량계**(Oval Flow Meter)

원형의 케이싱 내에 계란형 타원형(오벌) 2개 기어를 조합시킨 유량계이나 유량은 기어의 회전에 비례하므로 회전수를 측정함으로써 유량을 알 수 있다. 일명 용적식 오벌기어식 유량계이다.

▶ **오버 홀**(Overhaul)

각종 기기를 해체 분해 시 다시 정비하기 위해 분해 전 주요 부품의 위치에 매직잉크로 적당한 표시를 한 후 다시 회복시키는 것이다.

▶ **오일가열장치**(Oil Heater)

B, C 중유를 적당한 온도로 가열하는 오일히터로서 오일탱크 내 또는 버너 바로 앞에 두어서 오일의 최적인 점도를 얻기 위해 증기, 온수, 전기 등을 이용하여 오일을 가열하기 때문에 오일히터라고 한다.

▶ **오일여과기**(Oil Strainer)

연료유 속에 함유된 토사나 쇠의 녹, 먼지 등의 고형물을 제거하기 위한 스트레이너이며 단식과 복식이 있다.

▶ **오일 전자밸브**(Oil Electromagnetic Valve, Oil Solenoid-operated Valve)

오일 연소장치에 쓰이는 전자석이며 차단밸브로서 통전 시는 온(개방), 정전 시는 오프(차단) 기능을 갖는다.

▶ **오일탱크**(Oil Tank)

저유탱크(스토리지 탱크)와 급유탱크(서비스 탱크)가 있다.

▶ **오일펌프**(Oil Pump)

오일에 압력을 가하거나 수송을 위해 사용하는 펌프로 기어펌프나 나사펌프(회전식 펌프)가 사용되며, 분사연소펌프, 급유펌프, 송유펌프의 역할을 한다.

▶ **오토클레이브**(Autoclave)

가압하면서 가열, 멸균, 건조하는 장치로서 의료, 주방 등에서 사용하는 압력용기, 즉 고압하에서 화학변화를 일으키는 압력용기이다.

▶ **오프셋**(Offset)

자동제어 비례동작의 경우 부하변화가 있으면 제어량이 일정 값으로 되었을 때, 목푯값과 제어량이 반드시 일치하지 않고 편차가 남는다. 이 편차를 오프셋이라 한다.

▶ **옥시던트**(Oxidant)

자외선의 광화학반응에 의해 대기 중의 질소산화물(NO_2)이나 탄화수소에서 생기는 산화력이 강한 물질의 총칭이다. 광화학 스모그의 원인이 된다.

▶ **온수순환펌프**(Hot-water Circulating Pump)

온수난방에 있어서 온수를 전 장치 내에 공급하기 위한 순환펌프로서 와권펌프, 축류형 펌프가 있다.

▶ **온수탱크**(Hot Well Tank)

복수나 관류 보일러의 기수분리기에서 분리된 포화수 저장탱크

▶ **온-오프 동작**(On-off Control Action)

조작량이 동작신호의 값에 따라서 미리 정해진 두 값 중 어느 한 값을 취하는 동작이다. 일명 2위치 동작이라 한다.

▶ **온-오프식 압력조절기**(압력제한기, On-off Pressure Controller)

정해진 2개의 신호 중 어느 하나를 취하는 온-오프 동작에 의해 증기압력을 제어하는 조절기로 중, 소용량 보일러의 압력제어에 널리 이용된다. 벨로스의 수은 스위치를 조합하여 벨로스가 증기압력의 변동에 따라 신축하며 소정의 설정압력 상한값이 되면 수은 스위치를 Off하여 버너로 가는 연료의 연료차단밸브를 닫고, 소정의 설정압력 하한까지 증기압력이 떨어지면 수은 스위치가 On하여 연소개시 동작이 된다. 마이크로 스위치형과 수은 스위치형이 있는 압력제한기 또는 증기 압력제한기라 한다.

▶ **와권펌프**(벌류트펌프, Volute Pump)

원심식 펌프이며 임펠러를 고속회전시켜 원심력으로 액체를 내보내는 구조의 펌프이다. 안내날개가 없기 때문에 압력이 높지 않아서 저압용의 급수펌프 또는 순환펌프로 사용된다.

▶ **외연소식 수평연관 보일러**(횡연관외분식 보일러, Tubular Boiler)

노통은 없고 거의 수평으로 설치된 연관 보일러이며 드럼의 하부에 연소실을 만들어 양측에 연도를 준 것이다.

▶ **용적식 유량계**(Positive-displacement Flow Meter)

일정 용적의 계량식을 가지며 여기에 측정유체를 유입한 후 통과한 체적을 측정하는 형식의 오벌유량계, 원판유량계, 가스미터기 등의 유량계를 말한다.

▶ **용전**(가용전)

노통이나 화실 등의 꼭대기에서 연소가스 온도가 높은 부분에 부착하여 저수위 사고 직전에 이 금속의 일부가 녹아 내려서 보일러 내부 기수가 분출하여 저수위 이상 감수를 알리는 안전장치이다. 일명 용해전, 가용플러그라 한다.

▶ **용존산소**(Dissolved Oxygen)

물에 녹아 있는 산소이며 점식이라는 부식의 원인이 된다.

▶ **용해 고형물**(Dissolved Solid)

보일러수의 증발에 의해 농축하여 스케일이나 보일러 청정제와 반응하여 슬러지가 되는 성분의 염류분

▶ **워싱턴펌프**(Worthington Pump)

피스톤의 샤프트(축)를 증기압력에 의해 움직이는 구조의 펌프이다. 두 개의 샤프트에 각각 증기 피스톤과 물펌프 피스톤을 연결하여 교대로 왕복운동시키도록 되어 있다. 정전 시 예비펌프로도 사용된다.

▶ **워터릴리징장치**(방출장치, Water Releasing Device)

온수 보일러에서 물의 가열에 의한 팽창으로 압력이 상승하여 위험하므로, 이것을 방지하기 위해 물의 이상팽창에 의한 체적 증가분을 피하기 위해 만든 장치이다. 이 장치는 팽창탱크, 방출관 등으로 구성되며 개방식 또는 밀폐식 워터릴리징장치가 있다.

▶ **원수**(Raw Water)

보일러 보급수의 원료로 하는 물이다. 원수는 급수처리가 필요하다.

▶ **원심송풍기**(원심식 송풍기, Centrifugal Blower)

와권형 케이싱 내에 수납된 임펠러의 회전에 의해 발생되는 기체의 원심력을 이용한 송풍기이다. 그 종류에는 임펠러의 구조에 따라 다익형, 터보형, 플레이트형이 있고 송풍압력은 800mmAq(800kg$_f$/m^2) 이하이다.

▶ **원심펌프**(Centrifugal Pump)

임펠러의 고속회전에 의해 원심작용으로 물에 에너지를 부여, 속도 압력으로 변환시키는 구조를 가진 펌프이다. 보일러 급수펌프로 널리 사용되며 안내날개에 따라 와권펌프와 터빈펌프로 나뉜다.

▶ **원주방향**

원통형의 통 둘레를 말한다. 단지 주방향이라고도 한다.

▶ **원형 유리수면계**(Water Level Gauge with Glass Tube)

경질 유리관을 사용한 유리수면계이다. 최고사용압력 1.0MPa 이하의 증기 보일러에 사용된다.

▶ **원형 투시식 수면계**(멀티포트 수면계)

두꺼운 원형 유리판을 쓴 유리제 수면계이다. 보일러 최고사용압력 21MPa 이하의 고압 보일러인 보일러용 수면계이다.

▶ **유동점**(Pour Point)

유류를 냉각해갈 때 유동성을 유지하는 최저온도, 즉 응고점보다 2.5℃ 높은 온도이다.

▶ **유동층 연소**(Fluidized Bed Combustion)

연소실 내에 수평으로 둔 다공판상에 입경 1~5mm의 석탄 등과 모래 석회석 등을 공급하고 가압된 공기를 다공판 밑에서 위 방향으로 분사하여 다공판상의 입자층을 유동화해서 연소시키는 방식의 연소방식이다.

▶ **유면조정장치**(Oil Level Controller)

급유탱크나 서비스 탱크에서 유면을 일정한 범위 내로 자동적으로 유지시키는 장치, 일반적으로 플로트 스위치와 송유펌프가 조합되어 온-오프에 의해 유면을 적정선까지 유지시킨다.

▶ **유인 통풍방식**(Induced Draft System)

인공통풍에서 배기가스를 강제적으로 유인하여 굴뚝으로 내보내는 방식이다. 일명 흡입통풍이라 하며 직접유인과 간접유인이 있다.

▶ **유황산화물**(Sulfur Oxide)

원소기호 황(S)이 연소하여 SO_2가 된다. 대기오염, 산성비, 보일러 외면 부식의 원인이 된다.
이산화유황(SO_2), 무수황산(SO_3) 등을 총칭하여 속스(SOx)라 한다.

▶ **유효수소**(Available Hydrogen)

연료에 산소가 함유된 경우 산소 1kg당 수소는 $\frac{1}{8}$kg 소비하고 있다는 이론에 따른 것으로 $(H-\frac{O}{8})$를 유효수소라 한다.

▶ **음이온**(Anion)

전자를 여분으로 소유하여 음으로 하전하고 있는 이온이다. 여분의 전자수에 따라서 1가의 음이온, 2가의 음이온이 있다. OH^-, CI^-, HCO^{3-}, CO_3^{2-}, CO_4^{2-} 등이다.

▶ **응고점**(Solidifying Point)

기름이 저온으로 응고할 때의 온도로서 유동점보다 2.5℃ 낮다.

▶ **응력**(Stress)

재료에 힘이 작용한 경우에 그에 대응하여 재료 내부에 생기는 면적당의 저항력이다. 압축응력, 인장응력, 굽힘응력, 비틀림 응력이 있고 그 단위로 N/mm^2가 사용된다.

▶ **응축기**(Condenser)

증기나 기체를 냉각하여 액체로 응축시키는 장치이다. 증기원동소에서 수증기를 복수시키는 복수기 등이 응축기에 해당된다. 증기가 방열된 후 냉각 응축되어 물로 된 것은 복수 또는 드레인이라 하고 응축수를 보급하는 펌프는 응축수 펌프이다.

▶ **이그니션 트랜스포머**(Ignition Transformer)

6,000~15,000V 정도의 고전압으로 승압하고 전류가 점화플러그의 전극에서 방전에 의한 스파크를 발생하여 점화용 버너의 연료를 착화시킨다. 이그나이터 트랜스포머(Ignitor Transformer)라고도 한다.

▶ **이동식 보일러**(Portable Boiler)

증기 기관차용 보일러와 같이 정치형 보일러가 아니며 설치장소를 이동시킨 보일러이다.

▶ **이동화격자 스토커**(쇄상식 스토커, Travelling Grate Stoker)

수평으로 이동하는 화상(火床)에 석탄을 두고 연소시키는 것으로 띠 모양으로 조립된 화격자를 전후의 회전축에 걸고 동력에 의해 변속장치를 거쳐서 회전시키면서 연소시킨다. 석탄이 연료용 호퍼에서 임의의 탄층으로 공급시키는 것을 체인 스토커라 한다.

▶ **이론공기량**(Theoretical Air)

연료 중의 가연분으로서 원소성분에 의거하여 연소에 필요한 최소의 공기량이다.

▶ **2색 수면계**(Bicolour Water Gauge)

적색과 녹색의 전구를 써서 광선의 굴절률 차이를 이용하여 증기부는 빨강, 수는 녹색으로 보이도록 한 평형투시식 수면계이다.

▶ **이온교환법**(Ion Exchange Method by Resin)

급수처리에서 원수를 특수한 불용성 고체(이온교환체)와 접촉시키면 고체에서 수중에 이온이 용출하여 용출이온과 당량의 같은 부호의 이종이온이 고체에 흡착된다. 스케일 성분의 칼슘이온(Ca^{2+}), 마그네슘 이온(Mg^{2+})을 나트륨 이온(N^+)으로 교환하는 데 쓰인다.

▶ **이온교환수지**(Ion Exchange Resin)

이온교환할 수 있는 이온을 갖는 직경 0.6mm 전후의 고분자 합성수지, 가느다란 입체적 그물눈 구조의 불용성 다공성 고체물질이다. 양이온 교환수지와 음이온 교환수지로 대별된다.

▶ **2요소식 수위제어**(Two Elements Water Level Control)

드럼 내의 수위와 증기유량의 2요소를 검출하여 급수량을 조절

▶ **이젝터**(Ejector)

증기나 물 또는 증기의 고속 분류를 이용하여 노즐 주변에 있는 저압의 기체 등 목적물을 흡입하여 배출시키는 기구이다. 분출노즐과 벤투리형 흡인관과의 조합으로 구성되며 간단하나 배기효율은 매우 저조한 편이다.

▶ **2차 공기**(Secondary Air)

버너연소 시 버너 주변의 공기이며 화격자 연소 시는 화상 상층부에 불어넣어지는 공기

▶ **이코노마이저**(Economizer)

절탄기라 하며 배기가스 열에 의해 보일러 급수를 가열하는 장치로서 보일러 효율이 향상되는 폐열회수장치이다.

▶ **인공 통풍**(Artificial Draft)

기계력을 이용한 강제 통풍방식으로서 압입, 흡출, 평형통풍이 있다. 통풍력은 평형＞압입＞흡입의 순이고 그 단위는 mmAq이다.

▶ **인산나트륨**(Sodium Phosphate)

인산소다이며 제3인산소다(Na_3PO_4), 제2인산수소소다(Na_2HPO_4), 헥사메타 인산소다[$(NaPO_3)_6$] 등이며 경수 연화제나 pH 조절제로 보일러수 처리에 사용된다.

▶ **인젝터**(Injector)

증기를 노즐에서 분출시키고 그 보유하는 열에너지를 물에 전하여 물을 가속시킨다. 속도에너지를 압력에너지로 바꾸어 체크밸브를 눌러서 급수하는 설비이다. 대체로 증기압력은 0.2MPa 이상이 필요하다.

▶ **인터록**(Interlock)

소정의 전제 조건이 만족스럽지 못하면 제어동작이 다음 단계로 넘어가지 않도록 한 것. 이 경우 미리 정해진 조건을 만족하지 않을 때 그 단계에서 제어동작을 중지시킨 것을 록아웃 인터록이라 한다.

▶ **인화점**(Flash Point)

액체연료가 가열되면 가연성 증기가 발생하고 여기에 불꽃을 접근시켜 순간적으로 연소할 때 최저의 온도이다.

▶ **인히비터**(Inhibitor)

금속에 대하여 부식성이 있는 산성액에 소량 첨가하기만 하면 그 부식 작용을 효과적으로 억제할 수 있는 약품의 고유명이다.

▶ **일시경도**(Temporary Hardness)

탄산염 경도를 포함한 물은 끓으면 탄산염은 침전하고 CO_2는 방출하여 윗물은 연화수가 된다. 이 탄산염 경도를 포함하는 물을 일시경수라 한다.

▶ **1차 공기**(Primary Air)

연소에 필요한 공기 중 연료 측에서 들어오는 공기이다. 버너 연소인 경우 버너에서 연료와 함께 분사하는 것이며, 화격자 연소 시에는 석탄 등의 하부에서 들어오는 공기를 말한다.

▶ **임계점**(Critical Point)

압력의 변화에 따라서 포화증기의 잠열이나 전열량 및 포화수의 보유열량은 변화한다. 임계압력 22.12MPa(a), 임계온도 374.15℃에서 잠열은 0이 된다.

▶ **임펠러**(Impeller)

날개차라고도 하며 원심펌프 또는 원심식 송풍기에서 곡면을 가진 다수의 날개를 갖춘 바퀴이다. 모터 등에 의해 임펠러를 회전시켜 원심력을 이용하여 송풍이나 송수작용을 하는, 일명 디퓨저펌프이다. 임펠러를 이용하여 관로 내부를 통과하는 임펠러형 유량계도 있다.

ㅈ

▶ **자동급수조정장치**(FWC ; Feed Water Control)

▶ **자동 보일러제어**(ABC ; Automatic Boiler Control)

▶ **자동연소제어**(ACC ; Automatic Combustion Control)

▶ **자동증기온도제어**(STC ; Steam Temperature Control)

▶ **자연대류**(Natural Convection)

액체나 기체가 가열되어 체적이 늘어나고 가벼워져서 위로 상승하며 그 다음에 주위의 가열되지 않은 유체가 하강하는 연속적인 흐름이다.

▶ **자연발화**(Spontaneous Ignition)

석탄은 풍화함으로써 열이 발생하고 이 열이 풍화를 진행시키면 더욱 석탄의 온도가 상승하여 열이 방산되지 않고 석탄을 저장하고 있는 내부에 축적되어 스스로 완만연소하는 것이다.

▶ **자연통풍**(Natural Draft)

연소장치에서의 통풍방법으로 굴뚝의 흡인력만으로 연소용 공기를 연소실로 공급하여 연소 후 연소가스를 보일러 전열면으로 유동시켜 배기가스를 굴뚝으로 배출하는 간단한 통풍

▶ **자외선 광전관**(Ultraviolet Ray Photoelectric Tube)

화염검출기의 일종으로 자외선 영역의 파장의 빛에 대해서만 반응하는 특성을 가지고 있으므로 자외선을 비출 때 그 금속면에서 광전자를 방출하는 광전자 방출현상을 이용하고 있다. 울트라 비전이라고도 한다.

▶ **잠열**(Latent Heat)

물이나 얼음이 온도 변화 없이 상태변화 시 소비되는 열량이다. 보일러에서는 증발열, 응축열이 있다.

▶ **장기보존법**(Boiler Banking for Long Term)

보일러 휴지기간이 장기간인 경우 휴지하는 방법으로 건조보존법, 질소봉입보존법 등이 있다.

▶ **재**(Ash)

유기물질의 유기질을 완전히 연소시킨 후 남는 무기질이다. 즉, 완전히 연소시키고 난 후의 찌꺼기를 말한다.

▶ **재생**(Regeneration)

이온교환수지의 소요 채수능력이 저하된 것을 복원하는 공정이다. 염수(소금물)가 사용되기도 한다.

▶ **재생식 공기예열기**(Regenerative Air Preheater)

금속판에 의한 전열체를 연소배기가스와 연소용 공기에 교대로 접촉시켜서 열교환을 한 후 연소용 공기를 예열한다. 전열체는 원통 내에 넣고 이것이 회전하여 전열을 하는 공기 예열기이다.
흔히 회전식이라 하며 개발자의 이름을 딴 융스트롬(Ljungstrom)식이라고 한다.

▶ **재생제**(Regenerant)

이온 교환수지의 재생에 사용하는 약제 Na형 양이온 교환수지에서는 식염(NaCl)이, H형 양이온 교환수지에서는 염산(HCl) 또는 황산(H_2SO_4), OH형 음이온 교환수지에서는 가성소다(NaOH)가 주로 수용액으로 하여 재생제로 사용된다.

▶ **재열기**(Reheater)

터빈의 배기과열증기는 온도가 강하하면 다시 가열하여 과열증기로 하기 위한 구조의 과열기이다.

▶ **저위발열량**(Lower Calorific)

연료 중 수소의 연소에 의해 H_2O가 발생한다. 이 수증기가 응축액화 시 응축잠열을 방출한다. 이 응축열을 포함하지 않는 발열량이 저위발열량이다.

▶ **저수위 경보기**(Low-water Level Alarm)

보일러 수위가 안전저수면까지 저하했을 때 경보를 발하는 장치이다. 고저 수위경보기로 사용되지만 최근에는 경보를 발하고 동시에 연소가 차단되는 신호를 보내는 저수위 차단기가 사용된다.

▶ **저수위 연료차단기**(Low Water Level Fuel Cut-off Device)

보일러 수위가 안전저수면 이하 시 연료의 공급을 차단하여 연소를 정지시키는 기구로서 먼저 수위검출로는 플로트식, 전극식, 자석형 플로트식과 연료차단에는 전자밸브, 액동식 차단 밸브 등을 합하여 저수위 차단장치라 한다.

▶ **저연소 인터록**(Low Fire Interlock)

자동제어로 시동할 때 주 버너 착화 시의 충격을 최소한으로 억제하기 위해 주 버너의 연료 조절밸브의 개도가 저연소 위치가 되지 않으면 점화동작으로 이행시키지 않도록 한 인터록(리밋 스위치 등으로 구성된 인터록이다.)

▶ **저온부식**(Low Temperature Corrosion)

2산화유황(SO_2)은 과잉한 연소용 공기 중의 O_2와 화합하여 SO_3가 된다. 또 연소가스 중 H_2O와 화합하여 진한 황산(H_2SO_4)이 되어 전열면에 접촉하여 노점 이하가 되면 황산으로 변화해서 금속 면에 부식을 일으키는 것

▶ **전경도**(**총경도**, Total Hardness)

탄산염 경도(일시경도)와 비탄산염 경도(영구경도)의 합 또는 Ca 경도와 Mg 경도의 합이다.

▶ **전극식 수위검출기**(Electrode Type Water Level Detector)

전극을 수중에 삽입하여 전극에 흐르는 전류의 유무에 의해 수위를 검출하는 수위검출기이다. 수중에 이온이 없으면 도전성이 없기 때문에 순수는 수위검출이 어렵다.(고수위경보용 전극, 급수펌프 정지용 전극, 급수펌프 기동용 전극, 저수위 경보 및 연료차단용 전극 4개가 삽입된다.)

▶ **전기 보일러**(Electric Boiler)

전력설비용량 20kW당 전열면적 $1m^2$이다.

▶ **전단응력**(Shearing Force)

물체 내 하나의 단면상에 크기가 같고 방향이 반대인 한 쌍의 힘이 작용하여 물체를 그 단면에서 단절하려는 하중

▶ **전도식 공기예열기**(Heat Conduction Type Air Preheater)

재생식 공기예열기

▶ **전동밸브**(Motor-operated Valve)

컨트롤 모터의 회전운동에 따라 밸브의 개폐를 조절하는 목적의 자동밸브이다. 유량조절에 사용된다.

▶ **전량식 안전밸브**(Full Bore Safety Valve)

밸브 시트 구경이 목 부분 지름의 1.15배 이상, 밸브가 열렸을 때 밸브 시트 구멍의 증기 통로 면적이 목 부분 면적의 1.05배 이상이고 또한 밸브 입구 및 관대의 최소증기 통로 면적이 목 부분 면적의 1.7배 이상 되는 스프링식 안전밸브이다.

▶ **전반구형 경판**(Spheroidal Surface Type End Plate)

둥근 원형을 둘로 쪼갠 형상의 경판으로 경판 중 강도가 가장 우수하다.

▶ **전열**(Heating Transfer)

열은 온도가 높은 쪽으로 흐른다. 이와 같이 열이 옮겨가는 현상을 전열이라 하고 전도, 대류, 방사가 단독 또는 동시에 일어난다.

▶ **전열면적**(Heating Surface Area)

보일러 전열면적이란 보일러 본체의 한쪽 면이 연소가스에 닿고 다른 쪽 면이 물에 닿는 부분의 면 중에서 연소가스 측에서 측정한 면적이다.

▶ **전열면의 증발률**(Heating Surface Evaporation Rate)

전열면적 $1m^2$당 1시간의 증발량으로 단위는 (kg/m^2h)이다.

▶ **전자관식 화염검출기**(Electronic Tube Type Flame Detector)

플레임 아이라 하며 사람의 눈 대신에 전자관을 사용한 검출장치에 의해 버너의 선단에서 빛을 내고 있는가의 여부를 측정함으로써 화염 유무를 검출하는 것이다.

▶ **전자밸브**(Electromagnetic Valve Solenoid Operated Valve)

솔레노이드밸브라 하며 원통형의 코일이다. 전자석과 밸브를 가지며 전자코일의 통전에 의해 자기력을 변화시키고 이것에 연통하여 밸브를 개폐시켜 유체의 유동을 차단 또는 유동한다.

제어동작으로 순간적 완전개방, 순간적 완전폐쇄, 즉 온-오프 동작을 한다. 주로 연료차단밸브, 파일럿밸브로 사용되며 오일전자밸브가 대표적이다.

▶ **절대압력**(Absolute Pressure)

기밀한 용기 내의 공기를 추기펌프로 빼내면 공기는 서서히 없어져 마지막에는 진공이 된다. 이 완전한 진공의 상태를 0으로 하고 거기에 얼마의 압력이 남아 있는가를 재는 압력이 절대압력이다.

▶ **절대온도**(Absolute Temperature)

물리학상 최저온도 −273.15℃이다. 이 −273.15℃를 0도로 하여 표시하는 온도이다. 영국의 물리학자 켈빈의 머리글자(K)를 기호로 하여 T=t+273.15=K가 된다.

▶ **절탄기**(이코노마이저, Economizer)

폐열회수장치이며 배기가스로 급수를 가열하여 연료 절약을 한다.(열효율을 높이는 장치)

▶ **점개밸브**(Slow Opening Valve)

분출밸브용이며 핸들을 여러 번 조작하지 않으면 개방하지 않는 구조다.

▶ **점결성**(Caking Property)

석탄의 종류 중 역청탄 등은 350℃ 이상 가열되면 용융상태가 되는 성질이 있다. 이 성질을 점결성이라 한다.

▶ **점도**(Viscosity)

액체의 점성을 말한다. 점성에는 절대온도와 동점온도가 있다. 점도측정에는 모세관식, 동심원통식, 낙구식 등이 있다. 중유의 경우는 센티스토크스(cSt)로 나타낸 50℃의 동점도를 채용하고 있다.

▶ **점식**(Pitting)

수중의 용존산소나 CO_2 등의 기체는 그 작용에 의해 보일러 내면에 일어나는 점상의 부식을 말한다.

▶ **점화버너**(Pilot Burner)

점화할 때 불씨로써 불꽃을 만들어 점화시키는 파일럿 버너이다.

▶ **점화용 변압기**(Ignition Transformer)

이그니션 트랜스이다. 전자유도를 이용하여 교류전압을 승강시키는 정지기기를 변압기라 하고 보일러에서 변압기는 점화 시 스파크 발생을 위해, 전압승압(가스 6,000~8,000V, 오일 10,000~15,000V)을 위해 사용된다.

▶ **점화플러그**(Ignition Plug)

간격 3~5mm 정도의 전극 간 또는 전극과 몸체 간에서 6,000~15,000V 정도의 고전압을 걸어 전기불꽃을 발생시켜 점화용 불씨로 한다.

▶ **접시형 경판**(Dish Type End Plate)

두 구면으로 구성된 경판이며 R값은 중앙부의 내면의 반경으로 D 이하이고 r는 구석의 둥근 부분의 반경 50mm 이하로 노통이 없는 것이 0.06D 이상, 그리고 노통이 있는 것이 0.04D 값 이상인 경판이다.

▶ **접촉전열면**(Contact Heating Surface)

연소가스와 접촉함으로써 연소가스가 갖는 열을 보일러수나 증기에 전하는 전열면이고 일명 대류전열면이라 한다. 전열면은 연소가스로부터의 열전도 방법에 따라 복사전열면과 대류전열면으로 나뉜다.

▶ **정격증발량**(Evaporation Rate)

환산증발량 또는 기준증발량(보일러 최대증기발생량 kg/h)

▶ **정류식 광전관**(Rectifier Type Photoelectric Tube)

빛이 산화은 세슘, 즉 음극에 닿으면 음극에서 광전자를 방출하는 성질을 이용한 전자관이며 광전변환소자로서의 화염검출기이다. 증기분무 외의 오일연소버너에 사용된다.

▶ **정압**(Specific Pressure)

기체가 유동하지 않아도 계측되는 압력이다.

▶ **정압비열**(Specific Heat at Constant Volume)

기체의 압력을 일정하게 해두고 체적이 팽창한 경우의 비열이며 기체는 정압비열을 평균비열로 쓰는 경우가 많다.

▶ **정용비열**(정적비열, Specific Heat At Constant Pressure)

기체의 체적을 일정하게 해두고 압력이 변화한 경우의 비열이다.

▶ **제게르 콘**(Seger Cone)

내화재의 내화도를 측정하기 위한 일종의 온도계로 규석, 장석, 탄산칼슘 등을 배합하여 삼각뿔로 성형한 것이다. 콘이 가열되어 연화하여 머리 쪽이 바닥에 닿는 온도가 연화점이다. 59종류가 있고 600~2,000℃ 범위의 내화도에 따라 SK 기호를 붙인다.

▶ **주철제 보일러**(Cast Iron Boiler)

주철제의 섹션을 조합시킨 구조의 보일러이다. 난방용 등 저압의 증기나 온수를 만드는 보일러로서 사용되고 보일러 구조 규격에서 증기는 0.1MPa 이하, 온수용으로는 0.5MPa(수두압 50m) 이하, 사용온도는 120℃ 이하로 정하고 있는 보일러이다.

▶ **줄**(Joule)

일 또는 에너지의 단위로 기호는 (J)이며 영국의 물리학자 Joule의 머리글자를 사용한다. SI 조립단위의 하나로 1J은 약 0.239cal이다.

▶ **중량**(Weight)

9.80665m/s^2 가속도 상태에서 질량이 1kg인 물체의 무게는 1kg$_f$(중량킬로그램)이 된다. 즉, 중량(kg$_f$)은 질량이 같아도 가속도에 따라 수치가 달라진다.

▶ **중성**(Neutral)

어떤 물질이 산성도 아니고 알칼리성(염기성)도 아닌 것을 말한다. 수용액 25℃에서 pH가 7.0일 때 중성이 된다.

▶ **중유첨가제**(조연제, Fuel Oil Additives)

중유 연소 시 장해가 발생하는 것을 방지하거나 감소시키기 위한 약제이다.

▶ **중화**(Neutralization)

화학반응에서 중화란 산의 H^+와 염기의 OH^-가 결합하여 H_2O를 발생하는 반응을 말한다. 중화반응 시 H_2O 외에 염도 생긴다.

▶ **증기헤더**(Steam Header)

보일러로부터 발생한 증기를 한곳에 모아서 증기사용 현장으로 합리적으로 공급(분배)하기 위한 원통형 용기이다. 일명 증기분기관이다.

▶ **증기드럼**(Steam Drum)

기수드럼이다.

▶ **증기밸브**

청동, 특수합금, 주철, 주강제가 있고 글로브밸브, 앵글밸브, 게이트밸브(직류 슬루스밸브)가 있다.

▶ **증기분무식 버너**(Steam Jet Burner)

압력을 가진 증기를 매체로 하여 그 에너지를 연료유의 무화(안개방울)에 이용하는 제트버너이다.

▶ **증기식 공기예열기**(Steam Air Preheater)

공기예열기의 저온 부식을 방지하기 위한 방법의 하나로 증기에 의해 공기를 60~80℃로 예열한다.

▶ **증기식 오일가열기**(Stream Oil Heater)

증기를 열원으로 하는 가열장치, 즉 대용량 오일을 증기로 가열시킨다.

▶ **증기트랩**(Stream Trap)

증기 사용기기에서 내부에 생긴 드레인(복수)만을 외부로 신속히 배제하여 관의 부식 또는 수격작용, 증기 열손실을 방지한다. 응축수 배출방법에 따라 기계적, 온도차, 열역학을 이용한 스팀트랩이 있다.

▶ **증발식 오일버너**(액면연소, Vaporizing Type Oil Burner)
증발접시에 일정한 유면을 유지하도록 오일을 공급하고 외륜 및 내륜에 설치된 작은 구멍으로부터 공기가 오일받이 상면으로 도입되도록 한 후 오일면 위에 화염을 형성하는 버너이다.
소용량 보일러용이며 경유나 등유를 사용한다.

▶ **직관식 수관 보일러**(Straight Water-tube Boiler)
수관이 모두 곧은 것으로 구성되어 있는 보일러로 일부의 수직형을 제외하고 제조는 거의 되지 않고 있다. 옛날 다쿠마 보일러, 쯔네기치 보일러 등이 직관식 수관 보일러이다.

▶ **직접 점화방식**(오일 건타입버너방식, Direct Firing by Sparked Fire)
파일럿 버너 없이 직접 점화 스파크에 의해 버너의 주 연료에 점화하는 방식이다. 오일 건타입 버너가 이 형식의 점화를 한다.

▶ **진공탈기기**(Vacuum Deaerator)
피처리수를 가열하지 않고 탈기기 내를 감압 진공하여 피처리수에 녹아 있는 기체를 제거하는 방식이다.

▶ **질량**(Mass)
물체가 갖는 고유의 양, 가속도나 중력이 바뀌어도 질량은 달라지지 않고 중량 $1kg_f$와는 다르다.

▶ **질소산화물**(Nitrogen Oxides)
연료의 연소 시 질소와 산소 산화반응으로 발생한다. 연소온도가 높을수록 그 발생량이 많아진다. NO와 NO_2가 있으며 이것을 총칭하여 녹스(NOx)라 한다.

▶ **집진장치**(Dust Collector)
연소배기가스 중 매진(분진)은 대기오염의 주범이므로 이것을 소정의 값 이하로 제거하는 장치이다. 건식, 습식, 전기식이 있다.

ㅊ

▶ **차압식 수위검출기**(Manometer Type Water Level Detector)
보일러 드럼의 증기부와 수부의 콘덴서에 의해 응축된 드레인과 수부의 수두압과 차를 검출하여 차압발신기에 의해 보조동력을 써서 조작부로 신호를 보내는 수위검출기로서 원격수면계로도 이용된다.

▶ **차압식 유량계**(Differential Pressure Flow Meter)
오리피스, 플로노즐, 벤투리 유량계가 차압식 유량계이다.

▶ **착화아치**(Ignition Arch)
석탄 등 고체 연료의 스토커 연소에 있어서 착화 및 연소촉진을 위해 둔 아치이다.

▶ **착화온도**(Ignition Temperature)
발화점이라 하며 연료가 주위산화열에 의해 불이 붙은 최저 온도로서 착화온도는 고유값은 아니다.

▶ **착화트랜스**(Ignition Transformer)
이그니션 트랜스를 말한다.

▶ **처리수**(Treated Boiler Feed Water)
급수처리된 물, 즉 연화수 또는 이온교환수

▶ **천연가스**(Natural Gas)
메탄이 주성분인 가스로서 유전가스, 가스전가스, 탄전가스가 천연가스이다. 넓은 의미로는 천연적으로 지하에서 발생하는 가스이다.

▶ **천장스테이**(Crown Stay)
행거스테이라고 하며 기관차형 보일러 외부 화실판의 반원통부 하부에 설치하는 봉 스테이 중에서 수직방향의 스테이가 된다.

▶ **청소구멍**(Cleaning Hole)
보일러 청소구멍으로 긴 지름 90mm 이상 짧은 지름 70mm 이상의 타원형 또는 직경 90mm 이상의 원형 구멍이다.

▶ **체크밸브**(Check Valve)
유체를 한 방향으로만 유동시키고 유체가 정지 시 밸브 보디가 유체의 배압으로 닫혀 역류하는 것을 방지한다. 구조상 리프트식, 스윙식, 디스크식 체크밸브가 있다.

▶ **촉매**(Catalyzer)
그 자신은 결과적으로 화학변화를 일으키지 않으면서 다른 화학반응의 속도를 변화시키는 물질이다. 정촉매는 반응속도를 증가시키며, 감소시키는 것은 부촉매라 한다.

▶ **최고사용압력**(Maximum Allowable Working Pressure)
그 구조상 사용 가능한 최고의 게이지 압력

▶ **추 안전밸브**(Clead-weight Loaded Safety Valve)
주철제 원반의 추로 밸브를 밸브시트에 직접 밀어붙이는 구조의 안전밸브. 밸브가 조금 기울어져도 기밀이 유지되도록 글로브형으로 되어 있다.

▶ **축류 팬**(Axial Flow Fan)

배의 스크루와 같은 모양을 한 것으로 고속운동에 적합하며 특히 고압력 발생을 요하는 경우 등에 사용된다. 구조가 간단하여 소형의 덕트 도중에도 부착이 용이하다.

▶ **출열**(Flow Out Heat)

보일러에서 발생증기 보유열, 배기가스의 보유열, 불완전 열손실, 노벽의 방사손실, 노 내 분입증기에 의한 열손실 등이다.

ㅋ

▶ **카본 퇴적**(Carbon Deposit)

오일 버너에서 무화 불량으로 연소상태가 나쁠 때, 오일 탄소의 미립자가 불완전연소하여 끈적거리는 상태로 노 벽이나 버너 타일 등에 부착하여 미연상태 코크스상의 덩어리가 된 것이다.

▶ **칼슘 경도**(Calcium Hardness)

수중의 칼슘이온의 양을 이에 대응하는 탄산칼슘의 양으로 환산하여 시료 1L 중 mg 수로 나타낸다.

▶ **캐리오버**(Carry-over)

보일러수 중의 용해고형물이나 현탁고형물이 증기에 섞여서 보일러 밖으로 운반되는 현상이다. 이러한 기계적 캐리오버 외에 실리카(SiO_2)의 선택적 캐리오버가 있다.

▶ **캐비테이션**(Cavitation)

펌프나 급수관 내에서 운전 중에 각 부위마다 유속이나 압력이 다르다. 어떤 장소의 압력이 그 부분의 수온에 의한 포화압력보다 낮으면 고체표면과 물 사이에 증기가 발생하여 용해공기가 분리하거나 기포가 발생하여 빈 공간이 생기는 현상, 즉 공동현상을 말한다. 캐비테이션이 발생하면 소음, 진동, 부식, 급수불능이 생길 수 있다.

▶ **캡타이어 케이블**(Cabtyre Cable)

전선을 고무로 절연 피복하여 완전한 안전성을 갖게 한 케이블이다. 이동전선 등에 연결하여 사용하며 내산, 내수성이 강하고 누전에 안전한 코드이다. 보일러 수리 시에 조명용 등으로 사용된다.

▶ **컨트롤 모터**(Control Motor)

전기식의 비례제어장치에서 댐퍼나 연료조절밸브 등의 개도조절에 쓰이는 정전, 역전기능이 가능한 전동기이다.

▶ **컬렉터**(Collector)

주철제 증기 보일러에 있어서 각 섹션에서 나온 증기를 평균적으로 모으기 위해 각 섹션의 증기관을 집합한 소위 증기집행관을 컬렉터라 한다.

▶ **케이싱**(Casing)

보일러 벽을 둘러싼 강판이다.

▶ **코니시 보일러**(Cornish Boiler)

19세기 초 영국에서 개발되었다. 드럼 내에 노통을 하나 넣은 내연소식 보일러로서 원통형이다.

▶ **코크란 보일러**(Cochran Boiler)

수직 연관 보일러의 연관이 갖는 결점을 시정하여 연관을 수평으로 한 것으로 연관은 전부 물에 접촉하고 있으므로 과열이 일어나지 않는 입형 보일러이다.

▶ **코크스**(Cokes)

석탄을 1,000℃ 가까이 건류시켜서 가스분을 방출한 다음 남는 고정탄소를 말한다. 야금용, 주물용으로 사용되며 연소 시 매연이 없고 화염이 짧으며 화층 내의 온도가 높다.

▶ **콕**(Cock)

본체 내부에 테이퍼 또는 원통형의 자리가 있으며 그 속에 회전 가능한 플러그가 있다. 그 플러그의 회전이 90도이며 개폐가 용이하다.

▶ **크랙**(Crack)

균열이다.

▶ **클링커**(Clinker)

석탄 연소 시 고온에 의해 녹은 재가 덩어리로 굳은 것이다.

ㅌ

▶ **타닌**(**슬러지 분산제**, Tannis)

5배자 등에서 얻은 액체를 증발시킨 후 건고하여 정제한 황색의 분말이다. 항산화작용 항균작용을 하며 저압 보일러 탈산소제 및 슬러지 분산제로 분산된다.

▶ **타쿠마 보일러**(Takuma Boiler)

일본의 타쿠마에 의해 발명된 것으로 수관식 보일러, 강수관, 승수관이 있고 강수관은 일렬로 2중관으로 된 보일러이다.(수관의 경사도 45°)

▶ **탄산나트륨**(Sodium Carbonate)

Na_2CO_3이며 백색 분말로 수용액은 약알칼리성이다. 물의 경도를 연화시키며 탄산소다(소다회)라 한다.

▶ **탄산염 경도**(Carbonate Hardness)

경도 성분이 칼슘, 마그네슘의 탄산수소염에 의한 것으로 끓이면 불용성의 탄산염은 침전하고 CO_2를 방출하며 윗물은 연수가 되는 일시경도 성분이다. 일명 일시경수라 한다.

▶ **탄젠트관 배열**(Tangent Tube Arrangement)

노 벽 수관을 근접하여 내화재 벽의 연소실 내측에도 배치한 구조의 수관배열

▶ **탈산소제**(Oxygen Scavenger)

산소를 환원하는 약제로서 보일러 급수처리에서 수중의 용존산소에 의한 보일러수 측의 부식방지를 위해 아황산나트륨이나 히드라진 등의 탈산소제를 수용액으로 하여 급수계통에 주입시킨다.

① $Na_2SO_2 + H_2O \rightarrow 2NaOH + SO_2$

② $N_2H_4 + O_2 \rightarrow 2H_2O + N_2$

▶ **탈탄산염 연화법**(탈알칼리 연화법)

원수의 알칼리도가 높은 경우에 연화와 동시에 탄산수소이온 및 탄산이온을 제거하는 이온교환 처리방법이다.

▶ **탐지구멍**(Telltale Hole)

스테이 볼트는 사용하는 개소가 좁아 파손 시 발견이 어렵다. 그래서 외측으로부터 가느다란 구멍을 뚫어, 스테이 볼트가 부러질 경우 이 구멍으로 증기를 분출시켜 알 수 있도록 하고 있는데, 이 구멍을 탐지 구멍이라고 한다.

▶ **터보형 송풍기**(Turbo Fan)

임펠러는 날개 출구각이 30~40도이며 8~24매 후향날개의 원심식 송풍기이다. 형상은 크나 구조가 간단하고 고속회전에 적합하다. 통풍력은 2,000~8,000Pa로 고압이다.

▶ **터빈펌프**(Turbine Pump)

임펠러 주변에 안내날개가 있는 펌프이다. 속도를 압력으로 바꾸기 위한 안내 가이드 때문에 물의 속도가 압력으로 바뀐다.

단수가 더해지므로 고압이 얻어지는 급수펌프이고 디퓨저펌프라고도 한다.

▶ **테스트 레버**(Test Lever)

스프링식 안전밸브의 분출시험을 수동으로 하는 경우에 사용되는 손잡이

▶ **토크**(Torque)

회전물체가 그 회전축 둘레에서 받는 우력, 즉 회전 모멘트 등 회전운동을 일으키는 모멘트이다.

▶ **통약**(Regeneration of Chemicals by Chemical Treatment)

이온교환수지의 재생 시에 재생액을 수지층에 주입하는 것

▶ **통풍**(Draft)

연소실 및 연도를 통해 일어나는 공기 및 연소가스의 연속적인 유동이다. 이때 연소실 입구와 연도 종단 사이에 압력차가 생기는 것을 통풍이라 한다.

통풍에는 자연통풍과 인공통풍이 있다. 인공통풍에는 통풍기(팬)를 사용하며 통풍력을 드래프트라 한다.

▶ **튜브 클리너**(Tube Cleaner)

보일러용 튜브 클리너는 보일러를 기계적으로 청소하기 위한 관내 청소기이다.

▶ **특수 보일러**(Special Boiler)

특수 보일러는 사용연료가 화석연료가 아닌 연료를 사용하거나 물 대신 열매체를 사용하는 보일러로서 특수 열매체 보일러, 특수연료 보일러, 폐열 보일러, 특수가열 보일러, 전기 보일러 등이 있다.

▶ **특수연료 보일러**(Special Fuel Boiler)

톱밥연소 보일러, 버개스 보일러, 바크 보일러, 흑액연소 보일러, 소다회수 보일러가 있다.

▶ **특수열매체 보일러**(Special Heating Medium Boiler)

물 이외 다우섬 등 열매체를 사용하는 보일러로서 저압에서 고온의 액상 또는 기상을 얻는 보일러이다.

▶ **틸팅버너**(Tilting Burner)

연료의 분사 각도를 30도 정도 범위 내에서 상하로 기울어지게 한 버너로, 과열증기 온도제어 방식인 틸팅 버너방식에 사용되는 버너이다.

ㅍ

▸ **파스칼(Pascal)**

압력단위 Pa, $1Pa = 1N/m^2$, $1MPa = 10.197162kg_f/cm^2$ 정도이다.

▸ **파일럿 버너(Pilot Burner)**

점화버너이다.

▸ **파일럿 점화장치(Firing Method by Pilot Flame)**

스파크 발생장치에서 나오는 스파크에 의해 일단 파일럿 점화버너에 점화하고 이 점화버너에 의해 주 버너에 점화시키는 방법이다.

▸ **파형노통(Corrugated Flue)**

특수한 롤에 의해 표면을 파형으로 한 노통이다. 외압에 대한 강도가 뛰어나고 열팽창에 순응성이 있어 현재의 노통연관 보일러는 대부분 파형노통이다.

▸ **패키지형 보일러(Packaged Boiler)**

보일러 제조공장에서 구조검사가 실시되는 보일러. 거의 조립이 완료되어서 설치장소에는 기초 위에 올리기만 하면 되는 보일러이다.

▸ **팽출(Swelling)**

일명 벌지(Bulge)라고 한다. 수관이나 드럼 등 내압을 받는 부분이 과열에 의해 강도가 저하되어 외부로 부풀어 나오는 현상이다.

▸ **평형경판(Flat Type End Plate)**

평판으로 만든 경판으로서 경판 중 가장 강도가 약하다. 그렇기 때문에 스테이에 의해 보강된다. 일명 평경판이라 한다.

▸ **평형노통(Plain Cylindrical Furnace)**

평판을 말아 원통형으로 구성한 노통이다. 노통의 길이 방향의 열팽창에 의한 부작용을 방지하기 위해 원통형 길이 1m 전후로 마디를 나누고 이 마디를 수 개~10개의 애덤슨 이음으로 결합하여 평형노통을 하고 경판의 부분에 브리딩 스페이스(Breading Space) 부분을 확보한다. 즉 노통의 열팽창에 대한 신축호흡거리를 유지한다.

▸ **평형반사식 수면계(Reflex Type Water Gauge)**

평판 유리의 이면에 세모의 홈이 여러 줄 새겨져 있으며 물이 있는 부분은 광선 흡수로 검게 보이고 증기가 있는 부위는 반사되어 은색으로 나타나는 수면계

▸ **평형통풍방식(Balanced Draft System)**

인공통풍방식으로 강제통풍과 유인통풍을 겸용한 통풍방식, 주로 대용량 보일러에서 사용된다.

▸ **평형투시식 수면계(Transparent Type Water Gauge)**

두께 10mm 이상의 금속테 양쪽에 두꺼운 유리를 대고 다시 그 양측에 금속테를 대어 볼트로 죈 수면계이다. 이 두꺼운 유리는 투명하기 때문에 표면으로부터 내부로 광선이 통해서 수면이 투시된다.

▸ **폐열 보일러(Water Heat Boiler)**

다른 플랜트에서 생긴 고온가스를 열원으로 하는 보일러이다. 연소장치는 없고 연소가스 통로만 존재하며 연료비는 들지 않는다.

▸ **포밍(Foaming)**

보일러수 중의 유지류나 용해고형물 부유물 등의 농도가 높아지면 드럼 내 수면에 거품이 발생하여 보일러의 기실 내에 거품이 쌓여 증기에 수분이 혼입하게 된다. (일명 "물보라"이다.)

▸ **포스트퍼지(Post-purge)**

버너 연소에서 연소정지 후에 노 내를 환기시키는 사후 환기법

▸ **포화수(Saturated Water)**

포화온도의 상태에 있는 물이다. 포화수에 열을 가하면 그 일부는 비등하여 증발을 일으키고 포화수의 온도는 상승하지 않는다. 이때 발생되는 증기를 포화증기(Saturated Steam)라 하고 미량의 물방울이 없으면 건포화증기, 미량의 물방울이 있으면 습포화증기이다.

▸ **폭발문(방폭문, Explosion Door)**

버너 연소의 경우 특히 점화 시에 급격히 노 속의 공기가 팽창하기 때문에 연도로 미처 나가지 못하는 배기가스 등을 일부 연소실 또는 연도에서 외부로 내기 위한 안전문이다.

▸ **폴리셔(이온교환수지탑, Polisher)**

전염 탈염장치로부터 얻어지는 순수의 순도를 더 향상시키기 위해 전염 탈염장치 다음에 설치하는 이온교환수지탑이다. 미량의 불순물을 제거하는, 즉 물을 닦는다는 의미이다.

▸ **표면분출(수면분출, Surface Blow)**

보일러 운전 중 보일러수의 수면 부근은 가장 농축수가 심한 곳이다. 부유물 등을 연속적으로 분출하기 위해 안전저수면 부근에 연속분출관을 설치한다.

▶ **표준대기압**(Standard Atmospheric Pressure)

$1.0332kg_f/cm^2 = 10.332mH_2O = 14.7PSI = 101,325Pa$ 압력이다.

▶ **풍압스위치**(Wind Pressure Switch)

풍압을 제어하여 전기접점으로 신호를 내는 압력스위치의 일종으로 일정시간 내에 통풍력이 생기지 않으면 운전이 정지된다.

▶ **풍화**(風化)

석탄을 대기 중에 장기간 방치하여 저장하면 표면의 광택을 잃고 부서지며 휘발분이 적어지는 현상이다.

▶ **프라이밍**(Priming)

포화수가 보일러 내의 수면에서 포화증기로 증발을 심하게 하는 과정에서 증기발생과 함께 물방울이 심하게 튀어나오는 현상이다.

▶ **플레임 로드**(Flame Lod)

불꽃에 전기가 통하는 것을 이용하여 화염 속에 전극을 삽입하여 전극에 흐르는 전류의 유무에 의해 불꽃을 검출하는 화염검출기로서 파일럿 점화버너에 사용된다.

▶ **플레임 아이**(Flame Eye)

광전관 화염검출기의 고유명이다.

▶ **프리퍼지**(Pre-purge)

점화 조작 전에 연소실 및 연도 내를 환기하는 사전 환기

▶ **플래시 탱크**(Flash Tank)

연속분출에 의해 보일러에서 배출된 보일러수를 받아서 압력을 감소시켜 재증발한 증기를 저압증기로 사용하는 탱크이다. 분출수는 열교환기에서 열회수를 도모하고 있다.

▶ **플런저 펌프**(Plunger Pump)

실린더 내의 피스톤의 왕복운동으로 액체를 내보내는 왕복식 펌프로서 고압에도 적합하다.

▶ **플레이트형 송풍기**(Plate Fan)

중앙의 회전 축에서 방사상으로 6~12매의 플레이트를 부착한 송풍기로서 통풍압은 500~5,000Pa 정도이다.(원심식 송풍기의 일종)

▶ **플렉시블 튜브**(Flexible Tube)

신축이음, 가요관 등을 포함한 신축관으로 급수펌프 등 펌프 출구 배관에 많이 사용된다.

▶ **플로트 스위치**(Float Switch)

플로트의 상해 액면의 변동에 따라 스위치를 온-오프하는 것으로, 물탱크, 오일탱크용 수면, 유면 조절기이다.

▶ **플로트식 수위조절기**(맥도널식, Float Type Water Level Controller)

플로트(부자)에 의해 수위를 검출하여 그 위치에 따라 급수 펌프를 시동 또는 정지시키는 것으로 보일러 내 수위가 규정된 수위보다 수면이 너무 높거나 저하하면 연소를 정지시킨다.

▶ **피드백 제어**(Feed Back Control)

제어량과 목푯값을 비교하여 양자를 일치시키도록 정정동작을 하는 제어이다.

▶ **피팅**(Pitting)

점식이라 하며 수중의 용존산소나 CO_2 등의 가스분에 의해 물에 접하는 보일러 내면에 일어나는 부식이다. 즉, 점모양의 부식이며 Pit는 구멍이란 뜻이다.

▶ **핀 부착 수관수랭벽**(Finned Tube Water-wall)

수랭벽관, 즉 수관에 핀을 용접한 핀 부착 수관을 배치한 구조의 수랭벽이다.

▶ **핀 홀**(Pin Hole)

용접부에 남아 있는 미소한 가스의 공동 구멍

▶ **필터**(Filter)

공기나 가스 등의 먼지를 제거하는 데 쓰는 여과장치

ㅎ

▶ **하강관**(Down Comer)

보일러수가 증기드럼에서 하강하는 관, 즉 강수관이다.

▶ **하급식 스토커**(Underfeed Stoker)

석탄을 연소실 바닥 밑에 있는 레토르트(Retort)에서 스크루에 의해 밀어올려 연소시키는 방식이다. 스크루의 양측에 1차 공기용의 덕트가 있고 이곳으로 강제통풍이 공급된다.

▶ **하트포드 연결법**(Hartford Connection)

미국 하트포드 보험회사에서 제창한 주철제 보일러의 급수배관법이다. 역지밸브(체크밸브)가 고장 나도 안전저수면 이하 저수위가 되지 않는 특징이 있다.

▶ **항습시료**(Moisture Free Sample)

석탄의 공업분석 시 이용하는 시료이다. 석탄을 0.25mm 이하로 분쇄하여 식염포화용액을 넣은 항습용기 속에 24시간 정치한 후 그 습도를 평형으로 한 것이다.

▶ **핵비등**(Nuclear Boiling)

통상 운전 중의 보일러는 전열면에서 증기가 기포로 되어 비등증발한다. 이러한 정상적인 기포의 비등을 말한다.

▶ **허용인장응력**(Permissible Tensile Stress)

인장에 대한 세기 값이다. 보일러의 경우 연강의 인장허용응력은 인장강도의 1/4에 해당한다.

▶ **헌팅**(Hunting)

제어량이 안정하지 않고 주기적으로 진동을 일으키는 것이다.

▶ **현탁 고형물**(Suspended Solid Matter)

물에 녹지 않고 침강하지 않는 현탁물로서 현미경으로 볼 수 있을 정도의 크기다. 미립자의 고형물질로서 캐리오버를 촉진시키는 물질이다.

▶ **호흡공간**(브리딩 스페이스, Breathing Space)

노통연관 보일러 등에서 평판의 노통설치부가 노통의 열에 의한 신축에 의해 평관판(거울판)이 나왔다 들어갔다 하는 호흡작용을 유지하기 위해 거싯 스테이를 부착하는 경우 이 호흡공간이 유지되도록 만든 구조이다.

▶ **혼소버너**(Multi-fuel Burner)

기름, 가스 등 종류가 다른 연료를 전용의 버너로 동시 또는 교대로 연소가 가능하도록 설계된 버너이다. 대형수관 보일러에 이용되는 혼소 보일러에는 미분탄과 중유 또는 중유와 가스의 혼소버너가 있다.

▶ **화격자**(Fire Grate)

고체 연료를 연소시키기 위한 주철 또는 강철제의 화상이다. 하부에서 1차 공기 유입이 있다.
이 화격자 위에 고체를 연소시키면 화격자 연소가 되며 석탄을 화격자 위로 공급하는 방법에 따라 수동연소와 기계급탄으로 대별된다. 이때 단위면적당 고체 연료의 연료소비량을 화격자 연소율(kg_f/m^2h)이라 한다.

▶ **화실관 판**(Fire Tube Plate)

화실에서 연관군을 접속하는 부분의 강재판이다.

▶ **화실 천장판**(Crown Plate of Firebox)

화실에서 천장을 구성하는 부분의 강재판이다.

▶ **화염검출기**(Flame Detector)

버너의 불꽃 유무를 감시, 검출하여 불꽃 유무에 따라서 연료차단신호 또는 경보를 내보내는 장치로서 발열 또는 발광 및 도전성을 이용하는 3가지 검출기가 있다.

▶ **확산연소방식**(Diffusion Combustion Method)

가스와 공기를 따로 분출하여 확산 혼합하면서 연소시키는 버너로 조작범위가 넓고 역화의 위험이 없는 연소방식이다. 보일러나 공업로에서 널리 사용되는 외부혼합연소방식이다.

▶ **환산증발량**(상당증발량, Equivalent Evaporation)

보일러의 증발능력을 표현하는 방법이다. 보일러에서 시간당 실제 증기발생량을 대기압하에서 100℃의 물을 건조 포화증기로 할 경우의 증발량으로 기준증발량이다.

▶ **환원염**(Reducing Flame)

연료의 연소 시 공기부족으로 불완전연소할 때의 화염이다. CO, H_2, C 성분이 있는 화염은 피가열물을 환원하는 성질이 있다.

▶ **황산**(Sulfuric Acid)

황산(H_2SO_4)으로 나타내는 무기산, 보일러에서는 수처리에서 H형 양이온 교환수지의 재생제로 사용된다.

▶ **황화납 셀**(Load Sulfide Cell)

Pbs 셀(황화납 셀 화염검출기)

▶ **황화카드뮴 셀**(Cadmium Sulfide Cell)

CdS 셀이며 광도전 현상을 이용하였다. 형상 치수는 소형이고 취급이 용이하며 전기적 외란을 잘 받지 않는 화염검출기이다. 내용연수도 길어서 건타입 오일버너용으로 이상적이다.

▶ **회전 보일러**(Rotary Boiler)

보일러 본체의 증발관을 그 중심축 또는 다른 축 주위에 회전시키고 그 원심력을 이용하여 관의 내벽에 수막을 유지함으로써 전열효과를 높인 특수 보일러이다. 제조 메이커인 아트모스 보일러, 볼카우프 보일러가 있다.

▶ **회전식 버너**(Rotary Burner)

고속으로 회전하는 무화통에서 연료유를 원심력으로 분무하는 형식의 버너이다. 1차 공기를 통 외주에서 역방향으로 뿜어낸다. 무화상태는 양호하고 중, 소용량 보일러에 사용되는 중유 로터리 버너이다.

▶ **회전펌프**(Rotary Pump)

1개 내지 3개 정도 회전자인 로터를 회전시켜 그것을 밀어내기 작용으로 액체를 압축하는 형식의 펌프이다. 회전자로는 기어, 나사, 날개 등이 있고 프라이밍이 필요 없으며 오일이나 점성이 큰 액체의 압송에 적합하다.

▶ **휘발분**(Volatile Matter)

무수시료를 도가니 속에서 약 925℃로 7분간 가열했을 때의 감량이 휘발분에 속한다. 휘발분은 착화성이 좋고 긴 화염을 발하여 연소하지만 공기가 부족하면 매연이 발생한다.

▶ **휘염**(Luminous Flome)

오렌지색이 변하여 하얗게 빛이 나는 화염이다. 고체나 액체 연료의 연소는 거의가 휘염이고 방사열은 크지만 접촉(대류)열량은 적은 편이다.

▶ **흑액**(Black Liquor)

펄프공장에서 펄프제조 시 나뭇조각을 가성소다로 증해하여 섬유질을 분리한 폐액이다. 진공증발기로 어느 정도 수분 제거 후 농축하여 농축한 흑액을 150℃ 정도로 가열하고 이 농축한 흑액의 목질부는 흑액버너로 연소 후 열을 이용하고 용융된 재로부터 소다가 회수된다. 특수연료 보일러(수관식 보일러)에 속한다.

▶ **히드라진**(Hydrazine)

N_2H_4로 나타나는 무색의 액체, 보일러 급수 등의 탈산소제로 사용된다. 과잉 히드라진은 pH가 상승하여 구리계 금속의 부식을 초래하는 경우가 있다.
탈산소제 반응은 $N_2H_4 + O_2 \rightarrow 2H_2O + N_2$

A to Z

▶ **ABC**(Automatic Boiler Control)

자동 보일러 제어

▶ **AC 밸브**(Adjustable Characteristic Valve)

연료 유량조절밸브이며 롤러의 레버가 좌우로 180도 이동하여 조절된다.

▶ **ACC 자동연소제어**(Automatic Combustion Control)

자동연소량 제어

▶ **atm**(Atomosphere)

표준대기압

▶ **a 접점**(A Connection Point)

여는 접점, 메이크 접점

▶ **b 접점**(B Connection Point)

닫는 접점, 브레이크 접점

▶ **CdS 셀**(황화카드뮴셀, Cadmium Sulfide Cell)

광전도 현상을 이용한 광전 변환소자이다. 화염으로부터 빛을 받으면 저항이 현저하게 저하하고 이 저항변화에 의해 전류도 변화하는 것을 이용한 화염검출기이다.

▶ **cSt**(센티스토크스)

오일의 점도 표시(동점도 표시)

▶ **C 중유**(C Heavy Oil)

인화점 70℃ 이상이며 유황분이 많은 보일러용 중유이다. 90℃ 전후로 가열하여 점성을 감소해 연소시킨다.

▶ **H형 양이온 교환수지**(H Form Cation Exchange Resin)

부하 시에 액 속에서 H^+ 이외의 양이온을 흡착하고 액 속에 H^+를 용출하는 양이온 교환수지로 통상 R−H의 약호로 나타낸다. 보일러 수처리에 사용되며 수지 재생에는 염산이 사용된다.

▶ **I 동작**(Integral Control Action)

적분동작(리셋 동작), 즉 적분값의 크기에 비례하여 움직이도록 한 동작이다. 오프셋(편차)을 없앨 수 있다.

▶ **mmAq**(밀리미터 에이큐)

수주압 표시로 수주 10m는 10,000mm(0.1MPa)이다. Aq는 라틴어로 Aqua(아쿠아)의 약자로 물이다.

▶ **M 알칼리도**(M Alkalinity)

알칼리도를 측정할 때 지시약으로서 메틸레이트, 브로크레졸그린 혼합약을 사용하는 경우를 말한다. pH가 4.8보다 높은 물질의 농도를 나타낸다.

▶ **Na형 양이온 교환수지**(Na Form Cation Ex- change Resin)

Na^+ 나트륨 이온을 결합하고 있는 교환수지이다. 부하 시에 액체에서 Na^+ 이외의 양이온을 흡착하고 액 속에는 Na^+를 용출하는 것이다. 통상 R−Na의 약호로 나타낸다. 보일러 수처리 방법이며 수지의 재생에는 식염수 NaCl을 쓴다.

▶ **NOx**(녹스)

질소산화물의 총칭

▶ **OH형 음이온 교환수지**(OH Form Anion Ex- change Resin)

부하 시에 액 속에서 OH^- 이외의 음이온을 흡착하고 액 속에 OH^-를 용출하는 이온교환수지로 통상 R−

OH의 약호로 나타낸다. 보일러 수처리에 사용되며 수지의 재생에는 가성소다 수용액 NaOH가 사용된다.

▶ PbS 셀(Lead Sulfide Cell)

황화납 셀이다. 황화납의 저항이 화염의 어른거림에 따라 변화한다는 전기적 특성을 이용한 화염검출기이다. 오일이나 가스연료에 사용된다.

▶ pH(피 에이치)

수중의 수소이온(H^+)과 수산화물(OH^-)의 양에 따라 정해지며 25℃에서 pH 7(중성), 7 미만(산성), 7 초과(알칼리)가 된다. 633ppm(피피엠)

백만분율의 약자$\left(\frac{1}{1,000,000}\right)=\frac{1}{10^6}$

▶ P 동작(Proportional Control Action)

자동제어 연속동작 비례동작이며 잔류편차가 남는 동작이다.(P동작 : 비례동작, I동작 : 적분동작, D동작 : 미분동작)

▶ SK(에스케이)

내화도의 규격, 즉 SK 26~40(1,580~2,000℃)까지 제게르 콘의 기호

▶ SOx(속스)

유황 산화물의 총칭

▶ U자관식 통풍계(U-tube Draft Gauge)

통풍력 측정계

▶ Y형 밸브(Y-glove Valve)

밸브 봉의 축과 출구의 유로가 45도이어서 유체의 저항을 줄이기 위해 만든 점개밸브이다. 즉, Y형 글로브 밸브이다.

APPENDIX

02 과년도 기출문제

2012년 2월 12일 시행
4월 8일 시행
7월 22일 시행
10월 20일 시행

2013년 1월 27일 시행
4월 14일 시행
7월 21일 시행
10월 12일 시행

2014년 1월 26일 시행
4월 6일 시행
7월 20일 시행
10월 11일 시행

2015년 1월 25일 시행
4월 4일 시행
7월 19일 시행
10월 10일 시행

2016년 1월 24일 시행
4월 2일 시행
7월 10일 시행

- 2015. 7. 1.부터 '에너지관리공단'의 명칭이 '한국에너지공단'으로 변경되었습니다.
- 2016년 제5회 시험부터 시험유형(CBT) 변경으로 기출문제가 공개되지 않습니다.

2012년 2월 12일 시행

과년도 기출문제

01 어떤 고체연료의 저위발열량이 6,940kcal/kg이고 연소효율이 92%라 할 때 이 연료의 단위량 실제 발열량을 계산하면 약 얼마인가?

① 6,385kcal/kg ② 6,943kcal/kg
③ 7,543kcal/kg ④ 8,900kcal/kg

해설
실제 발열량=저위발열량×연소효율
∴ 6,940×0.92=6,385kcal/kg

02 공기과잉계수(Excess Air Coefficient)를 증가시킬 때, 연소가스 중의 성분 함량이 공기과잉계수에 맞춰서 증가하는 것은?

① CO_2 ② SO_2
③ O_2 ④ CO

해설
연소 시 과잉공기가 많아지면 연소 후 공기 중 21%의 산소(O_2)는 여유분이 생겨서 배출된다.

03 보일러의 연소가스 폭발 시에 대비한 안전장치는?

① 방폭문 ② 안전밸브
③ 파괴판 ④ 맨홀

해설
방폭문(안전장치)
보일러 노 내 CO가스 등 잔존가스의 폭발이 일어날 때 안전한 장소로 가스를 배출시키며 연소실 후부에 부착한다.

04 수관식 보일러에서 건조증기를 얻기 위하여 설치하는 것은?

① 급수 내관 ② 기수 분리기
③ 수위 경보기 ④ 과열 저감기

해설
건조증기 취출구
㉠ 수관식 보일러 : 기수 분리기
㉡ 원통형 보일러 : 비수 방지관

05 절탄기에 대한 설명 중 옳은 것은?

① 절탄기의 설치방식에는 혼합식과 분배식이 있다.
② 절탄기의 급수예열온도는 포화온도 이상으로 한다.
③ 연료의 절약과 증발량의 감소 및 열효율을 감소시킨다.
④ 급수와 보일러수의 온도차 감소로 열응력을 줄여준다.

해설
절탄기(폐열회수장치)는 연도에서 배기가스의 여열로 보일러 급수를 예열시키는 보일러 열효율장치이다.(열응력 감소)

06 집진효율이 대단히 좋고, 0.5μm 이하 정도의 미세한 입자도 처리할 수 있는 집진장치는?

① 관성력 집진기 ② 전기식 집진기
③ 원심력 집진기 ④ 멀티사이크론식 집진기

해설
전기식 집진기
집진효율이 가장 높고 미세한 입자처리도 가능하며 대표적으로 코트렐식이 있다.

07 고체연료와 비교하여 액체연료 사용 시의 장점을 잘못 설명한 것은?

① 인화의 위험성이 없으며 역화가 발생하지 않는다.
② 그을음이 적게 발생하고 연소효율도 높다.
③ 품질이 비교적 균일하며 발열량이 크다.
④ 저장 및 운반 취급이 용이하다.

정답 01 ① 02 ③ 03 ① 04 ② 05 ④ 06 ② 07 ①

해설

액체연료는 인화점이 낮아서 위험하며 중질유는 역화의 발생을 방지하여야 한다.

08 일반적으로 보일러 패널 내부온도는 몇 ℃를 넘지 않도록 하는 것이 좋은가?

① 70℃ ② 60℃
③ 80℃ ④ 90℃

해설

자동제어 패널 내부온도는 약 60℃ 이하가 이상적이다.(가스는 40℃ 이하)

09 주철제 보일러의 일반적인 특징 설명으로 틀린 것은?

① 내열성과 내식성이 우수하다.
② 대용량의 고압 보일러에 적합하다.
③ 열에 의한 부동팽창으로 균열이 발생하기 쉽다.
④ 쪽수의 증감에 따라 용량조절이 편리하다.

해설

주철제 보일러는 저압 소용량 보일러로서 증기나 온수발생이 가능하며 고압에는 부적당하다.(충격에 약함)

10 보일러 효율을 올바르게 설명한 것은?

① 증기 발생에 이용된 열량과 보일러에 공급한 연료가 완전연소할 때의 열량과의 비
② 배기가스 열량과 연소실에서 발생한 열량과의 비
③ 연도에서 열량과 보일러에 공급한 연료가 완전연소할 때의 열량과의 비
④ 총 손실열량과 연료의 연소 열량과의 비

해설

보일러 효율(%)

$$= \frac{\text{증기 발생에 이용된 열량}}{\text{보일러에서 공급한 연료가 완전연소한 열량}} \times 100$$

11 액체연료의 연소용 공기 공급방식에서 1차 공기를 설명한 것으로 가장 적합한 것은?

① 연료의 무화와 산화반응에 필요한 공기
② 연료의 후열에 필요한 공기
③ 연료의 예열에 필요한 공기
④ 연료의 완전연소에 필요한 부족한 공기를 추가로 공급하는 공기

해설

액체연료 공기

㉠ 1차 공기 : 무화(안개방울화) 공기
㉡ 2차 공기 : 완전연소용 공기

12 온수 보일러의 수위계 설치 시 수위계의 최고 눈금은 보일러의 최고사용압력의 몇 배로 하여야 하는가?

① 1배 이상 3배 이하
② 3배 이상 4배 이하
③ 4배 이상 6배 이하
④ 7배 이상 8배 이하

해설

㉠ 온수 보일러 : 1배 이상~3배 이하
㉡ 증기 보일러 : 1.5배 이상~3배 이하

13 보일러 부속장치 설명 중 잘못된 것은?

① 기수분리기 : 증기 중에 혼입된 수분을 분리하는 장치
② 수트 블로어 : 보일러 동 저면의 스케일, 침전물 등을 밖으로 배출하는 장치
③ 오일스트레이너 : 연료 속의 불순물 방지 및 유량계 펌프 등의 고장을 방지하는 장치
④ 스팀 트랩 : 응축수를 자동으로 배출하는 장치

해설

수트 블로어는 그을음 제거기(공기나 증기 사용)이며, ②는 분출장치에 대한 설명이다.

정답 08 ② 09 ② 10 ① 11 ① 12 ① 13 ②

14 증기의 압력에너지를 이용하여 피스톤을 작동시켜 급수를 행하는 비동력 펌프는?

① 워싱턴 펌프 ② 기어 펌프
③ 볼류트 펌프 ④ 디퓨저 펌프

해설
워싱턴 펌프(비동력 펌프)는 왕복동 펌프(피스톤이 2개 부착)에 해당한다.

15 기체연료의 연소방식과 관계가 없는 것은?

① 확산 연소방식 ② 예혼합 연소방식
③ 포트형과 버너형 ④ 회전 분무식

해설
회전 분무식(무화식) 버너
중유 C급 연소버너(중질유 버너)로서 무화는 분무컵의 회전에 의해 조절된다.

16 보일러 급수펌프인 터빈펌프의 일반적인 특징이 아닌 것은?

① 효율이 높고 안정된 성능을 얻을 수 있다.
② 구조가 간단하고 취급이 용이하므로 보수관리가 편리하다.
③ 토출 시 흐름이 고르고 운전상태가 조용하다.
④ 저속회전에 적합하며 소형이면서 경량이다.

해설
터빈펌프
고속회전용이며 대형, 중량인 원심식 펌프이다.

17 다음 중 보일러에서 연소가스의 배기가 잘 되는 경우는?

① 연도의 단면적이 작을 때
② 배기가스 온도가 높을 때
③ 연도에 급한 굴곡이 있을 때
④ 연도에 공기가 많이 침입될 때

해설
배기가스의 온도가 높으면 배기가스의 밀도(kg/m^3)가 낮아져 부력이 증가함에 따라 배기가 우수하다.

18 건도를 x라고 할 때 습증기는 어느 것인가?

① $x=0$ ② $0<x<1$
③ $x=1$ ④ $x>1$

해설
$x=0$(포화수)
$x=1$(건조증기)
$x=1$ 미만(습증기)

19 분사관을 이용해 선단에 노즐을 설치하여 청소하는 것으로 주로 고온의 전열면에 사용하는 수트 블로어(Soot Blower)의 형식은?

① 롱리트랙터블(Long Retractable)형
② 로터리(Rotary)형
③ 건(Gun)형
④ 에어히터클리너(Air Heater Cleaner)형

해설
롱리트랙터블형
고온의 절연면에 사용되는 분사관을 이용한 그을음 제거장치

20 건포화증기 100℃의 엔탈피는 얼마인가?

① 639kcal/kg ② 539kcal/kg
③ 100kcal/kg ④ 439kcal/kg

해설
100℃ 건포화증기 엔탈피
㉠ 포화수 엔탈피 : 100kcal/kg
㉡ 물의 증발잠열 : 539kcal/kg
∴ H = 100 + 539 = 639kcal/kg

정답 14 ① 15 ④ 16 ④ 17 ② 18 ② 19 ① 20 ①

21 급수온도 30℃에서 압력 1MPa, 온도 180℃의 증기를 1시간당 10,000kg 발생시키는 보일러에서 효율은 약 몇 %인가?(단, 증기엔탈피는 664kcal/kg, 표준상태에서 가스 사용량은 500m³/h, 이 연료의 저위발열량은 15,000kcal/m³이다.)

① 80.5% ② 84.5%
③ 87.65% ④ 91.65%

해설

$$\text{효율}(\eta) = \frac{G_a(h_2 - h_1)}{G_f \times H_L} \times 100$$
$$= \frac{10,000(664-30)}{500 \times 15,000} \times 100$$
$$= 84.5\%$$

22 열정산의 방법에서 입열 항목에 속하지 않는 것은?

① 발생증기의 흡수열
② 연료의 연소열
③ 연료의 현열
④ 공기의 현열

해설

출열
㉠ 발생증기 흡수열
㉡ 불완전 열손실
㉢ 방사손실
㉣ 배기가스 열손실
㉤ 미연탄소분에 의한 열손실

23 보일러의 자동제어장치로 쓰이지 않는 것은?

① 화염검출기 ② 안전밸브
③ 수위검출기 ④ 압력조절기

해설

안전밸브
스프링의 장력, 중추, 레버작동에 의해 사용된다.(스프링식, 중추식, 지렛대식 등)

24 다음 중 파형 노통의 종류가 아닌 것은?

① 모리슨형 ② 아담슨형
③ 파브스형 ④ 브라운형

해설

아담슨형
평형노통에서 1m마다 조인트되는 노통 보강형 기구

25 다음 중 비접촉식 온도계의 종류가 아닌 것은?

① 광전관식 온도계 ② 방사 온도계
③ 광고 온도계 ④ 열전대 온도계

해설

열전대 온도계
접촉식 온도계로서 가장 고온용 온도계이다. 열전대 온도계의 종류는 다음과 같다.
㉠ 백금－백금로듐 온도계
㉡ 크로멜－알루멜 온도계
㉢ 철－콘스탄탄 온도계
㉣ 구리－콘스탄탄 온도계

26 수관식 보일러의 종류에 속하지 않는 것은?

① 자연순환식 ② 강제순환식
③ 관류식 ④ 노통연관식

해설

원통형 보일러
㉠ 연관식 ㉡ 노통연관식
㉢ 노통식 ㉣ 입형식

27 보일러의 마력을 옳게 나타낸 것은?

① 보일러 마력＝15.65×매시 상당증발량
② 보일러 마력＝15.65×매시 실제증발량
③ 보일러 마력＝15.65÷매시 실제증발량
④ 보일러 마력＝매시 상당증발량÷15.65

해설

$$\text{보일러 마력} = \frac{\text{매시 상당증발량}}{15.65}$$

(마력이 크면 대용량 보일러이다.)

정답 21 ② 22 ① 23 ② 24 ② 25 ④ 26 ④ 27 ④

28 연료의 인화점에 대한 설명으로 가장 옳은 것은?

① 가연물을 공기 중에서 가열했을 때 외부로부터 점화원 없이 발화하여 연소를 일으키는 최저온도
② 가연성 물질이 공기 중의 산소와 혼합하여 연소할 경우에 필요한 혼합가스의 농도 범위
③ 가연성 액체의 증기 등이 불씨에 의해 불이 붙는 최저온도
④ 연료의 연소를 계속시키기 위한 온도

해설
인화점
가연성 액체의 증기 등이 불씨에 의해 불이 붙는 최저온도

29 다음 중 매연 발생의 원인이 아닌 것은?

① 공기량이 부족할 때
② 연료와 연소장치가 맞지 않을 때
③ 연소실의 온도가 낮을 때
④ 연소실의 용적이 클 때

해설
연소실 용적(m^3)이 크면 공기의 소통이 원활하여 완전연소가 가능함에 따라 매연 발생이 감소한다.

30 연소 시작 시 부속설비 관리에서 급수예열기에 대한 설명으로 틀린 것은?

① 바이패스 연도가 있는 경우에는 연소가스를 바이패스시켜 물이 급수예열기 내를 유동하게 한 후 연소가스를 급수예열기 연도에 보낸다.
② 댐퍼 조작은 급수예열기 연도의 입구 댐퍼를 먼저 연 다음에 출구 댐퍼를 열고 최후에 바이패스 연도 댐퍼를 닫는다.
③ 바이패스 연도가 없는 경우 순환관을 이용하여 급수예열기 내의 물을 유동시켜 급수예열기 내부에 증기가 발생하지 않도록 주의한다.
④ 순환관이 없는 경우는 보일러에 급수하면서 적량의 보일러수 분출을 실시하여 급수예열기 내의 물을 정체시키지 않도록 하여야 한다.

해설
② 연소 시작 시 출구댐퍼를 가장 먼저 열고 그 다음 바이패스 연도댐퍼를 연 후 마지막으로 급수예열기 연도의 입구댐퍼를 열어야 한다.

31 난방부하 계산과정에서 고려하지 않아도 되는 것은?

① 난방형식
② 주위환경 조건
③ 유리창의 크기 및 문의 크기
④ 실내와 외기의 온도

해설
난방부하 계산 시 고려사항
㉠ 주위환경 조건
㉡ 유리창 및 문의 크기
㉢ 실내와 외기의 온도
㉣ 난방면적 및 열관류율

32 본래 배관의 회전을 제한하기 위하여 사용되어 왔으나 근래에는 배관계의 축방향의 안내 역할을 하며 축과 직각방향의 이동을 구속하는 데 사용되는 리스트레인트의 종류는?

① 앵커(Anchor)
② 가이드(Guide)
③ 스토퍼(Stopper)
④ 이어(Ear)

해설
가이드(Guide)
리스트레인트의 종류로서 배관계 축방향의 안내역할을 하며 축과 직각방향의 이동을 구속한다.

정답 28 ③ 29 ④ 30 ② 31 ① 32 ②

33 온수난방에서 역귀환방식을 채택하는 주된 이유는?

① 각 방열기에 연결된 배관의 신축을 조정하기 위해서
② 각 방열기에 연결된 배관 길이를 짧게 하기 위해서
③ 각 방열기에 공급되는 온수를 식지 않게 하기 위해서
④ 각 방열기에 공급되는 유량분배를 균등하게 하기 위해서

해설

역귀환방식(리버스 리턴방식)

온수난방에서 각 방열기에 공급되는 유량 분배를 균등하게 하기 위함이다.

34 보일러 보존 시 건조제로 주로 쓰이는 것이 아닌 것은?

① 실리카겔
② 활성알루미나
③ 염화마그네슘
④ 염화칼슘

해설

염화마그네슘

슬러지나 스케일의 주성분

35 온수난방의 시공법에 관한 설명으로 틀린 것은?

① 배관 구배는 일반적으로 1/250 이상으로 한다.
② 운전 중에 온수에서 분리한 공기를 배제하기 위해 개방식 팽창탱크로 향하여 선상향 구배로 한다.
③ 수평배관에서 관지름을 변경할 경우 동심 이음쇠를 사용한다.
④ 온수 보일러에서 팽창탱크에 이르는 팽창관에는 되도록 밸브를 달지 않는다.

해설

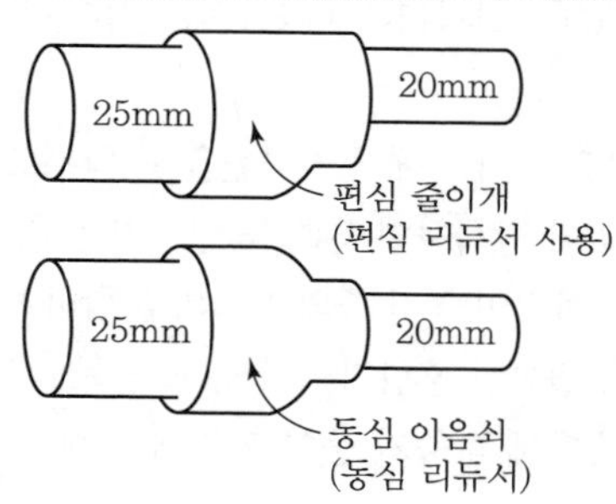

36 엘보나 티와 같이 내경이 나사로 된 부품을 폐쇄할 필요가 있을 때 사용되는 것은?

① 캡　② 니플
③ 소켓　④ 플러그

해설

엘보나 티같이 내경이 나사로 된 부품의 폐쇄 시 플러그를 사용한다.(외경이 나사이면 캡을 사용한다.)

37 그림 기호와 같은 밸브의 종류 명칭은?

① 게이트 밸브　② 체크 밸브
③ 볼 밸브　④ 안전 밸브

해설

: 역류방지 체크 밸브(액체에 사용)

스윙형, 리프트형, 스모렌스키형, 판형 등이 있다.

38 환수관의 배관방식에 의한 분류 중 환수주관을 보일러의 표준수위보다 낮게 배관하여 환수하는 방식은 어떤 배관방식인가?

① 건식환수　② 중력환수
③ 기계환수　④ 습식환수

해설

습식환수

환수관을 보일러 표준수면보다 낮게 배관한다.(표준수면보다 높게 하면 건식환수다.)

정답 33 ④ 34 ③ 35 ③ 36 ④ 37 ② 38 ④

39 증기 트랩을 기계식 트랩(Mechanical Trap), 온도조절식 트랩(Thermostatic Trap), 열역학적 트랩(Thermodynamic Trap)으로 구분할 때 온도조절식 트랩에 해당하는 것은?

① 버킷 트랩 ② 플로트 트랩
③ 열동식 트랩 ④ 디스크형 트랩

해설
열동식 트랩(벨로스식), 바이메탈식은 온도조절식 트랩으로 구분한다.
①, ②는 기계식 트랩, ④는 열역학적 트랩이다.

40 호칭지름 15A의 강관을 굽힘 반지름 80mm, 각도 90°로 굽힐 때 굽힘부의 필요한 중심 곡선부 길이는 약 몇 mm인가?

① 126 ② 135
③ 182 ④ 251

해설
$$L = 2\pi R \times \frac{\theta}{360}$$
$$= 2 \times 3.14 \times 80 \times \frac{90}{360} = 125.6$$
$$\fallingdotseq 126\text{mm}$$

41 다음 보온재의 종류 중 안전사용(최고)온도(℃)가 가장 낮은 것은?

① 펄라이트 보온판 · 통
② 탄화코르크판
③ 글라스 울 블랭킷
④ 내화단열벽돌

해설
① 펄라이트 보온판·통 : 650℃
② 탄화코르크판 : 130℃
③ 글라스 울 블랭킷 : 300℃
④ 내화단열벽돌 : 1,200℃

42 다음 중 유기질 보온재에 속하지 않는 것은?

① 펠트 ② 세라크울
③ 코르크 ④ 기포성 수지

해설
세라크울 : 무기질 보온재

43 다음 중 보일러의 안전장치에 해당되지 않는 것은?

① 방출밸브 ② 방폭문
③ 화염검출기 ④ 감압밸브

해설
감압밸브
증기이송장치이며 증기의 압력을 감소시킨다. 직동식, 다이어프램식 등이 있다.

44 난방부하가 2,250kcal/h인 경우 온수방열기의 방열면적은 몇 m^2인가?(단, 방열기의 방열량은 표준방열량으로 한다.)

① 3.5 ② 4.5
③ 5.0 ④ 8.3

해설
온수난방 표준방열량 : 450kcal/m^2h(증기는 650kcal/m^2h)
$$\therefore \text{ 방열면적}(m^2) = \frac{2,250}{450} = 5.0m^2$$

45 보일러의 사고발생 원인 중 제작상의 원인에 해당되지 않는 것은?

① 용접불량 ② 가스폭발
③ 강도부족 ④ 부속장치 미비

해설
가스폭발
보일러 운전 전에 프리퍼지(환기)를 노 내에서 완벽하게 하면 가스폭발이 방지된다.(운전취급상의 문제이다.)
안전장치로서는 방폭문(폭발구)을 보일러 연소실 후부에 부착시킨다.

정답 39 ③ 40 ① 41 ② 42 ② 43 ④ 44 ③ 45 ②

46 보일러의 검사기준에 관한 설명으로 틀린 것은?

① 수압시험은 보일러의 최고사용압력이 15kgf/cm² 를 초과할 때에는 그 최고사용압력의 1.5배의 압력으로 한다.
② 보일러 운전 중에 비눗물 시험 또는 가스누설검사기로 배관접속부위 및 밸브류 등의 누설 유무를 확인한다.
③ 시험수압은 규정된 압력의 8% 이상을 초과하지 않도록 모든 경우에 대한 적절한 제어를 마련하여야 한다.
④ 화재, 천재지변 등 부득이한 사정으로 검사를 실시할 수 없는 경우에는 재신청 없이 다시 검사를 하여야 한다.

해설
보일러 수압시험은 규정된 압력의 6% 이상을 초과하지 않는 범위 내에서 실시한다.

47 동관 작업용 공구의 사용목적이 바르게 설명된 것은?

① 플레어링 툴 세트 : 관 끝을 소켓으로 만듦
② 익스팬더 : 직관에서 분기관 성형 시 사용
③ 사이징 툴 : 관 끝을 원형으로 정형
④ 튜브벤더 : 동관을 절단함

해설
① 플레어링 툴 세트 : 동관의 압축접합용
② 익스팬더 : 동관의 관 끝 확관용
④ 튜브벤더 : 동관 벤딩용

48 철금속가열로란 단조가 가능하도록 가열하는 것을 주목적으로 하는 노로서 정격용량이 몇 kcal/h를 초과하는 것을 말하는가?

① 200,000 ② 500,000
③ 100,000 ④ 300,000

해설
검사대상기기 철금속가열로 기준은 0.58MW(약 50만 kcal/h) 초과 용량이어야 검사를 받는다.

49 배관의 신축이음 종류가 아닌 것은?

① 슬리브형 ② 벨로스형
③ 루프형 ④ 파일럿형

해설
배관의 신축이음
㉠ 슬리브형 ㉡ 벨로스형 ㉢ 루프형 ㉣ 스윙형

50 급수탱크의 설치에 대한 설명 중 틀린 것은?

① 급수탱크를 지하에 설치하는 경우에는 지하수, 하수, 침출수 등이 유입되지 않도록 하여야 한다.
② 급수탱크의 크기는 용도에 따라 1~2시간 정도 급수를 공급할 수 있는 크기로 한다.
③ 급수탱크는 얼지 않도록 보온 등 방호조치를 하여야 한다.
④ 탈기기가 없는 시스템의 경우 급수에 공기 용입 우려로 인해 가열장치를 설치해서는 안 된다.

해설
탈기기가 없는 급수탱크에서는 가열장치를 설치한 경우 에어벤트를 설치하여 공기의 발생을 방지할 수 있다.

51 다음 중 보일러 손상의 하나인 압궤가 일어나기 쉬운 부분은?

① 수관 ② 노통
③ 동체 ④ 갤러웨이관

해설
㉠ 압궤 발생지역 : 노통
㉡ 팽출 발생지역 : 수관, 동체, 갤러웨이관

52 사용 중인 보일러의 점화 전 주의사항으로 잘못된 것은?

① 연료계통을 점검한다.
② 각 밸브의 개폐 상태를 확인한다.
③ 댐퍼를 닫고 프리퍼지를 한다.
④ 수면계의 수위를 확인한다.

정답 46 ③ 47 ③ 48 ② 49 ④ 50 ④ 51 ② 52 ③

해설
프리퍼지(가스폭발을 방지하기 위해 점화 시에 노 내에 송풍기로 잔존가스를 배출시키는 환기)는 연도댐퍼를 열고 실시한다.

53 진공환수식 증기배관에서 리프트 피팅(Lift Fitting)으로 흡상할 수 있는 1단의 최고 흡상높이는 몇 m 이하로 하는 것이 좋은가?

① 1m ② 1.5m
③ 2m ④ 2.5m

해설
진공환수식에서 환수관이 보일러 표준수면보다 낮은 경우 1.5m마다 리프트 피팅으로 환수를 흡상한다.

54 열전도율이 다른 여러 층의 매체를 대상으로 정상상태에서 고온 측으로부터 저온 측으로 열이 이동할 때의 평균 열통과율을 의미하는 것은?

① 엔탈피 ② 열복사율
③ 열관류율 ④ 열용량

해설
열관류율(kcal/m²h℃)은 고온 측에서 저온 측으로 열이 고체벽을 통과할 때 평균 열통과율이다.

55 온실가스 배출량 및 에너지 사용량 등의 보고와 관련하여 관리업체는 해당 연도 온실가스 배출량 및 에너지 소비량에 관한 명세서를 작성하고 이에 대한 검증기관의 검증결과를 언제까지 부문별 관장기관에게 제출하여야 하는가?

① 해당 연도 12월 31일까지
② 다음 연도 1월 31일까지
③ 다음 연도 3월 31일까지
④ 다음 연도 6월 30일까지

해설
온실가스 배출량 관리업체는 온실가스 배출량 및 에너지소비량을 작성하고 검증기관의 검증결과를 다음 연도 3월 31일까지 부문별 관장기관에게 제출한다.

56 에너지이용 합리화법상 효율관리 기자재가 아닌 것은?

① 삼상유도전동기
② 선박
③ 조명기기
④ 전기냉장고

해설
에너지이용 합리화법 시행규칙 제7조에 의거, ①, ③, ④ 외에도 전기세탁기, 자동차, 전기냉방기 등이 효율관리 기자재이다.

57 신축 · 증축 또는 개축하는 건축물에 대하여 그 설계 시 산출된 예상 에너지사용량의 일정 비율 이상을 신 · 재생에너지를 이용하여 공급되는 에너지를 사용하도록 신 · 재생에너지 설비를 의무적으로 설치하게 할 수 있는 기관이 아닌 것은?

① 공기업
② 종교단체
③ 국가 및 지방자치단체
④ 특별법에 따라 설립된 법인

해설
신에너지 및 재생에너지 개발 · 이용보급촉진법 제12조에 따라 ①, ③, ④ 외에도 정부출연기관 정부출자기업체, 출자법인 등이 있다.

58 정부는 국가전략을 효율적 · 체계적으로 이행하기 위하여 몇 년마다 저탄소 녹색성장 국가전략 5개년 계획을 수립하는가?

① 2년 ② 3년
③ 4년 ④ 5년

해설
저탄소 녹색성장 국가전략을 효율적 · 체계적으로 이행하기 위하여 5년마다 국가전략계획을 수립한다.

정답 53 ② 54 ③ 55 ③ 56 ② 57 ② 58 ④

59 에너지이용 합리화법의 위반사항과 벌칙내용이 맞게 짝지어진 것은?

① 효율관리기자재 판매금지 명령 위반 시 : 1천만 원 이하의 벌금
② 검사대상기기 조종자를 선임하지 않을 시 : 5백만 원 이하의 벌금
③ 검사대상기기 검사의무 위반 시 : 1년 이하의 징역 또는 1천만원 이하의 벌금
④ 효율관리기자재 생산명령 위반 시 : 5백만 원 이하의 벌금

해설

검사대상기기는 검사신청을 하지 않거나 검사의 불합격 통보에도 불구하고 검사대상기기를 조종한 자는 ③항의 벌칙을 통보받는다.

60 에너지이용 합리화법의 목적이 아닌 것은?

① 에너지의 수급 안정
② 에너지의 합리적이고 효율적인 이용 증진
③ 에너지소비로 인한 환경피해를 줄임
④ 에너지 소비촉진 및 자원개발

해설

에너지는 소비촉진이 아닌 절약의 의미가 크고 효율적으로 사용하여야 한다.

정답 59 ③ 60 ④

2012년 4월 8일 시행

과년도 기출문제

01 주철제 보일러의 특징에 관한 설명으로 틀린 것은?

① 내식성이 우수하다.
② 섹션의 증감으로 용량조절이 용이하다.
③ 주로 고압용에 사용된다.
④ 전열효율 및 연소효율은 낮은 편이다.

해설
주철제 보일러는 내충격성이나 인장강도가 약하여 주로 저압용 난방 보일러에 적합하다.

02 다음 중 확산연소방식에 의한 연소장치에 해당하는 것은?

① 선회형 버너　② 저압 버너
③ 고압 버너　④ 송풍 버너

해설
확산연소방식 버너(가스버너)
㉠ 포트형 버너
㉡ 선회형 버너

03 수트 블로어 사용에 관한 주의사항으로 틀린 것은?

① 분출기 내의 응축수를 배출시킨 후 사용할 것
② 부하가 적거나 소화 후 사용하지 말 것
③ 원활한 분출을 위해 분출하기 전 연도 내의 배풍기를 사용하지 말 것
④ 한곳에 집중적으로 사용하여 전열면에 무리를 가하지 말 것

해설
수트 블로어(전열면 내 그을음 제거기) 사용 시에는 분출을 하기 전 연도 내의 배풍기를 작동시킬 것

04 급수예열기(절탄기, Economizer)의 형식 및 구조에 대한 설명으로 틀린 것은?

① 설치방식에 따라 부속식과 집중식으로 분류한다.
② 급수의 가열도에 따라 증발식과 비증발식으로 구분하며, 일반적으로 증발식을 많이 사용한다.
③ 평관급수예열기는 부착하기 쉬운 먼지를 함유하는 배기가스에서도 사용할 수 있지만 설치공간이 넓어야 한다.
④ 핀튜브급수예열기를 사용할 경우 배기가스의 먼지 성상에 주의할 필요가 있다.

해설
② 일반적으로 비증발식을 많이 사용한다.

05 가장 미세한 입자의 먼지를 집진할 수 있고, 압력손실이 작으며, 집진효율이 높은 집진장치 형식은?

① 전기식　② 중력식
③ 세정식　④ 사이클론식

해설
전기식 집진장치
가장 미세한 입자의 먼지를 집진할 수 있고, 압력손실이 적으며 집진효율이 매우 높다.

06 원통형 보일러에 관한 설명으로 틀린 것은?

① 입형 보일러는 설치면적이 적고 설치가 간단하다.
② 노통이 2개인 횡형 보일러는 코니시 보일러이다.
③ 패키지형 노통연관 보일러는 내분식으로 방산 열손실열량이 적다.
④ 기관본체를 둥글게 제작하여 이를 입형이나 횡형으로 설치 · 사용하는 보일러를 말한다.

정답 01 ③ 02 ① 03 ③ 04 ② 05 ① 06 ②

해설
코니시 노통 보일러는 노통이 1개이다.

07 액화석유가스(LPG)의 일반적인 성질에 대한 설명으로 틀린 것은?

① 기화 시 체적이 증가한다.
② 액화 시 적은 용기에 충진이 가능하다.
③ 기체상태에서 비중이 도시가스보다 가볍다.
④ 압력이나 온도의 변화에 따라 쉽게 액화, 기화시킬 수 있다.

해설
㉠ LPG는 도시가스보다 비중이 1.5~2배 무겁다.
㉡ 도시가스 주성분 : 메탄가스
㉢ LPG 주성분 : 프로판, 부탄, 프로필렌, 부틸렌

08 다음 중 임계점에 대한 설명으로 틀린 것은?

① 물의 임계온도는 374.15℃이다.
② 물의 임계압력은 225.65kg/cm^{2}이다.
③ 물의 임계점에서의 증발잠열은 539kcal/kg이다.
④ 포화수에서 증발의 현상이 없고 액체와 기체의 구별이 없어지는 지점을 말한다.

해설
㉠ 표준대기압에서 물의 비등점은 100℃, 증발잠열은 539kcal/kg이다.
㉡ 임계점에서 증발잠열은 0kcal/kg이다.

09 보기에서 설명한 송풍기의 종류는?

- 경향 날개형이며 6~12개의 철판제 직선날개를 보스에서 방사한 스포크에 리벳죔을 한 것이며, 축판이 있는 임펠러와 축판이 없는 것이 있다.
- 구조가 견고하며 내마모성이 크고 날개를 바꾸기도 쉬우며 회진이 많은 가스의 흡출통풍기, 미분탄 장치의 배탄기 등에 사용된다.

① 터보송풍기 ② 다익 송풍기
③ 축류송풍기 ④ 플레이트 송풍기

해설
플레이트 송풍기
내마모성이 크고 날개를 교체하기가 수월하며 흡출통풍기나 미분탄 장치의 배탄기 등에 사용된다.

10 미리 정해진 순서에 따라 순차적으로 제어의 각 단계가 진행되는 제어 방식으로 작동 명령이 타이머나 릴레이에 의해서 수행되는 제어는?

① 시퀀스 제어
② 피드백 제어
③ 프로그램 제어
④ 캐스케이드 제어

해설
미리 정해진 순서에 따라 순차적으로 제어의 각 단계가 진행되는 제어방식은 시퀀스(정성적) 제어다.

11 안전밸브의 수동시험은 최고사용압력의 몇 % 이상의 압력으로 행하는가?

① 50% ② 55%
③ 65% ④ 75%

해설
안전밸브의 수동작동시험
최고사용압력의 75% 이상에서 시행한다.

12 액체연료 중 경질유에 주로 사용하는 기화연소방식의 종류에 해당하지 않는 것은?

① 포트식 ② 심지식
③ 증발식 ④ 무화식

해설
무화연소식
중질유(중유 등)의 연소방식

정답 07 ③ 08 ③ 09 ④ 10 ① 11 ④ 12 ④

13 제어장치의 제어동작 종류에 해당되지 않는 것은?

① 비례동작 ② 온－오프동작
③ 비례적분동작 ④ 반응동작

해설

㉠ 연속동작 : 비례동작, 비례적분동작, 적분동작, 미분동작, 비례적분미분동작
㉡ 불연속동작 : 온－오프동작, 다위치동작

14 연료유 탱크에 가열장치를 설치한 경우에 대한 설명으로 틀린 것은?

① 열원에는 증기, 온수, 전기 등을 사용한다.
② 전열식 가열장치에 있어서는 직접식 또는 저항밀봉피복식의 구조로 한다.
③ 온수, 증기 등의 열매체가 동절기에 동결할 우려가 있는 경우에는 동결을 방지하는 조치를 취해야 한다.
④ 연료유 탱크의 기름 취출구 등에 온도계를 설치하여야 한다.

해설

연료탱크
㉠ 전열식 가열장치 : 저항식, 저항밀봉피복식(Sheath)이 있으며 과열방지장치가 필요하다.
㉡ 열원 : 증기, 온수, 전기

15 플레임 아이에 대하여 옳게 설명한 것은?

① 연도의 가스온도로 화염의 유무를 검출한다.
② 화염의 도전성을 이용하여 화염의 유무를 검출한다.
③ 화염의 방사선을 감지하여 화염의 유무를 검출한다.
④ 화염의 이온화 현상을 이용하여 화염의 유무를 검출한다.

해설

플레임 아이(광전관식 화염검출기)
화염의 방사선을 감지하여 화염의 유무를 검출한다.

16 10℃의 물 400kg과 90℃의 더운 물 100kg을 혼합하면 혼합 후 물의 온도는?

① 26℃ ② 36℃
③ 54℃ ④ 78℃

해설

$Q_1 = 400 \times 1 \times 10 = 4{,}000\text{kcal}$
$Q_2 = 100 \times 1 \times 90 = 9{,}000\text{kcal}$

$$\therefore \text{tm} = \frac{4{,}000 + 9{,}000}{400 \times 1 + 100 \times 1} = 26℃$$

17 급수탱크의 수위조절기에서 전극형만의 특징에 해당하는 것은?

① 기계적으로 작동이 확실하다.
② 내식성이 강하다.
③ 수면의 유동에서도 영향을 받는다.
④ On－Off의 스팬이 긴 경우는 적합하지 않다.

해설

관류 보일러 전극식 수위조절기

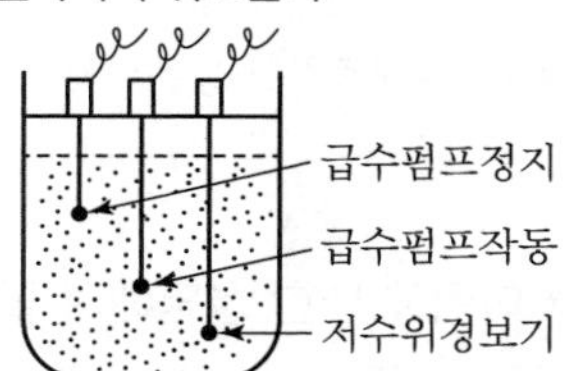

18 증기난방시공에서 관말 증기 트랩 장치에서 냉각래그(Cooling Leg)의 길이는 일반적으로 몇 m 이상으로 해주어야 하는가?

① 0.7m ② 1.2m
③ 1.5m ④ 2.0m

해설

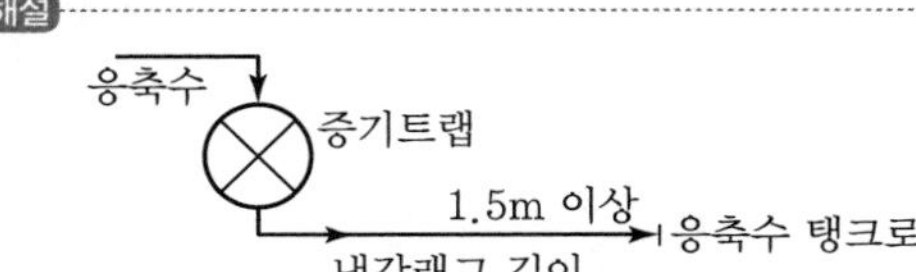

정답 13 ④ 14 ② 15 ③ 16 ① 17 ④ 18 ③

19 가스버너에서 종류를 유도혼합식과 강제혼합식으로 구분할 때 유도혼합식에 속하는 것은?

① 슬리트 버너
② 리본 버너
③ 라디먼트 튜브 버너
④ 혼소 버너

해설
㉠ 유도혼합식 버너(분젠버너) : 슬리트 버너
㉡ 강제혼합식 버너(브라스트버너) : 원혼합식, 선혼합식 버너
※ 일종의 노즐믹서식 버너

20 보일러의 열정산 목적이 아닌 것은?

① 보일러의 성능 개선 자료를 얻을 수 있다.
② 열의 행방을 파악할 수 있다.
③ 연소실의 구조를 알 수 있다.
④ 보일러 효율을 알 수 있다.

해설
연소실 구조
설계과정에서 설정되며 구조검사 시 파악된다.

21 보일러 마력에 대한 설명에서 괄호 안에 들어갈 숫자로 옳은 것은?

> "표준 상태에서 한 시간에 ( )kg의 상당증발량을 나타낼 수 있는 능력이다."

① 16.56　② 14.56
③ 15.65　④ 13.56

해설
보일러 1마력의 크기
증기 보일러 상당증발량 15.65 kg/h의 발생능력(8,435kcal/h)이 1마력이다.

22 급유장치에서 보일러 가동 중 연소의 소화, 압력초과 등 이상 현상 발생 시 긴급히 연료를 차단하는 것은?

① 압력조절스위치　② 압력제한스위치
③ 감압밸브　④ 전자밸브

해설
전자밸브
보일러에 인터록이 발생되면 보일러 안전을 위하여 연소의 소화, 압력초과, 저수위 사고 시 긴급히 연료를 차단한다.

23 상당증발량 = Ge(kg/h), 보일러 효율 l = η, 연료소비량 = B(kg/h), 저위발열량 = Hl(kcal/kg), 증발잠열 = 539(kcal/kg)일 때 상당증발량(Ge)를 옳게 나타낸 것은?

① $Ge = \frac{539\,\eta Hl}{B}$　② $Ge = \frac{B\,Hl}{539\,\eta}$
③ $Ge = \frac{\eta B\,Hl}{539}$　④ $Ge = \frac{539\,\eta B}{Hl}$

해설
상당증발량(Ge) $= \frac{539 \cdot \eta \cdot Hl}{539}$ (kg/h)

24 보일러 실제 증발량이 7,000kg/h이고, 최대연속 증발량이 8t/h일 때 이 보일러 부하율은 몇 %인가?

① 80.5%　② 85%
③ 87.5%　④ 90%

해설
보일러부하율(%) $= \frac{\text{실제증기발생량}}{\text{최대연속증발량}} \times 100$

$\therefore \frac{7{,}000}{8 \times 1{,}000} \times 100 = 87.5\%$

※ 1톤 보일러 : 1,000kg/h 발생

정답 19 ① 20 ③ 21 ③ 22 ④ 23 ③ 24 ③

25 보일러 본체에서 수부가 클 경우의 설명으로 틀린 것은?

① 부하 변동에 대한 압력 변화가 크다.
② 증기 발생시간이 길어진다.
③ 열효율이 낮아진다.
④ 보유 수량이 많으므로 파열 시 피해가 크다.

해설

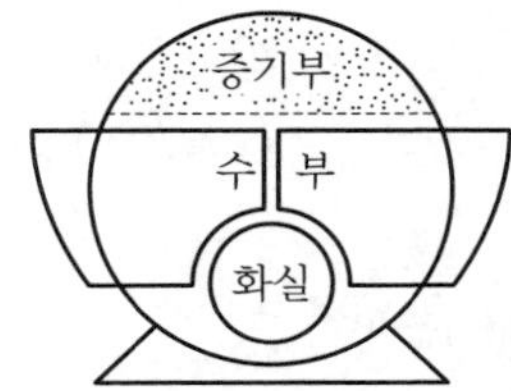

㉠ 수부가 크면 부하 변동에 응하기가 수월하다.(압력 변화가 적다.)
㉡ 증기부가 크면 건조증기 취출이 용이하다.

26 수소 15%, 수분 0.5%인 중유의 고위발열량이 10,000kcal/kg이다. 이 중유의 저위발열량은 몇 kcal/kg인가?

① 8,795 ② 8,984
③ 9,085 ④ 9,187

해설

저위발열량(Hl) = Hh − 600(9H + W)
= 10,000 − 600(9×0.15 + 0.005)
= 9,187kcal/kg

27 버너에서 연료분사 후 소정의 시간이 경과하여도 착화를 볼 수 없을 때 전자밸브를 닫아서 연소를 저지하는 제어는?

① 저수위 인터록 ② 저연소 인터록
③ 불착화 인터록 ④ 프리퍼지 인터록

해설

불착화 인터록
버너에서 연료분사 후 소정의 시간이 경과하여도 착화를 볼 수 없을 때 전자밸브를 닫아서 연소를 저지하는 제어

28 과잉공기량에 관한 설명으로 옳은 것은?

① (과잉공기량) = (실제공기량) × (이론공기량)
② (과잉공기량) = (실제공기량)/(이론공기량)
③ (과잉공기량) = (실제공기량) + (이론공기량)
④ (과잉공기량) = (실제공기량) − (이론공기량)

해설

과잉공기량 = 실제공기량 − 이론공기량

- 과잉공기계수(공기비) = $\frac{\text{실제공기량}}{\text{이론공기량}}$ (1보다 크다.)
- m(공기비) = $\frac{21}{21-(O_2)}$ (1보다 크다.)

29 슈미트 보일러는 보일러 분류에서 어디에 속하는가?

① 관류식 ② 자연순환식
③ 강제순환식 ④ 간접가열식

해설

간접가열식 보일러(2중 증발 보일러)
㉠ 슈미트 – 하트만 보일러
㉡ 레플러 보일러

30 열팽창에 의한 배관의 이동을 구속 또는 제한하는 배관 지지구인 리스트레인트(Restraint)의 종류가 아닌 것은?

① 가이드 ② 앵커
③ 스토퍼 ④ 행거

해설

㉠ 행거, 서포트 : 배관의 상, 하부 지지 기구
㉡ 리스트레인트 : 앵커, 스토퍼, 가이드(배관의 이동 또는 구속을 제한)

31 보일러의 옥내설치 시 보일러 동체 최상부로부터 천장, 배관 등 보일러 상부에 있는 구조물까지의 거리는 몇 m 이상이어야 하는가?

① 0.5 ② 0.8
③ 1.0 ④ 1.2

정답 25 ① 26 ④ 27 ③ 28 ④ 29 ④ 30 ④ 31 ④

해설

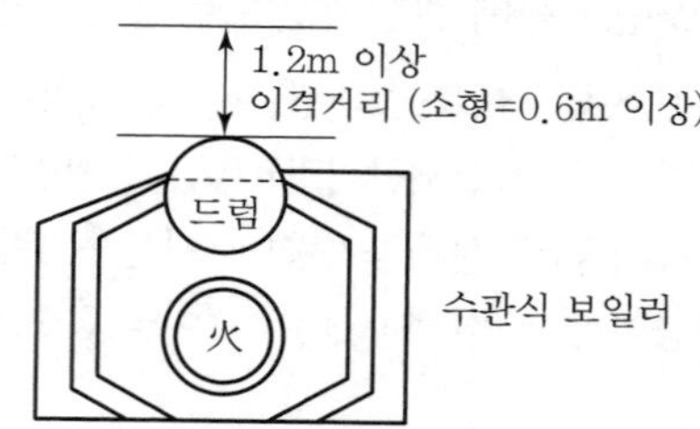

32 보온재를 유기질 보온재와 무기질 보온재로 구분할 때 무기질 보온재에 해당하는 것은?

① 펠트　　② 코르크
③ 글라스 폼　　④ 기포성 수지

해설
무기질 보온재
글라스 폼, 글라스 울, 석면, 규조토, 탄산마그네슘, 규산칼슘 등

33 온수난방 배관방법에서 귀환관의 종류 중 직접귀환방식의 특징 설명으로 옳은 것은?

① 각 방열기에 이르는 배관길이가 다르므로 마찰저항에 의한 온수의 순환율이 다르다.
② 배관 길이가 길어지고 마찰저항이 증가한다.
③ 건물 내 모든 실의 온도를 동일하게 할 수 있다.
④ 동일 층 및 각 층 방열기의 순환율이 동일하다.

해설
①은 직접귀환방식이고, ③, ④는 역귀환방식(리버스리턴방식)에 대한 내용이다.

34 보일러의 유류배관의 일반사항에 대한 설명으로 틀린 것은?

① 유류배관은 최대 공급압력 및 사용온도에 견디어야 한다.
② 유류배관은 나사이음을 원칙으로 한다.
③ 유류배관에는 유류가 새는 것을 방지하기 위해 부식방지 등의 조치를 한다.
④ 유류배관은 모든 부분의 점검 및 보수할 수 있는 구조로 하는 것이 바람직하다.

해설
유류배관은 누설방지를 위하여 용접이음을 원칙으로 한다.

35 온수난방 배관시공 시 배관 구배는 일반적으로 얼마 이상이어야 하는가?

① 1/100　　② 1/150
③ 1/200　　④ 1/250

해설
㉠ 증기난방 구배(기울기) : $\frac{1}{200}$
㉡ 온수난방 구배 : $\frac{1}{250}$

36 보일러의 증기압력 상승 시의 운전관리에 관한 일반적인 주의사항으로 거리가 먼 것은?

① 보일러에 불을 붙일 때는 어떠한 이유가 있어도 급격한 연소를 시켜서는 안 된다.
② 급격한 연소는 보일러 본체의 부동팽창을 일으켜 보일러와 벽돌을 쌓은 접촉부에 틈을 증가시키고 벽돌 사이에 벌어짐이 생길 수 있다.
③ 특히 주철제 보일러는 급냉급열 시에 쉽게 갈라질 수 있다.
④ 찬물을 가열할 경우에는 일반적으로 최저 20~30분 정도로 천천히 가열한다.

해설
증기압력 상승 시 찬물을 가열하지 말고 가능하면 60~70℃의 응축수로 급수를 보급한다.

37 사용 중인 보일러의 점화 전에 점검해야 될 사항으로 가장 거리가 먼 것은?

① 급수장치, 급수계통 점검
② 보일러 동내 물때 점검
③ 연소장치, 통풍장치 점검
④ 수면계의 수위 확인 및 조정

정답 32 ③ 33 ① 34 ② 35 ④ 36 ④ 37 ②

해설

보일러 동 내 물때 점검은 보일러 세관작업 전에 실시하면 편리하다.

38 배관 이음 중 슬리브형 신축이음에 관한 설명으로 틀린 것은?

① 슬리브 파이프를 이음쇠 본체 측과 슬라이드시킴으로써 신축을 흡수하는 이음방식이다.
② 신축 흡수율이 크고 신축으로 인한 응력 발생이 적다.
③ 배관의 곡선부분이 있어도 그 비틀림을 슬리브에서 흡수하므로 파손의 우려가 적다.
④ 장기간 사용 시에는 패킹의 마모로 인한 누설이 우려된다.

해설

슬리브형 신축이음(단식, 복식)은 직선배관에 설치하는 것이 이상적이다.

39 보존법 중 장기보존법에 해당하지 않는 것은?

① 가열건조법
② 석회밀폐건조법
③ 질소가스봉입법
④ 소다만수보존법

해설

가열건조법

보일러 최초 설치 시 화실을 건조할 때 사용하는 법

40 보일러에서 포밍이 발생하는 경우로 거리가 먼 것은?

① 증기의 부하가 너무 적을 때
② 보일러수가 너무 농축되었을 때
③ 수위가 너무 높을 때
④ 보일러수 중에 유지분이 다량 함유되었을 때

해설

포밍(보일러수의 거품 발생)

유지분 등이 존재하거나 증기의 부하가 너무 클 때 발생한다.

41 배관에서 바이패스관의 설치 목적으로 가장 적합한 것은?

① 트랩이나 스트레이너 등의 고장 시 수리, 교환을 위해 설치한다.
② 고압증기를 저압증기로 바꾸기 위해 사용한다.
③ 온수 공급관에서 온수의 신속한 공급을 위해 설치한다.
④ 고온의 유체를 중간과정 없이 직접 저온의 배관부로 전달하기 위해 설치한다.

해설

바이패스관(우회배관)

증기트랩이나 스트레이너 등의 고장 시 수리, 교환을 위해 설치한다.

42 보일러 사고를 제작상의 원인과 취급상의 원인으로 구별할 때 취급상의 원인에 해당하지 않는 것은?

① 구조 불량 ② 압력 초과
③ 저수위 사고 ④ 가스 폭발

해설

제작, 구조, 설계, 시공 불량은 취급상이 아닌 제조자의 사고원인에 해당한다.

43 글랜드 패킹의 종류에 해당하지 않는 것은?

① 편조 패킹
② 액상 합성수지 패킹
③ 플라스틱 패킹
④ 메탈 패킹

해설

액상 합성수지 패킹(태프론)

플랜지 패킹(사용용도는 −260~260℃로 기름에도 침해되지 않는다.)으로 사용한다.

정답 38 ③ 39 ① 40 ① 41 ① 42 ① 43 ②

44 다음 중 구상부식(Grooving)의 발생장소로 거리가 먼 것은?

① 경판의 급수구멍
② 노통의 플랜지 원형부
③ 접시형 경판의 구석 원통부
④ 보일러수의 유속이 낮은 부분

해설
구상부식(구루빙)은 ①, ②, ③의 장소에서 많이 발생한다.

45 링겔만 농도표는 무엇을 계측하는 데 사용되는가?

① 배출가스의 매연농도 ② 중유 중의 유황농도
③ 미분탄의 밀도 ④ 보일러수의 고형물 농도

해설
링겔만 매연농도계(0~5도까지 측정)는 배기가스 매연농도 측정
㉠ 매연농도 1도당 : 매연이 20%
㉡ 0도가 가장 우수하고 농도 5번이 매연 100%로 가장 나쁜 상태임

46 난방부하 설계 시 고려하여야 할 사항으로 거리가 먼 것은?

① 유리창 및 문 ② 천장 높이
③ 교통 여건 ④ 건물의 위치(방위)

해설
난방부하 설계 시 ①, ②, ④항을 고려한다.

47 보일러를 비상 정지시키는 경우의 일반적인 조치사항으로 잘못된 것은?

① 압력은 자연히 떨어지게 기다린다.
② 연소공기의 공급을 멈춘다.
③ 주증기 스톱밸브를 열어 놓는다.
④ 연료 공급을 중단한다.

해설
보일러 비상정지 시에는 반드시 주증기 스톱밸브를 닫아 놓는다.

48 저온 배관용 탄소강관의 종류의 기호로 맞는 것은?

① SPPG ② SPLT
③ SPPH ④ SPPS

해설
㉠ SPLT : 빙점 이하 저온도 배관용
㉡ SPPH : 10MPa 이상 고압배관용
㉢ SPPS : 압력배관용 탄소강 강관

49 배관의 신축이음 중 지웰이음이라고도 불리며, 주로 증기 및 온수 난방용 배관에 사용되나, 신축량이 너무 큰 배관에서는 나사 이음부가 헐거워져 누설의 염려가 있는 신축이음방식은?

① 루프식 ② 벨로스식
③ 볼 조인트식 ④ 스위블식

해설
스위블식 신축이음
지웰이음이며 주로 저압의 증기 및 온수난방용 신축조인트(신축량이 너무 큰 배관에서는 사용 불가)

50 합성수지 또는 고무질 재료를 사용하여 다공질 제품으로 만든 것이며 열전도율이 극히 낮고 가벼우며 흡수성은 좋지 않으나 굽힘성이 풍부한 보온재는?

① 펠트 ② 기포성 수지
③ 하이울 ④ 프리웨브

해설
기포성 수지(합성수지)
다공질 제품이며 열전도율이 극히 낮고 가볍다.(흡수성은 좋지 않으나 굽힘성이 풍부하다.)

정답 44 ④ 45 ① 46 ③ 47 ③ 48 ② 49 ④ 50 ②

51 다음 그림과 같은 동력 나사절삭기 종류의 형식으로 맞는 것은?

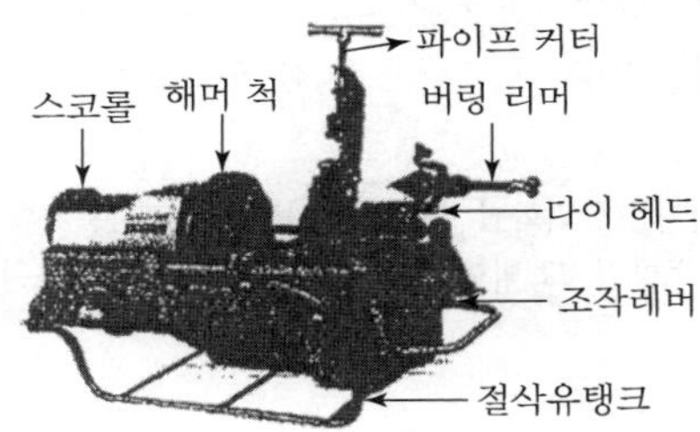

① 오스터형 ② 호브형
③ 다이헤드형 ④ 파이프형

해설
다이헤드형 동력용 나사절삭기 기능
㉠ 나사 절삭 ㉡ 거스러미 제거 ㉢ 관의 절단

52 보일러 운전자가 송기 시 취할 사항으로 맞는 것은?

① 증기헤더, 과열기 등의 응축수는 배출되지 않도록 한다.
② 송기 후에는 응축수 밸브를 완전히 열어 둔다.
③ 기수공발이나 수격작용이 일어나지 않도록 한다.
④ 주증기관은 스톱밸브를 신속히 열어 열 손실이 없도록 한다.

해설
보일러 운전 중 최초 증기를 이송(송기)할 때는 기수공발(물+증기+물거품) 및 배관 내 응축수에 의해 수격작용(워터 해머)이 발생되지 않도록 한다. 또한 송기 후 주증기밸브는 약간 조여 준다.

53 서비스 탱크는 자연압에 의하여 유류연료가 잘 공급될 수 있도록 버너보다 몇 m 이상 높은 장소에 설치하여야 하는가?

① 0.5m ② 1.0m
③ 1.2m ④ 1.5m

해설

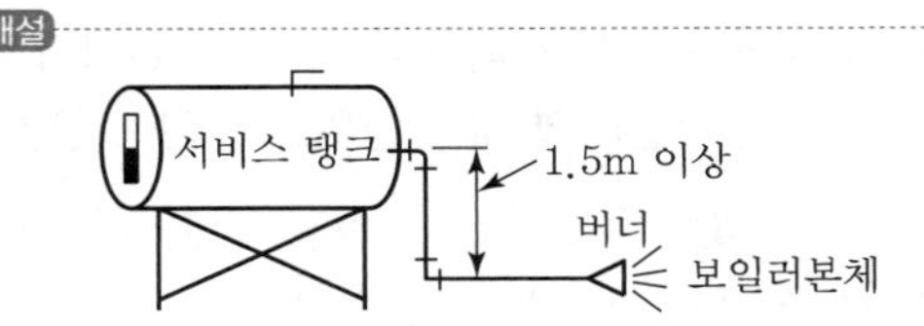

54 난방부하가 5,600kcal/h, 방열기 계수 7kcal/m²h℃, 송수온도 80℃, 환수온도 60℃, 실내온도 20℃일 때 방열기의 소요 방열면적은 몇 m²인가?

① 8 ② 16
③ 24 ④ 32

해설
소요 방열면적(난방부하/소요 방열량) 계산

$$\text{소요 방열량} = \text{방열기계수} \times \left(\frac{\text{송수}+\text{환수}}{2} - \text{실내온도}\right)$$

$$\therefore \text{소요 방열면적} = \frac{5{,}600}{7\times\left(\frac{80+60}{2}-20\right)} = 16\text{m}^2$$

55 에너지법에서 사용하는 "에너지"의 정의를 가장 올바르게 나타낸 것은?

① "에너지"라 함은 석유 · 가스 · 등 열을 발생하는 열원을 말한다.
② "에너지"라 함은 제품의 원료로 사용되는 것을 말한다.
③ "에너지"라 함은 태양, 조파, 수력과 같이 일을 만들어낼 수 있는 힘이나 능력을 말한다.
④ "에너지"라 함은 연료 · 열 및 전기를 말한다.

해설
에너지법 제2조(정의)에서 제1항 에너지라 함은 연료, 열, 전기를 말한다.

정답 51 ③ 52 ③ 53 ④ 54 ② 55 ④

56 열사용 기자재 관리규칙에서 용접검사가 면제될 수 있는 보일러의 대상 범위로 틀린 것은?

① 강철제 보일러 중 전열면적이 5m^2 이하이고, 최고사용압력이 0.35MPa 이하인 것
② 주철제 보일러
③ 제2종 관류 보일러
④ 온수 보일러 중 전열면적이 18m^2 이하이고, 최고사용압력이 0.35MPa 이하인 것

해설
열사용 기자재 중 제1종 관류 보일러
용접검사 면제

57 관리업체(대통령령으로 정하는 기준량 이상의 온실가스 배출업체 및 에너지소비업체)가 사업장별 명세서를 거짓으로 작성하여 정부에 보고하였을 경우 부과하는 과태료로 맞는 것은?

① 300만 원의 과태료 부과
② 500만 원의 과태료 부과
③ 700만 원의 과태료 부과
④ 1천만 원의 과태료 부과

해설
에너지이용 합리화법 제10조 1항에 의해 온실가스 등 사업장별 명세서를 거짓으로 정부에 보고하면 1천만 원 이하의 과태료를 부과한다.

58 에너지이용 합리화법상 검사대상기기 조종자를 반드시 선임해야 함에도 불구하고 선임하지 아니한 자에 대한 벌칙은?

① 2천만 원 이하의 벌금
② 2년 이하의 징역 또는 2천만 원 이하의 벌금
③ 1년 이하의 징역 또는 5백만 원 이하의 벌금
④ 1천만 원 이하의 벌금

에너지이용 합리화법 제75조(벌칙)에 의해 검사대상기기 조종자를 선임하지 아니하면 1천만 원 이하 벌금이 부과된다.

59 에너지사용계획의 검토기준, 검토방법, 그 밖에 필요한 사항을 정하는 영은?

① 산업통상자원부령　② 국토교통부령
③ 대통령령　④ 고용노동부령

해설
에너지이용 합리화법 제11조에 의해 에너지사용계획의 검토기준, 검토방법, 그 밖에 필요한 사항은 산업통상자원부령으로 한다.

60 저탄소 녹색성장 기본법에서 국내 총소비에너지량에 대하여 신 · 재생에너지 등 국내 생산에너지량 및 우리나라가 국외에서 개발(자본 취득 포함)한 에너지량을 합한 양이 차지하는 비율을 무엇이라고 하는가?

① 에너지 원단위　② 에너지 생산도
③ 에너지 비축도　④ 에너지 자립도

해설
저탄소 녹색성장 기본법 제2조(정의)
에너지 자립도란 국내 총소비에너지량에 대하여 신재생 에너지 등 국내 생산에너지량 및 우리나라가 국외에서 개발한 에너지량을 합한 양이 차지하는 비율이다.

정답 56 ③ 57 ④ 58 ④ 59 ① 60 ④

2012년 7월 22일 시행 과년도 기출문제

01 보일러에서 노통의 약한 단점을 보완하기 위해 설치하는 약 1m 정도의 노통이음을 무엇이라고 하는가?

① 아담슨 조인트 ② 보일러 조인트
③ 브리징 조인트 ④ 라몽트 조인트

해설

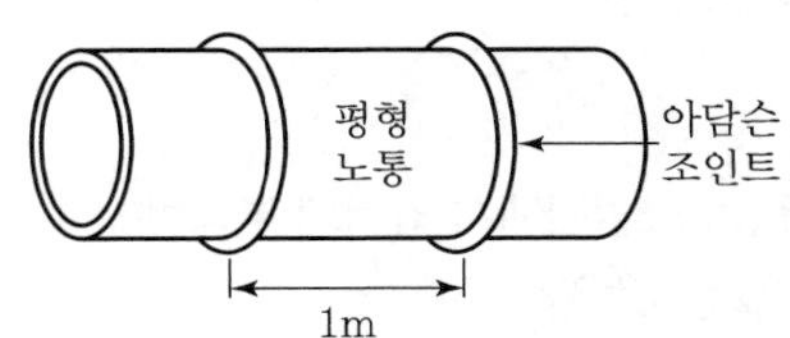

02 연소방식을 기화연소방식과 무화연소방식으로 구분할 때 일반적으로 무화연소방식을 적용해야 하는 연료는?

① 톨루엔 ② 중유
③ 등유 ④ 경유

해설
㉠ 기화연소 : 등유, 경유 등(경질유)
㉡ 무화연소 : 중유(중질유)

03 보일러의 인터록제어 중 송풍기 작동 유무와 관련이 가장 큰 것은?

① 저수위 인터록 ② 불착화 인터록
③ 저연소 인터록 ④ 프리퍼지 인터록

해설
프리퍼지 인터록
보일러 인터록제어 중 송풍기 작동이 멈추면 보일러 운전이 중지되는 안전제어 인터록

04 보일러를 본체 구조에 따라 분류하면 원통형 보일러와 수관식 보일러로 크게 나눌 수 있다. 수관식 보일러에 속하지 않는 것은?

① 노통 보일러 ② 다쿠마 보일러
③ 라몽트 보일러 ④ 슐처 보일러

해설

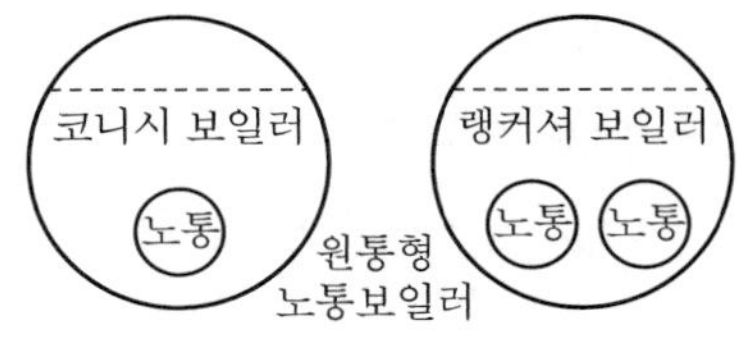

05 수관 보일러에 설치하는 기수분리기의 종류가 아닌 것은?

① 스크레버형 ② 사이클론형
③ 배플형 ④ 벨로스형

해설
기수분리기(증기 중 수분 제거) : 건조증기 취출기
㉠ 스크레버형(파형의 다수강판 사용)
㉡ 사이클론형(원심분리기 사용)
㉢ 배플형(방향변환 이용)
㉣ 건조스크린형(금속망을 조합한 것)

06 수관식 보일러의 일반적인 장점에 해당하지 않는 것은?

① 수관의 관경이 적어 고압에 잘 견디며 전열면적이 커서 증기 발생이 빠르다.
② 용량에 비해 소요면적이 적으며 효율이 좋고 운반, 설치가 쉽다.
③ 급수의 순도가 나빠도 스케일이 잘 발생하지 않는다.
④ 과열기, 공기예열기 설치가 용이하다.

정답 01 ① 02 ② 03 ④ 04 ① 05 ④ 06 ③

해설

수관식, 관류 보일러는 보유수가 적고 수관에서 증발이 발생되므로 급수의 순도가 좋아야 스케일이 잘 발생되지 않는다.(효율이 높다.)

07 다음 중 물의 임계압력은 어느 정도인가?

① $100.43kg_f/cm^2$ ② $225.65kg_f/cm^2$
③ $374.15kg_f/cm^2$ ④ $539.15kg_f/cm^2$

해설

㉠ 물의 임계점(증발잠열이 0kcal/kg, 물과 증기의 구별이 없다.)
㉡ 물의 임계점
- 온도(374.15℃)
- 압력($225.65kgf/cm^2$)

08 급수온도 21℃에서 압력 $14kg_f/cm^2$, 온도 250℃의 증기를 1시간당 14,000kg을 발생하는 경우의 상당증발량은 약 몇 kg/h인가?(단, 발생증기의 엔탈피는 635kcal/kg이다.)

① 15,948 ② 25,326
③ 3,235 ④ 48,159

해설

$$\text{상당증발량}(Be) = \frac{G_s(h_2 - h_1)}{539}$$
$$= \frac{14,000 \times (635 - 21)}{539} = 15,948(\text{kg/h})$$

09 스프링식 안전밸브에서 저양정식인 경우는?

① 밸브의 양정이 밸브시트 구경의 1/7 이상 1/5 미만인 것
② 밸브의 양정이 밸브시트 구경의 1/15 이상 1/7 미만인 것
③ 밸브의 양정이 밸브시트 구경의 1/40 이상 1/15 미만인 것
④ 밸브의 양정이 밸브시트 구경의 1/45 이상 1/40 미만인 것

해설

② 고양정식, ③ 저양정식

10 인젝터의 작동불량 원인과 관계가 먼 것은?

① 부품이 마모되어 있는 경우
② 내부노즐에 이물질이 부착되어 있는 경우
③ 체크밸브가 고장 난 경우
④ 증기압력이 높은 경우

해설

인젝터는 0.2MPa 초과~1MPa 이하에서는 작동이 원활하다.

11 증기 보일러에서 압력계 부착방법에 대한 설명으로 틀린 것은?

① 압력계의 콕은 그 핸들을 수직인 증기관과 동일 방향에 놓은 경우에 열려 있어야 한다.
② 압력계에는 안지름 12.7mm 이상의 사이펀관 또는 동등한 작용을 하는 장치를 설치한다.
③ 압력계는 원칙적으로 보일러와 증기실에 눈금판의 눈금이 잘 보이는 위치에 부착한다.
④ 증기온도가 483K(210℃)를 넘을 때에는 황동관 또는 동관을 사용하여서는 안 된다.

해설

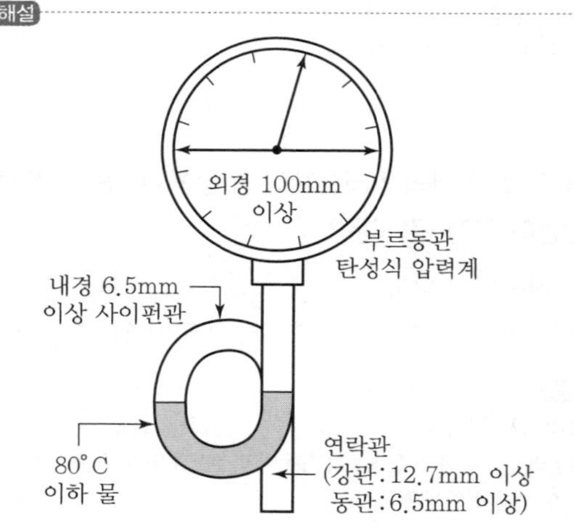

정답 07 ② 08 ① 09 ③ 10 ④ 11 ②

12 보일러용 가스버너에서 외부혼합형 가스버너의 대표적 형태가 아닌 것은?

① 분젠형 ② 스크롤형
③ 센터파이어형 ④ 다분기관형

해설

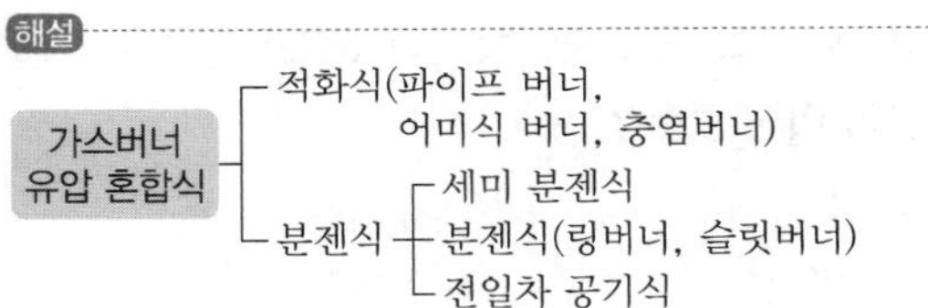

②, ③, ④ 버너 : 외부혼합형

13 보일러 분출장치의 분출시기로 적절하지 않은 것은?

① 보일러 가동 직전
② 프라이밍, 포밍현상이 일어날 때
③ 연속가동 시 열부하가 가장 높을 때
④ 관수가 농축되어 있을 때

해설

보일러 분출

연속가동 시는 부하가 가장 낮을 때 실시한다.

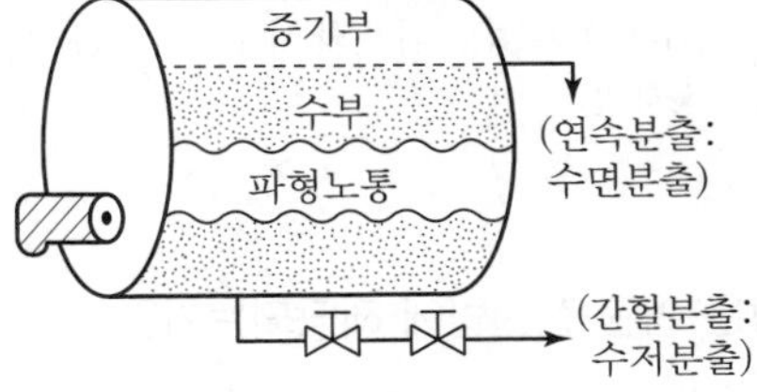

14 보일러 자동제어에서 신호전달방식이 아닌 것은?

① 공기압식 ② 자석식
③ 유압식 ④ 전기식

해설

자동제어 신호전달방식

㉠ 공기압식
㉡ 유압식
㉢ 전기식

15 육상용 보일러의 열정산방식에서 환산증발배수에 대한 설명으로 맞는 것은?

① 증기의 보유 열량을 실제연소열로 나눈 값이다.
② 발생증기엔탈피와 급수엔탈피의 차를 539로 나눈 값이다.
③ 매시 환산증발량을 매시 연료소비량으로 나눈 값이다.
④ 매시 환산증발량을 전열면적으로 나눈 값이다.

해설

$$\text{환산증발배수(kg/kg)} = \frac{\text{매시 환산(상당)증발량}}{\text{매시 연료소비량}}$$

16 보일러의 오일버너 선정 시 고려해야 할 사항으로 틀린 것은?

① 노의 구조에 적합할 것
② 부하변동에 따른 유량조절범위를 고려할 것
③ 버너용량이 보일러 용량보다 적을 것
④ 자동제어 시 버너의 형식과 관계를 고려할 것

해설

오일버너의 용량은 보일러 용량보다 커야 한다.(단위 : L/h)

17 보일러 자동제어를 의미하는 용어 중 급수제어를 뜻하는 것은?

① ABC ② FWC
③ STC ④ ACC

해설

보일러 자동제어(ABC)

㉠ 자동급수제어 : FWC
㉡ 자동연소제어 : ACC
㉢ 자동증기온도제어 : STC

정답 12 ① 13 ③ 14 ② 15 ③ 16 ③ 17 ②

18 연소 시 공기비가 많은 경우 단점에 해당하는 것은?

① 배기 가스량이 많아져서 배기가스에 의한 열손실이 증가한다.
② 불완전연소가 되기 쉽다.
③ 미연소에 의한 열손실이 증가한다.
④ 미연소 가스에 의한 역화의 위험성이 있다.

해설
공기비(과잉공기계수)가 크면 연소용 공기량의 공급이 많아서 배기가스량이 증가하고 배기가스 현열손실이 증가한다.

19 다음 연료 중 단위 중량당 발열량이 가장 큰 것은?

① 등유 ② 경유
③ 중유 ④ 석탄

해설
발열량
㉠ 등유 : 9,500kcal/L ㉡ 경유 : 9,050kcal/L
㉢ 중유 : 9,000kcal/L ㉣ 석탄 : 4,650kcal/L

20 육상용 보일러 열정산방식에서 증기의 건도는 몇 % 이상인 경우에 시험함을 원칙으로 하는가?

① 98% 이상 ② 93% 이상
③ 88% 이상 ④ 83% 이상

해설
정산 증기건도
㉠ 육용강제 보일러 : 98% 이상
㉡ 주철제 보일러 : 97% 이상

21 연소에 있어서 환원염이란?

① 과잉 산소가 많이 포함되어 있는 화염
② 공기비가 커서 완전연소된 상태의 화염
③ 과잉공기가 많아 연소가스가 많은 상태의 화염
④ 산소 부족으로 불완전연소하여 미연분이 포함된 화염

해설
환원염
$C+\frac{1}{2}O_2 \rightarrow CO$(미연분 발생염)

22 보일러 급수제어방식의 3요소식에서 검출대상이 아닌 것은?

① 수위 ② 증기유량
③ 급수유량 ④ 공기압

해설
급수제어(FWC)
㉠ 단요소식 : 수위 측정
㉡ 2요소식 : 수위, 증기량 검출
㉢ 3요소식 : 수위, 증기량, 급수량 검출

23 물질의 온도는 변하지 않고 상(Phase)변화만 일으키는 데 사용되는 열량은?

① 잠열 ② 비열
③ 현열 ④ 반응열

해설
㉠ 현열 : 상변화는 없고 온도만 변화할 때 필요한 감열
㉡ 잠열 : 온도는 변화가 없고 상(相)의 변화 시 필요한 열(물의 증발열, 얼음의 융해열)

24 충전탑은 어떤 집진법에 해당되는가?

① 여과식 집진법 ② 관성력식 집진법
③ 세정식 집진법 ④ 중력식 집진법

해설
세정집진장치
㉠ 저유수식
㉡ 가압수식
㉢ 회전식
㉣ 벤투리 스크러버
㉤ 충전탑(充塡塔) : 미립자 제거용으로 고도로 청정시킨다.

정답 18 ① 19 ① 20 ① 21 ④ 22 ④ 23 ① 24 ③

25 보일러에서 사용하는 급유펌프에 대한 일반적인 설명으로 틀린 것은?

① 급유펌프는 점성을 가진 기름을 이송하므로 기어펌프나 스크루펌프 등을 주로 사용한다.
② 급유탱크에서 버너까지 연료를 공급하는 펌프를 수송펌프(Supply Pump)라 한다.
③ 급유탱크의 용량은 서비스탱크를 1시간 내에 급유할 수 있는 것으로 한다.
④ 펌프 구동용 전동기는 작동유의 점도를 고려하여 30% 정도 여유를 주어 선정한다.

해설

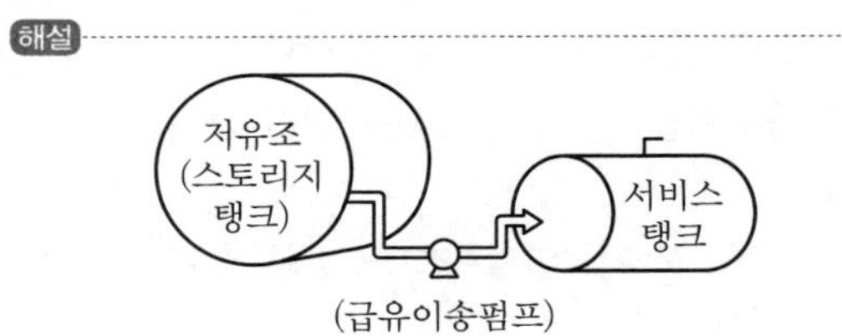

(급유이송펌프)

26 보일러 연소실 열부하의 단위로 맞는 것은?

① $kcal/m^3 \cdot h$　② $kcal/m^2$
③ kcal/h　④ kcal/kg

해설

연소실 열부하율 : $kcal/m^3 \cdot h$

27 과열증기에서 과열도는 무엇인가?

① 과열증기온도와 포화증기온도의 차이다.
② 과열증기온도에 증발열을 합한 것이다.
③ 과열증기의 압력과 포화증기의 압력 차이다.
④ 과열증기온도에 증발열을 뺀 것이다.

해설

과열증기 과열도
과열증기온도 − 포화증기온도

28 수관식 보일러 중에서 기수드럼 2~3개와 수드럼 1~2개를 갖는 것으로 관의 양단을 구부려서 각 드럼에 수직으로 결합하는 구조로 되어 있는 보일러는?

① 다쿠마 보일러　② 야로 보일러
③ 스터링 보일러　④ 가르베 보일러

해설

스터링 보일러(급경사 보일러) 특징
㉠ 수관을 동의 원통면에 직각으로 붙일 수 있으므로 동의 단면은 진원이 되고 또 제작상 곤란이 적다.
㉡ 고압에 적응성이 크다.
㉢ 수관이 곡관이므로 열신축에 대하여 탄력적이다.
㉣ 최고사용압력 : 4.6MPa
㉤ 증기발생량 : 75t/h

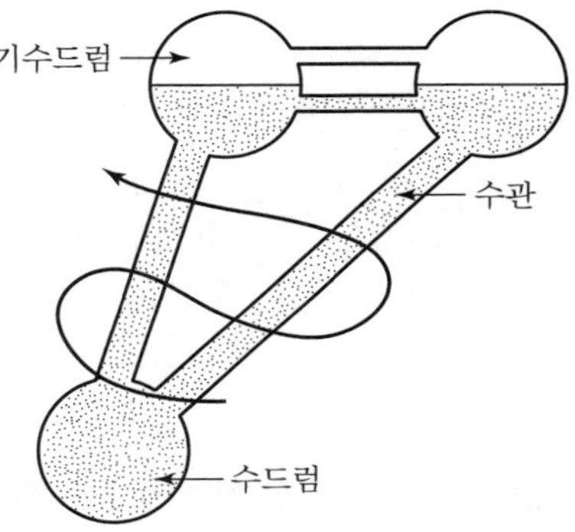

(스터링 수관식 보일러)

29 절탄기(Economizer) 및 공기 예열기에서 유황(S) 성분에 의해 주로 발생되는 부식은?

① 고온부식　② 저온부식
③ 산화부식　④ 점식

해설

저온부식(진한 황산)
$S + O_2 \rightarrow SO_2$(아황산가스)
$SO_2 + \frac{1}{2}O_2 \rightarrow SO_3$(무수황산)
$SO_3 + H_2O \rightarrow H_2SO_4$(진한 황산)

정답 25 ② 26 ① 27 ① 28 ③ 29 ②

30 증기난방 배관 시공에 관한 설명으로 틀린 것은?

① 저압증기 난방에서 환수관을 보일러에 직접 연결할 경우 보일러수의 역류현상을 방지하기 위해서 하트포드(Hartford) 접속법을 사용한다.
② 진공환수방식에서 방열기의 설치위치가 보일러보다 위쪽에 설치된 경우 리프트 피팅 이음방식을 적용하는 것이 좋다.
③ 증기가 식어서 발생하는 응축수를 증기와 분리하기 위하여 증기트랩을 설치한다.
④ 방열기에는 주로 열동식 트랩이 사용되고, 응축수량이 많이 발생하는 증기관에는 버킷트랩 등 다량 트랩을 장치한다.

해설

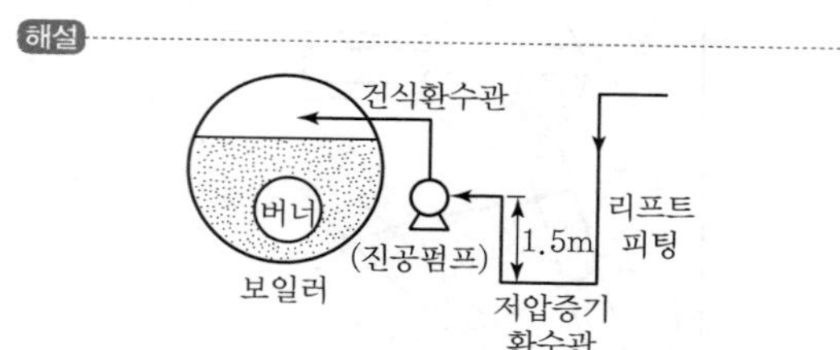

31 보일러 송기 시 주증기 밸브 작동요령 설명으로 잘못된 것은?

① 만개 후 조금 되돌려 놓는다.
② 빨리 열고 만개 후 3분 이상 유지한다.
③ 주증기관 내에 소량의 증기를 공급하여 예열한다.
④ 송기하기 전 주증기 밸브 등의 드레인을 제거한다.

해설

보일러 증기 발생 시 최초로 송기 시에는 5분 정도 여유 있게 주증기 밸브를 천천히 열어서 관내 수격작용(워터 해머)을 방지한다. 만개 후 조금 되돌려 놓는다.

32 다른 보온재에 비하여 단열효과가 낮으며 500℃ 이하의 파이프, 탱크, 노벽 등에 사용하는 것은?

① 규조토　　② 암면
③ 글라스 울　　④ 펠트

해설

보온재 안전사용 최고온도
① 규조토 : 500℃(석면 사용 시)까지
② 암면 : 400℃ 이하
③ 글라스 울 : 300℃ 이하
④ 펠트 : 100℃ 이하

33 신설 보일러의 설치 제작 시 부착된 페인트, 유지, 녹 등을 제거하기 위해 소다보일링(Soda Boiling)할 때 주입하는 약액 조성에 포함되지 않는 것은?

① 탄산나트륨　　② 수산화나트륨
③ 불화수소산　　④ 제3인산나트륨

해설

염산의 산세관 시 경질스케일의 용해촉진제 : 불화수소산(HF)을 소량 첨가

34 회전이음, 지불이음이라고도 하며, 주로 증기 및 온수난방용 배관에 설치하는 신축이음방식은?

① 벨로스형　　② 스위블형
③ 슬리브형　　④ 루프형

해설

스위블형 신축조인트(지블이음)는 주로 저압의 증기난방 또는 온수난방의 방열기 입상관에서 많이 사용한다.

35 증기난방을 고압증기난방과 저압증기난방으로 구분할 때 저압증기난방의 특징에 해당하지 않는 것은?

① 증기의 압력은 약 $0.15 \sim 0.35 kg_f/cm^2$이다.
② 증기 누설의 염려가 적다.
③ 장거리 증기수송이 가능하다.
④ 방열기의 온도는 낮은 편이다.

해설

고압증기난방(0.1MPa 이상)은 장거리 증기수송이 가능하다.

정답 30 ② 31 ② 32 ① 33 ③ 34 ② 35 ③

36 다음 중 무기질 보온재에 속하는 것은?

① 펠트(Felt) ② 규조토
③ 코르크(Cork) ④ 기포성 수지

해설
규조토(무기질 보온재)
㉠ 규조토 건조분말+석면 또는 삼여물 혼합 후 물반죽 시공
㉡ 열전도율이 크다.
㉢ 시공 후 건조시간이 길다.
㉣ 접착성이 좋다.
㉤ 철사망 등 보강재가 필요하다.

37 글라스 울 보온통의 안전사용(최고)온도는?

① 100℃ ② 200℃
③ 300℃ ④ 400℃

해설
Glass Wool
㉠ 열전도율(0.036~0.054kcal/mh℃)
㉡ 안전사용온도 300℃(방수처리된 것은 600℃)

38 관 속에 흐르는 유체의 화학적 성질에 따라 배관재료 선택 시 고려해야 할 사항으로 가장 관계가 먼 것은?

① 수송 유체에 따른 관의 내식성
② 수송 유체와 관의 화학반응으로 유체의 변질 여부
③ 지중 매설 배관할 때 토질과의 화학 변화
④ 지리적 조건에 따른 수송 문제

해설
배관재료 선택 시 유체화학적 성질과 지리적 조건에 따른 수송 문제는 고려대상이 아니다.

39 온수난방은 고온수 난방과 저온수 난방으로 분류한다. 저온수 난방의 일반적인 온수온도는 몇 ℃ 정도인가?

① 40~50℃ ② 60~90℃
③ 100~120℃ ④ 130~150℃

해설
온수난방
• 고온수(100℃ 이상) • 저온수(60~90℃ 이상)

40 동관의 이음방법 중 압축이음에 대한 설명으로 틀린 것은?

① 한쪽 동관의 끝을 나팔 모양으로 넓히고 압축이음쇠를 이용하여 체결하는 이음방법이다.
② 진동 등으로 인한 풀림을 방지하기 위하여 더블너트(Double Nut)로 체결한다.
③ 점검, 보수 등이 필요한 장소에 쉽게 분해, 조립하기 위하여 사용한다.
④ 압축이음을 플랜지 이음이라고도 한다.

해설
동관 압축이음(플레어링 툴세트 사용)
㉠ 20mm 이하 동관 접합
㉡ 해체 가능
㉢ 관 절단 시 동관커터, 쇠톱 사용

41 강철제 증기보일러의 최고사용압력이 4kg$_f$/cm^{2}이면 수압 시험압력은 몇 kg$_f$/cm^{2}로 하는가?

① 2.0kg$_f$/cm^2 ② 5.2kg$_f$/cm^2
③ 6.0kg$_f$/cm^2 ④ 8.0kg$_f$/cm^2

해설
4.3kg/cm^2 이하 보일러 수압시험
최고사용압력×2배 = 4×2 = 8kg$_f$/cm^2(0.8MPa)

42 신설 보일러의 사용 전 점검사항으로 틀린 것은?

① 노벽은 가동 시 열을 받아 과열 건조되므로 습기가 약간 남아 있도록 한다.
② 연도의 배플, 그을음 제거기 상태, 댐퍼의 개폐상태를 점검한다.
③ 기수분리기와 기타 부속품의 부착상태와 공구나 볼트, 너트, 헝겊 조각 등이 남아 있는가를 확인한다.

정답 36 ② 37 ③ 38 ④ 39 ② 40 ④ 41 ④ 42 ①

④ 압력계, 수위제어기, 급수장치 등 본체와의 접속부 풀림, 누설, 콕의 개폐 등을 확인한다.

해설

신설 보일러 설치 시 노벽은 습기가 발생되지 않도록 건조시킨 후 사용하여야 한다.

43 보일러의 용량을 나타내는 것으로 부적합한 것은?

① 상당증발량 ② 보일러의 마력
③ 전열면적 ④ 연료사용량

해설

보일러 용량은 ①, ②, ③ 외 상당방열면적, 정격출력 등 5가지로 구분한다.

44 진공환수식 증기난방에 대한 설명으로 틀린 것은?

① 환수관의 직경을 작게 할 수 있다.
② 방열기의 설치장소에 제한을 받지 않는다.
③ 중력식이나 기계식보다 증기의 순환이 느리다.
④ 방열기의 방열량 조절을 광범위하게 할 수 있다.

해설

진공환수식(진공도 100~250mmHg)은 대규모 설비난방에서 증기의 순환 및 응결수 회수가 매우 빠른 난방이다.

45 열사용 기자재 검사기준에 따라 안전밸브 및 압력방출장치의 규격기준에 관한 설명으로 옳지 않은 것은?

① 소용량 강철제 보일러에서 안전밸브의 크기는 호칭지름 20A로 할 수 있다.
② 전열면적 50m^2 이하의 증기 보일러에서 안전밸브의 크기는 호칭지름 20A로 할 수 있다.
③ 최대증발량 5t/h 이하의 관류 보일러에서 안전밸브의 크기는 호칭지름 20A로 할 수 있다.
④ 최고사용압력 0.1MPa 이하의 보일러에서 안전밸브의 크기는 호칭지름 20A로 할 수 있다.

해설

①, ③, ④ 보일러 외 증기 보일러는 일반적으로 안전밸브의 크기는 25A 이상을 부착하여야 한다.

46 다음 중 복사난방의 일반적인 특징이 아닌 것은?

① 외기온도의 급변화에 따른 온도조절이 곤란하다.
② 배관길이가 짧아도 되므로 설비비가 적게 든다.
③ 방열기가 없으므로 바닥면의 이용도가 높다.
④ 공기의 대류가 적으므로 바닥면의 먼지가 상승하지 않는다.

해설

복사난방(패널난방)은 배관길이가 길어서 설비비가 많이 든다.(벽패널, 천장패널, 벽패널 사용)

47 빔에 턴버클을 연결하여 파이프를 아래 부분을 받쳐 달아올린 것이며 수직방향에 변위가 없는 곳에 사용하는 것은?

① 리지드 서포트 ② 리지드 행거
③ 스토퍼 ④ 스프링 서포트

해설

행거

하중을 위에서 걸어 당겨 지지한다. 행거의 종류는 다음과 같다.

- 리지드 행거(빔에 턴버클 사용)
- 스프링 행거
- 콘스턴트 행거

48 배관의 높이를 표시할 때 포장된 지표면을 기준으로 하여 배관장치의 높이를 표시하는 경우 기입하는 기호는?

① BOP ② TOP
③ GL ④ FL

정답 43 ④ 44 ③ 45 ② 46 ② 47 ② 48 ③

치수기입법

49 기름연소 보일러의 수동점화 시 5초 이내에 점화되지 않으면 어떻게 해야 하는가?

① 연료밸브를 더 많이 열어 연료공급을 증가시킨다.
② 연료 분무용 증기 및 공기를 더 많이 분사시킨다.
③ 점화봉은 그대로 두고 프리퍼지를 행한다.
④ 불착화 원인을 완전히 제거한 후에 처음 단계부터 재점화 조작한다.

해설

기름연소 점화 시 5초 이내에 점화되지 않으면 가스폭발 우려가 있어 불착화 원인을 완전히 제거한 후에 프리퍼지(환기)하고 처음 단계부터 재점화 조작한다.

50 보일러 수처리에서 순환계통의 처리에 관한 설명으로 틀린 것은?

① 탁수를 침전지에 넣어서 침강분리시키는 방법은 침전법이다.
② 증류법은 경제적이며 양호한 급수를 얻을 수 있어 많이 사용한다.
③ 여과법은 침전속도가 느린 경우 주로 사용하며 여과기 내로 급수를 통과시켜 여과한다.
④ 침전이나 여과로 분리가 잘 되지 않는 미세한 입자들에 대해서는 응집법을 사용하는 것이 좋다.

해설

보일러 수처리에서 증류법은 비용이 많이 들어서 임시상태의 급수처리만 필요하고 장기간 사용 시는 부적당하다.

51 보일러의 정격출력이 7,500kcal/h, 보일러 효율이 85%, 연료의 저위발열량이 9,500kcal/kg인 경우, 시간당 연료소모량은 약 얼마인가?

① 1.49kg/h　② 0.93kg/h
③ 1.38kg/h　④ 0.67kg/h

해설

$\eta_1 = 85\%(0.85)$

$85 = \frac{Q_0}{F \times H_1} \times 100$　　$\therefore F = \frac{7{,}500}{0.85 \times 9{,}500} = 0.93$

52 철금속가열로 설치검사기준에서 다음 괄호 안에 들어갈 항목으로 옳은 것은?

> 송풍기의 용량은 정격부하에서 필요한 이론공기량의 (　)를 공급할 수 있는 용량 이하이어야 한다.

① 80%　② 100%
③ 120%　④ 140%

해설

철금속가열로(0.58MW 초과)의 설치검사

공기비 기준 ─ 액체연료 1.4 이하(140%)
　　　　　　└ 기체연료 1.3 이하(130%)

53 보일러 과열의 요인 중 하나인 저수위의 발생 원인으로 거리가 먼 것은?

① 분출밸브의 이상으로 보일러수가 누설
② 급수장치가 증발능력에 비해 과소한 경우
③ 증기 토출량이 과소한 경우
④ 수면계의 막힘이나 고장

해설

증기 토출량이 과대 증가하면 저수위발생 원인이 된다.

54 중유예열기(Oil Preheater) 사용 시 가열 온도가 낮을 경우 발생하는 현상이 아닌 것은?

① 무화상태 불량　② 그을음, 분진 발생
③ 기름의 분해　④ 불길의 치우침 발생

정답 49 ④　50 ②　51 ②　52 ④　53 ③　54 ③

해설

중유예열기(오일-프리히터) 사용 시 가열온도가 너무 높으면 기름의 분해가 발생된다.

55 에너지이용 합리화법에 따라 고효율 에너지 인증 대상 기자재에 포함되지 않는 것은?

① 펌프 ② 전력용 변압기
③ LED 조명기기 ④ 산업건물용 보일러

해설

고효율에너지 인증대상 기자재
㉠ 펌프
㉡ 산업건물용 보일러
㉢ 무정전 전원장치
㉣ 폐열회수형 환기장치
㉤ 발광다이오드(LED) 등 조명기기
㉥ 기타 산업통상자원부 장관이 인정하여 고시하는 기자재 및 설비

56 열사용 기자재관리규칙상 검사대상기기의 검사 종류 중 유효기간이 없는 것은?

① 구조검사 ② 계속사용검사
③ 설치검사 ④ 설치장소변경검사

해설

유효기간이 없는 검사
㉠ 구조검사
㉡ 용접검사

57 에너지법에서 정의한 에너지가 아닌 것은?

① 연료 ② 열
③ 풍력 ④ 전기

해설

에너지 : 연료, 열, 전기

58 신에너지 및 재생에너지 개발 · 이용 · 보급 촉진법에서 규정하는 신 · 재생에너지 설비 중 "지열에너지 설비"의 설명으로 옳은 것은?

① 바람의 에너지를 변환시켜 전기를 생산하는 설비
② 물의 유동에너지를 변환시켜 전기를 생산하는 설비
③ 폐기물을 변환시켜 연료 및 에너지를 생산하는 설비
④ 물, 지하수 및 지하의 열 등의 온도차를 변환시켜 에너지를 생산하는 설비

해설

신에너지 및 재생에너지 개발, 이용, 보급촉진법 시행규칙 제2조(신재생에너지 설비)
㉠ 지열에너지 설비 : 물, 지하수 및 지하의 열 등의 온도차를 변환시켜 에너지를 생산하는 설비
㉡ 신에너지 : 연료전지, 석탄액화가스화 및 중질잔사유가스화, 수소에너지
㉢ 재생에너지 : 태양광, 태양열, 바이오, 풍력, 수력, 해양, 폐기물

59 에너지이용 합리화법에 따라 에너지 다소비 업자가 산업통상자원부령으로 정하는 바에 따라 매년 1월 31일까지 시 · 도지사에게 신고해야 하는 사항과 관련이 없는 것은?

① 전년도의 에너지사용량 · 제품생산량
② 전년도의 에너지이용 합리화 실적 및 해당 연도의 계획
③ 에너지사용기자재의 현황
④ 향후 5년간의 에너지사용예정량 · 제품생산예정량

해설

에너지이용 합리화법 제31조 에너지다소비사업자 신고
㉠ 신고내용 : ①, ②, ③항 외 에너지담당자(에너지관리자) 현황

60 저탄소 녹생성장 기본법에 따라 온실가스 감축 목표의 설정 · 관리 및 필요한 조치에 관하여 총괄 · 조정 기능은 누가 수행하는가?

① 국토교통부 장관 ② 산업통상자원부 장관
③ 농림수산식품부 장관 ④ 환경부 장관

해설

저탄소 녹색성장 기본법에 따라 온실가스 감축 목표의 설정, 관리 및 필요에 관한 조치에 관하여 총괄, 조정 기능은 환경부 장관이 수행한다.

정답 55 ② 56 ① 57 ③ 58 ④ 59 ④ 60 ④

2012년 10월 20일 시행 과년도 기출문제

01 다음 부품 중 전후에 바이패스를 설치해서는 안 되는 부품은?

① 급수관 ② 연료차단밸브
③ 감압밸브 ④ 유류배관의 유량계

해설
연료차단밸브(전자밸브)는 전기에 의해 개 · 폐 역할로서 연료의 공급, 인터록 발생 시 연료차단의 작용을 하기 때문에 바이패스(우회배관)의 설치는 불필요하다.

02 다음 중 자동연료차단장치가 작동하는 경우로 거리가 먼 것은?

① 버너가 연소상태가 아닌 경우(인터록이 작동한 상태)
② 증기압력이 설정압력보다 높은 경우
③ 송풍기 팬이 가동할 때
④ 관류 보일러에 급수가 부족한 경우

해설
송풍기 팬이 가동하는 경우 보일러에 운전 중이므로 자동연료차단장치는 보일러 긴급 이상상태에서 인터록이 걸린 경우에 차단된다. 송풍기 팬이 가동하는 경우 정상운전상태이므로 차단장치가 작동되어서는 아니 된다.

03 피드백 제어를 가장 옳게 설명한 것은?

① 일정하게 정해진 순서에 의해 행하는 제어
② 모든 조건이 충족되지 않으면 정지되어 버리는 제어
③ 출력 측의 신호를 입력 측으로 되돌려 정정 동작을 행하는 제어
④ 사람의 손에 의해 조작되는 제어

해설
피드백 제어(밀폐회로)는 출력 측의 신호를 입력 측으로 되돌려 정정동작을 행하는 제어이다.

04 보일러의 분류 중 원통형 보일러에 속하지 않는 것은?

① 다쿠마 보일러 ② 랭커셔 보일러
③ 캐와니 보일러 ④ 코니시 보일러

해설
다쿠마 수관식 보일러
수관의 경사도 45°

05 섭씨온도(℃), 화씨온도(°F), 캘빈온도(K), 랭킨온도(°R)와의 관계식으로 옳은 것은?

① $℃=1.8\times(°F-32)$ ② $°F=\frac{(℃+32)}{1.8}$
③ $K=\frac{5}{9}\times°R$ ④ $°R=K\times\frac{5}{9}$

해설
① $℃=\frac{5}{9}\times(°F-32)$
② $°F=\frac{9}{5}\times℃+32$
③ $K=\frac{5}{9}\times°R$
④ $°R=\frac{9}{5}\times K$

06 메탄(CH_4) $1Nm^3$ 연소에 소요되는 이론공기량이 $9.52Nm^3$이고, 실제공기량이 $11.43N/m^3$일 때 공기비(m)는 얼마인가?

① 1.5 ② 1.4
③ 1.3 ④ 1.2

해설
실제공기량(A) = 이론공기량×공기비
$$공기비=\frac{실제공기량}{이론공기량}=\frac{11.43}{9.52}=1.2$$

정답 01 ② 02 ③ 03 ③ 04 ① 05 ③ 06 ④

07 다음 중 과열기에 관한 설명으로 틀린 것은?

① 연소방식에 따라 직접연소식과 간접연소식으로 구분된다.
② 전열방식에 따라 복사형, 대류형, 양자병용형으로 구분된다.
③ 복사형 과열기는 관열관을 연소실 내 또는 노벽에 설치하여 복사열을 이용하는 방식이다.
④ 과열기는 일반적으로 직접연소식이 널리 사용된다.

해설

과열기(과열증기 생산)는 일반적으로 간접연소식이 널리 사용된다.

08 주철제 보일러인 섹셔널 보일러의 일반적인 조합방법이 아닌 것은?

① 전후조합 ② 좌우조합
③ 맞세움조합 ④ 상하조합

해설

주철제 보일러 조합방법
㉠ 전후조합
㉡ 맞세움조합
㉢ 좌우조합

09 보일러 통풍에 대한 설명으로 틀린 것은?

① 자연 통풍은 일반적으로 별도의 동력을 사용하지 않고 연돌로 인한 통풍을 말한다.
② 압입 통풍은 연소용 공기를 송풍기로 노 입구에서 대기압보다 높은 압력으로 밀어넣고 굴뚝의 통풍작용과 같이 통풍을 유지하는 방식이다.
③ 평형통풍은 통풍조절은 용이하나 통풍력이 약하여 주로 소용량 보일러에서 사용한다.
④ 흡입통풍은 크게 연소가스를 직접 통풍기에 빨아들이는 직접흡입식과 통풍기로 대기를 빨아들이게 하고 이를 이젝터로 보내어 그 작용에 의해 연소가스를 빨아들이는 간접흡입식이 있다.

해설

평형통풍(압입통풍＋흡입통풍)은 통풍력이 강하여 주로 초대용량 보일러에 사용된다.
②, ③, ④ 통풍 : 강제통풍

10 어떤 액체 1,200kg을 30℃에서 100℃까지 온도를 상승시키는 데 필요한 열량은 몇 kcal인가?(단, 이 액체의 비열은 3kcal/kg · ℃이다.)

① 35,000 ② 84,000
③ 126,000 ④ 252,000

해설

현열＝질량×비열×(온도차)
＝1,200×3×(100－30)＝252,000kcal

11 온수온도 제한기의 구성요소에 속하지 않는 것은?

① 온도 설정 다이얼 ② 마이크로 스위치
③ 온도차 설정 다이얼 ④ 확대용 링게이지

해설

전기식 온수온도 제한기의 구성요소
㉠ 온도 설정 다이얼
㉡ 마이크로 스위치
㉢ 온도차 설정 다이얼

12 KS에서 규정하는 육상용 보일러의 열정산 조건과 관련된 설명으로 틀린 것은?

① 보일러의 정상 조업상태에서 적어도 2시간 이상의 운전 결과에 따른다.
② 발열량은 원칙적으로 사용 시 연료의 저발열량(진발열량)으로 하며, 고발열량(총발열량)으로 사용하는 경우에는 기준 발열량을 분명하게 명기해야 한다.
③ 최대 출열량을 시험할 경우에는 반드시 정격부하에서 시험을 한다.
④ 열정산과 관련한 시험 시 시험 보일러는 다른 보일러와의 무관한 상태로 하여 실시한다.

정답 07 ④ 08 ④ 09 ③ 10 ④ 11 ④ 12 ②

해설

열정산에서 연료의 발열량은 원칙적으로 고위발열량으로 한다.

13 고압과 저압 배관 사이에 부착하여 고압 측의 압력 변화 및 증기 소비량 변화에 관계없이 저압 측의 압력을 일정하게 유지시켜 주는 밸브는?

① 감압밸브 ② 온도조절밸브
③ 안전밸브 ④ 플랩밸브

해설

감압밸브
고압과 저압 배관 사이에 부착하여 증기 소비량 변화에 관계없이 저압 측 압력(부하측 압력)을 일정하게 유지시켜 주는 밸브
㉠ 직동식 ㉡ 다이어프램식

14 보일러에서 C중유를 사용할 경우 중유예열장치로 예열할 때 적정 예열 범위는?

① 40~45℃ ② 80~105℃
③ 130~160℃ ④ 200~250℃

해설

㉠ A, B 중유 : 예열이 필요 없다.
㉡ C 중유 : 보일러용이며 무화와 송유를 원활하게 하기 위하여 80~105℃로 예열시킨다.(예열기 : 증기식, 온수식, 전기식)

15 보일러 급수처리의 목적으로 거리가 먼 것은?

① 스케일의 생성 방지
② 점식 등의 내면 부식 방지
③ 캐리오버의 발생 방지
④ 황분 등에 의한 저온부식 방지

해설

㉠ 황분에 의한 저온부식 방지 : 보일러 외처리(외부부식의 저온부식 방지)
㉡ 저온부식 발생 근거
$S(황) + O_2 \rightarrow SO_2$(아황산가스)
$SO_2 + \frac{1}{2}O_2 \rightarrow SO_3$(무수황산)
$SO_3 + H_2O \rightarrow H_2SO_4$(진한 황산 : 저온부식)

16 다음 중 KS에서 규정하는 온수 보일러의 용량 단위는?

① Nm^3/h ② $kcal/m^2$
③ kg/h ④ kJ/h

해설

㉠ 온수 보일러 용량단위
- kcal/h
- kJ/h

㉡ 온수 보일러 60만 kcal/h : 증기 보일러 1톤량/h

17 세정식 집진장치 중 하나인 회전식 집진장치의 특징에 관한 설명으로 틀린 것은?

① 가동부분이 적고 구조가 간단하다.
② 세정용수가 적게 들며, 급수 배관을 따로 설치할 필요가 없으므로 설치공간이 적게 든다.
③ 집진물을 회수할 때 탈수, 여과, 건조 등을 수행할 수 있는 별도의 장치가 필요하다.
④ 비교적 큰 압력손실을 견딜 수 있다.

해설

세정식 중 회전식은 설치공간이 커야 하며 급수배관이 별도로 설치되어야 하고 세정용수가 일반적으로 많이 드는 집진장치이다.

18 유류 보일러 시스템에서 중유를 사용할 때 흡입 측의 여과망 눈 크기로 적합한 것은?

① 1~10mesh
② 20~60mesh
③ 100~150mesh
④ 300~5,000mesh

해설

중유의 여과망 크기
약 20~60mesh 정도

정답 13 ① 14 ② 15 ④ 16 ④ 17 ② 18 ②

19 표준대기압 상태에서 0℃ 물 1kg이 100℃ 증기로 만드는 데 필요한 열량은 몇 kcal인가?(단, 물의 비열은 1kcal/kg · ℃이고, 증발잠열은 539 kcal/kg이다.)

① 100 ② 500
③ 539 ④ 639

해설
표준대기압(atm) 상태에서 건조증기 엔탈피
=포화수 엔탈피+물의 증발잠열
=100kcal/kg+539kcal/kg
=639kcal/kg

20 수관식 보일러의 일반적인 특징이 아닌 것은?

① 구조상 저압으로 운용되어야 하며 소용량으로 제작해야 한다.
② 전열면적을 크게 할 수 있으므로 열효율이 높은 편이다.
③ 급수 처리에 주의가 필요하다.
④ 연소실을 마음대로 크게 만들 수 있으므로 연소상태가 좋으며 또한 여러 종류의 연료 및 연소방식이 적용된다.

해설
㉠ 수관식 보일러 : 고압 대용량 보일러
㉡ 원통형 보일러 : 저압 소용량 보일러

21 기체연료의 연소방식 중 버너의 연료노즐에서는 연료만을 분출하고 그 주위에서 공기를 별도로 연소실로 분출하여 연료가스와 공기가 혼합하면서 연소하는 방식으로 산업용 보일러의 대부분이 사용하는 방식은?

① 예증발 연소방식 ② 심지 연소방식
③ 예혼합 연소방식 ④ 확산 연소방식

해설
㉠ 기체연료의 연소방식 : 확산 연소방식, 예혼합 연소방식
㉡ 확산 연소방식 : 버너 노즐에서 연료를 분출시키고 그 주위에서 공기를 별도로 연소실로 분출하여 연료 가스와 공기가 혼합하여 연소한다.

22 원통형 보일러의 일반적인 특징 설명으로 틀린 것은?

① 보일러 내 보유 수량이 많아 부하변동에 의한 압력 변화가 적다.
② 고압 보일러나 대용량 보일러에는 부적당하다.
③ 구조가 간단하고 정비, 취급이 용이하다.
④ 전열면적이 커서 증기 발생시간이 짧다.

해설
원통형 보일러
전열면적이 적고 보유수가 많아서 증기 발생에 시간이 다소 걸리고 소용량 저압 보일러이며 파열 시 피해가 크다(열수가 많기 때문).

23 저수위 등에 따른 이상온도의 상승으로 보일러가 과열되었을 때 작동하는 안전장치는?

① 가용마개 ② 인젝터
③ 수위계 ④ 증기 헤더

해설
가용마개(납+주석의 합금)
저수위 사고 등에 의해 보일러에서 이상온도 상승으로 보일러가 과열되면 용해되어 노 내 연소가 중지되는 보일러 안전장치

24 보일러 자동제어에서 3요소식 수위제어의 3가지 검출요소와 무관한 것은?

① 노 내 압력 ② 수위
③ 증기유량 ④ 급수유량

해설
수위제어
㉠ 단요소식 : 수위제어
㉡ 2요소식 : 수위, 증기량 제어
㉢ 3요소식 : 수위, 증기량, 급수량 제어

정답 19 ④ 20 ① 21 ④ 22 ④ 23 ① 24 ①

25 매시간 1,000kg의 LPG를 연소시켜 15,000 kg/h의 증기를 발생하는 보일러의 효율(%)은 약 얼마인가?(단, LPG의 총발열량은 12,980kcal/kg, 발생증기엔탈피는 750kcal/kg, 급수엔탈피는 18 kcal/kg이다.)

① 79.8 ② 84.6
③ 88.4 ④ 94.2

해설

$$\frac{\text{시간당 증기발생량} \times (\text{발생증기엔탈피} - \text{급수엔탈피})}{\text{시간당 연료소비량} \times \text{연료의 발열량}} \times 100(\%)$$

$$\frac{15,000 \times (750-18)}{1,000 \times 12,980} \times 100 = 84.6(\%)$$

26 환산증발배수에 관한 설명으로 가장 적합한 것은?

① 연료 1[kg]이 발생시킨 증발능력을 말한다.
② 보일러에서 발생한 순수 열량을 표준 상태의 증발잠열로 나눈 값이다.
③ 보일러의 전열면적 1[m^2]당 1시간 동안의 실제 증발량이다.
④ 보일러 전열면적 1[m^2]당 1시간 동안의 보일러 열출력이다.

해설

환산증발배수(kg/kg)
연료 1kg이 발생시킨 증기 환산증발 능력이다.

27 보일러용 연료 중에서 고체연료의 일반적인 주성분은?(단, 중량 %를 기준으로 한 주성분을 구한다.)

① 탄소 ② 산소
③ 수소 ④ 질소

해설

고체연료의 주성분 : 탄소 > 수소 > 산소
고체연료의 가연성 성분 : 탄소 > 수소 > 황

28 보일러 부속장치에 대한 설명 중 잘못된 것은?

① 인젝터 : 증기를 이용한 급수장치
② 기수분리기 : 증기 중에 혼입된 수분을 분리하는 장치
③ 스팀 트랩 : 응축수를 자동으로 배출하는 장치
④ 수트 블로어 : 보일러 동 저면의 스케일, 침전물을 밖으로 배출하는 장치

해설

수트 블로어
전열면의 그을음 제거장치(압축공기나, 보일러스팀 사용)

29 연소의 3대 조건이 아닌 것은?

① 이산화탄소 공급원 ② 가연성 물질
③ 산소 공급원 ④ 점화원

해설

연소의 3대 조건
㉠ 가연성 물질(연료)
㉡ 산소 공급원
㉢ 점화원
※ 이산화탄소(CO_2) : 연소 방해 물질

30 보일러 수리 시의 안전사항으로 틀린 것은?

① 부식부위의 해머작업 시에는 보호안경을 착용한다.
② 파이프 나사절삭 시 나사 부는 맨손으로 만지지 않는다.
③ 토치램프 작업 시 소화기를 비치해 둔다.
④ 파이프렌치는 무거우므로 망치 대용으로 사용해도 된다.

해설

파이프렌치는 관의 결합 또는 관과 부속의 해체작업 시 사용하는 공구로 망치 대용으로 사용하여서는 아니 된다.

정답 25 ② 26 ① 27 ① 28 ④ 29 ① 30 ④

31 보일러에서 팽창탱크의 설치 목적에 대한 설명으로 틀린 것은?

① 체적팽창, 이상팽창에 의한 압력을 흡수한다.
② 장치 내의 온도와 압력을 일정하게 유지한다.
③ 보충수를 공급하여 준다.
④ 관수를 배출하여 열손실을 방지한다.

해설
㉠ 분출장치(수저, 수면) : 관수를 배출하여 슬러지를 제거한다.
㉡ 폐열회수장치(과열기, 절탄기, 공기예열기) : 열손실 방지

32 관이음쇠로 사용되는 홈 조인트(Groove Joint)의 장점에 관한 설명으로 틀린 것은?

① 일반 용접식, 플랜지식, 나사식 관이음 방식에 비해 빨리 조립이 가능하다.
② 배관 끝단 부분의 간격을 유지하여 온도변화 및 진동에 의한 신축, 유동성이 뛰어나다.
③ 홈 조인트의 사용 시 용접 효율성이 뛰어나서 배관 수명이 길어진다.
④ 플랜지식 관이음에 비해 볼트를 사용하는 수량이 적다.

해설
그로브(Groove)
용접에서 접합하는 2개의 모재에 일정한 각도로 깎아놓은 홈

33 보일러설치기술규격(KBI)에 따라 열매체유 팽창탱크의 공간부에는 열매체의 노화를 방지하기 위해 N_2 가스를 봉입하는데 이 가스의 압력이 너무 높게 되지 않도록 설정하는 팽창탱크의 최소체적(V_T)을 구하는 식으로 옳은 것은?(단, V_E는 승온 시 시스템 내의 열매체유 팽창량(L)이고, V_M은 상온 시 탱크 내 열매체유 보유량(L)이다.)

① $V_T = V_E + 2V_M$
② $V_T = 2V_E + V_M$
③ $V_T = 2V_E + 2V_M$
④ $V_T = 3V_E + V_M$

해설
열매체유 팽창탱크 주입용 질소(N_2) 가스의 최소체적계산
$V_T = 2V_E + V_M$

34 열사용 기자재 검사기준에 따라 전열면적 $12m^2$인 보일러의 급수밸브의 크기는 호칭 몇 A 이상이어야 하는가?

① 15
② 20
③ 25
④ 32

해설
보일러용 급수 밸브 크기
㉠ 전열면적 $10m^2$ 이하 : 15A 이상
㉡ 전열면적 $10m^2$ 초과 : 20A 이상

35 배관의 나사이음과 비교하여 용접이음의 장점이 아닌 것은?

① 누수의 염려가 적다.
② 관 두께에 불균일한 부분이 생기지 않는다.
③ 이음부의 강도가 크다.
④ 열에 의한 잔류응력 발생이 거의 일어나지 않는다.

해설
용접이음
열에 의한 잔류응력이 발생하여 반드시 노에서 후열처리가 필요하다.

36 보기와 같은 부하에 대해서 보일러의 "정격출력"을 올바르게 표시한 것은?

• H_1 : 난방부하	• H_2 : 급탕부하
• H_3 : 배관부하	• H_4 : 시동부하

① $H_1 + H_2$
② $H_1 + H_2 + H_3$
③ $H_1 + H_2 + H_4$
④ $H_1 + H_2 + H_3 + H_4$

해설
㉠ 보일러 정격출력(H) = $H_1 + H_2 + H_3 + H_4$
㉡ 보일러 상용출력(H′) = $H_1 + H_2 + H_3$

정답 31 ④ 32 ③ 33 ② 34 ② 35 ④ 36 ④

37 어떤 건물의 소요 난방부하가 54,600kcal/h이다. 주철제 방열기로 증기난방을 한다면 약 몇 쪽(Section)의 방열기를 설치해야 하는가?(단, 표준방열량으로 계산하며, 주철제 방열기의 쪽당 방열면적은 0.24m²이다.)

① 330쪽 ② 350쪽
③ 380쪽 ④ 400쪽

해설
증기방열기 쪽수 계산

$$=\frac{\text{난방부하}}{650\times\text{쪽당 방열면적}}=\frac{54,600}{650\times 0.24}=350$$

38 열사용 기자재 검사기준에 따라 온수발생 보일러에 안전밸브를 설치해야 되는 경우는 온수온도 몇 ℃ 이상인 경우인가?

① 60℃ ② 80℃
③ 100℃ ④ 120℃

해설
온수 보일러
㉠ 120℃ 이하(방출밸브 설치)
㉡ 120℃ 초과(안전밸브 설치)

39 다음 보온재 중 유기질 보온재에 속하는 것은?

① 규조토 ② 탄산마그네슘
③ 유리섬유 ④ 코르크

해설
무기질 보온재
규조토, 탄산마그네슘, 유리섬유, 암면, 석면 등

40 보일러에서 발생하는 부식을 크게 습식과 건식으로 구분할 때 다음 중 건식에 속하는 것은?

① 점식 ② 황화부식
③ 알칼리부식 ④ 수소취화

해설
㉠ 습식 : 점식, 알칼리 부식, 수소취화
㉡ 건식 : 황화부식, 바나지움 부식

41 보일러 작업 종료 시의 주요 점검사항으로 틀린 것은?

① 전기의 스위치가 내려져 있는지 점검한다.
② 난방용 보일러에 대해서는 드레인의 회수를 확인하고 진공펌프를 가동시켜 놓는다.
③ 작업종료 시 증기압력이 어느 정도인지 점검한다.
④ 증기밸브로부터 누설이 없는지 점검한다.

해설
진공펌프는 증기 보일러에서는 진공환수방식에 설치하여 대규모 설비에 사용된다(진공도 100~250mmHg).

42 보일러의 점화조작 시 주의사항에 대한 설명으로 잘못된 것은?

① 연료가스의 유출속도가 너무 빠르면 역화가 일어나고, 너무 늦으면 실화가 발생하기 쉽다.
② 연료의 예열온도가 낮으면 무화불량, 화염의 편류, 그을음, 분진이 발생하기 쉽다.
③ 유압이 낮으면 점화 및 분사가 불량하고 유압이 높으면 그을음이 축적되기 쉽다.
④ 프리퍼지 시간이 너무 길면 연소실의 냉각을 초래하고, 너무 짧으면 역화를 일으키기 쉽다.

해설
연료가스의 유출속도가 너무 빠르면 선화가 발생하고 연소속도가 너무 빠르면 역화가 발생
※ 선화(블로오프), 역화(백파이어)

정답 37 ② 38 ④ 39 ④ 40 ② 41 ② 42 ①

43 지역난방의 일반적인 장점으로 거리가 먼 것은?

① 각 건물마다 보일러 시설이 필요 없고, 연료비와 인건비를 줄일 수 있다.
② 시설이 대규모이므로 관리가 용이하고 열효율 면에서 유리하다.
③ 지역난방설비에서 배관의 길이가 짧아 배관에 의한 열손실이 적다.
④ 고압증기나 고온수를 사용하여 관의 지름을 작게 할 수 있다.

해설
지역난방설비는 배관의 길이가 길어서 배관의 열손실이 약 10% 발생한다.

44 보일러 급수 중의 현탁질 고형물을 제거하기 위한 외처리 방법이 아닌 것은?

① 여과법 ② 탈기법
③ 침강법 ④ 응집법

해설
탈기법, 기폭법 : 가스 처리법

45 상용 보일러의 점화 전 연소계통의 점검에 관한 설명으로 틀린 것은?

① 중유예열기를 가동하되 예열기가 증기가열식인 경우에는 드레인을 배출시키지 않은 상태에서 가열한다.
② 연료배관, 스트레이너, 연료펌프 및 수동차단밸브의 개폐상태를 확인한다.
③ 연소가스 통로가 긴 경우와 구부러진 부분이 많을 경우에는 완전한 환기가 필요하다.
④ 연소실 및 연도 내의 잔류가스를 배출하기 위하여 연도의 각 댐퍼를 전부 열어 놓고 통풍기로 환기시킨다.

해설
증기가열식은 항상 사용하기 전 드레인(배수)을 실시하고 중유를 예열하여야 수격작용 및 열손실이 방지된다.

46 가동 중인 보일러를 정지시킬 때 일반적으로 가장 먼저 조치해야 할 사항은?

① 증기 밸브를 닫고, 드레인 밸브를 연다.
② 연료의 공급을 정지한다.
③ 공기의 공급을 정지한다.
④ 댐퍼를 닫는다.

해설
가동 중인 보일러 운전 중지 시 가장 먼저 연료공급 및 공기의 공급을 정지시킨다.

47 동관 이음의 종류에 해당하지 않는 것은?

① 납땜 이음 ② 기볼트 이음
③ 플레어 이음 ④ 플랜지 이음

해설
기볼트 접합
석면시멘트관(에터니트관 접합)의 접합이며 기볼트(Gibault) 접합은 2개의 플랜지와 고무링, 1개의 슬리브로 되어 있다.

48 다음 중 보온재의 일반적인 구비 요건으로 틀린 것은?

① 비중이 크고 기계적 강도가 클 것
② 장시간 사용에도 사용온도에 변질되지 않을 것
③ 시공이 용이하고 확실하게 할 수 있을 것
④ 열전도율이 적을 것

해설
보온재는 다공질층이므로 비중이 적고 기계적 강도는 커야 한다. 그 특징이나 구비 요건은 ②, ③, ④항이다.

정답 43 ③ 44 ② 45 ① 46 ② 47 ② 48 ①

49 관의 결합방식 표시방법 중 유니언식의 그림 기호로 맞는 것은?

① ──┼── ② ──●──
③ ──╫── ④ ──┤╟──

해설
① 나사이음 ② 용접이음
③ 플랜지이음 ④ 유니언이음

50 수면측정장치 취급상의 주의사항에 대한 설명으로 틀린 것은?

① 수주 연결관은 수축 연결관의 도중에 오물이 끼기 쉬우므로 하향경사하도록 배관한다.
② 조명은 충분하게 하고 유리는 항상 청결하게 유지한다.
③ 수면계의 콕은 누설되기 쉬우므로 6개월 주기로 분해 정비하여 조작하기 쉬운 상태로 유지한다.
④ 수주관 하부의 분출관은 매일 1회 분출하여 수축 연결관의 찌꺼기를 배출한다.

해설
㉠ 수면측정장치(수주관, 수면계) 취급상 주의사항은 ②, ③, ④항이다.
㉡ 수주 연결관은 수측 연결관의 도중에 오물이 끼기 쉬우므로 하향경사하는 배관은 피하는 것이 좋다.

51 다음 보온재 중 안전사용(최고) 온도가 가장 낮은 것은?

① 탄산마그네슘 물반죽 보온재
② 규산칼슘 보온판
③ 경질 폼라버 보온통
④ 글라스 울 블랭킷

해설
보온재 안전사용온도
㉠ 탄산마그네슘 : 250℃ 이하
㉡ 규산칼슘 : 650℃
㉢ 글라스 울 : 300℃ 이하
㉣ 경질 폼라버 : 80℃ 이하

52 증기 보일러에서 수면계의 점검시기로 적절하지 않은 것은?

① 2개의 수면계 수위가 다를 때 행한다.
② 프라이밍, 포밍 등이 발생할 때 행한다.
③ 수면계 유리관을 교체하였을 때 행한다.
④ 보일러의 점화 후에 행한다.

해설
수면계는 보일러 점화 전에 점검하고 증기발생 후에 자주 점검한다.

53 파이프 축에 대해서 직각방향으로 개폐되는 밸브로 유체의 흐름에 따른 마찰저항 손실이 적으며 난방 배관 등에 주로 이용되나 절반만 개폐하면 디스크 뒷면에 와류가 발생되어 유량 조절용으로는 부적합한 밸브는?

① 버터플라이 밸브 ② 슬루스 밸브
③ 글로브 밸브 ④ 콕

해설
슬루스 게이트 밸브
유량조절용으로 부적당하고 마찰저항 손실이 적다. 또한 디스크 뒷면에 와류가 발생된다.

54 보일러 내처리로 사용되는 약제 중 가성취화 방지, 탈산소, 슬러지 조정 등의 작용을 하는 것은?

① 수산화나트륨 ② 암모니아
③ 탄닌 ④ 고급지방산폴리알코올

해설
탄닌
가성취화방지, 탈산소제, 슬러지 조정제

55 신에너지 재생에너지 개발 · 이용 · 보급 촉진법에 따라 신 · 재생에너지의 기술개발 및 이용 보급을 촉진하기 위한 기본계획은 누가 수립하는가?

① 과학기술정보통신부장관
② 환경부장관
③ 국토교통부장관
④ 산업통상자원부장관

정답 49 ④ 50 ① 51 ③ 52 ④ 53 ② 54 ③ 55 ④

해설

신 · 재생에너지 기본계획 수립권자
산업통상자원부장관

56 에너지이용 합리화법에 따라 국내외 에너지 사정의 변동으로 에너지 수급에 중대한 차질이 발생하거나 발생할 우려가 있다고 인정되면 에너지 수급의 안정을 기하기 위하여 필요한 범위 내에 조치를 취할 수 있는데, 다음 중 그러한 조치에 해당하지 않는 것은?

① 에너지의 비축과 저장
② 에너지공급설비의 가동 및 조업
③ 에너지의 배급
④ 에너지 판매시설의 확충

해설

에너지 수급에 중대한 차질이 발생할 때 에너지 판매시설을 조정하여야 한다.

57 에너지이용 합리화법에 따라 효율관리기자재 중 하나인 가정용 가스 보일러의 제조업자 또는 수입업자는 소비효율 또는 소비효율등급을 라벨에 표시하여 나타내야 하는데, 이때 표시해야 하는 항목에 해당하지 않는 것은?

① 난방출력
② 표시난방열효율
③ 1시간 사용 시 CO_2 배출량
④ 소비효율등급

해설

가스 보일러 에너지 소비효율등급 표시사항
㉠ 난방출력
㉡ 열효율
㉢ 소비효율등급

58 에너지이용 합리화법에 따라 연료 · 및 전력의 연간 사용량의 합계가 몇 티오이 이상인 자를 "에너지다소비사업자"라 하는가?

① 5백 ② 1천
③ 1천 5백 ④ 2천

해설

에너지 다소비 사업자
연간 에너지 사용량이 2천 티오이 이상인 사용자

59 에너지이용 합리화법에 따라 보일러의 개조검사의 경우 검사 유효기간으로 옳은 것은?

① 6개월 ② 1년
③ 2년 ④ 5년

해설

보일러 검사 기간
㉠ 개조검사의 유효기간 : 1년
㉡ 안전검사 유효기간 : 1년
㉢ 성능검사 유효기간 : 1년
㉣ 설치검사 유효기간 : 1년
㉤ 재사용 검사 : 1년

60 에너지법에서 정의하는 "에너지 사용자"의 의미로 가장 옳은 것은?

① 에너지 보급 계획을 세우는 자
② 에너지를 생산, 수입하는 사업자
③ 에너지 사용시설의 소유자 또는 관리자
④ 에너지를 저장, 판매하는 자

해설

에너지 사용자
에너지 사용시설의 소유자 또는 관리자

정답 56 ④ 57 ③ 58 ④ 59 ② 60 ③

2013년 1월 27일 시행

과년도 기출문제

01 다음 중 연소 시에 매연 등의 공해물질이 가장 적게 발생되는 연료는?

① 액화천연가스　　② 석탄
③ 중유　　④ 경유

해설

공해물질의 양
고체연료 > 액체연료 > 기체연료
㉠ 액화천연가스(LNG : 메탄가스) : 기체
㉡ 경유, 중유 : 액체　　㉢ 석탄 : 고체

02 외분식 보일러의 특징에 대한 설명으로 거리가 먼 것은?

① 연소실 개조가 용이하다.
② 노 내 온도가 높다.
③ 연료의 선택 범위가 넓다.
④ 복사열의 흡수가 많다.

해설

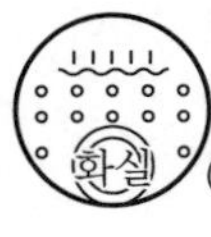

03 다음 중 비열에 대한 설명으로 옳은 것은?

① 비열은 물질의 종류에 관계없이 1.4로 동일하다.
② 질량이 동일할 때 열용량이 크면 비열이 크다.
③ 공기의 비열이 물보다 크다.
④ 기체의 비열비는 항상 1보다 작다.

해설

㉠ 비열의 단위 : kcal/kg℃
㉡ 열용량 단위 : kcal/℃(질량×비열)
㉢ 공기비열 : 0.24kcal/kg℃
　물의 비열 : 1kcal/kg℃
㉣ 기체의 비열비(정압비열/정적비열) : 항상 1보다 크다.

04 보일러 자동연소제어(ACC)의 조작량에 해당하지 않는 것은?

① 연소 가스량　　② 공기량
③ 연료량　　④ 급수량

해설

FWC(자동급수제어) : 급수량 조절

05 다음 중 목푯값이 변화되어 목푯값을 측정하면서 제어목표량을 목표량에 맞도록 하는 제어에 속하지 않는 것은?

① 추종 제어　　② 비율 제어
③ 정치 제어　　④ 캐스케이드 제어

해설

㉠ 정치 제어 : 목푯값의 변화가 없고 항상 일정하다.
㉡ 추치 제어 : 추종 제어, 비율 제어, 프로그램 제어

06 1 보일러 마력을 열량으로 환산하면 몇 kcal/h인가?

① 8,435kcal/h　　② 9,435kcal/h
③ 7,435kcal/h　　④ 10,173kcal/h

해설

보일러 1마력 : 보일러 상당증발량 15.65kg/h 발생능력
포화수 물의 증발잠열 : 539kcal/kg
$\therefore Q = 15.65 \times 539 = 8,435$kcal/h

07 시간당 100kg의 중유를 사용하는 보일러에서 총 손실열량이 200,000kca/h일 때 보일러의 효율은 약 얼마인가?(단, 중유의 발열량은 10,000 kcal/kg이다.)

① 75%　　② 80%
③ 85%　　④ 90%

정답 01 ① 02 ④ 03 ② 04 ④ 05 ③ 06 ① 07 ②

해설

$$보일러효율 = \frac{유효열}{공급열} \times 100$$
$$= \frac{(100 \times 10{,}000) - 200{,}000}{100 \times 10{,}000} \times 100 = 80\%$$

08 프라이밍의 발생 원인으로 거리가 먼 것은?

① 보일러 수위가 높을 때
② 보일러수가 농축되어 있을 때
③ 송기 시 증기밸브를 급개할 때
④ 증발능력에 비하여 보일러수의 표면적이 클 때

해설

보일러 증발능력에 비하여 보일러수의 표면적이 적을 때 프라이밍(비수 : 수적이 생산)이 발생하여 습증기가 유발된다.

09 열사용 기자재의 검사 및 검사의 면제에 관한 기준에 따라 온수발생 보일러(액상식 열매체 보일러 포함)에서 사용하는 방출밸브와 방출관의 설치 기준에 관한 설명으로 옳은 것은?

① 인화성 액체를 방출하는 열매체 보일러의 경우 방출밸브 또는 방출관은 밀폐식 구조로 하든가 보일러 밖의 안전한 장소에 방출시킬 수 있는 구조이어야 한다.
② 온수발생 보일러에는 압력이 보일러의 최고사용압력에 달하면 즉시 작동하는 방출밸브 또는 안전밸브를 2개 이상 갖추어야 한다.
③ 393K의 온도를 초과하는 온수발생 보일러에는 안전밸브를 설치하여야 하며, 그 크기는 호칭지름 10mm 이상이어야 한다.
④ 액상식 열매체 보일러 및 온도 393K 이하의 온수발생 보일러에는 방출밸브를 설치하여야 하며, 그 지름은 10mm 이상으로 하고, 보일러의 압력이 보일러의 최고 사용압력에 그 5%(그 값이 0.035MPa 미만인 경우에는 0.035MPa로 한다.)를 더한 값을 초과하지 않도록 지름과 개수를 정하여야 한다.

해설

인화성 액상식 열매체 보일러 방출밸브, 방출관의 구비조건은 ①항의 조건을 충족시켜야 한다.

10 보일러 급수펌프 중 비용적식 펌프로서 원심펌프인 것은?

① 워싱턴 펌프　　② 웨어 펌프
③ 플런저 펌프　　④ 볼류트 펌프

해설

비용적식(원심식 펌프)
㉠ 볼류트 펌프
㉡ 터빈 펌프

11 다음 중 수관식 보일러에 해당되는 것은?

① 스코치 보일러
② 바브콕 보일러
③ 코크란 보일러
④ 케와니 보일러

해설

㉠ 스코치 보일러 : 노통연관식
㉡ 코크란 보일러 : 입형 보일러
㉢ 케와니 보일러 : 연관 보일러

12 노통 보일러에서 갤러웨이 관(Galloway Tube)을 설치하는 목적으로 가장 옳은 것은?

① 스케일 부착을 방지하기 위하여
② 노통의 보강과 양호한 물 순환을 위하여
③ 노통의 진동을 방지하기 위하여
④ 연료의 완전연소를 위하여

해설

갤러웨이관(횡관)의 설치목적
㉠ 노통의 보강　　㉡ 물의 순환촉진
㉢ 화실벽의 보강　　㉣ 전열면적 증가

정답 08 ④ 09 ① 10 ④ 11 ② 12 ②

13 오일 여과기의 기능으로 거리가 먼 것은?

① 펌프를 보호한다.
② 유량계를 보호한다.
③ 연료노즐 및 연료조절 밸브를 보호한다.
④ 분무효과를 높여 연소를 양호하게 하고 연소생성물을 활성화시킨다.

해설
분무컵
분무효과를 높여 연소를 양호하게 하고 연소생성물을 활성화시킨다.

14 통풍 방식에 있어서 소요 동력이 비교적 많으나 통풍력 조절이 용이하고 노 내압을 정압 및 부압으로 임의 조절이 가능한 방식은?

① 흡인통풍 ② 압입통풍
③ 평형통풍 ④ 자연통풍

해설
평형통풍(압입+흡인통풍)
소요동력이 비교적 많으나 통풍력 조절이 용이하고 노 내압을 정압 및 부압으로 임의 조절이 가능한 인공통풍방식

15 보일러 부속장치에 관한 설명으로 틀린 것은?

① 배기가스의 여열을 이용하여 급수를 예열하는 장치를 절탄기라 한다.
② 배기가스의 열로 연소용 공기를 예열하는 것을 공기예열기라 한다.
③ 고압증기 터빈에서 팽창되어 압력이 저하된 증기를 재과열하는 것을 과열기라 한다.
④ 오일 프리히터는 기름을 예열하여 점도를 낮추고, 연소를 원활히 하는 데 목적이 있다.

해설
재열기
고압증기 터빈에서 팽창되어 압력이 저하된 증기를 재과열한다.

16 석탄의 함유 성분에 대해서 그 성분이 많을수록 연소에 미치는 영향에 대한 설명으로 틀린 것은?

① 수분 : 착화성이 저하된다.
② 회분 : 연소 효율이 증가한다.
③ 휘발분 : 검은 매연이 발생하기 쉽다.
④ 고정탄소 : 발열량이 증가한다.

해설
회분(재)
연소 효율이 감소한다.

17 보일러에서 사용하는 안전밸브 구조의 일반사항에 대한 설명으로 틀린 것은?

① 설정압력이 3MPa를 초과하는 증기 또는 온도가 508K를 초과하는 유체에 사용하는 안전밸브에는 스프링이 분출하는 유체에 직접 노출되지 않도록 하여야 한다.
② 안전밸브는 그 일부가 파손하여도 충분한 분출량을 얻을 수 있는 것이어야 한다.
③ 안전밸브는 쉽게 조정이 가능하도록 잘 보이는 곳에 설치하고 봉인하지 않도록 한다.
④ 안전밸브의 부착부는 배기에 의한 반동력에 대하여 충분한 강도가 있어야 한다.

해설
안전밸브는 조정이 끝나면 검사자가 반드시 봉인을 한다.

18 건 배기가스 중의 이산화탄소분 최댓값이 15.7%이다. 공기비를 1.2로 할 경우 건 배기가스 중의 이산화탄소분은 몇 %인가?

① 11.21% ② 12.07%
③ 13.08% ④ 17.58%

해설

$$\text{공기비} = \frac{CO_2\ \text{최대값}}{CO_2\ \text{측정값}},\quad 1.2 = \frac{15.7}{x}$$

$$x = \frac{15.7}{1.2} = 13.08\%$$

정답 13 ④ 14 ③ 15 ③ 16 ② 17 ③ 18 ③

19 보일러와 관련한 기초 열역학에서 사용하는 용어에 대한 설명으로 틀린 것은?

① 절대압력 : 완전 진공상태를 0으로 기준하여 측정한 압력
② 비체적 : 단위체적당 질량으로 단위는 kg/m^3임
③ 현열 : 물질 상태의 변화 없이 온도가 변화하는 데 필요한 열량
④ 잠열 : 온도의 변화 없이 물질 상태가 변화하는 데 필요한 열량

해설

㉠ 비체적 : m^3/kg, ㉡ 밀도 : kg/m^3, ㉢ 비중량 : kg/m^3
- 밀도 : 단위체적당 질량
- 비체적 : 단위질량당 체적

20 다음 중 수트 블로어의 종류가 아닌 것은?

① 장발형　② 건타입형
③ 정치회전형　④ 컴버스터형

해설

컴버스터(보염장치)
노 내 점화 시 불꽃을 보호하고 확실한 착화를 도모하기 위해 통풍 시 풍량을 골고루 분산시킨다.

21 다음 자동제어에 대한 설명에서 온-오프(On-Off) 제어에 해당되는 것은?

① 제어량이 목푯값을 기준으로 열거나 닫는 2개의 조작량을 가진다.
② 비교부의 출력이 조작량에 비례하여 변화한다.
③ 출력편차량의 시간 적분에 비례한 속도로 조작량을 변화시킨다.
④ 어떤 출력편차의 시간 변화에 비례하여 조작량을 변화시킨다.

해설

온-오프(불연속동작) 제어
제어량이 목푯값을 기준으로 열거나 닫는 2개의 조작량(2위치 동작)을 갖는다.

22 다음 중 증기의 건도를 향상시키는 방법으로 틀린 것은?

① 증기의 압력을 더욱 높여서 초고압 상태로 만든다.
② 기수분리기를 사용한다.
③ 증기주관에서 효율적인 드레인 처리를 한다.
④ 증기 공간 내의 공기를 제거한다.

해설

증기의 압력을 증가시키면 엔탈피 증가, 포화온도 상승, 비체적 감소, 배관지름의 축소가 용이하다.

23 KS에서 규정하는 보일러의 열정산은 원칙적으로 정격부하 이상에서 정상 상태(Steady State)로 적어도 몇 시간 이상의 운전결과에 따라야 하는가?

① 1시간　② 2시간
③ 3시간　④ 5시간

해설

열정산 운전결과
2시간 이상의 운전결과 열을 정산(입열, 출열)한다.

24 다음 도시가스의 종류를 크게 천연가스와 석유계 가스, 석탄계 가스로 구분할 때 석유계 가스에 속하지 않는 것은?

① 코르크 가스
② LPG 변성가스
③ 나프타 분해가스
④ 정제소 가스

해설

㉠ 천연가스(NG) : CNG, PNG
㉡ 액화천연가스 : LNG
㉢ 석유계 가스 : LPG 변성가스, 나프타분해 가스, 정제소 가스
㉣ 석탄계 가스 : 코르크 가스, 탄전 가스

정답 19 ② 20 ④ 21 ① 22 ① 23 ② 24 ①

25 전기식 증기압력조절기에서 증기가 벨로스 내에 직접 침입하지 않도록 설치하는 것으로 가장 적합한 것은?

① 신축 이음쇠 ② 균압 관
③ 사이펀 관 ④ 안전 밸브

해설

사이펀 관
증기압력조절기에서 증기가 벨로스 내에 직접 침입하지 못하게 물을 넣어둔다.

26 오일 버너 종류 중 회전컵의 회전운동에 의한 원심력과 미립화용 1차 공기의 운동에너지를 이용하여 연료를 분무시키는 버너는?

① 건타입 버너 ② 로터리 버너
③ 유압식 버너 ④ 기류 분무식 버너

해설

로터리 버너
회전컵(3,000~10,000rpm)의 원심력 이용 분무버너(중유사용버너)

27 보일러 열효율 향상을 위한 방안으로 잘못 설명한 것은?

① 절탄기 또는 공기예열기를 설치하여 배기가스 열을 회수한다.
② 버너 연소부하조건을 낮게 하거나 연속운전을 간헐운전으로 개선한다.
③ 급수온도가 높으면 연료가 절감되므로 고온의 응축수는 회수한다.
④ 온도가 높은 블로 다운수를 회수하여 급수 및 온수제조 열원으로 활용한다.

해설

연속운전을 간헐운전으로 개선시키면 열효율이 감소된다(연소부하조건을 크게 하면 열효율이 증가).

28 보일러 가동 중 실화(失火)가 되거나, 압력이 규정치를 초과하는 경우 연료 공급을 자동적으로 차단하는 장치는?

① 광전관 ② 화염검출기
③ 전자밸브 ④ 체크밸브

해설

전자밸브(솔레로이드밸브)
연료 공급 및 차단용 밸브(보일러운전 중 이상상태 시 연료공급이 자동차단된다.)

29 함진 배기가스를 액방울이나 액막에 충돌시켜 분진입자를 포집 분리하는 집진장치는?

① 중력식 집진장치
② 관성력식 집진장치
③ 원심력식 집진장치
④ 세정식 집진장치

해설

세정식 집진장치
함진 배기가스를 액방울이나 액막에 충돌시켜 분진입자를 포집 분리시킨다.

30 보온시공 시 주의사항에 대한 설명으로 틀린 것은?

① 보온재와 보온재의 틈새는 되도록 적게 한다.
② 겹침부의 이음새는 동일 선상을 피해서 부착한다.
③ 테이프 감기는 물, 먼지 등의 침입을 막기 위해 위에서 아래쪽으로 향하여 감아내리는 것이 좋다.
④ 보온의 끝 단면은 사용하는 보온재 및 보온 목적에 따라서 필요한 보호를 한다.

해설

보온시공 시 테이프 감기는 물, 먼지 등의 침입을 막기 위해 아래에서 위로 향하여 감아내리는 것이 좋다.

정답 25 ③ 26 ② 27 ② 28 ③ 29 ④ 30 ③

31 온수 순환 방법에서 순환이 빠르고 균일하게 급탕할 수 있는 방법은?

① 단관 중력순환식 배관법
② 복관 중력순환식 배관법
③ 건식순환식 배관법
④ 강제순환식 배관법

해설
온수 순환 강제순환식 배관법(순환펌프 사용)
순환이 빠르고 균일하게 급탕할 수 있다.

32 증기난방과 비교하여 온수난방의 특징을 설명한 것으로 틀린 것은?

① 난방 부하의 변동에 따라서 열량 조절이 용이하다.
② 예열시간이 짧고, 가열 후에 냉각시간도 짧다.
③ 방열기의 화상이나, 공기 중의 먼지 등이 늘어붙어 생기는 나쁜 냄새가 적어 실내의 쾌적도가 높다.
④ 동일 발열량에 대하여 방열 면적이 커야 하고 관경도 굵어야 하기 때문에 설비비가 많이 드는 편이다.

해설
증기난방
증기는 물에 비하여 비열이 작아서 예열시간이 짧고 가열 후에 냉각시간도 짧다.

33 증기, 물, 기름 배관 등에 사용되며 관 내의 이물질, 찌꺼기 등을 제거할 목적으로 사용되는 것은?

① 플로트 밸브 ② 스트레이너
③ 세정 밸브 ④ 분수 밸브

해설
스트레이너(여과기)
증기, 물, 기름배관 등에 사용되며 관 내의 이물질, 찌꺼기 등을 제거한다.

34 보일러에서 발생하는 부식 형태가 아닌 것은?

① 점식 ② 수소취화
③ 알칼리 부식 ④ 라미네이션

해설

35 로터리 밸브의 일종으로 원통 또는 원뿔에 구멍을 뚫고 축을 회전함에 따라 개폐하는 것으로 플러그 밸브라고도 하며 0~90° 사이에 임의의 각도로 회전함으로써 유량을 조절하는 밸브는?

① 글로브 밸브 ② 체크 밸브
③ 슬루스 밸브 ④ 콕(Cock)

해설
콕
0~90° 회전용 플러그 밸브

36 신축곡관이라고도 하며 고온, 고압용 증기관 등의 옥외배관에 많이 쓰이는 신축 이음은?

① 벨로스형 ② 슬리브형
③ 스위블형 ④ 루프형

해설

벨로스형
슬리브형
루프형
(신축곡관)
스위블형

37 증기난방에서 응축수의 환수방법에 따른 분류 중 증기의 순환과 응축수의 배출이 빠르며, 방열량도 광범위하게 조절할 수 있어서 대규모 난방에서 많이 채택하는 방식은?

① 진공 환수식 증기난방
② 복관 중력 환수식 증기난방
③ 기계 환수식 증기난방
④ 단관 중력 환수식 증기난방

정답 31 ④ 32 ② 33 ② 34 ④ 35 ④ 36 ④ 37 ①

해설

진공 환수식 증기난방

응축수의 환수방법이며 증기의 순환과 응축수의 배출이 빠르다. 방열량도 광범위하게 조절이 가능하여 대규모 난방용(진공 100~250mmHg 정도)으로 많이 쓰인다.

38 증기 보일러에는 원칙적으로 2개 이상의 안전밸브를 부착해야 하는데, 전열면적이 몇 m^2 이하이면 안전밸브를 1개 이상 부착해도 되는가?

① $50m^2$ ② $30m^2$
③ $80m^2$ ④ $100m^2$

해설

보일러의 전열면적이 $50m^2$ 이하인 경우 안전밸브 부착은 1개 이상이면 된다.

39 보일러에서 사용하는 수면계 설치 기준에 관한 설명 중 잘못된 것은?

① 유리 수면계는 보일러의 최고사용압력과 그에 상당하는 증기온도에서 원활히 작용하는 기능을 가져야 한다.
② 소용량 및 소형관류 보일러에는 2개 이상의 유리 수면계를 부착해야 한다.
③ 최고사용압력 1MPa 이하로서 동체 안지름이 750mm 미만인 경우에 있어서는 수면계 중 1개는 다른 종류의 수면측정 장치로 할 수 있다.
④ 2개 이상의 원격지시 수면계를 시설하는 경우에 한하여 유리 수면계를 1개 이상으로 할 수 있다.

해설

소용량 및 소형관류 보일러

1개 이상의 유리수면계 부착이 가능하다.

40 표준방열량을 가진 증기방열기가 설치된 실내의 난방부하가 20,000kcal/h일 때 방열면적은 몇 m^2인가?

① 30.8 ② 36.4
③ 44.4 ④ 57.1

해설

증기난방 표준 방열기 방열량 : 650 kcal/m^2h

방열면적(EDR) $= \dfrac{20{,}000}{650} = 30.8m^2$

41 보일러 저수위 사고의 원인으로 가장 거리가 먼 것은?

① 보일러 이음부에서의 누설
② 수면계 수위의 오판
③ 급수장치가 증발능력에 비해 과소
④ 연료 공급 노즐의 막힘

해설

연료공급 노즐이 막히면 보일러 운전이 정지된다.

42 보일러의 휴지(休止) 보존 시에 질소가스 봉입보존법을 사용할 경우 질소가스의 압력을 몇 MPa 정도로 보존하는가?

① 0.2 ② 0.6
③ 0.02 ④ 0.06

해설

질소봉입 장기보존

질소가스 압력(0.6 kg/cm^2)은 0.06 MPa 정도 유지(보일러 동 내부)

43 보일러 내처리로 사용되는 약제의 종류에서 pH, 알칼리 조정 작용을 하는 내처리제에 해당하지 않는 것은?

① 수산화나트륨 ② 히드라진
③ 인산 ④ 암모니아

해설

탈산소제(O_2 제거용)에는 아황산소다, 탄닌, 히드라진 등이 있다.

정답 38 ① 39 ② 40 ① 41 ④ 42 ④ 43 ②

44 가동 중인 보일러의 취급 시 주의사항으로 틀린 것은?

① 보일러수가 항시 일정수위(상용수위)가 되도록 한다.
② 보일러 부하에 응해서 연소율을 가감한다.
③ 연소량을 증가시킬 경우에는 먼저 연료량을 증가시키고 난 후 통풍량을 증가시켜야 한다.
④ 보일러수의 농축을 방지하기 위해 주기적으로 블로다운을 실시한다.

해설
연소량 증가
먼저 공기량(통풍량)을 증가시킨 후 연료량을 증가시켜 노 내 가스폭발 방지

45 보일러 배관 중에 신축이음을 하는 목적으로 가장 적합한 것은?

① 증기 속의 이물질을 제거하기 위하여
② 열팽창에 의한 관의 파열을 막기 위하여
③ 보일러수의 누수를 막기 위하여
④ 증기 속의 수분을 분리하기 위하여

해설
신축이음 설치 목적
열팽창에 의한 관의 파열 방지

46 연료(중유) 배관에서 연료 저장탱크와 버너 사이에 설치되지 않는 것은?

① 오일펌프 ② 여과기
③ 중유가열기 ④ 축열기

해설
증기축열기(정압식, 변압식)
잉여증기 저장고이며 송기장치(증기이송장치)

47 배관 내에 흐르는 유체의 종류를 표시하는 기호 중 증기를 나타내는 것은?

① A ② G
③ S ④ O

해설
㉠ 공기 : A ㉡ 가스 : G
㉢ 증기 : S ㉣ 오일 : O

48 보일러 가동 시 맥동연소가 발생하지 않도록 하는 방법으로 틀린 것은?

① 연료 속에 함유된 수분이나 공기를 제거한다.
② 2차 연소를 촉진시킨다.
③ 무리한 연소를 하지 않는다.
④ 연소량의 급격한 변동을 피한다.

해설
㉠ 2차 연소 : 연도에서 발생하는 가스폭발이다.
㉡ 맥동연소 : 노 내의 진동연소

49 온수난방을 하는 방열기의 표준방열량은 몇 $kcal/m^2 \cdot h$인가?

① 440 ② 450
③ 460 ④ 470

해설
방열기 표준방열량
㉠ 온수 : $450kcal/m^2 \cdot h$
㉡ 증기 : $650kcal/m^2 \cdot h$

50 방열기의 종류 중 관과 핀으로 이루어지는 엘리먼트와 이것을 보호하기 위한 덮개로 이루어지며 실내 벽면 아랫부분의 나비 나무 부분을 따라서 부착하여 방열하는 형식의 것은?

① 컨벡터 ② 패널 라디에이터
③ 섹셔널 라디에이터 ④ 베이스 보드 히터

해설
베이스 보드 히터 방열기
관과 핀으로 이루어지는 엘리먼트와 이것을 보호하기 위한 덮개로 이루어진다(실내 벽면 아랫부분의 나비 나무 부분을 따라서 부착시킨다).

정답 44 ③ 45 ② 46 ④ 47 ③ 48 ② 49 ② 50 ④

51 열사용 기자재 검사기준에 따라 수압시험을 할 때 강철재 보일러의 최고사용압력이 0.43MPa 초과, 1.5MPa 이하인 보일러의 수압시험 압력은?

① 최고 사용압력의 2배+0.1MPa
② 최고 사용압력의 1.5배+0.2MPa
③ 최고 사용압력의 1.3배+0.3MPa
④ 최고 사용압력의 2.5배+0.5MPa

해설
㉠ 0.43MPa 이하 : 2배 수압
㉡ 0.43MPa 초과~1.5 MPa 이하 : ③항 활용
㉢ 1.5MPa 초과(15 kg/cm^2 초과) : 2배 수압

52 배관의 나사이음과 비교한 용접이음의 특징으로 잘못 설명된 것은?

① 나사 이음부와 같이 관의 두께에 불균일한 부분이 없다.
② 돌기부가 없어 배관상의 공간효율이 좋다.
③ 이음부의 강도가 적고, 누수의 우려가 크다.
④ 변형과 수축, 잔류응력이 발생할 수 있다.

해설
용접이음
이음부의 강도가 크고 누수의 우려가 적다.

53 부식억제제의 구비조건에 해당하지 않는 것은?

① 스케일의 생성을 촉진할 것
② 정지나 유도 시에도 부식억제 효과가 클 것
③ 방식 피막이 두꺼우며 열전도에 지장이 없을 것
④ 이종금속과의 접촉부식 및 이종금속에 대한 부식촉진 작용이 없을 것

해설
부식억제제(인히비터)
스케일의 생성을 억제시킬 것

54 보일러 점화조작 시 주의사항에 대한 설명으로 틀린 것은?

① 연소실의 온도가 높으면 연료의 확산이 불량해져서 착화가 잘 안 된다.
② 연료가스의 유출속도가 너무 빠르면 실화 등이 일어나고, 너무 늦으면 역화가 발생한다.
③ 연료의 유압이 낮으면 점화 및 분사가 불량하고 높으면 그을음이 축적된다.
④ 프리퍼지 시간이 너무 길면 연소실의 냉각을 초래하고 너무 늦으면 역화를 일으킬 수 있다.

해설
연소실의 온도가 높으면 연료의 확산이 순조로워서 착화나 연소상태가 양호해진다.

55 에너지이용 합리화법에 따라 에너지사용계획을 수립하여 산업통상자원부장관에게 제출하여야 하는 민간사업주관자의 시설규모로 맞는 것은?

① 연간 2,500티 · 오 · 이 이상의 연료 및 열을 사용하는 시설
② 연간 5,000티 · 오 · 이 이상의 연료 및 열을 사용하는 시설
③ 연간 1천만 킬로와트 이상의 전력을 사용하는 시설
④ 연간 500만 킬로와트 이상의 전력을 사용하는 시설

해설
민간사업자의 시설 규모
㉠ 연간 5천 티오이 이상의 연료 및 열을 사용하는 시설
㉡ 연간 2천만 킬로와트시 이상의 전력을 사용하는 시설

56 효율관리기자재 운용규정에 따라 가정용 가스 보일러에서 시험성적서 기재 항목에 포함되지 않는 것은?

① 난방열효율 ② 가스소비량
③ 부하손실 ④ 대기전력

정답 51 ③ 52 ③ 53 ① 54 ① 55 ② 56 ③

해설

가정용 가스 보일러 시험성적서 기재 항목
㉠ 열효율
㉡ 가스소비량
㉢ 대기전력

57 신 · 재생에너지 설비 중 태양의 열에너지를 변환시켜 전기를 생산하거나 에너지원으로 이용하는 설비로 맞는 것은?

① 태양열 설비 ② 태양광 설비
③ 바이오에너지 설비 ④ 풍력 설비

해설

㉠ 태양열 설비는 태양의 열에너지를 변환시켜(태양전지 셀 사용) 전기를 생산하거나 에너지원으로 이용한다.
㉡ 태양광 발전은 태양의 열에너지를 이용하여 태양빛을 직접 전기에너지로 변환하는 발전방식이다.

58 에너지이용 합리화법에서 정한 국가에너지절약추진위원회의 위원장은 누구인가?

① 산업통상자원부장관 ② 지방자치단체의 장
③ 국무총리 ④ 대통령

해설

국가에너지절약추진위원회 위원장
산업통상자원부 장관

59 에너지이용 합리화법에 따라 산업통상자원부령으로 정하는 광고매체를 이용하여 효율관리기자재의 광고를 하는 경우에는 그 광고 내용에 에너지소비효율, 에너지소비효율등급을 포함시켜야 할 의무가 있는 자가 아닌 것은?

① 효율관리기자재 제조업자
② 효율관리기자재 광고업자
③ 효율관리기자재 수입업자
④ 효율관리기자재 판매업자

해설

효율관리기자재 광고업자
에너지소비효율, 에너지소비효율등급의 광고의무는 없다.

60 에너지이용 합리화법상 효율관리기자재에 해당하지 않는 것은?

① 전기냉장고 ② 전기냉방기
③ 자동차 ④ 범용선반

해설

효율관리기자재
㉠ 전기냉장고
㉡ 전기냉방기
㉢ 전기세탁기
㉣ 조명기기
㉤ 삼상유도전동기
㉥ 자동차 등

정답 57 ① 58 ① 59 ② 60 ④

2013년 4월 14일 시행

과년도 기출문제

01 어떤 물질의 단위질량(1kg)에서 온도를 1℃ 높이는 데 소요되는 열량을 무엇이라고 하는가?

① 열용량 ② 비열
③ 잠열 ④ 엔탈피

해설
㉠ 비열 : 어떤 물질의 단위질량을 온도 1℃ 높이는 데 필요한 열(kcal/kg℃)
㉡ 열용량 : 어떤 물질을 온도 1℃ 높이는 데 필요한 열(kcal/℃)
㉢ 잠열 : 액체에서 증기로 변화 시 필요한 열
㉣ 엔탈피 : 어떤 물질 1kg이 가지는 열량(kcal/kg)

02 엔탈피가 25kcal/kg인 급수를 받아 1시간당 20,000kg의 증기를 발생하는 경우 이 보일러의 매시 환산 증발량은 몇 kg/h인가?(단, 발생증기 엔탈피는 725kcal/kg이다.)

① 3,246kg/h ② 6,493kg/h
③ 12,987kg/h ④ 25,974kg/h

해설
환산 증발량(We)

$$= \frac{\text{시간당 증기발생량(증기엔탈피} - \text{급수엔탈피)}}{539}$$

$$= \frac{20,000(725-25)}{539} = 25,974\text{kg/h}$$

03 보일러의 기수분리기를 가장 옳게 설명한 것은?

① 보일러에서 발생한 증기 중에 포함되어 있는 수분을 제거하는 장치
② 증기 사용처에서 증기 사용 후 물과 증기를 분리하는 장치
③ 보일러에 투입되는 연소용 공기 중의 수분을 제거하는 장치
④ 보일러 급수 중에 포함되어 있는 공기를 제거하는 장치

해설
기수분리기(수관식용)
보일러에서 발생한 증기 중에 포함되어 있는 수분을 제거하여 건조증기를 취출하는 증기이송(송기장치)장치

04 다음 중 보일러 스테이(Stay)의 종류에 해당되지 않는 것은?

① 거싯(Gusset)스테이 ② 바(Bar)스테이
③ 튜브(Tube)스테이 ④ 너트(Nut)스테이

해설
스테이
㉠ 거싯스테이 ㉡ 바스테이 ㉢ 튜브스테이 ㉣ 거더스테이

05 보일러에 부착하는 압력계의 취급상 주의사항으로 틀린 것은?

① 온도가 353K 이상 올라가지 않도록 한다.
② 압력계는 고장이 날 때까지 계속 사용하는 것이 아니라 일정 사용시간을 정하고 정기적으로 교체하여야 한다.
③ 압력계 사이펀관의 수직부에 콕을 설치하고 콕의 핸들이 축 방향과 일치할 때에 열린 것이어야 한다.
④ 부르동관 내에 직접 증기가 들어가면 고장이 나기 쉬우므로 사이펀관에 물이 가득차지 않도록 한다.

해설

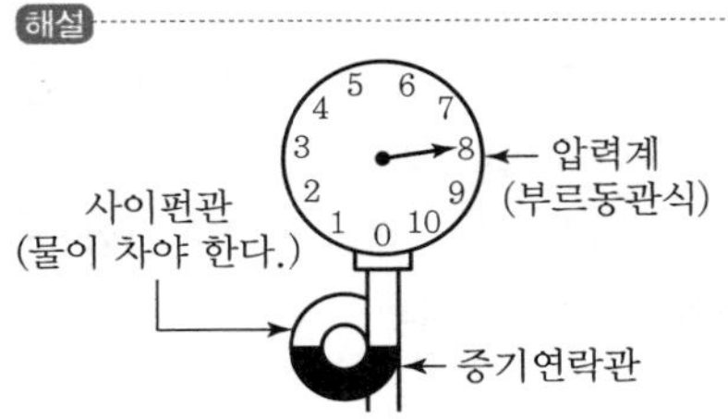

정답 01 ② 02 ④ 03 ① 04 ④ 05 ④

06 증기 중에 수분이 많을 경우의 설명으로 잘못된 것은?

① 건조도가 저하한다.
② 증기의 손실이 많아진다.
③ 증기 엔탈피가 증가한다.
④ 수격작용이 발생할 수 있다.

해설
증기 중에 수분이 많으면 잠열값이 저하하여 엔탈피(kcal/kg)가 감소한다.

07 다음 중 고체연료의 연소방식에 속하지 않는 것은?

① 화격자 연소방식 ② 확산 연소방식
③ 미분탄 연소방식 ④ 유동층 연소방식

해설
기체연료의 연소방식
㉠ 확산 연소방식 ㉡ 예혼합 연소방식

08 보일러 열정산 시 증기의 건도는 몇 % 이상에서 시험함을 원칙으로 하는가?

① 96% ② 97%
③ 98% ④ 99%

해설
열정산 시 증기건도
㉠ 강철제 : 98 % 이상
㉡ 주철제 : 97 % 이상

09 유류 보일러의 자동장치 점화방법의 순서가 맞는 것은?

① 송풍기 기동 → 연료펌프 기동 → 프리퍼지 → 점화용 버너 착화 → 주버너 착화
② 송풍기 기동 → 프리퍼지 → 점화용 버너 착화 → 연료펌프 기동 → 주버너 착화
③ 연료펌프 기동 → 점화용 버너 착화 → 프리퍼지 → 주버너 착화 → 송풍기 기동
④ 연료펌프 기동 → 주버너 착화 → 점화용 버너 착화 → 프리퍼지 → 송풍기 기동

해설
유류 보일러 자동점화방식
송풍기 기동 → 연료펌프 기동 → 프리퍼지(환기) → 점화용 버너 착화 → 주버너 착화

10 액체연료의 일반적인 특징에 관한 설명으로 틀린 것은?

① 유황분이 없어서 기기 부식의 염려가 거의 없다.
② 고체연료에 비해서 단위중량당 발열량이 높다.
③ 연소효율이 높고 연소 조절이 용이하다.
④ 수송과 저장 및 취급이 용이하다.

해설
기체연료는 황분을 정제하여 사용하는 연료이므로 유황분이 없어 기기 부식의 염려가 거의 없다.

11 다음 중 수면계의 기능시험을 실시해야 할 시기로 옳지 않은 것은?

① 보일러를 가동하기 전
② 2개의 수면계의 수위가 동일할 때
③ 수면계 유리의 교체 또는 보수를 행하였을 때
④ 프라이밍, 포밍 등이 생길 때

해설
증기 보일러에서 2개의 수면계 수위가 서로 차이가 날 경우 수면계 기능시험을 실시한다.

12 난방 및 온수 사용열량이 400,000kcal/h인 건물에, 효율 80%인 보일러로서 저위발열량 10,000 kcal/m^{3}인 기체연료를 연소시키는 경우, 시간당 소요연료량은 약 몇 Nm^3/h인가?

① 45 ② 60
③ 56 ④ 50

정답 06 ③ 07 ② 08 ③ 09 ① 10 ① 11 ② 12 ④

해설

$$\text{시간당 소요연료량 계산} = \frac{\text{열사용량}}{\text{저위발열량} \times \text{효율}} = \frac{400,000}{10,000 \times 0.8} = 50\text{Nm}^3/\text{h}$$

13 공기예열기에서 전열방법에 따른 분류에 속하지 않는 것은?

① 전도식 ② 재생식
③ 히트파이프식 ④ 열팽창식

해설

공기예열기 전열방식
㉠ 전도식 ㉡ 재생식 ㉢ 히트파이프식

14 보일러 자동제어에서 급수제어의 약호는?

① ABC ② FWC
③ STC ④ ACC

해설

보일러 자동제어(ABC)
㉠ 자동급수제어(FWC) ㉡ 자동온도제어(STC)
㉢ 자동연소제어(ACC)

15 외분식 보일러의 특징 설명으로 잘못된 것은?

① 연소실의 크기나 형상을 자유롭게 할 수 있다.
② 연소율이 좋다.
③ 사용연료의 선택이 자유롭다.
④ 방사 손실이 거의 없다.

해설

내분식은 방사 열손실이 거의 없으나, 외분식 보일러는 방사 손실이 많다.

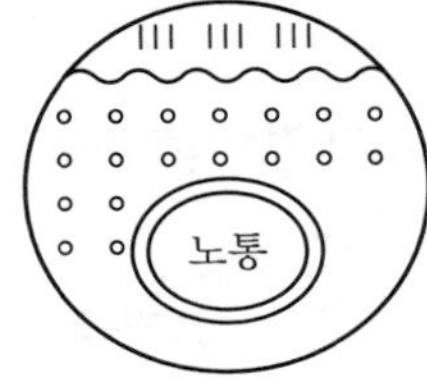

노통연관 내분식 보일러

16 수트 블로어에 관한 설명으로 잘못된 것은?

① 전열면 외측의 그을음 등을 제거하는 장치이다.
② 분출기 내의 응축수를 배출시킨 후 사용한다.
③ 블로어 시에는 댐퍼를 열고 흡입통풍을 증가시킨다.
④ 부하가 50% 이하인 경우에만 블로어를 사용한다.

해설

수트 블로어(전열면의 그을음 제거 : 증기나 공기 이용)는 보일러 부하가 50% 초과 시 실시한다.

17 보일러 마력(Boiler Horsepower)에 대한 정의로 가장 옳은 것은?

① 0℃ 물 15.65kg을 1시간 만에 증기로 만들 수 있는 능력
② 100℃ 물 15.65kg을 1시간 만에 증기로 만들 수 있는 능력
③ 0℃ 물 15.65kg을 10분 만에 증기로 만들 수 있는 능력
④ 100℃ 물 15.65kg을 10분 만에 증기로 만들 수 있는 능력

해설

보일러 1마력
100℃의 물 15.65kg을 1시간 만에 증기로 만들 수 있는 능력(열량으로는 8,435kcal/h이다.)

18 원통형 보일러와 비교할 때 수관식 보일러의 특징 설명으로 틀린 것은?

① 수관의 관경이 적어 고압에 잘 견딘다.
② 보유수가 적어서 부하 변동 시 압력 변화가 적다.
③ 보일러수의 순환이 빠르고 효율이 높다.
④ 구조가 복잡하여 청소가 곤란하다.

해설

원통형 보일러(노통식, 연관식, 노통연관식 등)는 보유수가 많아서 부하 변동 시 압력 변화가 적다.(수관식, 관류 보일러는 반대)

정답 13 ④ 14 ② 15 ④ 16 ④ 17 ② 18 ②

19 다음 보기에서 그 연결이 잘못된 것은?

> ㉠ 관성력 집진장치 – 충돌식, 반전식
> ㉡ 전기식 집진장치 – 코트렐 집진장치
> ㉢ 저유수식 집진장치 – 로터리 스크레버식
> ㉣ 가압수식 집진장치 – 임펄스 스크레버식

① ㉠ ② ㉡
③ ㉢ ④ ㉣

해설

가압수식 집진장치
제트 스크레버식, 사이클론 스크레버식, 충진탑, 벤투리 스크레버식

20 보일러의 안전장치와 거리가 먼 것은?

① 과열기 ② 안전밸브
③ 저수위 경보기 ④ 방폭문

해설

보일러 폐열회수장치(열효율장치)
과열기, 재열기, 절탄기(급수가열기), 공기예열기

21 다음 보일러 중 특수열매체 보일러에 해당되는 것은?

① 타쿠마 보일러 ② 카네크롤 보일러
③ 슐처 보일러 ④ 하우덴 존슨 보일러

해설

열매체 보일러의 열매 종류
카네크롤, 다우섬, 수은, 세큐리티, 모빌섬 등

22 다음 각각의 자동제어에 관한 설명 중 맞는 것은?

① 목푯값이 일정한 자동제어를 추치제어라고 한다.
② 어느 한쪽의 조건이 구비되지 않으면 다른 제어를 정지시키는 것은 피드백 제어이다.
③ 결과가 원인으로 되어 제어단계를 진행하는 것을 인터록 제어라고 한다.
④ 미리 정해진 순서에 따라 제어의 각 단계를 차례로 진행하는 제어는 시퀀스 제어이다.

해설

① 정치제어
② 인터록
③ 피드백 제어

23 보일러 자동제어에서 신호전달 방식의 종류에 해당되지 않는 것은?

① 팽창식 ② 유압식
③ 전기식 ④ 공기압식

해설

신호전달 방식
㉠ 전기식(수 km까지 이용)
㉡ 유압식(300m까지 이용)
㉢ 공기압식(150m 이내에 사용)

24 연료의 연소 시 과잉공기계수(공기비)를 구하는 올바른 식은?

① $\dfrac{\text{연소가스량}}{\text{이론공기량}}$ ② $\dfrac{\text{실제공기량}}{\text{이론공기량}}$
③ $\dfrac{\text{배기가스량}}{\text{사용공기량}}$ ④ $\dfrac{\text{사용공기량}}{\text{배기가스량}}$

해설

$$\text{공기비} = \frac{\text{실제공기량}(A)}{\text{이론공기량}(A_o)} = (m)$$

공기비가 크면 완전연소는 용이하나 노 내 온도가 저하하며, 배기가스 열손실이 크다.(효율 저하)

25 보일러 저수위 경보장치의 종류에 속하지 않는 것은?

① 플로트식 ② 전극식
③ 열팽창관식 ④ 압력제어식

정답 19 ④ 20 ① 21 ② 22 ④ 23 ① 24 ② 25 ④

해설

저수위 경보장치
㉠ 플로트식(맥도널식, 부자식)
㉡ 전극식(관류 보일러용)
㉢ 열팽창관식(코프스식)

26 보일러에서 카본이 생성되는 원인으로 거리가 먼 것은?

① 유류의 분무상태 또는 공기와의 혼합이 불량할 때
② 버너 타일공의 각도가 버너의 화염각도보다 작은 경우
③ 노통 보일러와 같이 가느다란 노통을 연소실로 하는 것에서 화염각도가 현저하게 작은 버너를 설치하고 있는 경우
④ 직립보일러와 같이 연소실의 길이가 짧은 노에다가 화염의 길이가 매우 긴 버너를 설치하고 있는 경우

해설

보일러에서 카본(탄화물)이 생성되는 원인에는 ①, ②, ④항이 해당된다.

27 고체연료에서 탄화가 많이 될수록 나타나는 현상으로 옳은 것은?

① 고정탄소가 감소하고, 휘발분은 증가되어 연료비는 감소한다.
② 고정탄소가 증가하고, 휘발분은 감소되어 연료비는 감소한다.
③ 고정탄소가 감소하고, 휘발분은 증가되어 연료비는 증가한다.
④ 고정탄소가 증가하고, 휘발분은 감소되어 연료비는 증가한다.

해설

고체연료(석탄 등)에서 탄화가 많이 될수록 (고정탄소/휘발분) 연료비 증가
(고체연료 성분 : 고정탄소, 휘발분, 수분, 회분)

28 다음 중 여과식 집진장치의 분류가 아닌 것은?

① 유수식 ② 원통식
③ 평판식 ④ 역기류 분사식

해설

세정식 집진장치(물 이용)의 종류
㉠ 유수식
㉡ 가압수식
㉢ 회전식

29 절대온도 380K를 섭씨온도로 환산하면 약 몇 ℃인가?

① 107℃ ② 380℃
③ 653℃ ④ 926℃

해설

섭씨온도 = 켈빈온도 − 273
∴ 380 − 273 = 107℃

30 파이프 또는 이음쇠의 나사이음 분해 · 조립 시 파이프 등을 회전시키는 데 사용되는 공구는?

① 파이프 리머 ② 파이프 익스팬더
③ 파이프 렌치 ④ 파이프 커터

해설

파이프 렌치
파이프 또는 이음쇠의 나사이음 분해 · 조립 시 파이프의 회전을 시키는 데 사용하는 공구

31 보일러의 자동연료차단장치가 작동하는 경우가 아닌 것은?

① 최고사용압력이 0.1MPa 미만인 주철제 온수보일러의 경우 온수온도가 105℃인 경우
② 최고사용압력이 0.1MPa를 초과하는 증기보일러에서 보일러의 저수위 안전장치가 동작할 때
③ 관류보일러에 공급하는 급수량이 부족한 경우
④ 증기압력이 설정압력보다 높은 경우

정답 26 ③ 27 ④ 28 ① 29 ① 30 ③ 31 ①

해설

온수보일러는 120℃ 이하에서(주철제 온수보일러) 자동연료 차단장치가 작동하여야 한다.

32 스케일의 종류 중 보일러 급수 중의 칼슘 성분과 결합하여 규산칼슘을 생성하기도 하며, 이 성분이 많은 스케일은 대단히 경질이기 때문에 기계적·화학적으로 제거하기 힘든 스케일 성분은?

① 실리카 ② 황산마그네슘
③ 염화마그네슘 ④ 유지

해설

실리카(SiO_2)는 경질스케일이며, 규산칼슘을 생성하고 기계적·화학적으로 제거하기 힘들다.(황산칼슘도 마찬가지)

33 다음 열역학과 관계된 용어 중 그 단위가 다른 것은?

① 열전달계수 ② 열전도율
③ 열관류율 ④ 열통과율

해설

㉠ 열전달계수, 열관류율, 열통과율 : kcal/m²h℃
㉡ 열전도율 : kcal/mh℃

34 증기 트랩 설치 시 주의사항에 관한 설명으로 틀린 것은?

① 응축수 배출점이 여러 개가 있을 경우 응축수 배출점을 묶어서 그룹 트래핑을 하는 것이 좋다.
② 증기가 트랩에 유입되면 즉시 배출시켜 운전에 영향을 미치지 않도록 하는 것이 필요하다.
③ 트랩에서의 배출관은 응축수 회수주관의 상부에 연결하는 것이 필수적으로 요구되며, 특히 회수주관이 고가 배관으로 되어 있을 때에는 더욱 주의하여 연결하여야 한다.
④ 증기 트랩에서 배출되는 응축수를 회수하여 재활용하는 경우에는 응축수 회수관 내에는 원하지 않는 배압이 형성되어 증기 트랩의 용량에 영향을 미칠 수 있다.

해설

개별적 배출이 그룹 트래핑하는 것보다 응축수 배출이 용이하다.

35 회전이음, 지불이음 등으로 불리며, 증기 및 온수난방 배관용으로 사용하고 현장에서 2개 이상의 엘보를 조립해서 설치하는 신축이음은?

① 벨로스형 신축이음 ② 루프형 신축이음
③ 스위블형 신축이음 ④ 슬리브형 신축이음

해설

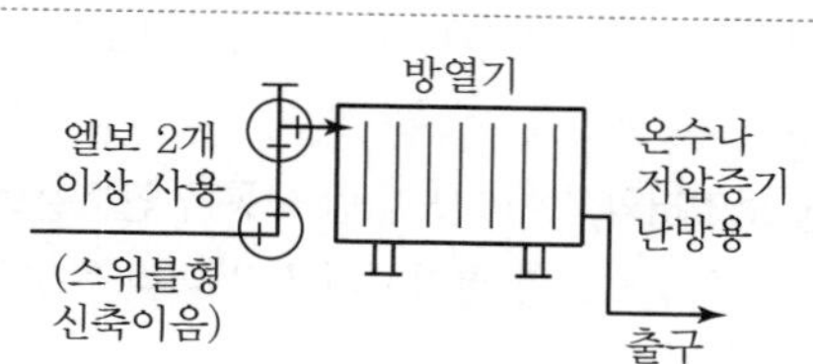

36 그림과 같이 개방된 표면에서 구멍 형태로 깊게 침식하는 부식을 무엇이라고 하는가?

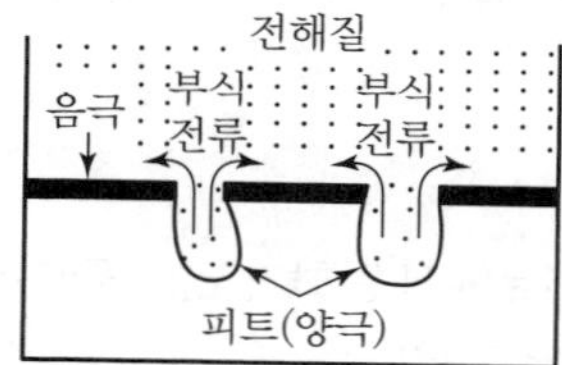

① 국부부식 ② 그루빙(Grooving)
③ 저온부식 ④ 점식(Pitting)

해설

점식(Pitting)
용존산소(O_2)에 의해 일어나는 구멍형태의 침식

37 증기난방과 비교한 온수난방의 특징에 대한 설명으로 틀린 것은?

① 물의 현열을 이용하여 난방하는 방식이다.
② 예열에 시간이 필요하지만 쉽게 냉각되지 않는다.
③ 동일 방열량에 대하여 방열 면적이 크고 관경도 굵어야 한다.
④ 실내 쾌감도가 증기난방에 비해 낮다.

정답 32 ① 33 ② 34 ① 35 ③ 36 ④ 37 ④

해설

온수난방은 증기난방에 비해 실내 쾌감도가 높다.

38 파이프 커터로 관을 절단하면 안으로 거스러미(Burr)가 생기는데 이것을 능률적으로 제거하는 데 사용되는 공구는?

① 다이 스토크 ② 사각줄
③ 파이프 리머 ④ 체인 파이프렌치

해설

파이프 리머
파이프 절단 또는 절삭 시 거스러미(버르)를 제거한다.

39 진공환수식 증기난방 배관시공에 관한 설명 중 맞지 않는 것은?

① 증기주관은 흐름 방향에 $\frac{1}{200} \sim \frac{1}{300}$의 앞내림 기울기로 하고, 도중에 수직 상향부가 필요한 때 트랩장치를 한다.
② 방열기 분기관 등에서 앞단에 트랩장치가 없을 때는 $\frac{1}{50} \sim \frac{1}{100}$의 앞올림 기울기로 하여 응축수를 주관에 역류시킨다.
③ 환수관에 수직 상향부가 필요한 때는 리프트 피팅을 써서 응축수가 위쪽으로 배출되게 한다.
④ 리프트 피팅은 될 수 있으면 사용개수를 많게 하고 1단을 2.5m 이내로 한다.

해설

진공환수식 증기난방(진공도 100~250mmHg)에서 환수관이 수면보다 낮을 때 1.5m 정도의 리프트 피팅을 설치하여 환수시킨다.

40 액상 열매체 보일러시스템에서 열매체유의 액팽창을 흡수하기 위한 팽창탱크의 최소 체적(V_T)을 구하는 식으로 옳은 것은?(단, V_E는 상승 시 시스템 내의 열매체유 팽창량, V_M은 상온 시 탱크 내의 열매체유 보유량이다.)

① $V_T = V_E + V_M$ ② $V_T = V_E + 2V_M$
③ $V_T = 2V_E + V_M$ ④ $V_T = 2V_E + 2V_M$

해설

열매체(다우섬 등) 액의 팽창을 흡수하는 팽창탱크의 최소 크기 계산(V_T) 식 : $V_T = 2V_E + V_M$

41 압축기 진동과 서징, 관의 수격작용, 지진 등에서 발생하는 진동을 억제하는 데 사용되는 지지장치는?

① 벤드벤 ② 플랩밸브
③ 그랜드 패킹 ④ 브레이스

해설

㉠ 브레이스 : 압축기 진동과 서징, 관의 수격작용, 지진 등에서 발생하는 진동을 억제하는 지지장치(대구경용)
㉡ 소구경용 : 방진구, 완충기

42 점화장치로 이용되는 파이로트 버너는 화염을 안정시키기 위해 보염식 버너가 이용되고 있는데, 이 보염식 버너의 구조에 관한 설명으로 가장 옳은 것은?

① 동일한 화염 구멍이 8~9개 내외로 나뉘어 있다.
② 화염 구멍이 가느다란 타원형으로 되어 있다.
③ 중앙의 화염 구멍 주변으로 여러 개의 작은 화염 구멍이 설치되어 있다.
④ 화염 구멍부 구조가 원뿔형태와 같이 되어 있다.

해설

파이로트 버너(점화용 버너)

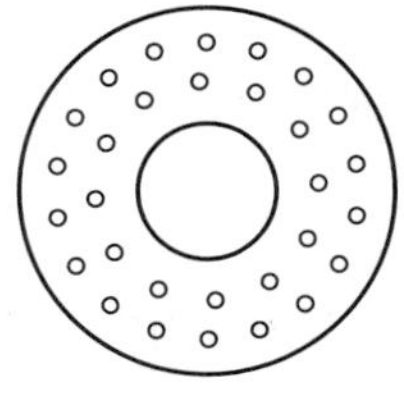

정답 38 ③ 39 ④ 40 ③ 41 ④ 42 ③

43 증기난방의 분류 중 응축수 환수방식에 의한 분류에 해당되지 않는 것은?

① 중력환수방식 ② 기계환수방식
③ 진공환수방식 ④ 상향환수방식

해설
증기난방 응축수 환수방식
㉠ 중력환수식 ㉡ 기계환수식(펌프 이용)
㉢ 진공환수식(진공펌프 사용)

44 천연고무와 비슷한 성질을 가진 합성고무로서 내유성 · 내후성 · 내산화성 · 내열성 등이 우수하며, 석유용매에 대한 저항성이 크고 내열도는 −46 ~121℃ 범위에서 안정한 패킹 재료는?

① 과열 석면 ② 네오플렌
③ 테프론 ④ 하스텔로이

해설
네오플렌(플랜지 패킹)
㉠ 내열범위 : −46~−121℃
㉡ 사용용도 : 물, 공기, 기름, 냉매배관용
㉢ 증기배관에는 사용 불가

45 연료의 완전연소를 위한 구비조건으로 틀린 것은?

① 연소실 내의 온도는 낮게 유지할 것
② 연료와 공기의 혼합이 잘 이루어지도록 할 것
③ 연료와 연소장치가 맞을 것
④ 공급 공기를 충분히 예열시킬 것

해설
연소실 내의 온도가 낮으면 불완전연소의 발생 우려가 크다.

46 관의 결합방식 표시방법 중 플랜지식의 그림 기호로 맞는 것은?

① ──┼── ② ──●──
③ ──╫── ④ ──┼||──

해설
① ──┼── : 나사이음
② ──●── : 용접이음
③ ──╫── : 플랜지이음
④ ──┼||── : 유니언이음

47 어떤 거실의 난방부하가 5,000kcal/h이고, 주철제 온수방열기로 난방할 때 필요한 방열기의 쪽수(절수)는?(단, 방열기 1쪽당 방열면적은 0.26m² 이고, 방열량은 표준방열량으로 한다.)

① 11 ② 21
③ 30 ④ 43

해설
$$\text{온수방열기 쪽수 계산} = \frac{\text{난방부하}}{450 \times \text{1쪽당 방열면적}} = \frac{5,000}{450 \times 0.26} = 43\text{쪽}$$

48 다음 보기 중에서 보일러의 운전정지 순서를 올바르게 나열한 것은?

> ㉠ 증기밸브를 닫고, 드레인밸브를 연다.
> ㉡ 공기의 공급을 정지시킨다.
> ㉢ 댐퍼를 닫는다.
> ㉣ 연료의 공급을 정지시킨다.

① ㉡ → ㉣ → ㉠ → ㉢
② ㉣ → ㉡ → ㉠ → ㉢
② ㉢ → ㉣ → ㉠ → ㉡
③ ㉠ → ㉣ → ㉡ → ㉢

해설
보일러 일반 정지순서
㉠ 연료 공급 차단
㉡ 공기 공급 차단
㉢ 주 증기밸브 차단(드레인밸브 개방)
㉣ 댐퍼 차단

정답 43 ④ 44 ② 45 ① 46 ③ 47 ④ 48 ②

49 다음 관이음 중 진동이 있는 곳에 가장 적합한 이음은?

① MR 조인트 이음 ② 용접 이음
③ 나사 이음 ④ 플렉시블 이음

해설
플렉시블 이음
펌프 배관에서 진동이나 충격을 흡수한다.

50 보온재 선정 시 고려해야 할 조건이 아닌 것은?

① 부피, 비중이 작을 것 ② 보온능력이 클 것
③ 열전도율이 클 것 ④ 기계적 강도가 클 것

해설
보온재는 열전도율(W/m℃)이 적어야 한다.

51 가스 폭발에 대한 방지대책으로 거리가 먼 것은?

① 점화 조작 시에는 연료를 먼저 분무시킨 후 무화용 증기나 공기를 공급한다.
② 점화할 때에는 미리 충분한 프리퍼지를 한다.
③ 연료 속의 수분이나 슬러지 등은 충분히 배출한다.
④ 점화 전에는 중유를 가열하여 필요한 정도로 해둔다.

해설
점화 조작 시에는 항상 공기를 먼저 공급한 후 프리퍼지(환기)를 실시하고 공기 공급 후 오일을 분무하여 점화시킨다.

52 주 증기관에서 증기의 건도를 향상시키는 방법으로 적당하지 않은 것은?

① 가압하여 증기의 압력을 높인다.
② 드레인 포켓을 설치한다.
③ 증기공간 내의 공기를 제거한다.
④ 기수분리기를 사용한다.

해설
증기는 압력이 낮을수록 건조증기 취출이 수월하게 된다(증기 건도가 높을수록 질이 좋은 증기이다).

53 보일러 사고의 원인 중 보일러 취급상의 사고원인이 아닌 것은?

① 재료 및 설계불량 ② 사용압력 초과 운전
③ 저수위 운전 ④ 급수처리 불량

해설
제작자의 사고 원인
㉠ 재료 및 설계불량
㉡ 용접 불량
㉢ 부속기기 미비 등

54 평소 사용하고 있는 보일러의 가동 전 준비사항으로 틀린 것은?

① 각종 기기의 기능을 검사하고 급수계통의 이상 유무를 확인한다.
② 댐퍼를 닫고 프리퍼지를 행한다.
③ 각 밸브의 개폐상태를 확인한다.
④ 보일러수의 물의 높이는 상용 수위로 하여 수면계로 확인한다.

해설
보일러 가동 전 연료댐퍼를 열고 프리퍼지(환기=치환)로 잔류가스를 배제시킨 후 점화 버너를 사용하여 점화시킨다.

55 에너지이용 합리화법에 따라 에너지다소비사업자에게 개선명령을 하는 경우는 에너지관리지도 결과 몇 % 이상의 에너지 효율개선이 기대되고 효율 개선을 위한 투자의 경제성이 인정되는 경우인가?

① 5% ② 10%
③ 15% ④ 20%

해설
㉠ 에너지 다소비사업자(연간 석유환산량 2,000TOE 이상 사용자)에게 에너지관리지도 결과 10% 이상의 에너지 효율 개선이 기대되면 에너지 개선명령을 한다.
㉡ 에너지 다소비사업자는 개선명령을 받은 날로부터 60일 이내에 개선계획을 수립하여 산업통상자원부 장관에게 통보하여야 한다.

정답 49 ④ 50 ③ 51 ① 52 ① 53 ① 54 ② 55 ②

56 다음 ( ) 안의 ㉠, ㉡에 각각 들어갈 용어로 옳은 것은?

> 에너지이용 합리화법은 에너지의 수급을 안정시키고 에너지의 합리적이고, 효율적인 이용을 증진하며, 에너지소비로 인한 (㉠)을(를) 줄임으로써 국민경제의 건전한 발전 및 국민복지의 증진과 (㉡)의 최소화에 이바지함을 목적으로 한다.

① ㉠ 환경파괴, ㉡ 온실가스
② ㉠ 자연파괴, ㉡ 환경피해
③ ㉠ 환경피해, ㉡ 지구온난화
④ ㉠ 온실가스 배출, ㉡ 환경파괴

해설
㉠ 환경피해 ㉡ 지구온난화

57 에너지이용 합리화법에 따라 검사대상기기의 용량이 15t/h인 보일러의 경우 조종자의 자격 기준으로 가장 옳은 것은?

① 에너지관리기능장 자격 소지자만이 가능하다.
② 에너지관리기능장, 에너지관리기사 자격 소지자만이 가능하다.
③ 에너지관리기능장, 에너지관리기사, 에너지관리산업기사 자격 소지자만이 가능하다.
④ 에너지관리기능장, 에너지관리기사, 에너지관리산업기사, 에너지관리기능사 자격 소지자만이 가능하다.

해설
보일러 조종자의 자격기준
㉠ 10톤/h 초과~30 톤/h 이하 : 에너지관리기능장, 에너지관리기사, 에너지관리산업기사 자격 소지자
㉡ 10톤/h 이하 : 모든 보일러 자격증으로 가능
㉢ 30톤/h 초과 : 에너지관리기사, 에너지관리 기능장 자격 소지자

58 제3자로부터 위탁을 받아 에너지사용시설의 에너지절약을 위한 관리 · 용역사업을 하는 자로서 산업통상자원부장관에게 등록을 한 자를 지칭하는 기업은?

① 에너지진단기업
② 수요관리투자기업
③ 에너지절약전문기업
④ 에너지기술개발전담기업

해설
에너지절약전문기업(ESCO)
제3자로부터 위탁을 받아 에너지사용시설의 에너지절약을 위한 관리 · 용역사업을 하는 자로서 산업통상자원부장관에게 등록을 한 자

59 신 · 재생에너지 설비인증 심사기준을 일반심사기준과 설비심사기준으로 나눌 때 다음 중 일반심사기준에 해당되지 않는 것은?

① 신 · 재생에너지 설비의 제조 및 생산 능력의 적정성
② 신 · 재생에너지 설비의 품질유지 · 관리능력의 적정성
③ 신 · 재생에너지 설비의 에너지효율의 적정성
④ 신 · 재생에너지 설비의 사후관리의 적정성

해설
③ 신 · 재생에너지 설비인증 심사기준에서 설비심사기준에 해당된다.

60 에너지법상 지역에너지계획에 포함되어야 할 사항이 아닌 것은?

① 에너지 수급의 추이와 전망에 관한 사항
② 에너지이용 합리화와 이를 통한 온실가스 배출 감소를 위한 대책에 관한 사항
③ 미활용에너지원의 개발 · 사용을 위한 대책에 관한 사항
④ 에너지 소비 촉진대책에 관한 사항

해설
에너지법 제7조(지역에너지계획의 수립) 제②항에 의해 포함되는 사항은 보기의 ①, ②, ③ 외 신 · 재생에너지 등 환경친화적 에너지 사용을 위한 대책에 관한 사항이 포함되어야 한다.

정답 56 ③ 57 ③ 58 ③ 59 ③ 60 ④

2013년 7월 21일 시행

과년도 기출문제

01 보일러에서 사용하는 화염검출기에 관한 설명 중 틀린 것은?

① 화염검출기는 검출이 확실하고 검출에 요구되는 응답시간이 길어야 한다.
② 사용하는 연료의 화염을 검출하는 것에 적합한 종류를 적용해야 한다.
③ 보일러용 화염검출기에는 주로 광학식 검출기와 화염검출봉식(Flame Rod) 검출기가 사용된다.
④ 광학식 화염검출기는 자외선식을 사용하는 것이 효율적이지만 유류보일러에는 일반적으로 가시광선식 또는 적외선식 화염검출기를 사용한다.

해설
안전장치인 화염검출기(플레임 아이, 플레임 로드, 스택스위치)는 검출이 확실하고 요구하는 응답시간이 짧아야 한다.

02 과열기의 형식 중 증기와 열가스 흐름의 방향이 서로 반대인 과열기의 형식은?

① 병류식 ② 대향류식
③ 증류식 ④ 역류식

해설
대향류식 과열기
(흐름이 반대 : 열효율이 좋다.)

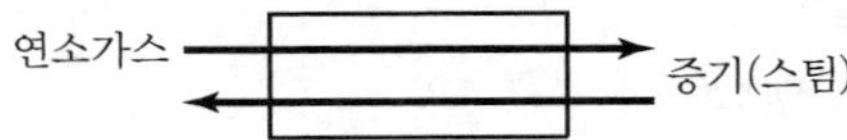

03 연소 시 공기비가 적을 때 나타나는 현상으로 거리가 먼 것은?

① 배기가스 중 NO 및 NO_2의 발생량이 많아진다.
② 불완전연소가 되기 쉽다.
③ 미연소가스에 의한 가스 폭발이 일어나기 쉽다.
④ 미연소가스에 의한 열손실이 증가될 수 있다.

해설
공기비가 적으면 과잉공기량 투입이 적어서 질소산화물(NO, NO_2)의 발생량이 적어진다.

04 보일러 부속장치에 대한 설명 중 잘못된 것은?

① 인젝터 : 증기를 이용한 급수장치
② 기수분리기 : 증기 중에 혼입된 수분을 분리하는 장치
③ 스팀 트랩 : 응축수를 자동으로 배출하는 장치
④ 절탄기 : 보일러 동 저면의 스케일, 침전물을 밖으로 배출하는 장치

해설
④는 분출장치에 해당되는 내용이다.

05 고압관과 저압관 사이에 설치하여 고압 측의 압력 변화 및 증기 사용량 변화에 관계없이 저압 측의 압력을 일정하게 유지시켜 주는 밸브는?

① 감압 밸브
② 온도조절 밸브
③ 안전 밸브
④ 플로트 밸브

해설

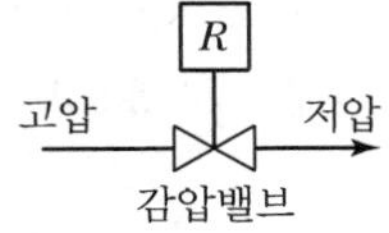

부하 측 압력은 일정하게 유지된다.

정답 01 ① 02 ② 03 ① 04 ④ 05 ①

06 포화증기와 비교하여 과열증기가 가지는 특징 설명으로 틀린 것은?

① 증기의 마찰 손실이 적다.
② 같은 압력의 포화증기에 비해 보유열량이 많다.
③ 증기 소비량이 적어도 된다.
④ 가열 표면의 온도가 균일하다.

해설
가열증기는 가열 표면의 온도가 불균일하다.

07 보일러의 급수장치에 해당되지 않는 것은?

① 비수방지관 ② 급수내관
③ 원심펌프 ④ 인젝터

해설
증기이송장치
비수방지관, 기수분리기, 주 증기밸브, 신축조인트, 감압밸브, 증기헤더, 스팀트랩

08 전열면적이 $30m^2$인 수직 연관보일러를 2시간 연소시킨 결과 3,000kg의 증기가 발생하였다. 이 보일러의 증발률은 약 몇 $kg/m^2 \cdot h$인가?

① 20 ② 30
③ 40 ④ 50

해설
$$\text{전열면의 증발률} = \frac{\text{증기발생량(kg/h)}}{\text{전열면적}(m^2)} = \frac{3,000}{30\times2} = 50kg/m^2h$$

09 대기압에서 동일한 무게의 물 또는 얼음을 다음과 같이 변화시키는 경우 가장 큰 열량이 필요한 것은?(단, 물과 얼음의 비열은 각각 $1kcal/kg \cdot ℃$, $0.48kcal/kg \cdot ℃$이고, 물의 증발잠열은 539kcal/kg, 융해잠열은 80kcal/kg이다.)

① −20℃의 얼음을 0℃의 얼음으로 변화
② 0℃의 얼음을 0℃의 물로 변화
③ 0℃의 물을 100℃의 물로 변화
④ 100℃의 물을 100℃의 증기로 변화

해설
㉠ 100℃의 물의 증발잠열 : 539kcal/kg
㉡ 100℃의 물의 현열 : 100kcal/kg
㉢ 0℃의 얼음 융해잠열 : 80kcal/kg
㉣ ①에서는 $1\times0.48\times(0-(-20))=9.6kcal/kg$

10 노통이 하나인 코르니시 보일러에서 노통을 편심으로 설치하는 가장 큰 이유는?

① 연소장치의 설치를 쉽게 하기 위함이다.
② 보일러수의 순환을 좋게 하기 위함이다.
③ 보일러의 강도를 크게 하기 위함이다.
④ 온도 변화에 따른 신축량을 흡수하기 위함이다.

해설

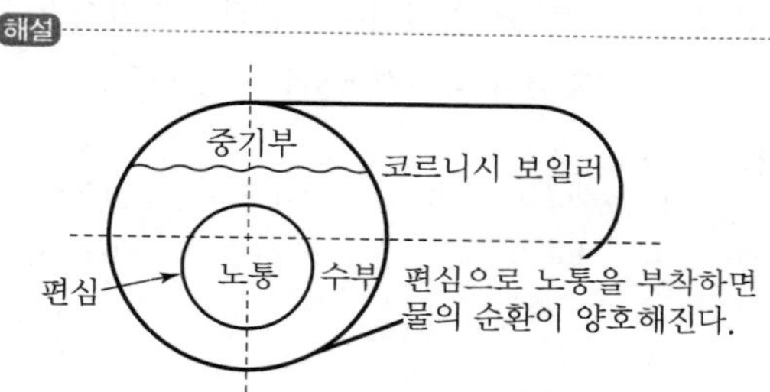

11 노 내에 분사된 연료에 연소용 공기를 유효하게 공급확산시켜 연소를 유효하게 하고 확실한 착화와 화염의 안정을 도모하기 위하여 설치하는 것은?

① 화염검출기
② 연료 차단밸브
③ 버너 정지 인터록
④ 보염장치

해설
보염장치(에어레지스터)
윈드박스, 버너타일, 보염기, 컴버스터 등은 노 내에 분사된 연료에 연소용 공기를 유효하게 공급 확산시켜 연소를 유효하게 확실한 착화, 화염의 안정을 도모한다.

정답 06 ④ 07 ① 08 ④ 09 ④ 10 ② 11 ④

12 보일러의 수면계와 관련된 설명 중 틀린 것은?

① 증기보일러에는 2개(소용량 및 소형관류보일러는 1개) 이상의 유리수면계를 부착하여야 한다. 다만, 단관식 관류보일러는 제외한다.
② 유리수면계는 보일러 동체에만 부착하여야 하며 수주관에 부착하는 것은 금지하고 있다.
③ 2개 이상의 원격지시 수면계를 시설하는 경우에 한하여 유리수면계를 1개 이상으로 할 수 있다.
④ 유리수면계는 상 · 하에 밸브 또는 콕을 갖추어야 하며, 한눈에 그것의 개 · 폐 여부를 알 수 있는 구조이어야 한다. 다만, 소형관류보일러에서는 밸브 또는 콕을 갖추지 아니할 수 있다.

유리수면계는 수면계 연락관 보호를 위해 보일러 본체가 아닌 수주관에 부착한다.

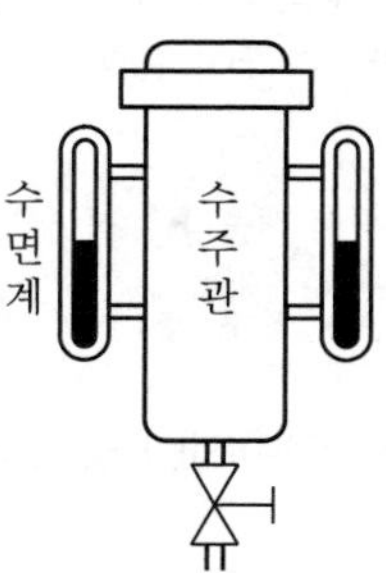

13 다음 중 보일러의 안전장치로 볼 수 없는 것은?

① 고저수위 경보장치 ② 화염검출기
③ 급수펌프 ④ 압력조절기

해설

급수장치
㉠ 급수펌프
㉡ 체크밸브
㉢ 게이트밸브
㉣ 인젝터

14 어떤 보일러의 3시간 동안 증발량이 4,500kg이고, 그때의 급수 엔탈피가 25kcal/kg, 증기엔탈피가 680kcal/kg이라면 상당증발량은 약 몇 kg/h인가?

① 551 ② 1,684
③ 1,823 ④ 3,051

해설

보일러 상당증발량(We)

$$= \frac{\text{시간당 증기발생량} \times (\text{발생증기엔탈피} - \text{급수엔탈피})}{539}$$

$$= \frac{4,500(680-25)}{3\times539} = 1,823\text{kg/h}$$

15 보일러 2마력을 열량으로 환산하면 약 몇 kcal/h인가?

① 10,780 ② 13,000
③ 15,650 ④ 16,870

해설

보일러 1마력 = 상당증발량 15.65kg/h 발생능력
물의 증발잠열 : 539kcal/kg
$\therefore$ Q = 2×(15.65×539) = 16,870kcal/h

16 전자밸브가 작동하여 연료공급을 차단하는 경우로 거리가 먼 것은?

① 보일러수의 이상 감수 시
② 증기압력 초과 시
③ 배기가스온도의 이상 저하 시
④ 점화 중 불착화 시

해설

배기가스의 온도가 설정온도를 초과할 경우 전자밸브가 작동하여 연료공급을 차단시킨다.
(배기가스 열손실 감소 및 보일러 과열 방지)

정답 12 ② 13 ③ 14 ③ 15 ④ 16 ③

17 운전 중 화염이 블로 오프(Blow-Off)된 경우 특정한 경우에 한하여 재점화 및 재시동을 할 수 있다. 이때 재점화와 재시동의 기준에 관한 설명으로 틀린 것은?

① 재점화에서 점화장치는 화염의 소화 직후, 1초 이내에 자동으로 작동할 것
② 강제 혼합식 버너의 경우 재점화 동작 시 화염감시장치가 부착된 버너에는 가스가 공급되지 아니할 것
③ 재점화에 실패한 경우에는 지정된 안전차단시간 내에 버너가 작동 폐쇄될 것
④ 재시동은 가스의 공급이 차단된 후 즉시 표준연속프로그램에 의하여 자동으로 이루어질 것

해설
재점화에서 점화장치는 화염의 소화 직후 프리퍼지(노 내 환기)가 실시된 후에 5초 이내에 자동으로 점화될 것

18 연소가 이루어지기 위한 필수 요건에 속하지 않는 것은?

① 가연물 ② 수소공급원
③ 점화원 ④ 산소공급원

해설
연소의 3대 요소
㉠ 가연물
㉡ 점화원
㉢ 산소공급원

19 보일러 통풍에 대한 설명으로 잘못된 것은?

① 자연 통풍은 일반적으로 별도의 동력을 사용하지 않고 연돌로 인한 통풍을 말한다.
② 평형통풍은 통풍조절은 용이하나 통풍력이 약하여 주로 소용량 보일러에서 사용한다.
③ 압입 통풍은 연소용 공기를 송풍기로 노 입구에서 대기압보다 높은 압력으로 밀어 넣고 굴뚝의 통풍 작용과 같이 통풍을 유지하는 방식이다.
④ 흡입통풍은 크게 연소가스를 직접 통풍기에 빨아들이는 직접 흡입식과 통풍기로 대기를 빨아들이게 하고 이를 이젝터로 보내어 그 작용에 의해 연소가스를 빨아들이는 간접흡입식이 있다.

해설

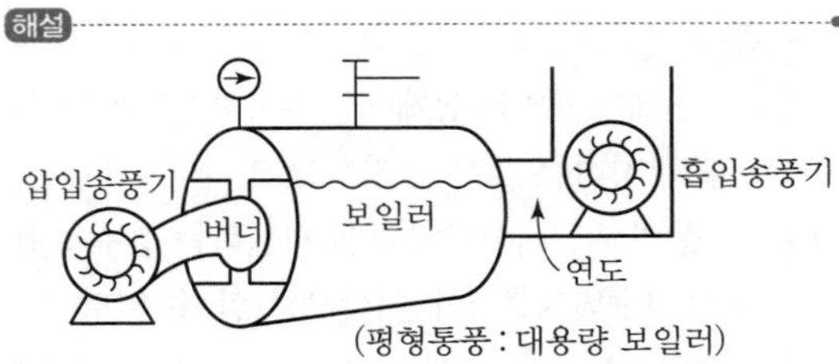

(평형통풍 : 대용량 보일러)

20 보일러 연료의 구비조건으로 틀린 것은?

① 공기 중에 쉽게 연소할 것
② 단위 중량당 발열량이 클 것
③ 연소 시 회분 배출량이 많을 것
④ 저장이나 운반, 취급이 용이할 것

해설
보일러 연료는 회분(재) 배출량이 적어야 한다.

21 기체연료의 일반적인 특징을 설명한 것으로 잘못된 것은?

① 적은 공기비로 완전연소가 가능하다.
② 수송 및 저장이 편리하다.
③ 연소효율이 높고 자동제어가 용이하다.
④ 누설 시 화재 및 폭발의 위험이 크다.

해설
기름연료는 수송이나 저장이 편리하고 가스연료는 정반대이다.

22 자동제어의 신호전달방법에서 공기압식의 특징으로 맞는 것은?

① 신호전달거리가 유압식에 비하여 길다.
② 온도제어 등에 적합하고 화재의 위험이 많다.
③ 전송 시 시간지연이 생긴다.
④ 배관이 용이하지 않고 보전이 어렵다.

정답 17 ① 18 ② 19 ② 20 ③ 21 ② 22 ③

해설

공기압식 신호전달은 전송거리가 150m 이내로 짧고 전송 시 시간이 지연된다. 온도제어 등에 적합하며, 보전 및 배관이 용이하다. 화재위험은 유압식 신호전달 방법의 특징이다.

23 측정 장소의 대기 압력을 구하는 식으로 옳은 것은?

① 절대 압력+게이지 압력
② 게이지 압력−절대 압력
③ 절대 압력−게이지 압력
④ 진공도×대기 압력

해설

㉠ 대기 압력=절대 압력−게이지 압력
㉡ 절대 압력
- 게이지 압력+대기 압력
- 대기 압력−진공 압력
㉢ 진공 압력 : 대기 압력 미만의 압력(대기 압력보다 낮은 압력)

24 다음 집진장치 중 가압수를 이용한 집진장치는?

① 포켓식
② 임펠러식
③ 벤투리 스크레버식
④ 타이젠 와셔식

해설

㉠ 세정식 집진장치 : 회전식, 유수식, 가압수식
㉡ 가압수식
- 벤투리 스크레버식
- 사이클론 스크레버식
- 제트 스크레버식
- 충진탑

25 온수보일러에서 배플 플레이트(Baffle Plate)의 설치 목적으로 맞는 것은?

① 급수를 예열하기 위하여
② 연소효율을 감소시키기 위하여
③ 강도를 보강하기 위하여
④ 그을음 부착량을 감소시키기 위하여

해설

온수보일러 배플 플레이트(화염방지판)의 설치 목적은 전열양호, 그을음 부착량 감소, 연소가스의 흐름 촉진이 목적이다.

26 원통형 보일러의 일반적인 특징에 관한 설명으로 틀린 것은?

① 구조가 간단하고 취급이 용이하다.
② 수부가 크므로 열 비축량이 크다.
③ 폭발 시에도 비산 면적이 작아 재해가 크게 발생하지 않는다.
④ 사용 증기량의 변동에 따른 발생 증기의 압력변동이 작다.

해설

원통형 보일러는 보일러 본체 내 보유수가 많아 파열 시 비산면적이 커져 재해가 크게 발생하나 수관식 보일러는 그 정반대이다.

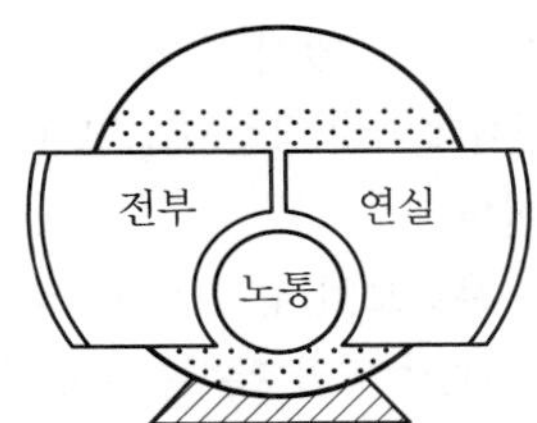

27 보일러 효율이 85%, 실제증발량이 5t/h이고 발생증기의 엔탈피 656kcal/kg, 급수온도의 엔탈피는 56kcal/kg, 연료의 저위발열량 9,750kcal/kg일 때 연료 소비량은 약 몇 kg/h인가?

① 316
② 362
③ 389
④ 405

해설

$$\text{효율}(\eta)=\frac{W_G(h_2-h_1)}{G_f\times HL}\times 100(\%)$$

$$85(\%)=\frac{5\times 1{,}000(656-56)}{G_f\times 9{,}750}\times 100$$

$$G_f=\frac{5\times 1{,}000(656-56)}{0.85\times 9{,}750}=362\text{kg/h}$$

정답 23 ③ 24 ③ 25 ④ 26 ③ 27 ②

28 보일러의 부속설비 중 연료공급 계통에 해당하는 것은?

① 컴버스터　② 버너타일
③ 수트 블로어　④ 오일 프리히터

해설
연료공급계통
오일탱크, 오일펌프, 오일프리히터(기름 가열기), 서비스탱크, 급유량계 및 온도계, 기름여과기 등이 있다.

29 보일러설치기술규격에서 보일러의 분류에 대한 설명 중 틀린 것은?

① 주철제 보일러의 최고사용압력은 증기보일러일 경우 0.5MPa까지, 온수 온도는 373K(100℃)까지로 국한된다.
② 일반적으로 보일러는 사용매체에 따라 증기보일러, 온수보일러 및 열매체 보일러로 분류한다.
③ 보일러의 재질에 따라 강철제 보일러와 주철제 보일러로 분류한다.
④ 연료에 따라 유류보일러, 가스보일러, 석탄보일러, 목재보일러, 폐열보일러, 특수연료 보일러 등이 있다.

해설
주철제 증기보일러, 온수보일러
㉠ 최고사용압력 : 0.1MPa까지 사용
㉡ 온수사용한도 : 115℃ 이하(388°K 이하)

30 보일러가 최고사용압력 이하에서 파손되는 이유로 가장 옳은 것은?

① 안전장치가 작동하지 않기 때문에
② 안전밸브가 작동하지 않기 때문에
③ 안전장치가 불완전하기 때문에
④ 구조상 결함이 있기 때문에

해설
보일러가 구조상 결함이 있다면 최고사용압력 이하에서 파손될 우려가 발생한다.

31 동관 이음에서 한쪽 동관의 끝을 나팔형으로 넓히고 압축이음쇠를 이용하여 체결하는 이음 방법은?

① 플레어 이음　② 플랜지 이음
③ 플라스턴 이음　④ 물코 이음

해설
플레어 이음
동관 이음에서 한쪽 동관의 끝을 나팔형으로 넓히고 압축이음쇠를 이용하여 20A 이하 관을 체결하는 이음

32 보온재가 갖추어야 할 조건에 대한 설명으로 틀린 것은?

① 열전도율이 작아야 한다.
② 부피, 비중이 커야 한다.
③ 적합한 기계적 강도를 가져야 한다.
④ 흡수성이 낮아야 한다.

해설
보온재는 부피, 비중이 적어야 보온능력이 우수하고 열손실이 적어진다.

33 배관의 하중을 위에서 끌어당겨 지지할 목적으로 사용되는 지지구가 아닌 것은?

① 리지드 행거(Rigid Hanger)
② 앵커(Anchor)
③ 콘스턴트 행거(Constant Hanger)
④ 스프링 행거(Spring Hanger)

해설
라스트 페인트
앵커, 스톱, 가이드로서 관의 신축으로 인한 배관의 좌우, 상하 이동을 구속 제한한다.

정답 28 ④ 29 ① 30 ④ 31 ① 32 ② 33 ②

34 온수온돌의 방수처리에 대한 설명으로 적절하지 않은 것은?

① 다층건물에 있어서도 전 층에 온수온돌에 방수처리를 하는 것이 좋다.
② 방수처리는 내식성이 있는 루핑, 비닐, 방수모르타르로 하며, 습기가 스며들지 않도록 완전히 밀봉한다.
③ 벽면으로 습기가 올라오는 것을 대비하여 온돌바닥보다 약 10cm 이상 위까지 방수처리를 하는 것이 좋다.
④ 방수처리를 함으로써 열손실을 감소시킬 수 있다.

해설
다층건물에 저층 1층이나 반지하가 있으면 지면과 접하는 온수온돌의 경우에만 방수처리가 필요하다(온수온돌에서).

35 원통보일러에서 급수의 pH 범위(25℃ 기준)로 가장 적합한 것은?

① pH 3~5
② pH 7~9
③ pH 11~12
④ pH 14~15

해설
㉠ 보일러 급수 pH : 7~9 정도
㉡ 보일러수 pH : 10.5~11.8 정도

36 보일러의 연소조작 중 역화의 원인으로 거리가 먼 것은?

① 불완전연소의 상태가 두드러진 경우
② 흡입통풍이 부족한 경우
③ 연도댐퍼의 개도를 너무 넓힌 경우
④ 압입통풍이 너무 강한 경우

해설
연도의 댐퍼 개도를 너무 넓힌 경우 연소 중 역화가 방지된다(배기가스 배기가 원활해진다).

37 보일러 운전 중 연도 내에서 폭발이 발생하면 제일 먼저 해야 할 일은?

① 급수를 중단한다.
② 증기밸브를 잠근다.
③ 송풍기 가동을 중지한다.
④ 연료공급을 차단하고 가동을 중지한다.

해설
보일러 운전 중 연도 내에서 폭발이 발생하면 제일 먼저 연료공급을 차단하고 가동 중지 후 포스트퍼지(연도 환기)를 한다.

38 보일러를 옥내에 설치할 때의 설치 시공 기준 설명으로 틀린 것은?

① 보일러에 설치된 계기들을 육안으로 관찰하는 데 지장이 없도록 충분한 조명시설이 있어야 한다.
② 보일러 동체에서 벽, 배관, 기타 보일러 측부에 있는 구조물(검사 및 청소에 지장이 없는 것은 제외)까지 거리는 0.6m 이상이어야 한다. 다만, 소형보일러는 0.45m 이상으로 할 수 있다.
③ 보일러실은 연소 및 환경을 유지하기에 충분한 급기구 및 환기구가 있어야 한다. 급기구는 보일러 배기가스 덕트의 유효단면적 이상이어야 하고 도시가스를 사용하는 경우에는 환기구를 가능한 한 높이 설치하여 가스가 누설되었을 때 체류하지 않는 구조이어야 한다.
④ 연료를 저장할 때에는 보일러 외측으로부터 2m 이상 거리를 두거나 방화격벽을 설치하여야 한다. 다만, 소형보일러의 경우에는 1m 이상 거리를 두거나 반격벽으로 할 수 있다.

해설
② 보일러 동체에서 벽, 배관, 기타 보일러 측부에 있는 구조물(검사 및 청소에 지장이 없는 것은 제외)까지 거리는 0.45m 이상이어야 한다. 다만, 소형보일러는 0.3m 이상으로 할 수 있다.

정답 34 ① 35 ② 36 ③ 37 ④ 38 ②

39 강철제 보일러의 최고사용압력이 0.43MPa를 초과 1.5MPa 이하일 때 수압시험 압력 기준으로 옳은 것은?

① 0.2MPa로 한다.
② 최고사용압력의 1.3배에 0.3MPa를 더한 압력으로 한다.
③ 최고사용압력의 1.5배로 한다.
④ 최고사용압력의 2배에 0.5MPa를 더한 압력으로 한다.

해설

수압시험
①은 최고사용압력이 0.43MPa 이하 해당
②는 최고사용압력이 0.43MPa 초과 1.5MPa 이하 해당
③은 최고사용압력이 1.5MPa 초과에 해당

40 증기난방 방식에서 응축수 환수방법에 의한 분류가 아닌 것은?

① 진공 환수식 ② 세정 환수식
③ 기계 환수식 ④ 중력 환수식

해설

증기난방 응축수 환수방법
㉠ 진공 환수식
㉡ 기계 환수식
㉢ 중력 환수식

41 신축곡관이라고 하며 강관 또는 동관 등을 구부려서 구부림에 따른 신축을 흡수하는 이음쇠는?

① 루프형 신축 이음쇠 ② 슬리브형 신축 이음쇠
③ 스위블형 신축 이음쇠 ④ 벨로스형 신축 이음쇠

해설

루프형(곡관형)

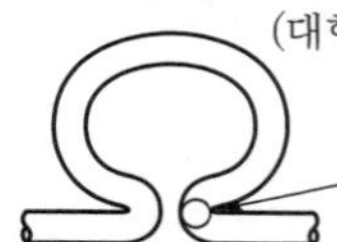

42 보일러에서 이상고수위를 초래한 경우 나타나는 현상과 그 조치에 관한 설명으로 옳지 않은 것은?

① 이상고수위를 확인한 경우에는 즉시 연소를 정지시킴과 동시에 급수 펌프를 멈추고 급수를 정지시킨다.
② 이상 고수위를 넘어 만수상태가 되면 보일러 파손이 일어날 수 있으므로 동체 하부에 분출밸브(콕)를 전개하여 보일러수를 전부 재빨리 방출하는 것이 좋다.
③ 이상고수위나 증기의 취출량이 많은 경우에는 캐리오버나 프라이밍 등을 일으켜 증기 속에 물방울이나 수분이 포함되며, 심한 경우 수격작용을 일으킬 수 있다.
④ 수위가 유리수면계의 상단에 달했거나 조금 초과한 경우에는 급수를 정지시켜야 하지만, 연소는 정지시키지 말고 저연소율로 계속 유지하여 송기를 계속한 후 보일러 수위가 정상으로 회복하면 원래 운전상태로 돌아오는 것이 좋다.

해설

보일러 이상 고수위 운전 시에는 동체 하부에 분출장치를 통해 상용수위까지 물을 배출한다(수면계 높이 $\frac{1}{2}$).

43 어떤 주철제 방열기 내 증기의 평균온도가 110℃이고, 실내 온도가 18℃일 때, 방열기의 방열량은?(단, 방열기의 방열계수는 7.2kcal/m^2 · h · ℃이다.)

① 236.4kcal/m^2 · h
② 478.8kcal/m^2 · h
③ 521.6kcal/m^2 · h
④ 662.4kcal/m^2 · h

해설

방열기 소요방열량 = 7.2×(110 − 18)
= 662.4kcal/m^2 · h

정답 39 ② 40 ② 41 ① 42 ② 43 ④

44 보일러 휴지기간이 1개월 이하인 단기보존에 적합한 방법은?

① 석회밀폐건조법　　② 소다만수보존법
③ 가열건조법　　④ 질소가스봉입법

해설
㉠ 1개월 이하 단기보존 : 가열건조법
㉡ 6개월 이하 보존 : 만수보존
㉢ 6개월 초과 보존 : ①, ②, ④ 보존

45 가스보일러에서 가스폭발의 예방을 위한 유의사항 중 틀린 것은?

① 가스압력이 적당하고 안정되어 있는지 점검한다.
② 화로 및 굴뚝의 통풍, 환기를 완벽하게 하는 것이 필요하다.
③ 점화용 가스의 종류는 가급적 화력이 낮은 것을 사용한다.
④ 착화 후 연소가 불안정할 때는 즉시 가스공급을 중단한다.

해설
가스보일러 점화 시 가스폭발 방지를 위해 점화용 가스는 가급적 착화가 용이하도록 화력이 큰 것을 사용하고 5초 이내에 점화가 가능한 가스가 이상적이다.

46 난방설비와 관련된 설명 중 잘못된 것은?

① 증기난방의 표준 방열량은 $650\text{kcal/m}^2 \cdot \text{h}$이다.
② 방열기는 증기 또는 온수 등의 열매를 유입하여 열을 방산하는 기구로 난방의 목적을 달성하는 장치이다.
③ 하트포드 접속법(Hartford Connection)은 고압 증기난방에 필요한 접속법이다.
④ 온수난방은 온수순환방식에 따라 크게 중력 순환식과 강제 순환식으로 구분한다.

해설
하트포드 접속법(균형관 접속법)은 저압증기난방에서 사용하는 접속법이다.

47 구상흑연 주철관이라고도 하며, 땅속 또는 지상에 배관하여 압력상태 또는 무압력 상태에서 물의 수송 등에 주로 사용되는 주철관은?

① 덕타일 주철관
② 수도용 이형 주철관
③ 원심력 모르타르 라이닝 주철관
④ 수도용 원심력 금형 주철관

해설
덕타일 주철관 : 구상흑연 주철관(강관과 비슷한 주철관)

48 다음 중 보온재의 종류가 아닌 것은?

① 코르크　　② 규조토
③ 기포성 수지　　④ 제게르콘

해설
제게르콘
내화벽돌의 내화도 측정 콘

49 관의 접속상태 · 결합방식의 표시방법에서 용접 이음을 나타내는 그림기호로 맞는 것은?

① 　　② 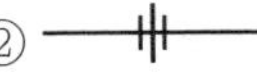
③　　④ 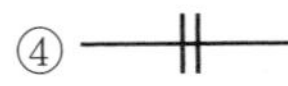

해설
① 나사 이음　　② 유니언 이음
③ 용접 이음　　④ 플랜지 이음

50 손실 열량 3,000kcal/h의 사무실에 온수 방열기를 설치할 때 방열기의 소요 섹션 수는 몇 쪽인가?(단, 방열기 방열량은 표준방열량으로 하며, 1섹션의 방열 면적은 0.26m^2이다.)

① 12쪽　　② 15쪽
③ 26쪽　　④ 32쪽

정답 44 ③ 45 ③ 46 ③ 47 ① 48 ④ 49 ③ 50 ③

해설

온수방열기 소요 섹션 수

$$= \frac{\text{손실열량}}{450 \times 1\text{섹션 방열면적}} = \frac{3,000}{450 \times 0.26} = 26\text{쪽(개)}$$

51 온수난방에서 팽창탱크의 용량 및 구조에 대한 설명으로 틀린 것은?

① 개방식 팽창탱크는 저온수난방 배관에 주로 사용된다.

② 밀폐식 팽창탱크는 고온수난방 배관에 주로 사용된다.

③ 밀폐식 팽창탱크에는 수면계를 설치한다.

④ 개방식 팽창탱크에는 압력계를 설치한다.

해설

100℃ 이상 중온수난방에서 밀폐식 팽창 탱크에 압력계나 방출밸브를 설치한다.

52 〈보기〉와 같은 부하에 대해서 보일러의 '정격출력'을 올바르게 표시한 것은?

• H_1 : 난방부하 • H_2 : 급탕부하
• H_3 : 배관부하 • H_4 : 예열부하

① $H_1+H_2+H_3$

② $H_2+H_3+H_4$

③ $H_1+H_2+H_4$

④ $H_1+H_2+H_3+H_4$

해설

보일러 출력

㉠ 정미출력(H_1+H_2)

㉡ 상용출력($H_1+H_2+H_3$)

㉢ 정격출력($H_1+H_2+H_3+H_4$)

53 점화조작 시 주의사항에 관한 설명으로 틀린 것은?

① 연료가스의 유출속도가 너무 빠르면 실화 등이 일어날 수 있고, 너무 늦으면 역화가 발생할 수 있다.

② 연소실의 온도가 낮으면 연료의 확산이 불량해지며 착화가 잘 안 된다.

③ 연료의 예열온도가 너무 높으면 기름이 분해되고, 분사각도가 흐트러져 분무상태가 불량해지며, 탄화물이 생성될 수 있다.

④ 유압이 너무 낮으면 그을음이 축적될 수 있고, 너무 높으면 점화 및 분사가 불량해질 수 있다.

해설

기름의 유압이 너무 낮으면 점화나 분사가 불량해질 수 있고 유압이 너무 높으면 역화 또는 카본부착, 그을음 발생 및 점화가 불량해질 수 있다.

54 보일러를 계획적으로 관리하기 위해서는 연간계획 및 일상보전계획을 세워 이에 따라 관리를 하는데 연간계획에 포함할 사항과 가장 거리가 먼 것은?

① 급수계획 ② 점검계획

③ 정비계획 ④ 운전계획

해설

급수계획

일상보전계획이 필요하다(저수위사고 방지계획).

55 신·재생에너지 설비의 인증을 위한 심사기준 항목으로 거리가 먼 것은?

① 국제 또는 국내의 성능 및 규격에의 적합성

② 설비의 효율성

③ 설비의 우수성

④ 설비의 내구성

해설

신·재생에너지 설비의 인증 심사기준 항목은 ①, ②, ④항을 심사기준 항목으로 한다.

정답 51 ④ 52 ④ 53 ④ 54 ① 55 ③

56 저탄소녹색성장기본법에 따라 대통령령으로 정하는 기준량 이상의 에너지 소비업체를 지정하는 기준으로 옳은 것은?(단, 기준일은 2013년 7월 21일을 기준으로 한다.)

① 해당 연도 1월 1일을 기준으로 최근 3년간 업체의 모든 사업체에서 소비한 에너지의 연평균 총량이 650terajoules 이상
② 해당 연도 1월 1일을 기준으로 최근 3년간 업체의 모든 사업체에서 소비한 에너지의 연평균 총량이 550terajoules 이상
③ 해당 연도 1월 1일을 기준으로 최근 3년간 업체의 모든 사업체에서 소비한 에너지의 연평균 총량이 450terajoules 이상
④ 해당 연도 1월 1일을 기준으로 최근 3년간 업체의 모든 사업체에서 소비한 에너지의 연평균 총량이 350terajoules 이상

해설
2012년 1월 1일~2013년 12월 31일까지는 350terajoules 이상

57 에너지이용 합리화법에 따라 에너지이용 합리화 기본계획에 포함될 사항으로 거리가 먼 것은?

① 에너지절약형 경제구조로의 전환
② 에너지이용 효율의 증대
③ 에너지이용 합리화를 위한 홍보 및 교육
④ 열사용 기자재의 품질관리

해설
열사용기자재의 안전관리가 기본계획에 해당된다.

58 에너지이용 합리화법 시행령상 에너지 저장의무 부과대상자에 해당되는 자는?

① 연간 2만 석유환산톤 이상의 에너지를 사용하는 자
② 연간 1만 5천 석유환산톤 이상의 에너지를 사용하는 자
③ 연간 1만 석유환산톤 이상의 에너지를 사용하는 자
④ 연간 5천 석유환산톤 이상의 에너지를 사용하는 자

해설
에너지 저장의무 부과대상자
연간 2만 석유환산톤 이상의 에너지를 사용하는 자

59 에너지이용 합리화법에 따라 주철제 보일러에서 설치검사를 면제받을 수 있는 기준으로 옳은 것은?

① 전열면적 30제곱미터 이하의 유류용 주철제 증기 보일러
② 전열면적 50제곱미터 이하의 유류용 주철제 온수 보일러
③ 전열면적 40제곱미터 이하의 유류용 주철제 증기 보일러
④ 전열면적 60제곱미터 이하의 유류용 주철제 온수 보일러

해설
㉠ 주철제 보일러 설치검사 면제기준 : 전열면적 $30m^2$ 이하의 유류용 보일러
㉡ 가스 외의 연료를 사용하는 1종 관류 보일러(설치검사 면제)

60 에너지이용 합리화법의 목적이 아닌 것은?

① 에너지의 수급안정을 기함
② 에너지의 합리적이고 비효율적인 이용을 증진함
③ 에너지소비로 인한 환경피해를 줄임
④ 지구온난화의 최소화에 이바지함

해설
에너지법 목적은 ①, ③, ④ 외, ②에서는 '에너지의 합리적이고 효율적인 이용을 증진한다'가 목적에 해당된다.

정답 56 ④ 57 ④ 58 ① 59 ① 60 ②

2013년 10월 12일 시행

과년도 기출문제

01 보일러의 부속장치 중 축열기에 대한 설명으로 가장 옳은 것은?

① 통풍이 잘 이루어지게 하는 장치이다.
② 폭발방지를 위한 안전장치이다.
③ 보일러의 부하 변동에 대비하기 위한 장치이다.
④ 증기를 한 번 더 가열시키는 장치이다.

해설

증기축열기(어큐뮬레이터)
남아도는 잉여증기를 급수탱크에 열로 저장한 후 보일러 부하변동 시 온수를 보일러 본체로 보내어서 증기발생 또는 온수공급을 촉진한다.

02 증기 보일러에 설치하는 압력계의 최고 눈금은 보일러 최고사용압력의 몇 배가 되어야 하는가?

① 0.5~0.8배 ② 1.0~1.4배
③ 1.5~3.0배 ④ 5.0~10.0배

해설

증기보일러 압력계 눈금범위
최고사용압력의 1.5배 이상~3.0배 이하의 표시가 필요하다.

03 보일러의 연소장치에서 통풍력을 크게 하는 조건으로 틀린 것은?

① 연돌의 높이를 높인다.
② 배기가스 온도를 높인다.
③ 연도의 굴곡부를 줄인다.
④ 연돌의 단면적을 줄인다.

해설

통풍력 증가 조건
연돌의 상부단면적을 크게 한다.

04 보일러 액체 연료의 특징 설명으로 틀린 것은?

① 품질이 균일하며 발열량이 높다.
② 운반 및 저장, 취급이 용이하다.
③ 회분이 많고 연소조절이 쉽다.
④ 연소온도가 높아 국부과열 위험성이 높다.

해설

고체연료
회분(재)이 많고 연소조절이 매우 불편하며 공기비가 커야 한다.

05 벽체 면적이 24m², 열관류율이 0.5kcal/m²·h·℃, 벽체 내부의 온도가 40℃, 벽체 외부의 온도가 8℃일 경우 시간당 손실열량은 약 몇 kcal/h인가?

① 294kcal/h ② 380kcal/h
③ 384kcal/h ④ 394kcal/h

해설

열관류율에 의한 손실열량 계산
벽체면적×열관류율×내외의 온도차
$=24\times0.5\times(40-8)=384$kcal/h

06 증기공급 시 과열증기를 사용함에 따른 장점이 아닌 것은?

① 부식 발생 저감
② 열효율 증대
③ 가열장치의 열응력 저하
④ 증기소비량 감소

해설

과열증기 사용
가열장치의 열응력이 증대한다(과열증기=400~600℃ 사이만 사용 가능하다. 열응력 증가를 방지하기 위함).

정답 01 ③ 02 ③ 03 ④ 04 ③ 05 ③ 06 ③

07 화염 검출기의 종류 중 화염의 발열을 이용한 것으로 바이메탈에 의하여 작동되며, 주로 소용량 온수보일러의 연도에 설치되는 것은?

① 플레임 아이 ② 스택 스위치
③ 플레임 로드 ④ 적외선 광전관

해설
스택 스위치(발열체)
소용량 온수 보일러에 사용되는 화염검출 안전장치(바이메탈 내장용)

08 수위경보기의 종류에 속하지 않는 것은?

① 맥도널식 ② 전극식
③ 배플식 ④ 마그네틱식

해설
배플식
열손실 내 화염 방지판(화염이 전열면으로 향하도록 화염의 위치를 이끌어주는 장치)

09 보일러의 3대 구성요소 중 부속장치에 속하지 않는 것은?

① 통풍장치 ② 급수장치
③ 여열장치 ④ 연소장치

해설
보일러의 3대 구성요소
㉠ 보일러 본체
㉡ 보일러 부속장치(통풍, 여열, 급수장치 등)
㉢ 보일러 연소장치

10 연소안전장치 중 플레임 아이(Flame Eye)로 사용되지 않는 것은?

① 광전관 ② CdS cell
③ PbS cell ④ CdP cell

해설
플레임 아이(화염검출기)
㉠ 광전관
㉡ CdS cell(황화카드뮴 셀)
㉢ PbS cell(황화납 셀)

11 연료 발열량은 9,750kcal/kg, 연료의 시간당 사용량은 300kg/h인 보일러의 상당증발량이 5,000kg/h일 때 보일러 효율은 약 몇 %인가?

① 83 ② 85
③ 87 ④ 92

해설
보일러 효율(%)
$= \frac{\text{상당증발량} \times 539}{\text{연료소비량} \times \text{발열량}} \times 100 = \frac{5,000 \times 539}{300 \times 9,750} \times 100 = 92\%$

12 보일러 예비 급수장치인 인젝터의 특징을 설명한 것으로 틀린 것은?

① 구조가 간단하다.
② 설치장소를 많이 차지하지 않는다.
③ 증기압이 낮아도 급수가 잘 이루어진다.
④ 급수온도가 높으면 급수가 곤란하다.

해설
인젝터 급수설비(증기 이용 펌프 일종)
사용증기압 : 2~10kg/cm^2 정도 이용

13 다음 중 액화천연가스(LNG)의 주성분은 어느 것인가?

① CH_4 ② C_2H_6
③ C_3H_6 ④ C_4H_{10}

해설
NG(천연가스), LNG(액화천연가스)
㉠ 주성분 : 메탄(CH_4) : 비점 −162℃
㉡ 반응식=$CH_4+2O_2 \rightarrow CO_2+2H_2O$

정답 07 ② 08 ③ 09 ④ 10 ④ 11 ④ 12 ③ 13 ①

14 보일러의 세정식 집진방법은 유수식과 가압수식, 회전식으로 분류할 수 있는데, 다음 중 가압수식 집진장치의 종류가 아닌 것은?

① 타이젠 와셔　② 벤투리 스크러버
③ 제트 스크러버　④ 충전탑

해설
보일러 집진장치(매연포집장치)
㉠ 유수식　㉡ 회전식(타이젠 와셔 등)
㉢ 가압식

15 중유 연소에서 버너에 공급되는 중유의 예열온도가 너무 높을 때 발생되는 이상현상으로 거리가 먼 것은?

① 카본(탄화물) 생성이 잘 일어날 수 있다.
② 분무상태가 고르지 못할 수 있다.
③ 역화를 일으키기 쉽다.
④ 무화 불량이 발생하기 쉽다.

해설
중유의 예열온도(80~90℃)가 너무 높으면 이상현상으로 ①, ②, ③ 상태가 발생하나 무화 불량(안개방울화)은 일어나지 않는다.

16 1보일러 마력은 몇 kg/h의 상당증발량의 값을 가지는가?

① 15.65　② 79.8
③ 539　④ 860

해설
보일러 1마력=상당증발량 15.65kg/h(8,435kcal/h)의 값을 가진다.
※ 보일러 마력=(상당증발량(kg/h)/15.65)

17 보일러 증발률이 $80kg/m^2 \cdot h$이고, 실제 증발량이 40t/h일 때, 전열 면적은 약 몇 m^2인가?

① 200　② 320
③ 450　④ 500

해설

$$\text{전열면적} = \frac{\text{실제 증발량}}{\text{보일러 전열면의 증발률}} = \frac{40 \times 1000(\text{kg/톤})}{80} = 500\text{m}^2$$

18 보일러 자동제어에서 시퀀스(Sequence) 제어를 가장 옳게 설명한 것은?

① 결과가 원인으로 되어 제어단계를 진행하는 제어이다.
② 목푯값이 시간적으로 변화하는 제어이다.
③ 목푯값이 변화하지 않고 일정한 값을 갖는 제어이다.
④ 제어의 각 단계를 미리 정해진 순서에 따라 진행하는 제어이다.

해설
① 피드백 제어　② 추치제어
③ 정치제어　④ 시퀀스제어

19 수관 보일러 중 자연순환식 보일러와 강제순환식 보일러에 관한 설명으로 틀린 것은?

① 강제순환식은 압력이 적어질수록 물과 증기의 비중차가 적어서 물의 순환이 원활하지 않은 경우 순환력이 약해지는 결점을 보완하기 위해 강제로 순환시키는 방식이다.
② 자연순환식 수관보일러는 드럼과 다수의 수관으로 보일러 물의 순환회로를 만들 수 있도록 구성된 보일러이다.
③ 자연순환식 수관보일러는 곡관을 사용하는 형식이 널리 사용되고 있다.
④ 강제순환식 수관보일러의 순환펌프는 보일러수의 순환회로 중에 설치한다.

해설
강제순환식은 압력이 증가할수록 물과 증기의 비중차가 적어진다.

정답 14 ① 15 ④ 16 ① 17 ④ 18 ④ 19 ①

20 공기 예열기에서 발생되는 부식에 관한 설명으로 틀린 것은?

① 중유연소 보일러의 배기가스 노점은 연료유 중의 유황성분과 배기가스의 산소농도에 의해 좌우된다.
② 공기 예열기에 가장 주의를 요하는 것은 공기 입구와 출구부의 고온부식이다.
③ 보일러에 사용되는 액체연료 중에는 유황성분이 함유되어 있으며 공기 예열기 배기가스 출구 온도가 노점 이상인 경우에도 공기 입구온도가 낮으면 전열관 온도가 배기가스의 노점 이하가 되어 전열관의 부식을 초래한다.
④ 노점에 영향을 주는 SO_2에서 SO_3로의 변환율은 배기가스 중의 O_2에 영향을 크게 받는다.

해설
보일러 외부 부식
㉠ 고온부식 발생처 : 과열기, 재열기
㉡ 저온부식 발생처 : 공기 예열기, 절탄기

21 프로판가스가 완전연소될 때 생성되는 것은?

① CO와 C_3H_8 ② C_4H_{10}와 CO_2
③ CO_2와 H_2O ④ CO와 CO_2

해설
㉠ 프로판가스 반응식 : $C_3H_8+5O_2 \rightarrow 3CO_2+4H_2O$
㉡ 부탄가스 반응식 : $C_4H_{10}+6.5O_2 \rightarrow 4CO_2+5H_2O$

22 보일러 수위제어 방식인 2요소식에서 검출하는 요소로 옳게 짝지어진 것은?

① 수위와 온도 ② 수위와 급수유량
③ 수위와 압력 ④ 수위와 증기유량

해설
보일러 수위제어
㉠ 단요소식 검출(수위)
㉡ 2요소식 검출(수위, 증기)
㉢ 3요소식 검출(수위, 증기, 급수량)

23 일반적으로 보일러의 효율을 높이기 위한 방법으로 틀린 것은?

① 보일러 연소실 내의 온도를 낮춘다.
② 보일러 장치의 설계를 최대한 효율이 높도록 한다.
③ 연소장치에 적합한 연료를 사용한다.
④ 공기 예열기 등을 사용한다.

해설
보일러 효율을 높이려면 완전연소 및 전열을 좋게 하기 위하여 보일러실 내의 온도를 높여서 연소시킨다.

24 보일러 전열면의 그을음을 제거하는 장치는?

① 수저 분출장치 ② 수트 블로어
③ 절탄기 ④ 인젝터

해설
전열면 수트 블로어(그을음 제거기)
㉠ 압축공기식
㉡ 증기분사식

25 주철제 보일러의 특징에 대한 설명으로 옳은 것은?

① 내열성 및 내식성이 나쁘다.
② 고압 및 대용량으로 적합하다.
③ 섹션의 증감으로 용량을 조절할 수 있다.
④ 인장 및 충격에 강하다.

해설
주철제 섹션 보일러 특징
㉠ 내열성 · 내식성이 크다.
㉡ 저압 저온용으로 사용한다(난방용).
㉢ 인장 및 충격에 약하다.
㉣ 섹션의 증감으로 용량조절이 가능하다.

26 고체 연료의 고위발열량으로부터 저위발열량을 산출할 때 연료 속의 수분과 다른 한 성분의 함유율을 가지고 계산하여 산출할 수 있는데 이 성분은 무엇인가?

① 산소 ② 수소
③ 유황 ④ 탄소

정답 20 ② 21 ③ 22 ④ 23 ① 24 ② 25 ③ 26 ②

해설

(고위발열량 − 저위발열량) = 수분의 증발열 및 수소가 연소 시 H_2O의 증발열 값 차이가 발생한다. 수분 및 H_2O 1kg의 0℃ 증발열은 600kcal/kg이다.

27 노통 보일러에서 노통에 직각으로 설치하여 노통의 전열면적을 증가시키고, 이로 인한 강도보강, 관수순환을 양호하게 하는 역할을 위해 설치하는 것은?

① 겔로웨이관
② 아담슨 조인트(Adamson Joint)
③ 브리딩 스페이스(Breathing Space)
④ 반구형 경판

해설

물의 순환 촉진 겔로웨이관(횡관)

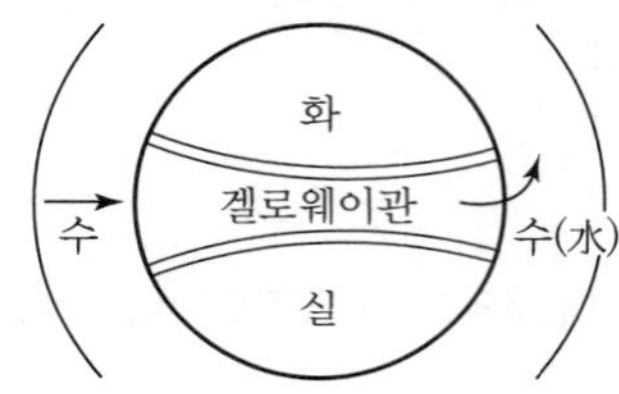

28 다음 중 열량(에너지)의 단위가 아닌 것은?

① J
② cal
③ N
④ BTU

해설

kg_f=9.8N(힘의 단위)

29 연료유 저장탱크의 일반사항에 대한 설명으로 틀린 것은?

① 연료유를 저장하는 저장탱크 및 서비스탱크는 보일러의 운전에 지장을 주지 않는 용량의 것으로 하여야 한다.
② 연료유 탱크에는 보기 쉬운 위치에 유면계를 설치하여야 한다.
③ 연료유 탱크에는 탱크 내의 유량이 정상적인 양보다 초과 또는 부족한 경우에 경보를 발하는 경보장치를 설치하는 것이 바람직하다.
④ 연료유 탱크에 드레인을 설치할 경우 누유에 따른 화재발생 소지가 있으므로 이물질을 배출할 수 있는 드레인은 탱크 상단에 설치하여야 한다.

해설

연료탱크의 이물질 배출을 위한 드레인 밸브 및 라인은 탱크 하단부에 설치한다.

30 강철제 증기보일러의 안전밸브 부착에 관한 설명으로 잘못된 것은?

① 쉽게 검사할 수 있는 곳에 부착한다.
② 밸브 축을 수직으로 하여 부착한다.
③ 밸브의 부착은 플랜지, 용접 또는 나사 접합식으로 한다.
④ 가능한 한 보일러의 동체에 직접 부착시키지 않는다.

해설

강철제 증기보일러의 안전밸브는 가능한 한 보일러 동체에 직접 부착시켜야 한다.

안전밸브 종류

- 스프링식
- 지렛대식
- 중추식
- 복합식

31 회전이음이라고도 하며 2개 이상의 엘보를 사용하여 이음부의 나사회전을 이용해서 배관의 신축을 흡수하는 신축이음쇠는?

① 루프형 신축이음쇠
② 스위블형 신축이음쇠
③ 벨로스형 신축이음쇠
④ 슬리브형 신축이음쇠

해설

스위블형 신축이음(온수, 저압 증기보일러용)

㉠ 2개 이상의 엘보 사용
㉡ 회전이음
㉢ 저압용이나 온수배관 라인에 설치

정답 27 ① 28 ③ 29 ④ 30 ④ 31 ②

32 단열재의 구비조건으로 맞는 것은?

① 비중이 커야 한다.
② 흡수성이 커야 한다.
③ 가연성이어야 한다.
④ 열전도율이 적어야 한다.

해설
보온재, 단열재, 보랭재는 열전도율(kcal/mh℃)이 적어야 한다.

33 보일러 사고 원인 중 취급 부주의가 아닌 것은?

① 과열 ② 부식
③ 압력초과 ④ 재료불량

해설
취급 부주의 사고
㉠ 과열 ㉡ 부식
㉢ 압력초과 ㉣ 가스폭발
㉤ 저수위 사고 등

34 보일러의 계속사용검사기준 중 내부검사에 관한 설명이 아닌 것은?

① 관의 부식 틈을 검사할 수 있도록 스케일은 제거되어야 하며, 관 끝부분의 손상, 취화 및 빠짐이 없어야 한다.
② 노벽 보호부분은 벽체의 현저한 균열 및 파손 등 사용상 지장이 없어야 한다.
③ 내용물의 외부 유출 및 본체의 부식이 없어야 한다. 이때 본체의 부식상태를 판별하기 위하여 보온재 등 피복물을 제거하게 할 수 있다.
④ 연소상 내부에는 부적당하거나 결함이 있는 버너 또는 스토커의 설치운전에 의한 현저한 열의 국부적인 집중으로 인한 현상이 없어야 한다.

해설
보일러 계속사용검사 내부검사 중 보온재나 피복물을 제거할 필요는 없다.

35 배관계에 설치한 밸브의 오작동 방지 및 배관계 취급의 적정화를 도모하기 위해 배관에 식별(識別)표시를 하는 데 관계가 없는 것은?

① 지지하중 ② 식별색
③ 상태표시 ④ 물질표시

해설
배관계에 설치한 밸브의 오작동 방지 식별표시 내용
㉠ 식별색
㉡ 상태표시
㉢ 물질표시

36 증기난방의 중력 환수식에서 복관식인 경우 배관기울기로 적당한 것은?

① 1/50 정도의 순 기울기
② 1/100 정도의 순 기울기
③ 1/150 정도의 순 기울기
④ 1/200 정도의 순 기울기

해설
증기난방(중력환수식)
복관식의 배관기울기 : $\frac{1}{200}$ 정도의 순구배

37 스테인리스 강관의 특징에 대한 설명으로 옳은 것은?

① 강관에 비해 두께가 얇고 가벼워 운반 및 시공이 쉽다.
② 강관에 비해 내열성은 우수하나 내식성은 떨어진다.
③ 강관에 비해 기계적 성질이 떨어진다.
④ 한랭지 배관이 불가능하며 동결에 대한 저항이 적다.

해설
스테인리스 강관의 특징
강관에 비해 두께가 얇고 가벼우며 운반이나 시공이 용이하고 한랭지 사용이 가능하다. 또한 내식성이 좋고 동결에 대한 저항이 크다.

정답 32 ④ 33 ④ 34 ③ 35 ① 36 ④ 37 ①

38 증기난방의 시공에서 환수배관에 리프트 피팅(Lift Fitting)을 적용하여 시공할 때 1단의 흡상높이로 적당한 것은?

① 1.5m 이내 ② 2m 이내
③ 2.5m 이내 ④ 3m 이내

해설
증기난방 리프트 피팅

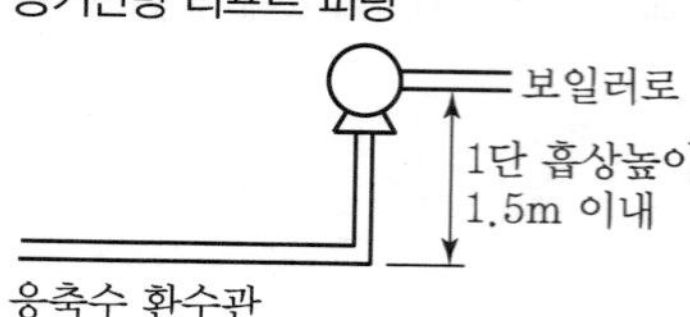

39 기름 보일러에서 연소 중 화염이 점멸하는 등 연소불안정이 발생하는 경우가 있다. 그 원인으로 적당하지 않은 것은?

① 기름의 점도가 높을 때
② 기름 속에 수분이 흡입되었을 때
③ 연료의 공급상태가 불안정할 때
④ 노 내가 부압(負壓)인 상태에서 연소했을 때

해설
노 내가 부압(－압력)이 되면 공기유입이 용이하여 화염의 완전연소 및 노 내 온도가 상승한다.

40 보일러의 가동 중 주의해야 할 사항으로 맞지 않는 것은?

① 수위가 안전저수위 이하로 되지 않도록 수시로 점검한다.
② 증기압력이 일정하도록 연료공급을 조절한다.
③ 과잉공기를 많이 공급하여 완전연소가 되도록 한다.
④ 연소량을 증가시킬 때는 통풍량을 먼저 증가시킨다.

해설
보일러 운전 중 과잉공기는 되도록 적게 공급하여 완전연소가 되도록 한다(과잉공기가 많으면 노 내 온도하강, 배기가스, 열손실 발생, 질소산화물 증가).

41 증기난방에서 환수관의 수평배관에서 관경이 가늘어지는 경우 편심 리듀서를 사용하는 이유로 적합한 것은?

① 응축수의 순환을 억제하기 위해
② 관의 열팽창을 방지하기 위해
③ 동심 리듀서보다 시공을 단축하기 위해
④ 응축수의 체류를 방지하기 위해

해설
응축수 체류방지용

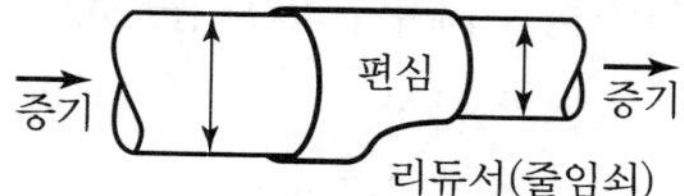

42 온수난방설비에서 복관식 배관방식에 대한 특징으로 틀린 것은?

① 단관식보다 배관 설비비가 적게 든다.
② 역귀환 방식의 배관을 할 수 있다.
③ 발열량을 밸브에 의하여 임의로 조정할 수 있다.
④ 온도변화가 거의 없고 안정성이 높다.

해설
온수난방 복관식 배관
환수와 송수의 수송은 매우 편리하나 단관식에 비해 설비비가 많이 든다.

43 개방식 팽창탱크에서 필요 없는 것은?

① 배기관
② 압력계
③ 급수관
④ 팽창관

해설
압력계, 방출밸브, 질소탱크는 100℃ 이상의 고온수난방 밀폐식 팽창탱크에 사용된다.

정답 38 ① 39 ④ 40 ③ 41 ④ 42 ① 43 ②

44 중앙식 급탕법에 대한 설명으로 틀린 것은?

① 기구의 동시 이용률을 고려하여 가열장치의 총용량을 적게 할 수 있다.
② 기계실 등에 다른 설비 기계와 함께 가열장치 등이 설치되기 때문에 관리가 용이하다.
③ 설비규모가 크고 복잡하기 때문에 초기 설비비가 비싸다.
④ 비교적 배관길이가 짧아 열손실이 적다.

해설

단관식 급탕법은 비교적 배관길이가 짧아서 열손실이 적다.

45 보일러의 손상에서 팽출(膨出)을 옳게 설명한 것은?

① 보일러의 본체가 화염에 과열되어 외부로 볼록하게 튀어나오는 현상
② 노통이나 화실이 외측의 압력에 의해 눌려 쭈그러져 찢어지는 현상
③ 강판에 가스가 포함된 것이 화염의 접촉으로 인해 양쪽으로 오목하게 되는 현상
④ 고압보일러 드럼 이음에 주로 생기는 응력 부식 균열의 일종

해설

① 팽출현상
② 압궤현상
③ 라미네이션 현상
④ 가성취화 현상

46 방열기 내 온수의 평균온도 85℃, 실내온도 15℃, 방열계수 7.2kcal/m² · h · ℃인 경우 방열기 방열량은 얼마인가?

① 450kcal/m² · h ② 504kcal/m² · h
③ 509kcal/m² · h ④ 515kcal/m² · h

해설

방열기(라지에더) 소요방열량 계산
방열기계수×(온수평균온도－실내온도)
$=7.2\times(85-15)=504\text{kcal/m}^2\cdot\text{h}$

47 보일러 건식보존법에서 가스봉압 방식(기체보존법)에 사용되는 가스는?

① O_2 ② N_2
③ CO ④ CO_2

해설

㉠ 보일러 건식보존(6개월 이상 장기보존법) : 내부에 사용되는 물질은 생석회, 숯, 질소가스 등이다.
㉡ 보일러 만수보존(2개월 정도 단기보존법) : 내부에 물을 채우고 가성소다, 탄산소다, 암모니아를 넣고 pH를 높인다.

48 보일러 점화 전 수위 확인 및 조정에 대한 설명 중 틀린 것은?

① 수면계의 기능테스트가 가능한 정도의 증기압력이 보일러 내에 남아 있을 때는 수면계의 기능시험을 해서 정상인지 확인한다.
② 2개의 수면계의 수위를 비교하고 동일 수위인지 확인한다.
③ 수면계에 수주관이 설치되어 있을 때는 수주연락관의 체크밸브가 바르게 닫혀 있는지 확인한다.
④ 유리관이 더러워졌을 때는 수위를 오인하는 경우가 있기 때문에 필히 청소하거나 또는 교환하여야 한다.

해설

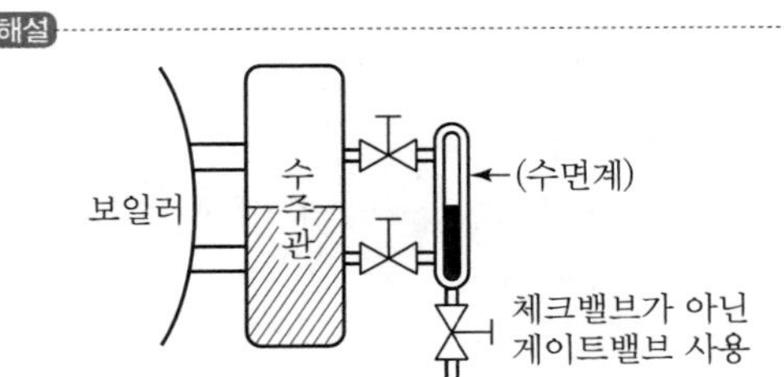

49 온수난방에 대한 특징을 설명한 것으로 틀린 것은?

① 증기난방에 비해 소요방열면적과 배관경이 적게 되므로 시설비가 적어진다.
② 난방부하의 변동에 따라 온도조절이 쉽다.
③ 실내온도의 쾌감도가 비교적 높다.
④ 밀폐식일 경우 배관의 부식이 적어 수명이 길다.

정답 44 ④ 45 ① 46 ② 47 ② 48 ③ 49 ①

해설

증기난방은 증기이송배관에서 비체적이 적은 증기를 이송함으로써 증기배관이 온수배관에 비해 관경이 적어진다(m^3/kg=비체적 단위).

50 보일러 운전 중 정전이 발생한 경우의 조치 사항으로 적합하지 않은 것은?

① 전원을 차단한다.
② 연료공급을 멈춘다.
③ 안전밸브를 열어 증기를 분출시킨다.
④ 주 증기 밸브를 닫는다.

해설

보일러 운전 중 정전이 발생하면 보일러 운전을 즉시 중지시키고 주 증기 밸브를 차단시킨다(안전밸브 작동은 증기압력 설정과 관계된다).

51 보일러 취급자가 주의하여 염두에 두어야 할 사항으로 틀린 것은?

① 보일러 사용처의 작업환경에 따라 운전기준을 설정하여 둔다.
② 사용처에 필요한 증기를 항상 발생, 공급할 수 있도록 한다.
③ 증기 수요에 따라 보일러 정격한도를 10% 정도 초과하여 운전한다.
④ 보일러 제작사 취급설명서의 의도를 파악하고 숙지하여 그 지시에 따른다.

해설

보일러 운전 시 정격한도 이내에서 증기나 온수를 발생시킨다(안전운전을 위하여).

52 캐리오버(Carry Over)에 대한 방지대책이 아닌 것은?

① 압력을 규정압력으로 유지해야 한다.
② 수면이 비정상적으로 높게 유지되지 않도록 한다.
③ 부하를 급격히 증가시켜 증기실의 부하율을 높인다.
④ 보일러수에 포함되어 있는 유지류나 용해고형물 등의 불순물을 제거한다.

해설

캐리오버(기수공발) 현상은 비수(프라이밍), 포밍(거품 발생) 현상 시 필연적으로 발생한다. 증기 부하를 감소시켜 발생을 방지할 수 있다(증기 내부에 물의 혼입으로 수격작용 발생).

53 보일러 수압시험 시의 시험수압은 규정된 압력의 몇 % 이상을 초과하지 않도록 해야 하는가?

① 3% ② 4%
③ 5% ④ 6%

해설

보일러 수압시험

규정된 압력의 6% 이상 초과하지 않게 하여 수압을 실시한다.

54 증기배관 내에 응축수가 고여 있을 때 증기 밸브를 급격히 열어 증기를 빠른 속도로 보냈을 때 발생하는 현상으로 가장 적합한 것은?

① 암궤가 발생한다. ② 팽출이 발생한다.
③ 블리스터가 발생한다. ④ 수격작용이 발생한다.

해설

수격작용 = 워터 해머 발생

증기배관 증기 응축수

55 에너지법에서 정한 에너지기술개발사업비로 사용될 수 없는 사항은?

① 에너지에 관한 연구인력 양성
② 온실가스 배출을 늘리기 위한 기술개발
③ 에너지 사용에 따른 대기오염 저감을 위한 기술개발
④ 에너지기술개발 성과의 보급 및 홍보

해설

온실가스는 그 배출을 감소시키는 데(감소기술개발) 역점을 두어야 한다(에너지법 제14조에 의거).

정답 50 ③ 51 ③ 52 ③ 53 ④ 54 ④ 55 ②

56 산업통상자원부장관이 에너지저장의무를 부과할 수 있는 대상자로 맞는 것은?

① 연간 5천 석유환산톤 이상의 에너지를 사용하는 자
② 연간 6천 석유환산톤 이상의 에너지를 사용하는 자
③ 연간 1만 석유환산톤 이상의 에너지를 사용하는 자
④ 연간 2만 석유환산톤 이상의 에너지를 사용하는 자

해설
에너지법 시행령 제12조 에너지저장의무 부과대상자
연간 2만 석유환산톤 이상의 에너지를 사용하는 자

57 신에너지 및 재생에너지 개발 · 이용 · 보급 촉진법에서 규정하는 신에너지 또는 재생에너지에 해당하지 않는 것은?

① 태양에너지 ② 풍력
③ 수소에너지 ④ 원자력에너지

해설
신재생에너지
㉠ 태양에너지
㉡ 바이오에너지
㉢ 풍력
㉣ 수력
㉤ 연료전지
㉥ 석탄액화가스화한 에너지 및 중질잔사유
㉦ 해양에너지
㉧ 폐기물에너지
㉨ 지열에너지
㉩ 수소에너지 등

58 에너지이용 합리화법에 따라 에너지다소비사업자가 매년 1월 31일까지 신고해야 할 사항과 관계없는 것은?

① 전년도의 에너지 사용량
② 전년도의 제품 생산량
③ 에너지사용 기자재의 현황
④ 해당 연도의 에너지관리진단 현황

해설
에너지법 제32조에 의거 에너지관리진단은 에너지진단업과 관련된 사항이고, 법 제31조에 의한 에너지다소비사업자(연간 에너지 사용량 2천 티오이 이상인 자)와는 관계없는 내용이다.

59 에너지이용 합리화법의 목적과 거리가 먼 것은?

① 에너지소비로 인한 환경피해 감소
② 에너지의 수급 안정
③ 에너지의 소비 촉진
④ 에너지의 효율적인 이용 증진

해설
에너지는 소비를 절약하는 데 그 의의가 있다(에너지법 제1조 사항).

60 저탄소녹색성장기본법에 따라 2020년의 우리나라 온실가스 감축 목표로 옳은 것은?

① 2020년의 온실가스 배출전망치 대비 100분의 20
② 2020년의 온실가스 배출전망치 대비 100분의 30
③ 2000년 온실가스 배출량의 100분의 20
④ 2000년 온실가스 배출량의 100분의 30

해설
저탄소녹색성장기본법 시행령
제25조에 의해 온실가스 감축목표는 2020년의 국가 온실가스 총배출량을 2020년의 온실가스 배출전망치 대비 100분의 30까지 감축한다.

정답 56 ④ 57 ④ 58 ④ 59 ③ 60 ②

2014년 1월 26일 시행

과년도 기출문제

01 절대온도 360 K를 섭씨온도로 환산하면 약 몇 ℃인가?

① 97℃ ② 87℃
③ 67℃ ④ 57℃

해설
㉠ 섭씨온도(℃)=절대온도−273
∴ 360−273=87℃
㉡ 절대온도(K)=℃+273

02 보일러의 제어장치 중 연소용 공기를 제어하는 설비는 자동제어에서 어디에 속하는가?

① FWC ② ABC
③ ACC ④ AFC

해설
㉠ 보일러 자동제어
• FWC(자동급수제어) • ABC(보일러자동제어)
• ACC(자동연소제어) • STC(증기온도제어)
㉡ ACC 제어(연소량, 공기량 조절)

03 수관식 보일러에 대한 설명으로 틀린 것은?

① 고온, 고압에 적당하다.
② 용량에 비해 소요면적이 적으며 효율이 좋다.
③ 보유수량이 많아 파열 시 피해가 크고, 부하변동에 응하기 쉽다.
④ 급수의 순도가 나쁘면 스케일이 발생하기 쉽다.

해설
수관식 보일러
관수가 수관과 증기드럼, 물드럼으로 분산시켜 가동하는 보일러이다.(증기드럼에 보유수가 적고 파열 시 피해가 적으며 보유수가 적어서 부하 변동 시 응하기가 어렵고 수질급수처리가 심각하다)

04 기체연료의 발열량 단위로 옳은 것은?

① $kcal/m^2$ ② $kcal/cm^2$
③ $kcal/mm^2$ ④ $kcal/Nm^3$

해설
발열량 단위
㉠ 기체연료 : $kcal/Nm^3(MJ/Nm^3)$
㉡ 고체, 액체연료 : kcal/kg(MJ/kg)

05 제어계를 구성하는 요소 중 전송기의 종류에 해당되지 않는 것은?

① 전기식 전송기 ② 증기식 전송기
③ 유압식 전송기 ④ 공기압식 전송기

해설
자동제어 전송기 종류
㉠ 전기식(신호거리가 수 km까지 가능)
㉡ 유압식(신호거리가 300m 이내 가능)
㉢ 공기압식(신호거리가 100m 이내 가능)

06 액체연료의 유압분무식 버너의 종류에 해당되지 않는 것은?

① 플런저형 ② 외측 반환유형
③ 직접 분사형 ④ 간접 분사형

해설
액체연료의 유압분무식 버너 종류(유압분사식)
㉠ 플런저형
㉡ 외측 반환유형
㉢ 직접 분사형

정답 01 ② 02 ③ 03 ③ 04 ④ 05 ② 06 ④

07 입형(직립) 보일러에 대한 설명으로 틀린 것은?

① 동체를 바로 세워 연소실을 그 하부에 둔 보일러이다.
② 전열면적을 넓게 할 수 있어 대용량에 적당하다.
③ 다관식은 전열면적을 보강하기 위하여 다수의 연관을 설치한 것이다.
④ 횡관식은 횡관의 설치로 전열면을 증가시킨다.

해설
㉠ 입형 보일러(소형 보일러) : 전열면적이 작고 소용량 발생 보일러에 이상적이다.
㉡ 종류 : 입형 횡관식, 입형 연관식, 코크란식

08 공기예열기에 대한 설명으로 틀린 것은?

① 보일러의 열효율을 향상시킨다.
② 불완전연소를 감소시킨다.
③ 배기가스의 열손실을 감소시킨다.
④ 통풍저항이 작아진다.

해설
폐열회수장치(공기예열기, 절탄기(급수가열기) 등)

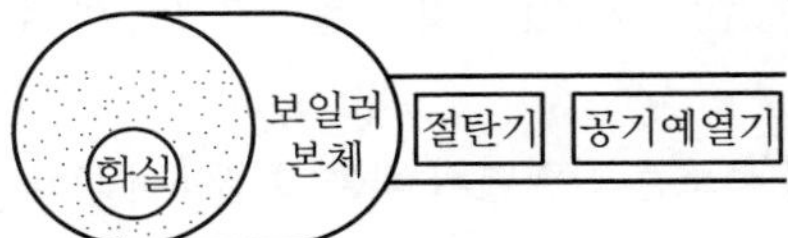

배기가스 온도 저하로 통풍력 감소

09 보일러 1마력을 상당증발량으로 환산하면 약 얼마인가?

① 13.65kg/h ② 15.65kg/h
③ 18.65kg/h ④ 21.65kg/h

해설
보일러 1마력을 상당증발량(환산증발량)으로 환산하면 15.65kg/h(8,435kcal/h) 정도이다.

10 다음 중 LPG의 주성분이 아닌 것은?

① 부탄 ② 프로판
③ 프로필렌 ④ 메탄

해설
㉠ LPG(액화석유가스) 주성분
- 프로판(C_3H_8)
- 부탄(C_4H_{10})
- 프로필렌(C_3H_6)
- 부틸렌(C_4H_8)

㉡ LNG(액화천연가스) 주성분
메탄(CH_4)

11 수면계의 기능시험의 시기에 대한 설명으로 틀린 것은?

① 가마울림 현상이 나타날 때
② 2개의 수면계의 수위에 차이가 있을 때
③ 보일러를 가동하여 압력이 상승하기 시작했을 때
④ 프라이밍, 포밍 등이 생길 때

해설
가마울림(연도나 보일러 내 공명음 발생)
㉠ 습분이 많은 연료 사용 시
㉡ 연도 내 에어포켓이 있는 경우

12 특수보일러 중 간접가열 보일러에 해당되는 것은?

① 슈미트 보일러
② 베록스 보일러
③ 벤슨 보일러
④ 코르니시 보일러

해설
간접가열 보일러(2중 증발 보일러)
㉠ 래플러 보일러
㉡ 슈미트 하트만 보일러

정답 07 ② 08 ④ 09 ② 10 ④ 11 ① 12 ①

13 오일 프리히터의 사용 목적이 아닌 것은?

① 연료의 점도를 높여 준다.
② 연료의 유동성을 증가시켜 준다.
③ 완전연소에 도움을 준다.
④ 분무상태를 양호하게 한다.

해설
오일 프리히터(전기, 증기, 온수 등으로 기름가열)는 보일러용 중유의 예열로 점도를 낮추어 오일공급(송유)을 원활하게 한다.

14 보일러의 안전 저수면에 대한 설명으로 적당한 것은?

① 보일러의 보안상, 운전 중에 보일러 전열면이 화염에 노출되는 최저 수면의 위치
② 보일러의 보안상, 운전 중에 급수하였을 때의 최초 수면의 위치
③ 보일러의 보안상, 운전 중에 유지해야 하는 일상적인 가동 시의 표준 수면의 위치
④ 보일러의 보안상, 운전 중에 유지해야 하는 보일러 드럼 내 최저 수면의 위치

해설
보일러 안전 저수면
보일러 안전관리상 운전 중 유지해야 할 보일러 드럼 내 최저 수면의 위치

15 가스버너에서 리프팅(Lifting) 현상이 발생하는 경우는?

① 가스압이 너무 높은 경우
② 버너 부식으로 염공이 커진 경우
③ 버너가 과열된 경우
④ 1차 공기의 흡인이 많은 경우

해설
가스버너 리프팅(선화현상)
연료의 연소속도보다 연료의 공급압력이 높아서 노즐에서 벗어나서 연소하는 현상

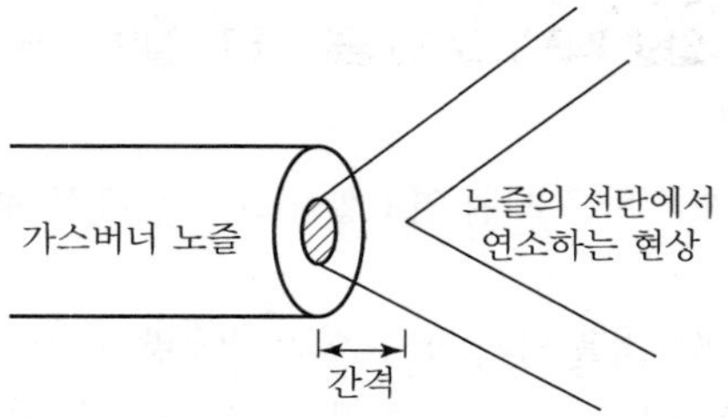

16 보일러 급수처리의 목적으로 볼 수 없는 것은?

① 부식의 방지
② 보일러수의 농축방지
③ 스케일 생성 방지
④ 역화(back fire) 방지

해설
역화(백－파이어)
화염의 분출이 연소실이 아닌 버너 쪽으로 역류하여 연소하며 일반적으로 가스폭발 등에 기인한다.

17 보일러효율 시험방법에 관한 설명으로 틀린 것은?

① 급수온도는 절탄기가 있는 것은 절탄기 입구에서 측정한다.
② 배기가스의 온도는 전열면의 최종 출구에서 측정한다.
③ 포화증기의 압력은 보일러 출구의 압력으로 부르동관식 압력계로 측정한다.
④ 증기온도의 경우 과열기가 있을 때는 과열기 입구에서 측정한다.

해설

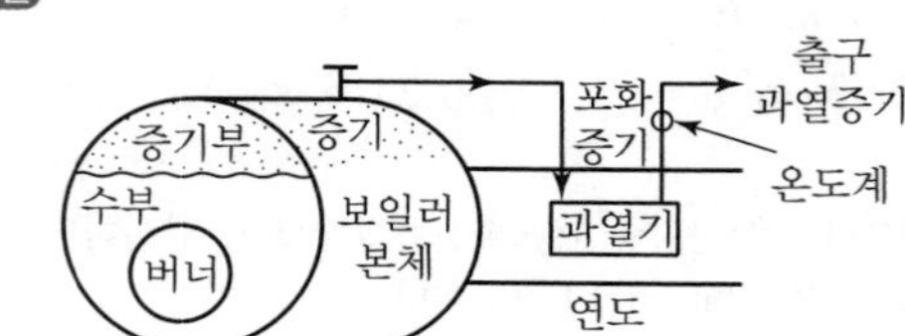

정답 13 ① 14 ④ 15 ① 16 ④ 17 ④

18 증기보일러에서 감압밸브 사용의 필요성에 대한 설명으로 가장 적합한 것은?

① 고압증기를 감압시키면 잠열이 감소하여 이용 열이 감소된다.
② 고압증기는 저압증기에 비해 관경을 크게 해야 하므로 배관설비비가 증가한다.
③ 감압을 하면 열교환 속도가 불규칙하나 열전달이 균일하여 생산성이 향상된다.
④ 감압을 하면 증기의 건도가 향상되어 생산성 향상과 에너지 절감이 이루어진다.

해설
증기의 압력을 감압(저하)시키면 증기의 건도가 높아지며 증발잠열을 많이 이용할 수 있어서 열효율이 높아진다.

19 자연통풍에 대한 설명으로 가장 옳은 것은?

① 연소에 필요한 공기를 압입 송풍기에 의해 통풍하는 방식이다.
② 연돌로 인한 통풍방식이며 소형 보일러에 적합하다.
③ 축류형 송풍기를 이용하여 연도에서 열 가스를 배출하는 방식이다.
④ 송·배풍기를 보일러 전·후면에 부착하여 통풍하는 방식이다.

해설
통풍
㉠ 자연통풍 : 연돌, 즉 굴뚝에 의존(노 내에서 부압 발생)
㉡ 인공통풍(압입, 흡입, 평형) : 송풍기 이용

20 육상용 보일러의 열정산은 원칙적으로 정격부하 이상에서 정상상태로 적어도 몇 시간 이상의 운전 결과에 따라 하는가?(단, 액체 또는 기체 연료를 사용하는 소형 보일러에서 인수·인도 당사자 간의 협정이 있는 경우는 제외)

① 0.5시간 ② 1시간
③ 1.5시간 ④ 2시간

해설
건물에 설치하는 육용보일러의 열정산 운전은 2시간 이상의 정격부하 이상에서 운전결과로 표시한다.

21 과열기를 연소가스 흐름상태에 의해 분류할 때 해당되지 않는 것은?

① 복사형 ② 병류형
③ 향류형 ④ 혼류형

해설
과열기 열가스 흐름방향에 의한 분류

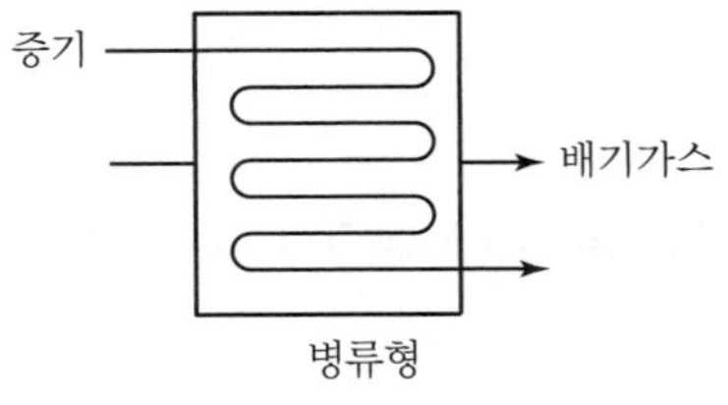

병류형

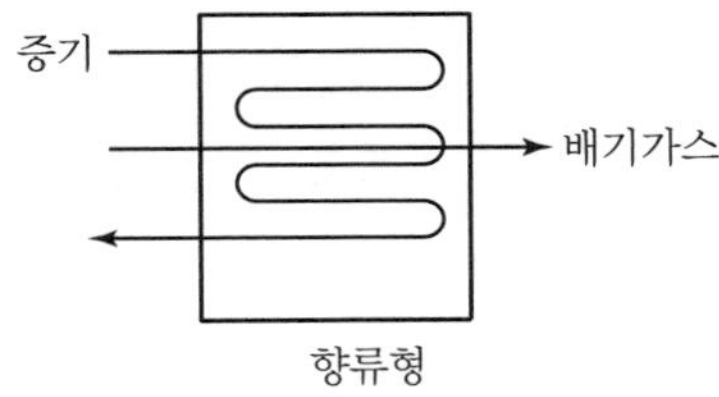

향류형

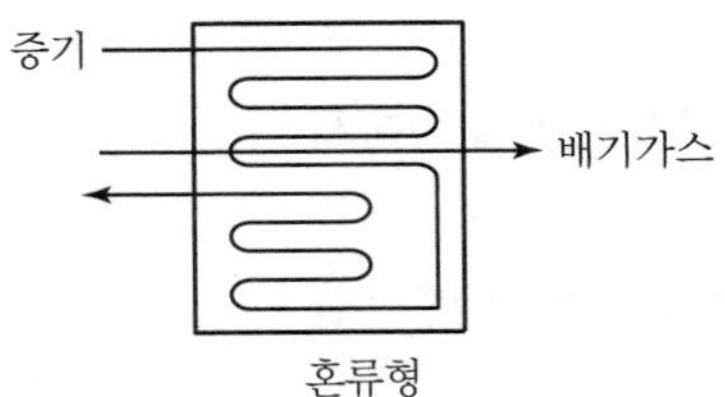

혼류형

22 공기량이 지나치게 많을 때 나타나는 현상 중 틀린 것은?

① 연소실 온도가 떨어진다.
② 열효율이 저하한다.
③ 연료소비량이 증가한다.
④ 배기가스 온도가 높아진다.

해설
공기량이 지나치게 많으면 노 내 온도가 하강하여 배기가스 온도가 저하된다.

정답 18 ④ 19 ② 20 ④ 21 ① 22 ④

23 보일러 연소장치의 선정기준에 대한 설명으로 틀린 것은?

① 사용 연료의 종류와 형태를 고려한다.
② 연소효율이 높은 장치를 선택한다.
③ 과잉공기를 많이 사용할 수 있는 장치를 선택한다.
④ 내구성 및 가격 등을 고려한다.

해설

㉠ 과잉공기가 많은 연료 : 보일러용 중유, 고체연료, 석탄 등(과잉공기는 1에 가까운 연료가 좋다.)
㉡ 석탄 등은 공기비가 2 정도나 된다.
㉢ 과잉공기율(공기비 − 1)×100 (%)
㉣ 가스는 공기비가 1.1 정도여서 과잉공기가 적다.

24 열전달의 기본형식에 해당되지 않는 것은?

① 대류 ② 복사
③ 발산 ④ 전도

해설

열전달방식
㉠ 전도(고체에서 열이동)
㉡ 대류(액체, 기체에서 열이동)
㉢ 복사(전자파 형태 열이동)

25 보일러의 출열 항목에 속하지 않는 것은?

① 불완전연소에 의한 열손실
② 연소 잔재물 중의 미연소분에 의한 열손실
③ 공기의 현열손실
④ 방산에 의한 손실열

해설

보일러 입열 항목
㉠ 공기의 현열
㉡ 액체연료 예열에 의한 연료의 현열
㉢ 연료의 연소열
㉣ 노 내 분입증기에 의한 입열

26 보일러의 압력이 $8\text{kg}_f/\text{cm}^2$이고, 안전밸브 입구 구멍의 단면적이 20cm^2라면 안전밸브에 작용하는 힘은 얼마인가?

① 140kg_f ② 160kg_f
③ 170kg_f ④ 180kg_f

해설

㉠ 단위면적당 압력 : $8\text{kg}_f/\text{cm}^2$
㉡ 전체면적 : 20cm^2
※ $20\times8=160\text{kg}_f$

27 어떤 보일러의 5시간 동안 증발량이 5,000kg이고, 그때의 급수 엔탈피가 25kcal/kg, 증기엔탈피가 675kcal/kg이라면 상당증발량은 약 몇 kg/h인가?

① 1,106 ② 1,206
③ 1,304 ④ 1,451

해설

상당증발량

$$=\frac{\text{증기발생량(발생증기엔탈피}-\text{급수엔탈피)}}{539}$$

$$\therefore \frac{\left(\frac{5,000}{5}\right)\times(675-25)}{539}=1,206\text{kg/h}$$

28 보일러 동 내부 안전저수위보다 약간 높게 설치하여 유지분, 부유물 등을 제거하는 장치로서 연속분출장치에 해당되는 것은?

① 수면 분출장치 ② 수저 분출장치
③ 수중 분출장치 ④ 압력 분출장치

해설

수면 분출장치(연속 분출장치)
보일러 동 내부 안전저수위보다 약간 높게 설치하여 유지분 부유물 등을 외부로 연속 분출시킨다.(보일러 동 저부에서 분출 : 수저 분출)

정답 23 ③ 24 ③ 25 ③ 26 ② 27 ② 28 ①

29 1기압하에서 20℃의 물 10kg을 100℃의 증기로 변화시킬 때 필요한 열량은 얼마인가?(단, 물의 비열은 1kcal/kg · ℃이다.)

① 6,190kcal ② 6,390kcal
③ 7,380kcal ④ 7,480kcal

해설
㉠ 현열계산=질량×비열×온도차
∴ 10×1×(100−20)=800kcal
(물의 현열)
㉡ 물의 증발잠열 : 539kcal/kg(100℃의 물을 100℃의 증기로 변화시킬 때 소비되는 열)
㉢ 총 소요열량=800+(539×10)=6,190kcal

30 최고사용압력이 $16kg_f/cm^2$인 강철제 보일러의 수압시험압력으로 맞는 것은?

① $8kg_f/cm^2$ ② $16kg_f/cm^2$
③ $24kg_f/cm^2$ ④ $32kg_f/cm^2$

해설
$15kg_f/cm^2$ 초과 보일러 수압시험 압력(최고사용압력×1.5배)
∴ $16 \times 1.5 = 24kg_f/cm^2$

31 루프형 신축이음은 고압에 견디고 고장이 적어 고온 · 고압용 배관에 이용되는데 이 신축이음의 곡률반경은 관지름의 몇 배 이상으로 하는 것이 좋은가?

① 2배 ② 3배
③ 4배 ④ 6배

해설

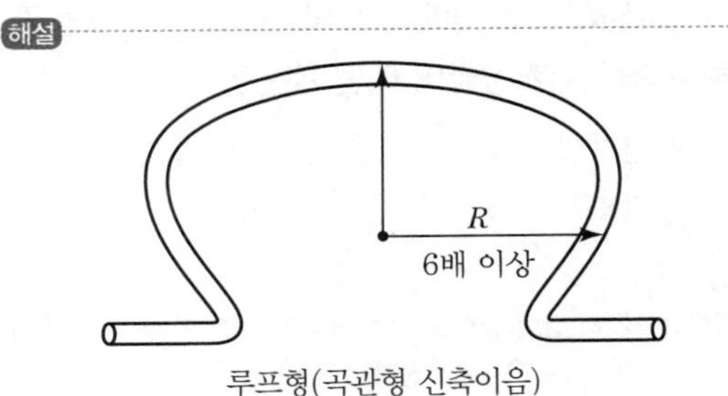

루프형(곡관형 신축이음)

32 단관중력순환식 온수난방의 배관은 주관을 앞내림 기울기로 하여 공기가 모두 어느 곳으로 빠지게 하는가?

① 드레인 밸브 ② 팽창 탱크
③ 에이벤트 밸브 ④ 체크 밸브

해설
단관중력 순환식 온수난방의 배관은 주관을 앞내림 기울기로 하여 시공하며 공기빼기 밸브는 팽창탱크로 빠지게 한다.

33 보일러에서 발생하는 고온 부식의 원인물질로 거리가 먼 것은?

① 나트륨 ② 유황
③ 철 ④ 바나듐

해설
㉠ 고온 부식의 원인물질
- 나트륨
- 바나듐
㉡ 황은 저온 부식의 원인물질이나 철보다는 비교적 고온 부식에 가깝다.

34 두께가 13cm, 면적이 $10m^2$인 벽이 있다. 벽 내부온도는 200℃, 외부의 온도가 20℃일 때 벽을 통한 전도되는 열량은 약 몇 kcal/h인가?(단, 열전도율은 0.02kcal/m · h · ℃이다.)

① 234.2 ② 259.6
③ 276.9 ④ 312.3

해설

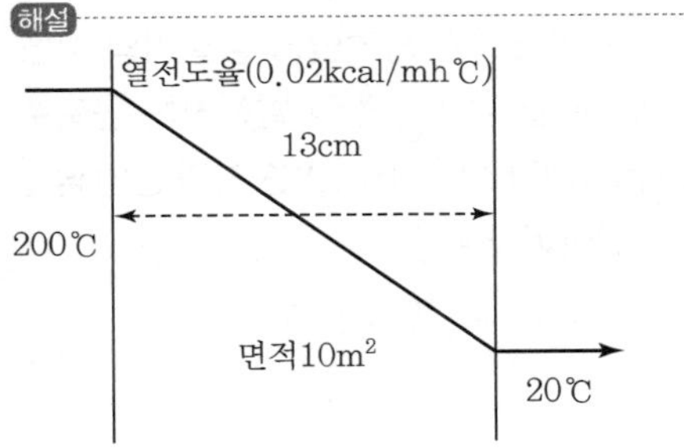

$$손실열량(Q) = 0.02 \times \frac{10m^2 \times (200-20)℃}{0.13(m)} = 276.9kcal/h$$

정답 29 ① 30 ③ 31 ④ 32 ② 33 ③ 34 ③

35 배관지지 장치의 명칭과 용도가 잘못 연결된 것은?

① 파이프 슈－관의 수평부, 곡관부 지지
② 리지드 서포트－빔 등으로 만든 지지대
③ 롤러 서포트－방진을 위해 변위가 적은 곳에 사용
④ 행거－배관계의 중량을 위에서 달아 매는 장치

해설
서포트는 배관의 하중을 관의 밑에서 지지하는 장치이다. 종류는 다음과 같다.
㉠ 리지드 서포트
㉡ 파이프 슈
㉢ 롤러 서포트
㉣ 스프링 서포트

36 다음 중 보일러에서 실화가 발생하는 원인으로 거리가 먼 것은?

① 버너의 팁이나 노즐이 카본이나 소손 등에 의해 막혀 있다.
② 분사용 증기 또는 공기의 공급량이 연료량에 비해 과다 또는 과소하다.
③ 중유를 과열하여 중유가 유관 내나 가열기 내에서 가스화하여 중유의 흐름이 중단되었다.
④ 연료 속의 수분이나 공기가 거의 없다.

해설
연료 속의 수분이나 공기가 거의 없으면 실화 발생이 방지된다. (수분은 가열 시 H_2O가 발생하여 공기차단으로 실화가 된다.)

37 포화온도 105℃인 증기난방 방열기의 상당 방열면적이 20m²일 경우 시간당 발생하는 응축수량은 약 몇 kg/h인가?(단, 105℃ 증기의 증발잠열은 535.6kcal/kg이다.)

① 10.37　　② 20.57
③ 12.17　　④ 24.27

해설
방열기 표준 방열량(증기난방)은 650kcal/m²h이다.
방열기 응축수량$=\dfrac{650}{535.6}=\square$ kg/h · m²
∴ 전방열기 내 응축수량$=20\times\dfrac{650}{535.6}=24.27$kg/h

38 가동 보일러에 스케일과 부식물 제거를 위한 산세척 처리순서로 올바른 것은?

① 전처리 → 수세 → 산액처리 → 수세 → 중화 · 방청처리
② 수세 → 산액처리 → 전처리 → 수세 → 중화 · 방청처리
③ 전처리 → 중화 · 방청처리 → 수세 → 산액처리 → 수세
④ 전처리 → 수세 → 중화 · 방청처리 → 수세 → 산액처리

해설
전처리 → 수세 → 산액처리 → 수세 → 중화 · 방청처리(산의 성분을 중화시키는 작업)

39 다음 중 난방부하의 단위로 옳은 것은?

① kcal/kg　　② kcal/h
③ kg/h　　④ kcal/m² · h

해설
난방(煖房)부하 단위 : kcal/h

40 보일러수 처리에서 순환계통의 처리방법 중 용해고형물 제거방법이 아닌 것은?

① 약제첨가법　　② 이온교환법
③ 증류법　　④ 여과법

해설
고체협잡물처리 방법(끓여도 용해되지 않는 모래, 철분 등의 처리법)에는 여과법, 응집법, 침강법이 있다.

정답 35 ③ 36 ④ 37 ④ 38 ① 39 ② 40 ④

41 보일러 운전이 끝난 후의 조치사항으로 잘못된 것은?

① 유류 사용 보일러의 경우 연료 계통의 스톱밸브를 닫고 버너를 청소한다.
② 연소실 내의 잔류여열로 보일러 내부의 압력이 상승하는지 확인한다.
③ 압력계 지시압력과 수면계의 표준수위를 확인해 둔다.
④ 예열용 연료를 노 내에 약간 넣어 둔다.

해설
예열용 연료를 노 내에 약간 넣어두면 액체연료의 경우 증기가 발생하여 가스폭발의 원인이 될 수 있다.

42 강관에 대한 용접이음의 장점으로 거리가 먼 것은?

① 열에 의한 잔류응력이 거의 발생하지 않는다.
② 접합부의 강도가 강하다.
③ 접합부 누수의 염려가 없다.
④ 유체의 압력손실이 적다.

해설
강관의 용접이음 시 열처리를 하지 않으면 잔류응력이 발생한다.

43 다음 보일러의 휴지보존법 중 단기보존법에 속하는 것은?

① 석회밀폐건조법
② 질소가스봉입법
③ 소다만수보존법
④ 가열건조법

해설
단기보존법
내부 습기를 제거하기 위하여 적당하게 가열하는 것은 장기건조보존법이며, 만수보존법 중 물에서 공기를 제거하기 위해 가열하는 것은 단기보존법이다.

44 보일러 본체나 수관, 연관 등에 발생하는 블리스터(blister)를 옳게 설명한 것은?

① 강판이나 관의 제조 시 두 장의 층을 형성하는 것
② 라미네이션된 강판이 열에 의해 혹처럼 부풀어 나오는 현상
③ 노통이 외부압력에 의해 내부로 짓눌리는 현상
④ 리벳 조인트나 리벳구멍 등의 응력이 집중하는 곳에 물리적 작용과 더불어 화학적 작용에 의해 발생하는 균열

해설

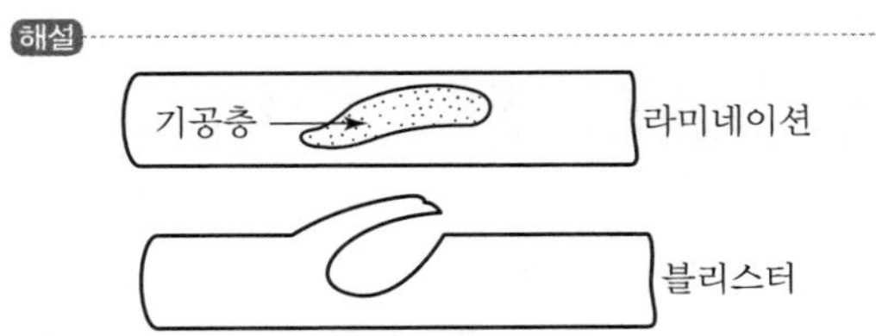

45 보온재 선정 시 고려하여야 할 사항으로 틀린 것은?

① 안전사용 온도범위에 적합해야 한다.
② 흡수성이 크고 가공이 용이해야 한다.
③ 물리적, 화학적 강도가 커야 한다.
④ 열전도율이 가능한 한 적어야 한다.

해설
보온재는 흡수성, 흡습성이 작아야 한다.(유기질 보온재, 무기질 보온재, 금속질 보온재가 있다.)

46 무기질 보온재 중 하나로 안산암, 현무암에 석회석을 섞어 용융하여 섬유모양으로 만든 것은?

① 코르크 ② 암면
③ 규조토 ④ 유리섬유

해설
무기질 보온재의 종류
- 폼글라스
- 탄산마그네슘
- 유리섬유(글라스울)
- 석면
- 암면
- 규조토
- 규산칼슘 · 펄라이트
- 세라믹 파이버

정답 41 ④ 42 ① 43 ④ 44 ② 45 ② 46 ②

47 방열기의 구조에 관한 설명으로 옳지 않은 것은?

① 주요 구조 부분은 금속재료나 그 밖의 강도와 내구성을 가지는 적절한 재질의 것으로 사용해야 한다.
② 엘리먼트 부분은 사용하는 온수 또는 증기의 온도 및 압력을 충분히 견디어 낼 수 있는 것으로 한다.
③ 온수를 사용하는 것에는 보온을 위해 엘리먼트 내에 공기를 빼는 구조가 없도록 한다.
④ 배관 접속부는 시공이 쉽고 점검이 용이해야 한다.

해설

방열기 안쪽은 항상 공기를 빼는 구조를 하여 증기나 온수의 순환을 원활하게 해야 난방이 순조로워진다.

48 콘크리트 벽이나 바닥 등에 배관이 관통하는 곳에 관의 보호를 위하여 사용하는 것은?

① 슬리브 ② 보온재료
③ 행거 ④ 신축곡관

해설

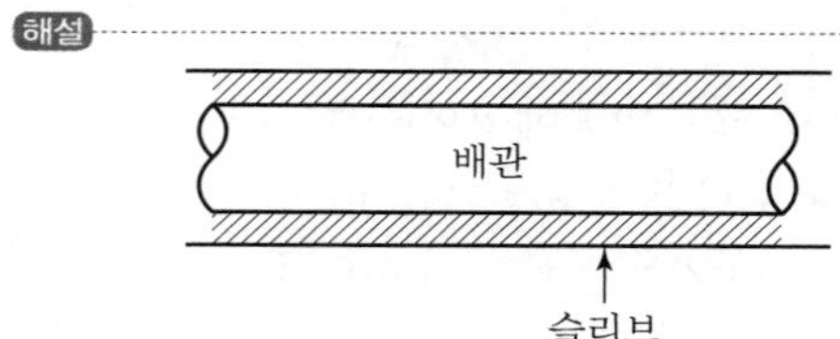

49 보일러에서 수면계 기능시험을 해야 할 시기로 가장 거리가 먼 것은?

① 수위의 변화에 수면계가 빠르게 반응할 때
② 보일러를 가동하기 전
③ 2개의 수면계 수위가 서로 다를 때
④ 프라이밍, 포밍 등이 발생할 때

해설

수위의 변화에 대처하여 수면계가 빠르게 반응하면 수면계 기능에 이상이 없는 것이기 때문에 기능시험이 필요 없다.

50 액상 열매체 보일러 시스템에서 사용하는 팽창탱크에 관한 설명으로 틀린 것은?

① 액상 열매체 보일러시스템에는 열매체유의 액팽창을 흡수하기 위한 팽창탱크가 필요하다.
② 열매체유 팽창탱크에는 액면계와 압력계가 부착되어야 한다.
③ 열매체유 팽창탱크의 설치장소는 통상 열매체유 보일러 시스템에서 가장 낮은 위치에 설치한다.
④ 열매체유의 노화방지를 위해 팽창탱크의 공간부에는 질소(N_2)가스를 봉입한다.

해설

열매체유 팽창탱크는 항상 열매체유 보일러 시스템보다 높은 곳에 설치한다.(열매체의 팽창 시 압력강하나 흡수체적을 담당하기 위함)

51 일반 보일러(소용량 보일러 및 가스용 온수보일러 제외)에서 온도계를 설치할 필요가 없는 곳은?

① 절탄기가 있는 경우 절탄기 입구 및 출구
② 보일러 본체의 급수 입구
③ 버너 급유 입구(예열을 필요로 할 때)
④ 과열기가 있는 경우 과열기 입구

해설

열병합발전소(증기원동소) 등 대형 보일러에는 과열증기 생산(400~600℃)을 위한 열효율을 높이는 과열기가 설치된다.

52 배관용접 작업 시 안전사항 중 산소용기는 일반적으로 몇 ℃ 이하의 온도로 보관하여야 하는가?

① 100℃ ② 80℃
③ 60℃ ④ 40℃

해설

각종 가스용기는 안전관리를 위하여 항상 40℃ 이하로 유지시킨다.

정답 47 ③ 48 ① 49 ① 50 ③ 51 ④ 52 ④

53 수격작용을 방지하기 위한 조치로 거리가 먼 것은?

① 송기에 앞서서 관을 충분히 데운다.
② 송기할 때 주증기 밸브는 급히 열지 않고 천천히 연다.
③ 증기관은 증기가 흐르는 방향으로 경사가 지도록 한다.
④ 증기관에 드레인이 고이도록 중간을 낮게 배관한다.

해설

응축수 배출(드레인관)을 위해 관의 하부를 낮게 기울여 준다.

54 열사용 기자재의 검사 및 검사면제에 관한 기준에 따라 급수장치를 필요로 하는 보일러에는 기준을 만족시키는 주펌프 세트와 보조펌프 세트를 갖춘 급수장치가 있어야 하는데, 특정 조건에 따라 보조펌프 세트를 생략할 수 없는 경우는?

① 전열면적이 $10m^2$인 보일러
② 전열면적이 $8m^2$인 가스용 온수보일러
③ 전열면적이 $16m^2$인 가스용 온수보일러
④ 전열면적이 $50m^2$인 관류보일러

해설

검사대상 기기 중 증기보일러는 전열면적 $12m^2$ 이하, 관류보일러는 전열면적$100m^2$ 미만, 가스용 온수보일러는 전열면적 $14m^2$ 이하에서 보조펌프 세트를 생략할 수 있다.

55 에너지 수급안정을 위하여 산업통상자원부 장관이 필요한 조치를 취할 수 있는 사항이 아닌 것은?

① 에너지의 배급
② 산업별 · 주요 공급자별 에너지 할당
③ 에너지의 비축과 저장
④ 에너지의 양도 · 양수의 제한 또는 금지

해설

에너지 수급안정 조치사항

㉠ 에너지의 배급
㉡ 에너지의 비축과 저장
㉢ 에너지의 양도 · 양수의 제한 또는 금지
㉣ 지역별 · 주요 수급자별 에너지 할당
㉤ 에너지 공급 설비의 가동 및 조업
㉥ 에너지의 도입 · 수출입 및 위탁가공
㉦ 에너지 공급자 상호 간 에너지의 교환 또는 분배 사용
㉧ 에너지의 유통시설과 그 사용 및 유통경로 등

56 에너지이용 합리화법에서 정한 검사대상기기 조종자의 자격에서 에너지관리기능사가 조정할 수 있는 조종범위로서 옳지 않은 것은?

① 용량이 15t/h 이하인 보일러
② 온수 발생 및 열매체를 가열하는 보일러로서 용량이 581.5kW 이하인 것
③ 최고사용압력이 1MPa 이하이고, 전열면적이 $10m^2$ 이하인 증기보일러
④ 압력용기

해설

용량 10t/h(10톤) 초과~30t/h 이하는 에너지관리(기능장, 산업기사, 기사) 자격증 취득자가 운전할 수 있다.

57 저탄소녹색성장 기본법에 의거해 온실가스 감축목표 등의 설정 · 관리 및 필요한 조치에 관한 사항을 관장하는 기관으로 옳은 것은?

① 농림축산식품부 : 건물 · 교통 분야
② 환경부 : 농업 · 축산 분야
③ 국토교통부 : 폐기물 분야
④ 산업통상자원부 : 산업 · 발전 분야

해설

산업통상자원부

저탄소녹색성장 기본법에 의거해 온실가스 감축목표 등의 설정 · 관리 및 필요한 조치에 관한 사항을 관장한다.

정답 53 ④ 54 ③ 55 ② 56 ① 57 ④

58 에너지법에 의거 지역에너지계획을 수립한 시 · 도지사는 이를 누구에게 제출하여야 하는가?

① 대통령 ② 산업통상자원부장관
③ 국토교통부장관 ④ 에너지관리공단 이사장

해설

에너지법에 의거해 지역에너지 계획을 수립한 시 · 도지사는 산업통상자원부장관에게 제출하여야 한다.

59 신 · 재생에너지 정책심의회의 구성으로 맞는 것은?

① 위원장 1명을 포함한 10명 이내의 위원
② 위원장 1명을 포함한 20명 이내의 위원
③ 위원장 2명을 포함한 10명 이내의 위원
④ 위원장 2명을 포함한 20명 이내의 위원

해설

신 · 재생에너지 정책심의회의 구성
㉠ 위원장 : 1명
㉡ 위원장 포함 위원 : 20명 이내

60 에너지이용 합리화법상 검사대상기기 조종자가 퇴직하는 경우 퇴직 이전에 다른 검사대상기기 조종자를 선임하지 아니한 자에 대한 벌칙으로 맞는 것은?

① 1천만 원 이하의 벌금
② 2천만 원 이하의 벌금
③ 5백만 원 이하의 벌금
④ 2년 이하의 징역

해설

보일러 등, 검사대상기기 조종자 선임신고 미신고자에 대한 벌칙은 1천만 원 이하의 벌금이다.(30일 이내 신고 : 에너지관리공단 이사장에게 신고한다.)

※ 검사대상기기 종류
㉠ 강철제 보일러
㉡ 주철제 보일러
㉢ 소형가스용 온수보일러
㉣ 철금속가열로

정답 58 ② 59 ② 60 ①

2014년 4월 6일 시행

과년도 기출문제

01 어떤 보일러의 시간당 발생증기량을 G_a, 발생증기의 엔탈피를 i_2, 급수 엔탈피를 i_1라 할 때, 다음 식으로 표시되는 값(G_e)은?

$$G_e = \frac{G_a(i_2 - i_1)}{539}\text{(kg/h)}$$

① 증발률 ② 보일러 마력
③ 연소 효율 ④ 상당증발량

해설
G_e : 상당증발량(환산증발량) 계산식

02 보일러의 자동제어를 제어동작에 따라 구분할 때 연속동작에 해당되는 것은?

① 2위치 동작
② 다위치 동작
③ 비례동작(P동작)
④ 부동제어 동작

해설
자동제어동작
㉠ 연속동작 : 비례동작, 적분동작, 미분동작
㉡ 불연속동작 : ①, ②, ④ 동작

03 정격압력이 12kg$_f$/cm^{2}일 때 보일러의 용량이 가장 큰 것은?(단, 급수온도는 10℃, 증기엔탈피는 663.8kcal/kg이다.)

① 실제증발량 1,200kg/h
② 상당증발량 1,500kg/h
③ 정격 출력 800,000kcal/h
④ 보일러 100마력(B−HP)

해설
㉠ $\frac{800,000}{600,000} = 1.33\text{ton/h} = 1,333.33\text{kg/h}$
㉡ 1마력 보일러=상당증발량 15.65kg/h 발생
∴ 100×15.65=1,565kg/h
※ 온수보일러 60만 kcal/h=증기 1톤의 양에 해당

04 프라이밍의 발생 원인으로 거리가 먼 것은?

① 보일러 수위가 낮을 때
② 보일러수가 농축되어 있을 때
③ 송기 시 증기밸브를 급개할 때
④ 증발능력에 비하여 보일러수의 표면적이 작을 때

해설
㉠ 보일러 수위가 낮으면 저수위(보일러 사고)사고 발생
㉡ 프라이밍(비수) : 증기 내부에 수분이 수면 위에서 혼입되어 습포화증기 유발

05 보일러의 부하율에 대한 설명으로 적합한 것은?

① 보일러의 최대증발량에 대한 실제증발량의 비율
② 증기발생량을 연료소비량으로 나눈 값
③ 보일러에서 증기가 흡수한 총열량을 급수량으로 나눈 값
④ 보일러 전열면적 1m^{2}에서 시간당 발생되는 증기열량

해설
보일러 부하율$= \frac{\text{실제증발량}}{\text{최대증발량}} \times 100(\%)$

정답 01 ④ 02 ③ 03 ④ 04 ① 05 ①

06 보일러의 급수장치에서 인젝터의 특징으로 틀린 것은?

① 구조가 간단하고 소형이다.
② 급수량의 조절이 가능하고 급수효율이 높다.
③ 증기와 물이 혼합하여 급수가 예열된다.
④ 인젝터가 과열되면 급수가 곤란하다.

해설
인젝터(증기이용 급수설비)는 급수량 조절이 불가능하다. 급수펌프 고장 시 임시 대용 급수설비이다.(급수온도 50℃ 이상, 증기압력 0.2MPa 이하에서는 사용 불가)

07 물의 임계압력에서의 잠열은 몇 kcal/kg인가?

① 539　② 100
③ 0　④ 639

해설
㉠ 표준대기압력 : 잠열 539kcal/kg
㉡ 임계압력 : 잠열 0kcal/kg
※ 보일러압력이 높아질수록 포화수온도가 상승하나 물의 증발잠열은 감소한다.

08 유류 연소 시의 일반적인 공기비는?

① 0.95~1.1　② 1.6~1.8
③ 1.2~1.4　④ 1.8~2.0

해설
㉠ 가스연료 공기비 : 1.1~1.2
㉡ 액체연료 공기비 : 1.2~1.4
㉢ 고체연료 공기비 : 1.4~2.0
※ 공기비(m) = 실제공기량/이론공기량

09 다음과 같은 특징을 갖고 있는 통풍방식은?

- 연도의 끝이나 연돌하부에 송풍기를 설치한다.
- 연도 내의 압력은 대기압보다 낮게 유지된다.
- 매연이나 부식성이 강한 배기가스가 통과하므로 송풍기의 고장이 자주 발생한다.

① 자연통풍　② 압입통풍
③ 흡입통풍　④ 평형통풍

해설
㉠ 통풍의 분류
- 자연통풍(연돌에 의존)
- 강제통풍(압입, 흡입, 평형)

㉡ 강제통풍
- 압입(버너 앞에 송풍기 설치)
- 흡입(연도에 송풍기 설치)
- 평형(압입+흡입 겸용)

10 보일러의 열손실이 아닌 것은?

① 방열손실　② 배기가스열손실
③ 미연소손실　④ 응축수손실

해설
증기에서 잠열을 소비하면 응축수 발생
(응축수 → 펌프 → 응축수탱크 → 급수펌프)
응축수는 일반적으로 60℃ 이상이므로 회수하여 보일러급수로 사용하면 에너지 절약에 일조한다.

11 상당증발량이 6,000kg/h, 연료소비량이 400kg/h인 보일러의 효율은 약 몇 %인가?(단, 연료의 저위발열량은 9,700kcal/kg이다.)

① 81.3%　② 83.4%
③ 85.8%　④ 79.2%

해설

$$\text{보일러 효율} = \frac{\text{상당증발량} \times 539}{\text{연료소비량} \times \text{연료의 발열량}} \times 100(\%)$$

$$\therefore \frac{6{,}000 \times 539}{400 \times 9{,}700} \times 100 = 83.4\%$$

12 다음 중 탄화수소비가 가장 큰 액체연료는?

① 휘발유　② 등유
③ 경유　④ 중유

정답 06 ② 07 ③ 08 ③ 09 ③ 10 ④ 11 ② 12 ④

해설

탄화수소비 $= \frac{\text{고정탄소}}{\text{수소}}$

※ 중유(중질유)는 무화연소를 하는 고정탄소성분이 많은 연료이다.

13 무게 80kgf인 물체를 수직으로 5m까지 끌어올리기 위한 일을 열량으로 환산하면 약 몇 kcal인가?

① 0.94kcal ② 0.094kcal
③ 40kcal ④ 400kcal

해설

일량 $= 80\text{kg} \times 5\text{m} = 400\text{kg}_f \cdot \text{m}$

일의 열당량 $= \frac{1}{427}\text{kcal/kg} \cdot \text{m}$

$\therefore\ 400 \times \frac{1}{427} = 0.94\text{kcal}$

14 중유의 연소 상태를 개선하기 위한 첨가제의 종류가 아닌 것은?

① 연소촉진제 ② 회분개질제
③ 탈수제 ④ 슬러지 생성제

해설

중유 연소촉진 첨가제 중 슬러지 생성제가 아닌 분산제가 유용하게 필요하다.

15 보일러의 폐열회수장치에 대한 설명 중 가장 거리가 먼 것은?

① 공기예열기는 배기가스와 연소용 공기를 열교환하여 연소용 공기를 가열하기 위한 것이다.
② 절탄기는 배기가스의 여열을 이용하여 급수를 예열하는 급수예열기를 말한다.
③ 공기예열기의 형식은 전열방법에 따라 전도식과 재생식, 히트파이프식으로 분류된다.
④ 급수예열기는 설치하지 않아도 되지만 공기예열기는 반드시 설치하여야 한다.

해설

보일러 폐열회수장치(보일러 여열장치)

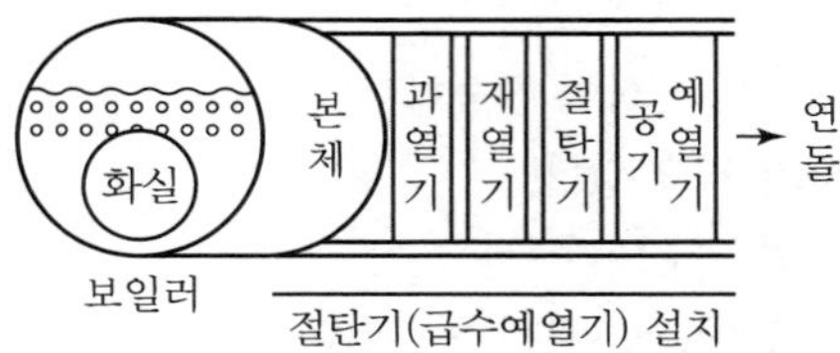

16 수관식 보일러의 특징에 관한 설명으로 틀린 것은?

① 구조상 고압 대용량에 적합하다.
② 전열면적을 크게 할 수 있으므로 일반적으로 효율이 높다.
③ 급수 및 보일러수 처리에 주의가 필요하다.
④ 전열면적당 보유수량이 많아 기동에서 소요증기가 발생할 때까지의 시간이 길다.

해설

④는 원통형 보일러의 특징이다. 원통형 보일러에는 노통보일러, 연관보일러, 노통연관식 보일러 등이 있다.

17 화염검출기 기능불량과 대책을 연결한 것으로 잘못된 것은?

① 집광렌즈 오염 – 분리 후 청소
② 증폭기 노후 – 교체
③ 동력선의 영향 – 검출회로와 동력선 분리
④ 점화전극의 고전압이 플레임 로드에 흐를 때 – 전극과 불꽃 사이를 넓게 분리

해설

㉠ 점화전극의 고전압이 플레임 로드(전기전도성 화염검출기)에 흐를 때 전극과 불꽃 사이를 좁게 한다.
㉡ 화염검출기 : 플레임 아이, 플레임 로드, 스택 스위치

정답 13 ① 14 ④ 15 ④ 16 ④ 17 ④

18 유압분무식 오일버너의 특징에 관한 설명으로 틀린 것은?

① 대용량 버너의 제작이 가능하다.
② 무화 매체가 필요 없다.
③ 유량조절 범위가 넓다.
④ 기름의 점도가 크면 무화가 곤란하다.

해설

유압분무식 오일버너(중유무화버너)는 유량조절범위가 1 : 2 정도로 그 범위가 매우 작다.(유량 조절이 불가능하여 부하변동이 적은 대용량보일러 버너로 사용)

19 노통연관식 보일러의 특징으로 가장 거리가 먼 것은?

① 내분식이므로 열손실이 적다.
② 수관식 보일러에 비해 보유수량이 적어 파열 시 피해가 작다.
③ 원통형 보일러 중에서 효율이 가장 높다.
④ 원통형 보일러 중에서 구조가 복잡한 편이다.

해설

노통연관식 보일러는 보유수량이 많아서 파열 시 피해가 크다.(수관식에 비해 효율이 낮다.)

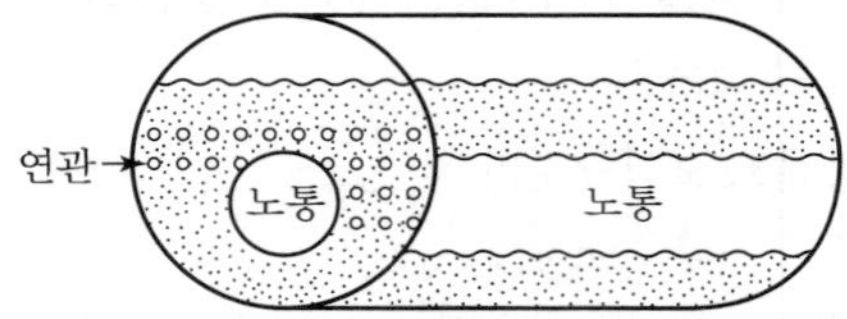

20 액체연료에서의 무화의 목적으로 틀린 것은?

① 연료와 연소용 공기와의 혼합을 고르게 하기 위해
② 연료 단위 중량당 표면적을 작게 하기 위해
③ 연소 효율을 높이기 위해
④ 연소실 열발생률을 높게 하기 위해

해설

액체연료의 무화(기름 액방울을 인공적으로 안개방울화하여 연소시킨다.) 목적은 연료의 단위 중량당 표면적을 크게 하기 위함이다.

21 매연분출장치에서 보일러의 고온부인 과열기나 수관부용으로 고온의 열가스 통로에 사용할 때만 사용되는 매연 분출장치는?

① 정치 회전형 ② 롱리트랙터블형
③ 쇼트리트랙터블형 ④ 이동 회전형

해설

롱리트랙터블형 매연 분출 집진장치
과열기나 수관부용으로 고온의 열가스 통로에 사용되는 매연 분출 집진장치

22 보일러의 자동제어에서 연소제어 시 조작량과 제어량의 관계가 옳은 것은?

① 공기량 – 수위
② 급수량 – 증기온도
③ 연료량 – 증기압
④ 전열량 – 노 내압

해설

자동제어
① 공기량 : 노 내 압력
② 급수량 : 보일러 수위
③ 연료량 : 증기압력(연소제어 시 제어량과 조작량)
④ 전열량 : 증기온도

23 다음 보일러 중 수관식 보일러에 해당되는 것은?

① 타쿠마 보일러
② 카네크롤 보일러
③ 스코치 보일러
④ 하우덴 존슨 보일러

해설

① 타쿠마 보일러 : 수관경사도 45° 보일러
② 카네크롤 보일러 : 원통형 보일러
③ 스코치 보일러 : 노통연관 보일러
④ 하우덴 존슨 보일러 : 노통연관식 보일러

정답 18 ③ 19 ② 20 ② 21 ② 22 ③ 23 ①

24 보일러 화염검출장치의 보수나 점검에 대한 설명 중 틀린 것은?

① 플레임 아이 장치의 주위온도는 50℃ 이상이 되지 않게 한다.
② 광전관식은 유리나 렌즈를 매주 1회 이상 청소하고 감도 유지에 유의한다.
③ 플레임 로드는 검출부가 불꽃에 직접 접하므로 소손에 유의하고 자주 청소해 준다.
④ 플레임 아이는 불꽃의 직사광이 들어가면 오동작하므로 불꽃의 중심을 향하지 않도록 설치한다.

해설

플레임 아이(광전관 화염검출기)는 불꽃의 직사광이 불꽃의 중심을 향하도록 설계하여야 플레임 아이가 화염의 착화 유무를 알 수 있다.

25 열용량에 대한 설명으로 옳은 것은?

① 열용량의 단위는 kcal/g · ℃이다.
② 어떤 물질 1g의 온도를 1℃ 올리는 데 소요되는 열량이다.
③ 어떤 물질의 비열에 그 물질의 질량을 곱한 값이다.
④ 열용량은 물질의 질량에 관계없이 항상 일정하다.

해설

열용량 : 어떤 물질의 온도를 1℃ 상승시키는 데 필요한 열량이다. 그 단위는(kcal/℃)이다.
①은 비열의 단위(kcal/g · ℃)
②는 열용량의 단위(kcal/℃)

26 일반적으로 보일러 동(드럼) 내부에는 물을 어느 정도로 채워야 하는가?

① $\frac{1}{4} \sim \frac{1}{3}$
② $\frac{1}{6} \sim \frac{1}{5}$
③ $\frac{1}{4} \sim \frac{2}{5}$
④ $\frac{2}{3} \sim \frac{4}{5}$

해설

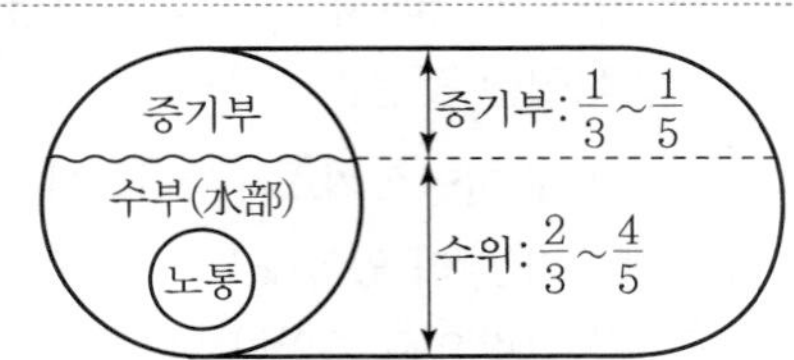

27 주철제 보일러의 특징에 대한 설명으로 틀린 것은?

① 내열 · 내식성이 우수하다.
② 쪽수의 증감에 따라 용량조절이 용이하다.
③ 재질이 주철이므로 충격에 강하다.
④ 고압 및 대용량에 부적당하다.

해설

주철제 보일러(섹션보일러)는 탄소함량이 많아서 충격에 약하여 증기 압력 1kg/cm² 이하이거나 온수온도 120℃ 이하에 사용하는 저압보일러이다.

28 다음 중 잠열에 해당되는 것은?

① 기화열
② 생성열
③ 중화열
④ 반응열

해설

잠열
㉠ 물의 증발열
㉡ 액의 기화열
㉢ 얼음의 융해잠열

29 집진장치 중 집진효율은 높으나 압력손실이 낮은 형식은?

① 전기식 집진장치
② 중력식 집진장치
③ 원심력식 집진장치
④ 세정식 집진장치

해설

전기식 집진장치(코트렐식)
집진효율이 가장 좋고 압력손실도 낮다.

정답 24 ④ 25 ③ 26 ④ 27 ③ 28 ① 29 ①

30 보일러 연소실 내에서 가스 폭발을 일으킨 원인으로 가장 적절한 것은?

① 프리퍼지 부족으로 미연소 가스가 충만되어 있었다.
② 연도 쪽의 댐퍼가 열려 있었다.
③ 연소용 공기를 다량으로 주입하였다.
④ 연료의 공급이 부족하였다.

해설

보일러 화실 내 가스 폭발 원인
프리퍼지(노 내 환기) 부족으로 CO가스가 충만 시 점화하면 가스가 폭발한다.

31 증기보일러의 캐리오버(Carry Over) 발생 원인과 가장 거리가 먼 것은?

① 보일러 부하가 급격하게 증대할 경우
② 증발부 면적이 불충분할 경우
③ 증기정지 밸브를 급격히 열었을 경우
④ 부유 고형물 및 용해 고형물이 존재하지 않을 경우

해설

④의 경우 슬러지(오니), 스케일(관석)이 예방된다.
※ 캐리오버(기수공발) : 증기에 수분이 혼입되어 보일러 증기 배관으로 이송되는 현상

32 보일러의 점화조작 시 주의사항에 대한 설명으로 잘못된 것은?

① 유압이 낮으면 점화 및 분사가 불량하고 유압이 높으면 그을음이 축적되기 쉽다.
② 연료의 예열온도가 낮으면 무화불량, 화염의 편류, 그을음, 분진이 발생하기 쉽다.
③ 연료가스의 유출속도가 너무 빠르면 역화가 일어나고, 너무 늦으면 실화가 발생하기 쉽다.
④ 프리퍼지 시간이 너무 길면 연소실의 냉각을 초래하고, 너무 짧으면 역화를 일으키기 쉽다.

해설

③ 선화 및 역화의 발생 관련 내용이다.
- 유출속도가 너무 빠르면 : 선화 발생
- 유출속도가 너무 느리면 : 역화 발생

33 보일러 건조보존 시에 사용되는 건조제가 아닌 것은?

① 암모니아　② 생석회
③ 실리카겔　④ 염화칼슘

해설

암모니아 : 보일러 만수보존(단기보존)에 사용되는 부식방지용 및 pH 조정용이다.

34 이동 및 회전을 방지하기 위해 지지점 위치에 완전히 고정하는 지지금속으로, 열팽창 신축에 의한 영향이 다른 부분에 미치지 않도록 배관을 분리하여 설치 · 고정해야 하는 리스트레인트의 종류는?

① 앵커　② 리지드 행거
③ 파이프 슈　④ 브레이스

해설

배관 지지쇠의 종류
- 행거 : 리지드, 스프링, 콘스턴트
- 서포트 : 스프링, 롤러, 리지드
- 리스트레인트 : 앵커, 스톱, 가이드
- 브레이스 : 방진기, 완충기

35 보일러 동체가 국부적으로 과열되는 경우는?

① 고수위로 운전하는 경우
② 보일러 동 내면에 스케일이 형성된 경우
③ 안전밸브의 기능이 불량한 경우
④ 주증기 밸브의 개폐 동작이 불량한 경우

해설

보일러 동 내면에 스케일이 형성된 경우 국부적 과열이 발생될 우려가 있다.

정답 30 ① 31 ④ 32 ③ 33 ① 34 ① 35 ②

36 복사난방의 특징에 관한 설명으로 옳지 않은 것은?

① 쾌감도가 좋다.
② 고장 발견이 용이하고 시설비가 싸다.
③ 실내공간의 이용률이 높다.
④ 동일 방열량에 대한 열손실이 적다.

해설
복사난방 : 벽, 천장, 바닥 내 온수코일을 설치하는 난방이라서 고장 발견이 어렵고 시설비가 많이 든다.

37 다음 중 보일러 용수관리에서 경도(Hardness)와 관련되는 항목으로 가장 적합한 것은?

① Hg, SVI ② BOD, COD
③ DO, Na ④ Ca, Mg

해설
경수 : Ca(칼슘), Mg(마그네슘)이 많은 보일러수이다. Ca, Mg이 많으면 경도가 높아진다.

38 보일러에서 열효율의 향상 대책으로 틀린 것은?

① 열손실을 최대한 억제한다.
② 운전조건을 양호하게 한다.
③ 연소실 내의 온도를 낮춘다.
④ 연소장치에 맞는 연료를 사용한다.

해설
연소실 내의 온도를 높이면 열효율이 향상되고 연소효율이 높아진다.

39 보일러의 증기관 중 반드시 보온을 해야 하는 곳은?

① 난방하고 있는 실내에 노출된 배관
② 방열기 주위 배관
③ 주증기 공급관
④ 관말 증기트랩장치의 냉각레그

해설
온수나 증기 공급관은 반드시 보온을 하여야 열손실이 방지된다.

40 강철제 증기보일러의 최고사용압력이 2MPa일 때 수압시험압력은?

① 2MPa ② 2.5MPa
③ 3MPa ④ 4MPa

해설
보일러의 수압시험
㉠ 0.43MPa 이하 : 2배
㉡ 0.43MPa 초과~1.5MPa 이하 : 최고사용압력×1.3배+0.3MPa
㉢ 1.5MPa 초과 : 1.5배 이상
∴ $2 \times 1.5 = 3$MPa

41 난방부하의 발생요인 중 맞지 않는 것은?

① 벽체(외벽, 바닥, 지붕 등)를 통한 손실열량
② 극간풍에 의한 손실열량
③ 외기(환기공기)의 도입에 의한 손실열량
④ 실내조명, 전열기구 등에서 발산되는 열부하

해설
보일러 부하에는 난방부하, 급탕부하, 배관부하, 예열부하가 있다. 실내조명, 전열기구 등에서 발산되는 열부하는 냉방부하에 해당한다.

42 보일러의 수압시험을 하는 주된 목적은?

① 제한 압력을 결정하기 위하여
② 열효율을 측정하기 위하여
③ 균열의 여부를 알기 위하여
④ 설계의 양부를 알기 위하여

해설
보일러 수압시험의 주된 목적
균열 여부 확인

정답 36 ② 37 ④ 38 ③ 39 ③ 40 ③ 41 ④ 42 ③

43 규산칼슘 보온재의 안전사용 최고온도(℃)는?

① 300 ② 450
③ 650 ④ 850

해설
규산칼슘 보온재(무기질)의 최고사용온도 : 650℃

44 보일러 운전 중 저수위로 인하여 보일러가 과열된 경우 조치법으로 거리가 먼 것은?

① 연료공급을 중지한다.
② 연소용 공기 공급을 중단하고 댐퍼를 전개한다.
③ 보일러가 자연냉각하는 것을 기다려 원인을 파악한다.
④ 부동 팽창을 방지하기 위해 즉시 급수를 한다.

해설
저수위사고 시 보일러가 과열된 경우 일단 냉각시킨 후(운전중지) 안전 이상 유무를 파악하여 이상이 없으면 급수를 서서히 한다.

45 보일러 운전 중 1일 1회 이상 실행하거나 상태를 점검해야 하는 것으로 가장 거리가 먼 사항은?

① 안전밸브 작동상태
② 보일러수 분출 작업
③ 여과기 상태
④ 저수위 안전장치 작동상태

해설
여과기는 6개월에 1회 정도 분해 후 상태를 점검하고 청소를 실시한다.(오일여과기는 입출구의 압력차가 0.02MPa 이상이면 청소 실시)

46 강관 배관에서 유체의 흐름방향을 바꾸는 데 사용되는 이음쇠는?

① 부싱 ② 리턴 벤드
③ 리듀셔 ④ 소켓

해설
리턴 벤드

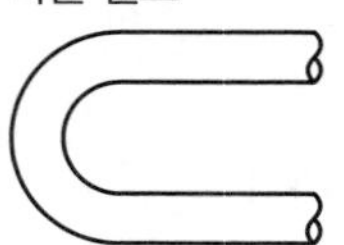

47 수면계의 점검순서 중 가장 먼저 해야 하는 사항으로 적당한 것은?

① 드레인 콕을 닫고 물콕을 연다.
② 물콕을 열어 통수관을 확인한다.
③ 물콕 및 증기콕을 닫고 드레인 콕을 연다.
④ 물콕을 닫고 증기콕을 열어 통기관을 확인한다.

해설
수면계 점검순서 : ③, ②, ④, ①

48 팽창탱크 내의 물이 넘쳐흐를 때를 대비하여 팽창탱크에 설치하는 관은?

① 배수관 ② 환수관
③ 오버플로관 ④ 팽창관

해설
개방식 팽창탱크

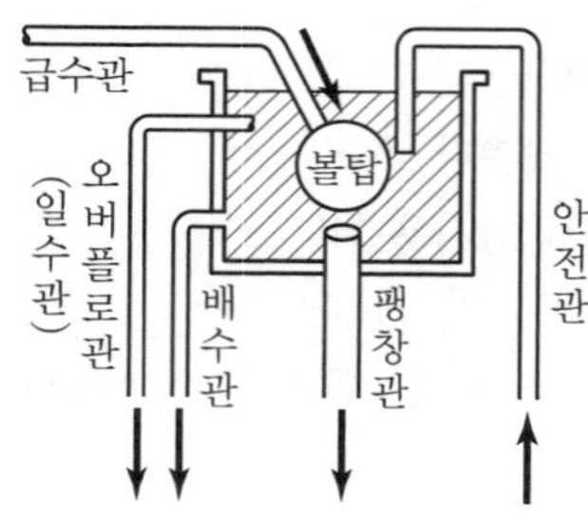

49 배관 중간이나 밸브, 펌프, 열교환기 등의 접속을 위해 사용되는 이음쇠로서 분해, 조립이 필요한 경우에 사용되는 것은?

① 벤드 ② 리듀셔
③ 플랜지 ④ 슬리브

정답 43 ③ 44 ④ 45 ③ 46 ② 47 ③ 48 ③ 49 ③

해설

플랜지, 유니언

분해, 조립이 필요한 경우에 사용하는 배관의 접속이음쇠

50 흑체로부터의 복사 전열량은 절대온도의 몇 승에 비례하는가?

① 2승 ② 3승
③ 4승 ④ 5승

해설

㉠ 열의 이동 : 전도, 대류, 복사
㉡ 흑체로부터 복사 전열량은 절대온도 4승에 비례한다.

51 환수관의 배관방식에 의한 분류 중 환수주관을 보일러의 표준수위보다 낮게 배관하여 환수하는 방식은 어떤 배관방식인가?

① 건식환수 ② 중력환수
③ 기계환수 ④ 습식환수

해설

건식환수 : 수면보다 높게 환수

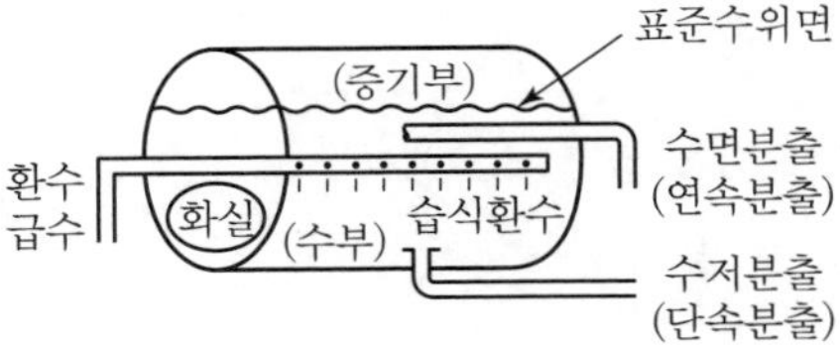

52 세관작업 시 규산염은 염산에 잘 녹지 않으므로 용해촉진제를 사용하는데 다음 중 어느 것을 사용하는가?

① H_2SO_4 ② HF
③ NH_3 ④ Na_2SO_4

해설

세관 시 규산염 용해촉진제 : 불화수소(HF)

53 주철제 보일러의 최고사용압력이 0.30MPa인 경우 수압시험압력은?

① 0.15MPa ② 0.30MPa
③ 0.43MPa ④ 0.60MPa

해설

0.43MPa 이하의 보일러 최고사용압력은 2배 시험
∴ $0.30 \times 2 = 0.60$MPa

54 강관 용접접합의 특징에 대한 설명으로 틀린 것은?

① 관 내 유체의 저항 손실이 적다.
② 접합부의 강도가 강하다.
③ 보온피복 시공이 어렵다.
④ 누수의 염려가 적다.

해설

㉠ 나사이음 접합 : 보온피복 시공이 어렵다.
㉡ 용접이음 접합 : 보온피복 시공이 용이하다.

55 에너지이용 합리화법상 열사용 기자재가 아닌 것은?

① 강철제 보일러
② 구멍탄용 온수 보일러
③ 전기순간온수기
④ 2종 압력용기

해설

㉠ 전기순간온수기는 열사용 기자재에서 제외된다.
㉡ 열사용 기자재
- 강철제, 주철제, 소형온수보일러
- 구멍탄용 온수보일러
- 축열식 전기보일러
- 1, 2종 압력용기
- 요로(요업요로, 금속요로)

정답 50 ③ 51 ④ 52 ② 53 ④ 54 ③ 55 ③

56 저탄소 녹색성장 기본법상 온실가스에 해당하지 않는 것은?

① 이산화탄소　② 메탄
③ 수소　④ 육불화황

해설
㉠ 수소가스는 가연성 가스이다.
㉡ 온실가스 : 이산화탄소, 메탄, 육불화황, 아산화질소, 수소불화탄소, 과불화탄소 등

57 에너지법상 에너지 공급설비에 포함되지 않는 것은?

① 에너지 수입설비　② 에너지 전환설비
③ 에너지 수송설비　④ 에너지 생산설비

해설
㉠ 에너지 공급자 : 에너지를 생산, 수입, 전환, 수송, 저장 또는 판매하는 사업자
㉡ 에너지 공급설비 : 에너지를 생산, 전환, 수송, 저장하기 위하여 설치하는 설비

58 온실가스 감축 목표의 설정 · 관리 및 필요한 조치에 관하여 총괄 · 조정 기능을 수행하는 자는?

① 환경부장관　② 산업통상자원부장관
③ 국토교통부장관　④ 농림축산식품부장관

해설
환경부장관
온실가스 감축 목표의 설정, 관리, 조치, 총괄, 조정기능 수행권자

59 자원을 절약하고, 효율적으로 이용하며 폐기물의 발생을 줄이는 등 자원순환산업을 육성 · 지원하기 위한 다양한 시책에 포함되지 않는 것은?

① 자원의 수급 및 관리
② 유해하거나 재제조 · 재활용이 어려운 물질의 사용 억제
③ 에너지자원으로 이용되는 목재, 식물, 농산물 등 바이오매스의 수집 · 활용
④ 친환경 생산체제로의 전환을 위한 기술지원

해설
자원순환산업의 육성 지원시책에 포함되는 사항은 ①, ②, ③항이다.

60 온실가스 감축, 에너지 절약 및 에너지 이용 효율 목표를 통보받은 관리업체가 규정의 사항을 포함한 다음 연도 이행 계획을 전자적 방식으로 언제까지 부문별 관장기관에게 제출하여야 하는가?

① 매년 3월 31일까지
② 매년 6월 30일까지
③ 매년 9월 30일까지
④ 매년 12월 31일까지

해설
온실가스 감축, 에너지 절약, 에너지 이용효율 목표를 통보받은 관리업체가 다음 연도 이행계획을 전자적 방식으로 매년 12월 31일까지 부문별 관장기관에 제출한다.

정답 56 ③　57 ①　58 ①　59 ④　60 ④

2014년 7월 20일 시행

과년도 기출문제

01 보일러 증기 발생량 5t/h, 발생 증기 엔탈피 650kcal/kg, 연료 사용량 400kg/h, 연료의 저위발열량이 9,750kcal/kg일 때 보일러 효율은 약 몇 %인가?(단, 급수 온도는 20[℃]이다.)

① 78.8% ② 80.8%
③ 82.4% ④ 84.2%

해설

유효열 = $5 \times 1{,}000 \times (650-20) = 3{,}150{,}000$kcal/h

공급열 = $400 \times 9{,}750 = 3{,}900{,}000$kcal/h

∴ 효율 = $\frac{3{,}150{,}000}{3{,}900{,}000} \times 100 = 80.8\%$

02 보일러 급수배관에서 급수의 역류를 방지하기 위하여 설치하는 밸브는?

① 체크밸브 ② 슬루스밸브
③ 글로브밸브 ④ 앵글밸브

해설

체크밸브

역류방지밸브(스윙식, 리프트식)

- 스윙식 : 수직배관, 수평배관에 부착
- 리프트식 : 수평배관에만 부착

03 열의 일당량 값으로 옳은 것은?

① 427kg · m/kcal
② 327kg · m/kcal
③ 273kg · m/kcal
④ 472kg · m/kcal

해설

- 열의 일당량(J) : 427kg · m/kcal
- 일의 열당량(A) : 1/427kcal/kg · m

04 보일러 효율이 85%, 실제 증발량이 5t/h이고 발생 증기의 엔탈피 656kcal/kg, 급수온도의 엔탈피는 56kcal/kg, 연료의 저위발열량이 9,750 kcal/kg일 때 연료 소비량은 약 몇 kg/h인가?

① 316 ② 362
③ 389 ④ 405

해설

$85\% = \frac{5{,}000 \times (656-56)}{Gf \times 9{,}750} \times 100$

∴ $Gf = \frac{5{,}000 \times (656-56)}{0.85 \times 9{,}750} = 362$kg/h

※ 5t/h = 5,000kg/h

05 다음 중 관류보일러에 속하는 것은?

① 코크란 보일러 ② 코르니시 보일러
③ 스코치 보일러 ④ 슐처 보일러

해설

관류보일러의 종류

㉠ 벤슨 보일러
㉡ 슐처 보일러
㉢ 가와사키 보일러
㉣ 소형 관류 보일러

06 급유량계 앞에 설치하는 여과기의 종류가 아닌 것은?

① U형 ② V형
③ S형 ④ Y형

해설

오일여과기 종류

㉠ Y형 ㉡ U형 ㉢ V형

정답 01 ② 02 ① 03 ① 04 ② 05 ④ 06 ③

07 보일러 시스템에서 공기예열기의 설치 · 사용 시 특징으로 틀린 것은?

① 연소효율을 높일 수 있다.
② 저온부식이 방지된다.
③ 예열공기의 공급으로 불완전연소가 감소된다.
④ 노 내의 연소속도를 빠르게 할 수 있다.

해설
㉠ 절탄기(연도 급수가열기), 공기예열기 등을 연도에 설치하면 열교환에 의해 배기가스 온도가 하강하여 황산(H_2SO_4)이 발생하면서 저온부식이 촉진된다.
㉡ 과열기, 재열기 설치 시 바나지움에 의해 고온부식이 발생한다.

08 보일러 연료로 사용되는 LNG의 성분 중 함유량이 가장 많은 것은?

① CH_4 ② C_2H_6
③ C_3H_8 ④ C_4H_{10}

해설
㉠ 액화천연가스(LNG) 주성분 : 메탄(CH_4)
㉡ 액화석유가스(LPG) 주성분 : 프로판, 부탄, 부타디엔, 프로필렌, 부틸렌

09 긴 관의 한 끝에서 펌프로 압송된 급수가 관을 지나는 동안 차례로 가열, 증발, 과열된 다음 과열 증기가 되어 나가는 형식의 보일러는?

① 노통보일러 ② 관류보일러
③ 연관보일러 ④ 입형보일러

해설
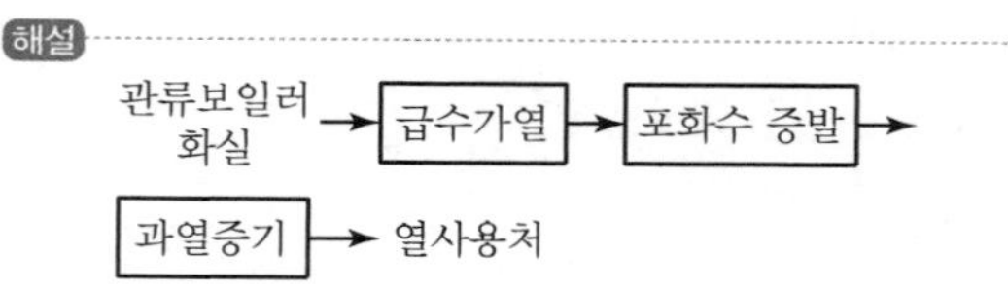

10 급유장치에서 보일러 가동 중 연소의 소화, 압력초과 등 이상현상 발생 시 긴급히 연료를 차단하는 것은?

① 압력조절 스위치 ② 압력제한 스위치
③ 감압밸브 ④ 전자밸브

해설
전자밸브(솔레로이드밸브)
보일러 운전 중 인터록(압력초과 등 위해 발생)이 발생하면 긴급히 연료를 차단하여 사고를 미연에 방지한다.

11 보일러의 자동제어 신호전달방식 중 전달거리가 가장 긴 것은?

① 전기식 ② 유압식
③ 공기식 ④ 수압식

해설
보일러 자동제어 신호전달방식별 전달거리
㉠ 전기식 : 수 km까지 가능
㉡ 유압식 : 350m 이내
㉢ 공기압식 : 100~150m 이내

12 다음 연료 중 표면연소하는 것은?

① 목탄 ② 중유
③ 석탄 ④ LPG

해설
㉠ 목탄(숯) : 표면연소
㉡ 중유(중질유) : 고체와 같이 분해연소
㉢ 석탄 : 분해연소
㉣ LPG : 가스이며 확산연소

13 일반적으로 효율이 가장 좋은 보일러는?

① 코르니시 보일러 ② 입형 보일러
③ 연관 보일러 ④ 수관 보일러

해설
보일러 효율이 높은 순서
수관식 > 연관식 > 코르니시(노통 보일러) > 입형 보일러

정답 07 ② 08 ① 09 ② 10 ④ 11 ① 12 ① 13 ④

14 플로트 트랩은 어떤 종류의 트랩인가?

① 디스크 트랩　② 기계적 트랩
③ 온도조절 트랩　④ 열역학적 트랩

해설

㉠ 기계적 스팀 트랩
- 버킷 트랩
- 플로트 트랩(부자식)

㉡ 부자식 스팀 트랩(다량의 응축수 배출 가능)

15 수면계의 기능시험 시기로 틀린 것은?

① 보일러를 가동하기 전
② 수위의 움직임이 활발할 때
③ 보일러를 가동하여 압력이 상승하기 시작했을 때
④ 2개 수면계의 수위에 차이를 발견했을 때

해설

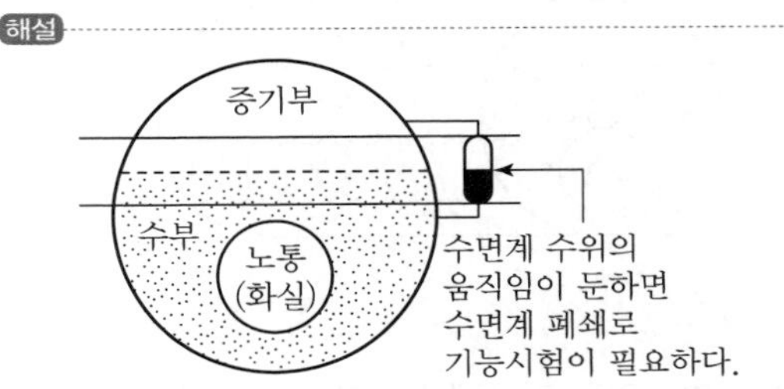

16 연료를 연소시키는 데 필요한 실제공기량과 이론공기량의 비, 즉 공기비를 m이라 할 때 다음 식이 뜻하는 것은?

$$(m-1)\times 100\%$$

① 과잉 공기율　② 과소 공기율
③ 이론 공기율　④ 실제 공기율

해설

공기비$(m)=\dfrac{\text{실제공기량}}{\text{이론공기량}}$(항상 1보다 크다.)

17 원통형 및 수관식 보일러의 구조에 대한 설명 중 틀린 것은?

① 노통 접합부는 아담슨 조인트(Adamson Joint)로 연결하여 열에 의한 신축을 흡수한다.
② 코르니시 보일러는 노통을 편심으로 설치하여 보일러수의 순환이 잘 되도록 한다.
③ 겔로웨이관은 전열면을 증대하고 강도를 보강한다.
④ 강수관의 내부는 열가스가 통과하여 보일러수 순환을 증진한다.

해설

㉠ 강수관, 수관 : 내부에 물이 흐르는 관
㉡ 연관 : 연소가스가 흐르는 관

18 공기예열기 설치 시 이점으로 옳지 않은 것은?

① 예열공기의 공급으로 불완전연소가 감소한다.
② 배기가스의 열손실이 증가된다.
③ 저질 연료도 연소가 가능하다.
④ 보일러 열효율이 증가한다.

해설

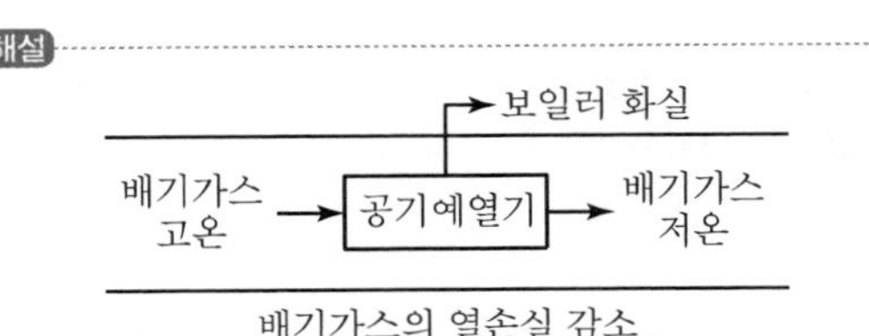

19 보일러 연소실 내의 미연소가스 폭발에 대비하여 설치하는 안전장치는?

① 가용전　② 방출밸브
③ 안전밸브　④ 방폭문

해설

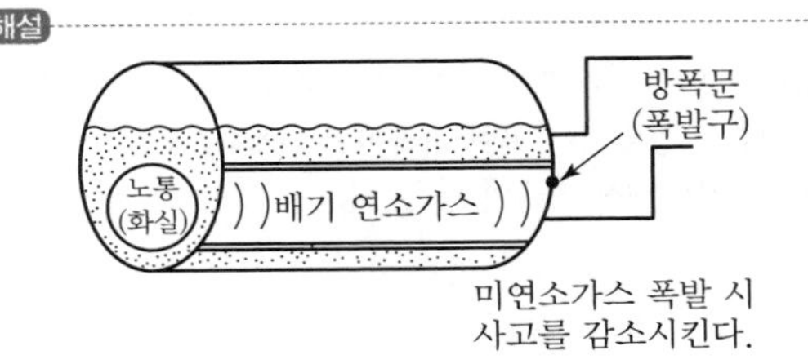

정답 14 ② 15 ② 16 ① 17 ④ 18 ② 19 ④

20 물질의 온도 변화에 소요되는 열, 즉 물질의 온도를 상승시키는 에너지로 사용되는 열은 무엇인가?

① 잠열 ② 증발열
③ 융해열 ④ 현열

해설
㉠ 물의 현열 : 온도변화, 압력상승
㉡ 증발열 : 상태변화, 온도 일정, 압력일정
㉢ 융해열 : 얼음의 융해잠열

21 보일러에 과열기를 설치하여 과열증기를 사용하는 경우에 대한 설명으로 잘못된 것은?

① 과열증기란 포화증기의 온도와 압력을 높인 것이다.
② 과열증기는 포화증기보다 보유 열량이 많다.
③ 과열증기를 사용하면 배관부의 마찰저항 및 부식을 감소시킬 수 있다.
④ 과열증기를 사용하면 보일러의 열효율을 증대시킬 수 있다.

해설
㉠ 과열증기 : 포화증기에서 압력 일정, 온도 상승 시의 증기
㉡ 과열도 : 과열증기온도 – 포화증기온도

22 자동제어의 신호전달방법 중 신호전송 시 시간지연이 있으며, 전송거리가 100~150m 정도인 것은?

① 전기식 ② 유압식
③ 기계식 ④ 공기식

해설
공기식
- 시간지연이 있다.
- 압력 0.2~1kg/cm^2의 공기를 이용한다.
- 공기압이 통일되어 있어 취급이 용이하다.
- 공기원에서 제진, 제습이 요구된다.

23 가압수식 집진장치의 종류에 속하는 것은?

① 백필터 ② 세정탑
③ 코트렐 ④ 배플식

해설
㉠ 집진장치(매연처리장치)의 종류 : 건식, 습식, 전기식
㉡ 습식 : 유수식, 가압수식, 회전식
㉢ 가압수식 : 세정탑, 제트 스크러버, 사이클론 스크러버, 벤투리 스크러버

24 다음 보일러 중 노통연관식 보일러는?

① 코르니시 보일러 ② 랭커셔 보일러
③ 스코치 보일러 ④ 다쿠마 보일러

해설
스코치 선박용 보일러

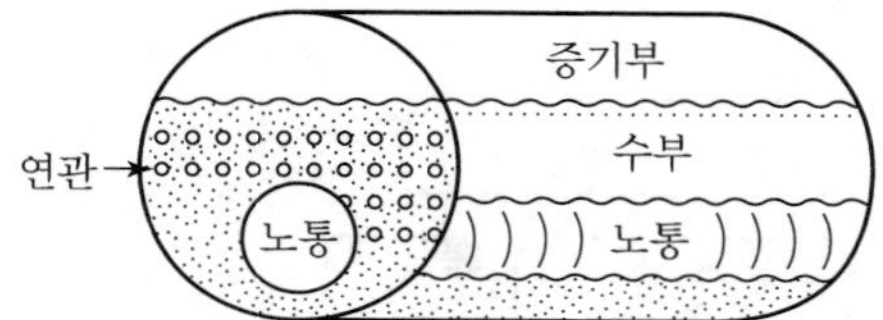

25 분사관을 이용해 선단에 노즐을 설치하여 청소하는 것으로 주로 고온의 전열면에 사용하는 수트 블로어(Soot Blower)의 형식은?

① 롱리트랙터블(Long Retractable)형
② 로터리(Rotary)형
③ 건(Gun)형
④ 에어히터클리너(Air Heater Cleaner)형

해설
롱리트랙터블형은 주로 고온의 전열면에 부착하여 사용한다.

정답 20 ④ 21 ① 22 ④ 23 ② 24 ③ 25 ①

26 다음 중 용적식 유량계가 아닌 것은?

① 로터리형 유량계 ② 피토관식 유량계
③ 루트형 유량계 ④ 오벌기어형 유량계

해설
피토관식 유량계는 유속식 유량계에 해당한다.

27 연소의 속도에 영향을 미치는 인자가 아닌 것은?

① 반응물질의 온도 ② 산소의 온도
③ 촉매물질 ④ 연료의 발열량

해설
㉠ 연소의 속도에 영향을 미치는 인자
- 반응물질의 온도
- 산소의 온도
- 촉매물질

㉡ 발열량이 높으면 노 내 온도상승 효과

28 액체연료 중 경질유에 주로 사용하는 기화연소방식의 종류에 해당하지 않는 것은?

① 포트식 ② 심지식
③ 증발식 ④ 무화식

해설
㉠ 기화연소방식 : 경질유(등유, 경유) 사용
㉡ 무화식 연소방식 : 중질유(중유 A, B, C급 등) 사용

29 서로 다른 두 종류의 금속판을 하나로 합쳐 온도 차이에 따라 팽창온도가 다른 점을 이용한 온도계는?

① 바이메탈 온도계
② 압력식 온도계
③ 전기저항 온도계
④ 열전대 온도계

해설
바이메탈 온도계(황동＋인바)
서로 다른 두 종류의 금속판을 하나로 합쳐 온도 차이에 따라 팽창 정도가 다른 점을 이용한 온도계
㉠ 측정범위 : －50~500℃
㉡ 응답이 빠르나 히스테리시스 오차 발생
㉢ 온도조절 스위치 및 온도 자동기록장치에 사용

30 냉동용 배관 결합방식에 따른 도시방법 중 용접식을 나타내는 것은?

① 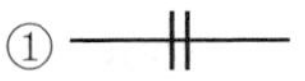 ②
③ 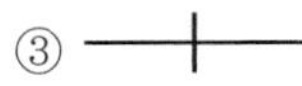 ④

해설
① : 플랜지 이음
③ : 나사이음
④ : 유니언 이음

31 방열기 설치 시 벽면과의 간격으로 가장 적합한 것은?

① 50mm ② 80mm
③ 100mm ④ 150mm

해설
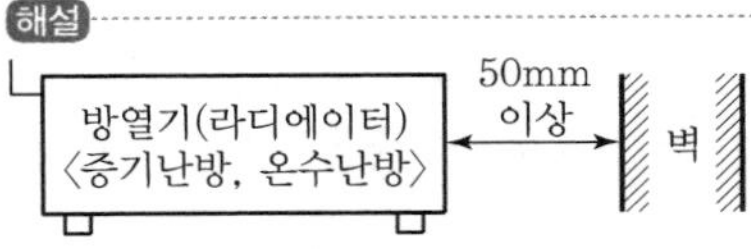

32 보일러 설치 · 시공기준상 가스용 보일러의 경우 연료배관 외부에 표시하여야 하는 사항이 아닌 것은?(단, 배관은 지상에 노출된 경우임)

① 사용가스명 ② 최고사용압력
③ 가스흐름 방향 ④ 최저사용온도

해설
가스용 보일러 연료배관의 외부 표시사항
㉠ 사용가스명
㉡ 최고사용압력
㉢ 가스흐름 방향

정답 26 ② 27 ④ 28 ④ 29 ① 30 ② 31 ① 32 ④

33 관을 아래서 지지하면서 신축을 자유롭게 하는 지지물은 무엇인가?

① 스프링 행거 ② 롤러 서포트
③ 콘스턴트 행거 ④ 리스트레인트

해설
롤러 서포트
배관을 관 아래에서 지지하면서 신축을 자유롭게 한다.(행거 : 관 위에서 지지한다.)

34 실내의 온도분포가 가장 균등한 난방방식은 무엇인가?

① 온풍 난방 ② 방열기 난방
③ 복사 난방 ④ 온돌 난방

해설
복사 난방(패널 난방)
실내의 온도분포가 균등하나 설치 시공비가 증가하고 사용 중 고장 시 발견이 어렵다.

35 20A 관을 90°로 구부릴 때 중심곡선의 적당한 길이는 약 몇 mm인가?(곡률 반지름 R = 100 mm이다.)

① 147 ② 157
③ 167 ④ 177

해설

곡관길이$(L) = 2\pi R\dfrac{\theta}{360}$

$$= 2\times3.14\times100\times\frac{90°}{360°} = 157\text{mm}$$

36 유류연소 수동보일러의 운전정지 내용으로 잘못된 것은?

① 운전정지 직전에 유류예열기의 전원을 차단하고 유류예열기의 온도를 낮춘다.
② 연소실 내, 연도를 환기시키고 댐퍼를 닫는다.
③ 보일러 수위를 정상수위보다 조금 낮추고 버너의 운전을 정지한다.
④ 연소실에서 버너를 분리하여 청소를 하고 기름이 누설되는지 점검한다.

해설
보일러 운전 정지 시에는 정상수위에서 100mm 정도 수위를 상승시켜서 다음 날 운전 직전 수저분출을 용이하게 한다.

37 증기 트랩의 종류가 아닌 것은?

① 그리스 트랩 ② 열동식 트랩
③ 버켓식 트랩 ④ 플로트 트랩

해설
그리스 트랩
배수 중 지방질이 배수관 속에서 막히지 않게 배수가 배수관에 흘러들어가기 전 지방질을 제거하는 배수 트랩 중 박스 트랩에 속한다.

38 배관의 단열공사를 실시하는 목적으로 가장 거리가 먼 것은 무엇인가?

① 열에 대한 경제성을 높인다.
② 온도조절과 열량을 낮춘다.
③ 온도변화를 제한한다.
④ 화상 및 화재를 방지한다.

해설
배관의 단열공사는 ①, ③, ④ 외 기타 열손실을 감소시킨다.

39 보일러의 운전정지 시 가장 뒤에 조작하는 작업은?

① 연료의 공급을 정지시킨다.
② 연소용 공기의 공급을 정지시킨다.
③ 댐퍼를 닫는다.
④ 급수펌프를 정지시킨다.

해설
보일러 운전정지 시 조작순서
① → ② → ④ → ③

정답 33 ② 34 ③ 35 ② 36 ③ 37 ① 38 ② 39 ③

40 보일러의 외부부식 발생원인과 관계가 가장 먼 것은?

① 빗물, 지하수 등에 의한 습기나 수분에 의한 작용
② 보일러수 등의 누출로 인한 습기나 수분에 의한 작용
③ 연소가스 속의 부식성 가스(아황산가스 등)에 의한 작용
④ 급수 중 유지류, 산류, 탄산가스, 산소, 염류 등의 불순물 함유에 의한 작용

해설
④는 보일러 외부가 아닌 내부부식과 관계되는 사항이다.

41 강판 제조 시 강괴 속에 함유되어 있는 가스체 등에 의해 강판이 두 장의 층을 형성하는 결함은?

① 라미네이션 ② 크랙
③ 브리스터 ④ 심 리프트

해설
㉠ 라미네이션 ㉡ 브리스터 ㉢ 크랙(균열)

42 보일러 급수의 pH로 가장 적합한 것은?

① 4~6 ② 7~9
③ 9~11 ④ 11~13

해설
보일러 pH
㉠ 급수 : 7~9 정도
㉡ 보일러수 : 9~11 정도

43 증기난방과 비교한 온수난방의 특징에 대한 설명으로 틀린 것은?

① 예열시간이 길다.
② 건물 높이에 제한을 받지 않는다.
③ 난방부하 변동에 따른 온도조절이 용이하다.
④ 실내 쾌감도가 높다.

해설
온수난방은 수두 50m 이내($5kg/cm^2$)에 사용이 가능하므로 건물 높이에 제한을 받는다.

44 가스절단 조건에 대한 설명 중 틀린 것은?

① 금속 산화물의 용융온도가 모재의 용융온도보다 낮을 것
② 모재의 연소온도가 그 용융점보다 낮을 것
③ 모재의 성분 중 산화를 방해하는 원소가 많을 것
④ 금속 산화물의 유동성이 좋으며, 모재로부터 이탈될 수 있을 것

해설
가스절단(산소－아세틸렌) 시 모재의 성분 중 산화를 촉진시키는 원소가 많을수록 좋다.

45 보일러의 외처리 방법 중 탈기법에서 제거되는 것은?

① 황화수소 ② 수소
③ 망간 ④ 산소

해설
가스분 처리
㉠ 탈기법 : 산소(O_2) 제거
㉡ 기폭법 : 이산화탄소(CO_2) 및 철분, 망간 제거

46 난방부하 계산 시 사용되는 용어에 대한 설명 중 틀린 것은?

① 열전도 : 인접한 물체 사이의 열의 이동 현상
② 열관류 : 열이 한 유체에서 벽을 통하여 다른 유체로 전달되는 현상
③ 난방부하 : 방열기가 표준 상태에서 $1m^2$당 단위시간에 방출하는 열량
④ 정격용량 : 보일러 최대 부하상태에서 단위시간당 총 발생되는 열량

해설
③은 방열기의 표준방열량에 해당한다.
(증기 : $650kcal/m^2h$, 온수 : $450kcal/m^2h$)

정답 40 ④ 41 ① 42 ② 43 ② 44 ③ 45 ④ 46 ③

47 증기보일러의 관류밸브에서 보일러와 압력릴리프 밸브 사이에 체크밸브를 설치할 경우 압력릴리프 밸브는 몇 개 이상 설치하여야 하는가?

① 1개 ② 2개
③ 3개 ④ 4개

해설
증기보일러 관류밸브에서 보일러와 압력릴리프(압력방출장치) 밸브 사이에 체크밸브를 설치하는 경우 압력릴리프 밸브는 2개 이상 설치한다.

48 증기보일러에서 송기를 개시할 때 증기밸브를 급히 열면 발생할 수 있는 현상으로 가장 적당한 것은?

① 캐비테이션 현상 ② 수격작용
③ 역화 ④ 수면계의 파손

해설
보일러 운전 중 최초로 증기를 관으로 송기할 때 증기밸브를 급히 열면 수격작용(워터 해머)이 발생한다.(따라서 운전 전 드레인 배출을 필히 하여야 한다.)

49 고체 내부에서의 열의 이동 현상으로 물질은 움직이지 않고 열만 이동하는 현상은 무엇인가?

① 전도 ② 전달
③ 대류 ④ 복사

해설
㉠ 전도 : 열의 이동
㉡ 열전달 : 전도 대류의 열 이동
㉢ 대류 : 유체 이동에 의한 열 이동
㉣ 복사 : 전자파 형태의 열 이동

50 난방부하가 15,000kcal/h이고, 주철제 증기 방열기로 난방한다면 방열기 소요 방열면적은 약 몇 m^2인가?(단, 방열기의 방열량은 표준 방열량으로 한다.)

① 16 ② 18
③ 20 ④ 23

해설
증기 소요 방열기 면적 $= \frac{\text{난방부하}}{650} = \frac{15,000}{650} = 23\text{m}^2$

51 강관의 스케줄 번호가 나타내는 것은?

① 관의 중심 ② 관의 두께
③ 관의 외경 ④ 관의 내경

해설
스케줄 번호(SCH) $= 10 \times \frac{\text{사용압력}(P)}{\text{허용응력}(S)}$
즉, 스케줄 번호(Schedule No)는 관의 두께를 나타낸다.

52 신축이음쇠 종류 중 고온 · 고압에 적당하며, 신축에 따른 자체 응력이 생기는 결점이 있는 신축이음쇠는?

① 루프형(Loop Type)
② 스위블형(Swivel Type)
③ 벨로스형(Bellows Type)
④ 슬리브형(Sleeve Type)

해설
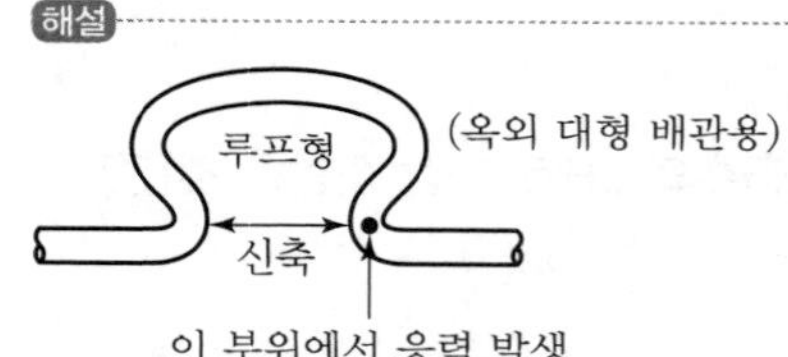

53 가연가스와 미연가스가 노 내에 발생하는 경우가 아닌 것은?

① 심한 불완전연소가 되는 경우
② 점화조작에 실패한 경우
③ 소정의 안전 저연소율보다 부하를 높여서 연소시킨 경우
④ 연소 정지 중에 연료가 노 내에 스며든 경우

해설
소정의 안전 저연소율보다 부하를 높이면 완전연소가 가능하여 CO 가스 및 미연소가스 생성이 감소한다.

정답 47 ② 48 ② 49 ① 50 ④ 51 ② 52 ① 53 ③

54 가정용 온수보일러 등에 설치하는 팽창탱크의 주된 설치 목적은 무엇인가?

① 허용압력 초과에 따른 안전장치 역할
② 배관 중의 맥동을 방지
③ 배관 중의 이물질 제거
④ 온수 순환의 원활

해설
온수보일러의 팽창탱크(개방식=저온수용, 밀폐식=고온수용)는 허용압력 초과에 따른 안전장치 역할을 한다.

55 저탄소 녹색성장 기본법상 녹색성장위원회는 위원장 2명을 포함한 몇 명 이내의 위원으로 구성하는가?

① 25　② 30
③ 45　④ 50

해설
기본법 제14조, 동법 시행령 제15조에 의거하여, 녹생성장위원회는 50명 이내의 위원으로 구성한다.

56 열사용 기자재 관리규칙에서 용접검사가 면제될 수 있는 보일러의 대상 범위로 틀린 것은?

① 강철제 보일러 중 전열면적이 $5m^2$ 이하이고, 최고사용압력이 0.35MPa 이하인 것
② 주철제 보일러
③ 제2종 관류보일러
④ 온수보일러 중 전열면적이 $18m^2$ 이하이고, 최고사용압력이 0.35MPa 이하인 것

해설
제2종 관류보일러는 관리규칙법법 제31조에 의해 검사대상 기기에서 제외하는 기기이다.

57 에너지 절약 전문기업의 등록은 누구에게 하도록 위탁되어 있는가?

① 산업통상자원부장관　② 에너지관리공단 이사장
③ 시공업자단체의 장　④ 시 · 도지사

해설
에너지 절약 전문기업(ESCO) 사업
제3자로부터 위탁을 받아 해당하는 사업을 하는 자(에너지이용합리화법 제25조에 의거)는 에너지관리공단 이사장에게 등록한다.

58 신 · 재생에너지 설비의 설치를 전문으로 하려는 자는 자본금 · 기술인력 등의 신고기준 및 절차에 따라 누구에게 신고를 하여야 하는가?

① 국토교통부장관　② 환경부장관
③ 고용노동부장관　④ 산업통상자원부장관

해설
신 · 재생에너지 설비 및 설치자는 산업통상자원부장관에게 신고한다.

59 에너지법에서 사용하는 "에너지"의 정의를 가장 올바르게 나타낸 것은?

① "에너지"라 함은 석유 · 가스 등 열을 발생하는 열원을 말한다.
② "에너지"라 함은 제품의 원료로 사용되는 것을 말한다.
③ "에너지"라 함은 태양, 조파, 수력과 같이 일을 만들어낼 수 있는 힘이나 능력을 말한다.
④ "에너지"라 함은 연료 · 열 및 전기를 말한다.

해설
㉠ 에너지 : 연료, 열, 전기
㉡ 연료 : 석유, 가스, 석탄, 그 밖에 열을 발생하는 열원

60 에너지법상 지역에너지계획은 몇 년마다 몇 년 이상을 계획기간으로 수립 · 시행하는가?

① 2년마다 2년 이상　② 5년마다 5년 이상
③ 7년마다 7년 이상　④ 10년마다 10년 이상

해설
지역에너지계획은 5년마다 5년 이상을 계획기간으로 수립 · 시행한다.

정답 54 ① 55 ④ 56 ③ 57 ② 58 ④ 59 ④ 60 ②

2014년 10월 11일 시행

과년도 기출문제

01 보일러의 여열을 이용하여 증기보일러의 효율을 높이기 위한 부속장치로 맞는 것은?

① 버너, 댐퍼, 송풍기
② 절탄기, 공기예열기, 과열기
③ 수면계, 압력계, 안전밸브
④ 인젝터, 저수위 경보장치, 집진장치

해설
보일러 여열장치(폐열 회수장치)
㉠ 과열기 ㉡ 재열기
㉢ 절탄기(급수가열기) ㉣ 공기예열기

02 스팀 헤더(Steam Header)에 관한 설명으로 틀린 것은?

① 보일러 주증기관과 부하 측 증기관 사이에 설치한다.
② 송기 및 정지가 편리하다.
③ 불필요한 장소에 송기하기 때문에 열손실은 증가한다.
④ 증기의 과부족을 일부 해소할 수 있다.

해설
③ 불필요한 장소에 송기하지 않아서 열손실이 감소한다.

03 보일러 기관 작동을 저지시키는 인터록 제어에 속하지 않는 것은?

① 저수위 인터록 ② 저압력 인터록
③ 저연소 인터록 ④ 프리퍼지 인터록

해설
㉠ 보일러 인터록 : ①, ③, ④ 외에도 압력초과 인터록, 불착화 인터록 등이 있다.
㉡ 인터록 : 현재의 운전작동에 이상이 생기면 다음 동작을 정지하여 사고를 미연에 방지하는 것

04 다음 중 특수 보일러에 속하는 것은?

① 벤슨 보일러 ② 슐처 보일러
③ 소형 관류보일러 ④ 슈미트 보일러

해설
특수 보일러
㉠ 간접가열 보일러(레플러 보일러, 슈미트 하트만 보일러)
㉡ 열매체 보일러
㉢ 바크(Bark), 버개스(Bagasse) 보일러
㉣ 나무파목 보일러

05 보일러 연소실이나 연도에서 화염의 유무를 검출하는 장치가 아닌 것은?

① 스테빌라이저 ② 플레임 로드
③ 플레임 아이 ④ 스택 스위치

해설
보일러 보염장치(노 내 불꽃보호장치)
㉠ 스테빌라이저(보염기)
㉡ 버너타일
㉢ 컴버스트
㉣ 윈드박스

06 수관식 보일러의 특징에 대한 설명으로 틀린 것은?

① 전열면적이 커서 증기의 발생이 빠르다.
② 구조가 간단하여 청소, 검사, 수리 등이 용이하다.
③ 철저한 급수처리가 요구된다.
④ 보일러수의 순환이 빠르고 효율이 좋다.

해설
수관식 보일러는 구조가 복잡하여 청소나 검사, 수리가 불편하다.(노통보일러는 정반대)

정답 01 ② 02 ③ 03 ② 04 ④ 05 ① 06 ②

07 연소가스와 대기의 온도가 각각 250℃, 30℃이고 연돌의 높이가 50m일 때 이론 통풍력은 약 얼마인가?(단, 연소가스와 대기의 비중량은 각각 1.35kg/Nm³, 1.25kg/Nm³이다.)

① 21.08mmAq ② 23.12mmAq
③ 25.02mmAq ④ 27.36mmAq

해설

이론 통풍력(Z)

$$= 273 \times H \times \left[\frac{ra}{273+ta} - \frac{rg}{273+tg}\right]$$

$$= 273 \times 50 \times \left[\frac{1.25}{273+30} - \frac{1.35}{273+250}\right]$$

$= 21.08$

08 사이클론 집진기의 집진율을 증가시키기 위한 방법으로 틀린 것은?

① 사이클론의 내면을 거칠게 처리한다.
② 블로 다운방식을 사용한다.
③ 사이클론 입구의 속도를 크게 한다.
④ 분진박스와 모양은 적당한 크기와 형상으로 한다.

해설

사이클론은 내면을 세밀하게 처리하여야 한다.

09 건포화증기의 엔탈피와 포화수 엔탈피의 차는?

① 비열 ② 잠열
③ 현열 ④ 액체열

해설

㉠ 증발잠열=건포화증기 엔탈피−포화수 엔탈피
㉡ 건포화증기 엔탈피=증발잠열+포화수 엔탈피(kcal/kg)

10 보일러에서 발생하는 증기를 이용하여 급수하는 장치는?

① 슬러지(Sludge) ② 인젝터(Injector)
③ 콕(Cock) ④ 트랩(Trap)

해설

인젝터(소형 급수설비)
증기열에너지를 물에 전달하여 운동에너지인 속도에너지로 변화한 다음 압력에너지로 증가한 후 보일러 내로 급수한다.
(흡입노즐 → 혼합노즐 → 토출노즐)
㉠ 증기는 2~10kg/cm² 정도로 이용한다.
㉡ 물의 온도는 50~60℃ 이상이 되지 않게 한다.

11 연관식 보일러의 특징으로 틀린 것은?

① 동일 용량인 노통 보일러에 비해 설치면적이 작다.
② 전열면적이 커서 증기 발생이 빠르다.
③ 외분식은 연료선택 범위가 좁다.
④ 양질의 급수가 필요하다.

해설

분식 연소 보일러(연관식)는 화실의 용적이 커서 연료의 선택범위가 넓다.

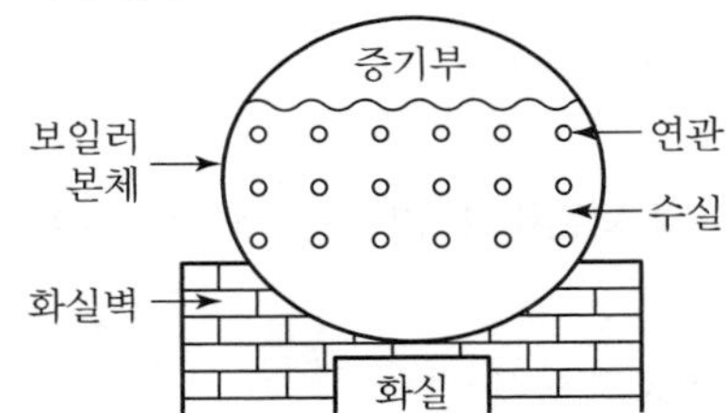

12 보일러의 수위 제어에 영향을 미치는 요인 중에서 보일러 수위제어시스템으로 제어할 수 없는 것은?

① 급수온도 ② 급수량
③ 수위 검출 ④ 증기량 검출

해설

급수온도는 수위 제어(WBC)가 아니라 전열량으로 제어하여야 한다.

정답 07 ① 08 ① 09 ② 10 ② 11 ③ 12 ①

13 수트 블로어(Soot Blower) 사용 시 주의 사항으로 거리가 먼 것은?

① 한곳으로 집중하여 사용하지 말 것
② 분출기 내의 응축수를 배출시킨 후 사용할 것
③ 보일러 가동을 정지 후 사용할 것
④ 연도 내 배풍기를 사용하여 유인통풍을 증가시킬 것

해설
수트 블로어(전열면의 그을음 제거) 사용 시는 보일러 운전 중 하여야 외부로 그을음을 제거할 수 있다.(부하가 50% 이상일 때 사용한다.)

14 보일러의 과열 원인으로 적당하지 않은 것은?

① 보일러수의 순환이 좋은 경우
② 보일러 내에 스케일이 부착된 경우
③ 보일러 내에 유지분이 부착된 경우
④ 국부적으로 심하게 복사열을 받는 경우

해설
보일러수의 순환이 제대로 되지 않으면 과열이나 국부과열이 발생한다.(보일러수의 순환이 좋으면 열효율 증가, 전열효과 발생)

15 오일 버너의 화염이 불안정한 원인과 가장 무관한 것은?

① 분무 유압이 비교적 높을 경우
② 연료 중에 슬러지 등의 협잡물이 들어 있을 경우
③ 무화용 공기량이 적절치 않을 경우
④ 연소용 공기의 과다로 노 내 온도가 저하될 경우

해설
분무 유압이 비교적($2 \sim 10kg/cm^2$) 높으면 중질유의 분무(기름 입자의 안개방울화 현상)가 순조로워서 완전연소가 가능하고 노 내 온도가 상승한다.

16 열전도에 적용되는 푸리에의 법칙 설명 중 틀린 것은?

① 두 면 사이에 흐르는 열량은 물체의 단면적에 비례한다.
② 두 면 사이에 흐르는 열량은 두 면 사이의 온도차에 비례한다.
③ 두 면 사이에 흐르는 열량은 시간에 비례한다.
④ 두 면 사이에 흐르는 열량은 두 면 사이의 거리에 비례한다.

해설
열전도율(kcal/m · h · ℃)은 두 면 사이의 두께(m)에 반비례한다. 두께가 두꺼우면 저항을 받는다.

17 최근 난방 또는 급탕용으로 사용되는 진공온수보일러에 대한 설명 중 틀린 것은?

① 열매수의 온도는 운전 시 100℃ 이하이다.
② 운전 시 열매수의 급수는 불필요하다.
③ 본체의 안전장치로서 용해전, 온도퓨즈, 안전밸브 등을 구비한다.
④ 추기장치는 내부에서 발생하는 비응축가스 등을 외부로 배출시킨다.

해설
진공온수보일러(700mmHg = 약 90℃의 증기)
- 압력이 작아서 안전밸브가 불필요하다.
- 약 90℃의 증기로 온수를 생산한다.(열교환 이용)
- 압력스위치를 사용해야 한다.

18 보일러에서 실제 증발량(kg/h)을 연료 소모량(kg/h)으로 나눈 값은?

① 증발 배수 ② 전열면 증발량
③ 연소실 열부하 ④ 상당 증발량

해설

$$\text{증발배수(kg/kg)} = \frac{\text{보일러 실제 증기 발생량}}{\text{보일러 실제 연료 소모량}}$$

정답 13 ③ 14 ① 15 ① 16 ④ 17 ③ 18 ①

19 보일러 제어에서 자동연소제어에 해당하는 약호는?

① ACC ② ABC
③ STC ④ FWC

해설
① ACC : 연소제어
② ABC : 자동보일러제어
③ STC : 증기온도제어
④ FWC : 자동급수제어

20 프로판(C_3H_8) 1kg이 완전연소하는 경우 필요한 이론산소량은 약 몇 Nm^3인가?

① 3.47 ② 2.55
③ 1.25 ④ 1.50

해설
프로판의 연소반응식(산소의 분자량 : 32)
$C_3H_8+5O_2 \rightarrow 3CO_2+4H_2O$
$44kg+(5\times22.4Nm^3)$
$\therefore 44 : (5\times32)=1 : x$
㉠ $x=5\times32\times\frac{1}{44}=3.64kg(O_2)$
㉡ $x=5\times22.4\times\frac{1}{44}=2.55Nm^3(O_2)$

21 고체연료와 비교하여 액체연료 사용 시의 장점을 잘못 설명한 것은?

① 인화의 위험성이 없으며 역화가 발생하지 않는다.
② 그을음이 적게 발생하고 연소효율도 높다.
③ 품질이 비교적 균일하며 발열량이 크다.
④ 저장 중 변질이 적다.

해설
액체연료(경질유 : 휘발유, 등유, 경유 등)는 인화점이 낮아서 인화의 위험성이 높고 중질유(중유) 등은 연소상태가 불량하여 역화(Backfire, 백파이어)의 발생 문제가 심각하다.

22 고압 · 중압 보일러 급수용 및 고양정 급수용으로 쓰이는 것으로 임펠러와 안내날개가 있는 펌프는?

① 볼류트 펌프 ② 터빈 펌프
③ 워싱턴 펌프 ④ 웨어 펌프

해설
㉠ 급수펌프 양정
- 고양정(터빈 펌프)
- 저양정(볼류트 펌프)

㉡ 양정 높이
- 터빈(20m 이상) : 안내 날개 사용
- 볼류트(20m 미만)

23 증기압력이 높아질 때 감소되는 것은?

① 포화 온도 ② 증발 잠열
③ 포화수 엔탈피 ④ 포화증기 엔탈피

해설
물의 증발 잠열
압력이 높아짐에 따라 감소한다.
㉠ $1.033kg/cm^2$: 539kcal/kg
㉡ $225.65kg/cm^2$: 0kcal/kg

24 노통 보일러에서 아담슨 조인트를 하는 목적은?

① 노통 제작을 쉽게 하기 위해서
② 재료를 절감하기 위해서
③ 열에 의한 신축을 조절하기 위해서
④ 물 순환을 촉진하기 위해서

해설
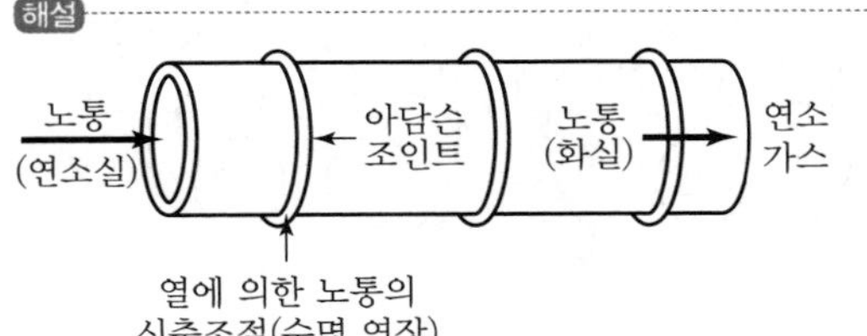

정답 19 ① 20 ② 21 ① 22 ② 23 ② 24 ③

25 다음 중 압력계의 종류가 아닌 것은?

① 부르동관식 압력계
② 벨로스식 압력계
③ 유니버설 압력계
④ 다이어프램 압력계

해설

①, ②, ④는 탄성식 압력계이며, 유니버설 압력계는 온도계로 사용한다.

26 500W의 전열기로서 2kg의 물을 18℃로부터 100℃까지 가열하는 데 소요되는 시간은 얼마인가?(단, 전열기 효율은 100%로 가정한다.)

① 약 10분　② 약 16분
③ 약 20분　④ 약 23분

해설

1W = 0.86kcal/h
1kW − h = 860kcal
소요열량(Q) = $G \cdot C_p \cdot \Delta t$
= 2×1×(100 − 18)=164kcal
500W = 0.5kW − h = 430kcal
∴ 가열시간 = $\frac{164}{430}$×60분/시간=약 23분

27 랭커셔 보일러는 어디에 속하는가?

① 관류 보일러　② 연관 보일러
③ 수관 보일러　④ 노통 보일러

해설

노통 보일러

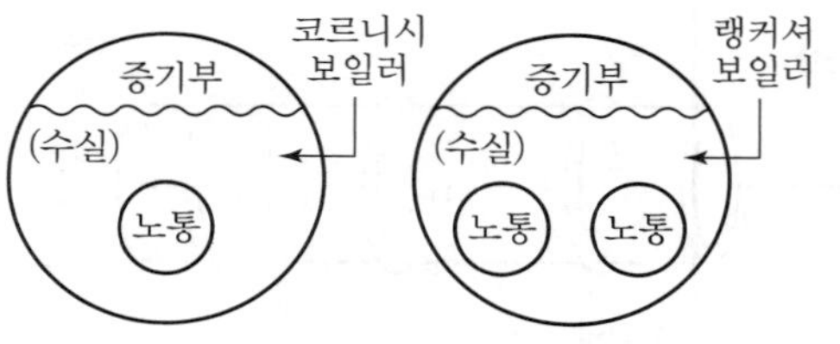

28 액체연료 연소에서 무화의 목적이 아닌 것은?

① 단위 중량당 표면적을 크게 한다.
② 연소효율을 향상시킨다.
③ 주위 공기와 혼합을 좋게 한다.
④ 연소실의 열부하를 낮게 한다.

해설

액체연료 무화의 목적
①, ②, ③ 외에 완전연소의 증가 등이 있다.

29 보일러에서 기체연료의 연소방식으로 가장 적당한 것은?

① 화격자연소　② 확산연소
③ 증발연소　④ 분해연소

해설

기체연료의 연소방식에는 확산연소, 예혼합연소가 있다.

30 단관중력환수식 온수난방에서 방열기 입구 반대편 상부에 부착하는 밸브는?

① 방열기 밸브　② 온도조절 밸브
③ 공기빼기 밸브　④ 배니 밸브

해설

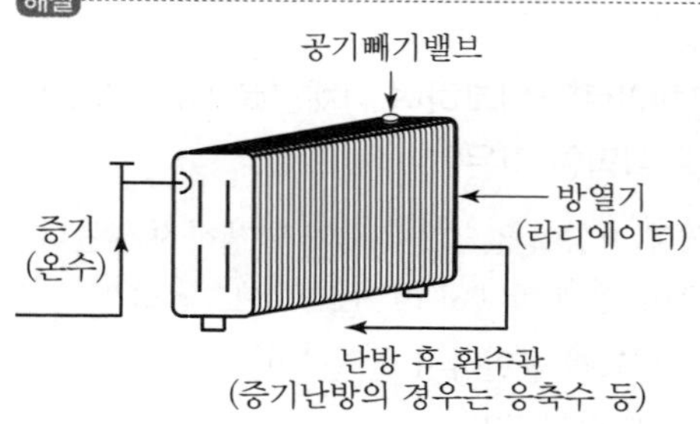

정답 25 ③ 26 ④ 27 ④ 28 ④ 29 ② 30 ③

31 보일러 수트 블로어를 사용하여 그을음 제거 작업을 하는 경우의 주의사항으로 가장 옳은 것은?

① 가급적 부하가 높을 때 실시한다.
② 보일러를 소화한 직후에 실시한다.
③ 흡출 통풍을 감소시킨 후 실시한다.
④ 작업 전에 분출기 내부의 드레인을 충분히 제거한다.

해설
수트 블로어(증기로 노 내 전열면의 그을음 제거)
사용 전 블로어 흡출 통풍 증가 및 노 내 응축수를 드레인하여 사용하여야 노 내 전열면의 부식이 방지된다.(보일러 운전 중 부하가 50% 이상에서 실시한다.)

32 보일러 내부에 아연판을 매다는 가장 큰 이유는?

① 기수공발을 방지하기 위하여
② 보일러 판의 부식을 방지하기 위하여
③ 스케일 생성을 방지하기 위하여
④ 프라이밍을 방지하기 위하여

해설
아연판 설치
보일러 내부 전열면의 점식(피팅부식), 부식방지

33 보일러 수(水) 중의 경도 성분을 슬러지로 만들기 위하여 사용하는 청관제는?

① 가성취화 억제제
② 연화제
③ 슬러지 조정제
④ 탈산소제

해설
㉠ 경수 : 물속의 칼슘, 마그네슘이 많이 혼합된 물(경도 10 이상)
㉡ 연수 : 연화제(경수연화장치)를 사용하여 경도 10 이하의 연수를 만들어 급수한다.

34 보일러 내면의 산세정 시 염산을 사용하는 경우 세정액의 처리온도와 처리시간으로 가장 적합한 것은?

① 60±5℃, 1~2시간
② 60±5℃, 4~6시간
③ 90±5℃, 1~2시간
④ 90±5℃, 4~6시간

해설
보일러 내부 산세관(염산 등 사용)
㉠ 세정 시 적정온도 : 60±5℃
㉡ 세관 시간 : 4~6시간 정도

35 다른 보온재에 비하여 단열효과가 낮으며 500℃ 이하의 파이프, 탱크, 노벽 등에 사용하는 것은?

① 규조토 ② 암면
③ 글라스 울 ④ 펠트

해설
규조토 무기질 보온재 특징
㉠ 단열효과가 낮다.(열전도율이 크다.)
㉡ 500℃ 이하의 파이프, 탱크, 노벽 등에 사용한다.
㉢ 규조토+석면 또는 삼여물 혼합 후 물반죽 시공을 한다.
㉣ 시공 후 건조시간이 길다.
㉤ 접착성이 좋다.
㉥ 철사망 보강재 사용이 필요하다.

36 점화 전 댐퍼를 열고 노 내와 연도에 체류하고 있는 가연성 가스를 송풍기로 취출시키는 작업은?

① 분출 ② 송풍
③ 프리퍼지 ④ 포스트퍼지

해설
프리퍼지
보일러 점화 전 댐퍼를 열고 노 내와 연도에 채류하고 있는 가연성 가스를 송풍기로 취출시키는 작업(보일러 정지 후 퍼지 : 포스트퍼지)

정답 31 ④ 32 ② 33 ② 34 ② 35 ① 36 ③

37 건물을 구성하는 구조체, 즉 바닥 · 벽 등에 난방용 코일을 묻고 열매체를 통과시켜 난방을 하는 것은?

① 대류난방 ② 복사난방
③ 간접난방 ④ 전도난방

해설

복사난방

바닥, 벽, 천장 등 구조체가 필요하고 난방용 코일 내 온수를 보내어 난방을 한다.(시공비가 많이 든다.)

38 배관의 높이를 관의 중심을 기준으로 표시한 기호는?

① TOP ② GL
③ BOP ④ EL

해설

배관 높이

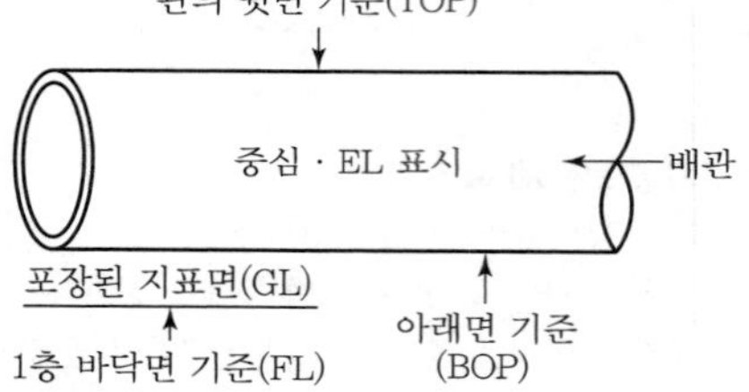

39 보일러의 열효율 향상과 관계가 없는 것은?

① 공기예열기를 설치하여 연소용 공기를 예열한다.
② 절탄기를 설치하여 급수를 예열한다.
③ 가능한 한 과잉공기를 줄인다.
④ 급수펌프로는 원심펌프를 사용한다.

해설

급수펌프 종류와 보일러 열효율 향상과는 연관성이 없다.

40 보일러 급수성분 중 포밍과 관련이 가장 큰 것은?

① pH ② 경도 성분
③ 용존 산소 ④ 유지 성분

해설

㉠ 경도성분 : 칼슘, 마그네슘
㉡ 포밍(거품 발생) : 유지 성분(과열 촉진)
㉢ 점식 부식 : 용존산소
㉣ pH 7 미만 : 산성(7 이상은 알칼리성)

41 보일러에서 역화의 발생 원인이 아닌 것은?

① 점화 시 착화가 지연되었을 경우
② 연료보다 공기를 먼저 공급한 경우
③ 연료 밸브를 과대하게 급히 열었을 경우
④ 프리퍼지가 부족할 경우

해설

연료보다 공기를 먼저 공급(프리퍼지 치환작업)하면 역화(백파이어)의 발생이 완화된다.

42 보일러 유리 수면계의 유리파손 원인과 무관한 것은?

① 유리관 상하 콕의 중심이 일치하지 않을 때
② 유리가 알칼리 부식 등에 의해 노화되었을 때
③ 유리관 상하 콕의 너트를 너무 조였을 때
④ 증기의 압력을 갑자기 올렸을 때

해설

증기의 압력을 갑자기 올리면 보일러 부동팽창 등이 발생할 수 있다.

43 가정용 온수보일러 등에 설치하는 팽창탱크의 주된 기능은?

① 배관 중의 이물질 제거
② 온수 순환의 맥동 방지
③ 열효율의 증대
④ 온수의 가열에 따른 체적팽창 흡수

해설

가정용 온수보일러 팽창탱크의 주된 목적

온수가열(4~3% 팽창)에 따른 체적 팽창을 흡수하여 압력을 일정하게 유지하여 사고를 미연에 방지할 수 있다.

정답 37 ② 38 ④ 39 ④ 40 ④ 41 ② 42 ④ 43 ④

44 지역난방의 특징을 설명한 것 중 틀린 것은?

① 설비가 길어지므로 배관 손실이 있다.
② 초기 시설 투자비가 높다.
③ 개개 건물의 공간을 많이 차지한다.
④ 대기오염의 방지를 효과적으로 할 수 있다.

해설
③은 개별난방이나 중앙식 난방에 속한다.

45 증기보일러에 설치하는 유리 수면계는 2개 이상이어야 하는데 1개만 설치해도 되는 경우는?

① 소형 관류 보일러
② 최고사용압력 2MPa 미만의 보일러
③ 동체 안지름 800mm 미만의 보일러
④ 1개 이상의 원격지시 수면계를 설치한 보일러

해설
㉠ 소형 관류 보일러 : 유리 수면계는 1개만 설치하여도 된다.
㉡ 소용량 보일러 : 유리 수면계는 1개만 설치하여도 된다.
㉢ 단관식 관류 보일러의 증기 보일러 : 2개 이상의 유리 수면계를 부착하여야 한다.

46 진공환수식 증기난방에서 리프트 피팅이란?

① 저압 환수관이 진공펌프의 흡입구보다 낮은 위치에 있을 때 적용되는 이음방법이다.
② 방열기보다 낮은 곳에 환수주관이 설치된 경우 적용되는 이음방법이다.
③ 진공펌프가 환수주관과 같은 위치에 있을 때 적용되는 이음방법이다.
④ 방열기와 환수주관의 위치가 같을 때 적용되는 이음방법이다.

해설

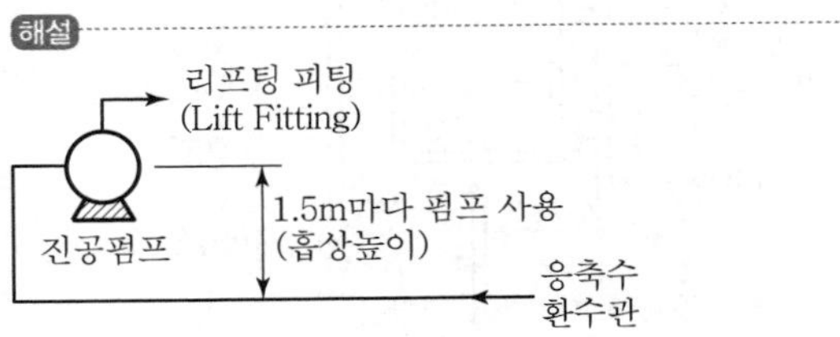

47 보일러에서 분출 사고 시 긴급조치사항으로 틀린 것은?

① 연도 댐퍼를 전개한다.
② 연소를 정지시킨다.
③ 압입 통풍기를 가동시킨다.
④ 급수를 계속하여 수위의 저하를 막고 보일러의 수위 유지에 노력한다.

해설
㉠ 프리퍼지(포스트 퍼지 등) 등 노 내 공기로 치환 시 압입 통풍기(터보형)를 가동시킨다.
㉡ 분출 : 보일러수 중 농도가 높은 불순물을 배출한다.

48 유리솜 또는 암면의 용도와 관계없는 것은?

① 보온재 ② 보랭재
③ 단열재 ④ 방습재

해설
유리솜, 암면(무기질 보온재)
㉠ 유리솜(글라스 울) : 300℃ 이하용
㉡ 암면 : 400℃ 이하용

49 호칭지름 20A인 강관을 그림과 같이 배관할 때 엘보 사이의 파이프 절단 길이는?(단, 20A 엘보의 끝단에서 중심까지 거리는 32mm이고, 파이프의 물림 길이는 13mm이다.)

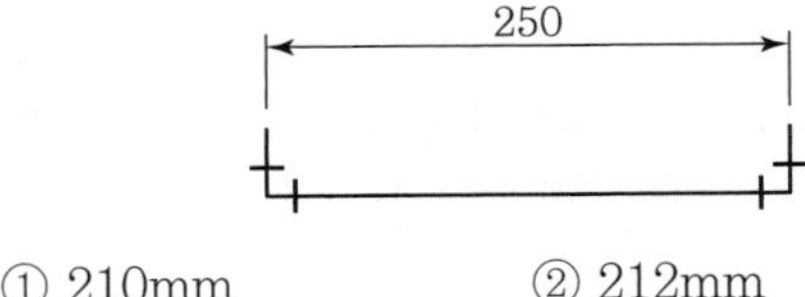

① 210mm ② 212mm
③ 214mm ④ 216mm

해설

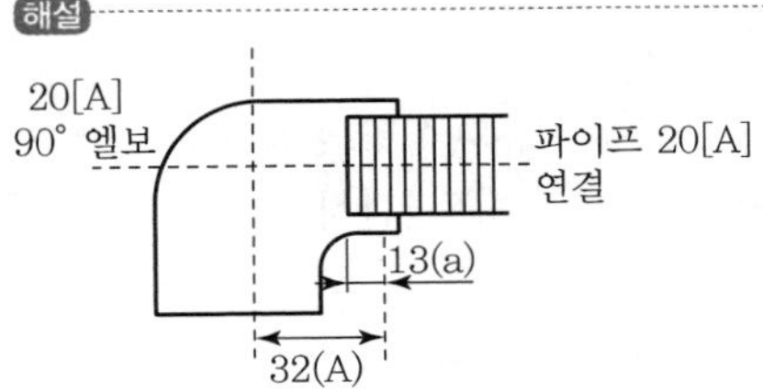

정답 44 ③ 45 ① 46 ① 47 ③ 48 ④ 49 ②

32－13=19mm(공간길이)

∴ 절단길이(l)=L－2(A－a)

=250－2(32－13)=212mm

50 보온재 중 흔히 스티로폼이라고도 하며, 체적의 97~98%가 기공으로 되어 있어 열 차단 능력이 우수하고, 내수성도 뛰어난 보온재는?

① 폴리스티렌 폼　② 경질 우레탄 폼
③ 코르크　④ 글라스 울

해설
스티로폼(폴리스티렌 폼)
㉠ 체적 97~98%가 기공으로 되어 있어 가볍다.
㉡ 열차단 능력이 우수하다.
㉢ 내수성이 뛰어나다.

51 방열기의 표준 방열량에 대한 설명으로 틀린 것은?

① 증기의 경우, 게이지 압력 $1kg/cm^2$, 온도 80℃로 공급하는 것이다.
② 증기 공급 시의 표준 방열량은 $650kcal/m^2 \cdot h$이다.
③ 실내 온도는 증기일 경우 21℃, 온수일 경우 18℃ 정도이다.
④ 온수 공급 시의 표준 방열량은 $450kcal/m^2 \cdot h$이다.

해설
증기의 경우 표준대기압 $1.0332kg/cm^2$, 물의 증발 잠열 539kcal/kg, 표준 방열기의 경우 증기온도 102℃ 기준이다.

52 증기난방의 분류에서 응축수 환수방식에 해당하는 것은?

① 고압식　② 상향 공급식
③ 기계환수식　④ 단관식

해설
증기난방 응축수 환수방식
㉠ 중력환수식(밀도차 이용)
㉡ 기계환수식(펌프 이용)
㉢ 진공환수식(관 내 진공 100~250mmHg 이용)

53 어떤 거실의 난방부하가 5,000kcal/h이고 주철제 온수 방열기로 난방할 때 필요한 방열기 쪽수는?(단, 방열기 1쪽당 방열 면적은 $0.26m^2$이고, 방열량은 표준방열량으로 한다.)

① 11쪽　② 21쪽
③ 30쪽　④ 43쪽

해설
온수 방열기 쪽수계산

$$= \frac{\text{난방부하}}{450 \times \text{1쪽당 방열면적}}$$

$$= \frac{5,000}{450 \times 0.26} = 43\text{쪽}$$

54 온수난방 배관 시공법의 설명으로 잘못된 것은?

① 온수난방은 보통 $\frac{1}{250}$ 이상의 끝올림 구배를 주는 것이 이상적이다.
② 수평 배관에서 관경을 바꿀 때는 편심 리듀서를 사용하는 것이 좋다.
③ 지관이 주관 아래로 분기될 때는 45° 이상 끝내림 구배로 배관한다.
④ 팽창탱크에 이르는 팽창관에는 조정용 밸브를 단다.

해설

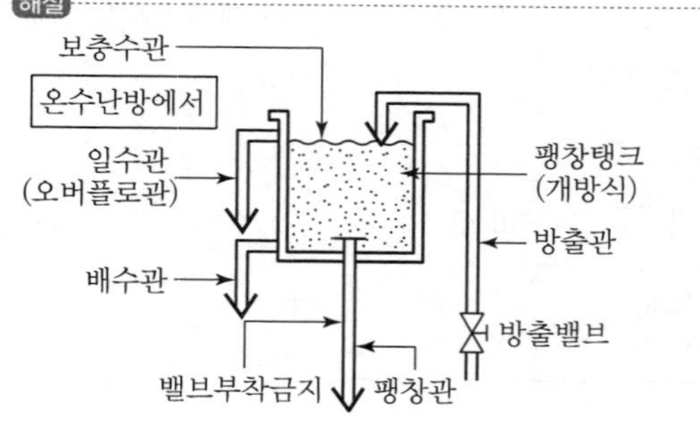

정답 50 ① 51 ① 52 ③ 53 ④ 54 ④

55 에너지이용 합리화법상 에너지의 최저소비효율기준에 미달하는 효율관리기자재의 생산 또는 판매금지 명령을 위반한 자에 대한 벌칙 기준은?

① 1년 이하의 징역 또는 1천만 원 이하의 벌금
② 1천만 원 이하의 벌금
③ 2년 이하의 징역 또는 2천만 원 이하의 벌금
④ 2천만 원 이하의 벌금

해설
에너지의 최저소비효율기준에 미달하는 효율관리기자재의 생산 또는 판매금지 명령 위반자 벌칙사항 : 2천만 원 이하의 벌금

56 다음은 저탄소 녹색성장 기본법에 명시된 용어의 뜻이다. ( ) 안에 알맞은 것은?

> 온실가스란 (㉠), 메탄, 아산화질소, 수소불화탄소, 과불화탄소, 육불화황 및 그 밖에 대통령령으로 정하는 것으로 (㉡) 복사열을 흡수하거나 재방출하여 온실효과를 유발하는 대기 중의 가스 상태의 물질을 말한다.

① ㉠ 일산화탄소, ㉡ 자외선
② ㉠ 일산화탄소, ㉡ 적외선
③ ㉠ 이산화탄소, ㉡ 자외선
④ ㉠ 이산화탄소, ㉡ 적외선

해설
저탄소 녹색성장 기본법
㉠ CO_2(이산화탄소) ㉡ 적외선

57 특정열사용 기자재 중 산업통상자원부령으로 정하는 검사대상기기를 폐기한 경우에는 폐기한 날부터 며칠 이내에 폐기신고서를 제출해야 하는가?

① 7일 이내에 ② 10일 이내에
③ 15일 이내에 ④ 30일 이내에

해설
㉠ 검사 대상기기 폐기, 사용중지신고, 설치자 변경신고 등은 15일 이내에 에너지관리공단 이사장에게 신고서를 제출하여야 한다.
㉡ 검사 대상기기 : 강철제, 주철제 보일러, 소형 온수 보일러(가스용), 압력용기 1·2종, 철금속 가열로 등

58 특정열사용 기자재 중 산업통상자원부령으로 정하는 검사대상기기의 계속사용검사 신청서는 검사유효기간 만료 며칠 전까지 제출해야 하는가?

① 10일 전까지 ② 15일 전까지
③ 20일 전까지 ④ 30일 전까지

해설
계속사용 안전검사, 성능검사 등은 유효기간 만료 10일 전까지 에너지관리공단 이사장에게 검사신청서를 제출하여야 한다.

59 화석연료에 대한 의존도를 낮추고 청정에너지의 사용 및 보급을 확대하여 녹색기술 연구개발, 탄소흡수원 확충 등을 통하여 온실가스를 적정수준 이하로 줄이는 것에 대한 정의로 옳은 것은?

① 녹색성장 ② 저탄소
③ 기후변화 ④ 자원순환

해설
㉠ 저탄소 : 온실가스를 적정 수준 이하로 줄이는 정의
㉡ 온실가스 종류 : CO_2, CH_4, N_2O, HRCs(수화불화탄소), PECs(과불화탄소), SF_6(육불화황) 등

60 에너지이용 합리화법상의 목표에너지원 단위를 가장 옳게 설명한 것은?

① 에너지를 사용하여 만드는 제품의 단위당 폐연료사용량
② 에너지를 사용하여 만드는 제품의 연간 폐열사용량
③ 에너지를 사용하여 만드는 제품의 단위당 에너지사용목표량
④ 에너지를 사용하여 만드는 제품의 연간 폐열에너지사용목표량

해설
목표에너지원 단위
에너지를 사용하여 만드는 제품의 단위당 에너지사용목표량

정답 55 ④ 56 ④ 57 ③ 58 ① 59 ② 60 ③

2015년 1월 25일 시행

과년도 기출문제

01 증발량 3,500kg_f/h인 보일러의 증기 엔탈피가 640kcal/kg이고, 급수 온도는 20℃이다. 이 보일러의 상당증발량은 얼마인가?

① 약 3,786kg_f/h　② 약 4,156kg_f/h
③ 약 2,760kg_f/h　④ 약 4,026kg_f/h

해설
상당증발량

$$= \frac{\text{실제증발량(증기엔탈피 - 급수엔탈피)}}{539}(\text{kg/h})$$

$$= \frac{3,500(640-20)}{539} = 4,026 kg_f/h$$

02 액체연료 연소장치에서 보염장치(공기조절장치)의 구성요소가 아닌 것은?

① 바람상자　② 보염기
③ 버너 팁　④ 버너타일

해설
보염장치의 구성요소
㉠ 바람상자(윈드박스)　㉡ 보염기
㉢ 버너타일　㉣ 컴버스트

03 보일러의 상당증발량을 옳게 설명한 것은?

① 일정 온도의 보일러수가 최종의 증발상태에서 증기가 되었을 때의 중량
② 시간당 증발된 보일러수의 중량
③ 보일러에서 단위시간에 발생하는 증기 또는 온수의 보유열량
④ 시간당 실제증발량이 흡수한 전열량을 온도 100℃의 포화수를 100℃의 증기로 바꿀 때의 열량으로 나눈 값

해설
상당증발량
시간당 실제증발량이 흡수한 전열량을 온도 100℃의 포화수를 100℃의 증기(상변화)로 바꿀 때의 열량(539kcal/kg)으로 나눈 값

04 안전밸브의 종류가 아닌 것은?

① 레버 안전밸브
② 추 안전밸브
③ 스프링 안전밸브
④ 핀 안전밸브

해설
안전밸브의 종류
㉠ 레버식　㉡ 추식
㉢ 스프링식　㉣ 복합식

05 증기보일러의 압력계 부착에 대한 설명으로 틀린 것은?

① 압력계와 연결된 관의 크기는 강관을 사용할 때에는 안지름이 6.5mm 이상이어야 한다.
② 압력계는 눈금판의 눈금이 잘 보이는 위치에 부착하고 얼지 않도록 하여야 한다.
③ 압력계는 사이펀관 또는 동등한 작용을 하는 장치가 부착되어야 한다.
④ 압력계의 콕은 그 핸들을 수직인 관과 동일 방향에 놓은 경우에 열려 있는 것이어야 한다.

해설
①에서 강관의 경우는 연결관의 안지름은 12.7mm 이상이어야 한다.

정답 01 ④ 02 ③ 03 ④ 04 ④ 05 ①

06 육용 보일러 열 정산의 조건과 관련된 설명 중 틀린 것은?

① 전기에너지는 1kW당 860kcal/h로 환산한다.
② 보일러 효율 산정방식은 입출열법과 열손실법으로 실시한다.
③ 열정산시험 시의 연료 단위량은, 액체 및 고체연료의 경우 1kg에 대하여 열 정산을 한다.
④ 보일러의 열 정산은 원칙적으로 정격 부하 이하에서 정상상태로 3시간 이상의 운전 결과에 따라야 한다.

해설
④에서 열 정산 운전시간은 2시간 이상의 운전결과에 따라야 한다.

07 보일러 본체에서 수부가 클 경우의 설명으로 틀린 것은?

① 부하 변동에 대한 압력 변화가 크다.
② 증기 발생시간이 길어진다.
③ 열효율이 낮아진다.
④ 보유 수량이 많으므로 파열 시 피해가 크다.

해설

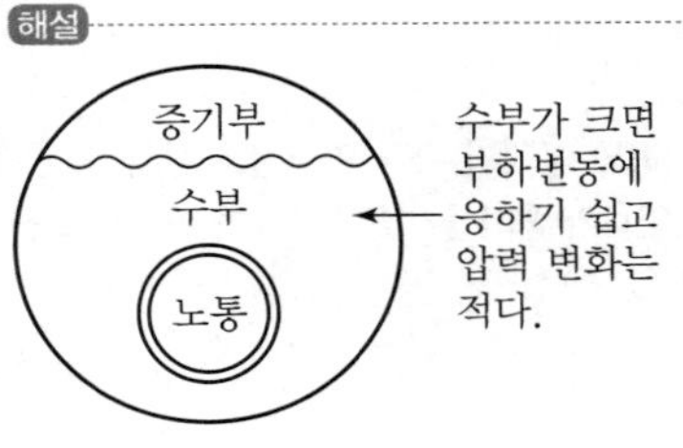

08 분진가스를 방해판 등에 충돌시키거나 급격한 방향전환 등에 의해 매연을 분리 포집하는 집진 방법은?

① 중력식 ② 여과식
③ 관성력식 ④ 유수식

해설

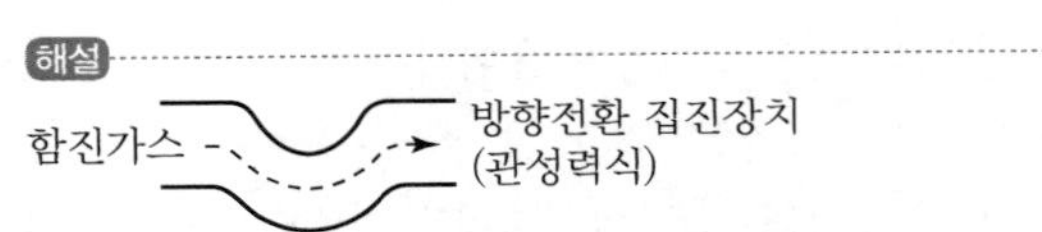

09 보일러에 사용되는 열교환기 중 배기가스의 폐열을 이용하는 교환기가 아닌 것은?

① 절탄기 ② 공기예열기
③ 방열기 ④ 과열기

해설
방열기(난방용)

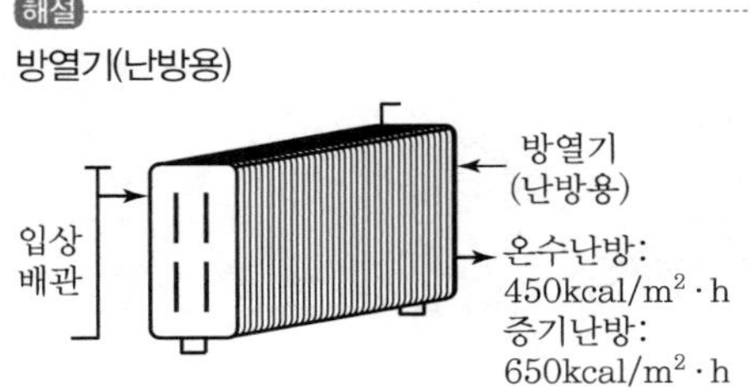

10 수관식 보일러의 일반적인 특징에 관한 설명으로 틀린 것은?

① 구조상 고압 대용량에 적합하다.
② 전열면적을 크게 할 수 있으므로 일반적으로 열효율이 좋다.
③ 부하변동에 따른 압력이나 수위 변동이 적으므로 제어가 편리하다.
④ 급수 및 보일러수 처리에 주의가 필요하며 특히 고압보일러에서는 엄격한 수질관리가 필요하다.

해설
수관식 보일러
부하변동에 따른 압력, 수위 변동이 커서 제어가 곤란하다.

11 보일러 피드백제어에서 동작신호를 받아 규정된 동작을 하기 위해 조작신호를 만들어 조작부에 보내는 부분은?

① 조절부 ② 제어부
③ 비교부 ④ 검출부

해설

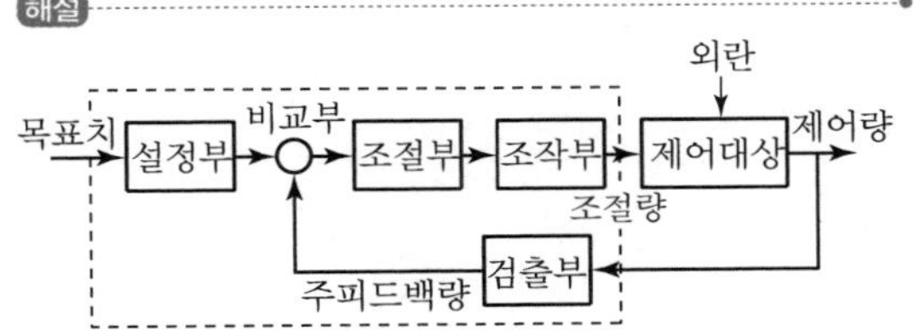

정답 06 ④ 07 ① 08 ③ 09 ③ 10 ③ 11 ①

12 다음 중 수관식 보일러에 속하는 것은?

① 기관차 보일러 ② 코르니시 보일러
③ 다쿠마 보일러 ④ 랭커셔 보일러

해설

수관식 다쿠마 보일러(직관식)

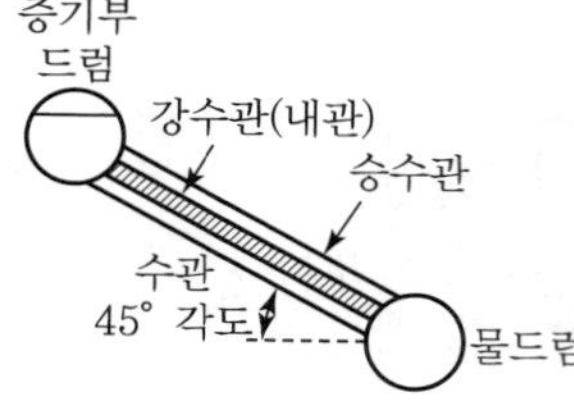

13 게이지 압력이 1.57MPa이고 대기압이 0.103 MPa일 때 절대압력은 몇 MPa인가?

① 1.467 ② 1.673
③ 1.783 ④ 2.008

절대압력(abs) = 대기압력 + 게이지압력
= 1.57 + 0.103 = 1.673MPa

14 매시간 1,500kg의 연료를 연소시켜서 시간당 11,000kg의 증기를 발생시키는 보일러의 효율은 약 몇 %인가?(단, 연료의 발열량은 6,000kcal/kg, 발생증기의 엔탈피는 742kcal/kg, 급수의 엔탈피는 20kcal/kg이다.)

① 88% ② 80%
③ 78% ④ 70%

해설

보일러 효율(%)

$$= \frac{\text{증기발생량(발생증기엔탈피} - \text{급수엔탈피)}}{\text{연료소비량} \times \text{연료의 발열량}} \times 100$$

$$= \frac{11,000(742-20)}{1,500 \times 6,000} \times 100 = 88(\%)$$

15 연소용 공기를 노의 앞에서 불어넣으므로 공기가 차고 깨끗하며 송풍기의 고장이 적고 점검 수리가 용이한 보일러의 강제통풍 방식은?

① 압입통풍 ② 흡입통풍
③ 자연통풍 ④ 수직통풍

해설

원통형 보일러

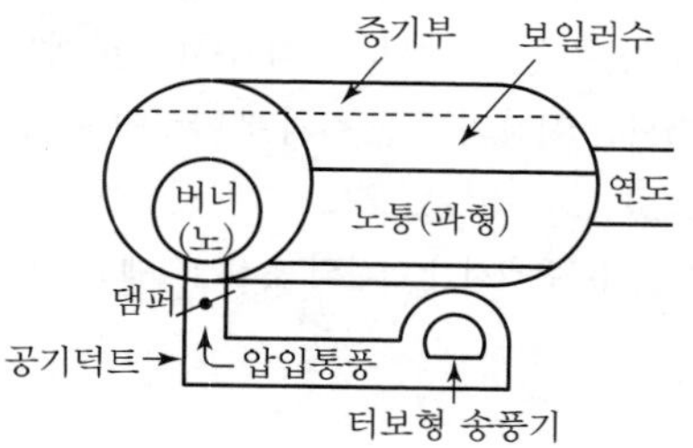

16 가스용 보일러의 연소방식 중에서 연료와 공기를 각각 연소실에 공급하여 연소실에서 연료와 공기가 혼합되면서 연소하는 방식은?

① 확산연소식 ② 예혼합연소식
③ 복열혼합연소식 ④ 부분예혼합연소식

해설

연소방식

㉠ 확산연소방식 : 연료와 공기가 각각 연소실로 공급
㉡ 예혼합연소방식 : 연료와 공기를 비율혼합하여 연소실로 공급(역화의 우려가 있다.)

17 액화석유가스(LPG)의 특징에 대한 설명 중 틀린 것은?

① 유황분이 없으며 유독성분도 없다.
② 공기보다 비중이 무거워 누설 시 낮은 곳에 고여 인화 및 폭발성이 크다.
③ 연소 시 액화천연가스(LNG)보다 소량의 공기로 연소한다.
④ 발열량이 크고 저장이 용이하다.

LPG(프로판, 부탄) 가스는 LNG(메탄) 연료에 비하여 2.5~3배의 소요공기가 필요하다.

정답 12 ③ 13 ② 14 ① 15 ① 16 ① 17 ③

18 액면계 중 직접식 액면계에 속하는 것은?

① 압력식 ② 방사선식
③ 초음파식 ④ 유리관식

해설

직접식 액면계
㉠ 유리관식(저압식)
㉡ 부자식(플로트식)
㉢ 검척식(막대자식)

19 분출밸브의 최고사용압력은 보일러 최고사용압력의 몇 배 이상이어야 하는가?

① 0.5배 ② 1.0배
③ 1.25배 ④ 2.0배

해설

보일러 분출밸브의 최고사용압력은 보일러 최고사용압력의 1.25배 이상이어야 한다.

20 증기 또는 온수 보일러로서 여러 개의 섹션(Section)을 조합하여 제작하는 보일러는?

① 열매체 보일러 ② 강철제 보일러
③ 관류 보일러 ④ 주철제 보일러

해설

주철제(증기, 온수) 보일러
전열면적의 증감은 섹션 수로 가감한다.(저압, 난방용으로 많이 사용한다.)

21 증기난방 시공에서 관말증기트랩장치의 냉각레그(Cooling Leg) 길이는 일반적으로 몇 m 이상으로 해주어야 하는가?

① 0.7m ② 1.0m
③ 1.5m ④ 2.5m

해설

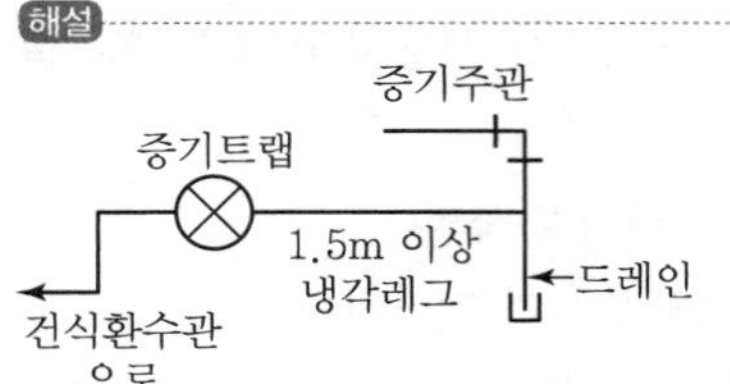

22 드럼 없이 초임계압력하에서 증기를 발생시키는 강제순환 보일러는?

① 특수 열매체 보일러
② 2중 증발 보일러
③ 연관 보일러
④ 관류 보일러

해설

관류보일러(수관식)
증기, 물드럼이 없고 초임계압력하에서 증기 발생이 가능한 강제순환 보일러이다.

23 연료유 탱크에 가열장치를 설치한 경우에 대한 설명으로 틀린 것은?

① 열원에는 증기, 온수, 전기 등을 사용한다.
② 전열식 가열장치에 있어서는 직접식 또는 저항밀봉 피복식의 구조로 한다.
③ 온수, 증기 등의 열매체가 동절기에 동결할 우려가 있는 경우에는 동결을 방지하는 조치를 취해야 한다.
④ 연료유 탱크의 기름 취출구 등에 온도계를 설치하여야 한다.

해설

중유탱크(B-C유)

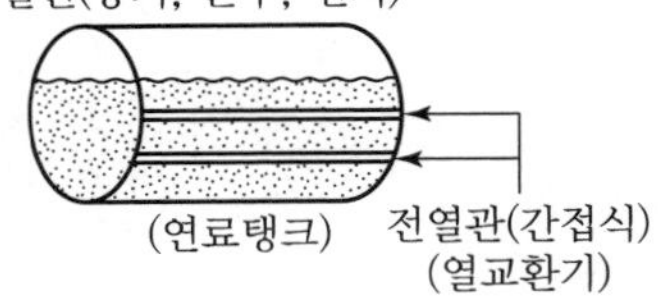

정답 18 ④ 19 ③ 20 ④ 21 ③ 22 ④ 23 ②

24 보일러 급수예열기를 사용할 때의 장점을 설명한 것으로 틀린 것은?

① 보일러의 증발능력이 향상된다.
② 급수 중 불순물의 일부가 제거된다.
③ 증기의 건도가 향상된다.
④ 급수와 보일러수와의 온도 차이가 적어 열응력 발생을 방지한다.

해설
증기의 건도 향상
㉠ 압력을 증가
㉡ 비수방지관 설치
㉢ 기수분리기 설치

25 보일러 연료 중에서 고체연료를 원소 분석하였을 때 일반적인 주성분은?(단, 중량 %를 기준으로 한 주성분을 구한다.)

① 탄소 ② 산소
③ 수소 ④ 질소

해설
고체연료 성분에는 탄소(고정탄소), 수소, 산소 등이 있는데, 이 중 탄소 성분이 가장 많다.

26 보일러 자동제어 신호전달방식 중 공기압 신호전송의 특징 설명으로 틀린 것은?

① 배관이 용이하고 보존이 비교적 쉽다.
② 내열성이 우수하나 압축성이므로 신호전달이 지연된다.
③ 신호전달거리가 100~150m 정도이다.
④ 온도제어 등에 부적합하고 위험이 크다.

해설
공기압식 신호전송
온도제어에 사용되며 위험성이 적다.

27 증기의 압력을 높일 때 변하는 현상으로 틀린 것은?

① 현열이 증대한다.
② 증발잠열이 증대한다.
③ 증기의 비체적이 증대한다.
④ 포화수 온도가 높아진다.

해설
㉠ 증기압력이 높으면 : 증발잠열 감소
㉡ 증기압력이 낮으면 : 증발잠열 증가

28 보일러 자동제어의 급수제어(FWC)에서 조작량은?

① 공기량 ② 연료량
③ 전열량 ④ 급수량

해설
급수제어
㉠ 제어량(수위)
㉡ 조작량(급수량)

29 물의 임계압력은 약 몇 kg_f/cm^2인가?

① 175.23 ② 225.65
③ 374.15 ④ 539.75

해설
물의 임계압력
㉠ 증발잠열이 0kcal/kg이다.
㉡ 물, 증기의 구별이 없다.
㉢ $225.65kg_f/cm^2$이다.
㉣ 온도는 374.15K이다.

30 경납땜의 종류가 아닌 것은?

① 황동납 ② 인동납
③ 은납 ④ 주석-납

정답 24 ③ 25 ① 26 ④ 27 ② 28 ④ 29 ② 30 ④

해설

㉠ 경납땜(450℃ 이상)의 종류
- 황동납
- 인동납
- 은납

㉡ 연납땜(450℃ 미만)의 종류
- 주석-납
- 알루미늄
- 주석

31 보일러에서 발생한 증기 또는 온수를 건물의 각 실내에 설치된 방열기에 보내어 난방하는 방식은?

① 복사난방법 ② 간접난방법
③ 온풍난방법 ④ 직접난방법

해설

방열기난방(증기, 온수난방)
대류작용을 이용한 직접난방법이다.(라디에이터 난방)

32 보일러수 중에 함유된 산소에 의해서 생기는 부식의 형태는?

① 점식 ② 가성취화
③ 그루빙 ④ 전면부식

해설

점식(피팅부식)
보일러 용존산소에 의해 생기는 점부식이다.

33 보일러 사고의 원인 중 취급상의 원인이 아닌 것은?

① 부속장치 미비
② 최고 사용압력의 초과
③ 저수위로 인한 보일러의 과열
④ 습기나 연소가스 속의 부식성 가스로 인한 외부부식

해설

부속장치 미비, 설계불량, 재료불량 등의 사고는 제작상의 원인이다.

34 보일러 점화 시 역화가 발생하는 경우와 가장 거리가 먼 것은?

① 댐퍼를 너무 조인 경우나 흡입통풍이 부족할 경우
② 적정공기비로 점화한 경우
③ 공기보다 먼저 연료를 공급했을 경우
④ 점화할 때 착화가 늦어졌을 경우

해설

㉠ 적정공기비로 점화하면 역화(백-파이어) 발생이 방지된다.
㉡ 공기비$(m)=\dfrac{\text{실제 연소공기량}}{\text{이론 연소공기량}}$(항상 1보다 크다.)

35 온수난방 배관 시공법에 대한 설명 중 틀린 것은?

① 배관구배는 일반적으로 1/250 이상으로 한다.
② 배관 중에 공기가 모이지 않게 배관한다.
③ 온수관의 수평배관에서 관경을 바꿀 때는 편심이음쇠를 사용한다.
④ 지관이 주관 아래로 분기될 때는 90° 이상으로 끝올림 구배로 한다.

해설

④에서는 45° 이상 끝올림 구배로 한다.

36 방열기 내 온수의 평균온도 80℃, 실내온도 18℃, 방열계수 7.2kcal/m^2·h·℃인 경우 방열기 방열량은 얼마인가?

① 346.4kcal/m^2·h
② 446.4kcal/m^2·h
③ 519kcal/m^2·h
④ 560kcal/m^2·h

해설

소요방열량=방열기계수×(온도차)
=7.2×(80-18)
=446.4kcal/m^2·h

정답 31 ④ 32 ① 33 ① 34 ② 35 ④ 36 ②

37 배관의 이동 및 회전을 방지하기 위해 지지점 위치에 완전히 고정시키는 장치는?

① 앵커　　② 서포트
③ 브레이스　　④ 행거

해설

리지드레인트에는 앵커, 스톱, 가이드가 있는데, 앵커는 배관의 이동 및 관의 회전을 방지하기 위해 고정시킨다.

38 보일러 산세정의 순서로 옳은 것은?

① 전처리 → 산액처리 → 수세 → 중화방청 → 수세
② 전처리 → 수세 → 산액처리 → 수세 → 중화방청
③ 산액처리 → 수세 → 전처리 → 중화방청 → 수세
④ 산액처리 → 전처리 → 수세 → 중화방청 → 수세

해설

보일러 산세정 순서

전처리 → 수세 → 산액처리 → 수세 → 중화방청

39 땅속 또는 지상에 배관하여 압력상태 또는 무압력상태에서 물의 수송 등에 주로 사용되는 덕타일 주철관을 무엇이라 부르는가?

① 회주철관　　② 구상흑연 주철관
③ 모르타르 주철관　　④ 사형 주철관

해설

구상흑연 주철관

덕타일 주철관(인성이 있는 주철관)

40 보일러 과열의 요인 중 하나인 저수위의 발생 원인으로 거리가 먼 것은?

① 분출밸브 이상으로 보일러수 누설
② 급수장치가 증발능력에 비해 과소한 경우
③ 증기 토출량이 과소한 경우
④ 수면계의 막힘이나 고장

해설

③ 증기 토출량이 과다하면 저수위사고 발생

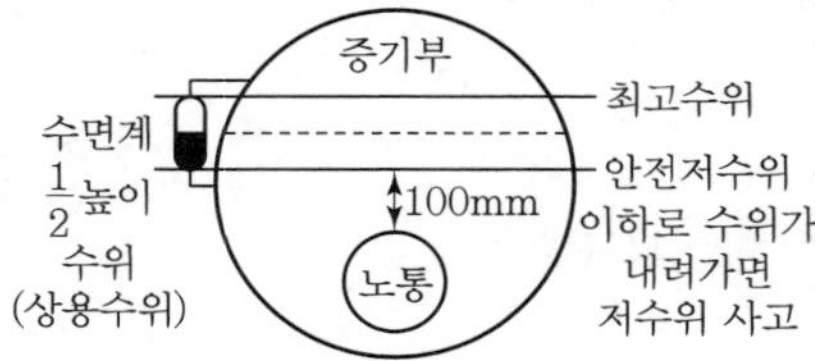

41 보일러 설치 · 시공기준상 가스용 보일러의 연료 배관 시 배관의 이음부와 전기계량기 및 전기개폐기와의 유지거리는 얼마인가?(단, 용접이음매는 제외한다.)

① 15cm 이상　　② 30cm 이상
③ 45cm 이상　　④ 60cm 이상

해설

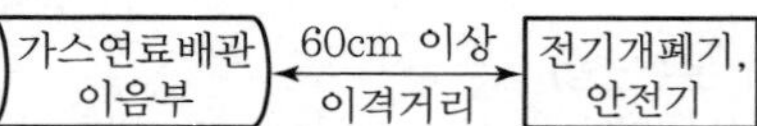

42 다음 보온재 중 안전사용온도가 가장 높은 것은?

① 펠트　　② 암면
③ 글라스 울　　④ 세라믹 파이버

해설

① 펠트 : 100℃ 이하용
② 암면 : 400℃ 이하용
③ 글라스 울 : 300℃ 이하용
④ 세라믹 파이버 : 1,300℃ 이하용

43 동관 끝의 원형을 정형하기 위해 사용하는 공구는?

① 사이징 툴　　② 익스팬더
③ 리머　　④ 튜브벤더

해설

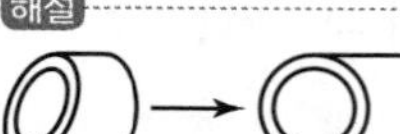

동관을 사이징 툴로
원형 교정한다.

정답 37 ① 38 ② 39 ② 40 ③ 41 ④ 42 ④ 43 ①

44 어떤 건물의 소요 난방부하가 45,000kcal/h이다. 주철제 방열기로 증기난방을 한다면 약 몇 쪽(Section)의 방열기를 설치해야 하는가?(단, 표준 방열량으로 계산하며, 주철제 방열기의 쪽당 방열면적은 0.24m²이다.)

① 156쪽 ② 254쪽
③ 289쪽 ④ 315쪽

해설

방열기 쪽수 계산

$$= \frac{\text{난방부하}}{650 \times \text{쪽당 방열면적}} = \frac{45,000}{650 \times 0.24} = 289\text{ea}$$

45 단열재를 사용하여 얻을 수 있는 효과에 해당하지 않는 것은?

① 축열용량이 작아진다.
② 열전도율이 작아진다.
③ 노 내의 온도분포가 균일하게 된다.
④ 스폴링 현상을 증가시킨다.

단열재 사용

열적 충격을 완화하여 노벽의 스폴링(균열 박락 현상)을 방지한다.

46 증기난방방식을 응축수 환수법에 의해 분류하였을 때 해당되지 않는 것은?

① 중력환수식 ② 고압환수식
③ 기계환수식 ④ 진공환수식

해설

증기난방 응축수 환수법

㉠ 중력환수식 : 효과가 적다.
㉡ 기계 환수식 : 순환 응축수 회수펌프 사용
㉢ 진공환수식 : 배관 내 진공이 100~250mmHg로 대규모 난방에서 효과가 크다.

47 보일러의 계속사용 검사기준에서 사용 중 검사에 대한 설명으로 거리가 먼 것은?

① 보일러 지지대의 균열, 내려앉음, 지지부재의 변형 또는 파손 등 보일러의 설치상태에 이상이 없어야 한다.
② 보일러와 접속된 배관, 밸브 등 각종 이음부에는 누기, 누수가 없어야 한다.
③ 연소실 내부가 충분히 청소된 상태이어야 하고, 축로의 변형 및 이탈이 없어야 한다.
④ 보일러 동체는 보온 및 케이싱이 분해되어 있어야 하며, 손상이 약간 있는 것은 사용해도 관계가 없다.

해설

수관식 보일러

동체, 노벽, 단열재 보온재 케이싱은 같이 부착된다.(노벽 손상 보수)

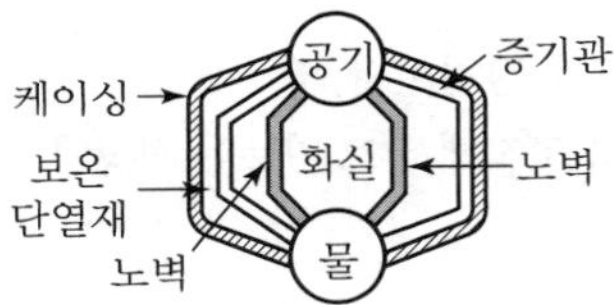

48 보일러 운전정지의 순서를 바르게 나열한 것은?

㉠ 댐퍼를 닫는다.
㉡ 공기의 공급을 정지한다.
㉢ 급수 후 급수펌프를 정지한다.
㉣ 연료의 공급을 정지한다.

① ㉠ → ㉡ → ㉢ → ㉣
② ㉠ → ㉣ → ㉡ → ㉢
③ ㉣ → ㉠ → ㉡ → ㉢
④ ㉣ → ㉡ → ㉢ → ㉠

해설

보일러 운전정지 순서

1. 연료의 공급을 정지한다.
2. 공기의 공급을 정지한다.
3. 급수 후 급수펌프를 정지한다.
4. 댐퍼를 닫는다.

정답 44 ③ 45 ④ 46 ② 47 ④ 48 ④

49 보일러 점화 전 자동제어장치의 점검에 대한 설명이 아닌 것은?

① 수위를 올리고 내려서 수위검출기 기능을 시험하고, 설정된 수위 상한 및 하한에서 정확하게 급수펌프가 기동, 정지하는지 확인한다.
② 저수탱크 내의 저수량을 점검하고 충분한 수량인 것을 확인한다.
③ 저수위경보기가 정상작동하는 것을 확인한다.
④ 인터록 계통의 제한기는 이상 없는지 확인한다.

해설
저수탱크의 저수량 확인은 자동제어가 아닌 육안으로 점검한다.

50 상용 보일러의 점화 전 준비상황과 관련이 없는 것은?

① 압력계 지침의 위치를 점검한다.
② 분출밸브 및 분출콕을 조작해서 그 기능이 정상인지 확인한다.
③ 연소장치에서 연료배관, 연료펌프 등의 개폐상태를 확인한다.
④ 연료의 발열량을 확인하고, 성분을 점검한다.

해설
보일러 운전자는 연료의 발열량, 성분 측정은 하지 않고 공급자의 조건표를 참고한다.

51 주철제 방열기를 설치할 때 벽과의 간격은 약 몇 mm 정도로 하는 것이 좋은가?

① 10~30　② 50~60
③ 70~80　④ 90~100

해설

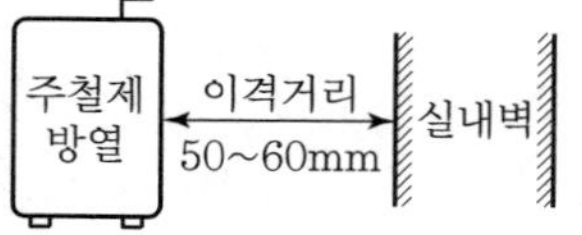

52 보일러수 속에 유지류, 부유물 등의 농도가 높아지면 드럼수면에 거품이 발생하고, 또한 거품이 증가하여 드럼의 증기실에 확대되는 현상은?

① 포밍
② 프라이밍
③ 워터 해머링
④ 프리퍼지

해설
① 포밍 : 거품 현상
② 프라이밍 : 비수(수분 솟음) 현상
③ 워터 해머링 : 수격작용
④ 프리퍼지 : 화실의 잔류가스 배출(환기)

53 보일러에서 라미네이션(Lamination)이란?

① 보일러 본체나 수관 등이 사용 중에 내부에서 2장의 층을 형성한 것
② 보일러 강판이 화염에 닿아 불룩 튀어 나온 것
③ 보일러 등에 작용하는 응력의 불균일로 동의 일부가 함몰된 것
④ 보일러 강판이 화염에 접촉하여 점식된 것

해설
라미네이션

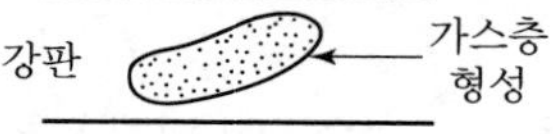

②는 브리스터(Brister) 현상에 관한 것이다.

54 벨로스형 신축이음쇠에 대한 설명으로 틀린 것은?

① 설치공간을 넓게 차지하지 않는다.
② 고온, 고압 배관의 옥내배관에 적당하다.
③ 일명 팩리스(Packless) 신축이음쇠라고도 한다.
④ 벨로스는 부식되지 않는 스테인리스, 청동 제품 등을 사용한다.

정답 49 ② 50 ④ 51 ② 52 ① 53 ① 54 ②

해설

② 루프형(곡관형) 신축이음 : 고온, 고압 옥외 대형 배관용 신축이음

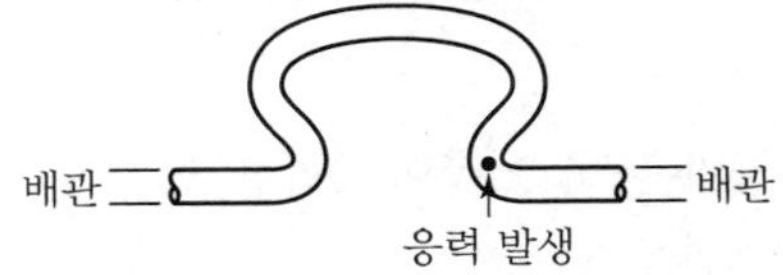

55 에너지이용 합리화법상 에너지를 사용하여 만드는 제품의 단위당 에너지사용목표량 또는 건축물의 단위면적당 에너지사용목표량을 정하여 고시하는 자는?

① 산업통상자원부장관 ② 에너지관리공단 이사장
③ 시 · 도지사 ④ 고용노동부장관

해설

산업통상자원부장관
에너지 사용 제품의 단위당 에너지사용목표량 또는 건축물의 단위면적당 에너지사용목표량을 정하여 고시하는 자

56 에너지다소비사업자가 매년 1월 31일까지 신고해야 할 사항에 포함되지 않는 것은?

① 전년도의 분기별 에너지사용량 · 제품생산량
② 해당 연도의 분기별 에너지사용예정량 · 제품생산예정량
③ 에너지사용기자재의 현황
④ 전년도의 분기별 에너지 절감량

해설

에너지다소비사업자(연간 석유환산량 2,000 TOE) 이상 사용자의 신고사항은 매년 1월 31일까지 ①, ②, ③항의 에너지기자재 현황을 시장, 도지사에게 신고한다.

57 정부는 국가전략을 효율적 · 체계적으로 이행하기 위하여 몇 년마다 저탄소 녹색성장 국가전략 5개년 계획을 수립하는가?

① 2년 ② 3년
③ 4년 ④ 5년

해설

저탄소 녹색성장 국가전략 5개년 계획수립은 5년마다 수립한다.

58 에너지이용 합리화법에서 정한 검사에 합격되지 아니한 검사대상기기를 사용한 자에 대한 벌칙은?

① 1년 이하의 징역 또는 1천만 원 이하의 벌금
② 2년 이하의 징역 또는 2천만 원 이하의 벌금
③ 3년 이하의 징역 또는 3천만 원 이하의 벌금
④ 4년 이하의 징역 또는 4천만 원 이하의 벌금

해설

에너지관리공단이사장에게 검사신청서를 접수하고 검사에 불합격 기기를 사용하면 1년 이하의 징역 또는 1천만 원 이하의 벌금에 처한다.

59 에너지이용 합리화법상 대기전력 경고 표지를 하지 아니한 자에 대한 벌칙은?

① 2년 이하의 징역 또는 2천만 원 이하의 벌금
② 1년 이하의 징역 또는 1천만 원 이하의 벌금
③ 5백만 원 이하의 벌금
④ 1천만 원 이하의 벌금

해설

대기전력 경고 표지를 하지 아니한 자에 대한 벌칙 : 5백만 원 이하의 벌금

60 신에너지 및 재생에너지 개발 · 이용 · 보급 촉진법에 따라 건축물인증기관으로부터 건축물인증을 받지 아니하고 건축물인증의 표시 또는 이와 유사한 표시를 하거나 건축물인증을 받은 것으로 홍보한 자에 대해 부과하는 과태료 기준으로 맞는 것은?

① 5백만 원 이하의 과태료 부과
② 1천만 원 이하의 과태료 부과
③ 2천만 원 이하의 과태료 부과
④ 3천만 원 이하의 과태료 부과

해설

건축물 인증을 받지 않고 홍보한 자에 대한 벌칙은 1천만 원 이하의 과태료 부과이다.

정답 55 ① 56 ④ 57 ④ 58 ① 59 ③ 60 ②

2015년 4월 4일 시행

과년도 기출문제

01 노통연관식 보일러에서 노통을 한쪽으로 편심시켜 부착하는 이유로 가장 타당한 것은?

① 전열면적을 크게 하기 위해서
② 통풍력의 증대를 위해서
③ 노통의 열신축과 강도를 보강하기 위해서
④ 보일러수를 원활하게 순환하기 위해서

해설
노통을 한쪽으로 편심시켜 부착하면 물(보일러수)의 순환을 촉진시킨다.

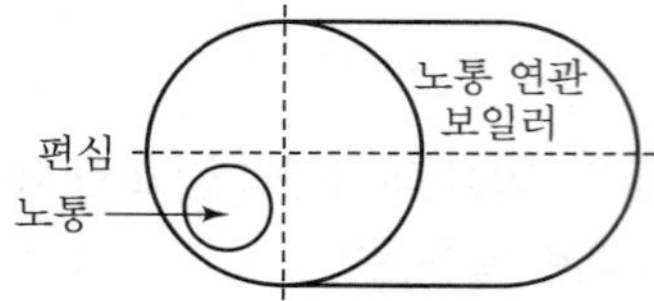

02 스프링식 안전밸브에서 전양정식에 대한 설명으로 옳은 것은?

① 밸브의 양정이 밸브시트 구경의 $\frac{1}{40}\sim\frac{1}{15}$ 미만인 것
② 밸브의 양정이 밸브시트 구경의 $\frac{1}{15}\sim\frac{1}{7}$ 미만인 것
③ 밸브의 양정이 밸브시트 구경의 $\frac{1}{7}$ 이상인 것
④ 밸브시트 증기통로 면적은 목부분 면적의 1.05배 이상인 것

해설
① 저양정식 ② 고양정식 ④ 전양식

03 2차 연소의 방지대책으로 적합하지 않은 것은?

① 연도의 가스 포켓이 되는 부분을 없앨 것
② 연소실 내에서 완전연소시킬 것
③ 2차 공기온도를 낮추어 공급할 것
④ 통풍조절을 잘 할 것

해설
2차 연소(연도 내 가스폭발) 방지책은 2차 공기의 온도를 높여서 화실에서 완전연소시켜야 한다.

04 다음의 설명에 해당하는 송풍기의 종류는?

> ㉠ 경향날개형이며 6~12매의 철판재 직선 날개를 보스에서 방사한 스포크에 리벳죔을 한 것이며, 측판이 있는 임펠러와 측판이 없는 것이 있다.
> ㉡ 구조가 견고하며 내마모성이 크고 날개를 바꾸기도 쉬우며 회진이 많은 가스의 흡출 통풍기, 미분탄 장치의 배탄기 등에 사용된다.

① 터보 송풍기 ② 다익 송풍기
③ 축류 송풍기 ④ 플레이트 송풍기

해설
플레이트형 송풍기(판형 송풍기)
원심식 송풍기이며 경향날개 6~12매의 철판형으로 흡출 송풍기로 사용된다.

05 연도에서 폐열회수장치의 설치순서가 옳은 것은?

① 재열기 → 절탄기 → 공기예열기 → 과열기
② 과열기 → 재열기 → 절탄기 → 공기예열기
③ 공기예열기 → 과열기 → 절탄기 → 재열기
④ 절탄기 → 과열기 → 공기예열기 → 재열기

해설
연도의 폐열회수장치(열효율장치) 설치순서
과열기 → 재열기 → 절탄기(급수가열기) → 공기예열기

정답 01 ④ 02 ③ 03 ③ 04 ④ 05 ②

06 수관식 보일러의 종류에 해당되지 않는 것은?

① 코르니시 보일러 ② 슐처 보일러
③ 다쿠마 보일러 ④ 라몽트 보일러

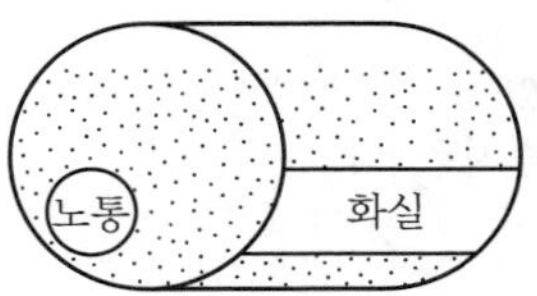

07 탄소(C) 1kmol이 완전연소하여 탄산가스(CO_2)가 될 때, 발생하는 열량은 몇 kcal인가?

① 29,200 ② 57,600
③ 68,600 ④ 97,200

$C + O_2 \rightarrow CO_2$
(12kg, 1kmol) → 97,200kcal/kmol(8,100kcal/kg)

08 일반적으로 보일러의 열손실 중에서 가장 큰 것은?

① 불완전연소에 의한 손실
② 배기가스에 의한 손실
③ 보일러 본체 벽에서의 복사, 전도에 의한 손실
④ 그을음에 의한 손실

보일러의 열손실 중 배기가스에 의한 열손실이 가장 크다.(열정산 시 출열에 해당)

09 압력이 일정할 때 과열 증기에 대한 설명으로 가장 적절한 것은?

① 습포화 증기에 열을 가해 온도를 높인 증기
② 건포화 증기에 압력을 높인 증기
③ 습포화 증기에 과열도를 높인 증기
④ 건포화 증기에 열을 가해 온도를 높인 증기

해설

습포화 증기 —가열→ 건포화 증기 —가열→ 과열 증기

습포화 증기 ↔ 건포화 증기: 압력 일정 (온도 일정)
과열 증기: 압력 일정 (온도 상승)

10 기름예열기에 대한 설명 중 옳은 것은?

① 가열온도가 낮으면 기름분해와 분무상태가 불량하고 분사각도가 나빠진다.
② 가열온도가 높으면 불길이 한쪽으로 치우쳐 그을음, 분진이 일어나고 무화상태가 나빠진다.
③ 서비스탱크에서 점도가 떨어진 기름을 무화에 적당한 온도로 가열시키는 장치이다.
④ 기름예열기에서의 가열온도는 인화점보다 약간 높게 한다.

해설

기름예열기(오일프리히터)
기름(중질유)에 적당한 온도로 가열시켜 점도를 감소시킨 후 연소 시 무화(오일입자 안개방울화)에 협조하는 기기이다.

11 보일러의 자동제어 중 제어동작이 연속동작에 해당하지 않는 것은?

① 비례동작 ② 적분동작
③ 미분동작 ④ 다위치동작

해설

불연속동작
㉠ 2위치(온－오프)동작
㉡ 간헐동작
㉢ 다위치동작

12 바이패스(By－Pass)관에 설치해서는 안 되는 부품은?

① 플로트트랩 ② 연료차단밸브
③ 감압밸브 ④ 유류배관의 유량계

정답 06 ① 07 ④ 08 ② 09 ④ 10 ③ 11 ④ 12 ②

해설

연료차단밸브

보일러 운전 시 인터록이 발생하면 연료를 신속하게 차단하여 보일러 운전을 정지시키는 일종의 안전장치이다.(바이패스는 필요 없고 직관에 설치한다.)

13 다음 중 압력의 단위가 아닌 것은?

① mmHg ② bar

③ N/m^2 ④ kg · m/s

해설

㉠ kg · m/sec : 일의 단위

㉡ 일의 열당량 : $\frac{1}{427}$ kcal/kg · m

14 보일러에 부착하는 압력계에 대한 설명으로 옳은 것은?

① 최대증발량 10t/h 이하인 관류보일러에 부착하는 압력계는 눈금판의 바깥지름을 50mm 이상으로 할 수 있다.

② 부착하는 압력계의 최고 눈금은 보일러의 최고사용압력의 1.5배 이하의 것을 사용한다.

③ 증기 보일러에 부착하는 압력계 눈금판의 바깥지름은 80mm 이상의 크기로 한다.

④ 압력계를 보호하기 위하여 물을 넣은 안지름 6.5 mm 이상의 사이펀관 또는 동등한 장치를 부착하여야 한다.

해설

① 60mm 이상

② 1.5배 이상~3배 이하

③ 100mm 이상

15 수트 블로어 사용에 관한 주의사항으로 틀린 것은?

① 분출기 내의 응축수를 배출시킨 후 사용할 것

② 그을음 불어내기를 할 때는 통풍력을 크게 할 것

③ 원활한 분출을 위해 분출하기 전 연도 내 배풍기를 사용하지 말 것

④ 한곳에 집중적으로 사용하여 전열면에 무리를 가하지 말 것

해설

수트 블로어(전열면의 그을음 제거) 사용 시 원활한 분출을 위해 연도 내에 배풍기를 사용한다.

16 수관보일러의 특징에 대한 설명으로 틀린 것은?

① 자연순환식은 고압이 될수록 물과의 비중차가 적어 순환력이 낮아진다.

② 증발량이 크고 수부가 커서 부하변동에 따른 압력변화가 적으며 효율이 좋다.

③ 용량에 비해 설치면적이 작으며 과열기, 공기예열기 등 설치와 운반이 쉽다.

④ 구조상 고압 대용량에 적합하며 연소실의 크기를 임의로 할 수 있어 연소상태가 좋다.

해설

수관식 보일러는 전열면적이 크고 수부가 작아서 부하변동 시 압력변화가 크고 효율이 좋으나 스케일 발생이 심하여 급수처리가 심각하다.

17 연통에서 배기되는 가스량이 2,500kg/h이고, 배기가스 온도가 230℃, 가스의 평균비열이 0.31kcal/kg · ℃, 외기온도가 18℃이면, 배기가스에 의한 손실열량은?

① 164,300kcal/h

② 174,300kcal/h

③ 184,300kcal/h

④ 194,300kcal/h

해설

$Q = G \times C_p \times \Delta t = 2{,}500 \times 0.31 \times (230 - 18)$

$= 164{,}300\text{kcal/h}$

정답 13 ④ 14 ④ 15 ③ 16 ② 17 ①

18 보일러 집진장치의 형식과 종류를 짝지은 것 중 틀린 것은?

① 가압수식 – 제트 스크러버
② 여과식 – 충격식 스크러버
③ 원심력식 – 사이클론
④ 전기식 – 코트렐

해설
㉠ 충격식 스크러버 집진장치 : 가압수식·세정식(습식) 집진장치
㉡ 여과식 : 백필터(건식) 집진장치

19 연소효율이 95%, 전열효율이 85%인 보일러의 효율은 약 몇 %인가?

① 90 ② 81
③ 70 ④ 61

해설
보일러 열효율 = 연소효율 × 전열효율
= (0.95 × 0.85) = 0.8075(81%)

20 소형 연소기를 실내에 설치하는 경우, 급배기통을 전용 챔버 내에 접속하여 자연통기력에 의해 급배기하는 방식은?

① 강제배기식 ② 강제급배기식
③ 자연급배기식 ④ 옥외급배기식

해설
배기방식의 종류
㉠ 자연급배기식 : CF 방식
㉡ 강제배기식 : FE 방식
㉢ 강제급배기식 : FF 방식
㉣ 옥외방식 : RF 방식

21 가스버너 연소방식 중 예혼합 연소방식이 아닌 것은?

① 저압버너 ② 포트형 버너
③ 고압버너 ④ 송풍버너

해설
㉠ 가스 포트형 버너 : 확산 연소방식
㉡ 가스 버너형 : 확산 연소방식

22 전열면적이 $25m^2$인 연관보일러를 8시간 가동시킨 결과 $4,000kg_f$의 증기가 발생하였다면, 이 보일러 전열면의 증발률은 몇 $kg_f/m^2 \cdot h$인가?

① 20 ② 30
③ 40 ④ 50

해설
$$\text{전열면의 증발률} = \frac{\text{시간당 증기발생량}}{\text{보일러 전열면적}} = \frac{4,000}{8 \times 25}$$
$$= 20kg_f/m^2 \cdot h$$

23 물을 가열하여 압력을 높이면 어느 지점에서 액체, 기체 상태의 구별이 없어지고 증발 잠열이 0kcal/kg이 된다. 이 점을 무엇이라 하는가?

① 임계점 ② 삼중점
③ 비등점 ④ 압력점

해설
물의 임계점(374℃, $225.65kg/cm^2$)
㉠ 액체, 기체의 구별이 없어진다.
㉡ 증발잠열이 0kcal/kg이다.

24 증기난방과 비교한 온수난방의 특징에 대한 설명으로 틀린 것은?

① 가열시간은 길지만 잘 식지 않으므로 동결의 우려가 적다.
② 난방부하의 변동에 따라 온도조절이 용이하다.
③ 취급이 용이하고 표면의 온도가 낮아 화상의 염려가 없다.
④ 방열기에는 증기트랩을 반드시 부착해야 한다.

해설
증기난방 방열기(라디에이터)에만 응축수 제거를 위해 증기트랩(덫)을 설치한다.

정답 18 ② 19 ② 20 ③ 21 ② 22 ① 23 ① 24 ④

25 외기온도 20℃, 배기가스온도 200℃이고, 연돌높이가 20m일 때 통풍력은 약 몇 mmAq인가?

① 5.5 ② 7.2
③ 9.2 ④ 12.2

해설

자연통풍력(Z)

$$Z=273\cdot H\left(\frac{1.293}{273+ta}-\frac{1.354}{273+tg}\right)$$
$$=273\times 20\left(\frac{1.293}{273+20}-\frac{1.354}{273+200}\right)$$
$$=5,460(0.0044-0.0028)=8.8\text{mmAq}(≒9.2)$$

26 과잉공기량에 관한 설명으로 옳은 것은?

① (실제공기량)×(이론공기량)
② (실제공기량)/(이론공기량)
③ (실제공기량)+(이론공기량)
④ (실제공기량)−(이론공기량)

해설

㉠ 실제공기량 : 이론공기량×공기비
㉡ 공기비 : 실제공기량/이론공기량
㉢ 과잉공기량 : 실제공기량−이론공기량

27 다음 그림은 인젝터의 단면을 나타낸 것이다. C부의 명칭은?

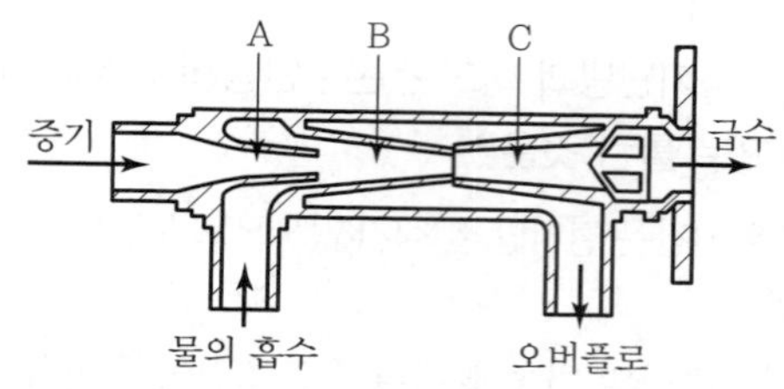

① 증기노즐 ② 혼합노즐
③ 분출노즐 ④ 고압노즐

해설

인젝터(소형 급수설비)
㉠ A : 증기노즐
㉡ B : (증기+물) 혼합노즐
㉢ C : 보일러 내로 급수(분출·토출 노즐)

28 증기축열기(Steam Accumulator)에 대한 설명으로 옳은 것은?

① 송기압력을 일정하게 유지하기 위한 장치
② 보일러 출력을 증가시키는 장치
③ 보일러에서 온수를 저장하는 장치
④ 증기를 저장하여 과부하 시에 증기를 방출하는 장치

해설

증기축열기
저부하 시 여분의 남은 증기를 저장하여 과부하 시 온수나 증기로 생성하여 사용처에 방출한다.

29 물체의 온도를 변화시키지 않고, 상(相) 변화를 일으키는 데만 사용되는 열량은?

① 감열 ② 비열
③ 현열 ④ 잠열

해설

㉠ 감열(현열) : 상의 변화 불변, 온도 변화에 필요한 열
㉡ 잠열 : 온도는 변화가 없고 상태 변화 시 소비되는 열(예 : 포화수 → 포화증기)

30 고체 벽의 한쪽에 있는 고온의 유체로부터 이 벽을 통과하여 다른 쪽에 있는 저온의 유체로 흐르는 열의 이동을 의미하는 용어는?

① 열관류 ② 현열
③ 잠열 ④ 전열량

해설

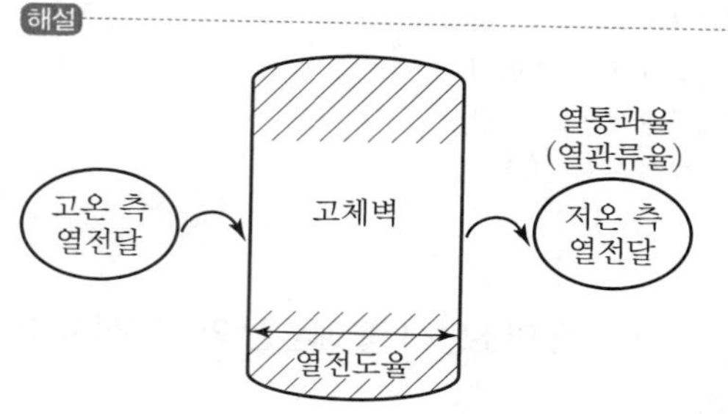

정답 25 ③ 26 ④ 27 ③ 28 ④ 29 ④ 30 ①

31 호칭지름 15A의 강관을 각도 90도로 구부릴 때 곡선부의 길이는 약 몇 mm인가?(단, 곡선부의 반지름은 90mm로 한다.)

① 141.4 ② 145.5
③ 150.2 ④ 155.3

해설

곡선길이$(L) = 2\pi R \times \frac{\theta}{360}$

$= 2 \times 3.14 \times 90 \times \frac{90°}{360°} = 141.4\text{mm}$

32 보일러의 점화 조작 시 주의사항으로 틀린 것은?

① 연료가스의 유출속도가 너무 빠르면 실화 등이 일어나고 너무 늦으면 역화가 발생한다.
② 연소실의 온도가 낮으면 연료의 확산이 불량해지며 착화가 잘 안 된다.
③ 연료의 예열온도가 낮으면 무화 불량, 화염의 편류, 그을음, 분진이 발생한다.
④ 유압이 낮으면 점화 및 분사가 양호하고 높으면 그을음이 없어진다.

해설

오일유압은 다소 높아야 무화가 용이하고 점화 및 분사가 양호하다.

33 온수난방에서 상당방열면적이 45m²일 때 난방부하는?(단, 방열기의 방열량은 표준방열량으로 한다.)

① 16,450kcal/h ② 18,500kcal/h
③ 19,450kcal/h ④ 20,250kcal/h

해설

온수난방 표준방열량 $= 450\text{kcal/m}^2\text{h}$

∴ 난방부하 $= 45 \times 450 = 20{,}250\text{kcal/h}$

34 보일러 사고에서 제작상의 원인이 아닌 것은?

① 구조 불량 ② 재료 불량
③ 캐리 오버 ④ 용접 불량

해설

캐리 오버(기수공발)

증기에 수분이나 거품이 발생하여 보일러 외부 증기관으로 이송되는 현상(취급상의 원인)

35 주철제 벽걸이 방열기의 호칭 방법은?

① W－형×쪽수
② 종별－치수×쪽수
③ 종별－쪽수×형
④ 치수－종별×쪽수

해설

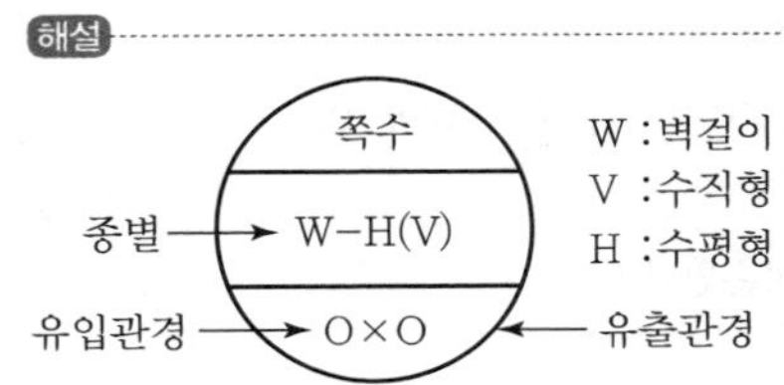

36 증기난방에서 응축수의 환수방법에 따른 분류 중 증기의 순환과 응축수의 배출이 빠르며, 방열량도 광범위하게 조절할 수 있어서 대규모 난방에서 많이 채택하는 방식은?

① 진공 환수식 증기난방
② 복관 중력 환수식 증기난방
③ 기계 환수식 증기난방
④ 단관 중력 환수식 증기난방

해설

진공환수식(100~250mmHg 진공상태)

㉠ 응축수 배출이 빠르다.
㉡ 방열량 조절이 가능하다.
㉢ 대규모 난방용에 사용된다.

정답 31 ① 32 ④ 33 ④ 34 ③ 35 ① 36 ①

37 저탕식 급탕설비에서 급탕의 온도를 일정하게 유지시키기 위해서 가스나 전기를 공급 또는 정지하는 것은?

① 사일렌서 ② 순환펌프
③ 가열코일 ④ 서모스탯

해설
서모스탯
저탕식 급탕설비용 온도조절기

38 파이프 벤더에 의한 구부림 작업 시 관에 주름이 생기는 원인으로 가장 옳은 것은?

① 압력조정이 세고 저항이 크다.
② 굽힘 반지름이 너무 작다.
③ 받침쇠가 너무 나와 있다.
④ 바깥지름에 비하여 두께가 너무 얇다.

해설
①, ②, ③ 관의 파손원인
④ 관의 주름 발생 원인

39 보일러 급수의 수질이 불량할 때 보일러에 미치는 장해와 관계가 없는 것은?

① 보일러 내부에 부식이 발생된다.
② 라미네이션 현상이 발생된다.
③ 프라이밍이나 포밍이 발생된다.
④ 보일러 동 내부에 슬러지가 퇴적된다.

해설
라미네이션 현상

강판 공기 발생

강판이 2장으로 변화
(열전도 방해 및 강도 저하)

40 보일러의 정상운전 시 수면계에 나타나는 수위의 위치로 가장 적당한 것은?

① 수면계의 최상위 ② 수면계의 최하위
③ 수면계의 중간 ④ 수면계 하부의 $\frac{1}{3}$ 위치

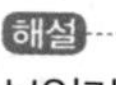

보일러

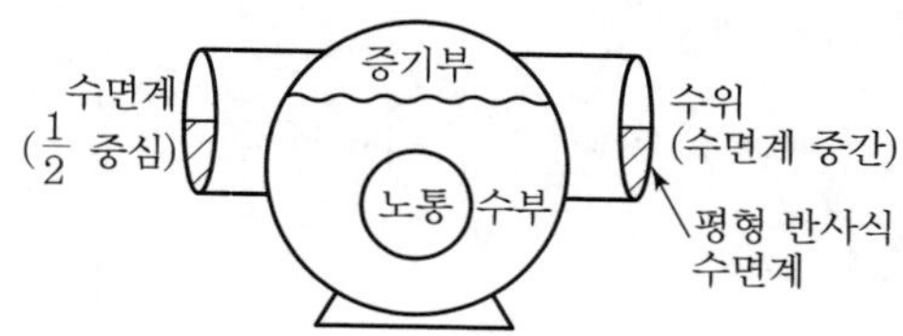

41 유류 연소 자동점화 보일러의 점화순서상 화염 검출기 작동 후 다음 단계는?

① 공기댐퍼 열림 ② 전자 밸브 열림
③ 노 내압 조정 ④ 노 내 환기

공기댐퍼 열림 → 노 내 환기 → 화염검출기 작동 → 전자 밸브 열림 → 노 내압 조정

42 보일러 내 처리제에서 가성취화 방지에 사용되는 약제가 아닌 것은?

① 인산나트륨 ② 질산나트륨
③ 탄닌 ④ 암모니아

해설
암모니아
보일러 내 6개월 이하 단기보존 시(만수보존에 사용되는 약제)

43 연관 최고부보다 노통 윗면이 높은 노통연관보일러의 최저수위(안전저수면)의 위치는?

① 노통 최고부 위 100mm
② 노통 최고부 위 75mm
③ 연관 최고부 위 100mm
④ 연관 최고부 위 75mm

정답 37 ④ 38 ④ 39 ② 40 ③ 41 ② 42 ④ 43 ①

해설

원통보일러의 안전저수면

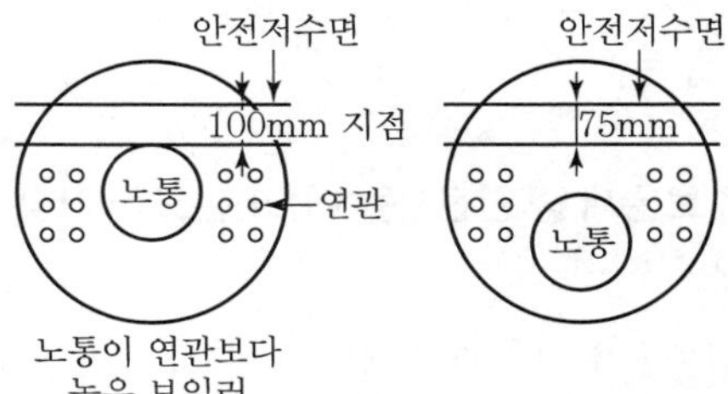

44 보일러의 외부 검사에 해당되는 것은?

① 스케일, 슬러지 상태 검사
② 노벽 상태 검사
③ 배관의 누설상태 검사
④ 연소실의 열 집중 현상 검사

해설

①, ②, ④ 보일러 내부 검사
③ 보일러 외부 검사

45 보일러 강판이나 강관을 제조할 때 재질 내부에 가스체 등이 함유되어 두 장의 층을 형성하고 있는 상태의 흠은?

① 블리스터 ② 팽출
③ 압궤 ④ 라미네이션

해설

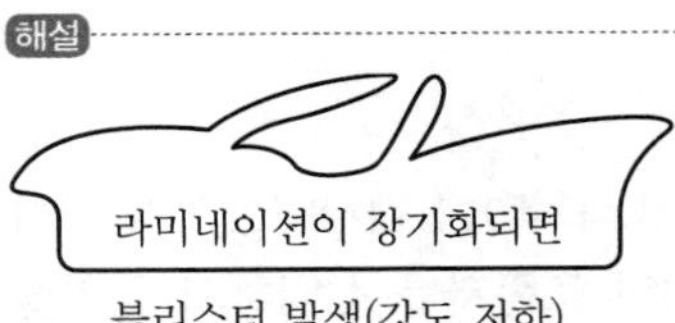

블리스터 발생(강도 저하)

46 오일프리히터의 종류에 속하지 않는 것은?

① 증기식 ② 직화식
③ 온수식 ④ 전기식

해설

오일프리히터(중질유오일 가열기)는 점성을 낮추기 위한 가열기로서, 증기식, 온수식, 전기식이 있다.

47 보일러의 과열 원인과 무관한 것은?

① 보일러수의 순환이 불량할 경우
② 스케일 누적이 많은 경우
③ 저수위로 운전할 경우
④ 1차 공기량의 공급이 부족한 경우

해설

1차 공기 부족
분무가 용이하지 못하고 노 내 불완전연소가 발생하며 노 내 가스 폭발 발생 및 화실의 온도강하 발생

48 증기난방 배관 시공 시 환수관이 문 또는 보와 교차할 때 이용되는 배관형식으로 위로는 공기, 아래로는 응축수를 유통시킬 수 있도록 시공하는 배관은?

① 루프형 배관 ② 리프트 피팅 배관
③ 하트포드 배관 ④ 냉각 배관

해설

루프형 배관
증기난방 배관에서 응축수 환수관이 문 또는 보와 교차 시 위로는 공기, 아래로는 응축수가 유통되도록 시공하는 배관형식

49 강철제 증기보일러의 최고사용압력이 0.4MPa인 경우 수압시험 압력은?

① 0.16MPa ② 0.2MPa
③ 0.8MPa ④ 1.2MPa

해설

보일러 최고압력 0.43MPa 이하의 수압시험은 2배
$\therefore 0.4 \times 2 = 0.8$MPa

정답 44 ③ 45 ④ 46 ② 47 ④ 48 ① 49 ③

50 질소봉입 방법으로 보일러 보존 시 보일러 내부에 질소가스의 봉입압력(MPa)으로 적합한 것은?

① 0.02　② 0.03
③ 0.06　④ 0.08

해설
보일러 장기보존 시 0.6kg/cm²(0.06MPa) 압력으로 질소 봉입하여 건식 보존(6개월 이상 보일러 운전이 불가능한 경우의 보존법)

51 보일러 급수 중 Fe, Mn, CO_2를 많이 함유하고 있는 경우의 급수처리 방법으로 가장 적합한 것은?

① 분사법　② 기폭법
③ 침강법　④ 가열법

해설
급수처리 기폭법
철(Fe), 망간(Mn), 탄산가스(CO_2) 제거

52 증기난방에서 방열기와 벽면의 적합한 간격(mm)은?

① 30~40　② 50~60
③ 80~100　④ 100~120

해설

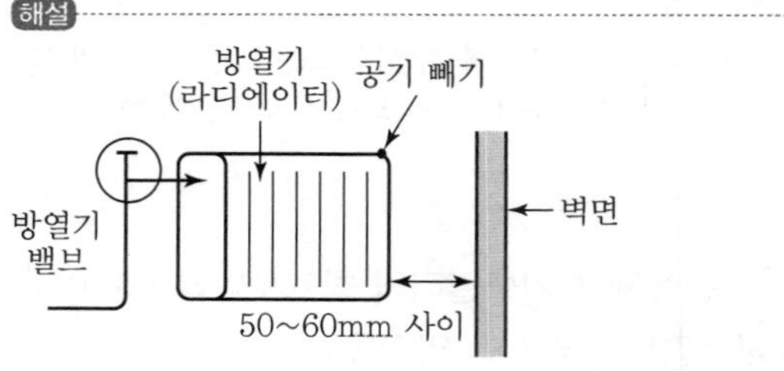

53 다음 중 보온재의 종류가 아닌 것은?

① 코르크　② 규조토
③ 프탈산수지 도료　④ 기포성 수지

해설
프탈산수지 도료는 보온재가 아닌 합성수지 방청용 도료(Paint)에 해당한다.

54 다음 보온재 중 안전사용 (최고)온도가 가장 높은 것은?

① 탄산마그네슘 물반죽 보온재
② 규산칼슘 보온판
③ 경질 폼라버 보온통
④ 글라스 울 블랭킷

해설
보온재 안전사용온도
㉠ 탄산마그네슘 : 250℃　㉡ 규산칼슘 : 650℃
㉢ 경질 폼 : 80℃　㉣ 글라스 울 : 300℃

55 저탄소 녹색성장 기본법상 녹색성장위원회의 위원으로 틀린 것은?

① 국토교통부장관
② 과학기술정보통신부장관
③ 기획재정부장관
④ 고용노동부장관

해설
시행령 제10조에 의거하여 녹색성장위원회의 구성은 ①, ②, ③ 외 환경부장관, 산업통상자원부장관, 국토교통부장관, 농림축산식품부장관 등이다.

56 에너지이용 합리화법상 검사대상기기 설치자가 검사대상기기의 조종자를 선임하지 않았을 때의 벌칙은?

① 1년 이하의 징역 또는 2천만 원 이하의 벌금
② 1년 이하의 징역 또는 5백만 원 이하의 벌금
③ 1천만 원 이하의 벌금
④ 5백만 원 이하의 벌금

해설
검사대상기기 조종자 미선임의 경우
설치자는 1천만 원 이하의 벌금에 처한다.

정답 50 ③ 51 ② 52 ② 53 ③ 54 ② 55 ④ 56 ③

57 에너지이용 합리화법령상 산업통상자원부장관이 에너지다소비사업자에게 개선명령을 할 수 있는 경우는 에너지관리 지도 결과 몇 % 이상 에너지 효율개선이 기대되는 경우인가?

① 2% ② 3%
③ 5% ④ 10%

해설
에너지관리 지도 결과 10% 이상 효율개선이 가능하다면 산업통상자원부장관이 에너지 다소비 사업자(연간 석유환산량 2,000티오이)에게 개선명령을 할 수 있다.

58 에너지이용 합리화법상 에너지사용자와 에너지공급자의 책무로 맞는 것은?

① 에너지의 생산 · 이용 등에서의 그 효율을 극소화
② 온실가스 배출을 줄이기 위한 노력
③ 기자재의 에너지효율을 높이기 위한 기술개발
④ 지역경제발전을 위한 시책 강구

해설
에너지사용자 · 에너지공급자의 책무
온실가스 배출을 줄이기 위한 노력이 필요하다.

59 에너지이용 합리화법상 평균에너지소비효율에 대하여 총량적인 에너지효율의 개선이 특히 필요하다고 인정되는 기자재는?

① 승용자동차
② 강철제보일러
③ 1종 압력용기
④ 축열식 전기보일러

해설
승용자동차
평균에너지소비효율에 대하여 총량적인 에너지효율의 개선이 필요한 기자재(에너지법 제17조)

60 에너지이용 합리화법에 따라 에너지 진단을 면제 또는 에너지진단주기를 연장받으려는 자가 제출해야 하는 첨부서류에 해당하지 않는 것은?

① 보유한 효율관리기자재 자료
② 중소기업임을 확인할 수 있는 서류
③ 에너지절약 유공자 표창 사본
④ 친에너지형 설비 설치를 확인할 수 있는 서류

해설
에너지진단 면제 또는 에너지진단주기의 연장을 받으려면 ②, ③, ④항의 첨부서류를 갖추어 제출하여야 한다.

정답 57 ④ 58 ② 59 ① 60 ①

2015년 7월 19일 시행

과년도 기출문제

01 보일러에서 배출되는 배기가스의 여열을 이용하여 급수를 예열하는 장치는?

① 과열기　② 재열기
③ 절탄기　④ 공기예열기

해설

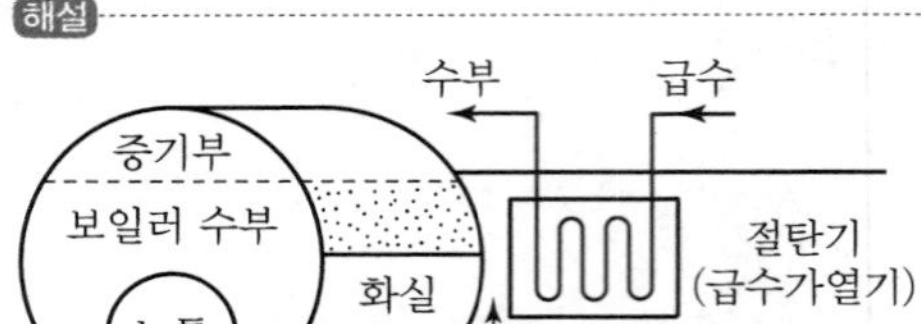

02 목푯값이 시간에 따라 임의로 변화되는 것은?

① 비율제어　② 추종제어
③ 프로그램제어　④ 캐스케이드제어

해설

추치제어에는 추종제어, 비율제어, 프로그램제어가 있다. 이 중 목푯값이 시간에 따라 임의로 변화되는 자동제어는 '추종제어'이다.

03 보일러 부속품 중 안전장치에 속하는 것은?

① 감압 밸브　② 주증기 밸브
③ 가용전　④ 유량계

해설

보일러 안전장치

가용전(화실상부에 부착), 방폭문, 화염검출기, 압력제한기, 저수위경보장치 등

가용전 : 납+주석의 합금(150℃, 200℃, 250℃ 3종류가 있다. 보일러 과열 시 용융하여 H_2O로 화염을 소멸시킨다.)

04 캐비테이션의 발생 원인이 아닌 것은?

① 흡입양정이 지나치게 클 때
② 흡입관의 저항이 작은 경우
③ 유량의 속도가 빠른 경우
④ 관로 내의 온도가 상승되었을 때

해설

캐비테이션(공동현상)

펌프작동 시 순간 압력이 저하하면 물이 증기로 변화하는 현상으로 발생원인은 ①, ③, ④항이며 흡입관의 저항이 클 때 발생한다.

05 다음 중 연료의 연소온도에 가장 큰 영향을 미치는 것은?

① 발화점　② 공기비
③ 인화점　④ 회분

해설

$$\text{공기비(과잉공기 계수)} = \frac{\text{연료의 실제공기량}}{\text{연료의 이론공기량}}$$

(공기비가 1.1~1.2 정도의 연료가 양호한 연료이다. 석탄 등은 공기비가 2 정도이다.)

㉠ 공기비가 클 경우 : 노 내 온도 저하, 배기가스량 증가, 열손실 발생
㉡ 공기비가 작을 경우 : 불완전연소, CO가스 발생, 연소상태 불량(공기비는 1 이하는 불완전연소)
㉢ 가스 연료는 공기비가 가장 적다.

06 수소 15%, 수분 0.5%인 중유의 고위발열량이 10,000kcal/kg이다. 이 중유의 저위발열량은 몇 kcal/kg인가?

① 8,795　② 8,984
③ 9,085　④ 9,187

정답 01 ③ 02 ② 03 ③ 04 ② 05 ② 06 ④

해설

$$\begin{aligned}\text{저위발열량}(Hl) &= \text{고위발열량}(Hh) - 600(9\mathrm{H}+\mathrm{W})\\ &= 10{,}000 - 600(9\times0.15+0.005)\\ &= 10{,}000 - 600(1.35+0.005)\\ &= 10{,}000 - 600\times1.355 = 9{,}187\mathrm{kcal/kg}\end{aligned}$$

07 부르동관 압력계를 부착할 때 사용되는 사이편관 속에 넣는 물질은?

① 수은 ② 증기
③ 공기 ④ 물

해설

압력계 부르동관의 파열 방지(6.5mm 이상 필요의 크기)를 위해 사이펀관 속에 물을 넣는다.

08 집진장치의 종류 중 건식집진장치의 종류가 아닌 것은?

① 가압수식 집진기 ② 중력식 집진기
③ 관성력식 집진기 ④ 원심력식 집진기

해설

집진장치(매연처리장치)

㉠ 건식, 습식, 전기식
㉡ 습식 : 유수식, 가압수식, 회전식
㉢ 가압수식 : 사이클론 스크러버, 충전탑, 벤투리 스크러버, 제트 스크러버 등

09 수관식 보일러에 속하지 않는 것은?

① 입형 횡관식 ② 자연 순환식
③ 강제 순환식 ④ 관류식

해설

입형 원통형 보일러(소규모 보일러)

㉠ 입형 횡관식
㉡ 입형 연관식
㉢ 코크란식

10 공기예열기의 종류에 속하지 않는 것은?

① 전열식 ② 재생식
③ 증기식 ④ 방사식

해설

공기예열기(폐열회수장치)

㉠ 전열식(관형, 판형)
㉡ 재생식(융 스트롬식)
㉢ 증기식

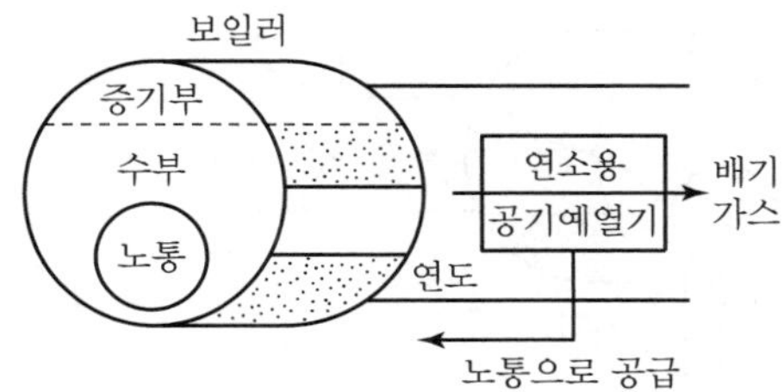

11 비접촉식 온도계의 종류가 아닌 것은?

① 광전관식 온도계 ② 방사 온도계
③ 광고 온도계 ④ 열전대 온도계

해설

접촉식 온도계

액주식 온도계, 전기저항식 온도계, 환상천평식 온도계, 침종식 온도계, 열전대 온도계 등(접촉식은 비접촉식에 비해 저온측정용으로 알맞다.)

12 보일러의 전열면적이 클 때의 설명으로 틀린 것은?

① 증발량이 많다.
② 예열이 빠르다.
③ 용량이 적다.
④ 효율이 높다.

해설

③ 전열면적이 큰 보일러는 보일러 용량이 크다.

보일러 용량 표시

전열면적, 보일러마력, 정격용량(상당증발량), 정격출력, 상당방열면적(EDR)

정답 07 ④ 08 ① 09 ① 10 ④ 11 ④ 12 ③

13 보일러 연도에 설치하는 댐퍼의 설치 목적과 관계가 없는 것은?

① 매연 및 그을음의 제거
② 통풍력의 조절
③ 연소가스 흐름의 차단
④ 주연도와 부연도가 있을 때 가스의 흐름을 전환

해설

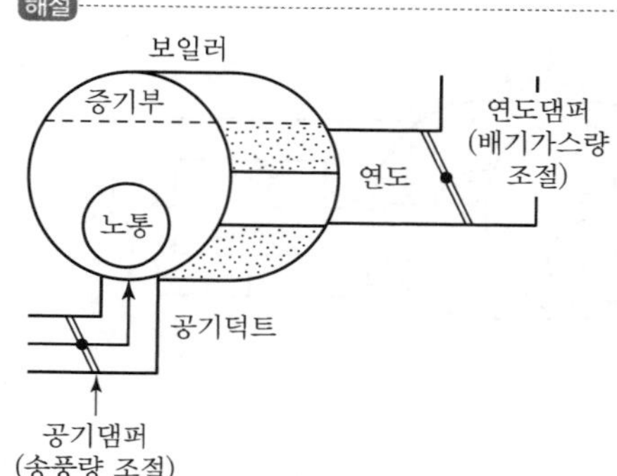

14 통풍력을 증가시키는 방법으로 옳은 것은?

① 연도는 짧고, 연돌은 낮게 설치한다.
② 연도는 길고, 연돌의 단면적을 작게 설치한다.
③ 배기가스의 온도는 낮춘다.
④ 연도는 짧고, 굴곡부는 적게 한다.

해설

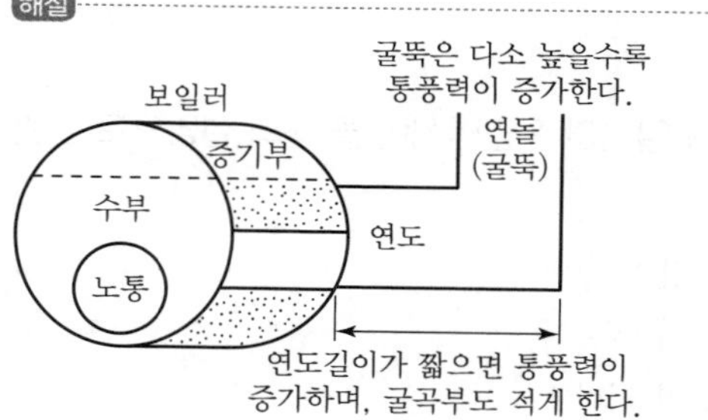

15 연료의 연소에서 환원염이란?

① 산소 부족으로 인한 화염이다.
② 공기비가 너무 클 때의 화염이다.
③ 산소가 많이 포함된 화염이다.
④ 연료를 완전연소시킬 때의 화염이다.

해설

㉠ 환원염 : 연소상태에서 산소(O_2)가 부족한 화염
㉡ 산화염 : 연소과정에서 산소(O_2)가 풍부한 화염

16 보일러 화염 유무를 검출하는 스택 스위치에 대한 설명으로 틀린 것은?

① 화염의 발열 현상을 이용한 것이다.
② 구조가 간단하다.
③ 버너 용량이 큰 곳에 사용된다.
④ 바이메탈의 신축작용으로 화염 유무를 검출한다.

해설

스택 스위치(화염검출기)
연도에 설치하며 온수보일러나 소용량 보일러 화염검출기로서 응답시간이 느리다.

17 3요소식 보일러 급수제어방식에서 검출하는 3요소는?

① 수위, 증기유량, 급수유량
② 수위, 공기압, 수압
③ 수위, 연료량, 공기압
④ 수위, 연료량, 수압

해설

보일러 급수제어
㉠ 단요소식 : 수위 검출
㉡ 2요소식 : 수위, 증기유량 검출
㉢ 3요소식 : 수위, 증기유량, 급수유량 검출

18 대형보일러인 경우에 송풍기가 작동되지 않으면 전자 밸브가 열리지 않고, 점화를 저지하는 인터록의 종류는?

① 저연소 인터록 ② 압력초과 인터록
③ 프리퍼지 인터록 ④ 불착화 인터록

해설

프리퍼지 인터록
송풍기가 작동되지 않으면 전자밸브가 개방되지 않아서 연료공급이 중단되므로 점화가 저지되는 안전장치이다.

정답 13 ① 14 ④ 15 ① 16 ③ 17 ① 18 ③

19 수위의 부력에 의한 플로트 위치에 따라 연결된 수은 스위치로 작동하는 형식으로, 중 · 소형 보일러에 가장 많이 사용하는 저수위 경보장치의 형식은?

① 기계식 ② 전극식
③ 자석식 ④ 맥도널식

해설

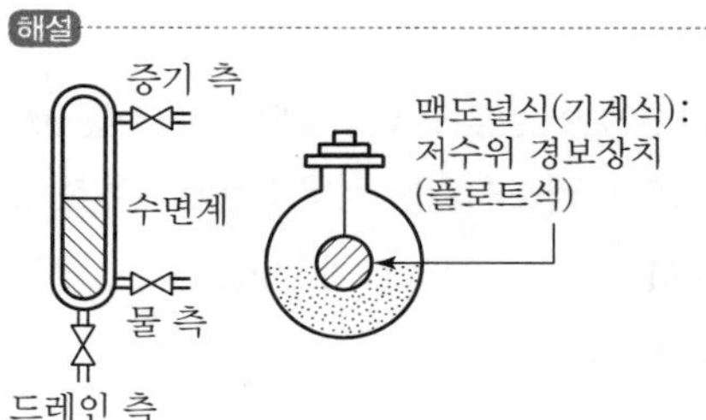

20 증기의 발생이 활발해지면 증기와 함께 물방울이 같이 비산하여 증기관으로 취출되는데, 이때 드럼 내에 증기 취출구에 부착하여 증기 속에 포함된 수분취출을 방지해주는 관은?

① 워터실링관
② 주증기관
③ 베이퍼록 방지관
④ 비수방지관

해설

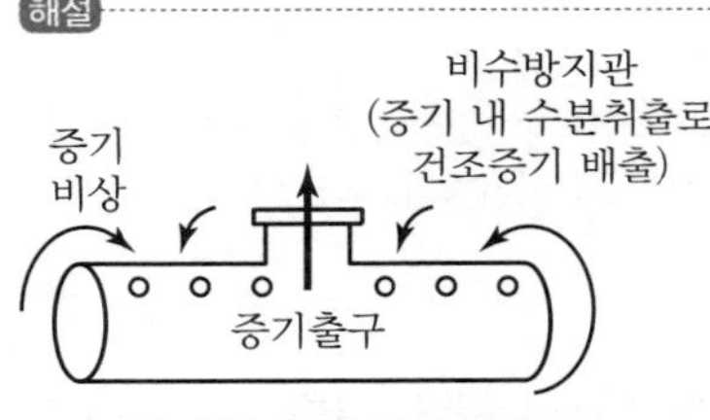

21 증기의 과열도를 옳게 표현한 식은?

① 과열도 = 포화증기온도 − 과열증기온도
② 과열도 = 포화증기온도 − 압축수의 온도
③ 과열도 = 과열증기온도 − 압축수의 온도
④ 과열도 = 과열증기온도 − 포화증기온도

해설

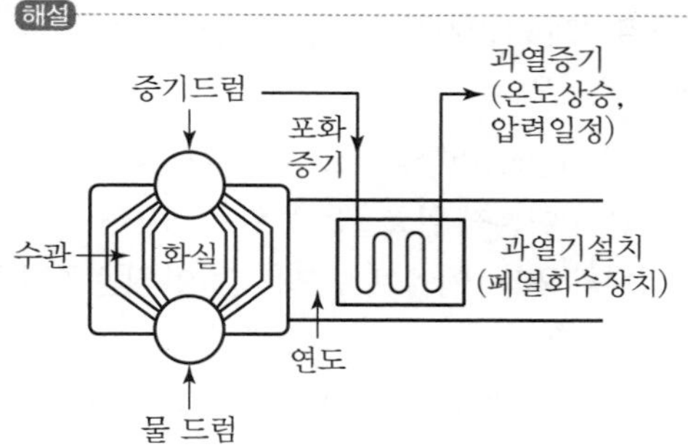

22 어떤 액체 연료를 완전연소시키기 위한 이론 공기량이 10.5Nm³/kg이고, 공기비가 1.4인 경우 실제 공기량은?

① 7.5Nm³/kg
② 11.9Nm³/kg
③ 14.7Nm³/kg
④ 16.0Nm³/kg

해설

실제공기량(A) = 이론공기량(A_0) × 공기비(m)
= 10.5 × 1.4 = 14.7Nm³/kg

23 파형 노통보일러의 특징을 설명한 것으로 옳은 것은?

① 제작이 용이하다.
② 내 · 외면의 청소가 용이하다.
③ 평형 노통보다 전열면적이 크다.
④ 평형 노통보다 외압에 대하여 강도가 적다.

해설

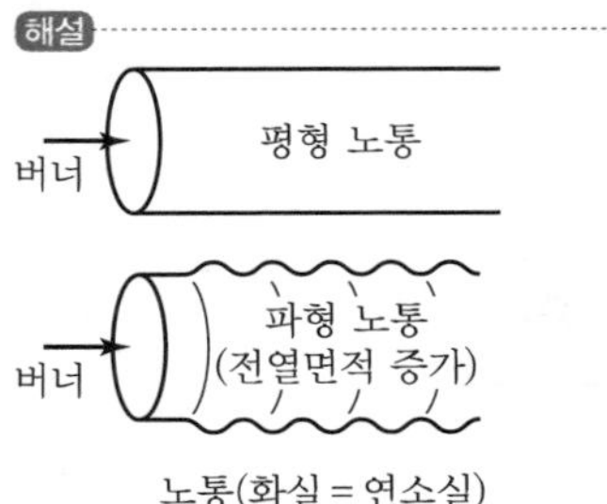

노통(화실 = 연소실)

정답 19 ④ 20 ④ 21 ④ 22 ③ 23 ③

24 보일러에 과열기를 설치할 때 얻어지는 장점으로 틀린 것은?

① 증기관 내의 마찰저항을 감소시킬 수 있다.
② 증기기관의 이론적 열효율을 높일 수 있다.
③ 같은 압력의 포화증기에 비해 보유열량이 많은 증기를 얻을 수 있다.
④ 연소가스의 저항으로 압력손실을 줄일 수 있다.

해설
연도 내에 과열기, 재열기, 절탄기, 공기예열기를 설치하면 배기 연소가스의 저항으로 압력손실이 증가하고 연소가스의 온도가 하강하며 절탄기 등에 저온부식 발생

25 수트 블로어 사용 시 주의사항으로 틀린 것은?

① 부하가 50% 이하인 경우에 사용한다.
② 보일러 정지 시 수트 블로어 작업을 하지 않는다.
③ 분출 시에는 유인 통풍을 증가시킨다.
④ 분출기 내의 응축수를 배출시킨 후 사용한다.

해설
수트 블로어(그을음 제거장치) 사용(압축공기 또는 고압증기 사용) 시는 보일러 부하가 50% 이상에서 작동시켜 화실 내 그을음 부착을 방지하여 전열을 양호하게 한다.

26 후향 날개 형식으로 보일러의 압입송풍에 많이 사용되는 송풍기는?

① 다익형 송풍기　② 축류형 송풍기
③ 터보형 송풍기　④ 플레이트형 송풍기

해설
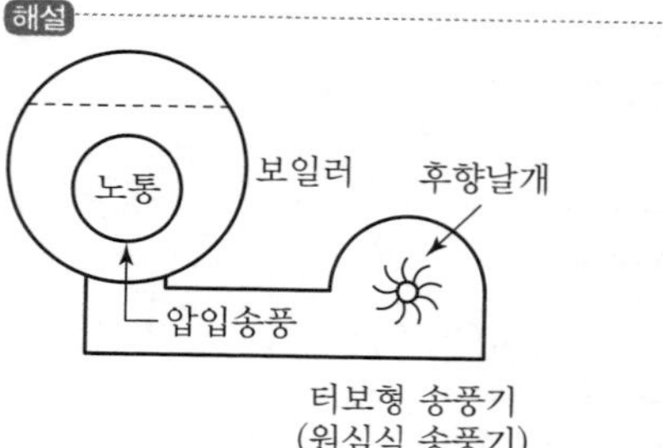

27 연료의 가연성분이 아닌 것은?

① N　② C
③ H　④ S

해설
연료의 가연성분
탄소(C), 수소(H), 황(S)

28 효율이 82%인 보일러로 발열량 9,800kcal/kg의 연료를 15kg 연소시키는 경우의 손실 열량은?

① 80,360kcal　② 32,500kcal
③ 26,460kcal　④ 120,540kcal

해설
총열량(Q) = 15kg × 9,800kcal/kg = 147,000kcal
∴ 손실열량(Q) = 147,000 × (1 − 0.82) = 26,460kcal

29 보일러 연소용 공기조절장치 중 착화를 원활하게 하고 화염의 안정을 도모하는 장치는?

① 윈드박스(Wind Box)
② 보염기(Stabilizer)
③ 버너타일(Burner Tile)
④ 플레임 아이(Flame Eye)

해설
스테빌라이저(보염기)
공기조절장치(에어레지스터)로서 연소의 초기 착화 및 화염의 안정을 도모하는 장치로서 선회기방식, 보염판방식이 있다.

30 증기난방설비에서 배관 구배를 부여하는 가장 큰 이유는 무엇인가?

① 증기의 흐름을 빠르게 하기 위해서
② 응축수의 체류를 방지하기 위해서
③ 배관시공을 편리하게 하기 위해서
④ 증기와 응축수의 흐름마찰을 줄이기 위해서

정답 24 ④ 25 ① 26 ③ 27 ① 28 ③ 29 ② 30 ②

해설

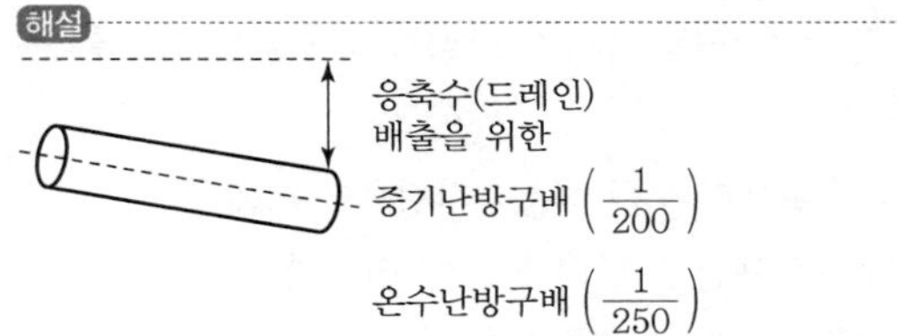

31 보일러 배관 중에 신축이음을 하는 목적으로 가장 적합한 것은?

① 증기 속의 이물질을 제거하기 위하여
② 열팽창에 의한 관의 파열을 막기 위하여
③ 보일러수의 누수를 막기 위하여
④ 증기 속의 수분을 분리하기 위하여

해설

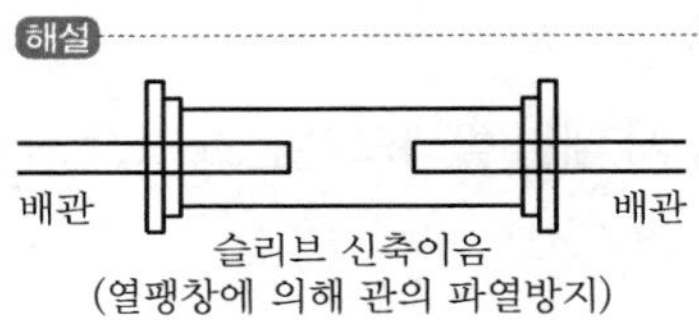

32 팽창탱크에 대한 설명으로 옳은 것은?

① 개방식 팽창탱크는 주로 고온수 난방에서 사용한다.
② 팽창관에는 방열관에 부착하는 크기의 밸브를 설치한다.
③ 밀폐형 팽창탱크에는 수면계를 구비한다.
④ 밀폐형 팽창탱크는 개방식 팽창탱크에 비하여 적어도 된다.

해설

㉠ 100℃ 이상 고온수난방용 : 밀폐형 팽창탱크 사용(부피가 적다.)
㉡ 100℃ 미만 저온수난방용 : 개방식 팽창탱크 사용(용량이 커야 한다.)

33 온수난방의 특성을 설명한 것 중 틀린 것은?

① 실내 예열시간이 짧지만 쉽게 냉각되지 않는다.
② 난방부하 변동에 따른 온도조절이 쉽다.
③ 단독주택 또는 소규모 건물에 적용된다.
④ 보일러 취급이 비교적 쉽다.

해설

온수난방
물은 비열(kcal/kg · K)이 커서 데우기가 어렵고, 또한 쉽게 냉각되지 않는다.(증기난방은 예열시간이 짧다. 비열이 물의 절반으로 쉽게 냉각되어 응축수가 고인다.)

34 다음 중 주형 방열기의 종류로 거리가 먼 것은?

① 1주형 ② 2주형
③ 3세주형 ④ 5세주형

해설

방열기(라디에이터) : 주철제
㉠ 2주형, 3주형
㉡ 3세주형, 5세주형
㉢ 길드형

35 보일러 점화 시 역화의 원인과 관계가 없는 것은?

① 착화가 지연될 경우
② 점화원을 사용한 경우
③ 프리퍼지가 불충분한 경우
④ 연료 공급밸브를 급개하여 다량으로 분무한 경우

해설

㉠ 연료 점화원 : 경유, LPG, 도시가스, 전기스파크 등
㉡ 역화의 원인은 ①, ③, ④항이다.

36 압력계로 연결하는 증기관을 황동관이나 동관을 사용할 경우, 증기온도는 약 몇 ℃ 이하인가?

① 210℃ ② 260℃
③ 310℃ ④ 360℃

해설

보일러 압력계와 연결하는 증기관은 동관의 경우 210℃ 이하에서 사용이 가능하다.

정답 31 ② 32 ③ 33 ① 34 ① 35 ② 36 ①

37 보일러를 비상 정지시키는 경우의 일반적인 조치사항으로 거리가 먼 것은?

① 압력은 자연히 떨어지게 기다린다.
② 주증기 스톱밸브를 열어 놓는다.
③ 연소공기의 공급을 멈춘다.
④ 연료 공급을 중단한다.

해설
보일러 비상정지 시 ①, ③, ④항을 조치하고 주증기 스톱밸브를 닫아 놓는다.

38 금속 특유의 복사열에 대한 반사 특성을 이용한 대표적인 금속질 보온재는?

① 세라믹 파이버 ② 실리카 파이버
③ 알루미늄 박 ④ 규산칼슘

해설
㉠ 금속질 보온재 : 알루미늄 박(泊)이며 10mm 이하일 때 효과가 제일 좋다.
㉡ 세라믹 파이버 : 1,300℃ 사용
㉢ 실리카 파이버 : 1,100℃ 사용
㉣ 규산칼슘 : 650℃ 사용

39 기포성 수지에 대한 설명으로 틀린 것은?

① 열전도율이 낮고 가볍다.
② 불에 잘 타며 보온성과 보랭성은 좋지 않다.
③ 흡수성은 좋지 않으나 굽힘성은 풍부하다.
④ 합성수지 또는 고무질 재료를 사용하여 다공질 제품으로 만든 것이다.

해설
기포성 수지 보온재는 보온성 · 보랭성이 우수하고 불에 잘 타지 않는다. 기포성 수지, 탄화코르크, 텍스류, 우모펠트는 130℃ 이하에서 사용한다.

40 온수 보일러의 순환펌프 설치방법으로 옳은 것은?

① 순환펌프의 모터부분은 수평으로 설치한다.
② 순환펌프는 보일러 본체에 설치한다.
③ 순환펌프는 송수주관에 설치한다.
④ 공기 빼기 장치가 없는 순환펌프는 체크밸브를 설치한다.

해설
순환펌프
㉠ 환수배관에 설치한다.
㉡ 순환펌프에는 여과기를 설치한다.
㉢ 순환펌프에는 바이패스(우회배관)를 설치한다.(모터는 수평배관으로 한다.)

41 보일러 가동 시 매연 발생의 원인과 가장 거리가 먼 것은?

① 연소실 과열
② 연소실 용적의 과소
③ 연료 중의 불순물 혼입
④ 연소용 공기의 공급 부족

해설
연소실 과열은 보일러 강도저하 및 파열과 관계된다.

42 중유 연소 시 보일러 저온부식의 방지대책으로 거리가 먼 것은?

① 저온의 전열면에 내식재료를 사용한다.
② 첨가제를 사용하여 황산가스의 노점을 높여 준다.
③ 공기예열기 및 급수예열장치 등에 보호피막을 한다.
④ 배기가스 중의 산소함유량을 낮추어 아황산가스의 산화를 제한한다.

해설
연도의 저온부식(황에 의한 절탄기, 공기예열기에 발생하는 부식)을 방지하려면 첨가제를 사용하여 황산가스의 노점을 강하시킨다.

정답 37 ② 38 ③ 39 ② 40 ① 41 ① 42 ②

43 물의 온도가 393K를 초과하는 온수 발생 보일러에는 크기가 몇 mm 이상인 안전밸브를 설치하여야 하는가?

① 5　　② 10
③ 15　　④ 20

해설
393K－273＝120℃를 초과하는 온수 발생 보일러에는 안전밸브 크기가 20mm 이상이어야 한다.

44 보일러 부식에 관련된 설명 중 틀린 것은?

① 점식은 국부전지의 작용에 의해서 일어난다.
② 수용액 중에서 부식문제를 일으키는 주요인은 용존산소, 용존가스 등이다.
③ 중유 연소 시 중유 회분 중에 바나듐이 포함되어 있으면 바나듐 산화물에 의한 고온부식이 발생한다.
④ 가성취화는 고온에서 알칼리에 의한 부식현상을 말하며, 보일러 내부 전체에 걸쳐 균일하게 발생한다.

해설
가성취화(농알칼리 용액 부식) 부식
취화균열이며 철강조직의 입자 사이가 부식되어 취약해지고 결정입자의 경계에 따라 균열이 생긴다.

45 증기난방의 중력 환수식에서 단관식인 경우 배관기울기로 적당한 것은?

① 1/100~1/200 정도의 순 기울기
② 1/200~1/300 정도의 순 기울기
③ 1/300~1/400 정도의 순 기울기
④ 1/400~1/500 정도의 순 기울기

해설
증기난방 방식
단관 중력 환수식 하향공급식 기울기 : $\frac{1}{100} \sim \frac{1}{200}$
(단, 상향식은 $\frac{1}{50} \sim \frac{1}{100}$ 정도)

46 보일러 용량 결정에 포함될 사항으로 거리가 먼 것은?

① 난방부하　　② 급탕부하
③ 배관부하　　④ 연료부하

해설
보일러 정격부하＝난방부하＋급탕부하＋배관부하＋예열부하(시동부하)

47 온수난방 배관에서 수평주관에 지름이 다른 관을 접속하여 연결할 때 가장 적합한 관 이음쇠는?

① 유니언　　② 편심 리듀서
③ 부싱　　④ 니플

해설
㉠ 동심 리듀서

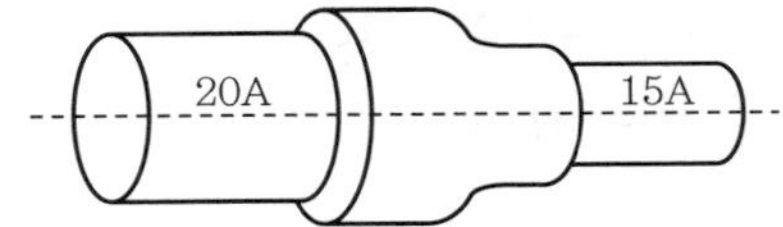

㉡ 편심 리듀서(이상적인 연결)

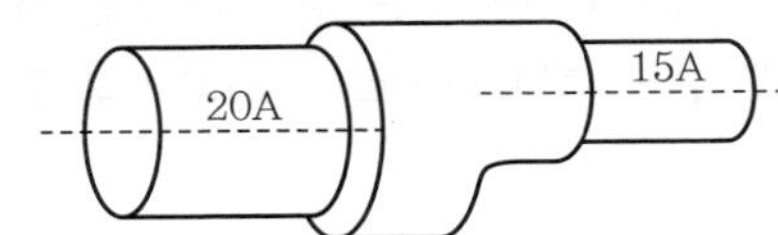

48 온수순환 방식에 의한 분류 중에서 순환이 자유롭고 신속하며, 방열기의 위치가 낮아도 순환이 가능한 방법은?

① 중력 순환식
② 강제 순환식
③ 단관식 순환식
④ 복관식 순환식

해설
강제 순환식 온수난방
순환이 자유롭고 순환펌프가 필요하며 보일러보다 방열기 위치가 낮아도 순환이 가능하다.

정답 43 ④ 44 ④ 45 ① 46 ④ 47 ② 48 ②

49 온수보일러 개방식 팽창탱크 설치 시 주의사항으로 틀린 것은?

① 팽창탱크 상부에 통기구멍을 설치한다.
② 팽창탱크 내부의 수위를 알 수 있는 구조이어야 한다.
③ 탱크에 연결되는 팽창 흡수관은 팽창탱크 바닥면과 같게 배관해야 한다.
④ 팽창탱크의 높이는 최고 부위 방열기보다 1m 이상 높은 곳에 설치한다.

해설

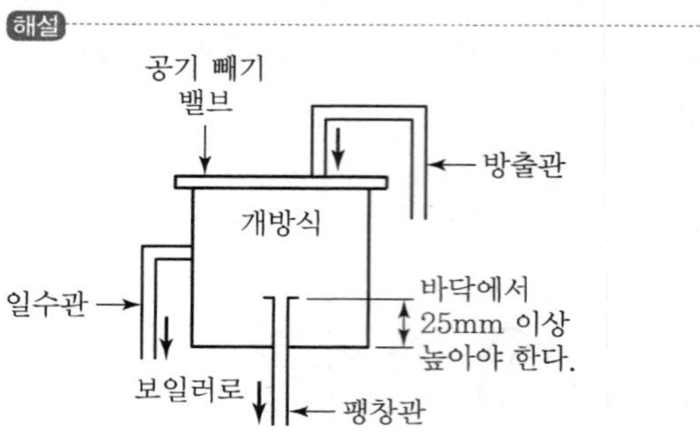

50 열팽창에 의한 배관의 이동을 구속 또는 제한하는 배관 지지구인 리스트레인트(Restraint)의 종류가 아닌 것은?

① 가이드 ② 앵커
③ 스토퍼 ④ 행거

해설

리스트레인트의 종류
㉠ 가이드
㉡ 앵커
㉢ 스토퍼

51 보통 온수식 난방에서 온수의 온도는?

① 65~70℃ ② 75~80℃
③ 85~90℃ ④ 95~100℃

해설

㉠ 저온수 난방 : 100℃ 이하
㉡ 보통 온수난방 : 85~90℃ 정도

52 장시간 사용을 중지하고 있던 보일러의 점화 준비에서 부속장치 조작 및 시동으로 틀린 것은?

① 댐퍼는 굴뚝에서 가까운 것부터 차례로 연다.
② 통풍장치의 댐퍼 개폐도가 적당한지 확인한다.
③ 흡입통풍기가 설치된 경우는 가볍게 운전한다.
④ 절탄기나 과열기에 바이패스가 설치된 경우는 바이패스 댐퍼를 닫는다.

해설

장시간 사용을 중지한 보일러를 다시 재가동할 때 점화 시에 절탄기(급수가열기)나 과열기에 부착된 바이패스의 경우 먼저 바이패스로 연결한 후 시간이 지나면 차단하고 주 라인 밸브로 이관시킨다.

53 응축수 환수방식 중 중력환수 방식으로 환수가 불가능한 경우 응축수를 별도의 응축수 탱크에 모으고 펌프 등을 이용하여 보일러에 급수를 행하는 방식은?

① 복관 환수식 ② 부력 환수식
③ 진공 환수식 ④ 기계 환수식

해설

증기난방 응축수 환수방법
㉠ 중력 환수식(응축수 비중 이용)
㉡ 기계 환수식(응축수 펌프 사용)
㉢ 진공 환수식(진공펌프 사용)

54 무기질 보온재에 해당되는 것은?

① 암면 ② 펠트
③ 코르크 ④ 기포성 수지

해설

무기질 암면 보온재(안산암, 현무암, 석회석 사용)
400℃ 이하의 관, 덕트, 탱크보온재로 사용한다.
㉠ 흡수성이 적다.
㉡ 알칼리에는 강하나 강한 산에는 약하다.
㉢ 풍화의 염려가 적다.

정답 49 ③ 50 ④ 51 ③ 52 ④ 53 ④ 54 ①

55 에너지이용 합리화법상 효율관리기자재의 에너지소비효율등급 또는 에너지소비효율을 효율관리시험기관에서 측정받아 해당 효율관리기자재에 표시하여야 하는 자는?

① 효율관리기자재의 제조업자 또는 시공업자
② 효율관리기자재의 제조업자 또는 수입업자
③ 효율관리기자재의 시공업자 또는 판매업자
④ 효율관리기자재의 시공업자 또는 수입업자

해설
에너지이용 효율관리기자재에는 제조업자 또는 수입업자를 표시해야 한다.

56 저탄소 녹색성장 기본법상 녹색성장위원회의 심의사항이 아닌 것은?

① 지방자치단체의 저탄소 녹색성장의 기본방향에 관한 사항
② 녹색성장국가전략의 수립·변경·시행에 관한 사항
③ 기후변화대응 기본계획, 에너지기본계획 및 지속가능발전 기본계획에 관한 사항
④ 저탄소 녹색성장을 위한 재원의 배분방향 및 효율적 사용에 관한 사항

해설
저탄소 녹색성장 기본법 제15조에 의거 ①에서 지방자치단체는 생략되어야 하며 ②, ③, ④항 외 11가지 사항이 심의사항이다.

57 에너지법상 '에너지 사용자'의 정의로 옳은 것은?

① 에너지 보급 계획을 세우는 자
② 에너지를 생산·수입하는 사업자
③ 에너지사용시설의 소유자 또는 관리자
④ 에너지를 저장·판매하는 자

해설
에너지 사용자
㉠ 에너지사용시설의 소유자 ㉡ 에너지사용시설의 관리자

58 에너지이용 합리화법규상 냉난방 온도제한 건물에 냉난방 제한온도를 적용할 때의 기준으로 옳은 것은?(단, 판매시설 및 공항의 경우는 제외한다.)

① 냉방 : 24℃ 이상, 난방 : 18℃ 이하
② 냉방 : 24℃ 이상, 난방 : 20℃ 이하
③ 냉방 : 26℃ 이상, 난방 : 18℃ 이하
④ 냉방 : 26℃ 이상, 난방 : 20℃ 이하

해설
건물 냉난방 제한온도
㉠ 냉방 : 온도 26℃ 이상에서만 냉방 사용
㉡ 난방 : 온도 20℃ 이상은 난방 사용 금지

59 다음 ( ) 안에 알맞은 것은?

> 에너지법령상 에너지 총조사는 (㉠)마다 실시하되, (㉡)이 필요하다고 인정할 때에는 간이조사를 실시할 수 있다.

① ㉠ 2년, ㉡ 행정자치부장관
② ㉠ 2년, ㉡ 교육부장관
③ ㉠ 3년, ㉡ 산업통상자원부장관
④ ㉠ 3년, ㉡ 고용노동부장관

60 에너지이용 합리화법상 검사대상기기설치자가 시·도지사에게 신고하여야 하는 경우가 아닌 것은?

① 검사대상기기를 정비한 경우
② 검사대상기기를 폐기한 경우
③ 검사대상기기의 사용을 중지한 경우
④ 검사대상기기의 설치자가 변경된 경우

해설
②, ③, ④항은 15일 이내 에너지관리공단 이사장에게 신고하여야 한다.

정답 55 ② 56 ① 57 ③ 58 ④ 59 ③ 60 ①

2015년 10월 10일 시행

과년도 기출문제

01 중유의 성상을 개선하기 위한 첨가제 중 분무를 순조롭게 하기 위하여 사용하는 것은?

① 연소촉진제 ② 슬러지 분산제
③ 회분개질제 ④ 탈수제

해설
연소촉진제
중유의 성상에서 노 내 중유의 분무(무화 : 중질유 기름의 입자를 안개방울화하여 연소를 순조롭게 하는 것)를 순조롭게 하기 위한 것

02 천연가스의 비중이 약 0.64라고 표시되었을 때, 비중의 기준은?

① 물 ② 공기
③ 배기가스 ④ 수증기

해설
천연가스(NG)의 주성분은 메탄가스(CH_4)이며 기체연료의 비중(가스비중/29)은 공기와 비중을 비교한다.(공기분자량 29를 비중 1로 본다.)

03 30마력(PS)인 기관이 1시간 동안 행한 일량을 열량으로 환산하면 약 몇 kcal인가?(단, 이 과정에서 행한 일량은 모두 열량으로 변환된다고 가정한다.)

① 14,360 ② 15,240
③ 18,970 ④ 20,402

해설
1PS－h＝632kcal
∴ 632×30＝18,960kcal/h

04 프로판(Propane) 가스의 연소식은 다음과 같다. 프로판 가스 10kg을 완전연소시키는 데 필요한 이론산소량은?

$$C_3H_8 + 5O_2 \rightarrow 3CO_2 + 4H_2O$$

① 약 11.6Nm^3 ② 약 13.8Nm^3
③ 약 22.4Nm^3 ④ 약 25.5Nm^3

해설
$C_3H_8 + 5O_2$(프로판 1kmol＝44kg)
44kg 5×22.4Nm^3

이론산소량$(O_0) = \frac{5 \times 22.4}{44} \times 10\text{kg} = 25.5Nm^3$

05 화염검출기 종류 중 화염의 이온화를 이용한 것으로 가스 점화 버너에 주로 사용하는 것은?

① 플레임 아이 ② 스택 스위치
③ 광도전 셀 ④ 플레임 로드

해설
화염검출기 중 화염의 이온화 및 전기전도성을 이용한 것은 가스연료용으로 많이 사용하는 플레임 로드이다.

06 수위경보기의 종류 중 플로트의 위치변위에 따라 수은 스위치 또는 마이크로 스위치를 작동시켜 경보를 울리는 것은?

① 기계식 경보기
② 자석식 경보기
③ 전극식 경보기
④ 맥도널식 경보기

정답 01 ① 02 ② 03 ③ 04 ④ 05 ④ 06 ④

해설

맥도널식(플로트식) 수위검출장치

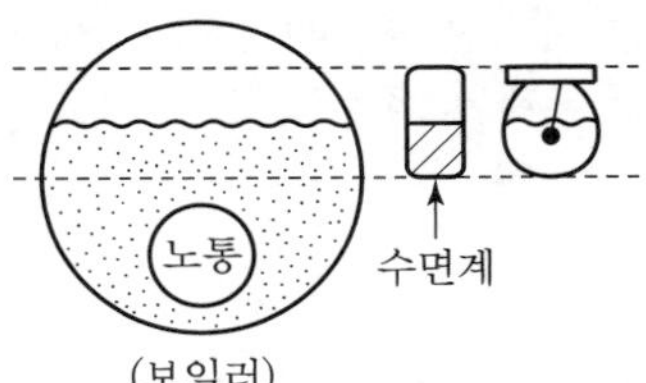

07 보일러 열정산을 설명한 것 중 옳은 것은?

① 입열과 출열은 반드시 같아야 한다.
② 방열손실로 인하여 입열이 항상 크다.
③ 열효율 증대장치로 인하여 출열이 항상 크다.
④ 연소효율에 따라 입열과 출열은 다르다.

해설

열정산(열의 수입, 지출 : 열수지)에서 입열(공급열)과 출열은 항상 같아야 한다.(출열 중 증기보유열 외에는 모두 열손실이다.)

08 보일러 액체연료 연소장치인 버너의 형식별 종류에 해당되지 않는 것은?

① 고압기류식　② 왕복식
③ 유압분사식　④ 회전식

해설

왕복식은 급수펌프 등에 사용한다.(피스톤식, 웨어식, 플런저식)

09 매시간 425kg의 연료를 연소시켜 4,800kg/h의 증기를 발생시키는 보일러의 효율은 약 얼마인가?(단, 연료의 발열량 : 9,750kcal/kg, 증기엔탈피 : 676kcal/kg, 급수온도 : 20℃이다.)

① 76%　② 81%
③ 85%　④ 90%

해설

보일러 효율$(\eta) = \dfrac{G_s \times (h_2 - h_1)}{G_f \times Hl} \times 100(\%)$

$\therefore \ \eta = \dfrac{4,800 \times (676 - 20)}{425 \times 9,750} \times 100 = 76\%$

10 함진가스에 선회운동을 주어 분진입자에 작용하는 원심력에 의하여 입자를 분리하는 집진장치로 가장 적합한 것은?

① 백필터식 집진기
② 사이클론식 집진기
③ 전기식 집진기
④ 관성력식 집진기

해설

사이클론식 매연집진장치(원심식)는 함진가스의 선회운동을 주어 분진입자를 원심력을 통해 제거하는 건식 집진장치이다.

11 '1보일러 마력'에 대한 설명으로 옳은 것은?

① 0℃의 물 539kg을 1시간에 100℃의 증기로 바꿀 수 있는 능력이다.
② 100℃의 물 539kg을 1시간에 같은 온도의 증기로 바꿀 수 있는 능력이다.
③ 100℃의 물 15.65kg을 1시간에 같은 온도의 증기로 바꿀 수 있는 능력이다.
④ 0℃의 물 15.65kg을 1시간에 100℃의 증기로 바꿀 수 있는 능력이다.

해설

보일러 1마력 용량

100℃의 물 15.65kg을 1시간에 100℃의 증기로 바꿀 수 있는 능력이다.

12 연료성분 중 가연 성분이 아닌 것은?

① C　② H
③ S　④ O

해설

연료의 가연 성분

㉠ 탄소(C)
㉡ 수소(H)
㉢ 황(S)

정답 07 ① 08 ② 09 ① 10 ② 11 ③ 12 ④

13 보일러 급수내관의 설치 위치로 옳은 것은?

① 보일러의 기준수위와 일치되게 설치한다.
② 보일러의 상용수위보다 50mm 정도 높게 설치한다.
③ 보일러의 안전저수위보다 50mm 정도 높게 설치한다.
④ 보일러의 안전저수위보다 50mm 정도 낮게 설치한다.

해설

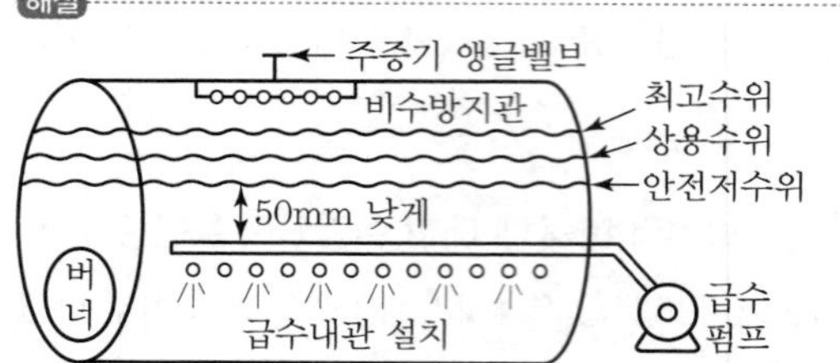

14 보일러 배기가스의 자연 통풍력을 증가시키는 방법으로 틀린 것은?

① 연도의 길이를 짧게 한다.
② 배기가스 온도를 낮춘다.
③ 연돌 높이를 증가시킨다.
④ 연돌의 단면적을 크게 한다.

해설

통풍력을 증가시키려면 연도길이는 짧게, 배기가스 온도는 높게, 연돌의 높이는 주위 건물보다 높게, 연돌의 상부 단면적을 크게 한다.

15 증기의 건조도(x) 설명이 옳은 것은?

① 습증기 전체 질량 중 액체가 차지하는 질량비를 말한다.
② 습증기 전체 질량 중 증기가 차지하는 질량비를 말한다.
③ 액체가 차지하는 전체 질량 중 습증기가 차지하는 질량비를 말한다.
④ 증기가 차지하는 전체 질량 중 습증기가 차지하는 질량비를 말한다.

해설

증기의 건조도

습증기 전체 질량 중 증기가 차지하는 질량비(건조도가 1이면 건포화증기, 건조도가 0이면 포화수, 건조도가 1 이하이면 습포화증기)

16 다음 중 저양정식 안전밸브의 단면적 계산식은?(단, A = 단면적(mm²), P = 분출압력(kgf/cm²), E = 증발량(kg/h)이다.)

① $A=\dfrac{22E}{1.03P+1}$　② $A=\dfrac{10E}{1.03P+1}$
③ $A=\dfrac{5E}{1.03P+1}$　④ $A=\dfrac{2.5E}{1.03P+1}$

해설

① 저양정식　② 고양정식
③ 전양정식　④ 전양식

17 입형 보일러에 대한 설명으로 거리가 먼 것은?

① 보일러 동을 수직으로 세워 설치한 것이다.
② 구조가 간단하고 설비비가 적게 든다.
③ 내부청소 및 수리나 검사가 불편하다.
④ 열효율이 높고 부하능력이 크다.

해설

입형 보일러는 원통형 보일러로 효율이 낮다. 열효율이 높고 부하능력(kcal/h)이 큰 것은 수관식 보일러다.

18 보일러용 가스버너 중 외부혼합식에 속하지 않는 것은?

① 파일럿 버너
② 센터파이어형 버너
③ 링형 버너
④ 멀티스폿형 버너

해설

파일럿 버너

화실 내부에서 점화용 버너로 사용된다. 일명 가스나, LPG, 경유 등을 사용하는 착화용 버너이다.

정답 13 ④ 14 ② 15 ② 16 ① 17 ④ 18 ①

19 보일러 부속장치인 증기과열기를 설치 위치에 따라 분류할 때, 해당되지 않는 것은?

① 복사식 ② 전도식
③ 접촉식 ④ 복사접촉식

해설
증기과열기 종류

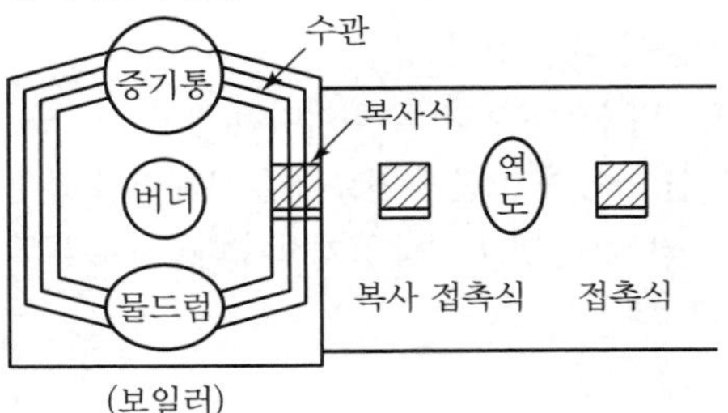

20 가스 연소용 보일러의 안전장치가 아닌 것은?

① 가용마개 ② 화염검출기
③ 이젝터 ④ 방폭문

이젝터는 냉동기에 사용된다.

21 보일러에서 제어해야 할 요소에 해당되지 않는 것은?

① 급수제어 ② 연소제어
③ 증기온도 제어 ④ 전열면 제어

해설
보일러 자동제어(ABC)
㉠ 급수제어(FWC) ㉡ 증기온도 제어(STC)
㉢ 연소제어(ACC)

22 관류보일러의 특징에 대한 설명으로 틀린 것은?

① 철저한 급수처리가 필요하다.
② 임계압력 이상의 고압에 적당하다.
③ 순환비가 1이므로 드럼이 필요하다.
④ 증기의 가동발생 시간이 매우 짧다.

해설
단관식 관류보일러는 순환비(급수량/증기량)가 1이어서 드럼(증기동)이 필요 없다.

23 보일러 전열면적 $1m^2$당 1시간에 발생되는 실제 증발량은 무엇인가?

① 전열면의 증발률 ② 전열면의 출력
③ 전열면의 효율 ④ 상당증발 효율

해설
전열면의 증발률=(시간당 증기발생량/전열면적)kg/m^2h

24 50kg의 −10℃ 얼음을 100℃의 증기로 만드는 데 소요되는 열량은 몇 kcal인가?(단, 물과 얼음의 비열은 각각 1kcal/kg · ℃, 0.5kcal/kg · ℃로 한다.)

① 36,200 ② 36,450
③ 37,200 ④ 37,450

해설
㉠ 얼음의 현열=50kg×0.5(0−(−10))=250kcal
㉡ 얼음의 융해열=50kg×80kcal/kg=4,000kcal
㉢ 물의 현열=50kg×1×(100−0)=5,000kcal
㉣ 물의 증발열=50×539kcal/kg=26,950kcal
∴ ㉠+㉡+㉢+㉣=36,200kcal(얼음의 융해잠열은 80, 물의 증발잠열은 539)

25 피드백 자동제어에서 동작신호를 받아서 제어계가 정해진 동작을 하는 데 필요한 신호를 만들어 조작부에 보내는 부분은?

① 검출부 ② 제어부
③ 비교부 ④ 조절부

해설

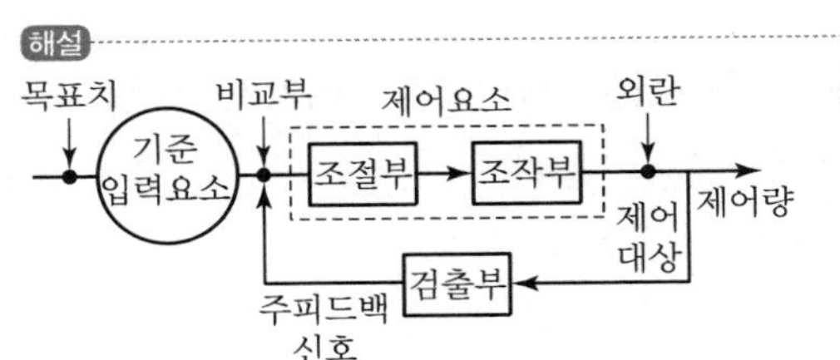

정답 19 ② 20 ③ 21 ④ 22 ③ 23 ① 24 ① 25 ④

26 중유 보일러의 연소보조장치에 속하지 않는 것은?

① 여과기 ② 인젝터
③ 화염 검출기 ④ 오일 프리히터

해설

인젝터
증기를 이용한 보일러 급수설비(일종의 급수장치)

27 보일러 분출의 목적으로 틀린 것은?

① 불순물로 인한 보일러수의 농축을 방지한다.
② 포밍이나 프라이밍의 생성을 좋게 한다.
③ 전열면에 스케일 생성을 방지한다.
④ 관수의 순환을 좋게 한다.

해설

보일러 분출(수저분출, 수면분출)
포밍(거품)이나 프라이밍(비수)의 생성을 방지한다.

28 캐리오버로 인하여 나타날 수 있는 결과로 거리가 먼 것은?

① 수격현상 ② 프라이밍
③ 열효율 저하 ④ 배관의 부식

해설

캐리오버(기수공발)란 비수와 거품이 같이 보일러 외부 배관으로 분출되는 현상을 말한다.

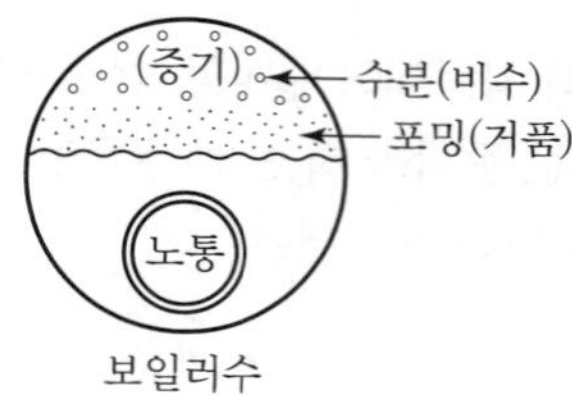

29 입형 보일러 특징으로 거리가 먼 것은?

① 보일러 효율이 높다.
② 수리나 검사가 불편하다.
③ 구조 및 설치가 간단하다.
④ 전열면적이 적고 소용량이다.

해설

입형보일러(수직원통형 버티컬)는 구조상 전열면적이 적어서 효율이 낮다.

30 보일러의 점화 시 역화원인에 해당되지 않는 것은?

① 압입통풍이 너무 강한 경우
② 프리퍼지의 불충분이나 또 잊어버린 경우
③ 점화원을 가동하기 전에 연료를 분무해버린 경우
④ 연료 공급밸브를 필요 이상 급개하여 다량으로 분무한 경우

해설

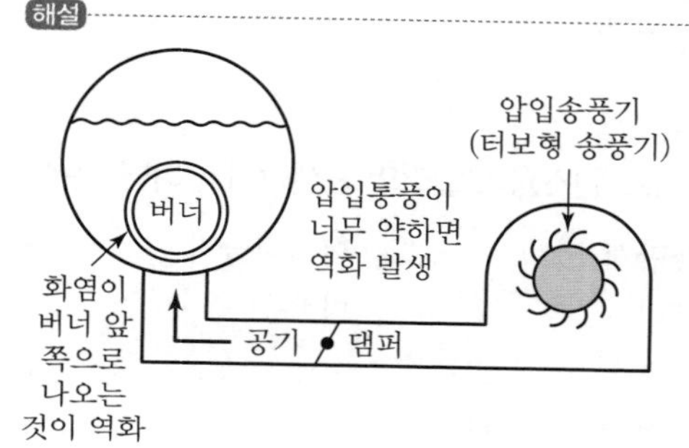

31 관속에 흐르는 유체의 종류를 나타내는 기호 중 증기를 나타내는 것은?

① S ② W
③ O ④ A

해설

① S : 스팀 ② W : 물
③ O : 오일 ④ A : 공기

32 보일러 청관제 중 보일러수의 연화제로 사용되지 않는 것은?

① 수산화나트륨 ② 탄산나트륨
③ 인산나트륨 ④ 황산나트륨

해설

황산나트륨(Na_2SO_3)은 관수 중 산소(O)를 제거하는 탈산소제(점식의 부식방지)로 사용한다.

정답 26 ② 27 ② 28 ② 29 ① 30 ① 31 ① 32 ④

33 어떤 방의 온수난방에서 소요되는 열량이 시간당 21,000kcal이고, 송수온도가 85℃이며, 환수온도가 25℃라면, 온수의 순환량은?(단, 온수의 비열은 1kcal/kg · ℃이다.)

① 324kg/h ② 350kg/h
③ 398kg/h ④ 423kg/h

해설
물의 현열 = 1×(85 − 25) = 60kcal/kg

$\therefore$ 온수 순환량 = $\frac{21,000\text{kcal/h}}{60\text{kcal/kg}}$ = 350kg/h

34 보일러에 사용되는 안전밸브 및 압력방출장치 크기를 20A 이상으로 할 수 있는 보일러가 아닌 것은?

① 소용량 강철제 보일러
② 최대증발량 5T/h 이하의 관류보일러
③ 최고사용압력 1MPa(10kg$_f$/cm^2) 이하의 보일러로 전열면적 5m^2 이하의 것
④ 최고사용압력 0.1MPa(1kg$_f$/cm^2) 이하의 보일러

해설
③ 최고사용압력 0.5MPa 이하의 보일러로서 전열면적 2m^2 이하의 보일러가 20A 이상이다.

35 배관계의 식별 표시는 물질의 종류에 따라 달리한다. 물질과 식별색의 연결이 틀린 것은?

① 물 : 파랑
② 기름 : 연한 주황
③ 증기 : 어두운 빨강
④ 가스 : 연한 노랑

해설
기름(오일)
진한 빨간색

36 다음 보온재 중 안전사용 온도가 가장 낮은 것은?

① 우모펠트 ② 암면
③ 석면 ④ 규조토

해설
① 펠트류(양모, 우모) : 100℃ 이하
② 암면 : 400~600℃
③ 석면 : 350~550℃
④ 규조토 : 250~500℃

37 주 증기관에서 증기의 건도를 향상시키는 방법으로 적당하지 않은 것은?

① 가압하여 증기의 압력을 높인다.
② 드레인 포켓을 설치한다.
③ 증기공간 내에 공기를 제거한다.
④ 기수분리기를 사용한다.

해설
증기는 가압한 후 압력을 낮추면 건조도(x)가 향상된다.

38 보일러 기수공발(Carry Over)의 원인이 아닌 것은?

① 보일러의 증발능력에 비하여 보일러수의 표면적이 너무 넓다.
② 보일러의 수위가 높아지거나 송기 시 증기 밸브를 급개하였다.
③ 보일러수 중의 가성소다, 인산소다, 유지분 등의 함유비율이 많았다.
④ 부유 고형물이나 용해 고형물이 많이 존재하였다.

해설

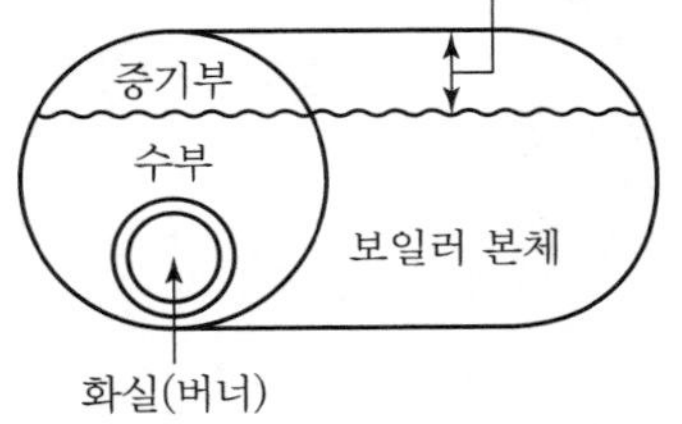

정답 33 ② 34 ③ 35 ② 36 ① 37 ① 38 ①

39 동관의 끝을 나팔 모양으로 만드는 데 사용하는 공구는?

① 사이징 툴　　② 익스팬더
③ 플레어링 툴　　④ 파이프 커터

해설
플레어링 툴
20mm 이하의 동관의 끝을 나팔 모양으로 만드는 동관의 공구

40 보일러 분출 시의 유의사항 중 틀린 것은?

① 분출 도중 다른 작업을 하지 말 것
② 안전저수위 이하로 분출하지 말 것
③ 2대 이상의 보일러를 동시에 분출하지 말 것
④ 계속 운전 중인 보일러는 부하가 가장 클 때 할 것

해설

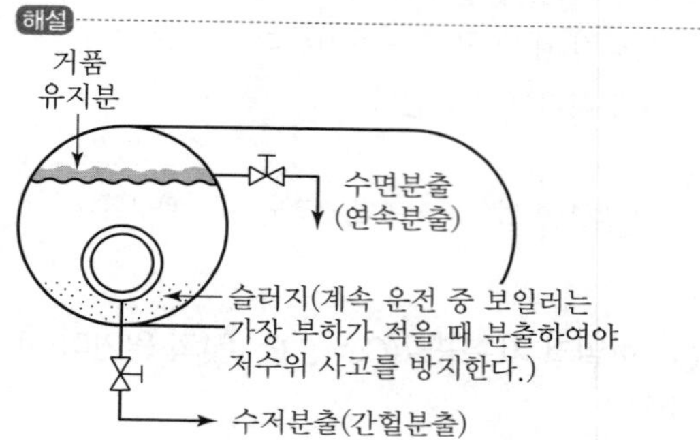

41 난방부하 계산 시 고려해야 할 사항으로 거리가 먼 것은?

① 유리창 및 문의 크기
② 현관 등의 공간
③ 연료의 발열량
④ 건물 위치

해설
연료의 발열량은 보일러 열정산 시 입열사항이다.

42 보일러에서 수압시험을 하는 목적으로 틀린 것은?

① 분출 증기압력을 측정하기 위하여
② 각종 덮개를 장치한 후의 기밀도를 확인하기 위하여
③ 수리한 경우 그 부분의 강도나 이상 유무를 판단하기 위하여
④ 구조상 내부검사를 하기 어려운 곳에는 그 상태를 판단하기 위하여

해설
보일러 수압시험의 목적은 ②, ③, ④항이다.

43 온수난방법 중 고온수 난방에 사용되는 온수의 온도는?

① 100℃ 이상　　② 80~90℃
③ 60~70℃　　④ 40~60℃

해설
㉠ 고온수 난방　㉡ 저온수 난방　㉢ 복사난방

44 온수방열기의 공기빼기 밸브의 위치로 적당한 것은?

① 방열기 상부　　② 방열기 중부
③ 방열기 하부　　④ 방열기의 최하단부

해설

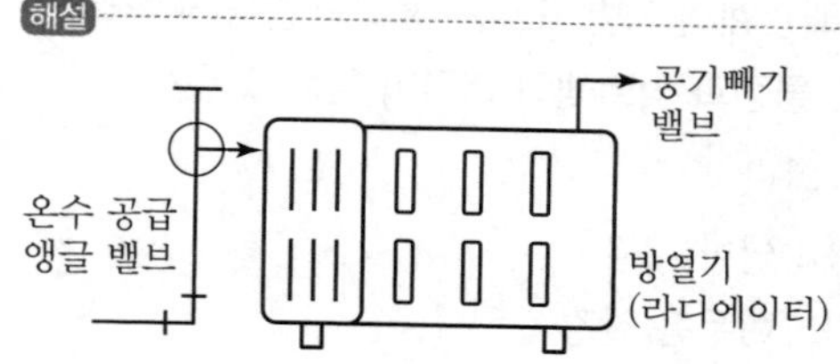

45 관의 방향을 바꾸거나 분기할 때 사용되는 이음쇠가 아닌 것은?

① 벤드　　② 크로스
③ 엘보　　④ 니플

정답 39 ③ 40 ④ 41 ③ 42 ① 43 ① 44 ① 45 ④

해설

니플은 배관 직선이음용 부속

수나사	니플	수나사

46 보일러 운전이 끝난 후, 노 내와 연도에 체류하고 있는 가연성 가스를 배출시키는 작업은?

① 페일 세이프(Fail Safe)
② 풀 프루프(Fool Proof)
③ 포스트 퍼지(Post－purge)
④ 프리 퍼지(Pre－purge)

해설

㉠ 보일러 운전 전 퍼지 : 프리 퍼지
㉡ 보일러 운전 후 퍼지 : 포스트 퍼지
㉢ 퍼지 : 노 내 잔류가스 배출 환기

47 온도 조절식 트랩으로 응축수와 함께 저온의 공기도 통과시키는 특성이 있으며, 진공 환수식 증기 배관의 방열기 트랩이나 관말 트랩으로 사용되는 것은?

① 버킷 트랩 ② 열동식 트랩
③ 플로트 트랩 ④ 매니폴드 트랩

해설

온도 조절식 증기트랩
㉠ 열동식(벨로스식) ㉡ 바이메탈식

48 온수난방의 특징에 대한 설명으로 틀린 것은?

① 실내의 쾌감도가 좋다.
② 온도 조절이 용이하다.
③ 화상의 우려가 적다.
④ 예열시간이 짧다.

해설

온수는 비열(1kcal/kg℃)이 커서 예열시간이 길고 증기는 비열(0.44kcal/kg℃)이 적어서 예열시간이 단축된다.

49 고온 배관용 탄소강 강관의 KS 기호는?

① SPHT ② SPLT
③ SPPS ④ SPA

해설

② SPLT : 저온배관용 강관
③ SPPS : 압력배관용 강관
④ SPA : 배관용 합금강관

50 보일러 수위에 대한 설명으로 옳은 것은?

① 항상 상용수위를 유지한다.
② 증기 사용량이 적을 때는 수위를 높게 유지한다.
③ 증기 사용량이 많을 때는 수위를 얕게 유지한다.
④ 증기 압력이 높을 때는 수위를 높게 유지한다.

해설

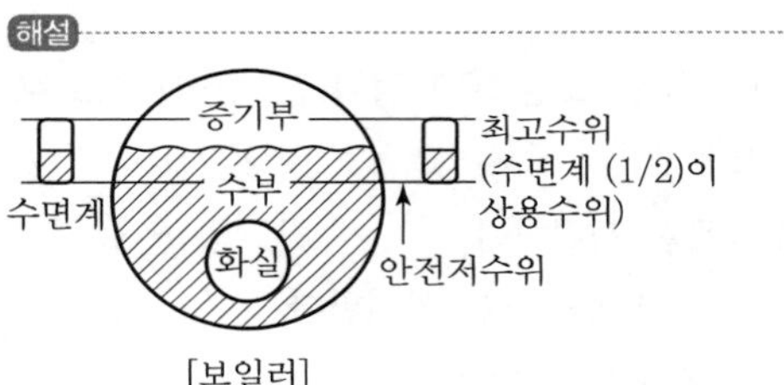

[보일러]

51 급수펌프에서 송출량이 10m³/min이고, 전양정이 8m일 때, 펌프의 소요마력은?(단, 펌프 효율은 75%이다.)

① 15.6PS ② 17.8PS
③ 23.7PS ④ 31.6PS

해설

펌프의 소요마력(PS) $= \dfrac{r \cdot Q \cdot H}{75 \times 60 \times \eta}$

$= \dfrac{1{,}000 \times 10 \times 8}{75 \times 60 \times 0.75} = 23.7$

(물의 비중량 : 1,000kg/m³)(1분 : 60초)

정답 46 ③ 47 ② 48 ④ 49 ① 50 ① 51 ③

52 증기난방 배관에 대한 설명 중 옳은 것은?

① 건식환수식이란 환수주관이 보일러의 표준수위보다 낮은 위치에 배관되고 응축수가 환수주관의 하부를 따라 흐르는 것을 말한다.
② 습식환수식이란 환수주관이 보일러의 표준수위보다 높은 위치에 배관되는 것을 말한다.
③ 건식환수식에서는 증기트랩을 설치하고, 습식환수식에서는 공기빼기 밸브나 에어포켓을 설치한다.
④ 단관식 배관은 복관식 배관보다 배관의 길이가 길고 관경이 작다.

해설
건식, 습식환수식(복관식, 중력환수식) 모두 증기트랩 및 공기빼기 밸브를 설치한다.

53 사용 중인 보일러의 점화 전 주의사항으로 틀린 것은?

① 연료 계통을 점검한다.
② 각 밸브의 개폐 상태를 확인한다.
③ 댐퍼를 닫고 프리퍼지를 한다.
④ 수면계의 수위를 확인한다.

해설
사용 중인 보일러는 점화 전에 공기댐퍼나 연도댐퍼를 다 열고서 프리퍼지(노 내 환기)를 실시한다.

54 다음 중 보일러의 안전장치에 해당되지 않는 것은?

① 방출밸브 ② 방폭문
③ 화염검출기 ④ 감압밸브

해설
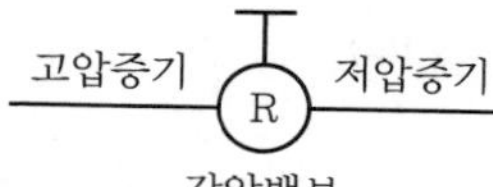

감압밸브
(압력을 조절한다.)

55 에너지이용 합리화법에 따른 열사용 기자재 중 소형 온수 보일러의 적용 범위로 옳은 것은?

① 전열면적 $24m^2$ 이하이며, 최고사용압력이 0.5 MPa 이하의 온수를 발생하는 보일러
② 전열면적 $14m^2$ 이하이며, 최고사용압력이 0.35 MPa 이하의 온수를 발생하는 보일러
③ 전열면적 $20m^2$ 이하인 온수보일러
④ 최고사용압력이 0.8MPa 이하의 온수를 발생하는 보일러

해설
소형 온수 보일러
최고 사용 압력 0.35MPa 이하, 전열면적 $14m^2$ 이하 온수보일러이다.

56 에너지이용 합리화법상 목표에너지원 단위란?

① 에너지를 사용하여 만드는 제품의 종류별 연간 에너지사용목표량
② 에너지를 사용하여 만드는 제품의 단위당 에너지사용목표량
③ 건축물의 총 면적당 에너지사용목표량
④ 자동차 등의 단위연료당 목표주행거리

해설
목표에너지원 단위
에너지를 사용하여 만드는 제품의 단위당 에너지사용목표량

57 저탄소 녹색성장 기본법령상 관리업체는 해당 연도 온실가스 배출량 및 에너지 소비량에 관한 명세서를 작성하고, 이에 대한 검증기관의 검증결과를 부문별 관장기관에게 전자적 방식으로 언제까지 제출하여야 하는가?

① 해당 연도 12월 31일까지
② 다음 연도 1월 31일까지
③ 다음 연도 3월 31일까지
④ 다음 연도 6월 30일까지

정답 52 ③ 53 ③ 54 ④ 55 ② 56 ② 57 ③

해설

해당 연도 온실가스 배출량, 에너지소비량 명세서 작성 후 검증기관의 검증결과를 관계기관에 전자적 방식으로 다음 연도 3월 31일까지 제출한다.

58 에너지이용 합리화법 시행령에서 에너지다소비사업자라 함은 연료 · 열 및 전력의 연간 사용량 합계가 얼마 이상인 경우인가?

① 5백 티오이 ② 1천 티오이
③ 1천5백 티오이 ④ 2천 티오이

해설

에너지다소비사업자란 연료, 열, 전력의 연간 사용량 합계가 2천 티오이 이상인 사용 사업자를 말한다.

59 에너지이용 합리화법상 에너지소비효율 등급 또는 에너지 소비효율을 해당 효율관리 기자재에 표시할 수 있도록 효율관리 기자재의 에너지 사용량을 측정하는 기관은?

① 효율관리진단기관
② 효율관리전문기관
③ 효율관리표준기관
④ 효율관리시험기관

해설

효율관리시험기관
에너지소비효율을 해당 효율관리 기자재에 표시할 수 있도록 에너지 사용량을 측정하는 기관이다.

60 에너지이용 합리화법상 법을 위반하여 검사대상기기조종자를 선임하지 아니한 자에 대한 벌칙기준으로 옳은 것은?

① 2년 이하의 징역 또는 2천만 원 이하의 벌금
② 2천만 원 이하의 벌금
③ 1천만 원 이하의 벌금
④ 500만 원 이하의 벌금

해설

검사대상기기(보일러, 압력용기, 철금속 가열로) 설치자가 조종자(자격증 취득자)를 채용하지 않으면 1천만 원 이하의 벌금에 처한다.

정답 58 ④ 59 ④ 60 ③

2016년 1월 24일 시행

과년도 기출문제

01 증기트랩이 갖추어야 할 조건에 대한 설명으로 틀린 것은?

① 마찰저항이 클 것
② 동작이 확실할 것
③ 내식, 내마모성이 있을 것
④ 응축수를 연속적으로 배출할 수 있을 것

해설
증기트랩
㉠ 증기트랩은 마찰저항이 적어야 한다.
㉡ 온도차 이용, 비중차 이용, 열역학 이용 방식의 3가지 종류가 있다.
㉢ 증기스팀 트랩은 관 내의 응축수를 신속하게 제거한다.

02 보일러의 수위제어 검출방식의 종류로 가장 거리가 먼 것은?

① 피스톤식　② 전극식
③ 플로트식　④ 열팽창관식

해설
수위제어 검출기의 종류
㉠ 전극식 : 수관식(관류 보일러용)
㉡ 플로트식 : 맥도널 기계식
㉢ 열팽창관식 : 금속식, 액체식

03 중유의 첨가제 중 슬러지의 생성 방지제 역할을 하는 것은?

① 회분개질제　② 탈수제
③ 연소촉진제　④ 안정제

해설
① 회분개질제 : 재의 융점을 높여서 부식방지
② 탈수제 : 중유의 수분을 제거
③ 연소촉진제 : 조연제로서 카본을 적게 하기 위한 산화촉진제

04 일반적으로 보일러의 상용수위는 수면계의 어느 위치와 일치시키는가?

① 수면계의 최상단부　② 수면계의 2/3 위치
③ 수면계의 1/2 위치　④ 수면계의 최하단부

해설

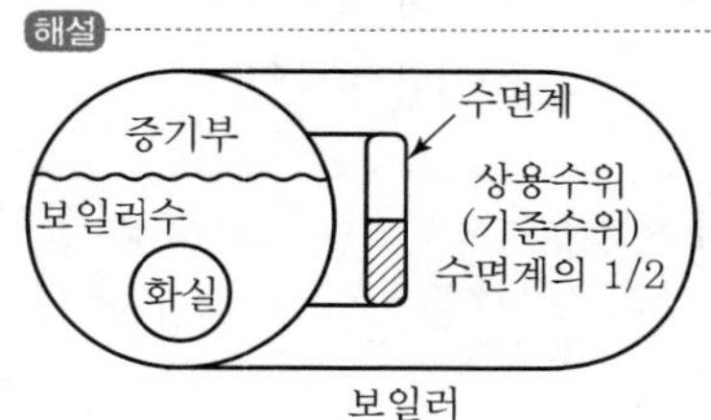

05 증기보일러를 성능시험하고 결과를 다음과 같이 산출하였다. 보일러 효율은?

- 급수온도 : 12℃
- 연료의 저위 발열량 : 10,500kcal/Nm^3
- 발생증기의 엔탈피 : 663.8kcal/kg
- 증기 사용량 : 373.9Nm^3/h
- 증기 발생량 : 5,120kg/h
- 보일러 전열면적 : 102m^2

① 78%　② 80%
③ 82%　④ 85%

해설

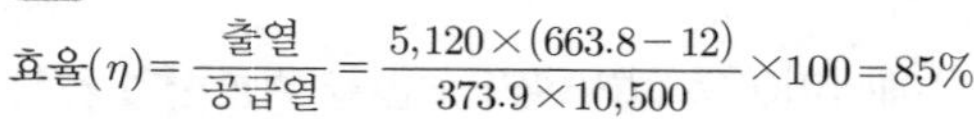

$$효율(\eta) = \frac{출열}{공급열} = \frac{5,120\times(663.8-12)}{373.9\times10,500}\times100 = 85\%$$

06 어떤 물질 500kg을 20℃에서 50℃로 올리는 데 3,000kcal의 열량이 필요하였다. 이 물질의 비열은?

① 0.1kcal/kg · ℃　② 0.2kcal/kg · ℃
③ 0.3kcal/kg · ℃　④ 0.4kcal/kg · ℃

정답 01 ① 02 ① 03 ④ 04 ③ 05 ④ 06 ②

해설

현열$(Q) = G \cdot C_p \cdot \Delta t_m$

$3{,}000 = 500 \times C_p \times (50-20)$

$C_p(\text{비열}) = \dfrac{3{,}000}{500 \times (50-20)} = 0.2\text{kcal/kg} \cdot ℃$

07 동작유체의 상태 변화에서 에너지의 이동이 없는 변화는?

① 등온 변화 ② 정적 변화
③ 정압 변화 ④ 단열 변화

해설

단열 변화
동작유체의 상태 변화에서 에너지의 이동이 없는 변화

08 보일러 유류연료 연소 시에 가스폭발이 발생하는 원인이 아닌 것은?

① 연소 도중에 실화되었을 때
② 프리퍼지 시간이 너무 길어졌을 때
③ 소화 후에 연료가 흘러들어 갔을 때
④ 점화가 잘 안 되는데 계속 급유했을 때

해설

보일러 운전 초기에 프리퍼지(노 내 환기) 시간이 길면 불완전 가스 CO 등이 제거되어 가스폭발이 방지된다.

09 보일러 연소장치와 가장 거리가 먼 것은?

① 스테이 ② 버너
③ 연도 ④ 화격자

해설

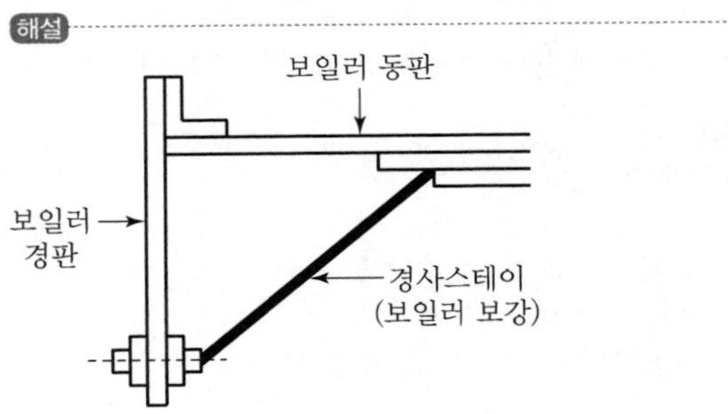

10 보일러 1마력에 대한 표시로 옳은 것은?

① 전열면적 $10m^2$ ② 상당증발량 15.65kg/h
③ 전열면적 $8ft^2$ ④ 상당증발량 30.6lb/h

해설

㉠ 보일러 1마력 : 상당증발량 15.65kg/h이 발생하는 능력(8,435kcal/h)이다.
㉡ 보일러 상당증발량이 1,565kg/h 발생하면 $\dfrac{1{,}565}{15.65} = 100$마력

11 보일러 드럼 없이 초임계 압력 이상에서 고압증기를 발생시키는 보일러는?

① 복사 보일러 ② 관류 보일러
③ 수관 보일러 ④ 노통연관 보일러

해설

수관식 관류 보일러
㉠ 증기드럼이 없다.
㉡ 증기 발생이 빠르다.
㉢ 초임계 압력($225.65kg/cm^2$) 이상이 가능하다.
㉣ 급수 처리가 심각하다(스케일 생성이 심하다).

12 과열증기에서 과열도는 무엇인가?

① 과열증기의 압력과 포화증기의 압력 차이다.
② 과열증기온도와 포화증기온도의 차이다.
③ 과열증기온도에 증발열을 합한 것이다.
④ 과열증기온도에서 증발열을 뺀 것이다.

해설

증기원동소 보일러

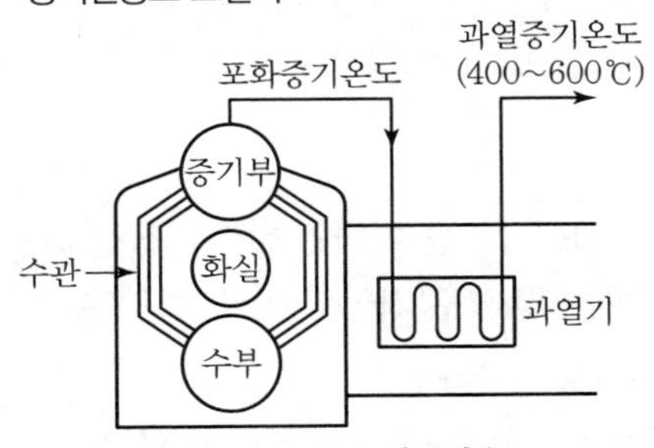

과열도 = 과열증기온도 − 포화증기온도

정답 07 ④ 08 ② 09 ① 10 ② 11 ② 12 ②

13 절탄기에 대한 설명으로 옳은 것은?

① 연소용 공기를 예열하는 장치이다.
② 보일러의 급수를 예열하는 장치이다.
③ 보일러용 연료를 예열하는 장치이다.
④ 연소용 공기와 보일러 급수를 예열하는 장치이다.

해설

㉠ 보일러 폐열회수장치의 설치순서
과열기 → 재열기 → 절탄기(급수가열기) → 공기예열기 → 굴뚝
㉡ 석탄, 연료를 절약하는 기기 : 절탄기(이코노마이저)

14 왕복동식 펌프가 아닌 것은?

① 플런저 펌프 ② 피스톤 펌프
③ 터빈 펌프 ④ 다이어프램 펌프

해설

원심식 펌프
㉠ 볼류트 펌프
㉡ 다단 터빈 펌프(안내 날개가 부착)

15 수위 자동제어 장치에서 수위와 증기유량을 동시에 검출하여 급수밸브의 개도가 조절되도록 한 제어방식은?

① 단요소식 ② 2요소식
③ 3요소식 ④ 모듈식

해설

㉠ 단요소식 : 수위 검출(소형 보일러용)
㉡ 2요소식 : 수위, 증기량 검출(중형 보일러용)
㉢ 3요소식 : 수위, 증기, 급수량 검출(대형보일러용)

16 세정식 집진장치 중 하나인 회전식 집진장치의 특징에 관한 설명으로 가장 거리가 먼 것은?

① 구조가 대체로 간단하고 조작이 쉽다.
② 급수 배관을 따로 설치할 필요가 없으므로 설치공간이 적게 든다.
③ 집진물을 회수할 때 탈수, 여과, 건조 등을 수행할 수 있는 별도의 장치가 필요하다.
④ 비교적 큰 압력손실을 견딜 수 있다.

해설

② 세정식은 가압한 물이 필요하므로 급수배관이 필요하다.

세정식 집진장치(그을음, 매연제거장치)
㉠ 유수식(물, 세정액 사용)
㉡ 가압수식(벤투리형, 사이클론형, 세정탑, 제트형)
㉢ 회전식

17 보일러 사용 시 이상 저수위의 원인이 아닌 것은?

① 증기 취출량이 과대한 경우
② 보일러 연결부에서 누출이 되는 경우
③ 급수장치가 증발능력에 비해 과소한 경우
④ 급수탱크 내 급수량이 많은 경우

해설

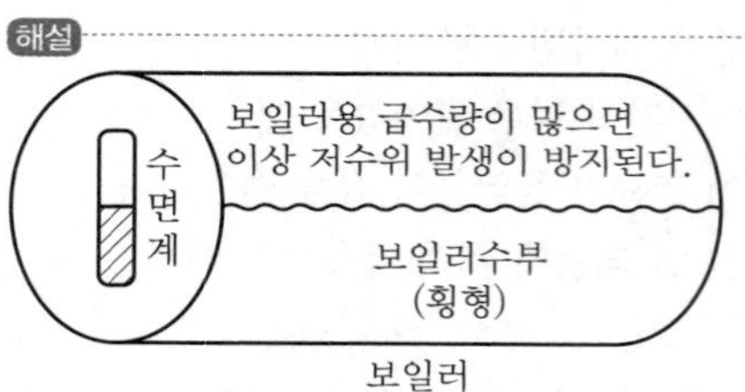

18 자동제어의 신호전달방법에서 공기압식의 특징으로 옳은 것은?

① 전송 시 시간지연이 생긴다.
② 배관이 용이하지 않고 보존이 어렵다.
③ 신호전달 거리가 유압식에 비하여 길다.
④ 온도제어 등에 적합하고 화재의 위험이 많다.

해설

공기압식
㉠ 전송 시 시간지연이 생긴다.
㉡ 공기압은 0.2~1kg/cm²이다.
㉢ 전송거리는 100m로 짧다.
㉣ 공기압이 통일되어서 취급이 용이하다.

정답 13 ② 14 ③ 15 ② 16 ② 17 ④ 18 ①

19 자연통풍방식에서 통풍력이 증가되는 경우가 아닌 것은?

① 연돌의 높이가 낮은 경우
② 연돌의 단면적이 큰 경우
③ 연도의 굴곡 수가 적은 경우
④ 배기가스의 온도가 높은 경우

해설
연돌의 높이가 낮으면 자연통풍력이 감소한다.

20 가스용 보일러 설비 주위에 설치해야 할 계측기 및 안전장치와 무관한 것은?

① 급기 가스 온도계
② 가스 사용량 측정 유량계
③ 연료 공급 자동차단장치
④ 가스 누설 자동차단장치

해설

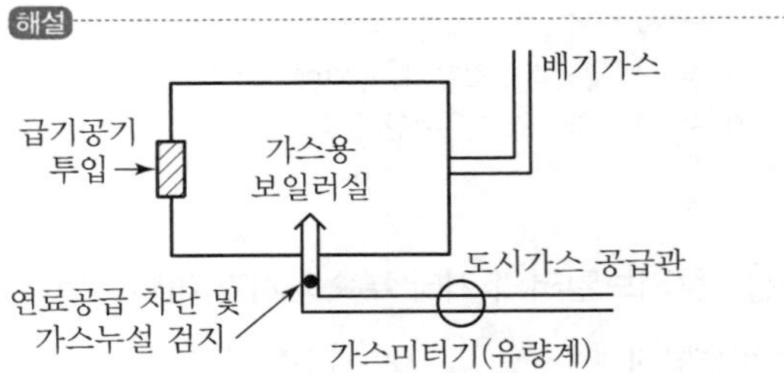

21 어떤 보일러의 증발량이 40t/h이고, 보일러 본체의 전열면적이 580m²일 때 이 보일러의 증발률은?

① $14kg/m^2 \cdot h$
② $44kg/m^2 \cdot h$
③ $57kg/m^2 \cdot h$
④ $69kg/m^2 \cdot h$

해설

$$\text{증발률} = \frac{\text{시간당 증기 발생량}}{\text{전열면적}} = \frac{40 \times 1,000}{580} = 69kg/m^2 \cdot h$$

증발률이 큰 보일러가 좋은 보일러이다.

22 연소 시 공기비가 작을 때 나타나는 현상으로 틀린 것은?

① 불완전연소가 되기 쉽다.
② 미연소가스에 의한 가스 폭발이 일어나기 쉽다.
③ 미연소가스에 의한 열손실이 증가될 수 있다.
④ 배기가스 중 NO 및 NO_2의 발생량이 많아진다.

해설
㉠ 공기비(과잉공기계수) : $\dfrac{\text{실제공기량}}{\text{이론공기량}}$
㉡ 공기비는 항상 1보다 커야 한다.
㉢ 공기비가 적으면 과잉산소가 적어서 질소산화물 NO, NO_2가 감소한다.

23 제어장치에서 인터록(Inter Lock)이란?

① 정해진 순서에 따라 차례로 동작이 진행되는 것
② 구비조건에 맞지 않을 때 작동을 정지시키는 것
③ 증기압력의 연료량, 공기량을 조절하는 것
④ 제어량과 목표치를 비교하여 동작시키는 것

해설
보일러 인터록의 종류
프리퍼지인터록, 압력초과인터록, 저수위인터록, 저연소인터록, 불착화 인터록(인터록은 구비조건이 맞지 않을 때 작동을 정지시키는 조작 상태이다.)

24 액체 연료의 주요 성상으로 가장 거리가 먼 것은?

① 비중 ② 점도
③ 부피 ④ 인화점

해설
부피의 단위(m^3)
㉠ 물 $1m^3 = 1,000kg$, 공기 $1m^3 = 1.293kg$
㉡ $1m^3 = 1,000L$, $1kmol = 22.4m^3$

정답 19 ① 20 ① 21 ④ 22 ④ 23 ② 24 ③

25 연소가스 성분 중 인체에 미치는 독성이 가장 적은 것은?

① SO_2 ② NO_2
③ CO_2 ④ CO

해설
㉠ 독성허용농도(ppm) : TLV－TWA 기준용
- SO_2 : 5
- NO : 25
- CO_2 : 5,000
- CO : 50
- $COCl_2$: 0.1

㉡ 허용농도 수치(ppm)가 작을수록 더 위험한 독성가스이다.
$1\text{ppm} = \frac{1}{100\text{만}}$ 에 해당된다.

26 열정산 방법에서 입열 항목에 속하지 않는 것은?

① 발생증기의 흡수열 ② 연료의 연소열
③ 연료의 현열 ④ 공기의 현열

해설
출열 항목
발생증기의 흡수열 및 방사열, 미연탄소분에 의한 열, 불완전열손실, 노 내 분입증기에 의한 열 등이다.

27 증기과열기의 열 가스 흐름방식 분류 중 증기와 연소가스의 흐름이 반대방향으로 지나면서 열교환이 되는 방식은?

① 병류형 ② 혼류형
③ 향류형 ④ 복사대류형

해설
열교환 과열기의 방식

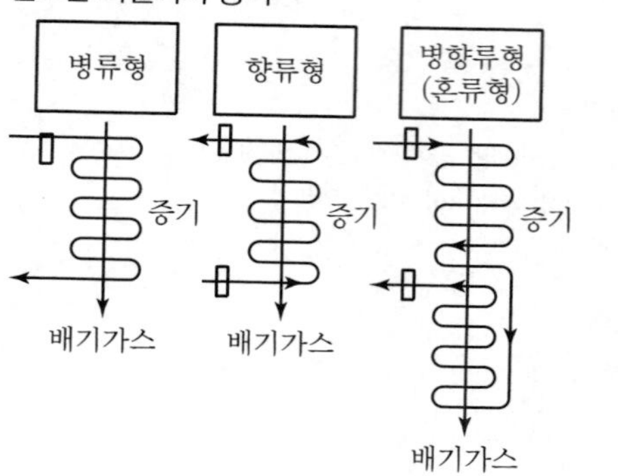

28 유류용 온수보일러에서 버너가 정지하고 리셋 버튼이 돌출하는 경우는?

① 연통의 길이가 너무 길다.
② 연소용 공기량이 부적당하다.
③ 오일 배관 내의 공기가 빠지지 않고 있다.
④ 실내온도 조절기의 설정온도가 실내온도보다 낮다.

해설
유류용 온수보일러에서 오일배관 내 공기가 빠지지 않으면 오일 공급이 원활하지 못하여 버너가 정지하고 리셋 버튼이 돌출한다.

29 다음 열효율 증대장치 중에서 고온부식이 잘 일어나는 장치는?

① 공기예열기 ② 과열기
③ 증발전열면 ④ 절탄기

해설
㉠ 고온부식 발생지점 : 과열기, 재열기
- 고온부식 인자 : 바나지움 · 나트륨

㉡ 저온부식 발생지점 : 절탄기, 공기예열기
- 저온부식 인자 : 황 · 무수황산

30 증기보일러의 기타 부속장치가 아닌 것은?

① 비수방지관 ② 기수분리기
③ 팽창탱크 ④ 급수내관

해설
팽창탱크
㉠ 종류
- 저온수난방용(개방식)
- 고온수난방용(밀폐식)

㉡ 온수보일러에서 온수가 비등하면 약 4.3%의 물이 팽창한다.
㉢ 물이 얼면 약 9%가 팽창한다.

31 온수난방에서 방열기 내 온수의 평균온도가 82℃, 실내온도가 18℃이고, 방열기의 방열계수가 6.8kcal/m² · h · ℃인 경우 방열기의 방열량은?

① 650.9kcal/m² · h ② 557.6kcal/m² · h
③ 450.7kcal/m² · h ④ 435.2kcal/m² · h

정답 25 ③ 26 ① 27 ③ 28 ③ 29 ② 30 ③ 31 ④

해설

방열기(라디에이터)의 소요 방열량
=방열기계수×온도차
=6.8×(82−18)=435.2kcal/m^2 · h

32 증기난방에서 저압증기 환수관이 진공펌프의 흡입구보다 낮은 위치에 있을 때 응축수를 원활히 끌어올리기 위해 설치하는 것은?

① 하트포드 접속(Hartford Connection)
② 플래시 레그(Flash Leg)
③ 리프트 피팅(Lift Fitting)
④ 냉각관(Cooling Leg)

해설

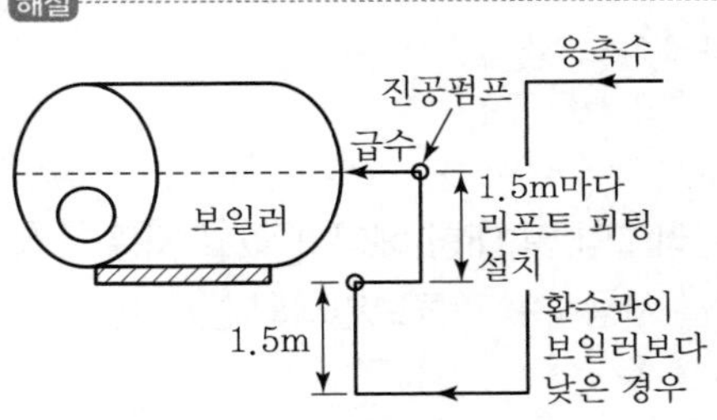

33 온수보일러에 팽창탱크를 설치하는 주된 이유로 옳은 것은?

① 물의 온도 상승에 따른 체적팽창에 의한 보일러의 파손을 막기 위한 것이다.
② 배관 중의 이물질을 제거하여 연료의 흐름을 원활히 하기 위한 것이다.
③ 온수 순환펌프에 의한 맥동 및 캐비테이션을 방지하기 위한 것이다.
④ 보일러, 배관, 방열기 내에 발생한 스케일 및 슬러지를 제거하기 위한 것이다.

해설

온수보일러에 팽창탱크를 설치하는 목적은 물의 온도 상승에 따른 체적팽창에 의한 보일러의 파손을 막기 위한 것이다.

34 포밍, 플라이밍의 방지대책으로 부적합한 것은?

① 정상 수위로 운전할 것
② 급격한 과연소를 하지 않을 것
③ 수증기 밸브를 천천히 개방할 것
④ 수저 또는 수면 분출을 하지 말 것

해설

포밍(물거품), 플라이밍(비수 : 수증기에 수분이 공급되는 것)이 발생하면 기수공발(캐리오버)이 일어나므로 그 방지책으로 ①, ②, ③항 조치 및 수면, 수저 분출을 실시한다.

35 보일러 급수처리방법 중 5,000ppm 이하의 고형물 농도에서는 비경제적이므로 사용하지 않고, 선박용 보일러에 필요한 급수를 얻을 때 주로 사용하는 방법은?

① 증류법 ② 가열법
③ 여과법 ④ 이온교환법

해설

급수의 외처리법에서 증류법은 경제성이 없어서 선박용(바다의 배)에서만 사용이 가능하다.

36 보일러 설치 · 시공 기준상 유류보일러의 용량이 시간당 몇 톤 이상이면 공급 연료량에 따라 연소용 공기를 자동 조절하는 기능이 있어야 하는가?(단, 난방 보일러인 경우이다.)

① 1t/h ② 3t/h
③ 5t/h ④ 10t/h

해설

연소용 공기 자동조절기능 부착 조건
㉠ 가스보일러 및 용량 5t/h 이상인 유류보일러에 설치한다.
㉡ 난방 전용은 10t/h 이상(60만 kcal/h가 증기보일러 1t/h 이다.)

정답 32 ③ 33 ① 34 ④ 35 ① 36 ④

37 온도 25℃의 급수를 공급받아 엔탈피가 725kcal/kg인 증기를 1시간당 2,310kg을 발생시키는 보일러의 상당 증발량은?

① 1,500kg/h ② 3,000kg/h
③ 4,500kg/h ④ 6,000kg/h

해설
㉠ 상당 증발량

$$= \frac{\text{시간당 증기량(증기엔탈피} - \text{급수엔탈피)}}{539}$$

$$= \frac{2,310(725-25)}{539} = 3,000\text{kg/h}$$

㉡ 보일러 마력 $= \frac{3,000}{15.65} = 192$마력

38 다음 중 가스관의 누설검사 시 사용하는 물질로 가장 적합한 것은?

① 소금물 ② 증류수
③ 비눗물 ④ 기름

해설
가스관의 누설검사 시에는 간편한 방법으로 비눗물을 사용한다.

39 중력순환식 온수난방법에 관한 설명으로 틀린 것은?

① 소규모 주택에 이용된다.
② 온수의 밀도차에 의해 온수가 순환한다.
③ 자연순환이므로 관경을 작게 하여도 된다.
④ 보일러는 최하위 방열기보다 더 낮은 곳에 설치한다.

해설
중력순환식 온수난방은 자연순환이므로 관경을 크게 하여야 마찰저항이 감소한다.

40 보일러를 장기간 사용하지 않고 보존하는 방법으로 가장 적당한 것은?

① 물을 가득 채워 보존한다.
② 배수하고 물이 없는 상태로 보존한다.
③ 1개월에 1회씩 급수를 공급 · 교환한다.
④ 건조 후 생석회 등을 넣고 밀봉하여 보존한다.

해설
보일러 보존 (건조) 후 (장기보존 : 6개월 이상)
질소가스 투입
생석회 투입(밀봉)

41 진공환수식 증기 난방장치의 리프트 이음 시 1단 흡상 높이는 최고 몇 m 이하로 하는가?

① 1.0 ② 1.5
③ 2.0 ④ 2.5

해설
문제 32번 해설 참고(1단 흡상 높이 1.5m)

42 보일러드럼 및 대형 헤더가 없고 지름이 작은 전열관을 사용하는 관류보일러의 순환비는?

① 4 ② 3
③ 2 ④ 1

해설
관류보일러(단관식) $= \frac{\text{급수사용량}}{\text{증기발생량}}$ (순환비가 1이다.)

43 연료의 연소 시, 이론공기량에 대한 실제공기량의 비, 즉 공기비(m)의 일반적인 값으로 옳은 것은?

① $m=1$ ② $m<1$
③ $m<0$ ④ $m>1$

해설
공기비(과잉공기계수 : m)

$m = \frac{\text{실제공기량}(A)}{\text{이론공기량}(A_0)}$ (항상 1보다 크다.)

공기비가 1보다 작으면 불완전연소이다.

정답 37 ② 38 ③ 39 ③ 40 ④ 41 ② 42 ④ 43 ④

44 가스보일러에서 가스폭발의 예방을 위한 유의사항으로 틀린 것은?

① 가스압력이 적당하고 안정되어 있는지 점검한다.
② 화로 및 굴뚝의 통풍, 환기를 완벽하게 하는 것이 필요하다.
③ 점화용 가스의 종류는 가급적 화력이 낮은 것을 사용한다.
④ 착화 후 연소가 불안정할 때는 즉시 가스공급을 중단한다.

해설

점화 시 1회에 바로 점화가 되어야 하므로 점화용 가스는 가급적 화력이 큰 가스를 사용한다.

45 온수난방설비에서 온수, 온도차에 의한 비중력차로 순환하는 방식으로 단독주택이나 소규모 난방에 사용되는 난방방식은?

① 강제순환식 난방 ② 하향순환식 난방
③ 자연순환식 난방 ④ 상향순환식 난방

해설

㉠ 단독주택, 소규모 온수난방 : 자연순환식 난방
㉡ 대형주택, 건축물 온수난방 : 강제순환식 난방

46 압축기 진동과 서징, 관의 수격작용, 지진 등에 의해서 발생하는 진동을 억제하기 위해 사용되는 지지장치는?

① 벤드벤 ② 플랩 밸브
③ 그랜드 패킹 ④ 브레이스

해설

브레이스 : 진동억제(수격작용 시, 압축기 진동 시 사용)

47 보일러 사고의 원인 중 제작상의 원인에 해당되지 않는 것은?

① 구조의 불량 ② 강도 부족
③ 재료의 불량 ④ 압력 초과

해설

보일러 취급상의 사고

㉠ 압력 초과 ㉡ 부식
㉢ 저수위 사고 ㉣ 가스 폭발

48 열팽창에 대한 신축이 방열기에 영향을 미치지 않도록 주로 증기 및 온수난방용 배관에 사용되며, 2개 이상의 엘보를 사용하는 신축 이음은?

① 벨로스 이음 ② 루프형 이음
③ 슬리브 이음 ④ 스위블 이음

해설

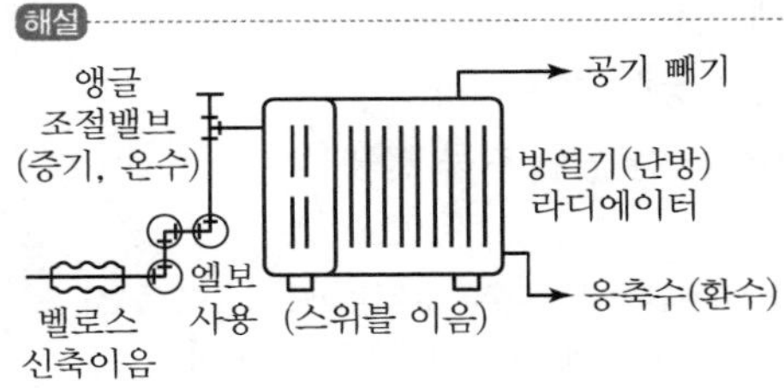

49 보일러수 내처리 방법으로 용도에 따른 청관제로 틀린 것은?

① 탈산소제 – 염산, 알코올
② 연화제 – 탄산소다, 인산소다
③ 슬러지 조정제 – 탄닌, 리그닌
④ pH 조정제 – 인산소다, 암모니아

해설

물속의 산소(O_2) 제거 : 탈산소제(점식 방지)
㉠ 저압보일러용 : 아황산소다
㉡ 고압보일러용 : 하이드라진(N_2H_4)

50 하트포드 접속법(Hart – ford Connection)을 사용하는 난방방식은?

① 저압 증기난방 ② 고압 증기난방
③ 저온 온수난방 ④ 고온 온수난방

정답 44 ③ 45 ③ 46 ④ 47 ④ 48 ④ 49 ① 50 ①

해설

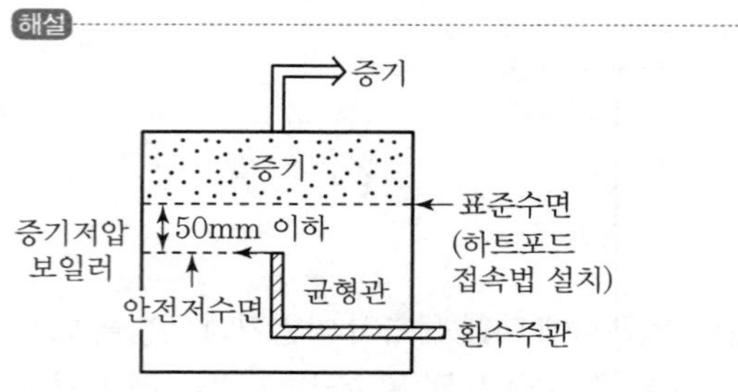

51 난방부하를 구성하는 인자에 속하는 것은?

① 관류 열손실
② 환기에 의한 취득 열량
③ 유리창을 통한 취득 열량
④ 벽, 지붕 등을 통한 취득 열량

해설

- 난방부하(Q)=난방면적×관류열손실(kcal/m²·h·℃)×(실내온도－외기온도)[kcal/h]
- ②, ③, ④ : 냉방부하 인자

52 증기관이나 온수관 등에 대한 단열로서 불필요한 방열을 방지하고 인체에 화상을 입히는 위험 방지 또는 실내공기의 이상온도 상승 방지 등을 목적으로 하는 것은?

① 방로　② 보랭
③ 방한　④ 보온

해설

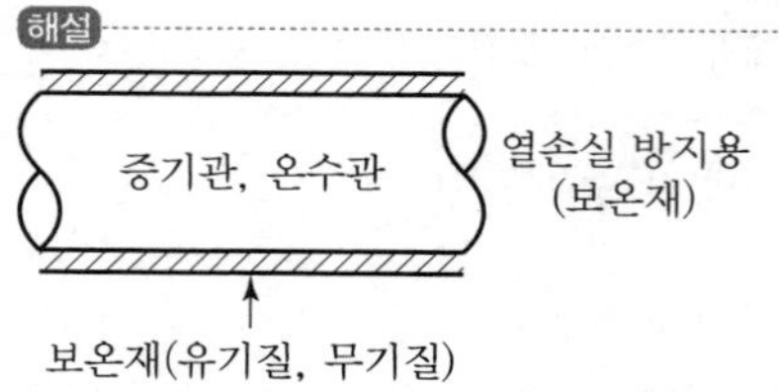

53 보일러 급수 중의 용존(용해) 고형물을 처리하는 방법으로 부적합한 것은?

① 증류법　② 응집법
③ 약품 첨가법　④ 이온 교환법

해설

급수 외처리 시 현탁물(고형협잡물) 처리 방법(기계식 처리법)
㉠ 침강법
㉡ 응집법
㉢ 여과법

54 증기보일러에는 2개 이상의 안전밸브를 설치하여야 하는 반면에 1개 이상으로 설치 가능한 보일러의 최대 전열면적은?

① $50m^2$　② $60m^2$
③ $70m^2$　④ $80m^2$

해설

증기보일러의 전열면적 $50m^2$ 이하는 안전밸브를 1개 이상 설치 가능하다.

55 에너지이용 합리화법상 에너지 진단기관의 지정기준은 누구의 영으로 정하는가?

① 대통령　② 시·도지사
③ 시공업자단체장　④ 산업통상자원부장관

해설

에너지 진단기관 지정기준은 대통령령으로 정한다(에너지법 제32조 사항).

56 에너지법에서 정한 지역에너지계획을 수립·시행하여야 하는 자는?

① 행정자치부장관
② 산업통상자원부장관
③ 한국에너지공단 이사장
④ 특별시장·광역시장·도지사 또는 특별자치도지사

해설

지역에너지계획 수립·시행권자
특별시장, 광역시장, 도지사, 특별자치도지사

정답 51 ① 52 ④ 53 ② 54 ① 55 ① 56 ④

57 열사용 기자재 중 온수를 발생하는 소형온수 보일러의 적용범위로 옳은 것은?

① 전열면적 12m^2 이하, 최고사용압력 0.25MPa 이하의 온수를 발생하는 것
② 전열면적 14m^2 이하, 최고사용압력 0.25MPa 이하의 온수를 발생하는 것
③ 전열면적 12m^2 이하, 최고사용압력 0.35MPa 이하의 온수를 발생하는 것
④ 전열면적 14m^2 이하, 최고사용압력 0.35MPa 이하의 온수를 발생하는 것

해설
소형온수보일러의 기준
㉠ 전열면적 : 14m^2 이하
㉡ 최고사용압력 : 0.35MPa 이하

58 효율관리기자재가 최저소비효율기준에 미달하거나 최대사용량기준을 초과하는 경우 제조 · 수입 · 판매업자에게 어떠한 조치를 명할 수 있는가?

① 생산 또는 판매 금지 ② 제조 또는 설치 금지
③ 생산 또는 세관 금지 ④ 제조 또는 시공 금지

해설
에너지이용 합리화법 제16조에 의거하여 제①항의 조치를 명할 수 있다.

59 에너지이용 합리화법에 따라 산업통상자원부령으로 정하는 광고매체를 이용하여 효율관리기자재의 광고를 하는 경우 그 광고 내용에 에너지소비효율, 에너지소비효율등급을 포함시켜야 할 의무가 있는 자가 아닌 것은?

① 효율관리기자재의 제조업자
② 효율관리기자재의 광고업자
③ 효율관리기자재의 수입업자
④ 효율관리기자재의 판매업자

해설
효율관리기자재 광고업자는 에너지소비효율등급을 포함시켜야 할 의무가 없다(에너지이용 합리화법 제15조).

60 검사대상기기 조종범위 용량이 10t/h 이하인 보일러의 조종자 자격이 아닌 것은?

① 에너지관리기사
② 에너지관리기능장
③ 에너지관리기능사
④ 인정검사대상기기조종자 교육 이수자

해설
④는 전열면적 5m^2 이상~10m^2 이하의 증기보일러나 50만 kcal/h 이하의 온수보일러, 압력용기 등의 소형보일러 조종자로서만 가능하다.

정답 57 ④ 58 ① 59 ② 60 ④

2016년 4월 2일 시행

과년도 기출문제

01 압력에 대한 설명으로 옳은 것은?

① 단위 면적당 작용하는 힘이다.
② 단위 부피당 작용하는 힘이다.
③ 물체의 무게를 비중량으로 나눈 값이다.
④ 물체의 무게에 비중량을 곱한 값이다.

해설

압력(kg/cm²)
↓
[단위 면적]당 작용하는 힘이다.

02 유류버너의 종류 중 수 기압(MPa)의 분무매체를 이용하여 연료를 분무하는 형식의 버너로서 2유체 버너라고도 하는 것은?

① 고압기류식 버너 ② 유압식 버너
③ 회전식 버너 ④ 환류식 버너

해설

고압기류식 버너 : 2유체 버너(증기, 공기 등으로 0.2~0.7MPa) 등으로 분무(무화)하는 중유버너

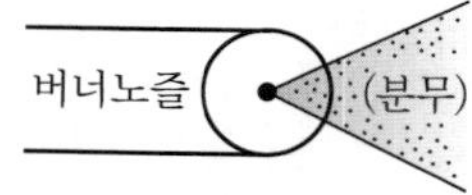

03 증기 보일러의 효율 계산식을 바르게 나타낸 것은?

① 효율(%) $= \dfrac{\text{상당증발량} \times 538.8}{\text{연료 소비량} \times \text{연료의 발열량}} \times 100$

② 효율(%) $= \dfrac{\text{증기소비량} \times 538.8}{\text{연료 소비량} \times \text{연료의 비중}} \times 100$

③ 효율(%) $= \dfrac{\text{급수량} \times 538.8}{\text{연료 소비량} \times \text{연료의 발열량}} \times 100$

④ 효율(%) $= \dfrac{\text{급수사용량}}{\text{증기발열량}} \times 100$

해설

㉠ 상당증발량(kg_f/h = 환산증발량)
㉡ 물의 증발잠열 : 538.8kcal/kg

04 보일러 열효율 정산방법에서 열정산을 위한 액체연료량을 측정할 때, 측정의 허용오차는 일반적으로 몇 %로 하여야 하는가?

① ±1.0% ② ±1.5%
③ ±1.6% ④ ±2.0%

해설

보일러 열정산(열의 수입, 열의 지출)에서 액체연료소비량 측정 시 허용오차는 ±1.0% 이내다.

05 중유 예열기의 가열하는 열원의 종류에 따른 분류가 아닌 것은?

① 전기식 ② 가스식
③ 온수식 ④ 증기식

해설

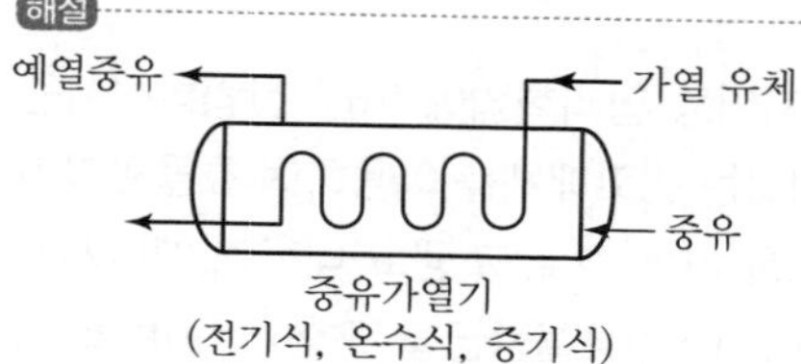

06 공기비를 m, 이론공기량을 A_o라고 할 때 실제공기량 A를 계산하는 식은?

① $A = m \cdot A_o$ ② $A = m/A_o$
③ $A = 1/(m \cdot A_o)$ ④ $A = A_o - m$

정답 01 ① 02 ① 03 ① 04 ① 05 ② 06 ①

해설

㉠ 실제공기량(A)=이론공기량×공기비
㉡ 공기비(m)=실제공기량/이론공기량
㉢ 과잉공기량=실제공기량−이론공기량

07 보일러 급수장치의 일종인 인젝터 사용 시 장점에 관한 설명으로 틀린 것은?

① 급수 예열 효과가 있다.
② 구조가 간단하고 소형이다.
③ 설치에 넓은 장소를 요하지 않는다.
④ 급수량 조절이 양호하여 급수의 효율이 높다.

해설

인젝터(동력이 아닌 증기사용 급수설비)는 급수량 조절이 불가한 임시조치의 급수설비이다.

08 다음 중 슈미트 보일러는 보일러 분류에서 어디에 속하는가?

① 관류식 ② 간접가열식
③ 자연순환식 ④ 강제순환식

해설

간접가열식 보일러(2중 증발보일러)
㉠ 레플러 보일러
㉡ 슈미트 하트만 보일러

09 보일러의 안전장치에 해당되지 않는 것은?

① 방폭문 ② 수위계
③ 화염검출기 ④ 가용마개

해설

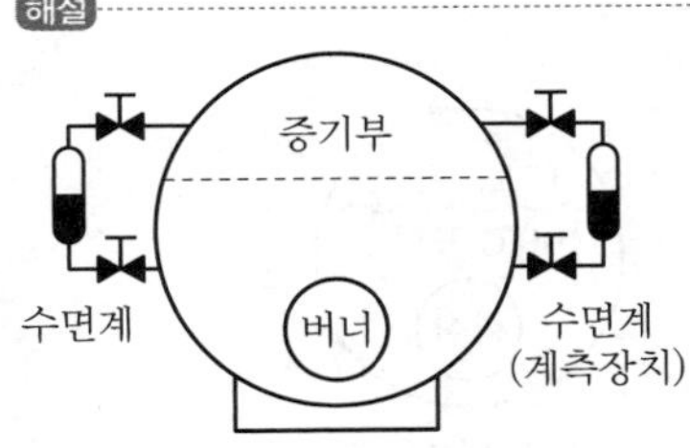

10 보일러의 시간당 증발량 1,100kg/h, 증기 엔탈피 650kcal/kg, 급수 온도 30℃일 때, 상당증발량은?

① 1,050kg/h ② 1,265kg/h
③ 1,415kg/h ④ 1,733kg/h

해설

상당증발량(환산증발량) : W_e(kg$_f$/h)

$$W_e = \frac{\text{시간당 증기발생량(증기엔탈피}-\text{급수엔탈피)}}{539}$$

$$\therefore \frac{1,100(650-30\times1)}{539} = 1,265(\text{kg/h})$$

11 보일러의 자동연소제어와 관련이 없는 것은?

① 증기압력 제어 ② 온수온도 제어
③ 노 내압 제어 ④ 수위 제어

해설

㉠ 자동급수제어(FWC) : 수위 제어
㉡ 자동연소제어(ACC) : 연소 제어
㉢ 자동증기온도제어(STC) : 증기온도 제어

12 보일러의 과열방지장치에 대한 설명으로 틀린 것은?

① 과열방지용 온도퓨즈는 373K 미만에서 확실히 작동하여야 한다.
② 과열방지용 온도퓨즈가 작동한 경우 일정시간 후 재점화되는 구조로 한다.
③ 과열방지용 온도퓨즈는 봉인을 하고 사용자가 변경할 수 없는 구조로 한다.
④ 일반적으로 용해전은 369~371K에 용해되는 것을 사용한다.

해설

과열방지용 온도퓨즈가 작동하면 온도퓨즈를 새것으로 교체한 후에 재점화해야 한다.

정답 07 ④ 08 ② 09 ② 10 ② 11 ④ 12 ②

13 보일러 급수처리의 목적으로 볼 수 없는 것은?

① 부식의 방지 ② 보일러수의 농축방지
③ 스케일 생성 방지 ④ 역화 방지

해설

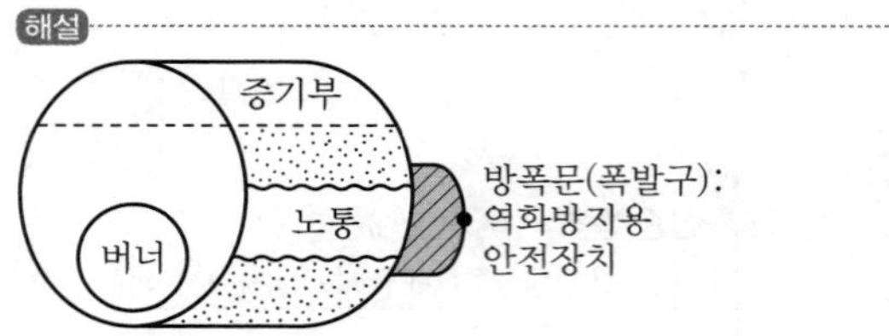

14 배기가스 중에 함유되어 있는 CO_2, O_2, CO 3가지 성분을 순서대로 측정하는 가스 분석계는?

① 전기식 CO_2계
② 헴펠식 가스 분석계
③ 오르자트 가스 분석계
④ 가스 크로마토 그래픽 가스 분석계

해설

㉠ 헴펠식(화학식) : CmHn → CO_2 → O_2 → CO 측정
㉡ 오르자트식(화학식) : CO_2 → O_2 → CO 측정

15 보일러 부속장치에 관한 설명으로 틀린 것은?

① 기수분리기 : 증기 중에 혼입된 수분을 분리하는 장치
② 수트 블로어 : 보일러 등 저면의 스케일, 침전물 등을 밖으로 배출하는 장치
③ 오일스트레이너 : 연료 속의 불순물 방지 및 유량계 펌프 등의 고장을 방지하는 장치
④ 스팀 트랩 : 응축수를 자동으로 배출하는 장치

해설

②는 분출장치(수저분출)에 대한 설명이다.

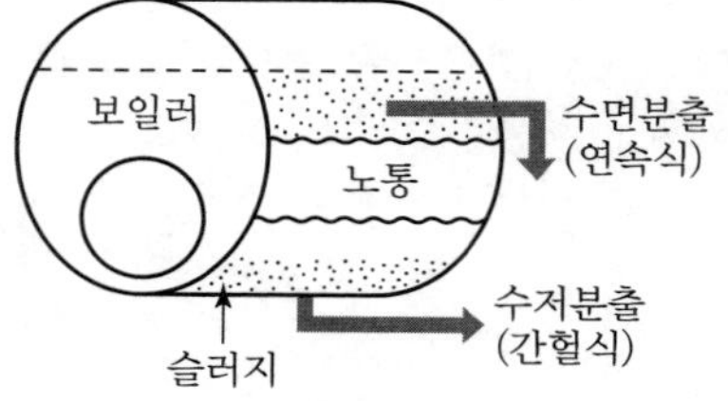

16 일반적으로 보일러 판넬 내부 온도는 몇 ℃를 넘지 않도록 하는 것이 좋은가?

① 60℃ ② 70℃
③ 80℃ ④ 90℃

해설

자동제어 판넬 내부 온도
60℃ 이하 유지

17 함진 배기가스를 액방울이나 액막에 충돌시켜 분진 입자를 포집 분리하는 집진장치는?

① 중력식 집진장치 ② 관성력식 집진장치
③ 원심력식 집진장치 ④ 세정식 집진장치

해설

습식(세정식) 집진장치
함진 배기가스를 액방울이나 액막에 충돌시켜 분진 입자를 포집하여 분리하는 집진장치

18 보일러 인터록과 관계가 없는 것은?

① 압력초과 인터록 ② 저수위 인터록
③ 불착화 인터록 ④ 급수장치 인터록

해설

①, ②, ③ 외 프리퍼지(환기) 인터록, 배기가스 온도조절 인터록 등이 있다.

19 상태 변화 없이 물체의 온도 변화에만 소요되는 열량은?

① 고체열 ② 현열
③ 액체열 ④ 잠열

해설

온도 변화(현열)

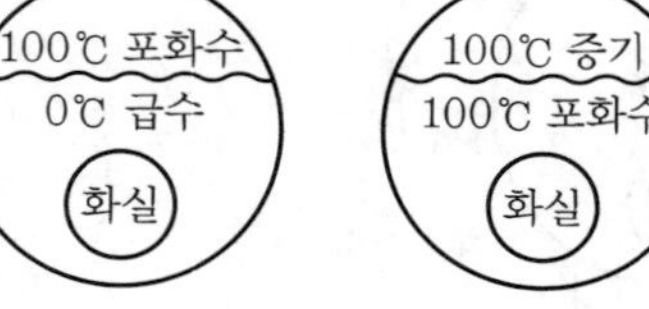

상태 변화(잠열)

정답 13 ④ 14 ③ 15 ② 16 ① 17 ④ 18 ④ 19 ②

20 보일러용 오일 연료에서 성분분석 결과 수소 12.0%, 수분 0.3%라면, 저위발열량은?(단, 연료의 고위발열량은 10,600kcal/kg이다.)

① 6,500kcal/kg ② 7,600kcal/kg
③ 8,950kcal/kg ④ 9,950kcal/kg

저위발열량(Hl) = 고위발열량(Hh) − 600(9H + W)

$= 10{,}600 - 600(9 \times 0.12 + 0.003)$
$= 10{,}600 - 600(1.083)$
$= 10{,}600 - 649.8 = 9{,}950.2\text{kcal/kg}$

21 보일러에서 보염장치의 설치목적에 대한 설명으로 틀린 것은?

① 화염의 전기전도성을 이용한 검출을 실시한다.
② 연소용 공기의 흐름을 조절하여 준다.
③ 화염의 형상을 조절한다.
④ 확실한 착화가 되도록 한다.

해설
① 화염검출기 안전장치 중 플레임 로드의 설명이다.

22 증기사용압력이 같거나 또는 다른 여러 개의 증기사용 설비의 드레인관을 하나로 묶어 한 개의 트랩으로 설치한 것을 무엇이라고 하는가?

① 플로트 트랩 ② 버킷 트래핑
③ 디스크 트랩 ④ 그룹 트래핑

해설
그룹 트래핑
증기사용압력이 같거나 또는 다른 여러 개의 증기사용설비의 드레인관을 하나로 묶어서 한 개의 스팀트랩으로 설치한 증기트랩이다.

23 보일러 윈드박스 주위에 설치되는 장치 또는 부품과 가장 거리가 먼 것은?

① 공기예열기 ② 화염검출기
③ 착화버너 ④ 투시구

해설

증기부
폐열회수장치
화실
공기예열기
연도
윈드박스
(바람상자)
버너

24 보일러 운전 중 정전이나 실화로 인하여 연료의 누설이 발생하여 갑자기 점화되었을 때 가스폭발방지를 위해 연료공급을 차단하는 안전장치는?

① 폭발문 ② 수위경보기
③ 화염검출기 ④ 안전밸브

해설
화실 내 실화 또는 점화가 제대로 작동하지 않으면 화염검출기 신호에 의해 전자밸브가 연료공급을 차단한다.

25 다음 중 보일러에서 연소가스의 배기가 잘 되는 경우는?

① 연도의 단면적이 작을 때
② 배기가스 온도가 높을 때
③ 연도에 급한 굴곡이 있을 때
④ 연도에 공기가 많이 침입될 때

해설
배기가스의 온도가 높으면 배기가스 밀도(kg/m³)가 가벼워져서 부력 발생으로 자연통풍력이 증가한다.

26 전열면적이 40m^2인 수직 연관보일러를 2시간 연소시킨 결과 4,000kg의 증기가 발생하였다. 이 보일러의 증발률은?

① $40\text{kg/m}^2 \cdot \text{h}$ ② $30\text{kg/m}^2 \cdot \text{h}$
③ $60\text{kg/m}^2 \cdot \text{h}$ ④ $50\text{kg/m}^2 \cdot \text{h}$

해설

$$\text{증발률} = \frac{\text{증기발생량}}{\text{전열면적}} = \frac{4{,}000}{40 \times 2} = 50\,\text{kg/m}^2 \cdot \text{h}$$

정답 20 ④ 21 ① 22 ④ 23 ① 24 ③ 25 ② 26 ④

27 다음 중 보일러 스테이(Stay)의 종류로 가장 거리가 먼 것은?

① 거싯(Gusset) 스테이 ② 바(Bar) 스테이
③ 튜브(Tube) 스테이 ④ 너트(Nut) 스테이

해설

스테이
보일러에서 강도가 약한 부위를 보강하는 기구이다. 대표적으로 ①, ②, ③항의 종류가 있다.

28 과열기의 종류 중 열가스 흐름에 의한 구분 방식에 속하지 않는 것은?

① 병류식 ② 접촉식
③ 향류식 ④ 혼류식

해설

과열기의 설치장소에 따른 종류로는 복사과열기, 복사대류과열기, 접촉과열기가 있다.

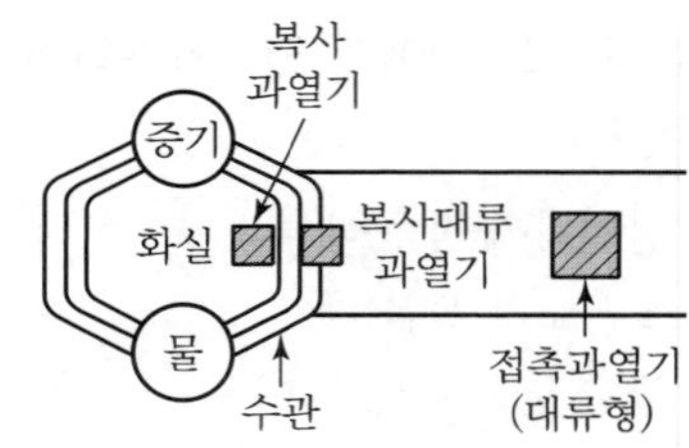

29 고체 연료의 고위발열량으로부터 저위발열량을 산출할 때 연료 속의 수분과 다른 한 성분의 함유율을 가지고 계산하여 산출할 수 있는데 이 성분은 무엇인가?

① 산소 ② 수소
③ 유황 ④ 탄소

해설

저위발열량 = 고위발열량 − 600($9H + W$)
H(수소), W(수분)
600kcal/kg : 0℃에서 물의 증발열

30 상용 보일러의 점화 전 준비사항에 관한 설명으로 틀린 것은?

① 수저분출밸브 및 분출 콕의 기능을 확인하고, 조금씩 분출되도록 약간 개방하여 둔다.
② 수면계에 의하여 수위가 적정한지 확인한다.
③ 급수배관의 밸브가 열려 있는지, 급수펌프의 기능은 정상인지 확인한다.
④ 공기빼기 밸브는 증기가 발생하기 전까지 열어 놓는다.

해설

보일러 점화 전에는 분출밸브 형태

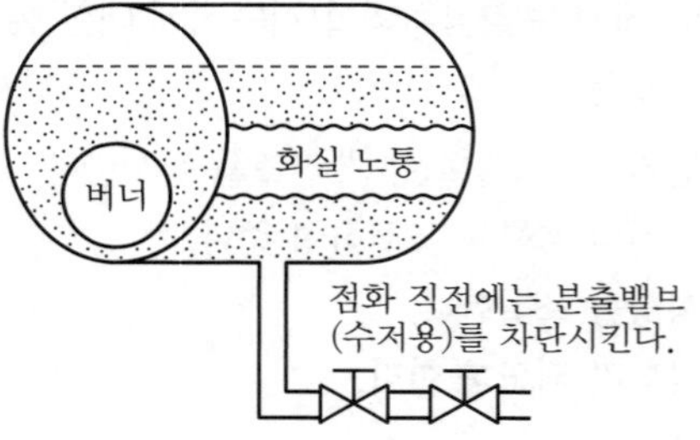

31 도시가스 배관의 설치에서 배관의 이음부(용접이음매 제외)와 전기점멸기 및 전기접속기와의 거리는 최소 얼마 이상 유지해야 하는가?

① 10cm ② 15cm
③ 30cm ④ 60cm

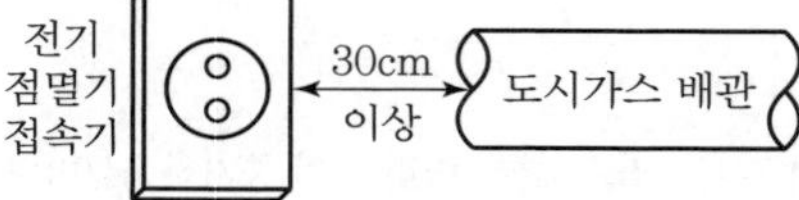

32 증기보일러에는 2개 이상의 안전밸브를 설치하여야 하지만, 전열면적이 몇 이하인 경우에는 1개 이상으로 해도 되는가?

① $80m^2$ ② $70m^2$
③ $60m^2$ ④ $50m^2$

정답 27 ④ 28 ② 29 ② 30 ① 31 ③ 32 ④

해설

전열면적 50m² 이하 보일러의 경우 증기용 안전밸브를 1개 이상 부착할 수 있다.

33 배관 보온재의 선정 시 고려해야 할 사항으로 가장 거리가 먼 것은?

① 안전사용 온도 범위
② 보온재의 가격
③ 해체의 편리성
④ 공사 현장의 작업성

해설

배관용 보온재는 거의가 해체하지 않는다(장시간 사용 시 전면적 수선이 필요하다).

34 증기주관의 관말트랩 배관의 드레인 포켓과 냉각관 시공 요령이다. 다음 ( ) 안에 적절한 것은?

> 증기주관에서 응축수를 건식환수관에 배출하려면 주관과 동경으로 (㉠)mm 이상 내리고 하부로 (㉡)mm 이상 연장하여 (㉢)을(를) 만들어준다. 냉각관은 (㉣) 앞에서 1.5m 이상 나관으로 배관한다.

① ㉠ 150, ㉡ 100, ㉢ 트랩, ㉣ 드레인 포켓
② ㉠ 100, ㉡ 150, ㉢ 드레인 포켓, ㉣ 트랩
③ ㉠ 150, ㉡ 100, ㉢ 드레인 포켓, ㉣ 드레인 밸브
④ ㉠ 100, ㉡ 150, ㉢ 드레인 밸브, ㉣ 드레인 포켓

해설

나관 : 보온하지 않는 관이다.

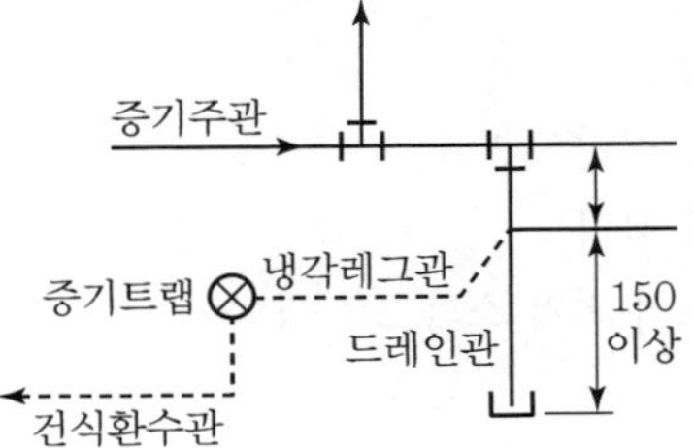

35 파이프와 파이프를 홈 조인트로 체결하기 위하여 파이프 끝을 가공하는 기계는?

① 띠톱 기계
② 파이프 벤딩기
③ 동력파이프 나사절삭기
④ 그루빙 조인트 머신

해설

그루빙 조인트 머신
관과 관의 홈 조인트를 체결하기 위하여 파이프 관의 끝을 가공한다.

36 보일러 보존 시 동결사고가 예상될 때 실시하는 밀폐식 보존법은?

① 건조 보존법 ② 만수 보존법
③ 화학적 보존법 ④ 습식 보존법

해설

㉠ 밀폐식 보존법(건조식) : 6개월 이상 장기보존
㉡ 만수 보존법(습식) : 3개월 이하 단기 보존

37 온수난방 배관 시공 시 이상적인 기울기는 얼마인가?

① 1/100 이상 ② 1/150 이상
③ 1/200 이상 ④ 1/250 이상

해설

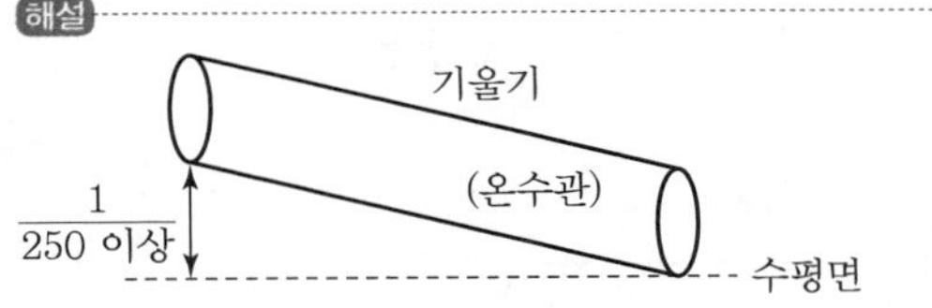

38 온수난방 설비의 내림구배 배관에서 배관 아랫면을 일치시키고자 할 때 사용되는 이음쇠는?

① 소켓 ② 편심 리듀서
③ 유니언 ④ 이경엘보

정답 33 ③ 34 ② 35 ④ 36 ① 37 ④ 38 ②

해설

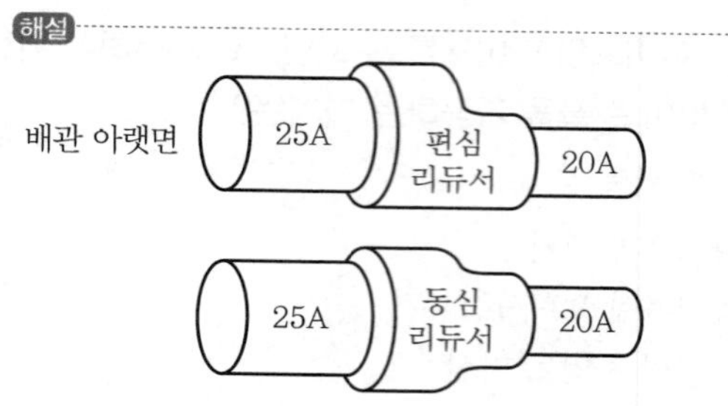

39 두께 150mm, 면적이 15m²인 벽이 있다. 내면 온도는 200℃, 외면 온도가 20℃일 때 벽을 통한 열손실량은?(단, 열전도율은 0.25kcal/m · h · ℃이다.)

① 101kcal/h ② 675kcal/h
③ 2,345kcal/h ④ 4,500kcal/h

해설

전도열손실량$(\theta)=\lambda\times\dfrac{A\times\Delta t}{b}$

$$=0.25\times\frac{15\times(200-20)}{\left(\frac{150}{1{,}000}\right)}=4{,}500\,\text{kcal/h}$$

40 보일러수에 불순물이 많이 포함되어 보일러수의 비등과 함께 수면 부근에 거품의 층을 형성하여 수위가 불안정하게 되는 현상은?

① 포밍 ② 프라이밍
③ 캐리오버 ④ 공동현상

해설

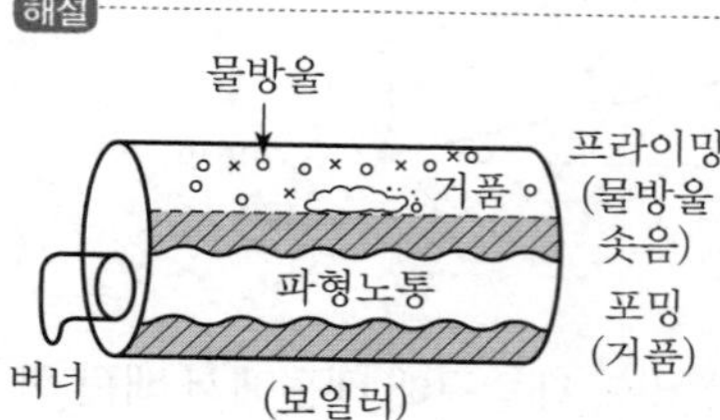

41 수질이 불량하여 보일러에 미치는 영향으로 가장 거리가 먼 것은?

① 보일러의 수명과 열효율에 영향을 준다.
② 고압보다 저압일수록 장애가 더욱 심하다.
③ 부식현상이나 증기의 질이 불순하게 된다.
④ 수질이 불량하면 관계통에 관석이 발생한다.

해설

고압보일러는 포화수 온도가 높아서 점식이나 거품현상이 더 심하게 발생한다(급수처리가 심각하다).

42 다음 보온재 중 유기질 보온재에 속하는 것은?

① 규조토 ② 탄산마그네슘
③ 유리섬유 ④ 기포성 수지

해설

기포성 수지(합성수지)는 유기질 보온재이며, ①, ②, ③은 무기질 보온재이다.

43 관의 접속상태 · 결합방식의 표시방법에서 용접이음을 나타내는 그림기호로 맞는 것은?

① 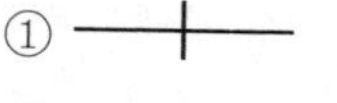 ② 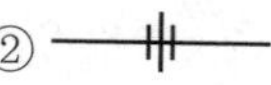
③  ④ 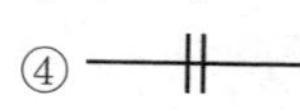

해설

① 나사이음 ② 유니언이음
③ 용접이음 ④ 플랜지이음

44 보일러 점화불량의 원인으로 가장 거리가 먼 것은?

① 댐퍼작동 불량
② 파일로트 오일 불량
③ 공기비의 조정 불량
④ 점화용 트랜스의 전기 스파크 불량

해설

파일로트 버너는 점화용 버너(가스나 경유 사용)다.

정답 39 ④ 40 ① 41 ② 42 ④ 43 ③ 44 ②

45 다음 방열기 도시기호 중 벽걸이 종형 도시기호는?

① W－H　② W－V
③ W－Ⅱ　④ W－Ⅲ

해설
㉠ W : 벽걸이　㉡ V : 종형(세로형)
㉢ H : 횡형(가로형)

46 배관 지지구의 종류가 아닌 것은?

① 파이프 슈　② 콘스턴트 행거
③ 리지드 서포트　④ 소켓

해설

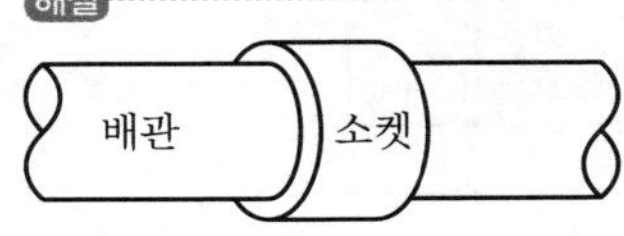

47 보온시공 시 주의사항에 대한 설명으로 틀린 것은?

① 보온재와 보온재의 틈새는 되도록 작게 한다.
② 겹침부의 이음새는 동일 선상을 피해서 부착한다.
③ 테이프 감기는 물, 먼지 등의 침입을 막기 위해 위에서 아래쪽으로 향하여 감아내리는 것이 좋다.
④ 보온의 끝 단면은 사용하는 보온재 및 보온 목적에 따라서 필요한 보호를 한다.

해설
테이프 감기
위쪽에서 → 아래쪽으로 감아나간다.

48 온수난방에 관한 설명으로 틀린 것은?

① 단관식은 보일러에서 멀어질수록 온수의 온도가 낮아진다.
② 복관식은 방열량의 변화가 일어나지 않고 밸브의 조절로 방열량을 가감할 수 있다.
③ 역귀환 방식은 각 방열기의 방열량이 거의 일정하다.
④ 증기난방에 비하여 소요방열면적과 배관경이 작게 되어 설비비를 비교적 절약할 수 있다.

해설
온수난방
소요방열면적이 크고 배관경이 커서 설비비가 많이 든다.

49 온수보일러에서 팽창탱크를 설치할 경우 주의사항으로 틀린 것은?

① 밀폐식 팽창탱크의 경우 상부에 물빼기 관이 있어야 한다.
② 100℃의 온수에도 충분히 견딜 수 있는 재료를 사용하여야 한다.
③ 내식성 재료를 사용하거나 내식 처리된 탱크를 설치하여야 한다.
④ 동결 우려가 있을 경우에는 보온을 한다.

해설
개방식 팽창탱크의 경우 상부에 물빼기 관이 있어야 한다.

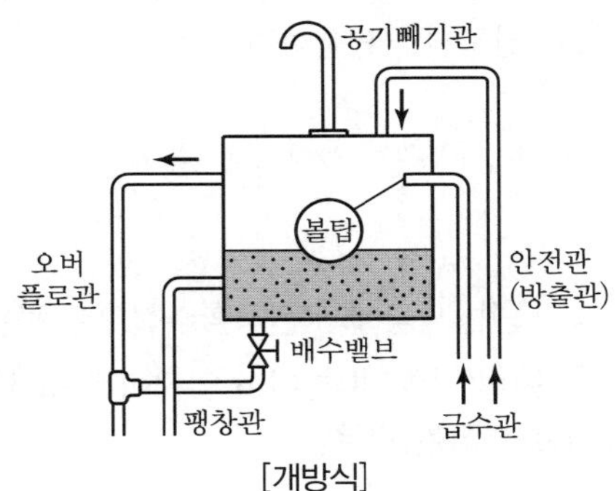

[개방식]

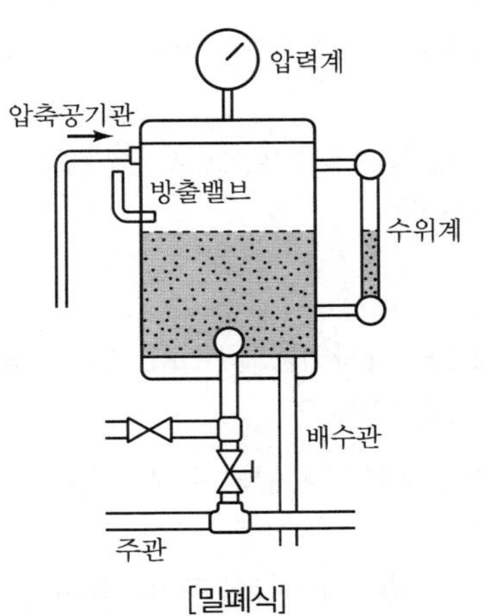

[밀폐식]

정답 45 ② 46 ④ 47 ③ 48 ④ 49 ①

50 보일러 내부 부식에 속하지 않는 것은?

① 점식 ② 저온부식
③ 구식 ④ 알칼리부식

해설

저온부식
절탄기, 공기예열기에서 발생하며 외부 부식이다.
$S+O_2 \rightarrow SO_2$
$SO_2+H_2O=H_2SO_3$
$H_2SO_3+O \rightarrow H_2SO_4$(진한황산－저온부식 초래)

51 보일러 내부의 건조방식에 대한 설명 중 틀린 것은?

① 건조재로 생석회가 사용된다.
② 가열장치로 서서히 가열하여 건조시킨다.
③ 보일러 내부 건조 시 사용되는 기화성 부식 억제제(VCI)는 물에 녹지 않는다.
④ 보일러 내부 건조 시 사용되는 기화성 부식 억제제(VCI)는 건조제와 병용하여 사용할 수 있다.

해설

기화성 부식 억제제(VCI)는 물에 용해된다.

52 증기 난방시공에서 진공환수식으로 하는 경우 리프트 피팅(Lift Fitting)을 설치하는데, 1단의 흡상높이로 적절한 것은?

① 1.5m 이내 ② 2.0m 이내
③ 2.5m 이내 ④ 3.0m 이내

해설

진공환수식 증기난방의 경우 리프트 피팅 1단의 흡상높이는 1.5m 이내로 한다.

53 배관의 나사이음과 비교한 용접이음에 관한 설명으로 틀린 것은?

① 나사 이음부와 같이 관의 두께에 불균일한 부분이 없다.
② 돌기부가 없이 배관상의 공간효율이 좋다.
③ 이음부의 강도가 적고, 누수의 우려가 크다.
④ 변형과 수축, 잔류응력이 발생할 수 있다.

해설

③ 나사이음 조인트의 단점이다.

54 보일러 외부 부식의 한 종류인 고온부식을 유발하는 주된 성분은?

① 황 ② 수소
③ 인 ④ 바나듐

해설

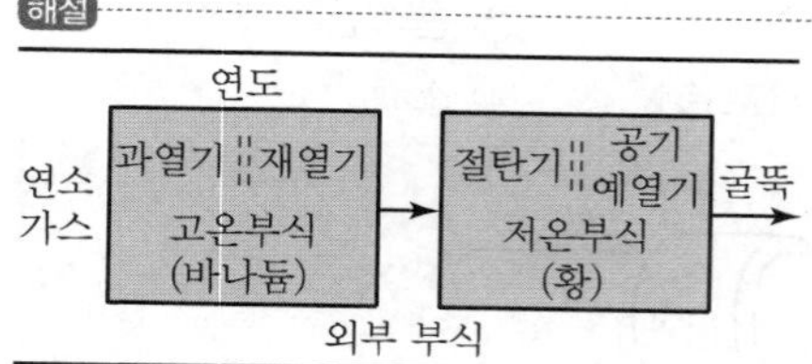

55 에너지이용 합리화법에 따라 고시한 효율관리기자재 운용 · 규정에 따라 가정용 가스보일러의 최저소비효율기준은 몇 %인가?

① 63% ② 68%
③ 76% ④ 86%

해설

가정용 가스보일러의 최저소비 효율기준은 76%이다.

56 에너지다소비사업자는 산업통상자원부령이 정하는 바에 따라 전년도의 분기별 에너지사용량 · 제품생산량을 그 에너지사용시설이 있는 지역을 관할하는 시 · 도지사에게 매년 언제까지 신고해야 하는가?

① 1월 31일까지 ② 3월 31일까지
③ 5월 31일까지 ④ 9월 30일까지

해설

에너지다소비사업자(연간 석유환산량 2,000티오이 이상 사용자) 신고일자
매년 1월 31일까지

정답 50 ② 51 ③ 52 ① 53 ③ 54 ④ 55 ③ 56 ①

57 저탄소 녹색성장 기본법에서 사람의 활동에 수반하여 발생하는 온실가스가 대기 중에 축적되어 온실가스 농도를 증가시킴으로써 지구 전체적으로 지표 및 대기의 온도가 추가적으로 상승하는 현상을 나타내는 용어는?

① 지구온난화
② 기후 변화
③ 자원순환
④ 녹색경영

해설
온실가스(CO_2, CH_4 등)는 지구온난화의 주범이다.

58 에너지이용 합리화법에 따라 산업통상자원부장관 또는 시·도지사로부터 한국에너지공단에 위탁된 업무가 아닌 것은?

① 에너지사용계획의 검토
② 고효율시험기관의 지정
③ 대기전력경고표지대상제품의 측정결과 신고의 접수
④ 대기전력저감대상제품의 측정결과 신고의 접수

해설
② 산업통상자원부장관 소관 업무에 해당한다.

59 에너지이용 합리화법에서 효율관리기자재의 제조업자 또는 수입업자가 효율관리기자재의 에너지 사용량을 측정받는 기관은?

① 산업통상자원부장관이 지정하는 시험기관
② 제조업자 또는 수입업자의 검사기관
③ 환경부장관이 지정하는 진단기관
④ 시·도지사가 지정하는 측정기관

해설
효율관리기자재의 에너지 사용량 측정기관은 산업통상자원부장관이 지정하는 시험기관이다.

60 에너지이용 합리화법에서 정한 국가에너지절약추진위원회의 위원장은?

① 산업통상자원부장관
② 국토교통부장관
③ 국무총리
④ 대통령

해설
국가에너지절약추진위원회 위원장은 산업통상자원부장관이다.

정답 57 ① 58 ② 59 ① 60 ①

2016년 7월 10일 시행

과년도 기출문제

01 유류연소 버너에서 기름의 예열온도가 너무 높은 경우에 나타나는 주요 현상으로 옳은 것은?

① 버너 화구의 탄화물 축적
② 버너용 모터의 마모
③ 진동, 소음의 발생
④ 점화 불량

해설
유류(오일)는 버너에서 예열온도가 너무 높으면 연료가 열분해되어서 버너 화구에서 탄화물이 축적된다.

02 대형보일러인 경우에 송풍기가 작동하지 않으면 전자밸브가 열리지 않고, 점화를 저지하는 인터록은?

① 프리퍼지 인터록 ② 불착화 인터록
③ 압력초과 인터록 ④ 저수위 인터록

해설
프리퍼지 인터록
보일러 점화 시 점화 직전에 송풍기가 고장 나 퍼지(노 내 환기)가 되지 않으면 전자밸브가 열리지 않고 점화를 저지하는 인터록이 프리퍼지 인터록이다.

03 가압수식을 이용한 집진장치가 아닌 것은?

① 제트 스크러버
② 충격식 스크러버
③ 벤투리 스크러버
④ 사이클론 스크러버

해설
가압수식(세정식) 집진장치(미세 매연분리기)
㉠ 제트 스크러버
㉡ 벤투리 스크러버
㉢ 사이클론 스크러버

04 절탄기에 대한 설명으로 옳은 것은?

① 절탄기의 설치방식은 혼합식과 분배식이 있다.
② 절탄기의 급수예열 온도는 포화온도 이상으로 한다.
③ 연료의 절약과 증발량의 감소 및 열효율을 감소시킨다.
④ 급수와 보일러수의 온도차 감소로 열응력을 줄여준다.

해설
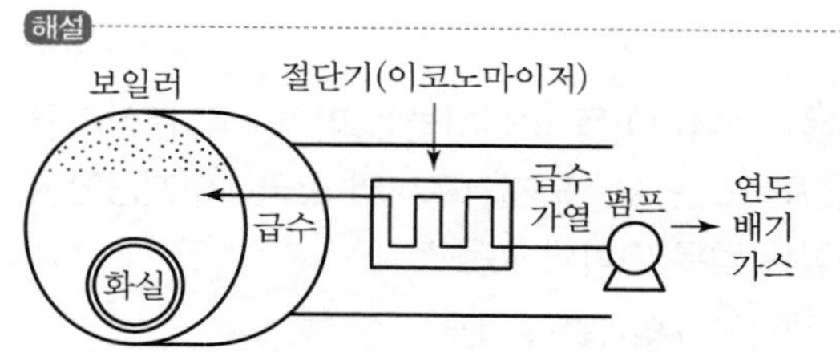

05 분진가스를 집진기 내에 충돌시키거나 열가스의 흐름을 반전시켜 급격한 기류의 방향전환에 의해 분진을 포집하는 집진장치는?

① 중력식 집진장치
② 관성력식 집진장치
③ 사이클론식 집진장치
④ 멀티사이클론식 집진장치

해설
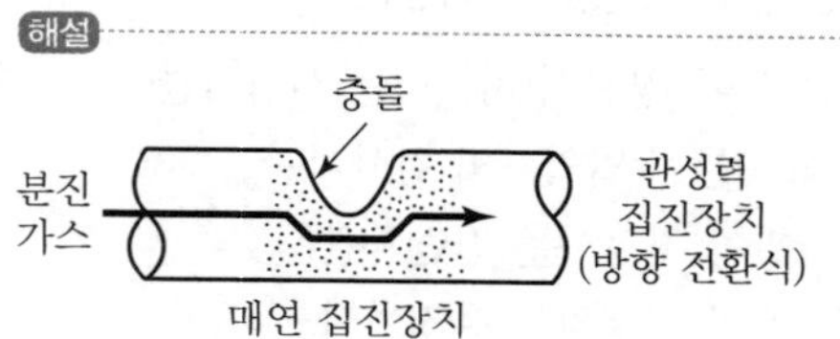

정답 01 ① 02 ① 03 ② 04 ④ 05 ②

06 비열이 0.6kcal/kg · ℃인 어떤 연료 30kg을 15℃에서 35℃까지 예열하고자 할 때 필요한 열량은 몇 kcal인가?

① 180 ② 360
③ 450 ④ 600

해설
현열(Q)=30kg×0.6kcal/kg · ℃×(35−15)℃=360kcal
• 비열이 주어지면 현열공식을 적용한다.

07 습증기의 엔탈피 h_x를 구하는 식으로 옳은 것은?(단, h : 포화수의 엔탈피, x : 건조도, r : 증발잠열(숨은 열), v : 포화수의 비체적)

① $h_x = h + x$ ② $h_x = h + r$
③ $h_x = h + xr$ ④ $h_x = v + h + xr$

해설
㉠ 습포화증기엔탈피(h_x)=포화수엔탈피+건조도×증발잠열=kcal/kg
㉡ 건포화증기엔탈피(h'')=포화수엔탈피+증발잠열

08 보일러의 자동제어에서 제어량에 따른 조작량의 대상으로 옳은 것은?

① 증기온도 : 연소가스량
② 증기압력 : 연료량
③ 보일러 수위 : 공기량
④ 노 내 압력 : 급수량

해설

제어장치명	제어량	조작량
자동연소 (ACC)	증기압력	연료량 공기량(증기압력)
	노 내 압력	연소가스량 (노 내 압력)
자동급수 (FWC)	보일러 수위	급수량
자동증기온도 (STC)	증기온도	전열량

09 화염 검출기의 종류 중 화염의 이온화 현상에 따른 전기 전도성을 이용하여 화염의 유무를 검출하는 것은?

① 플레임 로드 ② 플레임 아이
③ 스택스위치 ④ 광전관

해설
㉠ 플레임 아이 : 화염의 불빛을 이용(광전관)
㉡ 플레임 로드 : 이온화(불꽃의 전기전도성 이용)
㉢ 스택스위치 : 연도에서 발열팽창온도 이용

10 원심형 송풍기에 해당하지 않는 것은?

① 터보형 ② 다익형
③ 플레이트형 ④ 프로펠러형

해설
축류형 송풍기
㉠ 디스크형, ㉡ 프로펠러형

11 석탄의 함유 성분이 많을수록 연소에 미치는 영향에 대한 설명으로 틀린 것은?

① 수분 : 착화성이 저하된다.
② 회분 : 연소 효율이 증가한다.
③ 고정탄소 : 발열량이 증가한다.
④ 휘발분 : 검은 매연이 발생하기 쉽다.

해설
회분(고체연료의 재)이 많으면 연소 효율이 감소한다.

12 보일러 수위제어 검출방식에 해당되지 않는 것은?

① 유속식 ② 전극식
③ 차압식 ④ 열팽창식

해설
보일러 수위제어
㉠ 전극식 ㉡ 차압식
㉢ 열팽창식 ㉣ 맥도널식(기계식=부자식)

정답 06 ② 07 ③ 08 ② 09 ① 10 ④ 11 ② 12 ①

13 다음 중 보일러의 손실열 중 가장 큰 것은?

① 연료의 불완전연소에 의한 손실열
② 노 내 분입증기에 의한 손실열
③ 과잉 공기에 의한 손실열
④ 배기가스에 의한 손실열

해설
보일러 열손실 중 배기가스에 의한 열손실이 가장 크다.(열정산 출열에 해당된다.)

14 증기의 압력에너지를 이용하여 피스톤을 작동시켜 급수를 행하는 펌프는?

① 워싱턴 펌프 ② 기어 펌프
③ 볼류트 펌프 ④ 디퓨져 펌프

해설
워싱턴 펌프, 웨어 펌프
보일러 증기 압력 에너지를 이용하여 피스톤을 작동시키는 비동력 펌프이다.(워싱턴 펌프는 피스톤이 2개로 급수용, 증기용으로 사용됨)

15 다음 중 보일러수 분출의 목적이 아닌 것은?

① 보일러수의 농축을 방지한다.
② 프라이밍, 포밍을 방지한다.
③ 관수의 순환을 좋게 한다.
④ 포화증기를 과열증기로 증기의 온도를 상승시킨다.

해설
④는 과열기에 대한 설명이다.

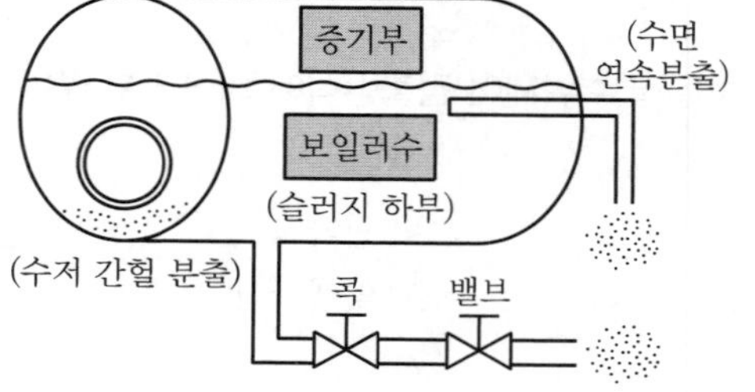

16 화염 검출기에서 검출되어 프로텍터 릴레이로 전달된 신호는 버너 및 어떤 장치로 다시 전달되는가?

① 압력제한 스위치 ② 저수위 경보장치
③ 연료차단밸브 ④ 안전밸브

해설

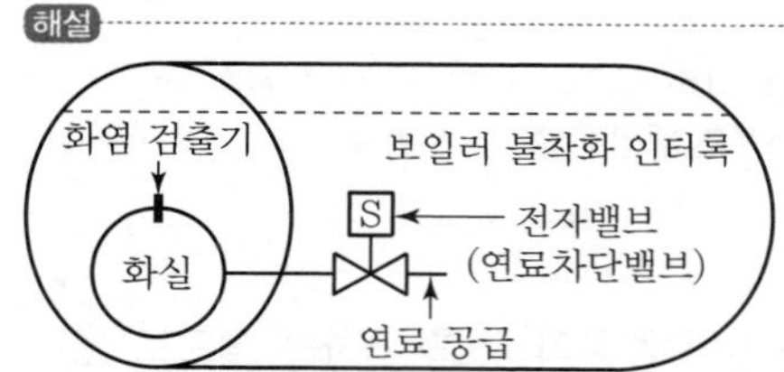

17 기체연료의 특징으로 틀린 것은?

① 연소조절 및 점화나 소화가 용이하다.
② 시설비가 적게 들며 저장이나 취급이 편리하다.
③ 회분이나 매연 발생이 없어서 연소 후 청결하다.
④ 연료 및 연소용 공기도 예열되어 고온을 얻을 수 있다.

해설
기체연료는 시설비가 많이 들고 저장이나 취급이 불편하다.(도시가스, LPG 가스)

18 다음 중 수관식 보일러 종류가 아닌 것은?

① 다쿠마 보일러 ② 가르베 보일러
③ 야로 보일러 ④ 하우덴 존슨 보일러

해설
선박용 노통연관식 보일러(원통횡형 보일러)
㉠ 하우덴 존슨 보일러
㉡ 부르동 카프스 보일러

19 보일러 1마력을 열량으로 환산하면 약 몇 kcal/h인가?

① 15.65 ② 539
③ 1,078 ④ 8,435

정답 13 ④ 14 ① 15 ④ 16 ③ 17 ② 18 ④ 19 ④

해설

보일러 1마력의 능력

상당증발량 15.65kg/h 발생능력

∴ 15.65×539kcal/kg(증발잠열)=8,435kcal/h

20 연관보일러에서 연관에 대한 설명으로 옳은 것은?

① 관의 내부로 연소가스가 지나가는 관
② 관의 외부로 연소가스가 지나가는 관
③ 관의 내부로 증기가 지나가는 관
④ 관의 내부로 물이 지나가는 관

해설

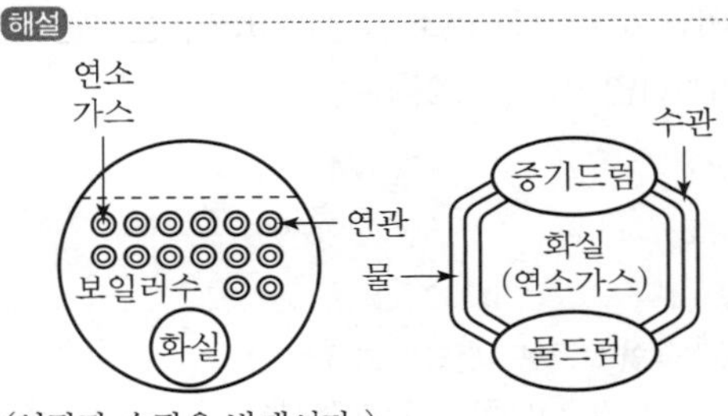

(연관과 수관은 반대이다.)

21 90℃의 물 1,000kg에 15℃의 물 2,000kg을 혼합시키면 온도는 몇 ℃가 되는가?

① 40 ② 30
③ 20 ④ 10

해설

- 90℃ 물의 현열=1,000kg×1kcal/kg · ℃×(90−0) =90,000kcal
- 15℃ 물의 현열=2,000kg×1kcal/kg · ℃×(15−0) =30,000kcal
- 총 무게질량=1,000+2,000=3,000kg

$$\therefore \text{혼합온도} = \frac{90,000+30,000}{3,000} = 40℃$$

22 유류 보일러 시스템에서 중유를 사용할 때 흡입 측의 여과망 눈 크기로 적합한 것은?

① 1~10mesh ② 20~60mesh
③ 100~150mesh ④ 300~500mesh

해설

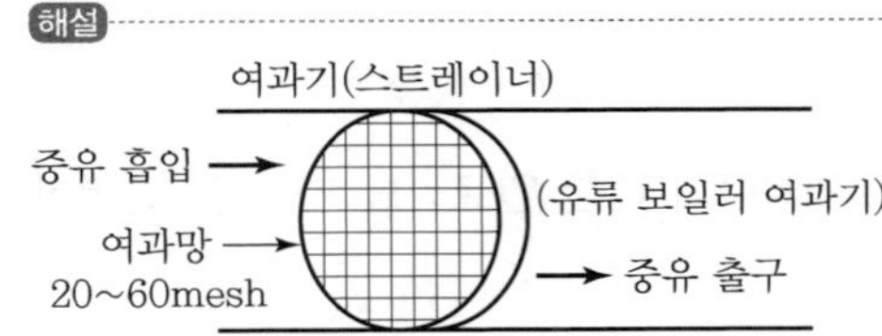

23 보일러 효율 시험방법에 관한 설명으로 틀린 것은?

① 급수온도는 절탄기가 있는 것은 절탄기 입구에서 측정한다.
② 배기가스의 온도는 전열면의 최종 출구에서 측정한다.
③ 포화증기의 압력은 보일러 출구의 압력으로 부르동관식 압력계로 측정한다.
④ 증기온도의 경우 과열기가 있을 때는 과열기 입구에서 측정한다.

해설

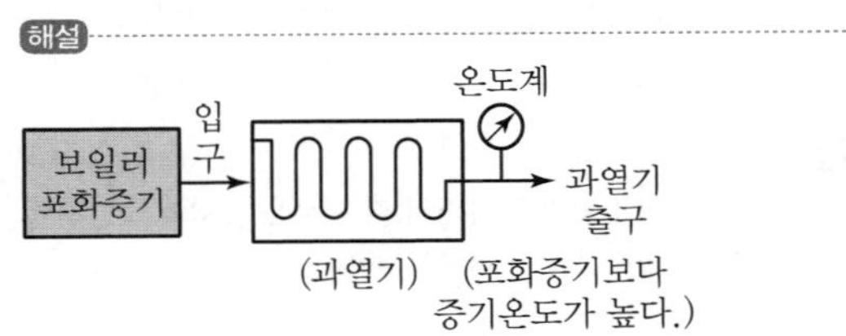

24 비교적 많은 동력이 필요하나 강한 통풍력을 얻을 수 있어 통풍저항이 큰 대형 보일러나 고성능 보일러에 널리 사용되고 있는 통풍방식은?

① 자연통풍방식
② 평형통풍방식
③ 직접흡입 통풍방식
④ 간접흡입 통풍방식

정답 20 ① 21 ① 22 ② 23 ④ 24 ②

해설

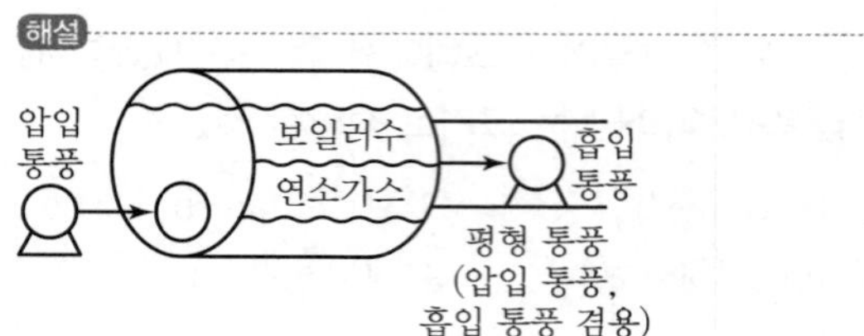

25 고체연료에 대한 연료비를 가장 잘 설명한 것은?

① 고정탄소와 휘발분의 비
② 회분과 휘발분의 비
③ 수분과 회분의 비
④ 탄소와 수소의 비

해설

고체연료의 연료비$=\frac{\text{고정탄소}}{\text{휘발분}}$ (연료비가 클수록 좋은 고체연료이다.)

26 보일러의 최고사용압력이 0.1MPa 이하일 경우 설치 가능한 과압 방지 안전장치의 크기는?

① 호칭지름 5mm ② 호칭지름 10mm
③ 호칭지름 15mm ④ 호칭지름 20mm

해설

0.1MPa(1kg/cm^2) 이하 보일러의 최고 사용 압력에서 안전밸브의 크기는 호칭지름 20mm 이상이다.

27 보일러 부속장치에서 연소가스의 저온부식과 가장 관계가 있는 것은?

① 공기예열기 ② 과열기
③ 재생기 ④ 재열기

해설

저온부식 (S)황$+O_2 \rightarrow SO_2$, $SO_2+\frac{1}{2}O_2 \rightarrow SO_3$, $SO_3+H_2O \rightarrow H_2SO_4$(진한 황산=저온부식)

폐열회수장치 설치순서
보일러 → 과열기, 재열기(고온부식 발생) → 절탄기, 공기예열기(저온부식 발생)

28 비점이 낮은 물질인 수은, 다우섬 등을 사용하여 저압에서도 고온을 얻을 수 있는 보일러는?

① 관류식 보일러
② 열매체식 보일러
③ 노통연관식 보일러
④ 자연순환 수관식 보일러

해설

열매체
수은, 다우섬, 카네크롤, 세큐리티, 모빌섬 등(저압에서 고온의 기상, 액상 발생이 가능하다.)

29 어떤 보일러의 연소 효율이 92%, 전열면 효율이 85%이면 보일러 효율은?

① 73.2% ② 74.8%
③ 78.2% ④ 82.8%

해설

보일러 효율=연소 효율×전열면 효율
=(0.92×0.85)=0.782(78.2%)

30 온수온돌의 방수 처리에 대한 설명으로 적절하지 않은 것은?

① 다층건물에 있어서도 전 층의 온수온돌에 방수 처리를 하는 것이 좋다.
② 방수 처리는 내식성이 있는 루핑, 비닐, 방수모르타르로 하며, 습기가 스며들지 않도록 완전히 밀봉한다.
③ 벽면으로 습기가 올라오는 것을 대비하여 온돌바닥보다 약 10cm 이상 위까지 방수 처리를 하는 것이 좋다.
④ 방수 처리를 함으로써 열손실을 감소시킬 수 있다.

해설

온수온돌 방수 처리는 지면에 접하는 곳에서 적절하므로 다층건물 전 층에 대한 방수 처리는 불필요하다.

정답 25 ① 26 ④ 27 ① 28 ② 29 ③ 30 ①

31 압력배관용 탄소강관의 KS 규격기호는?

① SPPS ② SPLT
③ SPP ④ SPPH

해설
② SPLT : 저온배관용 ③ SPP : 일반배관용
④ SPPH : 고압배관용

32 중력환수식 온수난방법의 설명으로 틀린 것은?

① 온수의 밀도차에 의해 온수가 순환한다.
② 소규모 주택에 이용된다.
③ 보일러는 최하위 방열기보다 더 낮은 곳에 설치한다.
④ 자연순환이므로 관경을 작게 하여도 된다.

해설
관경을 작게 하여도 되는 것은 강제순환식 온수난방법이다.

33 전열면적이 12m²인 보일러의 급수밸브의 크기는 호칭 몇 A 이상이어야 하는가?

① 15 ② 20
③ 25 ④ 32

해설
전열면적
㉠ 10m 이하 보일러(15A 이상)
㉡ 10m² 초과 보일러(20A 이상)

34 보온재의 열전도율과 온도와의 관계를 맞게 설명한 것은?

① 온도가 낮아질수록 열전도율은 커진다.
② 온도가 높아질수록 열전도율은 작아진다.
③ 온도가 높아질수록 열전도율은 커진다.
④ 온도에 관계없이 열전도율은 일정하다.

해설
온도가 높으면 열전도율(kcal/m · h · ℃)이 커진다.

35 글랜드 패킹의 종류에 해당하지 않는 것은?

① 편조 패킹 ② 액상 합성수지 패킹
③ 플라스틱 패킹 ④ 메탈 패킹

해설
나사용 패킹제
㉠ 페인트(광명단+페인트)
㉡ 일산화연(페인트+납 소량)
㉢ 액상 합성수지(−30~130℃의 내열범위에 사용)

36 배관 중간이나 밸브, 펌프, 열교환기 등의 접속을 위해 사용되는 이음쇠로서 분해, 조립이 필요한 경우에 사용되는 것은?

① 벤드 ② 리듀셔
③ 플랜지 ④ 슬리브

해설
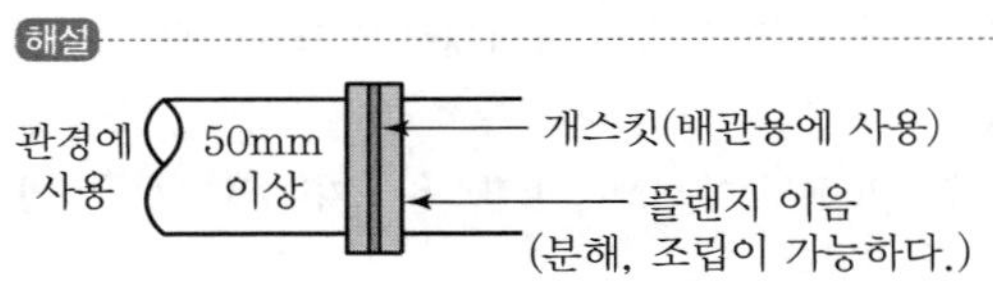

37 급수 중 불순물에 의한 장해나 처리방법에 대한 설명으로 틀린 것은?

① 현탁고형물의 처리방법에는 침강분리, 여과, 응집침전 등이 있다.
② 경도성분은 이온 교환으로 연화시킨다.
③ 유지류는 거품의 원인이 되나, 이온교환수지의 능력을 향상시킨다.
④ 용존산소는 급수계통 및 보일러 본체의 수관을 산화부식시킨다.

해설
이온교환수지의 능력을 향상시키는 물질은 나트륨(염수) 용액이다.

정답 31 ① 32 ④ 33 ② 34 ③ 35 ② 36 ③ 37 ③

38 난방설비 배관이나 방열기에서 높은 위치에 설치해야 하는 밸브는?

① 공기빼기 밸브 ② 안전밸브
③ 전자밸브 ④ 플로트 밸브

해설

공기빼기 밸브는 난방설비 배관이나 방열기에서 가장 높은 곳에 설치한다.

39 기름보일러에서 연소 중 화염이 점멸하는 등 연소 불안정이 발생하는 경우가 있다. 그 원인으로 가장 거리가 먼 것은?

① 기름의 점도가 높을 때
② 기름 속에 수분이 혼입되었을 때
③ 연료의 공급 상태가 불안정한 때
④ 노 내가 부압(負壓)인 상태에서 연소했을 때

해설

노 내에 부압(負壓)이 발생하면 연소용 공기 투입이 원활하여 연소가 안정된다.

40 배관의 관 끝을 막을 때 사용하는 부품은?

① 엘보 ② 소켓
③ 티 ④ 캡

해설

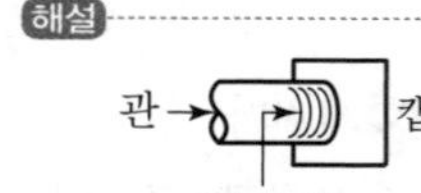

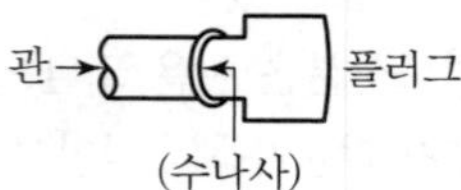

41 어떤 강철제 증기보일러의 최고사용압력이 0.35MPa이면 수압시험 압력은?

① 0.35MPa ② 0.5MPa
③ 0.7MPa ④ 0.95MPa

해설

보일러 최고사용압력이 0.43MPa 이하일 경우 2배의 수압시험 압력이 필요하다.

∴ 0.35MPa×2배=0.7MPa

42 온수난방설비의 밀폐식 팽창탱크에 설치되지 않는 것은?

① 수위계 ② 압력계
③ 배기관 ④ 안전밸브

해설

배기관

개방식(100℃ 이하 난방용) 팽창탱크에 설치되는 공기빼기 관이다.

43 다른 보온재에 비하여 단열 효과가 낮으며, 500℃ 이하의 파이프, 탱크, 노벽 등에 사용하는 보온재는?

① 규조토 ② 암면
③ 기포성 수지 ④ 탄산마그네슘

해설

규조토

단열효과가 낮은 무기질 보온재로서 500℃ 이하의 파이프, 탱크, 노벽 등에 사용하는 보온재이다.

44 진공환수식 증기난방 배관 시공에 관한 설명으로 틀린 것은?

① 증기주관은 흐름 방향에 1/200~1/300의 앞내림 기울기로 하고 도중에 수직 상향부가 필요한 때 트랩 장치를 한다.
② 방열기 분기관 등에서 앞단에 트랩 장치가 없을 때에는 1/50~1/100의 앞올림 기울기로 하여 응축수를 주관에 역류시킨다.
③ 환수관에 수직 상향부가 필요한 때에는 리프트 피팅을 써서 응축수가 위쪽으로 배출되게 한다.
④ 리프트 피팅은 될 수 있으면 사용개소를 많게 하고 1단을 2.5m 이내로 한다.

해설

리프트 피팅(Lift Fitting)은 환수주관보다 지름을 한 치수 작게 하고 1단의 흡상 높이는 1.5m 이내로 하며 그 사용개수는 가능한 한 적게 하고 급수펌프 근처에 1개소만 설치하는 진공환수식 증기난방 시공법이다.

정답 38 ① 39 ④ 40 ④ 41 ③ 42 ③ 43 ① 44 ④

45 보일러의 내부 부식에 속하지 않는 것은?

① 점식 ② 구식
③ 알칼리 부식 ④ 고온 부식

해설

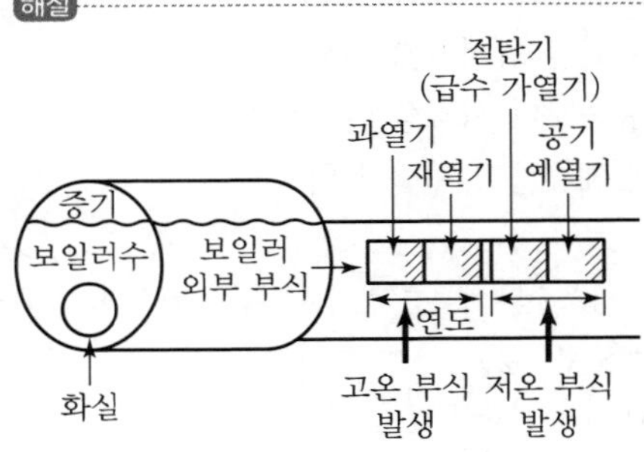

46 보일러 성능시험에서 강철제 증기보일러의 증기건도는 몇 % 이상이어야 하는가?

① 89 ② 93
③ 95 ④ 98

해설

건조도(증기)
㉠ 강철제(98% 이상) ㉡ 주철제(97% 이상)

47 보일러 사고의 원인 중 보일러 취급상의 사고원인이 아닌 것은?

① 재료 및 설계 불량 ② 사용압력 초과 운전
③ 저수위 운전 ④ 급수처리 불량

해설

재료 및 설계 불량
보일러 제조상 사고원인

48 실내의 천장 높이가 12m인 극장에 대한 증기난방 설비를 설계하고자 한다. 이때의 난방부하 계산을 위한 실내 평균온도는?(단, 호흡선 1.5m에서의 실내온도는 18℃이다.)

① 23.5℃ ② 26.1℃
③ 29.8℃ ④ 32.7℃

해설

실내 천장고에 의한 평균온도계산(t_m)

$t_m = t + 0.05t(h-3) = 18 + 0.05 \times 18 \times (12-3)$
$= 26.1℃$

49 보일러 강판의 가성 취화 현상의 특징에 관한 설명으로 틀린 것은?

① 고압보일러에서 보일러수의 알칼리 농도가 높은 경우에 발생한다.
② 발생하는 장소로는 수면 상부의 리벳과 리벳 사이에 발생하기 쉽다.
③ 발생하는 장소로는 관 구멍 등 응력이 집중하는 곳의 틈이 많은 곳이다.
④ 외견상 부식성이 없고, 극히 미세한 불규칙적인 방사상 형태를 하고 있다.

해설

가성 취화 억제제
질산나트륨, 인산나트륨, 탄닌, 리그린이며 가성 취화 현상은 반드시 리벳과 리벳 사이의 수면 이하에서 발생한다.

50 보일러에서 발생한 증기를 송기할 때의 주의사항으로 틀린 것은?

① 주증기관 내의 응축수를 배출시킨다.
② 주증기 밸브를 서서히 연다.
③ 송기한 후에 압력계의 증기압 변동에 주의한다.
④ 송기한 후에 밸브의 개폐상태에 대한 이상 유무를 점검하고 드레인 밸브를 열어 놓는다.

해설

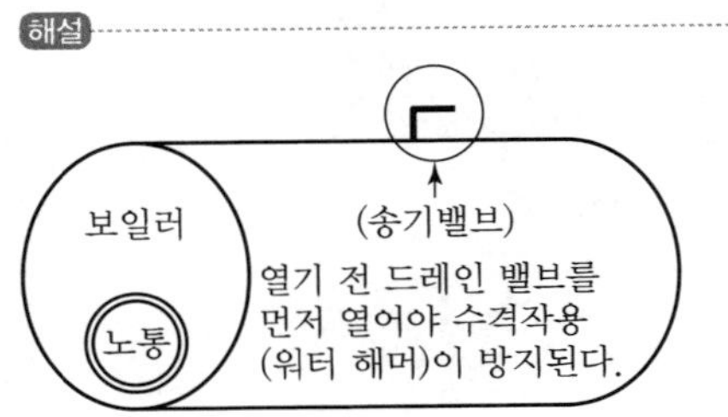

정답 45 ④ 46 ④ 47 ① 48 ② 49 ② 50 ④

51 증기 트랩을 기계식, 온도조절식, 열역학적 트랩으로 구분할 때 온도조절식 트랩에 해당하는 것은?

① 버킷 트랩 ② 플로트 트랩
③ 열동식 트랩 ④ 디스크형 트랩

해설

온도조절식 트랩
㉠ 열동식(벨로스) 트랩
㉡ 바이메탈 트랩

52 보일러 전열면의 과열 방지대책으로 틀린 것은?

① 보일러 내의 스케일을 제거한다.
② 다량의 불순물로 인해 보일러수가 농축되지 않게 한다.
③ 보일러의 수위가 안전 저수면 이하가 되지 않도록 한다.
④ 화염을 국부적으로 집중 가열한다.

해설

④ 화염을 국부적으로 집중 가열하지 않는다.

53 난방부하가 2,250kcal/h인 경우 온수방열기의 방열면적은?(단, 방열기의 방열량은 표준방열량으로 한다.)

① $3.5m^2$ ② $4.5m^2$
③ $5.0m^2$ ④ $8.3m^2$

해설

$$\text{온수 표준방열량} = \frac{\text{난방부하(kcal/h)}}{450(\text{kcal/m}^2\text{h})}$$

$$\therefore \frac{2,250}{450} = 5\text{m}^2(\text{EDR})$$

54 증기난방에서 환수관의 수평배관에서 관경이 가늘어지는 경우 편심 리듀서를 사용하는 이유를 적합한 것은?

① 응축수의 순환을 억제하기 위해
② 관의 열팽창을 방지하기 위해
③ 동심 리듀서보다 시공을 단축하기 위해
④ 응축수의 체류를 방지하기 위해

해설

편심 리듀서는 응축수의 체류를 방지하기 위해 사용된다.

응축수 흐름이 용이하다.

55 에너지이용 합리화법상 시공업자단체의 설립, 정관의 기재사항과 감독에 관하여 필요한 사항은 누구의 영으로 정하는가?

① 대통령령 ② 산업통상자원부령
③ 고용노동부령 ④ 환경부령

해설

에너지이용 합리화법 제41조에 따라 시공업자단체(한국열관리시공협회 등) 설립, 정관의 기재사항, 감독은 대통령령으로 정한다.(단, 시공업자단체 설립인가는 산업통상자원부령으로 한다.)

56 에너지이용 합리화법상 열사용 기자재가 아닌 것은?

① 강철제 보일러 ② 구멍탄용 온수 보일러
③ 전기순간온수기 ④ 2종 압력용기

해설

시행규칙 별표 1에 의거 ①, ②, ④항 외 주철제 보일러, 소형 온수 보일러, 축열식 전기 보일러, 1종 압력용기, 요업요로, 금속요로 등이 열사용 기자재이다.

정답 51 ③ 52 ④ 53 ③ 54 ④ 55 ① 56 ③

57 다음 에너지이용 합리화법의 목적에 관한 내용이다. ( ) 안의 ㉠, ㉡에 각각 들어갈 용어로 옳은 것은?

> 에너지이용 합리화법은 에너지의 수급을 안정시키고 에너지의 합리적이고 효율적인 이용을 증진하며 에너지 소비로 인한 (㉠)을(를) 줄임으로써 국민경제의 건전한 발전 및 국민복지의 증진과 (㉡)의 최소화에 이바지함을 목적으로 한다.

① ㉠ 환경파괴, ㉡ 온실가스
② ㉠ 자연파괴, ㉡ 환경피해
③ ㉠ 환경피해, ㉡ 지구온난화
④ ㉠ 온실가스 배출, ㉡ 환경파괴

해설
에너지이용 합리화법 제1조
㉠ 환경피해
㉡ 지구온난화

58 에너지이용 합리화법에 따라 고효율 에너지 인증대상 기자재에 포함되지 않는 것은?

① 펌프 ② 전력용 변압기
③ LED 조명기기 ④ 산업건물용 보일러

해설
시행규칙 제20조에 의거 ①, ③, ④항 외에도 무정전전원장치, 폐열회수환기장치 등이 인증대상 기자재이다.

59 에너지법에 따라 에너지기술개발 사업비의 사업에 대한 지원항목에 해당되지 않는 것은?

① 에너지기술의 연구 · 개발에 관한 사항
② 에너지기술에 관한 국내 협력에 관한 사항
③ 에너지기술의 수요조사에 관한 사항
④ 에너지에 관한 연구인력 양성에 관한 사항

해설
에너지법 제14조에 의거, 사업비 지원항목은 ①, ③, ④항 외 에너지기술에 관한 국제협력에 관한 사항 등

60 에너지이용 합리화법에 따라 검사에 합격되지 아니한 검사대상기기를 사용한 자에 대한 벌칙은?

① 6개월 이하의 징역 또는 5백만 원 이하의 벌금
② 1년 이하의 징역 또는 1천만 원 이하의 벌금
③ 2년 이하의 징역 또는 2천만 원 이하의 벌금
④ 3년 이하의 징역 또는 3천만 원 이하의 벌금

해설
에너지이용 합리화법 제73조에 의거, ②항에 해당된다.

※ 2016년 7월 10일 시험 이후에는 한국산업인력공단에서 기출문제를 공개하지 않고 있습니다. 참고하여 주시기 바랍니다.

정답 57 ③ 58 ② 59 ② 60 ②

APPENDIX

03

CBT 실전모의고사

01회 모의고사

CBT 실전모의고사

01 절탄기에 대한 설명으로 옳은 것은?

① 절탄기의 설치방식에는 혼합식과 분배식이 있다.
② 절탄기의 급수예열 온도는 포화온도 이상으로 한다.
③ 연료의 절약과 증발량의 감소 및 열효율을 감소시킨다.
④ 급수와 보일러수의 온도차 감소로 열응력을 줄여준다.

02 분진가스를 집진기 내에 충돌시키거나 열가스의 흐름을 반전시켜 급격한 기류의 방향전환에 의해 분진을 포집하는 집진장치는?

① 중력식 집진장치
② 관성력식 집진장치
③ 사이클론식 집진장치
④ 멀티사이클론식 집진장치

03 비열이 0.6kcal/kg · ℃인 어떤 연료 30kg을 15℃에서 35℃까지 예열하고자 할 때 필요한 열량은 몇 kcal인가?

① 180　② 360
③ 450　④ 600

04 보일러 수위제어 검출방식에 해당되지 않는 것은?

① 유속식　② 전극식
③ 차압식　④ 열팽창식

05 다음 중 보일러의 손실열 중 가장 큰 것은?

① 연료의 불완전연소에 의한 손실열
② 노 내 분입증기에 의한 손실열
③ 과잉 공기에 의한 손실열
④ 배기가스에 의한 손실열

06 증기의 압력에너지를 이용하여 피스톤을 작동시켜 급수를 행하는 펌프는?

① 워싱턴 펌프　② 기어 펌프
③ 볼류트 펌프　④ 디퓨저 펌프

07 유류연소 버너에서 기름의 예열온도가 너무 높은 경우에 나타나는 주요 현상으로 옳은 것은?

① 버너 화구의 탄화물 축적
② 버너용 모터의 마모
③ 진동, 소음의 발생
④ 점화 불량

08 대형 보일러인 경우에 송풍기가 작동하지 않으면 전자밸브가 열리지 않고, 점화를 저지하는 인터록은?

① 프리퍼지 인터록　② 불착화 인터록
③ 압력초과 인터록　④ 저수위 인터록

09 가압수식을 이용한 집진장치가 아닌 것은?

① 제트 스크러버　② 충격식 스크러버
③ 벤투리 스크러버　④ 사이클론 스크러버

10 화염 검출기의 종류 중 화염의 이온화 현상에 따른 전기 전도성을 이용하여 화염의 유무를 검출하는 것은?

① 플레임 로드 ② 플레임 아이
③ 스택스위치 ④ 광전관

11 원심형 송풍기에 해당하지 않는 것은?

① 터보형 ② 다익형
③ 플레이트형 ④ 프로펠러형

12 석탄의 함유 성분이 많을수록 연소에 미치는 영향에 대한 설명으로 틀린 것은?

① 수분 : 착화성이 저하된다.
② 회분 : 연소 효율이 증가한다.
③ 고정탄소 : 발열량이 증가한다.
④ 휘발분 : 검은 매연이 발생하기 쉽다.

13 습증기의 엔탈피 h_x를 구하는 식으로 옳은 것은?(단, h : 포화수의 엔탈피, x : 건조도, r : 증발잠열(숨은 열), v : 포화수의 비체적)

① $h_x = h + x$ ② $h_x = h + r$
③ $h_x = h + xr$ ④ $h_x = v + h + xr$

14 보일러의 자동제어에서 제어량에 따른 조작량의 대상으로 옳은 것은?

① 증기온도 : 연소가스량
② 증기압력 : 연료량
③ 보일러 수위 : 공기량
④ 노 내 압력 : 급수량

15 연관 보일러에서 연관에 대한 설명으로 옳은 것은?

① 관의 내부로 연소가스가 지나가는 관
② 관의 외부로 연소가스가 지나가는 관
③ 관의 내부로 증기가 지나가는 관
④ 관의 내부로 물이 지나가는 관

16 90℃의 물 1,000kg에 15℃의 물 2,000kg을 혼합시키면 온도는 몇 ℃가 되는가?

① 40 ② 30
③ 20 ④ 10

17 유류 보일러 시스템에서 중유를 사용할 때 흡입 측의 여과망 눈 크기로 적합한 것은?

① 1~10mesh ② 20~60mesh
③ 100~150mesh ④ 300~500mesh

18 다음 중 보일러수 분출의 목적이 아닌 것은?

① 보일러수의 농축을 방지한다.
② 프라이밍, 포밍을 방지한다.
③ 관수의 순환을 좋게 한다.
④ 포화증기를 과열증기로 증기의 온도를 상승시킨다.

19 화염 검출기에서 검출되어 프로텍터 릴레이로 전달된 신호는 버너 및 어떤 장치로 다시 전달되는가?

① 압력제한 스위치
② 저수위 경보장치
③ 연료차단밸브
④ 안전밸브

20 기체연료의 특징으로 틀린 것은?

① 연소조절 및 점화나 소화가 용이하다.
② 시설비가 적게 들며 저장이나 취급이 편리하다.
③ 회분이나 매연 발생이 없어서 연소 후 청결하다.
④ 연료 및 연소용 공기도 예열되어 고온을 얻을 수 있다.

21 다음 중 수관식 보일러 종류가 아닌 것은?

① 다쿠마 보일러 ② 가르베 보일러
③ 야로 보일러 ④ 하우덴 존슨 보일러

22 보일러 1마력을 열량으로 환산하면 약 몇 kcal/h인가?

① 15.65 ② 539
③ 1,078 ④ 8,435

23 보일러 효율 시험방법에 관한 설명으로 틀린 것은?

① 급수온도는 절탄기가 있는 것은 절탄기 입구에서 측정한다.
② 배기가스의 온도는 전열면의 최종 출구에서 측정한다.
③ 포화증기의 압력은 보일러 출구의 압력으로 부르동관식 압력계로 측정한다.
④ 증기온도의 경우 과열기가 있을 때는 과열기 입구에서 측정한다.

24 비교적 많은 동력이 필요하나 강한 통풍력을 얻을 수 있어 통풍저항이 큰 대형 보일러나 고성능 보일러에 널리 사용되고 있는 통풍방식은?

① 자연통풍방식 ② 평형통풍방식
③ 직접흡입 통풍방식 ④ 간접흡입 통풍방식

25 고체연료에 대한 연료비를 가장 잘 설명한 것은?

① 고정탄소와 휘발분의 비
② 회분과 휘발분의 비
③ 수분과 회분의 비
④ 탄소와 수소의 비

26 보일러의 최고사용압력이 0.1MPa 이하일 경우 설치 가능한 과압 방지 안전장치의 크기는?

① 호칭지름 5mm ② 호칭지름 10mm
③ 호칭지름 15mm ④ 호칭지름 20mm

27 보일러 부속장치에서 연소가스의 저온부식과 가장 관계가 있는 것은?

① 공기예열기 ② 과열기
③ 재생기 ④ 재열기

28 비점이 낮은 물질인 수은, 다우섬 등을 사용하여 저압에서도 고온을 얻을 수 있는 보일러는?

① 관류식 보일러
② 열매체식 보일러
③ 노통연관식 보일러
④ 자연순환 수관식 보일러

29 어떤 보일러의 연소효율이 92%, 전열면 효율이 85%이면 보일러 효율은?

① 73.2% ② 74.8%
③ 78.2% ④ 82.8%

30 글랜드 패킹의 종류에 해당하지 않는 것은?

① 편조 패킹 ② 액상 합성수지 패킹
③ 플라스틱 패킹 ④ 메탈 패킹

31 온수보일러에 팽창탱크를 설치하는 주된 이유로 옳은 것은?

① 물의 온도 상승에 따른 체적팽창에 의한 보일러의 파손을 막기 위한 것이다.
② 배관 중의 이물질을 제거하여 연료의 흐름을 원활히 하기 위한 것이다.
③ 온수 순환펌프에 의한 맥동 및 캐비테이션을 방지하기 위한 것이다.
④ 보일러, 배관, 방열기 내에 발생한 스케일 및 슬러지를 제거하기 위한 것이다.

32 포밍, 플라이밍의 방지대책으로 부적합한 것은?

① 정상 수위로 운전할 것
② 급격한 과연소를 하지 않을 것
③ 수증기 밸브를 천천히 개방할 것
④ 수저 또는 수면 분출을 하지 말 것

33 가스보일러에서 가스폭발의 예방을 위한 유의사항으로 틀린 것은?

① 가스압력이 적당하고 안정되어 있는지 점검한다.
② 화로 및 굴뚝의 통풍, 환기를 완벽하게 하는 것이 필요하다.
③ 점화용 가스의 종류는 가급적 화력이 낮은 것을 사용한다.
④ 착화 후 연소가 불안정할 때는 즉시 가스공급을 중단한다.

34 온수난방설비에서 온수, 온도차에 의한 비중력차로 순환하는 방식으로 단독주택이나 소규모 난방에 사용되는 난방방식은?

① 강제순환식 난방　② 하향순환식 난방
③ 자연순환식 난방　④ 상향순환식 난방

35 보일러 사고의 원인 중 제작상의 원인에 해당되지 않는 것은?

① 구조의 불량　② 강도 부족
③ 재료의 불량　④ 압력 초과

36 액체 연료의 주요 성상으로 가장 거리가 먼 것은?

① 비중　② 점도
③ 부피　④ 인화점

37 연소가스 성분 중 인체에 미치는 독성이 가장 적은 것은?

① SO_2　② NO_2
③ CO_2　④ CO

38 열정산 방법에서 입열 항목에 속하지 않는 것은?

① 발생증기의 흡수열　② 연료의 연소열
③ 연료의 현열　④ 공기의 현열

39 증기보일러의 기타 부속장치가 아닌 것은?

① 비수방지관　② 기수분리기
③ 팽창탱크　④ 급수내관

40 온수난방에서 방열기 내 온수의 평균온도가 82℃, 실내온도가 18℃이고, 방열기의 방열계수가 6.8kcal/m²·h·℃인 경우 방열기의 방열량은?

① 650.9kcal/m²·h
② 557.6kcal/m²·h
③ 450.7kcal/m²·h
④ 435.2kcal/m²·h

41 증기난방에서 저압증기 환수관이 진공펌프의 흡입구보다 낮은 위치에 있을 때 응축수를 원활히 끌어올리기 위해 설치하는 것은?

① 하트포드 접속(Hartford Connection)
② 플래시 레그(Flash Leg)
③ 리프트 피팅(Lift Fitting)
④ 냉각관(Cooling Leg)

42 증기과열기의 열 가스 흐름방식 분류 중 증기와 연소가스의 흐름이 반대방향으로 지나면서 열교환이 되는 방식은?

① 병류형 ② 혼류형
③ 향류형 ④ 복사대류형

43 유류용 온수보일러에서 버너가 정지하고 리셋 버튼이 돌출하는 경우는?

① 연통의 길이가 너무 길다.
② 연소용 공기량이 부적당하다.
③ 오일 배관 내의 공기가 빠지지 않고 있다.
④ 실내온도 조절기의 설정온도가 실내온도보다 낮다.

44 다음 열효율 증대장치 중에서 고온부식이 잘 일어나는 장치는?

① 공기예열기 ② 과열기
③ 증발전열면 ④ 절탄기

45 보일러 설치 · 시공 기준상 유류보일러의 용량이 시간당 몇 톤 이상이면 공급 연료량에 따라 연소용 공기를 자동 조절하는 기능이 있어야 하는가?(단, 난방 보일러인 경우이다.)

① 1t/h ② 3t/h
③ 5t/h ④ 10t/h

46 온도 25℃의 급수를 공급받아 엔탈피가 725kcal/kg인 증기를 1시간당 2,310kg을 발생시키는 보일러의 상당 증발량은?

① 1,500kg/h ② 3,000kg/h
③ 4,500kg/h ④ 6,000kg/h

47 다음 중 가스관의 누설검사 시 사용하는 물질로 가장 적합한 것은?

① 소금물 ② 증류수
③ 비눗물 ④ 기름

48 하트포드 접속법(Hart－ford Connection)을 사용하는 난방방식은?

① 저압 증기난방 ② 고압 증기난방
③ 저온 온수난방 ④ 고온 온수난방

49 난방부하를 구성하는 인자에 속하는 것은?

① 관류 열손실
② 환기에 의한 취득 열량
③ 유리창을 통한 취득 열량
④ 벽, 지붕 등을 통한 취득 열량

50 증기관이나 온수관 등에 대한 단열로서 불필요한 방열을 방지하고 인체에 화상을 입히는 위험방지 또는 실내공기의 이상온도 상승 방지 등을 목적으로 하는 것은?

① 방로 ② 보랭
③ 방한 ④ 보온

51 보일러 급수 중의 용존(용해) 고형물을 처리하는 방법으로 부적합한 것은?

① 증류법 ② 응집법
③ 약품 첨가법 ④ 이온 교환법

52 증기보일러에는 2개 이상의 안전밸브를 설치하여야 하는 반면에 1개 이상으로 설치 가능한 보일러의 최대 전열면적은?

① $50m^2$ ② $60m^2$
③ $70m^2$ ④ $80m^2$

53 에너지이용 합리화법상 에너지 진단기관의 지정기준은 누구의 영으로 정하는가?

① 대통령 ② 시 · 도지사
③ 시공업자단체장 ④ 산업통상자원부장관

54 에너지법에서 정한 지역에너지계획을 수립 · 시행하여야 하는 자는?

① 행정자치부장관
② 산업통상자원부장관
③ 한국에너지공단 이사장
④ 특별시장 · 광역시장 · 도지사 또는 특별자치도지사

55 열팽창에 대한 신축이 방열기에 영향을 미치지 않도록 주로 증기 및 온수난방용 배관에 사용되며, 2개 이상의 엘보를 사용하는 신축 이음은?

① 벨로스 이음 ② 루프형 이음
③ 슬리브 이음 ④ 스위블 이음

56 보일러수 내처리 방법으로 용도에 따른 청관제로 틀린 것은?

① 탈산소제 – 염산, 알코올
② 연화제 – 탄산소다, 인산소다
③ 슬러지 조정제 – 탄닌, 리그닌
④ pH 조정제 – 인산소다, 암모니아

57 검사대상기기 조종범위 용량이 10t/h 이하인 보일러의 조종자 자격이 아닌 것은?

① 에너지관리기사
② 에너지관리기능장
③ 에너지관리기능사
④ 인정검사대상기기조종자 교육 이수자

58 에너지이용 합리화법에 따라 산업통상자원부령으로 정하는 광고매체를 이용하여 효율관리기자재의 광고를 하는 경우 그 광고 내용에 에너지소비효율, 에너지소비효율등급을 포함시켜야 할 의무가 있는 자가 아닌 것은?

① 효율관리기자재의 제조업자
② 효율관리기자재의 광고업자
③ 효율관리기자재의 수입업자
④ 효율관리기자재의 판매업자

59 효율관리기자재가 최저소비효율기준에 미달하거나 최대사용량기준을 초과하는 경우 제조 · 수입 · 판매업자에게 어떠한 조치를 명할 수 있는가?

① 생산 또는 판매 금지 ② 제조 또는 설치 금지
③ 생산 또는 세관 금지 ④ 제조 또는 시공 금지

60 열사용 기자재 중 온수를 발생하는 소형온수보일러의 적용범위로 옳은 것은?

① 전열면적 $12m^2$ 이하, 최고사용압력 0.25MPa 이하의 온수를 발생하는 것
② 전열면적 $14m^2$ 이하, 최고사용압력 0.25MPa 이하의 온수를 발생하는 것
③ 전열면적 $12m^2$ 이하, 최고사용압력 0.35MPa 이하의 온수를 발생하는 것
④ 전열면적 $14m^2$ 이하, 최고사용압력 0.35MPa 이하의 온수를 발생하는 것

정답 및 해설

01 ④	02 ②	03 ②	04 ①	05 ④
06 ①	07 ①	08 ①	09 ②	10 ①
11 ④	12 ②	13 ③	14 ②	15 ①
16 ①	17 ②	18 ④	19 ③	20 ②
21 ④	22 ④	23 ④	24 ②	25 ①
26 ④	27 ①	28 ②	29 ③	30 ②
31 ①	32 ④	33 ③	34 ③	35 ④
36 ③	37 ③	38 ①	39 ③	40 ④
41 ③	42 ③	43 ③	44 ②	45 ④
46 ②	47 ③	48 ①	49 ①	50 ④
51 ②	52 ①	53 ①	54 ④	55 ④
56 ①	57 ④	58 ②	59 ①	60 ④

01
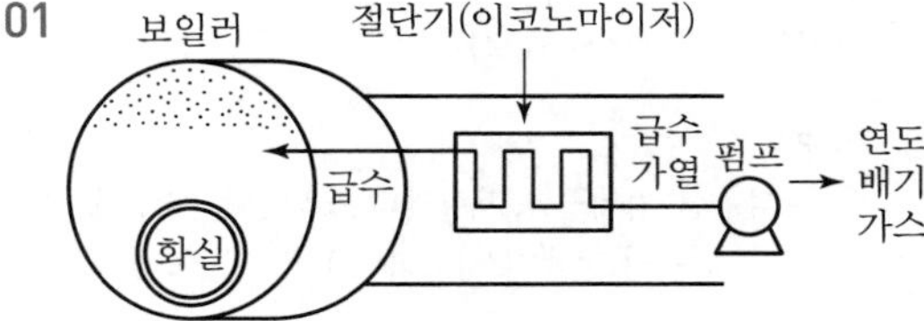

02
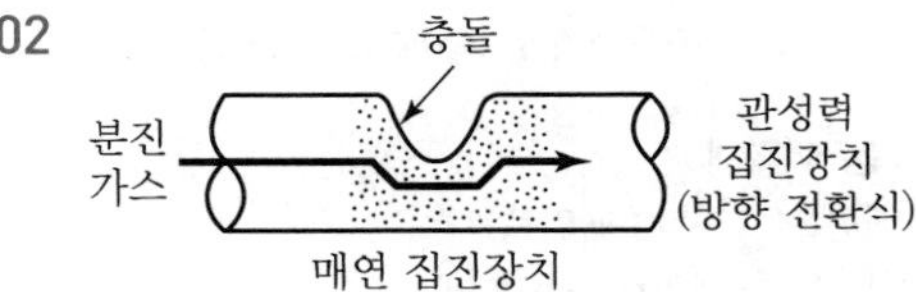

03 현열(Q)=30kg×0.6kcal/kg · ℃×(35−15)℃=360kcal
※ 비열이 주어지면 현열공식을 적용한다.

04 보일러 수위제어
㉠ 전극식 ㉡ 차압식
㉢ 열팽창식 ㉣ 맥도널식(기계식=부자식)

05 보일러 열손실 중 배기가스에 의한 열손실이 가장 크다.(열정산 출열에 해당된다.)

06 워싱턴 펌프, 웨어 펌프
보일러 증기 압력 에너지를 이용하여 피스톤을 작동시키는 비동력 펌프이다.(워싱턴 펌프는 피스톤이 2개로 급수용, 증기용으로 사용됨)

07 유류(오일)는 버너에서 예열온도가 너무 높으면 연료가 열분해되어서 버너 화구에서 탄화물이 축적된다.

08 프리퍼지 인터록
보일러 점화 시 점화 직전에 송풍기가 고장 나 퍼지(노 내 환기)가 되지 않으면 전자밸브가 열리지 않고 점화를 저지하는 인터록이 프리퍼지 인터록이다.

09 가압수식(세정식) 집진장치(미세 매연분리기)
㉠ 제트 스크러버
㉡ 벤투리 스크러버
㉢ 사이클론 스크러버

10 ㉠ 플레임 아이 : 화염의 불빛을 이용(광전관)
㉡ 플레임 로드 : 이온화(불꽃의 전기전도성 이용)
㉢ 스택 스위치 : 연도에서 발열팽창온도 이용

11 축류형 송풍기
㉠ 디스크형, ㉡ 프로펠러형

12 회분(고체연료의 재)이 많으면 연소 효율이 감소한다.

13 ㉠ 습포화증기엔탈피(h_x)=포화수엔탈피+건조도×증발잠열=kcal/kg
㉡ 건포화증기엔탈피(h'')=포화수엔탈피+증발잠열

14

제어장치명	제어량	조작량
자동연소 (ACC)	증기압력	연료량 공기량(증기압력)
	노 내 압력	연소가스량 (노 내 압력)
자동급수 (FWC)	보일러 수위	급수량
자동증기온도 (STC)	증기온도	전열량

15
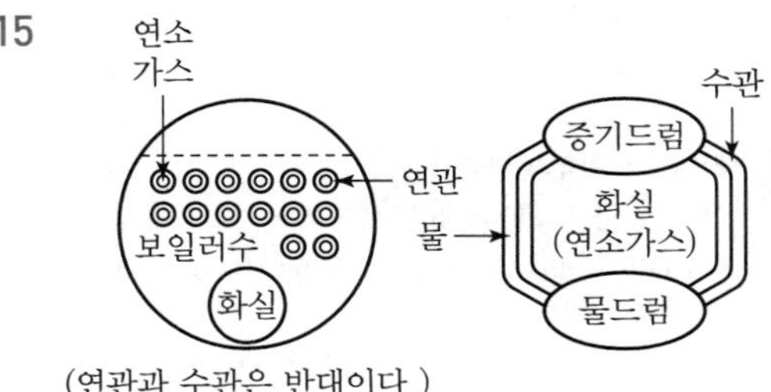

(연관과 수관은 반대이다.)

16 • 90℃ 물의 현열
=1,000kg×1kcal/kg · ℃×(90−0)
=90,000kcal

- 15℃ 물의 현열
  =2,000kg×1kcal/kg · ℃×(15−0)점
  =30,000kcal
- 총 무게질량=1,000+2,000=3,000kg

$\therefore$ 혼합온도= $\frac{90,000+30,000}{3,000}$ =40℃

17

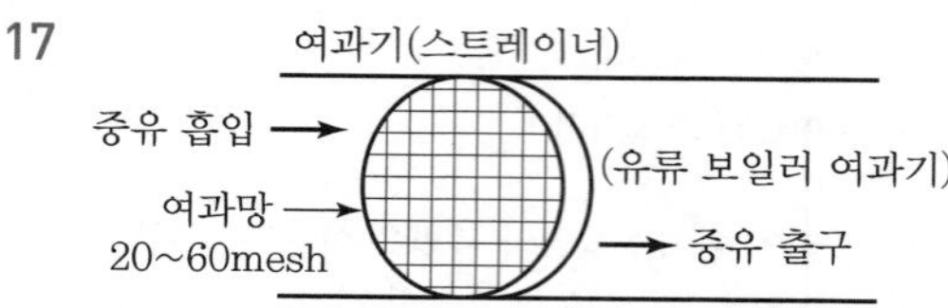

18 ④는 과열기에 대한 설명이다.

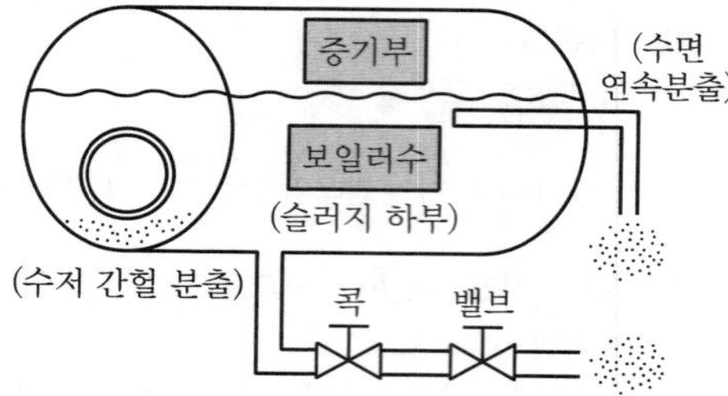

19

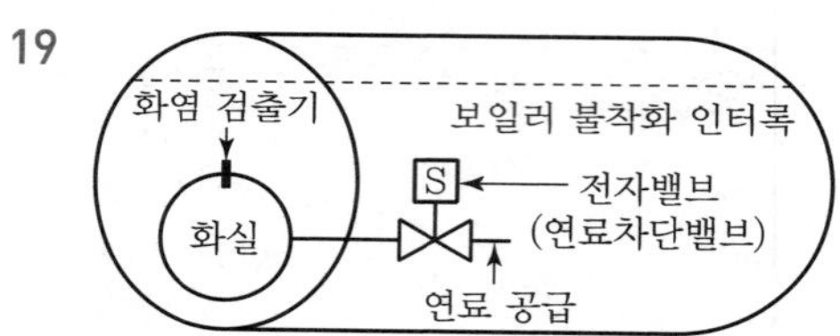

20 기체연료는 시설비가 많이 들고 저장이나 취급이 불편하다.(도시가스, LPG 가스)

21 **선박용 노통연관식 보일러(원통횡형 보일러)**
㉠ 하우덴 존슨 보일러
㉡ 부르동 카프스 보일러

22 **보일러 1마력의 능력**
상당증발량 15.65kg/h 발생능력
$\therefore$ 15.65×539kcal/kg(증발잠열)=8,435kcal/h

23

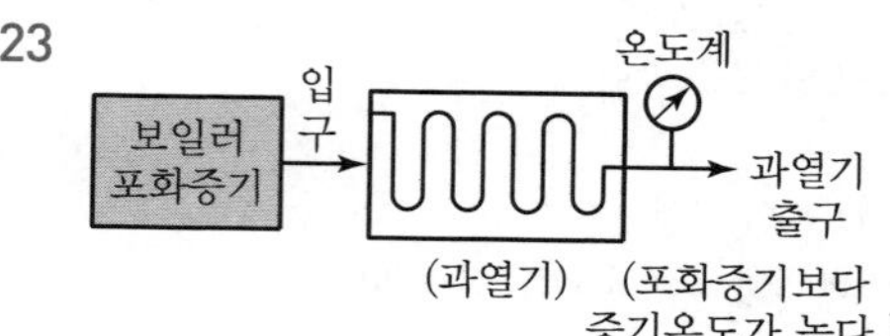

24

25 고체연료의 연료비= $\frac{\text{고정탄소}}{\text{휘발분}}$ (연료비가 클수록 좋은 고체연료이다.)

26 0.1MPa(1kg/cm²) 이하 보일러의 최고 사용 압력에서 안전밸브의 크기는 호칭지름 20mm 이상이다.

27 저온부식 (S)황+O_2 → SO_2, SO_2+$\frac{1}{2}O_2$ → SO_3,
SO_3+H_2O → H_2SO_4(진한 황산=저온부식)

폐열회수장치 설치순서
보일러 → 과열기, 재열기(고온부식 발생) → 절탄기, 공기예열기(저온부식 발생)

28 **열매체**
수은, 다우섬, 카네크롤, 세큐리티, 모빌섬 등(저압에서 고온의 기상, 액상 발생이 가능하다.)

29 보일러 효율 =연소 효율×전열면 효율
=(0.92×0.85)=0.782(78.2%)

30 **나사용 패킹제**
㉠ 페인트(광명단+페인트)
㉡ 일산화연(페인트+납 소량)
㉢ 액화 합성수지(−30~130℃의 내열범위에 사용)

31 온수보일러에 팽창탱크를 설치하는 목적은 물의 온도 상승에 따른 체적팽창에 의한 보일러의 파손을 막기 위한 것이다.

32 포밍(물거품), 플라이밍(비수 : 수증기에 수분이 공급되는 것)이 발생하면 기수공발(캐리오버)이 일어나므로 그 방지책으로 ①, ②, ③항 조치 및 수면, 수저 분출을 실시한다.

33 점화 시 1회에 바로 점화가 되어야 하므로 점화용 가스는 가급적 화력이 큰 가스를 사용한다.

34 ㉠ 단독주택, 소규모 온수난방 : 자연순환식 난방
㉡ 대형주택, 건축물 온수난방 : 강제순환식 난방

35 **보일러 취급상의 사고**
㉠ 압력 초과　㉡ 부식
㉢ 저수위 사고　㉣ 가스 폭발

36 부피의 단위(m^3)

㉠ 물 $1m^3=1,000kg$, 공기 $1m^3=1.293kg$

㉡ $1m^3=1,000L$, $1kmol=22.4m^3$

37 ㉠ 독성허용농도(ppm) : TLV－TWA 기준용

- SO_2 : 5
- NO : 25
- CO_2 : 5,000
- CO : 50
- $COCl_2$: 0.1

㉡ 허용농도 수치(ppm)가 작을수록 더 위험한 독성가스이다.

$1ppm=\frac{1}{100만}$에 해당된다.

38 출열 항목

발생증기의 흡수열 및 방사열, 미연탄소분에 의한 열, 불완전 열손실, 노 내 분입증기에 의한 열 등이다.

39 팽창탱크

㉠ 종류

- 저온수난방용(개방식)
- 고온수난방용(밀폐식)

㉡ 온수보일러에서 온수가 비등하면 약 4.3%의 물이 팽창한다.

㉢ 물이 얼면 약 9%가 팽창한다.

40 방열기(라디에이터)의 소요 방열량

=방열기계수×온도차

$=6.8\times(82-18)=435.2kcal/m^2\cdot h$

41

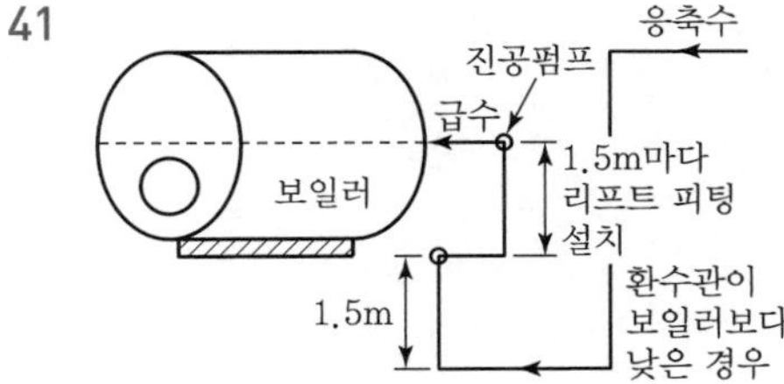

42 열교환 과열기의 방식

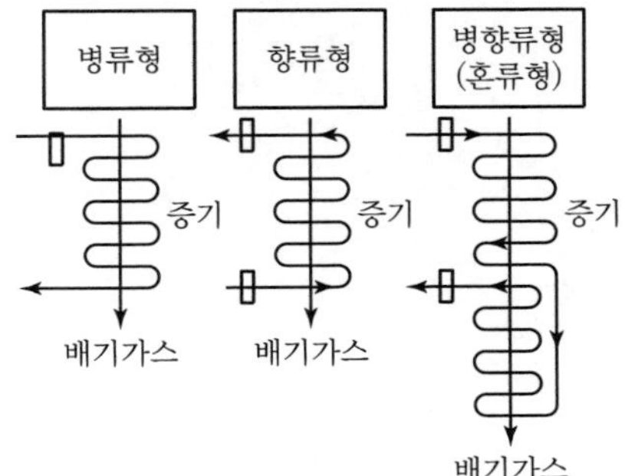

43 유류용 온수보일러에서 오일배관 내 공기가 빠지지 않으면 오일 공급이 원활하지 못하여 버너가 정지하고 리셋 버튼이 돌출한다.

44 ㉠ 고온부식 발생지점 : 과열기, 재열기

- 고온부식 인자 : 바나지움 · 나트륨

㉡ 저온부식 발생지점 : 절탄기, 공기예열기

- 저온부식 인자 : 황 · 무수황산

45 연소용 공기 자동조절기능 부착 조건

㉠ 가스보일러 및 용량 5t/h 이상인 유류보일러에 설치한다.

㉡ 난방 전용은 10t/h 이상(60만 kcal/h가 증기보일러 1t/h이다.)

46 ㉠ 상당 증발량

$=\frac{시간당\ 증기량(증기엔탈피-급수엔탈피)}{539}$

$=\frac{2,310(725-25)}{539}=3,000kg/h$

㉡ 보일러 마력$=\frac{3,000}{15.65}=192$마력

47 가스관의 누설검사 시에는 간편한 방법으로 비눗물을 사용한다.

48

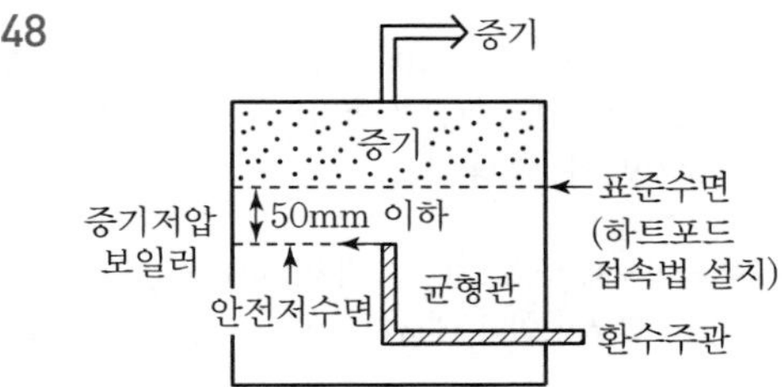

49 • 난방부하(Q)=난방면적×관류열손실($kcal/m^2\cdot h\cdot ℃$)×(실내온도－외기온도)[kcal/h]

• ②, ③, ④ : 냉방부하 인자

50

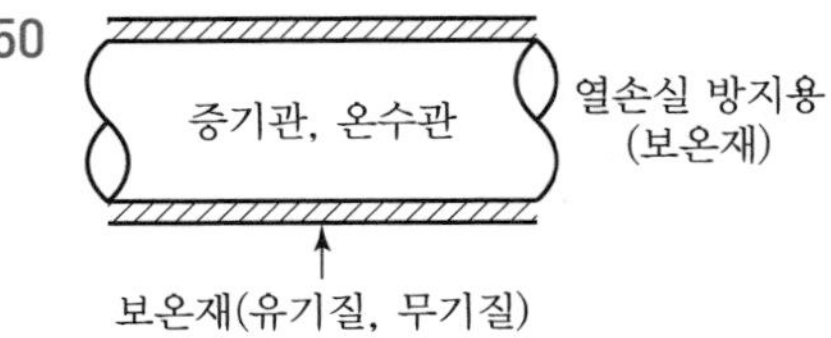

51 급수 외처리 시 현탁물(고형협잡물) 처리 방법(기계식 처리법)
㉠ 침강법
㉡ 응집법
㉢ 여과법

52 증기보일러의 전열면적 50m² 이하는 안전밸브를 1개 이상 설치 가능하다.

53 에너지 진단기관 지정기준은 대통령령으로 정한다(에너지법 제32조 사항).

54 지역에너지계획 수립 · 시행권자
특별시장, 광역시장, 도지사, 특별자치도지사

55

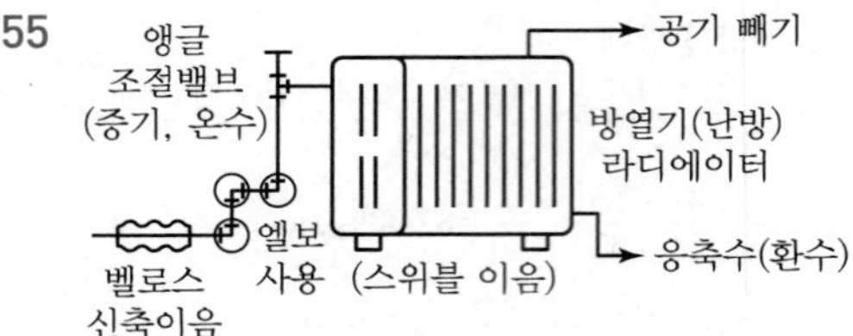

56 물속의 산소(O_2) 제거 : 탈산소제(점식 방지)
㉠ 저압보일러용 : 아황산소다
㉡ 고압보일러용 : 하이드라진(N_2H_4)

57 ④는 전열면적 5m² 이상~10m² 이하의 증기보일러나 50만 kcal/h 이하의 온수보일러, 압력용기 등의 소형보일러 조종자로서만 가능하다.

58 효율관리기자재 광고업자는 에너지소비효율등급을 포함시켜야 할 의무가 없다(에너지이용 합리화법 제15조).

59 에너지이용 합리화법 제16조에 의거하여 제①항의 조치를 명할 수 있다.

60 소형온수보일러의 기준
㉠ 전열면적 : 14m² 이하
㉡ 최고사용압력 : 0.35MPa 이하

02회 모의고사

CBT 실전모의고사

01 함진가스에 선회운동을 주어 분진입자에 작용하는 원심력에 의하여 입자를 분리하는 집진장치로 가장 적합한 것은?

① 백필터식 집진기 ② 사이클론식 집진기
③ 전기식 집진기 ④ 관성력식 집진기

02 '1보일러 마력'에 대한 설명으로 옳은 것은?

① 0℃의 물 539kg을 1시간에 100℃의 증기로 바꿀 수 있는 능력이다.
② 100℃의 물 539kg을 1시간에 같은 온도의 증기로 바꿀 수 있는 능력이다.
③ 100℃의 물 15.65kg을 1시간에 같은 온도의 증기로 바꿀 수 있는 능력이다.
④ 0℃의 물 15.65kg을 1시간에 100℃의 증기로 바꿀 수 있는 능력이다.

03 연료 성분 중 가연 성분이 아닌 것은?

① C ② H
③ S ④ O

04 중유의 성상을 개선하기 위한 첨가제 중 분무를 순조롭게 하기 위하여 사용하는 것은?

① 연소촉진제 ② 슬러지 분산제
③ 회분개질제 ④ 탈수제

05 천연가스의 비중이 약 0.64라고 표시되었을 때, 비중의 기준은?

① 물 ② 공기
③ 배기가스 ④ 수증기

06 30마력(PS)인 기관이 1시간 동안 행한 일량을 열량으로 환산하면 약 몇 kcal인가?(단, 이 과정에서 행한 일량은 모두 열량으로 변환된다고 가정한다.)

① 14,360 ② 15,240
③ 18,970 ④ 20,402

07 보일러 급수내관의 설치 위치로 옳은 것은?

① 보일러의 기준수위와 일치되게 설치한다.
② 보일러의 상용수위보다 50mm 정도 높게 설치한다.
③ 보일러의 안전저수위보다 50mm 정도 높게 설치한다.
④ 보일러의 안전저수위보다 50mm 정도 낮게 설치한다.

08 보일러 배기가스의 자연 통풍력을 증가시키는 방법으로 틀린 것은?

① 연도의 길이를 짧게 한다.
② 배기가스 온도를 낮춘다.
③ 연돌 높이를 증가시킨다.
④ 연돌의 단면적을 크게 한다.

09 증기의 건조도(x) 설명이 옳은 것은?

① 습증기 전체 질량 중 액체가 차지하는 질량비를 말한다.
② 습증기 전체 질량 중 증기가 차지하는 질량비를 말한다.
③ 액체가 차지하는 전체 질량 중 습증기가 차지하는 질량비를 말한다.
④ 증기가 차지하는 전체 질량 중 습증기가 차지하는 질량비를 말한다.

10 프로판(Propane) 가스의 연소식은 다음과 같다. 프로판 가스 10kg을 완전연소시키는 데 필요한 이론산소량은?

$$C_3H_8 + 5O_2 \rightarrow 3CO_2 + 4H_2O$$

① 약 11.6Nm^3 ② 약 13.8Nm^3
③ 약 22.4Nm^3 ④ 약 25.5Nm^3

11 화염검출기 종류 중 화염의 이온화를 이용한 것으로 가스 점화 버너에 주로 사용하는 것은?

① 플레임 아이 ② 스택 스위치
③ 광도전 셀 ④ 플레임 로드

12 수위경보기의 종류 중 플로트의 위치변위에 따라 수은 스위치 또는 마이크로 스위치를 작동시켜 경보를 울리는 것은?

① 기계식 경보기 ② 자석식 경보기
③ 전극식 경보기 ④ 맥도널식 경보기

13 보일러 열정산을 설명한 것 중 옳은 것은?

① 입열과 출열은 반드시 같아야 한다.
② 방열손실로 인하여 입열이 항상 크다.
③ 열효율 증대장치로 인하여 출열이 항상 크다.
④ 연소효율에 따라 입열과 출열은 다르다.

14 보일러 액체연료 연소장치인 버너의 형식별 종류에 해당되지 않는 것은?

① 고압기류식 ② 왕복식
③ 유압분사식 ④ 회전식

15 매시간 425kg의 연료를 연소시켜 4,800kg/h의 증기를 발생시키는 보일러의 효율은 약 얼마인가?(단, 연료의 발열량 : 9,750kcal/kg, 증기엔탈피 : 676kcal/kg, 급수온도 : 20℃이다.)

① 76% ② 81%
③ 85% ④ 90%

16 관류 보일러의 특징에 대한 설명으로 틀린 것은?

① 철저한 급수처리가 필요하다.
② 임계압력 이상의 고압에 적당하다.
③ 순환비가 1이므로 드럼이 필요하다.
④ 증기의 가동 발생 시간이 매우 짧다.

17 보일러 전열면적 1m^2당 1시간에 발생되는 실제 증발량은 무엇인가?

① 전열면의 증발률 ② 전열면의 출력
③ 전열면의 효율 ④ 상당증발 효율

18 50kg의 −10℃ 얼음을 100℃의 증기로 만드는 데 소요되는 열량은 몇 kcal인가?(단, 물과 얼음의 비열은 각각 1kcal/kg · ℃, 0.5kcal/kg · ℃로 한다.)

① 36,200 ② 36,450
③ 37,200 ④ 37,450

19 피드백 자동제어에서 동작신호를 받아서 제어계가 정해진 동작을 하는 데 필요한 신호를 만들어 조작부에 보내는 부분은?

① 검출부 ② 제어부
③ 비교부 ④ 조절부

20 중유 보일러의 연소 보조 장치에 속하지 않는 것은?

① 여과기 ② 인젝터
③ 화염 검출기 ④ 오일 프리히터

21 보일러 분출의 목적으로 틀린 것은?

① 불순물로 인한 보일러수의 농축을 방지한다.
② 포밍이나 프라이밍의 생성을 좋게 한다.
③ 전열면에 스케일 생성을 방지한다.
④ 관수의 순환을 좋게 한다.

22 캐리오버로 인하여 나타날 수 있는 결과로 거리가 먼 것은?

① 수격현상 ② 프라이밍
③ 열효율 저하 ④ 배관의 부식

23 입형 보일러 특징으로 거리가 먼 것은?

① 보일러 효율이 높다.
② 수리나 검사가 불편하다.
③ 구조 및 설치가 간단하다.
④ 전열면적이 적고 소용량이다.

24 보일러의 점화 시 역화원인에 해당되지 않는 것은?

① 압입통풍이 너무 강한 경우
② 프리퍼지의 불충분이나 또 잊어버린 경우
③ 점화원을 가동하기 전에 연료를 분무해버린 경우
④ 연료 공급밸브를 필요 이상 급개하여 다량으로 분무한 경우

25 온수난방법 중 고온수 난방에 사용되는 온수의 온도는?

① 100℃ 이상 ② 80~90℃
③ 60~70℃ ④ 40~60℃

26 온수방열기의 공기빼기 밸브의 위치로 적당한 것은?

① 방열기 상부 ② 방열기 중부
③ 방열기 하부 ④ 방열기의 최하단부

27 관의 방향을 바꾸거나 분기할 때 사용되는 이음쇠가 아닌 것은?

① 벤드 ② 크로스
③ 엘보 ④ 니플

28 보일러 운전이 끝난 후, 노 내와 연도에 체류하고 있는 가연성 가스를 배출시키는 작업은?

① 페일 세이프(Fail Safe)
② 풀 프루프(Fool Proof)
③ 포스트 퍼지(Post－purge)
④ 프리 퍼지(Pre－purge)

29 급수펌프에서 송출량이 $10m^3/min$이고, 전양정이 8m일 때, 펌프의 소요마력은?(단, 펌프 효율은 75%이다.)

① 15.6PS ② 17.8PS
③ 23.7PS ④ 31.6PS

30 증기난방 배관에 대한 설명 중 옳은 것은?

① 건식환수식이란 환수주관이 보일러의 표준수위보다 낮은 위치에 배관되고 응축수가 환수주관의 하부를 따라 흐르는 것을 말한다.
② 습식환수식이란 환수주관이 보일러의 표준수위보다 높은 위치에 배관되는 것을 말한다.
③ 건식환수식에서는 증기트랩을 설치하고, 습식환수식에서는 공기빼기 밸브나 에어포켓을 설치한다.
④ 단관식 배관은 복관식 배관보다 배관의 길이가 길고 관경이 작다.

31 대형보일러인 경우에 송풍기가 작동되지 않으면 전자 밸브가 열리지 않고, 점화를 저지하는 인터록의 종류는?

① 저연소 인터록 ② 압력초과 인터록
③ 프리퍼지 인터록 ④ 불착화 인터록

32 수위의 부력에 의한 플로트 위치에 따라 연결된 수은 스위치로 작동하는 형식으로, 중·소형 보일러에 가장 많이 사용하는 저수위 경보장치의 형식은?

① 기계식 ② 전극식
③ 자석식 ④ 맥도널식

33 압력계로 연결하는 증기관을 황동관이나 동관을 사용할 경우, 증기온도는 약 몇 ℃ 이하인가?

① 210℃ ② 260℃
③ 310℃ ④ 360℃

34 보일러를 비상 정지시키는 경우의 일반적인 조치사항으로 거리가 먼 것은?

① 압력은 자연히 떨어지게 기다린다.
② 주증기 스톱밸브를 열어 놓는다.
③ 연소공기의 공급을 멈춘다.
④ 연료 공급을 중단한다.

35 금속 특유의 복사열에 대한 반사 특성을 이용한 대표적인 금속질 보온재는?

① 세라믹 파이버 ② 실리카 파이버
③ 알루미늄 박 ④ 규산칼슘

36 증기난방의 중력 환수식에서 단관식인 경우 배관기울기로 적당한 것은?

① 1/100~1/200 정도의 순 기울기
② 1/200~1/300 정도의 순 기울기
③ 1/300~1/400 정도의 순 기울기
④ 1/400~1/500 정도의 순 기울기

37 보일러 용량 결정에 포함될 사항으로 거리가 먼 것은?

① 난방부하 ② 급탕부하
③ 배관부하 ④ 연료부하

38 온수난방 배관에서 수평주관에 지름이 다른 관을 접속하여 연결할 때 가장 적합한 관 이음쇠는?

① 유니언 ② 편심 리듀서
③ 부싱 ④ 니플

39 후향 날개 형식으로 보일러의 압입송풍에 많이 사용되는 송풍기는?

① 다익형 송풍기 ② 축류형 송풍기
③ 터보형 송풍기 ④ 플레이트형 송풍기

40 연료의 가연성분이 아닌 것은?

① N ② C
③ H ④ S

41 효율이 82%인 보일러로 발열량 9,800kcal/kg의 연료를 15kg 연소시키는 경우의 손실 열량은?

① 80,360kcal ② 32,500kcal
③ 26,460kcal ④ 120,540kcal

42 온수순환 방식에 의한 분류 중에서 순환이 자유롭고 신속하며, 방열기의 위치가 낮아도 순환이 가능한 방법은?

① 중력 순환식
② 강제 순환식
③ 단관식 순환식
④ 복관식 순환식

43 온수보일러 개방식 팽창탱크 설치 시 주의사항으로 틀린 것은?

① 팽창탱크 상부에 통기구멍을 설치한다.
② 팽창탱크 내부의 수위를 알 수 있는 구조이어야 한다.
③ 탱크에 연결되는 팽창 흡수관은 팽창탱크 바닥면과 같게 배관해야 한다.
④ 팽창탱크의 높이는 최고 부위 방열기보다 1m 이상 높은 곳에 설치한다.

44 열팽창에 의한 배관의 이동을 구속 또는 제한하는 배관 지지구인 리스트레인트(Restraint)의 종류가 아닌 것은?

① 가이드　② 앵커
③ 스토퍼　④ 행거

45 중유 연소 시 보일러 저온부식의 방지대책으로 거리가 먼 것은?

① 저온의 전열면에 내식재료를 사용한다.
② 첨가제를 사용하여 황산가스의 노점을 높여 준다.
③ 공기예열기 및 급수예열장치 등에 보호피막을 한다.
④ 배기가스 중의 산소함유량을 낮추어 아황산가스의 산화를 제한한다.

46 물의 온도가 393K를 초과하는 온수 발생 보일러에는 크기가 몇 mm 이상인 안전밸브를 설치하여야 하는가?

① 5　② 10
③ 15　④ 20

47 보일러 부식에 관련된 설명 중 틀린 것은?

① 점식은 국부전지의 작용에 의해서 일어난다.
② 수용액 중에서 부식문제를 일으키는 주요인은 용존산소, 용존가스 등이다.
③ 중유 연소 시 중유 회분 중에 바나듐이 포함되어 있으면 바나듐 산화물에 의한 고온부식이 발생한다.
④ 가성취화는 고온에서 알칼리에 의한 부식현상을 말하며, 보일러 내부 전체에 걸쳐 균일하게 발생한다.

48 무기질 보온재에 해당되는 것은?

① 암면　② 펠트
③ 코르크　④ 기포성 수지

49 에너지이용 합리화법상 효율관리기자재의 에너지소비효율등급 또는 에너지소비효율을 효율관리시험기관에서 측정받아 해당 효율관리기자재에 표시하여야 하는 자는?

① 효율관리기자재의 제조업자 또는 시공업자
② 효율관리기자재의 제조업자 또는 수입업자
③ 효율관리기자재의 시공업자 또는 판매업자
④ 효율관리기자재의 시공업자 또는 수입업자

50 보통 온수식 난방에서 온수의 온도는?

① 65~70℃　② 75~80℃
③ 85~90℃　④ 95~100℃

51 장시간 사용을 중지하고 있던 보일러의 점화 준비에서 부속장치 조작 및 시동으로 틀린 것은?

① 댐퍼는 굴뚝에서 가까운 것부터 차례로 연다.
② 통풍장치의 댐퍼 개폐도가 적당한지 확인한다.
③ 흡입통풍기가 설치된 경우는 가볍게 운전한다.
④ 절탄기나 과열기에 바이패스가 설치된 경우는 바이패스 댐퍼를 닫는다.

52 응축수 환수방식 중 중력환수 방식으로 환수가 불가능한 경우 응축수를 별도의 응축수 탱크에 모으고 펌프 등을 이용하여 보일러에 급수를 행하는 방식은?

① 복관 환수식 ② 부력 환수식
③ 진공 환수식 ④ 기계 환수식

53 저탄소 녹색성장 기본법상 녹색성장위원회의 심의사항이 아닌 것은?

① 지방자치단체의 저탄소 녹색성장의 기본방향에 관한 사항
② 녹색성장국가전략의 수립 · 변경 · 시행에 관한 사항
③ 기후변화대응 기본계획, 에너지기본계획 및 지속가능발전 기본계획에 관한 사항
④ 저탄소 녹색성장을 위한 재원의 배분방향 및 효율적 사용에 관한 사항

54 기포성 수지에 대한 설명으로 틀린 것은?

① 열전도율이 낮고 가볍다.
② 불에 잘 타며 보온성과 보랭성은 좋지 않다.
③ 흡수성은 좋지 않으나 굽힘성은 풍부하다.
④ 합성수지 또는 고무질 재료를 사용하여 다공질 제품으로 만든 것이다.

55 온수 보일러의 순환펌프 설치방법으로 옳은 것은?

① 순환펌프의 모터부분은 수평으로 설치한다.
② 순환펌프는 보일러 본체에 설치한다.
③ 순환펌프는 송수주관에 설치한다.
④ 공기 빼기 장치가 없는 순환펌프는 체크밸브를 설치한다.

56 보일러 가동 시 매연 발생의 원인과 가장 거리가 먼 것은?

① 연소실 과열
② 연소실 용적의 과소
③ 연료 중의 불순물 혼입
④ 연소용 공기의 공급 부족

57 다음 ( ) 안에 알맞은 것은?

> 에너지법령상 에너지 총조사는 (㉠)마다 실시하되, (㉡)이 필요하다고 인정할 때에는 간이조사를 실시할 수 있다.

① ㉠ 2년, ㉡ 행정자치부장관
② ㉠ 2년, ㉡ 교육부장관
③ ㉠ 3년, ㉡ 산업통상자원부장관
④ ㉠ 3년, ㉡ 고용노동부장관

58 에너지이용 합리화법상 검사대상기기설치자가 시 · 도지사에게 신고하여야 하는 경우가 아닌 것은?

① 검사대상기기를 정비한 경우
② 검사대상기기를 폐기한 경우
③ 검사대상기기의 사용을 중지한 경우
④ 검사대상기기의 설치자가 변경된 경우

59 에너지법상 '에너지 사용자'의 정의로 옳은 것은?

① 에너지 보급 계획을 세우는 자
② 에너지를 생산 · 수입하는 사업자
③ 에너지사용시설의 소유자 또는 관리자
④ 에너지를 저장 · 판매하는 자

60 에너지이용 합리화법규상 냉난방 온도제한 건물에 냉난방 제한온도를 적용할 때의 기준으로 옳은 것은?(단, 판매시설 및 공항의 경우는 제외한다.)

① 냉방 : 24℃ 이상, 난방 : 18℃ 이하
② 냉방 : 24℃ 이상, 난방 : 20℃ 이하
③ 냉방 : 26℃ 이상, 난방 : 18℃ 이하
④ 냉방 : 26℃ 이상, 난방 : 20℃ 이하

정답 및 해설

01 ②	02 ③	03 ④	04 ①	05 ②
06 ③	07 ④	08 ②	09 ②	10 ④
11 ④	12 ④	13 ①	14 ②	15 ①
16 ③	17 ①	18 ①	19 ④	20 ②
21 ②	22 ②	23 ①	24 ①	25 ①
26 ①	27 ④	28 ③	29 ③	30 ③
31 ③	32 ④	33 ①	34 ②	35 ③
36 ①	37 ④	38 ②	39 ③	40 ①
41 ③	42 ②	43 ③	44 ④	45 ②
46 ④	47 ④	48 ①	49 ②	50 ③
51 ④	52 ④	53 ①	54 ②	55 ①
56 ①	57 ③	58 ①	59 ③	60 ④

01 사이클론식 매연집진장치(원심식)는 함진가스의 선회운동을 주어 분진입자를 원심력에 의해 제거하는 건식 집진장치이다.

02 보일러 1마력 용량
100℃의 물 15.65kg을 1시간에 100℃의 증기로 바꿀 수 있는 능력이다.

03 연료의 가연 성분
㉠ 탄소(C) ㉡ 수소(H)
㉢ 황(S)

04 연소촉진제
중유의 성상에서 노 내 중유의 분무(무화 : 중질유 기름의 입자를 안개방울화하여 연소를 순조롭게 하는 것)를 순조롭게 하기 위한 것

05 천연가스(NG)의 주성분은 메탄가스(CH_4)이며 기체연료의 비중(가스비중/29)은 공기와 비중을 비교한다.(공기 분자량 29를 비중 1로 본다.)

06 1PS−h=632kcal
∴ 632×30=18,960kcal/h

07

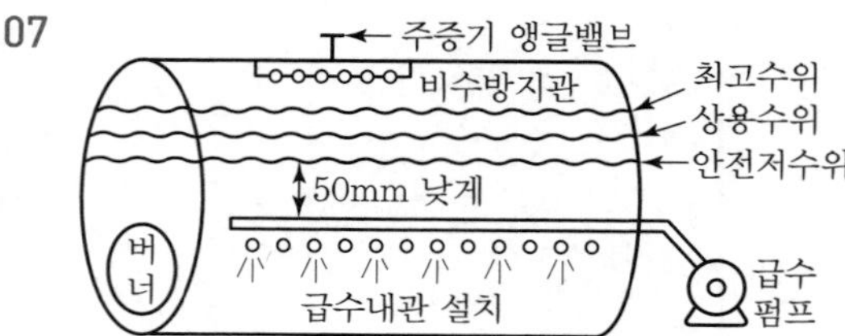

08 통풍력을 증가시키려면 연도길이는 짧게, 배기가스 온도는 높게, 연돌의 높이는 주위 건물보다 높게, 연돌의 상부 단면적을 크게 한다.

09 증기의 건조도
습증기 전체 질량 중 증기가 차지하는 질량비(건조도가 1이면 건포화증기, 건조도가 0이면 포화수, 건조도가 1 이하이면 습포화증기)

10 $\underline{C_3H_8}+\underline{5O_2}$(프로판 1kmol=44kg)
44kg 5×22.4Nm^3

$$\text{이론산소량}(O_0)=\frac{5\times 22.4}{44}\times 10\text{kg}=25.5\text{Nm}^3$$

11 화염검출기 중 화염의 이온화 및 전기전도성을 이용한 것은 가스연료용으로 많이 사용하는 플레임 로드이다.

12 맥도널식(플로트식) 수위검출장치

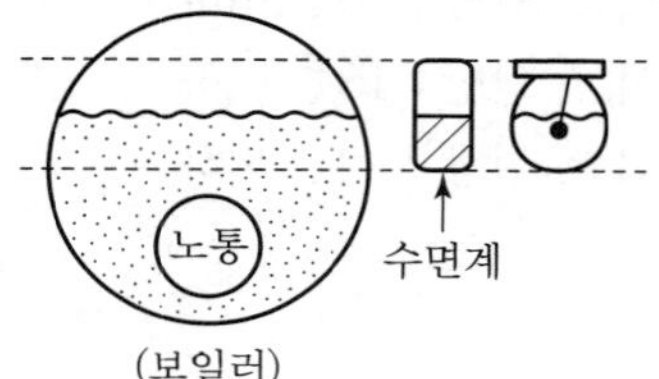

13 열정산(열의 수입, 지출 : 열수지)에서 입열(공급열)과 출열은 항상 같아야 한다.(출열 중 증기보유열 외에는 모두 열손실이다.)

14 왕복식은 급수펌프 등에 사용한다.(피스톤식, 웨어식, 플런저식)

15
$$\text{보일러 효율}(\eta)=\frac{G_s\times(h_2-h_1)}{G_f\times Hl}\times 100(\%)$$
$$\therefore\ \eta=\frac{4,800\times(676-20)}{425\times 9,750}\times 100=76\%$$

16 단관식 관류 보일러는 순환비(급수량/증기량)가 1이어서 드럼(증기동)이 필요 없다.

17 전열면의 증발률=(시간당 증기발생량/전열면적)kg/m^2h

18 ㉠ 얼음의 현열=50kg×0.5(0−(−10))=250kcal
㉡ 얼음의 융해열=50kg×80kcal/kg=4,000kcal
㉢ 물의 현열=50kg×1×(100−0)=5,000kcal
㉣ 물의 증발열=50×539kcal/kg=26,950kcal
∴ ㉠+㉡+㉢+㉣=36,200kcal(얼음의 융해잠열은 80, 물의 증발잠열은 539)

19 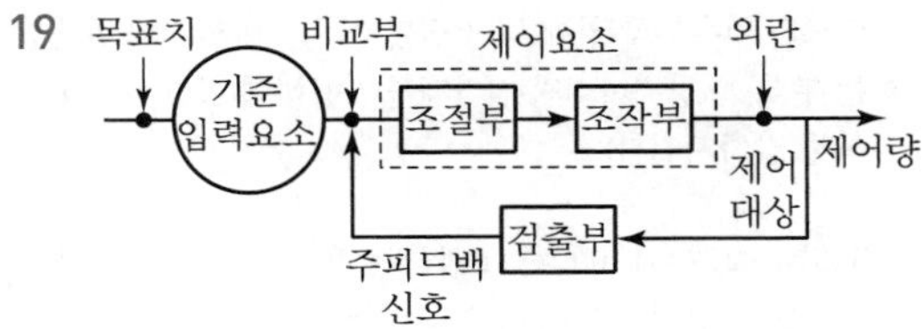

20 **인젝터**
증기를 이용한 보일러 급수설비(일종의 급수장치)

21 **보일러 분출(수저분출, 수면분출)**
포밍(거품)이나 프라이밍(비수)의 생성을 방지한다.

22 캐리오버(기수공발)란 비수와 거품이 같이 보일러 외부 배관으로 분출되는 현상이다.

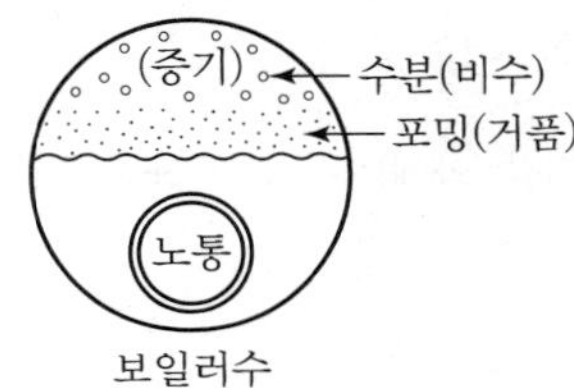

23 입형 보일러(수직원통형 버티컬)는 구조상 전열면적이 적어서 효율이 낮다.

24 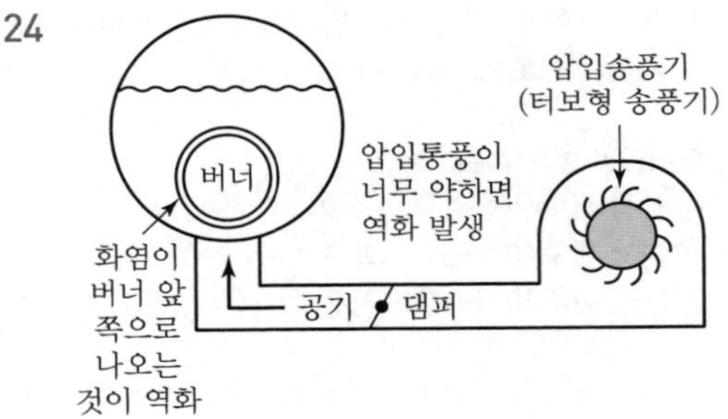

25 ① 고온수 난방
② 저온수 난방
③ 복사난방

26 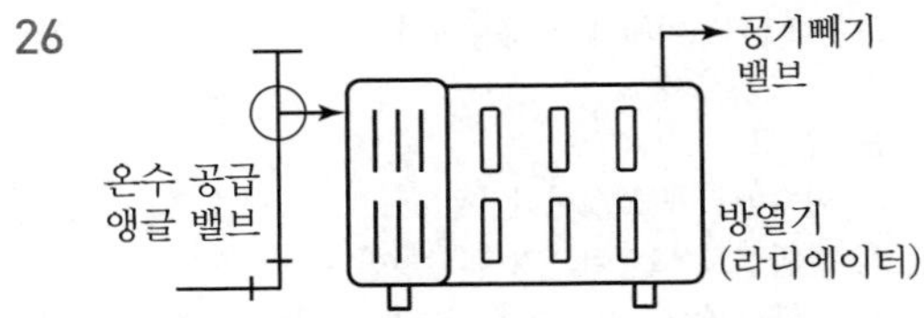

27 니플은 배관 직선이음용 부속

28 ㉠ 보일러 운전 전 퍼지 : 프리 퍼지
㉡ 보일러 운전 후 퍼지 : 포스트 퍼지
㉢ 퍼지 : 노 내 잔류가스 배출 환기

29 펌프의 소요마력(PS)

$$= \frac{r \cdot Q \cdot H}{75 \times 60 \times \eta} = \frac{1{,}000 \times 10 \times 8}{75 \times 60 \times 0.75} = 23.7$$

(물의 비중량 : 1,000kg/m³)(1분 : 60초)

30 건식, 습식환수식(복관식, 중력환수식) 모두 증기트랩 및 공기빼기 밸브를 설치한다.

31 **프리퍼지 인터록**
송풍기가 작동되지 않으면 전자밸브가 개방되지 않아서 연료 공급이 중단되므로 점화가 저지되는 안전장치이다.

32 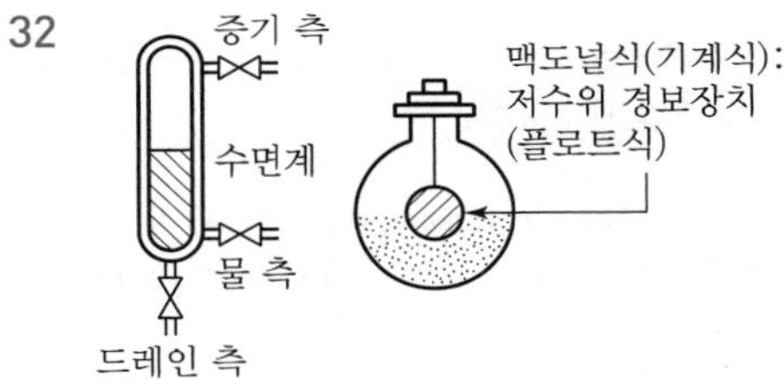

33 보일러 압력계와 연결하는 증기관은 동관의 경우 210℃ 이하에서 사용이 가능하다.

34 보일러 비상정지 시 ①, ③, ④항을 조치하고 주증기 스톱밸브를 닫아 놓는다.

35 ㉠ 금속질 보온재 : 알루미늄 박(泊)이며 10mm 이하일 때 효과가 제일 좋다.
㉡ 세라믹 파이버 : 1,300℃ 사용
㉢ 실리카 파이버 : 1,100℃ 사용
㉣ 규산칼슘 : 650℃ 사용

36 **증기난방 방식**
단관 중력 환수식 하향공급식 기울기 : $\frac{1}{100} \sim \frac{1}{200}$

(단, 상향식은 $\frac{1}{50} \sim \frac{1}{100}$ 정도)

37 보일러 정격부하 = 난방부하 + 급탕부하 + 배관부하 + 예열부하(시동부하)

38 ㉠ 동심 리듀서

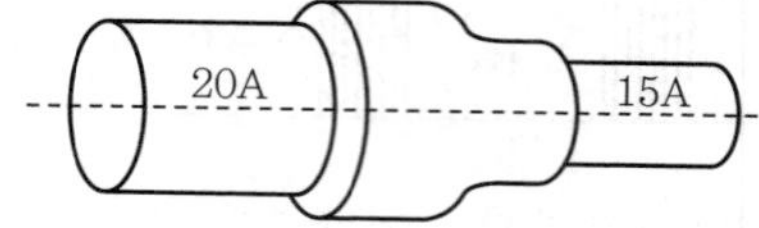

㉡ 편심 리듀서(이상적인 연결)

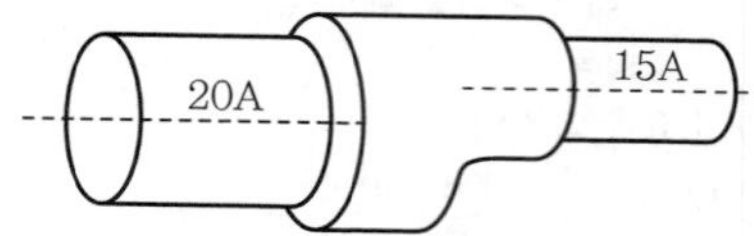

39

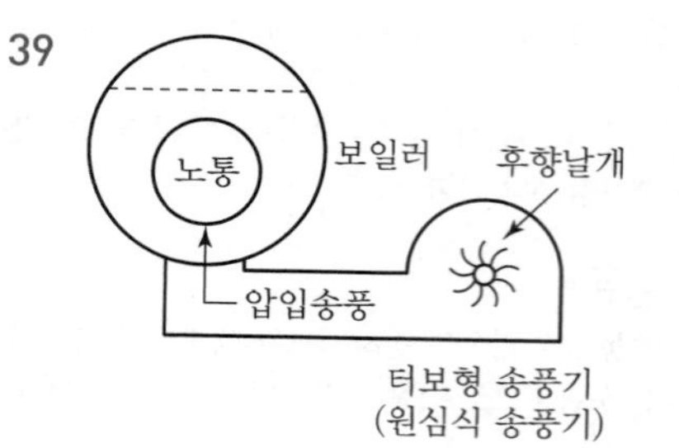

40 연료의 가연성분
탄소(C), 수소(H), 황(S)

41 총열량(Q)＝15kg×9,800kcal/kg＝147,000kcal
∴ 손실열량(Q)＝147,000×(1－0.82)＝26,460kcal

42 강제 순환식 온수난방
순환이 자유롭고 순환펌프가 필요하며 보일러보다 방열기 위치가 낮아도 순환이 가능하다.

43

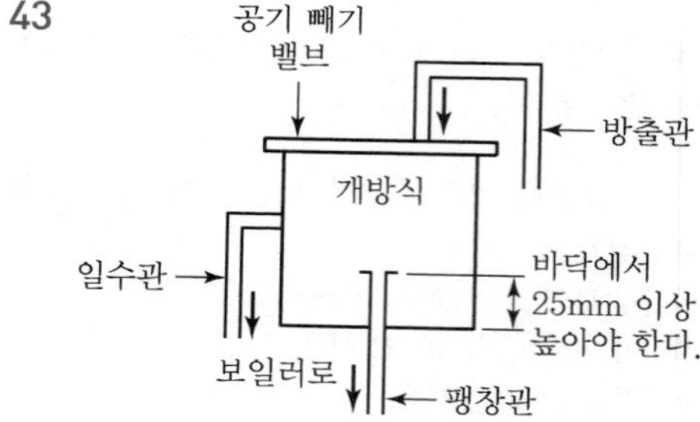

44 리스트레인트의 종류
㉠ 가이드
㉡ 앵커
㉢ 스토퍼

45 연도의 저온부식(황에 의한 절탄기, 공기예열기에 발생하는 부식)을 방지하려면 첨가제를 사용하여 황산가스의 노점을 강하시킨다.

46 393K－273＝120℃를 초과하는 온수 발생 보일러에는 안전밸브 크기가 20mm 이상이어야 한다.

47 가성취화(농알칼리 용액 부식) 부식
취화균열이며 철강조직의 입자 사이가 부식되어 취약해지고 결정입자의 경계에 따라 균열이 생긴다.

48 무기질 암면 보온재(안산암, 현무암, 석회석 사용)
400℃ 이하의 관, 덕트, 탱크보온재로 사용한다.
㉠ 흡수성이 적다.
㉡ 알칼리에는 강하나 강한 산에는 약하다.
㉢ 풍화의 염려가 적다.

49 에너지이용 효율관리기자재에는 제조업자 또는 수입업자를 표시해야 한다.

50 ㉠ 저온수 난방 : 100℃ 이하
㉡ 보통 온수난방 : 85~90℃ 정도

51 장시간 사용을 중지한 보일러를 다시 재가동할 때 점화 시에 절탄기(급수가열기)나 과열기에 부착된 바이패스의 경우 먼저 바이패스로 연결한 후 시간이 지나면 차단하고 주 라인 밸브로 이관시킨다.

52 증기난방 응축수 환수방법
㉠ 중력 환수식(응축수 비중 이용)
㉡ 기계 환수식(응축수 펌프 사용)
㉢ 진공 환수식(진공펌프 사용)

53 저탄소 녹색성장 기본법 제15조에 의거 ①에서 지방자치단체는 생략되어야 하며 ②, ③, ④항 외 11가지 사항이 심의사항이다.

54 기포성 수지 보온재는 보온성 · 보랭성이 우수하고 불에 잘 타지 않는다. 기포성 수지, 탄화코르크, 텍스류, 우모펠트는 130℃ 이하에서 사용한다.

55 순환펌프
㉠ 환수배관에 설치한다.
㉡ 순환펌프에는 여과기를 설치한다.
㉢ 순환펌프에는 바이패스(우회배관)를 설치한다.(모터는 수평배관으로 한다.)

56 연소실 과열은 보일러 강도저하 및 파열과 관계된다.

58 ②, ③, ④항은 15일 이내 에너지관리공단 이사장에게 신고하여야 한다.

59 에너지 사용자
㉠ 에너지사용시설의 소유자
㉡ 에너지사용시설의 관리자

60 건물 냉난방 제한온도
㉠ 냉방 : 온도 26℃ 이상에서만 냉방 사용
㉡ 난방 : 온도 20℃ 이상은 난방 사용 금지

03회 모의고사

CBT 실전모의고사

01 보일러 급수처리의 목적으로 볼 수 없는 것은?

① 부식의 방지
② 보일러수의 농축 방지
③ 스케일 생성 방지
④ 역화 방지

02 배기가스 중에 함유되어 있는 CO_2, O_2, CO 3가지 성분을 순서대로 측정하는 가스 분석계는?

① 전기식 CO_2계
② 헴펠식 가스 분석계
③ 오르자트 가스 분석계
④ 가스 크로마토 그래픽 가스 분석계

03 보일러 부속장치에 관한 설명으로 틀린 것은?

① 기수분리기 : 증기 중에 혼입된 수분을 분리하는 장치
② 슈트 플로워 : 보일러 등 저면의 스케일, 침전물 등을 밖으로 배출하는 장치
③ 오일스트레이너 : 연료 속의 불순물 방지 및 유량계 펌프 등의 고장을 방지하는 장치
④ 스팀 트랩 : 응축수를 자동으로 배출하는 장치

04 증기 보일러의 효율 계산식을 바르게 나타낸 것은?

① $\text{효율}(\%) = \dfrac{\text{상당증발량} \times 538.8}{\text{연료 소비량} \times \text{연료의 발열량}} \times 100$

② $\text{효율}(\%) = \dfrac{\text{증기소비량} \times 538.8}{\text{연료 소비량} \times \text{연료의 비중}} \times 100$

③ $\text{효율}(\%) = \dfrac{\text{급수량} \times 538.8}{\text{연료 소비량} \times \text{연료의 발열량}} \times 100$

④ $\text{효율}(\%) = \dfrac{\text{급수사용량}}{\text{증기발열량}} \times 100$

05 보일러 열효율 정산방법에서 열정산을 위한 액체연료량을 측정할 때, 측정의 허용오차는 일반적으로 몇 %로 하여야 하는가?

① ±1.0%　② ±1.5%
③ ±1.6%　④ ±2.0%

06 중유 예열기의 가열하는 열원의 종류에 따른 분류가 아닌 것은?

① 전기식　② 가스식
③ 온수식　④ 증기식

07 보일러의 시간당 증발량 1,100kg/h, 증기 엔탈피 650kcal/kg, 급수 온도 30℃일 때, 상당증발량은?

① 1,050kg/h　② 1,265kg/h
③ 1,415kg/h　④ 1,733kg/h

08 보일러의 자동연소제어와 관련이 없는 것은?

① 증기압력 제어　② 온수온도 제어
③ 노 내압 제어　④ 수위 제어

09 보일러의 과열방지장치에 대한 설명으로 틀린 것은?

① 과열방지용 온도퓨즈는 373K 미만에서 확실히 작동하여야 한다.
② 과열방지용 온도퓨즈가 작동한 경우 일정시간 후 재점화되는 구조로 한다.
③ 과열방지용 온도퓨즈는 봉인을 하고 사용자가 변경할 수 없는 구조로 한다.
④ 일반적으로 용해전은 369~371K에 용해되는 것을 사용한다.

10 압력에 대한 설명으로 옳은 것은?

① 단위 면적당 작용하는 힘이다.
② 단위 부피당 작용하는 힘이다.
③ 물체의 무게를 비중량으로 나눈 값이다.
④ 물체의 무게에 비중량을 곱한 값이다.

11 유류버너의 종류 중 수 기압(MPa)의 분무매체를 이용하여 연료를 분무하는 형식의 버너로서 2유체 버너라고도 하는 것은?

① 고압기류식 버너 ② 유압식 버너
③ 회전식 버너 ④ 환류식 버너

12 공기비를 m, 이론공기량을 A_o라고 할 때 실제공기량 A를 계산하는 식은?

① $A=m \cdot A_o$ ② $A=m/A_o$
③ $A=1/(m \cdot A_o)$ ④ $A=A_o-m$

13 전열면적이 40m²인 수직 연관 보일러를 2시간 연소시킨 결과 4,000kg의 증기가 발생하였다. 이 보일러의 증발률은?

① 40kg/m² · h ② 30kg/m² · h
③ 60kg/m² · h ④ 50kg/m² · h

14 다음 중 보일러 스테이(Stay)의 종류로 가장 거리가 먼 것은?

① 거싯(Gusset) 스테이 ② 바(Bar) 스테이
③ 튜브(Tube) 스테이 ④ 너트(Nut) 스테이

15 과열기의 종류 중 열가스 흐름에 의한 구분 방식에 속하지 않는 것은?

① 병류식 ② 접촉식
③ 향류식 ④ 혼류식

16 고체 연료의 고위발열량으로부터 저위발열량을 산출할 때 연료 속의 수분과 다른 한 성분의 함유율을 가지고 계산하여 산출할 수 있는데 이 성분은 무엇인가?

① 산소 ② 수소
③ 유황 ④ 탄소

17 상용 보일러의 점화 전 준비사항에 관한 설명으로 틀린 것은?

① 수저분출밸브 및 분출 콕의 기능을 확인하고, 조금씩 분출되도록 약간 개방하여 둔다.
② 수면계에 의하여 수위가 적정한지 확인한다.
③ 급수배관의 밸브가 열려 있는지, 급수펌프의 기능은 정상인지 확인한다.
④ 공기빼기 밸브는 증기가 발생하기 전까지 열어 놓는다.

18 도시가스 배관의 설치에서 배관의 이음부(용접이음매 제외)와 전기점멸기 및 전기접속기와의 거리는 최소 얼마 이상 유지해야 하는가?

① 10cm ② 15cm
③ 30cm ④ 60cm

19 보일러 급수장치의 일종인 인젝터 사용 시 장점에 관한 설명으로 틀린 것은?

① 급수 예열 효과가 있다.
② 구조가 간단하고 소형이다.
③ 설치에 넓은 장소를 요하지 않는다.
④ 급수량 조절이 양호하여 급수의 효율이 높다.

20 다음 중 슈미트 보일러는 보일러 분류에서 어디에 속하는가?

① 관류식 ② 간접가열식
③ 자연순환식 ④ 강제순환식

21 보일러의 안전장치에 해당되지 않는 것은?

① 방폭문 ② 수위계
③ 화염검출기 ④ 가용마개

22 일반적으로 보일러 판넬 내부 온도는 몇 ℃를 넘지 않도록 하는 것이 좋은가?

① 60℃ ② 70℃
③ 80℃ ④ 90℃

23 함진 배기가스를 액방울이나 액막에 충돌시켜 분진 입자를 포집 분리하는 집진장치는?

① 중력식 집진장치
② 관성력식 집진장치
③ 원심력식 집진장치
④ 세정식 집진장치

24 보일러 인터록과 관계가 없는 것은?

① 압력초과 인터록 ② 저수위 인터록
③ 불착화 인터록 ④ 급수장치 인터록

25 상태 변화 없이 물체의 온도 변화에만 소요되는 열량은?

① 고체열 ② 현열
③ 액체열 ④ 잠열

26 보일러용 오일 연료에서 성분분석 결과 수소 12.0%, 수분 0.3%라면, 저위발열량은?(단, 연료의 고위발열량은 10,600kcal/kg이다.)

① 6,500kcal/kg ② 7,600kcal/kg
③ 8,950kcal/kg ④ 9,950kcal/kg

27 보일러에서 보염장치의 설치목적에 대한 설명으로 틀린 것은?

① 화염의 전기전도성을 이용한 검출을 실시한다.
② 연소용 공기의 흐름을 조절하여 준다.
③ 화염의 형상을 조절한다.
④ 확실한 착화가 되도록 한다.

28 증기사용압력이 같거나 또는 다른 여러 개의 증기사용 설비의 드레인관을 하나로 묶어 한 개의 트랩으로 설치한 것을 무엇이라고 하는가?

① 플로트 트랩 ② 버킷 트래핑
③ 디스크 트랩 ④ 그룹 트래핑

29 증기 보일러에는 2개 이상의 안전밸브를 설치하여야 하지만, 전열면적이 몇 이하인 경우에는 1개 이상으로 해도 되는가?

① $80m^2$ ② $70m^2$
③ $60m^2$ ④ $50m^2$

30 배관 보온재의 선정 시 고려해야 할 사항으로 가장 거리가 먼 것은?

① 안전사용 온도 범위 ② 보온재의 가격
③ 해체의 편리성 ④ 공사 현장의 작업성

31 보일러 사고의 원인 중 취급상의 원인이 아닌 것은?

① 부속장치 미비
② 최고 사용압력의 초과
③ 저수위로 인한 보일러의 과열
④ 습기나 연소가스 속의 부식성 가스로 인한 외부부식

32 안전밸브의 종류가 아닌 것은?

① 레버 안전밸브 ② 추 안전밸브
③ 스프링 안전밸브 ④ 핀 안전밸브

33 증기보일러의 압력계 부착에 대한 설명으로 틀린 것은?

① 압력계와 연결된 관의 크기는 강관을 사용할 때에는 안지름이 6.5mm 이상이어야 한다.
② 압력계는 눈금판의 눈금이 잘 보이는 위치에 부착하고 얼지 않도록 하여야 한다.
③ 압력계는 사이펀관 또는 동등한 작용을 하는 장치가 부착되어야 한다.
④ 압력계의 콕은 그 핸들을 수직인 관과 동일 방향에 놓은 경우에 열려 있는 것이어야 한다.

34 보일러 점화 시 역화가 발생하는 경우와 가장 거리가 먼 것은?

① 댐퍼를 너무 조인 경우나 흡입통풍이 부족할 경우
② 적정공기비로 점화한 경우
③ 공기보다 먼저 연료를 공급했을 경우
④ 점화할 때 착화가 늦어졌을 경우

35 온수난방 배관 시공법에 대한 설명 중 틀린 것은?

① 배관구배는 일반적으로 1/250 이상으로 한다.
② 배관 중에 공기가 모이지 않게 배관한다.
③ 온수관의 수평배관에서 관경을 바꿀 때는 편심이음쇠를 사용한다.
④ 지관이 주관 아래로 분기될 때는 90° 이상으로 끝올림 구배로 한다.

36 방열기 내 온수의 평균온도 80℃, 실내온도 18℃, 방열계수 7.2kcal/m^2 · h · ℃인 경우 방열기 방열량은 얼마인가?

① 346.4kcal/m^2 · h ② 446.4kcal/m^2 · h
③ 519kcal/m^2 · h ④ 560kcal/m^2 · h

37 배관의 이동 및 회전을 방지하기 위해 지지점 위치에 완전히 고정시키는 장치는?

① 앵커 ② 서포트
③ 브레이스 ④ 행거

38 보일러 산세정의 순서로 옳은 것은?

① 전처리 → 산액처리 → 수세 → 중화방청 → 수세
② 전처리 → 수세 → 산액처리 → 수세 → 중화방청
③ 산액처리 → 수세 → 전처리 → 중화방청 → 수세
④ 산액처리 → 전처리 → 수세 → 중화방청 → 수세

39 땅속 또는 지상에 배관하여 압력상태 또는 무압력상태에서 물의 수송 등에 주로 사용되는 덕타일 주철관을 무엇이라 부르는가?

① 회주철관 ② 구상흑연 주철관
③ 모르타르 주철관 ④ 사형 주철관

40 보일러 과열의 요인 중 하나인 저수위의 발생 원인으로 거리가 먼 것은?

① 분출밸브 이상으로 보일러수 누설
② 급수장치가 증발능력에 비해 과소한 경우
③ 증기 토출량이 과소한 경우
④ 수면계의 막힘이나 고장

41 보일러 설치 · 시공기준상 가스용 보일러의 연료 배관 시 배관의 이음부와 전기계량기 및 전기개폐기와의 유지거리는 얼마인가?(단, 용접이음매는 제외한다.)

① 15cm 이상 ② 30cm 이상
③ 45cm 이상 ④ 60cm 이상

42 다음 보온재 중 안전사용온도가 가장 높은 것은?

① 펠트 ② 암면
③ 글라스 울 ④ 세라믹 파이버

43 동관 끝의 원형을 정형하기 위해 사용하는 공구는?

① 사이징 툴 ② 익스팬더
③ 리머 ④ 튜브벤더

44 증기난방방식을 응축수 환수법에 의해 분류하였을 때 해당되지 않는 것은?

① 중력환수식 ② 고압환수식
③ 기계환수식 ④ 진공환수식

45 보일러의 계속사용 검사기준에서 사용 중 검사에 대한 설명으로 거리가 먼 것은?

① 보일러 지지대의 균열, 내려앉음, 지지부재의 변형 또는 파손 등 보일러의 설치상태에 이상이 없어야 한다.
② 보일러와 접속된 배관, 밸브 등 각종 이음부에는 누기, 누수가 없어야 한다.
③ 연소실 내부가 충분히 청소된 상태이어야 하고, 축로의 변형 및 이탈이 없어야 한다.
④ 보일러 동체는 보온 및 케이싱이 분해되어 있어야 하며, 손상이 약간 있는 것은 사용해도 관계가 없다.

46 보일러 운전정지의 순서를 바르게 나열한 것은?

> ㉠ 댐퍼를 닫는다.
> ㉡ 공기의 공급을 정지한다.
> ㉢ 급수 후 급수펌프를 정지한다.
> ㉣ 연료의 공급을 정지한다.

① ㉠ → ㉡ → ㉢ → ㉣
② ㉠ → ㉣ → ㉡ → ㉢
③ ㉣ → ㉠ → ㉡ → ㉢
④ ㉣ → ㉡ → ㉢ → ㉠

47 보일러 점화 전 자동제어장치의 점검에 대한 설명이 아닌 것은?

① 수위를 올리고 내려서 수위검출기 기능을 시험하고, 설정된 수위 상한 및 하한에서 정확하게 급수펌프가 기동, 정지하는지 확인한다.
② 저수탱크 내의 저수량을 점검하고 충분한 수량인 것을 확인한다.
③ 저수위경보기가 정상작동하는 것을 확인한다.
④ 인터록 계통의 제한기는 이상 없는지 확인한다.

48 상용 보일러의 점화 전 준비상황과 관련이 없는 것은?

① 압력계 지침의 위치를 점검한다.
② 분출밸브 및 분출콕을 조작해서 그 기능이 정상인지 확인한다.
③ 연소장치에서 연료배관, 연료펌프 등의 개폐상태를 확인한다.
④ 연료의 발열량을 확인하고, 성분을 점검한다.

49 주철제 방열기를 설치할 때 벽과의 간격은 약 몇 mm 정도로 하는 것이 좋은가?

① 10~30
② 50~60
③ 70~80
④ 90~100

50 보일러수 속에 유지류, 부유물 등의 농도가 높아지면 드럼수면에 거품이 발생하고, 또한 거품이 증가하여 드럼의 증기실에 확대되는 현상은?

① 포밍
② 프라이밍
③ 워터 해머링
④ 프리퍼지

51 보일러에서 라미네이션(Lamination)이란?

① 보일러 본체나 수관 등이 사용 중에 내부에서 2장의 층을 형성한 것
② 보일러 강판이 화염에 닿아 불룩 튀어 나온 것
③ 보일러 등에 작용하는 응력의 불균일로 동의 일부가 함몰된 것
④ 보일러 강판이 화염에 접촉하여 점식된 것

52 어떤 건물의 소요 난방부하가 45,000kcal/h이다. 주철제 방열기로 증기난방을 한다면 약 몇 쪽(Section)의 방열기를 설치해야 하는가?(단, 표준방열량으로 계산하며, 주철제 방열기의 쪽당 방열면적은 0.24m^{2}이다.)

① 156쪽　② 254쪽
③ 289쪽　④ 315쪽

53 단열재를 사용하여 얻을 수 있는 효과에 해당하지 않는 것은?

① 축열용량이 작아진다.
② 열전도율이 작아진다.
③ 노 내의 온도분포가 균일하게 된다.
④ 스폴링 현상을 증가시킨다.

54 벨로스형 신축이음쇠에 대한 설명으로 틀린 것은?

① 설치공간을 넓게 차지하지 않는다.
② 고온, 고압 배관의 옥내배관에 적당하다.
③ 일명 팩리스(Packless) 신축이음쇠라고도 한다.
④ 벨로스는 부식되지 않는 스테인리스, 청동 제품 등을 사용한다.

55 에너지이용 합리화법상 에너지를 사용하여 만드는 제품의 단위당 에너지사용목표량 또는 건축물의 단위면적당 에너지사용목표량을 정하여 고시하는 자는?

① 산업통상자원부장관
② 에너지관리공단 이사장
③ 시 · 도지사
④ 고용노동부장관

56 에너지다소비사업자가 매년 1월 31일까지 신고해야 할 사항에 포함되지 않는 것은?

① 전년도의 분기별 에너지사용량 · 제품생산량
② 해당 연도의 분기별 에너지사용예정량 · 제품생산 예정량
③ 에너지사용기자재의 현황
④ 전년도의 분기별 에너지 절감량

57 신에너지 및 재생에너지 개발 · 이용 · 보급 촉진법에 따라 건축물인증기관으로부터 건축물인증을 받지 아니하고 건축물인증의 표시 또는 이와 유사한 표시를 하거나 건축물인증을 받은 것으로 홍보한 자에 대해 부과하는 과태료 기준으로 맞는 것은?

① 5백만 원 이하의 과태료 부과
② 1천만 원 이하의 과태료 부과
③ 2천만 원 이하의 과태료 부과
④ 3천만 원 이하의 과태료 부과

58 에너지이용 합리화법상 대기전력 경고 표지를 하지 아니한 자에 대한 벌칙은?

① 2년 이하의 징역 또는 2천만 원 이하의 벌금
② 1년 이하의 징역 또는 1천만 원 이하의 벌금
③ 5백만 원 이하의 벌금
④ 1천만 원 이하의 벌금

59 정부는 국가전략을 효율적 · 체계적으로 이행하기 위하여 몇 년마다 저탄소 녹색성장 국가전략 5개년 계획을 수립하는가?

① 2년 ② 3년
③ 4년 ④ 5년

60 에너지이용 합리화법에서 정한 검사에 합격되지 아니한 검사대상기기를 사용한 자에 대한 벌칙은?

① 1년 이하의 징역 또는 1천만 원 이하의 벌금
② 2년 이하의 징역 또는 2천만 원 이하의 벌금
③ 3년 이하의 징역 또는 3천만 원 이하의 벌금
④ 4년 이하의 징역 또는 4천만 원 이하의 벌금

정답 및 해설

01 ④	02 ③	03 ②	04 ①	05 ①
06 ②	07 ②	08 ④	09 ②	10 ①
11 ①	12 ①	13 ④	14 ④	15 ②
16 ②	17 ①	18 ③	19 ④	20 ②
21 ②	22 ①	23 ④	24 ④	25 ②
26 ④	27 ①	28 ④	29 ④	30 ③
31 ①	32 ④	33 ①	34 ②	35 ④
36 ②	37 ①	38 ②	39 ②	40 ③
41 ④	42 ④	43 ①	44 ②	45 ④
46 ④	47 ②	48 ④	49 ②	50 ①
51 ①	52 ③	53 ④	54 ②	55 ①
56 ④	57 ②	58 ③	59 ④	60 ①

01

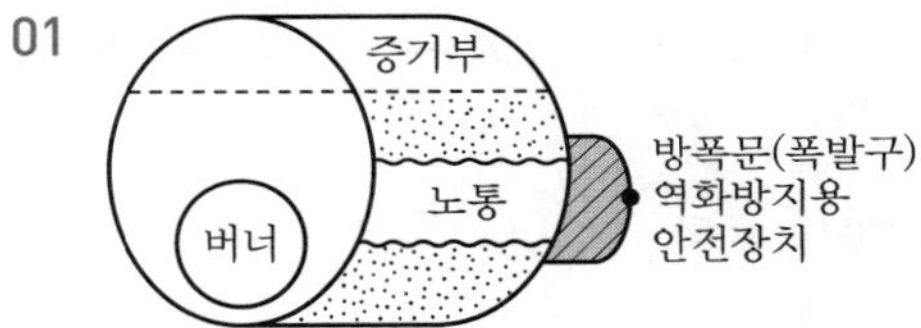

02 ㉠ 헴펠식(화학식) : CmHn → CO_2 → O_2 → CO 측정
㉡ 오르자트식(화학식) : CO_2 → O_2 → CO 측정

03 ② 분출장치(수저분출)에 대한 설명이다.

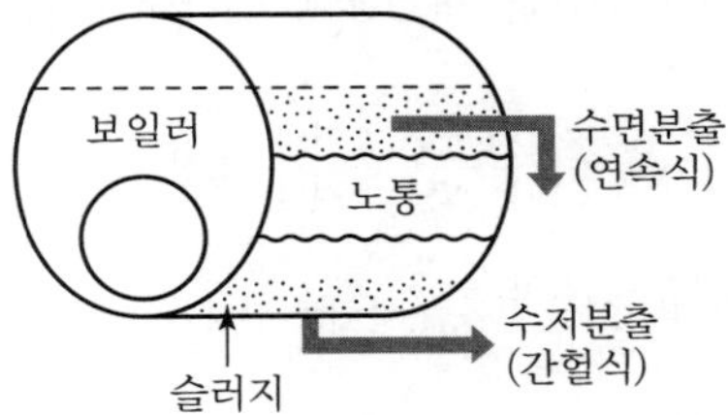

04 ㉠ 상당증발량(kgf/h＝환산증발량)
㉡ 물의 증발잠열 : 538.8kcal/kg

05 보일러 열정산(열의 수입, 열의 지출)에서 액체연료소비량 측정 시 허용오차
±1.0% 이내

06

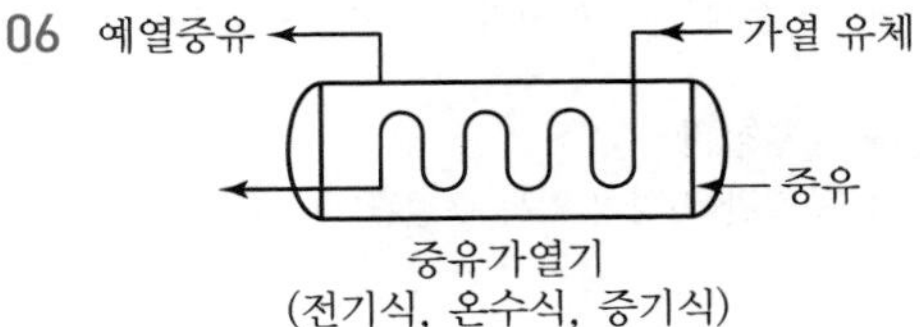

07 상당증발량(환산증발량) : W_e(kgf/h)

$$W_e = \frac{\text{시간당 증기발생량(증기엔탈피 − 급수엔탈피)}}{539}$$

$$\therefore \frac{1,100(650-30\times1)}{539} = 1,265(\text{kg/h})$$

08 ㉠ 자동급수제어(FWC) : 수위 제어
㉡ 자동연소제어(ACC) : 연소 제어
㉢ 자동증기온도제어(STC) : 증가온도 제어

09 과열방지용 온도퓨즈가 작동하면 온도퓨즈를 새것으로 교체한 후에 재점화해야 한다.

10 압력(kg/cm^2)

↓

단위 면적 당 작용하는 힘이다.

11 고압기류식 버너 : 2유체 버너(증기, 공기 등으로 0.2~0.7MPa) 등으로 분무(무화)하는 중유버너

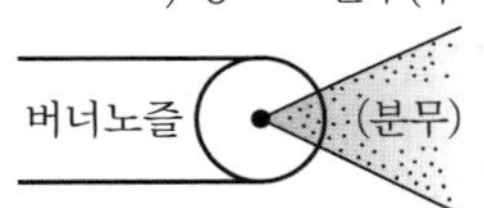

12 ㉠ 실제공기량(A)＝이론공기량×공기비
㉡ 공기비(m)＝실제공기량/이론공기량
㉢ 과잉공기량＝실제공기량－이론공기량

13 $$\text{증발률} = \frac{\text{증기발생량}}{\text{전열면적}} = \frac{4,000}{40\times2} = 50\,\text{kg/m}^2\text{h}$$

14 스테이
보일러에서 강도가 약한 부위를 보강하는 기구이다.

15 열가스 흐름에 의한 과열기는 ①, ③, ④항이고 설치장소에 따른 종류로는 복사과열기, 복사대류과열기, 접촉과열기가 있다.

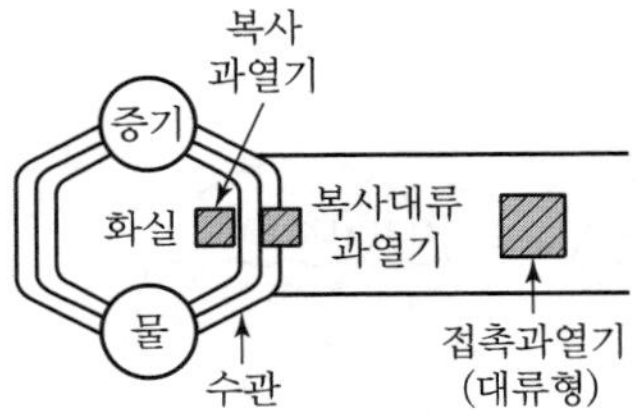

16 저위발열량＝고위발열량－600($9H+W$)
H(수소), W(수분)
600kcal/kg : 0℃에서 물의 증발열

17 보일러 점화 전에는 분출밸브 형태

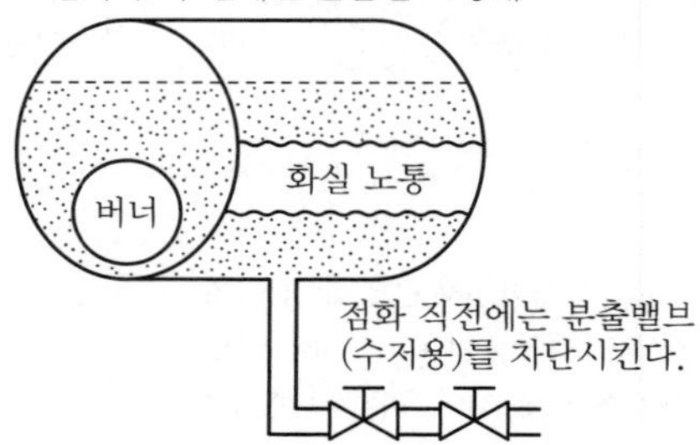

18

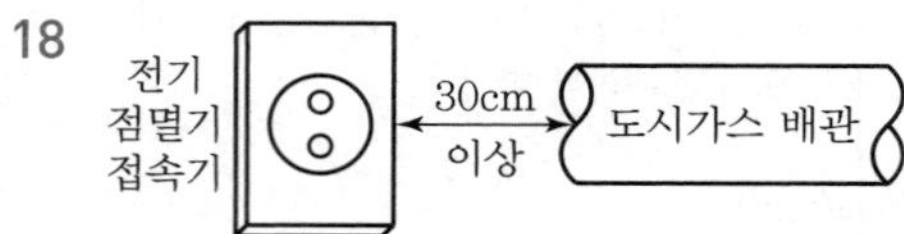

19 인젝터(동력이 아닌 증기사용 급수설비)는 급수량 조절이 불가한 임시조치의 급수설비이다.

20 **간접가열식 보일러(2중 증발 보일러)**
㉠ 레플러 보일러
㉡ 슈미트 하트만 보일러

21

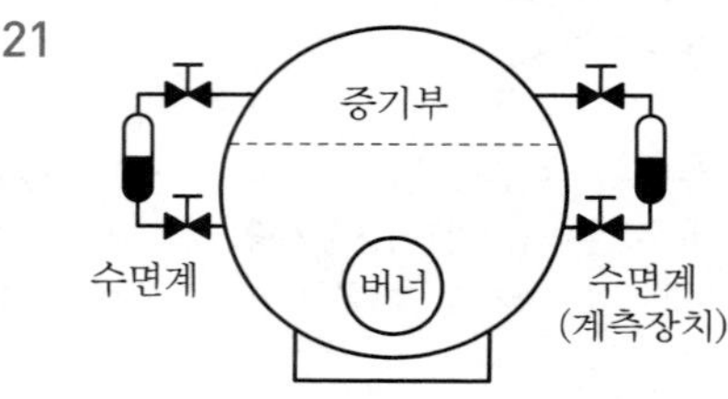

22 **자동제어 판넬 내부 온도**
60℃ 이하 유지

23 **습식(세정식) 집진장치**
액방울이나 액막에 충돌시켜 함진 배기가스 중의 분진 입자를 포집하여 분리하는 집진장치

24 ①, ②, ③ 외 프리퍼지(환기)인터록, 배기가스 온도조절 인터록 등이 있다.

25

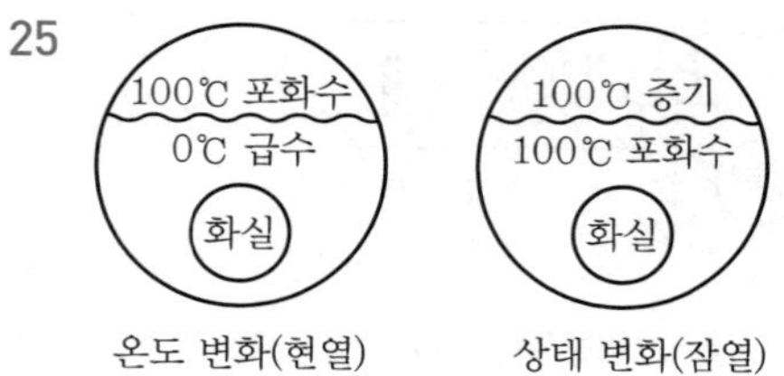

26 저위발열량(Hl)=고위발열량(Hh)$-600(9H+W)$
$=10,600-600(9\times0.12+0.003)$
$=10,600-600(1.083)$
$=10,600-649.8=9,950.2$kcal/kg

27 ① 화염검출기 안전장치 중 플레임 로드의 설명이다.

28 **그룹 트래핑**
증기사용압력이 같거나 또는 다른 여러 개의 증기사용설비의 드레인관을 하나로 묶어서 한 개의 스팀트랩으로 설치한 증기트랩이다.

29 전열면적 50m^2 이하 보일러에는 증기용 안전밸브를 1개 이상 부착할 수 있다.

30 배관용 보온재는 거의가 해체하지 않는다(장시간 사용 시 전면적 수선이 필요하다).

31 부속장치 미비, 설계불량, 재료불량 등의 사고는 제작상의 원인이다.

32 **안전밸브의 종류**
㉠ 레버식　　㉡ 추식
㉢ 스프링식　　㉣ 복합식

33 ①에서 강관의 경우는 연결관의 안지름은 12.7mm 이상이어야 한다.

34 ㉠ 적정공기비로 점화하면 역화(백-파이어) 발생이 방지된다.
㉡ 공기비(m)$=\dfrac{\text{실제 연소공기량}}{\text{이론 연소공기량}}$(항상 1보다 크다.)

35 ④에서는 45° 이상 끝올림 구배로 한다.

36 소요방열량=방열기계수×(온도차)
$=7.2\times(80-18)$
$=446.4$kcal/m$^2\cdot$h

37 리지드레인트에는 앵커, 스톱, 가이드가 있는데, 앵커는 배관의 이동 및 관의 회전을 방지하기 위해 고정시킨다.

38 **보일러 산세정 순서**
전처리 → 수세 → 산액처리 → 수세 → 중화방청

39 **구상흑연 주철관**
덕타일 주철관(인성이 있는 주철관)

40 ③ 증기 토출량이 과다하면 저수위사고 발생

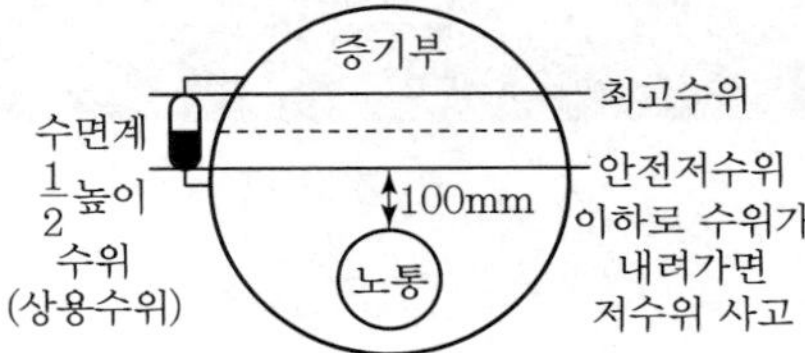

41

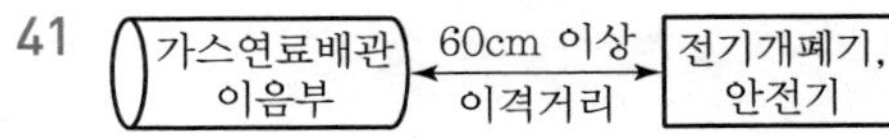

42 ① 펠트 : 100℃ 이하용
② 암면 : 400℃ 이하용
③ 글라스 울 : 300℃ 이하용
④ 세라믹 파이버 : 1,300℃ 이하용

43

동관을 사이징 툴로
원형 교정한다.

44 **증기난방 응축수 환수법**
㉠ 중력환수식 : 효과가 적다.
㉡ 기계 환수식 : 순환 응축수 회수펌프 사용
㉢ 진공환수식 : 배관 내 진공이 100~250mmHg로 대규모 난방에서 효과가 크다.

45 **수관식 보일러**
동체, 노벽, 단열재 보온재 케이싱은 같이 부착된다.(노벽 손상 보수)

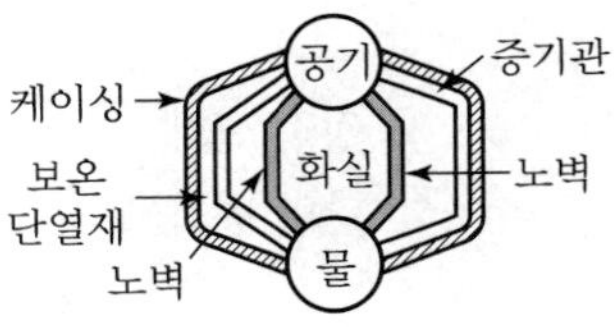

46 **보일러 운전정지 순서**
1. 연료의 공급을 정지한다.
2. 공기의 공급을 정지한다.
3. 급수 후 급수펌프를 정지한다.
4. 댐퍼를 닫는다.

47 저수탱크의 저수량 확인은 자동제어가 아닌 육안으로 점검한다.

48 보일러 운전자는 연료의 발열량, 성분 측정은 하지 않고 공급자의 조건표를 참고한다.

49

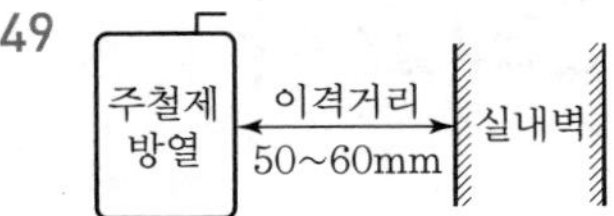

50 ① 포밍 : 거품 현상
② 프라이밍 : 비수(수분 솟음) 현상
③ 워터 해머링 : 수격작용
④ 프리퍼지 : 화실의 잔류가스 배출(환기)

51 **라미네이션**

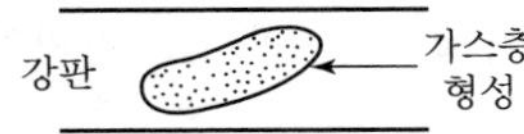

②는 브리스터(Brister) 현상에 관한 것이다.

52 **방열기 쪽수 계산**

$$=\frac{\text{난방부하}}{650\times\text{쪽당 방열면적}}=\frac{45,000}{650\times0.24}=289\text{ea}$$

53 **단열재 사용**
열적 충격을 완화하여 노벽의 스폴링(균열 박락 현상)을 방지한다.

54 ② 루프형(곡관형) 신축이음 : 고온, 고압 옥외 대형 배관용 신축이음

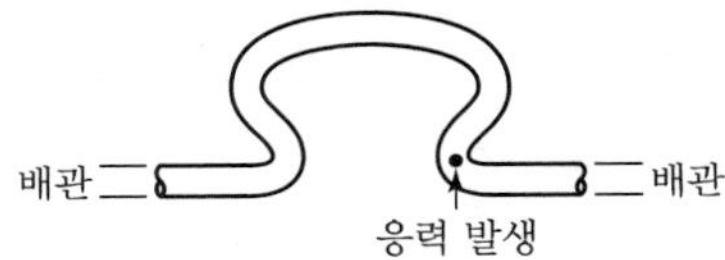

55 **산업통상자원부장관**
에너지 사용 제품의 단위당 에너지사용목표량 또는 건축물의 단위면적당 에너지사용목표량을 정하여 고시하는 자

56 에너지다소비사업자(연간 석유환산량 2,000 TOE) 이상 사용자의 신고사항은 매년 1월 31일까지 ①, ②, ③항의 에너지기자재 현황을 시장, 도지사에게 신고한다.

57 건축물 인증을 받지 않고 홍보한 자에 대한 벌칙은 1천만원 이하의 과태료 부과이다.

58 대기전력 경고 표지를 하지 아니한 자에 대한 벌칙 : 5백만원 이하의 벌금

59 저탄소 녹색성장 국가전략 5개년 계획수립은 5년마다 수립한다.

60 에너지관리공단이사장에게 검사신청서를 접수하고 검사에 불합격 기기를 사용하면 1년 이하의 징역 또는 1천만원 이하의 벌금에 처한다.

04회 모의고사

CBT 실전모의고사

01 절탄기에 대한 설명으로 옳은 것은?

① 연소용 공기를 예열하는 장치이다.
② 보일러의 급수를 예열하는 장치이다.
③ 보일러용 연료를 예열하는 장치이다.
④ 연소용 공기와 보일러 급수를 예열하는 장치이다.

02 왕복동식 펌프가 아닌 것은?

① 플런저 펌프　② 피스톤 펌프
③ 터빈 펌프　④ 다이어프램 펌프

03 수위 자동제어 장치에서 수위와 증기유량을 동시에 검출하여 급수밸브의 개도가 조절되도록 한 제어방식은?

① 단요소식　② 2요소식
③ 3요소식　④ 모듈식

04 일반적으로 보일러의 상용수위는 수면계의 어느 위치와 일치시키는가?

① 수면계의 최상단부　② 수면계의 2/3 위치
③ 수면계의 1/2 위치　④ 수면계의 최하단부

05 증기보일러를 성능시험하고 결과를 다음과 같이 산출하였다. 보일러 효율은?

- 급수온도 : 12℃
- 연료의 저위 발열량 : 10,500kcal/Nm^3
- 발생증기의 엔탈피 : 663.8kcal/kg
- 증기 사용량 : 373.9Nm^3/h
- 증기 발생량 : 5,120kg/h
- 보일러 전열면적 : 102m^2

① 78%　② 80%
③ 82%　④ 85%

06 과열증기에서 과열도는 무엇인가?

① 과열증기의 압력과 포화증기의 압력 차이다.
② 과열증기온도와 포화증기온도의 차이다.
③ 과열증기온도에 증발열을 합한 것이다.
④ 과열증기온도에서 증발열을 뺀 것이다.

07 어떤 물질 500kg을 20℃에서 50℃로 올리는 데 3,000kcal의 열량이 필요하였다. 이 물질의 비열은?

① 0.1kcal/kg · ℃　② 0.2kcal/kg · ℃
③ 0.3kcal/kg · ℃　④ 0.4kcal/kg · ℃

08 동작유체의 상태 변화에서 에너지의 이동이 없는 변화는?

① 등온 변화　② 정적 변화
③ 정압 변화　④ 단열 변화

09 보일러 유류연료 연소 시에 가스폭발이 발생하는 원인이 아닌 것은?

① 연소 도중에 실화되었을 때
② 프리퍼지 시간이 너무 길어졌을 때
③ 소화 후에 연료가 흘러들어 갔을 때
④ 점화가 잘 안 되는데 계속 급유했을 때

10 보일러 연소장치와 가장 거리가 먼 것은?

① 스테이 ② 버너
③ 연도 ④ 화격자

11 보일러 1마력에 대한 표시로 옳은 것은?

① 전열면적 $10m^2$
② 상당증발량 15.65kg/h
③ 전열면적 $8ft^2$
④ 상당증발량 30.6lb/h

12 보일러 드럼 없이 초임계 압력 이상에서 고압증기를 발생시키는 보일러는?

① 복사 보일러 ② 관류 보일러
③ 수관 보일러 ④ 노통연관 보일러

13 증기트랩이 갖추어야 할 조건에 대한 설명으로 틀린 것은?

① 마찰저항이 클 것
② 동작이 확실할 것
③ 내식, 내마모성이 있을 것
④ 응축수를 연속적으로 배출할 수 있을 것

14 보일러의 수위제어 검출방식의 종류로 가장 거리가 먼 것은?

① 피스톤식 ② 전극식
③ 플로트식 ④ 열팽창관식

15 중유의 첨가제 중 슬러지의 생성 방지제 역할을 하는 것은?

① 회분개질제 ② 탈수제
③ 연소촉진제 ④ 안정제

16 자동제어의 신호전달방법에서 공기압식의 특징으로 옳은 것은?

① 전송 시 시간지연이 생긴다.
② 배관이 용이하지 않고 보존이 어렵다.
③ 신호전달 거리가 유압식에 비하여 길다.
④ 온도제어 등에 적합하고 화재의 위험이 많다.

17 자연통풍방식에서 통풍력이 증가되는 경우가 아닌 것은?

① 연돌의 높이가 낮은 경우
② 연돌의 단면적이 큰 경우
③ 연도의 굴곡 수가 적은 경우
④ 배기가스의 온도가 높은 경우

18 가스용 보일러 설비 주위에 설치해야 할 계측기 및 안전장치와 무관한 것은?

① 급기 가스 온도계
② 가스 사용량 측정 유량계
③ 연료 공급 자동차단장치
④ 가스 누설 자동차단장치

19 어떤 보일러의 증발량이 40t/h이고, 보일러 본체의 전열면적이 $580m^2$일 때 이 보일러의 증발률은?

① $14kg/m^2 \cdot h$ ② $44kg/m^2 \cdot h$
③ $57kg/m^2 \cdot h$ ④ $69kg/m^2 \cdot h$

20 연소 시 공기비가 작을 때 나타나는 현상으로 틀린 것은?

① 불완전연소가 되기 쉽다.
② 미연소가스에 의한 가스 폭발이 일어나기 쉽다.
③ 미연소가스에 의한 열손실이 증가될 수 있다.
④ 배기가스 중 NO 및 NO_2의 발생량이 많아진다.

21 제어장치에서 인터록(Inter Lock)이란?

① 정해진 순서에 따라 차례로 동작이 진행되는 것
② 구비조건에 맞지 않을 때 작동을 정지시키는 것
③ 증기압력의 연료량, 공기량을 조절하는 것
④ 제어량과 목표치를 비교하여 동작시키는 것

22 세정식 집진장치 중 하나인 회전식 집진장치의 특징에 관한 설명으로 가장 거리가 먼 것은?

① 구조가 대체로 간단하고 조작이 쉽다.
② 급수 배관을 따로 설치할 필요가 없으므로 설치공간이 적게 든다.
③ 집진물을 회수할 때 탈수, 여과, 건조 등을 수행할 수 있는 별도의 장치가 필요하다.
④ 비교적 큰 압력손실을 견딜 수 있다.

23 보일러 사용 시 이상 저수위의 원인이 아닌 것은?

① 증기 취출량이 과대한 경우
② 보일러 연결부에서 누출이 되는 경우
③ 급수장치가 증발능력에 비해 과소한 경우
④ 급수탱크 내 급수량이 많은 경우

24 중력순환식 온수난방법에 관한 설명으로 틀린 것은?

① 소규모 주택에 이용된다.
② 온수의 밀도차에 의해 온수가 순환한다.
③ 자연순환이므로 관경을 작게 하여도 된다.
④ 보일러는 최하위 방열기보다 더 낮은 곳에 설치한다.

25 보일러를 장기간 사용하지 않고 보존하는 방법으로 가장 적당한 것은?

① 물을 가득 채워 보존한다.
② 배수하고 물이 없는 상태로 보존한다.
③ 1개월에 1회씩 급수를 공급 · 교환한다.
④ 건조 후 생석회 등을 넣고 밀봉하여 보존한다.

26 진공환수식 증기 난방장치의 리프트 이음 시 1단 흡상 높이는 최고 몇 m 이하로 하는가?

① 1.0 ② 1.5
③ 2.0 ④ 2.5

27 보일러드럼 및 대형 헤더가 없고 지름이 작은 전열관을 사용하는 관류보일러의 순환비는?

① 4 ② 3
③ 2 ④ 1

28 보일러 급수처리방법 중 5,000ppm 이하의 고형물 농도에서는 비경제적이므로 사용하지 않고, 선박용 보일러에 필요한 급수를 얻을 때 주로 사용하는 방법은?

① 증류법 ② 가열법
③ 여과법 ④ 이온교환법

29 연료의 연소 시, 이론공기량에 대한 실제공기량의 비, 즉 공기비(m)의 일반적인 값으로 옳은 것은?

① $m=1$ ② $m<1$
③ $m<0$ ④ $m>1$

30 압축기 진동과 서징, 관의 수격작용, 지진 등에 의해서 발생하는 진동을 억제하기 위해 사용되는 지지장치는?

① 벤드벤 ② 플랩 밸브
③ 그랜드 패킹 ④ 브레이스

31 배관 중간이나 밸브, 펌프, 열교환기 등의 접속을 위해 사용되는 이음쇠로서 분해, 조립이 필요한 경우에 사용되는 것은?

① 벤드　　② 리듀서
③ 플랜지　　④ 슬리브

32 급수 중 불순물에 의한 장해나 처리방법에 대한 설명으로 틀린 것은?

① 현탁고형물의 처리방법에는 침강분리, 여과, 응집침전 등이 있다.
② 경도성분은 이온 교환으로 연화시킨다.
③ 유지류는 거품의 원인이 되나, 이온교환수지의 능력을 향상시킨다.
④ 용존산소는 급수계통 및 보일러 본체의 수관을 산화부식시킨다.

33 난방설비 배관이나 방열기에서 높은 위치에 설치해야 하는 밸브는?

① 공기빼기 밸브　　② 안전밸브
③ 전자밸브　　④ 플로트 밸브

34 온수온돌의 방수 처리에 대한 설명으로 적절하지 않은 것은?

① 다층건물에 있어서도 전 층의 온수온돌에 방수 처리를 하는 것이 좋다.
② 방수 처리는 내식성이 있는 루핑, 비닐, 방수모르타르로 하며, 습기가 스며들지 않도록 완전히 밀봉한다.
③ 벽면으로 습기가 올라오는 것을 대비하여 온돌바닥보다 약 10cm 이상 위까지 방수 처리를 하는 것이 좋다.
④ 방수 처리를 함으로써 열손실을 감소시킬 수 있다.

35 기름 보일러에서 연소 중 화염이 점멸하는 등 연소 불안정이 발생하는 경우가 있다. 그 원인으로 가장 거리가 먼 것은?

① 기름의 점도가 높을 때
② 기름 속에 수분이 혼입되었을 때
③ 연료의 공급 상태가 불안정한 때
④ 노 내가 부압(負壓)인 상태에서 연소했을 때

36 압력배관용 탄소강관의 KS 규격기호는?

① SPPS　　② SPLT
③ SPP　　④ SPPH

37 중력환수식 온수난방법의 설명으로 틀린 것은?

① 온수의 밀도차에 의해 온수가 순환한다.
② 소규모 주택에 이용된다.
③ 보일러는 최하위 방열기보다 더 낮은 곳에 설치한다.
④ 자연순환이므로 관경을 작게 하여도 된다.

38 전열면적이 $12m^2$인 보일러의 급수밸브의 크기는 호칭 몇 A 이상이어야 하는가?

① 15　　② 20
③ 25　　④ 32

39 보온재의 열전도율과 온도와의 관계를 맞게 설명한 것은?

① 온도가 낮아질수록 열전도율은 커진다.
② 온도가 높아질수록 열전도율은 작아진다.
③ 온도가 높아질수록 열전도율은 커진다.
④ 온도에 관계없이 열전도율은 일정하다.

40 다른 보온재에 비하여 단열 효과가 낮으며, 500℃ 이하의 파이프, 탱크, 노벽 등에 사용하는 보온재는?

① 규조토 ② 암면
③ 기포성 수지 ④ 탄산마그네슘

41 진공환수식 증기난방 배관 시공에 관한 설명으로 틀린 것은?

① 증기주관은 흐름 방향에 1/200~1/300의 앞내림 기울기로 하고 도중에 수직 상향부가 필요한 때 트랩 장치를 한다.
② 방열기 분기관 등에서 앞단에 트랩 장치가 없을 때에는 1/50~1/100의 앞올림 기울기로 하여 응축수를 주관에 역류시킨다.
③ 환수관에 수직 상향부가 필요한 때에는 리프트 피팅을 써서 응축수가 위쪽으로 배출되게 한다.
④ 리프트 피팅은 될 수 있으면 사용개소를 많게 하고 1단을 2.5m 이내로 한다.

42 배관의 관 끝을 막을 때 사용하는 부품은?

① 엘보 ② 소켓
③ 티 ④ 캡

43 어떤 강철제 증기 보일러의 최고사용압력이 0.35MPa이면 수압시험 압력은?

① 0.35MPa ② 0.5MPa
③ 0.7MPa ④ 0.95MPa

44 온수난방설비의 밀폐식 팽창탱크에 설치되지 않는 것은?

① 수위계 ② 압력계
③ 배기관 ④ 안전밸브

45 보일러의 내부 부식에 속하지 않는 것은?

① 점식 ② 구식
③ 알칼리 부식 ④ 고온 부식

46 보일러 성능시험에서 강철제 증기 보일러의 증기건도는 몇 % 이상이어야 하는가?

① 89 ② 93
③ 95 ④ 98

47 보일러 사고의 원인 중 보일러 취급상의 사고원인이 아닌 것은?

① 재료 및 설계 불량 ② 사용압력 초과 운전
③ 저수위 운전 ④ 급수처리 불량

48 실내의 천장 높이가 12m인 극장에 대한 증기난방 설비를 설계하고자 한다. 이때의 난방부하 계산을 위한 실내 평균온도는?(단, 호흡선 1.5m에서의 실내온도는 18℃이다.)

① 23.5℃ ② 26.1℃
③ 29.8℃ ④ 32.7℃

49 보일러 전열면의 과열 방지대책으로 틀린 것은?

① 보일러 내의 스케일을 제거한다.
② 다량의 불순물로 인해 보일러수가 농축되지 않게 한다.
③ 보일러의 수위가 안전 저수면 이하가 되지 않도록 한다.
④ 화염을 국부적으로 집중 가열한다.

50 난방부하가 2,250kcal/h인 경우 온수방열기의 방열면적은?(단, 방열기의 방열량은 표준방열량으로 한다.)

① $3.5m^2$ ② $4.5m^2$
③ $5.0m^2$ ④ $8.3m^2$

51 증기난방에서 환수관의 수평배관에서 관경이 가늘어지는 경우 편심 리듀서를 사용하는 이유로 적합한 것은?

① 응축수의 순환을 억제하기 위해
② 관의 열팽창을 방지하기 위해
③ 동심 리듀서보다 시공을 단축하기 위해
④ 응축수의 체류를 방지하기 위해

52 다음 에너지이용 합리화법의 목적에 관한 내용이다. ( ) 안의 ㉠, ㉡에 각각 들어갈 용어로 옳은 것은?

> 에너지이용 합리화법은 에너지의 수급을 안정시키고 에너지의 합리적이고 효율적인 이용을 증진하며 에너지 소비로 인한 (㉠)을(를) 줄임으로써 국민경제의 건전한 발전 및 국민복지의 증진과 (㉡)의 최소화에 이바지함을 목적으로 한다.

① ㉠ 환경파괴 ㉡ 온실가스
② ㉠ 자연파괴 ㉡ 환경피해
③ ㉠ 환경피해 ㉡ 지구온난화
④ ㉠ 온실가스 배출 ㉡ 환경파괴

53 보일러 강판의 가성 취화 현상의 특징에 관한 설명으로 틀린 것은?

① 고압 보일러에서 보일러수의 알칼리 농도가 높은 경우에 발생한다.
② 발생하는 장소로는 수면 상부의 리벳과 리벳 사이에 발생하기 쉽다.
③ 발생하는 장소로는 관 구멍 등 응력이 집중하는 곳의 틈이 많은 곳이다.
④ 외견상 부식성이 없고, 극히 미세한 불규칙적인 방사상 형태를 하고 있다.

54 보일러에서 발생한 증기를 송기할 때의 주의사항으로 틀린 것은?

① 주증기관 내의 응축수를 배출시킨다.
② 주증기 밸브를 서서히 연다.
③ 송기한 후에 압력계의 증기압 변동에 주의한다.
④ 송기한 후에 밸브의 개폐상태에 대한 이상 유무를 점검하고 드레인 밸브를 열어 놓는다.

55 증기 트랩을 기계식, 온도조절식, 열역학적 트랩으로 구분할 때 온도조절식 트랩에 해당하는 것은?

① 버킷 트랩 ② 플로트 트랩
③ 열동식 트랩 ④ 디스크형 트랩

56 에너지이용 합리화법상 열사용 기자재가 아닌 것은?

① 강철제 보일러
② 구멍탄용 온수 보일러
③ 전기순간온수기
④ 2종 압력용기

57 에너지이용 합리화법상 시공업자단체의 설립, 정관의 기재사항과 감독에 관하여 필요한 사항은 누구의 령으로 정하는가?

① 대통령령
② 산업통상자원부령
③ 고용노동부령
④ 환경부령

58 에너지이용 합리화법에 따라 검사에 합격되지 아니한 검사대상기기를 사용한 자에 대한 벌칙은?

① 6개월 이하의 징역 또는 5백만 원 이하의 벌금
② 1년 이하의 징역 또는 1천만 원 이하의 벌금
③ 2년 이하의 징역 또는 2천만 원 이하의 벌금
④ 3년 이하의 징역 또는 3천만 원 이하의 벌금

59 에너지이용 합리화법에 따라 고효율 에너지 인증대상 기자재에 포함되지 않는 것은?

① 펌프
② 전력용 변압기
③ LED 조명기기
④ 산업건물용 보일러

60 에너지법에 따라 에너지기술개발 사업비의 사업에 대한 지원항목에 해당되지 않는 것은?

① 에너지기술의 연구 · 개발에 관한 사항
② 에너지기술에 관한 국내 협력에 관한 사항
③ 에너지기술의 수요조사에 관한 사항
④ 에너지에 관한 연구인력 양성에 관한 사항

정답 및 해설

01 ②	02 ③	03 ②	04 ③	05 ④
06 ②	07 ②	08 ④	09 ②	10 ①
11 ②	12 ②	13 ①	14 ①	15 ④
16 ①	17 ①	18 ①	19 ④	20 ④
21 ②	22 ②	23 ④	24 ③	25 ④
26 ②	27 ④	28 ①	29 ④	30 ④
31 ③	32 ③	33 ①	34 ①	35 ④
36 ①	37 ④	38 ②	39 ③	40 ①
41 ④	42 ④	43 ③	44 ③	45 ④
46 ④	47 ①	48 ②	49 ④	50 ③
51 ④	52 ③	53 ②	54 ④	55 ③
56 ③	57 ①	58 ②	59 ②	60 ②

01 ㉠ 보일러 폐열회수장치의 설치순서
과열기 → 재열기 → 절탄기(급수가열기) → 공기예열기 → 굴뚝
㉡ 석탄, 연료를 절약하는 기기 : 절탄기(이코노마이저)

02 원심식 펌프
㉠ 볼류트 펌프
㉡ 다단 터빈 펌프(안내 날개가 부착)

03 ㉠ 단요소식 : 수위 검출(소형 보일러용)
㉡ 2요소식 : 수위, 증기량 검출(중형 보일러용)
㉢ 3요소식 : 수위, 증기, 급수량 검출(대형보일러용)

04

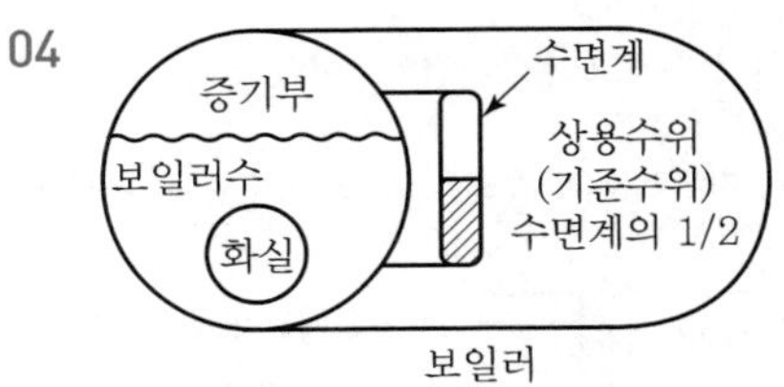

05 $효율(\eta) = \frac{출열}{공급열} = \frac{5,120 \times (663.8-12)}{373.9 \times 10,500} \times 100$
$= 85\%$

06 증기원동소 보일러

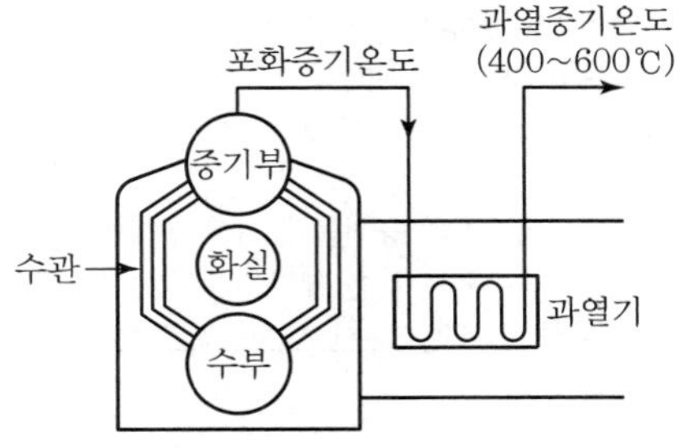

과열도 = 과열증기온도 − 포화증기온도

07 현열$(Q) = G \cdot C_p \cdot \Delta t_m$
$3,000 = 500 \times C_p \times (50-20)$
$C_p(비열) = \frac{3,000}{500 \times (50-20)} = 0.2\text{kcal/kg} \cdot ℃$

08 단열 변화
동작유체의 상태 변화에서 에너지의 이동이 없는 변화

09 보일러 운전 초기에 프리퍼지(노 내 환기) 시간이 길면 불완전 가스 CO 등이 제거되어 가스폭발이 방지된다.

10

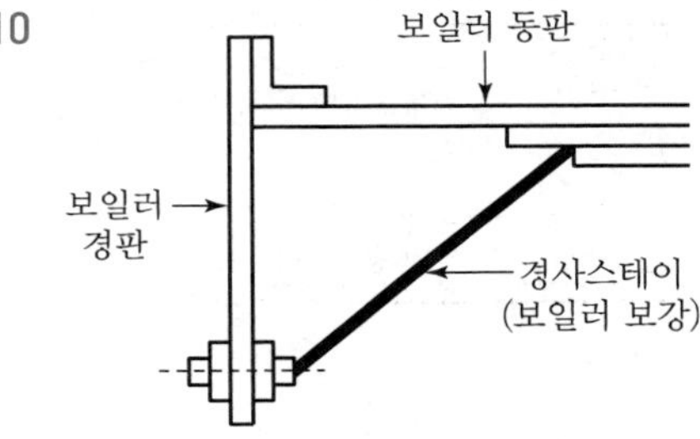

11 ㉠ 보일러 1마력 : 상당증발량 15.65kg/h이 발생하는 능력(8,435kcal/h)이다.
㉡ 보일러 상당증발량이 1,565kg/h 발생하면 $\frac{1,565}{15.65} =$ 100마력

12 수관식 관류 보일러
㉠ 증기드럼이 없다.
㉡ 증기 발생이 빠르다.
㉢ 초임계 압력(225.65kg/cm^2) 이상이 가능하다.
㉣ 급수 처리가 심각하다(스케일 생성이 심하다).

13 증기트랩
㉠ 증기트랩은 마찰저항이 적어야 한다.
㉡ 온도차 이용, 비중차 이용, 열역학 이용 방식의 3가지 종류가 있다.
㉢ 증기스팀 트랩은 관 내의 응축수를 신속하게 제거한다.

14 수위제어 검출기의 종류
㉠ 전극식 : 수관식(관류 보일러용)
㉡ 플로트식 : 맥도널 기계식
㉢ 열팽창관식 : 금속식, 액체식

15 ① 회분개질제 : 재의 융점을 높여서 부식방지
② 탈수제 : 중유의 수분을 제거
③ 연소촉진제 : 조연제로서 카본을 적게 하기 위한 산화 촉진제

16 공기압식
㉠ 전송 시 시간지연이 생긴다.
㉡ 공기압은 0.2~1kg/cm²이다.
㉢ 전송거리는 100m로 짧다.
㉣ 공기압이 통일되어서 취급이 용이하다.

17 연돌의 높이가 낮으면 자연통풍력이 감소한다.

18

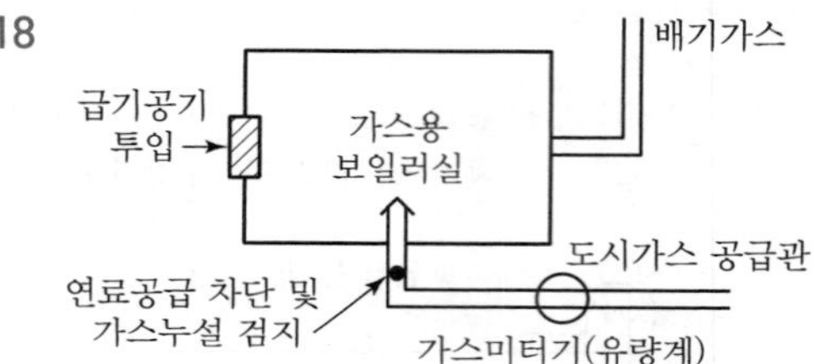

19 $증발률 = \frac{시간당\ 증기\ 발생량}{전열면적} = \frac{40 \times 1{,}000}{580}$

$= 69\text{kg/m}^2 \cdot \text{h}$

증발률이 큰 보일러가 좋은 보일러이다.

20 ㉠ 공기비(과잉공기계수) : $\frac{실제공기량}{이론공기량}$
㉡ 공기비는 항상 1보다 커야 한다.
㉢ 공기비가 적으면 과잉산소가 적어서 질소산화물 NO, NO_2가 감소한다.

21 보일러 인터록의 종류
프리퍼지인터록, 압력초과인터록, 저수위인터록, 저연소인터록, 불착화 인터록(인터록은 구비조건이 맞지 않을 때 작동을 정지시키는 조작 상태이다.)

22 ② 세정식은 가압한 물이 필요하므로 급수배관이 필요하다.

세정식 집진장치(그을음, 매연제거장치)
㉠ 유수식(물, 세정액 사용)
㉡ 가압수식(벤투리형, 사이클론형, 세정탑, 제트형)
㉢ 회전식

23

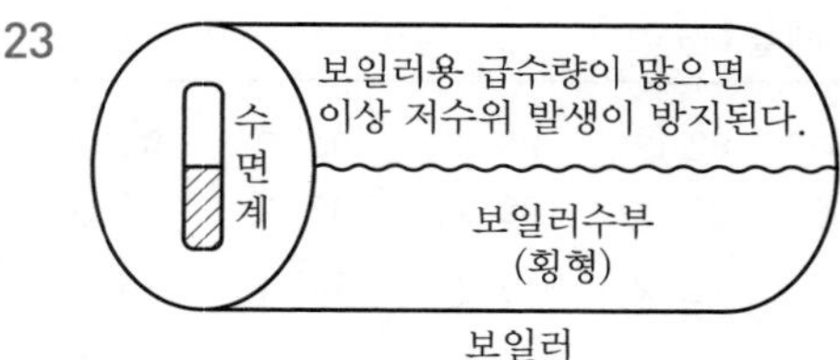

24 중력순환식 온수난방은 자연순환이므로 관경을 크게 하여야 마찰저항이 감소한다.

25

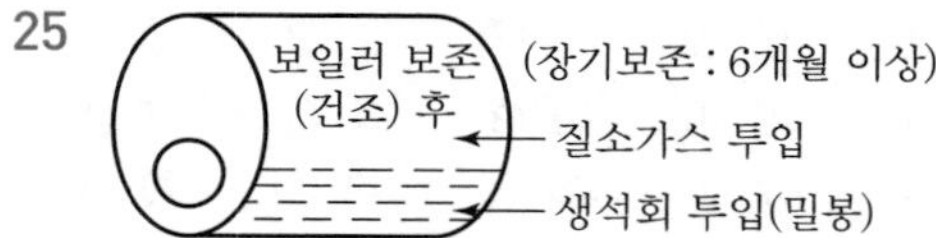

26 1단 흡상 높이 1.5m

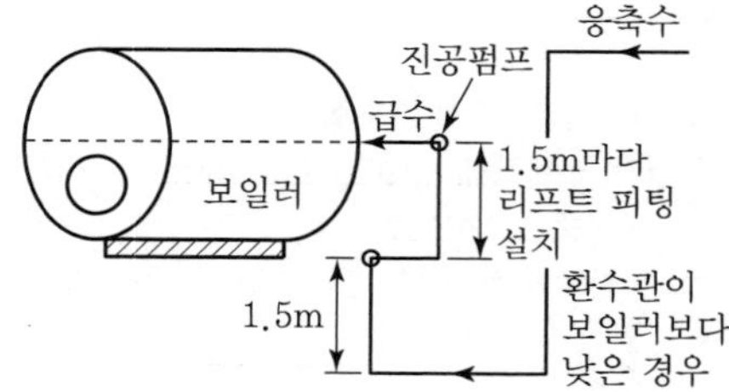

27 $관류보일러(단관식) = \frac{급수사용량}{증기발생량}$ (순환비가 1이다.)

28 급수의 외처리법에서 증류법은 경제성이 없어서 선박용(바다의 배)에서만 사용이 가능하다.

29 공기비(과잉공기계수 : m)
$m = \frac{실제공기량(A)}{이론공기량(A_0)}$ (항상 1보다 크다.)
공기비가 1보다 작으면 불완전연소이다.

30 브레이스 : 진동억제(수격작용 시, 압축기 진동 시 사용)

31

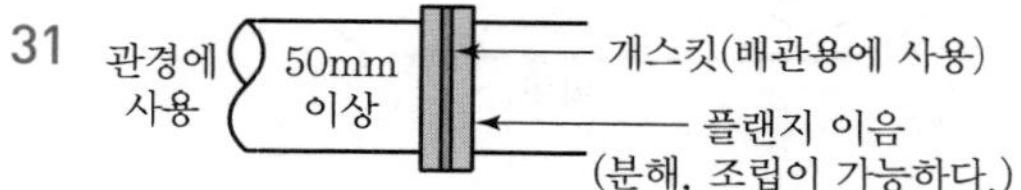

32 이온교환수지의 능력을 향상시키는 물질은 나트륨(염수) 용액이다.

33 공기빼기 밸브는 난방설비 배관이나 방열기에서 가장 높은 곳에 설치한다.

34 온수온돌 방수 처리는 지면에 접하는 곳에서 적절하므로 다층건물 전 층에 대한 방수 처리는 불필요하다.

35 노 내에 부압(負壓)이 발생하면 연소용 공기 투입이 원활하여 연소가 안정된다.

36 ② SPLT : 저온배관용
③ SPP : 일반배관용
④ SPPH : 고압배관용

37 관경을 작게 하여도 되는 것은 강제순환식 온수난방법이다.

38 전열면적
㉠ 10m 이하 보일러(15A 이상)
㉡ $10m^2$ 초과 보일러(20A 이상)

39 온도가 높으면 열전도율(kcal/m · h · ℃)이 커진다.

40 규조토
단열 효과가 낮은 무기질 보온재로서 500℃ 이하의 파이프, 탱크, 노벽 등에 사용하는 보온재이다.

41 리프트 피팅(Lift Fitting)은 환수주관보다 지름을 한치수 작게 하고 1단의 흡상 높이는 1.5m 이내로 하며 그 사용 갯수는 가능한 한 적게 하고 급수펌프 근처에 1개소만 설치하는 진공환수식 증기난방 시공법이다.

42
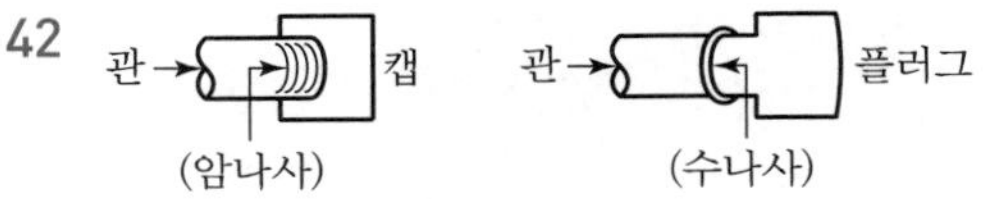

43 보일러 최고사용압력이 0.43MPa 이하일 경우 2배의 수압시험 압력이 필요하다.
∴ 0.35MPa×2배=0.7MPa

44 배기관
개방식(100℃ 이하 난방용) 팽창탱크에 설치되는 공기빼기 관이다.

45
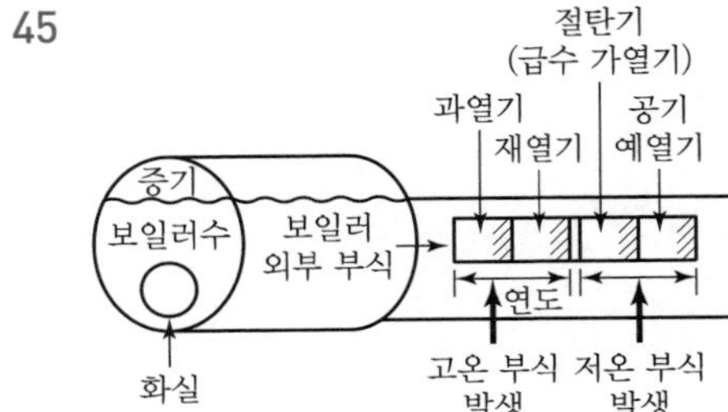

46 건조도(증기)
㉠ 강철제(98% 이상)
㉡ 주철제(97% 이상)

47 재료 및 설계 불량
보일러 제조상 사고원인

48 실내 천장고에 의한 평균온도계산(t_m)
$t_m = t + 0.05t(h-3) = 18 + 0.05 \times 18 \times (12-3)$
$= 26.1℃$

49 ④ 화염을 국부적으로 집중 가열하지 않는다.

50 온수 표준방열량= $\frac{\text{난방부하(kcal/h)}}{450(\text{kcal/m}^2\text{h})}$

$\therefore \frac{2,250}{450} = 5m^2$ (EDR)

51 편심 리듀서는 응축수의 체류를 방지하기 위해 사용된다.

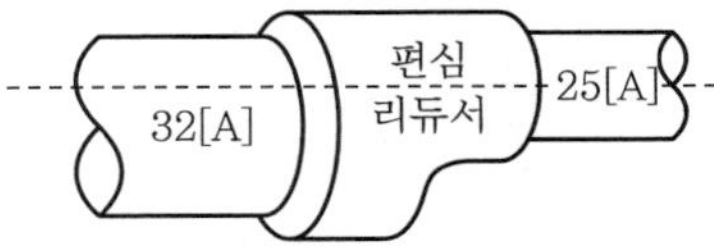

응축수 흐름이 용이하다.

52 에너지이용 합리화법 제1조
㉠ 환경피해
㉡ 지구온난화

53 가성 취화 억제제
질산나트륨, 인산나트륨, 탄닌, 리그린이며 가성 취화 현상은 반드시 리벳과 리벳 사이의 수면 이하에서 발생한다.

54
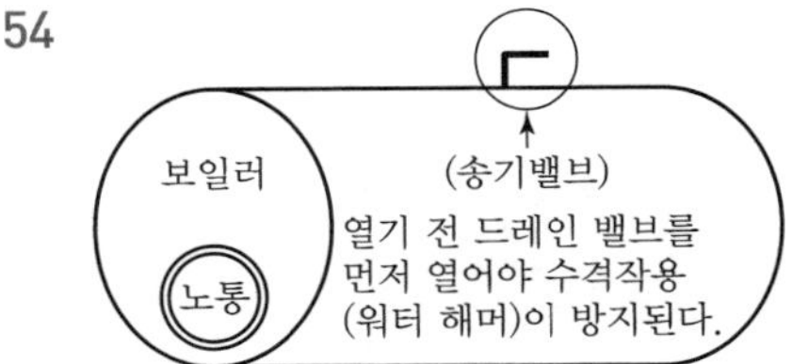

55 온도조절식 트랩
㉠ 열동식(벨로스) 트랩
㉡ 바이메탈 트랩

56 에너지이용 합리화법 시행규칙 별표 1에 의거 ①, ②, ④항 외 주철제 보일러, 소형 온수 보일러, 축열식 전기 보일러, 1종 압력용기, 요업요로, 금속요로 등이 열사용 기자재이다.

57 에너지이용 합리화법 제41조에 의거 시공업자단체(한국열관리시공협회 등) 설립, 정관의 기재사항, 감독은 대통령령으로 정한다.(단, 시공업자단체 설립인가는 산업통상자원부령으로 한다.)

58 에너지이용 합리화법 제73조에 의거 ②항에 해당된다.

59 시행규칙 제20조에 의거 ①, ③, ④항 외에도 무정전전원장치, 폐열회수환기장치 등이 인증대상 기자재이다.

60 에너지법 제14조에 의거 사업비 지원항목은 ①, ③, ④항 외 에너지기술에 관한 국제 협력에 관한 사항 등

05회 모의고사

CBT 실전모의고사

01 수소 15%, 수분 0.5%인 중유의 고위발열량이 10,000kcal/kg이다. 이 중유의 저위발열량은 몇 kcal/kg인가?

① 8,795 ② 8,984
③ 9,085 ④ 9,187

02 부르동관 압력계를 부착할 때 사용되는 사이펀관 속에 넣는 물질은?

① 수은 ② 증기
③ 공기 ④ 물

03 집진장치의 종류 중 건식집진장치의 종류가 아닌 것은?

① 가압수식 집진기 ② 중력식 집진기
③ 관성력식 집진기 ④ 원심력식 집진기

04 수관식 보일러에 속하지 않는 것은?

① 입형 횡관식 ② 자연 순환식
③ 강제 순환식 ④ 관류식

05 캐비테이션의 발생 원인이 아닌 것은?

① 흡입양정이 지나치게 클 때
② 흡입관의 저항이 작은 경우
③ 유량의 속도가 빠른 경우
④ 관로 내의 온도가 상승되었을 때

06 다음 중 연료의 연소온도에 가장 큰 영향을 미치는 것은?

① 발화점 ② 공기비
③ 인화점 ④ 회분

07 공기예열기의 종류에 속하지 않는 것은?

① 전열식 ② 재생식
③ 증기식 ④ 방사식

08 비접촉식 온도계의 종류가 아닌 것은?

① 광전관식 온도계 ② 방사 온도계
③ 광고 온도계 ④ 열전대 온도계

09 보일러의 전열면적이 클 때의 설명으로 틀린 것은?

① 증발량이 많다. ② 예열이 빠르다.
③ 용량이 적다. ④ 효율이 높다.

10 보일러에서 배출되는 배기가스의 여열을 이용하여 급수를 예열하는 장치는?

① 과열기 ② 재열기
③ 절탄기 ④ 공기예열기

11 목푯값이 시간에 따라 임의로 변화되는 것은?

① 비율제어 ② 추종제어
③ 프로그램제어 ④ 캐스케이드제어

12 보일러 부속품 중 안전장치에 속하는 것은?

① 감압 밸브 ② 주증기 밸브
③ 가용전 ④ 유량계

13 증기의 발생이 활발해지면 증기와 함께 물방울이 같이 비산하여 증기관으로 취출되는데, 이때 드럼 내에 증기 취출구에 부착하여 증기 속에 포함된 수분취출을 방지해주는 관은?

① 워터실링관 ② 주증기관
③ 베이퍼록 방지관 ④ 비수방지관

14 보일러 연소용 공기조절장치 중 착화를 원활하게 하고 화염의 안정을 도모하는 장치는?

① 윈드박스(Wind Box)
② 보염기(Stabilizer)
③ 버너타일(Burner Tile)
④ 플레임 아이(Flame Eye)

15 증기난방설비에서 배관 구배를 부여하는 가장 큰 이유는 무엇인가?

① 증기의 흐름을 빠르게 하기 위해서
② 응축수의 체류를 방지하기 위해서
③ 배관시공을 편리하게 하기 위해서
④ 증기와 응축수의 흐름마찰을 줄이기 위해서

16 보일러 배관 중에 신축이음을 하는 목적으로 가장 적합한 것은?

① 증기 속의 이물질을 제거하기 위하여
② 열팽창에 의한 관의 파열을 막기 위하여
③ 보일러수의 누수를 막기 위하여
④ 증기 속의 수분을 분리하기 위하여

17 보일러 점화 시 역화의 원인과 관계가 없는 것은?

① 착화가 지연될 경우
② 점화원을 사용한 경우
③ 프리퍼지가 불충분한 경우
④ 연료 공급밸브를 급개하여 다량으로 분무한 경우

18 팽창탱크에 대한 설명으로 옳은 것은?

① 개방식 팽창탱크는 주로 고온수 난방에서 사용한다.
② 팽창관에는 방열관에 부착하는 크기의 밸브를 설치한다.
③ 밀폐형 팽창탱크에는 수면계를 구비한다.
④ 밀폐형 팽창탱크는 개방식 팽창탱크에 비하여 적어도 된다.

19 온수난방의 특성을 설명한 것 중 틀린 것은?

① 실내 예열시간이 짧지만 쉽게 냉각되지 않는다.
② 난방부하 변동에 따른 온도조절이 쉽다.
③ 단독주택 또는 소규모 건물에 적용된다.
④ 보일러 취급이 비교적 쉽다.

20 다음 중 주형 방열기의 종류로 거리가 먼 것은?

① 1주형 ② 2주형
③ 3세주형 ④ 5세주형

21 증기의 과열도를 옳게 표현한 식은?

① 과열도 = 포화증기온도 − 과열증기온도
② 과열도 = 포화증기온도 − 압축수의 온도
③ 과열도 = 과열증기온도 − 압축수의 온도
④ 과열도 = 과열증기온도 − 포화증기온도

22 어떤 액체 연료를 완전연소시키기 위한 이론 공기량이 10.5Nm³/kg이고, 공기비가 1.4인 경우 실제 공기량은?

① 7.5Nm³/kg ② 11.9Nm³/kg
③ 14.7Nm³/kg ④ 16.0Nm³/kg

23 연료의 연소에서 환원염이란?

① 산소 부족으로 인한 화염이다.
② 공기비가 너무 클 때의 화염이다.
③ 산소가 많이 포함된 화염이다.
④ 연료를 완전연소시킬 때의 화염이다.

24 보일러 화염 유무를 검출하는 스택 스위치에 대한 설명으로 틀린 것은?

① 화염의 발열 현상을 이용한 것이다.
② 구조가 간단하다.
③ 버너 용량이 큰 곳에 사용된다.
④ 바이메탈의 신축작용으로 화염 유무를 검출한다.

25 3요소식 보일러 급수제어방식에서 검출하는 3요소는?

① 수위, 증기유량, 급수유량
② 수위, 공기압, 수압
③ 수위, 연료량, 공기압
④ 수위, 연료량, 수압

26 보일러 연도에 설치하는 댐퍼의 설치 목적과 관계가 없는 것은?

① 매연 및 그을음의 제거
② 통풍력의 조절
③ 연소가스 흐름의 차단
④ 주연도와 부연도가 있을 때 가스의 흐름을 전환

27 통풍력을 증가시키는 방법으로 옳은 것은?

① 연도는 짧고, 연돌은 낮게 설치한다.
② 연도는 길고, 연돌의 단면적을 작게 설치한다.
③ 배기가스의 온도는 낮춘다.
④ 연도는 짧고, 굴곡부는 적게 한다.

28 파형 노통보일러의 특징을 설명한 것으로 옳은 것은?

① 제작이 용이하다.
② 내 · 외면의 청소가 용이하다.
③ 평형 노통보다 전열면적이 크다.
④ 평형 노통보다 외압에 대하여 강도가 적다.

29 보일러에 과열기를 설치할 때 얻어지는 장점으로 틀린 것은?

① 증기관 내의 마찰저항을 감소시킬 수 있다.
② 증기기관의 이론적 열효율을 높일 수 있다.
③ 같은 압력의 포화증기에 비해 보유열량이 많은 증기를 얻을 수 있다.
④ 연소가스의 저항으로 압력손실을 줄일 수 있다.

30 수트 블로어 사용 시 주의사항으로 틀린 것은?

① 부하가 50% 이하인 경우에 사용한다.
② 보일러 정지 시 수트 블로어 작업을 하지 않는다.
③ 분출 시에는 유인 통풍을 증가시킨다.
④ 분출기 내의 응축수를 배출시킨 후 사용한다.

31 온도 조절식 트랩으로 응축수와 함께 저온의 공기도 통과시키는 특성이 있으며, 진공 환수식 증기 배관의 방열기 트랩이나 관말 트랩으로 사용되는 것은?

① 버킷 트랩 ② 열동식 트랩
③ 플로트 트랩 ④ 매니폴드 트랩

32 온수난방의 특징에 대한 설명으로 틀린 것은?

① 실내의 쾌감도가 좋다.
② 온도 조절이 용이하다.
③ 화상의 우려가 적다.
④ 예열시간이 짧다.

33 고온배관용 탄소강 강관의 KS 기호는?

① SPHT　② SPLT
③ SPPS　④ SPA

34 보일러 수위에 대한 설명으로 옳은 것은?

① 항상 상용수위를 유지한다.
② 증기 사용량이 적을 때는 수위를 높게 유지한다.
③ 증기 사용량이 많을 때는 수위를 얕게 유지한다.
④ 증기 압력이 높을 때는 수위를 높게 유지한다.

35 다음 중 저양정식 안전밸브의 단면적 계산식은?(단, A = 단면적(mm²), P = 분출압력(kgf/cm²), E = 증발량(kg/h)이다.)

① $A=\dfrac{22E}{1.03P+1}$　② $A=\dfrac{10E}{1.03P+1}$
③ $A=\dfrac{5E}{1.03P+1}$　④ $A=\dfrac{2.5E}{1.03P+1}$

36 입형 보일러에 대한 설명으로 거리가 먼 것은?

① 보일러 동을 수직으로 세워 설치한 것이다.
② 구조가 간단하고 설비비가 적게 든다.
③ 내부청소 및 수리나 검사가 불편하다.
④ 열효율이 높고 부하능력이 크다.

37 관속에 흐르는 유체의 종류를 나타내는 기호 중 증기를 나타내는 것은?

① S　② W
③ O　④ A

38 보일러 청관제 중 보일러수의 연화제로 사용되지 않는 것은?

① 수산화나트륨　② 탄산나트륨
③ 인산나트륨　④ 황산나트륨

39 어떤 방의 온수난방에서 소요되는 열량이 시간당 21,000kcal이고, 송수온도가 85℃이며, 환수온도가 25℃라면, 온수의 순환량은?(단, 온수의 비열은 1kcal/kg · ℃이다.)

① 324kg/h　② 350kg/h
③ 398kg/h　④ 423kg/h

40 보일러에 사용되는 안전밸브 및 압력방출장치 크기를 20A 이상으로 할 수 있는 보일러가 아닌 것은?

① 소용량 강철제 보일러
② 최대증발량 5T/h 이하의 관류 보일러
③ 최고사용압력 1MPa(10kg$_f$/cm²) 이하의 보일러로 전열면적 5m² 이하의 것
④ 최고사용압력 0.1MPa(1kg$_f$/cm²) 이하의 보일러

41 배관계의 식별 표시는 물질의 종류에 따라 달리한다. 물질과 식별색의 연결이 틀린 것은?

① 물 : 파랑
② 기름 : 연한 주황
③ 증기 : 어두운 빨강
④ 가스 : 연한 노랑

42 다음 보온재 중 안전사용 온도가 가장 낮은 것은?

① 우모펠트 ② 암면
③ 석면 ④ 규조토

43 주 증기관에서 증기의 건도를 향상시키는 방법으로 적당하지 않은 것은?

① 가압하여 증기의 압력을 높인다.
② 드레인 포켓을 설치한다.
③ 증기공간 내에 공기를 제거한다.
④ 기수분리기를 사용한다.

44 보일러 기수공발(Carry Over)의 원인이 아닌 것은?

① 보일러의 증발능력에 비하여 보일러수의 표면적이 너무 넓다.
② 보일러의 수위가 높아지거나 송기 시 증기 밸브를 급개하였다.
③ 보일러수 중의 가성소다, 인산소다, 유지분 등의 함유비율이 많았다.
④ 부유 고형물이나 용해 고형물이 많이 존재하였다.

45 동관의 끝을 나팔 모양으로 만드는 데 사용하는 공구는?

① 사이징 툴 ② 익스팬더
③ 플레어링 툴 ④ 파이프 커터

46 보일러 분출 시의 유의사항 중 틀린 것은?

① 분출 도중 다른 작업을 하지 말 것
② 안전저수위 이하로 분출하지 말 것
③ 2대 이상의 보일러를 동시에 분출하지 말 것
④ 계속 운전 중인 보일러는 부하가 가장 클 때 할 것

47 난방부하 계산 시 고려해야 할 사항으로 거리가 먼 것은?

① 유리창 및 문의 크기 ② 현관 등의 공간
③ 연료의 발열량 ④ 건물 위치

48 보일러에서 수압시험을 하는 목적으로 틀린 것은?

① 분출 증기압력을 측정하기 위하여
② 각종 덮개를 장치한 후의 기밀도를 확인하기 위하여
③ 수리한 경우 그 부분의 강도나 이상 유무를 판단하기 위하여
④ 구조상 내부검사를 하기 어려운 곳에는 그 상태를 판단하기 위하여

49 보일러용 가스버너 중 외부혼합식에 속하지 않는 것은?

① 파일럿 버너 ② 센터파이어형 버너
③ 링형 버너 ④ 멀티스폿형 버너

50 보일러 부속장치인 증기 과열기를 설치 위치에 따라 분류할 때, 해당되지 않는 것은?

① 복사식 ② 전도식
③ 접촉식 ④ 복사접촉식

51 가스 연소용 보일러의 안전장치가 아닌 것은?

① 가용마개 ② 화염검출기
③ 이젝터 ④ 방폭문

52 보일러에서 제어해야 할 요소에 해당되지 않는 것은?

① 급수제어 ② 연소제어
③ 증기온도 제어 ④ 전열면 제어

53 에너지이용 합리화법상 에너지소비효율 등급 또는 에너지 소비효율을 해당 효율관리 기자재에 표시할 수 있도록 효율관리 기자재의 에너지 사용량을 측정하는 기관은?

① 효율관리진단기관　② 효율관리전문기관
③ 효율관리표준기관　④ 효율관리시험기관

54 에너지이용 합리화법상 법을 위반하여 검사대상기기조종자를 선임하지 아니한 자에 대한 벌칙기준으로 옳은 것은?

① 2년 이하의 징역 또는 2천만 원 이하의 벌금
② 2천만 원 이하의 벌금
③ 1천만 원 이하의 벌금
④ 500만 원 이하의 벌금

55 에너지이용 합리화법상 목표에너지원 단위란?

① 에너지를 사용하여 만드는 제품의 종류별 연간 에너지사용목표량
② 에너지를 사용하여 만드는 제품의 단위당 에너지사용목표량
③ 건축물의 총 면적당 에너지사용목표량
④ 자동차 등의 단위연료당 목표주행거리

56 저탄소 녹색성장 기본법령상 관리업체는 해당 연도 온실가스 배출량 및 에너지 소비량에 관한 명세서를 작성하고, 이에 대한 검증기관의 검증결과를 부문별 관장기관에게 전자적 방식으로 언제까지 제출하여야 하는가?

① 해당 연도 12월 31일까지
② 다음 연도 1월 31일까지
③ 다음 연도 3월 31일까지
④ 다음 연도 6월 30일까지

57 에너지이용 합리화법 시행령에서 에너지다소비사업자라 함은 연료 · 열 및 전력의 연간 사용량 합계가 얼마 이상인 경우인가?

① 5백 티오이　② 1천 티오이
③ 1천5백 티오이　④ 2천 티오이

58 사용 중인 보일러의 점화 전 주의사항으로 틀린 것은?

① 연료 계통을 점검한다.
② 각 밸브의 개폐 상태를 확인한다.
③ 댐퍼를 닫고 프리퍼지를 한다.
④ 수면계의 수위를 확인한다.

59 다음 중 보일러의 안전장치에 해당되지 않는 것은?

① 방출밸브　② 방폭문
③ 화염검출기　④ 감압밸브

60 에너지이용 합리화법에 따른 열사용 기자재 중 소형 온수 보일러의 적용 범위로 옳은 것은?

① 전열면적 24m^2 이하이며, 최고사용압력이 0.5 MPa 이하의 온수를 발생하는 보일러
② 전열면적 14m^2 이하이며, 최고사용압력이 0.35 MPa 이하의 온수를 발생하는 보일러
③ 전열면적 20m^2 이하인 온수보일러
④ 최고사용압력이 0.8MPa 이하의 온수를 발생하는 보일러

정답 및 해설

01 ④	02 ④	03 ①	04 ①	05 ②
06 ②	07 ④	08 ④	09 ③	10 ③
11 ②	12 ③	13 ④	14 ②	15 ②
16 ②	17 ②	18 ③	19 ①	20 ①
21 ④	22 ③	23 ①	24 ③	25 ①
26 ①	27 ④	28 ③	29 ④	30 ①
31 ②	32 ④	33 ①	34 ①	35 ①
36 ④	37 ①	38 ④	39 ②	40 ③
41 ②	42 ①	43 ①	44 ①	45 ③
46 ④	47 ③	48 ①	49 ①	50 ②
51 ③	52 ④	53 ④	54 ③	55 ②
56 ③	57 ④	58 ③	59 ④	60 ②

01 저위발열량(Hl) = 고위발열량(Hh) − 600(9H + W)

$$= 10{,}000 - 600(9 \times 0.15 + 0.005)$$
$$= 10{,}000 - 600(1.35 + 0.005)$$
$$= 10{,}000 - 600 \times 1.355$$
$$= 9{,}187\text{kcal/kg}$$

02 압력계 부르동관의 파열 방지(6.5mm 이상 필요의 크기)를 위해 사이펀관 속에 물을 넣는다.

03 집진장치(매연처리장치)
㉠ 건식, 습식, 전기식
㉡ 습식 : 유수식, 가압수식, 회전식
㉢ 가압수식 : 사이클론 스크러버, 충전탑, 벤투리 스크러버, 제트 스크러버 등

04 입형 원통형 보일러(소규모 보일러)
㉠ 입형 횡관식
㉡ 입형 연관식
㉢ 코크란식

05 캐비테이션(공동현상)
펌프작동 시 순간 압력이 저하하면 물이 증기로 변화하는 현상으로 발생원인은 ①, ③, ④항이며 흡입관의 저항이 클 때 발생한다.

06 공기비(과잉공기 계수) $= \dfrac{\text{연료의 실제공기량}}{\text{연료의 이론공기량}}$

(공기비가 1.1~1.2 정도의 연료가 양호한 연료이다. 석탄 등은 공기비가 2 정도이다.)
㉠ 공기비가 클 경우 : 노 내 온도 저하, 배기가스량 증가, 열손실 발생
㉡ 공기비가 작을 경우 : 불완전연소, CO가스 발생, 연소상태 불량(공기비는 1 이하는 불완전연소)
㉢ 가스 연료는 공기비가 가장 적다.

07 공기예열기(폐열회수장치)
㉠ 전열식(관형, 판형)
㉡ 재생식(융 스트롬식)
㉢ 증기식

08 접촉식 온도계
액주식 온도계, 전기저항식 온도계, 환상천평식 온도계, 침종식 온도계, 열전대 온도계 등(접촉식은 비접촉식에 비해 저온측정용으로 알맞다.)

09 ③ 전열면적이 큰 보일러는 보일러 용량이 크다.

보일러 용량 표시
전열면적, 보일러마력, 정격용량(상당증발량), 정격출력, 상당방열면적(EDR)

10

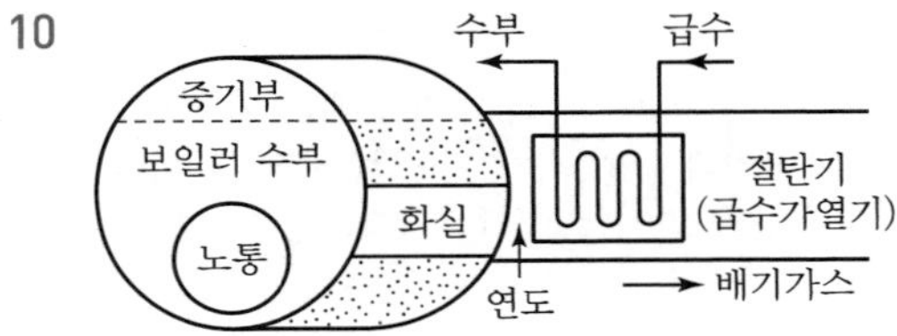

11 추치제어에는 추종제어, 비율제어, 프로그램제어가 있다. 이 중 목푯값이 시간에 따라 임의로 변화되는 자동제어는 '추종제어'이다.

12 보일러 안전장치
가용전(화실상부에 부착), 방폭문, 화염검출기, 압력제한기, 저수위경보장치 등
가용전 : 납+주석의 합금(150℃, 200℃, 250℃ 3종류가 있다. 보일러 과열 시 용융하여 H_2O로 화염을 소멸시킨다.)

13

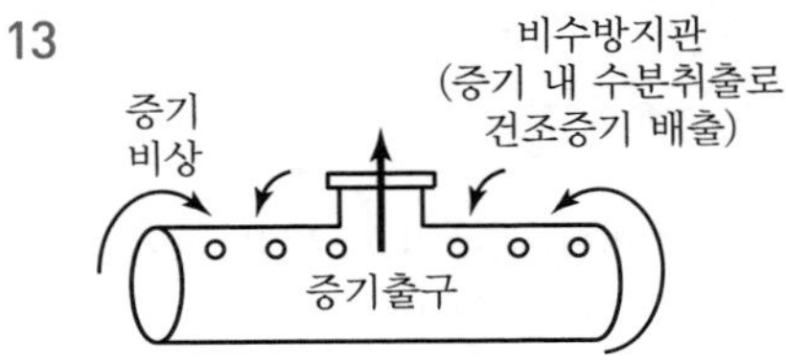

14 스테빌라이저(보염기)
공기조절장치(에어레지스터)로서 연소의 초기 착화 및 화염의 안정을 도모하는 장치로서 선회기방식, 보염판방식이 있다.

15

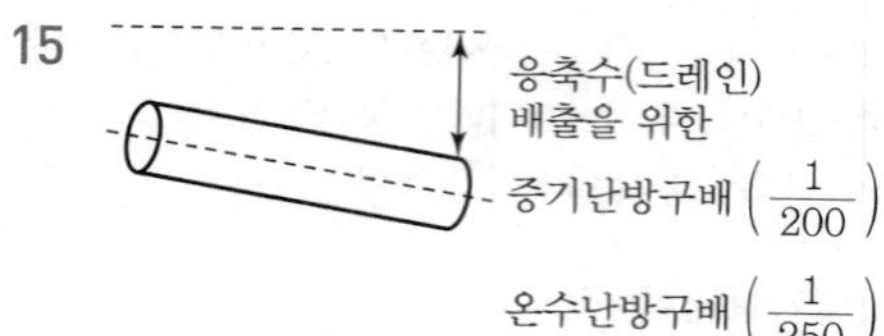

16

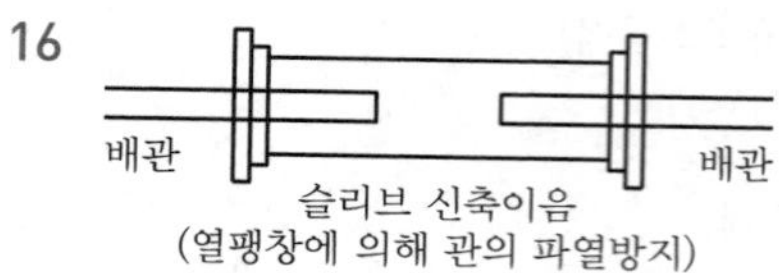

17 ㉠ 연료 점화원 : 경유, LPG, 도시가스, 전기스파크 등
㉡ 역화의 원인은 ①, ③, ④항이다.

18 ㉠ 100℃ 이상 고온수난방용 : 밀폐형 팽창탱크 사용(부피가 적다.)
㉡ 100℃ 미만 저온수난방용 : 개방식 팽창탱크 사용(용량이 커야 한다.)

19 **온수난방**

물은 비열(kcal/kg · K)이 커서 데우기가 어렵고, 또한 쉽게 냉각되지 않는다.(증기난방은 예열시간이 짧다. 비열이 물의 절반으로 쉽게 냉각되어 응축수가 고인다.)

20 방열기(라디에이터) : 주철제
㉠ 2주형, 3주형
㉡ 3세주형, 5세주형
㉢ 길드형

21

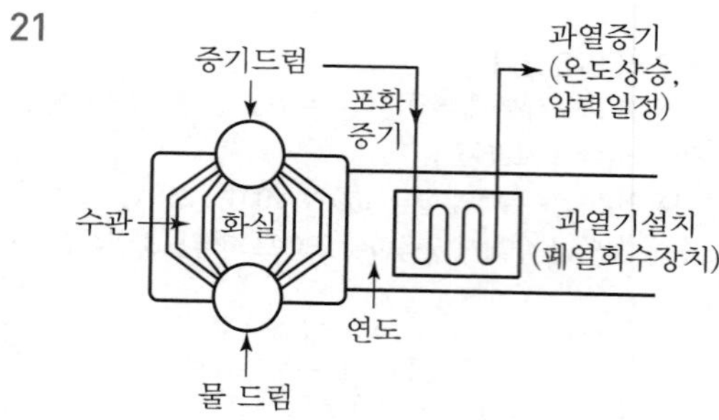

22 실제공기량(A) = 이론공기량(A_0) × 공기비(m)

$= 10.5 \times 1.4 = 14.7\text{Nm}^3/\text{kg}$

23 ㉠ 환원염 : 연소상태에서 산소(O_2)가 부족한 화염
㉡ 산화염 : 연소과정에서 산소(O_2)가 풍부한 화염

24 **스택 스위치(화염검출기)**

연도에 설치하며 온수보일러나 소용량 보일러 화염검출기로서 응답시간이 느리다.

25 **보일러 급수제어**
㉠ 단요소식 : 수위 검출
㉡ 2요소식 : 수위, 증기유량 검출
㉢ 3요소식 : 수위, 증기유량, 급수유량 검출

26

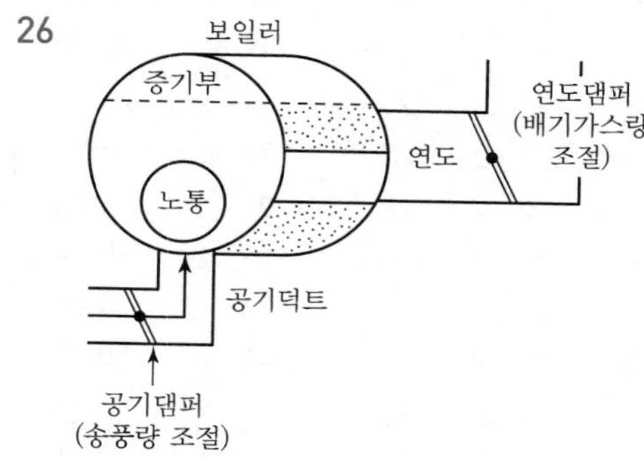

27

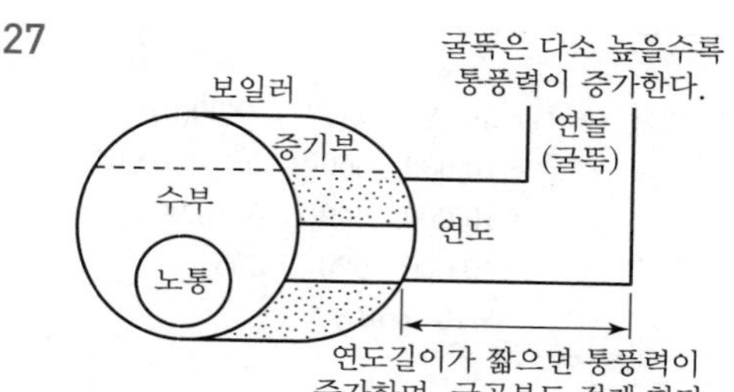

28

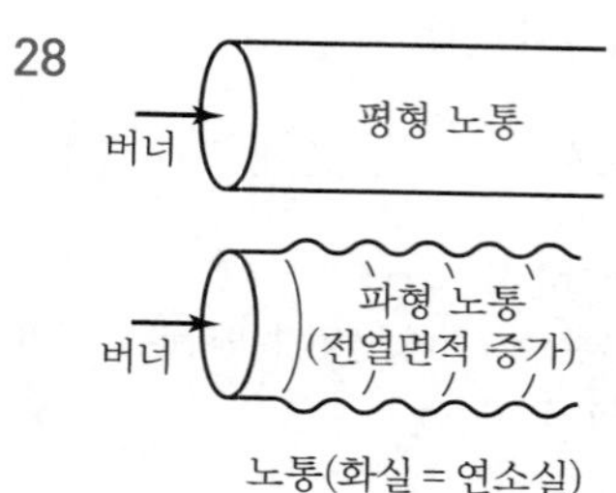

노통(화실 = 연소실)

29 연도 내에 과열기, 재열기, 절탄기, 공기예열기를 설치하면 배기연소가스의 저항으로 압력손실이 증가하고 연소가스의 온도가 하강하며 절탄기 등에 저온부식 발생

30 수트 블로어(그을음 제거장치) 사용(압축공기 또는 고압증기 사용) 시는 보일러 부하가 50% 이상에서 작동시켜 화실 내 그을음 부착을 방지하여 전열을 양호하게 한다.

31 **온도 조절식 증기트랩**
㉠ 열동식(벨로스식)
㉡ 바이메탈식

32 온수는 비열(1kcal/kg℃)이 커서 예열시간이 길고 증기는 비열(0.44kcal/kg℃)이 적어서 예열시간이 단축된다.

33 ② SPLT : 저온배관용 강관
③ SPPS : 압력배관용 강관
④ SPA : 배관용 합금강관

34

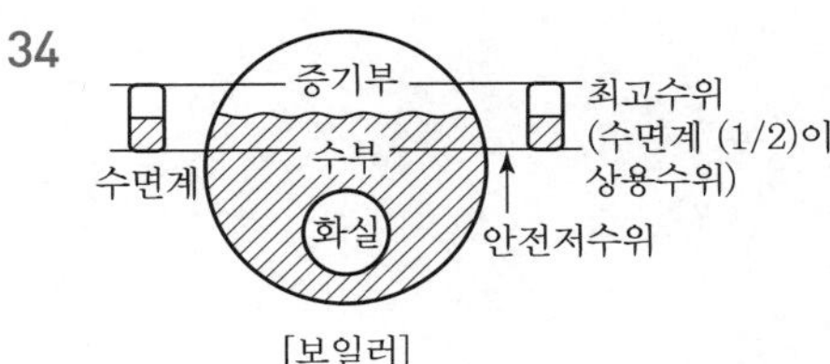

35 ① 저양정식 ② 고양정식
③ 전양정식 ④ 전양식

36 ㉠ 수관식 보일러는 열효율이 높고 부하능력(kcal/h)이 크다.
㉡ 입형 보일러 : 원통형 보일러(효율이 낮다.)

37 ① S : 스팀 ② W : 물
③ O : 오일 ④ A : 공기

38 황산나트륨(Na_2SO_3)은 관수 중 산소(O)를 제거하는 탈산소제(점식의 부식방지)로 사용한다.

39 물의 현열$=1\times(85-25)=60$kcal/kg

$\therefore$ 온수 순환량$=\dfrac{21,000\text{kcal/h}}{60\text{kcal/kg}}=350$kg/h

40 ③ 최고사용압력 0.5MPa 이하의 보일러로서 전열면적 $2m^2$ 이하의 보일러가 20A 이상이다.

41 **기름(오일)**
진한 빨간색

42 ㉠ 펠트류(양모, 우모) : 100℃ 이하
㉡ 암면 : 400~600℃
㉢ 석면 : 350~550℃
㉣ 규조토 : 250~500℃

43 증기는 가압한 후 증기의 압력을 낮추면 건조도(x)가 향상된다.

44

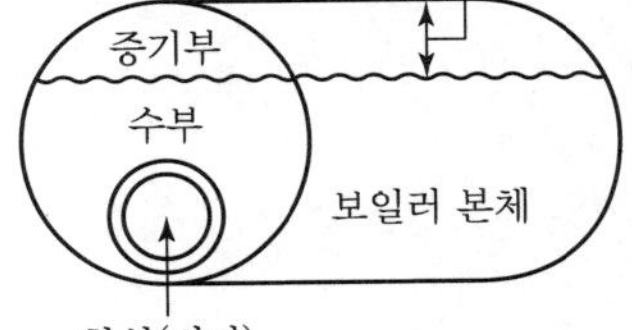

45 **플레어링 툴**
20mm 이하의 동관의 끝을 나팔 모양으로 만드는 동관의 공구

46

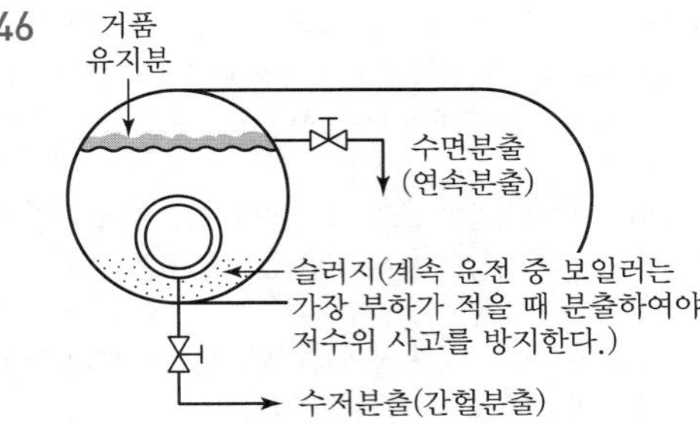

47 **연료의 발열량**
보일러 열정산 시 입열사항이다.

48 보일러 수압시험의 목적은 ②, ③, ④항이다.

49 **파일럿 버너**
화실 내부에서 점화용 버너로 사용된다. 일명 가스나, LPG, 경유 등을 사용하는 착화용 버너이다.

50 **증기과열기 종류**

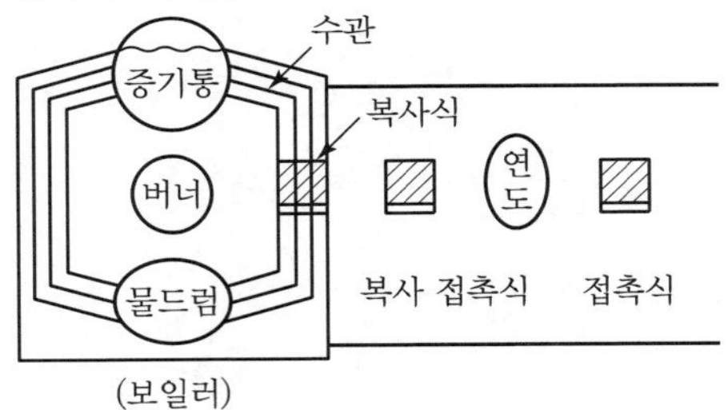

51 이젝터는 냉동기에 사용된다.

52 **보일러 자동제어(ABC)**
㉠ 급수제어(FWC)
㉡ 증기온도 제어(STC)
㉢ 연소제어(ACC)

53 **효율관리시험기관**
에너지소비효율을 해당 효율관리 기자재에 표시할 수 있도록 에너지 사용량을 측정하는 기관이다.

54 검사대상기기(보일러, 압력용기, 철금속 가열로) 설치자가 조종자(자격증 취득자)를 채용하지 않으면 1천만 원 이하의 벌금에 처한다.

55 목표에너지원 단위
에너지를 사용하여 만드는 제품의 단위당 에너지사용목표량

56 해당 연도 온실가스 배출량, 에너지소비량 명세서 작성 후 검증기관의 검증결과를 관계기관에 전자적 방식으로 다음 연도 3월 31일까지 제출한다.

57 에너지다소비사업자란 연료, 열, 전력의 연간 사용량 합계가 2천 티오이 이상인 사용 사업자를 말한다.

58 사용 중인 보일러는 점화 전에 공기댐퍼나 연도댐퍼를 다 열고서 프리퍼지(노 내 환기)를 실시한다.

59

고압증기 —(R)— 저압증기

감압밸브
(압력을 조절한다.)

60 소형 온수 보일러
최고 사용 압력 0.35MPa 이하, 전열면적 $14m^2$ 이하 온수 보일러이다.

06회 모의고사

CBT 실전모의고사

01 육용 보일러 열 정산의 조건과 관련된 설명 중 틀린 것은?

① 전기에너지는 1kW당 860kcal/h로 환산한다.
② 보일러 효율 산정방식은 입출열법과 열손실법으로 실시한다.
③ 열정산시험 시의 연료 단위량은, 액체 및 고체연료의 경우 1kg에 대하여 열 정산을 한다.
④ 보일러의 열 정산은 원칙적으로 정격 부하 이하에서 정상상태로 3시간 이상의 운전 결과에 따라야 한다.

02 보일러 본체에서 수부가 클 경우의 설명으로 틀린 것은?

① 부하 변동에 대한 압력 변화가 크다.
② 증기 발생시간이 길어진다.
③ 열효율이 낮아진다.
④ 보유 수량이 많으므로 파열 시 피해가 크다.

03 분진가스를 방해판 등에 충돌시키거나 급격한 방향전환 등에 의해 매연을 분리 포집하는 집진 방법은?

① 중력식　② 여과식
③ 관성력식　④ 유수식

04 증발량 3,500kgf/h인 보일러의 증기 엔탈피가 640kcal/kg이고, 급수 온도는 20℃이다. 이 보일러의 상당증발량은 얼마인가?

① 약 3,786kgf/h　② 약 4,156kgf/h
③ 약 2,760kgf/h　④ 약 4,026kgf/h

05 액체연료 연소장치에서 보염장치(공기조절장치)의 구성요소가 아닌 것은?

① 바람상자　② 보염기
③ 버너 팁　④ 버너타일

06 보일러의 상당증발량을 옳게 설명한 것은?

① 일정 온도의 보일러수가 최종의 증발상태에서 증기가 되었을 때의 중량
② 시간당 증발된 보일러수의 중량
③ 보일러에서 단위시간에 발생하는 증기 또는 온수의 보유열량
④ 시간당 실제증발량이 흡수한 전열량을 온도 100℃의 포화수를 100℃의 증기로 바꿀 때의 열량으로 나눈 값

07 액면계 중 직접식 액면계에 속하는 것은?

① 압력식　② 방사선식
③ 초음파식　④ 유리관식

08 분출밸브의 최고사용압력은 보일러 최고사용압력의 몇 배 이상이어야 하는가?

① 0.5배　② 1.0배
③ 1.25배　④ 2.0배

09 증기 또는 온수 보일러로서 여러 개의 섹션(Section)을 조합하여 제작하는 보일러는?

① 열매체 보일러　② 강철제 보일러
③ 관류 보일러　④ 주철제 보일러

10 증기난방 시공에서 관말증기트랩장치의 냉각레그(Cooling Leg) 길이는 일반적으로 몇 m 이상으로 해주어야 하는가?

① 0.7m ② 1.0m
③ 1.5m ④ 2.5m

11 보일러에 사용되는 열교환기 중 배기가스의 폐열을 이용하는 교환기가 아닌 것은?

① 절탄기 ② 공기예열기
③ 방열기 ④ 과열기

12 수관식 보일러의 일반적인 특징에 관한 설명으로 틀린 것은?

① 구조상 고압 대용량에 적합하다.
② 전열면적을 크게 할 수 있으므로 일반적으로 열효율이 좋다.
③ 부하변동에 따른 압력이나 수위 변동이 적으므로 제어가 편리하다.
④ 급수 및 보일러수 처리에 주의가 필요하며 특히 고압보일러에서는 엄격한 수질관리가 필요하다.

13 보일러 피드백제어에서 동작신호를 받아 규정된 동작을 하기 위해 조작신호를 만들어 조작부에 보내는 부분은?

① 조절부 ② 제어부
③ 비교부 ④ 검출부

14 다음 중 수관식 보일러에 속하는 것은?

① 기관차 보일러 ② 코르니시 보일러
③ 다쿠마 보일러 ④ 랭커셔 보일러

15 게이지 압력이 1.57MPa이고 대기압이 0.103 MPa일 때 절대압력은 몇 MPa인가?

① 1.467 ② 1.673
③ 1.783 ④ 2.008

16 매시간 1,500kg의 연료를 연소시켜서 시간당 11,000kg의 증기를 발생시키는 보일러의 효율은 약 몇 %인가?(단, 연료의 발열량은 6,000kcal/kg, 발생증기의 엔탈피는 742kcal/kg, 급수의 엔탈피는 20kcal/kg이다.)

① 88% ② 80%
③ 78% ④ 70%

17 연소용 공기를 노의 앞에서 불어넣으므로 공기가 차고 깨끗하며 송풍기의 고장이 적고 점검 수리가 용이한 보일러의 강제통풍 방식은?

① 압입통풍 ② 흡입통풍
③ 자연통풍 ④ 수직통풍

18 가스용 보일러의 연소방식 중에서 연료와 공기를 각각 연소실에 공급하여 연소실에서 연료와 공기가 혼합되면서 연소하는 방식은?

① 확산연소식 ② 예혼합연소식
③ 복열혼합연소식 ④ 부분예혼합연소식

19 액화석유가스(LPG)의 특징에 대한 설명 중 틀린 것은?

① 유황분이 없으며 유독성분도 없다.
② 공기보다 비중이 무거워 누설 시 낮은 곳에 고여 인화 및 폭발성이 크다.
③ 연소 시 액화천연가스(LNG)보다 소량의 공기로 연소한다.
④ 발열량이 크고 저장이 용이하다.

20 드럼 없이 초임계압력하에서 증기를 발생시키는 강제순환 보일러는?

① 특수 열매체 보일러 ② 2중 증발 보일러
③ 연관 보일러 ④ 관류 보일러

21 연료유 탱크에 가열장치를 설치한 경우에 대한 설명으로 틀린 것은?

① 열원에는 증기, 온수, 전기 등을 사용한다.
② 전열식 가열장치에 있어서는 직접식 또는 저항밀봉 피복식의 구조로 한다.
③ 온수, 증기 등의 열매체가 동절기에 동결할 우려가 있는 경우에는 동결을 방지하는 조치를 취해야 한다.
④ 연료유 탱크의 기름 취출구 등에 온도계를 설치하여야 한다.

22 보일러 급수예열기를 사용할 때의 장점을 설명한 것으로 틀린 것은?

① 보일러의 증발능력이 향상된다.
② 급수 중 불순물의 일부가 제거된다.
③ 증기의 건도가 향상된다.
④ 급수와 보일러수와의 온도 차이가 적어 열응력 발생을 방지한다.

23 보일러 자동제어의 급수제어(FWC)에서 조작량은?

① 공기량 ② 연료량
③ 전열량 ④ 급수량

24 물의 임계압력은 약 몇 kg_f/cm^2인가?

① 175.23 ② 225.65
③ 374.15 ④ 539.75

25 경납땜의 종류가 아닌 것은?

① 황동납 ② 인동납
③ 은납 ④ 주석-납

26 보일러에서 발생한 증기 또는 온수를 건물의 각 실내에 설치된 방열기에 보내어 난방하는 방식은?

① 복사난방법 ② 간접난방법
③ 온풍난방법 ④ 직접난방법

27 보일러 연료 중에서 고체연료를 원소 분석하였을 때 일반적인 주성분은?(단, 중량 %를 기준으로 한 주성분을 구한다.)

① 탄소 ② 산소
③ 수소 ④ 질소

28 보일러 자동제어 신호전달방식 중 공기압 신호전송의 특징 설명으로 틀린 것은?

① 배관이 용이하고 보존이 비교적 쉽다.
② 내열성이 우수하나 압축성이므로 신호전달이 지연된다.
③ 신호전달거리가 100~150m 정도이다.
④ 온도제어 등에 부적합하고 위험이 크다.

29 증기의 압력을 높일 때 변하는 현상으로 틀린 것은?

① 현열이 증대한다.
② 증발잠열이 증대한다.
③ 증기의 비체적이 증대한다.
④ 포화수 온도가 높아진다.

30 보일러수 중에 함유된 산소에 의해서 생기는 부식의 형태는?

① 점식 ② 가성취화
③ 그루빙 ④ 전면부식

31 증기주관의 관말트랩 배관의 드레인 포켓과 냉각관 시공 요령이다. 다음 ( ) 안에 적절한 것은?

> 증기주관에서 응축수를 건식환수관에 배출하려면 주관과 동경으로 (㉠)mm 이상 내리고 하부로 (㉡)mm 이상 연장하여 (㉢)을(를) 만들어준다. 냉각관은 (㉣) 앞에서 1.5m 이상 나관으로 배관한다.

① ㉠ 150, ㉡ 100, ㉢ 트랩, ㉣ 드레인 포켓
② ㉠ 100, ㉡ 150, ㉢ 드레인 포켓, ㉣ 트랩
③ ㉠ 150, ㉡ 100, ㉢ 드레인 포켓, ㉣ 드레인 밸브
④ ㉠ 100, ㉡ 150, ㉢ 드레인 밸브, ㉣ 드레인 포켓

32 온수난방 설비의 내림구배 배관에서 배관 아랫면을 일치시키고자 할 때 사용되는 이음쇠는?

① 소켓 ② 편심 리듀서
③ 유니언 ④ 이경엘보

33 두께 150mm, 면적이 15m²인 벽이 있다. 내면 온도는 200℃, 외면 온도가 20℃일 때 벽을 통한 열손실량은?(단, 열전도율은 0.25kcal/m · h · ℃이다.)

① 101kcal/h ② 675kcal/h
③ 2,345kcal/h ④ 4,500kcal/h

34 보일러수에 불순물이 많이 포함되어 보일러수의 비등과 함께 수면 부근에 거품의 층을 형성하여 수위가 불안정하게 되는 현상은?

① 포밍 ② 프라이밍
③ 캐리오버 ④ 공동현상

35 파이프와 파이프를 홈 조인트로 체결하기 위하여 파이프 끝을 가공하는 기계는?

① 띠톱 기계
② 파이프 벤딩기
③ 동력파이프 나사절삭기
④ 그루빙 조인트 머신

36 보일러 보존 시 동결사고가 예상될 때 실시하는 밀폐식 보존법은?

① 건조 보존법 ② 만수 보존법
③ 화학적 보존법 ④ 습식 보존법

37 온수난방 배관 시공 시 이상적인 기울기는 얼마인가?

① 1/100 이상 ② 1/150 이상
③ 1/200 이상 ④ 1/250 이상

38 다음 방열기 도시기호 중 벽걸이 종형 도시기호는?

① W−H ② W−V
③ W−Ⅱ ④ W−Ⅲ

39 배관 지지구의 종류가 아닌 것은?

① 파이프 슈 ② 콘스턴트 행거
③ 리지드 서포트 ④ 소켓

40 보온시공 시 주의사항에 대한 설명으로 틀린 것은?

① 보온재와 보온재의 틈새는 되도록 작게 한다.
② 겹침부의 이음새는 동일 선상을 피해서 부착한다.
③ 테이프 감기는 물, 먼지 등의 침입을 막기 위해 위에서 아래쪽으로 향하여 감아내리는 것이 좋다.
④ 보온의 끝 단면은 사용하는 보온재 및 보온 목적에 따라서 필요한 보호를 한다.

41 온수난방에 관한 설명으로 틀린 것은?

① 단관식은 보일러에서 멀어질수록 온수의 온도가 낮아진다.
② 복관식은 방열량의 변화가 일어나지 않고 밸브의 조절로 방열량을 가감할 수 있다.
③ 역귀환 방식은 각 방열기의 방열량이 거의 일정하다.
④ 증기난방에 비하여 소요방열면적과 배관경이 작게 되어 설비비를 비교적 절약할 수 있다.

42 온수 보일러에서 팽창탱크를 설치할 경우 주의사항으로 틀린 것은?

① 밀폐식 팽창탱크의 경우 상부에 물빼기 관이 있어야 한다.
② 100℃의 온수에도 충분히 견딜 수 있는 재료를 사용하여야 한다.
③ 내식성 재료를 사용하거나 내식 처리된 탱크를 설치하여야 한다.
④ 동결 우려가 있을 경우에는 보온을 한다.

43 수질이 불량하여 보일러에 미치는 영향으로 가장 거리가 먼 것은?

① 보일러의 수명과 열효율에 영향을 준다.
② 고압보다 저압일수록 장애가 더욱 심하다.
③ 부식현상이나 증기의 질이 불순하게 된다.
④ 수질이 불량하면 관계통에 관석이 발생한다.

44 다음 보온재 중 유기질 보온재에 속하는 것은?

① 규조토 ② 탄산마그네슘
③ 유리섬유 ④ 기포성 수지

45 관의 접속상태 · 결합방식의 표시방법에서 용접이음을 나타내는 그림기호로 맞는 것은?

① ②
③ ④

46 보일러 점화불량의 원인으로 가장 거리가 먼 것은?

① 댐퍼작동 불량
② 파일로트 오일 불량
③ 공기비의 조정 불량
④ 점화용 트랜스의 전기 스파크 불량

47 보일러 내부 부식에 속하지 않는 것은?

① 점식 ② 저온부식
③ 구식 ④ 알칼리부식

48 보일러 내부의 건조방식에 대한 설명 중 틀린 것은?

① 건조재로 생석회가 사용된다.
② 가열장치로 서서히 가열하여 건조시킨다.
③ 보일러 내부 건조 시 사용되는 기화성 부식 억제제(VCI)는 물에 녹지 않는다.
④ 보일러 내부 건조 시 사용되는 기화성 부식 억제제(VCI)는 건조제와 병용하여 사용할 수 있다.

49 보일러 윈드박스 주위에 설치되는 장치 또는 부품과 가장 거리가 먼 것은?

① 공기예열기 ② 화염검출기
③ 착화버너 ④ 투시구

50 보일러 운전 중 정전이나 실화로 인하여 연료의 누설이 발생하여 갑자기 점화되었을 때 가스폭발 방지를 위해 연료공급을 차단하는 안전장치는?

① 폭발문 ② 수위경보기
③ 화염검출기 ④ 안전밸브

51 다음 중 보일러에서 연소가스의 배기가 잘 되는 경우는?

① 연도의 단면적이 작을 때
② 배기가스 온도가 높을 때
③ 연도에 급한 굴곡이 있을 때
④ 연도에 공기가 많이 침입될 때

52 에너지다소비사업자는 산업통상자원부령이 정하는 바에 따라 전년도의 분기별 에너지사용량 · 제품생산량을 그 에너지사용시설이 있는 지역을 관할하는 시 · 도지사에게 매년 언제까지 신고해야 하는가?

① 1월 31일까지 ② 3월 31일까지
③ 5월 31일까지 ④ 9월 30일까지

53 저탄소 녹색성장 기본법에서 사람의 활동에 수반하여 발생하는 온실가스가 대기 중에 축적되어 온실가스 농도를 증가시킴으로써 지구 전체적으로 지표 및 대기의 온도가 추가적으로 상승하는 현상을 나타내는 용어는?

① 지구온난화 ② 기후변화
③ 자원순환 ④ 녹색경영

54 에너지이용 합리화법에 따라 산업통상자원부장관 또는 시 · 도지사로부터 한국에너지공단에 위탁된 업무가 아닌 것은?

① 에너지사용계획의 검토
② 고효율시험기관의 지정
③ 대기전력경고표지대상제품의 측정결과 신고의 접수
④ 대기전력저감대상제품의 측정결과 신고의 접수

55 에너지이용 합리화법에서 효율관리기자재의 제조업자 또는 수입업자가 효율관리기자재의 에너지 사용량을 측정받는 기관은?

① 산업통상자원부장관이 지정하는 시험기관
② 제조업자 또는 수입업자의 검사기관
③ 환경부장관이 지정하는 진단기관
④ 시 · 도지사가 지정하는 측정기관

56 에너지이용 합리화법에서 정한 국가에너지절약추진위원회의 위원장은?

① 산업통상자원부장관 ② 국토교통부장관
③ 국무총리 ④ 대통령

57 증기 난방시공에서 진공환수식으로 하는 경우 리프트 피팅(Lift Fitting)을 설치하는데, 1단의 흡상높이로 적절한 것은?

① 1.5m 이내 ② 2.0m 이내
③ 2.5m 이내 ④ 3.0m 이내

58 배관의 나사이음과 비교한 용접이음에 관한 설명으로 틀린 것은?

① 나사 이음부와 같이 관의 두께에 불균일한 부분이 없다.
② 돌기부가 없이 배관상의 공간효율이 좋다.
③ 이음부의 강도가 적고, 누수의 우려가 크다.
④ 변형과 수축, 잔류응력이 발생할 수 있다.

59 보일러 외부 부식의 한 종류인 고온부식을 유발하는 주된 성분은?

① 황 ② 수소
③ 인 ④ 바나듐

60 에너지이용 합리화법에 따라 고시한 효율관리기자재 운용 · 규정에 따라 가정용 가스 보일러의 최저소비효율기준은 몇 %인가?

① 63% ② 68%
③ 76% ④ 86%

정답 및 해설

01 ④	02 ①	03 ③	04 ④	05 ③
06 ④	07 ④	08 ③	09 ④	10 ③
11 ③	12 ③	13 ①	14 ③	15 ②
16 ①	17 ①	18 ①	19 ③	20 ④
21 ②	22 ③	23 ④	24 ②	25 ④
26 ④	27 ①	28 ④	29 ②	30 ①
31 ②	32 ②	33 ④	34 ①	35 ④
36 ①	37 ④	38 ②	39 ④	40 ③
41 ④	42 ①	43 ②	44 ④	45 ③
46 ②	47 ②	48 ③	49 ①	50 ③
51 ②	52 ①	53 ①	54 ②	55 ①
56 ①	57 ①	58 ③	59 ④	60 ③

01 ④에서 열 정산 운전시간은 2시간 이상의 운전결과에 따라야 한다.

02

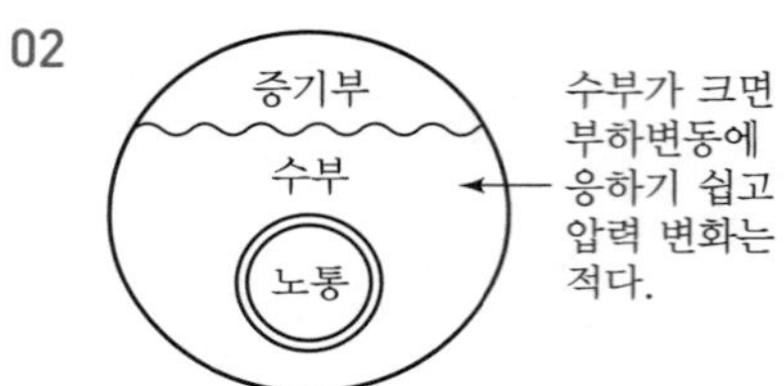

03

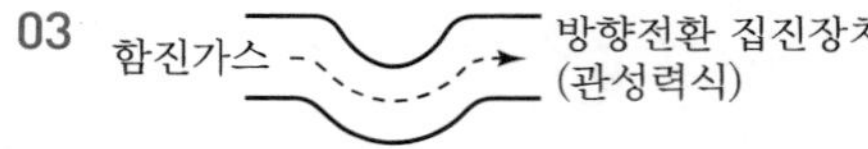

04 상당증발량

$$= \frac{\text{실제증발량(증기엔탈피} - \text{급수엔탈피)}}{539} (\text{kg/h})$$

$$= \frac{3,500(640-20)}{539} = 4,026\text{kg}_f/\text{h}$$

05 보염장치의 구성요소

㉠ 바람상자(윈드박스)
㉡ 보염기
㉢ 버너타일
㉣ 컴버스트

06 상당증발량

시간당 실제증발량이 흡수한 전열량을 온도 100℃의 포화수를 100℃의 증기(상변화)로 바꿀 때의 열량(539kcal/kg)으로 나눈 값

07 직접식 액면계

㉠ 유리관식(저압식)
㉡ 부자식(플로트식)
㉢ 검척식(막대자식)

08 보일러 분출밸브의 최고사용압력은 보일러 최고사용압력의 1.25배 이상이어야 한다.

09 주철제(증기, 온수) 보일러

전열면적의 증감은 섹션 수로 가감한다.(저압, 난방용으로 많이 사용한다.)

10

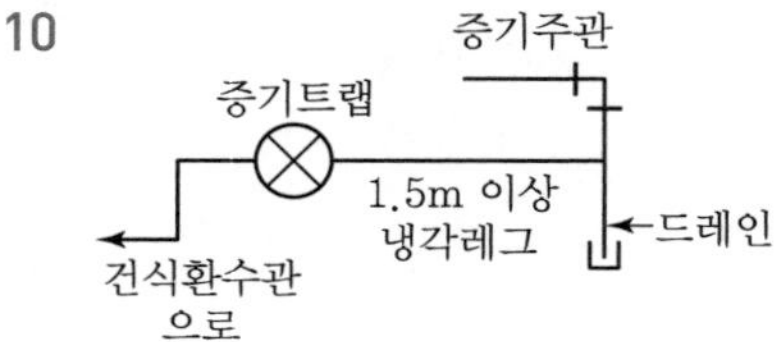

11 방열기(난방용)

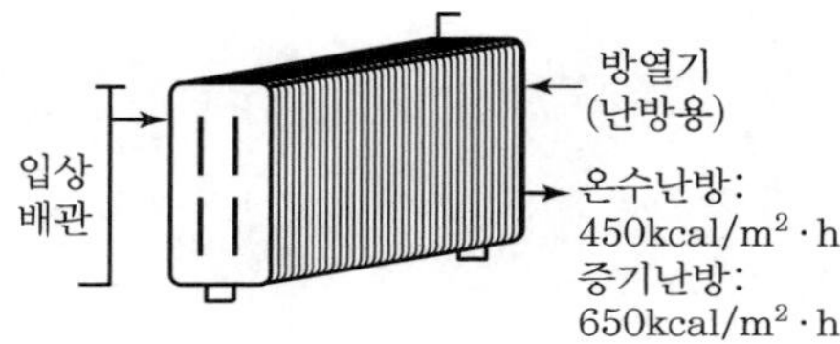

12 수관식 보일러

부하변동에 따른 압력, 수위 변동이 커서 제어가 곤란하다.

13

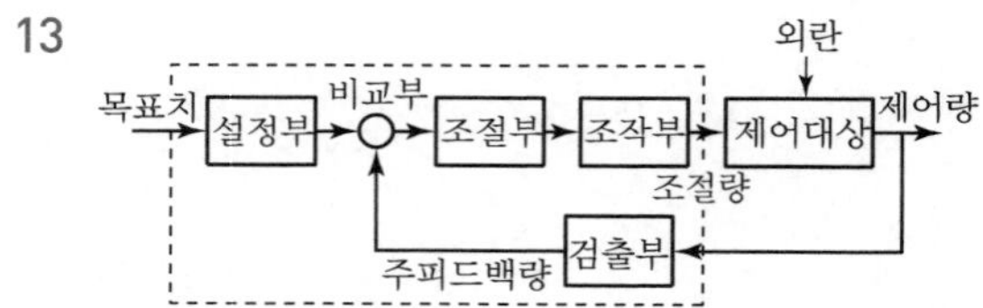

14 수관식 다쿠마 보일러(직관식)

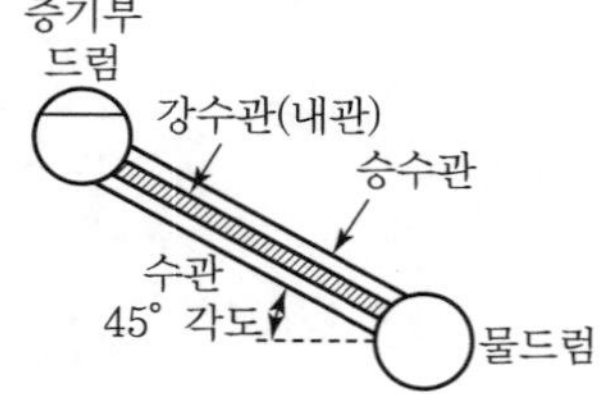

15 절대압력(abs) = 대기압력 + 게이지압력
= 1.57 + 0.103 = 1.673MPa

16 **보일러 효율(%)**

$$= \frac{\text{증기발생량(발생증기엔탈피} - \text{급수엔탈피)}}{\text{연료소비량} \times \text{연료의 발열량}} \times 100$$

$$= \frac{11,000(742-20)}{1,500 \times 6,000} \times 100 = 88(\%)$$

17 **원통형 보일러**

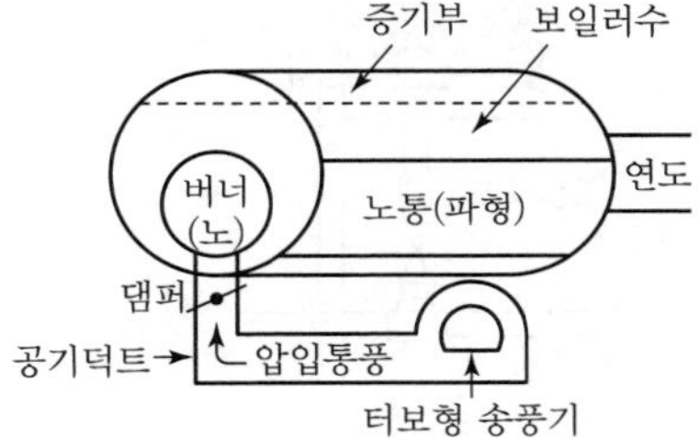

18 **연소방식**

㉠ 확산연소방식 : 연료와 공기가 각각 연소실로 공급
㉡ 예혼합연소방식 : 연료와 공기를 비율혼합하여 연소실로 공급(역화의 우려가 있다.)

19 LPG(프로판, 부탄) 가스는 LNG(메탄) 연료에 비하여 2.5~3배의 소요공기가 필요하다.

20 **관류보일러(수관식)**

증기, 물드럼이 없고 초임계압력하에서 증기 발생이 가능한 강제순환 보일러이다.

21 **중유탱크(B－C유)**

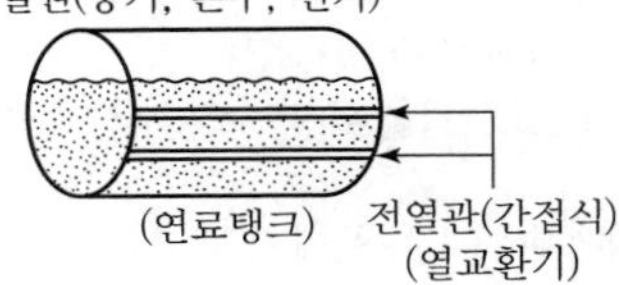

22 **증기의 건도 향상**

㉠ 압력을 증가
㉡ 비수방지관 설치
㉢ 기수분리기 설치

23 **급수제어**

㉠ 제어량(수위)
㉡ 조작량(급수량)

24 **물의 임계압력**

㉠ 증발잠열이 0kcal/kg이다.
㉡ 물, 증기의 구별이 없다.
㉢ 225.65kg$_f$/cm^{2}이다.
㉣ 온도는 374.15K이다.

25 ㉠ 경납땜(450℃ 이상)의 종류

- 황동납
- 인동납
- 은납

㉡ 연납땜(450℃ 미만)의 종류

- 주석－납
- 알루미늄
- 주석

26 **방열기난방(증기, 온수난방)**

대류작용을 이용한 직접난방법이다.(라디에이터 난방)

27 고체연료 성분에는 탄소(고정탄소), 수소, 산소 등이 있는데, 이 중 탄소 성분이 가장 많다.

28 **공기압식 신호전송**

온도제어에 사용되며 위험성이 적다.

29 ㉠ 증기압력이 높으면 : 증발잠열 감소
㉡ 증기압력이 낮으면 : 증발잠열 증가

30 **점식(피팅부식)**

보일러 용존산소에 의해 생기는 점부식이다.

31 나관 : 보온하지 않는 관이다.

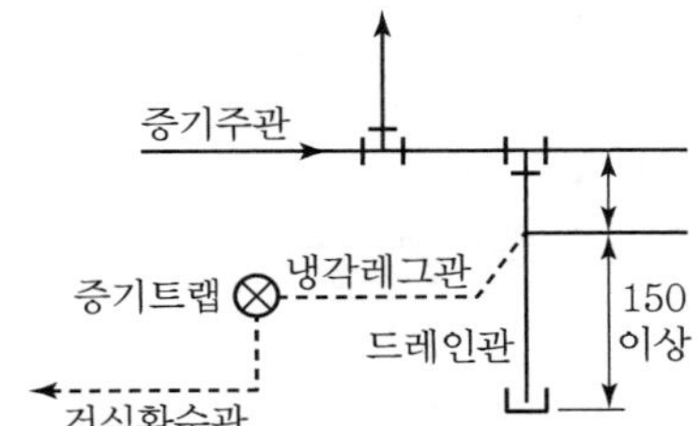

32

배관 아랫면

25A 편심 리듀서 20A

25A 동심 리듀서 20A

33 전도열손실량(θ)

$$= \lambda \times \frac{A \times \Delta t}{b}$$

$$= 0.25 \times \frac{15 \times (200-20)}{\left(\frac{150}{1,000}\right)}$$

$$= 4,500\,\text{kcal/h}$$

34

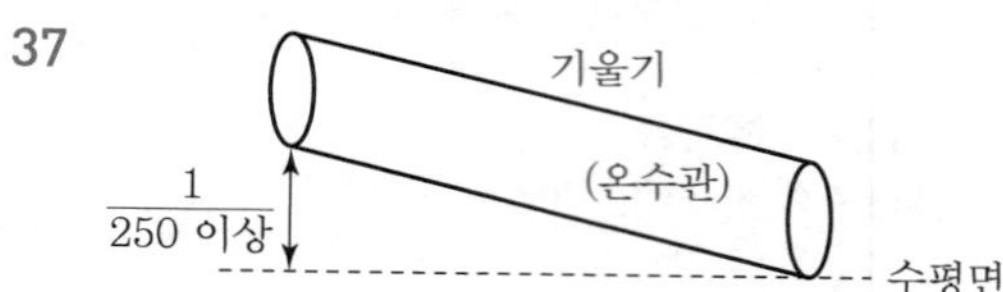

35 **그루빙 조인트 머신**
관과 관의 홈 조인트를 체결하기 위하여 파이프 관의 끝을 가공한다.

36 ㉠ 밀폐식 보존법(건조식) : 6개월 이상 장기보존
㉡ 만수 보존법(습식) : 3개월 이하 단기보존

37

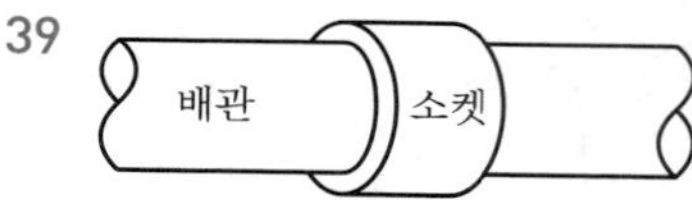

38 ㉠ W : 벽걸이
㉡ V : 종형(세로형)
㉢ H : 횡형(가로형)

39

40 **테이프 감기**
아래쪽에서 위쪽으로 감아나간다.

41 **온수난방**
소요방열면적 및 배관경이 커서 설비비가 많이 든다.

42 팽창탱크 상부 물빼기 관 설치는 개방식 팽창탱크에 필요하다.

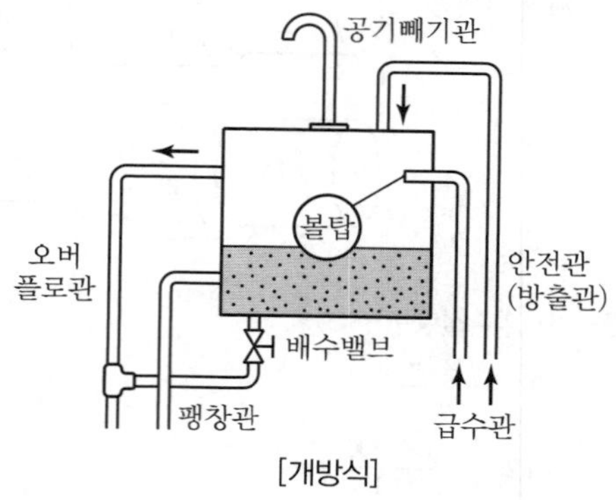

[개방식]

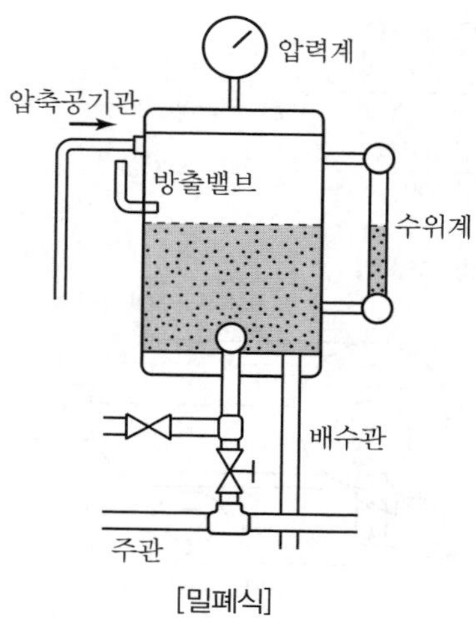

[밀폐식]

43 고압 보일러는 포화수 온도가 높아서 점식이나 거품현상이 더 심하게 발생한다(급수처리가 심각하다).

44 기포성 수지(합성수지)는 유기질 보온재이며, ①, ②, ③은 무기질 보온재이다.

45 ① 나사이음 ② 유니언이음
③ 용접이음 ④ 플랜지이음

46 **파일로트**
점화용 버너(가스나 경유 사용)

47 **저온부식**
절탄기, 공기예열기에서 발생하며 외부 부식이다.
$S+O_2 \rightarrow SO_2$, $SO_2+H_2O=H_2SO_3$
$H_2SO_3+O \rightarrow H_2SO_4$(진한 황산－저온부식 초래)

48 기화성 부식 억제제(VCI)는 물에 용해된다.

49

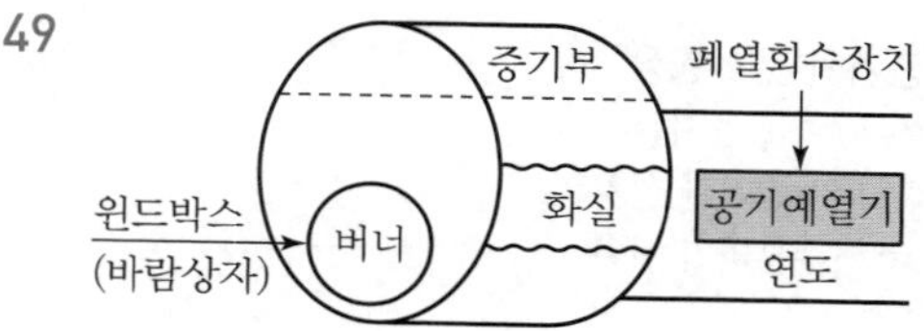

50 화실 내 실화 또는 점화가 제대로 작동하지 않으면 화염검출기 신호에 의해 전자밸브가 연료공급을 차단한다.

51 배기가스의 온도가 높으면 배기가스 밀도(kg/m^3)가 가벼워져서 부력 발생으로 자연통풍력이 증가한다.

52 에너지다소비사업자(연간 석유환산량 2,000티오이 이상 사용자) 신고일자
매년 1월 31일까지

53 온실가스(CO_2, CH_4 등)가 지구온난화의 주범이다.

54 ② 산업통상자원부장관 소관 업무에 해당한다.

55 효율관리기자재의 에너지 사용량 측정기관은 산업통상자원부장관이 지정하는 시험기관이다.

56 국가에너지절약추진위원회 위원장은 산업통상자원부장관이다.

57 진공환수식 증기난방(리프트 피팅 1단의 흡상높이 1.5m 이내)

58 ③ 나사이음 조인트의 단점

59

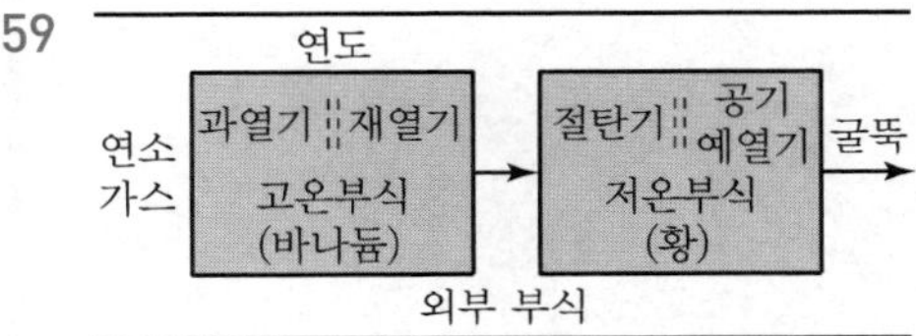

60 가정용 가스 보일러의 최저소비 효율기준은 76%이다.

memo

에너지관리기능사 필기

발행일 | 2012. 2. 10 초판 발행
2017. 1. 10 개정 14판1쇄
2017. 4. 20 개정 15판1쇄
2018. 1. 20 개정 16판1쇄
2019. 1. 10 개정 17판1쇄
2019. 5. 10 개정 17판2쇄
2020. 1. 10 개정 17판3쇄
2020. 3. 10 개정 17판4쇄
2021. 1. 10 개정 18판1쇄
2023. 1. 10 개정 19판1쇄
2023. 8. 20 개정 20판1쇄
2025. 1. 10 개정 21판1쇄

저 자 | 권오수 · 임승남 · 김진영
발행인 | 정용수
발행처 | 예문사

주 소 | 경기도 파주시 직지길 460(출판도시) 도서출판 예문사
TEL | 031) 955-0550
FAX | 031) 955-0660
등록번호 | 11-76호

정가 : 28,000원

ISBN 978-89-274-5473-1 13530